这样用就对啦！

Word/Excel/PPT 2013商务办公实战

凤凰高新教育◎编著

内容提要

在职场中，光说不练假把式，光练不说傻把式！会 Office 很重要，会实战更重要！为了帮你巧用 Office 来“偷懒”，我们特别策划了这本集高效办公理念和 Office 实用技巧于一体的书。

本书以“商务办公、职场应用实际”为出发点，通过大量典型案例，系统、全面地讲解了 Word、Excel、PPT 三个常用组件的使用方法与实战应用。全书共分 12 章，分别介绍了 Word 文档的编辑与排版功能，图文处理功能，Word 表格的编辑与应用，Word 样式与模板的应用，Word 邮件合并、审阅和宏的高级应用，Excel 表格的编辑与公式计算，表格数据的排序、筛选与汇总，图表与数据透视图表的应用，Excel 数据的模拟分析与预算，PPT 的基本操作、幻灯片的编辑与设计、幻灯片的动画制作与放映设置等内容。

本书适合零基础又想快速掌握 Office 商务办公的读者阅读，也可以作为大中专院校或者企业的培训教材，同时对有经验的 Office 使用者也有极高的参考价值。

图书在版编目（CIP）数据

这样用就对啦！：Word/Excel/PPT 2013 商务办公实战 / 凤凰高新教育编著. —北京：北京大学出版社，2016.9

ISBN 978-7-301-27455-2

Ⅰ. ①这… Ⅱ. ①凤… Ⅲ. ①办公自动化 – 软件包 Ⅳ. ① TP317.1

中国版本图书馆 CIP 数据核字（2016）第 199258 号

书　　名	这样用就对啦！ Word/Excel/PPT 2013 商务办公实战 ZHEYANG YONG JIU DUI LA ！ WORD/EXCEL/PPT 2013 SHANGWU BANGONG SHIZHAN
著作责任者	凤凰高新教育　编著
责任编辑	尹　毅
标准书号	ISBN 978-7-301-27455-2
出版发行	北京大学出版社
地　　址	北京市海淀区成府路 205 号　100871
网　　址	http：//www. pup. cn　　新浪微博：@ 北京大学出版社
电子信箱	pup7@ pup. cn
电　　话	邮购部 62752015　发行部 62750672　编辑部 62580653
印 刷 者	三河市博文印刷有限公司
经 销 者	新华书店
	787 毫米 ×1092 毫米　16 开本　彩插 1　33.5 印张　800 千字 2016 年 9 月第 1 版　2016 年 9 月第 1 次印刷
印　　数	1–4000 册
定　　价	69.00 元

超人气 PPT 模版设计素材展示

毕业答辩类模板

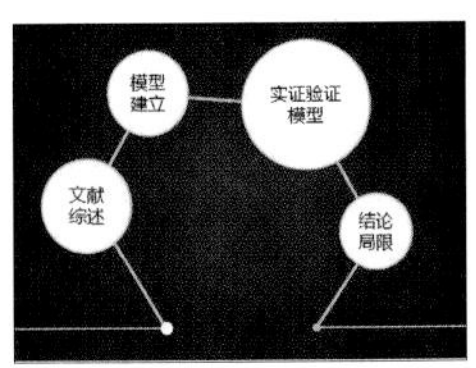

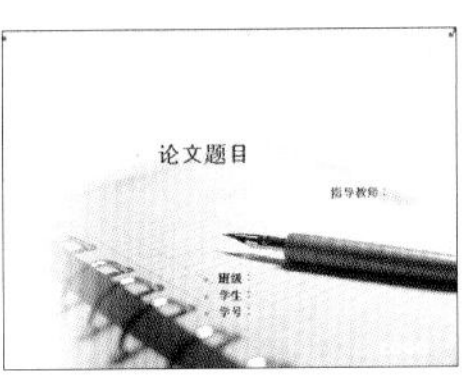

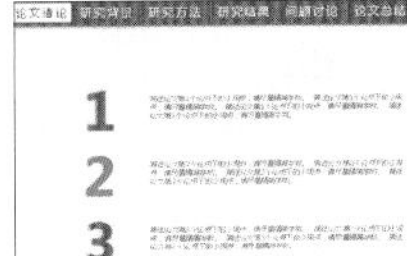

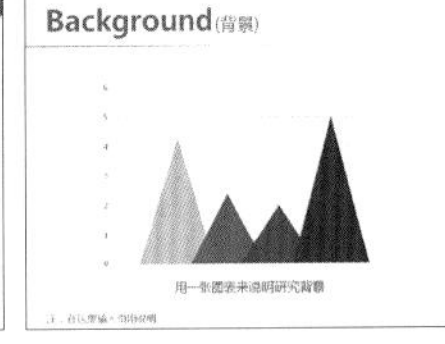

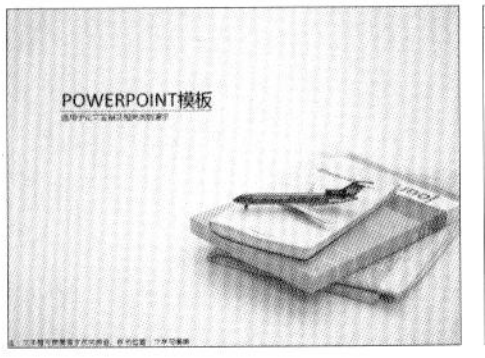

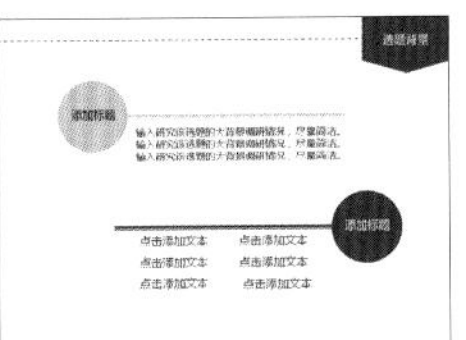

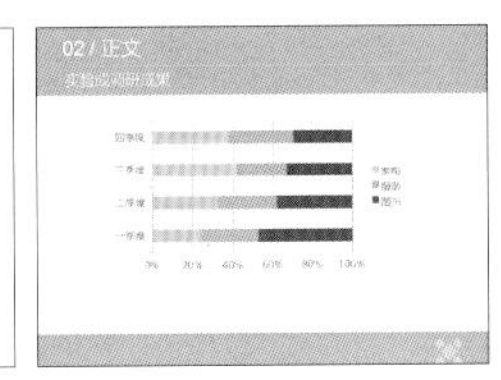

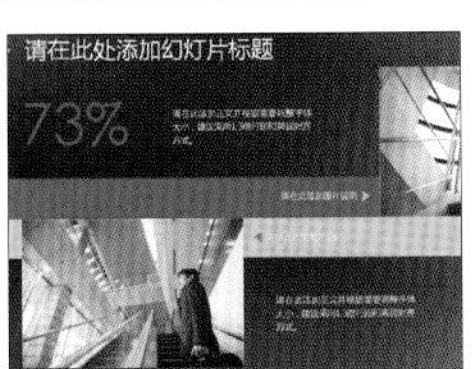

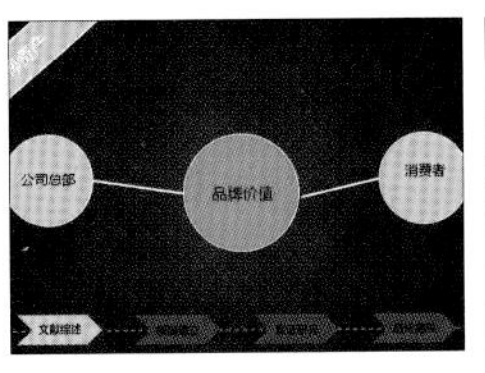

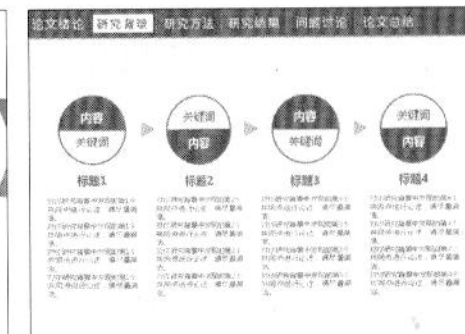

教育培训类模板

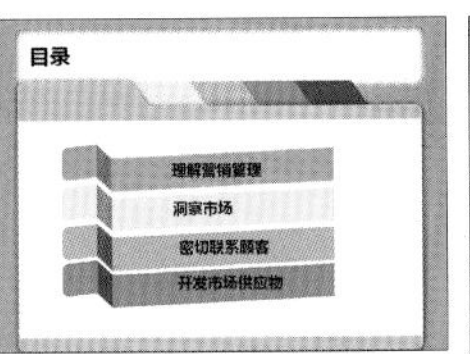

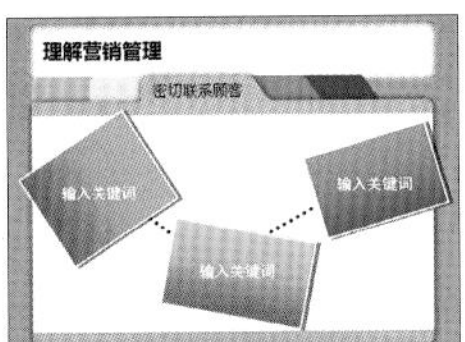

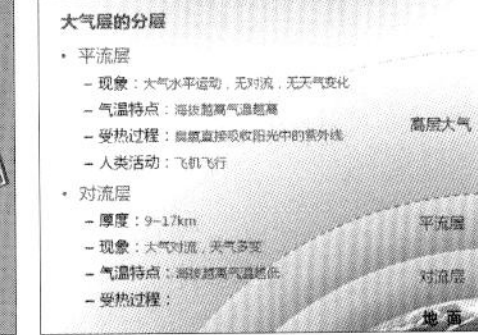

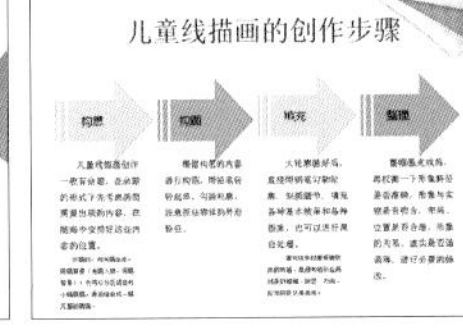

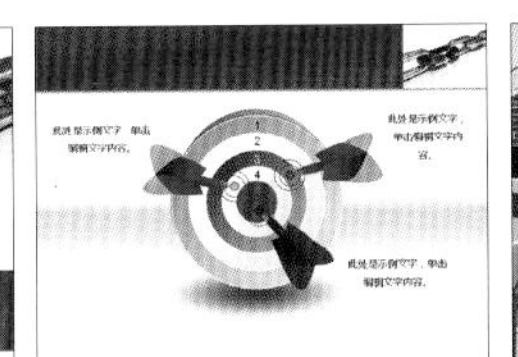

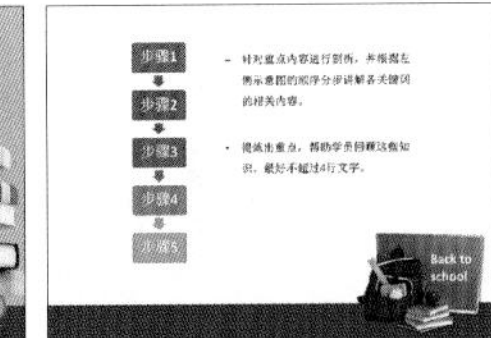

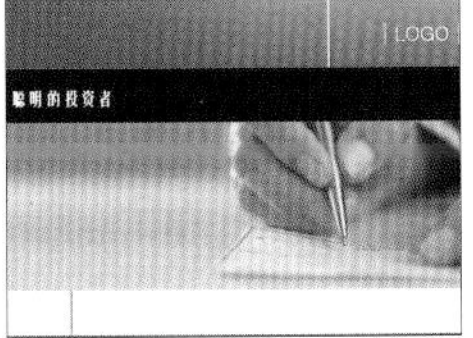

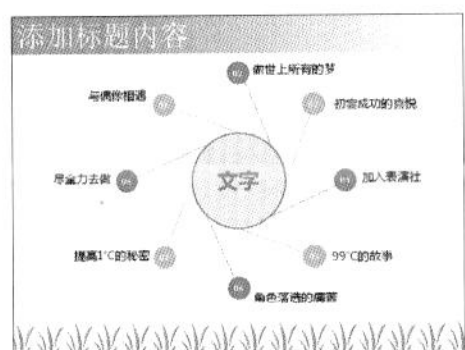

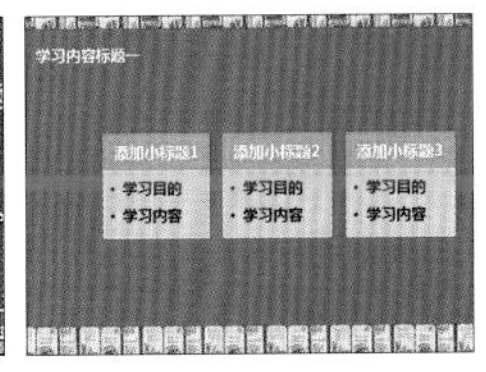

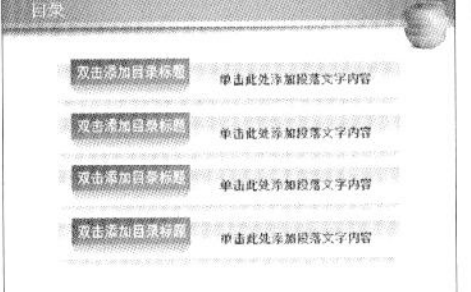

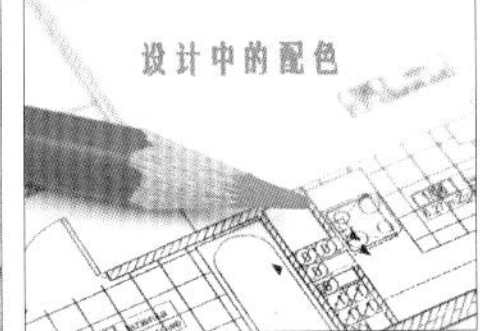

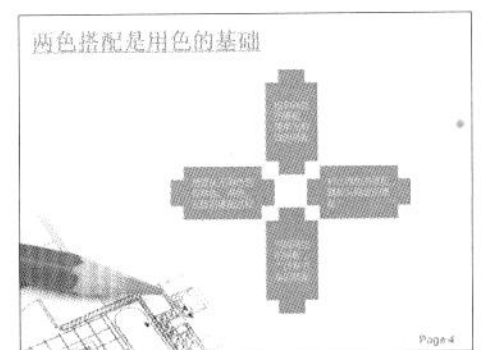

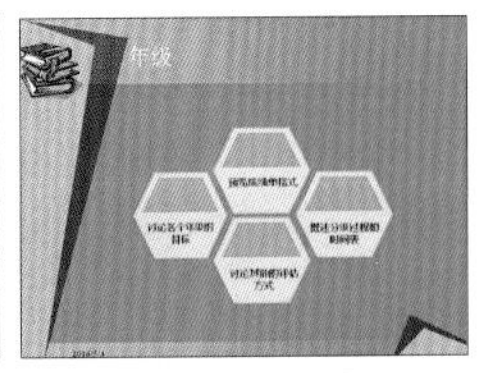

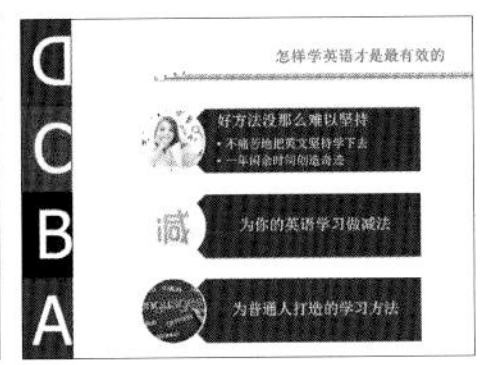

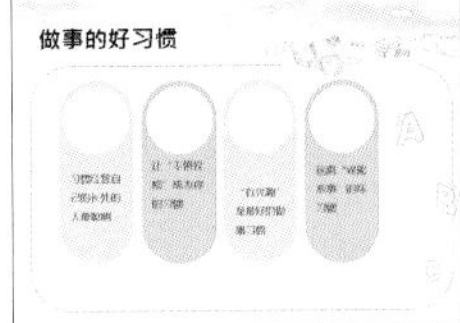

商务类模板

小清新
产品营销前期调研
数据报告

抓住机会

合汇中央广场

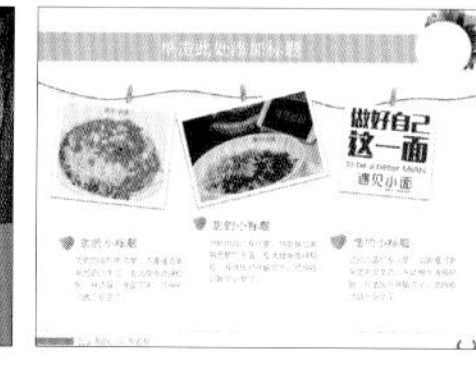
做好自己
这一面

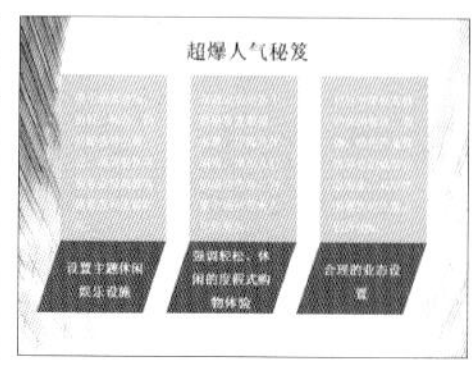
超爆人气秘笈

自我介绍

品牌介绍

从创意都市到创意古镇

爱
好
读书
音乐
电影
旅游

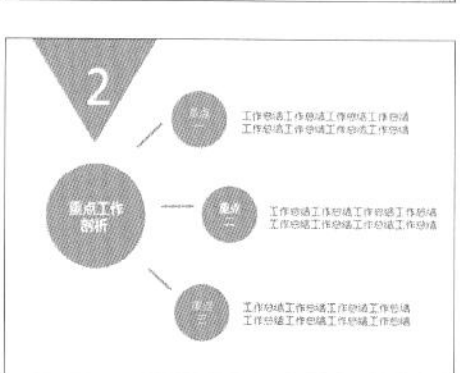

1
基本概况
人力资源管理工作有序
行政后勤保障工作无误

工作分类
分析调查
信息采集
协同工作
综合性质
工作内容回顾

个人工作总结

不是所有电影都适合做衍生品
举例一
举例二
举例三

1
传统零售业2015年关店865家

一、XXXX年工作内容回顾

LOGO
您威武霸气的报告题目

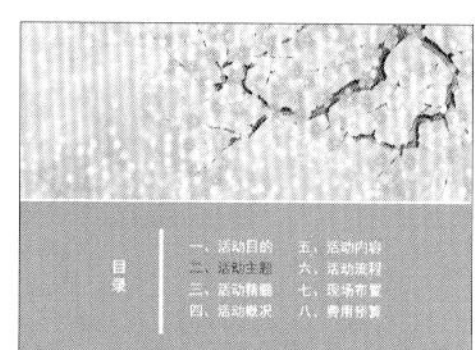

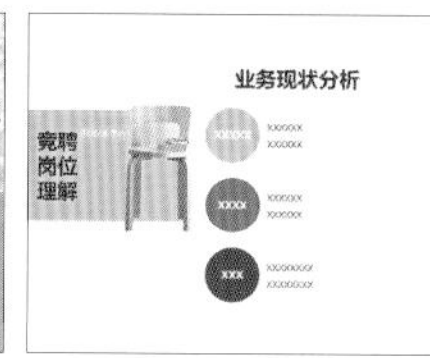
业务现状分析
竞聘
岗位
理解

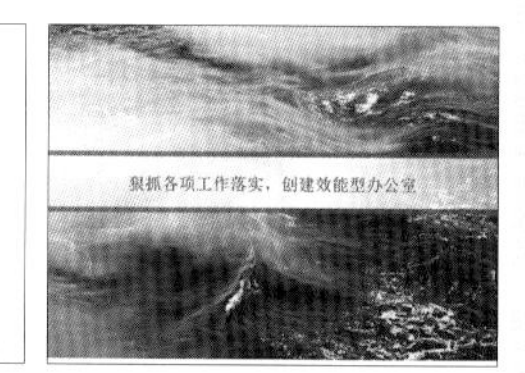
狠抓各项工作落实，创建效能型办公室

1
2

春
夏
秋
冬

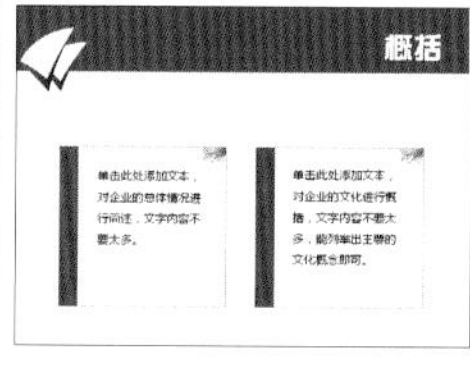
概括

2016
年终总结暨2016工作计划
总结人：xxx

2015年度工作总结报告

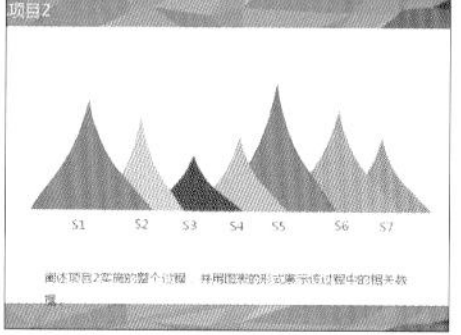
项目2

toomi is
excellent.
toomi is
beautiful.
Please note here

2016

经 验 分 享

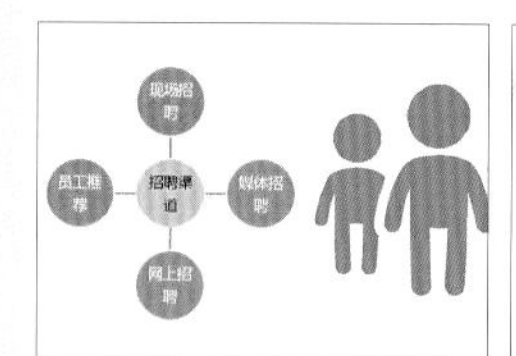

销售数据 分析模板

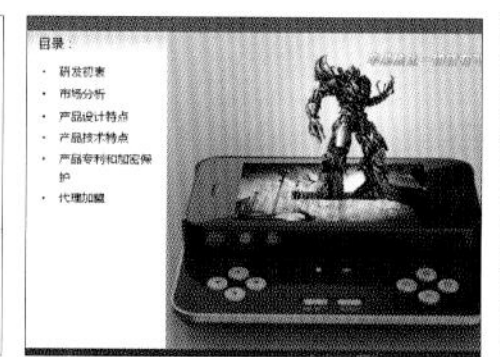
目录

职场上应学习的

生活类模板

学会感恩，热爱生活

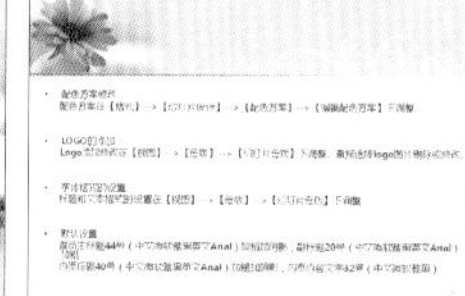

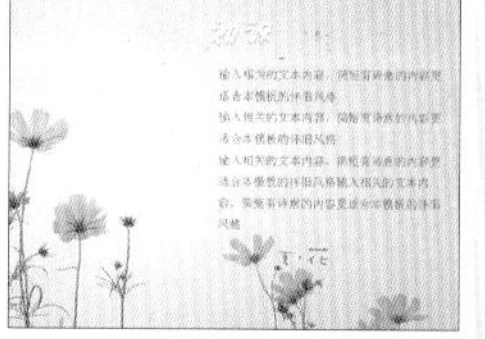

SIMPLE
做个有魅力
的人

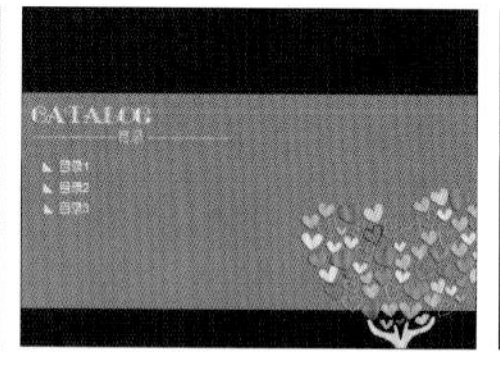
CATALOG

前　言

绞尽脑汁完成任务，还是得不到领导赏识?

工作能力超群，却败给了小小的办公软件?

埋头苦干，工作效率却怎么也提不高?

——从今天起，事半功倍地使用 Word/Excel/PPT，在同步实战中见证成长，从繁杂工作中解放出来!

实战！实战！实战！这个真的很重要！

我们知道，研究常用软件的实战方法可以帮您节约大量时间，毕竟时间才是人最宝贵的财富。本书做到了 Office 三大办公组件无死角全覆盖，办公秘技招招实用，步步制敌，更配有精美配图，跟枯燥的教科书文字说再见！

本书与市面上其他书最大的不同就是：我们不仅通过大量典型案例，讲解了 Word、Excel、PPT 三个常用组件的办公技能，还在每章提炼出了大牛都在用的“内功心法”，并通过“要点”的形式展示给您，从而让您从“以为自己会 Office”变身为“真正的 Office 达人”！让您在职场中更加高效、更加专业！

可以说，无论您是一线普通白领还是高级管理金领，无论您是做行政文秘、人力资源的工作，还是做财务会计、市场销售、教育培训，或者其他管理岗位的工作，都能从本书受益。

↗ 本书特色

◆ 真正“学得会，用得上”。本书不是以传统单一的方式讲解软件功能的操作与应用，而是以“命令、工具有什么用→命令、工具怎么用→职场办公实战应用”为线索，全面剖析 Office 软件在现代职场办公中的应用。

◆ 案例丰富，参考性强。书中所有案例都是作者精心挑选的商业实例，在实际工作中具有很强的借鉴、参考价值，涵盖范围包括行政文秘、人力资源、市场营销、财务会计、教育培训、统计管理等工作领域。

◆ 图文讲解，易学易懂。本书在讲解时，一步一图，图文对应。在操作步骤的文字讲述中分解出操作的小步骤，并在操作界面上用“❶、❷、❸…”的形式标出操作的关键位置，以帮助读者快速理解和掌握。

◆ 温馨提示，拓展延伸。为了丰富读者的知识面，尽快掌握案例制作中的注意与技巧，书中内容在讲解过程中还适时穿插了“高手点拨”和“知识拓展”栏目，介绍相关的概念和操作技巧。

本书配套光盘内容丰富、实用，全是干货，赠送了实用的办公模板、教学视频及 Office 办公技巧速查手册，真正让您花一本书的钱，得到超值学习内容。光盘中为您精选了以下内容。

（1）与书中所有案例对应的素材文件和结果文件，方便您同步学习使用。

（2）12 小时与书同步的多媒体教学视频，让您像看电视一样快速学会本书的内容。

（3）赠送 13 集 220 分钟《Windows 7 系统操作与应用》的视频教程，让您完全掌握 Windows 7 系统的应用。

（4）赠送 14 集 160 分钟《电脑系统安装、重装、备份与还原》的视频教程，为您排除电脑系统崩溃、不会安装系统的烦恼。

（5）赠送 200 个 Word 商务办公模板、200 个 Excel 商务办公模板、100 个 PPT 商务办公模板，全部都是实战中的典型案例，不必再花时间和心血去搜集，拿来即用。

（6）赠送《即用即查——Office 办公应用技巧 300 个》电子书，提升您的办公效率，排解您的 Office 办公疑难。

（7）赠送《微信高手技巧手册》《QQ 高手技巧手册》《手机办公 10 招就够》电子书，教会您移动办公诀窍。

◆ 本书还给读者赠送一本《高效能人士效率倍增手册》，教您学会日常办公中的一些管理技巧，让您真正成为“早做完，不加班”的上班族。

↗ 本书适合读者

- 零基础，想快速学习 Word、Excel、PPT 办公应用技能的读者。
- 对 Word、Excel、PPT 略知一二，在职场办公应用中不太熟悉或不懂的人员。
- 有一点点基础，缺乏办公实战应用经验的人员。
- 即将走入社会参加工作的广大院校毕业生。

本书由凤凰高新教育策划并组织编写。全书由一线办公专家和多位微软 MVP 老师合作编写，他们具有丰富的 Office 软件应用技巧和办公实战经验，对于他们的辛苦付出在此表示衷心的感谢！同时，由于计算机技术发展非常迅速，书中疏漏和不足之处在所难免，敬请广大读者及专家指正。

目　录

第 1 章　制作格式规范的办公文档
——Word 文档的编辑与排版功能

要点 01　编排文档的常规流程 …… 2

要点 02　页面设置的规则 …… 3

要点 03　文档不仅仅只有单纯的文字 …… 7

要点 04　文档排版也需要艺术 …… 12

要点 05　提升 Word 排版效率的方法 …… 16

1.1　劳动合同 …… 18

　1.1.1　创建“劳动合同”文档 …… 19

　1.1.2　输入“劳动合同”内容 …… 20

　1.1.3　编辑“劳动合同”文档 …… 22

　1.1.4　设置“劳动合同”文档格式 …… 25

　1.1.5　阅览“劳动合同”文档 …… 33

1.2　制作办公行为规范 …… 37

　1.2.1　设置文档格式 …… 38

　1.2.2　设置页面格式 …… 42

1.3　制作员工手册 …… 46

　1.3.1　制作员工手册目录 …… 47

　1.3.2　添加页面修饰成分 …… 49

1.4　本章小结 …… 52

第 2 章　编排图文并茂的办公文档
——Word 强大的图文处理功能

要点 01　如何提高文档的可读性 …… 54

要点 02　美化文档的常用元素 …… 55

要点 03　Word 也能做设计 …… 59

2.1　制作绩效考核流程图 …… 68

　2.1.1　制作流程图标题 …… 69

2.1.2 绘制绩效考核流程图 …… 70
2.1.3 修饰流程图 …… 77
2.2 制作企业组织结构图 …… 78
2.2.1 应用 SmartArt 图形制作结构图 …… 79
2.2.2 修改 SmartArt 图形 …… 83
2.2.3 设置组织结构图样式 …… 84
2.3 制作产品宣传单 …… 85
2.3.1 设计宣传单背景 …… 87
2.3.2 输入宣传内容 …… 89
2.3.3 美化宣传单 …… 92
2.4 本章小结 …… 95

第 3 章 制作日常办公表格
——Word 表格功能的应用

要点 01 哪些表格适合在 Word 中创建 …… 97
要点 02 表格的构成元素 …… 98
要点 03 表格对象的选择技巧 …… 100
要点 04 表格需要精心设计 …… 101
要点 05 Word 中制表的经验分享 …… 105
3.1 制作年度 / 月度培训计划表 …… 106
3.1.1 创建规则表格框架 …… 107
3.1.2 输入表格内容并设置表格格式 …… 108
3.2 制作业务招待请款单 …… 111
3.2.1 绘制不规则表格框架 …… 113
3.2.2 输入表格内容并设置格式 …… 117
3.3 制作应聘登记表 …… 120
3.3.1 创建规则表格框架 …… 122
3.3.2 编辑单元格 …… 123
3.3.3 设置边框和底纹 …… 128
3.4 本章小结 …… 129

第 4 章 快速提升办公效率
——Word 样式与模板的应用

要点 01 何谓样式 …… 131
要点 02 样式在排版中的作用 …… 132

要点 03　样式命名规则你懂吗 ······ 133
要点 04　使用模板快速制作文档 ······ 133
要点 05　Word 用于辅助写作的那些功能 ······ 136
4.1　制作事故处理管理规定 ······ 139
　4.1.1　使用样式 ······ 140
　4.1.2　修改样式 ······ 141
　4.1.3　创建样式 ······ 144
　4.1.4　设置文档背景 ······ 146
4.2　制作企业内部模板文件 ······ 146
　4.2.1　创建模板文件 ······ 148
　4.2.2　添加模板内容 ······ 149
　4.2.3　定义文本样式 ······ 156
　4.2.4　保护模板文件 ······ 157
　4.2.5　应用模板新建办公日常行为规范文件 ······ 159
4.3　制作年度报告模板 ······ 160
　4.3.1　创建模板文件 ······ 162
　4.3.2　在模板中设置样式 ······ 163
　4.3.3　修改文档主题 ······ 169
　4.3.4　快速创建目录 ······ 171
4.4　本章小结 ······ 172

第 5 章　团队协作办公
——Word 邮件合并、审阅和宏的应用

要点 01　文档不是一个人的 ······ 174
要点 02　实现多人协同编排文档 ······ 174
要点 03　Word 处理办公的特色功能 ······ 176
5.1　制作应收账款询证函 ······ 179
　5.1.1　创建询证函主文档 ······ 180
　5.1.2　批量创建询证函 ······ 181
5.2　制作工程施工招标书 ······ 184
　5.2.1　修订招标书 ······ 185
　5.2.2　审阅招标书 ······ 189
5.3　制作培训效果反馈表 ······ 192
　5.3.1　在反馈表中应用 ActiveX 控件 ······ 193
　5.3.2　添加宏代码 ······ 200
5.4　本章小结 ······ 207

第 6 章　创建与制作电子表格
——Excel 表格的编辑与设置

要点 01　为什么学用 Excel …… 209
要点 02　Excel 在商务办公中的应用 …… 210
要点 03　正确认识 Excel 中的那些名词 …… 212
要点 04　单元格地址的多种引用方式 …… 215
要点 05　制作非展示型表格应该注意的事项 …… 217
要点 06　自定义数据类型的强大功能 …… 219
6.1　制作员工档案信息表 …… 220
6.1.1　新建员工档案信息表文件 …… 222
6.1.2　录入员工基本信息 …… 223
6.1.3　编辑单元格和单元格区域 …… 226
6.1.4　表格及单元格格式设置 …… 229
6.2　制作费用报销单模板 …… 233
6.2.1　创建并编辑表格内容 …… 234
6.2.2　规定单元格中可以填写的内容 …… 237
6.2.3　设置单元格格式 …… 238
6.2.4　保护工作表并测试模板功能 …… 239
6.3　制作商品报价单 …… 242
6.3.1　制作表格框架 …… 243
6.3.2　插入图片 …… 244
6.3.3　设置单元格格式 …… 246
6.3.4　打印表格 …… 248
6.3.5　保存为网页文件 …… 249
6.4　本章小结 …… 250

第 7 章　计算表格中的数据
——Excel 公式与函数的应用

要点 01　数据的重大意义 …… 252
要点 02　公式的基础知识 …… 253
要点 03　灵活运用单元格名称 …… 256
要点 04　函数的基础知识 …… 257
7.1　制作绩效表 …… 260
7.1.1　公式的输入与自定义 …… 261
7.1.2　使用名称 …… 262

7.1.3 公式审核 …… 263

7.2 制作员工考评成绩表 …… 266

7.2.1 计算每个人的考核总成绩 …… 268

7.2.2 根据成绩判断绩效奖金系数 …… 269

7.2.3 计算绩效排名 …… 269

7.2.4 判断绩效等级 …… 271

7.2.5 统计该次考核数据 …… 272

7.3 制作员工工资统计分析系统 …… 274

7.3.1 应用公式计算员工工资 …… 275

7.3.2 分析员工工资 …… 278

7.3.3 创建工资查询表 …… 282

7.3.4 打印工资表 …… 286

7.3.5 制作并打印工资条 …… 289

7.4 本章小结 …… 292

第 8 章 数据的统计与分析
——Excel 数据的排序、筛选与汇总

要点 01 领导更关注数据的结果 …… 294

要点 02 使数据更清晰的技巧 …… 295

要点 03 Excel 中数据排序的规则 …… 298

要点 04 分类汇总数据的那些门道 …… 298

要点 05 不要小看条件规则 …… 300

8.1 制作库存明细表 …… 302

8.1.1 按库存多少进行排序 …… 303

8.1.2 应用表格筛选功能按预计销售利润的多少进行排序 …… 304

8.1.3 根据多个关键字排序数据 …… 305

8.1.4 利用自动筛选功能筛选库存表数据 …… 307

8.1.5 利用高级筛选功能筛选数据 …… 309

8.2 员工销售业绩筛选 …… 312

8.2.1 查看西南片区中级销售员业绩 …… 313

8.2.2 查看超过规定销售额且利润排在前 7 的数据 …… 315

8.2.3 标记超过规定销售额且利润在 30% 以上的数据 …… 316

8.3 销售统计分析 …… 318

8.3.1 应用合并计算功能汇总销售额 …… 320

8.3.2 应用分类汇总功能汇总数据 …… 326

8.4 本章小结 …… 329

第 9 章　让数据表现更直观形象
——Excel 图表和数据透视图表的应用

要点 01　为什么要用图表 …… 331
要点 02　简单明了的图表有哪些 …… 332
要点 03　图表类型的选择不是“小事” …… 335
要点 04　图表的组成元素 …… 335
要点 05　牛图是这样炼成的 …… 338
要点 06　懂点数据透视表 …… 343
9.1　企业员工结构分析 …… 344
　9.1.1　分析员工学历结构 …… 345
　9.1.2　分析员工年龄结构 …… 347
　9.1.3　分析员工性别结构 …… 348
　9.1.4　分析员工职位结构 …… 350
9.2　销售数据分析 …… 351
　9.2.1　使用迷你图分析销量变化趋势 …… 352
　9.2.2　使用动态图表查看各区域销售数据 …… 354
　9.2.3　创建销量明细分析图 …… 357
9.3　分析考勤记录表 …… 361
　9.3.1　创建考勤记录透视表 …… 362
　9.3.2　编辑考勤记录透视表 …… 364
　9.3.3　使用切片器分析数据 …… 366
9.4　分析市场问卷调查结果 …… 368
　9.4.1　分析性别占比 …… 369
　9.4.2　分析年龄段占比 …… 371
　9.4.3　从其他角度进行分析 …… 372
　9.4.4　分析不同身份与选用的品牌 …… 373
9.5　本章小结 …… 374

第 10 章　表格数据的深入分析
——Excel 数据模拟分析与预算

要点 01　企业预算 …… 376
要点 02　数据的模拟分析 …… 378
要点 03　为何要生成求解报告 …… 380
10.1　房贷不同情况的分析 …… 380

10.1.1 使用模拟运算 …… 381
10.1.2 保护房贷表 …… 384
10.2 定价方案制定及分析 …… 387
10.2.1 计算要达到预期利润时各产品的销售价 …… 389
10.2.2 使用方案管理器制定定价方案 …… 390
10.2.3 模拟分析各产品的预期年利润 …… 393
10.3 生产部门费用的最优选择 …… 395
10.3.1 安装规划求解 …… 396
10.3.2 给定规划求解条件 …… 397
10.3.3 生成规划求解报告 …… 400
10.4 本章小结 …… 401

第 11 章 创建与制作演示文稿
——PPT 幻灯片的编辑与设计

要点 01 PPT 究竟是啥玩意儿 …… 403
要点 02 你以为 PPT 可以滥用吗 …… 404
要点 03 制作 PPT 流程不能乱 …… 406
要点 04 PPT 的常见结构 …… 409
要点 05 制作 PPT 需要掌握的原则 …… 413
要点 06 常见的 PPT 布局样式 …… 419
要点 07 常用的 PPT 布局技巧 …… 421
11.1 制作产品推广 PPT …… 425
11.1.1 设置并修改演示文稿主题 …… 427
11.1.2 制作主要内容幻灯片 …… 429
11.1.3 制作并重用相册幻灯片 …… 434
11.2 制作员工入职培训 PPT …… 437
11.2.1 设计幻灯片母版 …… 438
11.2.2 设计幻灯片版式 …… 442
11.2.3 编辑幻灯片内容 …… 450
11.3 本章小结 …… 456

第 12 章 放映与观看演示文稿
——PPT 幻灯片的动画制作与放映设置

要点 01 让 PPT 的播放富有变化 …… 458
要点 02 使用 PPT 动画的原则 …… 461

要点 03　让 PPT 播放更加流畅 ………… 463
要点 04　做好 PPT 演讲前的准备工作 ………… 465
要点 05　演示 PPT 需要掌握的技巧 ………… 469
12.1　制作产品介绍与营销 PPT ………… 470
　12.1.1　为幻灯片设置切换方式 ………… 472
　12.1.2　为幻灯片中的对象设置动画 ………… 473
　12.1.3　创建路径动画 ………… 475
　12.1.4　创建与编辑超链接 ………… 477
12.2　制作个人总结 PPT ………… 481
　12.2.1　幻灯片放映准备 ………… 482
　12.2.2　放映幻灯片 ………… 486
　12.2.3　演示文稿的输出 ………… 489
12.3　制作旅游产品宣传 PPT ………… 493
　12.3.1　为幻灯片设置切换动画及声音 ………… 494
　12.3.2　排练计时 ………… 496
　12.3.3　另存为放映文件 ………… 497
12.4　本章小结 ………… 498

附　录

附录一　Word 高效办公快捷键 ………… 499
附录二　Excel 高效办公快捷键 ………… 511
附录三　PPT 高效办公快捷键 ………… 517

第1章

制作格式规范的办公文档
——Word 文档的编辑与排版功能

本章导读

现代商务办公中频繁使用 Word 对文本进行输入和排版。Word 2013 是 Microsoft 公司推出的强大的文字处理软件，也是目前全世界用户最多、使用范围最广泛的文字编辑软件。使用 Word 2013 可以帮助办公人员轻松创建专业而优雅的文档。本章我们就来学习 Word 排版功能，包括输入文本，以及对文本、段落和页面等格式进行设置。

知识要点

★ Word 文档基本操作　　★ 录入文档内容
★ 设置字符格式　　★ 设置段落格式
★ 设置页面格式　　★ 复制及应用格式

案例效果

办公行为规范

总则

[illegible]

细则

服务规范

第一条 仪表：公司职员工应仪表整洁、大方。

第二条 微笑服务：在接待公司内外人员的垂询、要求等任何场合，应注视对方，微笑应答，切不可冒犯对方。

第三条 用语：在任何场合应用语规范，语气温和，音量适中，严禁大声喧哗。

第四条 现场接待：遇有客人进入工作场地应礼貌询问，上班时间（包括午餐时间）办公室内应保证有人接待。

第五条 电话接听：接听电话应及时，一般铃响不应超过三声，如受话人不能接听，离之最近的职员应主动接听，重要电话做好接听记录，严禁占用公司电话时间太长。

办公秩序

第六条 工作时间内不应无故离岗、串岗，不得闲聊、吃零食、大声喧哗，确保办公环境的安静有序。

第七条 职员间的工作交流应在指定的区域内进行（大厅、会议室、接待室、总经理室）或通过公司内部电话联系，如需在个人工作区域内进行谈话的，时间一般不应超过三分钟（特殊情况除外）。

第八条 职员应在每天的工作时间开始前和工作时间结束后做好个人工作区内的卫生清洁工作，保持物品整齐，桌面清洁。

第九条 部、室专用的设备由部、室指定专人定期清洁，公司公共设施则由办公室负责定期的清洁保养工作。

第十条 发现办公设备（包括通讯、照明、影音、电脑、建筑等）损坏或发生故障时，员工应立即向办公室报修，以便及时解决问题。

附则

本制度的检查、监督部门为公司办公室，总经理共同执行，违反此规定的人员，将给予 50-100 元的扣薪处理，本制度的最终解释权在公司。

Word 是一个功能相当齐全的专业排版软件，它的排版能力能满足绝大部分用户的需求。Word 可以很方便地帮助用户创建和共享具有专业外观的各类文档，而且它的易用性也非常好。如今，很多人都可以在简单学习 Word 软件操作后独自完成一份份精美的小型报告。据调查，有 95% 的 Word 用户只把 Word 当作文字处理器来使用，而且大约有 80% 的用户只使用了 Word 软件 20% 的功能。如果，你就属于那 80% 用户中的一员，那么你需要重新了解、掌握和使用 Word 软件了。首先让我们来学习一下 Word 文档编排需要知道的那些事儿。

要点01 编排文档的常规流程

日常工作中有太多工作需要文字处理。但事实上处理文档的最终目的不在文档本身，而是要归纳和传递思想、数据或制度。所以，我们在编写文档内容时应该将更多的精力放在实质性的工作上，而非文档本身的编辑和排版。在清楚认识到文档处理的目的后，再来谈如何使用 Word 编排文档才更有意义。

编辑文档内容前，我们一定要专心思考实质性内容。在编辑过程中，要保证思维是连贯的。建议大家在编写和录入文档时，只思考要写的内容，并将所想到的内容立刻录入电脑中，直到完成后再编辑加工内容。至于格式等其他内容，我们可放到最后再调整和美化文档格式。

认真编写完文档内容后，如果你想让这些文字以悦目的形式出现，就需要对其进行编排。我们这里说的是 Word 排版，而非 Word 文字处理。二者在某些范围可能略有重叠。文字处理一般指对文字本身的处理，如设置字体、大小、颜色、字距、行距、特殊效果等。而排版则涵盖更大范围的版式设计，如纸张大小、页边距、页眉页脚、目录、索引等。

当然，如果你每次编辑的文档都很短小（15 页以内），那么不了解我们这里所说的 Word 排版流程，就算创作过程天翻地覆，排版过程逐字沧桑，咬咬牙也同样可以完成任务，但过程中难免会有各种烦琐而重复劳动的工作，使你感到排版工作很累！实际上，编排文档是愉快的工作，正规排版作业的系统性和工程性很强，并不需要烦琐而重复的劳动。

相对于简单的文字处理，以及兴之所至的涂涂抹抹，排版实际是一个高度组织化与结构化的工作。在开始排版作业之前，我们必须先认清根本的作业方式，知道什么要做，什么先做，什么后做，什么不做。排版的常规流程是什么？如下图所示，我们将对此作详细说明。

设置页面格式	● 确定纸张大小和页边距，确定版心位置
设置节	● 根据内容需要将整个文档划分为一个个排版单元，使不同的单元经过后期设置拥有不同的大局效果
设置各种样式	● 最好将版心内容中可能涉及的各种页面元素(文字、图、表等)都设置成适当的样式，方便后期驾驭和管理，而不是逐一进行底层调整。这样可以享受许多自动化功能，如自动产生图表题注、自动产生目录等
做成模板	● 如果你长期需要制作同一种或相似页面效果的文档，或希望自己辛苦调整的样式能重复使用，就应该将文档存储为模板
创作内容	● 在已经制作成模板的“空壳”内架构文档的各主要组成部分，并借助Word文档结构图所提供的大纲提示和快速定位创作需要的内容

融汇理解文档编排的过程

其实，使用 Word 编排文档的流程是因人而异的，每个人在实际操作中都能总结出一套符合自己习惯的排版流程。而且，在不同工作情况下流程也可能改变。例如，我们首先要安心写作文档的内容，把想好的内容录入完成后再设置格式。但在没有思考好具体的文档内容时，也可以提前设置好一些可能会用到的格式，甚至做成文档模板，然后再专心地编写文档内容。此时只需要在设置好格式的位置输入想好的内容即可，就不用再操心格式设置的问题啦。

要点02 页面设置的规则

很多用户习惯先录入内容再设置各种格式，最后设置纸张的大小和方向等。由于默认采用的是 A4 纸，如果要将其修改为其他纸张大小，如修改为 B5 纸，就有可能使整篇文档的排版不能很好地满足需求。所以，先进行页面设置可以在编辑内容时直观地看到页面中内容的排版是否适宜，避免事后的修改。

页面设置包括设置纸张大小、纸张方向、页边距、页眉页脚等。除此之外，页面设置过程中还需要了解节和出血的概念。下面分别进行介绍。

1. 纸张大小

在为文档设置页面大小和方向时，应考虑文档的实际应用。如将来要送往印刷厂印刷，最好将页面大小设置为将来成品的大小，而页面方向也应根据印刷中版面的布局来设置。如果文档只是通过打印机普通输出，则对设置页面大小没有严格的要求。

2. 页边距

页边距的设置能够规划文档版心的位置，即正文的排放位置。在设置时应考虑文档的装订位置，是否需要在文档左侧或右侧留有装订线，或根据文档的奇偶页不同设置相应的装订线位置，如下图所示。

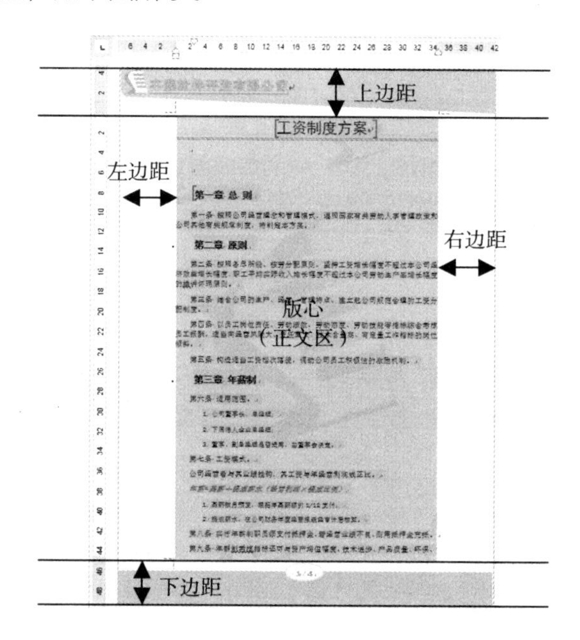

3. 页眉页脚

页眉和页脚显示在页边距中，通常用来显示文档的附加信息，如时间、日期、页码、单位名称、徽标等。其中，页眉在页面的顶部，页脚在页面的底部。

虽然页眉、页脚显示的大范围已经定了，但我们仍然可以在“页眉和页脚工具－设计”选项卡的“位置”组中的数值框中，设置页眉顶端和底端距离页面边缘（即纸张边缘，也称为天头地脚）的数值，进一步确定页眉、页脚内容的显示范围，如下图所示。通常，页眉上部的留白，比页脚下部的留白大，这样视觉效果更好。如果页面上下部位的留白太小，会给人拥挤感。

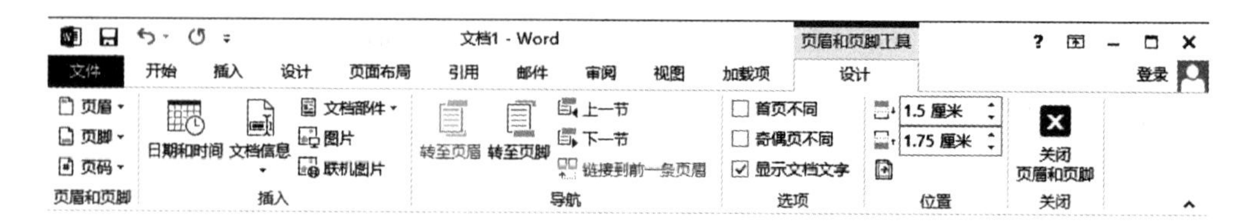

4. 节

在 Word 中，“节”是一组页面格式的集合，它是文档格式化的最大单位（或指一种排版格式的范围）。而页面设置的作用范围是“节”，默认情况下新建的文档，Word 将整个文档视为一“节”。所以对文档的页面设置应用于整篇文档，这样一般也就够用了。但是在一些特殊情况下，比如想要文档中的部分页面旋转 90°，或是想要部分页面不被编入页码，或是想要部分页面采用不同的版面布局，这些高级操作都需要用到“节”，它可以让文档中的页面设置发生变化。

因为节不是一种可视的页面元素，一般人在对大型文档的排版中也没有体现这个概念，所以很容易被用户忽略。实际上，对文档进行排版时若少了“节”的运用，许多排版效果就无法实现。简单来说，就是如果整篇文档采用统一的格式，则不需要分“节”；如果想在文档中采用不同的格式设置，则必须通过插入分节符将文档分隔成任意数量的“节”，然后根据需要分别为每“节”设置不同的格式。

让你看到分节符

“节”可小至一个段落，大至整篇文档。“节”用分节符标识，每个分节符是为表示一个“节”结束而插入的标记。分节符中存储了当前“节”的格式设置信息，如页边距、页的方向、页眉和页脚及页码的顺序等。一定要注意，分节符只控制它前面文字的格式。

很多人对“节”感到陌生和神秘，主要是因为它看不见，不够形象。下面我们让它现形。单击“开始”选项卡“段落”组中的“显示/隐藏编辑标记”按钮 ↵，就会看到插入的分节符了。在普通视图中，分节符是两条横向平行的虚线。

将文本插入点定位在需要插入分节符的位置，单击“页面布局”选项卡“页面设置”组中的“分隔符”按钮，在弹出的下拉列表框中选择需要插入的分节符类型即可。分节符类型共有 4 种，如下左图所示。

①“下一页”：插入该分节符，分节符后的文本从新的一页开始。

②“连续”：插入该分节符，新节与其前面一节同处于当前页中。

③“偶数页”：插入该分节符，分节符后面的内容转入下一个偶数页。

④“奇数页”：插入该分节符，分节符后面的内容转入下一个奇数页。

插入分节符后，要使当前“节”的页面设置与其他“节”不同，只要单击“页面布局”选项卡“页面设置”组右下角的“对话框启动器”按钮，打开“页面设置”对话框，在“应用于”下拉列表框中选择“本节”选项即可，如下右图所示。

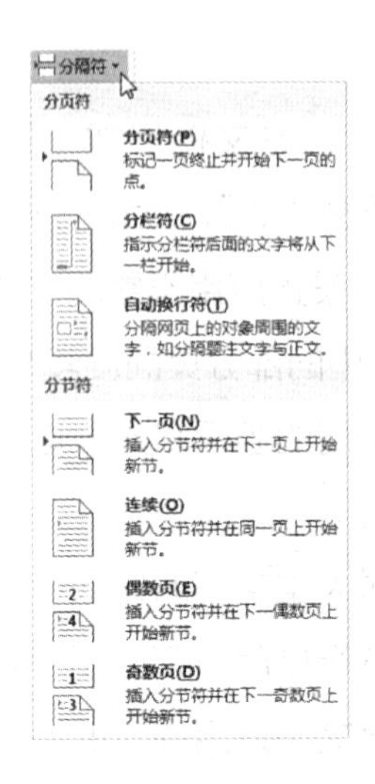

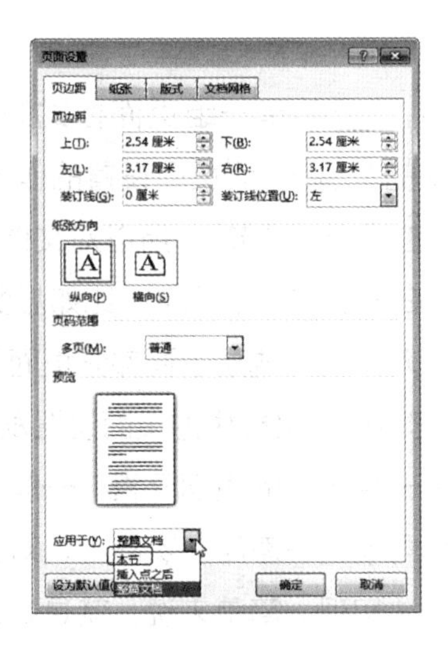

包括页边距（上下左右边距、装订线与页边界距离、装订线位置、页眉页脚距页边界距离、对称页边距、拼页）、纸张类型、纸张方向、版式（节的起始位置、页眉和页脚、垂直对齐方式、行号、边框）、文档网格设置（字体设置、绘图网格设置、文字排列方向）等都可以有 3 种应用范围：本节、插入点之后、整篇文档。

5. 出血

在为出版物设置页面时还应注意一个比较重要的内容——出血，尤其是设计过程中要求色块紧贴页面上下左右任意一个页边时，为确保色块和页边之间紧密贴合，将来在裁切后没有缝隙（即白色的边或块，它是纸张本身的内嵌颜色），我们通常会将色块的范围设置得大于页面范围，即超出页边，以避免将来裁切时可能出现的误差。这种设置的行业术语就称为“出血”，出血一般设置为 3mm，如下图所示。在字典的侧边上经常会针对 A、B、C、D…区域进行色块的分隔标识，这就是使用了出血的效果，它能帮助用户通过查看侧边快速翻开想要的章节，尤其在很厚的书籍中非常有必要。

要点03 文档不仅仅只有单纯的文字

可能在很多人眼中，写文档就是打打字，改改内容，特别是较为正式的公文，并不需要美化，美化了反而让人觉得文档不正式。

的确，大部分较为正式公文中通常用不着图形或图片之类的内容或修饰元素。为了体现公文的正式性，也不允许太多的修饰和色彩，甚至整篇文档就是由文字、字符构成。但如果不美化，特别是当文字内容较多时，阅读者看到密密麻麻的文字心里是何种滋味？回忆一下，你上次看到这种密密麻麻蚂蚁似的文字，心里是不是不太好受？

所以，无论什么样的文档，文档美化的工作都是必不可少的。那么，应该如何改善这种纯文字类文档的整体效果呢？实际上，这类文档中不仅仅只有文字而已，它还包含了一些不易看到或没有想到的东西，那就是格式。合理地应用格式，便可能让文档中本身枯燥的字符成为文档中修饰的主要元素。这里所说的格式主要包含了字符格式和段落格式两大类。

1. 字符格式

设置字符格式可以改变字符的外观效果，包括设置字体的形状、大小、颜色、字符间距等。Word 可以非常灵活地设置文本的字符格式，常用的字符格式有如下几种。

（1）字体

字体即书体，也就是文字的风格式样。字体的艺术性体现在其完美的外在形式与丰富的内涵之中。我们平常所说的楷书、草书即是指不同的书体。在文档排版时，常用字体有“微软雅黑”“宋体”“黑体”“楷体”和“隶书”等。下图所示的 5 组文字，从左到右分别应用了“微软雅黑”“宋体”“黑体”“楷体”和“隶书”。

员工手册　员工手册　员工手册　员工手册　员工手册

有关字体

Word 中可用的字体与电脑系统中安装的字体有关。通常情况下，Windows 中文系统默认安装了“微软雅黑”“宋体”“黑体”和“隶书”等字体。如果需要使用系统中没有的其他字体，则需要安装相应的字体。另外需要注意的是，如果文档中使用了非系统默认安装的字体，在没有安装该字体的电脑中打开该文档时，将无法看到相应的字体效果。

（2）字号

字号是指字符的大小，在 Word 中可用汉字“五号”“四号”……或数字 12、14……表示。以汉字表示字符大小时，数字越小，文字显示得越大；以数字表示字符大小时则相反，不同字号大小的差距可参考下图所示。

一号　二号　三号　小三　四号

10　11　12　13　14　15　16　17　18

字体和字号的选择

在设置文本的字体时，应根据文档的使用场合和不同阅读群体的阅读体验进行设置。尤其文字大小是阅读体验中的一个重要部分，你需要在日常生活和工作中留意不同文档对文字格式的要求。单从阅读舒适度上来看，宋体是中文各字体中阅读起来最轻松的一种，尤其在编排长文档时使用宋体可以让读者的眼睛负担不那么重。这也是宋体被广泛应用于书籍、报刊等出版物正文的缘故。

（3）字形

字形是指文字表现的形式，Word 中的字形主要分为正常显示、加粗显示和倾斜显示。通常可以用不同的字形表示文档中部分内容的不同含意，或起到引起注意或强调的作用，不同字形表现效果如下图所示。

正常文字效果　**加粗效果**　*倾斜效果*　***加粗并倾斜***

（4）下划线

下划线是出现在文字下方的线条，通常用于强调文字内容。Word 中提供了多种类型的下划线，用户可根据实际情况选用，下图所示为文字加上不同下划线的效果。

重要通知　重要通知　重要通知　重要通知

（5）着重号

着重号的形式是小圆点（·），横排文字时点在文字的下方，竖排文字时点在文字的右边。通常用于强调非常重要的关键字、词或句，引起读者的注意。下图所示就着重强调了制度的适用人员。

本办法适用于本公司及区域公司、项目公司全体员工。

（6）字体颜色

字体颜色也就是文字的颜色。由于色彩可以体现心情，不同的色彩也具有不同的心理暗示。例如，红头文件中会使用醒目的、代表权威的、让人敬畏的红色作为文件头的文字颜色。可见，字体颜色的设置在字符格式设置中起着举足轻重的作用。在为文字应用色彩时需要十分谨慎，要从文字的意思、颜色的意义以及使用颜色后文字的明显程度以及整体的色彩等各方面考虑，切忌滥用颜色。

（7）突出显示

Word 中提供了以不同亮色作为文字底色的功能，使用该功能可以突出显示底色上方的文字内容。

（8）文字效果

利用文字效果可以为文字加上特殊的格式或修饰，它包含删除线、双删除线、上标、下标、阴影、空心、阳文、阴文、小型大写字母、全部大写字母和隐藏效果。

（9）字符间距

字符间距是指一组字符之间相互间隔的距离。字符间距影响了一行或者一个段落的文字的密度。在 Word 中可以通过“缩放”“间距”和“位置”3 种方式来改变字符间距。

- “缩放”是在字符原来大小的基础上缩放字符尺寸（即设置文字水平方向上的缩放比例）。下图中的 3 组文字，从左到右分别是正常情况下、缩放 50%、缩放 150% 的效果。

正常字符间距　　缩放50%　　缩放 150%

- “间距”用于设置字符与字符之间的空隙距离，下图中的 3 组文字，从左到右分别是正常情况下、加宽 2 磅、紧缩 2 磅的效果。

正常字符间距　　加 宽 2 磅 效 果　　紧缩2磅效果

- “位置”则用于调整文字向上或向下偏移（也就是相对于标准位置，提高或降低字符的位置）。下图中的 3 组文字，从左到右分别是正常情况下、提升 5 磅、降低 5 磅的效果。

正常字符位置　　字符提升 5 磅　　字符降低 5 磅

2. 段落格式

在文档中，除了字符元素外还有一种元素——“段落”，段落是一些连续文字和字符内容的整体。在 Word 中，段落就是以回车键（即【Enter】键）结束的一段文字，以段落标记（回车符）为段落结束标记。通常我们在 Word 中录入文字内容时都会有意识地为文章分段，即按【Enter】键“换行”。这里需要强调的是，Word 中分段和换行是两种不同的形式，【Enter】键在 Word 中的作用实际上是分段，很多人会把它简单地认为是换行，这是不正确的，分段和换行存在本质的区别，通过下面段落相关的格式的作用便能得出结论。

（1）段落对齐方式

采用不同的段落对齐方式，将直接影响文档的版面效果。常见的段落对齐方式包含左对齐、右对齐、居中对齐、分散对齐和两端对齐。需要注意的是，如果一个段落为多行文字，除最后一行外的各行都应是排满整行的，即它们左右几乎没有空隙，所以，当应用不同的对齐方式后，只能看到段落中的最后一行对齐方式发生变化。

- 左对齐，是把段落中每行文本一律以文档的左边界为基准向左对齐，如下左图所示。
- 居中对齐，是文本位于文档左右边界的中间，如下中图所示。
- 右对齐，是文本在文档右边界对齐，如下右图所示。

段落就是以回车键（即“Enter”键）结束的一段文字，
它是独立的信息单位。字符格式表现的是文档中局部文
本的格式化效果，而段落格式的设置则将帮助设计文档
的整体外观。段落格式包括设置段落的对齐方式、段落
缩进、段与段之间的间距、行间距、段落边框与底纹，
以及段落编号与项目符号等格式。

段落就是以回车键（即“Enter”键）结束的一段文字，
它是独立的信息单位。字符格式表现的是文档中局部文
本的格式化效果，而段落格式的设置则将帮助设计文档
的整体外观。段落格式包括设置段落的对齐方式、段落
缩进、段与段之间的间距、行间距、段落边框与底纹，
以及段落编号与项目符号等格式。

段落就是以回车键（即“Enter”键）结束的一段文字，
它是独立的信息单位。字符格式表现的是文档中局部文
本的格式化效果，而段落格式的设置则将帮助设计文档
的整体外观。段落格式包括设置段落的对齐方式、段落
缩进、段与段之间的间距、行间距、段落边框与底纹，
以及段落编号与项目符号等格式。

- 两端对齐，是把段落中除了最后一行文本外，其余行的文本的左右两端分别以文档的左右边界为基准向两端对齐。这种对齐方式是文档中最常用的，平时看到的书籍的正文都是采用这种对齐方式，如下左图所示。
- 分散对齐，是把段落的所有行的文本的左右两端分别以文档的左右边界为基准向两端对齐，如下右图所示。

段落就是以回车键（即“Enter”键）结束的一段文字，它
是独立的信息单位。字符格式表现的是文档中局部文本的
格式化效果，而段落格式的设置则将帮助设计文档的整体
外观。段落格式包括设置段落的对齐方式、段落缩进、段
与段之间的间距、行间距、段落边框与底纹，以及段落编
号与项目符号等格式。

段落就是以回车键（即“Enter”键）结束的一段文字，它
是独立的信息单位。字符格式表现的是文档中局部文本的
格式化效果，而段落格式的设置则将帮助设计文档的整体
外观。段落格式包括设置段落的对齐方式、段落缩进、段
与段之间的间距、行间距、段落边框与底纹，以及段落编
号 与 项 目 符 号 等 格 式 。

左对齐与两端对齐的区别

相对于中文文本，左对齐方式与两端对齐方式没有什么区别。但是如果文档中有英文单词，左对齐将会使得英文文本的右边缘参差不齐，此时如果使用“两端对齐”方式，右边界就可以对齐了。

（2）段落缩进

段落缩进是指段落相对左右页边距向页内缩进一段距离。设置段落缩进可以使文档内容的层次更清晰，方便读者阅读。缩进分为首行缩进、左缩进、右缩进及悬挂缩进。

- 左（右）缩进，整个段落中所有行的左（右）边界向右（左）缩进，左缩进和右缩进合用可产生嵌套段落，通常用于引用的文字。
- 首行缩进，首行缩进是中文文档中最常用的段落格式，即从一个段落首行第一个字符开始向右缩进，使之区别于前面的段落。一般会设置为首行缩进两个字符，即段落第一行首空两格，如下左图所示。很多人在排版文档时习惯在段落开始时敲几下空格键，其实不用这么麻烦，只需设置第一个段落的格式后，按【Enter】键分段，下一个段落会自动应用相同的段落格式。
- 悬挂缩进，将整个段落中除了首行外的所有行的左边界向右缩进，如下右图所示。

段落就是以回车键（即“Enter”键）结束的一段文字，它是独立的信息单位。字符格式表现的是文档中局部文本的格式化效果，而段落格式的设置则将帮助设计文档的整体外观。段落格式包括设置段落的对齐方式、段落缩进、段与段之间的间距、行间距、段落边框与底纹，以及段落编号与项目符号等格式。↵

段落就是以回车键（即“Enter”键）结束的一段文字，它是独立的信息单位。字符格式表现的是文档中局部文本的格式化效果，而段落格式的设置则将帮助设计文档的整体外观。段落格式包括设置段落的对齐方式、段落缩进、段与段之间的间距、行间距、段落边框与底纹，以及段落编号与项目符号等格式。↵

（3）段落间距

段落间距是指相邻两段落之间的距离，包括段前距、段后距，及行间距（段落内每行文字间的距离）。

相同的字体格式在不同的字距和行距下的阅读体验也不相同，只有让字体格式和所有间距设置成协调的比例时，才能有最完美的阅读体验。这也印证了那句话——“协调与平衡，永远是美学的第一课。”用户在制作文档时，不妨多尝试几种设置的搭配效果，最后选择最满意的效果进行编排。

图形绘制技巧

在录入文档时，当文字满一行后会自动换到下一行。如果想让文字在未满一行时强制换行而不分段，可以使用【Shift+Enter】组合键强制换行。

要点04 文档排版也需要艺术

就编个文档，怎么与艺术扯上关系了？千万别小看排版的艺术，同样一篇文章，如果套用两种不同的排版风格，表现出的意义有可能截然不同。所以，不同类型的文档，我们需要选用不同类型的版式风格。

所谓排版，就是在有限的版面空间里，将文字、图片、图形、表格、线条和色块等版面构成要素，根据特定内容的需要进行组合排列，把构思与形式直观地展现在版面上，让读者在接受版面信息的同时获得美的感觉和艺术的感染。在排版文档前必须了解文档的阅读对象，或者说是文档的应用范围，例如，公司的规章制度、通知、内部文件等面对的是公司内部员工，报告、报表、总结、计划等面对的是领导、上司或上级部门，方案书、报价、产品介绍、宣传资料等文档面对的是公司的客户，等等。根据不同的阅读对象，我们需要分析不同对象阅读文档的心理，然后有针对性地对文档进行设计和排版，为阅读者营造一种恰当的氛围，甚至为相应阅读者提供便捷的操作。

在 Word 中编排文档并非多么复杂的事情，只需要简单的排版学习，并在日常写作中逐步巩固各操作的应用、形成习惯，即可将自己编排的文档效果提升一个台阶。各行业不同类型的文章有一定的写作和排版标准，下面着重介绍常用的 3 类文档的排版要求和技巧。

1. 工作安排文档如何排版

随着办公自动化的发展，现在大部分的企业都通过电脑来办公，所以员工的很多工作都涉及文档的制作。我们可以根据文档阅读对象的不同，简单地将工作中的文档分为两类，一类是面向公司内部员工的文档，如公司的规章制度、通知、内部文件等；另一类是面向领导、上司或上级部门，如报告、报表、总结、计划等。这两类文档在排版工作中略有不同，下面分别介绍。

（1）面向公司内部员工的文档

公司或组织内部的文档一般都有统一的文档规范。例如，文档中有统一的 LOGO、页眉、页脚、标题样式、正文样式、不同级别内容的字体大小、行间距、字间距等。因此，在编排这类文档前，可以先制作好固定的模板文件，再根据不同的文档格式制作一些特殊模板，形成企业自有的一套文档模板。这样，员工在编辑文档时就可以根据需要选择最合适的模板文档来创建文件了。不仅节约了大家制作文档的时间，提高了工作效率，还能统一各部门、各员工呈报的各种文档的格式，以体现企业文化或组织管理的统一性。

员工在编排面向公司内部员工的文档时，如果没有模板文档可用，需要重新创建模板，或者要编排的文档类型比较特殊，往后需要编辑该类文档的概率很小时，可根据如下原则来编排。

- 文章里字体不要超过两种，最好统一为一种字体。通常采用宋体、黑体等常规字体，切勿使用不正式的字体或艺术字。
- 文章里字号的设置越少越好。可以利用字体大小、字间距、行间距、段间距等表现出文档内容的层次结构。
- 除需要特别强调的内容外，同一级别的内容应采用相同的样式。
- 要强调的内容或有特殊意义的内容应采用统一的格式。例如，文档中所有需要强调的内容均采用下划线，不是特别重要的或可选择阅读的使用浅色字表示等。
- 在比较正式的文档中最好不要为中文字使用斜体效果，否则容易让人反感。
- 颜色的使用不要超过两种，最好是一个颜色。当然需要标出重点内容也可以使用其他的颜色加以提示，但是切记不要过多。
- 少用图片修饰，以体现制度的权威性和严肃性。

总之，对此类文档排版时，如有统一规范的格式时切勿随意更改，如果没有统一规范，在排版时也尽量让文档简洁明了、效果整齐统一。例如，下方各图为同一公司内部不同文档中的内容，但其整体格式是统一的。

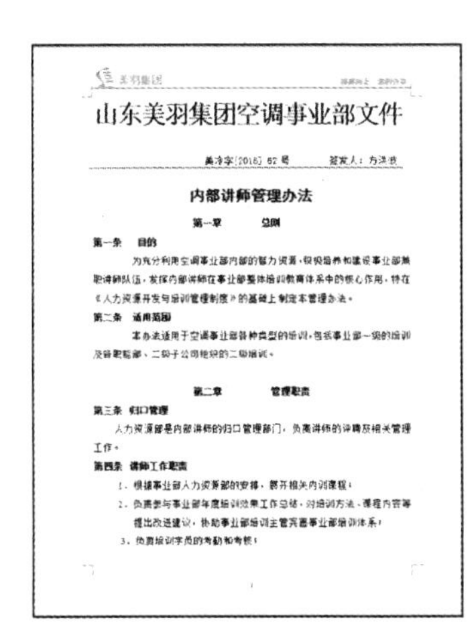

美羽集团

山东美羽集团空调事业部文件

美冷字[2015] 62号　　签发人：方洪波

内部讲师管理办法

第一章　总则

第一条　目的

为充分利用空调事业部内部的智力资源，积极培养和建设事业部兼职讲师队伍，发挥内部讲师在事业部整体培训教育体系中的核心作用，特在《人力资源开发与培训管理制度》的基础上制定本管理办法。

第二条　适用范围

本办法适用于空调事业部各种类型的培训，包括事业部一级的培训及各职能部、二级子公司组织的二级培训。

第二章　管理职责

第三条　归口管理

人力资源部是内部讲师的归口管理部门，负责讲师的评聘及相关管理工作。

第四条　讲师工作职责

1. 根据事业部人力资源部的安排，展开相关内训课程；
2. 负责参与事业部年度培训效果工作总结，对培训方法、课程内容等提出改进建议，协助事业部培训主管完善事业部培训体系；
3. 负责培训学员的考勤和考核；

美羽集团

广东威[illegible]电子制造有限公司

培训记录

培训内容	中阶管理者职业发展之路——[illegible]系列培训之一	讲师	赵智华总经理
培训时间	9月27日 下午2:00~5:00	培训地点	公司一楼会议室

培训记录

序号	要求参加人员	考勤签到				考核成评估	备注
		2:00	5:00				
1	蔡莉						
2	邱利生						
3	王建平						
4	邱孝通						
5	吕玉祥						
6	张林涛						
7	徐承泉						
8	杨辉						
9	芦元鹏						
10	吴鹏						
11	罗雨锋						
12	黄永福						
13	杨安俊						
14	方楠						
15							
16							
17							
18							
19							

美羽集团

山东威[illegible]电子制造有限公司

培训效果评估表

课程内容：中阶管理者职业生涯发展

培训日期：2015年9月27日　　培训地点：公司一楼会议室

受培训者姓名：徐承泉　　培训师姓名：赵智华总经理

请就下面每一项进行评价，并请在相对应的分数上打"√"。

	很差	一般	良好	很好
◆ 课程内容				
课程适合我的工作和个人发展需要	5	6 7	8	9 10√
课程内容深度适中、易于理解	5	6 7	8	9 10√
课程内容切合实际、便于应用	5	6 7	8	9 10√
◆ 培训师				
培训师有充分的准备	5	6 7	8	9 10√
培训师表达清楚、态度友善	5	6 7	8	9 10√
培训师对培训内容有独特精辟见解	5	6 7	8	9 10√
培训师对进度与现场气氛把握很好	5	6 7	8	9 10√
培训方式生动多样、鼓励参与	5	6 7	8	9 10√

◆ 参加此次培训的收获有（可多选）：ABCE

A. 获得了适用的新知识。
B. 获得了新的管理观念。
C. 理顺了过去工作中的一些模糊概念。
D. 获得了可以在工作上应用的一些有效的技巧或技术。
E. 促进客观地观察自己以及自己的工作，帮助对过去的工作进行总结与思考。
F. 其它（请填写）：对个人的发展有很大帮助

◆ 对本人工作上的帮助程度：A. 较小　B. 普通　C. 有效　D. 非常有效√

◆ 整体上，您对这次课程的满意程度是：A. 不满　B. 普通　C. 满意　D. 非常满意√

（2）提交给领导的文档

工作中，我们经常需要向上级领导或部门提交一些报告、报表、总结、计划、实施方案等。这类文档有明确的阅读者，在制作时除了需要精心准备文档的内容外，在文档的排版上也需要花点心思。千万不要以为领导只关心实质性的内容，其实他们每天要看很多文档，你只有让自己的文档效果更美观，才能给他们留下良好的第一印象，吸引他们认真地查看具体的内容。这类文档的格式还是比较统一的，不过可以考虑使用以下方法进行美化。

- 尽量精简语言，做到主次明确、重点突出、层次清晰。文档中各级标题应使用大纲级别，因为领导通常是在电脑上查看此类文档，通过 Word 中的“导航”任务窗格可以快速浏览文档内容。
- 多采用图表、表格甚至图形的形式表达，不仅可以美化文档，也可以让内容简单明了。
- 可适当为文字设置色彩，也可插入图片修饰文档，但不可太随意。文档中使用颜色时应注意色彩意义及主色调的统一性。为体现对领导的尊敬，尽量不使用红色、紫色、橙色作为修饰（企业标准色除外）。
- 文档中加入页码、目录、引言、脚注、尾注、批注、超链接等元素，方便领导查阅文档及相关内容。

2. 商务应用文档如何排版

在日常生活和工作中，我们经常要用到会议通知、邀请函、报价表、招标书、项目企划书、各种各样的合同、商务信函和市场分析报告等文档。由于这些文档是面向公司客户、合作伙伴等商业往来的对象，所以也称为商务文档。

制作这类文档的目的非常明确，在排版过程中一定要小心谨慎，除了避免内容上的错误外，还需要特别注意各种细节。只有这样你才会在对方心中留下严谨的印象，让对方对你以及你的产品或服务产生信任。这类文档在文字内容和排版上可以比正式文档活泼一些，但仍不失严谨，排版时可以从以下方面突破。

- 尽量避免应用长篇文字内容，可将较长的文字分解并精简为多个短小的段落，并配合图形来表达文字含意。
- 合理地加入修饰性内容，如表格、图形、图标、照片等，丰富文档内容。
- 丰富文档中的色彩，从视觉效果上吸引客户。
- 在添加丰富的修饰元素和色彩时，应保持文档各类元素风格的统一。主要体现在同级文字内容的字体、字号、间距、修饰形状上。例如，文档中有多个二级标题，它们的字体、字号、间距、修饰形状应保持一致，可在字体颜色和形状色彩使用上有所变化，使文档修饰显得更丰富。

- 丰富文档的版式。特别是宣传型文档，可使用多栏版式，甚至使用表格进行复杂版式设计。

总之，商务文档在排版时尽量化繁为简，将长篇内容提炼出小标题，整个页面元素较为活泼，可采用多种形式进行展示，目的就是吸引对方的眼球，准确无误地传递信息。例如，下方各图分别为活动宣传单、商务旅行清单和企业简介。

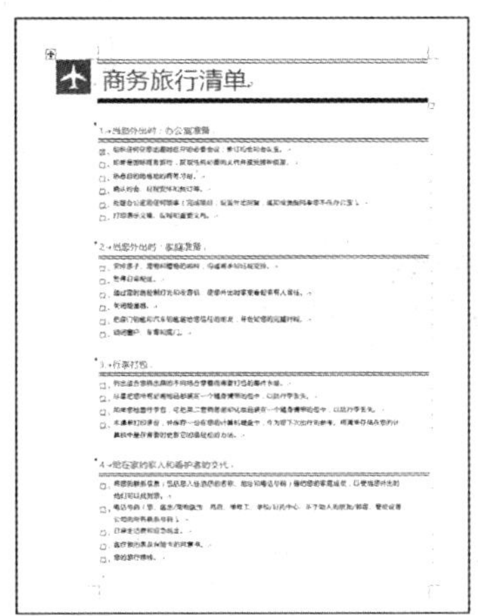

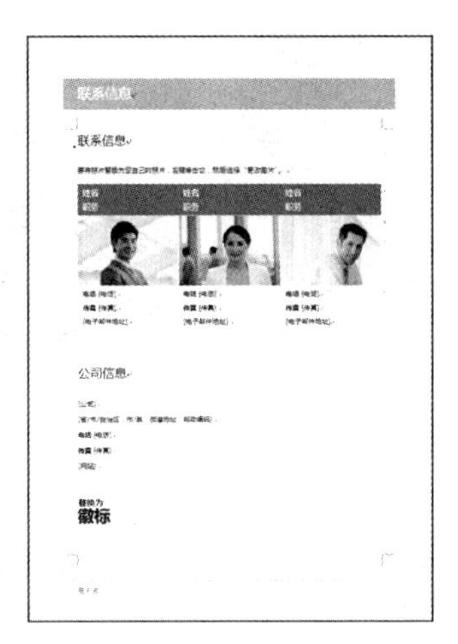

3. 图书、杂志如何排版

现代人对美的追求越来越高，对艺术的追求无处不在，即使是使用 Word 编排文档这件小事也可以很艺术。一般人掌握 Word 中的那些常用技巧就可以排版出一个常见的文档了，但如果我们再花点小心思，对文档进行一番设计，便可以做出各种类型的专业设计，让你的作品彻底与众不同。

我们在制作图书、杂志、宣传册等纯粹商业化的文档时，可以尽情发挥 Word 的编排功能，产生一个个设计作品。这类文档的制作过程就是一个设计过程，最终的结果好不好没有一个定数，因为这类文档面对的读者群太庞大，他们年龄可能不同、职业可能不同、生活环境也可能不同，他们对文档效果的满意与否自然也是各不相同了。

这类文档的排版没有什么规则可言，也没有什么秘密可言，重要的是要学会分析不同对象阅读文档的心理，然后有针对性地对文档进行设计和排版，为阅读者营造一种恰当的氛围，甚至为阅读者提供便捷的操作。多看别人的作品，借鉴好的效果，久而久之你的排版技术自然就进步了。下面给出了一组国外杂志内文的排版效果。

要点05 提升Word排版效率的方法

现在，很多办公人员大部分时候的工作内容都是处理各类文档。对文档进行排版是一个锦上添花的过程，这个过程不是主要的工作目的，而没有这个过程又不能在竞争日益激烈的当下让自己的文档脱颖而出。那么，只有思考如何提高文档编排的效率了。除了提高打字速度和操作熟练度以外，我们还能做些什么呢？

1. 使用文档结构图

Word 文档结构图视图不仅有益于阅读，也有益于写作。在视图栏中单击“页面视图”按钮▤，或在“视图”选项卡的“视图”组中单击“页面视图”按钮，即可切换到页面视图。

借由文档结构图的阶层式标题，创作者或排版者（乃至阅读者）可对整份文档内容一目了然。在“视图”选项卡的“显示”组中选中“导航窗格”按钮，即可切换到页面视图。“文档结构图 + 页面视图”的视图模式（如下图所示）是创作者的好帮手，它可以让作者再也不迷失在庞大的文档结构中，对于辅助作者熟悉架构轮廓有很大的帮助。

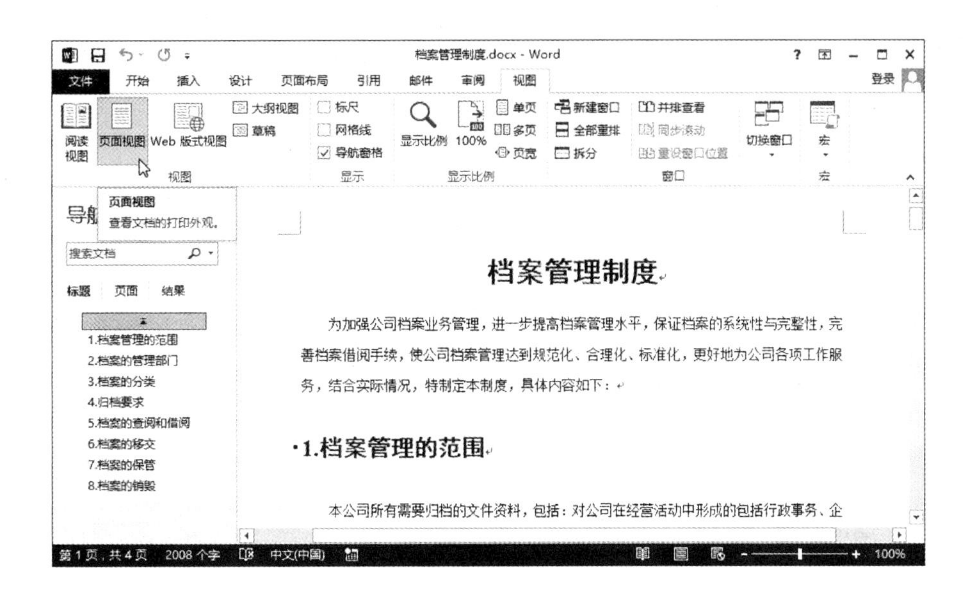

2. 格式设置从大到小

设置文档格式时，我们可以根据格式所作用的范围从大到小进行设置。例如，美化一篇文档时，可以先统一设置所有段落和字符的格式，然后再设置不同部分的段落格式和文字格式。

3. 尽量使用快捷键操作

电脑中的很多操作都可以通过某些特定的按键、按键顺序或按键组合来完成，如打开文档、关闭文档、复制内容、粘贴内容、查找内容等。很多快捷键往往与【Ctrl】键、【Shift】键、【Alt】键、【Fn】键等配合使用。

利用快捷键只需要在键盘上同时按下几个键即可，与移动鼠标指针到某个选项或按钮上选择或单击，甚至还要在弹出的下拉菜单中再次选择相比，自然是使用快捷键的速度会快很多。在平时的排版中，快捷键的应用可以节省大量时间，而且可以简化排版操作。

4. 熟练使用 Word 中各种提高效率的功能

Word 中设计了很多可以帮助大家提高工作效率的功能，例如，使用“查找 / 替换”功能不仅可以快速查找或替换文档中所有目标文字，还可以替换设置格式；再如，文本样式中不仅预置了一些作用于段落的整体格式，还预置了一些作用于文本的格式，另外还支持自定义样式，将设置好的样式保存起来后可以在文档其他地方快速使用该样式，也可以在新文档中快速应用该样式。

通过前面知识要点的学习，主要让读者认识和掌握使用 Word 录入和编辑文档的相关技能与应用经验。下面，针对日常办公中的相关应用，列举几个典型的文档编排案例，给读者讲解在 Word 中编辑文档的基本方法及具体操作步骤。

1.1 劳动合同

◇ 案例概述

劳动合同是用人单位和劳动者之间签订的合同，它既是劳动者实现劳动权的重要保障，也是用人单位合理使用劳动力、巩固劳动纪律、提高劳动生产率的重要手段。本例中的劳动合同文档制作完成后的效果如下图所示。

	素材文件:光盘\素材文件\第1章\案例01\劳动合同内容.txt
	结果文件:光盘\结果文件\第1章\案例01\劳动合同.docx
	教学文件:光盘\教学文件\第1章\案例01.mp4

◇ 制作思路

在 Word 中制作“劳动合同”文档的流程与思路如下图所示。

创建并保存文档：在 Word 中制作任何一个文档时，首先需要创建并保存文档。

输入文档内容：首先输入合同的首页文本，然后根据事先理清的文档中应包含的内容，在 Word 中分章按条地罗列并进行归纳总结各要点。

编辑文档内容：在文档内容输入完成后通读全文，发现需要修改或处理的地方再通过合适的编辑文本的方法进行修改。

设置文档格式：为了突出文档内容的主次，增加可读性，可以对相应的文本或段落设置格式。

阅读文档：任何一个文档在 Word 中编辑完成后我们都可以使用不同的方式阅读，并进一步完善文档的制作。本案例在最后便讲解了阅读文档的多种方式。

◇ 具体步骤

在实际办公应用中，需要处理很多纯文本类的文档，这类文档的制作方式基本相同。本例将以劳动合同为例，为读者介绍在 Word 中创建文档、输入与编辑文本、设置文档格式以及阅览文档的相关知识。

1.1.1 创建“劳动合同”文档

在编辑劳动合同文档前，首先需要在 Word 2013 中新建文档（通常，启动 Word 2013 软件后，软件将自动创建一个空白文档，用户可直接在该文档中输入内容），创建文档后应及时保存，以方便下次查看和编辑。下面就来创建“劳动合同”文档。

第1步：单击“文件”选项卡。

单击“文件”选项卡，如下图所示。

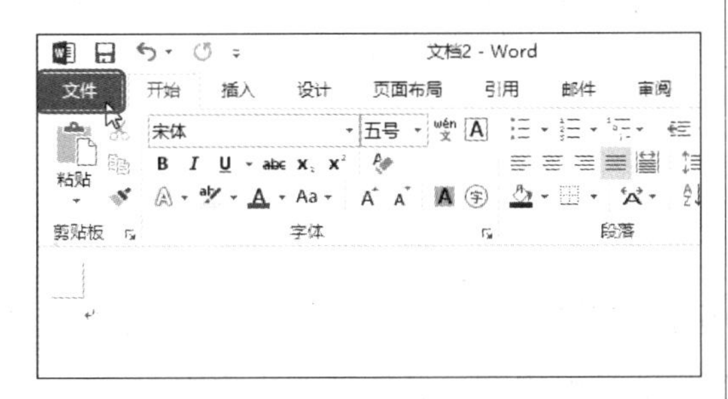

第2步：执行新建文档命令。

❶ 在弹出的文件菜单中选择“新建”命令；❷ 在中间的窗格中选择“空白文档”选项，如下图所示。

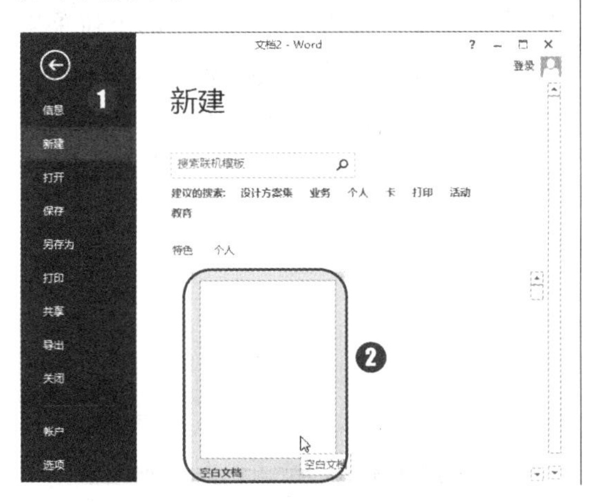

第3步：执行保存文档命令。

❶ 单击“文件”选项卡，在弹出的文件菜单中选择“另存为”命令；❷ 在中间的窗格中选择“计算机”选项；❸ 单击右侧的“浏览”按钮，如下图所示。

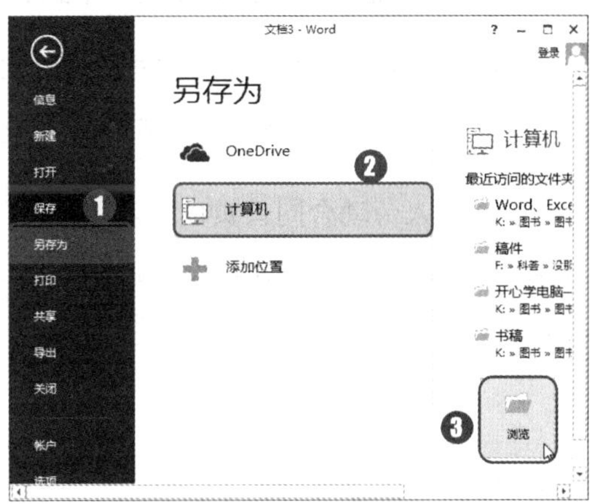

第4步：保存文档。

打开“另存为”对话框，❶ 在左侧列表框中选择要存放文件的磁盘，再依次选择文件要存放的位置；❷ 在“文件名”下拉列表框中输入文件名称；❸ 单击“保存”按钮，如下图所示。

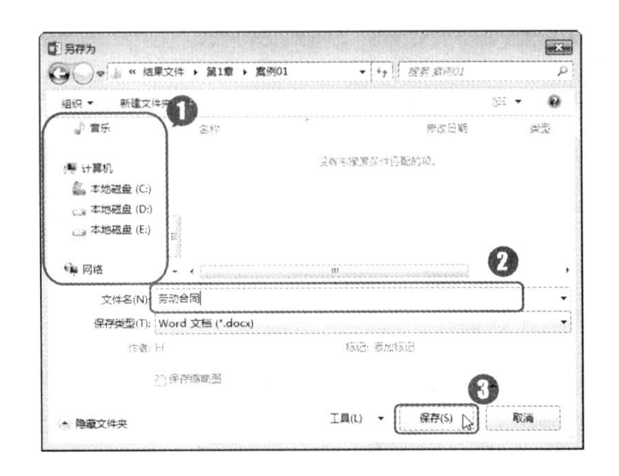

保存文件的其他方法

除以上方法可以保存文件外，还可以使用快捷键【Ctrl+S】或单击快速访问工具栏中的“保存”按钮。在对文档进行编辑和处理的过程中应不时地保存文档。只有在首次保存文件时才会打开“另存为”对话框，之后再保存文件时，文件将直接保存并替换上一次保存的文件。

1.1.2 输入“劳动合同”内容

将新建的“劳动合同”文档保存后即可在其中输入内容了。本例只输入合同首页的内容，然后通过复制的方式得到合同文档的其他内容，具体操作步骤如下。

第1步：输入劳动合同首页内容。

将文本插入点定位于文档中，输入下图所示的劳动合同首页的内容。

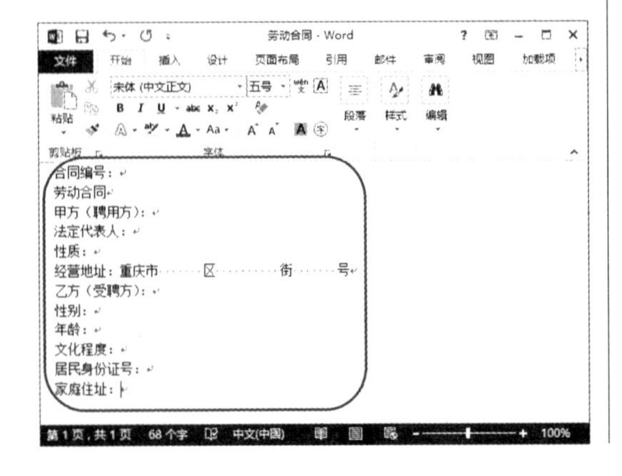

第2步：执行插入符号命令。

❶ 将文本插入点定位于“居民身份证号：”文本后；❷ 单击“插入”选项卡“符号”组中的“符号”按钮 Ω，在弹出的下拉菜单中选择“其他符号”命令；❸ 在弹出的下拉菜单中选择“其他符号”命令，如下图所示。

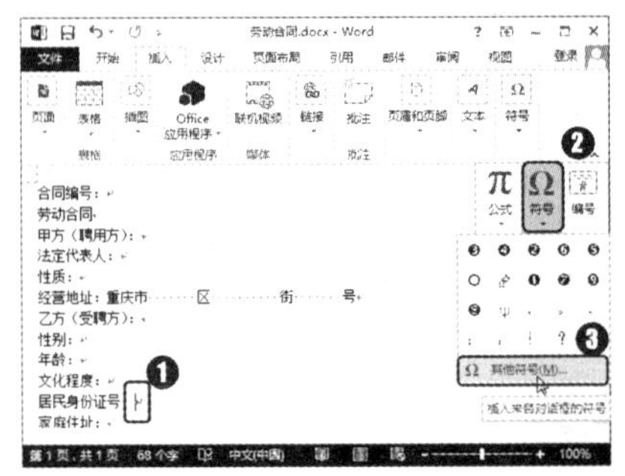

第3步：选择并插入符号。

打开“符号”对话框，❶ 在“字体”下拉列表框中选择“普通文本”选项；❷ 在“子集”下拉列表框中选择“几何图形符”选项；❸ 在下方的列表框中选择需要插入的“□”符号；❹ 单击“插入”按钮 18 次，即可在“居民身份证号：”文本后插入 18 个方框符号“□”；❺ 单击“关闭”按钮关闭对话框，如下图所示。

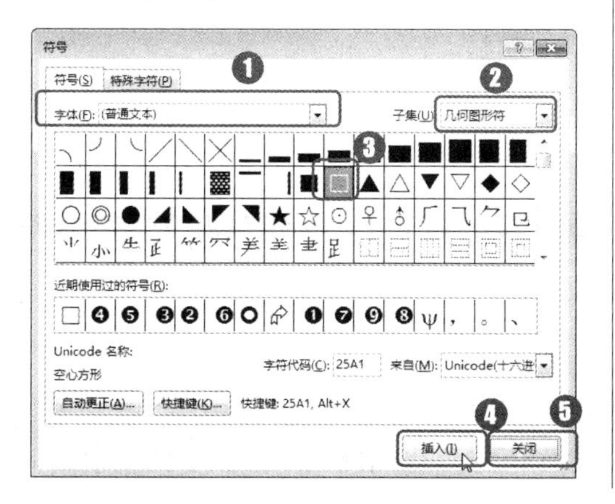

第4步：执行“插入分页符”命令。

合同首页内容输入完毕后，应换到下一页再输入详细的内容。❶ 将文本插入点定位于文档末尾要分页的位置；❷ 单击“插入”选项卡“页面”组中的“分页”按钮 ，如下图所示。

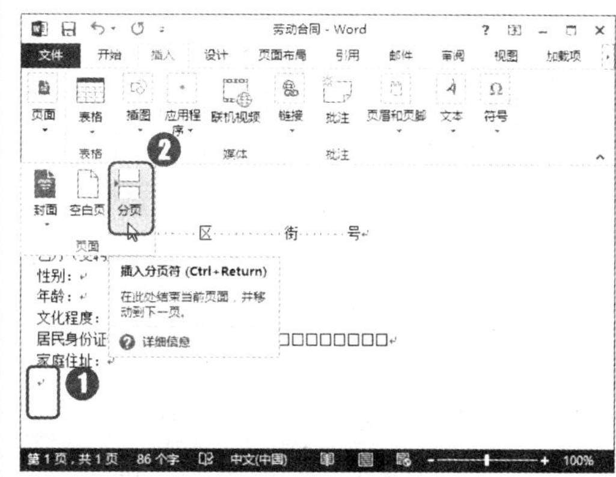

插入符号的注意事项

在 Word 中插入的符号来自系统中所安装的字体。若插入的符号所属于的字体为不常用字体，则在没有安装该字体的电脑上打开该文档时无法查看该符号的效果。

第5步：显示插入分页符效果。

经过上步操作，文本插入点将自动切换到第二页的行首位置，如右图所示。

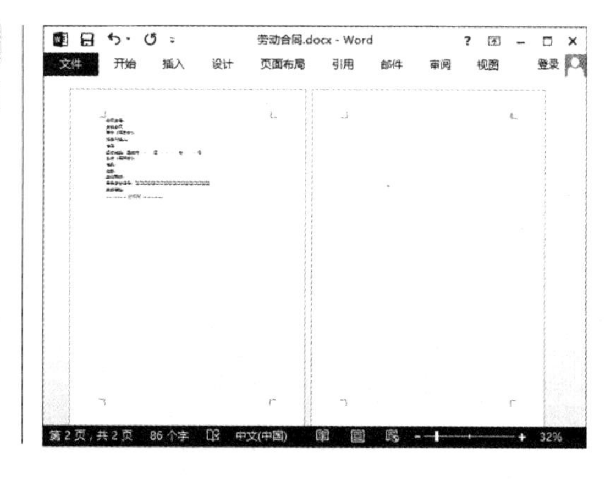

第6步：打开并复制文本文件中的内容。

❶ 在记事本中打开素材“劳动合同内容.txt”文件；❷ 按【Ctrl+A】组合键全选文本内容；❸ 单击“编辑”菜单；❹ 在弹出的下拉菜单中选择“复制”命令，如下图所示。

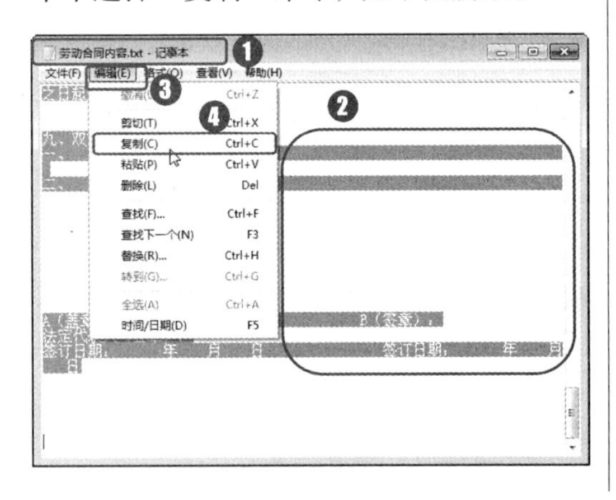

第7步：粘贴文本内容。

单击“开始”选项卡“剪贴板”组中的“粘贴”按钮（粘贴文本快捷键为【Ctrl+V】），将刚刚复制的内容粘贴于文档中，如下图所示。

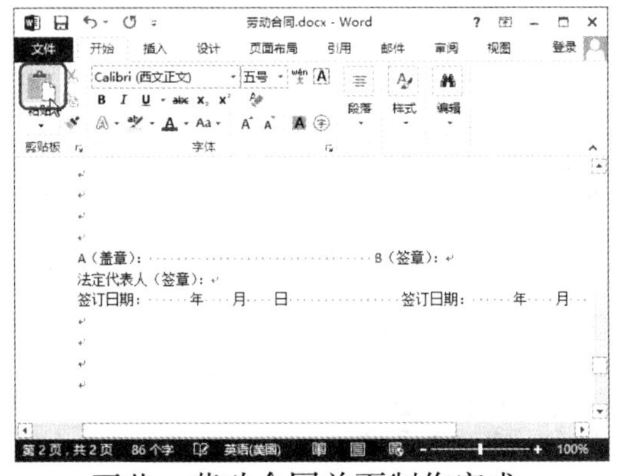

至此，劳动合同首页制作完成。

1.1.3 编辑“劳动合同”文档

在录入完文档内容后，通常需要对文档的内容进行审核，添加遗漏的内容、修改输入错误的内容、删除多余的内容等。这些操作也就是我们通常所说的文档编辑。下面对劳动合同进行编辑，具体操作步骤如下。

第1步：剪切文本内容。

❶ 选择需要移动位置的四行文本；❷ 单击“剪贴板”组中的“剪切”按钮（剪切文本快捷键为【Ctrl+X】）剪切所选内容，如下图所示。

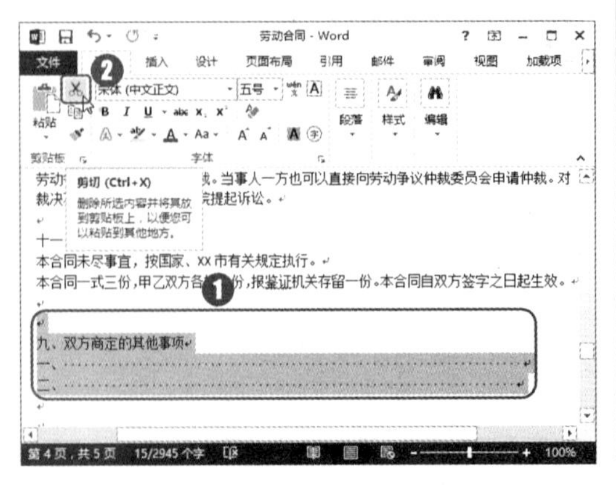

第2步：将文本粘贴于合适位置。

❶ 将文本插入点定位于需要将文本移动到的开始位置；❷ 单击“剪贴板”组中的“粘贴”按钮，如下图所示。

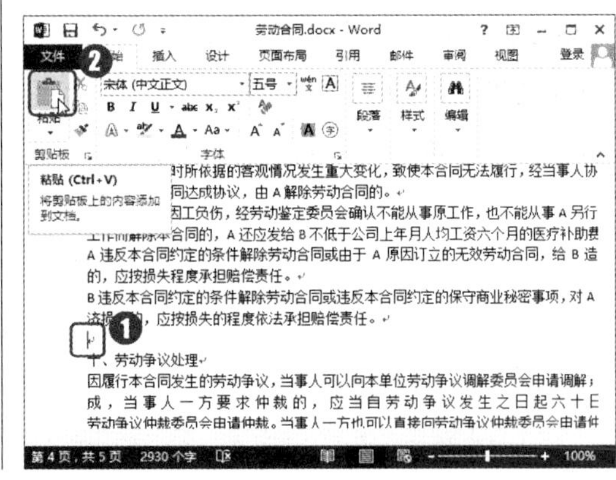

粘贴文本

在 Word 2013 中粘贴复制的内容后，根据复制源内容的不同会出现一些粘贴选项供用户选择，单击“粘贴”下拉按钮或在粘贴文本后按“Ctrl”键即可弹出“粘贴选项”下拉菜单，在其中选择需要的格式选项即可。在“粘贴”下拉菜单中选择“选择性粘贴”命令，还可打开“选择性粘贴”对话框，其中提供了更多的粘贴方式。

第3步：选择“替换”命令。

为提高文档录入效率，本例在录入时将所有的文本“甲方”使用字母“A”替代，而文本“乙方”使用字母“B”替代。现在需要替换回来。❶ 将文本插入点定位在文档开始处；❷ 单击“开始”选项卡“编辑”组中的“替换”按钮，如下图所示。

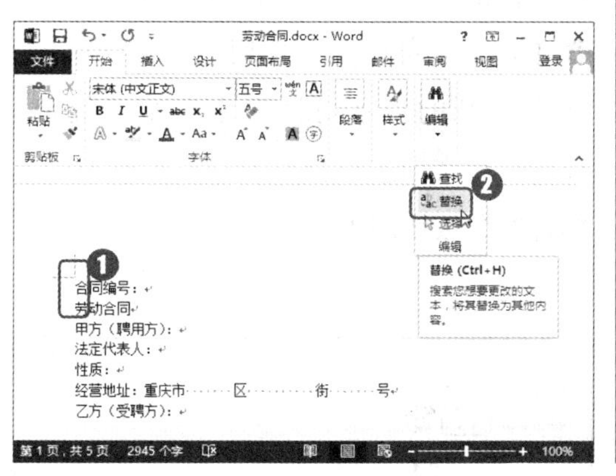

第4步：设置替换文本参数。

打开“查找和替换”对话框，❶ 在“查找内容”文本框中输入需要替换的文本“A”；❷ 在“替换为”文本框中输入需要替换为的文本“甲方”；❸ 单击“全部替换”按钮开始查找并替换文本内容；❹ 在打开的提示对话框中单击“确定”按钮，如下图所示。

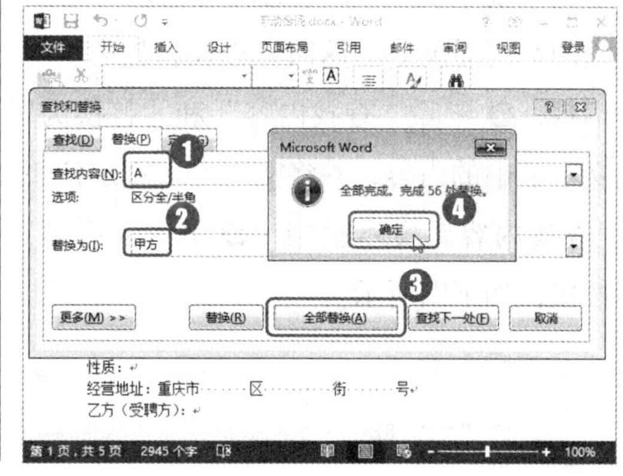

替换文本

为提高文档录入与编排的工作效率，通常可先将所有文档内容录入之后，再统一编辑和设置格式。在文本中多次重复出现并且较长的短语或名词，可先录入在文章中不会出现的简称或字符串，再在录入完成后应用查找与替换功能进行替换。

第5步：设置替换文本参数。

返回“查找和替换”对话框，❶ 在“查找内容”文本框中输入“B”；❷ 在“替换为”文本框中输入“乙方”；❸ 单击“全部替换”按钮开始查找并替换文本内容；❹ 在打开的提示对话框中单击“确定”按钮，如下图所示。

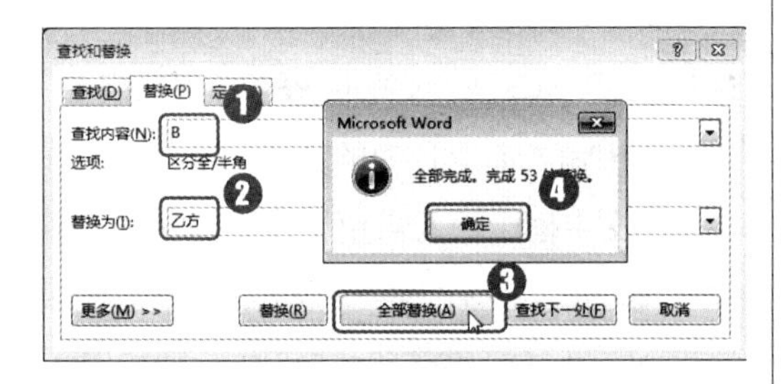

第6步：单击“更多”按钮。

本例中复制到 Word 中的内容出现一些多余的空行需删除。返回“查找和替换”对话框，❶ 删除“查找内容”和“替换为”文本框中的内容，并将文本插入点定位于“查找内容”文本框中；❷ 单击“更多”按钮，如下图所示。

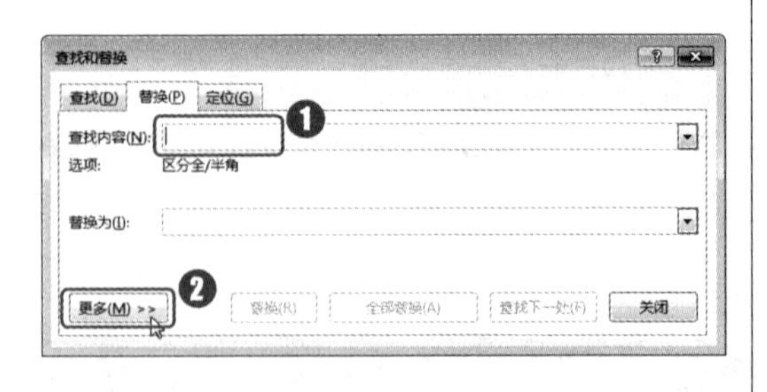

第7步：设置特殊格式。

展开“查找和替换”对话框，❶ 单击“特殊格式”按钮；❷ 在弹出的下拉菜单中选择“段落标记”命令，如下图所示。

第8步：替换文档中的空行。

❶ 将文本插入点定位于“查找内容”文本框中，重复上一步操作，即设置查找内容为两个连续的“段落标记”；❷ 将文本插入点定位于“替换为”文本框中，设置“替换为”文本框的内容为段落标记；❸ 单击“全部替换”按钮，如下图所示。❹ 在打开的提示对话框中单击“确定”按钮，若文档中空行较多，多次单击“全部替换”按钮即可。

第9步：插入漏输的文本。

将文本插入点定位在文档第 8 项条款中需要增加新文本内容的开始位置，直接在文档中输入需要增加的新文本“经与乙方协商一致，甲方解除劳动合同的”，原文本自动向右移动，完成后按【Enter】键换行，完成后的效果如右图所示。

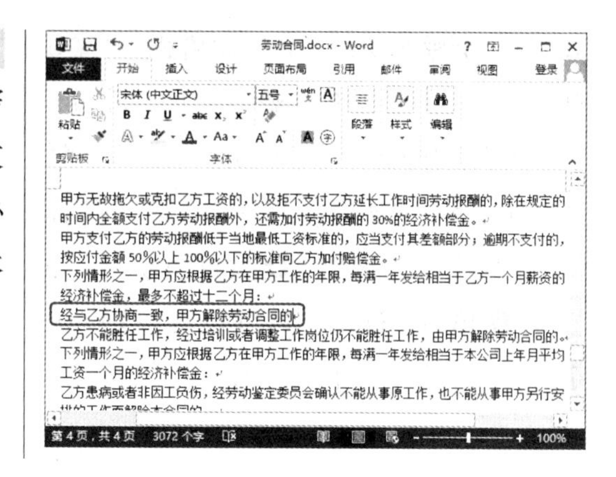

查找或替换特殊内容

在对文档内容进行查找替换时，如果查找的内容或需要替换为的内容中包含特殊格式，如段落标记、手动换行符、制表位、分节符等特定内容时，均可在“查找和替换”对话框的“特殊格式”下拉菜单中选择相应的命令。

1.1.4 设置“劳动合同”文档格式

在确认文档内容准确无误后，通常还需要对文档的内容设置格式，以满足排版需要。下面通过设置劳动合同中各部分的字体和段落格式，使其条理更加清晰，格式更加规范，具体操作步骤如下。

第1步：单击“对话框启动器”按钮。

文档中的内容很多，首先需要设置文档整体的字体格式。❶ 按【Ctrl+A】组合键全选文档内容；❷ 单击“开始”选项卡“字体”组右下角的“对话框启动器”按钮，如右图所示。

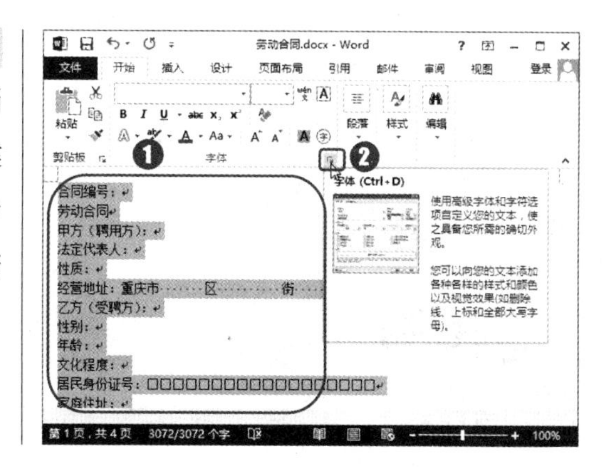

第2步：为整个文档设置字体格式。

打开“字体”对话框，❶ 在“中文字体”下拉列表框中选择“宋体”选项；❷ 在“西文字体”下拉列表框中选择“Arial”选项；❸ 设置字形为“常规”；❹ 设置字号为“五号”；❺ 单击“确定”按钮完成全文默认字体格式设置，如下图所示。

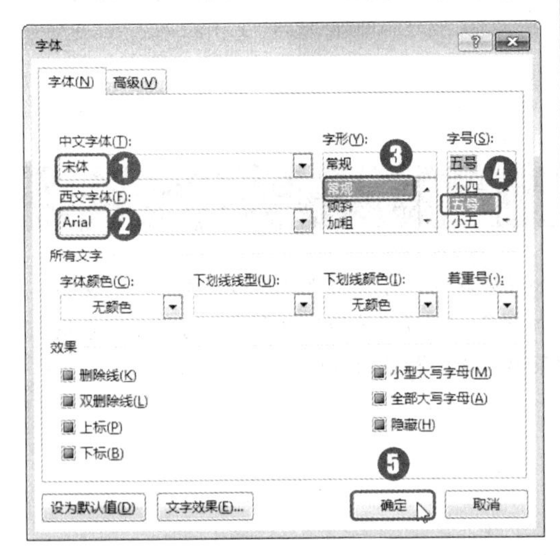

第3步：设置标题文本的字体格式。

❶ 选择标题文字“劳动合同”；❷ 在“字体”组中的“字体”下拉列表框中选择字体“方正宋黑简体”，如下图所示。

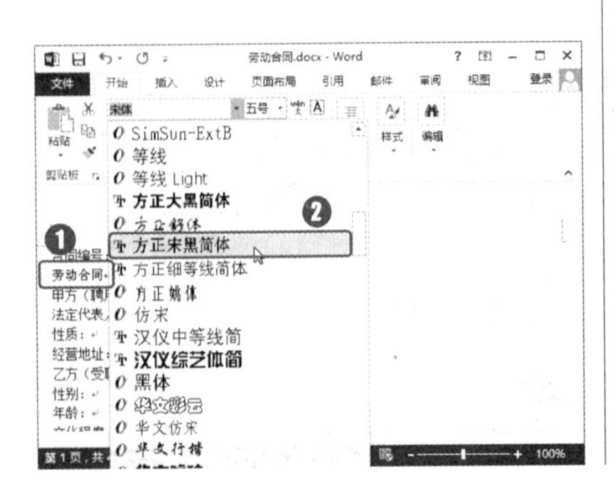

第4步：设置标题文本的字号大小。

在“字号”下拉列表框中选择“小初”选项，如下图所示。

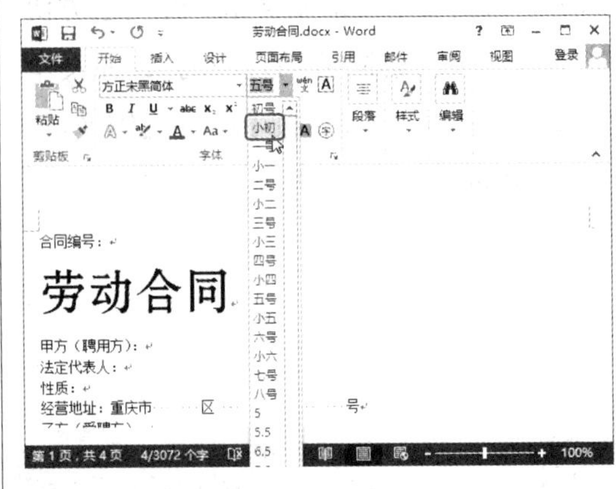

第5步：设置首页正文文本格式。

❶ 选择首页中标题文字下方的所有段落；❷ 在“字体”组中的“字体”下拉列表框中选择字体“黑体”；❸ 在“字号”下拉列表框中选择“三号”字号，如下图所示。

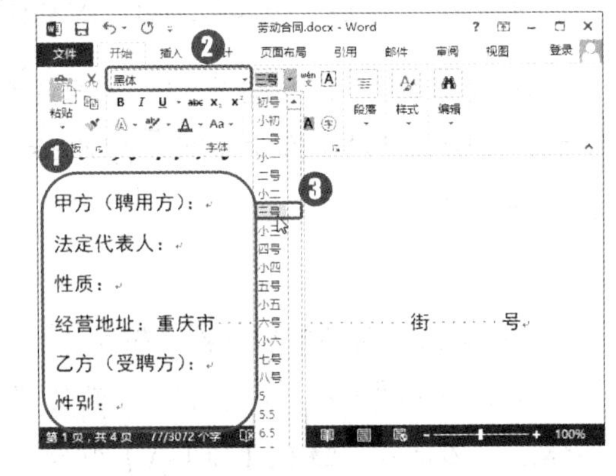

第6步：设置字体倾斜。

❶ 选择文本“经营地址：”后的文字内容；❷ 单击“开始”选项卡“字体”组中的“倾斜”按钮，使所选文字倾斜，如下图所示。

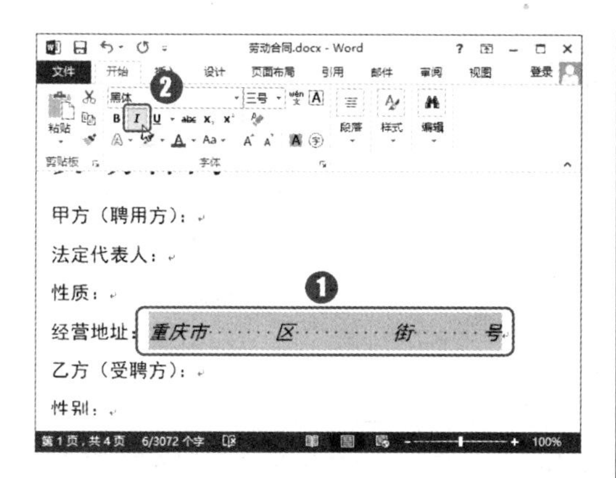

第7步：设置文本颜色。

❶ 单击“字体”组中的“字体颜色”下拉按钮；❷ 在弹出的下拉菜单中选择要应用的字体颜色，如下图所示。

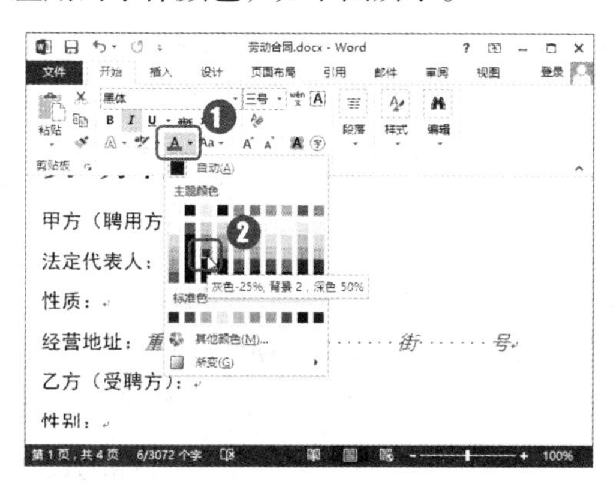

第8步：加粗文字显示。

❶ 选择文本“合同编号：”；❷ 单击“字体”组中的“加粗”按钮，使所选文字加粗显示，如下图所示。

第9步：应用下划线格式。

在合同文档中，有打印之后让合同签订双方填写的区域，通常需要为这些空白区域添加下划线，以提示用户预留的填写区域。❶ 将文本插入点定位于“合同编号：”文字后；❷ 单击“字体”组中的“下划线”按钮 U，如下图所示。

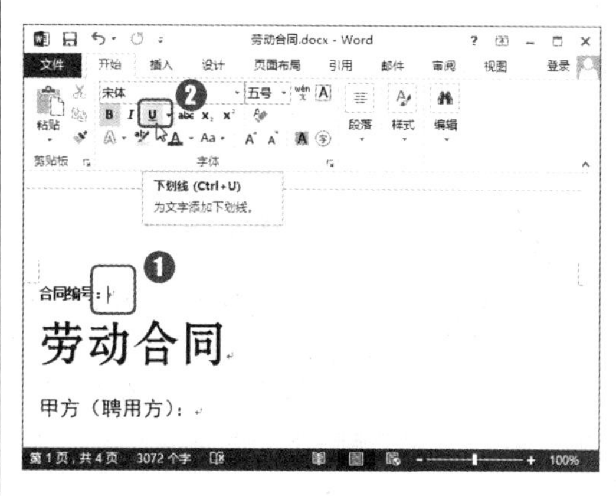

第10步：使用空格显示下划线。

❶ 输入多个空格字符即可显示出下划线；❷ 使用相同的方法为合同签订时需要填写的空白区域加上下划线。若已存在空格的区域，可先选择该区域，直接单击“下划线”按钮，完成效果如下图所示。

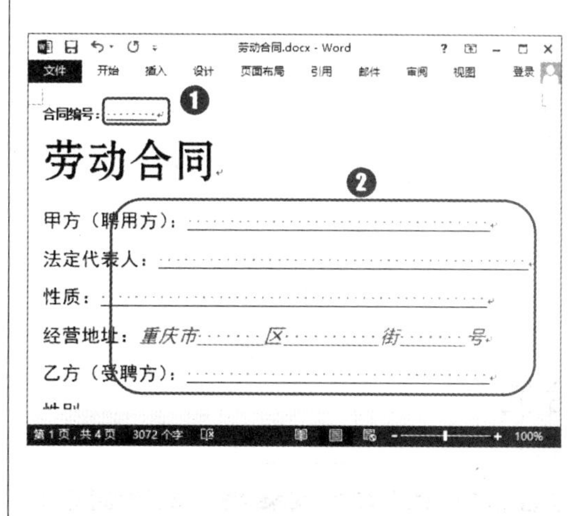

第11步：设置段落文本右对齐。

❶ 将文本插入点定位在文档第一行文字中；❷ 单击“段落”组中的“右对齐”按钮，完成后的效果如右图所示。

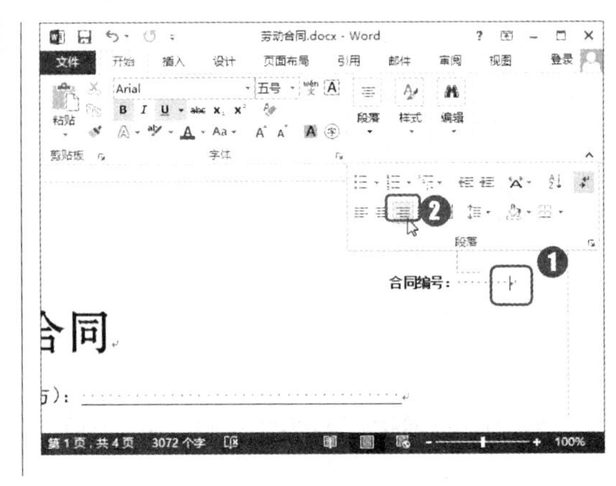

选择性替换文本

在“查找和替换”对话框中单击“查找下一处”按钮，Word将自动选择下一处查找内容，若所选择的内容需要替换则单击“替换”按钮，单击“查找下一处”按钮继续查找下一处符合查找条件的内容。

第12步：使Word将空格作为正文处理。

经过上步操作，即可将第一行文本内容右对齐，但Word会将空格作为多余符号处理。在最右侧的空格后再输入一个空格，此时Word会将这些空格作为正文处理，如下图所示。

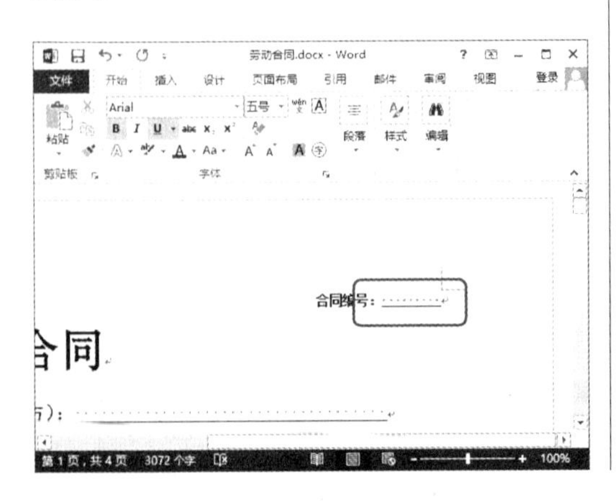

第13步：设置标题段落居中对齐。

❶ 选择标题文字“劳动合同”；❷ 单击“段落”组中的“居中”按钮 ≡ 将标题设置为居中对齐，如下图所示。

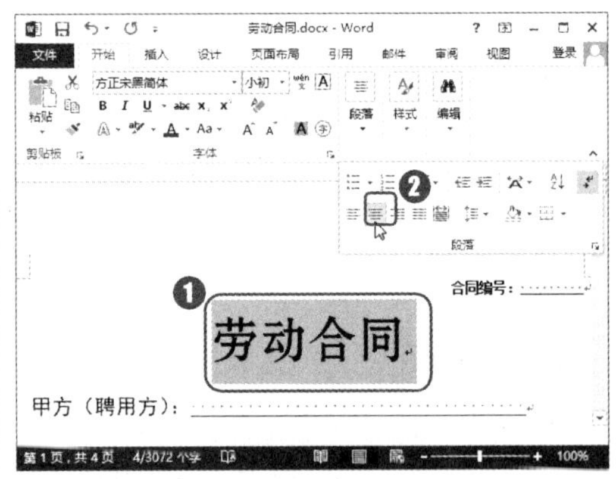

第14步：设置标题段落间距。

❶ 按【Alt+O+P】组合键打开“段落”对话框；❷ 在“间距”栏中设置段前距离为“4行”，段后距离为“8 行”；❸ 单击“确定”按钮完成段落间距设置，如下图所示。

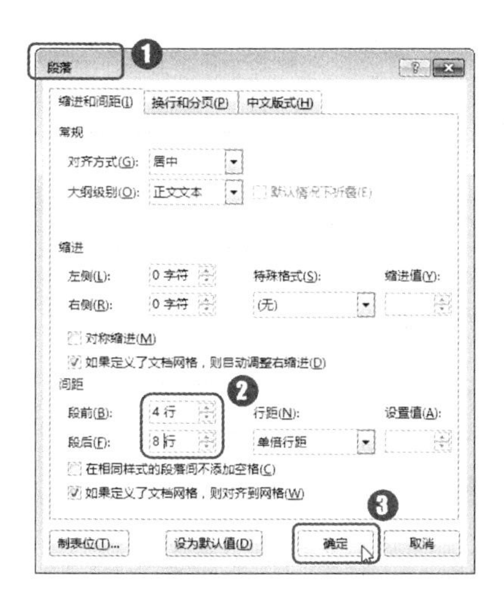

第15步：设置正文行间距。

❶ 选择第 2 页开始到文章末尾的正文内容；❷ 单击“段落”组中的“行和段落间距”按钮 ；❸ 在弹出的下拉菜单中选择要应用的段落间距值“1.15”，如下图所示。

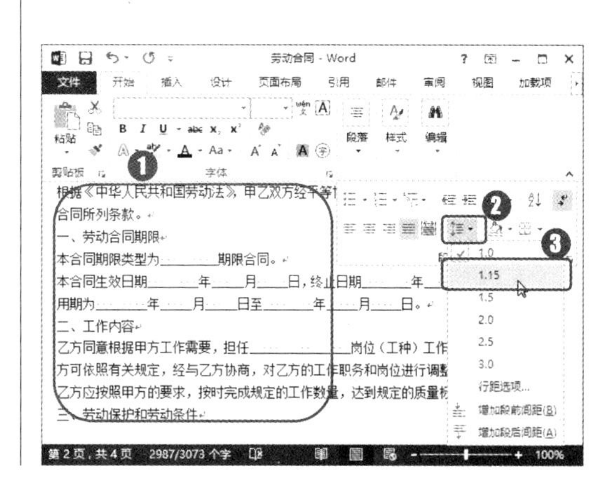

清除文字格式

在文字上应用了多种字体格式后，单击“开始”选项卡“字体”组中的“清除格式”按钮，可快速清除文字格式。

第16步：设置正文第一段缩进。

将文本插入点定位于第 1 段开头位置，按【Tab】键使该段落首行缩进两个字符，如右图所示。

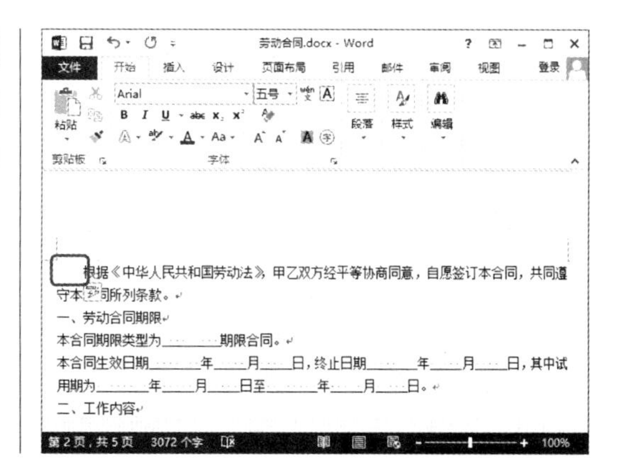

第17步：设置项目标题文本格式。

❶ 选择项目一标题的段落；❷ 在“字体”组中设置字体为“方正宋黑简体”，字号为“三号”；❸ 单击“段落”组右下角的“对话框启动器”按钮，如下图所示。

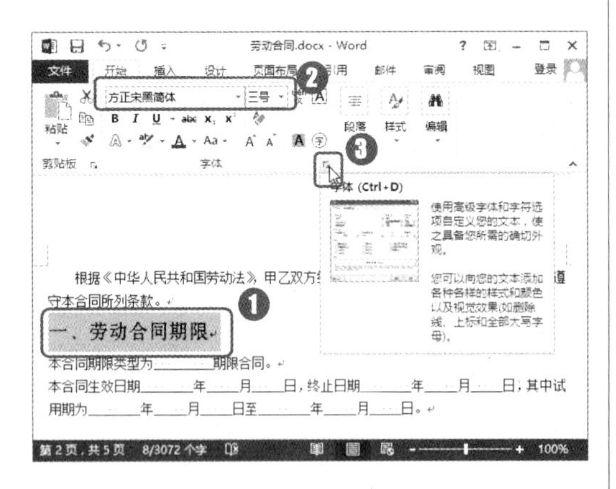

第18步：设置项目标题段落格式。

打开“段落”对话框，❶ 在“间距”栏中设置段前和段后距离均为“1 行”；❷ 单击“确定”按钮，如下图所示。

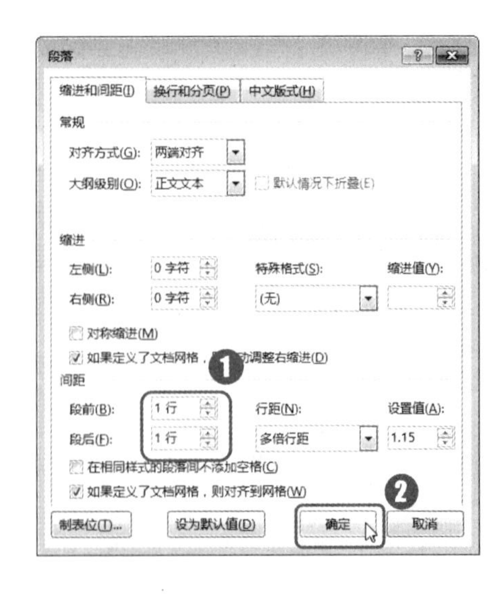

第19步：设置正文段落缩进。

❶ 选择正文中要设置缩进的段落；❷ 单击“段落”组中的“增加缩进量”按钮 ，为该段添加左缩进。单击多次将段落位置调整至合适，如下图所示。

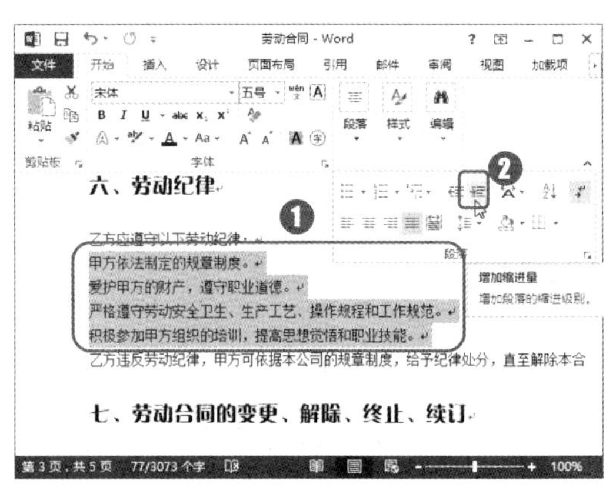

第20步：添加默认编号样式。

为使劳动合同中的各项条款内容更加清晰，可以在条款内容前添加编号，以列表内容的次序直观排列并显示出来。保持段落的选择状态，单击“段落”组中的“编号”按钮 ，添加默认编号样式，如下图所示。

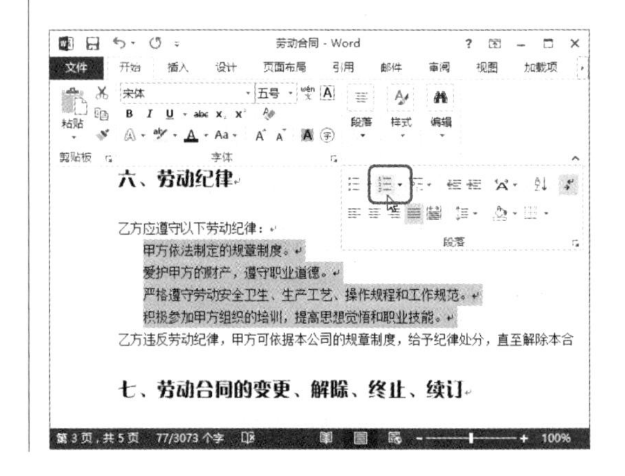

第21步：为其他段落添加编号。

使用相同的方法为其他相应内容添加编号和段落缩进，如下图所示。

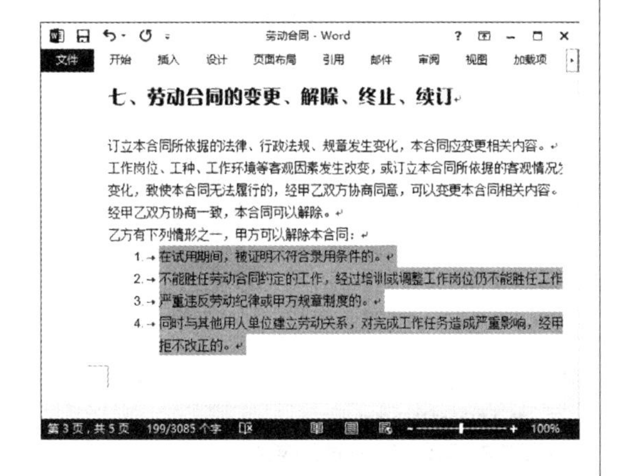

第22步：选择“定义新编号格式”命令。

❶ 选择要添加编号的段落；❷ 单击“段落”组中“编号”按钮 右侧的下拉按钮；❸ 在弹出的下拉菜单中选择“定义新编号格式”命令，如下图所示。

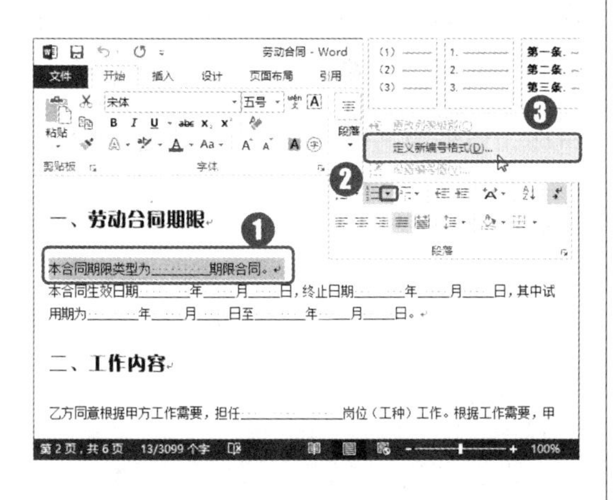

第23步：添加并设置编号。

打开“定义新编号格式”对话框，❶ 在“编号样式”下拉列表框中选择“一,二,三”选项；❷ 在“编号格式”文本框中的“一”字前后分别加上文字“第”和“条”；❸ 单击“字体”按钮，如下图所示。

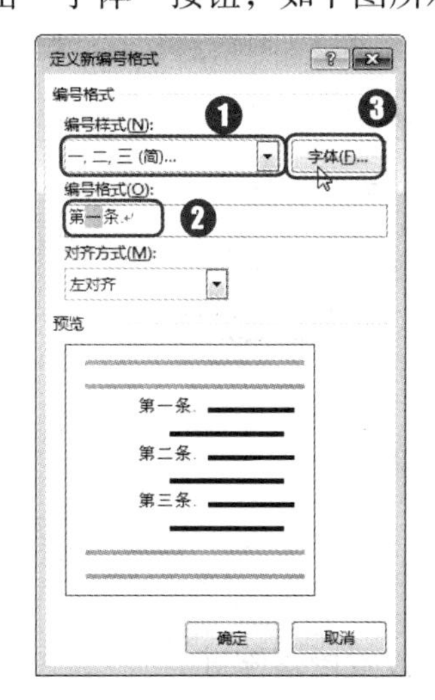

第24步：设置编号字体格式。

打开“字体”对话框，❶ 在“中文字体”下拉列表框中选择“宋体”；❷ 在“字形”列表框中选择“加粗”选项；❸ 单击“确定”按钮，如下图所示。

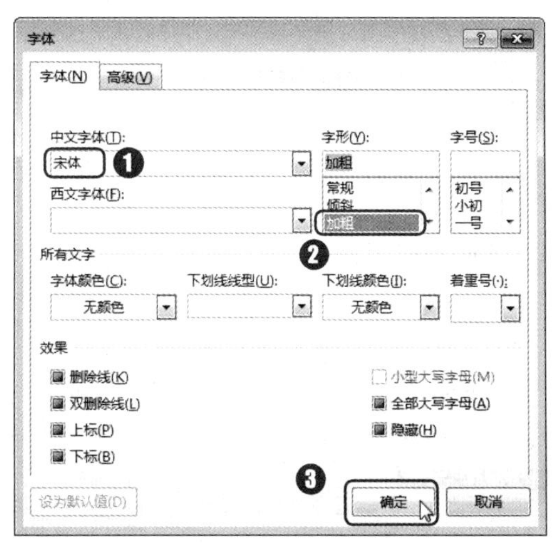

第25步：应用自定义编号。

返回“定义新编号格式”对话框，单击“确定”按钮即可为所选段落应用自定义的编号样式，如下图所示。

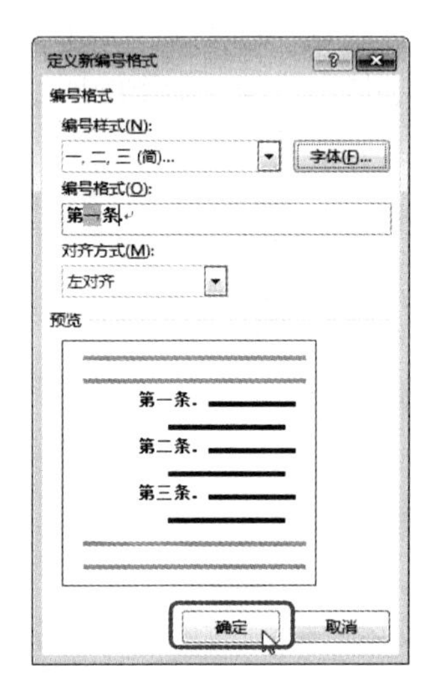

第26步：设置段落缩进。

保持段落的选择状态，❶ 打开“段落”对话框，❷ 在“特殊格式”下拉列表框中选择“首行缩进”选项，并在“缩进值”数值框中输入“2 字符”；❸ 单击“确定”按钮，如下图所示。

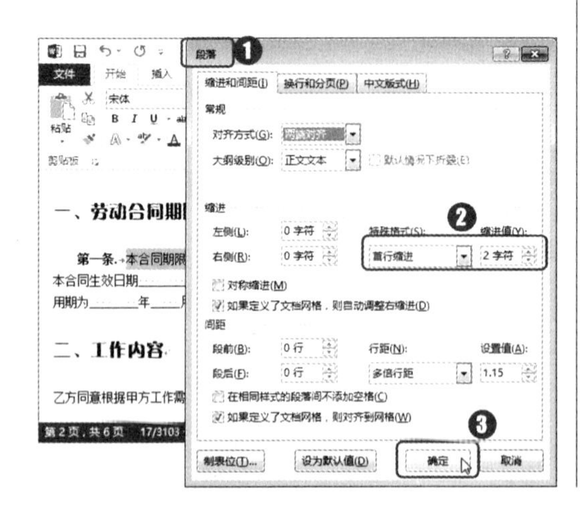

第27步：选择要使用的编号样式。

❶ 选择项目二中需要添加编号的段落内容；❷ 单击“开始”选项卡“段落”组中的“编号”按钮右侧的下拉按钮；❸ 在弹出的下拉菜单中选择新定义的编号样式，如下图所示。

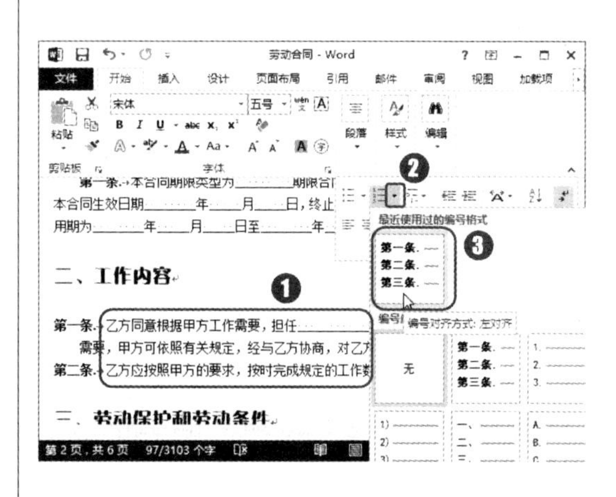

第28步：选择“设置编号值”命令。

在文章中有多处应用编号列表时，每一条列表默认为重新开始编号。本例中“工作内容”项目二中有两条内容，需要继续在项目一的一条内容后继续编号，即从第二条开始编号。保持段落的选择状态，❶ 单击“段落”组中的“编号”按钮右侧的下拉按钮；❷ 在弹出的下拉菜单中选择“设置编号值”命令，如下图所示。

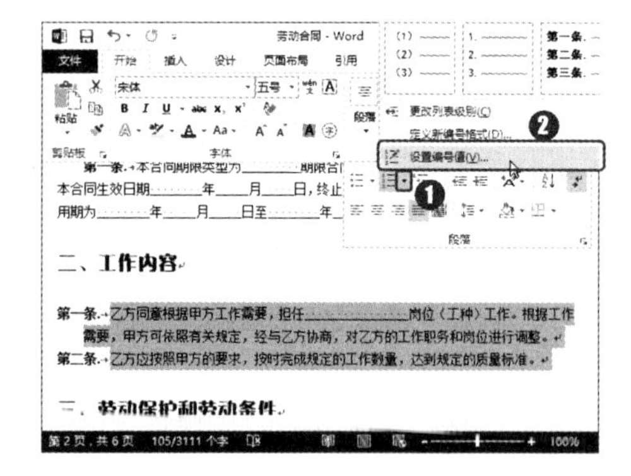

第29步：设置编号值。

打开“起始编号”对话框，❶ 在“值设置为”数值框中设置值为“二”；❷ 单击“确定”按钮，即可让所选段落的编号从二开始编号，如下图所示。

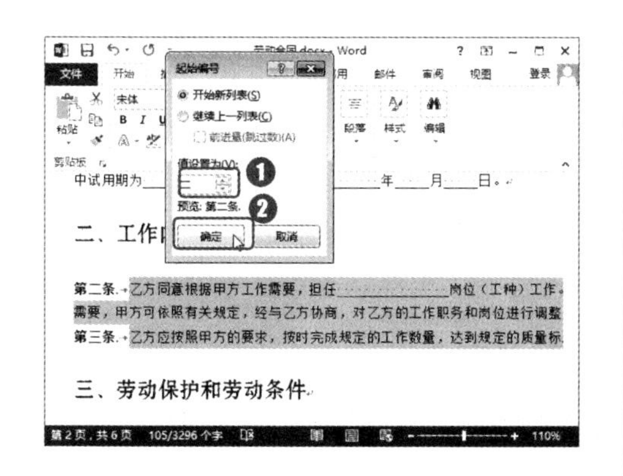

第30步：设置段落缩进。

保持段落的选择状态，❶ 打开“段落”对话框；❷ 设置段落缩进为首行缩进两个字符；❸ 单击“确定”按钮，如下图所示。

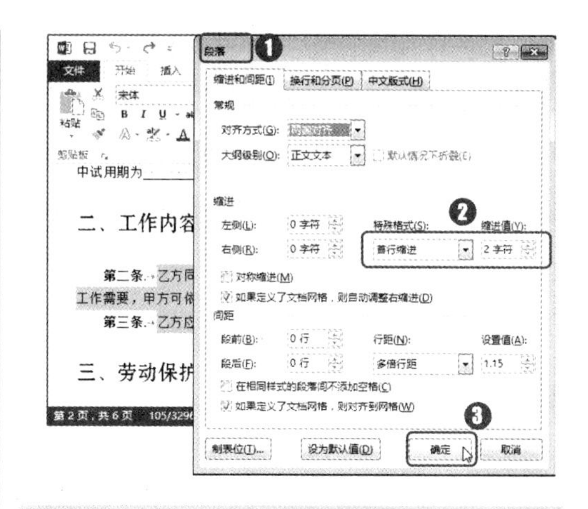

第31步：使用格式刷复制格式。

❶ 选择设置正文段落格式的段落；❷ 双击“开始”选项卡“剪贴板”组中的“格式刷”按钮，此时鼠标指针变为形状；❸ 将鼠标指针依次移动到需要应用相同格式的段落中，即可将上一步中所选内容的格式应用于所选内容上，如下图所示。

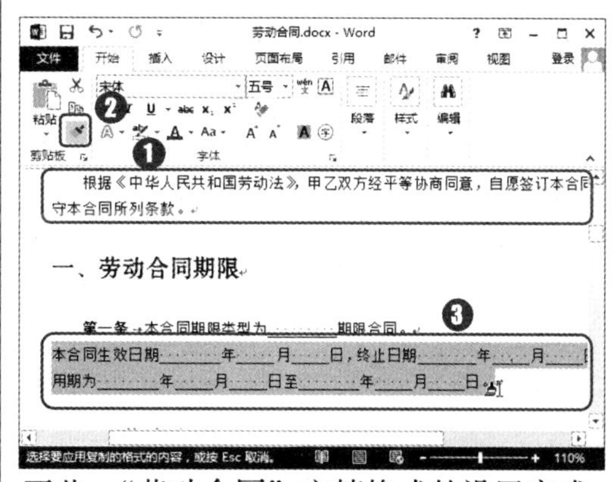

至此，“劳动合同”文档格式的设置完成。

1.1.5 阅览“劳动合同”文档

在编排完文档后，通常需要预览文档，查看排版后的整体效果。本小节将以不同的方式查看“劳动合同”文档。

第1步：使用阅读版式查看文档。

在查看文档时，为方便阅读文档内容，可使用“阅读版式”视图查看文档。单击“视图”选项卡“视图”组中的“阅读视图”按钮，即可切换到阅读版式视图，如下图所示。

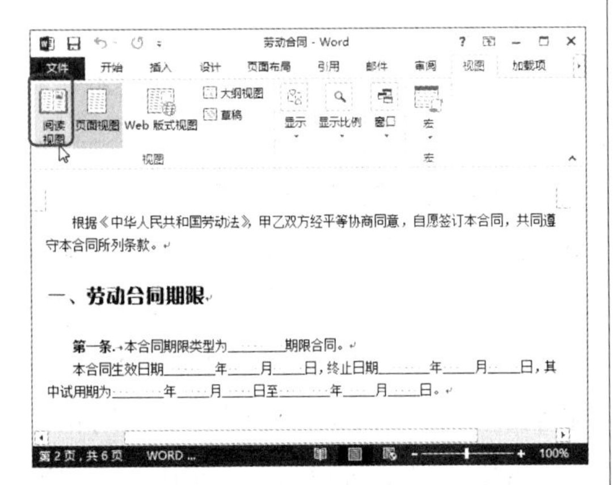

第2步：显示出“导航”任务窗格。

应用“导航”任务窗格可以查看文档的内容结构或缩览图。选中“视图”选项卡“显示”组中的“导航窗格”复选框，即可显示出“导航”任务窗格，如下图所示。

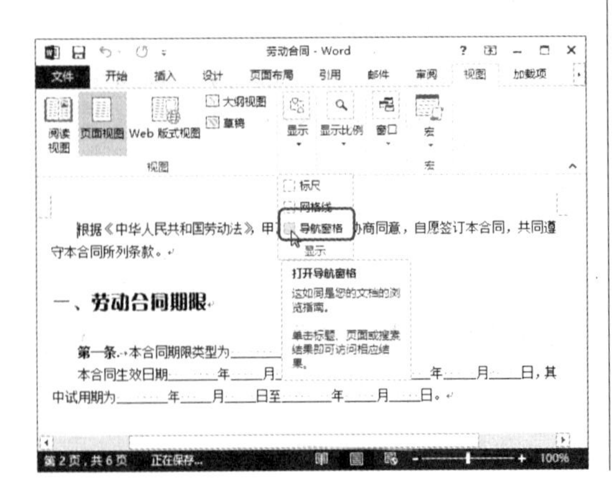

第3步：选择要浏览内容的缩览图。

单击“导航”任务窗格“页面”选项卡中列出的页面缩览图，可快速转到文档中相应页的位置，如下图所示。

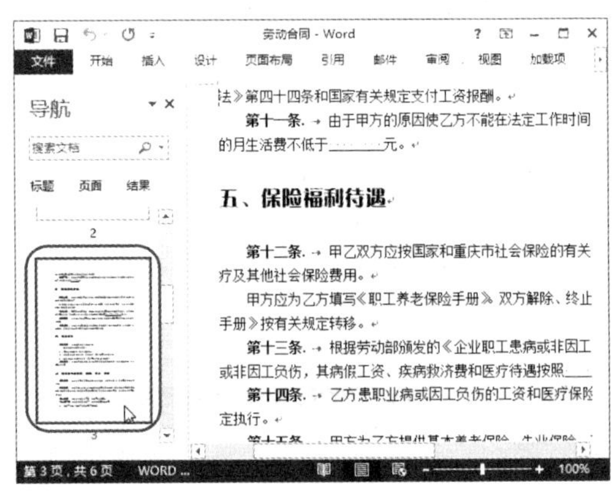

第4步：设置双页显示。

在查看文档时，可通过调整缩放比例查看文档，即查看文档放大或缩小后的效果。单击“视图”选项卡“显示比例”组中的“多页”按钮，即可将视图调整为在屏幕上完整显示以两页并排分布的缩放比例，效果如下图所示。

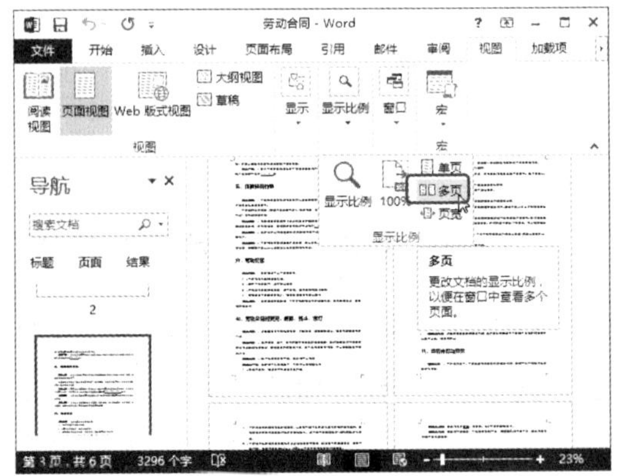

“导航”任务窗格中的列表

“导航”任务窗格“标题”选项卡中的列表内容来源于文档中使用了标题样式的文本，使用了不同级别的标题样式后，导航窗格里才会显示出列表内容。

第5步：设置100%显示。

单击“视图”选项卡“显示比例”组中的“100%”按钮，即可将视图比例还原到原始比例大小，如下图所示。

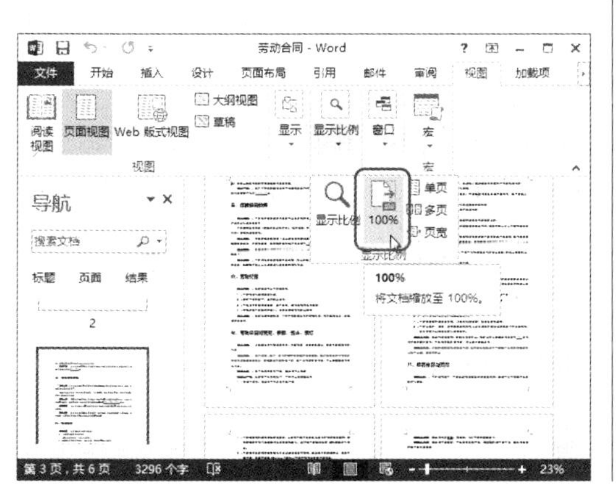

第6步：单击“拆分”按钮。

在查看文档内容时，若要对比文档前后的内容，即同时能看到文档中两部分不同位置的内容，可使用拆分窗口功能。单击“窗口”组中的“拆分”按钮，即可将文件窗口拆分为上下两个窗口，如下图所示。

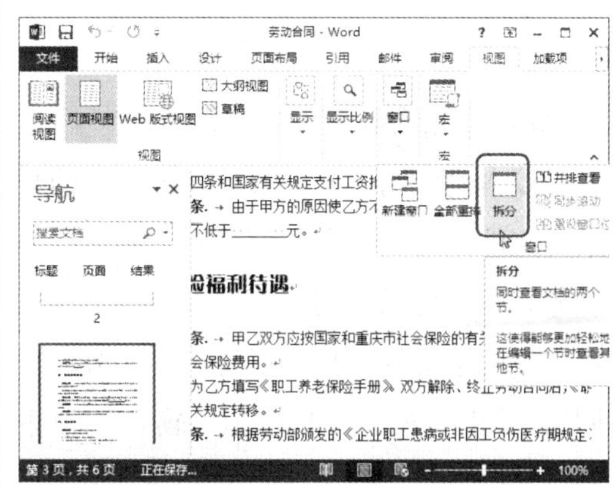

快速调整文档的显示比例

单击“显示比例”组中的“单页”按钮，可将视图调整为在屏幕上完整显示一整页的缩放比例；单击“页宽”按钮，可将视图调整为页面宽度与屏幕宽度相同的缩放比例；单击“显示比例”按钮，在打开的对话框中可选择视图缩放的比例大小。

第7步：查看文档不同部分的内容。

拖动上下两个窗口中任意一个窗口的滚动条可以查看文档不同部分的内容，效果如下图所示。

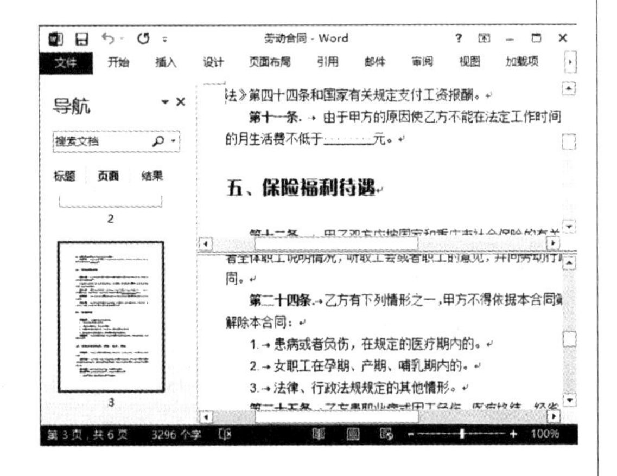

第8步：单击“并排查看”按钮。

要比较本例中制作的“劳动合同”文档与素材文件中的“参考劳动合同”文档的内容差异时，可以使用“并排查看”功能快速对比两个文件。打开素材“参考劳动合同”，单击“视图”选项卡“窗口”组中的“并排查看”按钮，如下图所示。

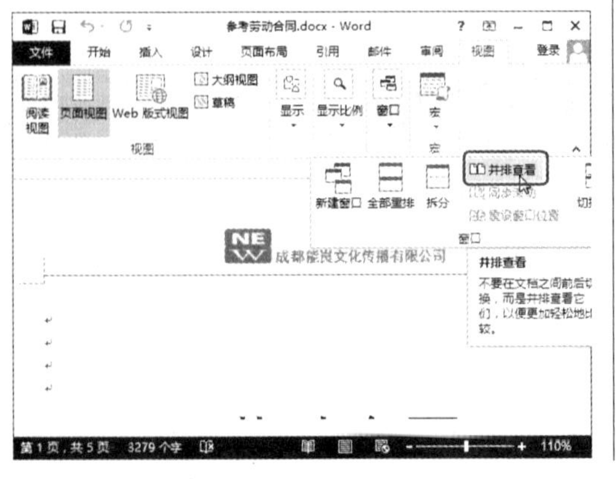

第9步：选择需要对比查看的文件选项。

打开“并排比较”对话框，❶ 在列表框中选择需要对比的另一个文件的文件名称选项；❷ 单击“确定”按钮，如下图所示。

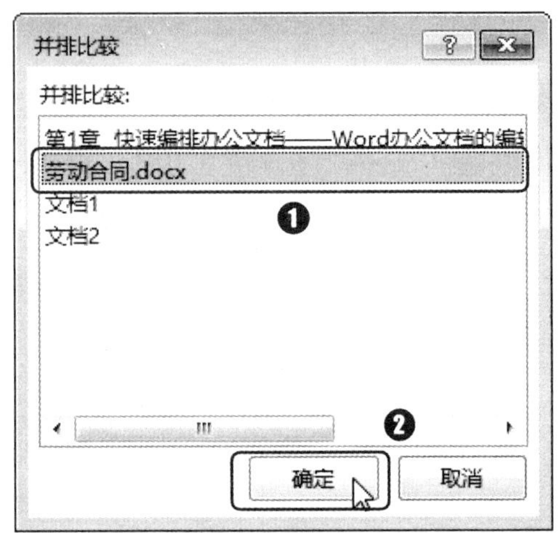

第10步：显示并排比较文档的效果。

经过以上操作后，打开的“劳动合同”和“劳动合同”文档会并排显示在屏幕上，当滚动鼠标滚轮时，两篇文档会同时翻页显示，如下图所示。

1.2 制作办公行为规范

◇ 案例概述

员工行为规范是指企业员工应该具有的共同行为特点和工作准则，它带有明显的导向性和约束性。通过倡导和推行，在员工中形成自觉意识，起到规范员工的言行举止和工作习惯的效果。许多企业都根据自身情况编辑了办公行为规范或是贴于显眼位置，或是将其制作成手册发放给员工。本实例就来编辑一份内容已经定稿的员工行为规范，完成后的效果如下图所示。

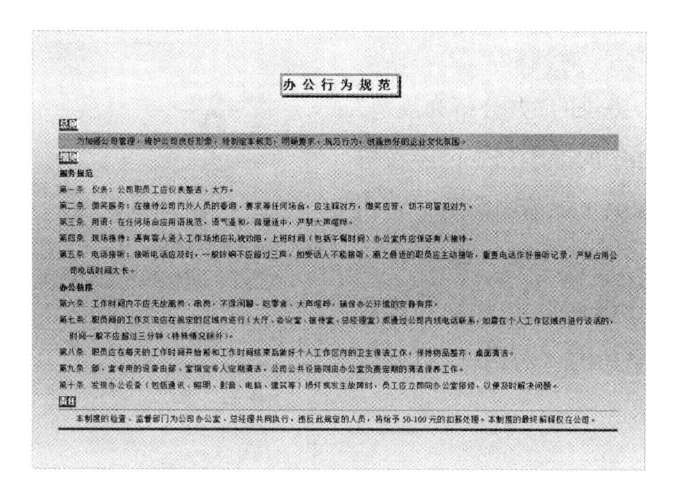

办公行为规范

总则

为加强公司管理，维护公司良好形象，特制定本规范，明确要求，规范行为，创造良好的企业文化氛围。

细则

服务规范

第一条 仪表：公司职员工应仪表整洁、大方。

第二条 微笑服务：在接待公司内外人员的垂询、要求等任何场合，应注释对方，微笑应答，切不可冒犯对方。

第三条 用语：在任何场合应用语规范，语气温和，音量适中，严禁大声喧哗。

第四条 现场接待：遇有客人进入工作场地应礼貌劝阻，上班时间（包括午餐时间）办公室内应保证有人接待。

第五条 电话接听：接听电话应及时，一般铃响不应超过三声，如受话人不能接听，离之最近的职员应主动接听，重要电话作好接听记录，严禁占用公司电话时间太长。

办公秩序

第六条 工作时间内不应无故离岗、串岗，不得闲聊、吃零食、大声喧哗，确保办公环境的安静有序。

第七条 职员间的工作交流应在规定的区域内进行（大厅、会议室、接待室、总经理室）或通过公司内线电话联系，如需在个人工作区域内进行谈话的，时间一般不应超过三分钟（特殊情况除外）。

第八条 职员应在每天的工作时间开始前和工作时间结束后做好个人工作区内的卫生保洁工作，保持物品整齐，桌面清洁。

第九条 部、室专用的设备由部，室指定专人定期清洁，公司公共设施则由办公室负责定期的清洁保养工作。

第十条 发现办公设备（包括通讯、照明、影音、电脑、建筑等）损坏或发生故障时，员工应立即向办公室报修，以便及时解决问题。

责任

本制度的检查、监督部门为公司办公室、总经理共同执行，违反此规定的人员，将给予50-100元的扣薪处理。本制度的最终解释权在公司。

	素材文件:光盘\素材文件\第1章\案例02\办公行为规范.docx
	结果文件:光盘\结果文件\第1章\案例02\办公行为规范.docx
	教学文件:光盘\教学文件\第1章\案例02.mp4

◇ 制作思路

在 Word 中制作“办公行为规范”文档的流程与思路如下所示。

设置格式：本例已经将文字内容编辑完成了，只需打开文档并对各标题设置不同的文本格式进行区分，再为文档中的重要内容设置相应的段落底纹或边框即可。

添加编号：为使文章中的条款内容更加清晰，可以在每一条内容前添加编号，如“第一条”“第二条”……

设置页面格式并打印：因为该文档的制作目的是用于张贴，需要打印输出，因此要在打印之前设置合适的页面，然后预先查看一下页面打印输出的效果，同时完成一些打印前的设置，再打印输出。

在办公应用的文档中，某些文档可能需要张贴和宣传，为强加文档的视觉效果，在编排文档时有必要对文档内容进行适当的修饰，本例将以编排办公行为规范文档为例，介绍文档修饰的过程。

1.2.1 设置文档格式

在完成文档内容的输入和简单的格式设置后，我们还可以根据排版需要进一步设置文档格式，如为文字和段落添加边框底纹、设置项目符号或编号等。下面设置办公行为规范文档的格式，具体操作方法如下。

第1步：打开“字体”对话框。

打开素材文件夹中提供的“办公行为规范”文件，发现该文档中的基本格式已经设置完成。为使文档标题更加清晰醒目，可增加文章标题文字之间的距离。❶ 选择文档中的标题文本；❷ 单击“开始”选项卡“字体”组右下角的“对话框启动器”按钮，如下图所示。

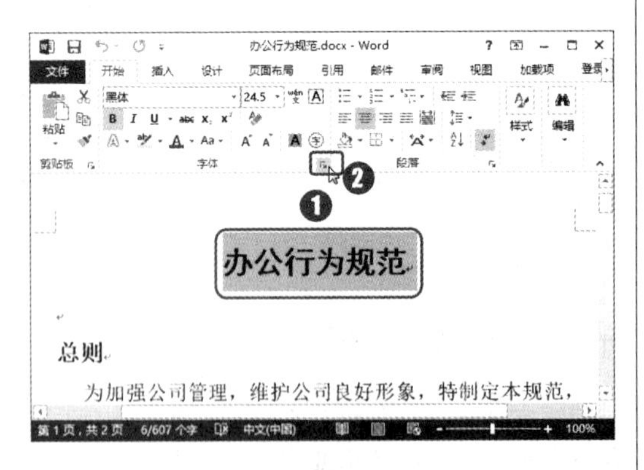

第2步：设置字符间距。

打开“字体”对话框，❶ 单击“高级”选项卡；❷ 在“间距”下拉列表框中选择“加宽”选项；❸ 在其后的“磅值”数值框中输入“6 磅”；❹ 单击“确定”按钮，如下图所示。

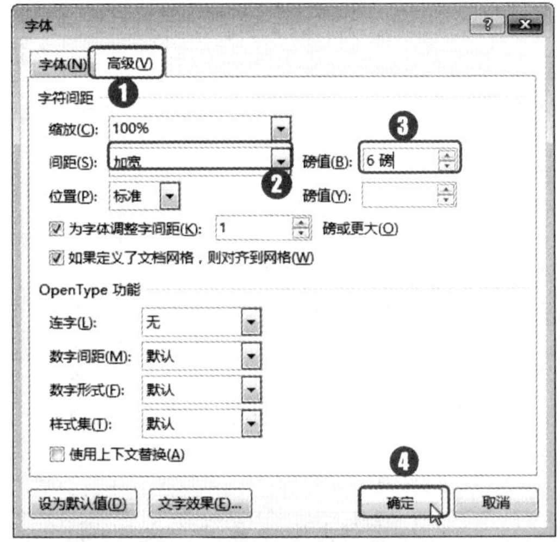

第3步：执行“边框和底纹”命令。

本例还需要为标题文字添加文字边框，强调标题文字。❶ 选择标题文字；❷ 单击“开始”选项卡“段落”组中的“下框线”下拉按钮；❸ 在弹出的下拉菜单中选择“边框和底纹”命令，如下图所示。

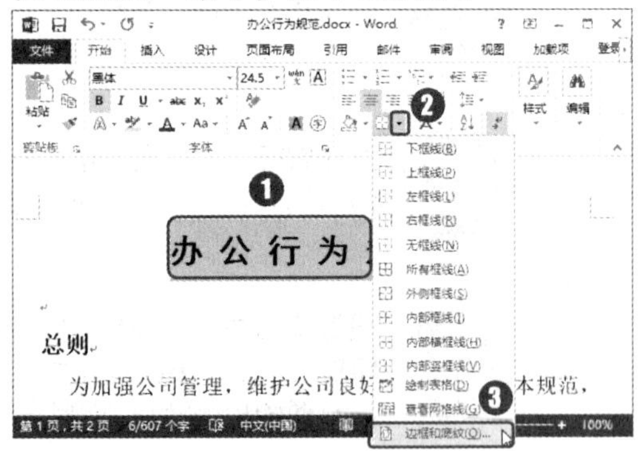

第4步：设置边框。

打开“边框和底纹”对话框，单击“边框”选项卡 ❶ 在“应用于”下拉列表框中选择“段落”选项；❷ 在“设置”栏中选择“阴影”选项；❸ 在“样式”列表框中选择线条样式为“双线”,在“颜色”下拉列表框中选择“深红色”，在“宽度”下拉列表框中设置线条宽度为“1.5 磅”；❹ 单击“确定”按钮完成边框设置，如下图所示。

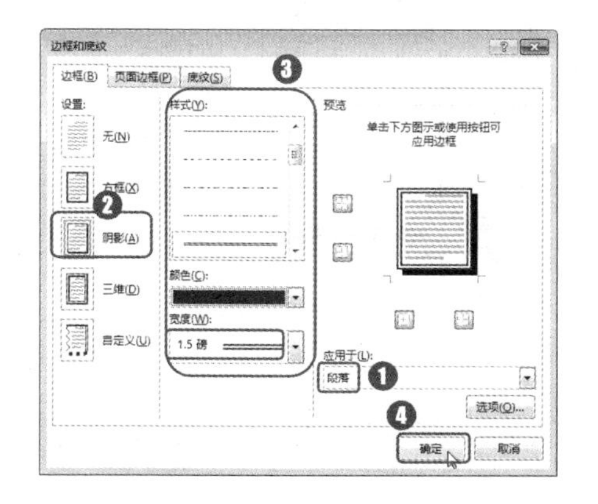

第5步：添加底纹颜色。

❶ 选择要添加底纹的小标题文字；❷ 单击“开始”选项卡“段落”组中的“底纹”下拉按钮；❸ 在弹出的下拉菜单中选择底纹颜色为“深红”，如下图所示。

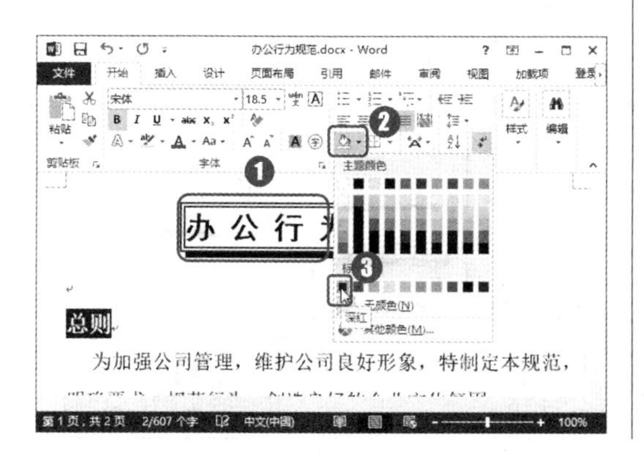

第6步：执行“边框和底纹”命令。

❶ 选择要添加底纹的段落；❷ 单击“开始”选项卡“段落”组中的“边框”下拉按钮；❸ 在弹出的下拉菜单中选择“边框和底纹”命令，如下图所示。

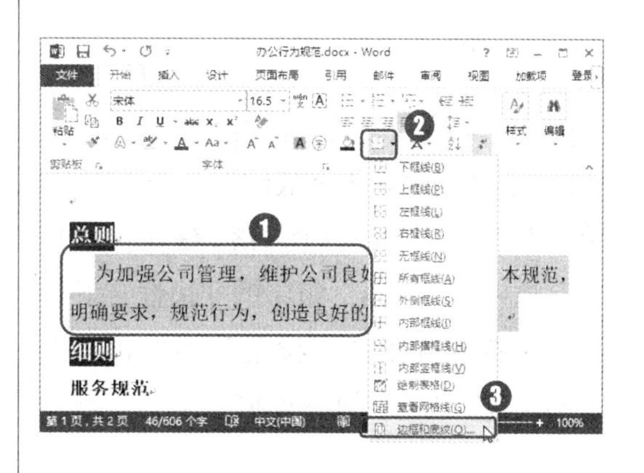

第7步：设置底纹效果。

打开“边框和底纹”对话框，❶ 单击“底纹”选项卡；❷ 在“应用于”下拉列表框中选择“段落”选项；❸ 在“填充”下拉列表框中选择填充颜色为“红色 40%”，在“样式”下拉列表框中选择“浅色上斜线”选项，设置颜色为“红色 80%”；❹ 单击“确定”按钮，完成段落底纹设置，如下图所示。

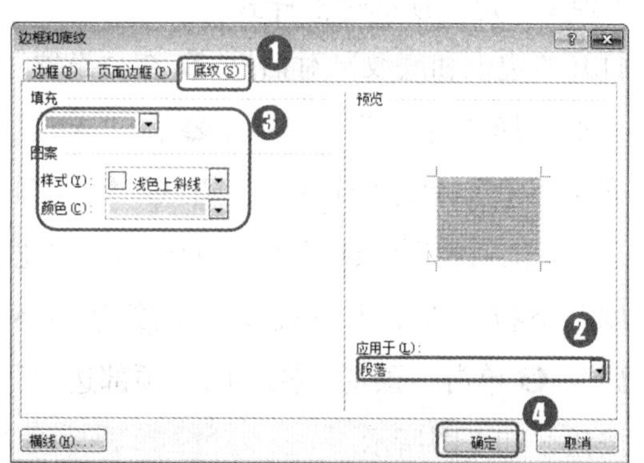

文字底纹和段落底纹的区别

文字底纹可应用于段落中的部分文字内容上，其底纹颜色或效果仅出现在所选的相应字符的底层；而段落底纹则是作用于整个段落的，其底纹色彩将出现于整个段落所在的一个矩形区域底层。在应用了文字底纹的段落中同时还可以应用段落底纹，文字底纹将显示于段落底纹的上层。

第8步：执行“边框和底纹”命令。

❶ 选择文档中最后一个段落；❷ 单击“开始”选项卡“段落”组中的“边框”下拉按钮；❸ 在弹出的下拉菜单中选择“边框和底纹”命令，如下图所示。

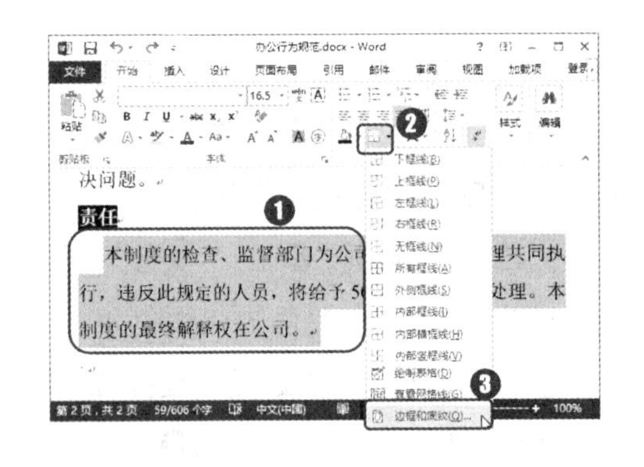

第9步：定义顶部边框样式。

打开“边框和底纹”对话框，❶ 在“设置”栏中选择“自定义”选项；❷ 在“样式”列表框中选择线条样式为“直线”，在“颜色”下拉列表框中选择颜色为红色，在“宽度”下拉列表框中设置线条宽度为“0.5 磅”；❸ 单击“预览”栏中的“顶部边线”按钮，如下图所示。

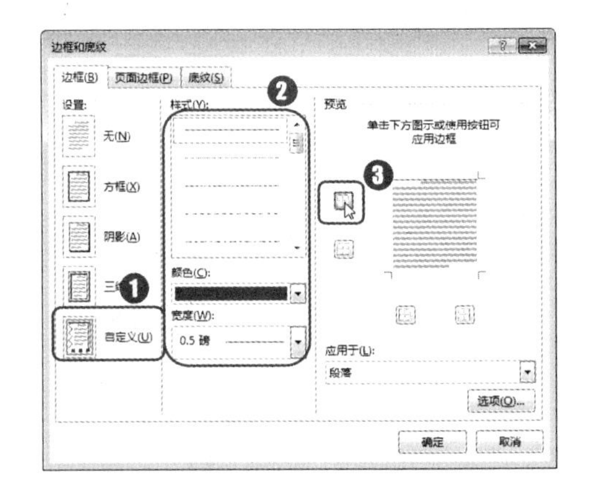

第10步：定义底部边框样式。

❶ 使用相同的方法设置线条样式、颜色及宽度；❷ 单击“预览”栏中的“底部边线”按钮；❸ 单击“确定”按钮，如下图所示。

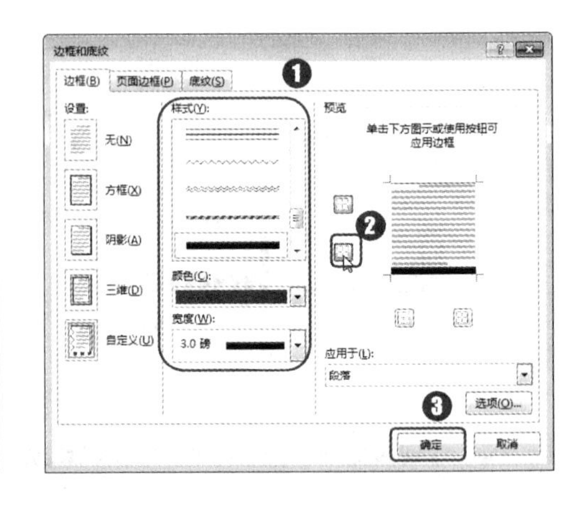

第11步：打开“段落”对话框。

发现文档中的段落缩进不符合日常使用规范，因此需要为相应的段落设置缩进方式。❶ 同时选择本文档中的第二个和最后一个段落；❷ 单击“开始”选项卡“段落”组右下角的“对话框启动器”按钮，如下图所示。

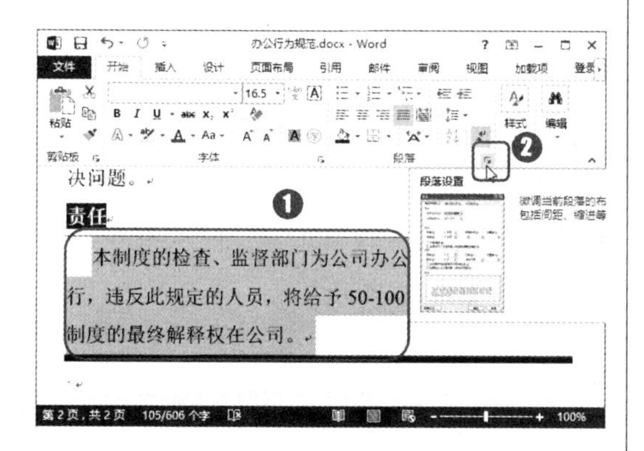

第12步：设置段落缩进。

打开“段落”对话框后，❶ 在“特殊格式”下拉列表框后的“缩进值”数值框中输入“2字符”；❷ 单击“确定”按钮，如下图所示。

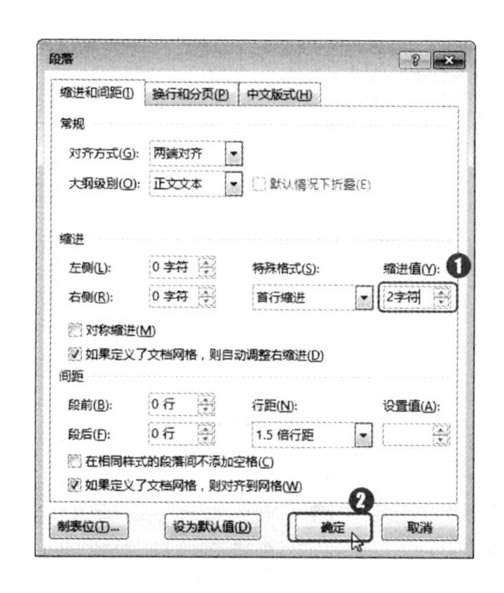

第13步：执行“定义新编号格式”命令。

为使文章内容中的条款更加清晰，可以为条款内容加上编号。❶ 选择要添加编号的段落内容；❷ 单击“开始”选项卡“段落”组中的“编号”下拉按钮；❸ 在弹出的下拉菜单中选择“定义新编号格式”命令，如下图所示。

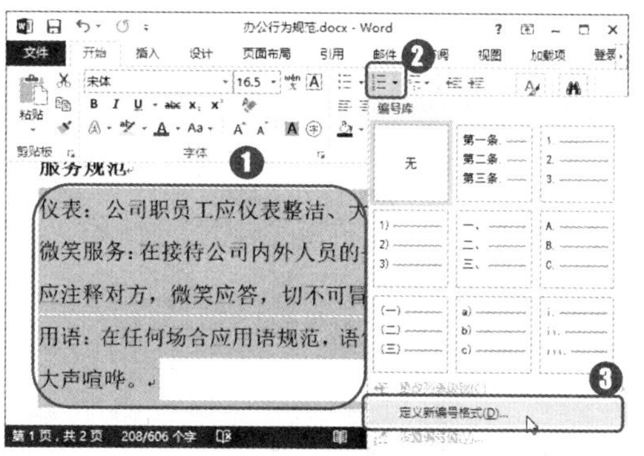

第14步：添加并设置编号。

打开“定义新编号格式”对话框，❶ 在“编号样式”下拉列表框中选择“一，二，三（简）…”选项；❷ 在“编号格式”文本框中的“一”字前加上文字“第”，在其后输入文字“条”；❸ 单击“确定”按钮完成编号定义，如下图所示。

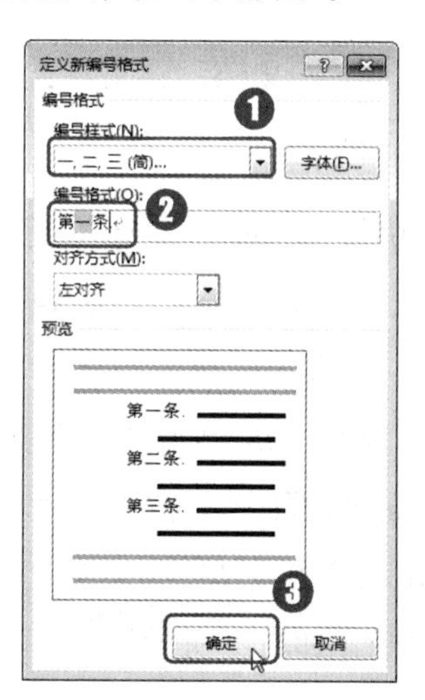

第15步：应用自定义编号。

在上一步操作结束后，所选段落将应用新定义的编号样式。❶ 选择其他要应用该编号样式的段落；❷ 单击“开始”选项卡“段落”组中的“编号”下拉按钮；❸ 在“编号库”栏中选择新定义的编号样式，如下图所示。

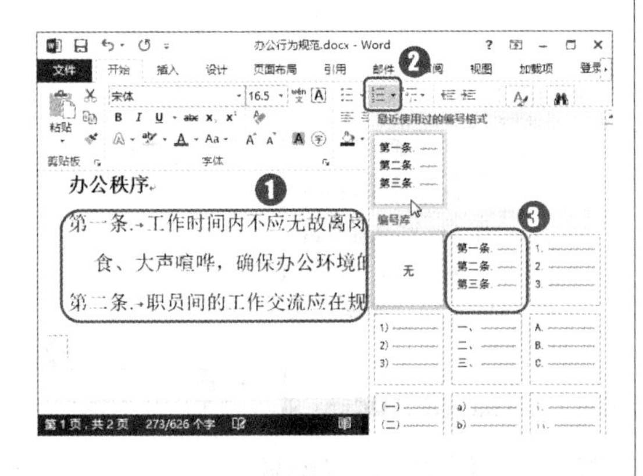

第16步：执行“设置编号值”命令。

❶ 选择要连续编号的列表内容；❷ 单击“开始”选项卡“段落”组中的“编号”下拉按钮；❸ 在弹出的下拉菜单中选择“设置编号值”命令，如下图所示。

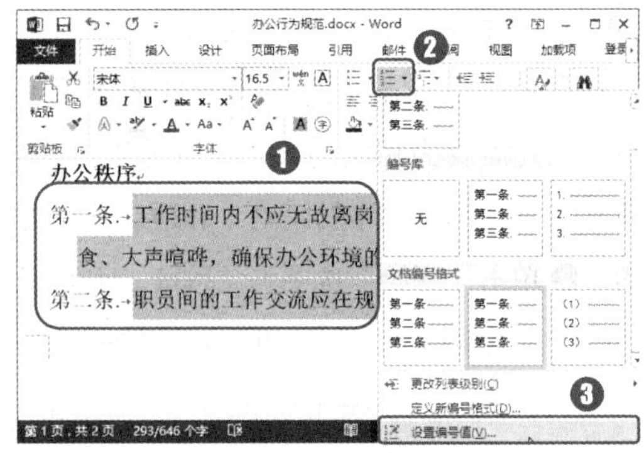

第17步：设置编号起始数。

打开“起始编号”对话框，❶ 在“值设置为”数值框中设置值为“六”；❷ 单击“确定”按钮，所选段落的起始编号便从第 6 开始编号了，如下图所示。

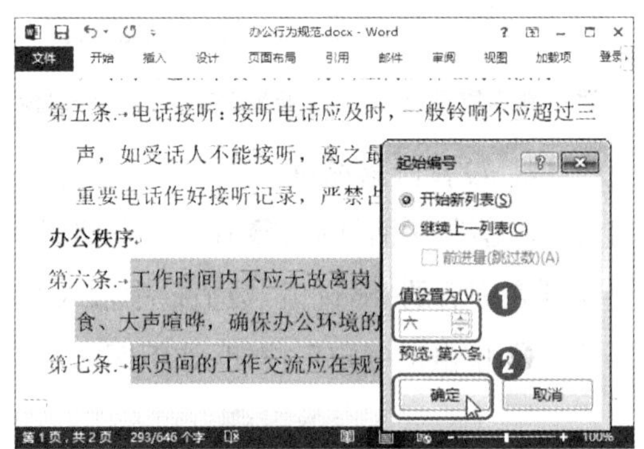

至此，文档格式的添加完成。

1.2.2 设置页面格式

要打印张贴文档，通常需要设置纸张格式，同时可以在页面中加入一些修饰，具体操作方法如下。

第1步：执行“其他页面大小”命令。

Word 默认使用的纸张大小为 A4，而本例需要使用 A3 大小的纸张打印，所以需要设置纸张大小。❶ 单击“页面布局”选项卡“页面设置”组中的“纸张大小”按钮；❷ 在弹出的下拉菜单中选择“其他页面大小”命令，如右图所示。

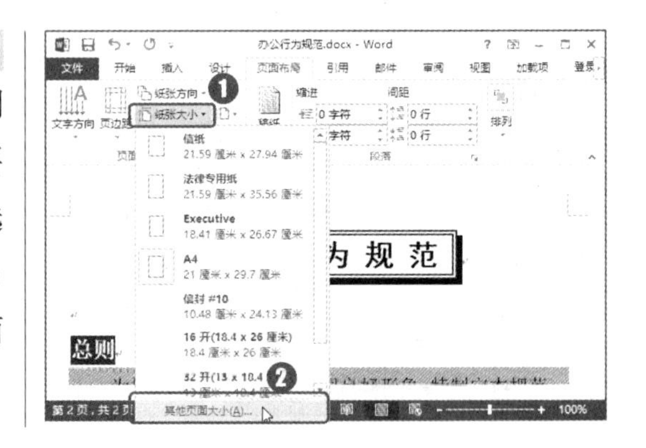

第2步：自定义页面大小。

打开“页面设置”对话框，❶ 在“纸张”选项卡的“纸张大小”下拉列表框中选择“自定义大小”选项；❷ 在“高度”和“宽度”数值框中分别设置纸张的高度和宽度值；❸ 单击“确定”按钮，如下图所示。

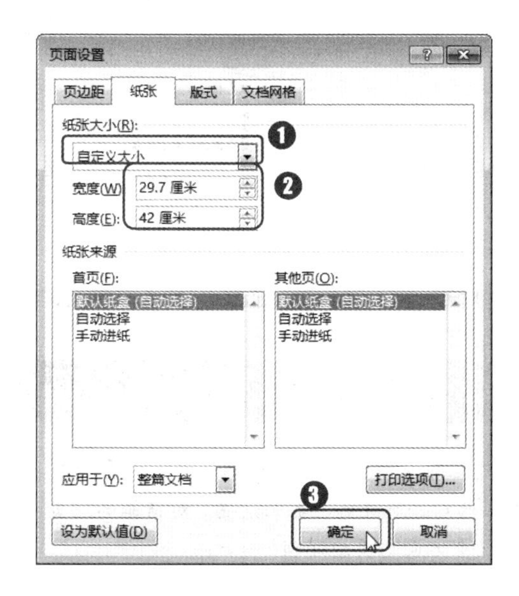

第3步：设置纸张方向。

❶ 单击“页面布局”选项卡“页面设置”组中的“纸张方向”按钮；❷ 在弹出的下拉列表中选择“横向”选项，如下图所示。

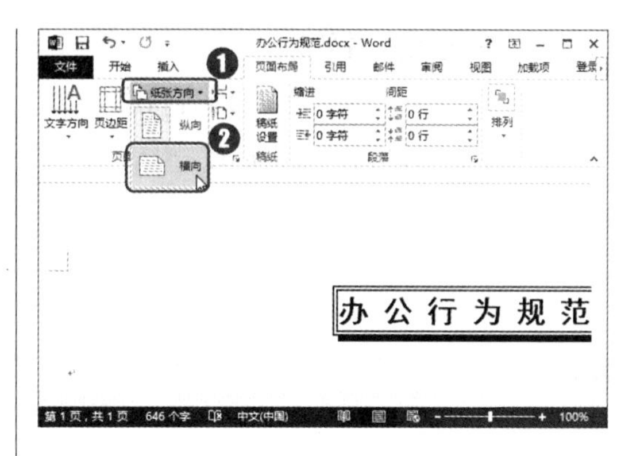

第4步：设置页边距。

❶ 单击“页面设置”组中的“页边距”按钮；❷ 在弹出的下拉菜单中选择“适中”命令，如下图所示。

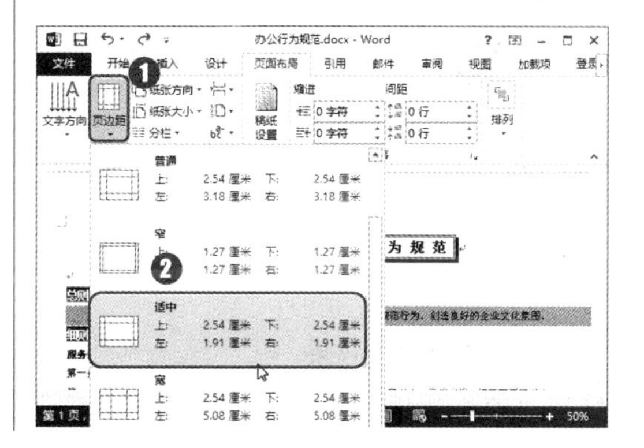

知识拓展 页边距

页边距是指纸张内容与纸张边缘之间的空白距离，通常调整页边距是为了使页面更加美观，同时，也可通过调整页边距使页面中能够容纳更多的内容。本例中就因为原来有一行内容在单独的一页中显示，为使该行内容能与前面的内容容纳于一页中，所以调整了页面边距。

第5步：确定后查看效果

经过上步操作后，文档所有内容将在一页中完整显示，效果如下图所示。

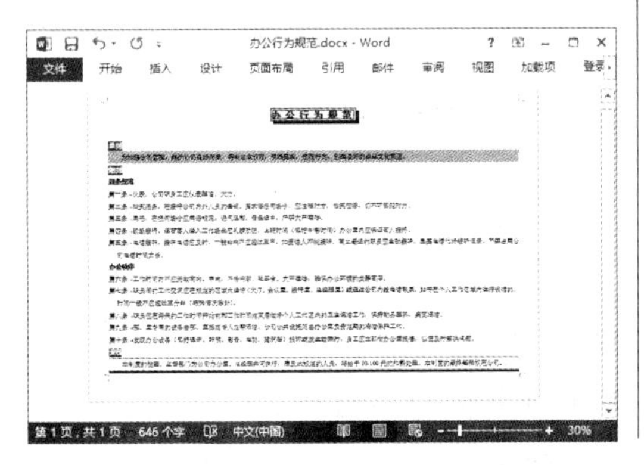

第6步：选择“填充效果”命令。

❶ 单击“设计”选项卡“页面背景”组中的“页面颜色”按钮；❷ 在弹出的下拉菜单中选择“填充效果”命令，如下图所示。

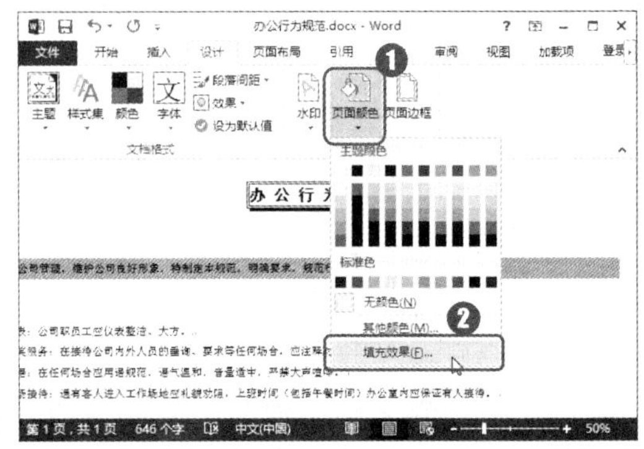

自定义页边距

如果需要使用的页边距在“页边距”下拉菜单中没有提供出来，可以在该下拉菜单中选择“自定义边距”命令，然后在打开的“页面设置”对话框的“页边距”组中分别设置上、下、左、右 4 个方向的页边距值。

第7步：设置颜色效果。

打开“填充效果”对话框，❶ 在“渐变”选项卡中选中“双色”单选按钮，并分别设置两种颜色；❷ 在“底纹样式”栏中选中“水平”单选按钮；❸ 选择“变形”组中的第 1 个选项；❹ 单击“确定”按钮，如右图所示。

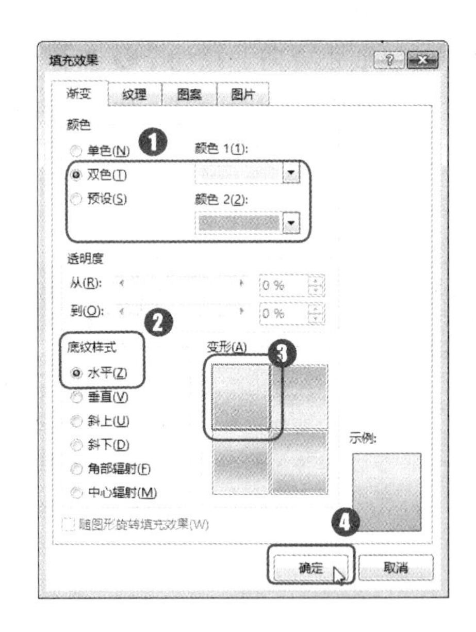

第8步：预览打印效果。

经过上步操作后，即可查看设置的页面效果。❶ 单击“文件”选项卡，在弹出的文件菜单中选择“打印”命令，在窗口右侧可预览到打印文档的效果，目前打印预览的效果没有背景颜色；❷ 单击中间栏底部的“页面设置”超级链接，如下图所示。

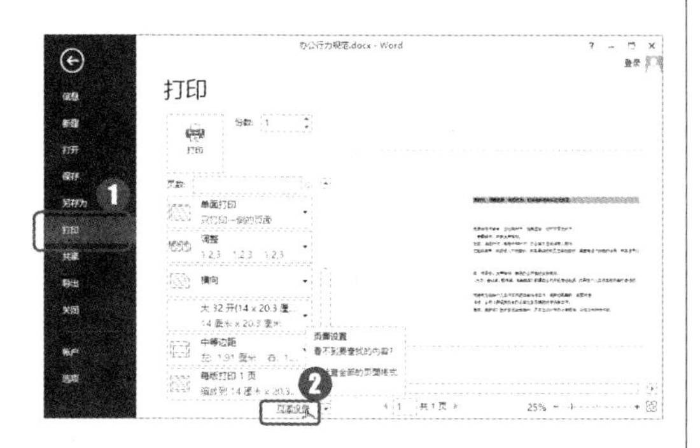

第9步：设置打印选项。

打开“页面设置”对话框，❶ 单击“纸张”选项卡；❷ 单击“打印选项”按钮，如下图所示。

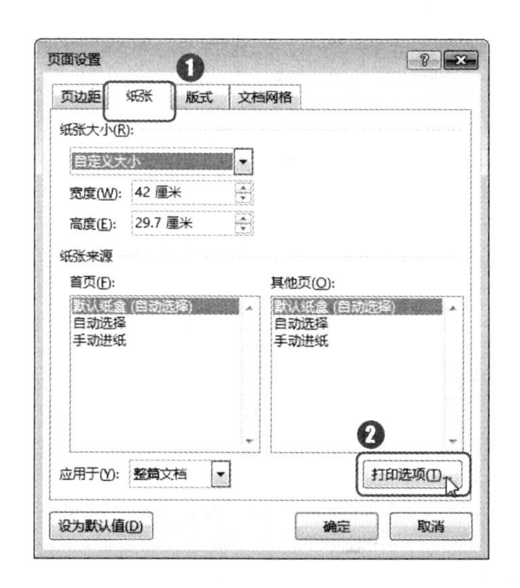

第10步：设置打印背景色和图像。

打开“Word 选项”对话框，❶ 单击“显示”选项卡；❷ 选中“打印选项”栏中的“打印背景色和图像”复选框；❸ 单击“确定”按钮，如下图所示。

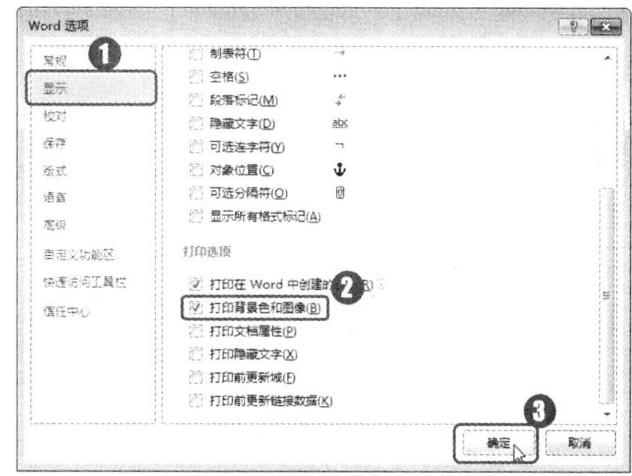

第11步：预览效果。

返回“页面设置”对话框中单击“确定”按钮后即可预览更改后的打印效果，如下图所示。

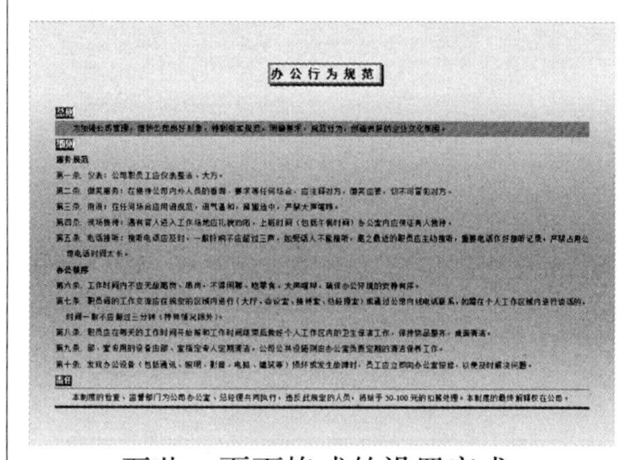

至此，页面格式的设置完成。

常用纸张大小

办公应用中最常用的纸张规格为A4，其宽度为21厘米、高度为29.7厘米；此外，常用的纸张规格还有A5和A3，A5纸张大小约为A4纸的一半，即宽度为14.8厘米，高度为21厘米，A3的纸张大小约为A4纸的一倍，宽度为29.7厘米，高度为42厘米。在选择纸张大小时除需要根据页面内容的多少来确定以外，还应根据具体的应用环境确定。如果是需要打印的文档，应选择打印机支持的纸张大小。

1.3 制作员工手册

◇ 案例概述

“员工手册”是企业内的“法律法规”，主要覆盖了企业人力资源管理各个方面规章制度的主要内容，同时又因适应企业独特个性的经营发展需要而弥补了规章制度制定上的一些疏漏。对于企业来说，合法的“员工手册”可以成为企业有效管理的“武器”；对于员工来说，它是了解企业形象、认同企业文化的渠道，也是自己工作规范、行为规范的指南。本例将为一个内容已经详实的“员工手册”文档排版，完成后的效果如下图所示。

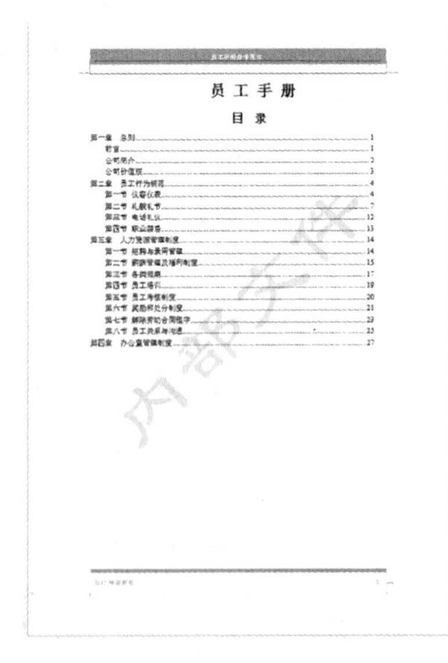

员 工 手 册

目 录

第一章 总则……1
前言……1
公司简介……2
公司价值观……3
第二章 员工行为规范……4
第一节 仪容仪表……4
第二节 礼貌礼节……7
第三节 电话礼仪……12
第四节 职业操守……13
第三章 人力资源管理制度……14
第一节 招聘与录用管理……14
第二节 薪酬管理及福利制度……15
第三节 各类假期……17
第四节 员工培训……19
第五节 员工考核制度……20
第六节 奖励和处分制度……21
第七节 解除劳动合同程序……23
第八节 员工关系与沟通……25
第四章 办公室管理制度……27

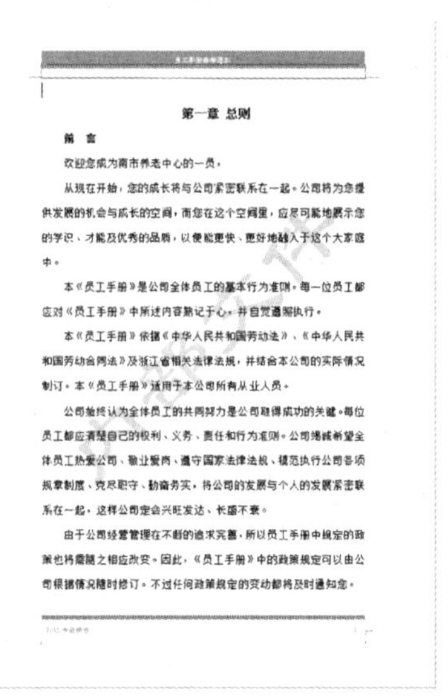

第一章 总则

前 言

欢迎您成为南市养老中心的一员。

从现在开始，您的成长将与公司紧密联系在一起。公司将为您提供发展的机会与成长的空间，而您在这个空间里，应尽可能地展示您的学识、才能及优秀的品质，以便能更快、更好地融入于这个大家庭中。

本《员工手册》是公司全体员工的基本行为准则，每一位员工都应对《员工手册》中所述内容熟记于心，并自觉遵照执行。

本《员工手册》依据《中华人民共和国劳动法》、《中华人民共和国劳动合同法》及浙江省相关法律法规，并结合本公司的实际情况制订。本《员工手册》适用于本公司所有从业人员。

公司始终认为全体员工的共同努力是公司取得成功的关键。每位员工都应清楚自己的权利、义务、责任和行为准则。公司竭诚希望全体员工热爱公司、敬业爱岗、遵守国家法律法规、模范执行公司各项规章制度、克尽职守、勤奋务实，将公司的发展与个人的发展紧密联系在一起，这样公司定会兴旺发达、长盛不衰。

由于公司经营管理在不断的追求完善，所以员工手册中规定的政策也将需随之相应改变。因此，《员工手册》中的政策规定可以由公司根据情况随时修订。不过任何政策规定的变动都将及时通知您。

	素材文件:光盘\素材文件\第1章\案例03\员工手册.docx
	结果文件:光盘\结果文件\第1章\案例03\员工手册.docx
	教学文件:光盘\教学文件\第1章\案例03.mp4

◇ 制作思路

在 Word 中制作“员工手册”文档的流程与思路如下所示。

设置制表位位置及格式：本例需要在正文内容开始前手动添加目录，为方便后期在录入目录内容时配合使用【Tab】键快速定位光标位置，从而实现快速对齐的功能，可以事先设置好制表位。

录入各级目录内容：在录入过程中，通过按【Tab】键可以快速定位到文本插入点当前位置的下一个制表位置。

设置页眉内容：本例需要在文档中为每页页面顶部的页边距处添加页眉，通过输入一些指示性的文字，引导阅读者，同时对页面起到美化的作用。

添加页脚及页码：本例还需要在文档中为每页底部页面边距的空白位置添加一些页面修饰元素和页码数字，便于读者阅读。

添加水印文字：由于本例制作的是企业内部使用的员工手册，所以还要在文档每页中加上水印字样“内部文件”，用于说明仅作企业内部使用，最好不带到企业外使用。

◇ 具体步骤

在排版大篇幅文档时，常常需要快速对文档进行整体的修饰以及添加一些方便用户查看文档的元素，如目录、页眉、页码等，本节将带领读者通过排版员工手册，掌握 Word 排版相关知识点的应用。

1.3.1 制作员工手册目录

在制作大篇幅文档时，通常需要为文档添加目录，使阅读者可以方便、快速地查看文档的整体内容和需要的信息。本小节将制作员工手册目录，具体操作方法如下。

第1步：显示出标尺。

❶ 单击“视图”选项卡；❷ 在“显示”组中选中“标尺”复选框，即可在窗口中显示出标尺，如右图所示。

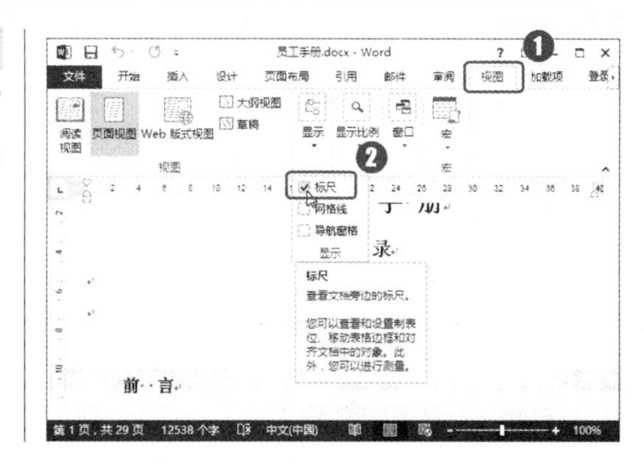

第2步：添加制表位。

❶ 将文本插入点定位于“目录”文字下方的行中；❷ 在标尺上刻度值为 2 的位置单击添加第一个制表位；❸ 单击标尺上刻度为 4 的位置，添加第二个制表位；❹ 单击标尺上刻度为 38 的位置，添加第三个制表位，如右图所示。

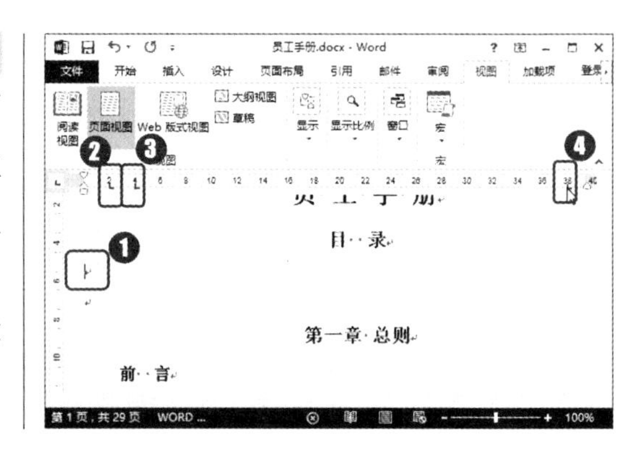

制表位

制表位是 Word 文档中用于快速对齐内容的一种标记，通过设置制表位，在录入内容时配合使用【Tab】键，可以快速定位光标位置，从而实现快速对齐的功能。

第3步：设置制表位格式。

❶ 双击标尺上任意制表符，打开“制表位”对话框；❷ 在“制表位位置”列表框中选择“37.93 字符”选项；❸ 在“对齐方式”栏中选中“右对齐”单选按钮；❹ 在“前导符”栏中选中“2”单选按钮；❺ 单击“确定”按钮完成制表位设置，如下图所示。

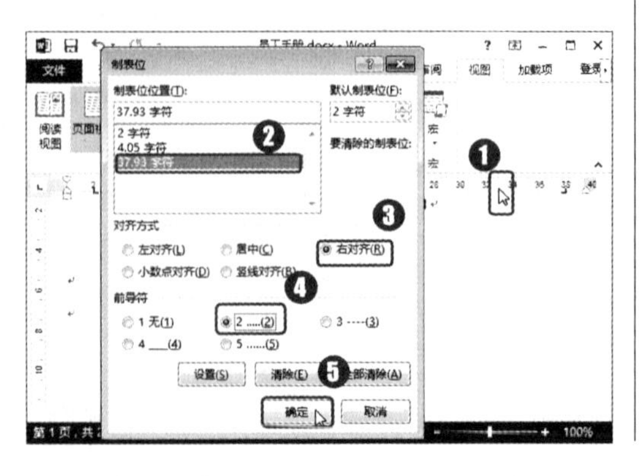

第4步：录入一级目录标题文字。

录入一级标题文字内容后按【Tab】键使文本插入点快速定位到页码位置，自动出现引导符，如下图所示。

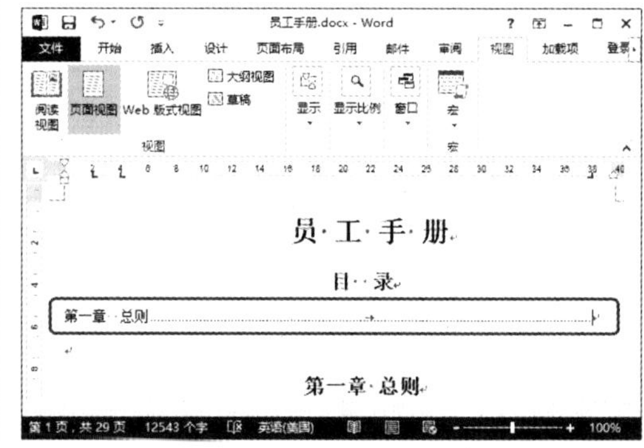

第5步：录入二级目录标题文字。

❶ 输入页码数字后按【Enter】键换至下一行；❷ 按【Tab】键将文本插入点定位于第1个制表位位置；❸ 录入二级目录标题文字，按【Tab】键使文本插入点快速定位于页码位置；❹ 输入页码数字，如下图所示。

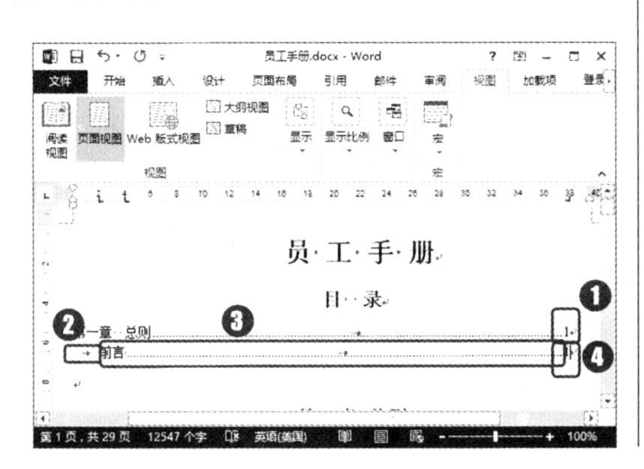

第6步：录入其他目录内容。

用与前两步相同的方式录入目录中剩余的二级目录标题和一级目录标题，完成后的效果如下图所示。

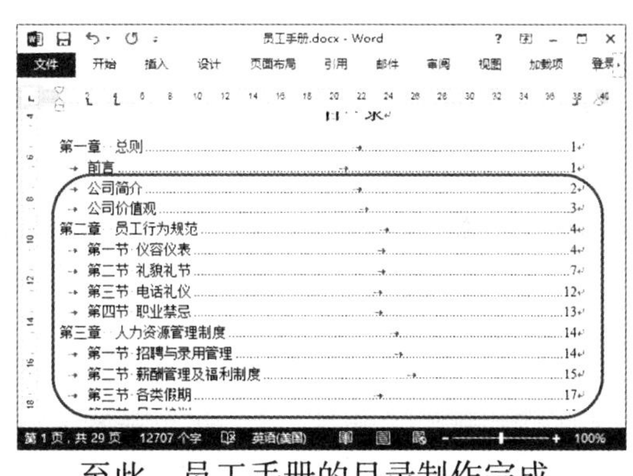

至此，员工手册的目录制作完成。

1.3.2 添加页面修饰成分

在编排大篇幅文档时，可快速为文档中各页面添加一些修饰成分，如添加页眉页脚、页面背景等。本例将对员工手册文档中的每一页进行页面修饰，具体操作方法如下。

第1步：插入页眉。

❶ 单击“插入”选项卡“页眉和页脚”组中的“页眉”按钮；❷ 在弹出的下拉菜单中选择要应用的页眉样式，如“镶边”样式，如下图所示。

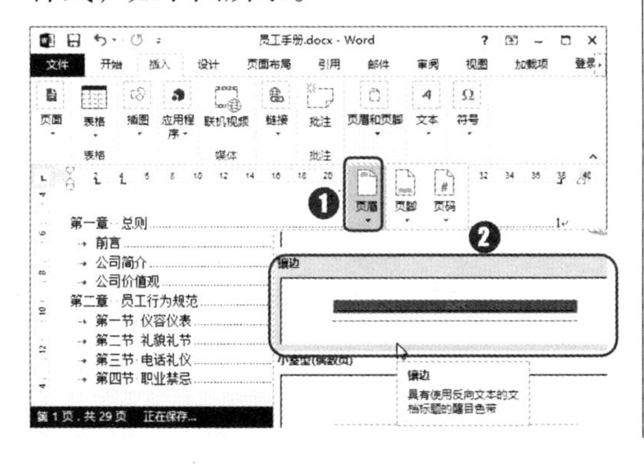

第2步：输入页眉内容。

❶ 在页眉中输入文字内容；❷ 单击“页眉和页脚工具 设计”选项卡“关闭”组中的“关闭页眉和页脚”按钮，即可退出页面编辑状态，如下图所示。

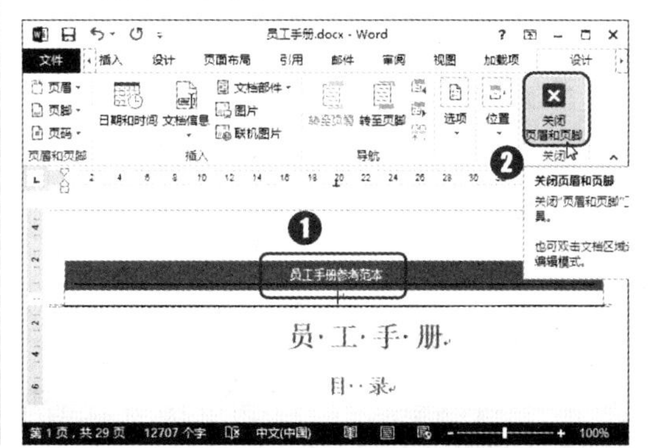

使奇数页和偶数页中页眉的内容不相同

在页眉编辑状态下，选择“页眉和页脚工具 设计”选项卡中的“奇偶页不同”选项，则可以使奇数页和偶数页的页眉不相同。设置完成后，分别在首页、奇数页和偶数页中添加不同的页眉内容即可。

第3步：查看页眉效果。

缩小文档显示比例，查看到经过上步操作后只为第一页设置了页眉效果，如下图所示。

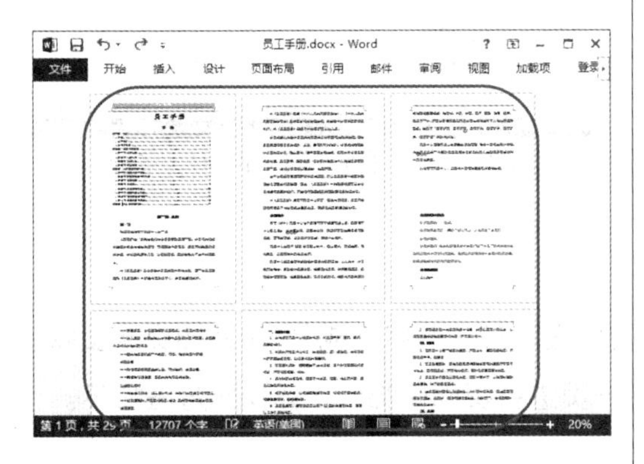

第4步：执行“编辑页眉”命令。

❶ 单击“插入”选项卡“页眉和页脚”组中的“页眉”按钮；❷ 在弹出的下拉菜单中选择“编辑页眉”命令，如下图所示。

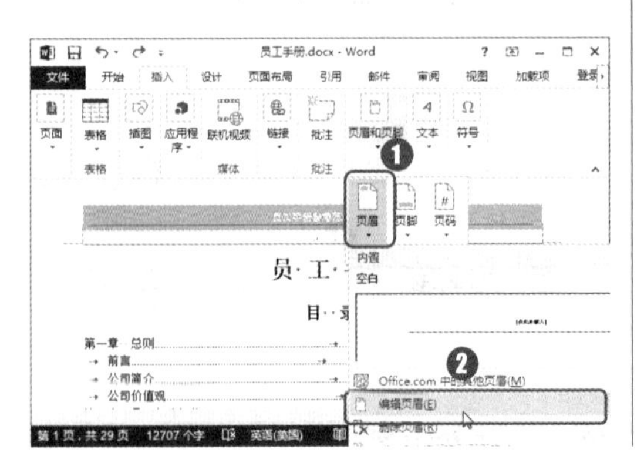

第5步：设置页眉选项。

在“页眉和页脚工具 设计”选项卡的“选项”组中取消选中“首页不同”复选框，如下图所示。

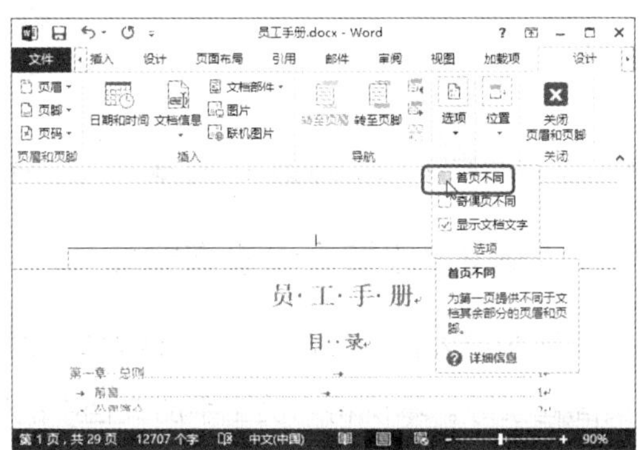

第6步：重新设置页眉。

❶ 单击“页眉和页脚”组中的“页眉”按钮；❷ 在弹出的下拉菜单中选择要应用的页眉样式，如下图所示。

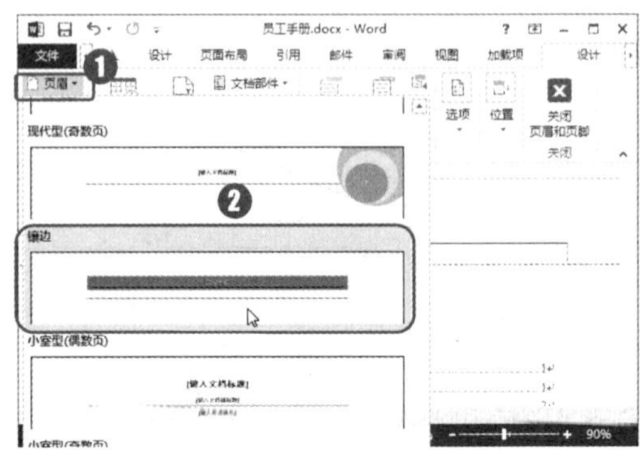

第7步：执行插入页脚命令。

❶ 单击“页眉和页脚”组中的“页脚”按钮；❷ 在弹出的下拉菜单中选择要应用的页脚样式，如“怀旧”样式，如下图所示。

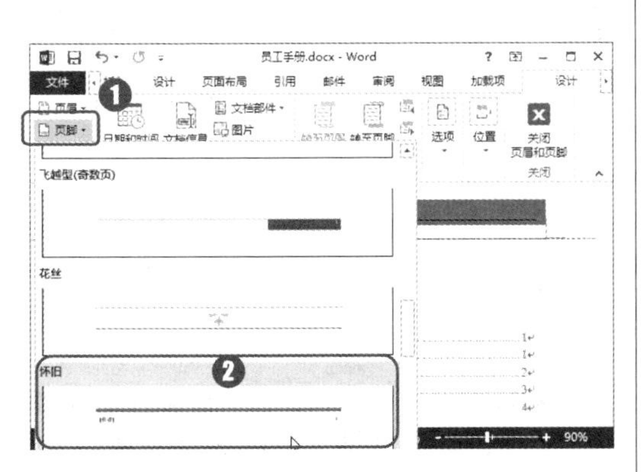

第8步：输入页脚内容。

❶ 在页脚中输入文字；❷ 单击“页码”按钮；❸ 在弹出的下拉菜单中选择“设置页码格式”命令，如下图所示。

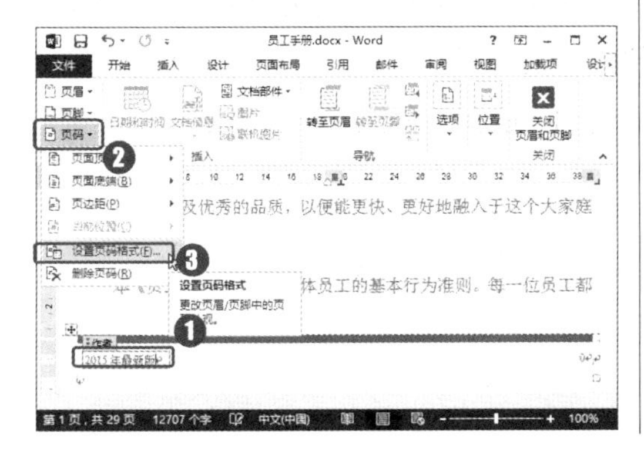

第9步：设置页码格式。

打开“页码格式”对话框，❶ 在“编号格式”下拉列表框中选择要使用的页码格式；❷ 单击“确定”按钮完成设置；❸ 单击“页眉和页脚工具 设计”选项卡中的“关闭页眉和页脚”按钮退出页眉页脚编辑状态，如下图所示。

第10步：执行“自定义水印”命令。

❶ 单击“设计”选项卡“页面背景”组中的“水印”按钮；❷ 在弹出的下拉菜单中选择“自定义水印”命令，如下图所示。

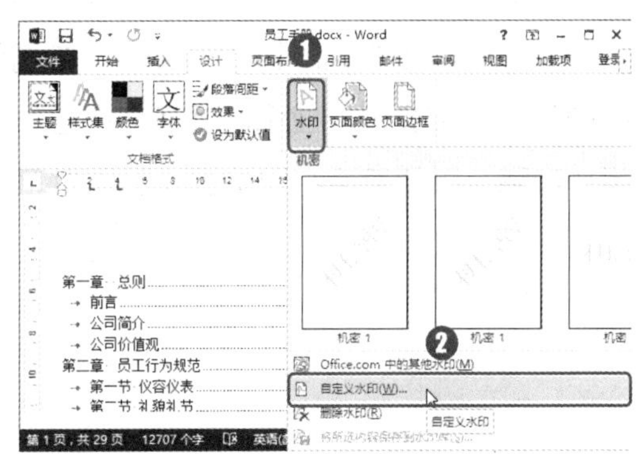

第11步：设置水印内容及格式。

打开“水印”对话框，❶ 选中“文字水印”单选按钮；❷ 在“文字”下拉列表框中输入水印字样“内部文件”；❸ 在“字体”下拉列表框中设置水印字体样式；❹ 在“颜色”下拉列表框中选择颜色为“深蓝 … 60%”；❺ 单击“确定”按钮，如下图所示。

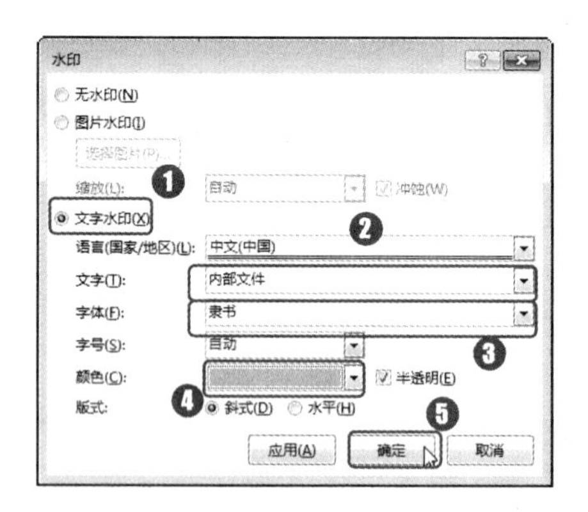

第12步：插入分页符。

经过上步操作后，返回文档中即可查看到在页面中添加的水印效果。❶ 将文本插入点定位在目录内容的后面；❷ 单击“页面布局”选项卡“页面设置”组中的“分隔符”按钮；❸ 在弹出的下拉菜单中选择“分页符”命令，如下图所示。

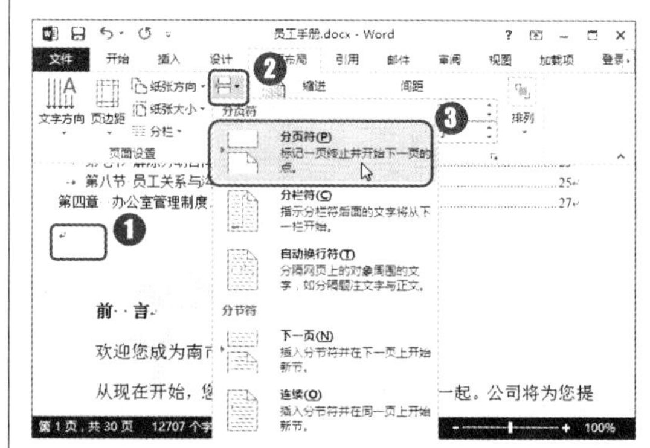

至此，页面修饰成分的添加完成。

1.4 本章小结

在制作文档时首先需要将文本内容录入文档中，这个过程中若善于应用 Word 中提供的编辑功能，可以帮助我们高效地完成工作，如复制、粘贴、格式刷、查找、替换等；在对以文字为主的内容进行排版时，还需要灵活应用字体格式和段落格式来丰富页面效果，达到美化文档的目的。最后如有需要可以进行页面设置，再打印输出。本章列举的案例你都会吗？业余时间还应多思考案例制作的具体思路，从根本上掌握案例的操作精髓，以便灵活应用于实际工作中。

第 2 章

编排图文并茂的办公文档
——Word 强大的图文处理功能

本章导读：

Word 中排版文档的优势在于文档中可以插入各种丰富的修饰元素，包括形状、图片、文本框、艺术字和 SmartArt 图形等。并且 Word 为我们提供了非常方便的形状绘制和修改、图片插入和美化、艺术字输入和美化等功能。合理地应用形状、图片、文本框、艺术字来点缀文档，可以制作出更为专业的排版效果。本章我们就一同来学习在 Word 文档中应用图形元素及图像的方法和技巧，让你也能制作出图文并茂的精美文档。

知识要点：

★ 插入和编辑图片

★ 绘制基本图形

★ 艺术字、文本框的应用及设置

★ SmartArt 图形的使用

★ Word 中图形的样式设置

★ 图像的版式设置

案例效果：

绩效考核流程图

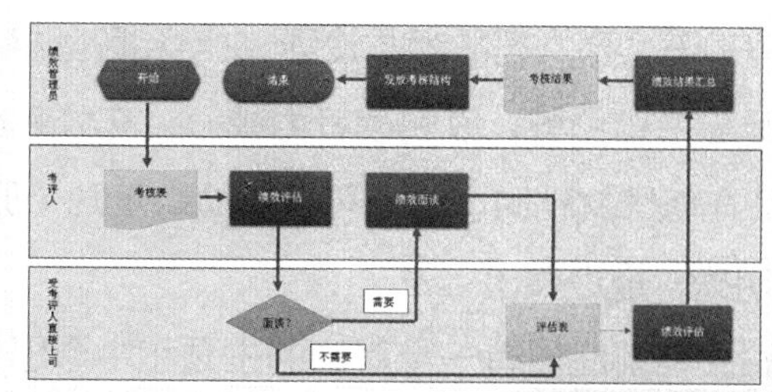

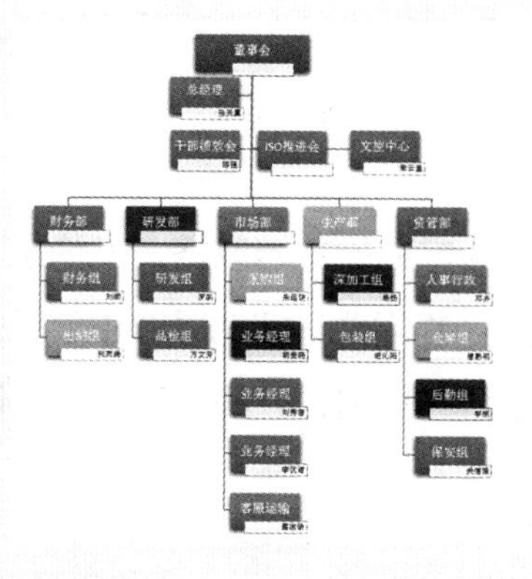

文档中除了文字内容外，常常还需要用到图形、图片等内容。这些元素有时会以主要内容的形式存在，有时只是作为修饰文档的成分。文档中图片与图形等对象的排列与布局，直接影响着文档的整体效果。只有合理地安排这些元素，才能让我们的文档更具有艺术性，更能吸引阅读者，更好地传达文档要表达的意义。那么，如何选择合适的对象，又如何来布局这些对象呢？下面我们就来说一说。

要点01 如何提高文档的可读性

不管在什么情况下，我们编排文档的主要目的都是让人们来阅读。只是不同类型的文档，阅读对象不同、阅读者的心理不同。所以，我们不论是在编写文档内容或是在排版修饰文档时，都一定要学会换位思考，站在阅读者的角度考虑怎样通过文档将想要传达的信息或思想传达出去。经过思考不难发现，要提高文档的可读性主要应注意以下两个方面：一个是文档本身的内容，另一个则是文档的表现形式。

在文档内容方面，我们应该注意文档中文字、词语的正确性，也包括语法语句的正确性。当然，这方面不是本书重点探讨的内容。但是，这是文档中最基本的信息，只有让文档内容表述更清晰了，文档的才可能具有可读性。如果文档中存在错别字，甚至出现一些文字看不明白，那么，文档的可读性将大打折扣。所以，要提高文档的可读性，首先需要从文档内容着手，根据主要读者的情况组织语言，避免错别字，避免可能看不明白的语句。

在文档的表现形式方面，则需要灵活地应用 Word 中各种功能，并运用艺术的眼光来设计文档。无论是文档的版式设计、文字和段落格式，还是图形和图像应用等方面，都需要仔细地思考和分析，以阅读者为中心，充分考虑阅读者的心理来安排文档内容和修饰元素。在修饰文档时，我们可以遵循以下几个原则。

1. 主题明确、重点突出

任何一篇文档都应该有一个明确的主题和中心思想，在排版和修饰文档时，也需要利用各种修饰来突出这个主题，千万不能只为了美观而排版。在选择修饰图形或插图时，尽量选用能体现文档主题思想的图形或图片。

2. 美观性与艺术性

我们一定要下决心改变那些密密麻麻的文档风格，无论是文档的版式设计、文字和段落格式、图形和图像应用等方面，都需要仔细地思考和分析。综合运用文字、图形、色彩等元素，通过点、线、面的组合与排列，并采用夸张、比喻、象征的手法来体现视觉效果，既美化了版面，又达到了传达信息的功能。装饰是运用审美特征构造出来的。不同类型的版面，需要采用不同方式去装饰，它不仅起着突出版面信息的作用，而且能使读者从中获得美的享受。

3. 趣味性与独创性

如果文档本身没有多少精彩的内容，就要靠制造趣味取胜，这也是在构思中调动艺术手段所起的作用。版面充满趣味性，使文档信息如虎添翼，起到了画龙点睛的作用，从而更吸引人、打动人。趣味性可采用寓意、幽默和抒情等表现手法来获得。

独创性原则实质上是突出个性化特征的原则。鲜明的个性，是排版设计的创意灵魂。试想，如果版面多是单一化与概念化的大同小异，人云亦云，它的记忆度有多少?更谈不上出奇制胜。因此，要敢于思考，敢于别出心裁，敢于独树一帜，在排版设计中多一点个性而少一些共性，多一点独创性而少一点一般性，才能赢得阅读者的青睐。

4. 整体性与协调性

只讲表现形式而忽略内容，或只求内容而缺乏艺术表现，版面都是不成功的。只有形式与内容合理统一，强化整体布局，才能取得版面构成中独特的社会和艺术价值，才能解决设计应说什么、对谁说和怎样说的问题。

强调版面的协调性原则，也就是强化版面各种编排要素在版面中的结构以及色彩上的关联性。通过版面的文字、图形、图形之间的整体组合与协调性的编排，使版面具有秩序美、条理美，从而获得更好的视觉效果。

要点02 美化文档的常用元素

Word 应该算是现代职场中应用最多、普及最广的软件了，我们常用它来编写工作报告，各种计划、提案等。但是，要用好 Word 却并不是一件容易的事。

大部分人只拿 Word 当作打字工具，方便在屏幕上显示信息或将其输出到打印机。有这样想法和做法的人通常只关心文档的内容，不在意文档的格式，还理所当然地认为领导看重的也应该是文档内容。

也有一部分人对 Word 的功能较为熟悉，认识也略有提升，他们会使用 Word 提供的样式来美化文档，但不会去想如何在文档中体现个性化。

只有少部分人会把 Word 文档当成作品来设计，他们会挖空心思用更为美观的形式为文档内容服务，使读者产生阅读的兴趣和乐趣。

信息化迅速发展的今天，随便在网络中都会看到以文档为形式的资料和文献。动辄几千字的文档中，满是文字只会让浏览者对其所述的内容更加迷茫。再好的内容也被难看的形式掩盖了。尤其在当下，形式已经变得和内容一样重要。因此，我们一定要下决心去改变文档，尽量让制作的文档像一幅风景画那样令人赏心悦目，让读者将阅读的过程视为一种享受。

在 Word 文档中除了文字就是各种对象，它们是构成文档的两大要素。因此要美化文档除了编辑文字外，还应该在对象编辑上多下工夫。所谓对象，俗名“东西”。Word 将其他软件制作出来的东西统称为对象，常见对象主要包括形状、图片、艺术字、文本框等。在 Word 编排文档时，使用这些对象不仅可以帮助我们传递具体的信息，还能丰富和美化文档，使文档更生动、更具特色。

1. 图形在文档中的应用

我们在文档中表达信息通常会使用文字描述，但有一些信息的表达，可能用文字描述需要使用一大篇文字，甚至还不一定能表达清楚。例如想要描述企业内部网络的结构，用下面一幅图形基本上可以说明一切，但如果用文字来描述那就得花很多功夫了，甚至到最后也没说清楚。这就是图形元素的一种应用。

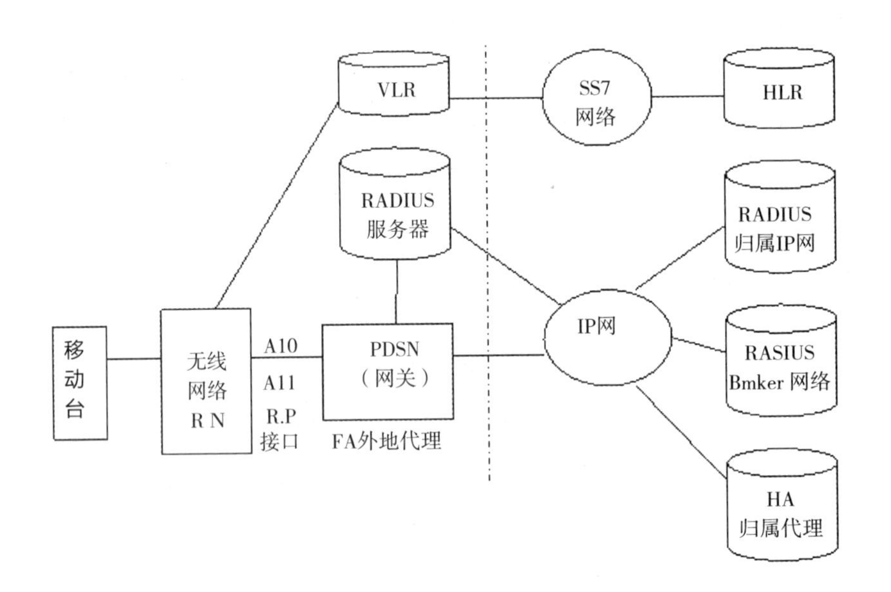

当然，图形元素除了帮助我们传递信息外，还可以起到不一样的修饰作用，如强调主题、修饰内容等，下列是一些文档中应用图形作为修饰的例子。

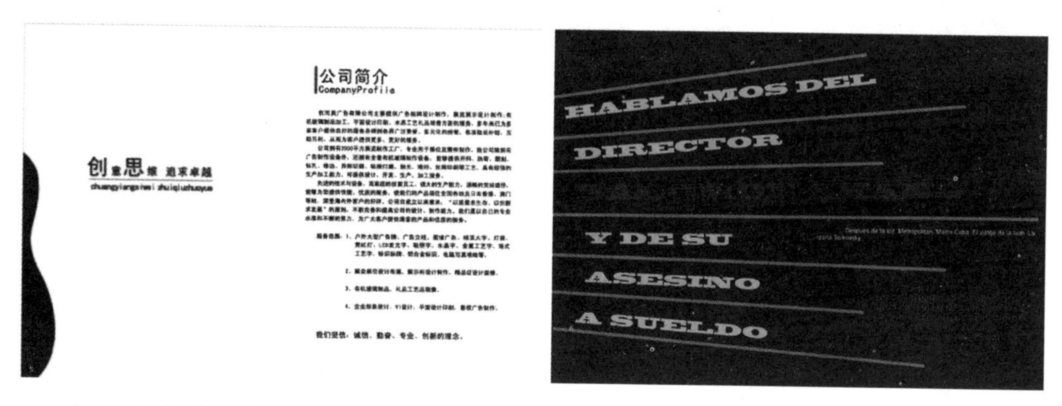

2. 图片在文档中的应用

文字和图片都可以传递信息，但给人的感觉却各不相同。读者可以通过下面的例子感受其中的区别。

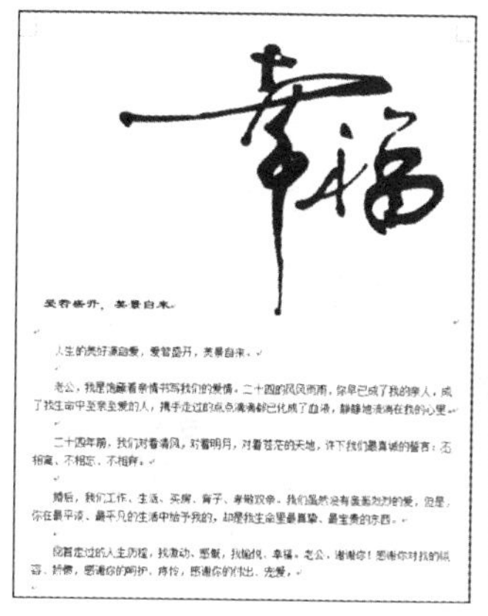

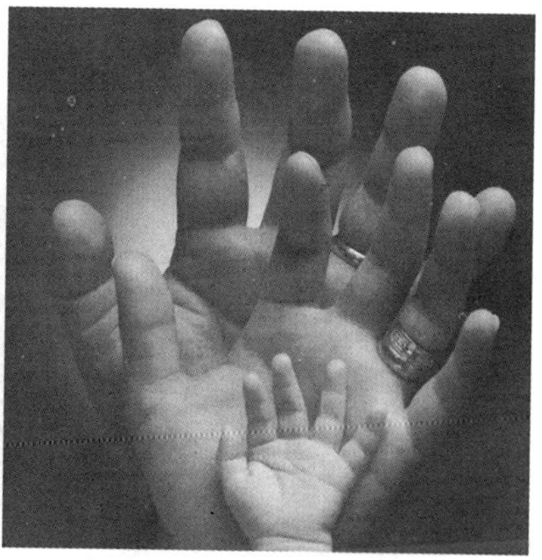

同样用于说明人生的幸福时刻，左侧的文字通过精心排版设计，艺术化的标题为版面效果增色不少，主题明确，详细描述平淡生活中处处彰显的幸福，但从第一印象来讲对观众的冲击力不够强烈。中间和右侧的两幅图片虽然没有文字描述那样详细（最右侧的图片甚至看不到主角），却有非常强的冲击力和感染力，读者仿佛可以从画面上体会到画中人物的喜悦，对婚姻和生儿育女给我们带来的幸福感同身受。

都说“一图胜过千言万语”，这是对图片在文档中不可替代作用和举足轻重地位最有力的概括。文字的优点是可以准确地描述概念、陈述事实，缺点是不够直观。文字需要读者一行一行去细读，而且在阅读的过程中还需要大量的思考以理解观点。然而，现代人却更喜欢直白地传达各种意思，不喜欢思考。图片正好能弥补文字的局限，将要传达的信息直接展示在观众面前，不需要读者太多思考。所以“图片 + 文字”应该是文档传递信息最好的组合。例如，在制作产品介绍、产品展示等产品宣传类的文档时，在文档中配上产品图片，不仅可以更好地展示产品、吸引客户，还可以增加页面的美感，如下图的产品介绍文档。

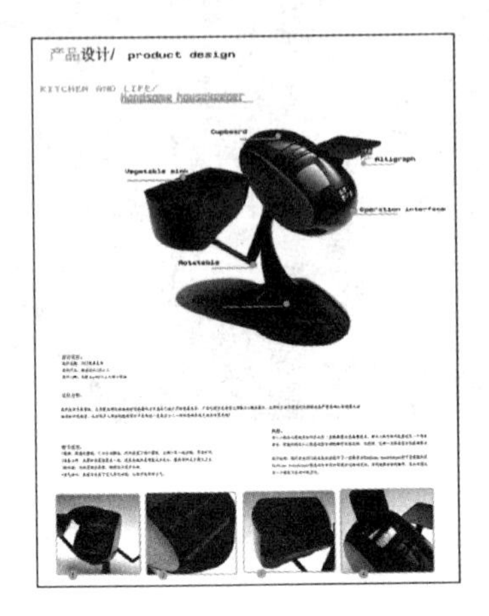

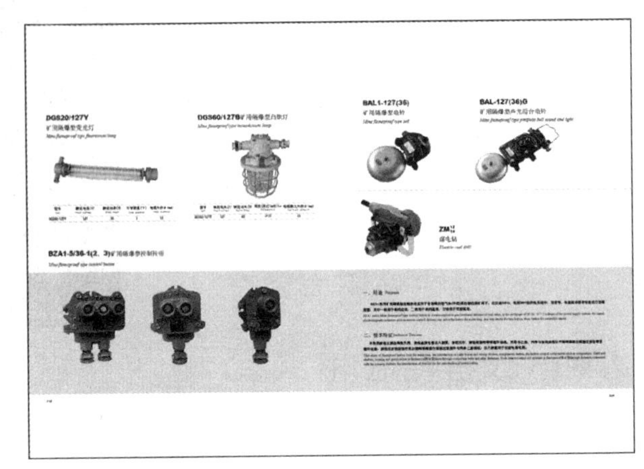

图片除了用作文档内容外，也可用于修饰和美化文档，例如作为文档背景，用小图片点缀页面等。下图是一些应用了图片作为修饰的文档。

3. 艺术字、文本框在文档中的应用

如果你觉得单一的文本文件看起来很单调，想要对文字进行一些特殊排版，就可以借助艺术字和文本框，在文档中插入生动且具有特殊视觉效果的文字。在 Word 文档中插入的艺术字会被作为图形对象来处理，其主要作用也是改变文字的外在效果。文本框可以随意移动的功能完全满足了我们个性化排版版式的需求。下图所示的效果便是通过艺术字和文本框来实现的。

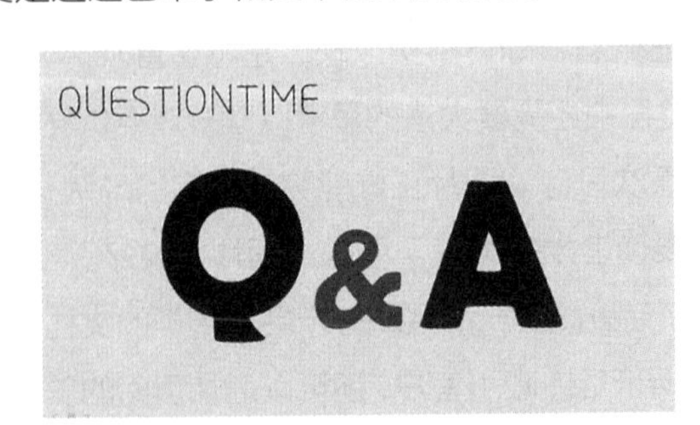

4. 其他元素在文档中的应用

在 Word 中还可以插入一些特殊的对象，如超链接、动画、音频、视频、交互程序等，通常应用在通过网络或电子方式传播的文档中，例如，电子档的报告、电子档的商品介绍或网页等。

在电子文档中应用各种多媒体元素，可以极大地吸引阅读者，为阅读者提供方便。超级链接是电子文档中应用最多的一种交互元素，应用超级链接可以提高文档的可操作性和体验性，方便读者快速阅读文档。例如，文档中相关联的内容可建立书签和超级链接，当用户对该内容感兴趣时，可以点击链接快速切换到相应的内容部分进行查阅。

电子文档中如果再加入一些简单的动画，辅助演示过程，增加音频解说或加入视频宣传推广，甚至加入交互程序与阅读者互动等，则可以从很大程度上提高文档的可读性和体验性。

文档中插入多媒体元素需要用到第三方软件

Word 软件并没有提供制作和编辑多媒体元素的功能，如需要在 Word 中插入这些多媒体元素，通常需要由第三方软件制作后再插入文档中，例如制作和处理图像可以使用 Adobe Photoshop 软件、制作动画可以使用 Adobe Flash 软件、编辑视频可以使用 Adobe Premiere 软件等。

要点03 Word也能做设计

现代人对美的追求越来越高，对艺术的追求无处不在。大到建筑、汽车，小到铅笔、缝衣针，都融入了大量的设计元素。Word 文档的编排也不再是打打字、调调格式那么简单了，它需要我们精心地设计文档，无论是从文字内容的意义上还是排版的意义上，都离不开精心设计。

Word 早已不是一个简单的文字编辑软件，它提供了大量文档排版、文档美化的功能，只要精心设计，Word 可以做出各种类型的专业文档。Word 中到底可以做哪些设计？如何设计？

1. 文字排版设计

文字排版是 Word 中最常用也是最基础的设计功能。无论是文字字体、段落的修饰还是页面版式、布局的规划，在 Word 中都能轻松搞定。下图是一些文字版式效果。

2. 图形设计

虽然 Word 不是专业的图形制作软件，但 Word 中提供了大量矢量形状可供我们使用，我们可以非常方便地绘制出这些形状并添加各种修饰。虽然功能上没有专业制图软件，但比专业制作软件应用更简单快捷。

在文档中使用图形，不仅可以美化文档，还可以利用图形来表现逻辑关系，如组织结构图、流程图、关系图等，例如下图中的应用。

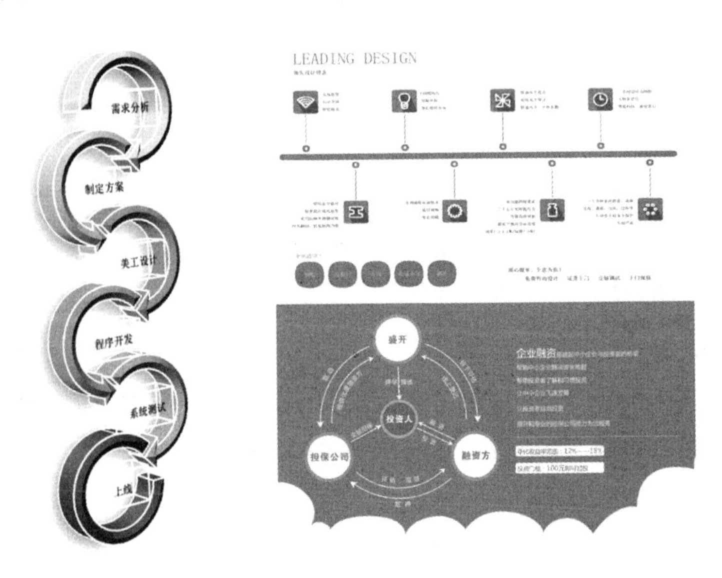

此外，图形还可以用于规划页面版式，例如划分页面结构、控制段落摆放位置、形态等，还可以利用形状来适当地修饰和美化页面，如下图所示的页面排版效果。

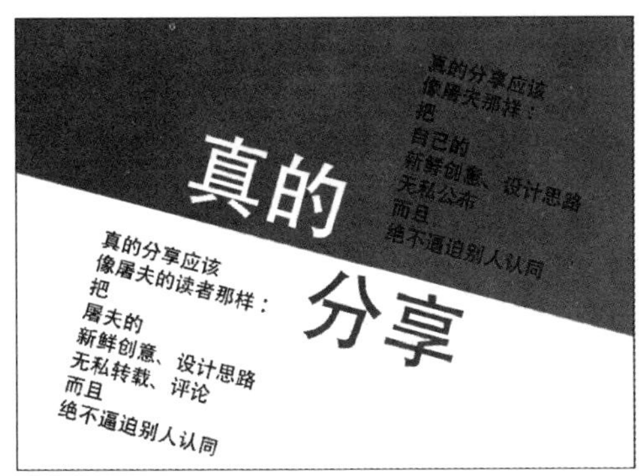

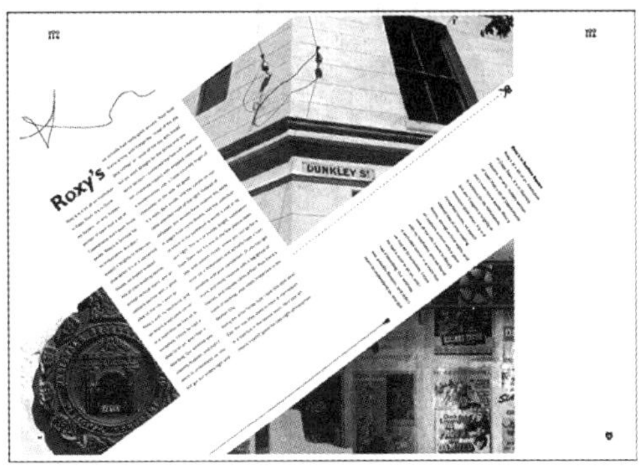

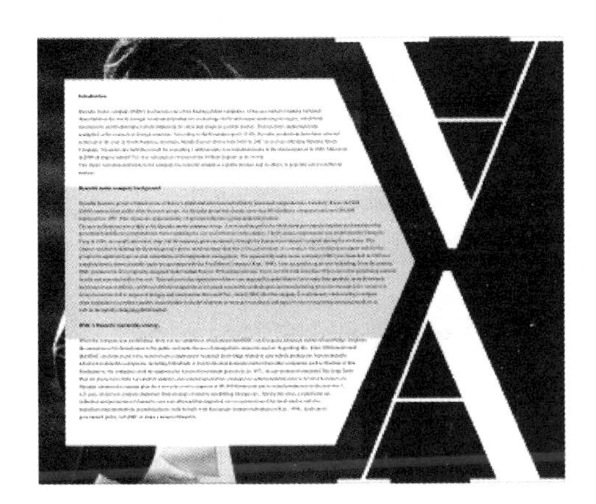

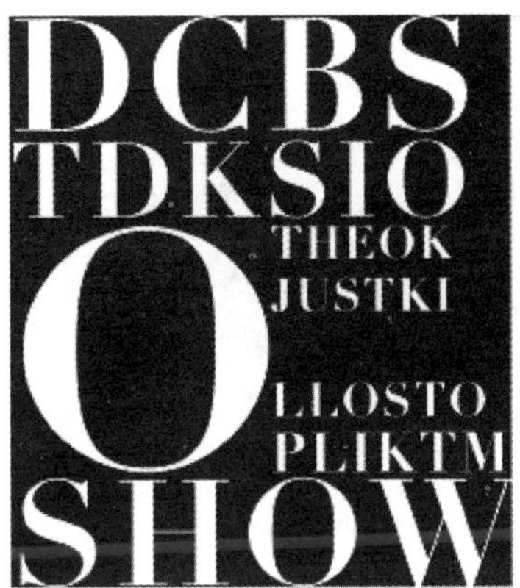

文档中常常还会用到一些图标、插图等，可以通过其他软件设计后作为图片插入文档中。当然，简单的图形、插图等，我们还是可以快速在 Word 中绘制的，下图中的这些图形，都是直接在 Word 中绘制的。

3. 图片设计

图片美化文档的功效是最明显的，这里也不多说了。下面就从图片的选择、处理和排布三个方面来说说文档中的图片应该如何设计。

（1）配图的选择

图片设计是有讲究的，绝不是随意添加的。为文档配图时，主要应该注意以下几个方面。

- 图片质量

图片与图形最主要的区别在于，图片是以点构成的，图形是由线条和形状构成。所以，图形随意的调整变化后都能保持清晰的效果，图片放大后就可以看到明显的方格子，也就是构成图像的点，如下图所示，我们把构成图像的点称为“像素”。

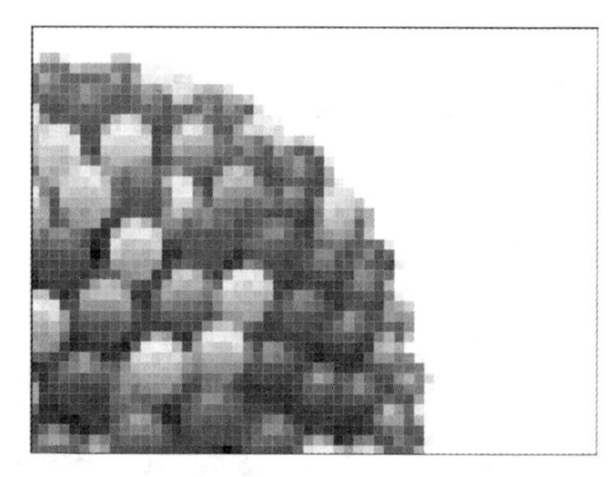

由于图片是由一个一个像素点来构成，在表现内容的真实性和细节方面比矢量图形更到位，所以在文档中，可以应用图片来展示实物或用于背景修饰。文档中需要使用的图片，我们可以自行利用相机拍摄，也可以在网络中收集。如果是前者，因为采用的是同一台设备，所以获取的图片像素和大小就比较一致，运用到文档中效果也比较好；如果是后者，在网络上四处搜集的图片大小和像素可能就差别很大了。如果不经处理，直接放到同一个文档中使用就容易导致在同一份文档中有的图片极精致，有的图片极粗糙（能看到锯齿）的情况，这当然会影响文档的整体水准了。

下面是内容一样的三张图片，越往右图片质量越低。你是不是一眼就发现了呢？确实，人眼很容易感知色相变化大、饱和度高、明暗对比强、细节丰富的图片。

  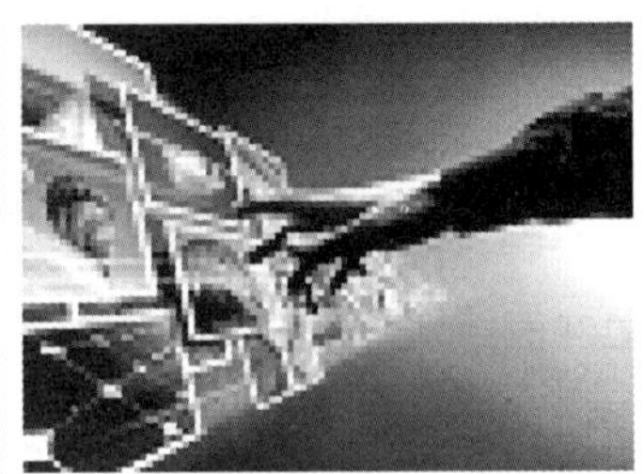

因此，制作文档之前，我们最好是准备高清的图片，就算找不到也要尽量选择像素接近的图片。要坚决抵制低质量的图片，它会让文档瞬间变成山寨货，降低文档的专业度和精致感。反之，高质量的图片由于像素高，色彩搭配醒目，明暗对比强烈，细节丰富，插入这样的图片可以吸引读者的注意力，提升文档品质。

此外，在选择图片时还应注意图片上是否带有水印。不管是做背景还是正文中的说明图片，如果老是有个第三方水印浮在那里，不仅图片的美感会大打折扣，还会让读者对文档内容的原创性起疑。如果实在要用这类图片，建议处理后再用。

- 吸引注意力

读者只对自己喜欢的事物感兴趣，没人愿意阅读一些没有什么亮点的文档。为了抓住读者的注意力，我们除了要完整表达文档信息外，在为文档配图时不仅要选择质量高的，还要尽量选择有视觉冲击力和感染力的图片。

- 形象说明

图片要用，但要用得贴切用得妙，只有这样才能发挥威力。为文字配图，就是要让图片和文档内容相契合，最怕的就是使用无关配图。也许你会觉得不就是放点图片装饰门面，至于上纲上线吗？可是若随意找些与主题完全不相关的漂亮图片插入文档，就会带给读者错误的暗示和期待，将注意力也转移到无关的方面，让人觉得文档徒有其表而没有内容。

- 适合的风格

不同类型的图片给人感觉各不相同，有的严肃正规，有的轻松幽默，有的诗情画意，有的则稍显另类。在图片选取时应注意其风格是否与文档的整体风格相符合。

（2）处理图片

我们收集到的图片要应用到文档中，常常避免不了进行一些调整或修饰。Word 虽然不是专业的图像处理软件，但它提供了一些基础的图像编辑功能，可以对图片进行大小调整、方向调整、裁剪、颜色调整、添加修饰、添加特殊效果滤镜等。利用这些功能，我们可以非常轻松地在文档中应用图片，甚至可以将一张普通的照片变得具有艺术感。

- 调整图片大小

图片有主角的身价，可别只把它当作填满空间的花瓶。在有的文档中图被缩小到上面的字迹已经揉成一团，完全分不清，这种处理方式完全不可取！有的图分辨率很低，强行拉大后读者眼睛瞪得很大还是看不清上面的文字，这种图根本不该用！

图片处理最基本的操作就是设置大小，图片的大小意味着其重要性和吸引力的不同。对于那种“图中文字是有用信息，希望读者看到”的图，最好让图片中的文字大小和正文大小差不多大。对于不含文字，或文字并非重点的图片，只要清晰就好，让它保持与上下文情境相匹配的尺寸。

在 Word 中放大图像后，软件会自动优化图像效果，通过复杂的运算增加像素点，使图像放大后不会看到清晰的像素点，只会让图像变得有些模糊，当然目前也没有任何软件可以做到图像放大后不失真，因为原图中所包含的像素点是固定的。

- 调整图片方向

同一张图片，观众从不同角度观看可能会有不同的感受，所以在排版文档时，有时候我们会刻意地调整图像的方向。例如下面几组图像，左右两两对比，只是旋转了方向，表达的效果就大相径庭了。

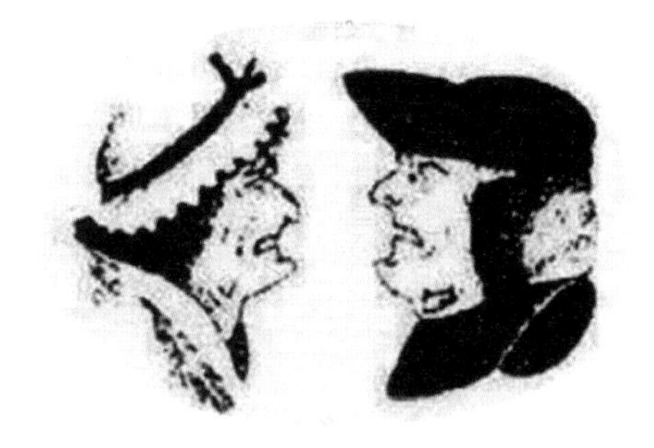

- 裁剪图片

四处收集来的图片有大有小，我们必须根据页面的需要将其裁剪为合适大小。有时候我们在文档中应用图像时，由于图片画面中包含了没有用的东西，这时就需要通过裁剪功能去掉图像中的无用内容，只保留图像中我们所需要的区域。还有的图片可能画面版式并不适合我们的需要，这时还可通过裁剪其中的一部分内容对画面重新构图。如下图所示为同一幅图像，只因裁剪的区域不同，便给观众带来了不同的感受。

- 调整图片色彩

在设计中，不同的色彩会带给人不同的心理感受。一幅图像应用不同的色彩效果，也会让图像拥有不同的意义。Word 2013 中有调整图片明度、对比度和对色彩美化等功能，大家可以自己去尝试一下。准确的明度和对比度可以让图片有精神，适当地调高图片色温可以给人温暖的感觉，调低色温给人时尚金属感。下图所示为同一图片设置不同色彩时的效果。

- 调整图片艺术效果

在 Word 中，我们还可以为图像添加一些与专业图像软件中相似的滤镜效果，对图像进行艺术化地调整和修改，让图片看上去更有“调调”。下图所示为同一图片设置不同艺术效果时的效果。

- 设置图片样式

在 Word 2013 中预定义了一些图片样式，选择这些样式可以在不修改原本图像效果的基础上为图像添加一系列修饰内容，例如为图片添加边框、裁剪图像、增加投影、增加立体效果等。下图所示为同一图片应用不同图片样式时的效果。

（3）排布图片

在一些内容轻松活泼的文档中，整齐地罗列图片会略显呆板，规整的版式布局也使页面缺失灵活性。为了营造轻松的氛围，可以将图片交叠在一起，再设置图片方向倾斜，形成一种图片堆积效果（类似效果在 Apple Store 中常可见到）。

图版率越大的页面越容易吸引观众，让观众轻松记住观点。点缀一些图片，一方面是为了说明观点，另一方面也是为了避免纯文字的压抑感和枯燥无味。

“读图时代”的论调让我们认识到图片的威力，但图片不是万能的。那种满是图片又没有规律随意摆放图片的文档，不仅显得页面零散，降低了内容的专业性，使图片美化页面的效果大打折扣，还会让人抓不住重点，增加读者的认知负荷。图片的多少需要根据文档的实际情况做出判断。

留白是一种艺术！在文档中点缀图片，并不是把它拿来挤，拿来塞进文档（在一些杂志刊物上，为配合版面而把图片塞进“剩余空间”的情况屡见不鲜）。不当地运用图片，既牺牲信息，也牺牲美感。宁可留下一些空白，也不要把整个页面塞得像沙丁鱼罐头。

前面知识要点的学习，主要让读者认识和掌握 Word 版式的相关技能与应用经验。下面，针对日常办公中的相关应用，列举几个典型的图文混排案例，给读者讲解在 Word 中制作图文并茂文档的思路、方法及具体操作步骤。希望读者能跟着我们的讲解，一步一步地做出与书同步的效果，并将学到的技巧运用到实际工作中。

2.1 制作绩效考核流程图

◇ 案例概述

流程图是用图形符号表达工作过程的图形。这些过程的各个阶段均用图形块表示，不同图形块之间以箭头相连，代表它们在系统内的流动方向。下一步何去何从，要取决于上一步的结果，典型做法是用“是”或“否”的逻辑分支加以判断。本例将制作绩效考核流程图，完成后的效果如下图所示。

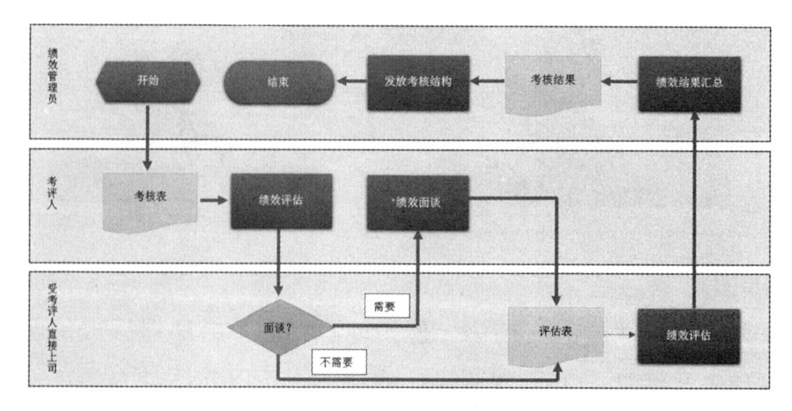

	素材文件:无
	结果文件:光盘\结果文件\第2章\案例01\绩效考核流程图.docx
	教学文件:光盘\教学文件\第2章\案例01.mp4

◇ 制作思路

在 Word 中制作绩效考核流程图的流程与思路如下所示。

制作流程图标题：标题是文档中起引导作用的重要元素。通常标题应醒目，突出主题。同时可以为其加上一些特殊的修饰效果。本例将使用艺术字为文档设置标题。

绘制流程图中的形状：流程图中以大量的图形来表现过程，弄清楚整个流程的所有阶段，然后将各图形依次绘制出来也就完成了流程图的制作。

修饰形状：绘制好图形后，常常需要在图形上添加各种修饰，使图形更具艺术效果，从而更加具有吸引力和感染力。

◇ 具体步骤

使用图形表示算法的思路是一种极好的方法，因为千言万语不如一张图。以特定的图形符号加上说明表示算法的图，称为流程图或框图。它是流经一个系统的信息流、观点流或部件流的图形代表。在企业中，流程图主要用来说明某一过程。这种过程既可以是生产线上的工艺流程，也可以是完成一项任务必需的管理过程。本例将以“绩效考核流程”示意图的制作过程为例，为读者介绍在 Word 中编辑形状和文本框的方法。

2.1.1 制作流程图标题

在制作流程图之前，首先要制作流程图的标题名称，这样读者才会清楚流程图是干什么用的。本节主要学习运用艺术字制作标题文本以及修饰文本的相关知识。

第1步：执行插入艺术字的操作。

❶ 新建一个空白文档，并以“绩效考核流程图”为名保存；❷ 设置纸张方向为横向；❸ 单击“插入”选项卡“文本”组中的“艺术字”按钮；❹ 在弹出的下拉菜单中选择一种艺术字样式，如右图所示。

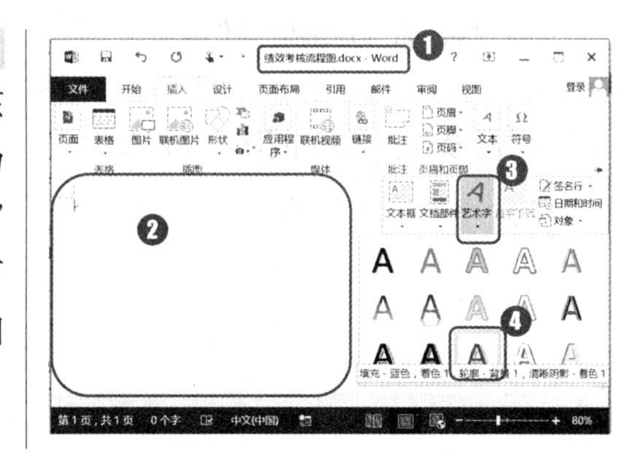

第2步：输入需要的文本。

经过上步操作后，即可在文档中插入一个显示有“请在此放置您的文字”的提示框，❶ 选择提示框中的所有文字，输入需要的艺术字标题文本“绩效考核流程图”；❷ 在“开始”选项卡的“字体”组中设置字体为“微软雅黑”，字号为“一号”，并加粗显示，如下图所示。

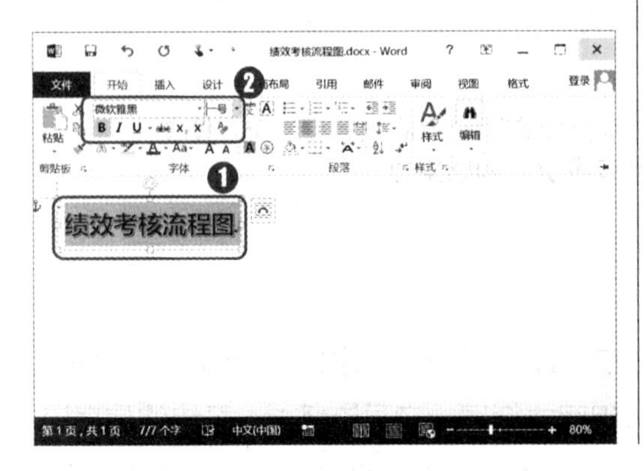

第3步：移动艺术字的位置。

单击艺术字边缘选择艺术字元素，用鼠标拖动将艺术字移至页面第 1 行居中位置，如下图所示。

2.1.2 绘制绩效考核流程图

在描述和表现工作过程时，为了使读者能更清晰地查看和理解工作过程，可以应用流程图。本节开始制作的绩效考核流程图，利用图示阐述整个过程，省去了大量文字描述，使读者一目了然。

第1步：执行插入矩形的操作。

❶ 单击“插入”选项卡“插图”组中的“形状”按钮；❷ 在弹出的下拉菜单中选择“矩形”样式□，如右图所示。

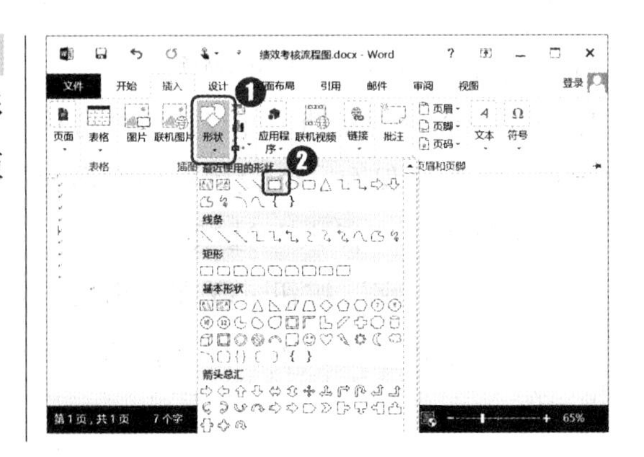

第2步：绘制矩形。

按住鼠标左键不放并拖动绘制需要的矩形，如右图所示。

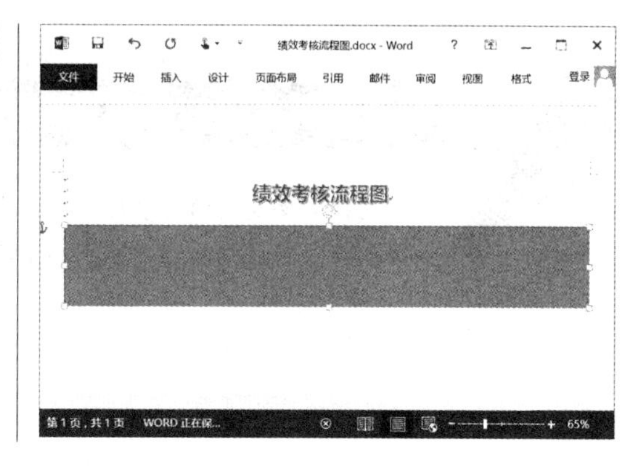

图形绘制技巧

在 Word 中绘制形状时，按住【Ctrl】键拖动绘制，可以使鼠标位置作为图形的中心点，按住【Shift】键拖动进行绘制则可以绘制出固定宽度比的形状，如按住【Shift】键拖动绘制矩形，则可绘制出正方形，按住【Shift】键绘制圆形则可绘制出圆形。

第3步：设置矩形填充颜色。

❶ 单击矩形图形选中该图形；❷ 单击“绘图工具 格式”选项卡“形状样式”组中的“形状填充”按钮；❸ 在弹出的下拉菜单中选择“蓝色 着色 180%”颜色，如下图所示。

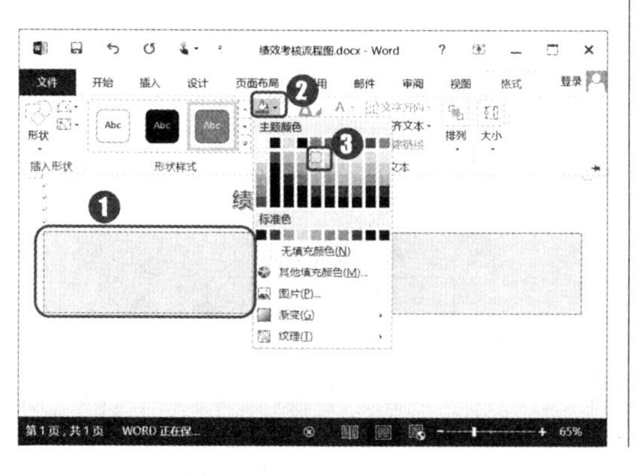

第4步：复制矩形。

❶ 在按住【Ctrl】键的同时向下拖动鼠标复制一个矩形，并拖动图形至下方；❷ 使用相同的方法再向下复制 1 个矩形，将 3 个矩形排列成如下图所示的效果。

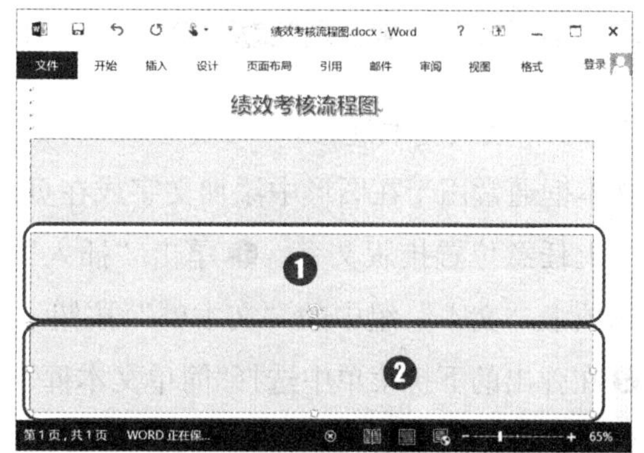

快速复制水平或垂直方向上对齐的对象

选择需要复制的对象后，按住【Ctrl+Shift】组合键的同时水平向下或向右拖动鼠标即可使复制后的对象在水平或垂直方向上保持和原对象对齐。

第5步：对齐多个图形。

为使三个矩形图形排列整齐，❶ 单击选择第 1 个矩形，然后按住【Ctrl】键依次单击另外两个矩形图形，将三个矩形同时选中；❷ 单击“排列”组中的“对齐”按钮；❸ 在弹出的下拉菜单中选择“左对齐”命令，如下图所示。

第6步：插入文本框。

文本框通常用于在图形中添加文字或在页面上任意位置排版文字，❶ 单击“插入”选项卡“文本”组中的“文本框”按钮；❷ 在弹出的下拉菜单中选择“简单文本框”命令，如下图所示。

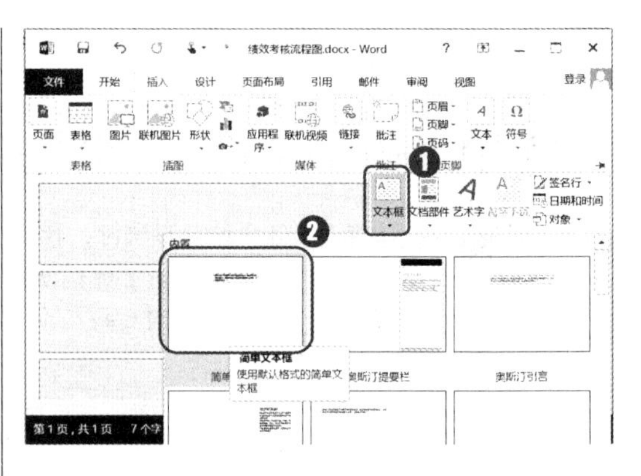

第7步：输入文本框内容。

拖动鼠标光标绘制需要大小的文本框，并将其移动到合适位置，输入文字“绩效管理员”，如下图所示。

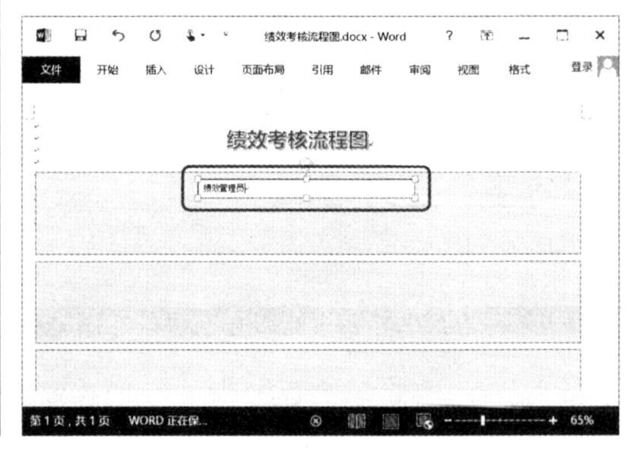

第8步：更改文本框文字方向。

文本框中默认的文字方向为从左到右，此处需要让文字纵向排列，❶ 选择文本框；❷ 单击“绘图工具 格式”选项卡“文本”组中的“文字方向”按钮；❸ 在弹出的下拉菜单中选择“垂直”命令，如下图所示。

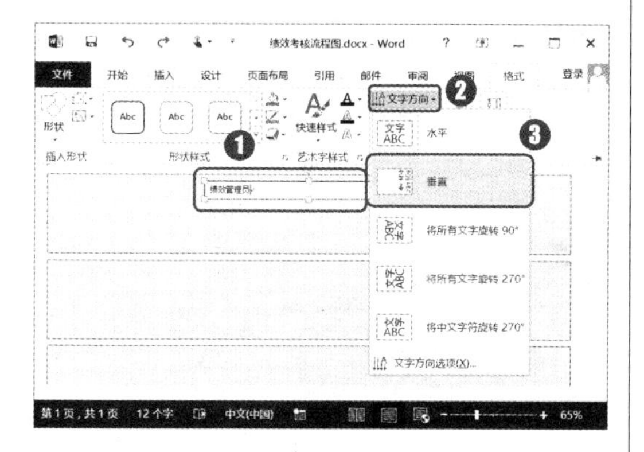

第9步：设置文本框文字对齐方向。

❶ 选择文本框；❷ 单击“文本”组中的“对齐文本”按钮；❸ 在弹出的下拉菜单中选择“居中”命令，如下图所示。

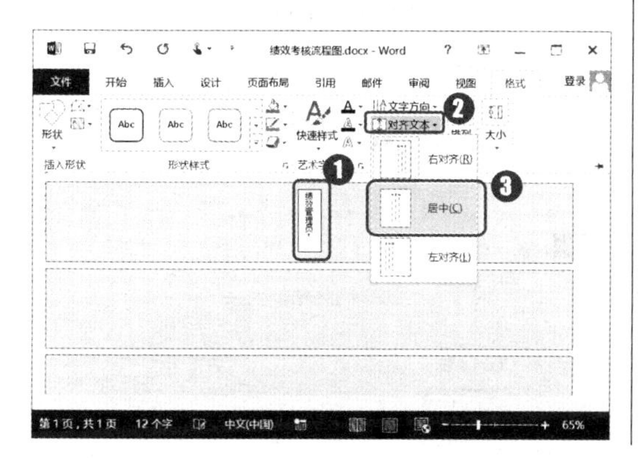

第10步：清除文本框填充颜色。

❶ 单击“形状样式”组中的“填充颜色”按钮；❷ 在弹出的下拉菜单中选择“无填充颜色”命令，如下图所示。

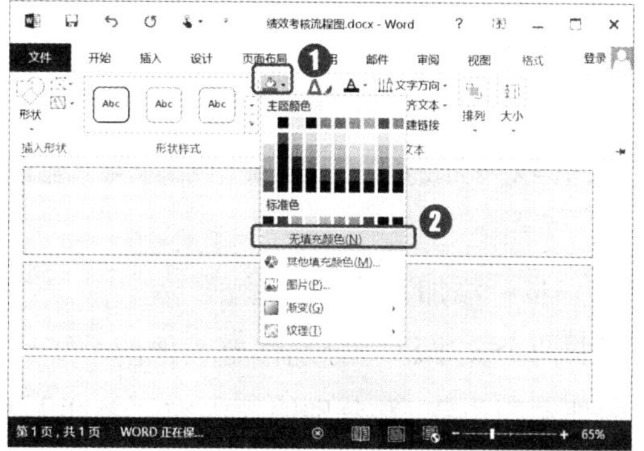

第11步：清除文本框轮廓。

❶ 单击“形状样式”组中的“填充轮廓”按钮；❷ 在弹出的下拉菜单中选择“无轮廓”命令，如下图所示。

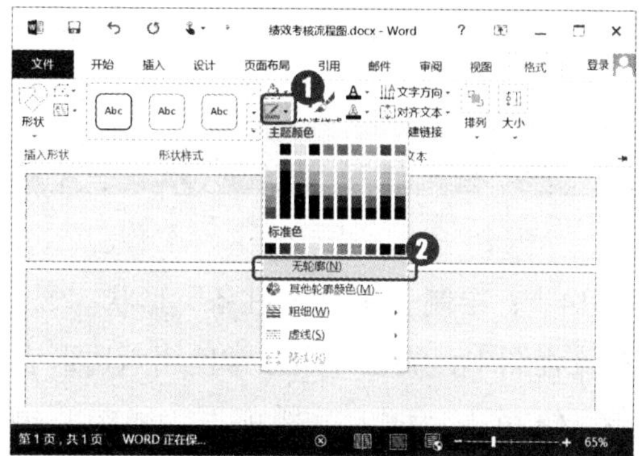

第12步：调整文本框位置。

拖动文本框至第 1 个矩形的左侧，如下图所示。

第13步：添加其他文本框。

复制两个文本框，分别移至其他两个矩形内部左侧位置，并分别输入内容“考评人”和“受考评人直接上司”，如下图所示。

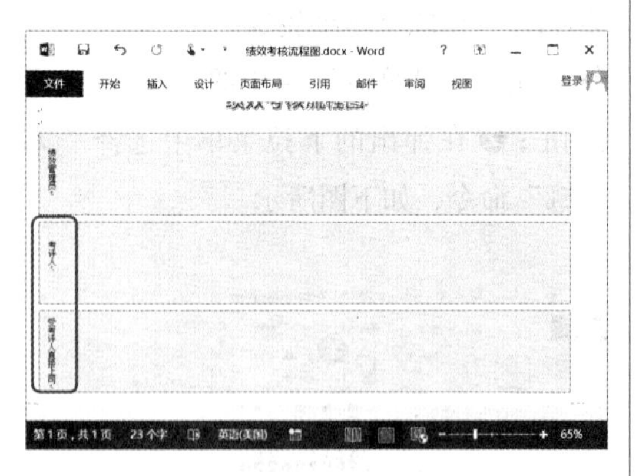

第14步：绘制“流程图:准备”形状。

在流程图中，流程开始通常使用六边形表示，❶ 单击“插入”选项卡“插图”组中的“形状”按钮；❷ 在弹出的下拉菜单中选择“流程图”栏中的“流程图：准备”图形，如下图所示。

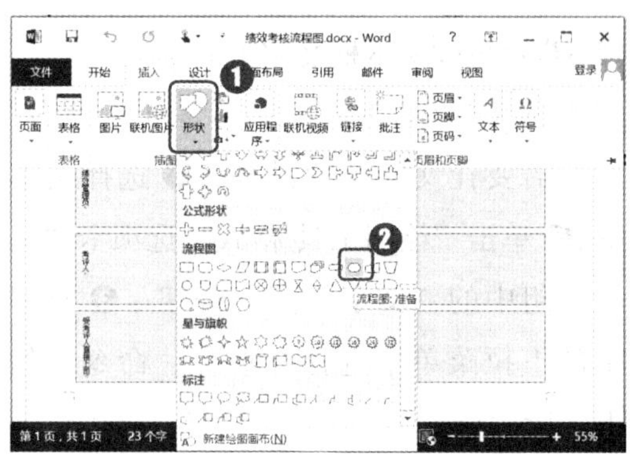

第15步：绘制图形并输入文字。

在文档中拖动鼠标绘制六边形图形，并输入文字内容“开始”，如下图所示。

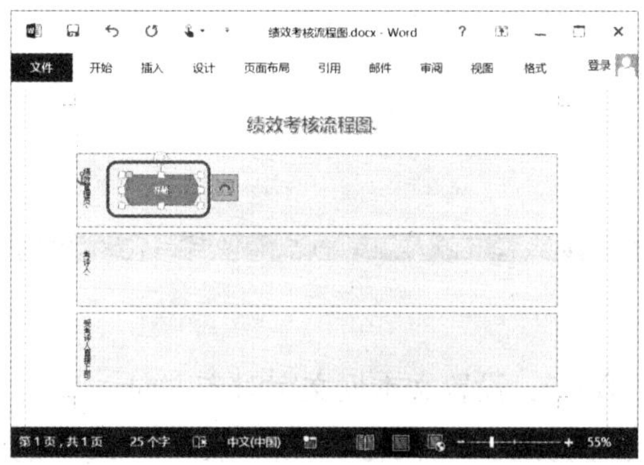

第16步：绘制“流程图:文档”图形。

单击“形状”按钮，在弹出的下拉菜单中选择“流程图”栏中的“流程图：文档”图形，然后在图形中输入文字内容“考核表”，完成后的效果如下图所示。

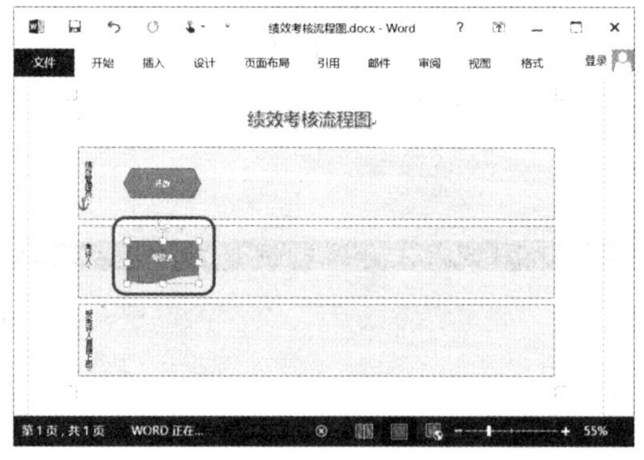

第17步：绘制“过程”图形。

单击“形状”按钮，在弹出的下拉菜单中选择“流程图”栏中的“流程图：过程”图形，然后在图形中输入文字内容“绩效考核”，如右图所示。

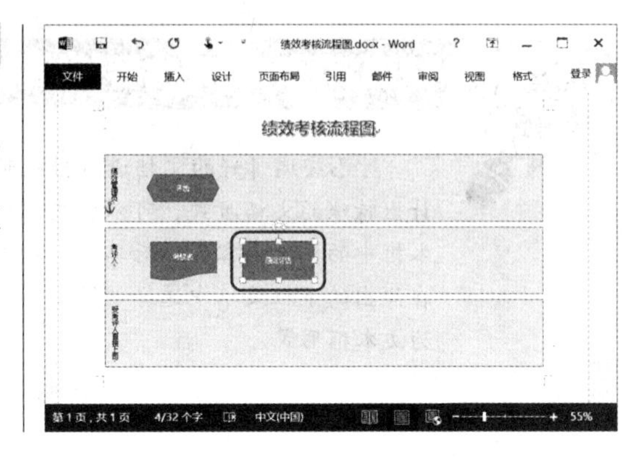

修改图形中的文字内容及格式

在图形中添加文字内容后，若要修改文字内容和格式，可以直接单击图形中的文字内容，将文本插入点定位于文字中或选择需要编辑和修饰的文字内容，应用与编辑普通文字内容相同的操作编辑文字内容设置格式。

第18步：绘制“决策”图形。

绘制“流程图：决策”图形，然后在图形中输入文字内容“面谈？”，如下图所示。

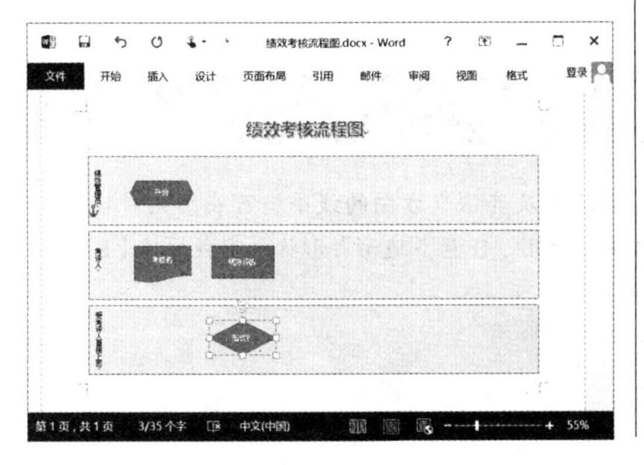

第19步：绘制其他形状。

根据绩效考核的完整流程，在文档中各个不同区域中绘制相应的过程图形，并添加文字内容，完成后的效果如下图所示。

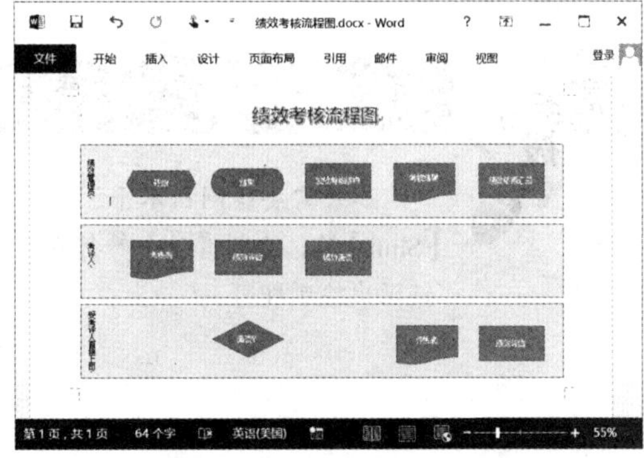

快速将现有文本内容转换为文本框形式

对已经编辑好的文档进行排版时，如果需要将文本放在文档的任意位置，设计出特殊的文档版式，可以将文本内容编排在文本框中。只需先选择要排版在文本框中的文本内容，然后单击“插入”选项卡“文本”组中的“文本框”按钮，在弹出的下拉菜单中选择“绘制文本框”命令，即可快速将已经输入的文本转换为文本框形式。

第20步：选择箭头图形并锁定绘图。

❶ 单击“形状”按钮；❷ 在弹出的下拉菜单“线条”栏中的“箭头”图形上单击鼠标右键；❸ 在弹出的快捷菜单中选择“锁定绘图模式”命令，如下图所示。

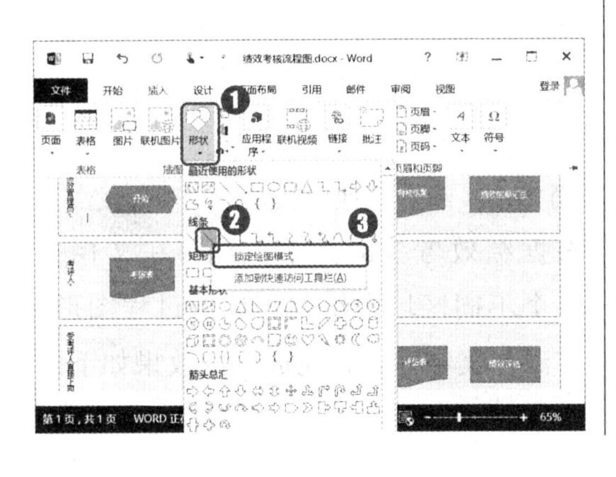

第21步：连续绘制箭头形状。

在文档中拖动绘制箭头，因启用锁定绘图模式后，可连续绘制多个箭头。箭头绘制完成后按【Esc】键退出锁定，绘制箭头的效果如下图所示。

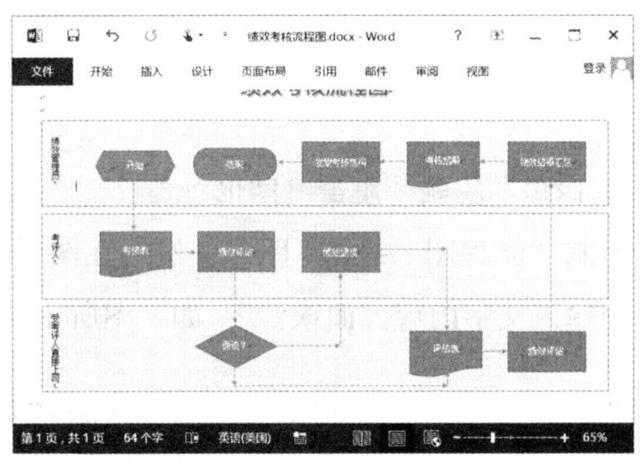

线条绘制技巧

如果需要绘制出水平、垂直或呈45°及其倍数方向的线条，可在绘制时按住【Shift】键；绘制有多个转折点的线条可使用“任意多边形”形状，完成后按【Esc】键退出绘制即可。

第22步：设置线条粗细。

❶ 按住【Ctrl】键单击选择所有的箭头线条；❷ 单击“绘图工具 格式”选项卡“形状样式”组中的“形状轮廓”按钮；❸ 在弹出的下拉菜单中选择“粗细”命令；❹ 在弹出的下级子菜单中选择“3 磅”命令，如下图所示。

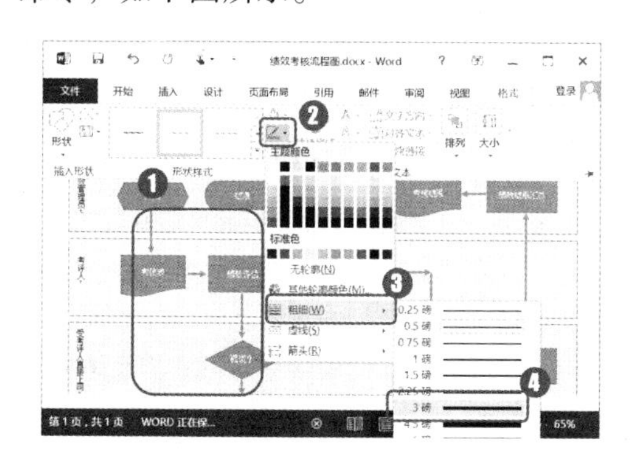

第23步：取消不需要的箭头端点。

流程中部分箭头线段不需要箭头形状的端点，❶ 选择这些线条；❷ 单击“绘图工具 格式”选项卡“形状样式”组中的“形状轮廓”按钮；❸ 在弹出的下拉菜单中选择“箭头”命令；❹ 在弹出的下级子菜单中选择“箭头样式 1”命令，如下图所示。

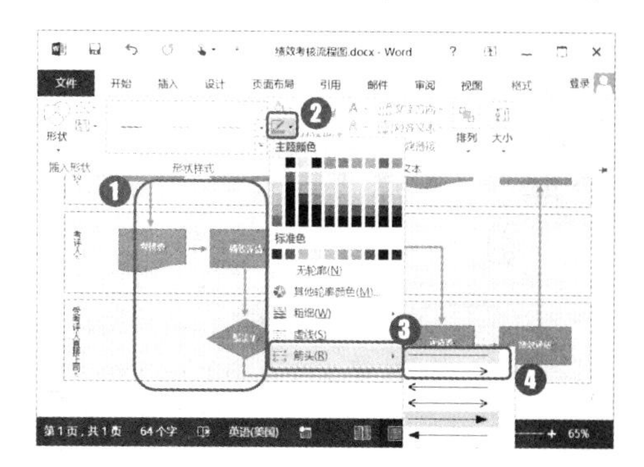

2.1.3 修饰流程图

流程图绘制完成后，为了增强视觉效果，可以对其设置格式，使图形更具艺术效果。下面为本例中流程图的各图形加上不同的修饰元素，具体操作方法如下。

第1步：设置所有的形状样式。

❶ 按住【Ctrl】键单击；❷ 在“绘图工具 格式”选项卡“形状样式”组中的列表框中选择“强烈效果－蓝色，强调颜色”样式，如下图所示。

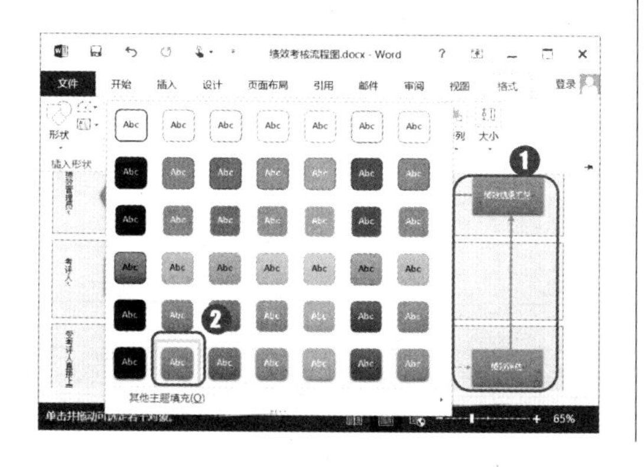

第2步：设置不同形状样式。

为让流程图中不同类型的元素区别更明显，可以使用不同的色彩来表示不同作用的过程。此时使用前面介绍的方法分别为类型不同的形状应用不同颜色的样式，完成后的效果如下图所示。

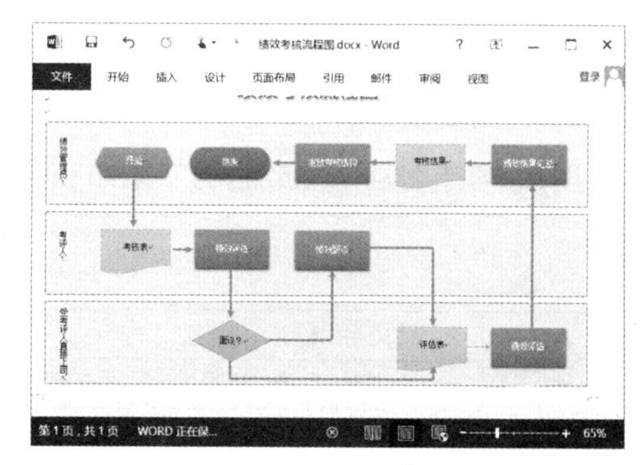

第3步：添加文本框。

流程中“面谈？”是由直接上司决定是否需要面谈，如需要面谈则通知考评人面谈，否则直接填写评估表完成绩效评估。所以，在此流程后的两个分支中使用文本框标注出不同的情况，如右图所示。

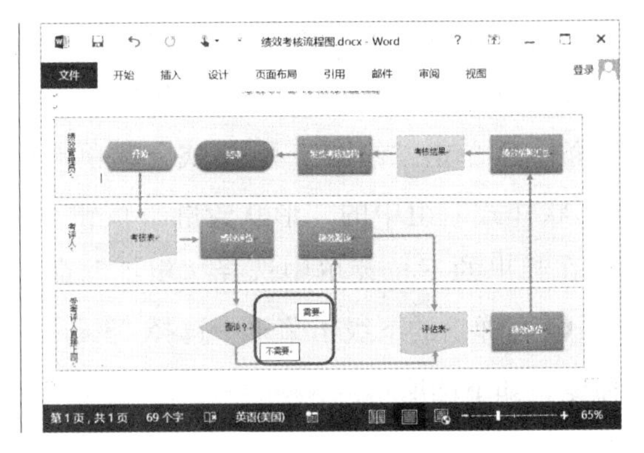

更改已经制作好的图形形状

创建好自选图形后，只需单击“绘图工具 格式”选项卡“插入形状”组中的“编辑形状”按钮，在弹出的下拉菜单中选择“更改形状”命令，并在其下级子菜单中选择需要修改后的形状样式即可快速编辑图形的形状。如果需要将已经插入的自选图形修改为其他系统中没有提供的形状，还可以在“编辑形状”下拉菜单中选择“编辑顶点”命令，并通过编辑顶点来完成。

2.2 制作企业组织结构图

◇ 案例概述

组织结构图是一种用于表现企业、机构或系统中的隶属、管理、支持关系的图表。它形象地反映了组织和系统内各机构、岗位、上下级和左右级相互之间的关系，是组织结构的直观反映，也是对该组织功能的一种侧面诠释。本例将制作一个企业的组织结构图，制作完成后的效果如右图所示。

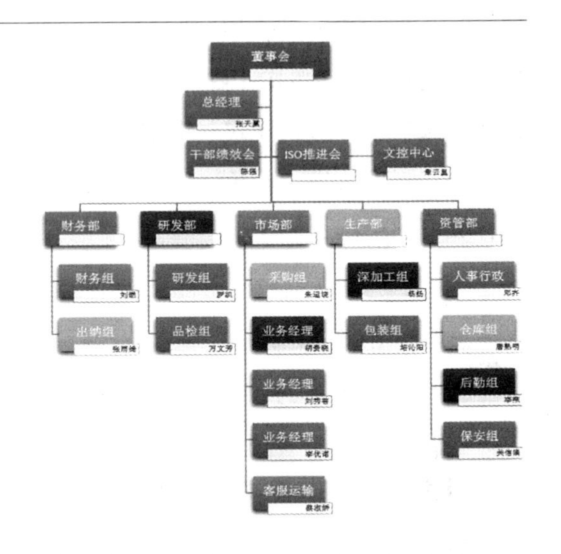

	素材文件:无
	结果文件:光盘\结果文件\第2章\案例02\集团架构图.docx
	教学文件:光盘\教学文件\第2章\案例02.mp4

◇ **制作思路**

在 Word 中制作企业组织结构图的流程与思路如下所示。

理清内容的结构：在使用 Word 制作具有较复杂关系的结构图时，首先要清楚图中主要应包含的内容，每个内容下的细小分支和各内容间的关系。

选择合适的 SmartArt 图形：系统提供了多种 SmartArt 图形布局，读者应根据需要展示的数据信息，选择合适的 SmartArt 图形布局。

在各形状中输入内容并编辑：选择好布局后，就可以在各形状中输入相应的内容了，根据需要还可增加或减少形状。

修饰 SmartArt 图形：当对形状中的内容添加完成后，为了让效果更加美观，还可对 SmartArt 图形的颜色、效果、布局等进行完善。

◇ **具体步骤**

组织结构图在办公中有着广泛的应用，我们可以使用形状工具绘制，但效率较低。Word 2013 中为用户提供了用于体现组织结构、关系或流程的图表——SmartArt 图形，本例就将通过应用 SmartArt 图形制作一个企业架构图，为读者讲解 SmartArt 图形的应用方法。

2.2.1 应用 SmartArt 图形制作结构图

SmartArt 图形是信息和观点的视觉表示形式。相对于 Word 中提供的普通图形功能，SmartArt 图形功能更强大、种类更丰富、效果更生动。在 Word 2013 中预设了流程、循环、关系等多种不同布局的 SmartArt 图形图示模板，不同类型的图形各自的作用也不相同。用户应根据需要选择合适的 SmartArt 图形布局，本案例需要用到的是层次结构型的 SmartArt 图形。下面就来介绍插入与编辑 SmartArt 图形的具体操作步骤。

删除 SmartArt 图形中的多余形状

创建的 SmartArt 图形会包含默认的多个形状，如果要删除多余的图形，可选择图形后按【Delete】键。

第1步：执行插入SmartArt图形的操作。

❶ 新建一个文档，并以“集团架构图”为名保存；❷ 单击“插入”选项卡“插图”组中的“插入 SmartArt”按钮，如下图所示。

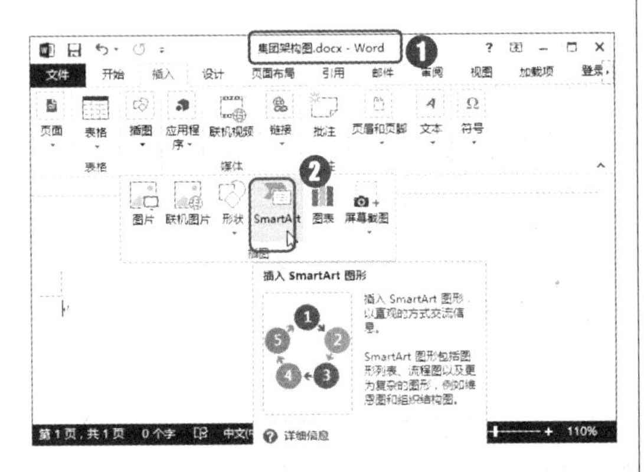

第2步：选择SmartArt图形样式。

打开“选择 SmartArt 图形”对话框，❶ 单击“层次结构”选项卡；❷ 在中间的列表框中选择要应用的图形样式；❸ 单击“确定”按钮即可插入 SmartArt 图形，如下图所示。

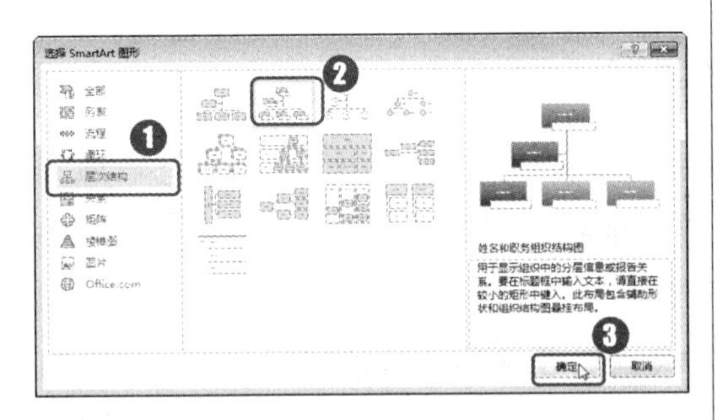

第3步：输入SmartArt图形文本。

在出现的 SmartArt 图形的各形状内输入相应的文本内容，完成后的效果如下图所示。

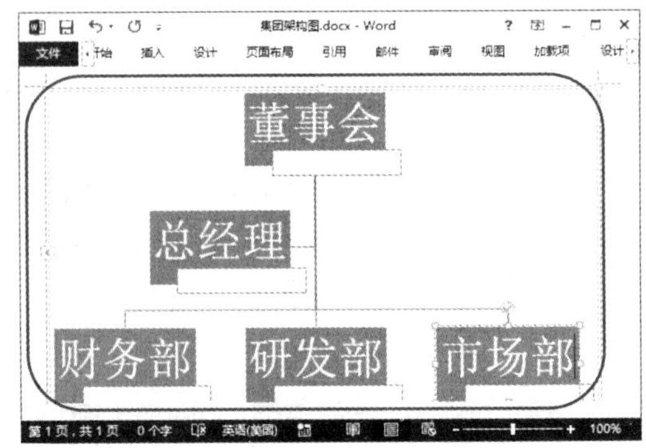

第4步：执行“编辑文字”命令。

❶ 在 SmartArt 图形中的“总经理”形状下的小矩形上单击鼠标右键；❷ 在弹出的快捷菜单中选择“编辑文字”命令，如下图所示。

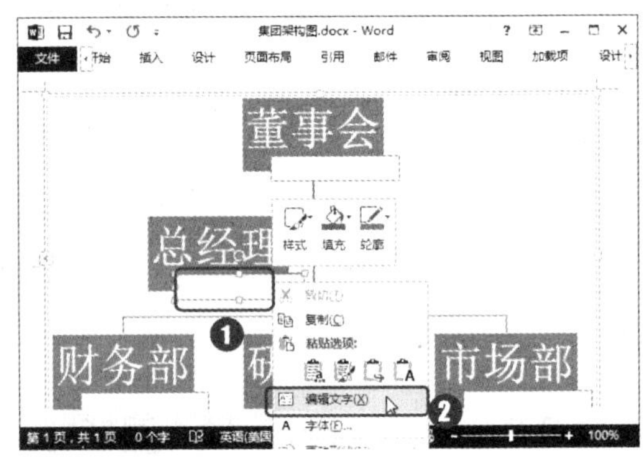

第5步：输入文本。

此时，小矩形变为可编辑状态，输入需要的文本，如下图所示。

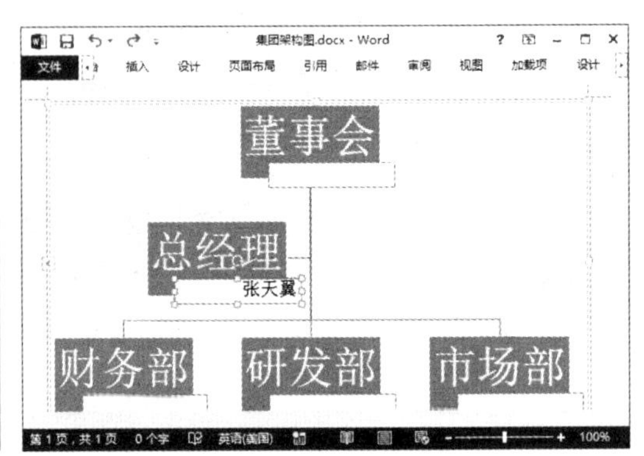

SmartArt 图形编辑技巧

在编辑 SmartArt 图形时，单击“SmartArt 工具 设计”选项卡“创建图形”组中的“升级”按钮 或“降级”按钮 可以改变所选图形的级别。单击“文本窗格”按钮可以隐藏和显示 SmartArt 图形所对应的文本内容。

第6步：执行“添加助理”命令。

❶ 选择“董事会”形状；❷ 单击“SmartArt 工具 设计”选项卡“创建图形”组中的“添加形状”的下拉按钮；❸ 在弹出的下拉菜单中选择“添加助理”命令，如下图所示。

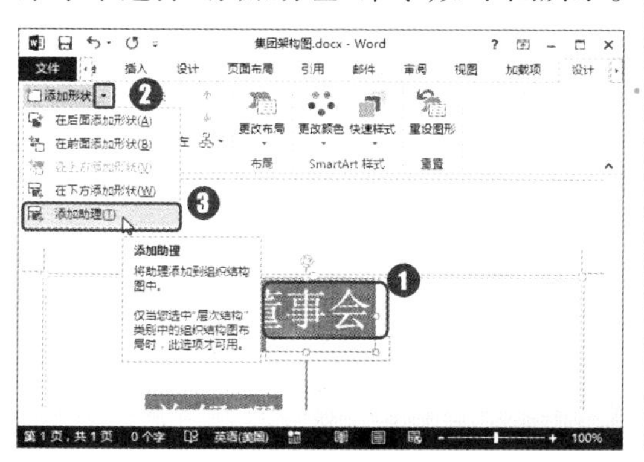

第7步：调整SmartArt图形位置。

选择“财务部”“研发部”“市场部”以及相应的小矩形，按住鼠标左键不放并向下拖动调整距离，如下图所示。

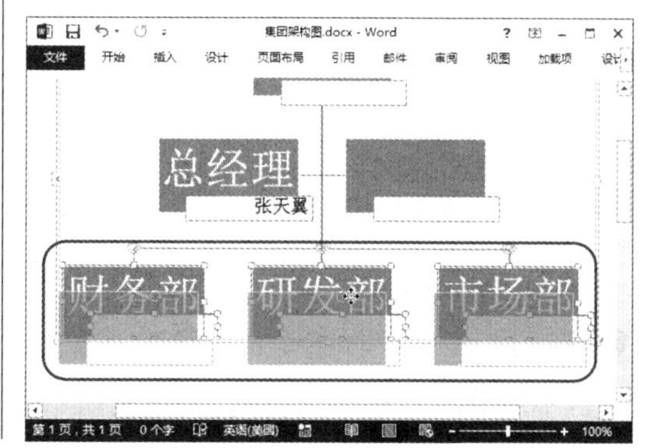

助理与添加形状的区别

助理是指下一级的部门；添加形状可以是相同等级的，也可以是不同等级的，还可以选择形状的位置。

第8步：拖动调整添加的助理形状的位置。

❶ 选择刚添加的助理形状；❷ 按住鼠标左键不放并拖动至左侧，如右图所示。

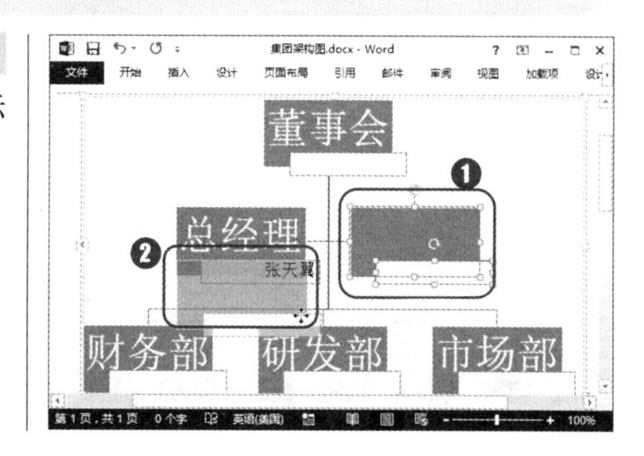

第9步：执行“添加助理”命令。

适当调整整个 SmartArt 图形的大小，并将图形移动到合适的位置；❶ 选择“董事会”形状；❷ 单击“SmartArt 工具 设计”选项卡“创建图形”组中的“添加形状”按钮；❸ 在弹出的下拉菜单中选择“添加助理”命令，如下图所示。

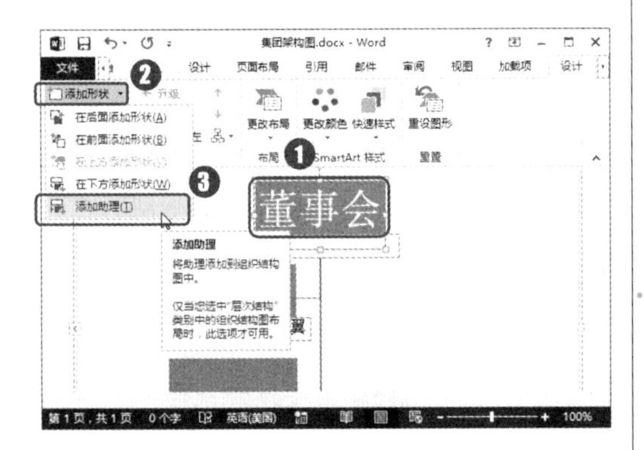

第10步：调整助理形状的位置。

❶ 选择刚添加的助理形状；❷ 按住鼠标左键不放并将其拖动至右侧，如下图所示。

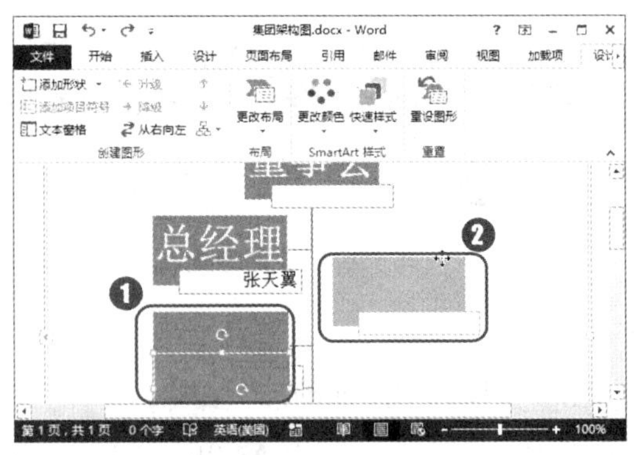

第11步：使用文本窗格添加文本内容。

❶ 单击“创建图形”组中的“文本窗格”按钮；❷ 在展开的文本窗格中输入 SmartArt 图形的文本；❸ 输入完成后单击文本窗格右上角的“关闭”按钮，如下图所示。

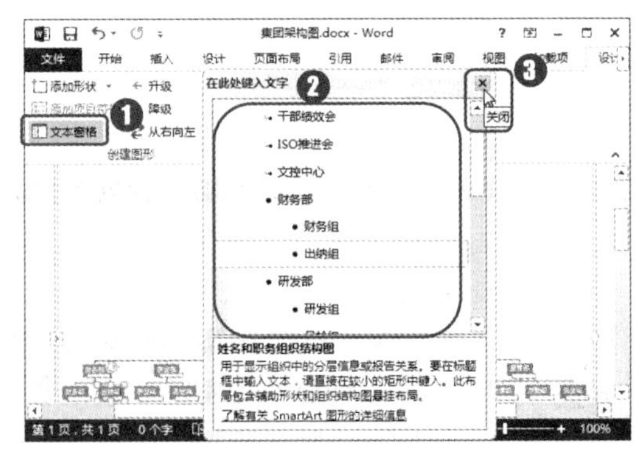

第12步：显示编辑SmartArt图形的效果。

经过以上操作后，编辑的 SmartArt 图形及内容效果如下图所示。

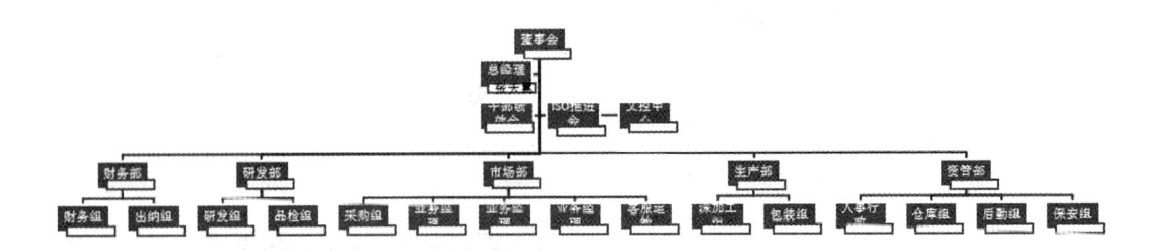

在 SmartArt 图形文本窗格中编辑文本的技巧

文本窗格中是以多级列表的方式表现 SmartArt 图形中内容的层次结构的。在文本窗格中输入完一个形状中的文本内容后，按【Enter】键可以直接添加形状，如果要在当前层级的形状中添加下一层级形状中的内容，可在添加形状并输入内容后，单击“SmartArt 工具 设计”选项卡“创建图形”组中的“降级”按钮 降级 。

2.2.2 修改 SmartArt 图形

为使创建的 SmartArt 图形效果更加明确和丰富，可以调整其内部图形的大小、形状和布局，具体操作方法如下。

选择合适的对象操作

对SmartArt 图形操作时，需要注意所选择的对象。若选择的是整个SmartArt 图形，则操作将作用于整个 SmartArt 图形；若只想对其中某个图形操作，则需在操作前先选择该图形。在 Word 中选择包含文本内容的图形时，如果单击文字所在区域，只能将光标定位于文本区域中，不能选中图形元素。要选择图形，需要单击图形内文字以外的区域，也就是接近图形边缘的位置。当然也可以单击“开始”选项卡“编辑”组中的“选择”按钮，在菜单中选择“选择对象”命令，然后单击图形任意位置均可选择图形。但如果要编辑图形的内容，则需要单击“选择”按钮，然后在菜单中选择“全选”命令，或按键盘上的【Esc】键。

第1步：修改形状大小。

❶ 选择“董事会”形状；❷ 在“SmartArt 工具 格式”选项卡的“大小”组中设置宽度为“1.2 厘米”，如右图所示。

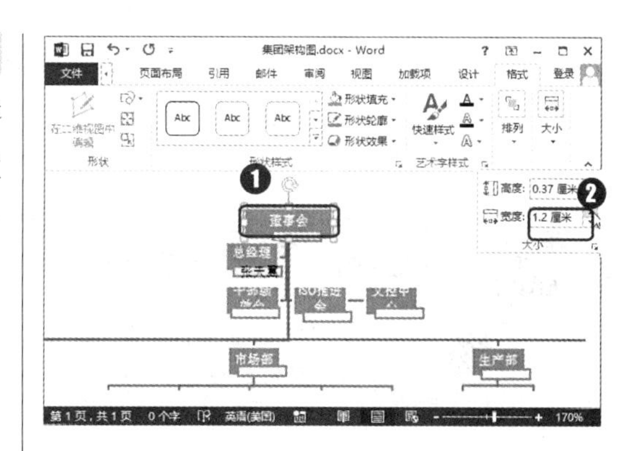

第2步：更改形状样式。

❶ 选择“总经理”形状；❷ 单击“形状”组中的“更改形状”按钮；❸ 在弹出的下拉菜单的“基本形状”栏中选择“折角形”形状，如下图所示。

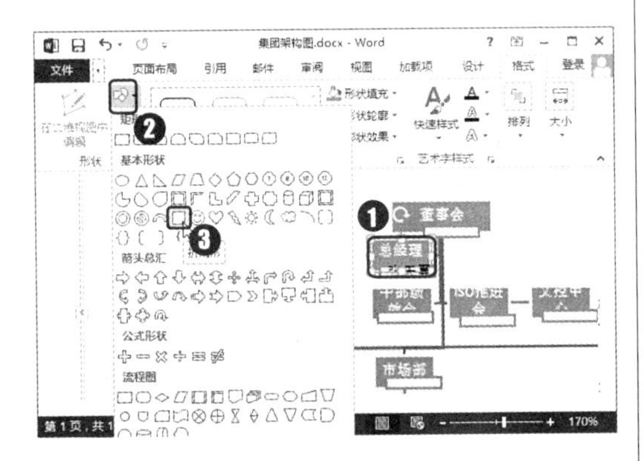

第3步：执行更改布局的操作。

❶ 选择各部门形状；❷ 单击“SmartArt 工具 设计”选项卡“创建图形”组中的“布局”按钮；❸ 在弹出的下拉菜单中选择“右悬挂”命令，如下图所示。

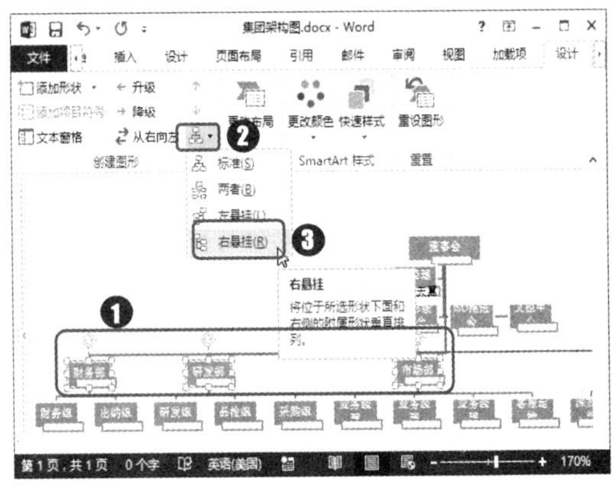

第4步：显示修改布局后的效果。

经过上步操作后，即可更改各部门下图形的悬挂方式，效果如下图所示。

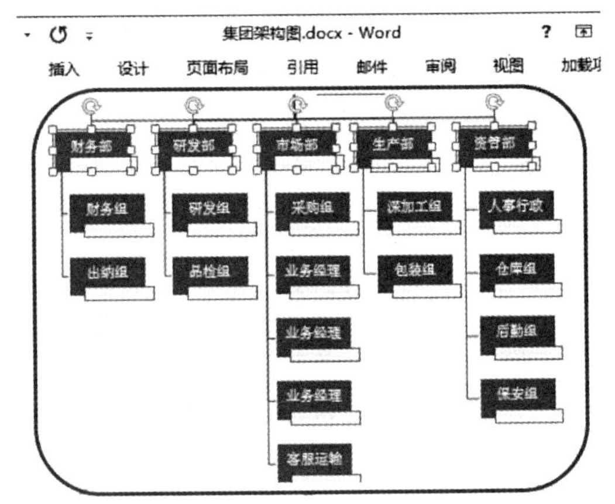

2.2.3 设置组织结构图样式

制作好 SmartArt 图形的结构及内容后，为了使其更加美观，常常还需要为图形应用一些修饰。本节将为结构图添加一些整体的修饰效果和局部的修饰效果，具体操作方法如下。

调整 SmartArt 图形的整体布局

使用“SmartArt 工具 设计”选项卡中的“更改布局”功能，可以更改 SmartArt 图形的整体布局类型，例如将表现层次结构的 SmartArt 图形更改为表现关系的图形。

第1步：执行更改颜色的操作。

❶ 选择整个 SmartArt 图形；❷ 单击“SmartArt 工具 设计”选项卡“SmartArt 样式”组中的“更改颜色”按钮；❸ 在弹出的下拉列表中选择一种颜色方案，如下图所示。

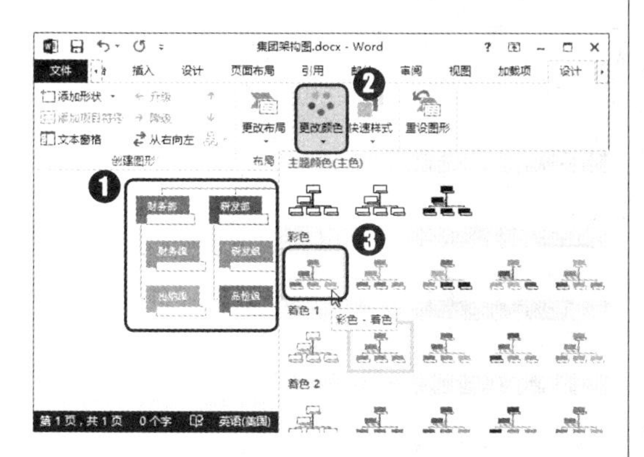

第2步：选择SmartArt样式。

❶ 单击“SmartArt 工具 设计”选项卡“SmartArt 样式”组中的“快速样式”按钮；❷ 在弹出的下拉列表中选择一种样式效果，如下图所示。

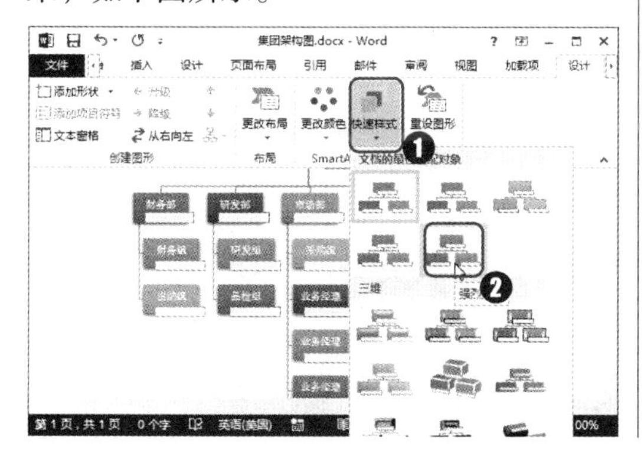

第3步：执行编辑文字的命令。

设置完形状颜色和样式后，❶ 在“干部绩效会”形状下方的小矩形上单击鼠标右键；❷ 在弹出的快捷菜单中选择“编辑文字”命令，如下图所示。

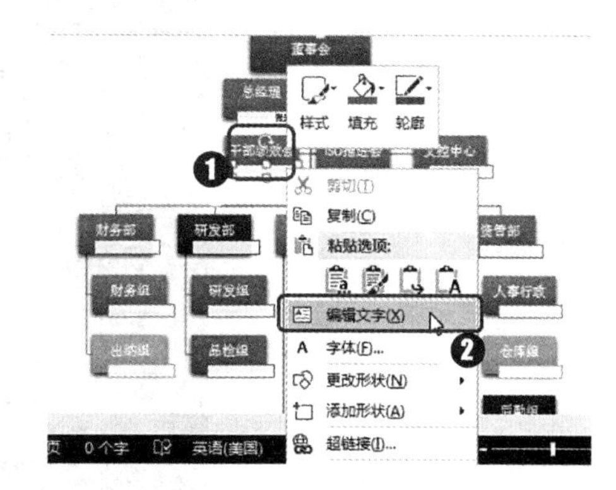

第4步：为小矩形添加文本。

❶ 当小矩形处于编辑状态时，输入人员姓名；❷ 使用相同的方法为其他小矩形添加文本，完成后的效果如下图所示。

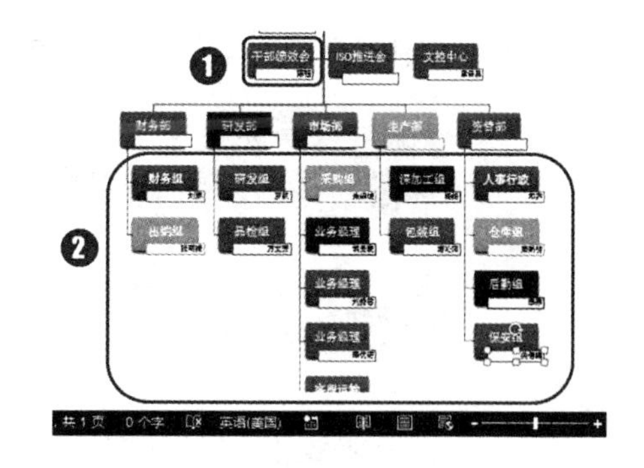

2.3 制作产品宣传单

◇ 案例概述

宣传海报、宣传单、画册等是营销推广中常用的广告载体，通常这些设计可以交给专业广告设计公司。但由于第三方设计人员可能对产品和广告的内涵把握不够，在广告设计过程中会出现一些不能令人满意或多次反复的情况。因此，如果有好的广告创意或设计方案，不妨利用Word设计出一个草图，甚至一些不需要太专业的广告可以直接应用Word进行设计。本例将应用Word设计一个宣传单效果，制作好的效果如下图所示。

	素材文件:光盘\素材文件\第2章\案例03\渐变背景.jpg、宣传图.jpg
	结果文件:光盘\结果文件\第2章\案例03\宣传单.docx
	教学文件:光盘\教学文件\第2章\案例03.mp4

◇ 制作思路

在Word中制作宣传单的流程与思路如下所示。

构思设计效果：宣传单需要有丰富的页面效果，所以在制作之前首先需要构思页面的整体效果。

收集素材：根据宣传内容和设计需求，收集并选择合适的内容以及相关的素材。

设计背景：任何宣传内容都是放在宣传单的背景之上的，所以要先把宣传单的整体效果设计出来。本例直接使用一张图片作为宣传单的背景。

输入宣传内容：为宣传单设计好背景效果后，就可以将准备好的内容合理地排版到相应的页面位置了。

美化宣传单：宣传单作为一种传播媒介，需要有良好的外观，最简单的办法就是用相应的图片进行美化，让阅读者第一时间知道宣传的内容。

◇ 具体步骤

宣传单是企业或产品常用的形象宣传工具之一，它能有效地把企业或产品形象提升到新的层次，更好地把企业的产品和服务展示给大众，能详细说明产品的功能、用途及优点，诠译企业的文化理念。本实例将以活动宣传单的制作为例，为读者介绍在 Word 2013 中插入和编辑图片、艺术字的方法。

2.3.1 设计宣传单背景

制作宣传单效果时，我们首先要确定宣传单的整体风格和布局。好的背景效果不仅可以更好地映衬宣传内容，给阅读者留下好的印象，还能起到引导阅读的作用。本例的背景效果比较简单，直接用一张渐变色图片作为背景效果，具体操作步骤如下。

第1步：设置页边距。

❶ 新建一个空白文档，以“宣传单”为文件名保存；❷ 单击“页面布局”选项卡“页面设置”组中的“页边距”按钮；❸ 在弹出的下拉菜单中选择“窄”命令，如下图所示。

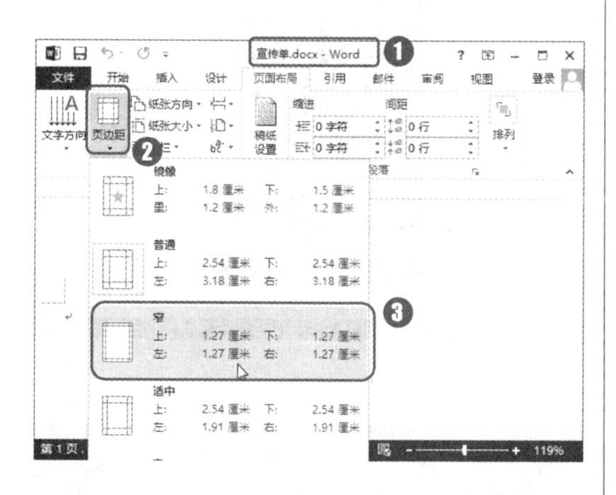

第2步：设置背景。

本例需要用一张渐变图片作为背景，单击“插入”选项卡“插图”组中的“图片”按钮，如下图所示。

第3步：插入图片。

打开“插入图片”对话框，❶ 在地址栏中选择要插入图片所在的文件位置，打开所在的文件夹；❷ 在中间的列表框中选择需要插入的图片“渐变背景”；❸ 单击“插入”按钮即可将其插入文档中，如下图所示。

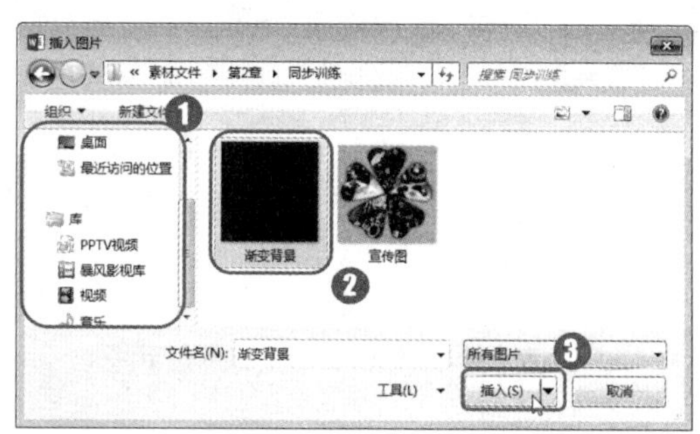

调整图片的位置

默认情况下，插入 Word 文档中的图片都是嵌入式的，我们可以通过在“位置”下拉菜单中选择相应的选项来快速调整图片在文档页面中的位置。

第4步：设置图片环绕方式。

本例中插入的渐变背景图片是作为整个文档的底纹背景的，因此要调整其在文档中的位置为最底层，即设置图片的环绕方式为“衬于文字下方”。保持图片的选择状态，❶ 单击“图片工具 格式”选项卡“排列”组中的“自动换行”按钮 ；❷ 在弹出的下拉菜单中选择“衬于文字下方”命令，如下图所示。

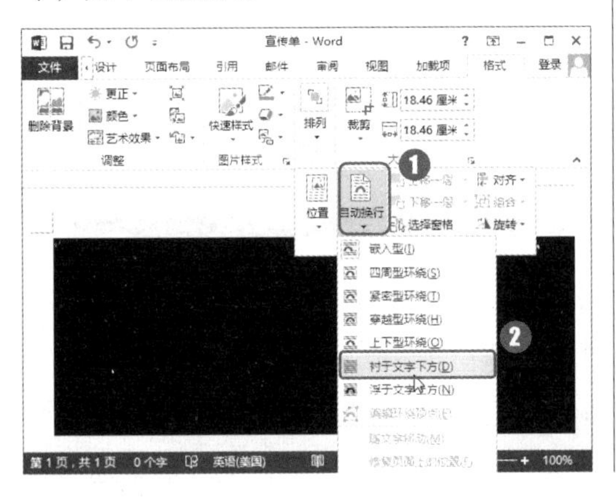

第5步：调整图片大小。

插入文档中的图片大小和文档页面大小有出入，这里需要将其拉伸至铺满整个页面。选择文档中插入的背景图片，并将其移动至与页面左上角对齐的位置，分别拖动图片右侧和下方的控制点至页面边沿处，如下图所示。

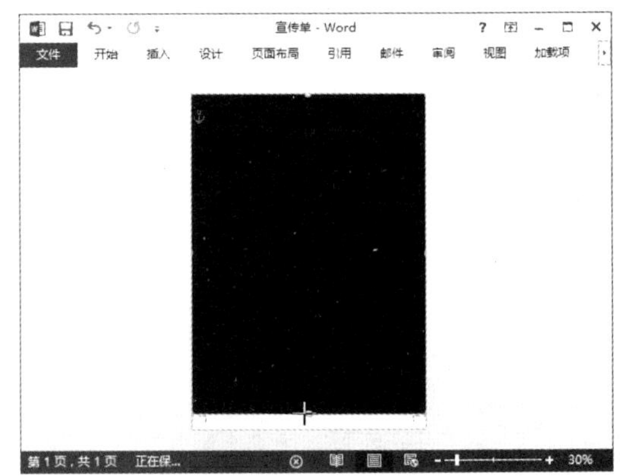

设置图片的环绕方式

默认情况下插入文档中的图片都是嵌入型的，这种文字环绕方式的图片相当于一个字符，很多操作都受到限制。只有将图片环绕方式设置为“浮于文字上方”或“衬于文字下方”等非嵌入类型，才可以对图片设置更多的效果。设置为“衬于文字下方”方式时，图形将作为文字的背景图形；设置为“浮于文字上方”方式时，图形将在文字的上方，挡住图形区域的文字；设置为“上下型环绕”方式时，文字将环绕在图形的上部和下部。

2.3.2 输入宣传内容

本宣传单中只需要说明活动的主题和相关事项即可，只是简单的几段话。为了让页面效果看起来更美观，需要为不同内容设置不同的字体效果，具体的操作方法如下。

第1步：输入标题文本。

❶ 在页面顶部输入如下图所示的标题文本并选择这些文本；❷ 在“开始”选项卡“字体”组中设置字体为“宋体”，字号为“32”，加粗显示；❸ 单击“文本效果和版式”下拉按钮；❹ 在弹出的下拉菜单中选择需要的文本效果。

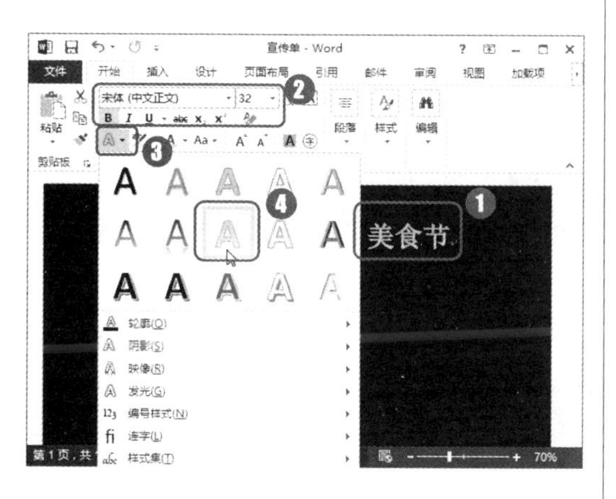

第2步：输入文本。

❶ 输入如下图所示的文本并选择这些文本；❷ 在“开始”选项卡“字体”组中设置字体为“方正大标宋简体”，字号为“90”，加粗显示；❸ 单击“文本效果和版式”下拉按钮，在弹出的下拉菜单中选择需要的文本效果。

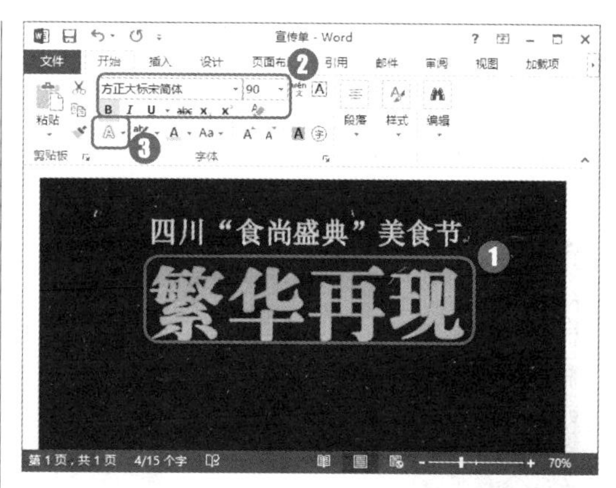

第3步：输入文本。

❶ 在页面中部输入如下图所示的文本并选择这些文本；❷ 在“开始”选项卡“字体”组中设置字体为“方正粗倩简体”，字体颜色为“白色”，加粗显示，分别设置字号为“三号”“28”“小四”“28”。

第4步：插入形状。

为了使页面效果更加丰富，可以在页面底部绘制一条直线。❶ 单击“插入”选项卡“插图”组中的“形状”按钮；❷ 在弹出的下拉菜单的“线条”栏中选择“直线”选项，如下图所示。

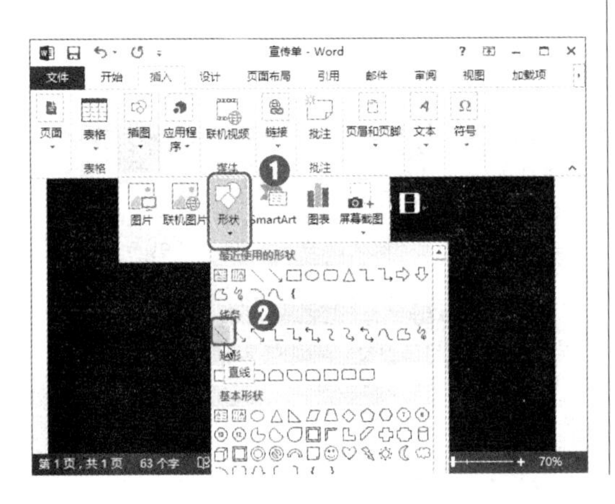

第5步：绘制形状。

将鼠标光标移至文档中需要绘制图形的位置，当光标变成十字形状时，按住【Shift】的同时按住鼠标左键不放并拖动，绘制出以拖动的起始位置到终止位置的直线，完成后释放鼠标，如下图所示。

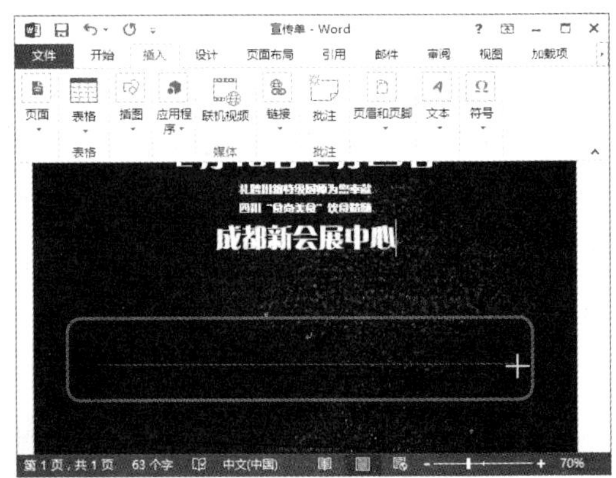

知识拓展

设置图片所在层的位置

在 Word 中我们可以将一篇文档想象成是由多张透明的胶片叠放在一起组成的，其中文字内容和嵌入型的图片是主要的一层，图片、图形、文本框等对象分别放置在其他层中，因此我们可以通过改变层的位置来调整对象所在的层位置。我们选择对象时只能选择位于最上层的对象，这也就是为什么有些对象能看到却很难选中的原因。

第6步：设置形状样式。

默认情况下绘制的线条太纤细了，需要设置样式使其更加突出。保持形状的选择状态，在“绘图工具 格式”选项卡“形状样式”组中的列表框中选择需要的形状样式，如右图所示。

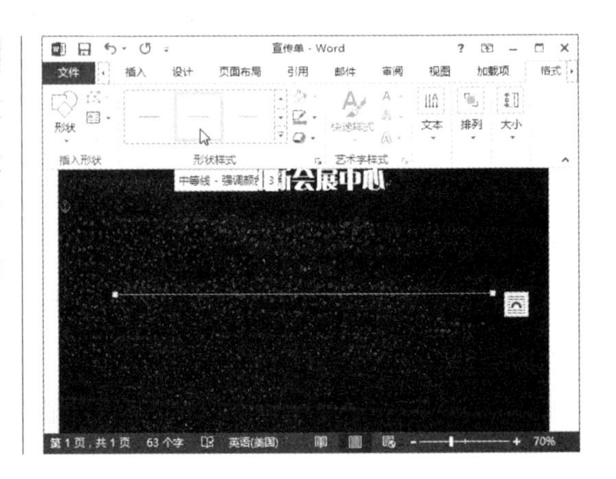

第7步：插入艺术字。

为了使页面效果更加丰富，可以插入艺术字效果。❶ 单击“插入”选项卡“文本”组中的“艺术字”按钮 A；❷ 在弹出的下拉列表中选择需要的艺术字样式，如下图所示。

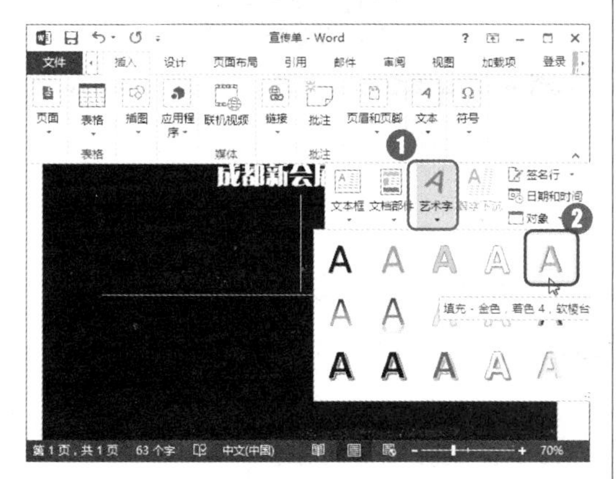

第8步：设置艺术字效果。

❶ 在出现的艺术字文本框中输入需要的文本内容，并选择艺术字文本框；❷ 单击“绘图工具 格式”选项卡“艺术字样式”组中的“文字效果”按钮 A ▾；❸ 在弹出的下拉菜单中选择“转换”命令；❹ 在弹出的下级子菜单中选择需要的文字路径样式，如下图所示。

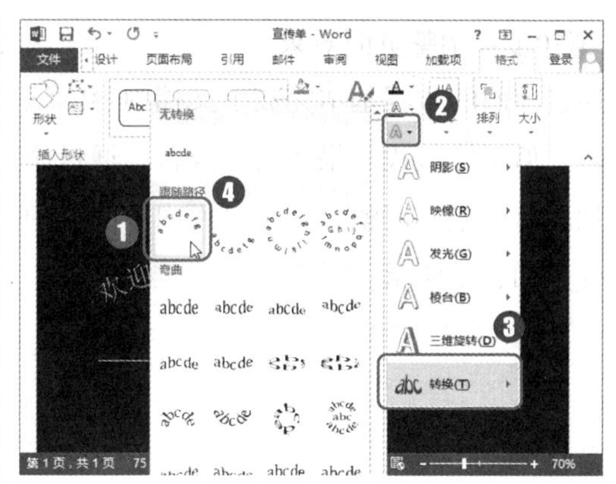

第9步：输入文本。

❶ 在页面底部输入如下图所示的文本内容并选择输入的文本；❷ 在“开始”选项卡“字体”组中设置字体为“宋体”，字号为“小五”，字体颜色为“白色”，并加粗显示前面几个文字。

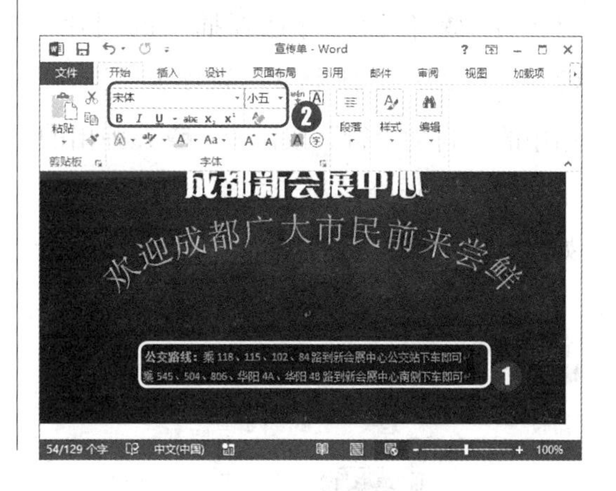

在文档中选择比较难选的对象

在选择图形等对象时，若图形较小或其上压有文本内容，则直接单击可能无法选择图形。此时，可以单击“开始”选项卡“编辑”组中的“选择”按钮，在弹出的下拉菜单中选择“选择对象”命令，然后再通过单击或框选的方式选择图形。

第10步：调整页面效果。

通过前面的步骤基本完成了文档内容的编辑，但整体版式效果还需要改善。通过添加段落标记，调整文档中页面内容的排列效果如右图所示。

2.3.3 美化宣传单

宣传单中的内容已经排布完了，但中间位置比较空，这一块地方是留给配图的，但前期收集的图片不能直接用，还需要一定的处理。具体操作方法如下。

第1步：插入图片并设置环绕方式。

❶ 使用前面介绍的方法在文档中插入素材图片"宣传图"并选择插入的图片；❷ 单击"图片工具 格式"选项卡"排列"组中的"自动换行"按钮；❸ 在弹出的下拉菜单中选择"浮于文字上方"命令，如下图所示。

第2步：删除图片背景。

素材图片是黄色背景，与本例需要的效果不相符合，这里需要删除该图片的背景色。❶ 保持图片的选择状态；❷ 单击"图片工具 格式"选项卡"调整"组中的"删除背景"按钮，如下图所示。

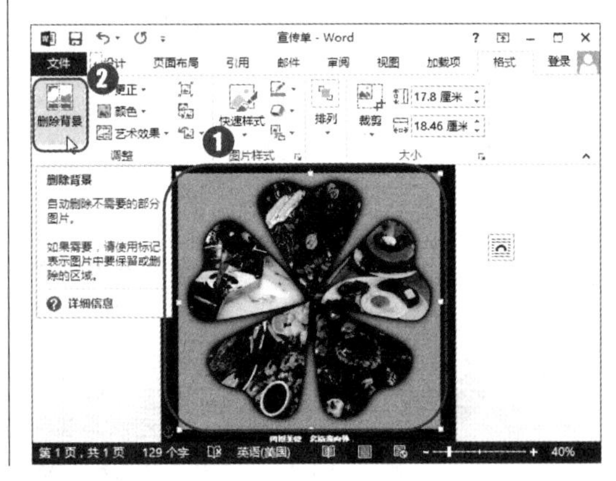

删除图片背景

在“背景消除”选项卡“优化”组中单击“标记要删除的区域”按钮，当鼠标指针变为笔形时，单击鼠标可以指定额外要删除的图片区域；单击“标记要保留的区域”按钮，可以从默认删除的区域指定要保留的图片区域。单击“删除标记”按钮，可以删除额外标记的保留和删除区域。

第3步：设置删除范围。

❶ 调整图片四周的控制点，确定图片需要显示的主体范围；❷ 单击“背景消除”选项卡“优化”组中的“保留更改”按钮✓，如下图所示，即可去除图片背景并保留需要的图片主体部分。

第4步：设置图片对齐方式。

浮于文字上方的对象不如嵌入文档中对象的对齐方式好控制，这里需要设置图片位于文档的中间位置。❶ 选择插入的图片，拖动鼠标调整图片的大小；❷ 单击“排列”组中的“对齐”按钮；❸ 在弹出的下拉菜单中选择“左右居中”命令，如下图所示。

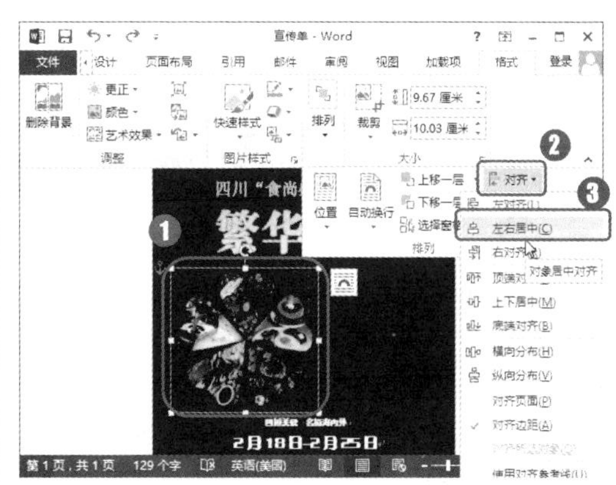

第5步：插入联机图片。

❶ 使用相同的方法设置文档中形状和艺术字的环绕方式为“浮于文字上方”，对齐方式为左右居中；❷ 本例还需要在文档右下角插入一张剪贴画，单击“插入”选项卡“插图”组中的“联机图片”按钮，如下图所示。

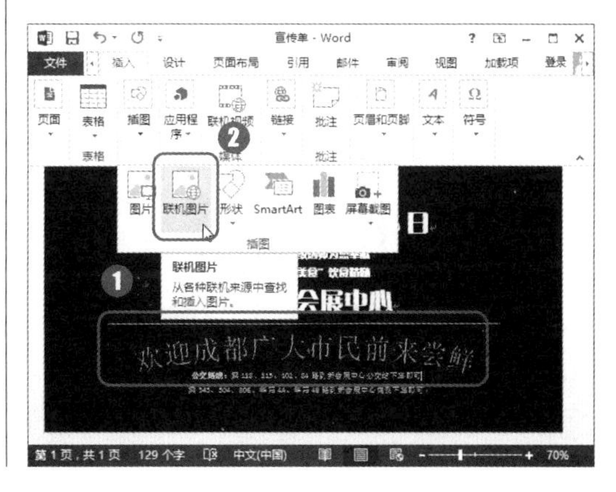

第6步：输入搜索关键字。

打开新窗口，❶ 在“Office.com 剪贴画”文本框中输入搜索关键字“标志”；❷ 单击其后的“搜索”按钮，如右图所示。

裁剪图片

通常插入 Word 文档中的图片的轮廓形状均为矩形，若要使图片轮廓形状呈现为其他形状，就可以在选择图片后，单击“图片工具 格式”选项卡中的“裁剪”按钮，在弹出的下拉菜单中选择“裁剪为形状”命令，并选择需要裁剪为的形状效果即可。

第7步：选择剪贴画。

稍等片刻即可显示出搜索到的图片，❶ 选择需要插入文档中的剪贴画；❷ 单击“插入”按钮，如下图所示。

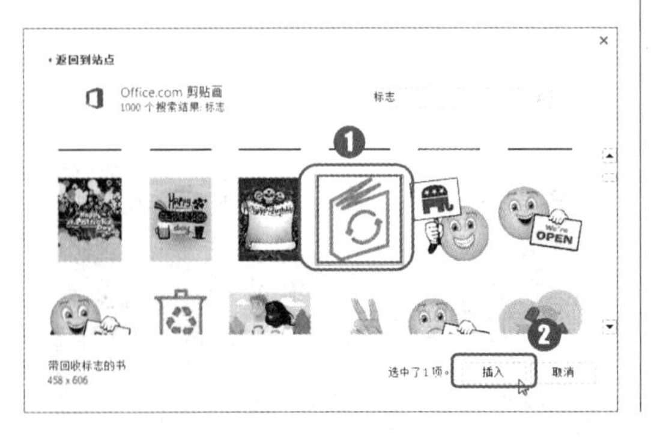

第8步：设置剪贴画环绕方式。

❶ 选择插入到文档中的剪贴画；❷ 单击“图片工具 格式”选项卡“排列”组中的“自动换行”按钮；❸ 在弹出的下拉菜单中选择“浮于文字上方”命令，如下图所示。

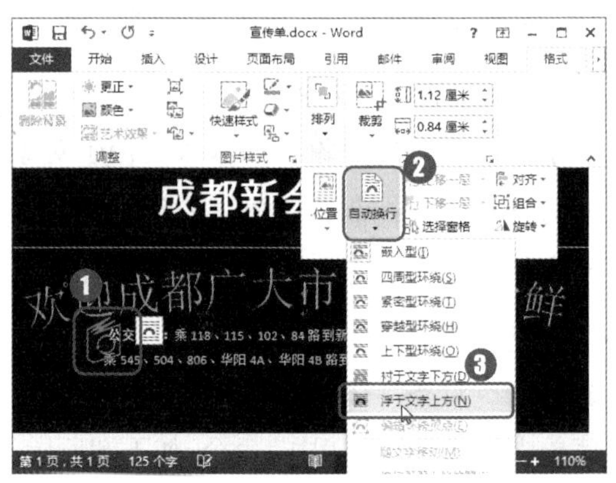

第9步：调整剪贴画颜色。

❶ 拖动调整剪贴画的大小并将其移动到文档的右下角；❷ 单击"图片工具 格式"选项卡"调整"组中的"颜色"按钮；❸ 在弹出的下拉菜单中选择需要的图片颜色，如右图所示。

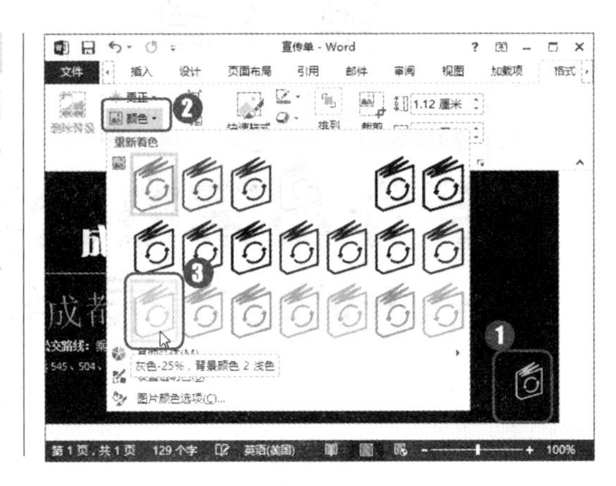

2.4 本章小结

在 Word 中进行专业排版设计时，首先需要灵活应用 Word 中图文混排相关功能，如插入图片、绘制图形、插入 SmartArt 等，并应用艺术设计相关理论知识，发挥创意，合理排列文档中各类元素并设置相应的格式或属性，合理应用色彩，使文档美观、具有较强的可读性。业余时间读者朋友还应多留意实际生活中的各种宣传单、杂志、报刊等的图文排版效果，并试着排版。

第3章

制作日常办公表格
——Word 表格功能的应用

本章导读：

表格是办公应用中最常见的一种排版元素，利用表格可以整齐地展示文档中不同类型的元素或数据，使内容显示更加清晰、直观，更具有条理性。另外，利用表格也可以对文档进行复杂的结构排版，丰富文档排版效果。Word 2013 具有强大的表格处理功能，我们可以根据需要设计出各种类型的表格。本章将详细讲解表格的创建、编辑、美化等操作，使用户快速掌握文档表格制作的方法与技巧。

知识要点：

★ 绘制或插入表格

★ 表格的编辑、修改与调整

★ 单元格的合并及拆分

★ 设置表格格式

★ 设置表格属性

★ 应用表格中的计算功能

案例效果：

年度/月度培训计划

华辰报社应聘登记表

业务招待请款单（存根）

业务招待请款单

日常生活中，我们经常需要制作一些仅用于展示数据、展示结构的简单表格，如通讯录、课程表、报名表等。这类表格主要是为了让内容表现得更清晰，一般不涉及数据的统计与分析，因此使用 Word 中的相关功能便可以快速创建。下面就来学习这类表格制作的一些思路和经验。

要点01 哪些表格适合在Word中创建

日常生活中，为了表现某些特殊的内容或数据，我们会把所需的内容项目画成格子，再分别填写文字或数字。这种书面材料，我们也将其称为“表格”，它便于数据的统计查看，使用极其广泛。

现在，我们可以在电脑中制作这些表格，即电子表格。一说到制作电子表格，可能很多人会联想到一系列复杂的密密麻麻的数据，还会涉及数据的统计与分析，自然也就想到了使用制表功能强大的 Excel 来完成。那为什么还需要在 Word 中使用表格呢？ Word 中创建的表格与 Excel 中的表格有何区别？什么情况下需要使用 Word 来创建表格呢？

带着这些问题，我们不妨先看看下图所示的、使用 Word 创建的几个表格：需求调查表、离职申请表、应聘登记表、人事任命审批表、员工考核表、岗位说明表……

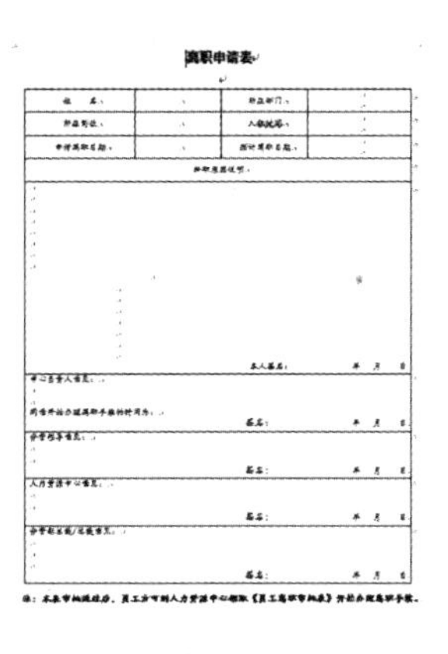

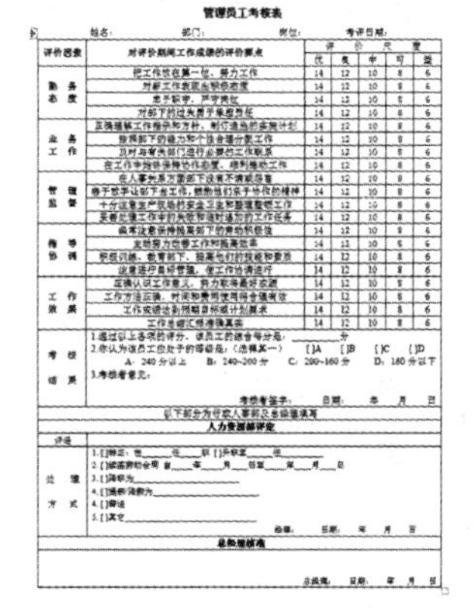

上述这些表格，与数据计算、分析几乎没有关系，制作它们的主要目的在于展示数据、展示结构，让文档中内容的结构更清晰，方便填写者快速填写相应内容，甚至是为了排版和修饰而使用的表格。这种类型的表格是 Word 中最常见的表格。

在 Word 中，我们可以方便地制作、编辑、调整以及修饰表格，这也是 Word 中应用表格的优势。而 Word 表格虽然也能实现一些简单的数据计算、分析和计算功能，但相比 Excel 的数据运算功能就是小巫见大巫了。所以，Word 中的表格应用依然是以排版为主，以修饰内容为目的，使内容更清晰。如制作个人简历、日程表、工作安排、请假单等，可首选 Word 来制作完成，若涉及专业的数据计算和分析，则交给专业的软件处理。

要点02 表格的构成元素

在 Office 中，表格是由一系列线条分隔，形成许多格子用于显示数字和其他项的一种特殊格式。行、列、单元格是表格的三个基本组成部分。另外，根据单元格中内容性质的不同，表格中有表头和表尾等元素，表格的修饰元素有表格边框和底纹。

1. 单元格

表格由横向和纵向的线条构成，线条交叉后出现的每个可以用于放置数据的格子便是单元格，如下图所示。在 Word 中，表格中的每个单元格除了可以放置文字、数据外，还可用于放置图片、图形甚至其他表格。

↵	↵	↵	↵	↵
↵	单元格↵	↵	↵	↵
↵	↵	↵	↵	↵

2. 行

表格中水平方向上的一组单元格便称为一行，在一个用于表现数据的规整表格中，通常一行用于表示同一条数据的不同属性，如左下图所示；也可用于表示不同数据的同一种属性，如右下图所示。

群体	10～20 岁	21～30 岁	31～40 岁	41～50 岁	50 岁以上
女性	21%	68%	45%	36%	28%
男性	18%	58%	46%	34%	30%

年度	2011	2012	2013	2014	2015
企业租金	20000	24000	24000	28000	30000
广告费	50000	45000	48000	46000	49000
营业费	34000	36000	40000	32800	35000
调研费	8050	10000	9200	8600	10000
工资	34500	36200	35800	36000	35400
税金	8000	8000	10000	10000	11000
其他	6000	8000	7000	7800	8200

3. 列

表格中纵向上的一组单元格便称为一列。列与行的作用相同，在用于表现数据的表格中，我们需要分别赋予行和列不同意义，并且保持表格中任意位置这种意义不发生变化，以形成清晰的数据表格。例如，在一个表格中，每一行代表一条数据，每一列代表一种属性，那么在表格中则应该按行列的意义填写数据，否则将会造成数据混乱。

什么叫“字段”与“记录”

在数据库表格中还有“字段”和“记录”两个概念，在 Word 或 Excel 表格中也常常会提到这两个概念。在数据表格中，通常把列叫作“字段”，即这一列中的值都代表同一种类型，例如调查表中的“10 ~ 20 岁”“21 ~ 30 岁”等；而表格中存储的每一条数据则被称为“记录”。

4. 表头

表头用于指明表格行列的内容和意义，通常是表格的第一行或第一列，例如调查表中第一行的内容有“群体”“10 ~ 20 岁”“21 ~ 30 岁”等，其作用是标明表格中每列数据所代表的意义。

5. 表尾

表尾是表格中可有可无的一种元素，通常用于显示表格数据的统计结果、说明或注释等辅助内容，位于表格中最后一行或列。下图所示的表格中，最后一行为表尾，也称为“统计行”。

年度	2011	2012	2013	2014	2015
企业租金	20000	24000	24000	28000	30000
广告费	50000	45000	48000	46000	49000
营业费	34000	36000	40000	32800	35000
调研费	8050	10000	9200	8600	10000
工资	34500	36200	35800	36000	35400
税金	8000	8000	10000	10000	11000
其他	6000	8000	7000	7800	8200
总支出	160550	167200	174000	169200	178600

6. 表格的边框和底纹

为了使表格美观漂亮、符合应用场景，很多时候我们都需要对表格进行一些修饰和美化，除了常规设置表格内文字的字体、颜色、大小、对齐方式、间距等外，还可以对表格的线条和单元格的背景添加修饰。构成表格行、列、单元格的线条称为边框，单元格的背景则是底纹。下图所示的表格，采用了不同色彩的边框和底纹来修饰表格。

年度	2011	2012	2013	2014	2015
企业租金	20000	24000	24000	28000	30000
广告费	50000	45000	48000	46000	49000
营业费	34000	36000	40000	32800	35000
调研费	8050	10000	9200	8600	10000
工资	34500	36200	35800	36000	35400
税金	8000	8000	10000	10000	11000
其他	6000	8000	7000	7800	8200
总支出	160550	167200	174000	169200	178600

要点03 表格对象的选择技巧

表格并不是一次性制作完成的，在输入表格内容后一般还需要对表格进行编辑，而编辑表格时常常需要先选择编辑的对象。在选择表格中不同的对象时，其选择方法也不相同，一般有如下几种情况。

- 选择单个单元格：将鼠标指针移动到表格中单元格的左端线上，待指针变为指向右方的黑色箭头时单击鼠标可选择该单元格，效果如下左图所示。
- 选择连续的单元格：将文本插入点定位到要选择的连续单元格区域的第一个单元格中，按住鼠标左键不放并拖动至要选择连续单元格的最后一个单元格，或将文本插入点定位到要选择的连续单元格区域的第一个单元格中，按住【Shift】键的同时单击连续单元格的最后一个单元格，可选择多个连续的单元格，效果如下中图所示。
- 选择不连续的单元格：按住【Ctrl】键的同时，依次选择需要的单元格即可选择这些不连续的单元格，效果如下右图所示。

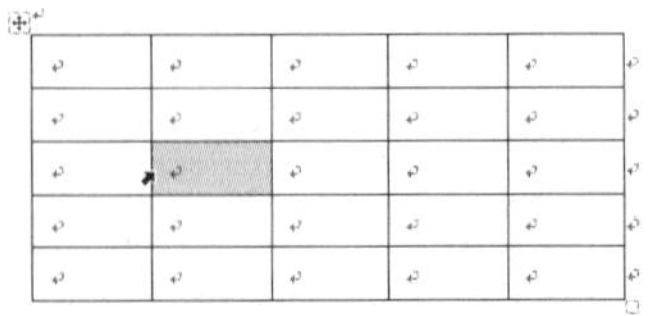

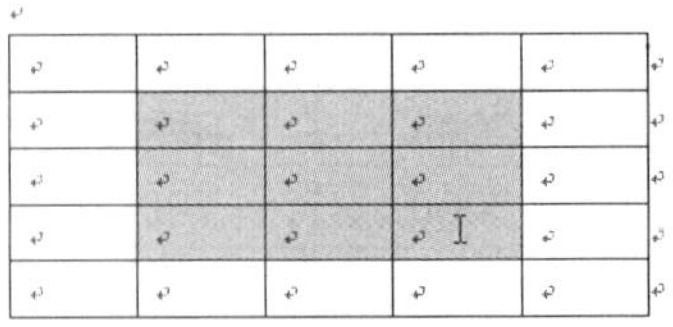

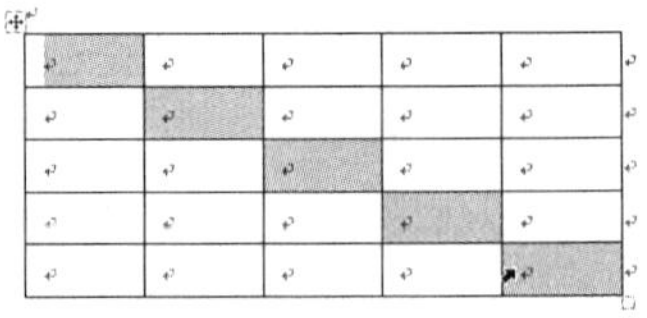

- 选择行：将鼠标指针移到表格边框左端线的附近，待指针变为形状时，单击鼠标即可选中该行，效果如下左图所示。
- 选择列：将鼠标指针移到表格边框的上端线上，待指针变成形状时，单击鼠标即可选中该列，效果如下中图所示。
- 选择整个表格：将鼠标指针移动到表格内，表格的左上角将出现图标，右下角将出现图标，单击这两个图标中的任意一个即可快速选择整个表格，效果如下右图所示。

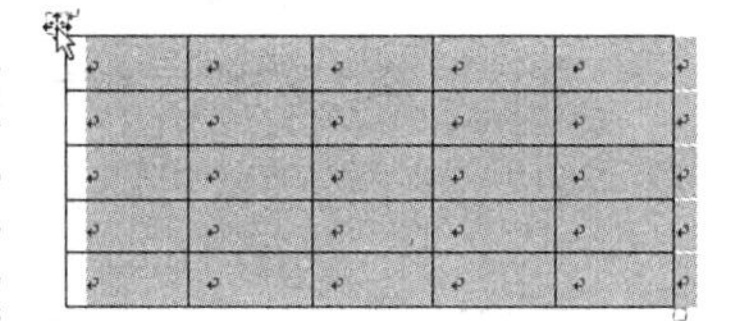

使用方向键快速选择相邻的单个单元格

按键盘上的方向键可以快速选择当前单元格上、下、左、右方的一个单元格。

要点04 表格需要精心设计

要制作一个实用、美观的表格需要细心的分析和设计。用于表现数据的表格设计相对来说简单些，我们只需要分清表格中要展示哪些数据，设计好表头、录入数据，然后加上一定的修饰即可。而用于规整内容、排版内容和数据的表格的设计相对来说就比较复杂。这类表格在设计时，需要先厘清表格中需要展示的内容和数据，然后按一定规则将其整齐地排列起来，甚至我们可以先在纸上绘制草图，然后再到 Word 中制作表格，最后添加各种修饰。

1. 数据表格的设计

通常用于展示数据的表格都有整齐的行和列，很多人认为，这种表格太简单根本用不着设计。这种观点在过去可能没什么问题，但现在随着社会发展和进步，人们对许多事物的关注更细致了，而我们在设计表格甚至排版文档时都应该站在阅读者的角度去思考，除了如何让文档看起来漂亮以外，还应该更多地考虑如何让内容更清晰，让查阅者看起来更容易。例如一个密密麻麻满是数据的表格，很多人看到这种表格都会觉得头晕，因此在设计表格时就需要想办法让它看起来更清晰，通常可以从以下几个方面着手来设计数据表格。

（1）精简表格字段

Word 文档中的表格不适合用于展示字段很多的大型表格。表格中的数据字段过多超出页面范围后，不便于查看。此外，字段过多会影响阅览者对重要数据的把握。所以，在设计表格时我们需要仔细考虑，分析出表格字段的主次，可将一些不重要的字段删除，保留重要的字段。

（2）注意字段顺序

表格中字段的顺序也是不容忽视的，为什么成绩表中通常都把学号或者姓名作为第一列？为什么语数外科目成绩在其他成绩前？

在设计表格时，需要分清各字段的关系、主次等，按字段的重要程度或某种方便阅读的规律来排列字段，每个字段放在什么位置都需要仔细推敲。

（3）保持行列内容对齐

使用表格可以让数据有规律地排列，使数据展示更整齐统一，而对于表格内部的内容而言，每一行和每一列都应该整齐排列。如下左图所示，表格行列中的数据排列不整齐，表格显得杂乱无章，查看起来就不太方便了。通常，不同类型的字段，可采用不同的对齐方式来表现，但对于每一列中各单元格的数据应该采用相同的对齐方式，如下右图所示，各列对齐方式可以不同，但每列的单元格对齐方式是统一的。

姓名	语文	数学	外语
张三	98	93	87
李四	87	85	93
王五	73	90	68
平均成绩	86	89.33	82.67

姓名	性别	年龄	学历	职位
张三	男	23	大专	工程师
李四	女	26	本科	设计师
王五	男	34	大专	部门经理

（4）调整行高与列宽

表格中各字段的内容长度可能不相同，所以不可能做到各列的宽度统一，但通常可以保证各行的高度一致。在设计表格时，应仔细研究表格数据内容，是否有特别长的数据内容，尽量通过调整列宽，使较长的内容在单元格内不换行。如果实在有单元格中的内容要换行，则统一调整各列的高度，让每一行高度一致。如下左图所示，表格中部分单元格内容过长，此时调整各列宽度及各行高度，调整后效果如下右图所示。

姓名	性别	年龄	学历	职位	工作职责
张三	男	23	大专	工程师	负责商品研发工作
李四	女	26	本科	设计师	负责商品设计
王五	男	34	大专	部门经理	负责项目计划、进度管理、员工管理等
赵六	男	38	本科	部门经理兼技术总监	负责项目计划、进度管理、员工管理、技术攻坚等

姓名	性别	年龄	学历	职位	工作职责
张三	男	23	大专	工程师	负责商品研发工作
李四	女	26	本科	设计师	负责商品设计
王五	男	34	大专	部门经理	负责项目计划、进度管理、员工管理等
赵六	男	38	本科	部门经理兼技术总监	负责项目计划、进度管理、员工管理、技术攻坚等

（5）适当应用修饰

数据表格以展示数据为主，修饰的目的是更好地展示数据，所以，在表格中应用修饰时应以使数据更清晰为目标，不要一味地追求艺术。通常表格上数据量大，文字多，为更清晰地展示数据，可使用如下方式：使用常规或简洁的字体，如宋体、黑体等；使用对比明显的色彩，如白底黑字、黑底白字等；表格主体内容区域与表头、表尾采用不同的修饰区分，如使用不同的边框、底纹等，下图所示为修饰后的表格。

姓名	性别	年龄	学历	职位	工作职责
张三	男	23	大专	工程师	负责商品研发工作
李四	女	26	本科	设计师	负责商品设计
王五	男	34	大专	部门经理	负责项目计划、进度管理、员工管理等
赵六	男	38	本科	部门经理兼技术总监	负责项目计划、进度管理、员工管理、技术攻坚等

2. 不规则表格的设计

当我们应用表格表现一系列相互之间没有太大关联的数据时，无法使用行或列来表现相同的意义，这类表格的设计相对来说就比较麻烦。例如，我们要设计一个干部任免审批表，表格中需要展示审批中的各类信息，这些信息相互之间几乎没什么关联，用表格来展示这些内容的优势就在于可以使页面结构更美观、数据更清晰明了。所以，在设计这类表格时，依然需要按照更美观更清晰的标准进行设计。

（1）明确表格中需要展示的信息

在设计表格前，首先需要明确表格中要展示哪些数据内容，可以先将这些内容列举出来，然后再考虑表格的设计。例如，干部任免审批表中可以包含姓名、性别、籍贯、学历、出生日期、参加工作时间、工资情况等各类信息。

（2）根据列表的内容分类

分析要展示的内容之间的关系，将有关联的、同类的信息归为一类，在表格中尽量整理同一类信息，例如可将干部任免审批表中的信息分为基本资料、工作经历、职务情况、家庭成员等几大类别。为了更清晰地排布表格中的内容，也为了使表格结构更合理、更美观，可以先在纸上绘制草图，反复推敲，最后在 Word 中制作表格。下左图是手绘的表格效果。

（3）根据类别制作表格大框架

根据表格内容中的类别，制作出表格的框架结构，如下右图所示。

（4）合理利用空间

应用表格展示数据除了让数据更直观更清晰外，还可以有效地节省空间，用最少的位置清晰地展现更多的数据。如下图所示，表格后面行的内容比第一行的内容长，如果保持整齐的行列，留给填写者填写的空间就会受到影响。因此，采用合并单元格的方式，扩大单元格宽度，不仅保持了表格的整齐，也合理地利用了多余的表格空间。

<table>
<tr><td>姓名</td><td></td><td>性别</td><td></td><td>出生年月</td><td colspan="2"></td><td>民族</td><td></td></tr>
<tr><td>籍贯</td><td></td><td colspan="2">入党时间</td><td></td><td colspan="2">健康状况</td><td colspan="2"></td></tr>
<tr><td>出生地</td><td></td><td colspan="2">参加工作时间</td><td></td><td rowspan="4">工资情况</td><td rowspan="2">职务工资</td><td>档次</td><td>工资金额</td></tr>
<tr><td>学历</td><td></td><td rowspan="3">毕业院校及专长</td><td colspan="2" rowspan="3"></td><td></td><td></td></tr>
<tr><td rowspan="2">学位或专业技术职务</td><td rowspan="2"></td><td rowspan="2">级别工资</td><td>级别</td><td>工资金额</td></tr>
<tr><td></td><td></td></tr>
<tr><td colspan="2">熟悉何种专业技术及有何种专长</td><td colspan="7"></td></tr>
<tr><td colspan="2">现任职务</td><td colspan="7"></td></tr>
</table>

总之，这类表格之所以复杂，原因主要在于空间的利用。要在有限的空间展示更多的内容，并且内容整齐、美观，需要有目的性地合并或拆分单元格，不可盲目拆分合并。在制作这类表格时，通常在有了大致的规划之后制作，先制作表格中大的框架，然后利用单元格的拆分或合并功能，将表格中各部分细分，录入相应的文字内容，最后再加以修饰。另外，此类表格需要特别注意各部分内容之间的关系及摆放位置，以方便填写和查阅为目的。例如简历表中第一栏为姓名，因为姓名肯定是这张表中最关键的数据，如果你需要在简历表中突出你的联系电话，方便查看简历的人联系你，那么可以将联系电话作为第二栏……

要点05 Word中制表的经验分享

使用 Word 绘制表格虽然三两句话就能概述，但对于比较复杂的表格，特别是一些具有特殊要求的表格，却不是一件容易的事情。另外，生活中还经常遇到一些特殊要求的版面编排工作，处理起来更是费时费力，实在是一件令人头疼的事情。加上一些实用的制表工具往往被莫名忽略，这些都成为我们制表效率低下的原因。下面介绍几点经验，与各位读者分享。

1. 利用文字转换成表格工具提高键盘录入效率

为保证顺畅流利地使用键盘录入文字的过程不被频繁中断，遇到需要制作表格时，可以先录入表格内容，直到键盘录入工作告一段落后，再返回表格处，通过“表格”下拉菜单中的“文本转换成表格”命令将表格内容转换成表格，完成初步制表。只是使用这种方法时，需要在录入表格内容的过程中使用表格内容中没有的特殊字符分隔各单元格内容，每行内容输入完成后按【Enter】键结束。

使用该方法制作表格有两个便利之处，一是在制作表格时不必关心表格的行列数，由转换工具自动完成；二是能大量减少单元格的拆分操作，而主要进行相对简单的单元格合并操作，从而简化表格编辑过程。

2. 表格自动套用格式

有些用户在初步绘制好表格后就开始手动美化表格，实际上 Word 2013 提供了丰富的表格样式库（下图所示为部分样式），用户在设置表格时可根据需要为表格选择适当的内置样式，快速完成表格格式套用，再完善局部，从而提高工作效率。必要时还可以修改内置表格样式，使之变为用户自定义样式，以便后期使用。

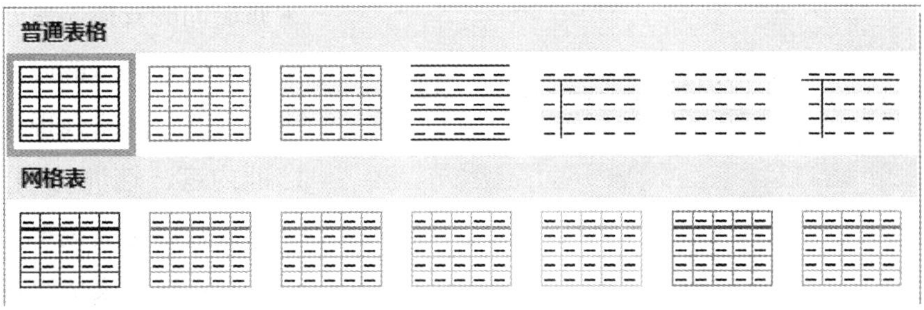

普通表格

网格表

3. 标题行重复的使用

有些表格内容较多，前后需要占用多个页面，系统会在分页处自动分隔表格内容，但分页后的表格从第 2 页起就没有标题行了，这对于数据查看和打印都不方便。此时，单击“表格工具 布局”选项卡“数据”组中的“重复标题行”按钮，可以快速为跨页的大型表格的每一页都添加相同的标题行，再次单击则取消该功能。

4. 自动调整表格大小

在制作表格的过程中，当向单元格中输入过多文字时，表格会自动调整行高以适应文字分为多行显示在单元格中。但如果不希望让单元格的尺寸发生变化，可以将单元格设置为自动调整文字间距和大小，以适应单元格列宽。

Word 提供了三个自动调整表格列宽的工具，一是根据表格内容进行调整，每列的宽度以该列内容最多的一个单元格所需宽度为准进行设置；二是根据页面窗口进行调整，使整张表格的宽度控制在页面内；三是设置为固定列宽。单击“表格工具 布局”选项卡“单元格大小”组中的“自动调整”按钮，在弹出的下拉列表中即可选择合适的自动调整方式。

表格是办公应用中最常用的一种元素。由于 Office 软件的易用性，制作表格已经是非常简单的事了。但我们如何能够快速制作表格、使表格结构更合理、更方便查阅、更美观漂亮，这些都是目前 Word 中应用表格的目标。下面，针对日常办公中的相关应用，列举几个典型的表格案例，给读者讲解在 Word 中制表的思路、方法及具体操作步骤。

3.1 制作年度/月度培训计划表

◇ 案例概述

在现代企业管理中，企业常常会为了提高人员素质、能力、工作绩效和对组织的贡献，实施有计划、有系统的培养和训练。这是推动企业不断发展的重要手段之一，市场上常见的企业培训形式包括企业内训和企业公开课。培训计划表用于规划和展示企业培训的安排，是办公应用中相对比较简单的应用。它采用整齐的行列来表现计划中的培训内容、培训时间、地点、培训人数等相关信息。在办公应用中，这类表格也有非常广泛的应用，本例将以培训计划表为例，重点讲解常规表格的制作与修饰方法，完成后的效果如左图所示。

年度/月度培训计划

序号	培训课题	培训讲师	日期	起止时间	地点	培训对象	培训人数	培训方式	考核方式	培训目的

	素材文件:无
	结果文件:光盘\结果文件\第3章\案例01\年度月度培训计划表.docx
	教学文件:光盘\教学文件\第3章\案例01.mp4

◇ 制作思路

在 Word 中制作年度月度培训计划表的流程与思路如下所示。

创建初始表格：制作任何一个表格时，首先需要创建出表格的大体框架。本例通过拖动鼠标光标的方法先来创建一个 8 行 10 列的规则表格。

输入表格内容：将需要罗列的表格数据，依次输入到相应的单元格中。

编辑单元格：根据表格内容和以后要在该表格中输入的内容，插入行和列，并调整单元格的大小。

◇ 具体步骤

在办公应用中有许多需要手动填写的表格，我们都可以在 Word 中制作。下面我们就来介绍最方正也是最简单的规则表格的制作。这些表格主要用于展示一系列相互独立但又有一定规律或具有相同属性的信息。例如，本例要制作的年度月度培训计划表，其中不同列展示的是不同属性的信息，而同一行数据则表现的是一条信息。

3.1.1 创建规则表格框架

要制作行列数不多的规则表格，可在 Word 中通过拖动鼠标光标创建表格的方法来制作表格结构，本例中制作表格的具体操作步骤如下。

第1步：新建文档并设置纸张方向。

❶ 新建一篇空白文档；❷ 单击“页面布局”选项卡“页面设置”组中的“纸张方向”按钮；❸ 在弹出的下拉菜单中选择“横向”命令，如右图所示。

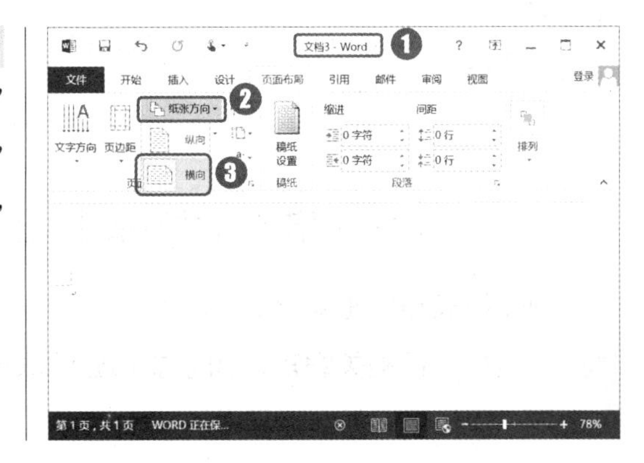

第2步：设置页边距。

❶ 单击“页面布局”选项卡“页面设置”组中的“页边距”按钮；❷ 在弹出的下拉菜单中选择“窄”命令，如下图所示。

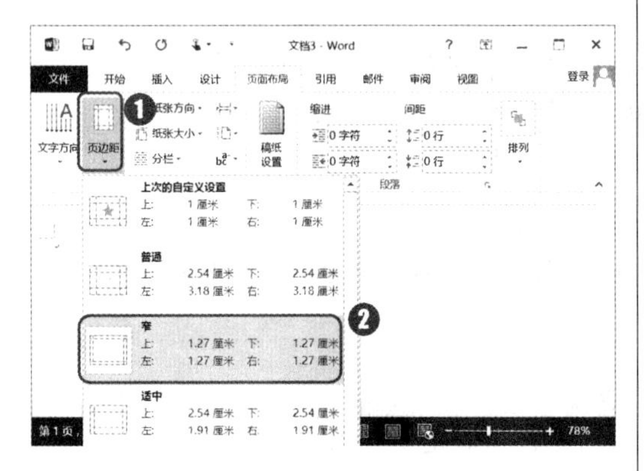

第3步：录入并设置标题格式。

❶ 在文档中录入标题文字并按【Enter】键分段；❷ 设置标题文字居中对齐，字体为“黑体”、字号为“二号”，并加粗，如下图所示。

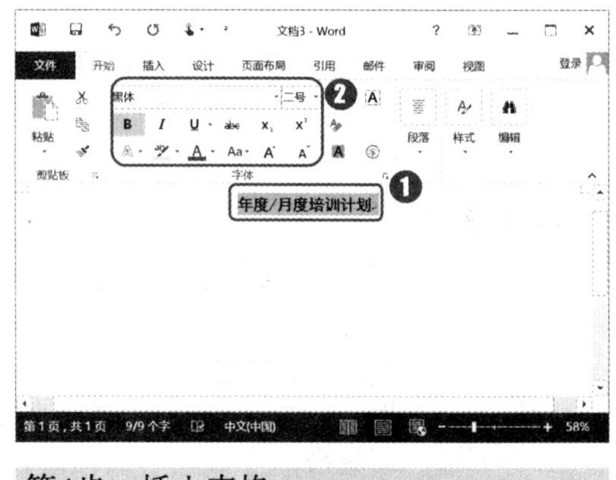

第4步：插入表格。

❶ 将光标定位于标题后的空白段落；❷ 单击“插入”选项卡“表格”组中的“表格”按钮；❸ 在弹出的下拉方格式区域中拖动鼠标指针至“10×8”处，然后单击，绘制出10列8行的表格，如下图所示。

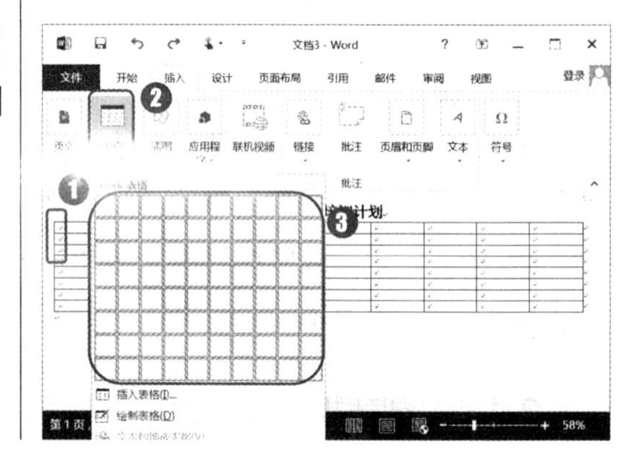

拖动行列数创建表格的弊端

在Word中通过拖动鼠标光标创建表格的方法，只能插入8行10列以内的简单表格。

3.1.2 输入表格内容并设置表格格式

制作好表格的框架结构后，就可以在表格中各单元格内添加相应的文字内容了。然后对表格进行相关编辑，如添加和删除表格对象、合并与拆分单元格、调整行高与列宽等，使其能满足实际需求。

第1步：录入表格内容。

❶ 将鼠标光标定位于表格第 1 个单元格中，输入内容“序号”；❷ 按【Tab】键将鼠标光标移到第 2 个单元格中，输入内容“培训课题”；❸ 以同样的方式录入表格中第 1 行文字，如下图所示。

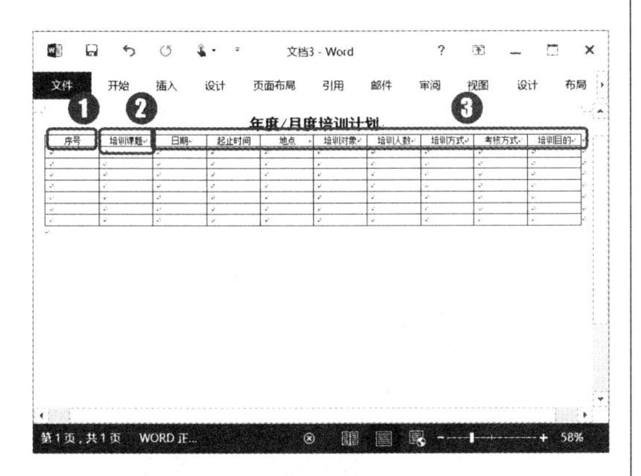

第2步：应用表格样式。

❶ 将鼠标光标定位于表格中；❷ 在“表格工具 设计”选项卡“表格样式”组中选择“网格表 4 着色 5”表格样式，为表格套用一种修饰，如下图所示。

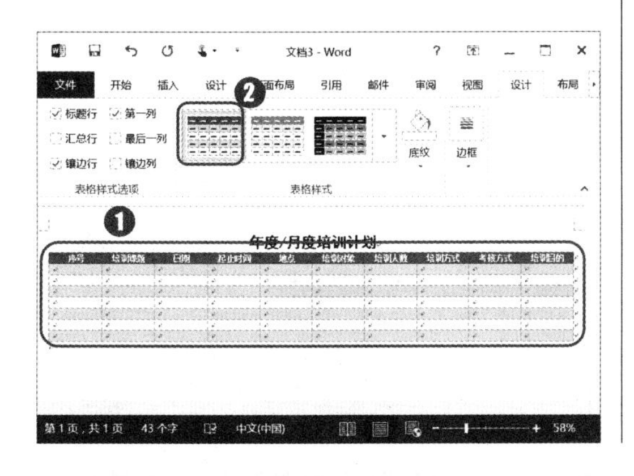

第3步：插入表格列。

❶ 将鼠标光标定位于表格第 3 列(“日期”)中或选择表格第 3 列，并在其上单击鼠标右键；❷ 在弹出的快捷菜单中选择“插入”命令；❸ 在弹出的下级子菜单中选择“在左侧插入列”命令，如下图所示。

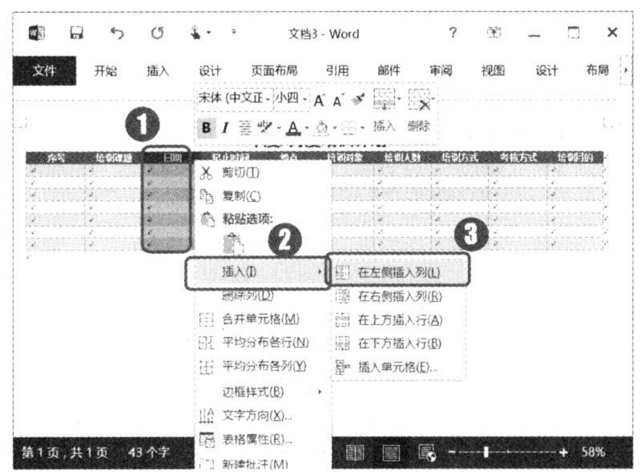

第4步：录入新插入列的内容。

在新插入的列中第 1 行输入文字“培训讲师”，如下图所示。

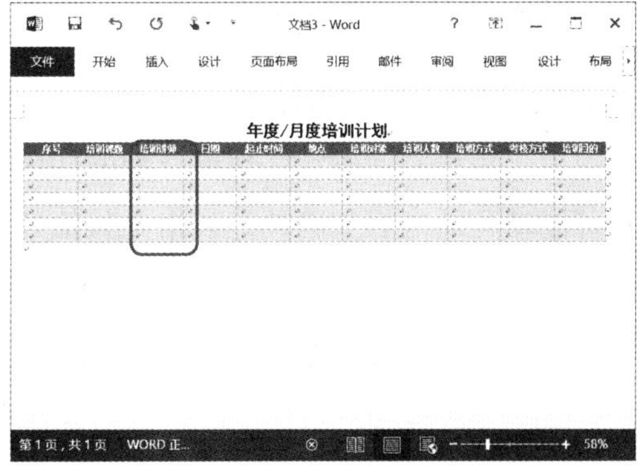

快速选择单元格

在录入表格内容时，使用键盘按键来定位光标位置比使用鼠标点击定位更快捷，使用【Tab】键可以将光标右移一个单元格，当光标移至一行最后一个单元格后再按【Tab】键，可将光标移至下一行第一个单元格。

第5步：调整第1列宽度。

将鼠标光标移至第1列的右边框上方，拖动鼠标调整第1列宽度，如下图所示。

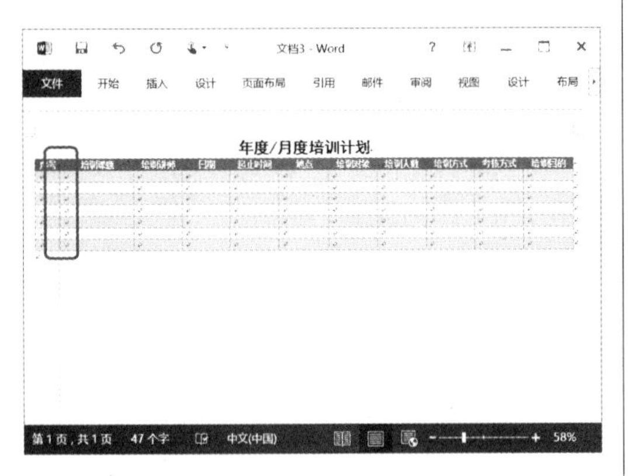

第6步：调整其他列宽度。

用与上一步相同的方式，根据各列的作用及可能填写的内容长度调整表格中其他列的宽度，并保证表格中各单元格中的文字不换行，调整后效果如下图所示。

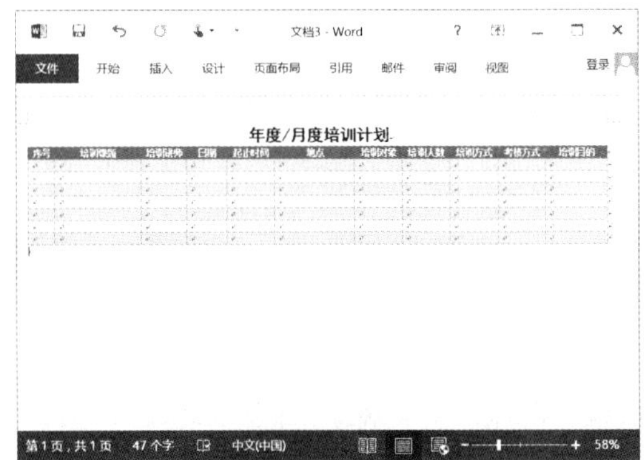

第7步：调整表格行高度。

为使表格在填写内容后不会太密集，表格更美观清晰，可以适当调整行高，并使每一行高度一致。❶ 从表格第1个单元格起拖动鼠标至最后一个单元格以选择整个表格；❷ 在“表格工具布局”选项卡“单元格大小”组中的“高度”数值框中输入“1厘米”，如下图所示。

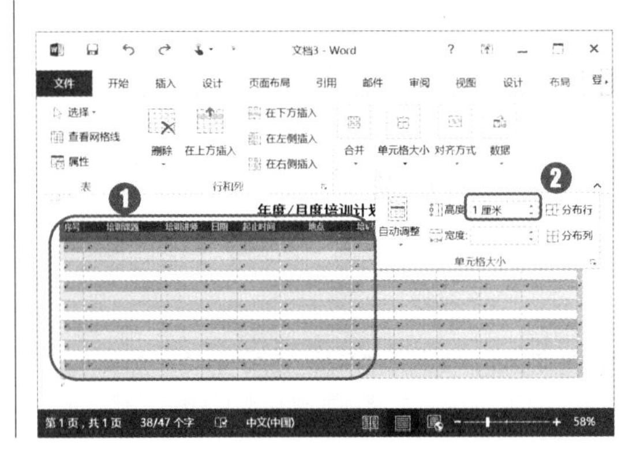

第8步：调整单元格内容对齐方式。

单击“对齐方式”组中的“水平居中”按钮，使所有单元格中的内容均居中对齐，如下图所示。

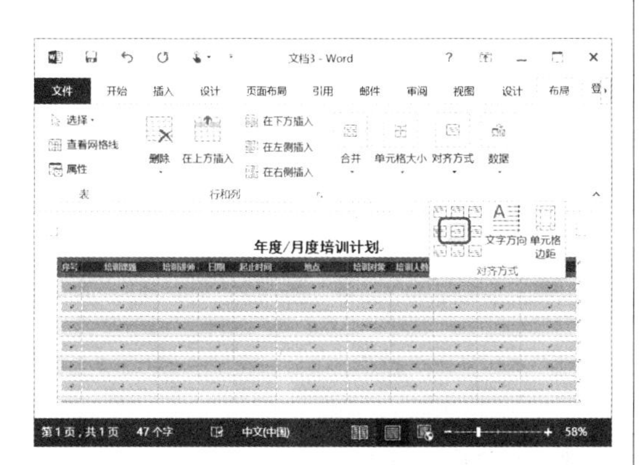

第9步：快速增加表格行。

将鼠标光标定位于表格中最后一个单元格，按【Tab】键可在表格下方快速增加一行，由于按【Tab】键可以将鼠标光标快速定位于下一单元格，所以一直按住【Tab】键可以连续为表格新增行，如下图所示。

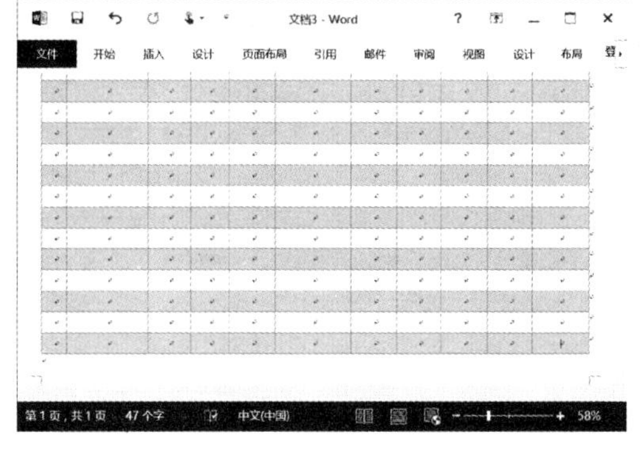

第10步：保存文件。

❶ 按【Ctrl+S】组合键，打开“另存为”对话框；❷ 在地址栏中设置文档要保存的位置；❸ 将文件命名为“年度月度培训计划表”；❹ 单击“保存”按钮，如下图所示。

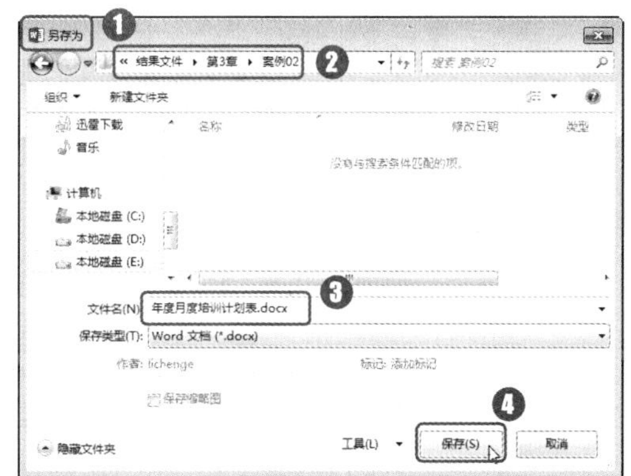

3.2 制作业务招待请款单

◇ 案例概述

企业为了联系业务或促销、处理社会关系等目的，在生产经营中不可避免存在一些合理需要的业务招待。在这个过程中支付的应酬费用即业务招待费，它是企业进行正常经营活动必需的一项成本费用。某些单位允许相关人员填写请款单向领导申请业务招待费，经过单位内部审批签字，财务会以此作为付款的依据。本例将运用手动绘制表格的方法制作一张请款单，完成后的效果如下图所示。

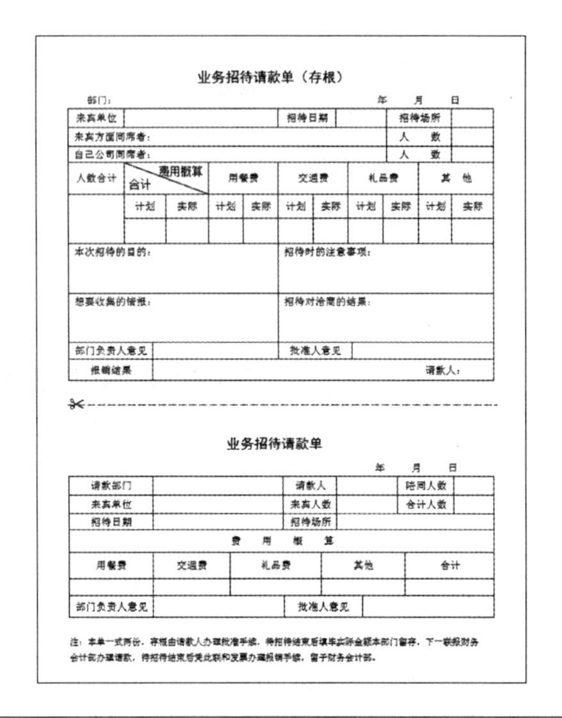

业务招待请款单（存根）

部门：　　　　　　　　　　　　　　年　　月　　日

来宾单位					招待日期			招待场所		
来宾方面同席者：								人　数		
自己公司同席者：								人　数		
人数合计	合计 / 费用概算		用餐费		交通费		礼品费		其　他	
	计划	实际	计划	实际	计划	实际	计划	实际	计划	实际
本次招待的目的：					招待时的注意事项：					
想要收集的情报：					招待对洽商的结果：					
部门负责人意见					批准人意见					
报销结果	请款人：									

业务招待请款单

年　　月　　日

请款部门		请款人		陪同人数	
来宾单位		来宾人数		合计人数	
招待日期		招待场所			
费　用　概　算					
用餐费	交通费	礼品费	其他	合计	
部门负责人意见		批准人意见			

注：本单一式两份，存根由请款人办理批准手续，待招待结束后填毕实际金额本部门留存，下一联报财务会计部办理请款，待招待结束后凭此联和发票办理报销手续，留于财务会计部。

	素材文件:无
	结果文件:光盘\结果文件\第3章\案例02\业务招待请款单.docx
	教学文件:光盘\教学文件\第3章\案例02.mp4

◇ 制作思路

在 Word 中制作业务招待请款单的流程与思路如下所示。

绘制表格草图：在使用 Word 编辑较复杂的表格时，首先需要清楚表格的大致组成部分，将需要安排的文本罗列一下，规划好需要排列的方式。

创建表格框架：由于本例制作初期将该表格的最终效果视作一个不规则表格进行编辑，因此需要使用手绘方法来绘制一个大致的表格框架。

编辑表格：完成表格的整体设计后，就可以输入具体的内容，进行单元格的各种编辑，使表格整体更加完善。

◇ 具体步骤

非数据表形式的表格是办公应用中经常用到的，这些表格不需要整齐的行列，主要用于展示一系列相互独立的并且是唯一的信息。例如，本例要制作的业务招待请款单，其中所表达的内容实质上只有一条记录，然后分解成了不同的字段。下面通过本例的制作，为读者介绍在 Word 中制作和编辑不规则表格的相关操作。

规则与不规则表格

其实，任何一个表格都是由若干四四方方的单元格组成。所谓的规则表格也就是指那些行列线横平竖直、排布非常整齐的表格，而所谓的不规则表格多是对某些单表格进行了合并，或调整了某一行或某一列中某一段边框线形成的效果。不规则表格可以直观地用绘制的方法来制作，也可以通过拆分 / 合并单元格、调整单元格大小等操作来完成。

3.2.1 绘制不规则表格框架

要制作不规则行列数的表格，可应用 Word 中的手动绘制表格功能绘制出表格结构。手动绘制表格是指用铅笔工具绘制表格的边线，其绘制过程类似于我们日常生活中用笔在纸张上绘制表格。在绘制表格的过程中，若绘制的线条有误，需要将相应的线条擦除，则可以使用表格橡皮擦擦除表格边线。本例中绘制业务招待请款单的具体操作方法如下。

第1步：选择“绘制表格”命令。

❶ 新建一个空白文档，将其命名并保存为“业务招待请款单”；❷ 在第 1 行中输入表格标题，设置字体为“黑体”，字号为“四号”，居中对齐；❸ 在第 2 行中输入申请部门和申请日期等文本，并设置字体为“宋体”，字号为“五号”，居中对齐；❹ 单击“插入”选项卡“表格”组中的“表格”按钮▦；❺ 在弹出的下拉菜单中选择“绘制表格”命令，如右图所示。

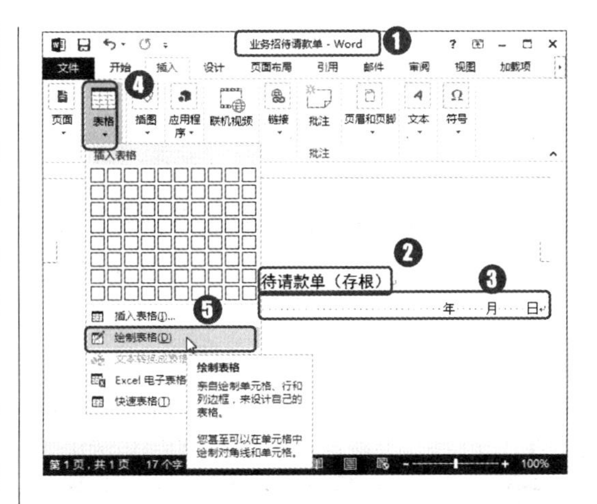

第2步：拖动鼠标绘制表格外边框。

在页面中拖动鼠标指针绘制出表格的外边框，如下图所示。

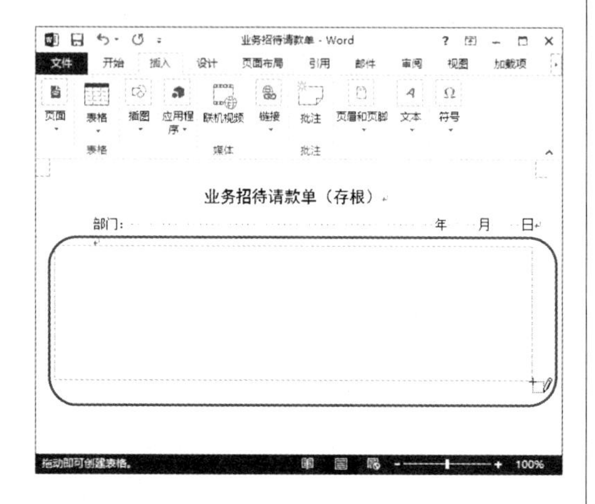

第3步：绘制表格内部线条。

在表格外边框内拖动鼠标指针绘制出表格内部线条，划分表格结构，如下图所示。

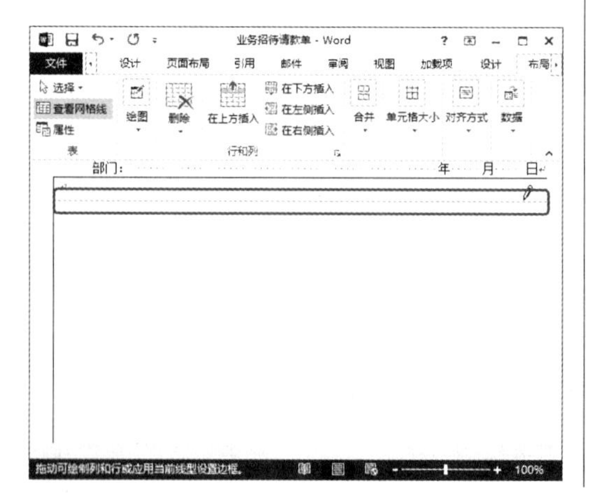

第4步：绘制表格其他结构。

应用相同的方法绘制下图所示的表格结构，绘制完成后按【Esc】键退出表格绘制状态。

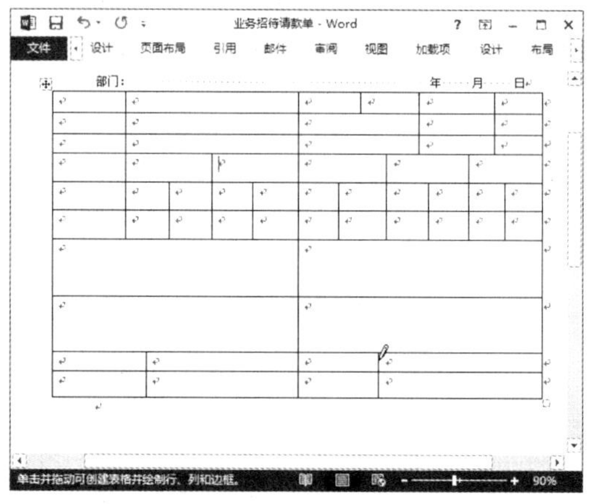

第5步：单击“橡皮擦”按钮。

在绘制表格的过程中，若绘制的线条有误，需要将相应的线条擦除。单击“表格工具布局”选项卡“绘图”组中的“橡皮擦”按钮，如下图所示。

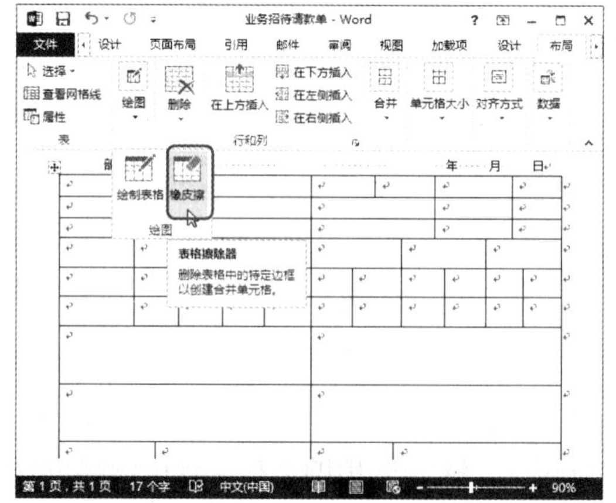

第6步：选择要擦除的边线。

在表格中拖动鼠标指针擦除要擦除的表格边线，继续删除其他不需要的边线，完成后按【Esc】键退出，如下图所示。

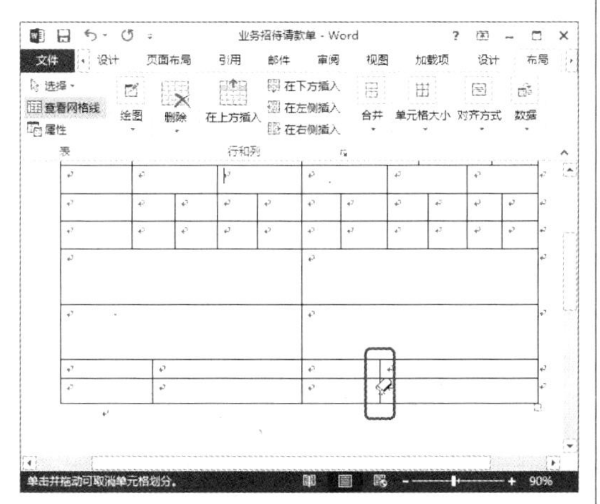

第7步：单击“绘制表格”命令。

表格中有些特殊的单元格需要添加斜线，并输入两行文字。单击“表格工具 布局”选项卡“绘图”组中的“绘制表格”按钮 ，如下图所示。

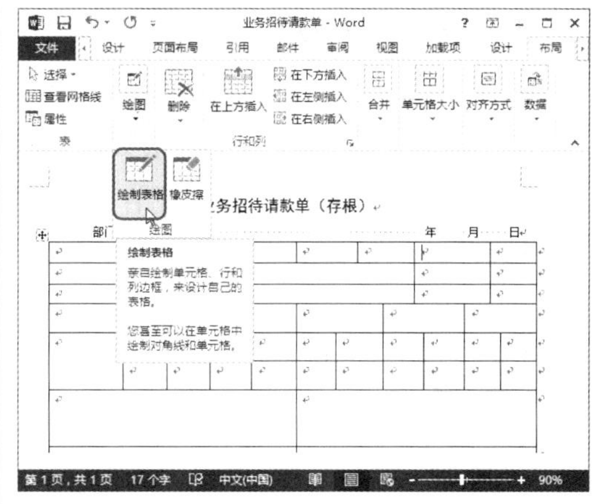

第8步：绘制斜线。

拖动鼠标指针在下图所示的单元格中绘制一条斜线。

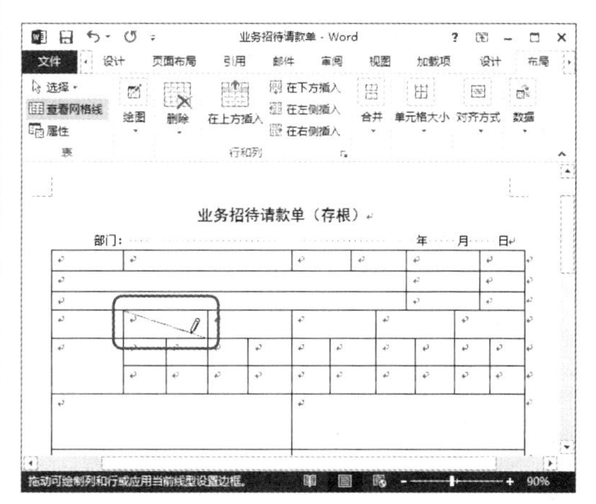

在单元格中绘制斜线的其他方法

选择单元格后，单击“表格工具 设计”选项卡“边框”组中的“边框”按钮，在弹出的下拉菜单中选择“斜下框线”命令，可快速为该单元格添加斜向下方的斜线；选择“斜上框线”命令，可快速为该单元格添加斜向上方的斜线。

第9步：绘制一条虚线。

本例制作的表格为一式两份，即由上下两个表格组成，中间需要添加一条裁剪线便于后期裁剪。❶ 使用直线工具在表格下方绘制一条直线；❷ 单击“绘图工具 格式”选项卡“形状样式”组中的形状轮廓按钮；❸ 设置线条轮廓为黑色，粗细为“0.75 磅”；❹ 在弹出的下拉菜单中选择“虚线”命令；❺ 在弹出的下级子菜单中选择“长划线”命令，如下图所示。

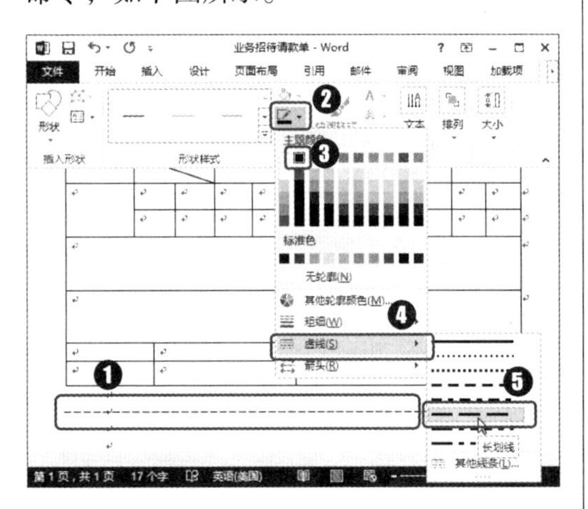

第10步：选择“其他符号”命令。

❶ 将文本插入点定位在虚线所在行；❷ 单击“插入”选项卡“符号”组中的“符号”按钮；❸ 在弹出的下拉菜单中选择“其他符号”命令，如下图所示。

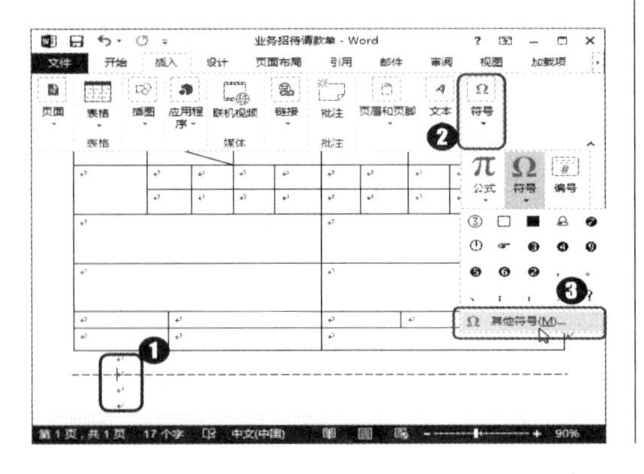

第11步：插入符号。

打开“符号”对话框，❶ 在“字体”下拉列表框中选择“Wingdings”选项；❷ 在中间选择需要插入的剪刀形状；❸ 单击“插入”按钮将其插入文档中；❹ 单击“关闭”按钮关闭对话框，如下图所示。

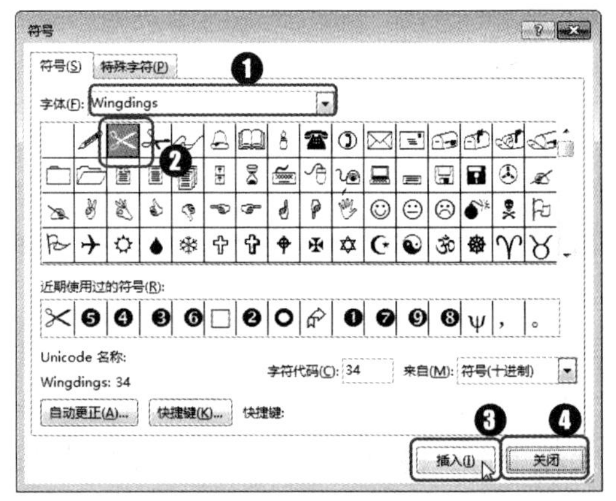

第12步：设置符号格式。

❶ 选择插入的剪刀符号；❷ 在“开始”选项卡中设置其字号为“四号”，通过调整段落样式将其移动到合适的位置，如下图所示。

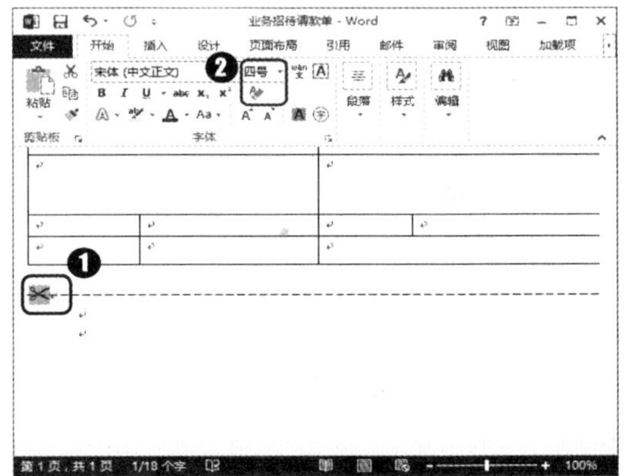

第13步：制作第2个表格。

在虚线下方输入第 2 个表格的标题，使用手动绘制的方法绘制如右图所示的表格。

知识拓展 调整整个表格的大小

将鼠标指针指向表格右下角的缩放标记□，当其变为↖↘形状时按住鼠标左键不放并拖动即可调整整个表格的大小。

3.2.2 输入表格内容并设置格式

当创建好表格框架后，便可以输入单元格内容了，并针对内容调整各单元格的大小。本表格中的数据比较多，为了使表格更加美观，需要为表格数据设置合适的对齐方式，具体操作方法如下。

第1步：设置文字为下标。

❶ 在表格中相应单元格内输入相应的文字内容；❷ 在带有斜线的单元格中要输入上下两部分文字，可以先输入文本内容，再通过设置上下标的方法来实现。选择右图所示的单元格中的部分文本；❸ 单击“开始”选项卡“字体”组中的“下标”按钮 x_2。

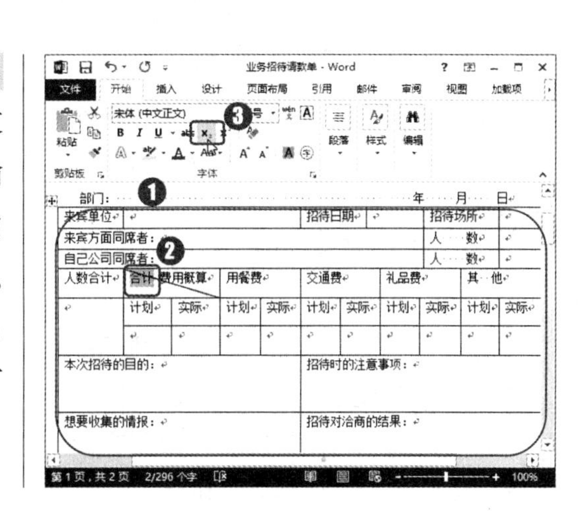

第2步：设置文字为上标。

❶ 选择下图所示的单元格中的部分文本；❷ 单击“开始”选项卡“字体”组中的“上标”按钮 x^2。

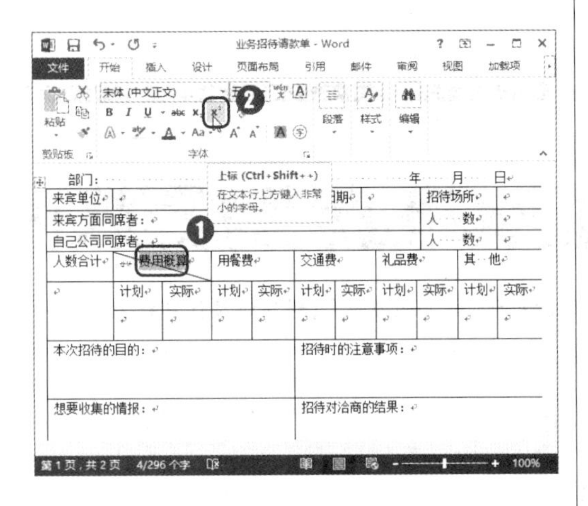

第3步：调整文字大小。

将文字设置为上下标后，文字会变得很小。❶ 为了看清文字内容，可以选择该单元格中的所有文字；❷ 连续单击“字体”组中的“增大字号”按钮 A˄，增大文字字号，直到其大小符合要求为止，如下图所示。

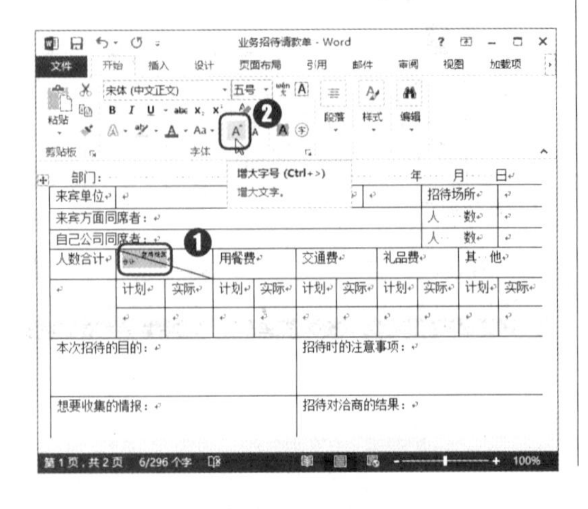

第4步：设置单元格居中对齐。

为使各单元格内容的排列更加整齐美观，可分别为单元格中的内容设置水平和垂直两个方向的对齐方式。❶ 将文本插入点定位于表格中任意单元格；❷ 单击表格左上方出现的“全选”按钮⊞，全选整个表格；❸ 单击“表格工具 布局”选项卡“对齐方式”组中的“水平居中”按钮，将所有单元格内容设置为水平和垂直方向都居中对齐，如下图所示。

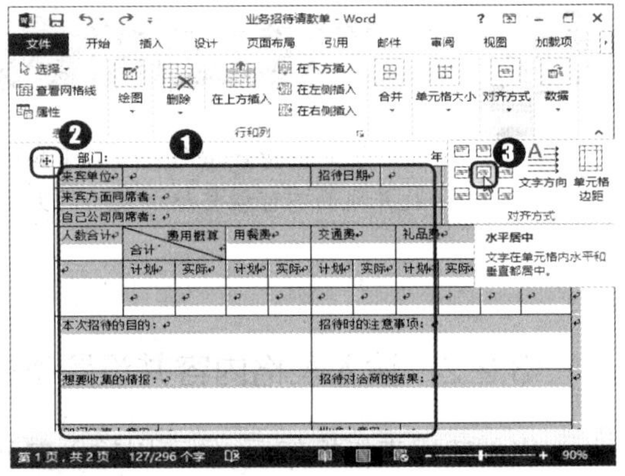

第5步：设置单元格对齐方式。

❶ 选择第 6 行和第 7 行的单元格；❷ 单击“表格工具 布局”选项卡“对齐方式”组中的“靠上两端对齐”按钮，将所选单元格内容设置为垂直靠上对齐和水平左对齐，如下图所示。

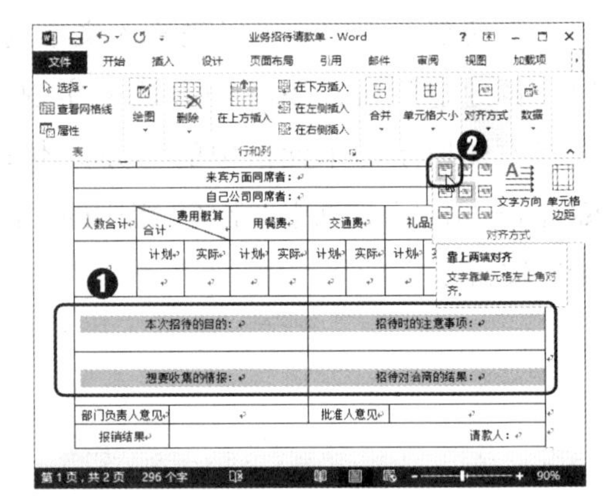

第6步：设置单元格对齐方式。

❶ 选择第 2 行和第 3 行中的部分单元格；❷ 单击“表格工具 布局”选项卡“对齐方式”组中的“中部两端对齐”按钮，将所选单元格内容设置为垂直居中对齐和水平左对齐，如下图所示。

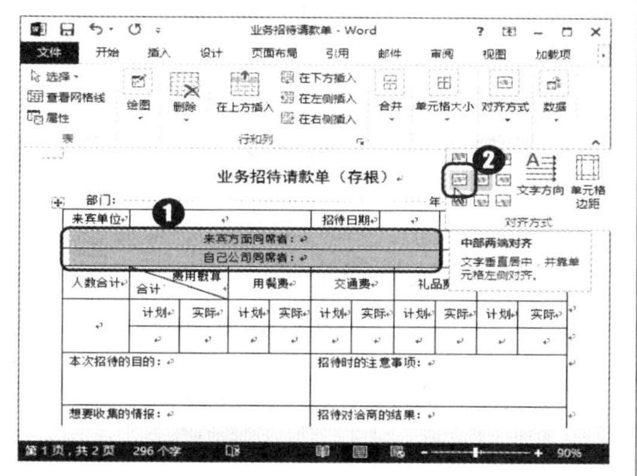

第7步：输入表格内容。

在第 2 个表格中相应单元格内输入下图所示的表格内容。

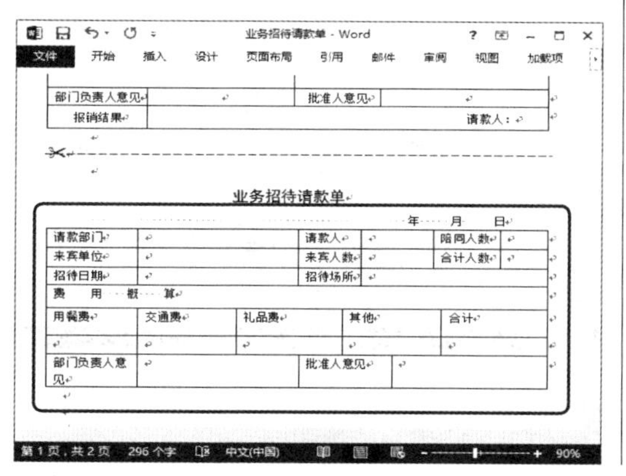

第8步：调整单元格行高。

前期手动绘制的表格旨在规划出表格的大致框架，而其中某些单元格可能并不能满足实际文字输入的需求，还需要改善。将鼠标指针指向需要调整的行边框线上，当鼠标指针变成形状时，按住鼠标左键不放并拖动即可改变表格的行高，如下图所示。

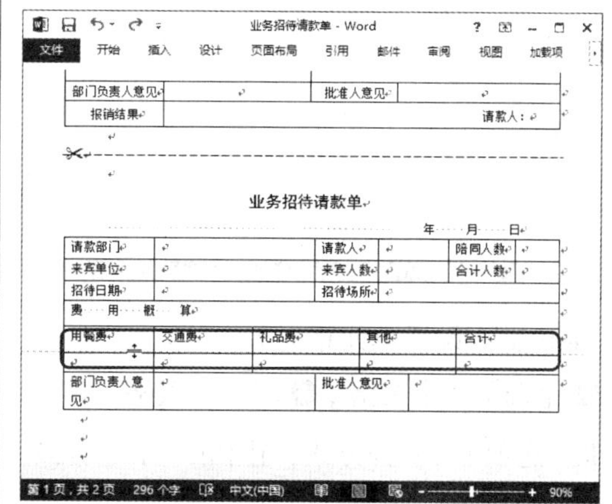

调整某一行的宽度或某一列的高度

在表格结构很复杂的情况下调整列宽，很容易造成牵一发而动全身的局面。因为，当拖动某条边框线时，与这根线对齐的线条，它们中间可能存在看似互不关联的合并单元格，拖动后这些线条会同时移动。所以，在这种情况下调整表格，如只想调整某一部分的线条，可先选择这部分单元格，然后再拖动边框线进行调整。

第9步：调整单元格列宽。

选择需要调整列宽的单元格，将鼠标指针指向需要调整的列边框线上，当鼠标指针将变为+||+形状时，按住鼠标左键不放并拖动即可改变表格的列宽，如下图所示。

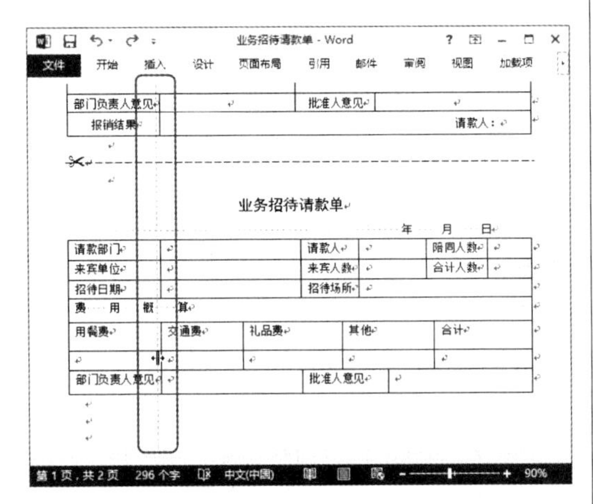

第10步：设置单元格对齐方式。

❶ 全选第 2 个表格；❷ 单击“表格工具 布局”选项卡“对齐方式”组中的“水平居中”按钮，将表格内所有单元格内容设置为水平和垂直方向都居中对齐，如下图所示。

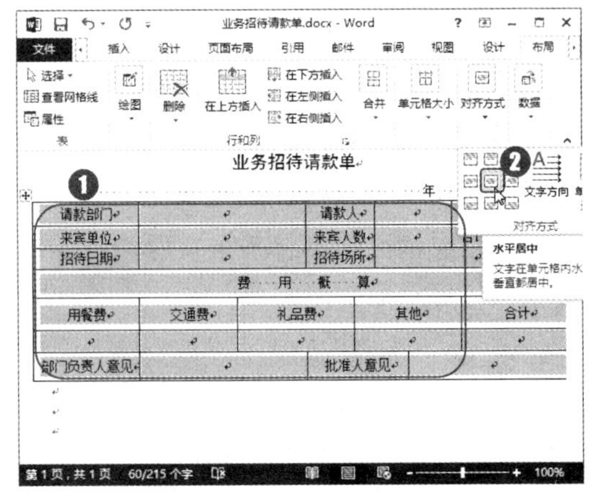

第11步：输入说明文字。

在表格下方输入下图所示的说明文字，完成本案例的制作。

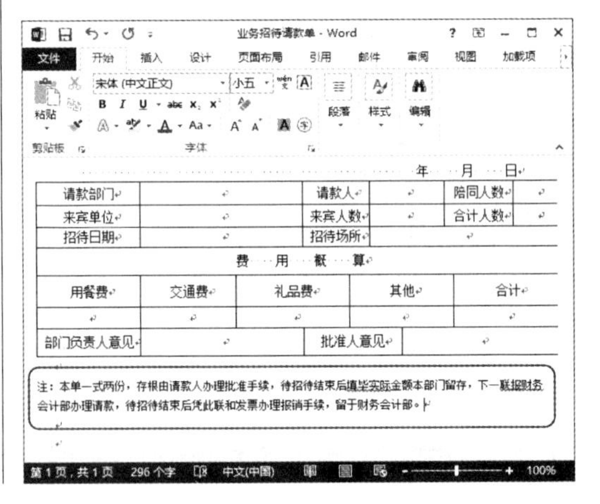

3.3 制作应聘登记表

◇ 案例概述

招聘人才是企业日常管理的一个方面，它是一件系统化的工作。HR 通过各种方式吸引人才的注意后，还需要从众多应聘者中甄选适合的人才进入企业。HR 职能部门甄选人才的第 1 步是查看应聘者的基本资料。为了减少 HR 的工作强度，现在很多企业会要求应聘者填写一份企业内部制作的登记表。本例就来制作这样一份应聘登记表，效果如下图所示。

华辰报社应聘登记表

应聘岗位：　　　　　　　　填表日期：　年　月　日

姓 名		性别		出生年月		民族		照片
政治面貌		参加工作年月		籍 贯				
健康状况		婚姻状况		户口所在地				
最高学历		学历性质		专 业				
调出单位及职务				身份证号				
社会职称及取得时间				个人爱好及特长				
常住地址				联系电话				
教育背景	起止时间	毕业院校		专业及学位		学历及性质		证明人
工作经历	起止时间	工作单位		部门及职务		证明人		联系电话
培训经历或技能								
受过何种奖励								
外语水平				计算机水平				
目前薪酬福利				期望薪酬福利				

	素材文件:无
	结果文件:光盘\结果文件\第3章\案例03\应聘登记表.docx
	教学文件:光盘\教学文件\第3章\案例03.mp4

◇ 制作思路

在 Word 中制作应聘登记表的流程与思路如下所示。

创建初始表格：虽然应聘登记表看似一种不规则的表格，但其整体而言还是规则的，因此我们可以通过插入表格的方法先制作出表格的大致框架。

合并与拆分单元格：应聘登记表中需要包含的数据很多，我们只能对整体进行布局，尽量让单元格排布整齐。实际需要在现有的表格框架上对部分单元格进行合并和拆分。

调整行高与列宽：根据单元格中需要填写的内容多少合理调整行高和列宽，预留出合适的位置。

美化表格：为表格设置合适的边框，明确区分单元格界限，再根据单元格是否需要填写内容，为单元格设置合适的底纹予以区别。

◇ 具体步骤

如需要收集或展示大量的信息和数据，此时表格的结构就会相对比较复杂，设计表格时我们可按照信息的类别，从大到小划分单元格，使表格信息更清晰，表格制作更容易。本例将以应聘登记表为例，重点讲解表格的拆分、合并、美化等功能。

3.3.1 创建规则表格框架

要制作复杂的表格，可以先对其简化，制作出大体的表格框架，再进行细致处理。本例先为页面设置合适的格式，然后通过插入表格的方法制作表格的大致框架，具体操作步骤如下。

使用“插入表格”对话框创建表格

在“表格”下拉菜单中，通过拖动鼠标的方法最多可创建一个10列8行的表格，如想一次性创建更多行列的表格，则需要使用“插入表格”对话框。若在“插入表格”对话框中选中了“为新表格记忆此尺寸”复选框，则在下一次使用“插入表格”对话框时，对话框中的最大行列数将默认与本次创建的表格行列数相同。

第1步：新建文档并设置页边距。

❶ 新建一篇空白文档，并以“应聘登记表”为名进行保存；❷ 单击“页面布局”选项卡“页面设置”组中的“页边距”按钮；❸ 在弹出的下拉列表中选择“窄”选项，如下图所示。

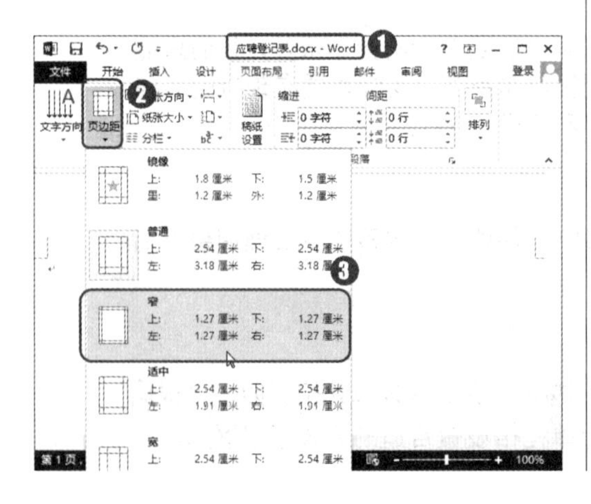

第2步：输入文本。

❶ 在第1行中输入表格标题；设置字体为“楷体”，字号为“二号”，加粗显示并居中对齐；❷ 在第2行中输入下图所示的文本；❸ 设置字体为“宋体”，字号为“小五”，加粗显示并居中对齐。

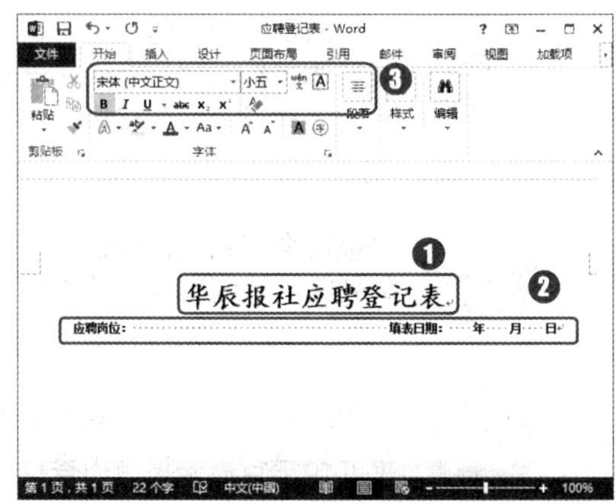

第3步：插入表格。

❶ 将文本插入点定位在下一行中；❷ 单击“插入”选项卡“表格”组中的“表格”按钮；❸ 在弹出的下拉菜单中选择“插入表格”命令；❹ 在打开对话框的“表格尺寸”栏中设置列数为“7”，行数为“20”；❺ 选中“根据窗口调整表格”单选按钮；❻ 单击“确定”按钮，如下图所示。

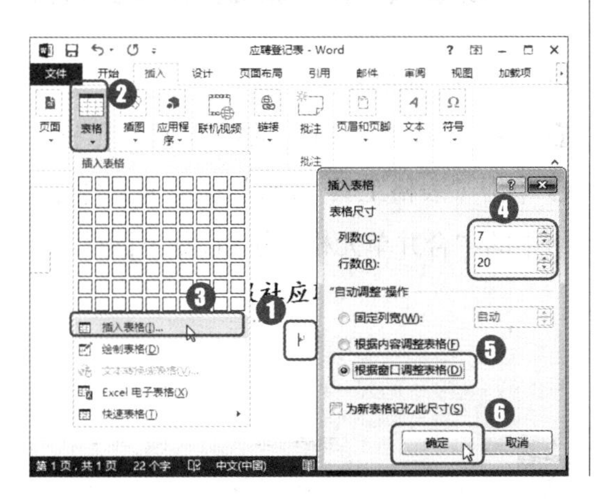

第4步：输入表格内容。

经过上步操作后，即可插入对应行列数的表格。在表格中输入了解应聘者基本信息的文本，如下图所示。

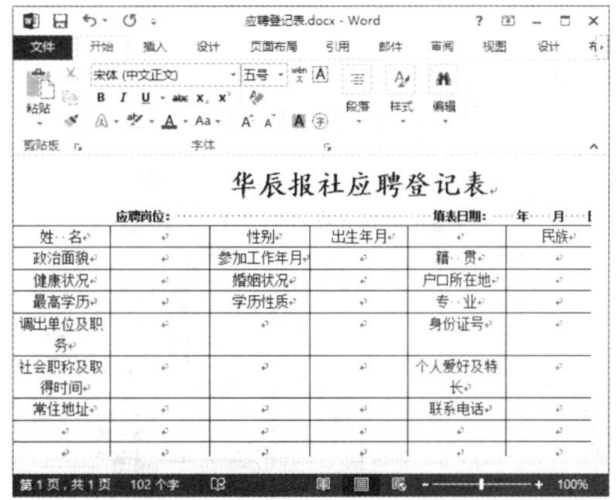

知识拓展 插入表格参数设置

在“插入表格”对话框中选中“固定列宽”单选按钮，可让每个单元格保持当前尺寸，除非用户改变其尺寸；选中“根据内容调整表格”单选按钮，表格中的每个单元格将根据内容多少自动调整高度和宽度；选中“根据窗口调整表格”单选按钮，表格尺寸将根据 Word 页面的大小自动改变其大小。

3.3.2 编辑单元格

接下来对单元格进行合并和拆分操作，最终制作好表格，再根据要填写的内容调整单元格的大小，具体操作步骤如下。

第1步：拆分单元格。

❶ 将文本插入点定位在第 1 行中的“性别”单元格中；❷ 单击“表格工具 布局”选项卡“合并”组中的“拆分单元格”按钮；❸ 在打开的对话框中取消选中“拆分前合并单元格”复选框；❹ 在“列数”数值框中输入“2”；❺ 单击“确定”按钮，将该单元格一分为二，如下图所示。

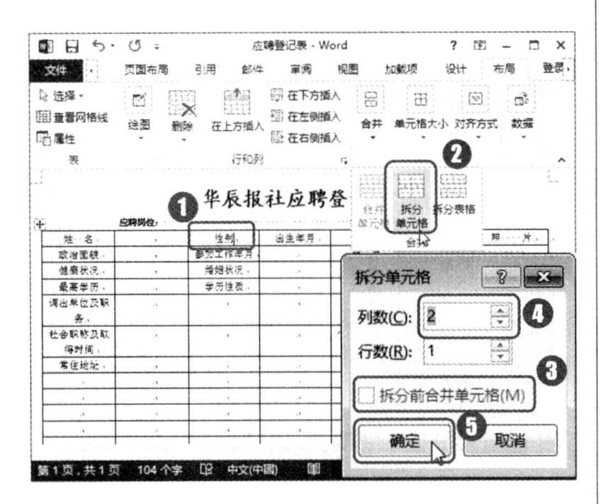

第2步：设置单元格高度。

❶ 使用相同的方法和方式拆分第 1 行中的“民族”单元格；❷ 全选整个表格；❸ 在“表格工具 布局”选项卡“单元格大小”组中的“高度”数值框中指定所有单元格高度为“0.8 厘米”，如下图所示。

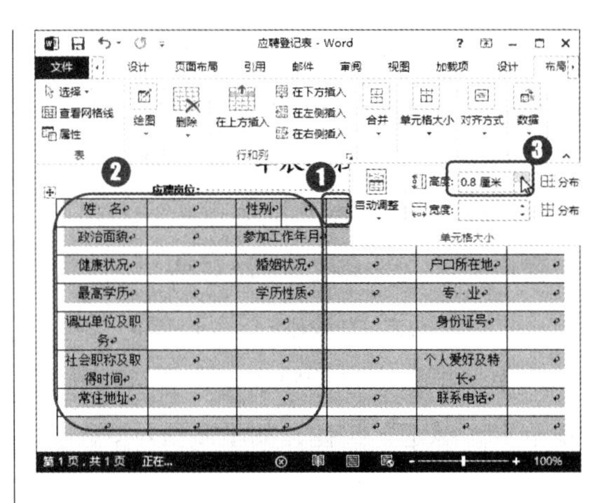

第3步：合并单元格。

❶ 选择最右侧一列中的前 4 个单元格；❷ 单击“表格工具 布局”选项卡“合并”组中的“合并单元格”按钮，如下图所示。

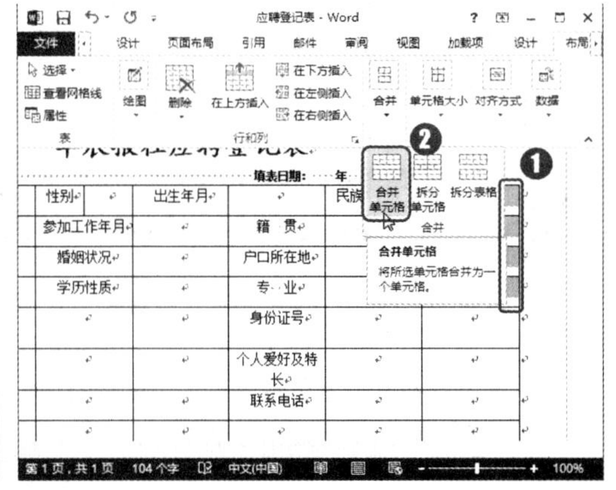

合并和拆分单元格

在应用表格时，常常需要将多个单元格合并为一个单元格，或将一个单元格拆分为多个单元格，以制作出不规则的表格结构。

第4步：设置单元格中的文字方向。

为方便查看，表格中的“照片”文字是垂直排列在单元格中，所以需要修改单元格文字排列方向。❶ 在合并后的单元格中输入“照片”文本，并选中输入的文本；❷ 单击“表格工具 布局”选项卡“对齐方式”组中的“文字方向”按钮，如下图所示。

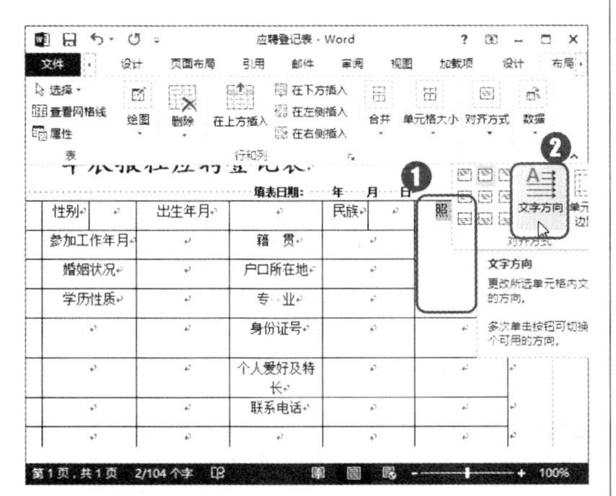

第5步：设置单元格对齐方式。

❶ 全选整个表格；❷ 单击“表格工具 布局”选项卡“对齐方式”组中的“水平居中”按钮，让单元格内容设置为水平和垂直方向都居中对齐，如下图所示。

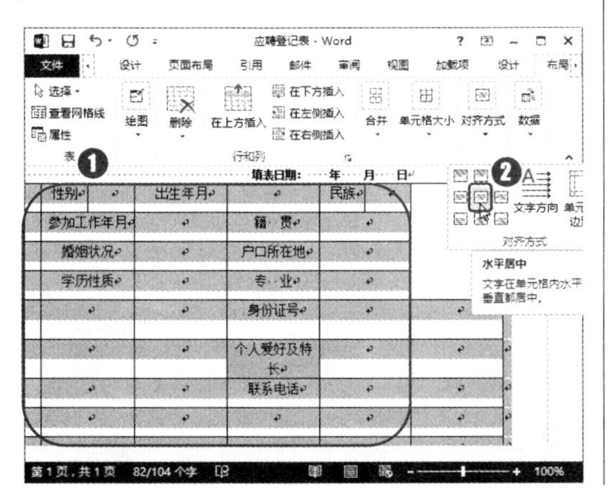

第6步：调整部分单元格列宽。

❶ 选中“调出单位及职务”及下方的两个单元格；❷ 向右侧拖动鼠标调整这三个单元格的列宽，使其内容显示为一行，如下图所示。

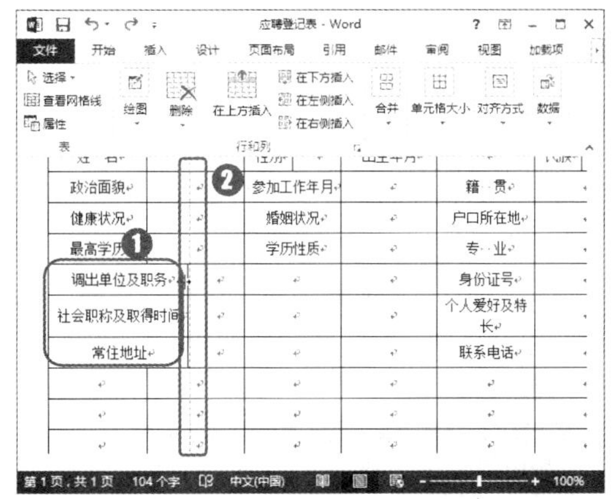

第7步：合并单元格。

❶ 选中“调出单位及职务”右侧的三个单元格；❷ 单击“表格工具 布局”选项卡“合并”组中的“合并单元格”按钮；❸ 使用相同的方法分别合并下方两行中的部分单元格，完成后的效果如下图所示。

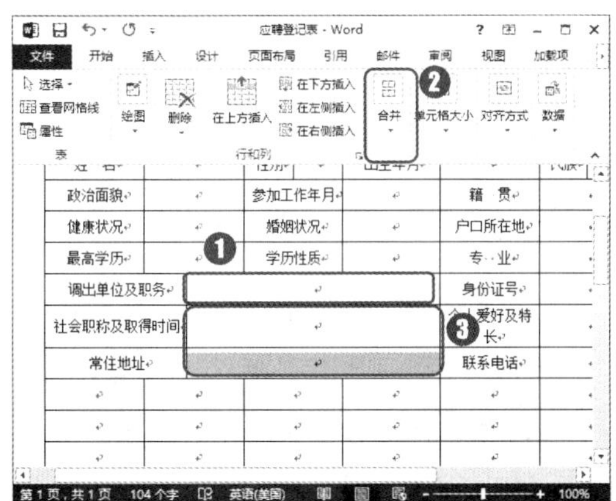

第8步：合并其他单元格。

❶ 用鼠标向右拖动“个人爱好及特长”所在列的整列列宽，使该单元格中的内容显示为一行；❷ 适当调整其他列单元格的列宽，尽量使各列单元格宽度相差不大；❸ 合并“身份证号”单元格右侧的两个单元格；❹ 继续分别合并下方两行中最右侧的两个单元格，完成后的效果如下图所示。

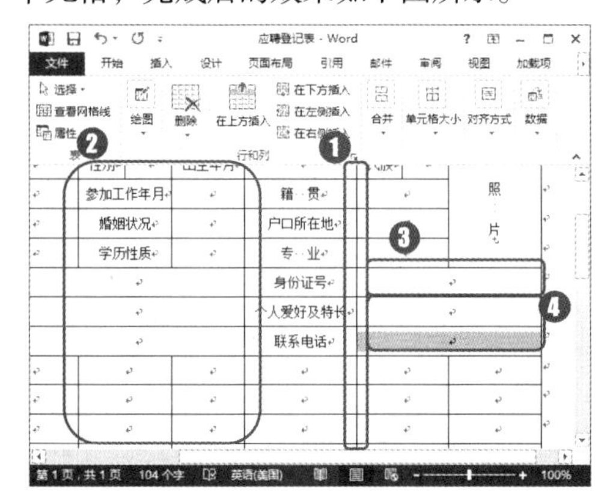

第9步：拆分单元格。

❶ 选择下方除最后一行外的其他还没有输入文字的单元格如下图所示；❷ 单击“表格工具 布局”选项卡“合并”组中的“拆分单元格”按钮；❸ 在打开的对话框中选中“拆分前合并单元格”复选框；❹ 在“列数”数值框中输入“5”；❺ 单击“确定”按钮。本操作会先合并选择的单元格，然后重新拆分为12行5列。

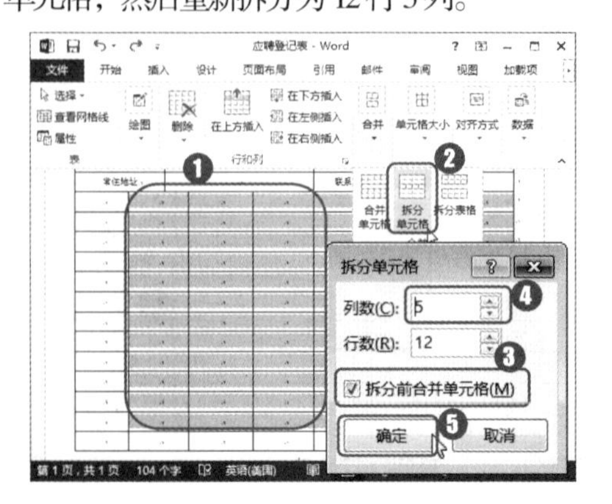

第10步：设置文字方向。

❶ 选择上一步操作行中前6行第1列的单元格；❷ 单击“表格工具 布局”选项卡“合并”组中的“合并单元格”按钮；❸ 选中合并后的单元格，单击“表格工具 布局”选项卡“对齐方式”组中的“文字方向”按钮，改变该单元格中文字的方向，如下图所示。

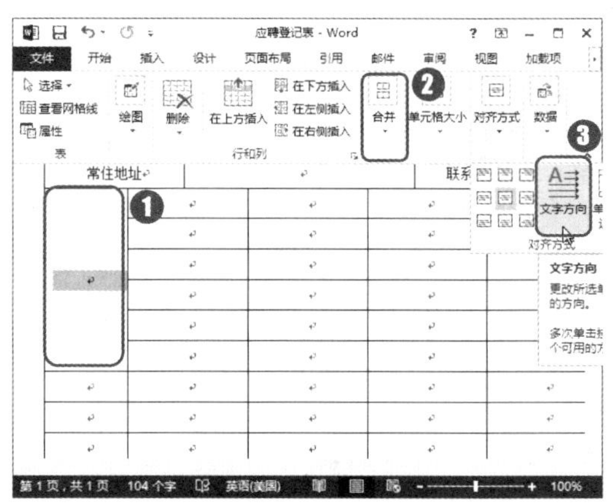

第11步：合并单元格并设置文字方向。

❶ 在刚处理完的单元格区域中的相应单元格中输入文本；❷ 使用相同的方法合并后面6行第1列的单元格，并改变单元格文字的方向；❸ 在后6行的相应单元格中输入文本，完后的效果如下图所示。

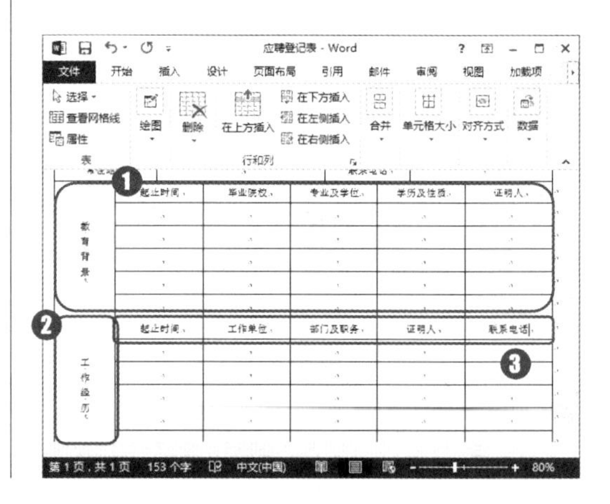

第12步：调整单元格列宽。

❶ 选择合并单元格并改变了文字方向且位于第 1 列的这两个单元格，向左拖动鼠标改变其列宽；❷ 继续使用鼠标拖动的方法改变这 12 行单元格中不同列的列宽，完成后的效果如下图所示。

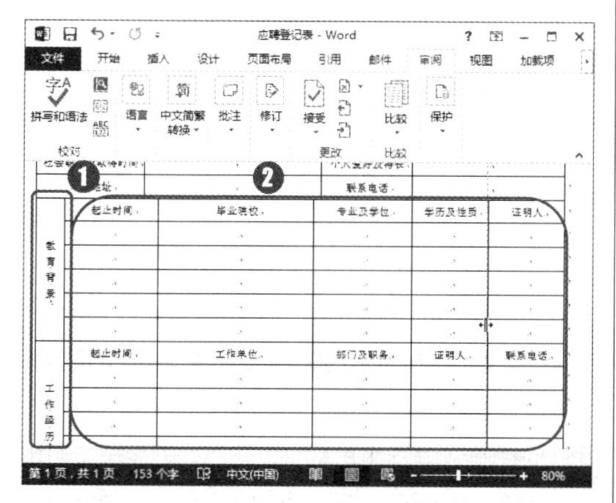

第13步：合并单元格并设置行高。

❶ 在最后一行的第 1 个单元格中输入文本，并拖动鼠标调整该单元格的列宽，使其中的内容显示为一行；❷ 合并最后一行中除第 1 个单元格外的其他单元格；❸ 选择最后一行单元格，在“单元格大小”组中的“高度”数值框中输入“2.8 厘米”，如下图所示。

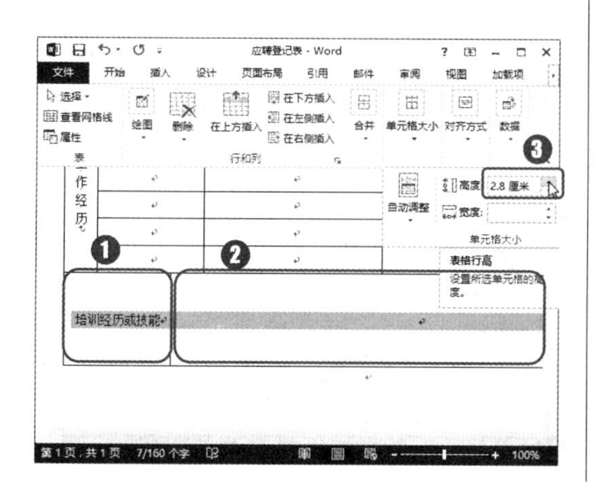

第14步：插入行并拆分单元格。

❶ 将文本插入点定位在最后一行单元格的右外侧，按【Enter】键插入一行单元格，输入相应的文本；❷ 使用相同的方法在表格下方再添加一行单元格；❸ 选中新插入的行，单击“拆分单元格”按钮；❹ 在打开的对话框中取消选中“拆分前合并单元格”复选框；❺ 在“列数”数值框中输入“1”，在“行数”数值框中输入“2”；❻ 单击“确定”按钮，将该行拆分为上下两行，如下图所示。

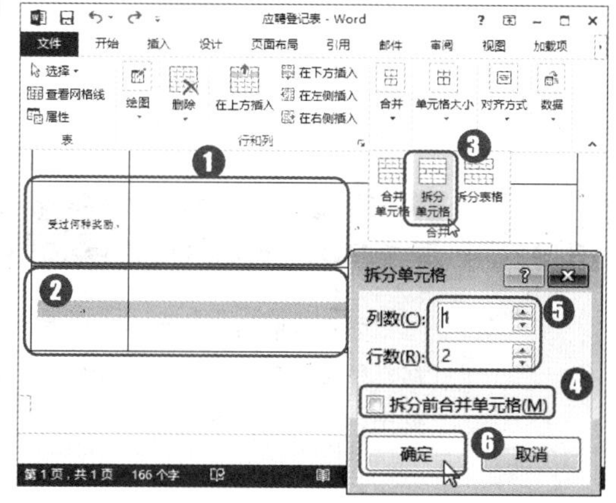

第15步：拆分单元格。

❶ 向上拖动鼠标将拆分后得到的两行中的第 1 行单元格行高变小；❷ 选中这两行中右侧的两个单元格；❸ 单击“表格工具 布局”选项卡“合并”组中的“拆分单元格”按钮；❹ 在打开的对话框中取消选中“拆分前合并单元格”复选框；❺ 在“列数”数值框中输入“3”；❻ 单击“确定”按钮，将这两行所选单元格均拆分为左中右 3 个单元格，如下图所示。

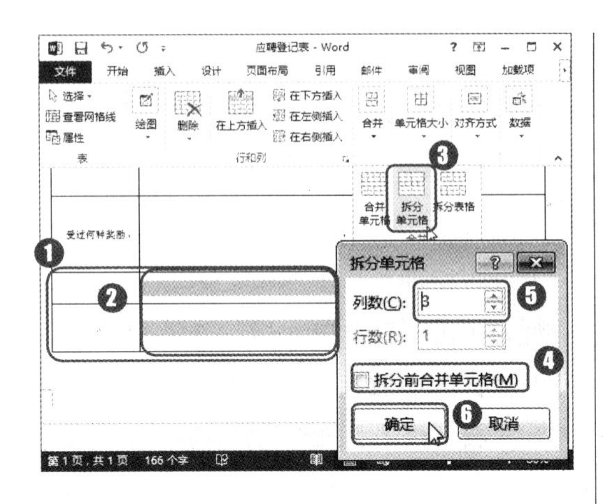

第16步：调整单元格列宽并输入文本。

❶ 拖动鼠标调整这两行单元格中不同列的列宽；❷ 在最后两行单元格中输入如下图所示的文本。

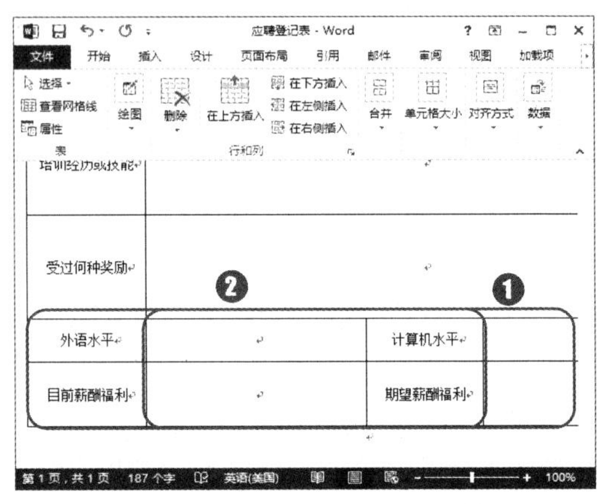

编辑单元格中的内容

在表格中编辑的文字内容与在表格之外编辑的文字内容属性一样，可以进行复制、移动、查找、替换、删除，以及设置格式等操作。单元格中不但可以输入文本、数字，还可以插入图片。

3.3.3 设置边框和底纹

创建好表格后，为使其更加美观，可为表格添加各种修饰，如设置表格边框样式，设置单元格底纹样式等，具体操作方法如下。

第1步：单击按钮。

❶ 选中整个表格；❷ 单击“表格工具 设计”选项卡“边框”组右下角的“对话框启动器”按钮，如右图所示。

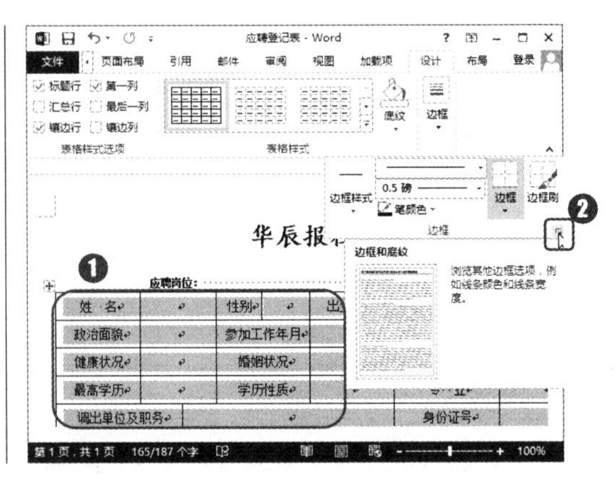

第2步：设置表格外边框。

打开“边框和底纹”对话框，❶ 选择“设置”区域的“自定义”选项；❷ 在“样式”列表框中选择要应用的线形；❸ 在“宽度”下拉列表框中选择边框线条宽度为“3.0 磅”；❹ 单击“预览”栏中表格四周的外边框，将边框样式应用于表格外边框，如下图所示。

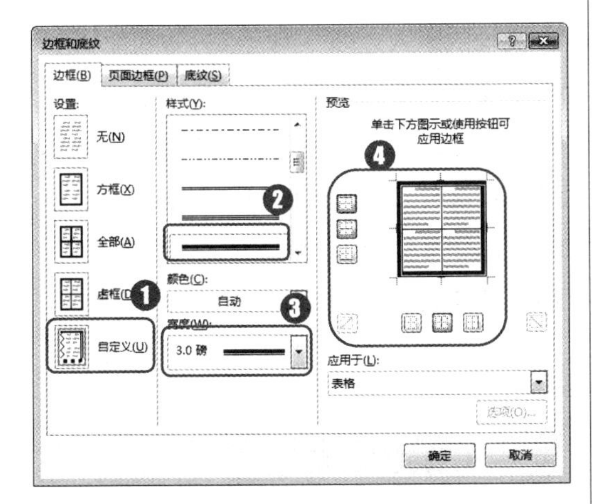

第3步：设置表格内边框。

❶ 在“样式”列表框中选择要应用的线形；❷ 在“宽度”下拉列表框中选择边框线条宽度为“0.75 磅”；❸ 单击“预览”栏中表格中间的两条边框，将边框样式应用于表格内边框；❹ 单击“确定”按钮，如下图所示。

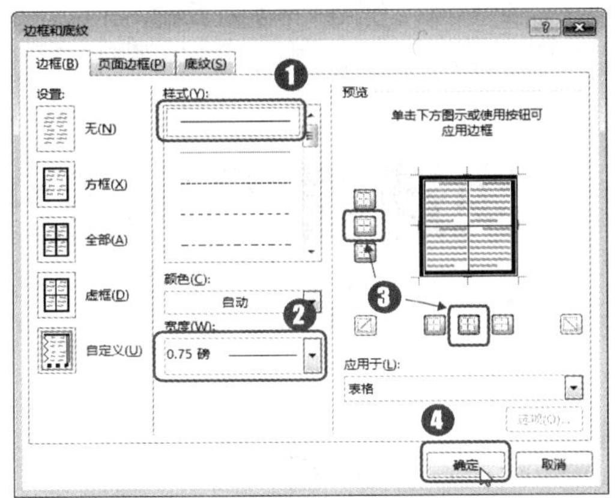

第4步：设置表格底纹。

❶ 选择表格中输入了文字的所有单元格；❷ 单击“表格工具 设计”选项卡“表格样式”组中的“底纹”按钮；❸ 在弹出的下拉菜单中选择需要的底纹颜色，如下图所示。

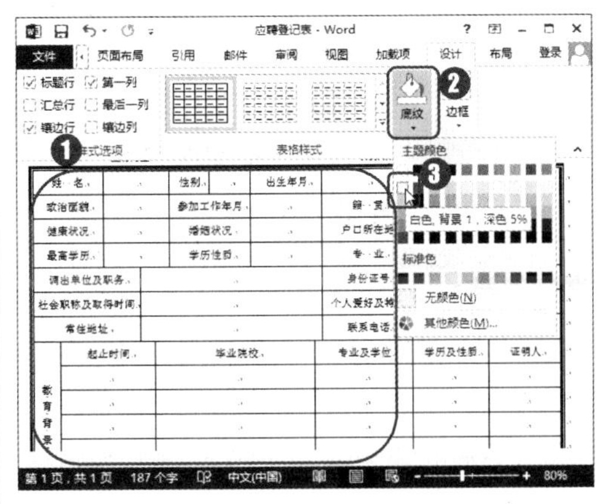

3.4 本章小结

表格是展示数据最好的方式，也是高级排版的一种重要方式。本章学习的第 1 个重点在于 Word 中表格的各种操作，主要可以通过本章讲解的 3 种方法制作出表格框架，然后对单元格进行合并、拆分、插入与删除等操作，再输入文本内容，最后修饰表格，以后多实际操作就可以熟能生巧了；本章的另一个重点则在于表格的设计方式，只有设计合理的表格才能真正使数据或信息展示得更清晰美观。

第4章

快速提升办公效率——Word 样式与模板的应用

本章导读：

我们日常运用 Word 工作时，除了文档的录入之外，绝大部分时间都花在文档的修饰上，样式正是专门为提高文档的修饰效率而提出的。另外，因为日常办公应用中的许多文档的格式都是统一的，可以将这些格式设置为样式，以后要运用这组格式时直接调用该样式便大大缩短了制作的时间。另外，我们还可以将经常用到的文档制作为文档模板，在编写新文档时可以非常方便地调用其中的文本和相应的样式。本章就来为读者介绍样式和模板的制作及其应用。

知识要点：

- ★ 样式的定义
- ★ 样式的应用
- ★ 设置文档段落级别
- ★ 创建模板文件
- ★ 设置文件属性
- ★ 保护文档

案例效果：

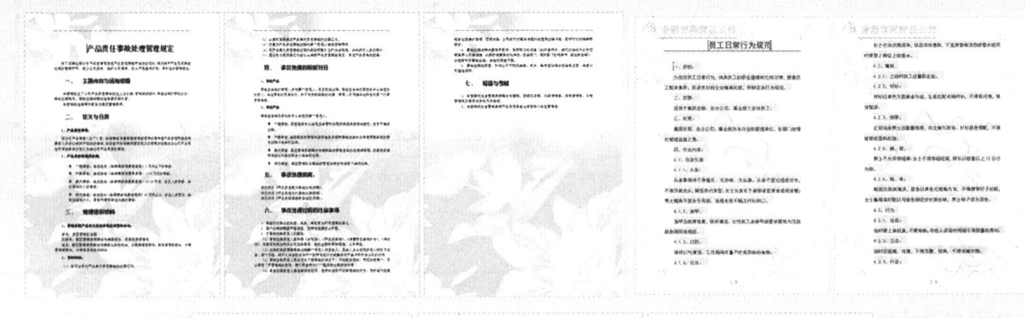

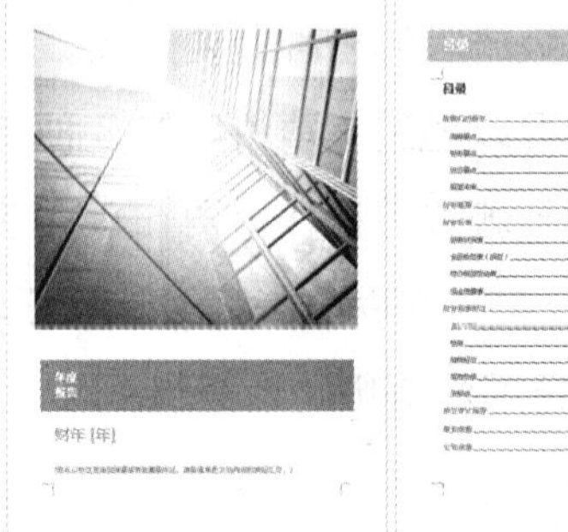

说起样式和模板，可能一些长期使用 Word 编辑文档的用户也不知道它们是干什么的，更不知道怎么使用了。下面，就带你来揭开它们的神秘面纱。

要点01 何谓样式

你是否有过这样的困扰：一份文档内容很多，需要点缀的地方也很多，重点的文字需要加粗或加下划线、数字需要加颜色，涉及操作步骤的还要添加编号等，甚至这些样式还要叠加起来。如果你需要给多处文字添加同样的样式，一遍又一遍地设置是不是很繁琐？当你学会使用“样式”功能后，再复杂的样式，都可以一键搞定！

所谓样式，就是用以呈现某种“特定身份的文字”的一组格式（包括字体、字号、字间距、行间距、段间距、颜色、特殊效果、对齐方式、缩进位置等）。

文档中特定身份的文字（例如正文、页眉、大标题、小标题、章名、程序代码、图、表、脚注、目录、索引等）必然需要特定的呈现风格，并在整份文档中一以贯之。Word 允许用户将这样的设置储存起来并赋予一个特定的名称，将来即可快速套用于文字身上。由此可见，样式主要用于提高文档的编辑效率，使文档中的文字具有统一的设置。

根据样式作用对象的不同，样式可分为段落样式、字符样式、链接段落和字符样式、表格样式、列表样式 5 种类型。其中，段落样式和字符样式使用非常频繁。前者作用于被选择的整个段落，后者只作用于被选择的文字（文本字符）本身。

单击“开始”选项卡“样式”组右下角的“对话框启动器”按钮，打开“样式”任务窗格，如左下图所示。单击左下侧的“新建样式”按钮，在打开的“根据格式设置创建新样式”对话框中可以查看到样式的 5 种类型，如右图所示。

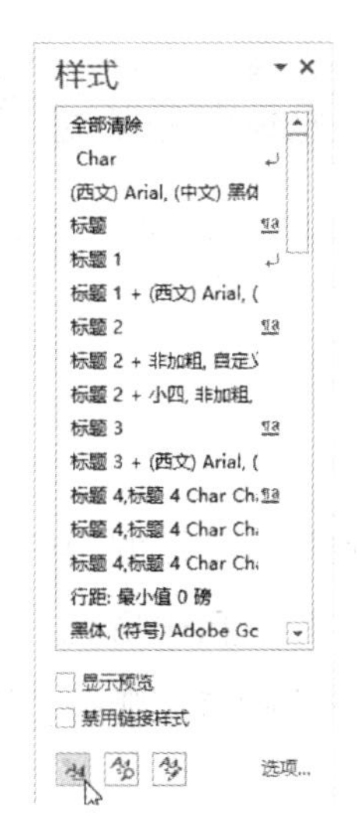

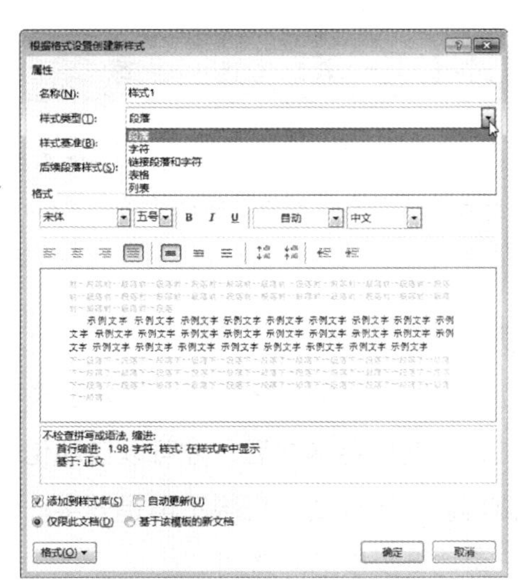

要点02 样式在排版中的作用

很多人认为 Word 的默认样式太简陋，也不及格式刷用起来方便，所以更习惯于使用格式刷来批量设置文本格式。其实，这都是由于大家对 Word 样式的功能了解不深所致。

样式是一切 Word 排版动作的基础，也是整个排版工作的灵魂，在长篇文档的排版工作中显得尤为重要。少了样式不称其为排版，下面就具体说说样式在排版中的作用。

（1）系统化管理页面元素

文档中的内容除了文字就是图、表、脚注等，通过样式我们得以系统化地对整份文档中的所有可见页面元素加以归类命名，例如章名、大标题、小标题、正文、图、表、脚注等。事实上，Word 提供的内建样式中已经代表了部分页面元素的样式。

（2）快速同步同级标题的格式

样式就是各种页面元素的形貌设置。使用样式可以帮助用户确保同一种内容格式编排的一致性，从而减少许多重复的操作。可见的页面元素都应该以适当的样式加以驾驭和管理，而不要逐一进行底层调整。

（3）修改样式非常方便

使用样式后，日后打算调整整个文档中某种页面元素的形貌时，并不需要重新设置文本格式，只需要修改对应的样式即可快速更新一个文档的设计，在短时间内排出高质量的文档。

修改样式的注意事项

在文档中修改多种样式时，一定要先修改正文样式，因为各级标题样式大多是基于正文格式的，修改正文会同时改变各级标题样式的格式。

（4）实现自动化

Word 提供的每一项自动化功能，例如目录和索引的收集，都根据用户事先规划的样式来完成。只有使用样式后，才可以自动化制作目录并设置目录形貌、自动化制作页眉和页脚等。有了样式，排版不再是一字一句、一行一段的辛苦爬梳，而是大块山水的泼洒，再加上少量细部微调。

要点03 样式命名规则你懂吗

每种样式必须拥有一个专属名称。为样式命名并没有特殊的规定，笔者在使用样式的过程中总结了一些个人经验可以分享给大家。

（1）不要随意修改样式名称

Word 提供的内建样式一般不能满足用户的个性化需求，必须修改其中的设置。每个样式都包含字体、段落、制表位、边框、语言、图文框、编号、快捷键、文字效果等 9 个方面的设置，用户可对不同方面进行修改，最终使样式达到满意的效果。但内建的样式名称具有极其重要的作用，它是 Word 高级排版作业时的依据。

前面所说的 Word 自动化功能便是根据特定的样式名称进行的。例如，Word 可抽取样式名称为标题 1、标题 2、标题 3……的文字内容组成目录，并以目录 1、目录 2、目录 3……样式表现多达 9 层的目录；亦可抽取 XE 域（indeX Entry，索引项）所在页码，做成以索引 1、索引 2……样式为形貌依据表现多达 9 层的索引。

（2）合理改善样式名称

修改样式时我们可以为样式指定一个快捷键，而在为样式命名时便可以把快捷键一并记录上去作为名称的一部分，例如“正文 alt-c”“标题 1alt-1”“标题 2alt-2”等。这样就方便了我们记忆各种样式的快捷键，即使时隔很久再排版下一份文档，也可以快速记忆起各样式对应的快捷键。

用户自定义的样式和 Word 内建的样式会在“样式”任务窗格中以英文字母顺序和中文音序混合排列。为了在“样式”任务窗格中方便地查找需要的样式，建议在所有自定义的样式前加上特定符号用于区分，最好为不同类型的自定义样式添加不同的特殊符号。例如，在自定义的段落样式名称前添加“！”符号；在自定义的字符样式名称前添加“@”符号。

要点04 使用模板快速制作文档

现在大部分的企事业单位都使用 Word 编辑日常办公文件，相比老式的办公方式已经提高了工作效率。但在拥有多个部门的企事业单位中，汇总文件时还是会出现文件风格迥异、混乱不堪的现象，导致汇总工作的工作量非常大。有的员工打印文件无条理性，有的员工喜欢把文本内容修饰得花里胡哨的，缺乏办公文件的庄重之气，如何才能避免这种现象的出现呢？最好的方法就是使用模板。

模板又称为样式库，它是一群样式的集合，并包含各种版面设置参数（如纸张大小、页边距、页眉和页脚位置等）。一旦通过模板开始创建新文档，便载入了模板中的版面设置参数和其中的所有样式设置，用户只需在其中填写具体的内容即可。Word 2013 中提供了多种模板供用户选择，如下图所示。

我们可以将文档模板简单地理解为一个已设置好外观效果仅缺少具体内容的特殊文档，甚至模板中文档已具有大致主题内容。在 Word 中新建文档时，Word 会列出一系列联机的模板供用户选择，如下图所示。

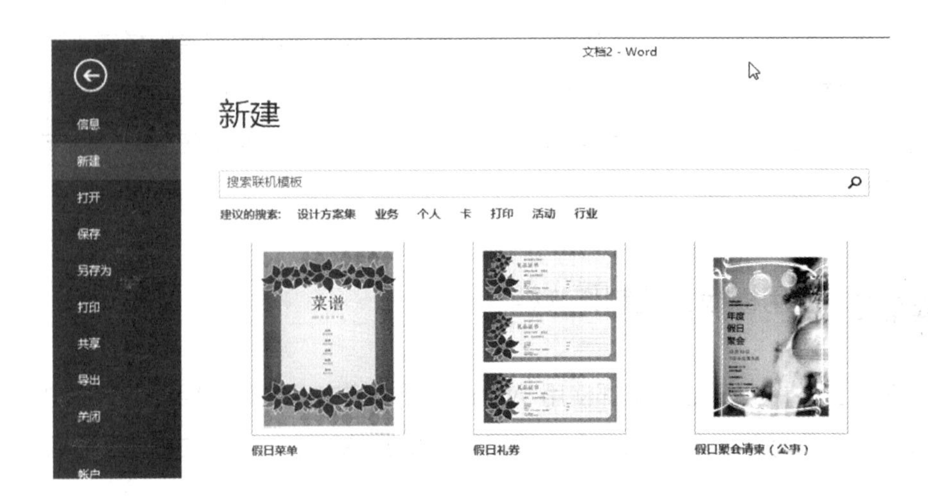

模板的选择也是有一定技巧的，只有根据内容选择合适的模板，才能制作出需要的文档效果。如果没有找到合适的模板文件，也可以自己动手制作一个。有的公司就将内部经常需要处理的文稿都设置成模板，这样员工就可以从公司电脑中调出相应的模板进行加工，从而让整个公司制作的同类型文档格式都是相同的，既方便了查阅者的使用，又节省了时间，有利于提高工作效率。

下面就来介绍一下创建模板的方法，其实很简单。Word 文件除了可以保存为“docx”格式外，还可以保存为许多类型的文件，其中有一种类型为“dotx”，这种文件类型就是 Word 模板文件。也就是说，我们只需要新建并制作需要填写内容和格式的文档，然后将其另存为“.dotx”格式即可。

建立文档模板是为了方便文档编写者在编写文档具体内容时，不需要太过于关注格式。那么，也只有合理地设计文档模板，才能有效提高文档编写者的工作效率，同时起到统一文档格式的作用。

在设计文档模板时，需要考虑文档中可能会应用的内容格式或元素，例如设置好整体文档中各级标题和正文统一的字体样式、段落样式，设置好统一的表格外观效果，可能会应用的图形、图片及修饰等，并提供一些便捷功能，方便文档编写者编写内容。文档模板通常可以应用文档保护功能来保护模板中不允许修改的文字或格式，防止文档编写者因误操作而改变了模板内容。

在制作模板文件时，需要考虑到使用该模板的不同用户在使用模板时可能遇到的一些问题，并尽量让内容更加简洁明了为了让模板更加完善，在制作时还应定义一些合适的样式集合，注意命名的规则、不同段落样式的相互关系、格式的统一性等问题。

使用模板的注意事项

用户在基于模板制作文档时，最好不要将对文档进行的编辑操作保存到 Normal 模板中。如果用户需要安装外部获取的模板，只需将它们保存在 Word 安装时默认路径下的模板文件夹“Templates”中即可。

要点05 Word用于辅助写作的那些功能

Word 为我们提供了一些辅助写作的功能，充分利用这些功能，可以大大提高办公效率。我们分别从以下几个方面介绍。

1. 巧用繁简转换功能

汉字从甲骨文、金文变为篆书，再变为隶书、楷书，其总趋势就是从繁到简。目前，简体字的使用已经成为汉字使用的主流，但是在生活中依然会使用繁体字，如街头招牌、标志牌、广告、影视字幕等。

如果文档中的内容需要使用繁体字，可以使用繁体字输入法输入。如果电脑中没有安装繁体字输入法或不会使用繁体字输入法也没有关系，Word 中提供了非常好用的中文简繁转换功能，它可以将文字进行简繁转换。首先选择要转换为繁体文字的所有文本内容，然后单击“审阅”选项卡“中文简繁转换”组中的“简转繁”按钮繁即可。

2. 使用题注功能

有些文档（尤其是大型文档）中为了方便读者的查找和阅读，一般需要在图片、表格、图表、公式等项目的下方添加名称和编号，用以叙述关于该项目的一些重要的信息，如常见的在图片下方显示的“图 1”“樱桃 1”等文字，效果如下图所示。

图1

樱桃1

专业术语称这些编号为“题注”，它实际上是针对图片、表格、公式一类的对象，建立的带有编号的说明段落。题注的内容一般都很简短（题注组成如下图所示），主要用于说明从项目上直接不能看出的内容，例如说明图片与正文的相关之处。

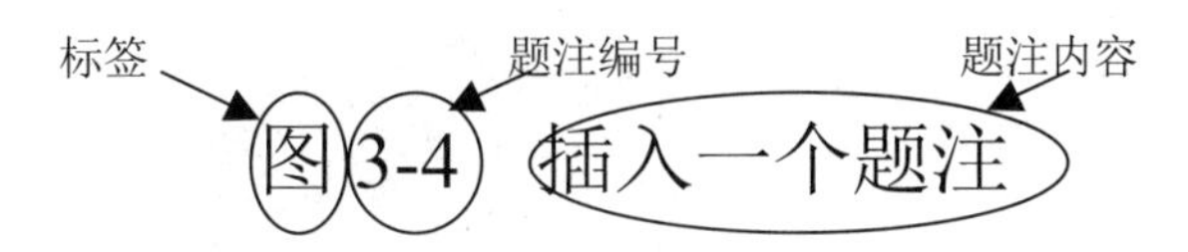

显然，为插入的图片添加题注后，就能让文档内容与图片更好地融合。针对内容不是很多的文档中的题注，我们可以采用手动输入的方式来完成。但若在大型文档中也采用手动方式来完成就会很烦琐了。Word 可以解决这个问题，只要在想要编号的地方通过“插入题注”功能插入一个题注，Word 便会自动化为它们顺序地编号。在移动、插入或删除带题注的项目时，Word 会对它们重新排列并自动更新题注的编号，创作者完全不必担心。

选择需要添加题注的图片等项目，然后单击“引用”选项卡“题注”组中的“插入题注”按钮。在打开的“题注”对话框的“标签”下拉列表框中选择需要的题注类型，然后单击“确定”按钮即可为所选项目添加相应的题注。

Word 内建了图表、表格和公式 3 种标签，如果这三种内建标签不能满足需要，还允许用户通过自定义标签来修改题注的内容，例如“知识秘籍”“我的心得”等。只需在“题注”对话框中单击“自动插入题注”按钮（如左下图），在打开的“自动插入题注”对话框中的“插入时添加题注”列表框中选择自动添加题注的类型，然后单击“新建标签”按钮（如中下图），在打开的“新建标签”对话框中输入需要添加题注的标签即可（如右下图）。

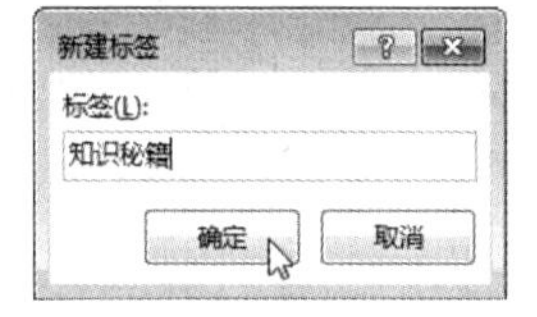

3. 插入脚注和尾注

在使用 Word 编辑文档时，适当地为文档中某些内容添加注释，可以使文档更加专业，也方便用户更好地完成工作。若将这些注释内容添加于页脚处，即称为“脚注”；若添加到文档内容的末尾处，则称为“尾注”，如下图所示。

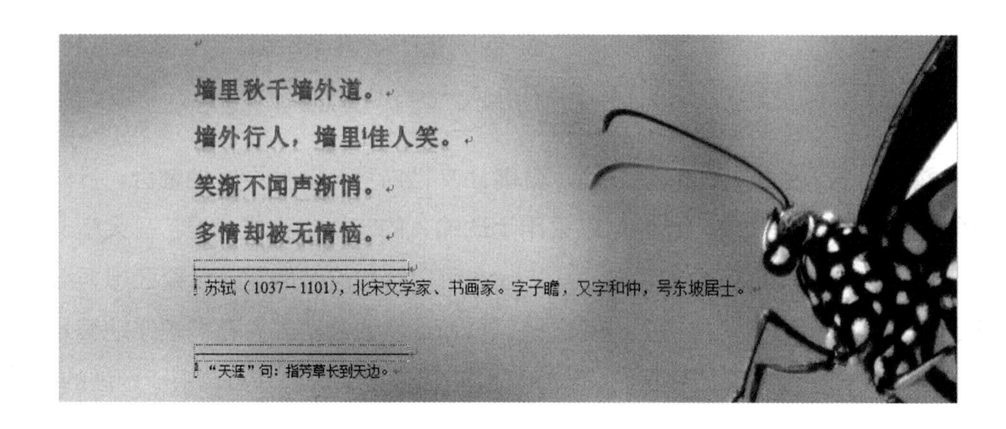

如果手动在文档中添加注释内容，不仅操作麻烦，而且后期修改非常不便。在Word 中使用“插入脚注”和“插入尾注”命令，可以非常容易地在文档中添加脚注或尾注，完成添加注释的功能。而且通过该方法制作注释后，以后用户在浏览文档时，只要鼠标光标移动到脚注标记便可以看到脚注的相关内容。

插入脚注和尾注的方法为：将文本插入点定位于需要加入脚注或尾注的文本后，单击“引用”选项卡“脚注”组中的“插入脚注”或“插入尾注”按钮即可。

4. 交叉引用的功效

大型文档的创作过程是一种不断修改、增删、搬移文字的过程。例如初稿中编写的“请参考图 2-1”或“请参考表 5-3”等内容，在多次文档编辑后被参考点已经发生了变动，这就会为写作带来很大麻烦。

Word 可以解决这个问题，只要使用交叉引用功能配合所有由 Word 编号的东西（多层次样式编号、题注、页码、脚注、尾注、书签）即可快速在它们的位置发生变动时同步修正所有引用点。这样一来，创作者再也不用担心图表的增删，得以专心致志地把全副精力用于创作了。

交叉引用是对 Word 文档中其他位置的内容的引用，例如，可为标题、脚注、书签、题注、编号段落等创建交叉引用。在文档中设置交叉引用，需要单击“引用”选项卡“脚注”组中的“交叉引用”按钮（也可单击“插入”选项卡“链接”组中的“交叉引用”按钮），在打开的“交叉引用”对话框中选择需要引用的内容即可。

5. 超级链接

超级链接，简称“超链接”。它和交叉引用一样，都是文档中“可以快速跳转到另一个定点”的一种工具。只是超链接的功能更强大，它不仅可以引用文档中的页面元素（可以是一段文本或者是一个图片），还可以链接文档外的网址。

超链接功能对即时参照式阅读有很大辅助作用，当浏览者单击已经链接的文字或图片后，链接目标将显示在浏览器上，并且根据目标的类型来打开或运行，与我们熟悉的 WWW 网页上的超链接功能完全相同。超链接功能只存在于电子文档中，不存在于书面文档中。

单击“插入”选项卡“链接”组中的“超链接”按钮，即可为当前选择的页面对象添加超链接功能。

通过前面知识要点的学习，主要让读者认识样式和模板的相关知识与应用。下面，针对日常办公中的相关应用，列举几个典型的文档制作案例，给读者讲解在 Word 中制作和使用样式与模板的思路、方法及具体操作步骤。

4.1 制作事故处理管理规定

◇ 案例概述

企业为了正确处理公司产品在销售后因产品责任事故而造成的危机，理顺关于产品责任事故处理的管理环节，减少公司损失，维护公司信誉，一般需要制订产品责任事故处理管理规定。本实例将对一份内容翔实的初始文档进行加工，完成后的效果如下图所示。

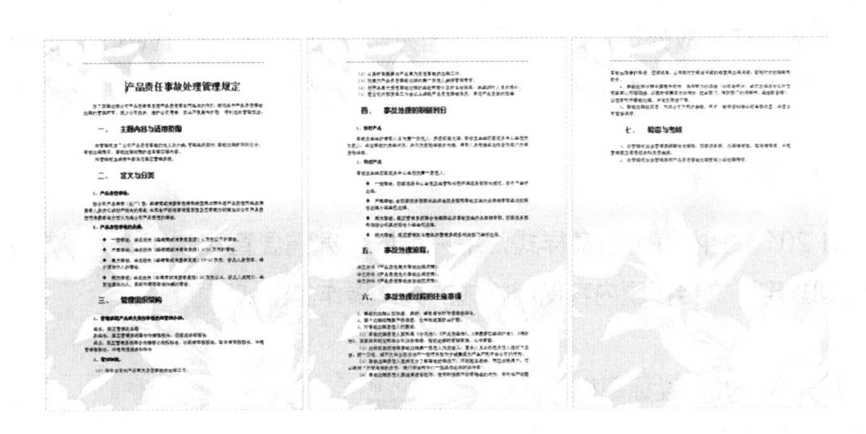
产品责任事故处理管理规定

	素材文件:光盘\素材文件\第4章\案例01\产品责任事故处理管理规定.docx、花纹背景.jpg
	结果文件:光盘\结果文件\第4章\案例01\产品责任事故处理管理规定.docx
	教学文件:光盘\教学文件\第4章\案例01.mp4

◇ 制作思路

在 Word 中为“产品责任事故处理管理规定”文档进行排版设计的流程与思路如下所示。

使用预设的样式美化文档：本例是一个比较常见的正式文档，不需要华丽的修饰，使用 Word 中预定义的标题样式即可。

创建新样式：由于预定义的样式太过常见，要想别出新意，可以稍微修改样式中的某些格式，并将其创建为新的样式，方便后期使用。

修改样式效果：如果对已经存在的样式的显示效果还不满意，则可再进行修改。

编辑页面效果：本例最后通过设置文档的背景效果为文档添加了一个美丽的背景图，瞬间让文档效果更上一层楼。

◇ 具体步骤

日常办公应用中需要处理的文档太多，当我们将文档内容编辑好以后，如果直接提交给上司，可能太过呆板，适当进行修饰或许就能帮您在上司心目中留下好的印象，但逐一进行格式的设置会耗费许多时间。要想在正常工作的 8 小时以内轻松、高效地完成各项工作，方法有很多，而在文档编辑环节我们就可以使用样式来实现。本例将以排版“产品责任事故处理管理规定”文档为例，为读者介绍在 Word 中创建和应用样式的相关操作。

4.1.1 使用样式

Word 2013 中内置了很多样式，用户可以根据需要直接使用。为“产品责任事故处理管理规定”文档标题内容使用样式的具体操作步骤如下。

第1步：打开素材并设置标题样式。

打开素材文件中提供的“产品责任事故处理管理规定”文档，❶ 选择第一行标题内容；❷ 在“开始”选项卡“样式”组中的列表框中选择“标题 1”样式，如右图所示。

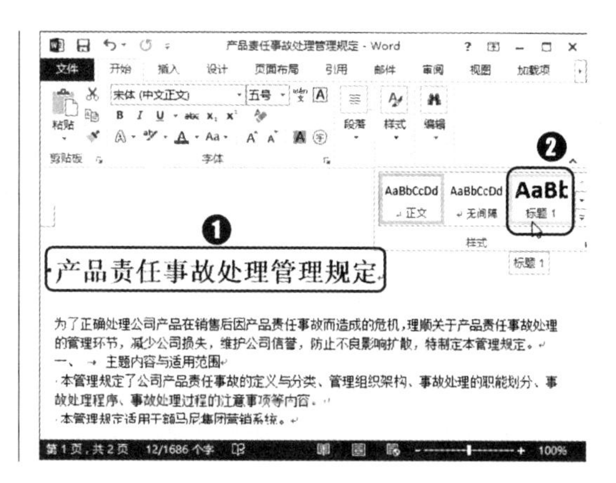

第2步：设置居中对齐。

保持段落的选择状态，单击“段落”组中的“居中”按钮，让段落居中对齐，如右图所示。

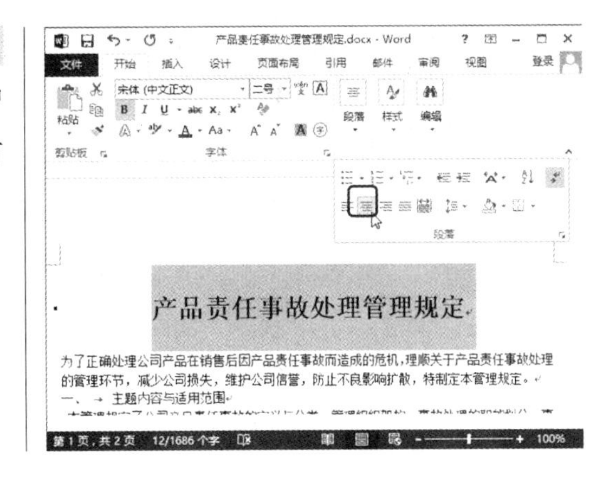

4.1.2 修改样式

对于已经存在的样式，如果不满意其名称或效果，也可以修改。在 Word 2013 中不仅可以修改自定义的样式，也可以修改系统预设的样式，具体操作方法如下。

第1步：选择“修改”命令。

❶ 选择除第一行外的所有段落；❷ 在“开始”选项卡“样式”组中的列表框中选择“正文”样式；❸ 在列表框中“正文”样式上单击鼠标右键，在弹出的下拉菜单中选择“修改”命令，如下图所示。

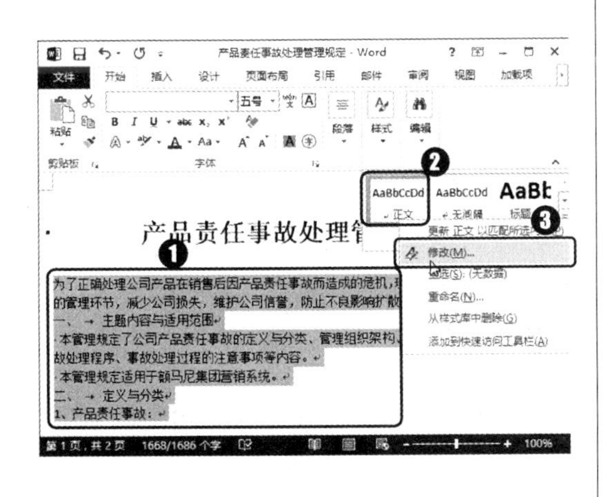

第2步：选择“段落”命令。

打开“修改样式”对话框，❶ 单击“格式”按钮；❷ 在弹出的下拉菜单中选择“段落”命令，如下图所示。

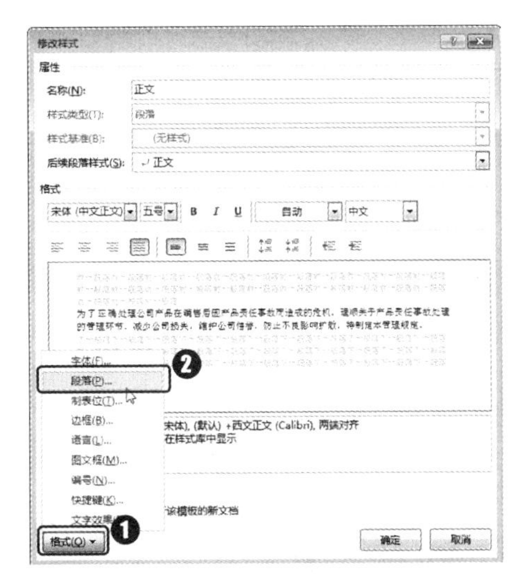

第3步：修改段落样式。

打开“段落”对话框，❶ 在“缩进”栏中设置段落缩进为首行缩进两个字符；❷ 单击“确定”按钮，如下图所示。

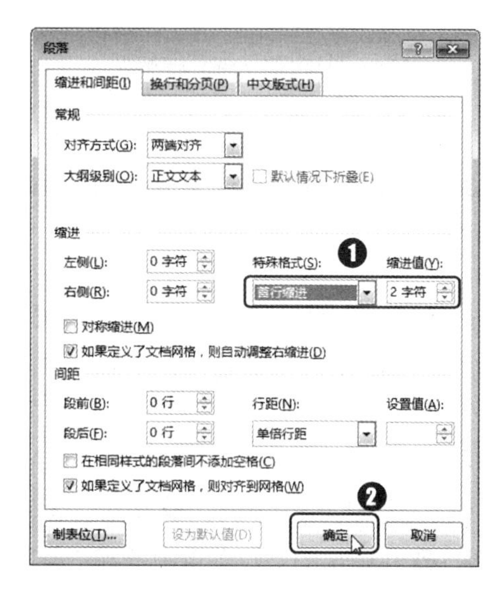

第4步：确定修改样式。

返回“修改样式”对话框中，单击“确定”按钮，如下图所示。

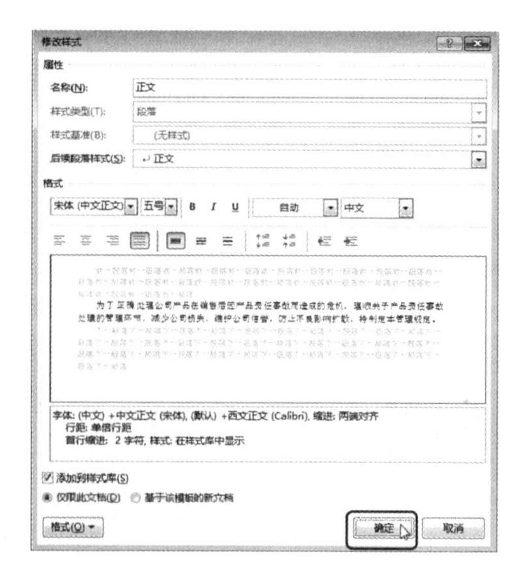

第5步：应用标题2样式。

❶ 在文档中选择如下图所示的文本；❷ 在“开始”选项卡“样式”组中的列表框中选择“标题 2”样式。

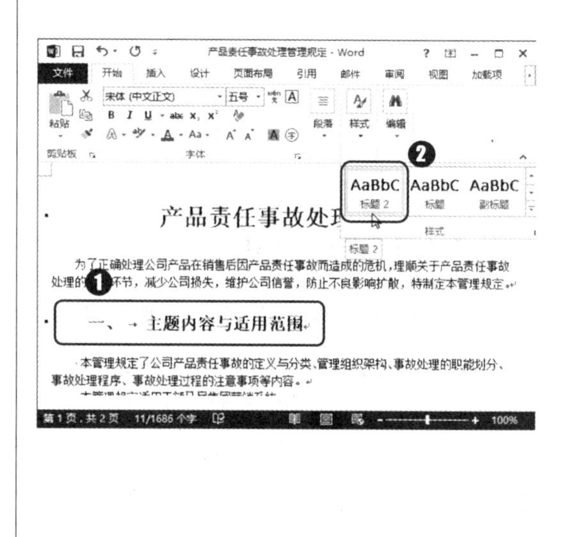

第6步：选择“修改”命令。

❶ 使用相同的方法为其他相应文本应用“标题 2”样式；❷ 在列表框中“标题 2”样式上单击鼠标右键；❸ 在弹出的快捷菜单中选择“修改”命令，如下图所示。

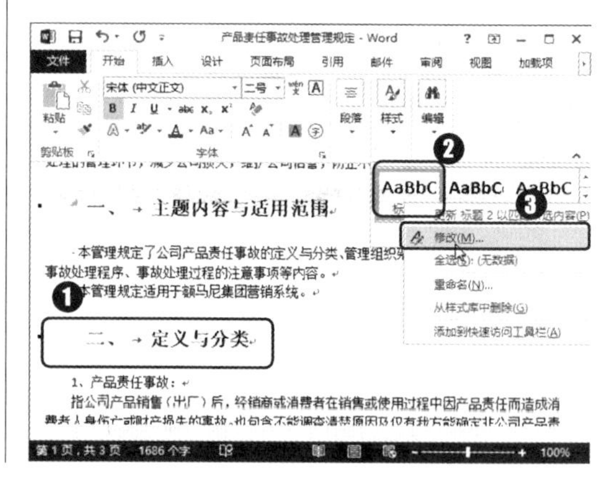

第7步：修改标题2样式。

打开“修改样式”对话框，❶在“格式”栏中的“字体”下拉列表框中选择“方正粗倩简体”选项；❷在“字号”下拉列表框中选择“三号”选项；❸取消选中“加粗”按钮；❹单击“确定”按钮，如下图所示。

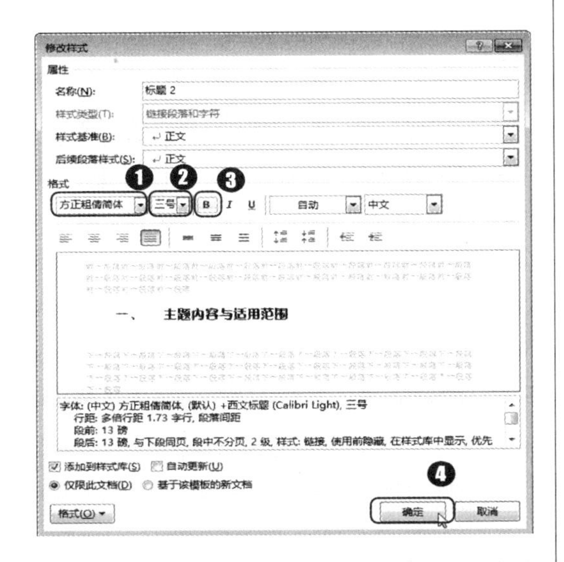

第8步：修改标题3样式。

❶在列表框中“标题 3”样式上单击鼠标右键；❷在弹出的快捷菜单中选择“修改”命令，如下图所示。

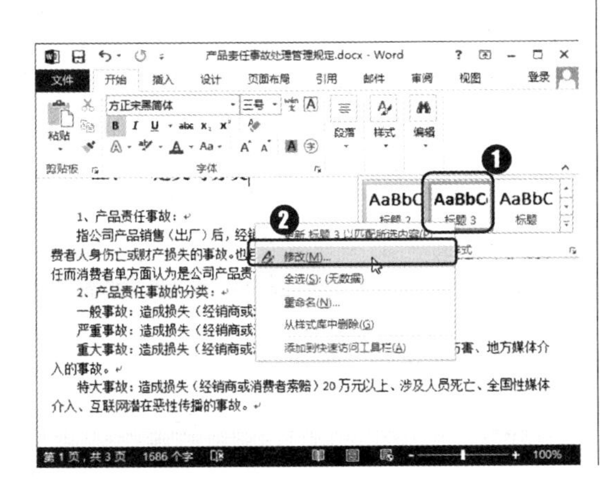

第9步：选择“段落”命令。

打开“修改样式”对话框，❶在“格式”栏中设置字体为“宋体”，字号为“五号”，加粗显示；❷单击“格式”按钮；❸在弹出的下拉菜单中选择“段落”命令，如下图所示。

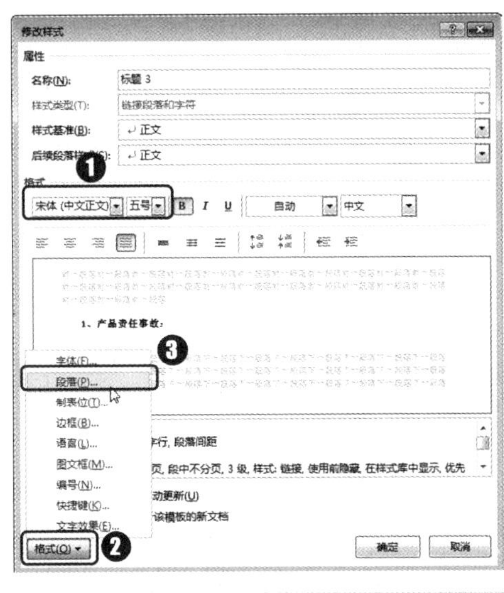

第10步：设置段落间距。

打开“段落”对话框，❶在“间距”栏中设置段前和段后距离均为“4 磅”，行距为“1.5 倍行距”；❷单击“确定”按钮，如下图所示。

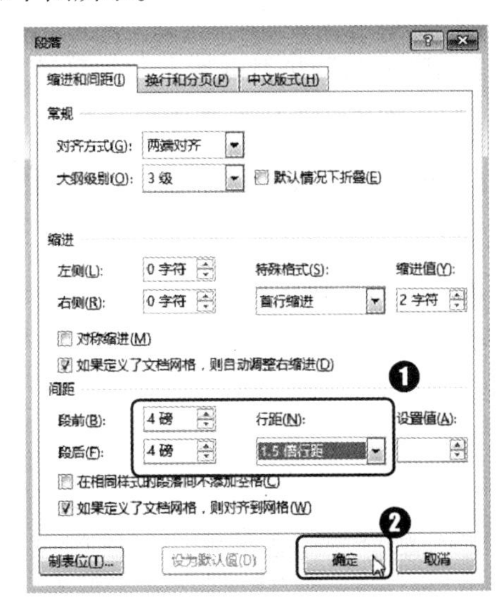

第11步：确定修改样式。

返回“修改样式”对话框中，单击“确定”按钮，如下图所示。

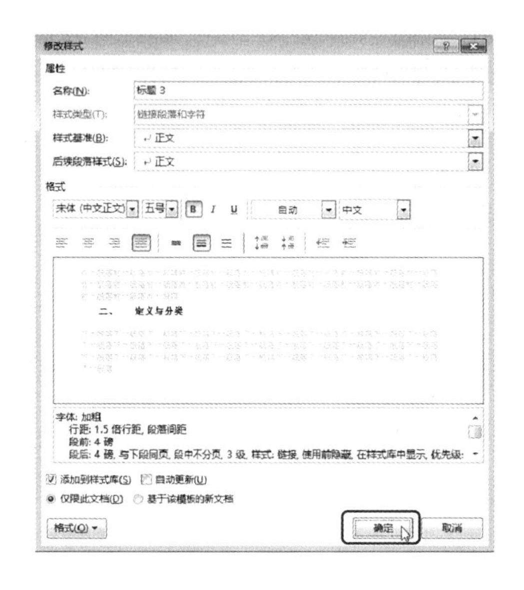

第12步：应用标题3样式。

❶ 在文档中选择相应的内容；❷ 在“开始”选项卡“样式”组中的列表框中选择“标题 3”样式，如下图所示。

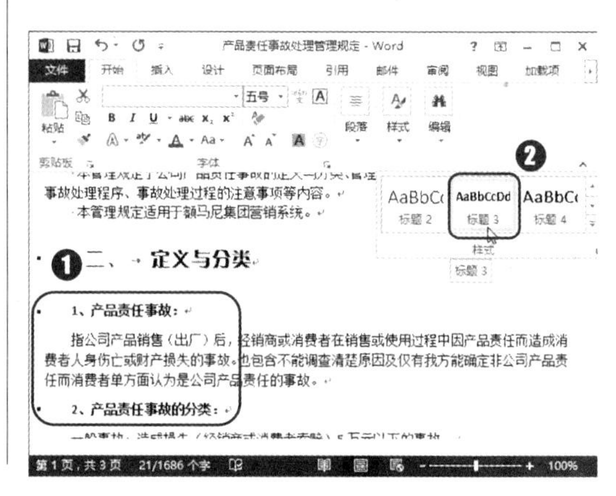

4.1.3 创建样式

如果 Word 2013 中内置的样式不能满足工作需要，用户还可以创建新样式，自行设置需要的样式格式。本例要为项目符号格式创建样式，具体操作步骤如下。

第1步：添加项目符号。

为文档中的某些字符或段落设置样式后，也可以根据这些内容新建样式，方便后期使用。❶ 选择文档中相应的段落；❷ 单击“段落”组中的“项目符号”按钮；❸ 在弹出的下拉菜单中选择需要的项目符号样式，如右图所示。

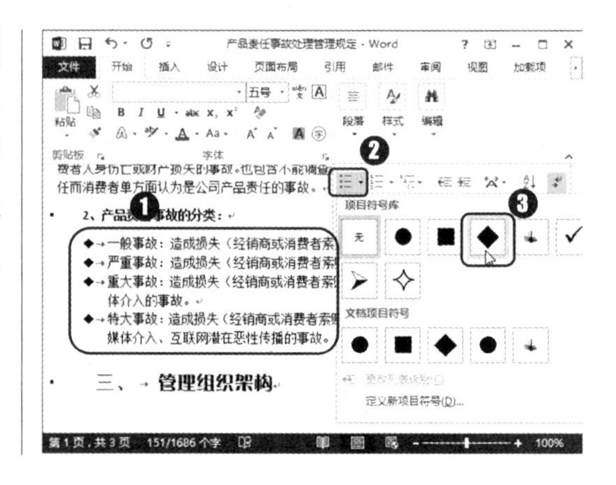

第2步：设置段落样式。

❶ 保持段落的选择状态，打开“段落”对话框；❷ 在“间距”栏中设置段前和段后间距均为“0.5 行”；❸ 设置行距为“单倍行距”；❹ 单击“确定”按钮，如下图所示。

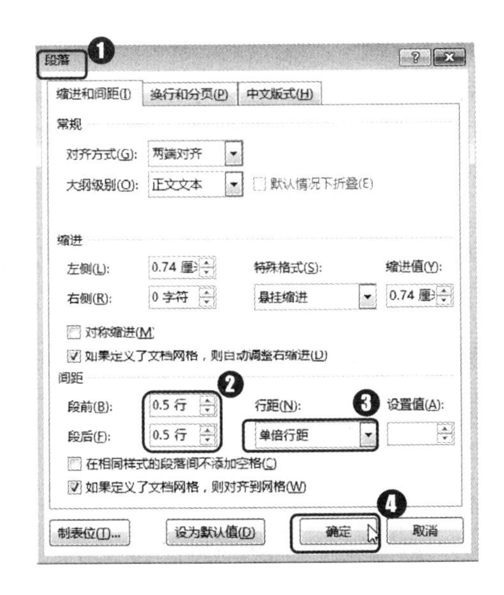

第3步：选择“创建样式”命令。

❶ 保持段落的选择状态；❷ 单击“开始”选项卡“样式”组中的列表框右下角的“其他”按钮，在弹出的下拉菜单中选择“创建样式”命令，如下图所示。

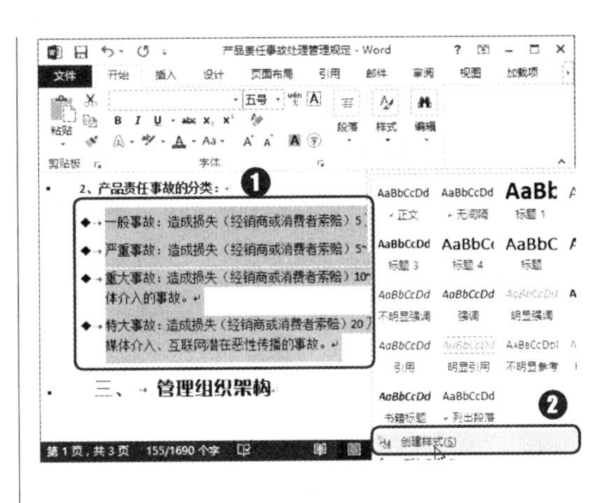

第4步：新建样式。

打开“根据格式设置创建样式”对话框，❶ 在“名称”文本框中输入新建样式的名称；❷ 单击“确定”按钮，即可根据所选段落创建新样式，如下图所示。

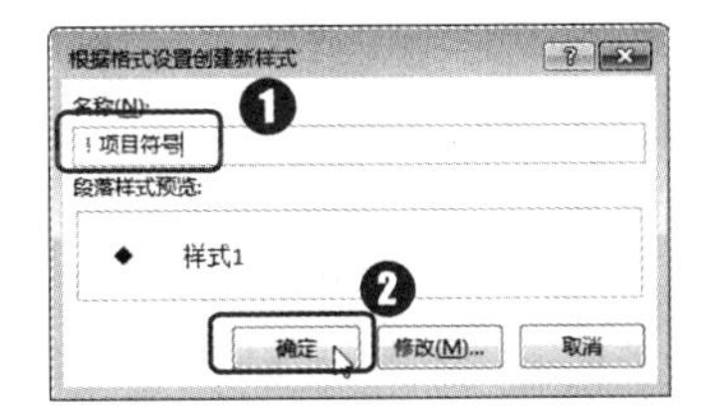

创建新样式的两种方法

本例讲解了创建新样式的两种方法，其中，通过下拉菜单创建快速样式可以将设置了各种字符格式和段落格式的文本直接保存为新的快速样式。接下来要讲的是使用对话框来创建新样式，该方法主要用于在已有的样式基础上创建新样式。使用对话框创建新样式可以为样式进行更加详细的设置。

第5步：应用自定义样式。

❶ 在文档中选择其他需要应用项目符号的段落；❷ 在“开始”选项卡“样式”组中的列表框中选择刚创建的“！项目符号”样式，如右图所示。

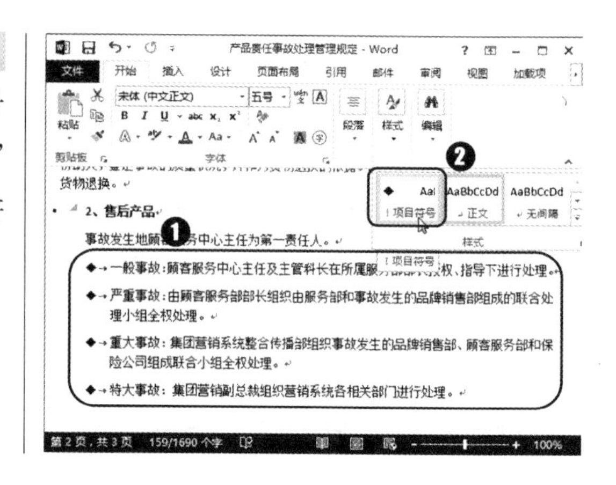

4.1.4 设置文档背景

完成文档内容的格式设置后，本例还需要为文档设置一个精美的背景效果，具体操作方法如下。

第1步：选择“填充效果”命令。

本例还需要为页面添加花纹背景。❶ 单击“设计”选项卡“页面背景”组中的“页面颜色”按钮；❷ 在弹出的下拉菜单中选择“填充效果”命令，如下图所示。

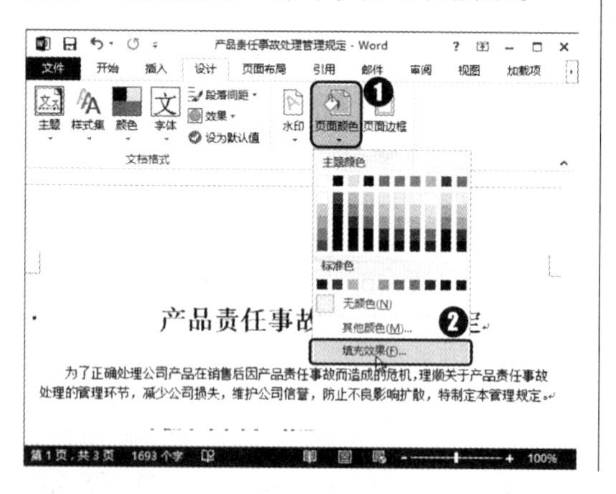

第2步：设置图片填充。

打开“填充效果”对话框，❶ 单击“图片”选项卡；❷ 单击“选择图片”按钮，在打开的对话框中选择需要插入的素材“花纹背景”；❸ 单击“确定”按钮，如下图所示。

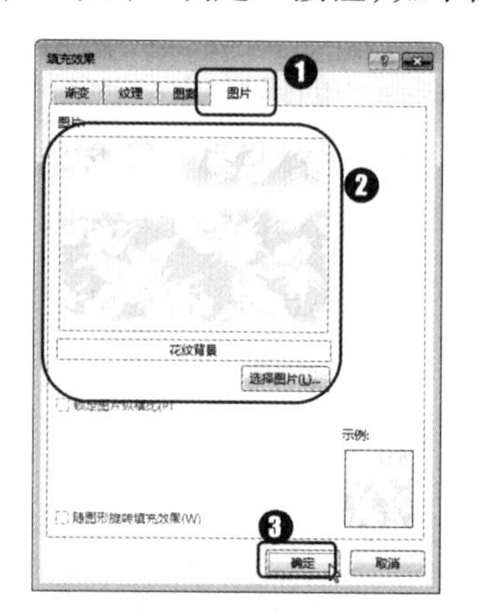

4.2 制作企业内部模板文件

当大量文档需要采用相同格式或者基于相同内容来创建，此时便可以将所有文档公用的部分创建为模板文件，以便于在不同时候重复应用。创建文件模板有利于保持文件风格的一致，还能提高工作效率。本例就将制作一个企业模板文件，并根据模板制作“员工日常行为规范”文档，效果如下图所示。

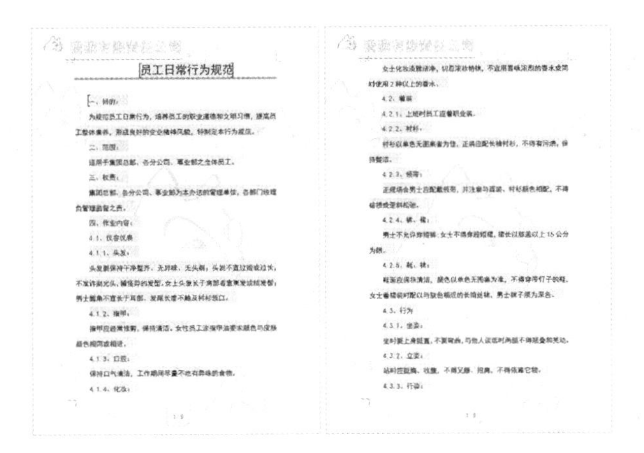
员工日常行为规范

一、目的：

二、范围：

适用于集团总部、各分公司、事业部之全体员工。

三、权责：

四、作业内容：

4.1、仪容仪表

4.1.1、头发：

4.1.2、指甲：

4.1.3、口腔：

保持口气清洁，工作期间尽量不吃有异味的食物。

4.1.4、化妆：

4.2.2、衬衫：

4.2.3、领带：

4.3、行为

4.3.1、坐姿：

4.3.2、立姿：

4.3.3、行姿：

	素材文件:光盘\素材文件\第4章\案例02\员工日常行为规范内容.docx、企业标志.jpg
	结果文件:光盘\结果文件\第4章\案例02\员工日常行为规范.docx、文件模板.dotx
	教学文件:光盘\教学文件\第4章\案例02.mp4

◇ 案例概述

在 Word 中根据模板创建“员工日常行为规范”文档的流程与思路如下所示。

将文档另存为模板文件：要制作模板文件，必须先将我们通常制作的普通文档另存为模板文件。

制作模板内容：在使用 Word 创建模板时，首先需要清楚文档中哪些元素是不需要后期编辑的，哪些元素是后期可以编辑的，然后将那些不需要后期编辑的元素添加到模板办文件中，并设置好相应的样式。

保护模板文件：由于模板文件中的大部分内容是不需要再进行修改的，为防止用户编辑，可以对这些区域设置保护。

应用模板创建文档：创建模板就是为了方便后期的应用，为让读者了解使用模板的方法，本例在最后安排了使用模板创建文档的环节。

◇ 制作思路

企业内部文件通常具有相同的格式，如相同的页眉页脚、相同的背景、相同的修饰、相同的字体格式等，若将这些相同的元素制作在一个模板文件中，以后就可以直接应用该模板创建带有这些元素的文件了。本节将以“员工日常行为规范”文件的制作过程为例，为读者介绍在 Word 中创建企业文件模板和应用模板新建文件的方法。

4.2.1 创建模板文件

要制作企业文件模板，首先需要在 Word 2013 中新建一个模板文件，同时为该文件添加相关的属性以进行说明和备注。下面就来创建“文件模板”模板文件，具体操作步骤如下。

第1步：执行“另存为”命令。

新建一篇空白文档，❶ 单击“文件”选项卡，在弹出的文件菜单中选择“另存为”命令；❷ 在中间“双击”计算机选项，如下图所示。

第2步：另存文件。

打开“另存为”对话框，❶ 选择文件存放路径；❷ 在“文件名”文本框中输入模板名称；❸ 在“保存类型”下拉列表框中选择“Word 模板”选项；❹ 单击“保存”按钮，如下图所示。

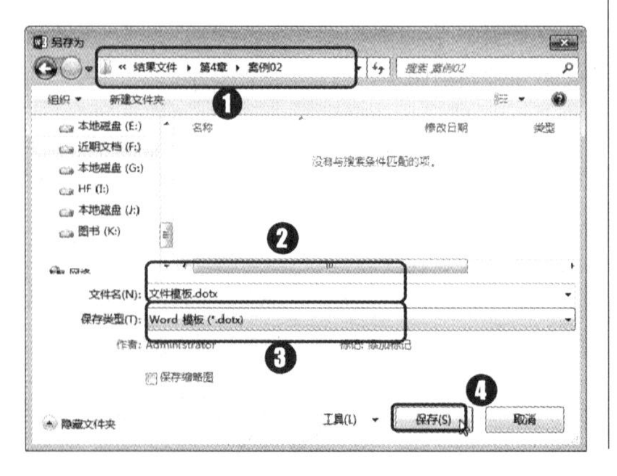

第3步：显示文件属性。

❶ 在“文件”菜单中选择“信息”命令；❷ 单击“显示所有属性”超级链接，如下图所示。

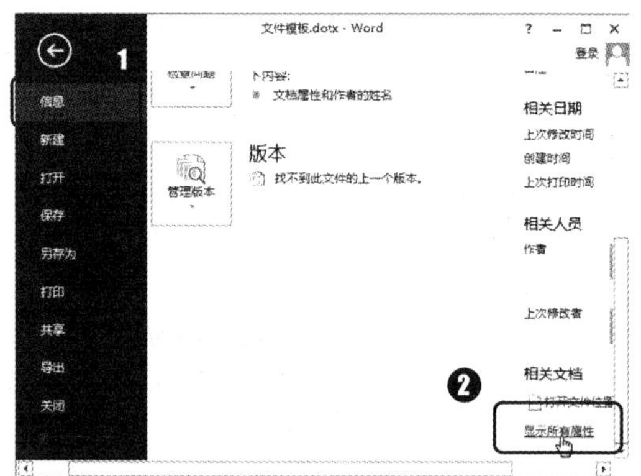

第4步：设置文件属性。

在窗口右侧的“属性”栏中各属性后输入相关的文档属性内容即可，如下图所示。

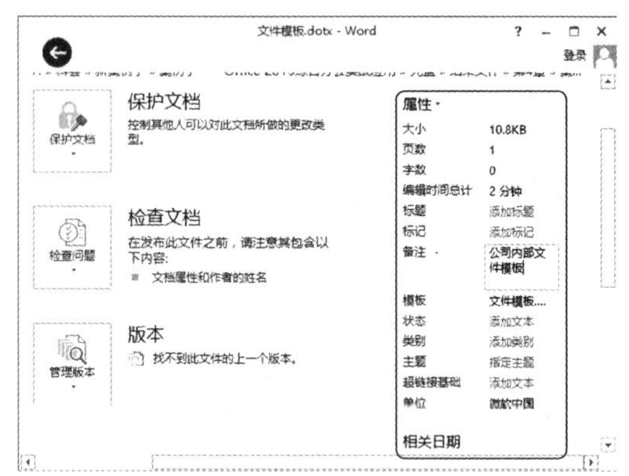

第5步：打开“Word 选项”对话框。

制作文档模板时，常常需要使用到“开发工具”选项卡中的一些文档控件。因此，要在 Word 2013 的功能区中显示出“开发工具”选项卡。在“文件”菜单中选择“选项”命令，如下图所示。

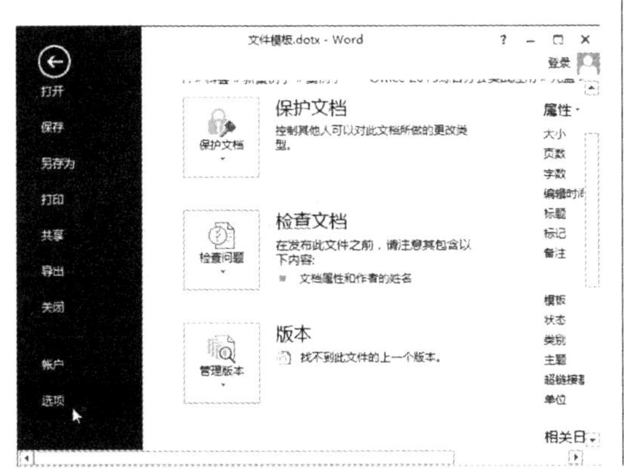

第6步：自定义功能区。

打开“Word 选项”对话框，❶单击“自定义功能区”选项卡；❷在右侧的“自定义功能区”列表框中选中“开发工具”复选框；❸单击“确定”按钮，如下图所示。

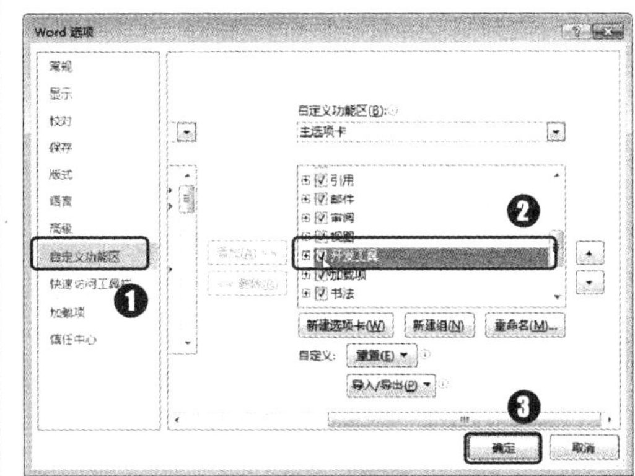

4.2.2 添加模板内容

创建好模板文件后，就可以将需要在模板中显示的内容添加和设置到该文件中，以便今后应用该模板直接创建文件。通常情况下，模板文件中添加的内容应是固定的一些修饰成分，如固定的标题、背景、页面版式等，本例将添加页眉、页脚、背景修饰、格式文本内容控件和日期选择器内容控件等内容到模板文件中。

第1步：进入页眉编辑状态。

❶单击“插入”选项卡“页眉和页脚”组中的“页眉”按钮；❷在弹出的下拉菜单中选择“编辑页眉”命令，如右图所示。

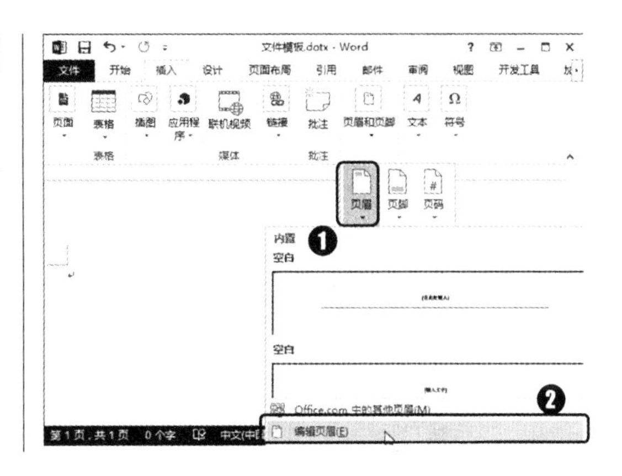

第2步：去除页眉中的横线。

❶ 双击选择页眉区域中的空白段落；❷ 单击“开始”选项卡“段落”组中的“下框线”下拉按钮；❸ 在弹出的下拉菜单中选择“无框线”命令，如下图所示。

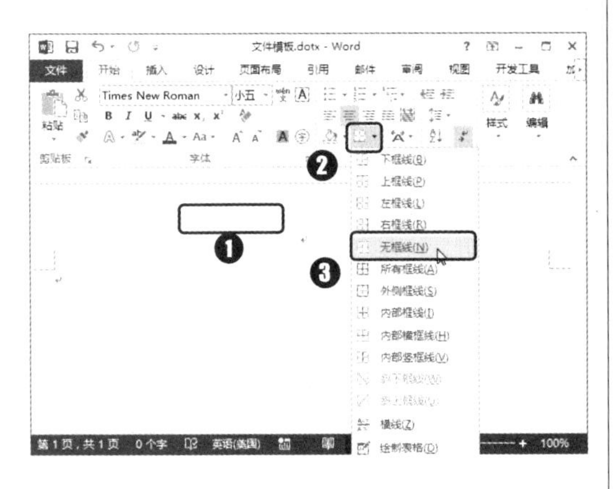

第3步：选择需要绘制的形状。

❶ 单击“插入”选项卡“插图”组中的“形状”按钮；❷ 在弹出的下拉菜单中选择“矩形”样式，如下图所示。

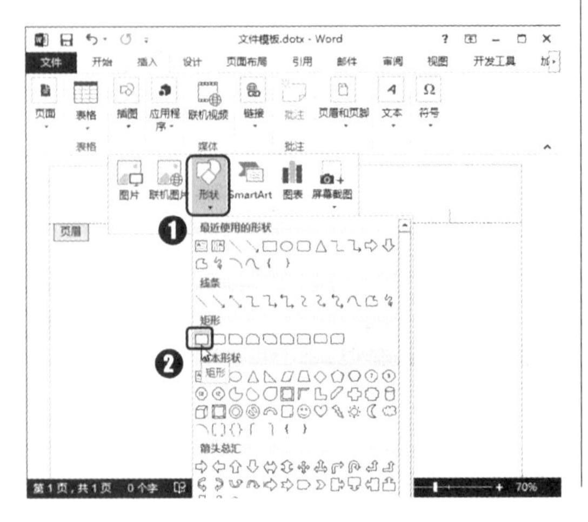

第4步：绘制形状。

❶ 按住鼠标左键不放，在页眉区域中拖动绘制形状大小；❷ 单击“绘图工具 格式”选项卡“插入形状”组中的“编辑形状”按钮；❸ 在弹出的下拉菜单中选择“编辑顶点”命令，如下图所示。

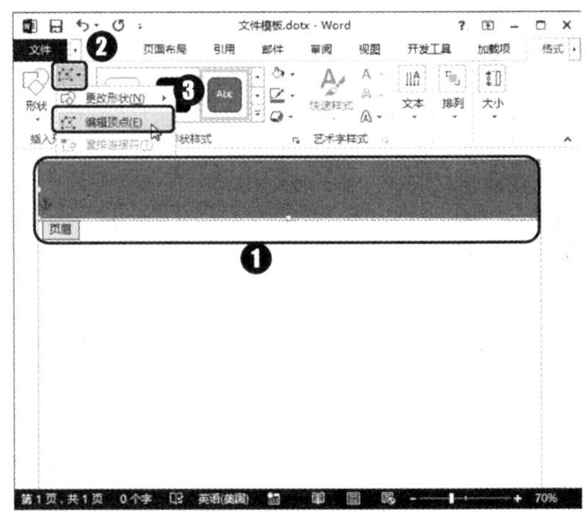

第5步：编辑形状顶点并设置格式。

❶ 拖动鼠标光标调整形状上显示出的节点，直到得到需要的图形效果；❷ 在“绘图工具 格式”选项卡“形状样式”组中设置形状的填充颜色为“绿色，淡色80%”，边框为无，如下图所示。

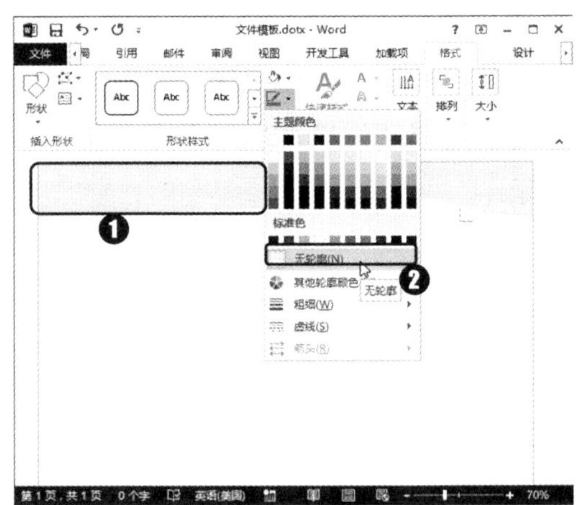

第6步：插入图片。

❶ 单击“页眉和页脚工具 设计”选项卡“插入”组中的“图片”按钮；❷ 在打开的对话框中选择插入素材文件夹中提供的“企业标志”图片，如下图所示。

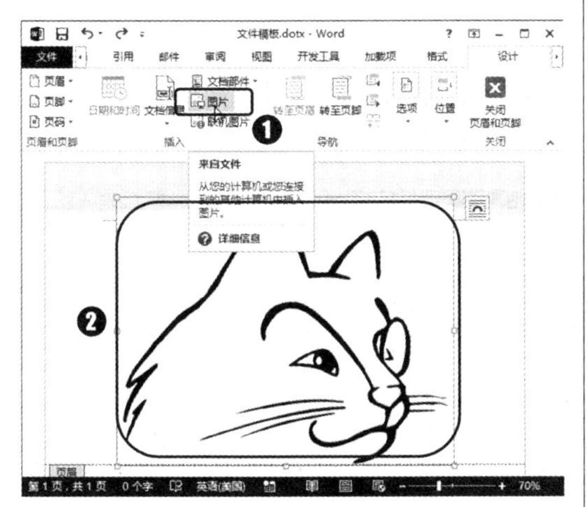

第7步：设置图片位置。

❶ 单击“图片工具 格式”选项卡“排列”组中的“自动换行”按钮；❷ 在弹出的下拉菜单中选择“浮于文字上方”命令；❸ 拖动鼠标光标调整图片的大小和位置，如下图所示。

第8步：执行“设置透明色”命令。

❶ 单击“图片工具 格式”选项卡“调整”组中的“颜色”按钮；❷ 在弹出的下拉菜单中选择“设置透明色”命令，如下图所示。

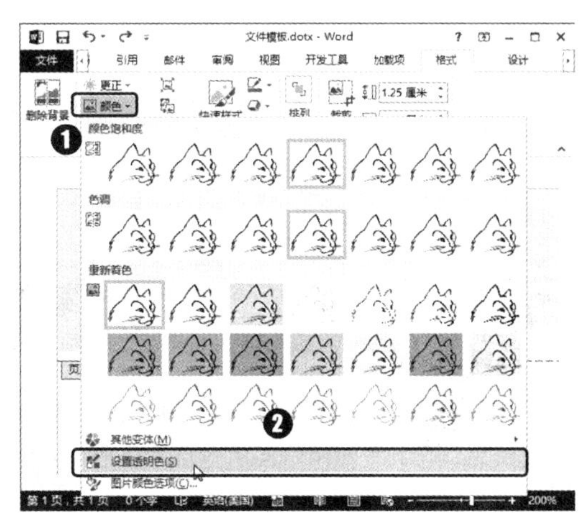

第9步：清除图片背景。

此时，鼠标光标将变为 形状，移动鼠标光标到刚插入图片的白色背景上单击，如下图所示，系统即可拾取所选点的颜色，从而将图片中的所有白色设置为透明色。

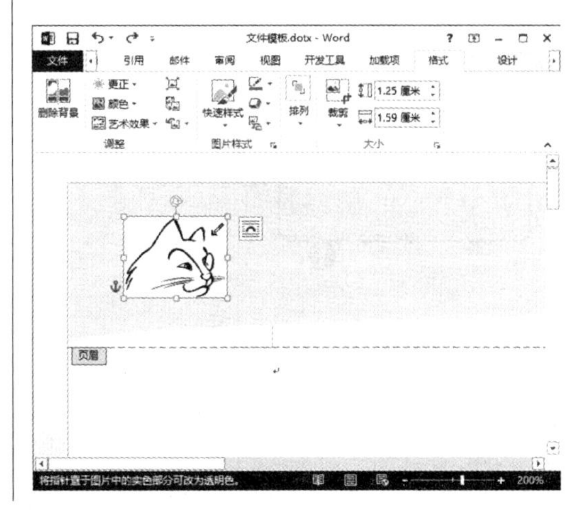

第10步：添加页眉文字。

❶ 单击“插入”选项卡“文本”组中的“艺术字”按钮；❷ 在弹出的下拉列表中选择需要的艺术字样式，如右图所示。

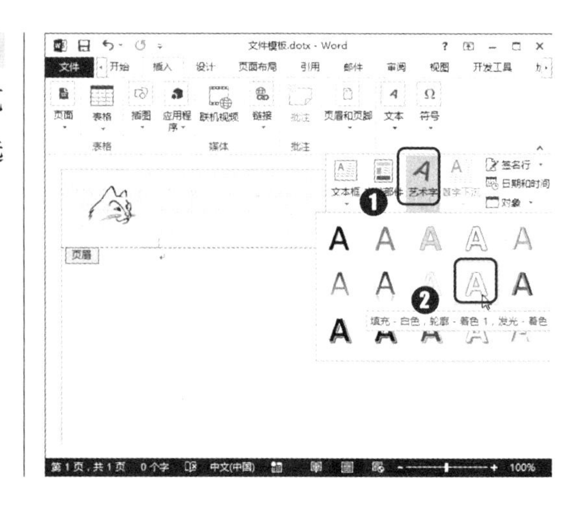

清除图片背景的方法

在 Word 中处理图片背景时，如果图片的背景为纯色填充，就可以使用本例中介绍的方法来设置透明色；如果图片背景较复杂，则应通过“删除背景”功能清除。

第11步：编辑页眉文字。

❶ 在艺术字文本框中输入相应的文字内容，并设置合适的格式，再将其移动到页眉中的合适位置；❷ 单击“页眉和页脚工具 设计”选项卡“导航”组中的“转至页脚”按钮，如下图所示。

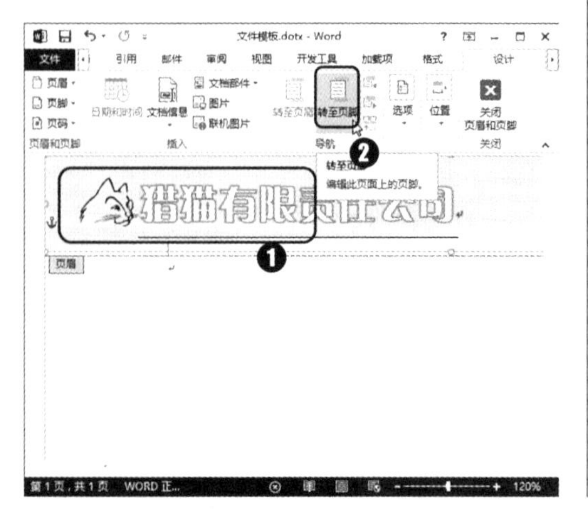

第12步：绘制页脚背景矩形和页码区背景。

❶ 在页脚区域绘制一个矩形形状作为页脚区域，并设置该矩形的位置、大小和形状样式；❷ 再绘制一个折角形作为显示页码的背景，并调整其大小、位置及形状样式至如下图所示的效果，并在折角形上单击鼠标右键；❸ 在弹出的快捷菜单中选择“添加文字”命令。

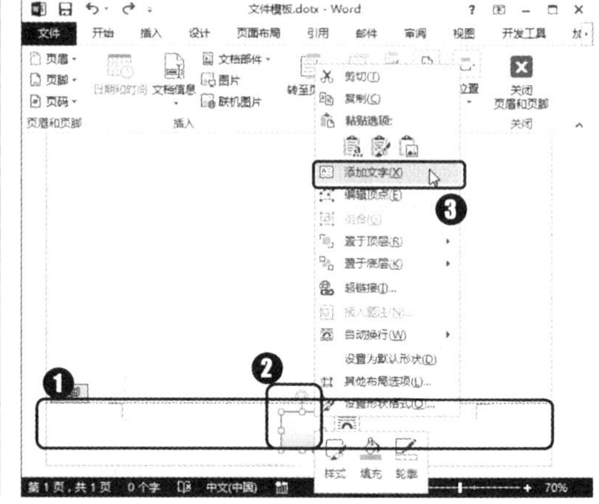

第13步：设置页码格式。

❶ 单击“页眉和页脚工具 设计”选项卡“页眉和页脚”组中的“页码”按钮；❷ 在弹出的下拉菜单中选择“当前位置”命令；❸ 在弹出的下级子菜单的“X/Y”栏中选择“加粗显示的数字”命令，如下图所示。

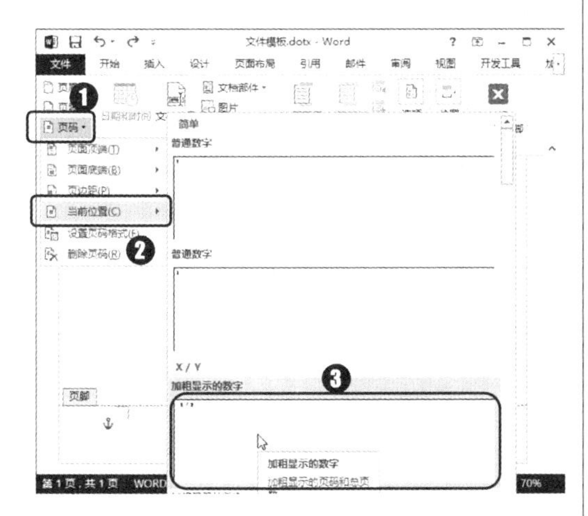

第14步：执行“自定义水印”命令。

❶ 在“开始”选项卡中设置刚插入的页码的字体格式；❷ 单击“设计”选项卡“页面背景”组中的“水印”按钮；❸ 在弹出的下拉菜单中选择“自定义水印”命令，如下图所示。

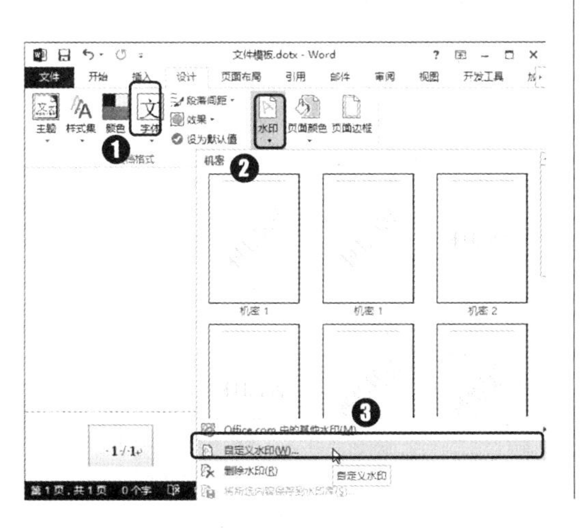

第15步：设置水印效果。

打开“水印”对话框，❶ 选中“图片水印”单选按钮；❷ 单击“选择图片”按钮，并在打开的对话框中选择插入素材文件中提供的“企业标志”图片；❸ 单击“确定”按钮，如下图所示。

第16步：编辑调整水印图片。

返回文档中即可查看到插入的水印效果，❶ 对该图片进行旋转，并复制多个水印图片，调整图片效果至如下图所示；❷ 单击“页眉和页脚工具设计”选项卡“关闭”组中的“关闭页眉和页码”按钮，退出页眉和页脚编辑状态。

第17步：插入格式文本内容控件。

在模板文件中通常要制作出一些固定的格式，可利用“开发工具”选项卡中的格式文本内容控件进行设置。这样，在应用模板创建新文件时就只需要修改少量文字内容即可。单击“开发工具”选项卡“控件”组中的“格式文本内容控件”按钮，如下图所示。

第18步：切换至设计模式。

单击“开发工具”选项卡“控件”组中的“设计模式”按钮，进入设计模式，如下图所示。

第19步：设置控件格式。

❶ 修改控件中的文本为“单击此处输入标题”，选中控件所在的整个段落；❷ 单击“段落”组中的“居中”按钮；❸ 在“字体”组中设置字体为“黑体”、字号为“小一”，颜色为“黑色”；❹ 单击“段落”组中的“边框”下拉按钮；❺ 在弹出的下拉菜单中选择“边框和底纹”命令，如下图所示。

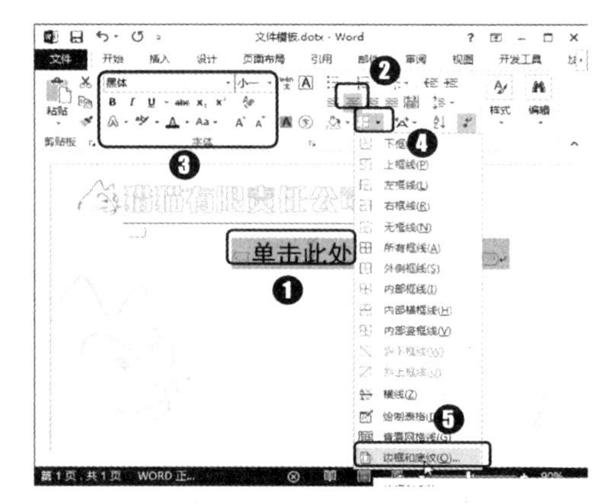

第20步：设置段落下边框。

打开“边框和底纹”对话框，❶ 在“边框”选项卡“应用于”下拉列表框中选择“段落”选项；❷ 设置边框类型为“自定义”；❸ 设置线条样式为“双线”，颜色为“绿色”，线条宽度为“0.75 磅”；❹ 单击“预览”栏中的“下框线”按钮；❺ 单击“确定”按钮，如下图所示。

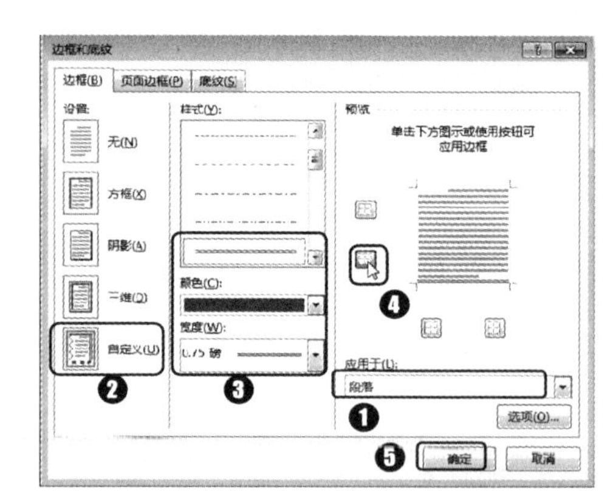

第21步：插入内容控件。

❶ 在第 3 行处插入格式文本内容控件，修改其中的文本并设置合适的格式；❷ 单击“控件”组中的“控件属性”按钮；❸ 在打开的对话框中设置标题为“正文”；❹ 选中“内容被编辑后删除内容控件”复选框；❺ 单击“确定”按钮，如下图所示。

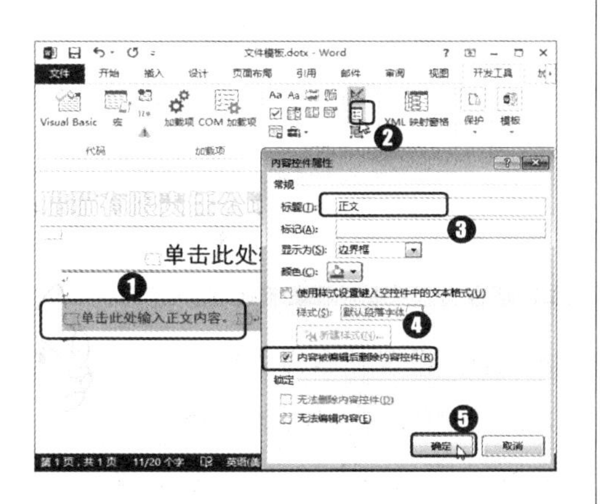

第22步：插入日期选取器内容控件。

❶ 在文档合适的位置输入文本“文件发布日期”；❷ 单击“开发工具”选项卡“控件”组中的“日期选取器内容控件”按钮，如下图所示。

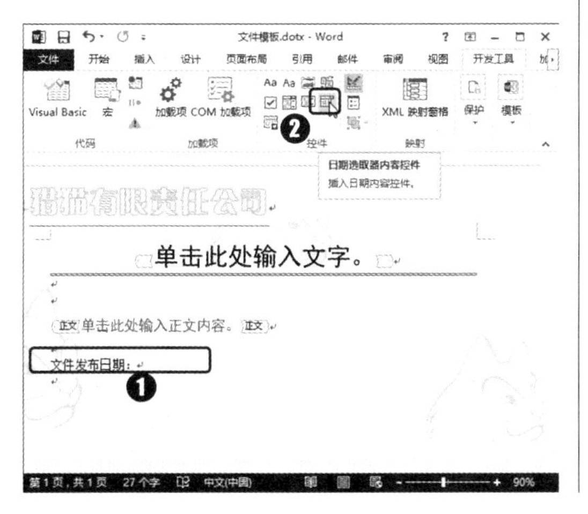

第23步：设置控件属性。

❶ 单击“控件”组中的“控件属性”按钮；❷ 在打开的对话框中选中“无法删除内容控件”复选框；❸ 在“日期选取器”栏的列表框中选择日期格式；❹ 单击“确定”按钮，如下图所示。

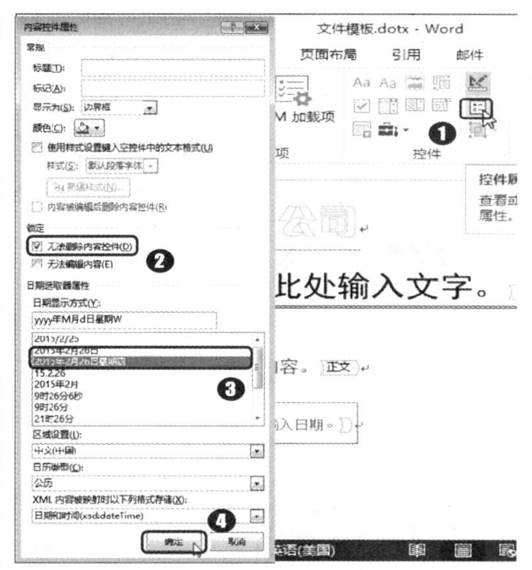

第24步：设置文本格式。

❶ 选择日期控件所在的段落；❷ 单击“开始”选项卡“段落”组中的“右对齐”按钮；❸ 设置文本字体为“宋体”，字号为“小四”，如下图所示。

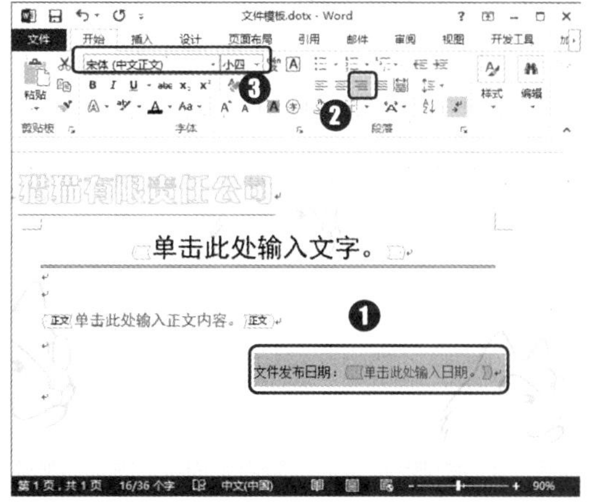

4.2.3 定义文本样式

为方便在应用模板创建文件时快速设置内容格式，可在模板中预先设置一些可用的样式效果，在编辑文件时直接选用相应样式即可。

第25步：新建样式。

❶ 选择顶部标题段落，单击“开始”选项卡“样式”组列表框右侧的“其他”按钮 ；❷ 在弹出的下拉菜单中选择“创建样式”命令；❸ 在打开的对话框中设置样式名称为“文档标题”；❹ 单击“确定”按钮，如下图所示。

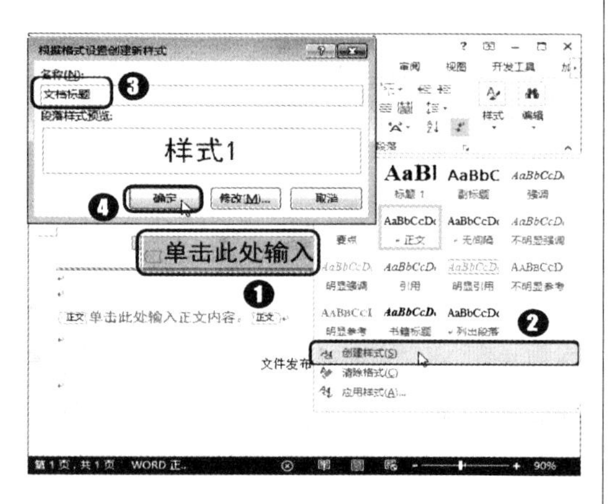

第26步：执行“修改”命令。

❶ 在“开始”选项卡“样式”组列表框中的“正文”样式上单击鼠标右键；❷ 在弹出的快捷菜单中选择“修改”命令，如下图所示。

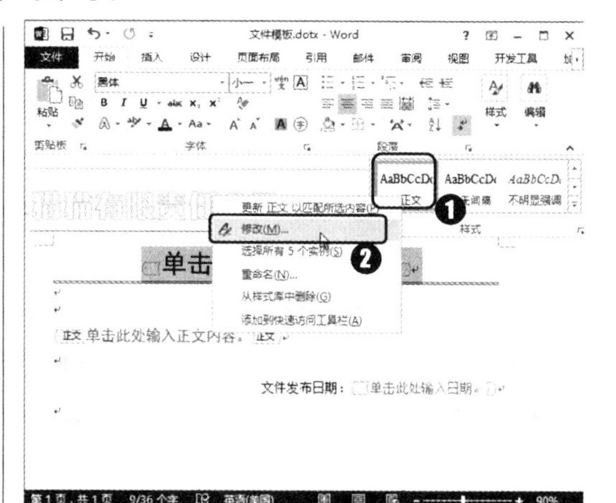

第27步：设置基本样式格式。

打开“修改样式”对话框，❶ 在“格式”栏中设置文字的字体、大小、颜色等；❷ 单击“格式”按钮；❸ 在弹出的下拉菜单中选择“段落”命令，如下图所示。

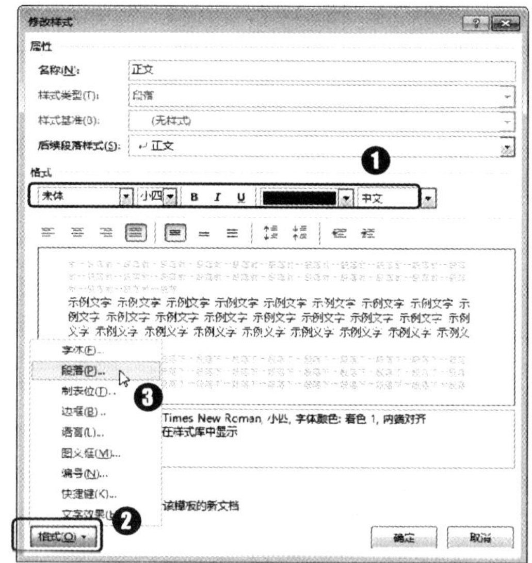

第28步：设置样式中的段落缩进。

❶ 在打开的“段落”对话框中设置缩进为首行缩进 2 字符；❷ 单击“确定”按钮，如下图所示。

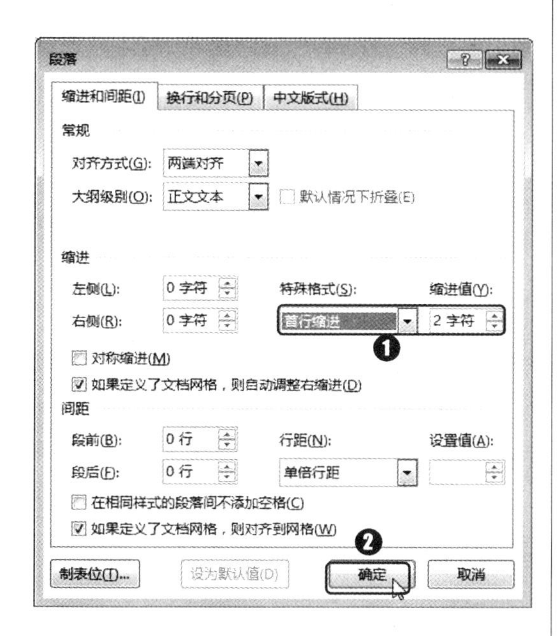

第29步：设置样式的应用范围。

返回“修改样式”对话框，❶ 选中窗口底部的“基于该模板的新文档”单选按钮；❷ 单击“确定”按钮关闭对话框，如下图所示。

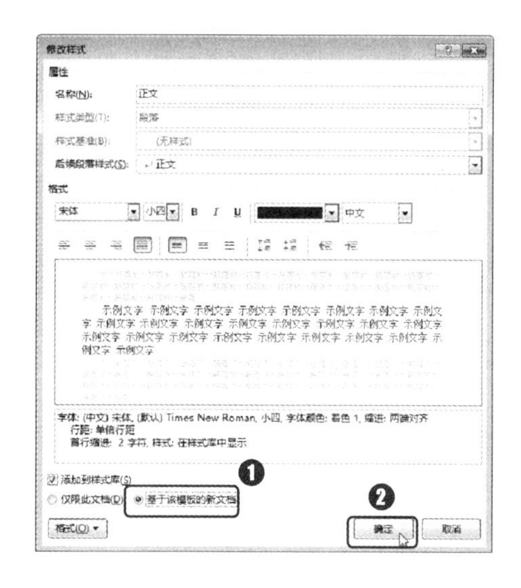

第30步：关闭对话框。

返回文档中看到页眉的文字采用了修改后的正文样式，❶ 双击页眉处进入页眉页脚编辑状态，删除页眉文本前的空格；❷ 单击“页眉和页脚工具 设计”选项卡“关闭”组中的“关闭页眉和页码”按钮，如下图所示。

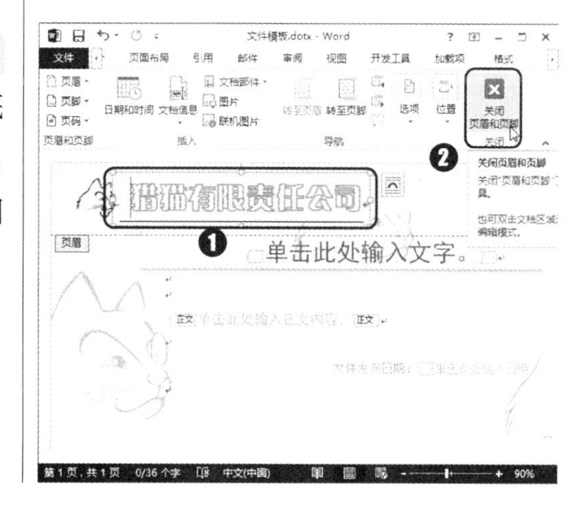

4.2.4 保护模板文件

在应用模板创建新文件时，为了限制用户只能修改特定的内容，不影响到模板的整体结构及其修饰效果，应对模板文件进行保护。

第31步：执行“限制编辑”命令。

❶ 在“文件”菜单中选择“信息”命令；❷ 单击右侧的“保护文档”按钮；❸ 在弹出的下拉菜单中选择“限制编辑”命令，如下图所示。

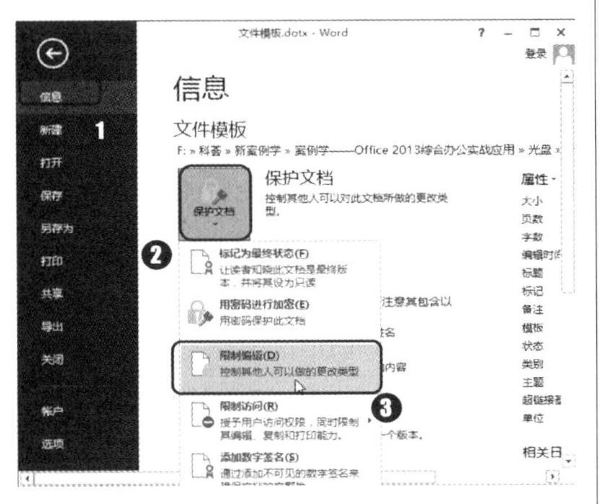

第32步：设置编辑限制选项。

打开“限制编辑”任务窗格，❶ 选中“仅允许在文档中进行此类型的编辑”复选框；❷ 选择文档中的标题文本内容控件；❸ 选中“限制编辑”任务窗格中“例外项”列表框中的“每个人”复选框，如下图所示。

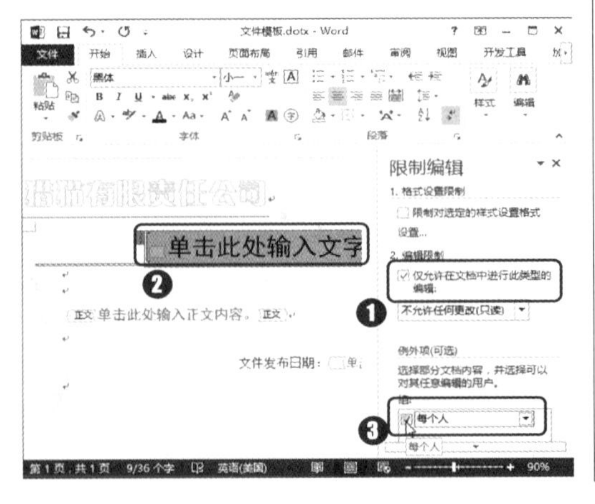

第33步：设置可编辑区域。

❶ 选择文档中的“正文”格式文本内容控件；❷ 选中“限制编辑”任务窗格中“例外项”列表框中的“每个人”复选框，如下图所示。

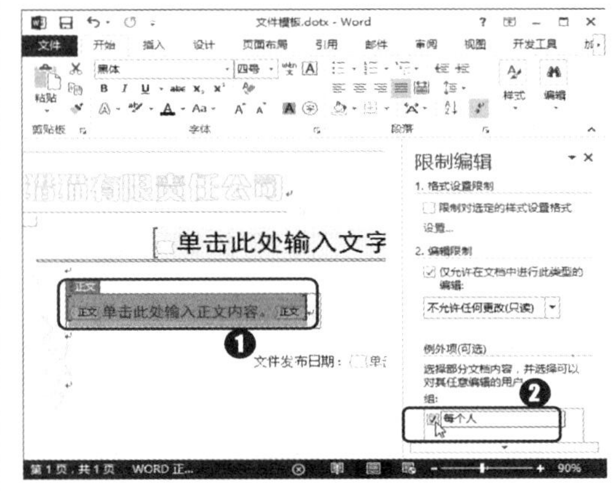

第34步：设置可编辑区域。

❶ 选择文档中发布日期处的日期选取器内容控件；❷ 选中“限制编辑”任务窗格中“例外项”列表框中的“每个人”复选框，如下图所示。

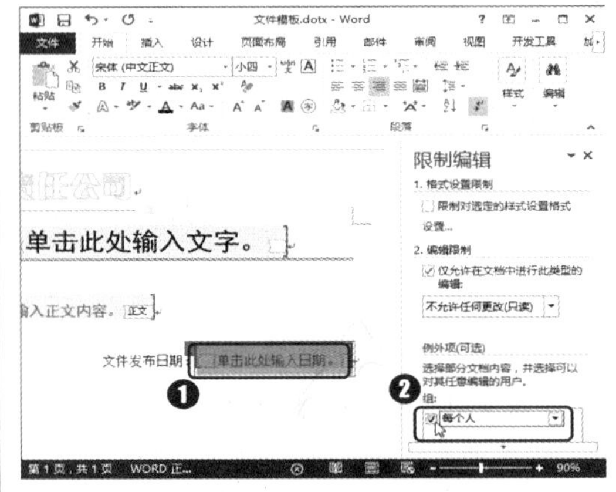

第35步：启动强制保护。

单击“限制格式和编辑”任务窗格中的“是，启动强制保护”按钮，如下图所示。

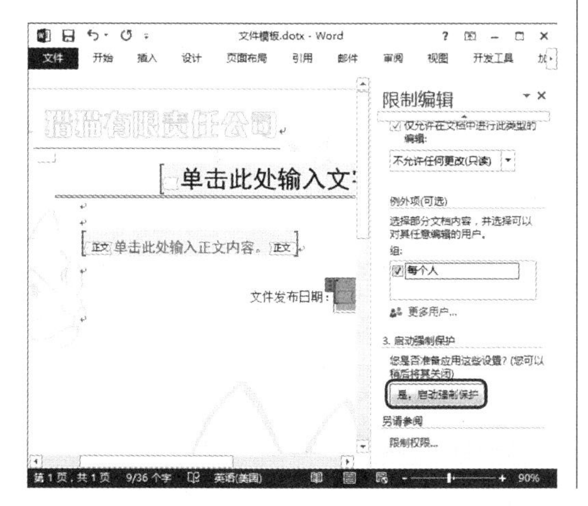

第36步：设置保护方式及密码。

打开“启动强制保护”对话框，❶ 选中“密码”单选按钮；❷ 在“新密码”文本框中设置文档保护的密码“216”，并在“确认新密码”文本框中再输入一次密码；❸ 单击“确定”按钮，如下图所示。设置完成后保存文件并关闭即可。

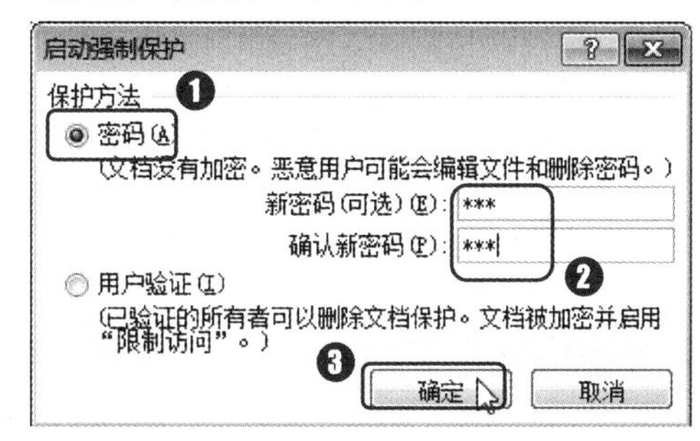

知识拓展　保护文档

当文档需要多次修改和编辑，或将文档作为模板，而文档中有部分内容不需要被修改时，可对文档进行保护。在保护文档时，可在“限制编辑”任务窗格中设置禁止对指定样式修改格式或编辑内容，设置完成后需保存文件。

4.2.5　应用模板新建办公日常行为规范文件

要应用模板创建新文件，可在系统资源管理器中双击打开模板文件，然后在模板中添加相应的内容，最后保存即可通过模板新建文件。下面就应用刚创建的文件模板新建“员工日常行为规范”文档。

第1步：双击文件选项。

在资源管理器中双击打开素材文件夹中的“文件模板”模板文件，如右图所示。

第2步：保存文件。

系统自动根据选择的模板新建一篇空白文档，将文件名保存为“员工日常行为规范”，如下图所示。

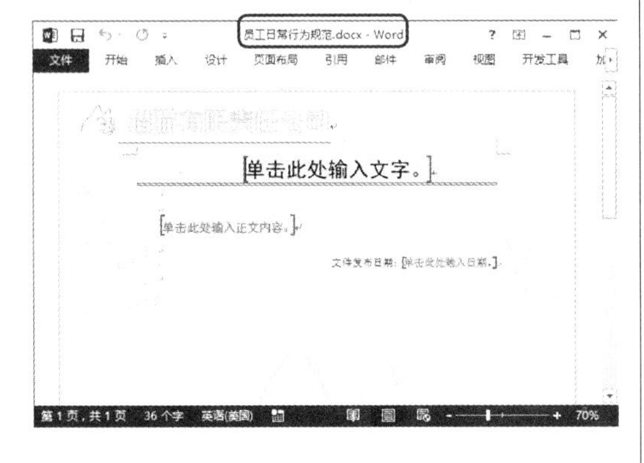

第3步：添加文档内容。

❶ 单击标题区域的格式文本内容控件，输入标题文字“员工日常行为规范”；❷ 单击文档中的“正文”格式文本内容控件，将素材文件“员工日常行为规范内容”中的文字内容复制于该控件中，如下图所示。

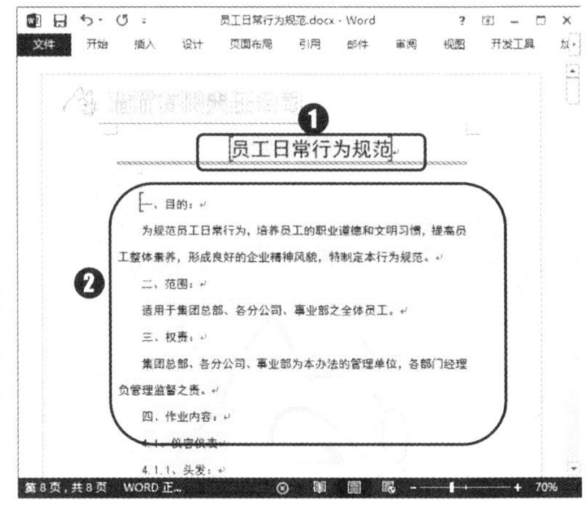

第4步：选择文件发布日期。

❶ 单击文档末尾的“文件发布日期”文本右侧的日期选择器内容控件中的下拉按钮；❷ 在弹出的下拉列表中选择文件发布的日期，这里单击“今日”按钮，如下图所示。

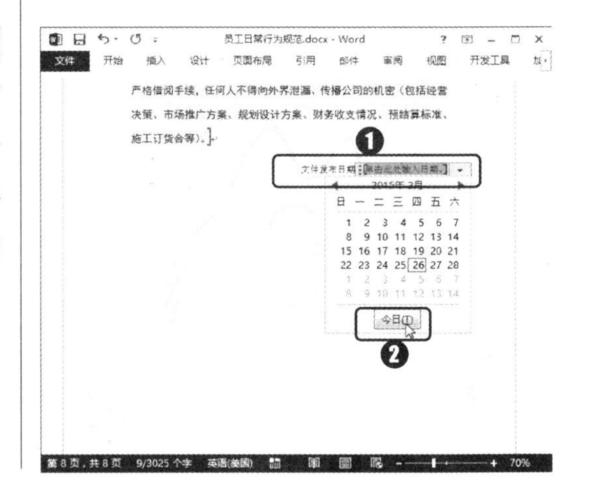

4.3 制作年度报告模板

◇ 案例概述

年度报告是指公司整个会计年度的财务报告及其他相关文件，相关规定中对公司年度报告中应包含的信息作了详细的规定。对于这类内容固定的常用文档，我们有必要制作该类模板方便后期直接调用。“年度报告”文档模板制作完成后的效果如下图所示。

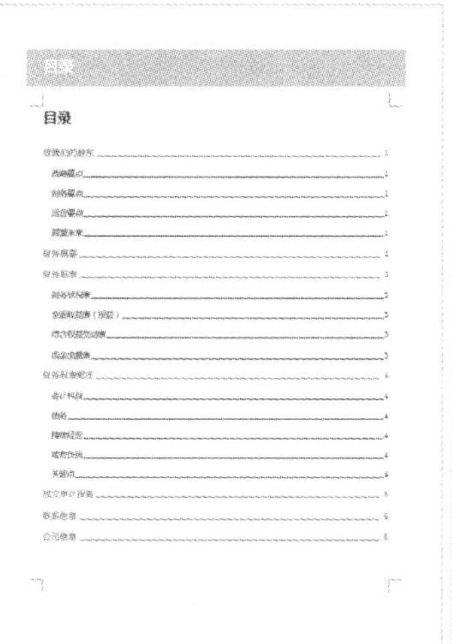

	素材文件:无
	结果文件:光盘\结果文件\第4章\案例03\年度报告.dotx
	教学文件:光盘\教学文件\第4章\案例03.mp4

◇ 制作思路

在 Word 中制作“年度报告”模板文件的流程与思路如下所示。

创建模板文件：Office 自带有很多模板，我们在制作模板时，可以先搜索并下载需要的模板，然后将适合的模板另存为模板文件。

设置样式：下载的模板常常不是百分之百符合需要的，我们可以先设置页面格式；然后查看文档中使用的样式，需要的话统一修改，并将文档中常用的格式组合设置为样式。

修改模板主题：如果想改变文档的整体效果，可以试着修改文档使用的主题。

创建目录：由于年度报告中包含的内容分为几大块，其下还可以细分为多个小节，因此可以为该文档添加目录。

◇ 具体步骤

网络上有大批模板，在使用时可以先调用相应的模板，然后在其基础上编辑和加工。本例将直接调用相应的 Office 模板，在更改文档页面格式和整体效果后，再应用自动目录功能将文档中含有段落级别样式的内容生成目录，最终完成年度报告模板文件的制作。

4.3.1 创建模板文件

要制作年度报告模板，首先需要在 Word 2013 中找到合适的模板，并根据该模板新建文件，然后保存。

在安装 Word 2013 时会自动安装一些现成的模板，通过使用适当的模板不仅可以节省时间，还能快速创建出拥有漂亮的界面和统一风格的文件。本例创建年度报告模板的具体操作方法如下。

第1步：搜索需要的模板。

❶ 单击“文件”选项卡，在弹出的“文件”下拉菜单中选择“新建”命令；❷ 在右侧的“搜索”文本框中输入需要搜索模板的关键字“报告”；❸ 单击其后的“搜索”按钮 ，如下图所示。

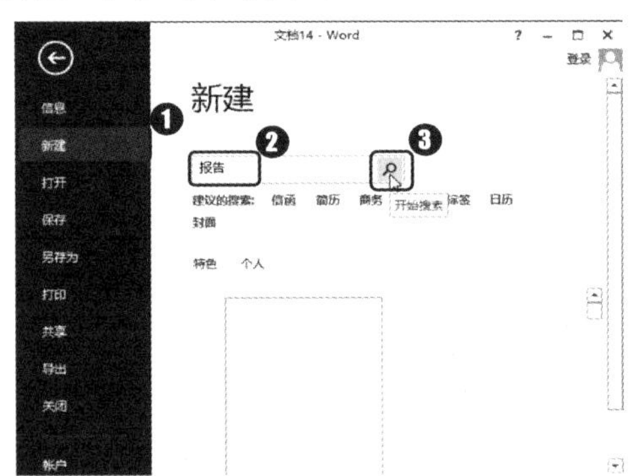

第2步：选择需要的模板。

在新界面中从搜索到的模板列表中选择需要的模板，这里选择“年度报告”模板选项，如下图所示。

第3步：根据模板创建文件。

❶ 在打开的界面中可以翻页查看该模板的缩略效果；❷ 单击“创建”按钮即可下载该模板并创建新文件，如下图所示。

第4步：另存文件。

❶ 单击“文件”选项卡，在弹出的“文件”下拉菜单中选择“另存为”命令；❷ 在中间双击“计算机”选项，如下图所示。

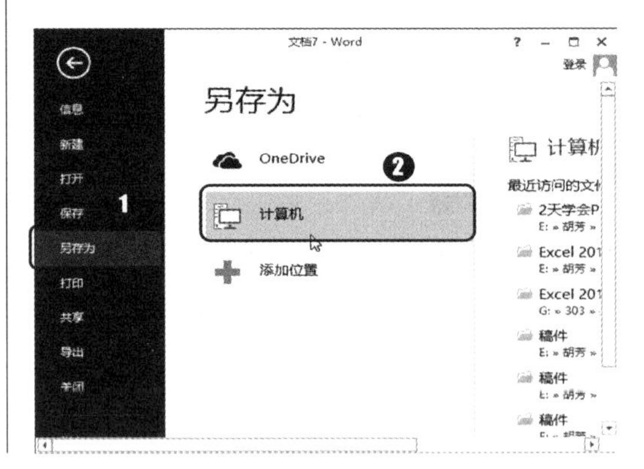

第5步：设置另存参数。

打开“另存为”对话框，❶ 设置文件的保存位置；❷ 在“文件名”下拉列表框中输入名称；❸ 在“保存类型”下拉列表框中选择“Word 模板”选项；❹ 单击“保存”按钮，如下图所示。

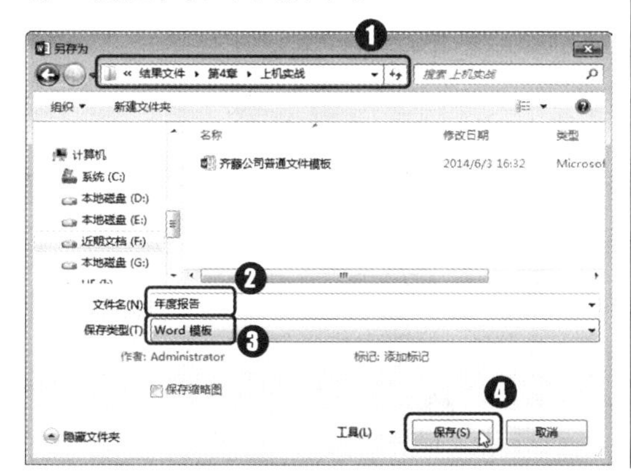

第6步：设置文档背景颜色。

❶ 单击“设计”选项卡“页面背景”组中的“页面颜色”按钮；❷ 在弹出的下拉菜单中选择需要的背景颜色，如下图所示。

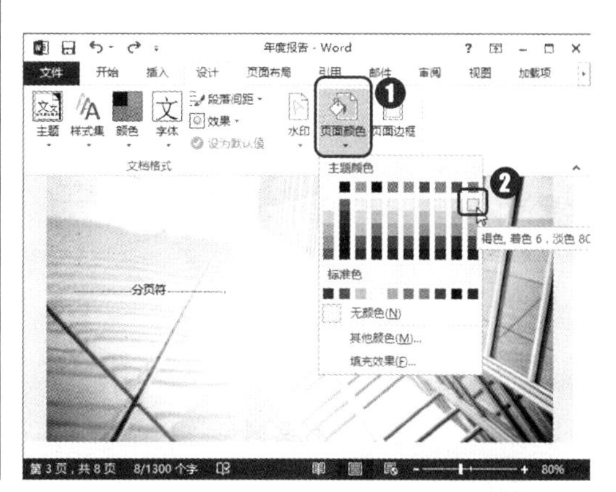

设置双色渐变效果的背景

在“页面颜色”下拉菜单中选择“填充效果”命令，在打开的“填充效果”对话框的“颜色”栏中选中“双色”单选按钮，然后分别设置渐变的两种颜色，最后在“底纹样式”栏中选择需要的底纹样式，并在“变形”栏中设置需要的渐变变化效果即可为页面添加双色渐变背景。

4.3.2 在模板中设置样式

在模板文件中，各级标题和正文文字等文档内容基本上都应用了相应的样式。为了使通过模板新建的文档更符合需要，本例将在原模板样式上修改，具体操作方法如下。

第1步：显示出“样式”任务窗格。

单击“开始”选项卡“样式”组右下角的“对话框启动器”按钮，显示出“样式”任务窗格，如右图所示。

第2步：修改“标题”样式。

原模板文件中的标题没有立体感，需要通过修改相应样式改变其效果。❶ 单击“样式”任务窗格列表框中“标题”样式右侧的下拉按钮；❷ 在弹出的下拉菜单中选择“修改”命令，如下图所示。

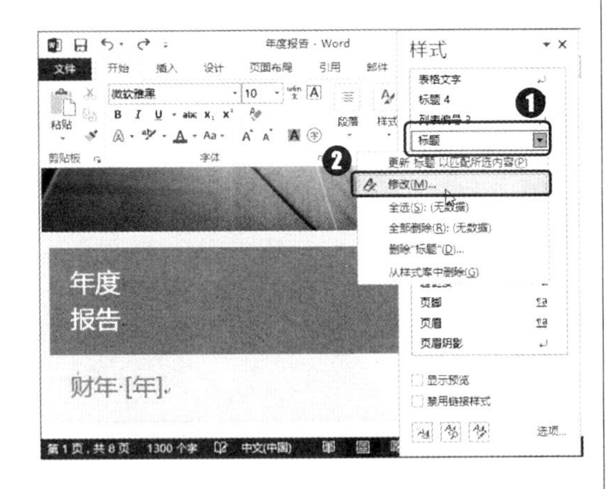

第3步：设置样式中的字体格式。

打开“修改样式”对话框，❶ 在“格式”栏中设置文字的字体、大小等如下图所示；❷ 选中“添加到样式库”复选框；❸ 选中“基于该模板的新文档”单选按钮。

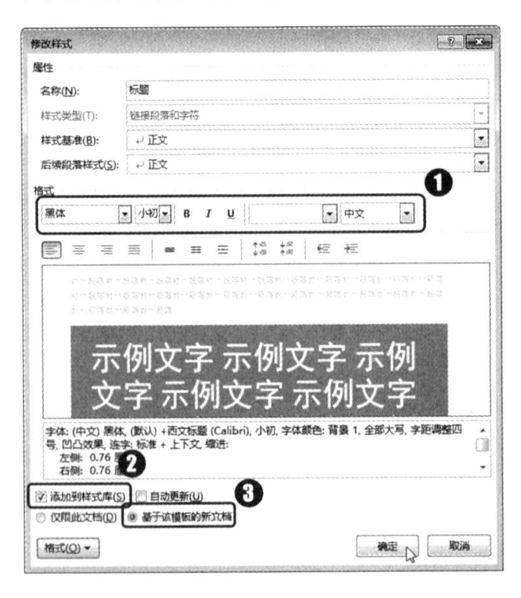

第4步：选择“文字效果”命令。

❶ 单击“格式”按钮；❷ 在弹出的下拉菜单中选择“文字效果”命令，如下图所示。

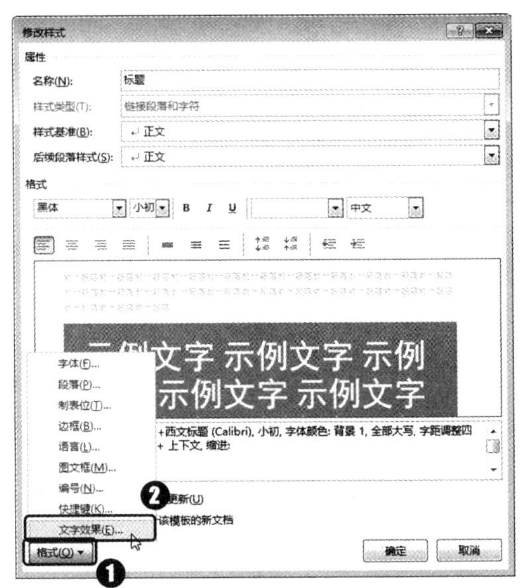

第5步：设置样式中的文字效果。

打开相应对话框，❶ 单击“文本效果”选项卡；❷ 在“阴影”栏中单击“预设”按钮；❸ 在弹出的下拉列表中选择“向右偏移”选项；❹ 单击“确定”按钮，如下图所示。

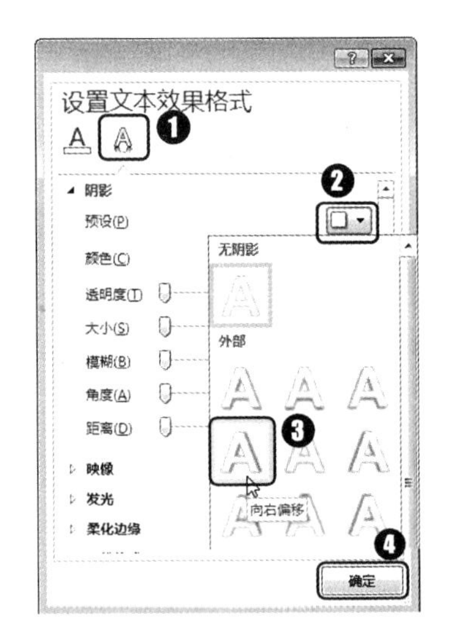

第6步：设置修改样式的应用范围。

返回“修改样式”对话框中，单击“确定”按钮，如下图所示。

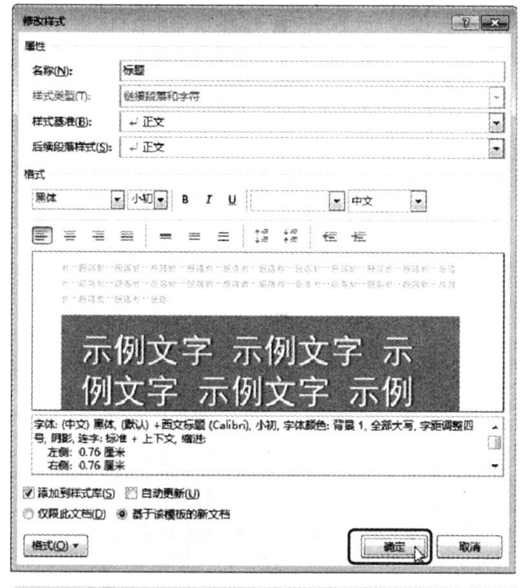

第7步：修改“摘要”样式。

原模板文件中的摘要内容设置为斜体样式，在前面的知识链接中我们曾说过中文字体最好不要设置为斜体，下面通过修改“摘要”样式对其中内容效果进行修改。❶ 单击“样式”任务窗格列表框中“摘要”样式右侧的下拉按钮；❷ 在弹出的下拉菜单中选择“修改”命令，如下图所示。

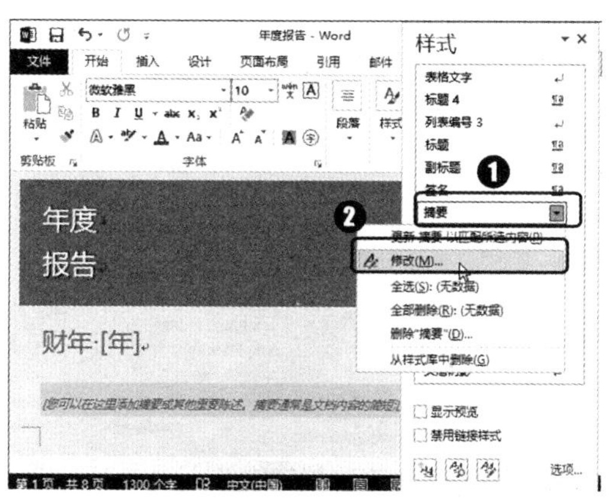

第8步：设置样式中的字体格式。

打开“修改样式”对话框，❶ 在“格式”栏中设置文字的字体、大小如下图所示；❷ 单击“倾斜”按钮；❸ 选中窗口底部的“基于该模板的新文档”单选按钮；❹ 单击“确定”按钮。

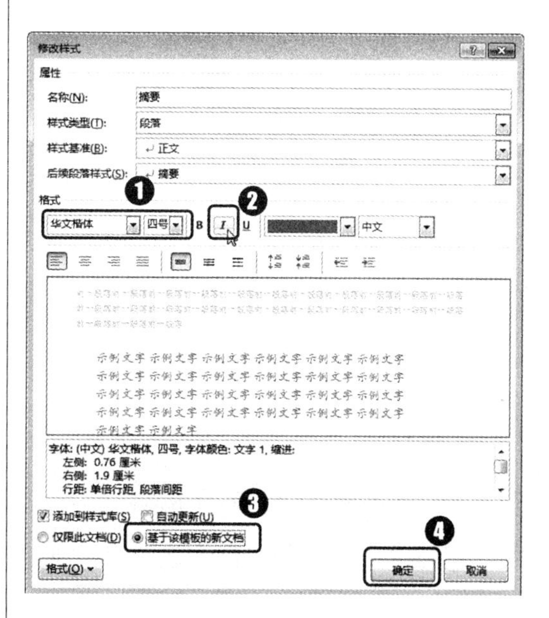

第9步：修改“标题1”样式。

❶ 单击“样式”任务窗格列表框中“标题 1”样式右侧的下拉按钮；❷ 在弹出的下拉菜单中选择“修改”命令，如下图所示。

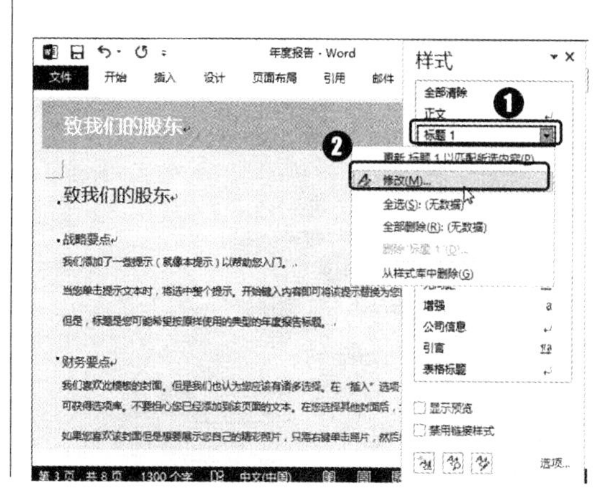

第10步：设置样式中的字体格式。

打开“修改样式”对话框，❶ 在“格式”栏中设置文字的字体、大小和颜色等如下图所示；❷ 单击“格式”按钮；❸ 在弹出的下拉菜单中选择“段落”命令。

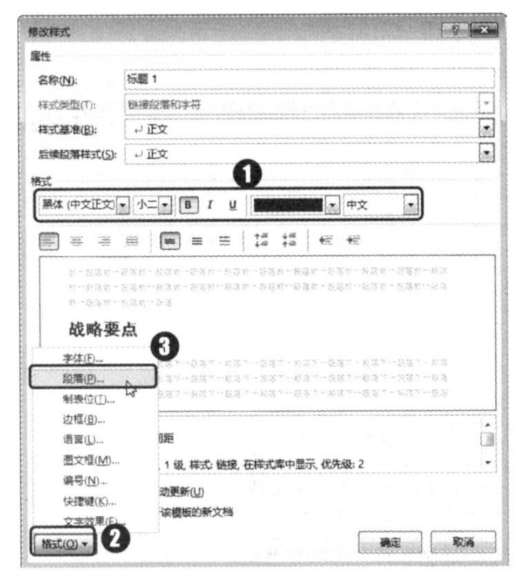

第11步：设置样式中的段落格式。

打开“段落”对话框，❶ 在“间距”栏中设置段落的段前间距为“6 磅”；❷ 单击“确定”按钮，如下图所示。

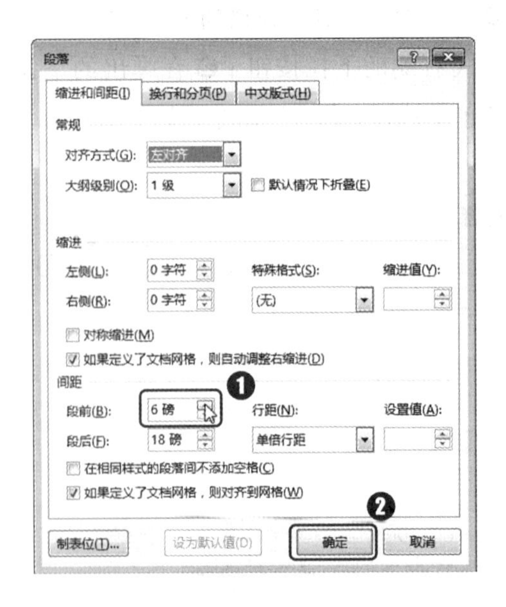

第12步：设置修改样式的应用范围。

返回“修改样式”对话框中，❶ 选中窗口底部的“基于该模板的新文档”单选按钮；❷ 单击“确定”按钮，如下图所示。

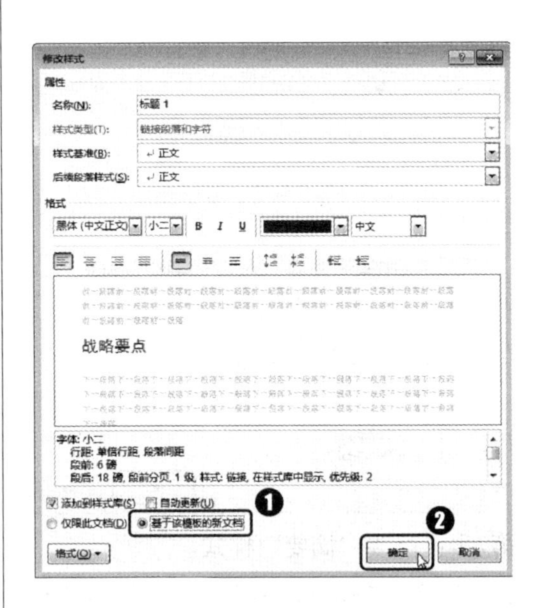

第13步：修改“列表项目符号”样式。

原模板文件中的项目符号过于单调，下面为其自定义项目符号样式。❶ 单击“样式”任务窗格列表框中“列表项目符号”样式右侧的下拉按钮；❷ 在弹出的下拉菜单中选择“修改”命令，如下图所示。

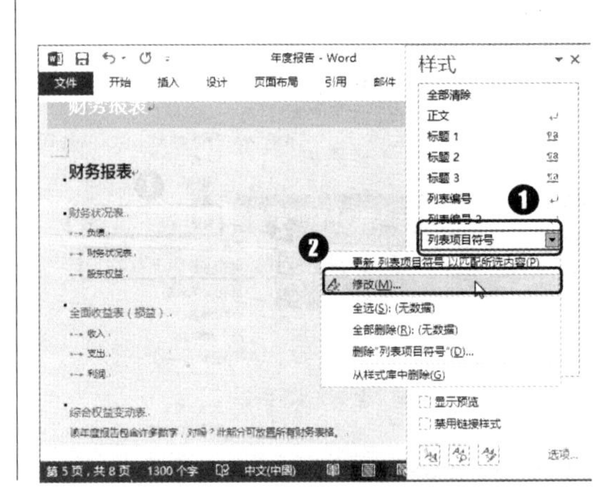

第14步：设置样式中的字体格式。

打开“修改样式”对话框，❶ 在“格式”栏中设置文字的字体、大小和颜色等如下图所示；❷ 单击“格式”按钮；❸ 在弹出的下拉菜单中选择“编号”命令。

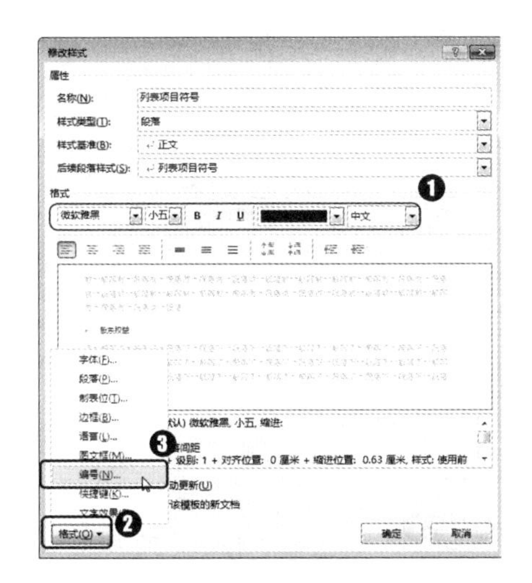

第15步：单击“自定义项目符号”按钮。

打开“编号和项目符号”对话框，❶ 单击“项目符号”选项卡；❷ 单击下方的“定义新项目符号”按钮，如下图所示。

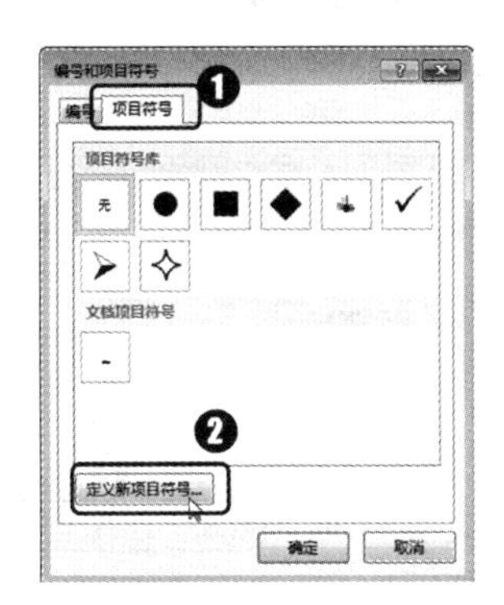

第16步：单击“符号”按钮。

打开“定义新项目符号”对话框，单击“符号”按钮，如下图所示。

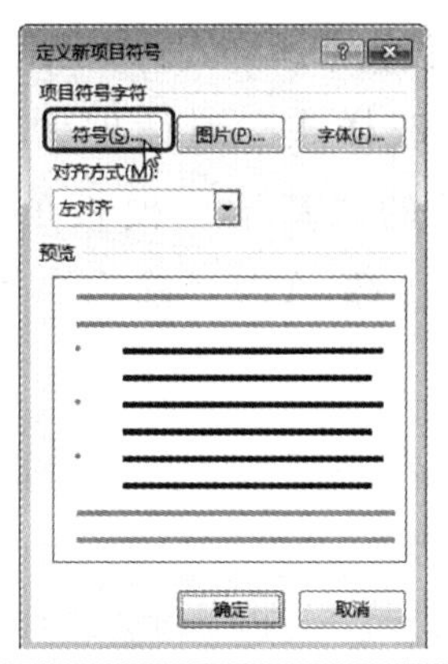

第17步：选择符号。

打开“符号”对话框，❶ 在“字体”下拉列表框中选择“Wingdings”选项；❷ 在下方的列表框中选择需要的符号；❸ 单击“确定”按钮，如下图所示。

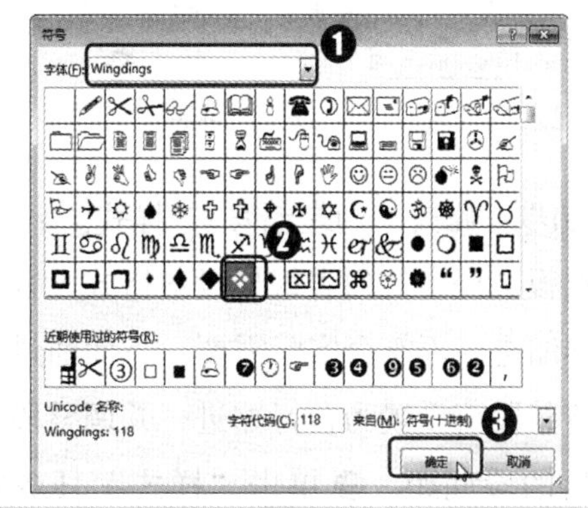

第18步：关闭对话框。

返回“定义新项目符号”对话框，❶ 单击“确定”按钮；❷ 返回“编号和项目符号”对话框，单击“确定”按钮，如下图所示。

第19步：设置修改样式的应用范围。

返回“修改样式”对话框中，❶ 选中窗口底部的“基于该模板的新文档”单选按钮；❷ 单击“确定”按钮，如下图所示。

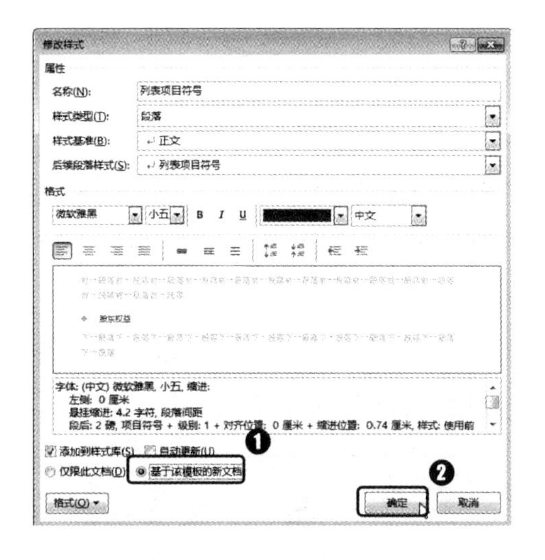

第20步：修改“列表编号2”样式。

原模板文件中的列表编号段落格式设置为悬挂缩进，不符合实际需要。下面通过样式将其段落设置为首行缩进，并调整段落前后的段间距。❶ 单击“样式”任务窗格列表框中“列表编号 2”样式右侧的下拉按钮；❷ 在弹出的下拉菜单中选择“修改”命令，如下图所示。

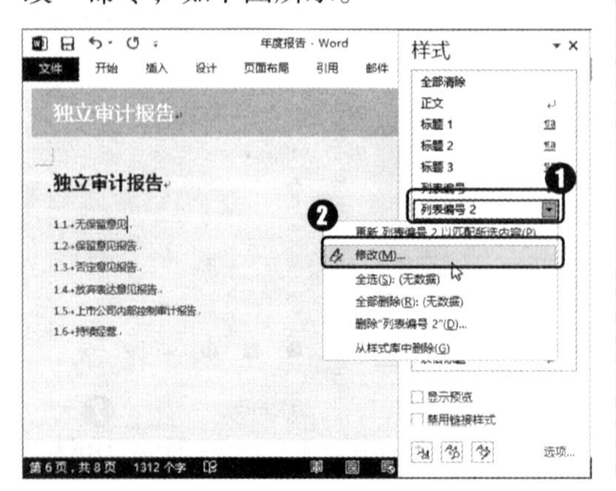

第21步：设置样式中的字体格式。

打开“修改样式”对话框，❶ 在“格式”栏中设置文字的字体、大小和颜色等如下图所示；❷ 单击“格式”按钮；❸ 在弹出的下拉菜单中选择“段落”命令，如下图所示。

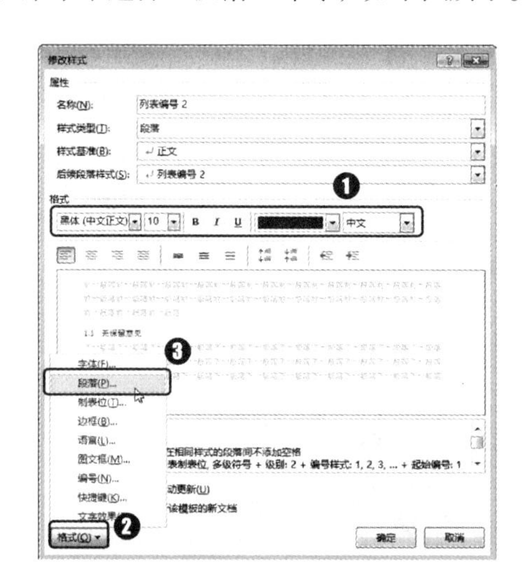

第22步：设置样式中的段落格式。

打开“段落”对话框，❶ 在“缩进”栏中设置段落缩进为“首行缩进 2 字符”；❷ 在“间距”栏中设置段前间距为“2 磅”，段后间距为“8 磅”；❸ 单击“确定”按钮，如下图所示。

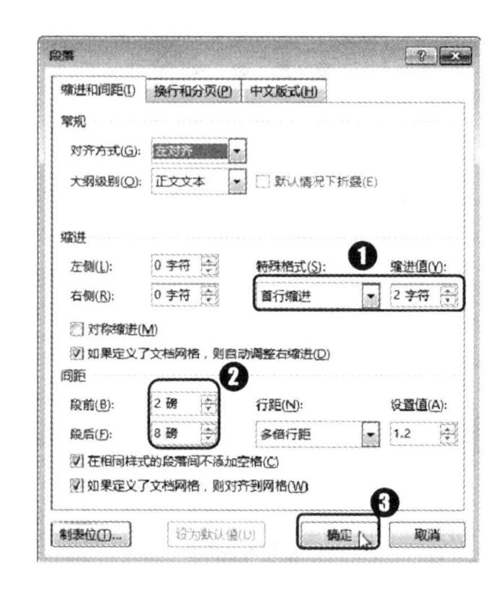

第23步：设置修改样式的应用范围。

返回“修改样式”对话框中，❶ 选中窗口底部的“基于该模板的新文档”单选按钮；❷ 单击“确定”按钮，如右图所示。

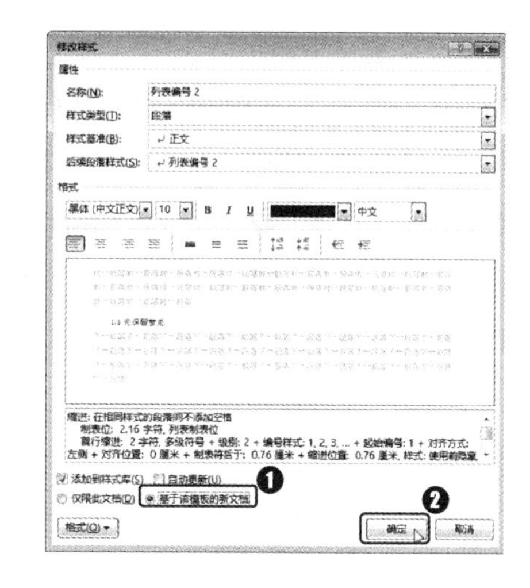

4.3.3 修改文档主题

Word 2013 提供了主题功能，通过主题功能可快速更改整个文档的总体设计，包括颜色、字体和图形效果。在文档中应用主题中的颜色、字体和图形效果后，在更改主题时这些应用了主题样式的内容会随主题的变化而变化。为方便应用模板创建不同主题的文档，可在模板中设置新样式以及修改默认的样式，具体操作方法如下。

第1步：设置文档主题。

❶ 单击“设计”选项卡“文档格式”组中的“主题”按钮；❷ 在弹出的下拉菜单中选择“深度”主题样式，如下图所示。

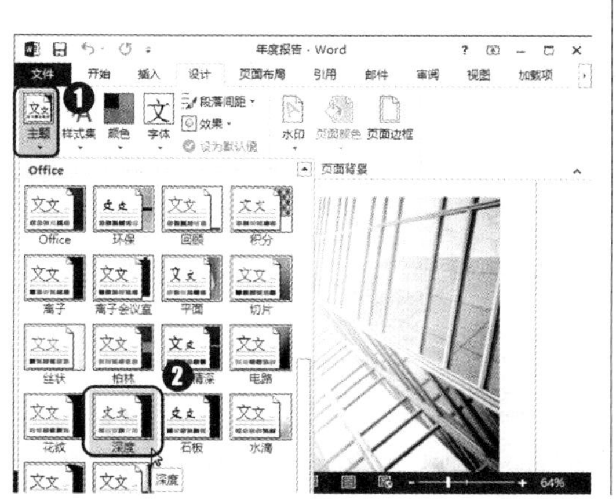

第2步：设置主题效果。

选用一种主题后，文档将应用该主题中的各种效果。本例需要应用其他的主题效果，因此需要修改主题效果。❶ 单击“文档格式”组中的“效果”按钮 ；❷ 在弹出的下拉菜单中选择“龙腾四海”选项，如下图所示。

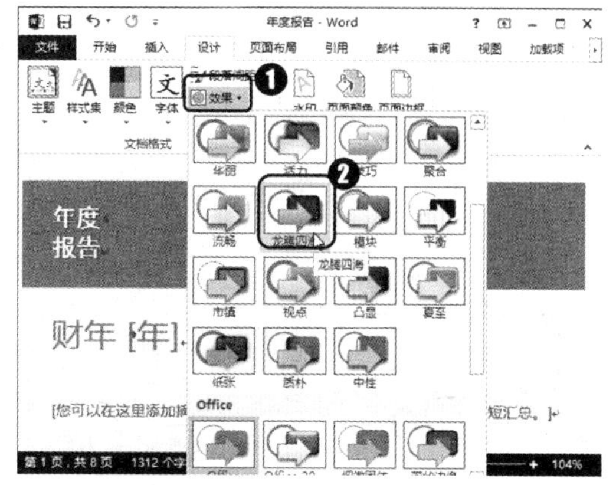

第3步：自定义主题字体。

选用一种主题后，文档还将应用该主题自带的字体格式。本例要应用新的主题字体，因此要新建主题字体。❶ 单击“文档格式”组中的“字体”按钮；❷ 在弹出的下拉菜单中选择“自定义字体”命令，如下图所示。

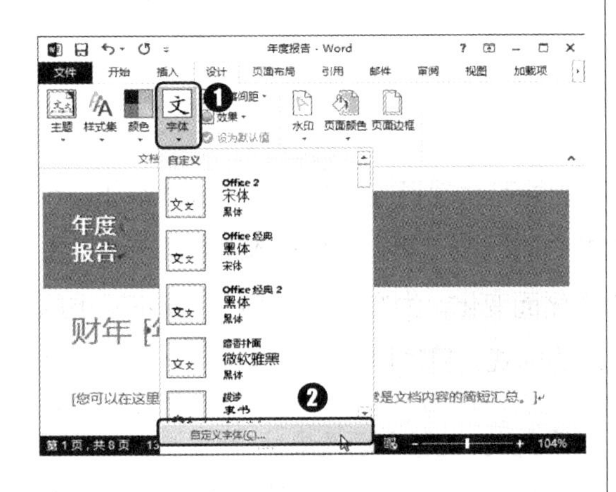

第4步：新建主题字体。

打开“新建主题字体”对话框，❶ 在“西文”栏中分别设置标题和正文中的英文字体；❷ 在“中文”栏中分别设置标题和正文中的中文字体；❸ 在“名称”文本框中输入新建主题字体的名称；❹ 单击“保存”按钮完成主题字体的新建，如下图所示。

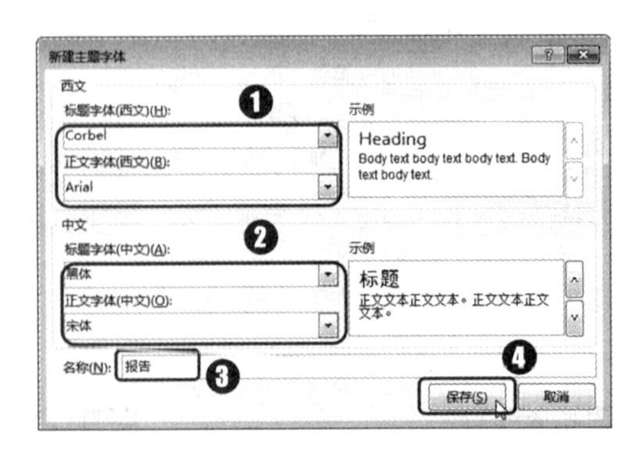

第5步：选择“保存当前主题”命令。

返回文档中即可在“文档格式”组中的“字体”下拉列表框中看到新建的主题字体了，选择即可应用该主题字体。为便于日后快速应用当前创建的主题样式，可保存主题文件。❶ 单击“设计”选项卡“文档格式”组中的“主题”按钮；❷ 在弹出的下拉菜单中选择“保存当前的主题”命令，如下图所示。

第6步：保存主题。

打开“保存当前主题”对话框，❶ 设置文件保存位置及文件名称；❷；在“文件名”文本框中输入新建主题的名称 ❸ 单击“保存”按钮即可，如下图所示。

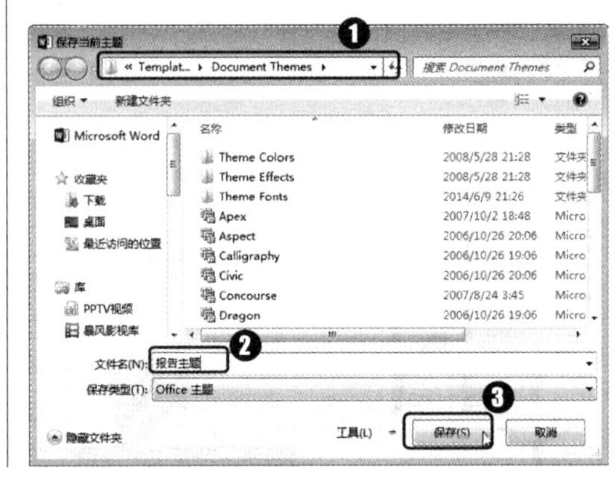

应用自定义的主题

将自定义的主题保存为主题文件后，若需要在 Word 文档中应用该主题，可以单击“设计”选项卡“文档格式”组中的“主题”按钮，在弹出的下拉菜单中选择“浏览主题”命令，在打开的对话框中选择需要使用的主题文件即可。

4.3.4 快速创建目录

Word 2013 中提供了一个样式库，其中包含多种目录样式供用户选择，且在目录中自动包含了标题和页码。用户只需在创建目录之前，先在文档中标记目录项（即为文档中的标题段落应用级别样式），然后从样式库中选择目录样式，Word 2013 就会自动根据标记的标题创建目录。

通过 Word 2013 中提供的样式库制作的目录，还可以设置目录的显示级别、目录的格式、是否显示页码，以及页码前是否添加制表位前导符等。本例就来自定义插入目录的效果，具体操作方法如下。

第1步：选择“自定义目录”命令。

❶ 单击“引用”选项卡“目录”组中的“目录”按钮；❷ 在弹出的下拉菜单中选择“自定义目录”命令，如下图所示。

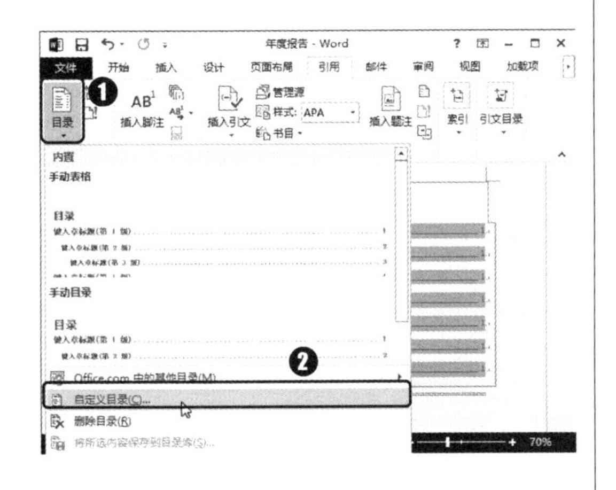

第2步：自定义目录。

打开“目录”对话框，❶ 在“目录”选项卡中选中“显示页码”和“页码右对齐”复选框；❷ 在“制表符前导符”下拉列表框中选择需要的前导符样式，作为连接目录标题和页码之间的符号；❸ 在“常规”栏中的“显示级别”数值框中设置“2”；❹ 单击“确定”按钮，如下图所示。

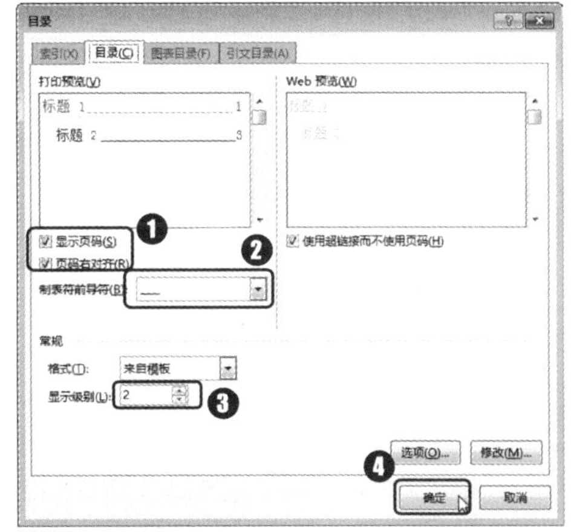

第3步：确定替换当前目录。

打开提示对话框，单击“确定”按钮，确定适用新设置的目录样式替换当前目录。此时，目录会自动进行替换，效果如右图所示。

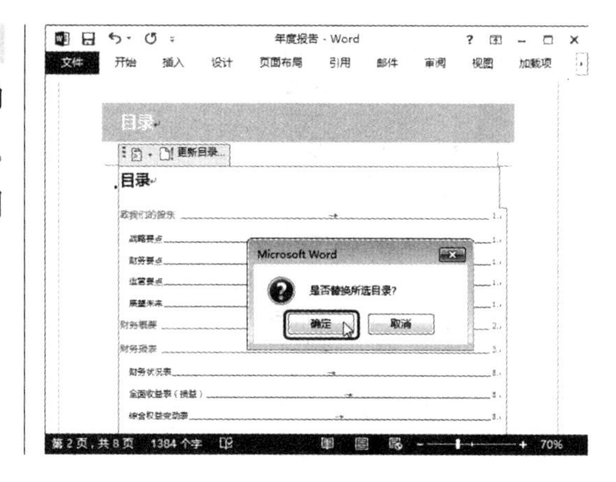

4.4 本章小结

样式和模板是我们提高文档制作与编辑的有效途径。因此，本章学习的一个重点在于 Word 中样式的各种操作，如使用样式、修改样式、创建样式等，另一个重点则在于模板的创建、下载和使用。只有学会样式的使用方法，再结合模板的选择与修改操作，才能快速创建属于自己的文档模板。

第5章

团队协作办公
——Word 邮件合并、审阅和宏的应用

本章导读：

团队是一个组织的根本，在办公应用中离不开团队成员的协作。例如，一项制度的建立可能需要许多步骤，经过许多团队成员的修订和完善，并非由一个人完成。同样，在现代办公中，许多文档都需要由多人协同完成，才能达到最佳效果。本章就对邮件合并功能、审阅功能、宏功能等应用进行详细讲解，使用户快速掌握文档高级处理的方法与技巧。

知识要点：

★ 设置拼写和语法检查
★ 应用修订功能
★ 批注的添加和修改
★ 使用邮件合并功能
★ 审阅文档
★ 控件的添加和应用

案例效果：

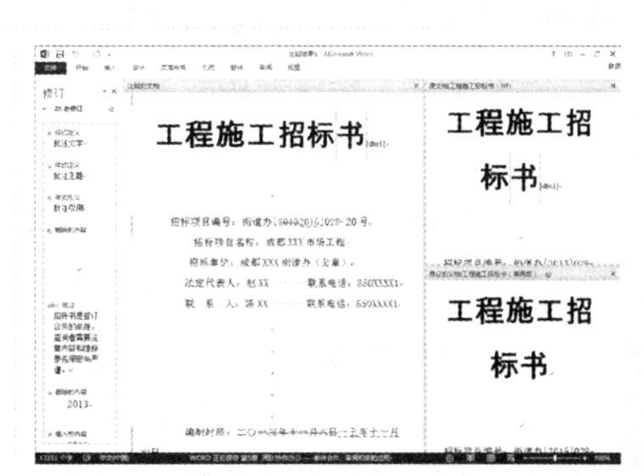

团队协作能力是一个团队发展的关键，无论是在营销团队、研发团队、财务团队还是办公团队中，充分发挥团队成员的长处，合理地协作办公，能使相关工作更加优质高效。Word 2013 为办公人员提供了许多方便团队协作的功能，可以实现多人之间的交流，如文档的多人修订、审阅、版本管理与控制等。

要点01 文档不是一个人的

在办公应用中，创建 Word 文档的目的通常不是给自己看。从文档的创建与发布方面来讲，在现代办公中，大部份的文档都需要经历多次修改、审核然后才会最终公布。在此过程中，通常涉及的也不仅仅是一个人。

不同单位内部、不同类型的文档，制作的具体过程可能都不相同，但为保证文档内容的逻辑性、准确性和严密性，都需要多人协作完成。从任务分配上来说，首先需要根据文档中涉及的内容和目标安排相应的人员分工协作。例如，要制订一份管理制度，我们可以让一人来起草制度，大致把握制度的整体方向，然后将草案交由多个人逐一审阅，完善制度内容。多人审阅完成后，由一人或多人修订文档。当然，此过程不可避免会多次讨论，并且很可能需要重复多次审阅和修订过程，然后完成一份较完整的制度，再交给上级领导审批。

要点02 实现多人协同编排文档

Word 中为我们提供了一些多人协同编排文档的功能，充分利用这些功能，可以大大提高团队工作效率，为自己也为团队节约宝贵的时间。要实现多人协同编排文档，我们大致可以从以下几个方面着手。

1. 设计文档模板

团队协同编排文档前一般会设计一个文档模板，前面我们已经介绍了文档模板的作用，这里就不再详细说明。为了防止文档编写者因误操作而改变模板内容，一般还会为模板启用文档保护功能来保护模板中不允许修改的文字或格式。

2. 文档校对

多人编辑文档内容后，由于不同人员在编辑时可能出现用词或表述不统一、错别字、标点符号、语法等错误，校对工作就非常艰巨了。

在 Word 中提供了一些基础的自动校对功能，如拼写检查、语法检查、语言转换和翻译等，以方便文档校对人员校对文档内容。如下图所示，文字下方出现蓝色波浪线，则表示该内容或其附近可能存在语法错误，果然，“我们想信学生”中的“想”字应更改为“相”，更改后语法错误标识自动消失。

我们想信学生一定会学有所感，学有所悟，学有所得。

由于拼写检查和语法检查均是自动完成，有可能一些特殊名词或语法描述在系统中并未收录，也会导致出现拼写或语法错误提示。另外需要注意的是，如果需要检查文档中某些固定用词、表述及特定语法时，通常只能用人工方式，或借助查找和替换功能，例如，一旦发现文档中某个词语中包含错别字，则立刻使用查找替换功能搜索整个文档中是否还有相同的错误。

3. 批注

批注是指在阅读文档时，在文档空白处对文档内容进行批示或注解。在 Word 中，文档批注不会影响文档内容，通常用于文档的协同编排人员之间交流。无论是文档的起草者还是文档审阅或后期编排过程中的人员，均可在文档中添加批注。各编排人员相互查看到批注内容后可自行根据对方的意见修改文档内容。下图所示为 Word 中添加批注的效果。

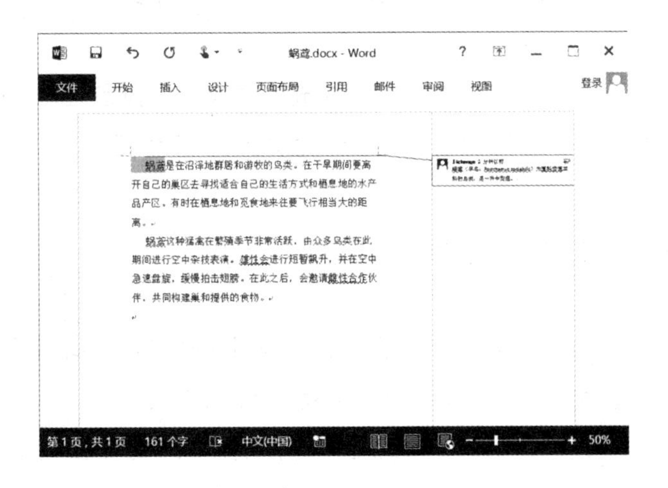

4. 修订

在进行多个协作编排时，如果要直接修改他人编排内容，为尊重编写者，应以原作者意见为主，可以在修订状态下修改文档。修改文档后，文档中会保留所有修改过程及修改前的内容，并以特定的格式显示修订的内容，以便于原作者查看并确认是否接受相应的修改。下图所示为修订状态下修改文档内容后所保留的修订信息。

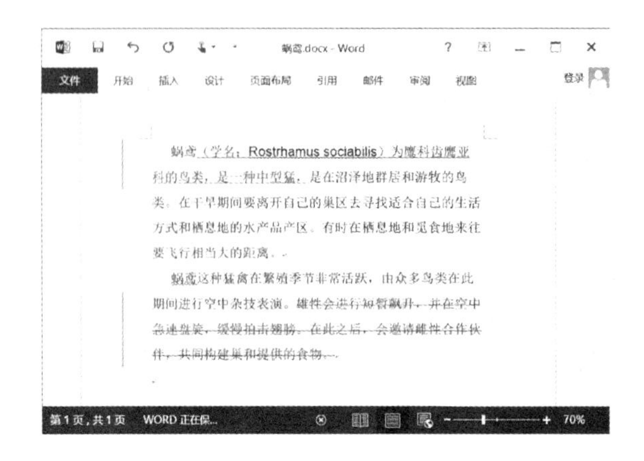

5. 更改修订

当修订者对文档进行修订后，通常由原作者查看和更改修订，以确认接受或拒绝修订内容。当定位到文档中包含修订内容的位置时，如需要保留对方的修改可接收修订，取消对方的修改可拒绝修订。

6. 比较与合并文档

多人协作编排文档时，当大家独立修改文档内容后，就会导致每个人手中的文档内容不一致。此时，为了将多个文档整合为一个文档，可以使用 Word 中的文档比较功能，将多个不同版本的文档进行对比，查看不同版本中文档内容的异同，并且可将多个文档自动合并为一个文档。

总而言之，在多人协作编排文档时，要充分为文档编排参考者考虑，积极为大家提供方便，只有大家合作得轻松愉快，才能优质高效地完成工作。

要点03 Word处理办公的特色功能

当我们建立的一些文档需要提供给其他人编辑或修改时，我们不仅仅要考虑当前文档的内容与排版，而且应该考虑文档的应用者或修改者。

先举个例子，假设你是做人力资源工作的，现在需要让全公司所有员工填写一个调查表。你可以先将表格打印出来，然后发放到每个人手中，待大家填好之后再收集起来，将收集的数据录入电脑上做进一步分析。这样看来，人力资源工作确实不容易，如果公司几百号人，就这一项工作可能就要花掉好几天甚至更长的时间。如果你把调查表做好，通过网络等方式发放给所有员工，让他们自己填好之后再发回来，然后把这些文档进行批量处理，效率肯定会高很多。

现在问题来了，在上面假设的情景中如果要采用第二种方式，怎么能限制填表时修改文档中原有内容呢？如何进行自动计算甚至自动处理？如何让办公软件不熟悉甚至计算机应用都不熟练的员工能够方便地填写文档？

要解决以上问题，我们必须要了解 Word 中可以改善文档可操作性的这些功能。

1. 创建模板文件

合理设计文档模板，可以有效提高文档编写者的工作效率，同时也可以起到统一文档格式的作用。当大量文档需要采用相同格式或者基于相同内容来创建，此时便可以将所有文档公用的部分创建为模板文件，以便在不同时候重复应用。就算其他用户是直接双击模板文档打开的文件，在保存文件时也不会覆盖模板文件，而是自动提示保存为新文件。

2.Word 中的域

Word 中的域是一种特殊的文档内容，它其实是一种代码，可以用来控制许多在 Word 文档中插入的信息甚至实现一些特殊功能。例如，文档中的页码、自动目录、表格公式、日期时间等。

在 Word 中，域有两种状态，一种状态为域结果，另一种状态是域代码。如下左图所示，是在文档中插入的页码，它实际上是一个域代码，目前显示为域结果，也就是具体的页数；当我们把它切换到域代码状态，其效果如下右图所示。

3. 控件

控件是计算机中的一种图形化的用户界面元素，通常用于展示内容或提供用户操作，实现人机交互功能，如各种软件或程序中都会见到的文本框、下拉列表框、复选框等。在 Word 中，我们也可以将这些具有特殊功能和效果的控件插入文档中。如下图所示都是可以插入 Word 文档中的控件。合理地利用开发工具中的一些功能或编写相应的程序代码，可使这些控件具备各种强大的作用。

这是一个文本框

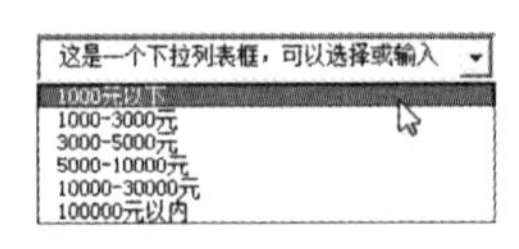

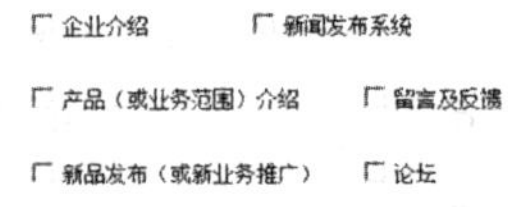

提交调查表

4. 宏与代码

在 Word 中宏是一种批处理的称谓，就是能组织到一起作为一个独立的命令使用的一系列 Word 命令。在 Word 中可以通过录制或编写代码的方式来创建宏命令。

录制宏，是将用户在 Word 中所作的操作过程记录下来，自动转换为批处理命令，通常用于在 Word 中重复执行相同的操作，或将一些较复杂的过程保存起来，存放到模板中，方便模板使用者通过简单的方式调用。

编写代码是办公应用中较为高级的应用。在 Word 中编写代码时会启动 Visual Basic 编程环境。在该环境下，除了可以自行编写宏命令过程，还可以设计和开发 Word 中运行的应用程序，下图所示就是嵌入 Word 文档中的应用程序界面。

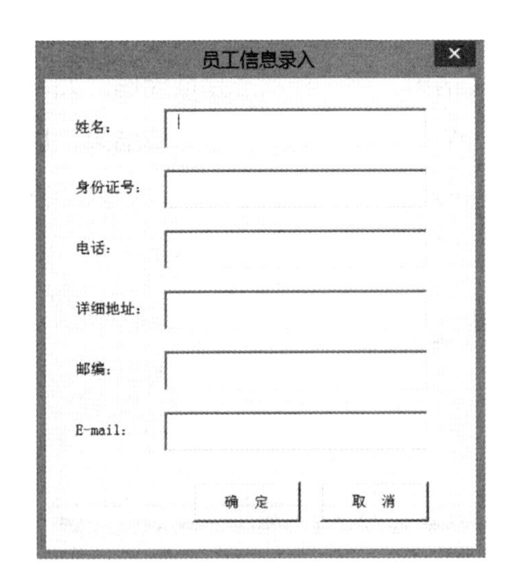

货币转换器

1美元= 6.1555 人民币

计算： 美元= 人民币

5. 限制编辑

通过限制编辑功能可以限制文档阅读者或修改者的操作，例如，不允许文档查阅人修改文档内容；允许修订人添加批注和修订，但不允许修改内容；允许查阅人调整文档格式但不允许修改内容；或者只允许文档编辑者对文档中局部内容进行修改等。这些限制编辑的功能，可以更好地帮助我们多人协作，让分工更明确，工作更轻松，并且还可避免由于不同人员的误操作相互造成影响。

当我们限制文档时，可以设置一个只有自己才知道的密码，如果需要取消对文档的限制，需要输入该密码。

通过前面知识要点的学习，主要让读者认识和掌握 Word 文档的高级排版技巧和多人协同编辑文档的相关技能与应用经验。下面，针对日常办公中的相关应用列举几个典型的案例，给读者讲解在 Word 中编辑文档的一些高级思路、方法及具体操作步骤。

5.1 制作应收账款询证函

◇ 案例概述

企业询证函是企业在财产清查中为了核实往来款项的真实性而寄送往来单位的一种核对函件。查询是审计人员对有关人员进行书面或口头询问以获取审计证据的方法。函证是指审计人员为印证被审计单位会计记录所载事项而向第三者发函询证的一种方法。通常，在企业财产清查时，会向许多有财务往来的企业或单位发出询证函。本例将利用 Word 中的邮件合并功能，批量创建询证函，完成后的效果如下图所示。

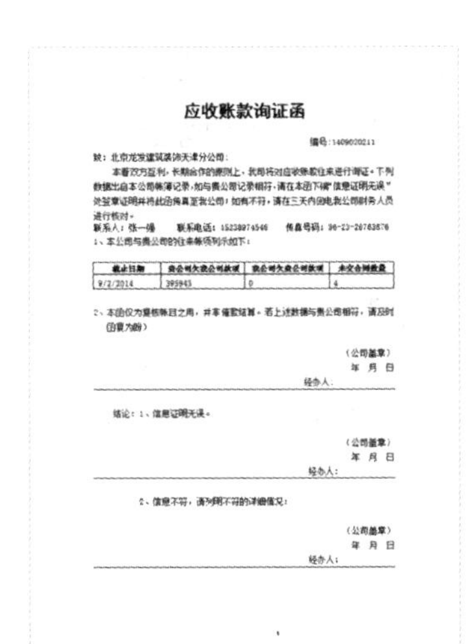
应收账款询证函

编号：1409020211

（公司盖章）
年 月 日
经办人：

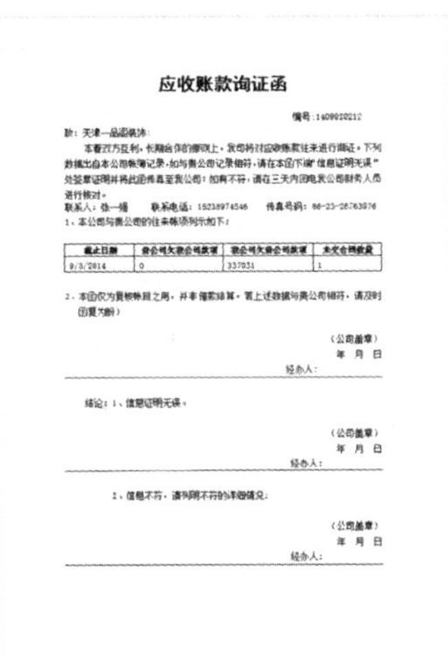
应收账款询证函

编号：1409020212

（公司盖章）
年 月 日
经办人：

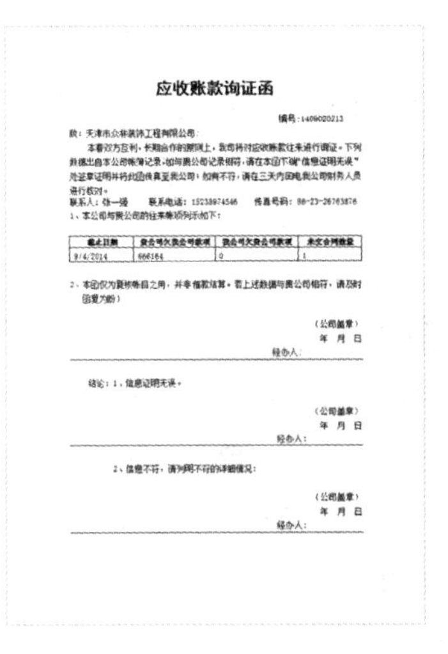
应收账款询证函

编号：1409020213

（公司盖章）
年 月 日
经办人：

	素材文件：无
	结果文件：光盘\结果文件\第5章\案例01\询证函邮件合并.docx、询证函模板.docx、询证函数据表.xlsx
	教学文件：光盘\教学文件\第5章\案例01.mp4

◇ 制作思路

在 Word 中制作应收账款询证函文档的流程与思路如下所示。

制作原始数据：使用邮件合并功能之前，需要提供原始的主文档，和需要作为域进行替换的内容，因此需要准备好主文档和数据源。

使用邮件合并数据：将原始数据准备齐全后，就可以使用邮件合并功能将数据源中的数据导入主文档中，再合并域批量生成各应收账款询证函内容。

◇ 具体步骤

办公应用中经常需要使用内容大致相同的一些文档，我们除了可以使用模板文件的方法来制作外，有些文档还可以通过邮件合并的功能快速生成。例如，应收账款询证函中的内容大同小异，我们可以先将相同的内容统一制作出来，然后将不同的内容罗列到表格中，再通过邮件合并功能来快速填写到询证函中预留的位置。

5.1.1 创建询证函主文档

制作合并邮件，首先需要编辑一个主文档。主文档是合并邮件中的主体，它是除了那些个别不同部分之外的公共部分。本例中要向其他企业或单位发出询证函，首先可以根据询证函的基本格式创建出相应的主文档模板，然后应用模板为不同企业和单位快速创建询证函。

第1步：制作文档标题。

❶ 新建一个空白文档，将其以“询证函模板”为名保存；❷ 在文档中输入标题文字内容；❸ 设置标题段落居中对齐，字体为“黑体”，字号为“小一”并加粗，如下图所示。

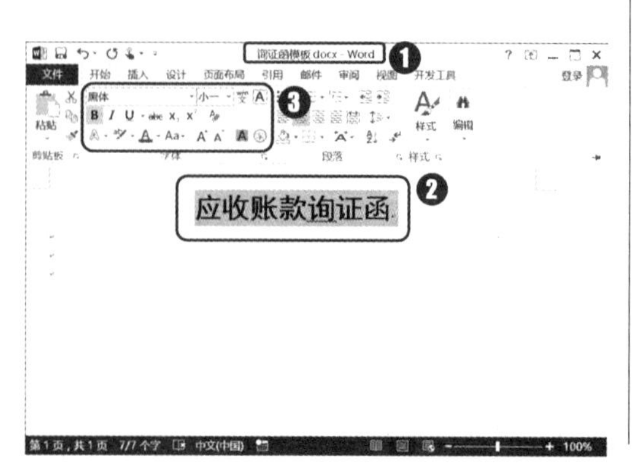

第2步：输入正文内容并设置格式。

❶ 在标题文字下方录入询证函正文内容；❷ 设置正文字体为“宋体”，字号为“小四”，如下图所示。

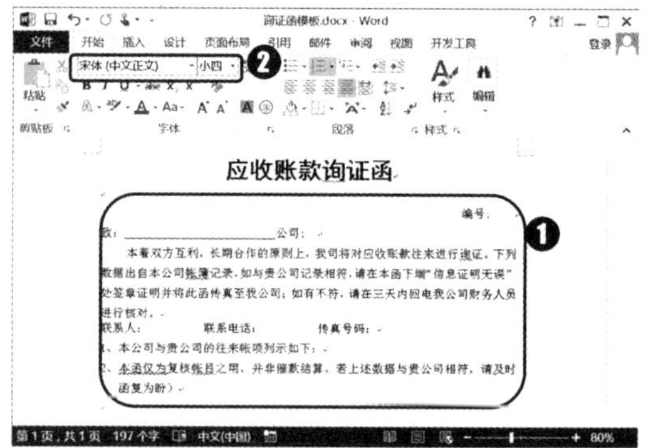

第3步：插入表格。

在询证函中第 1 点下方插入一个两行四列的表格，如下图所示。

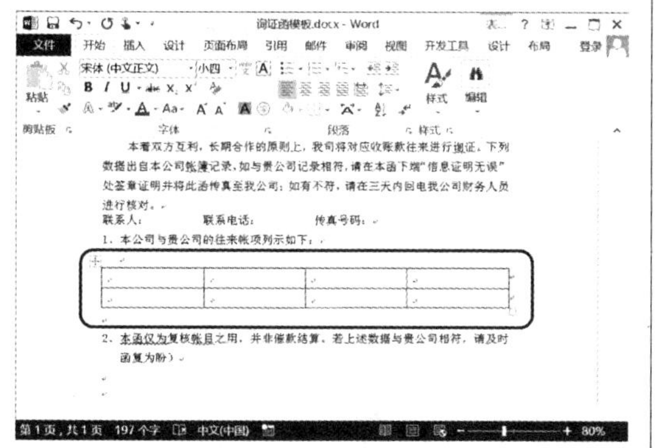

第4步：输入正文内容并设置格式。

❶ 在标题文字下方录入询证函正文内容；❷ 设置正文字体为“宋体”，字号为“小四”，如下图所示。

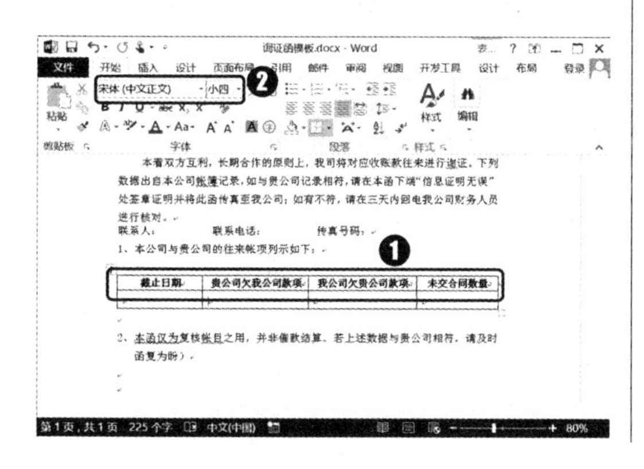

第5步：制作公司盖章栏。

❶ 在文档末尾添加“公司盖章”等文字内容，并设置段落对齐方式为右对齐；❷ 选择公司盖章栏中的段落，单击“开始”选项卡中的“边框”下拉按钮；❸ 在弹出的下拉菜单中选择“下框线”命令，如下图所示。

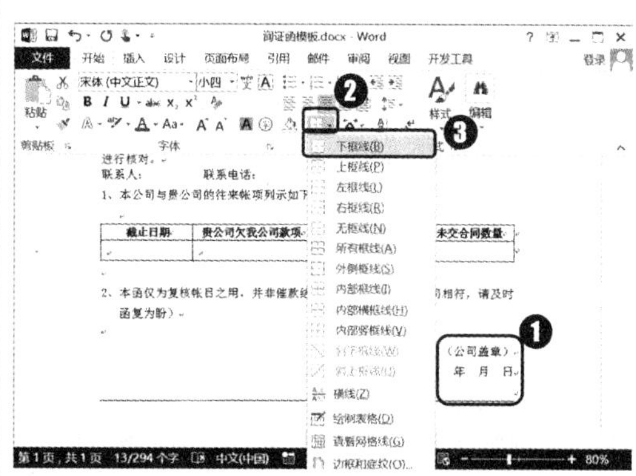

第6步：添加结构栏内容。

用与上一步相似的方式，在文档最后添加“结论”部分内容，如下图所示。

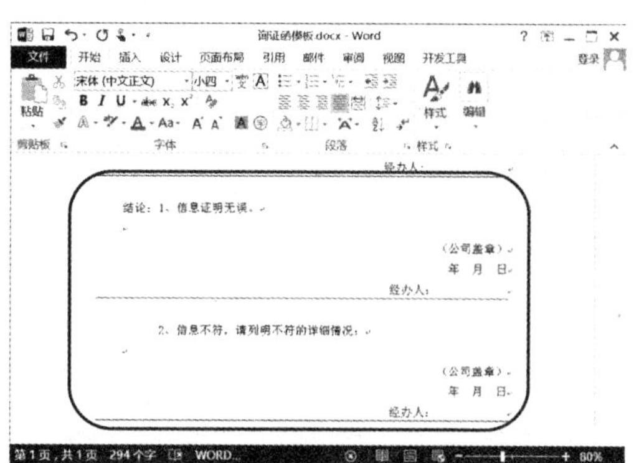

5.1.2 批量创建询证函

制作好文档后，还需要制作数据源文档。数据源文档需要制作成一个表格，将关键字以列排列，在各行中输入要插入主文档的内容。本例中针对不同询证对象，询证的内容不相同，询证函中需要填写不同的公司名称、往来账等信息，我们可以应用 Excel 创建好询证函数据表。

在制作好邮件合并主文档与数据源文档后，就可以将数据源文档中的数据添加到主文档中了。本例中应用邮件合并将数据添加到询证函模板文档中，快速为不同企业或单位生成询证函的具体操作步骤如下。

第1步：创建询证函数据表。

❶ 启动 Excel 软件，在新工作簿中创建如下图所示的数据表；❷ 将文件保存为“询证函数据表”，然后关闭工作簿。

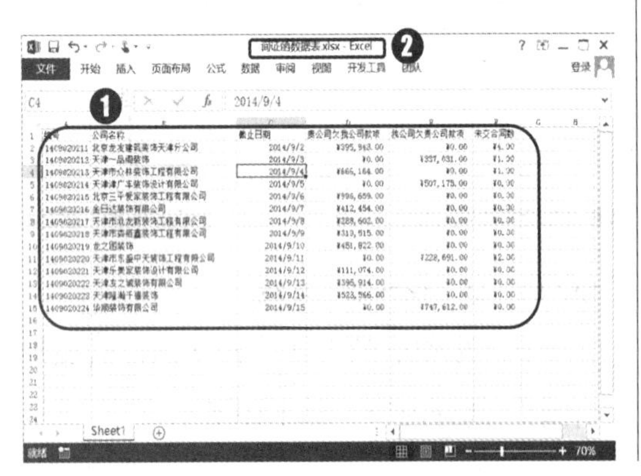

第2步：开始邮件合并。

❶ 在 Word 软件中将“询证函模板”文件另存为“询证函邮件合并”；❷ 单击“邮件”选项卡中的“选择收件人”按钮；❸ 在弹出的下拉菜单中选择“使用现有列表”命令，如下图所示。

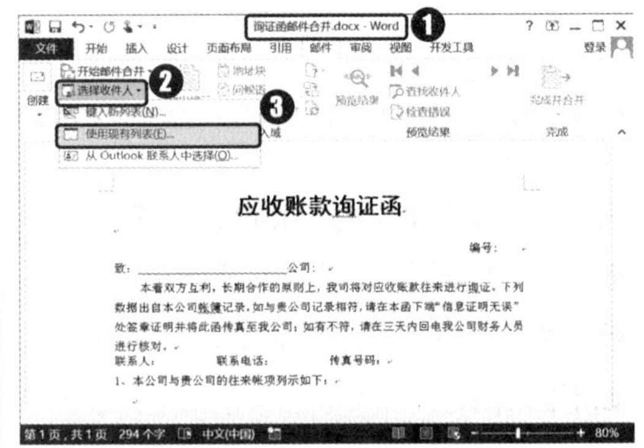

数据源

数据源又叫收件人列表，可以是由 Word、Excel 或 Access 制作的表格，表格的每一列对应一个列标题，如姓名。而每一行则为一条具体的数据记录，称为域或标签。表格的首行必须包含标题行，其他行必须包含要合并的记录。

第3步：选择收件人。

❶ 在打开的对话框中选择“询证函数据表”文件，单击“打开”按钮；❷ 在“选择表格”对话框中单击“确定”按钮，如右图所示。

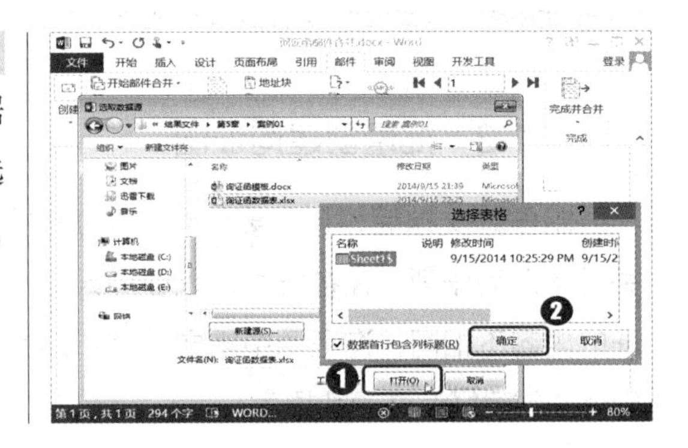

第4步：插入编号合并域。

❶ 选择标题文字下方"编号"文字后的空白内容；❷ 单击"邮件"选项卡中的"插入合并域"下拉按钮；❸ 在弹出的下拉列表中选择"编号"选项，如下图所示。

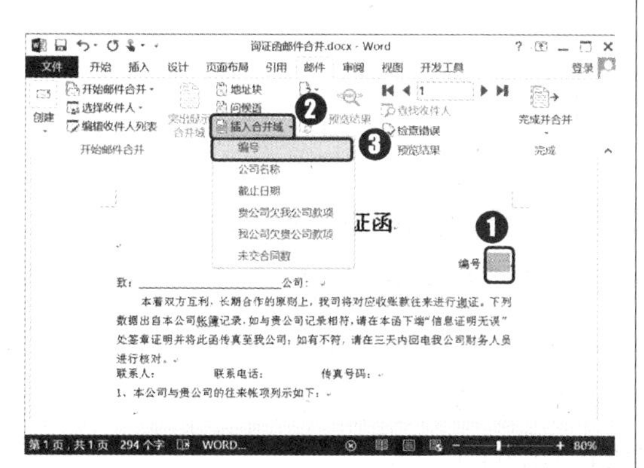

第5步：选择公司名称合并域。

❶ 选择文字"致："后的下划线及文字；❷ 单击"邮件"选项卡中的"插入合并域"按钮；❸ 在弹出的下拉列表中选择"公司名称"选项，如下图所示。

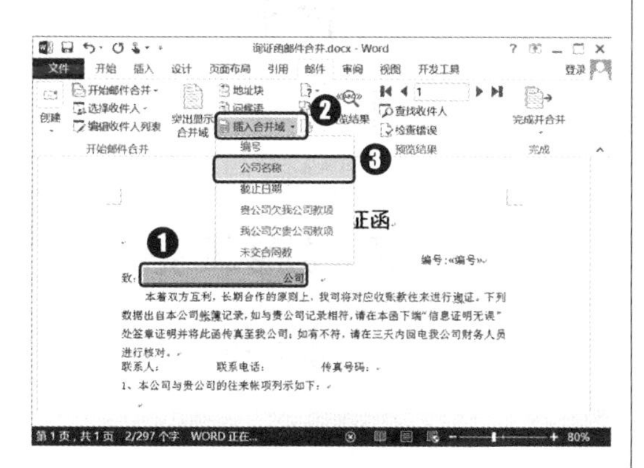

第6步：插入其他合并域。

使用相同的方法，在文档正文的表格中插入与标题行对应的合并域，完成后的效果如下图所示。

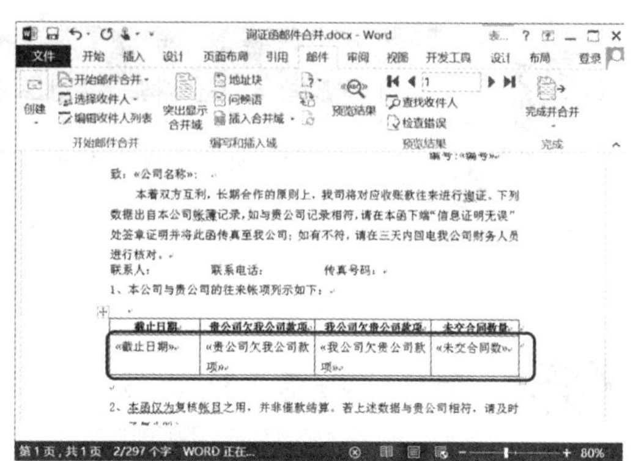

第7步：打印合并结果。

❶ 在文档内"联系人""联系电话"和"传真号码"后录入固定的联系人及联系方式；❷ 单击"邮件"选项卡中的"完成并合并"按钮；❸ 在弹出的下拉菜单中选择"打印文档"命令，如下图所示。

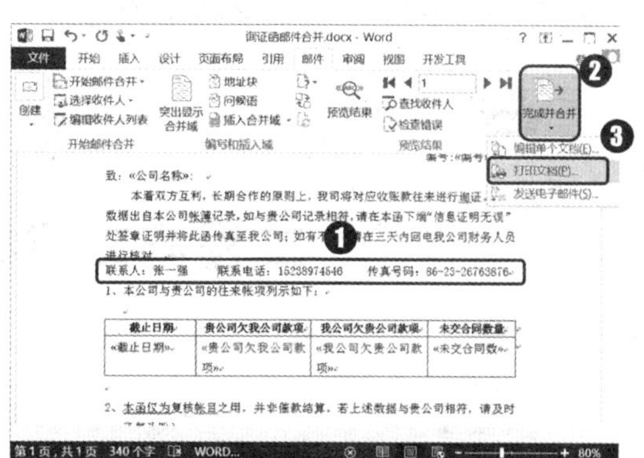

第8步：打印全部结果。

打开"合并到打印机"对话框，❶ 选中"全部"单选按钮；❷ 单击"确定"按钮，将所有合并数据分别打印为独立的文档，如下图所示。

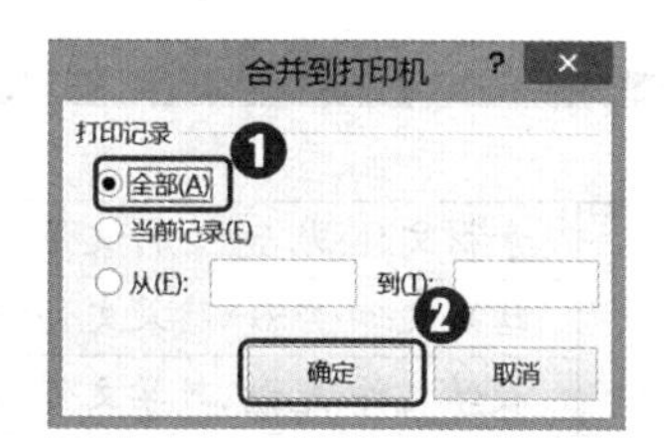

预览邮件

单击“邮件”选项卡中的“预览结果”按钮，可以预览邮件生成后的效果。

5.2 制作工程施工招标书

◇ 案例概述

招标书又称招标通告、招标启事、招标公告，它是招标过程中介绍情况、指导工作，履行一定程序所使用的一种实用性文书。招标书将招标主要事项和要求公告于世，从而吸引众多的投标者前来投标，最终利用投标者之间的竞争达到优选买主或承包方的目的。招标书一般都通过报刊、广播、电视等大众传媒公开。在整个招标过程中，它是属于首次使用的公开性文件，也是唯一具有周知性的文件。

比较审阅前后的“工程施工招标书”文档的效果如下图所示。

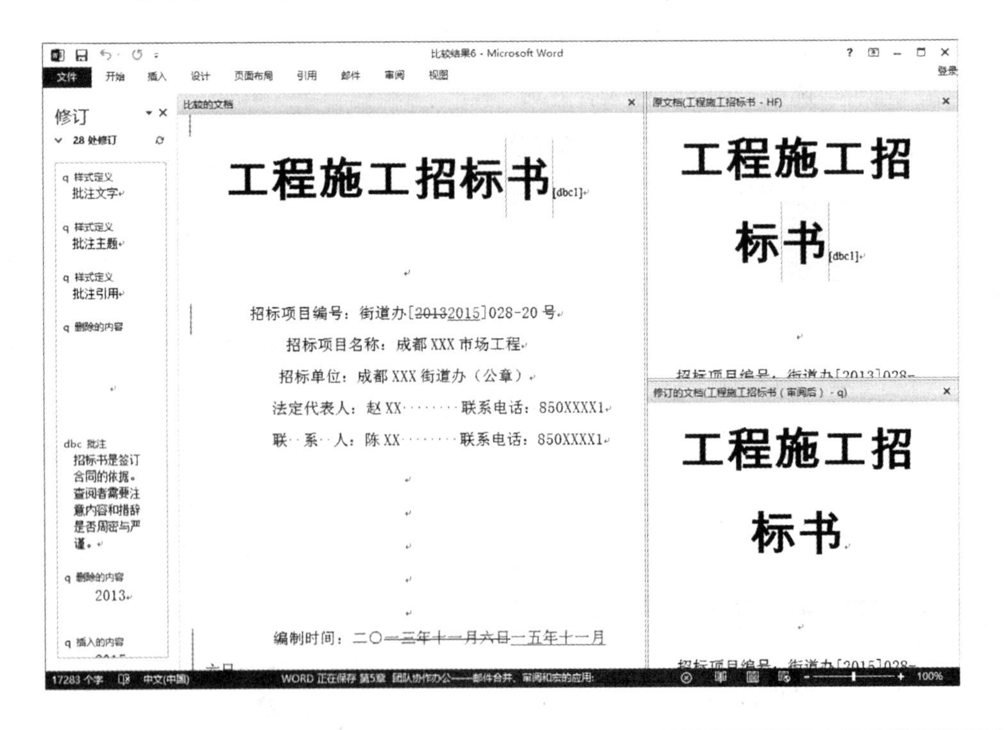

	素材文件:光盘\素材文件\第5章\工程施工招标书.docx
	结果文件:光盘\结果文件\第5章\案例02\工程施工招标书.docx
	教学文件:光盘\教学文件\第5章\案例02.mp4

◇ **制作思路**

在 Word 中制作和审阅招标书的流程与思路如下所示。

修订文档：文档编辑完成后，可以发送给上级或同事查看文档内容。他们在查看的过程中可能会有些修改，为了区别文档原作者的编辑内容，可以在修订状态下编辑。

审阅修订后的文档：他人修改文档内容后，一般还需要返回给文档制作者，由制作者再次确认这些意见是否有效，有效则进行相应的修改，否则直接删除意见即可。

◇ **具体步骤**

招标书写作是一项严肃的工作，制作时不仅具有一定的格式，而且内容在编制过程中应遵守法律法规，反映采购人的需求，还需要符合公正合理、公平竞争、科学规范的原则。因此，这类文档编辑完成后，常常还需要修订或审核内容，一个完整的文件需要经过多次的修订和审核才能得到一个较为满意的效果。本例将以招标书的修订及审核为例，为读者介绍 Word 中的修订和审阅功能。

5.2.1 修订招标书

通常工程施工招标书的制作需要多人多次修订才能完成，本小节将介绍文档内容的修订过程和方法。

第1步：执行“拼写和语法”命令。

打开素材文件“工程施工招标书”，单击“审阅”选项卡“校对”组中的“拼写和语法”按钮，如下图所示。

第2步：查看和分析错误内容。

打开“语法”任务窗格，在其中的列表框中显示出了系统发现的第一条错误信息，提示存在输入错误或特殊用法，如下图所示，分析后得知实际上是“公正处”中“正”字使用有误。

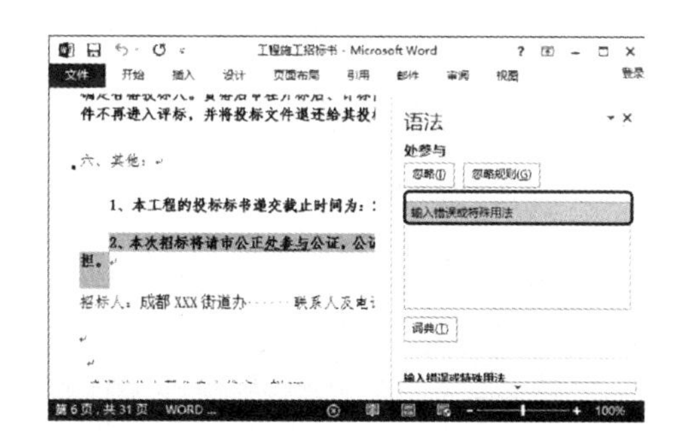

第3步：修改错误。

❶ 在文档中选择要修改的文字“正”并输入正确的文字“证”；❷ 单击“语法”任务窗格中的“恢复”按钮即可修改当前的错误，如下图所示。

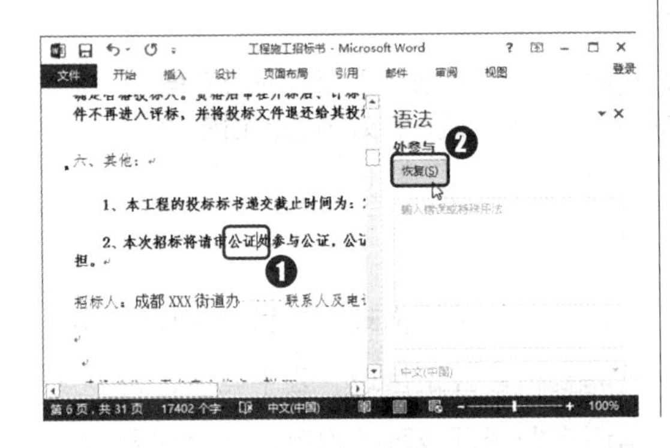

第4步：忽略错误。

经过上步操作后，“语法”任务窗格中将显示出系统发现的文章中第二处错误内容，即“价材料”，提示存在输入错误或特殊用法，此时不需要对该错误进行更改，故单击“忽略”按钮，如下图所示。

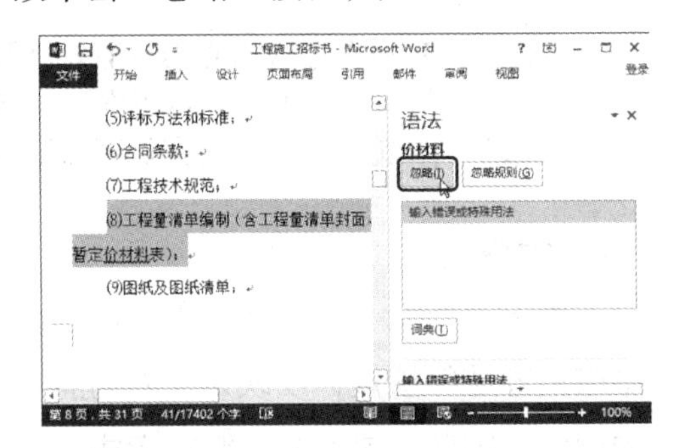

语法检查的不足之处

Word 只能识别常规的拼写和语法错误，对于一些特殊用法也可能会识别为错误，此时需要用户自行决定是否修改。

第5步：查看其他错误。

经过上步操作后，“语法”任务窗格中将显示出系统发现的文章中第 3 处错误内容，即“函部分”，应用相同的方法查看和分析错误内容并确定是忽略错误还是修改错误，单击“忽略”按钮继续查看其他查找出的错误内容，如下图所示。

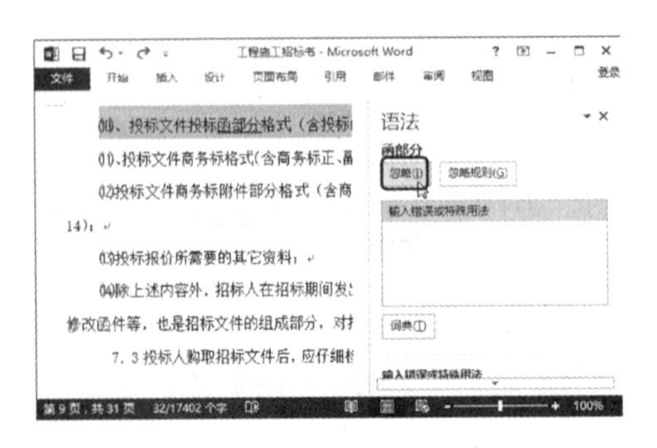

第6步：完成语法检查。

检查完毕后，会自动关闭“语法”任务窗格，并打开提示对话框，单击“确定”按钮即可，如下图所示。

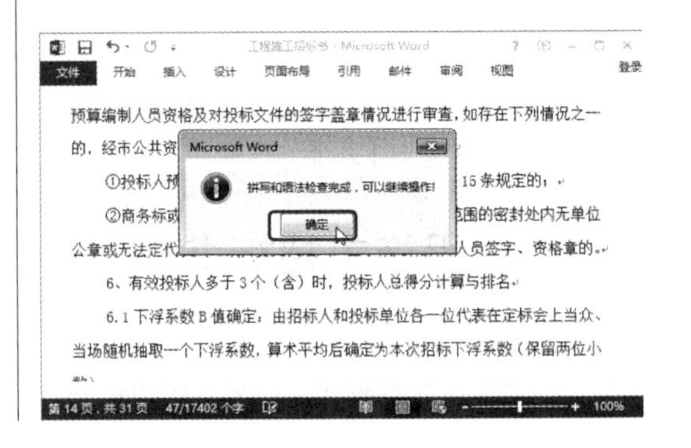

第7步：执行“新建批注”命令。

❶ 将文本插入点定位在要添加批注进行说明的文字内容后；❷ 单击“审阅”选项卡“批注”组中的“新建批注”按钮，如下图所示。

第8步：输入批注内容。

经过上步操作，在文档窗口右侧将显示批注框，且文本插入点会自动定位到批注框中，❶ 输入批注的文本内容；❷ 单击文档中任意位置确认输入的批注内容，如下图所示。

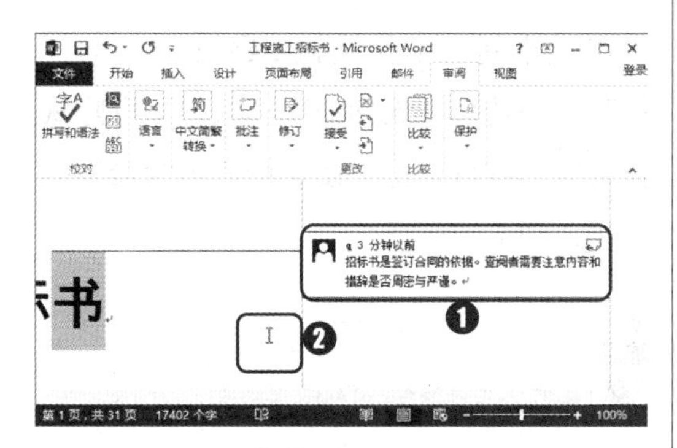

第9步：开启修订状态。

单击“审阅”选项卡“修订”组中的“修订”按钮，进入修订状态，如下图所示。

第10步：设置字体格式。

❶ 选择需要编辑内容；❷ 在“开始”选项卡中设置字号为“四号”，如下图所示。

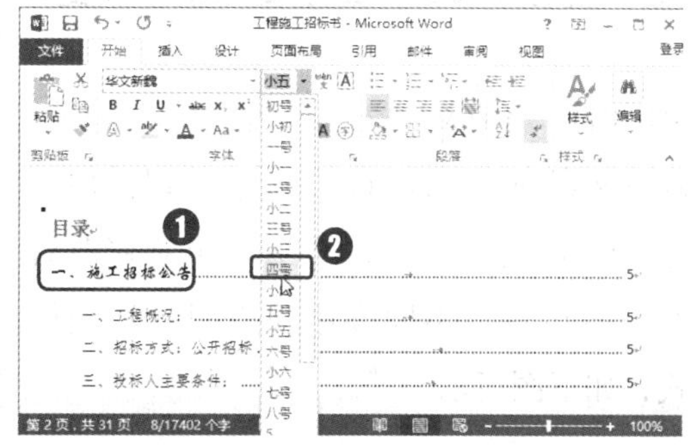

第11步：选择标记的显示方式。

经过上步操作后，可以发现在修订状态下编辑字体格式后，将在文档页面的左侧显示一条直线。❶ 单击单击“审阅”选项卡“修订”组中的列表框右侧的下拉按钮；❷ 在弹出的下拉列表中选择“所有标记”选项，如下图所示。

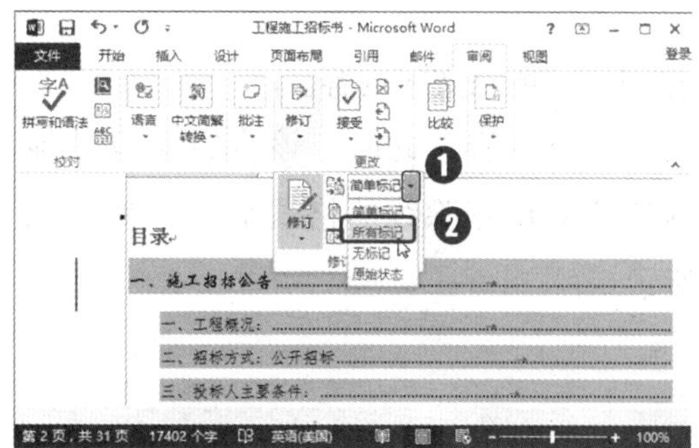

第12步：查看修订内容。

经过上步操作后，将在文档页面的右侧显示出具体的修订内容，如下图所示。

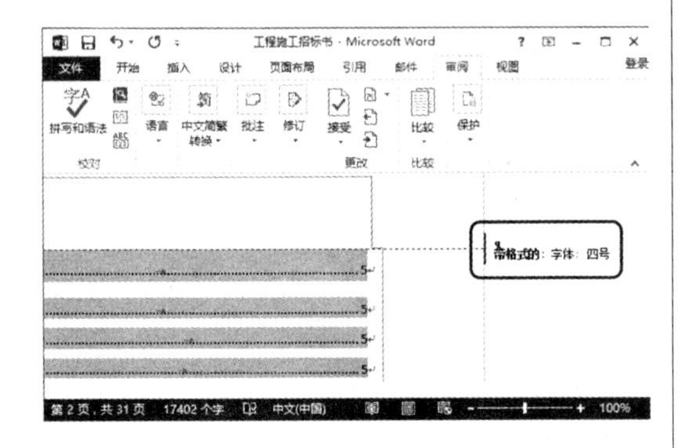

第13步：修改文字。

修改文章内容，此时，原内容将以其他颜色且应用删除线的格式显示，并将修改后的内容显示为不同颜色并应用下划线格式，如下图所示。

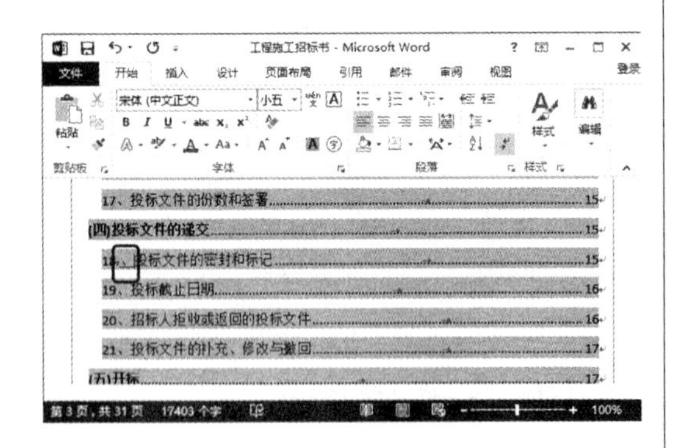

第14步：删除文字内容。

删除文章内容，此时，该内容将以其他颜色并应用删除线的格式显示，如下图所示。

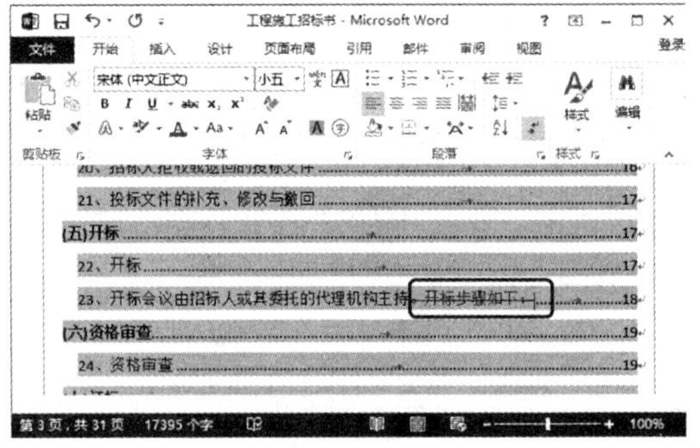

第15步：修改其他内容。

用与编辑普通内容相同的方法修改文章中的内容，如下图所示。

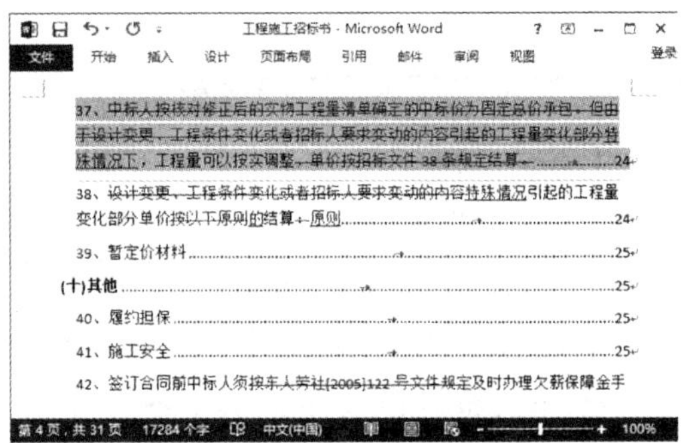

第16步：隐藏修订标记。

❶ 单击“审阅”选项卡“修订”组中的“显示以供审阅”下拉按钮；❷ 在弹出的下拉列表中选择“无标记”选项，即可隐藏修订时的修订标记，使文档显示为最终的效果，如下图所示。

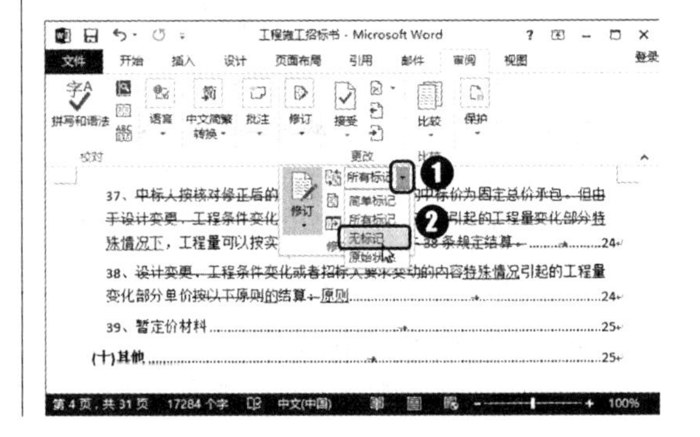

标记的不同类型

通过单击“修订”组中的“显示标记”下拉按钮，在弹出的下拉菜单中可选择或取消选择要显示的标记类型，包括“批注”“墨迹”“插入和删除”“设置格式”等。

5.2.2 审阅招标书

当其他用户修订文档内容后，可能需要再次审阅该文档中的修订，以确定是否同意该用户对文档的各种修改。下面就来审阅修订后的“工程施工招标书”文档，具体操作如下。

第1步：显示“修订”窗格。

❶ 将前面制作的文档以“工程施工招标书（审阅后）”为名另存；❷ 单击“审阅”选项卡“修订”组中的“审阅窗格”下拉按钮；❸ 在弹出的下拉菜单中选择窗格的显示方式，如“垂直审阅窗格”，如下图所示。

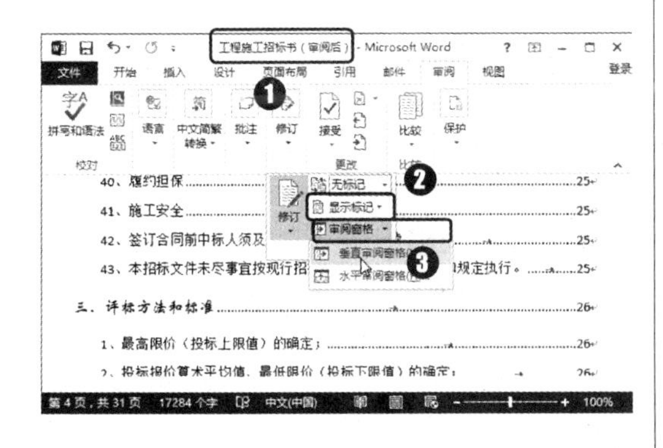

第2步：显示修订标记。

❶ 单击“审阅”选项卡“修订”组中列表框右侧的下拉按钮；❷ 在弹出的下拉列表中选择“所有标记”选项，即可显示出修订标记，如下图所示。

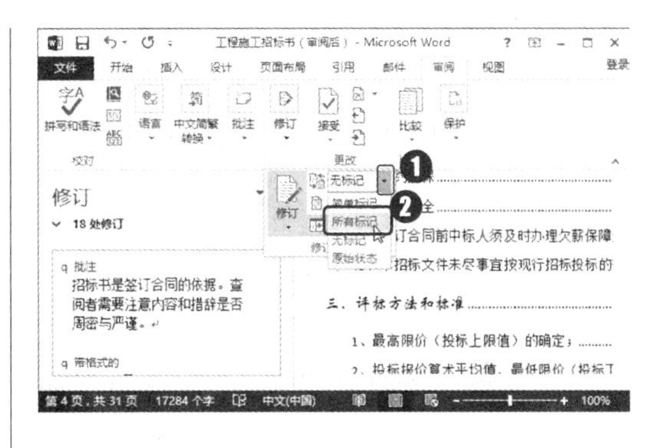

第3步：显示下一处修订。

单击“审阅”选项卡“更改”组中的“下一处修订”按钮，即可快速切换至下一处修订，如下图所示。

第4步：拒绝修订。

❶ 在浏览修订操作时选择要拒绝的修订项；❷ 单击“审阅”选项卡“更改”组中的“拒绝并移到下一条”按钮，即可拒绝该处的修订，恢复到修订前的效果，并删除该条修订记录，如下图所示。

第5步：接受修订。

❶ 在浏览修订操作时选择要接受的修订项；❷ 单击“审阅”选项卡“更改”组中的“接受并移到下一条”按钮即可，如下图所示。

第6步：接受其他修订。

如果确定剩余的修订项都需要接受，❶ 单击“更改”组中的“接受”按钮下方的下拉按钮；❷ 在弹出的下拉列表中选择“接受所有修订”选项，如下图所示。

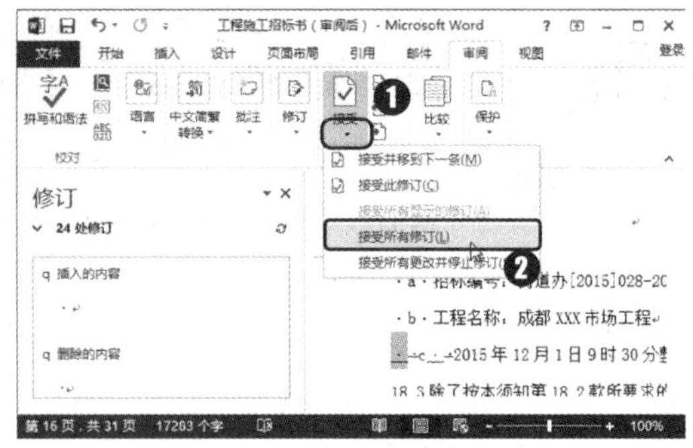

第7步：选择批注。

单击“批注”组中的“上一条”按钮或“下一条”按钮选择要删除的批注，如下图所示。

第8步：删除批注。

单击“批注”组中的“删除”按钮，即可将所选批注删除，如下图所示。

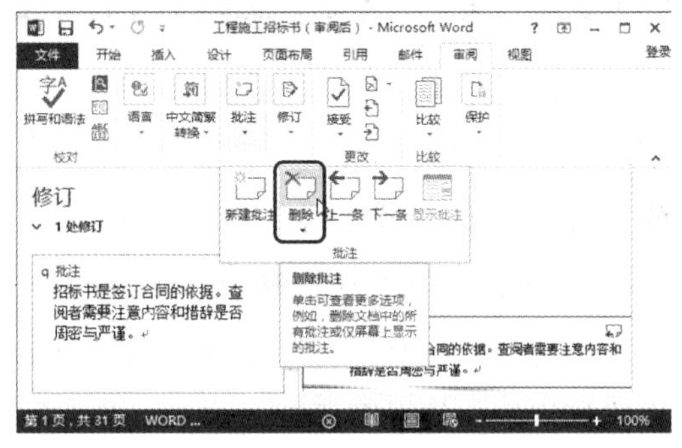

第9步：执行“比较”命令。

❶ 单击“比较”组中的“比较”按钮；❷ 在弹出的下拉菜单中选择“比较”命令，如下图所示。

第10步：选择要进行比较的文档。

打开“比较文档”对话框，❶ 在“原文档”下拉列表框中选择要进行比较的原始文档；❷ 在“修订的文档”下拉列表框中选择要比较的修订后的文档；❸ 单击“确定”按钮，如下图所示。

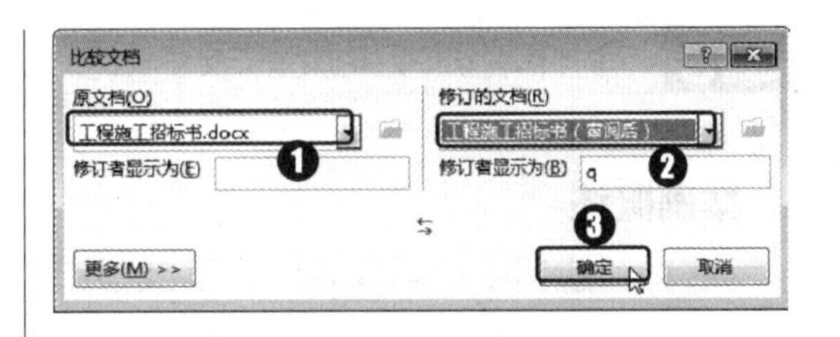

第11步：比较文档。

经过上步操作，将打开用于比较文档的新窗口，在该窗口中将显示出 3 个文档窗格，在主文档窗格中显示出文档修订状态的内容，在右上角的窗格中显示原文档的内容，在右下角的窗格中显示修订后的最终文档内容，在操作文档内容时，3 个窗格中的内容将同时变化，如下图所示。

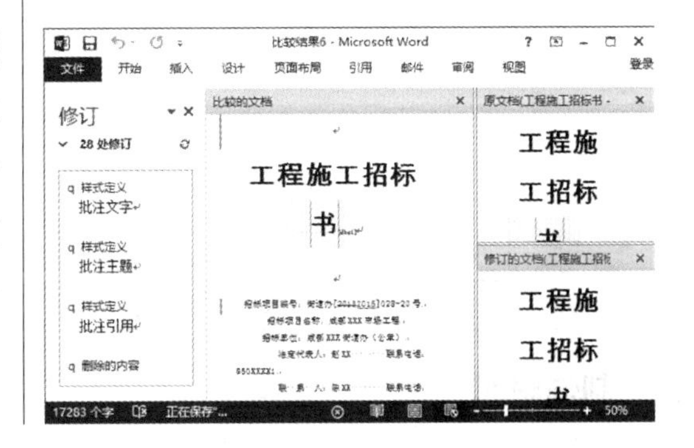

比较和合并文档

本例中采用的“比较”功能只能显示两个文档的不同部分。被比较的文档本身不变，比较结果会显示在自动新建的第 3 篇文档中。如果要比较多个审阅者所作的更改，则应选择“合并”选项，将多位作者的修订组合到一个文档中。

5.3 制作培训效果反馈表

◇ 案例概述

在办公应用中常常需要向员工或客户收集一些意见和信息，此时，我们通常会使用调查表、意见反馈表等文档。为使填表者更方便，如果条件许可，我们可以发电子版文档供大家填写，并且在文档中提供一些交互功能。本例将以培训效果反馈表为例，重点讲解 Word 中如何让办公实现自动化。本例完成后的效果如下图所示。

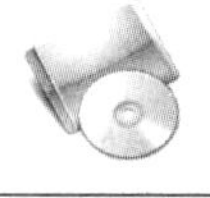	素材文件:无
	结果文件:光盘\结果文件\第5章\案例03\培训效果反馈表.dotm
	教学文件:光盘\教学文件\第5章\案例03.mp4

◇ 制作思路

在 Word 中制作培训效果反馈表的流程与思路如下所示。

应用控件设计文档：要制作调查表中的各种提问和选择答案等内容，首先需要插入相应的控件预留位置或答案。

为控件添加代码：插入有些控件后还不能实现自动选择操作，必须赋予相应的宏代码才能让单选按钮实现单选效果，让多选按钮实现多选效果等。

测试程序：编辑任何一个程序都是为了简化某些操作，编程结束后就应该测试成果是否达到了预期的效果。

◇ 具体步骤

在本案例中主要应用将文档存为启用宏的文件、插入文本框控件、选项按钮控件、复选框控件、组合框控件、命令按钮控件，以及添加组合框列表项目、利用选项按钮控制文档框状态、为按钮添加保存文件等功能。

5.3.1 在反馈表中应用 ActiveX 控件

ActiveX 控件是软件中应用的组件和对象，如按钮、文本框、组合框、复选框等。在 Word 中可以嵌入 ActiveX 控件，从而使文档内容更加丰富，同时可针对 ActiveX 控件开发程序，使 Word 文档也能具有复杂的功能。

第1步：新建文件并将文件保存为模板。

❶ 新建 Word 文档，保存文件，在打开的“另存为”对话框中设置保存类型为“启用宏的 Word 模板（*.dotm）”；❷ 设置文件名称为“培训效果反馈表”；❸ 单击“保存”按钮，如下图所示。

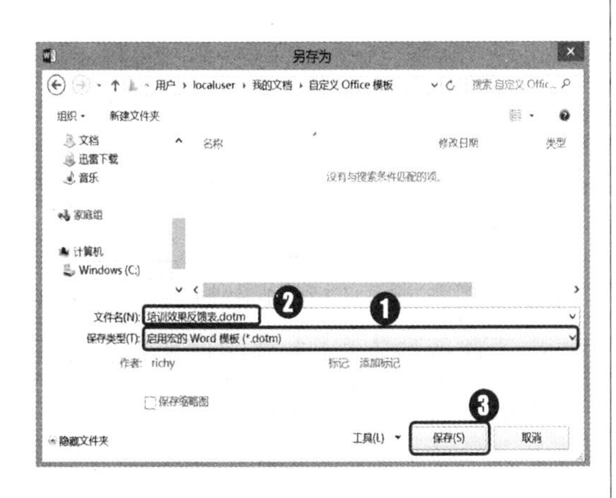

第2步：输入标题文字并设置字体。

❶ 在文档中输入标题文字，并选中该段文字；❷ 在“开始”选项卡中设置文字字体为“黑体”，字号为“二号”；❸ 设置段落格式为居中对齐，如下图所示。

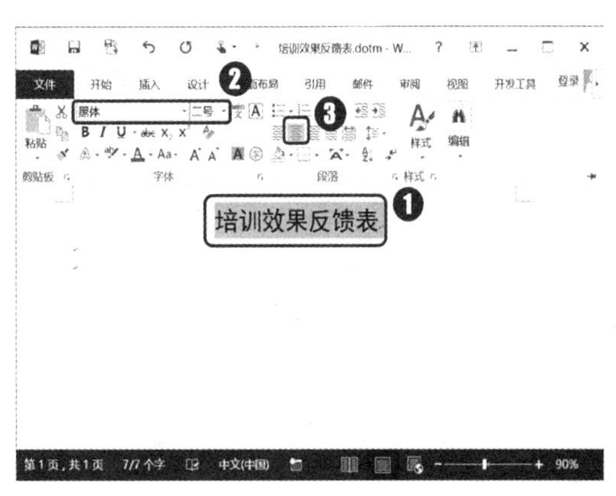

第3步：插入表格。

❶ 将文本插入点定位在标题文字下方；❷ 单击“插入”选项卡中的“表格”按钮；❸ 在弹出的下拉列表中拖动选择一个 6 列 5 行的表格，如下图所示。

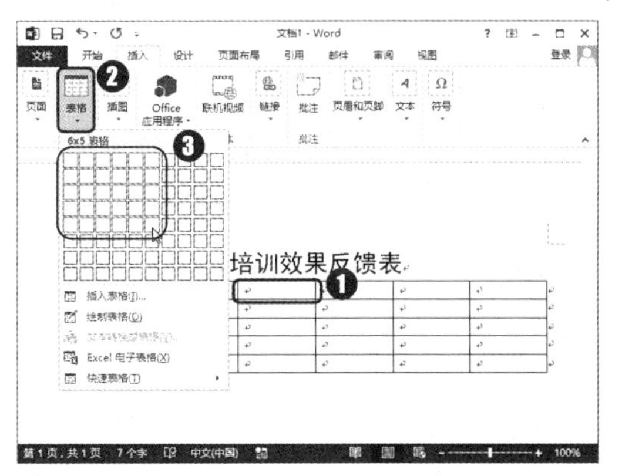

第4步：输入部分单元格内容。

❶ 在表格中输入部分单元格内容；❷ 设置这些文字的字体为“黑体”,字号为“小四”，如下图所示。

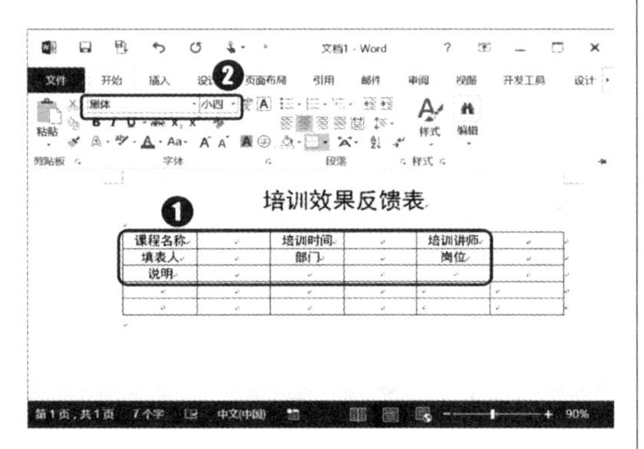

第5步：合并单元格。

合并“说明”单元格右侧的单元格，再分别合并最后两行中的第 3 个到第 5 个单元格，完成后的效果如下图所示。

第6步：绘制表格斜线。

❶ 单击“布局”选项卡“绘图”组中的“绘制表格”按钮；❷ 在“说明”下方的单元格中拖鼠标绘制出从左上到右下的表格斜线，如下图所示。

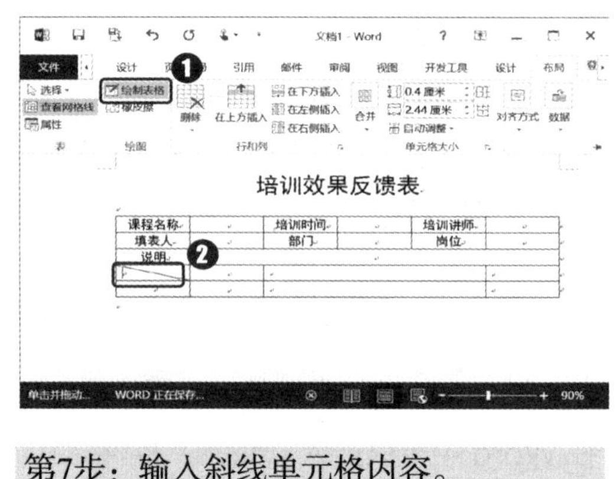

第7步：输入斜线单元格内容。

在斜线所在的单元格中需要输入右上和左下两部分内容，故在此处输入两行内容，并分别设置段落对齐方式的右对齐和左对齐，如下图所示。

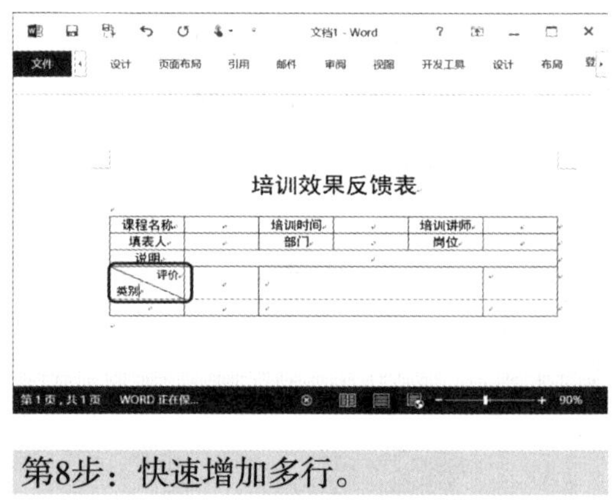

第8步：快速增加多行。

将文本插入点定位在表格最后一个单元格内，连续按【Tab】键增加多行，如下图所示。

第9步：输入评价内容项。

❶ 在“评价”行中输入单元格内容“序号”“评价内容”和“评分”；❷ 在“评价内容”列中输入各个评价内容项目，如下图所示。

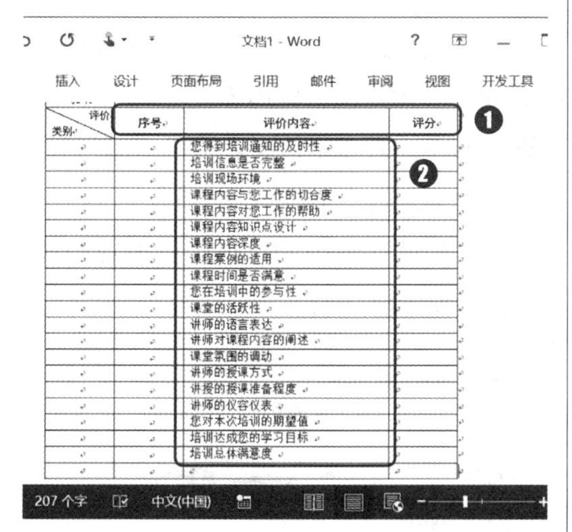

第10步：插入序号。

❶ 选择“序号”列中的所有单元格；❷ 单击“开始”选项卡中的“编号”按钮，如下图所示。

第11步：合并单元格并输入内容。

依次合并“类别”列中的第 1 个到第 3 个单元格、第 4 个到第 8 个单元格、第 9 个到第 11 个单元格、第 12 个到第 17 个单元格和第 18 个到第 20 个单元格，并分别输入单元格内容，如下图所示。

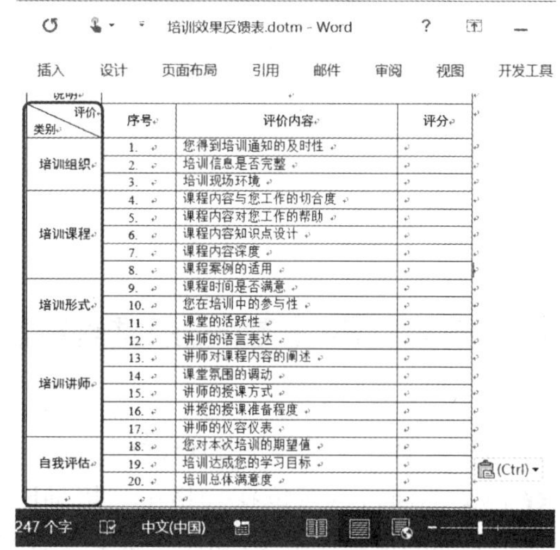

第12步：完善表格内容与结构。

❶ 在“说明”栏中录入说明内容；❷ 在表格最后一行增加“合计评分”项，如下图所示。

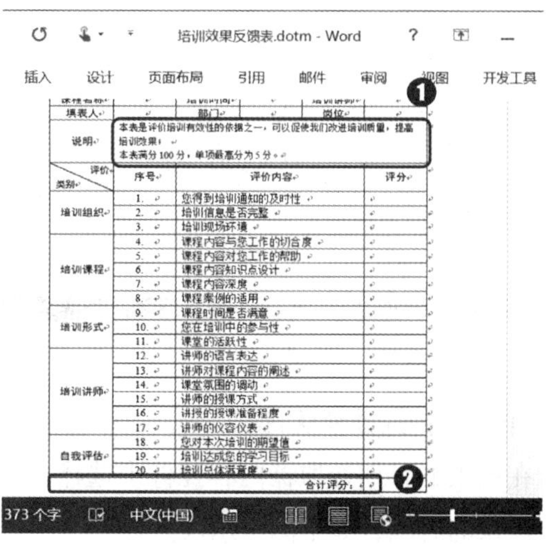

第13步：录入其他内容。

在表格后录入培训效果反馈表中需要的其他问题，如下图所示。

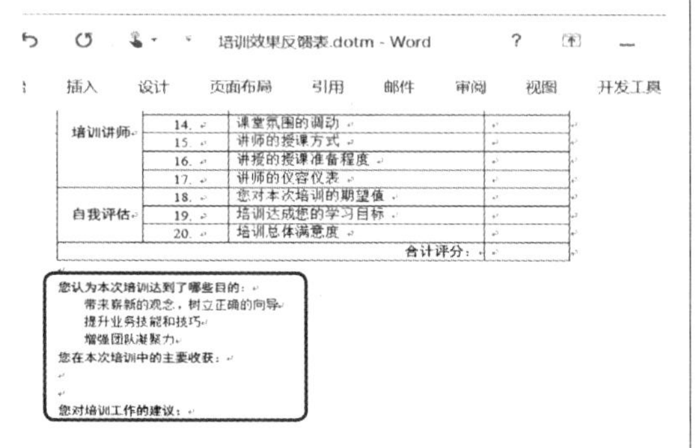

第14步：插入日期选项内容控件。

❶ 将文本插入点定位在表格中“培训时间”右侧的单元格中；❷ 单击“开发工具”选项卡“控件”组中的“日期选取器内容控件”按钮，如下图所示。

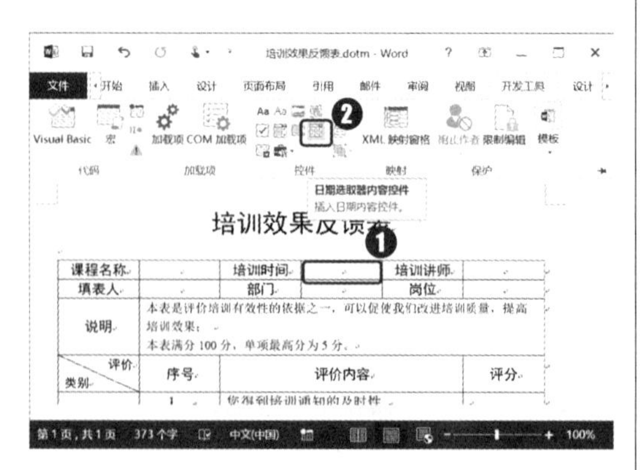

第15步：选择默认日期。

在插入的日期选取器内容控件中选择一个默认的时间，如下图所示。

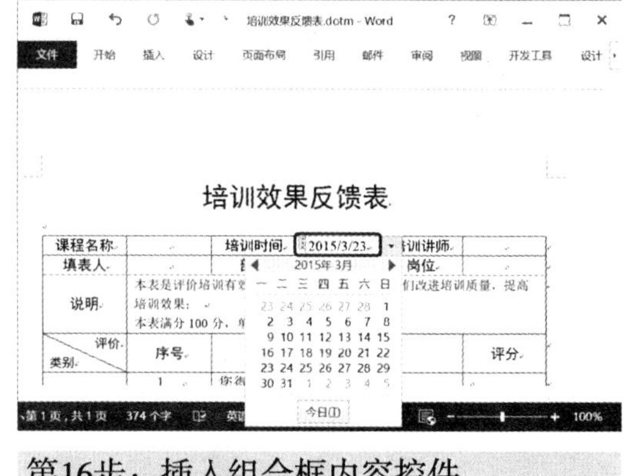

第16步：插入组合框内容控件。

❶ 将文本插入点定位在表格中“部门”右侧的单元格中；❷ 单击“开发工具”选项卡“控件”组中的“组合框内容控件”按钮，如下图所示。

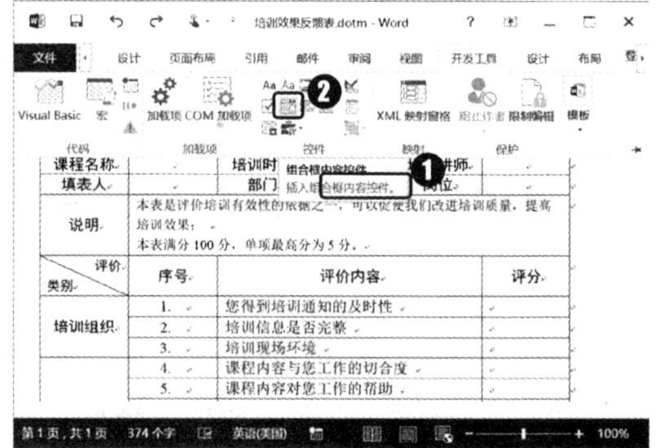

第17步：设置内容控件属性。

❶ 选择上一步插入的内容控件；❷ 单击“开发工具”选项卡“控件”组中的“属性”按钮，如下图所示。

第18步：设置下拉列表选项。

❶ 在打开的"内容控件属性"对话框的"下拉列表属性"列表框中添加部门列表项；❷ 单击"确定"按钮，如下图所示。

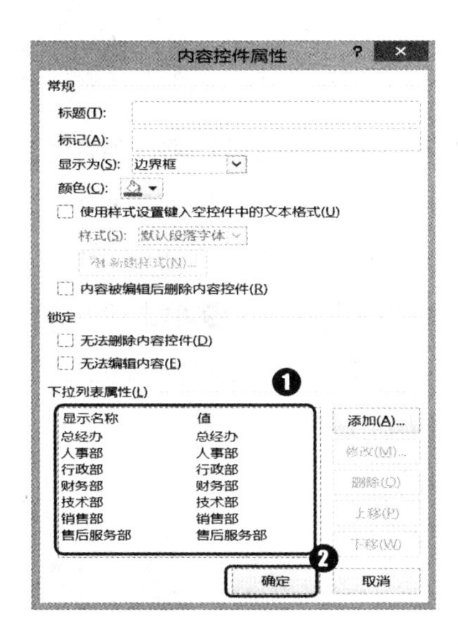

第19步：设置组合框内容控件默认内容。

选择组合框内容控件中的内容，输入文字内容"选择或输入"，并设置文字字体为"宋体"、字号为"五号"，如下图所示。

第20步：插入下拉列表内容控件。

❶ 将文本插入点定位在"评分"列中的第1个单元格；❷ 单击"开发工具"选项卡"控件"组中的"下拉列表内容控件"按钮，如下图所示。

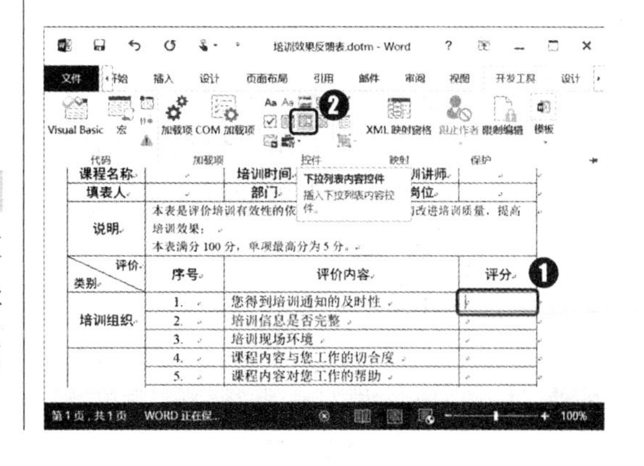

在代码中设置控件属性

在代码中要更改文档中某一控件属性，其格式为"对象.属性=值"，控件的大部分属性均可通过程序控制，从而可以利用程序使控件在不同的情况下有不同的效果。

第21步：设置下拉列表选项内容。

选择上一步插入的内容控件，单击“开发工具”选项卡“控件”组中的“属性”按钮；❶ 在打开的“内容控件属性”对话框的“下拉列表属性”列表框中添加评分列表项；❷ 单击“确定”按钮，如下图所示。

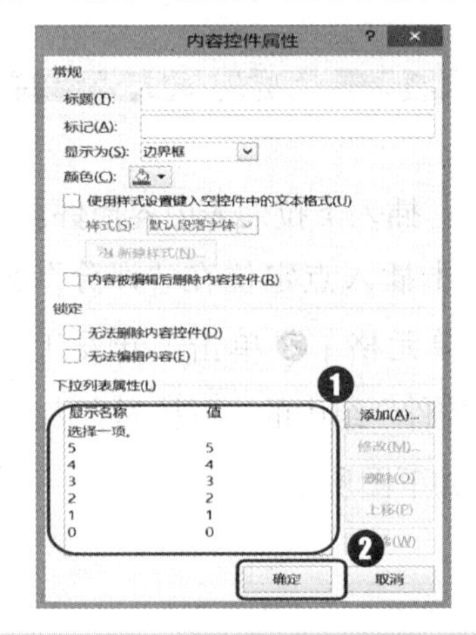

第22步：选择并复制内容控件。

将文本插入点定位在表格下拉列表内容控件中，单击控件左侧出现的标签图标，选择该控件，然后按【Ctrl+C】组合键复制控件，如下图所示。

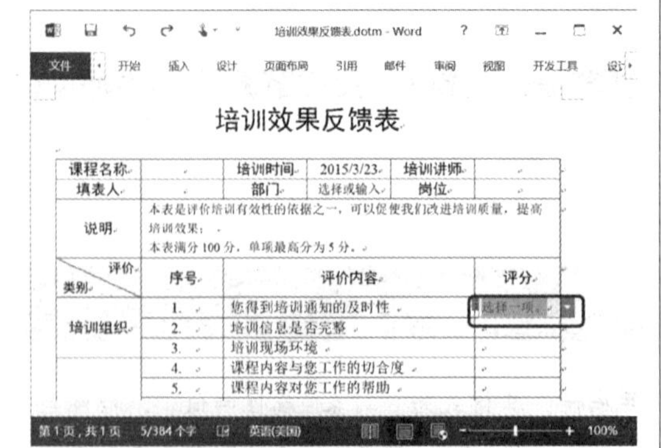

第23步：粘贴控件。

选择“评分”列中的第2个到第20个单元格，按【Ctrl+V】组合键粘贴复制的内容控件，如下图所示。

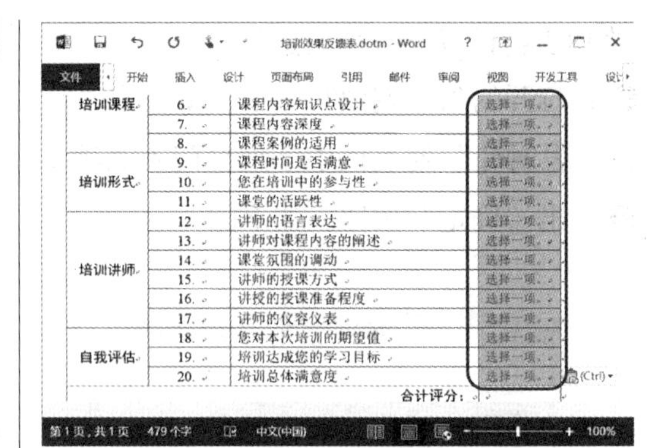

第24步：插入复选框内容控件。

❶ 将文本插入点定位在表格下方需要填表者勾选的内容前；❷ 单击“开发工具”选项卡“控件”组中的“复选框内容控件”按钮，如下图所示。

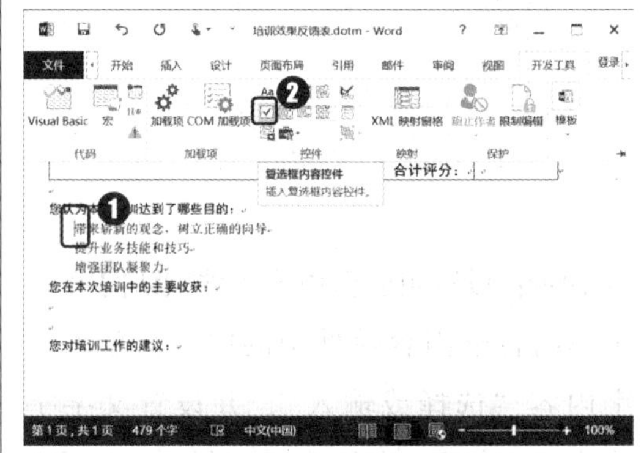

第25步：插入其他复选框内容控件。

用与上一步相同的方式在这一系列需要填表者选中的内容前插入复选框内容控件，如下图所示。

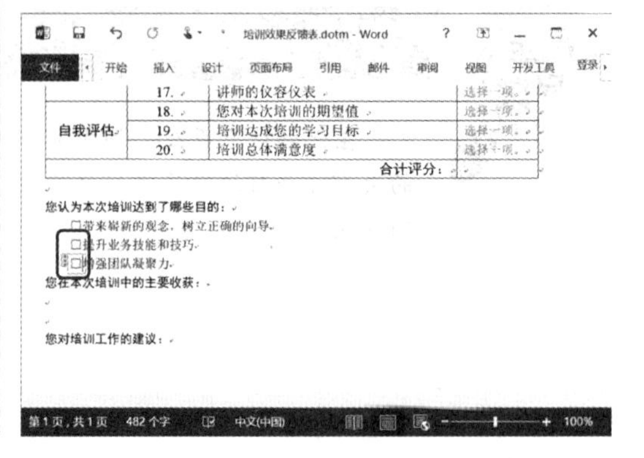

第26步：插入公式。

在表格中“合计评分”栏需要计算所有评分项的总和，❶ 将文本插入点定位在该单元格内；❷ 单击“表格工具 布局”选项卡“数据”组中的“公式”按钮，如下图所示。

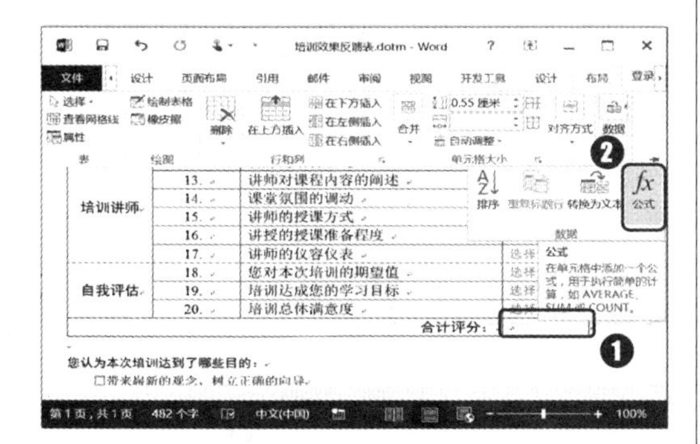

第27步：设置公式内容。

❶ 在打开的“公式”对话框“公式”文本框中输入“=SUM（ABOVE）”，用于计算上方单元格数值之和；❷ 单击“确定”按钮，如下图所示。

第28步：插入文本内容控件。

在所有需要填表人填写的位置均插入一个“格式文本内容控件”，设置文本内容控件中的文字为“请输入”，并设置控件内容的字体为“宋体”、字号为“五号”，如下图所示。

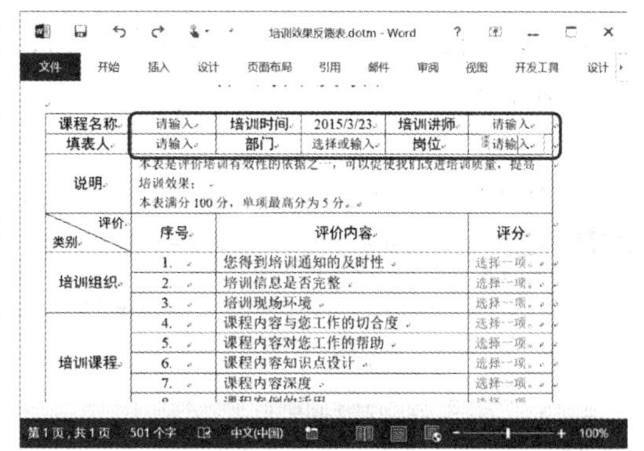

知识拓展 在 Word 表格中应用公式

在 Word 中的表格中，可以使用公式来完成一些表格数据的自动计算功能，而插入的公式实质上就是 Word 中的域代码。

Word 表格中可应用的公式与 Excel 中很相似，公式是“=”开头，公式中可以使用“+”“–”“*”和“/”符号来表示数学中的加、减、乘、除运算符，也可以使用内置的运算函数，如求和（sum）、计数（count）、求平均（average）等，另外，Word 中的公式函数中提供了表示计算方向的关键字，分别为 above（上）、below（下）、left（左）和 right（右），即表示公式从当前位置为结束位置，计算指定方向内的单元格中数据，如“=SUM（ABOVE）”，则表示计算公式所在位置上方所有单元格中的数值之和。

5.3.2 添加宏代码

宏实际上是指在 Microsoft Office 系列软件中集成的 VBA 代码，应用宏代码可以使 Word 文档的功能更加强大。例如，本例中要让调查表中的控件具有一些特殊的功能，则需要为控件添加宏代码。

第1步：录制宏。

Word 表格中的公式结构不会根据表格数据变化自动更新，需要在公式内容上单击鼠标右键，然后选择“更新域”命令才可更新。为方便填表者填写评分后可自动计算合计评分，可将更新公式结果的动作录制为宏命令：单击“开发工具”选项卡中“代码”组中的“录制宏”按钮，如下图所示。

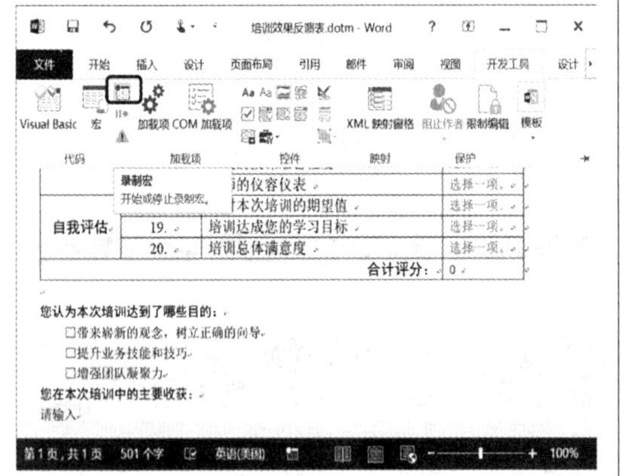

第2步：为控件添加代码。

❶ 在打开的“录制宏”对话框中输入宏名“updatefields”；❷ 在“将宏保存在”下拉列表框中选择“文档基于 培训效果反馈表 .dotm”选项；❸ 单击“确定”按钮，如下图所示。

第3步：录制更新域过程。

进入宏录制过程后，除 Word 中的功能按钮外，文档内的操作只可使用键盘进行：❶ 按【Ctrl+A】组合键全选文档，并单击鼠标右键；❷ 在弹出的快捷菜单中选择“更新域”命令，如下图所示。

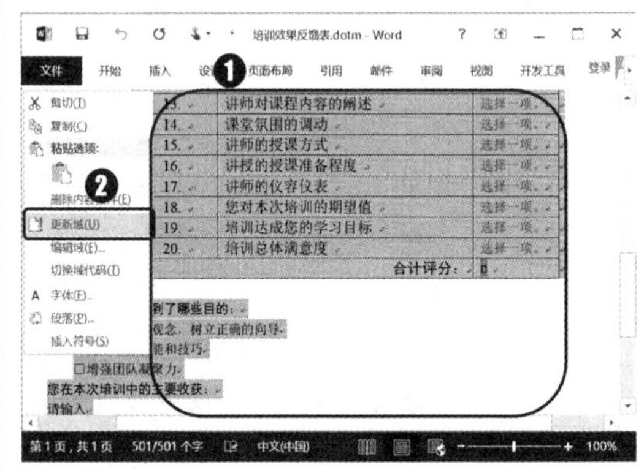

第4步：结束宏录制。

单击“开发工具”选项卡“代码”组中的“停止录制”按钮结束宏录制，如下图所示。

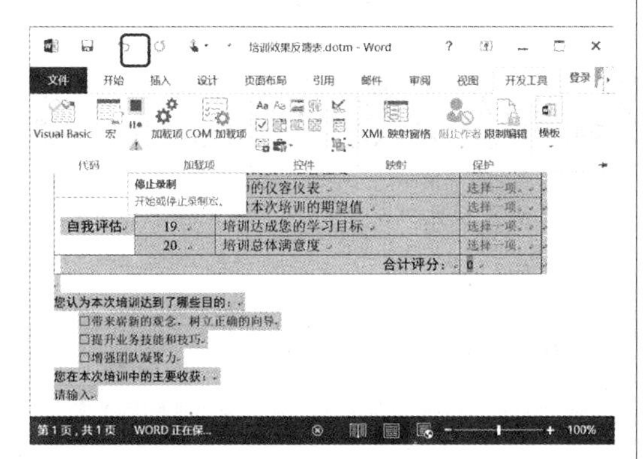

第5步：插入域。

将文本插入点定位在“合计评分”公式后，❶ 单击“插入”选项卡“文本”组中的“文档部件”按钮；❷ 在弹出的下拉菜单中选择“域”命令，如下图所示。

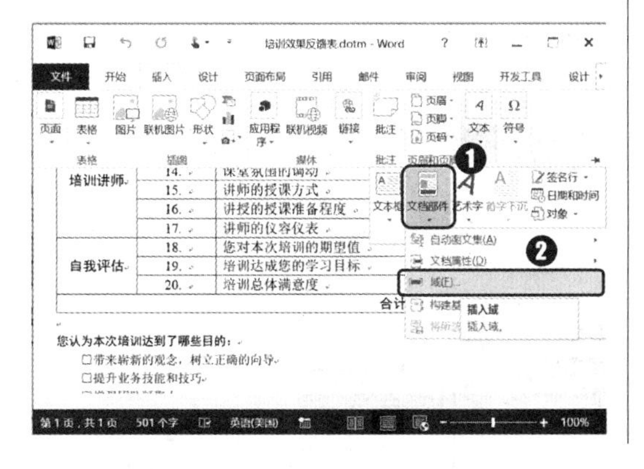

第6步：设置域代码功能。

❶ 在打开的“域”对话框中“域名”列表框中选择“MacroButton”选项；❷ 在“域属性”中设置显示文字为“双击重新计算”；❸ 在“宏名”列表框中选择刚才录制的宏命令“updatefields”；❹ 单击“确定”按钮，如下图所示。

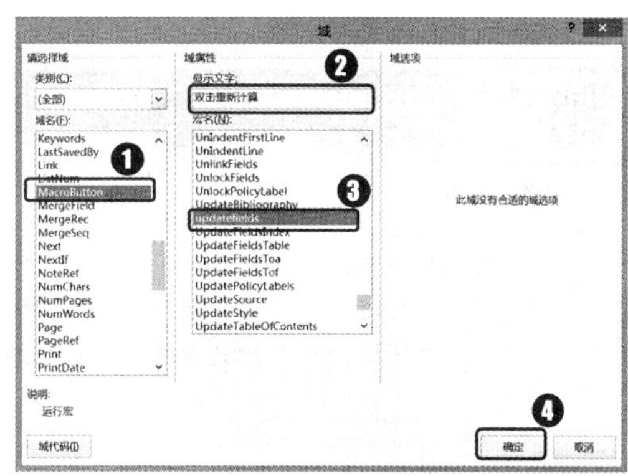

第7步：设置域按钮内容字体。

❶ 选择上一步插入的域文字；❷ 在“开始”选项卡中设置字体为“宋体”、字号为“小六”、文字颜色为“蓝色”，如下图所示。

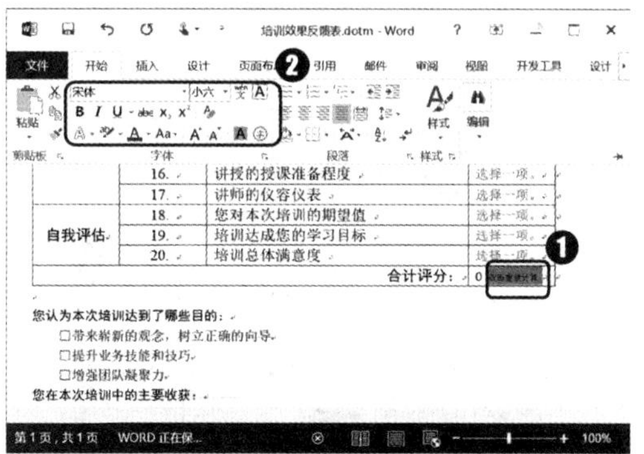

第8步：查看宏。

单击“开发工具”选项卡“代码”组中的“宏”按钮，如右图所示。

运用宏

在“宏”对话框中可以查看到当前应用的文档模板及当前打开的文档中已存在的自定义宏命令名称，如本例中之前录制的宏“autosave”。通过该对话框，可以运行这些宏命令，也可以创建宏命令，而编辑宏命令则会进入 Visual Basic 编辑软件环境，可进行更为高级的代码编辑和程序开发。

第9步：创建宏。

打开“宏”对话框，❶ 在“宏名”文本框中输入“autosave”；❷ 在“宏的位置”下拉列表框中选择“培训效果反馈表 .dotm（模板）”选项；❸ 在下方的“说明”文本框中输入说明文字；❹ 单击“创建”按钮，如下图所示。

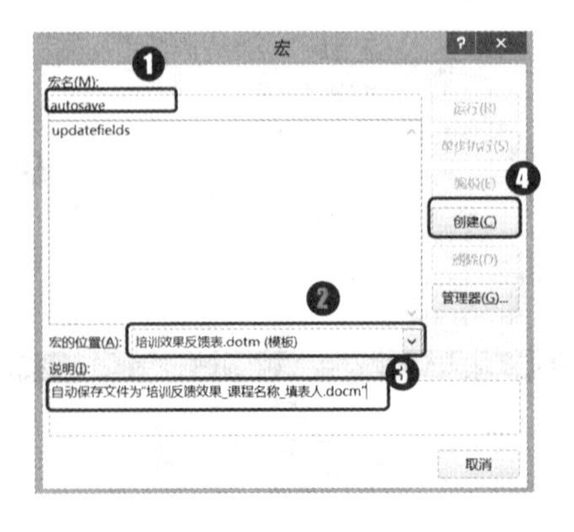

第10步：定义变量。

此时打开 VB 编辑器界面，在代码“Sub autosave（ ）”过程中录入下图所示的代码，分别定义两个用于保存课程名称和填表人的变量。

具体代码如下。

Dim lesson As String,

Dim student As String.

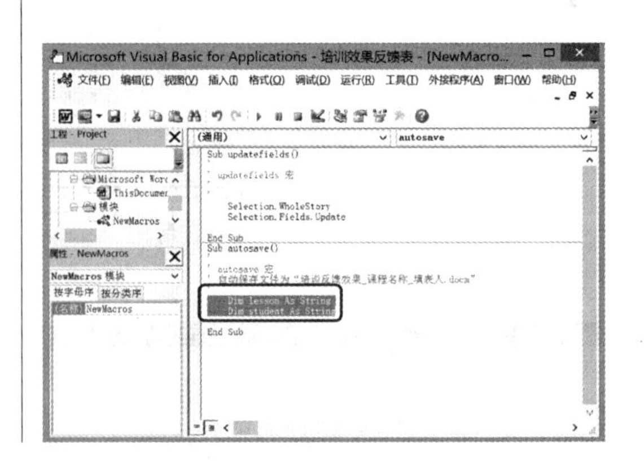

第11步：通过代码查找培训课程文字内容。

在上一步添加的代码后编写代码，查找文档中的文字“课程名称”。然后选择其右侧单元格的文字内容，将所选文字内容保存于变量“lesson”中，如下图所示，具体代码如下。

```
Selection.MoveUp Unit:=wdLine, Count:=1
  Selection.Find.ClearFormatting
  Selection.Find.Replacement.ClearFormatting
  With Selection.Find
    .Text = " 课程名称 "
    .Replacement.Text = ""
    .Forward = True
    .Wrap = wdFindContinue
    .Format = False
    .MatchCase = False
    .MatchWholeWord = False
    .MatchByte = True
    .MatchWildcards = False
    .MatchSoundsLike = False
    .MatchAllWordForms = False
  End With
  Selection.Find.Execute
  Selection.MoveRight Unit:=wdCell
  lesson = Selection.Text
```

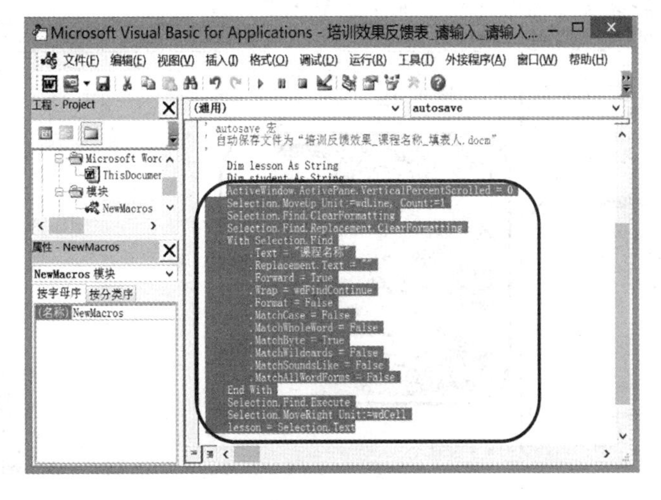

第12步：通过代码查找填表人文字内容。

在上一步添加的代码后编写代码，查找文档中的文字“填表人”，然后选中其右侧单元格的文字内容，将所选文字内容保存于变量“student”中，如下图所示，具体代码如下。

```
Selection.Find.ClearFormatting
  With Selection.Find
    .Text = " 填表人 "
    .Replacement.Text = ""
    .Forward = True
    .Wrap = wdFindAsk
    .Format = False
    .MatchCase = False
    .MatchWholeWord = False
    .MatchByte = True
    .MatchWildcards = False
    .MatchSoundsLike = False
    .MatchAllWordForms = False
  End With
  Selection.Find.Execute
  Selection.MoveRight Unit:=wdCell
  student = Selection.Text
```

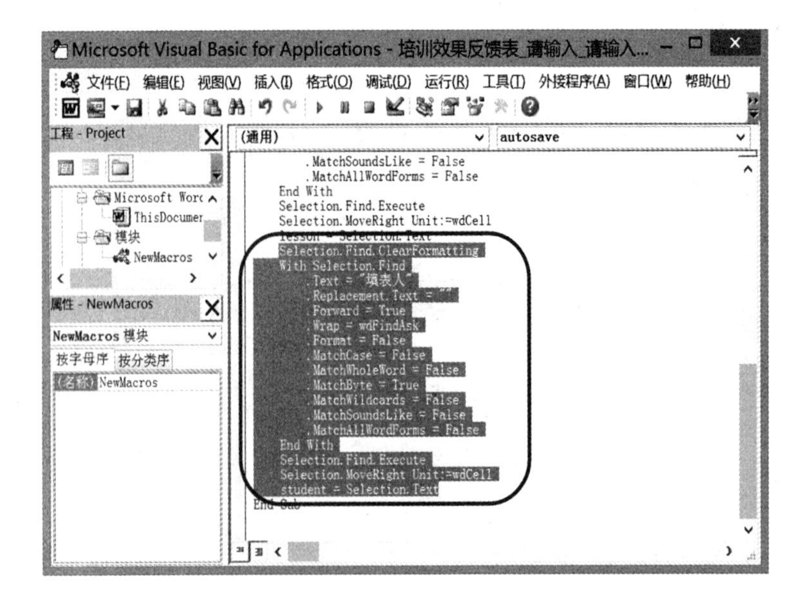

第13步：通过代码保存文档。

在上一步添加的代码后编写代码，保存文件，文件名称由“培训效果反馈表”、变量 lesson 和变量 student 组成，并在保存文件后弹出提示文件保存成功的对话框，如下图所示，具体代码如下。

```
ActiveDocument.SaveAs2 FileName:=" 培 训 效 果 反 馈 表 _" & lesson & "_" & student &
".docm", FileFormat:= _
    wdFormatXMLDocumentMacroEnabled, LockComments:=False, Password:="", _
    AddToRecentFiles:=True, WritePassword:="", ReadOnlyRecommended:=False, _
    EmbedTrueTypeFonts:=False, SaveNativePictureFormat:=False, SaveFormsData _
    :=False, SaveAsAOCELetter:=False, CompatibilityMode:=15
MsgBox " 文件保存成功！！ "
```

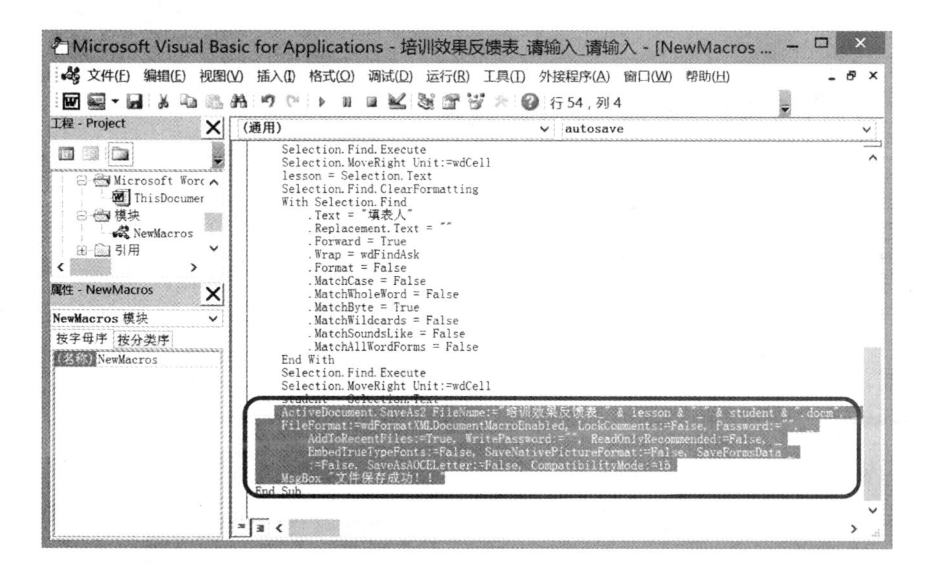

第14步：在文档中添加保存按钮。

保存代码并切换到 Word 文档窗口，❶ 将文本插入点定位在页面最后一行，设置对齐方式为右对齐；❷ 单击“开发工具”选项卡“控件”组中的“旧式工具”下拉按钮；❸ 在弹出的下拉列表中选择“命令按钮（ActiveX 控件）”选项，如右图所示。

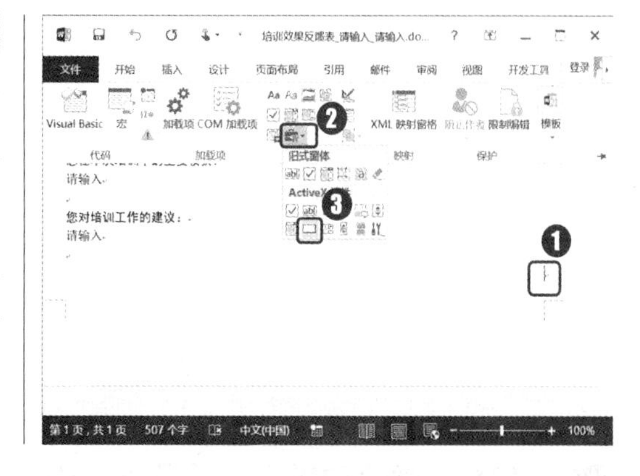

第15步：通过代码保存文档。

选中插入的按钮控件，单击“开发工具”选项卡“控件”组中的“属性”按钮，❶ 在“属性”窗口中设置“BackColor”属性值为绿色；❷ 设置“Caption”属性值为“完成并保存文件”；❸ 设置“Width”属性值为“120”，如右图所示。

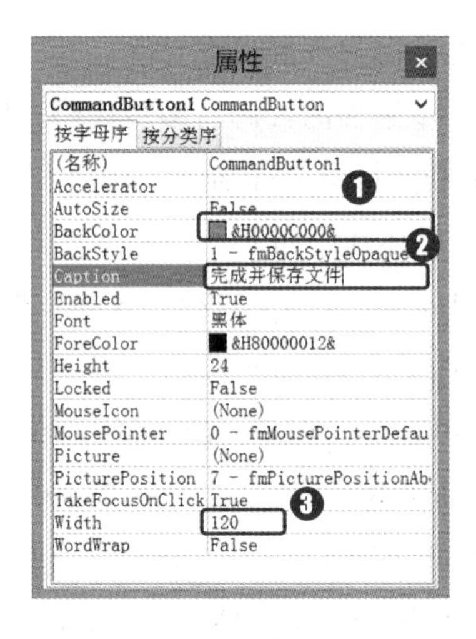

Word 2013 中的控件

在 Word 2013 中，文档中可用的控件分为内容控件和旧式控件两种类型。要在文档中通过编程实现控件的特殊功能，需要使用旧式控件。

第16步：填写调查表并提交。

经过上步操作设置完成后文档中的按钮效果如下图所示。

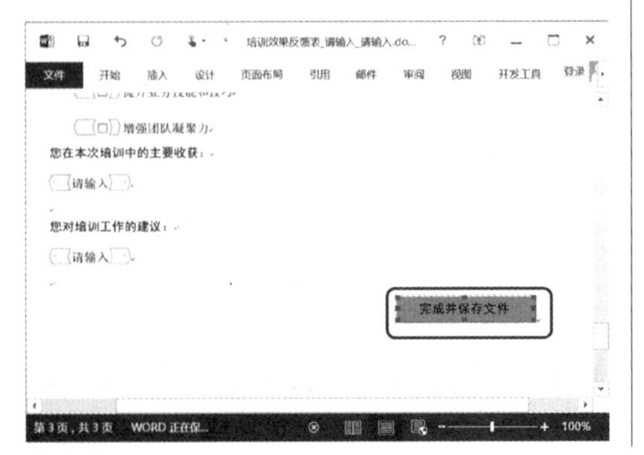

第17步：为按钮添加功能。

双击按钮控件进入代码编辑窗口，在按钮单击事件过程“Private Sub CommandButton1_Click ( )”中添加下图所示的“autosave”代码，其功能是在点击按钮时调用刚才创建的保存文件的宏命令。具体代码如下。

```
Private Sub Command Buttonl_Click ( ) autosave
End Sub
```

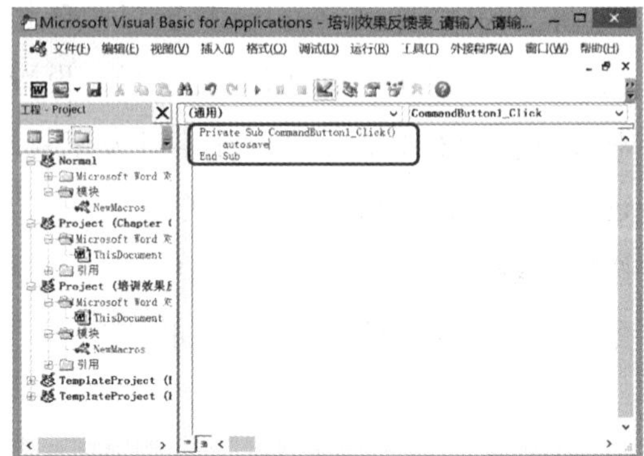

第18步：测试模板。

关闭模板文件，应用模板新建文档，❶ 在文档中需要填写内容的位置填写上相应的内容；❷ 填写完成后双击“合计评分”栏中的文字“双击重新计算”，可自动计算出总评分；❸ 单击页面底部的“完成并保存文件”按钮，即可自动保存文档，如右图所示。

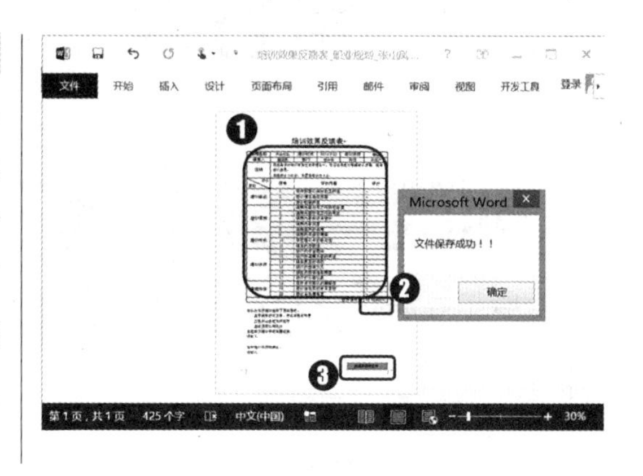

5.4 本章小结

当今社会，大部分的工作都需要多人配合，也就是团队协作。一个人的力量是微薄的，只有发挥多人的强项才能优质高效地完成工作。本章主要为读者介绍了 Word 中较深层的内容，适当地运用可以大大提高工作效率。学习本章内容的第一个重点是掌握邮件合并功能的使用，第二个重点是要学会审阅文档。此外，如果你想深入了解 Word，使工作更得心应手，则需要潜心学习 VBA。VBA 可以对 Office 进行二次开发。VBA 语法对于稍有程序编写经验的人来讲并不难，但对于完全不懂编程的人可能就有难度了。加上宏需要用到各种 Word 对象，就更是困难了。初学者可以先使用 Word 中的宏录制器把常规操作录制一遍，然后查看其中的 VBA 程序代码，这样能更快了解 VBA 语法和 Word 组件。

第6章

创建与制作电子表格
——Excel 表格的编辑与设置

本章导读：

在现代办公应用中，我们除了需要创建各类办公性的文档外，常常还需要对一些数据进行存储、管理、运算和分析。从本章开始我们将学习 Office 办公套件中的另一款核心组件——Excel。Excel 2013 是 Microsoft 公司推出的一款集电子表格、数据存储、数据处理和分析、图表化展示等功能于一体的办公应用软件，被广泛应用于各行业的办公领域，如财务、税务和统计等方面。本章，我们将学习 Excel 软件的基础知识及基本应用，如表格数据的录入、存储及表格的修饰等。

知识要点：

★ 操作工作簿和工作表
★ 录入表格内容
★ 编辑表格内容
★ 操作单元格
★ 设置单元格格式
★ 设置表格格式

案例效果：

员工基本信息表

工号	姓名	性别	年龄	部门	职务	生日	身份证号	学历	专业	电话	QQ	E-mail	住址
00150820	江雨薇	女		总经办	总经理	1976/5/2	513029197605020021	本科	机电技术	1354589****	81225***55	81225***55@qq.com	成都
00150821	郝韵	女		总经办	助理	1983/2/5	445744198302055000	专科	文秘	1389540****	50655***52	50655***52@qq.com	双流
00150822	林晓彤	女		总经办	秘书	1980/12/2	523625198012026000	专科	计算机技术	1364295****	15276***22	15276***22@qq.com	成都
00150823	曾贾	女		总经办	主任	1982/4/28	410987198204288000	本科	广告传媒	1330756****	60218***29	60218***29@qq.com	成都
00150824	邱月清	男		行政部	部长	1981/2/1	251188198102013000	硕士	工商管理	1594563****	59297***50	59297***50@qq.com	绵阳
00150825	陈嘉明	男		行政部	副部长	1975/4/26	381837197504262127	本科	电子商务	1397429****	13657***00	13657***00@qq.com	青白江
00150826	孔雪	女		财务部	出纳	1983/3/16	536351198303169255	本科	计算机技术	1354130****	81151***26	81151***26@qq.com	郫县
00150827	唐思思	女		财务部	会计	1980/12/8	127933198012082847	本科	财会	1367024****	19395***31	19395***31@qq.com	成都
00150828	李晟	男		财务部	审计	1972/7/16	123813197207169113	本科	财会	1310753****	32351***92	32351***92@qq.com	双流
00150829	薛画	女		人事部	部长	1984/7/23	431880198407232318	专科	信息工程	1372508****	10930***02	10930***02@qq.com	温江
00150830	萧丝丝	女		人事部	专员	1987/11/30	216382198711301673	本科	销售	1321514****	64813***56	64813***56@qq.com	员工宿舍
00150831	陈婷	女		技术部	部长	1985/8/13	212593198508133567	本科	广告传媒	1334786****	27830***22	27830***22@qq.com	员工宿舍
00150832	杨露露	女		技术部	专员	1988/3/6	142868198803069384	中专	信息工程	1396765****	97190***08	97190***08@qq.com	温江
00150833	郭海	男		技术部	设计师	1979/3/4	322420197903045343	本科	广告传媒	1375813****	98641***78	98641***78@qq.com	员工宿舍
00150834	杜媛媛	女		技术部	设计师	1982/10/3	335200198210036306	专科	广告传媒	1364295****	1225***12	1225***12@qq.com	青白江
00150835	陈晨溪	男		销售部	部长	1984/1/1	406212198401019344	中专	工商管理	1354130****	27385***28	27385***28@qq.com	双流
00150836	丁欣	女		销售部	副部长	1984/10/31	214503198410313851	中专	工商管理	1389540****	2847***85	2847***85@qq.com	成都
00150837	赵震	男		生产车间	主管	1985/11/10	127933198511100023	中专	电子商务	1367024****	81151***26	81151***26@qq.com	成都

费用报销单

报销部门：		报销日期：		原借支单号：		流水号：	
用途说明：							
费用项目：		金额：		大写：			

报销人： 部门主管： 经办人：

财务经理： 出纳： 取款日期：

流程说明： 填写报销单→发送至财务部→财务填写流水号→打印→报销人签字
部门主管签字→财务经理签字→出纳签字→经办人（取款人）签字

¥807.00
¥1,032.00
¥988.00
¥4,649.00
¥996.00

数据管理就是有效收集、存储、处理和应用数据的过程。其目的在于充分发挥数据的作用。实现数据有效管理的关键是数据组织。从早期的手工数据记录到现在广泛应用的数据库，都是管理数据的方式。在现代办公应用中，表格依然是数据管理的重要手段，只是目前我们主要利用 Excel 管理数据了，下面就来了解使用 Excel 管理数据的基础知识。

要点01 为什么学用Excel

在现代办公中，我们常常需要存储和管理各种类型的数据，如人员资料、客户数据、产品数据、销售数据、财务数据、行业数据等。这些数据的数据量及关联性均不算太大，但数据有时候很复杂，有时也会涉及复杂的运算和分析，我们应该怎样管理这些数据，如何才能管理好这些数据?

如果使用原始的手工管理数据的方式，那么这些数据的管理难度相对来说就非常高了，无论是数据的收集、整理、储存，还是后期数据的分析，纯手工操作没有任何的效率可言。当然，如果借助计算机文件系统与 Word 之类的文档，根据数据的类型存放在不同的文件夹和文件中，也可以提高一定的效率，但 Word 毕竟不是专业的数据管理和数据分析软件，要用 Word 完成较为高级的数据管理和分析工作有一定难度。

我们再考虑下目前更专业的数据管理方式，那就是应用数据库。数据库通常是用于管理庞大并且具有复杂关系的数据，日常办公应用中的数据基本上也不会涉及太大的数据量，数据之间也不需要建立特别多的关系，并且，专业的数据库管理需要专业的数据管理人员完成，从这一点来讲，普通的日常办公应用数据库难免会有些浪费，甚至可能会给普通办公人员带来不便。

那么，我们如何管理日常办公中应用到的这些数据? 对，就是 Excel。

Excel 是 office 办公套件中专门针对于日常办公应用而推出的数据管理和分析软件。利用 Excel，我们可以非常方便地录入和存储各种类型的数据，并且支持较大的数据量。与数据库不同的是，它可以很好地利用文件系统，因为，我们可以用文件的方式来存储和传递数据。更重要的是，Excel 中提供了数据库中没有提供的一系列数据计算和分析功能，可满足日常办公中各种数据的统计、分析和应用。这些就是为什么需要使用 Excel 的原因。

要点02 Excel在商务办公中的应用

Excel 被广泛应用于管理、统计、财经、金融等众多领域，作为人们在现代商务办公中使用率极高的必备工具之一，在公司、企业和政府机关的各个部门中应用广泛。Excel 的灵活和强大填补了现有信息系统的许多空白，成为商务管理中不可缺少的重要利器。下面就来看看 Excel 在现代办公中的具体应用。

1. 数据的收集、存储与查询

收集数据有非常多的方式，用 Excel 不一定是最好的方式，但相对于纸质方式和其他类型的文件方式，利用 Excel 收集数据会有很大的优势。收集的数据在 Excel 中可以非常方便地进行进一步的加工处理和统计分析。例如，我们需要存储客户信息，如果把每个客户的信息都单独保存到一个文件，那么，客户量增大之后，后期客户数据的管理和维护就非常不方便了。如果用 Excel，可以先建立好客户信息的数据表格，有新客户时我们就增加一条客户信息到该表格中，每条信息都保持了相同的格式，后期数据查询、加工、分析等都可以很方便地完成。

在一个 Excel 文件中可以存储许多独立的表格，我们可以把一些类型不同但是有关联的数据存储到一个 Excel 文件中，这样不仅可以方便存储数据，还可以方便查找和应用数据。

将数据存储到 Excel 后，我们需要查看或使用数据时，可以利用 Excel 中提供的查找功能快速定位到需要查看的数据，还可以使用排序、筛选等功能快速查询数据，甚至可以借助 Excel 中的公式和函数等功能处理数据。

2. 数据的加工与计算

现代办公中对数据的要求不仅仅是存储和查看，很多时候需要对现有的数据进行加工和计算。例如，每个月我们会核对当月的考勤情况、核算当月的工资、计算销售数据等。

在 Excel 中，我们可以运用公式和函数等功能计算数据，利用计算结果自动完善数据，这也是 Excel 值得炫耀的功能之一。例如，核算当月工资时，我们将所有员工信息及其工资相关的数据整理到一个表格中，然后运用 Excel 中的公式自动计算出每个员工当月的应发工资，扣除的社保公积金、个税，实发工资等。如下图所示，左图所示为员工工资基础数据，右图所示则是在 Excel 中利用公式，根据这些基础数据计算出明细数据的完整工资表。

工资发放明细表

单位名称：XX 公司　　XX 年 XX 月 XX 日

编号	姓名	所属部门	职工类别	基本工资	岗位工资	奖金	补贴	应发工资	扣养老金	请假扣款	扣所得税	实发工资	签字
0001	王耀东	办公室	管理人员	3000.00	2000.00	500.00	300.00						
0002	马一鸣	办公室	管理人员	3000.00	2000.00	500.00	300.00						
0003	崔静	销售部	管理人员	2000.00	2000.00	800.00	300.00						
0004	娄太平	销售部	管理人员	2000.00	2000.00	800.00	300.00						
0005	潘涛	生产部	工人	1500.00	1500.00	1000.00	300.00						
0006	邹燕燕	财务部	管理人员	2500.00	2000.00	600.00	250.00						
0007	孙晓斌	生产部	工人	1500.00	1500.00	1000.00	300.00						
0008	赵昌彬	销售部	管理人员	2000.00	2000.00	800.00	300.00						
0009	邱秀丽	财务部	管理人员	2500.00	2000.00	600.00	250.00						
0010	王富萍	生产部	工人	1500.00	1500.00	1000.00	300.00						
0011	宋辉	销售部	管理人员	2000.00	2000.00	800.00	300.00						
0012	高辉	销售部	管理人员	2000.00	2000.00	800.00	300.00						

工资发放明细表

单位名称：XX 公司　　XX 年 XX 月 XX 日

编号	姓名	所属部门	职工类别	基本工资	岗位工资	奖金	补贴	应发工资	扣养老金	请假扣款	扣所得税	实发工资	签字
0001	王耀东	办公室	管理人员	3000.00	2000.00	500.00	300.00	5800.00	300.00	100.00	870.00	4530.00	
0002	马一鸣	办公室	管理人员	3000.00	2000.00	500.00	300.00	5800.00	300.00	0.00	870.00	4630.00	
0003	崔静	销售部	管理人员	2000.00	2000.00	800.00	300.00	5100.00	200.00	33.00	765.00	4102.00	
0004	娄太平	销售部	管理人员	2000.00	2000.00	800.00	300.00	5100.00	200.00	0.00	765.00	4135.00	
0005	潘涛	生产部	工人	1500.00	1500.00	1000.00	300.00	4300.00	150.00	100.00	0.00	4050.00	
0006	邹燕燕	财务部	管理人员	2500.00	2000.00	600.00	250.00	5350.00	250.00	250.00	802.50	4047.50	
0007	孙晓斌	生产部	工人	1500.00	1500.00	1000.00	300.00	4300.00	150.00	0.00	0.00	4150.00	
0008	赵昌彬	销售部	管理人员	2000.00	2000.00	800.00	300.00	5100.00	200.00	0.00	765.00	4135.00	
0009	邱秀丽	财务部	管理人员	2500.00	2000.00	600.00	250.00	5350.00	250.00	583.00	802.50	3714.50	
0010	王富萍	生产部	工人	1500.00	1500.00	1000.00	300.00	4300.00	150.00	0.00	0.00	4150.00	
0011	宋辉	销售部	管理人员	2000.00	2000.00	800.00	300.00	5100.00	200.00	333.00	765.00	3802.00	
0012	高辉	销售部	管理人员	2000.00	2000.00	800.00	300.00	5100.00	200.00	0.00	765.00	4135.00	

除数学运算外，Excel 中还可以进行字符串运算和较为复杂的逻辑运算，利用这些运算功能，还能让 Excel 完成更多更智能的操作。例如，在收集员工信息时，让大家填写身份证号之后，完全可以不用填写籍贯、性别、生日、年龄这些信息，因为这些信息在身份证号中已经存在，我们只需要应用好 Excel 中的公式，让 Excel 自动帮我们完善这些信息。

3. 数据的统计与分析

在工作中，我们常常还需要对原始数据进行统计和分析，例如，对销售数据进行各方面的汇总，根据不同条件对各商品的销售情况进行分析，根据分析结果对未来数据变化情况进行模拟，调整计划或辅助决策等。左下图所示是在 Excel 中利用直线回归法根据历史销售记录预估今年的销售额；右下图所示是在 Excel 中利用公式做商品的进货量决策分析。

产品销售额记录				
年份	2013	2014	2015	2016
时间序列	1	2	3	4
销售额	100000	132000	158000	167000

利用直线回归法预测2017年销售额				
项目	A	B	R^2	预计2017年销售额
数值	22700	82500	0.949056083	196000
公式	销售额（Y）＝A*X+B			

商品进货量决策数据表					
进货时间 2015/7/6	销售利润 元/台	销售量 台/天	占用空间 平米/台	占用资金 元/台	最佳进货量
彩电	¥1,300.00	0.6	1.5	¥1,800.00	29
冰箱	¥2,000.00	0.4	2.5	¥3,000.00	2
洗衣机	¥1,500.00	0.8	2.2	¥2,400.00	5
时间限制	60	空间限制	60	资金限制	¥100,000.00
销售时间	59.58333333	实需空间	59.5	实用资金	¥70,200.00
总利润	¥49,200.00				

4. 图形报表

一般来说，任何表格都可以用 Excel 来制作，尤其对需要大量计算的表格适用。但当密密麻麻的数据展现在人眼前时，总是会让人觉得头晕眼花，所以很多时候，我们在向别人展示数据或者自己分析数据的时候，为了使数据更加清晰，更容易看懂，常常需要借助图表功能将枯燥的数据图示化表示。例如，我们想要表现一组数据的变化过程，可以用一条折线或曲线；想比较一系列数据并关注其变化过程，可以使用许多柱形来表示；想要表现多个数据的占比情况，可以用多个不同大小的扇形来构成一个圆形，下图所示都是办公应用中常见的表现数据的图形报表。

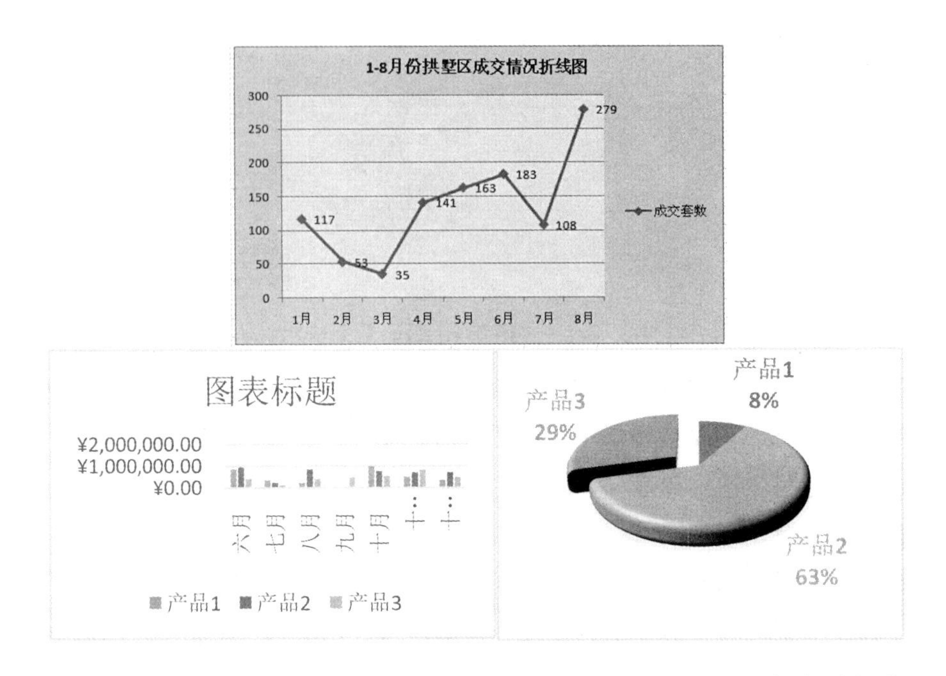

在 Excel 中，这些图形不需要使用绘图工具去绘制，也不需要复杂的操作，只需在 Excel 中的准备好表格数据，然后应用插入图表的命令便可以快速创建出清晰漂亮的数据图表。应用 Excel 中图表相关的命令或功能，可以调整图表的各种属性和参数，让图表的外观效果更加丰富多彩。

要点03 正确认识Excel中的那些名词

在正式使用 Excel 软件前，我们需要先了解数据管理以及 Excel 相关的名词，明白这些名词的意义和作用后，可以让我们更快地使用 Excel。

工作簿、工作表和单元格是构成 Excel 的三大元素，也是 Excel 所有操作的基本对象。下面将介绍 Excel 中的各元素，下图展示了 Excel 工作簿的结构布局。

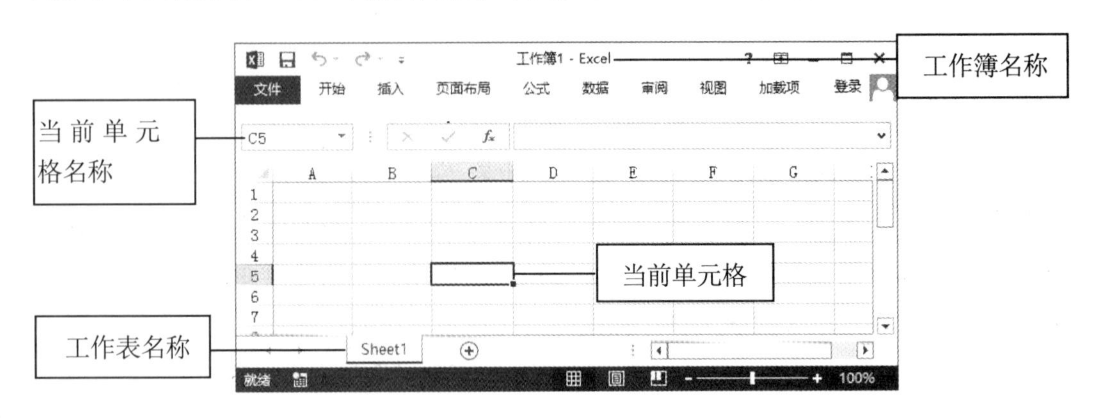

1. 工作簿

工作簿是 Excel 环境中用来储存并处理工作数据的文件，也是用户进行 Excel 操作的主要对象和载体，是 Excel 最基本的电子表格文件类型。在 Excel 2013 中，工作簿文件的扩展名为“xlsx”，也就是说通常情况下的 Excel 文档就是工作簿。

默认情况下新建的工作簿名称为“工作簿 1”，此后新建的工作簿将以“工作簿 2”“工作簿 3”等依次命名。通常每个新建的工作簿中包含一张工作表，以“Sheet1”命名。但实际上工作簿是 Excel 工作区中一个或多个工作表的集合，每一个工作簿可以拥有许多不同的工作表，工作簿中最多可建立 255 个工作表。

Excel 老版本中的工作簿

在 Excel 2003 及其之前的版本中，Excel 工作簿文件的扩展名为“.xls”，在 Excel 2007 及其之后的版本中，Excel 工作簿使用了新的扩展名“.xlsx”，在新版本的软件中可以编辑和创建老版本的工作簿文件。

2. 工作表

工作表是 Excel 完成工作的基本单位，是显示在工作簿窗口中的表格，每一个工作表由单元格按行列方式排列组成。工作表是 Excel 存储和处理数据的工作平台，是工作簿的组成部分，如果把工作簿比作书本，那么工作表就类似于书本中的书页。工作簿中的每个工作表以工作表标签的形式显示在工作簿编辑区底部，以方便用户进行切换。每个工作表都有一个名字，工作表名显示在工作表标签上，默认工作表的名称为“Sheet1”。

书本中的书页可以根据需要增减或改变顺序，工作簿中的工作表也可以根据需要增加、删除和移动，表现到具体的操作中就是工作表标签的操作。单击工作表标签右侧的“+”按钮可以新建工作表，新增的工作表自动命名为“Sheet2”。我们也可以自己为工作表命名，方便分类管理不同数据。下图所示为在一个工作表中存放了多张相互关联的工作表。

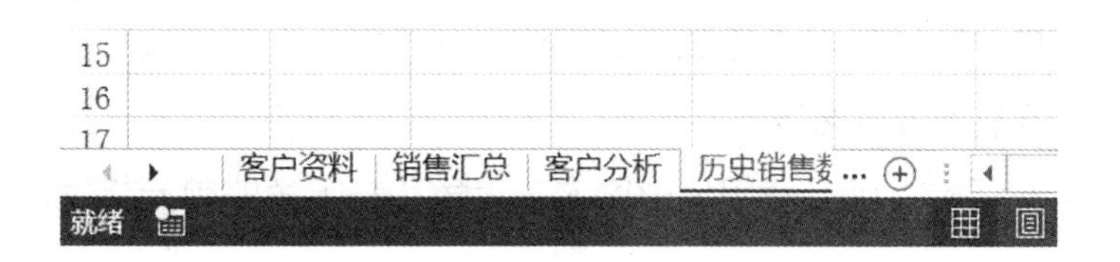

3. 行与列

行与列是工作表中用来分隔不同数据的基本元素。在 Excel 窗口中，工作表的左侧有一组垂直的灰色标签，其中的阿拉伯数字 1，2，3…标识了表格的行号；工作表的上面有一排水平的灰色标签，其中的英文字母 A，B，C…标识了表格的列号。这两组标签在 Excel 中分别被称为行号和列标。行号的概念类似于二维坐标中的纵坐标，或者地理平面中的纬度，而列标的概念则类似于二维坐标中的横坐标，或者地理平面中的经度。

在 Excel 2013 中，一个工作表由 1048576 行和 16384 列构成，我们可以根据实际需要应用其中的一部分区域存储和处理数据。

4. 单元格

在了解行和列的概念后，再了解单元格就很容易了。单元格是工作表中的行线和列线将整个工作表划分出来的一个个小方格，它好比二维坐标中的某个坐标点，或者地理平面中的某个地点。

单元格是 Excel 中存储数据的最小单位。当前选中的或是正在编辑中的单元格被称为活动单元格，在编辑栏左边的名称框中会显示出该单元格的名称。若该单元格中有内容，则会将该单元格中的内容显示在编辑栏中。

单元格用于存储单个数据，在单元格中可以输入符号、数值、公式以及其他内容。在一个工作表中，每个单元格都有一个独立的地址，这个地址通过行号和列标标记。单元格地址常应用于公式或地址引用中，其表示方法为“列标 + 行号”，如工作表中最左上角的单元格地址为“A1”，即表示该单元格位于 A 列第 1 行，“C5”表示 C 列第 5 行的单元格。此外，还可以使用“RC”方式表示，例如，工作表中第 1 个单元格可用“R1C1”表示，工作表中的最后一个单元格我们可以使用地址“R1048576C16384”表示。在 Excel 的名称框中输入单元格地址，可以快速定位到相应的单元格。

5. 单元格区域

在 Excel 中，常常会同时处理多个单元格的数据，因此有了单元格区域的说法。单元格区域的概念实际上是单元格概念的延伸，多个单元格所构成的单元格群组就被称为单元格区域。构成单元格区域的这些单元格之间如果是相互连续的，即形成的总形状为一个矩形，则称为连续区域；如果这些单元格之间是相互独立不连续的，则它们构成的区域就是不连续区域。

对于连续的区域，可以使用矩形区域左上角和右下角的单元格地址标识，表示方法为“左上角单元格地址 : 右下角单元格地址”，它代表了这个区域中的所有单元格。如 A1:C4 表示此区域从 A1 单元格到 C4 单元格之间形成的矩形区域，该矩形区域宽度为 3 列，高度为 4 行，总共包括 12 个连续的单元格，如右图所示。

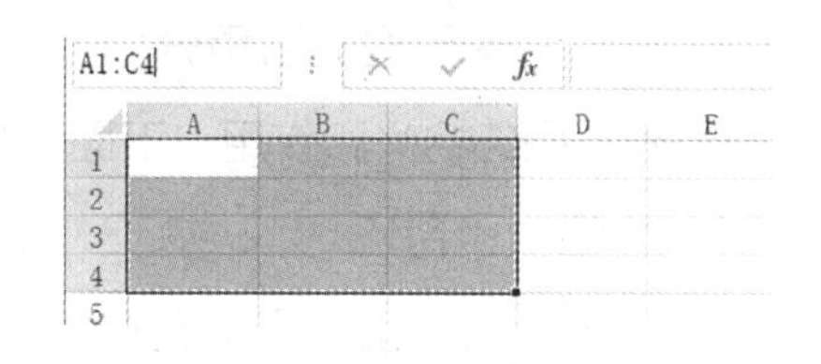

对于不连续的单元格区域，则需要使用“,”符号分隔每一个不连续的单元格或单元格区域，如“A1:C4，B7，J11”表示该区域包含从 A1 单元格到 C4 单元格之间形成的矩形区域、B7 单元格和 J11 单元格。

工作簿、工作表和单元格三者之间的关系

工作簿、工作表和单元格的关系是包含与被包含的关系，即工作表中包含多个单元格，而工作簿中又包含了一个或多个工作表，具体关系如下图所示。

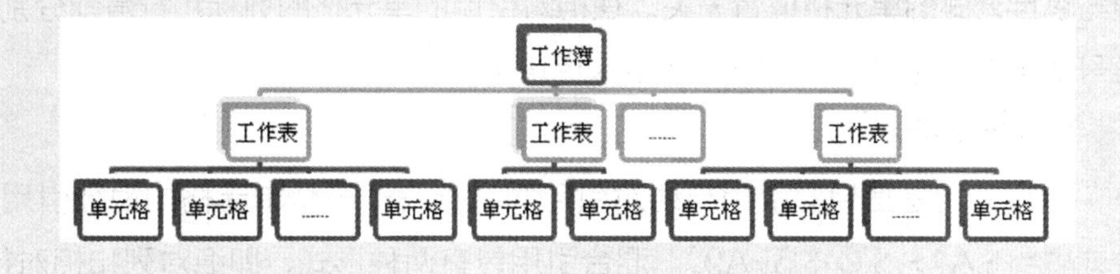

要点04 单元格地址的多种引用方式

在 Excel 中使用公式计算数据时，如果要直接使用表格中已存在的数据作为公式中的运算数据，则可以使用单元格的引用。

引用单元格进行数据计算是比较常用的操作。一个引用地址就能代表工作表上的一个或者多个单元格或单元格区域。在 Excel 中引用单元格，实际上就是将单元格或单元格区域的地址作为索引，目的是引用该单元格或单元格区域中的数据。因此，引用的作用就在于标识工作表中的单元格或单元格区域，并指明公式中所使用的数据的地址，尤其是单元格存储的公式中有可能变化的数据时，使用单元格引用的方法更有利于后期的维护。

通常，单元格的引用分为“相对引用”“绝对引用”和“混合引用”3 种，它们各自具有不同的含义和作用。下面就分别介绍相对引用、绝对引用和混合引用的使用方法。

1. 相对引用

相对引用是指引用单元格的相对地址，即被引用的单元格与引用的单元格之间的位置关系是相对的。默认情况下，新公式使用相对引用，复制与填充公式时，Excel 2013 使用的也是相对引用。如果公式所在单元格的位置改变，引用也随之改变。如果多行和多列地复制公式，引用会自动调整。

相对引用样式用数字 1、2、3…表示行号，用字母 A、B、C…表示列标，采用“列字母 + 行数字”的格式表示，如 A1、E12 等。如果引用整行或整列，可省去列标或行号，如 1:1 表示第 1 行；A:A 表示 A 列。

2. 绝对引用

绝对引用和相对引用相对应，是指引用单元格的实际地址，被引用的单元格与引用的单元格之间的位置关系是绝对的，因此绝对引用不随单元格位置的改变而改变其结果。当把公式复制到其他单元格中时，公式中的单元格地址始终保持固定不变，结果与包含公式的单元格位置无关。在相对引用的单元格的列标和行号前分别添加“＄”符号便可成为绝对引用。“＄”是绝对引用符号。

3. 混合引用

混合引用是指相对引用与绝对引用同时存在于一个单元格的地址引用中。例如，公式“= ＄A1+ ＄C ＄5-A9”。混合引用具有两种形式，即绝对列和相对行、绝对行和相对列。绝对引用列采用＄A1、＄B1 等形式，绝对引用行采用 A ＄1、B ＄1 等形式。

在混合引用中，如果公式所在单元格的位置改变，则绝对引用的部分保持绝对引用的性质，地址保持不变；而相对引用的部分同样保留相对引用的性质，随着单元格的变化而变化。具体应用到绝对引用列中，则是说改变位置后的公式行部分会调整，但是列不会改变；绝对引用行中，则改变位置后的公式列部分会调整，但是行不会改变。

快速改变单元格的引用方式

在 Excel 中创建公式时，可能需要在公式中使用不同的单元格引用方式。如果需要在各种引用方式间不断切换，来确定需要的单元格引用方式时，可按【F4】键快速在相对引用、绝对引用和混合引用之间进行切换。如在公式编辑栏中选择单元格“A1”，然后反复按【F4】键时，就会在“＄A ＄1”“A ＄1”“＄A1”和“A1”等引用之间切换。

要点05 制作非展示型表格应该注意的事项

企业中使用的表格一般比较多，细心的读者可以发现其中的数据很多是重复的。对于这些需要重复使用的数据，聪明的制表人会将所有表格数据的源数据制作在一张中规中矩的表格中，如下图所示。简言之，源数据表中是将所有产生的数据记录下来；然后通过公式、函数等进行归类汇总或通过排序、筛选等提取有效数据对源数据进行处理，从而制作出各种需要的基础表格，这些表格多用于作为单独的表格展示给相应的群体，和我们平时常看到的进行了稍微归类处理的表格类似；再进一步基于这些处理后的数据制作出在不同分析情况下的对应表格，也就是汇总表了，汇总表中多是某项数据的最终计算结果，或展示成图表等，总之，不再单纯对数据进行展示，它的目的性很强。这个过程中涉及的 3 张表格完全符合 Excel 的工作步骤：数据录入——数据处理——数据分析。

	A	B	C	D	E
1	文件编号	文件名	文件类型	借阅部门	借阅时间
2	RSB00001	销售部2016年新招收员工的档案资料	档案	人事部	2016/11/27
3	RSB00002	行政部2016年新招收员工的档案资料	档案	人事部	2016/12/2
4	XSB00001	公司2016年第一季度华东地区销售记录	商业资料	销售部	2016/4/30
5	XSB00002	公司2016年第二季度华东地区销售记录	商业资料	销售部	2016/10/1
6	XSB00003	公司2016年第三季度华东地区销售记录	商业资料	销售部	2016/10/8
7	MSC00001	公司2016年第21次工作记录	行政记录	秘书处	2016/3/4
8	MSC00002	公司2016年第22次工作记录	行政记录	秘书处	2016/3/15
9	MSC00003	公司2016年第23次工作记录	行政记录	秘书处	2016/3/20
10	MSC00004	公司2016年第24次工作记录	行政记录	秘书处	2016/4/7
11	XZB00001	公司2016年同行业可行性分析1	行政记录	行政部	2016/4/8
12	XZB00002	公司2016年同行业可行性分析2	行政记录	行政部	2016/4/18
13	XZB00003	公司2016年同行业可行性分析3	行政记录	行政部	2016/4/22
14	XZB00004	公司2016年同行业可行性分析4	行政记录	行政部	2016/5/11
15	XZB00005	公司2016年同行业可行性分析5	行政记录	行政部	2016/5/24

Sheet1

就绪 100%

因此，在制作 Excel 表格时，一定要弄清楚制作的表格是源数据表格还是分类汇总表格。源数据表格只用于记录数据的明细，版式简洁且规范，只需按照合理的字段顺序填写数据即可，甚至不需要在前面几行制作表格标题，最好让表格中的所有数据都连续排列，不要无故插入空白行与列，或合并单元格。总之，这些修饰和分析的操作都可以在分类汇总表格中进行，而源数据表格要越简单越好。

下面，我们来说说为什么不能在源数据表格中添加表格标题。下图所示的表格中前面的三行内容均为表格标题，虽然这样的设计并不会对源数据造成破坏，也基本不影响分类汇总表的制作，但在使用自动筛选功能时，Excel 无法定位到正确的数据区域，还需要手动设置才能完成（具体的操作方法将在后面的章节中讲解）。实际上只有第 3 行的标题才是真正的标题行，第 1 行文本是数据表的表名，可以直接在应用的工作表标签上输入。而第 2 行的文本是对第 3 行标题的文本说明。而源数据表只是一张明细表，除了使用者本人会使用外，一般不需要给别人查看，所以这样的文本说明没有太大意义。而且从简单的层面来讲，源数据表格中应该将同一种属性的数据记录在同一列中，这样才能方便在分析汇总数据表中使用函数和数据透视表分析同一类数据。同样道理，最好也不要在同一列单元格中输入包含多个属性的单元格数据。

西游公司内部刊物借阅管理				
内部刊物			借阅明细	
文件编号	文件名	文件类型	借阅部门	借阅时间
RSB00001	销售部2016年新招收员工的档案资料	档案	人事部	2016/11/27
RSB00002	行政部2016年新招收员工的档案资料	档案	人事部	2016/12/2
XSB00001	公司2016年第一季度华东地区销售记录	商业资料	销售部	2016/4/30
XSB00002	公司2016年第二季度华东地区销售记录	商业资料	销售部	2016/10/1
XSB00003	公司2016年第三季度华东地区销售记录	商业资料	销售部	2016/10/8
MSC00001	公司2016年第21次工作记录	行政记录	秘书处	2016/3/4
MSC00002	公司2016年第22次工作记录	行政记录	秘书处	2016/3/15
MSC00003	公司2016年第23次工作记录	行政记录	秘书处	2016/3/20
MSC00004	公司2016年第24次工作记录	行政记录	秘书处	2016/4/7
XZB00001	公司2016年同行业可行性分析1	行政记录	行政部	2016/4/8
XZB00002	公司2016年同行业可行性分析2	行政记录	行政部	2016/4/18

再来说说，为什么不能在源数据表中轻易合并单元格、插入空白行与列等类似操作。当我们在表格中插入空行后就相当于人为将表格数据分割成多个数据区域，当选择这些区域中的任意单元格，按【Ctrl+A】组合键后将只选择该单元格所在的这一个数据区域的所有单元格。这是因为 Excel 是依据行和列的连续位置来识别数据之间的关联性，而手动插入空白行和列时就会打破数据之间的这种关联性，Excel 认为它们之间没有任何联系，就会导致后期的数据管理和分析出现问题。合并单元格也是这样的原理，有些人习惯合并连续的多个具有相同内容的单元格，这样确实可以减少数据输入的工作量，还能美化工作表，但合并单元格后，Excel 默认只有第 1 个单元格中才保存有数据，其他单元格都是空白单元格，对数据进一步管理和分析将带来不便。若需要在源数据表中区分部分数据，可以通过设置单元格格式来进行区分。

综上所述，一个正确的源数据表应该具备以下几个条件。

（1）是一个一维数据表，只在横向或竖向上有一个标题行；

（2）字段分类清晰，先后有序；

（3）数据属性完整且单一，不会在单元格中出现短语或句子；

（4）数据连续，没有空白单元格、没有合并的单元格或用于分隔的行与列，更没有合计行数据。

在制作数据源表格时还有一点需要注意，即源数据最好制作在一张表格中，若分别记录在多张表格中，就失去了通过源数据简化其他分类汇总表格制作的目的。在制作分类汇总表时，用户只需多多使用 Excel 强大的函数和数据分析功能进行制作即可。

系统地讲，源数据就是通过 Excel 工作界面录入的业务明细数据；而汇总表则是由 Excel 自动生成的。但并不是说源数据中的内容都需要手工输入，它也可以通过函数自动关联某些数据，还可以通过设置数据有效性和定义名称等，来规范和简化数据的输入。总之，我们在理解源数据表制作的真正意义后，可以根据需要使用 Excel 提供的各种功能。

要点06　自定义数据类型的强大功能

在 Excel 中，我们可以通过“设置单元格格式”对话框来设置单元格的格式，包括单元格中数据的显示类型、对齐方式、字体格式，单元格的边框和填充效果，以及是否保护等。其中多个选项卡的设置方法和“开始”选项卡中的多个按钮功能相同，后面的案例中也会涉及具体的使用。下面单独来说一说“数字”选项卡。

在 Excel 工作表的单元格中可以输入多种类型的数据，但是有些数据输入后并不能得到想要的显示效果，例如，按“年 - 月 - 日”格式或“年 / 月 / 日”格式输入的日期数据均显示为“年 / 月 / 日”格式；输入以“0”开头的数据会自动取消前面的“0”（小数除外）；输入超过 10 位的数字会自动用科学计数法进行显示……为了让单元格中显示的数据符合我们的实际需要，通常需要在“数字”选项卡中为单元格设置相应的数字格式，如下图所示。

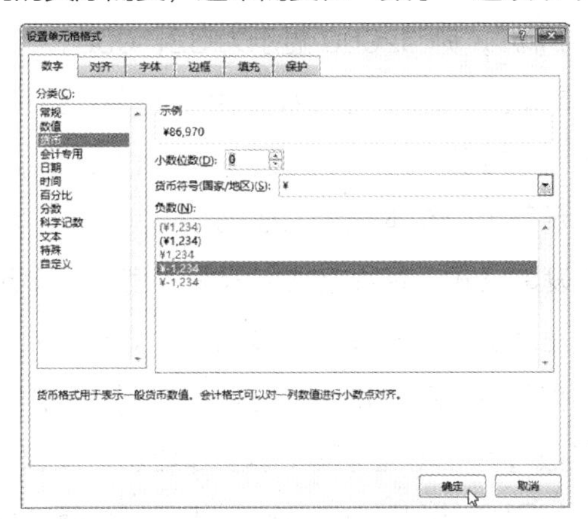

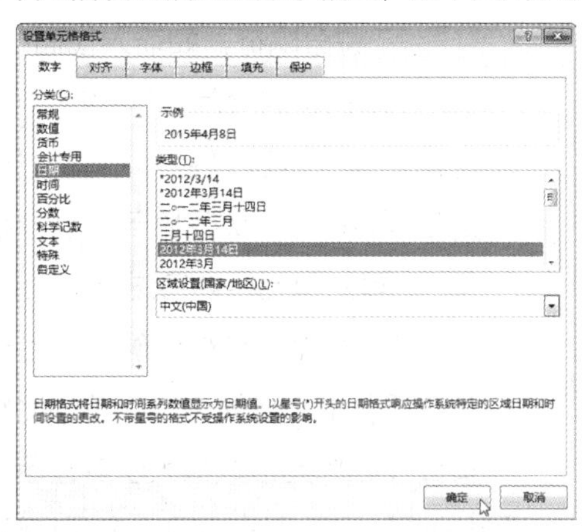

在“设置单元格格式”对话框“数字”选项卡的“分类”列表框中列举了多种常见的数据类型，选择相应的类型后在右侧进行设置即可。常见的设置方法大家也可以参考后面案例的具体讲解，这里主要说一下“分类”列表框中的“自定义”选项，这个选项功能很强大，通过它用户可以真正自定义数据的类型，如右图所示。下面来了解选择“自定义”选项后，在右侧的“类型”文本框中输入的一些代码的用途。

- “#”：数字占位符。只显有意义的零而不显示无意义的零。小数点后数字若大于“#”的数量，则按“#”的位数四舍五入。如输入代码“###.##”，则12.3 将显示为 12.30；12.3456 显示为 12.35。
- “0”：数字占位符。如果单元格的内容大于占位符数量，则显示实际数字；如果小于占位符的数量，则用 0 补足。如输入代码“00.000”，则 123.14 显示为 123.140；1.1 显示为 01.100。
- “@”：文本占位符。如果只使用单个 @，作用是引用原始文本，要在输入数字数据之后自动添加文本，使用自定义格式为“文本内容”@；要在输入数字数据之前自动添加文本，使用自定义格式为 :@“文本内容”；如果使用多个 @，则可以重复文本。如输入代码“；；；" 西游 "@" 部 "”，则在单元格中输入“财务”将显示为西游财务部；输入代码“；；；@@@”，输入“财务”将显示为财务财务财务。
- “*”：重复下一字符，直到充满列宽。如输入代码“@*-”，则输入“ABC”显示为 ABC-------------------。
- “,”：千位分隔符。如输入代码“#，###”，则 32000 显示为 32，000。
- 颜色：用指定的颜色显示字符，可设置红色、黑色、黄色，绿色、白色、蓝色、青色和洋红 8 种颜色。如输入代码：“[青色]；[红色]；[黄色]；[蓝色]”，则正数为青色，负数显示红色，零显示黄色，文本显示为蓝色。
- 条件：可对单元格内容进行判断后再设置格式。条件格式化只限于使用三个条件，其中两个条件是明确的，另一个是除前两个条件外的其他条件。条件要放到方括号中，必须进行简单的比较。如输入代码“[>0]" 正数 "；[=0]；" 零 "；负数”，则单元格数值大于零显示“正数”，等于 0 显示零，小于零显示“负数”。

通过前面知识要点的学习，主要让读者认识和掌握 Excel 中的一些名词和基本概念。要应用 Excel 处理数据，首先需要创建工作簿、录入表格数据、编辑修改数据、美化修饰和存储等操作。接下来我们针对日常办公中的相关应用，列举几个典型的表格案例，给读者讲解在 Excel 中制表的思路、方法及具体操作步骤，为下一步进行复杂的数据计算与分析打下坚实的基础。

6.1 制作员工档案信息表

◇ 案例概述

员工档案属于人事档案类，它是企业为加强员工管理而建立起来的有关员工基本情况和其在用人单位被聘用、调配、培训、考核、奖惩和异动等项中形成的有关员工个人经历、政治思想、业务技术水平以及工作表现等情况的文件材料。员工档案是用人单位了解员工情况非常重要的资料，也是单位或企业了解一个员工的重要手段。“员工档案信息”表格制作完成后的效果如下图所示。

员工基本信息表

工号	姓名	性别	年龄	部门	职务	生日	身份证号	学历	专业	电话	QQ	E-mail	住址
00150820	江雨薇	女		总经办	总经理	1976/5/2	513029197605020021	本科	机电技术	1354589****	81225***55	81225***55@qq.com	成都
00150821	郝韵	女		总经办	助理	1983/2/5	445744198302055000	专科	文秘	1389540****	50655***52	50655***52@qq.com	双流
00150822	林晓彤	女		总经办	秘书	1980/12/2	523625198012026000	专科	计算机技术	1364295****	15276***22	15276***22@qq.com	成都
00150823	曾賈	女		总经办	主任	1982/4/28	410987198204288000	本科	广告传媒	1330756****	60218***29	60218***29@qq.com	成都
00150824	邱月清	男		行政部	部长	1981/2/1	251188198102013000	硕士	工商管理	1594563****	59297***50	59297***50@qq.com	绵阳
00150825	陈嘉明	男		行政部	副部长	1975/4/26	381837197504262127	本科	电子商务	1397429****	13657***00	13657***00@qq.com	青白江
00150826	孔雪	女		财务部	出纳	1983/3/16	536351198303169255	本科	计算机技术	1354130****	81151***26	81151***26@qq.com	郫县
00150827	唐思思	女		财务部	会计	1980/12/8	127933198012082847	本科	财会	1367024****	19395***31	19395***31@qq.com	成都
00150828	李晟	男		财务部	审计	1972/7/16	123813197207169113	本科	财会	1310753****	32351***92	32351***92@qq.com	双流
00150829	薛画	女		人事部	部长	1984/7/23	431880198407232318	专科	信息工程	1372508****	10930***02	10930***02@qq.com	温江
00150830	萧丝丝	女		人事部	专员	1987/11/30	216382198711301673	本科	销售	1321514****	64813***56	64813***56@qq.com	员工宿舍
00150831	陈婷	女		技术部	部长	1985/8/13	212593198508133567	本科	广告传媒	1334786****	27830***22	27830***22@qq.com	员工宿舍
00150832	杨露露	女		技术部	专员	1988/3/6	142868198803069384	中专	信息工程	1396765****	97190***08	97190***08@qq.com	温江
00150833	郭海	男		技术部	设计师	1979/3/4	322420197903045343	本科	广告传媒	1375813****	98641***78	98641***78@qq.com	员工宿舍
00150834	杜媛媛	女		技术部	设计师	1982/10/3	335200198210036306	专科	广告传媒	1364295****	1225***12	1225***12@qq.com	青白江
00150835	陈晨溪	男		销售部	部长	1984/1/1	406212198401019344	中专	工商管理	1354130****	27385***28	27385***28@qq.com	双流
00150836	丁欣	女		销售部	副部长	1984/10/31	214503198410313851	中专	工商管理	1389540****	2847***85	2847***85@qq.com	成都
00150837	赵震	男		生产车间	主管	1985/11/10	127933198511100023	中专	电子商务	1367024****	81151***26	81151***26@qq.com	成都

素材文件:无

结果文件:光盘\结果文件\第6章\案例01\员工档案信息.xlsx

教学文件:光盘\教学文件\第6章\案例01.mp4

◇ 制作思路

在 Excel 中制作员工档案信息表的流程与思路如下所示。

创建表格并录入基本信息：公司员工的资料信息录入表属于源数据的表格制作。在使用 Excel 创建这类表格时，首先需要清楚表格中要包含的内容，有序地罗列并规划出表格框架，然后在相应的单元格中录入各项内容的具体数据。

编辑单元格：Excel 中制作表格和 Word 中制作表格还是有区别的，由于 Excel 中的单元格永远规划为方正的区域，要实现某些效果只能编辑单元格。

设置单元格格式：为了使制作的表格效果更佳，可以为单元格设置合适的格式。

◇ 具体步骤

在办公应用中，常常需要存储大量的数据信息。本例将以员工档案信息表的创建过程为例，为读者介绍在 Excel 中输入与编辑表格数据的方法。

6.1.1 新建员工档案信息表文件

要存储数据信息，首先需要新建一个 Excel 文件，即通常情况下所说的“工作簿”。下面就来创建“员工档案信息”工作簿，具体操作方法如下。

第1步：执行“新建”命令。

❶ 在“文件”菜单中选择“新建”命令；❷ 选择中间的“空白工作簿”选项，即可新建一个工作簿，如下图所示。

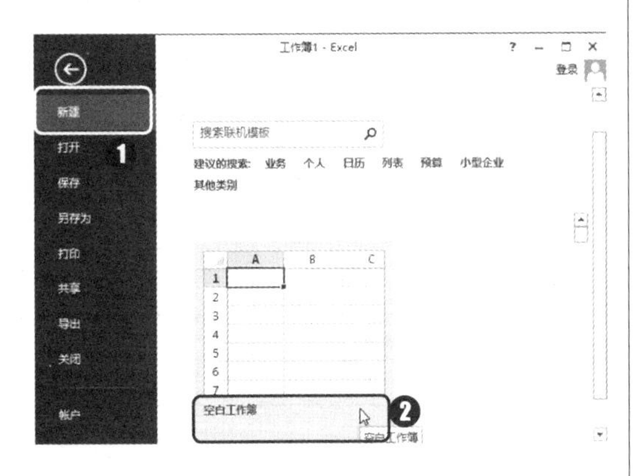

第2步：执行“保存”命令。

❶ 在“文件”菜单中选择“另存为”命令；❷ 在中间选择“计算机”选项；❸ 单击“浏览”按钮，如下图所示。

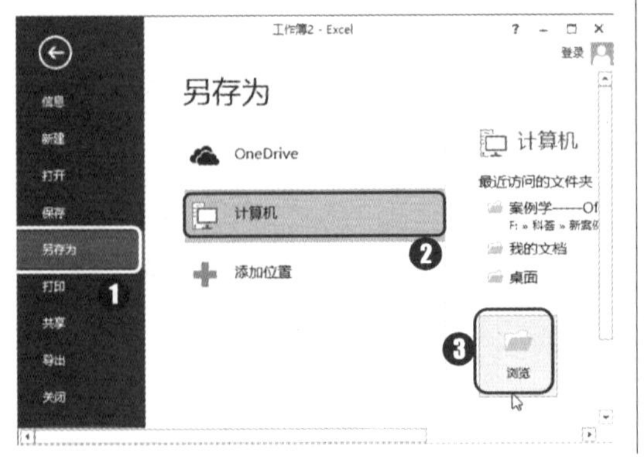

第3步：保存文件。

打开“另存为”对话框，❶ 设置文件保存路径；❷ 将文件命名为“员工档案信息”；❸ 单击“保存”按钮，如下图所示。

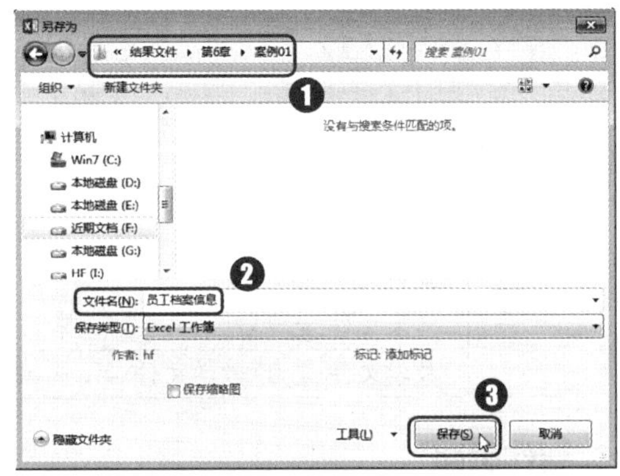

第4步：更改Sheet1工作表的名称。

❶ 双击 Sheet1 工作表的标签，输入文字内容“员工基本信息”；❷ 单击任意单元格退出更改工作表名称状态，如下图所示。

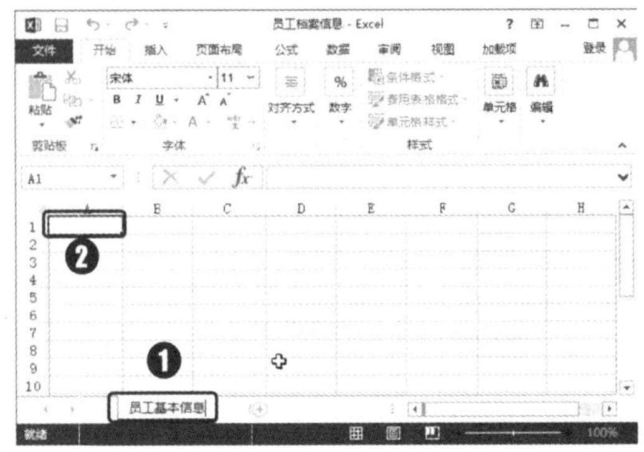

第5步：新建工作表。

单击“员工基本信息”工作表标签右侧的“新工作表”按钮，即可新建一个名为“Sheet2”的工作表，如下图所示。

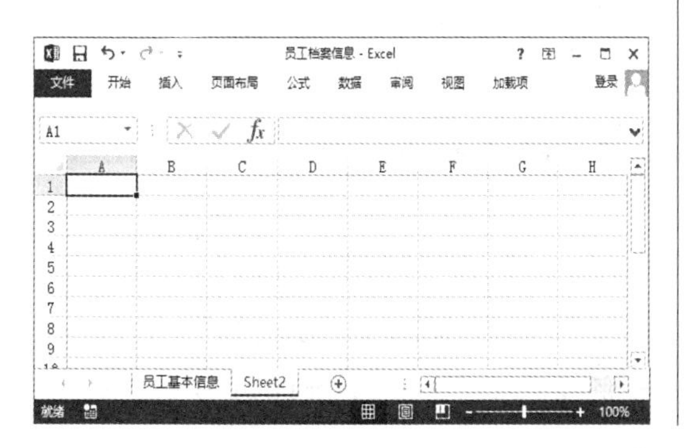

第6步：设置工作表标签颜色。

❶ 用前面介绍的方法将 Sheet2 工作表重命名为“员工数据统计表”；❷ 在“员工基本信息”工作表标签上单击鼠标右键；❸ 在弹出的快捷菜单中选择“工作表标签颜色”命令；❹ 在弹出的下级子菜单中选择要应用的颜色“绿色，着色 6，深色 259”，如下图所示。

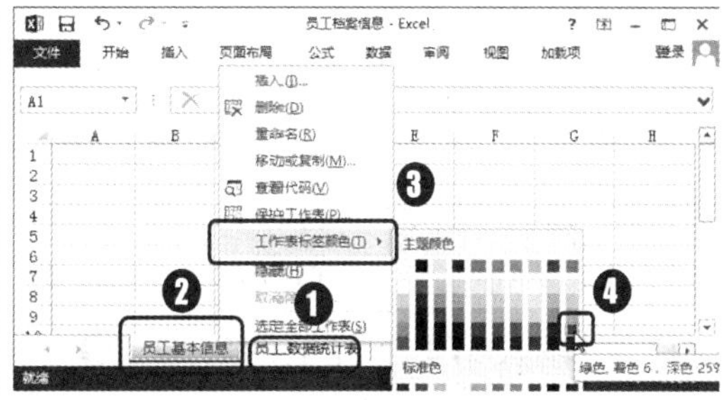

更改工作表标签的位置

为突出显示工作表，亦可通过调整工作表的顺序，使工作表按从主到次的顺序排列，直接用鼠标拖动工作表标签即可调整工作表标签的位置，从而改变工作表标签的排列顺序。

6.1.2 录入员工基本信息

创建工作表之后就可以在相应的工作表中录入数据了。Excel 允许用户在单元格中输入文本、数值、日期和时间、批注、公式等数据，而且可以利用填充功能快速填充数据。下面先在“员工基本信息”工作表中输入员工的基本信息数据，具体操作方法如下。

第1步：在第1个单元格中输入数据。

单击“员工基本信息”工作表中的第 1 个单元格，将该单元格选中，直接在该单元格中输入文本内容，如右图所示。

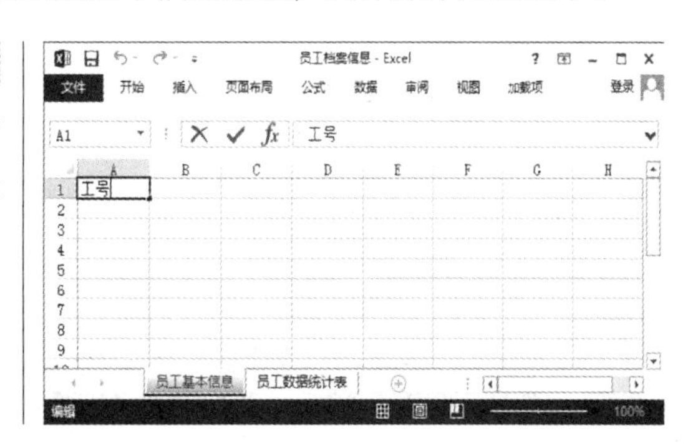

第2步：输入首行文本内容。

录入第 1 个单元格中的内容后按【Tab】键快速选择右侧的单元格，继续录入第一行其他单元格中的表格数据，如下图所示。

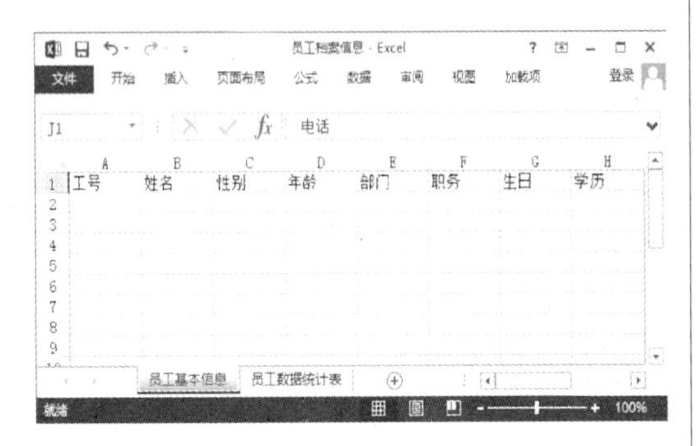

第3步：输入“姓名”列数据。

❶ 选择第 2 列第 2 行的单元格（即 B2 单元格），输入第 1 个员工的姓名；❷ 按【Enter】键自动换至下方单元格，再输入第 2 个员工姓名；❸ 用相同的方法依次录入所有员工的姓名，如下图所示。

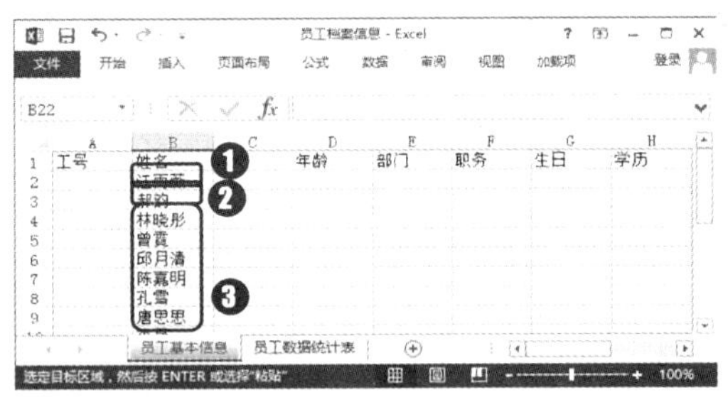

第4步：输入其他列数据。

用相同的方法在相应列单元格中输入所有员工的职务、专业、电话、QQ 和住址，完成后效果如下图所示。

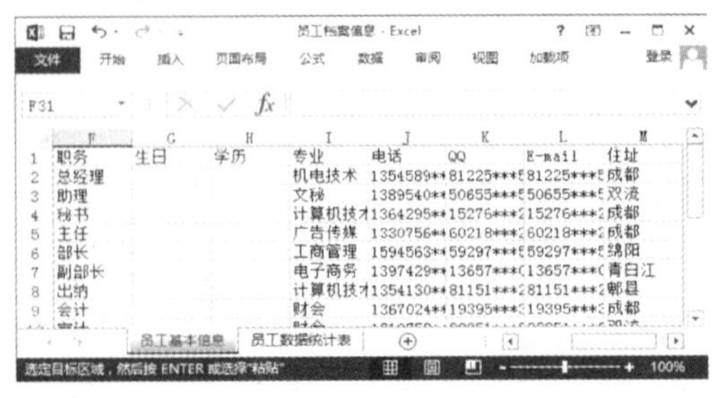

第5步：输入单引号。

选择 A2 单元格，在英文输入法状态下输入单引号“'”，如下图所示。

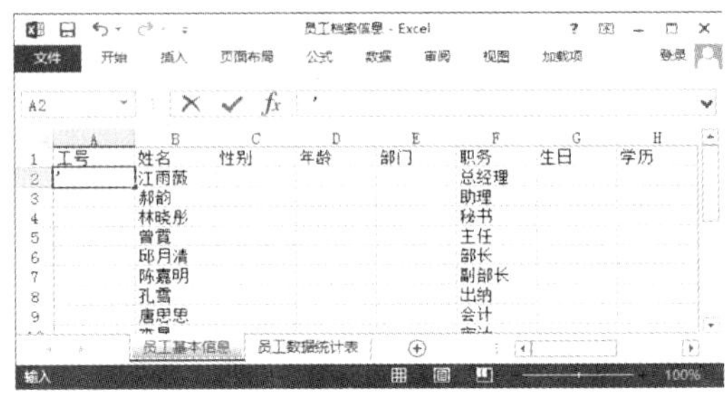

第6步：输入具体数值。

接着在引号后输入要显示的数字内容，输入完成后按【Enter】键即可显示为如下图所示的效果。

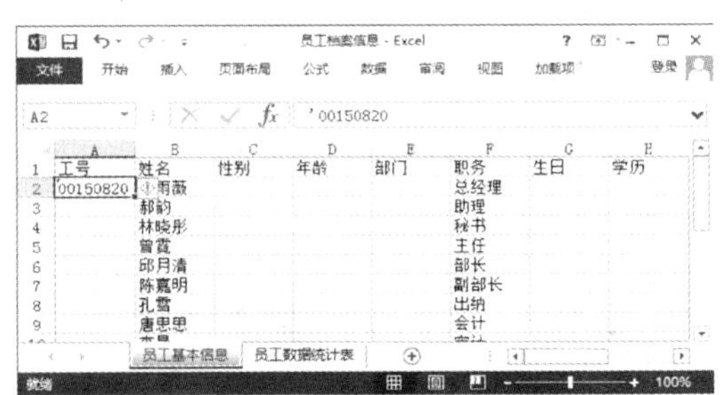

第7步：鼠标光标变为填充控制柄。

选择 A2 单元格后，将鼠标光标移动到该单元格的右下角，此时鼠标光标将变成+形状，此时的鼠标光标被称为填充控制柄，如下图所示。

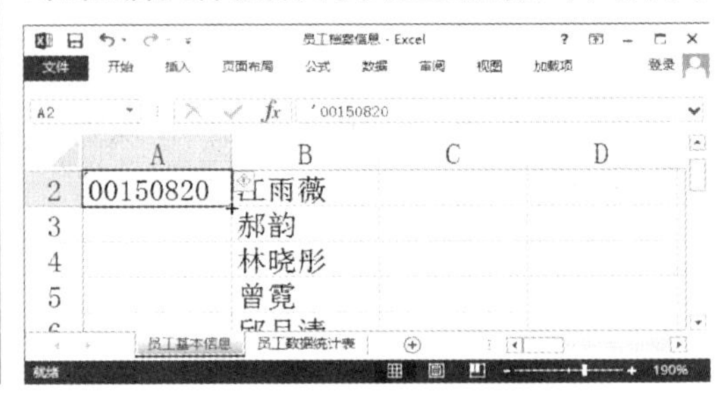

第8步：拖动控制柄填充数据。

向下拖动填充控制柄，将填充区域拖动至 A19 单元格，即可完成连续编号的录入，如下图所示。

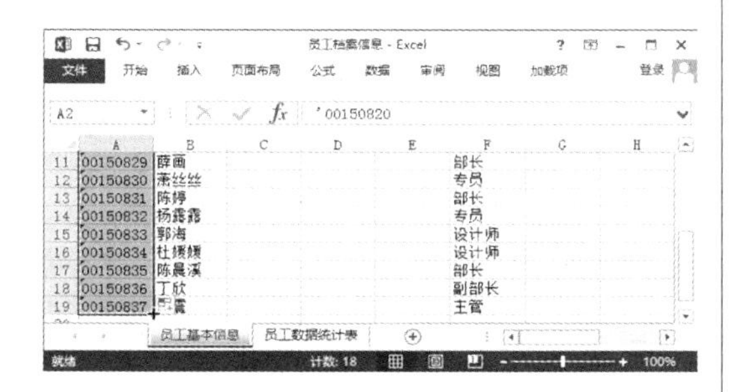

第9步：输入“生日”列数据。

❶ 在“生日”列中输入如下图所示的日期数据；❷ 输入日期数据后，当日期数据长度超过单元格区域，单元格无法直接显示完整的日期时，将显示为 #######，此时需要增大单元格的宽度。将鼠标光标移动到该列列号右侧的分隔线上并向右拖动，即可调整该列的列宽，如下图所示。

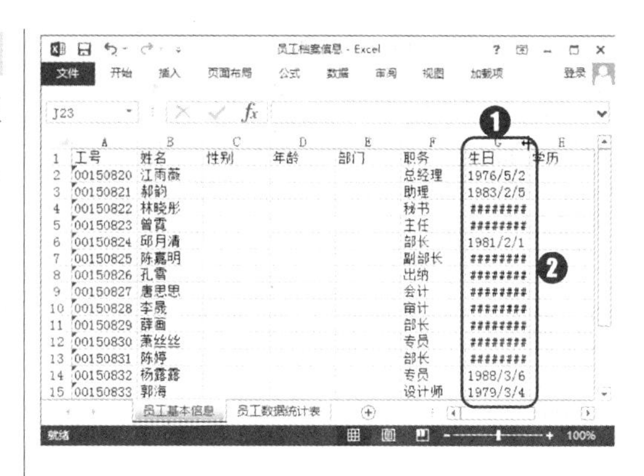

第10步：同时选择要输入“女”的单元格。

选择第 1 个要输入性别“女”的单元格，按住【Ctrl】键的同时逐个单击其他要输入相同数据的单元格，将所有需要输入“女”的单元格选中，如下图所示。

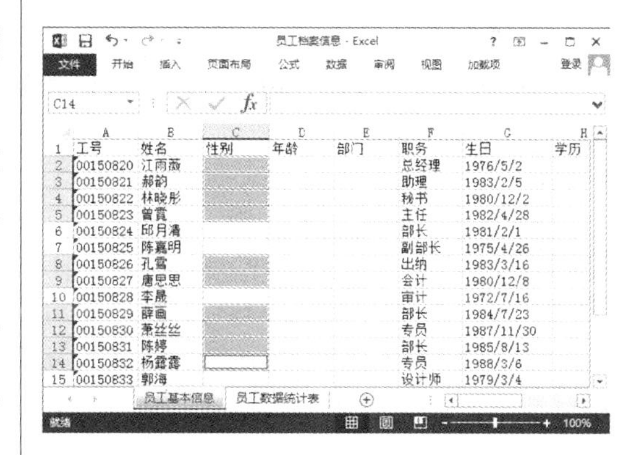

在单元格中编辑数据的方法

Excel 中的很多文本编辑的方法与 Word 中的操作相似，如利用查找功能可快速查找出需要查看或修改的数据，在“查找和替换”对话框中单击“选项”按钮可切换至高级查找替换状态，通过设置相关的参数，可跨工作表查找数据，还可以根据格式查找数据。

第11步：同时输入数据。

输入“女”，然后按【Ctrl+Enter】组合键将该数据填充至所有选择的单元格中，如下图所示。

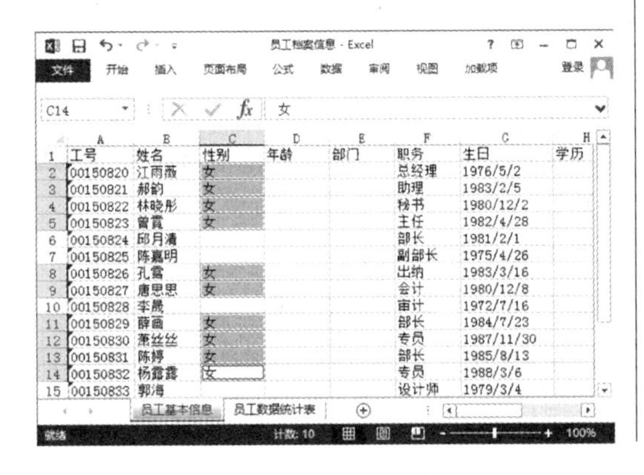

第12步：用相同的方法输入其他数据。

用相同的方法快速输入男员工性别及员工部门和学历列的数据，如下图所示。

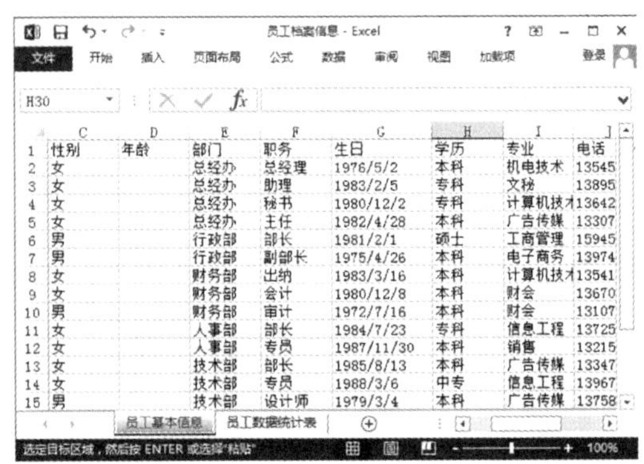

6.1.3 编辑单元格和单元格区域

在表格中录入数据后，有时需要对表格中的单元格或单元格区域进行一些编辑和调整，如插入行或列、删除行或列等。下面就来编辑本例中的部分单元格与单元格区域，具体操作方法如下。

第1步：执行“插入”命令。

❶单击第一行的行号选择该行；❷单击“开始”选项卡“单元格”组中的“插入”按钮，即可在所选行上方插入一个空行，如下图所示。

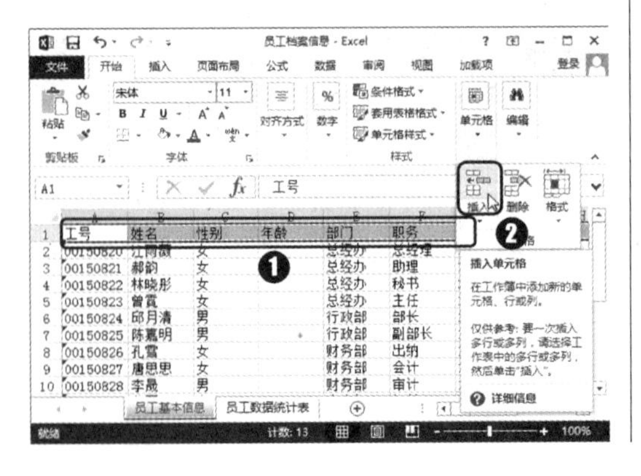

第2步：合并单元格。

❶拖动选择A1:M1单元格区域；❷单击“开始”选项卡“对齐方式”组中的“合并后居中”按钮合并单元格区域，如下图所示。

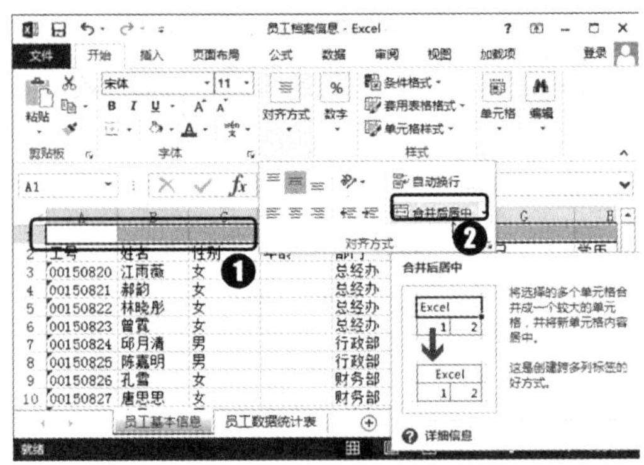

设置行高为具体数值

在行号上单击鼠标右键，在弹出的快捷菜单中选择“行高”命令，然后在打开的对话框中输入行高的具体数值即可。

第3步：输入标题行文字内容并调整行高。

❶ 在标题行中输入文字内容；❷ 选择第一行单元格，将鼠标光标移动到该行单元格的行号下方的分隔线即可调整该行的高度，如下图所示。

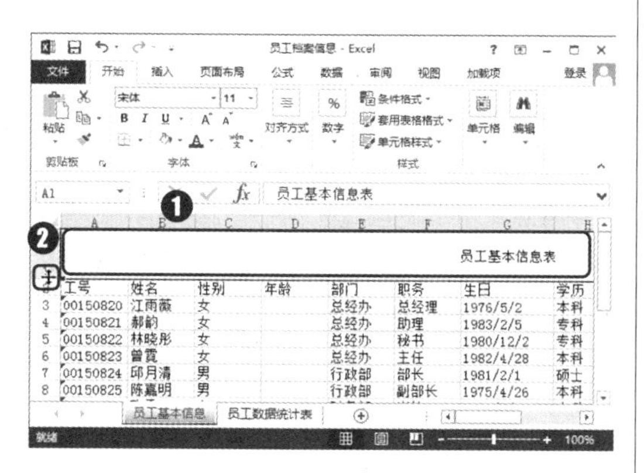

第4步：执行“插入”命令。

❶ 单击“学历”所在列的列号选择该列；❷ 单击“开始”选项卡“单元格”组中的“插入”按钮即可在所选列左侧插入一列空单元格，如下图所示。

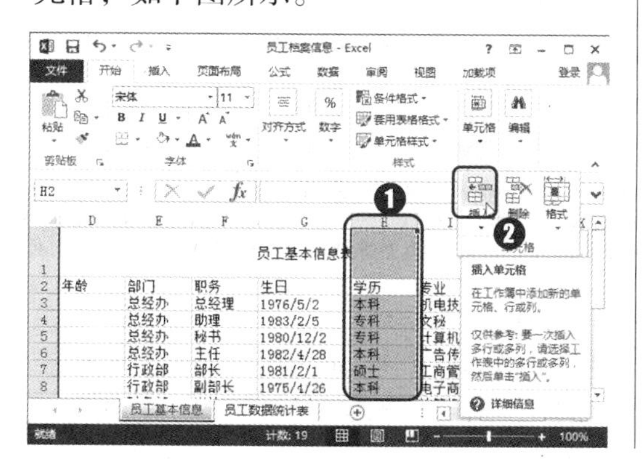

第5步：录入数据并调整列宽。

❶ 在新插入列的第一个单元格中输入列标题文字“身份证号”；❷ 在下方的单元格中输入各员工的身份证号码；❸ 双击该列列号右侧的分隔线，以调整列宽自动适应该列中的内容，如下图所示。

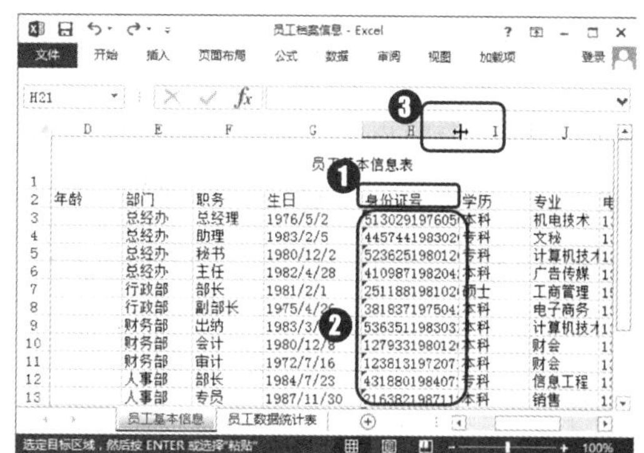

第6步：单击“新建批注”按钮。

❶ 选择要添加批注的 H2 单元格；❷ 单击“审阅”选项卡“批注”组中的“新建批注”按钮，如下图所示。

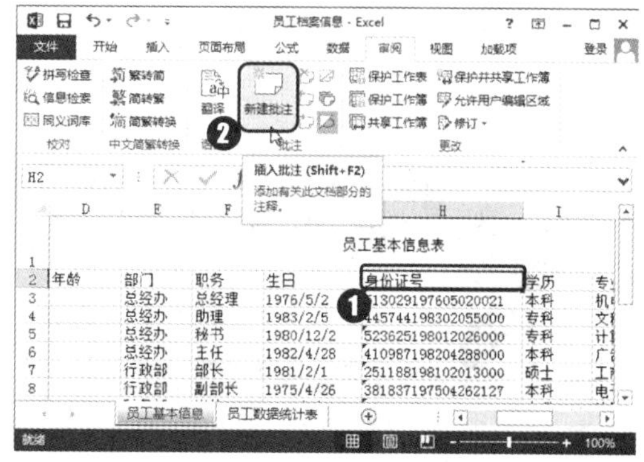

第7步：输入批注内容。

❶ 在出现的批注框中输入批注的内容；❷ 单击任意单元格退出批注编辑状态，如下图所示。

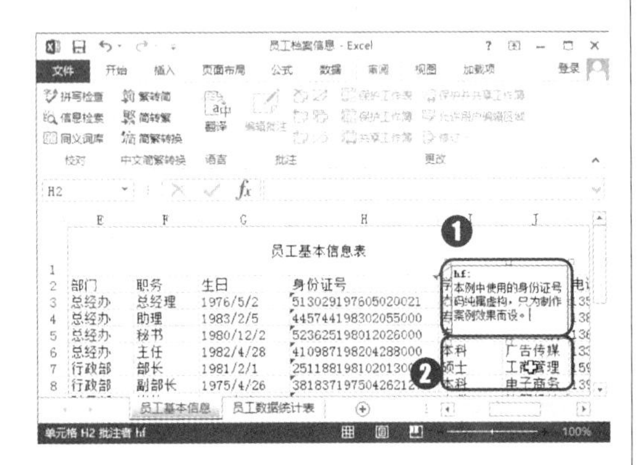

第8步：拆分窗格。

❶ 选择 C3 单元格；❷ 单击“视图”选项卡“窗口”组中的“拆分”按钮，如下图所示。

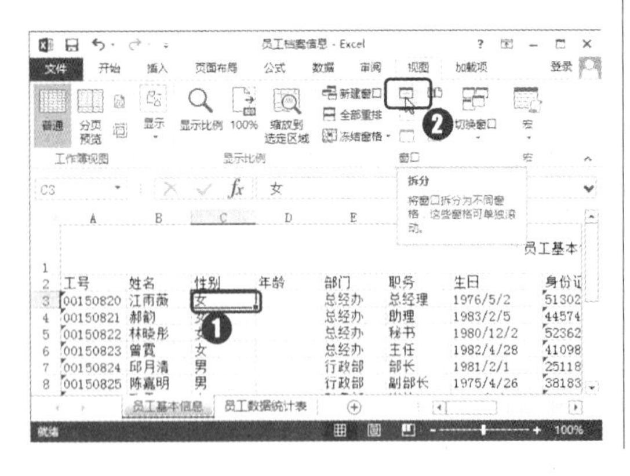

第9步：选择冻结窗格方式。

❶ 单击“视图”选项卡“窗口”组中的“冻结窗格”下拉按钮；❷ 在弹出的下拉列表中选择“冻结拆分窗格”选项，如下图所示。

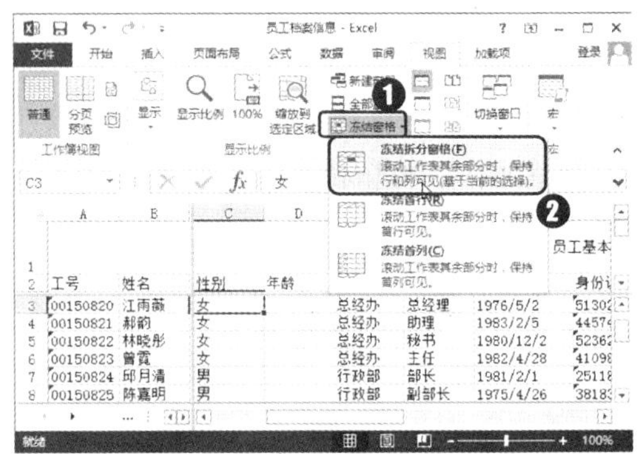

第10步：显示冻结窗格效果。

经过上步操作后，滚动鼠标滚轮查看工作表中的数据时，前两行和左侧两列数据的位置将始终保持不变，如下图所示。

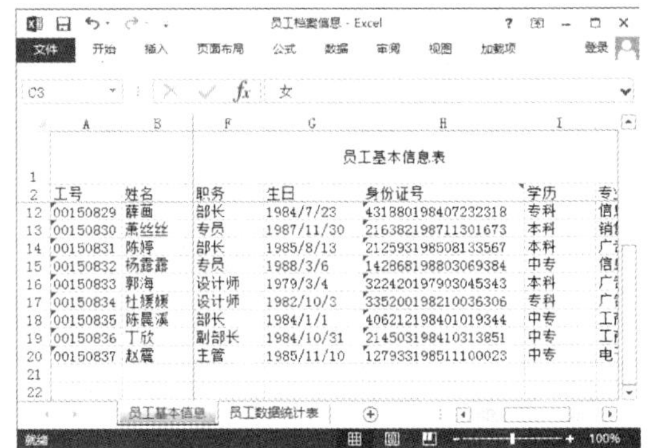

冻结窗格的不同方式

在“冻结窗格”下拉列表中选择“冻结首行”命令，将保持工作表的首行位置不变；选择“冻结首列”命令，将保持工作表的首列位置不变。

6.1.4 表格及单元格格式设置

在 Excel 2013 默认状态下制作的工作表，其呈现的都是相同的文字格式和对齐方式，也没有边框和底纹效果。为了让制作的表格更加美观和便于交流，可以根据需要为其设置适当的单元格格式，包括为单元格设置字体格式、对齐方式、数字类型，添加得体的边框效果和底纹颜色等。下面就来为“员工基本信息”工作表及其单元格添加各种修饰，具体操作方法如下。

第1步：设置表格标题文字样式。

❶ 选择 A1 单元格；❷ 在“开始”选项卡“字体”组中设置字体为“方正北魏楷书简体”，字号为“18 磅”；❸ 单击“加粗”按钮；❹ 单击“字体颜色”按钮；❺ 在弹出的下拉菜单中设置文字颜色为“金色，着色 4，深色 50%”，如下图所示。

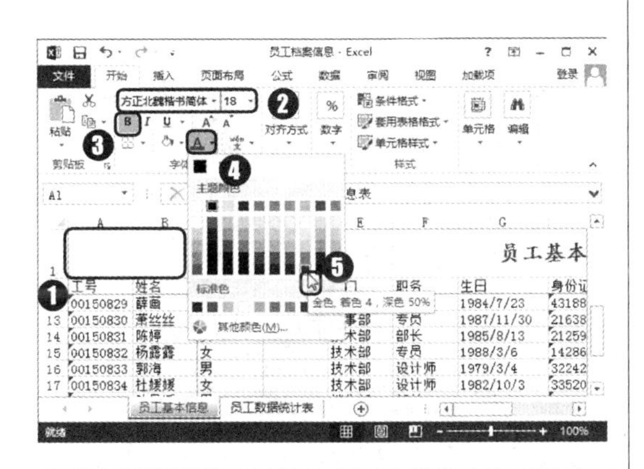

第2步：设置表头文字样式。

❶ 选择 A2:N2 单元格区域；❷ 在“开始”选项卡“字体”组中设置字体为“创艺简中圆”，字号为“11 磅”，加粗，并设置文字颜色为“灰色 -25%，背景 2，深色 75%”，如下图所示。

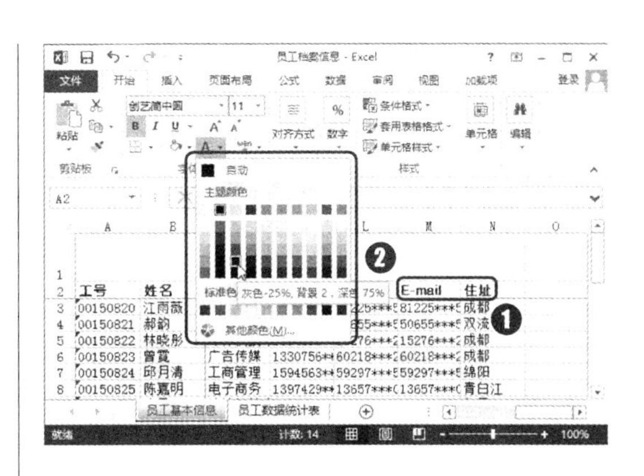

第3步：设置表头文字对齐方式。

保持 A2:N2 单元格区域的选择状态，单击“开始”选项卡“对齐方式”组中的“居中”按钮，如下图所示。

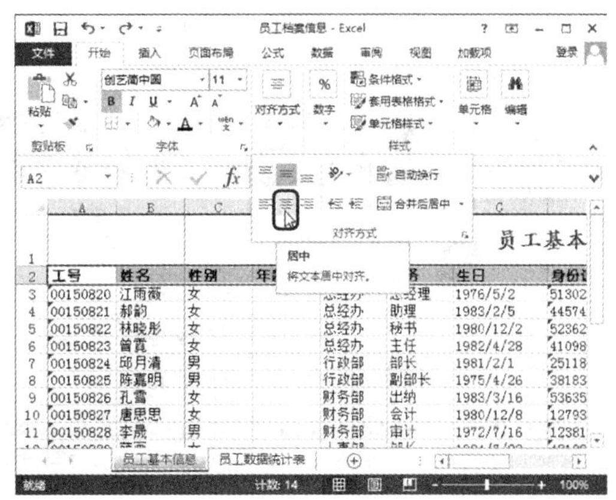

第4步：设置“生日”列单元格对齐方式。

❶ 选择“生日”列中的 G3:G20 单元格区域；❷ 单击“开始”选项卡“对齐方式”组中的“左对齐”按钮，如下图所示。

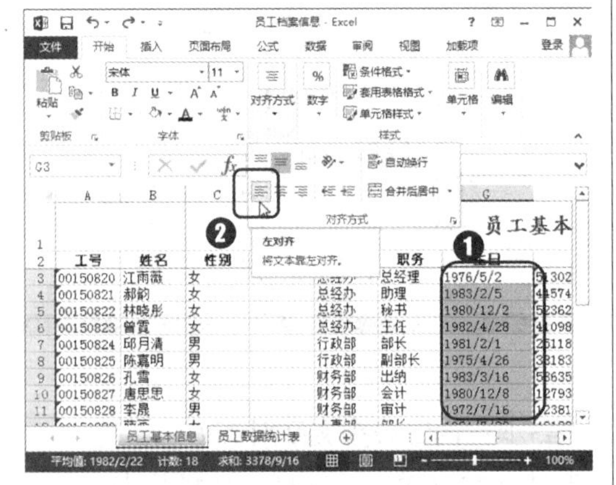

第5步：选择需要的日期格式。

保持 G3:G20 单元格区域的选择状态，❶ 单击“数据”选项卡下“数字”组中的“数据格式”下拉按钮；❷ 在弹出的下拉列表中选择“长日期”选项，如下图所示。

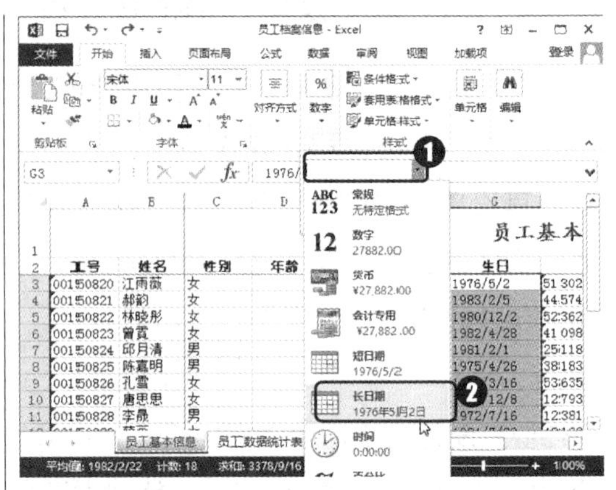

第6步：设置列宽。

经过上步操作，即可将所选单元格区域的数字格式设置为常规的长日期格式。❶ 选择 C ~ N 列；❷ 双击列号右侧的分隔线，以调整列宽自动适应各列中的内容，如下图所示。

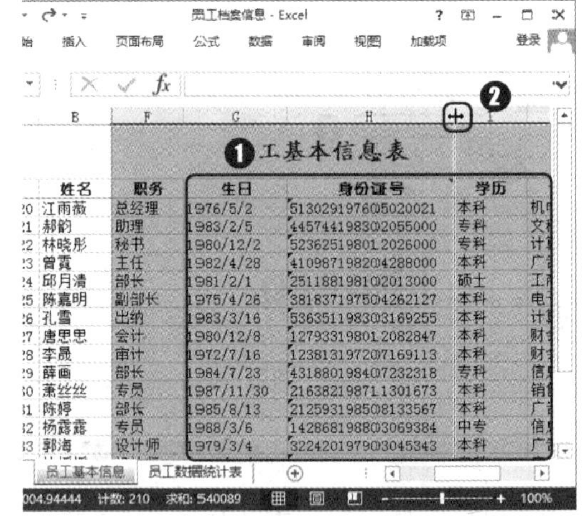

调整单元格的大小

在 Excel 中通过使用鼠标光标拖动行或列的分隔线可调整某一行的行高或某一列的列宽。如果要同时调整多行的行高或多列的列宽为一致，则可以在选择多行或多列单元格后再拖动其中一个分隔线调整行高或列宽，此时可同时调整所选多行的行高或多列的列宽。若是在选择多行或多列后双击行或列的分隔线，则可使所选内容的行高或列宽自动适应单元格中的内容。

第7步：启动“设置单元格格式”对话框。

❶ 选择 A2:N20 单元格区域；❷ 单击“开始”选项卡“对齐方式”组右下角的“对话框启动器”按钮，如下图所示。

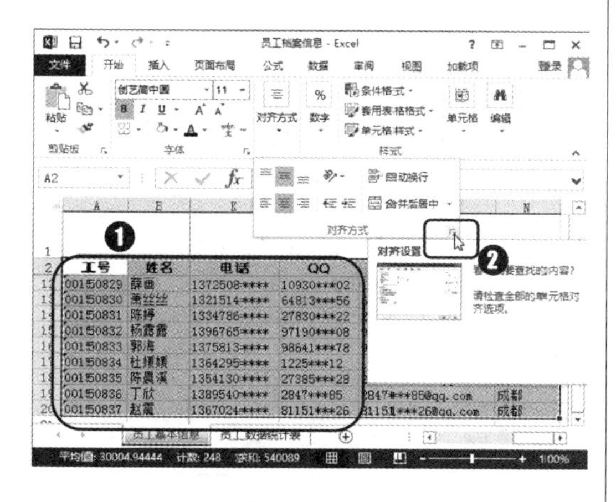

第8步：设置外边框样式。

打开“设置单元格格式”对话框，❶ 单击“边框”选项卡；❷ 在“颜色”下拉列表框中选择颜色为“深蓝”；❸ 在“样式”列表框中选择双线条样式；❹ 单击“外边框”按钮，为所选区域添加外边框，如下图所示。

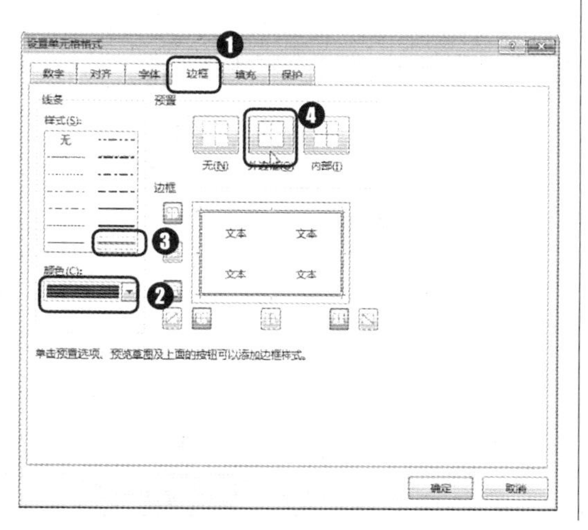

第9步：设置内部边框样式。

❶ 在“样式”列表框中选择单线条样式；❷ 单击“内部”按钮为所选区域添加内部边框；❸ 单击“确定”按钮完成边框样式设置，如下图所示。

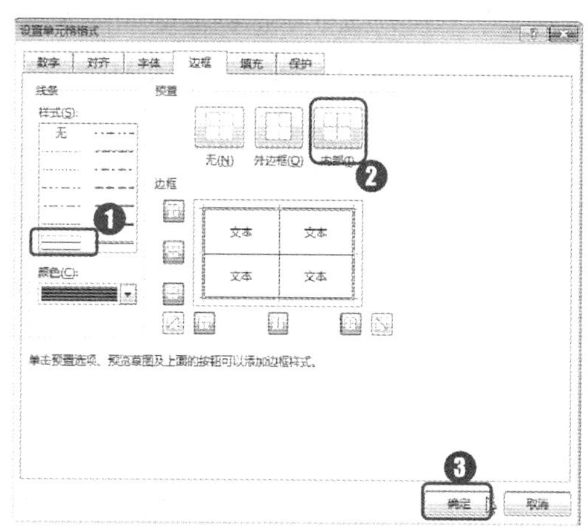

第10步：启动“设置单元格格式”对话框。

❶ 选择表头文字所在的 A2:N2 单元格区域；❷ 单击“开始”选项卡“对齐方式”组右下角的“对话框启动器”按钮，如下图所示。

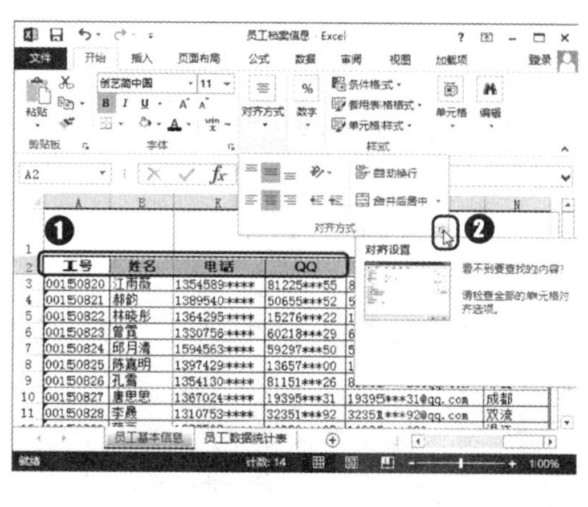

第11步：启动“填充效果”对话框。

打开“设置单元格格式”对话框，❶ 单击“填充”选项卡；❷ 在“背景色”栏中选择“浅蓝”颜色；❸ 在“图案颜色”下拉列表框中设置图案颜色为“白色”；❹ 在“图案样式”下拉列表框中选择需要的图案样式；❺ 单击“确定”按钮，如下图所示。

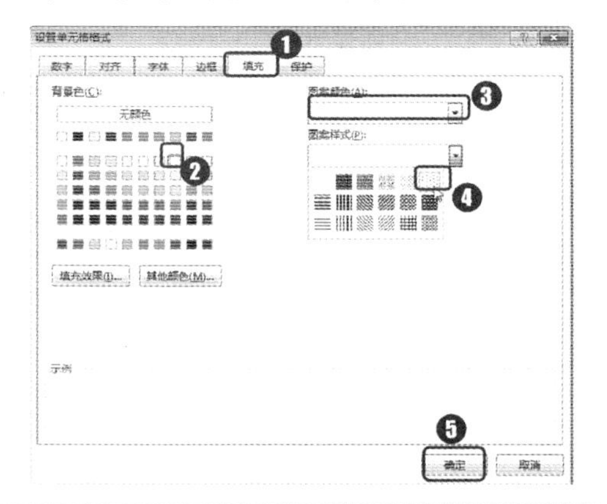

第12步：执行“编辑批注”命令。

由于默认情况下添加的批注，其批注框是自动隐藏的，要编辑已经隐藏的批注框，首先需要将其显示出来。❶ 选择“员工基本信息”工作表中添加了批注的H2单元格；❷ 单击“审阅”选项卡“批注”组中的“编辑批注”按钮，将批注文本框暂时显示出来，如下图所示。

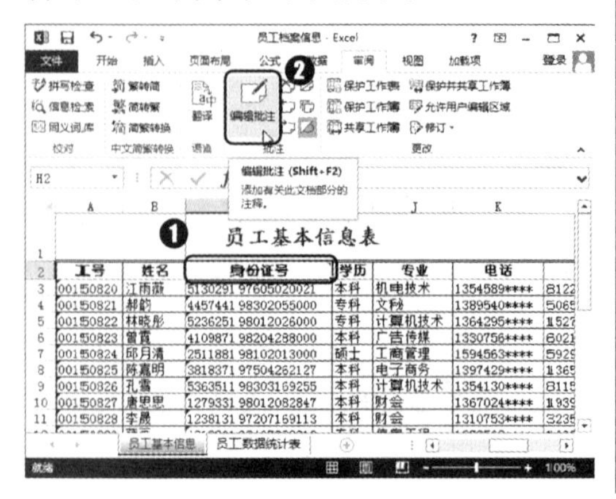

第13步：执行“设置批注格式”命令。

❶ 在显示出的批注文本框的外边框上单击鼠标右键；❷ 在弹出的快捷菜单中选择“设置批注格式”命令，如下图所示。

第14步：设置填充颜色。

打开“设置批注格式”对话框，❶ 单击“颜色与线条”选项卡；❷ 在“填充”栏中设置填充颜色为“浅蓝”，透明度为“10%”；❸ 单击“确定”按钮，如下图所示。

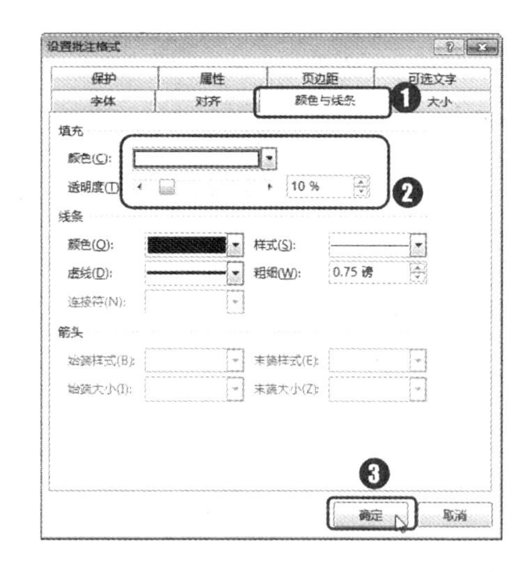

第15步：隐藏批注框。

单击“审阅”选项卡“批注”组中的“显示所有批注”按钮，取消该按钮的选择状态，即可隐藏文档中的所有批注框，在有批注的单元格右上角只显示出一个红色的小三角形标志，如右图所示。

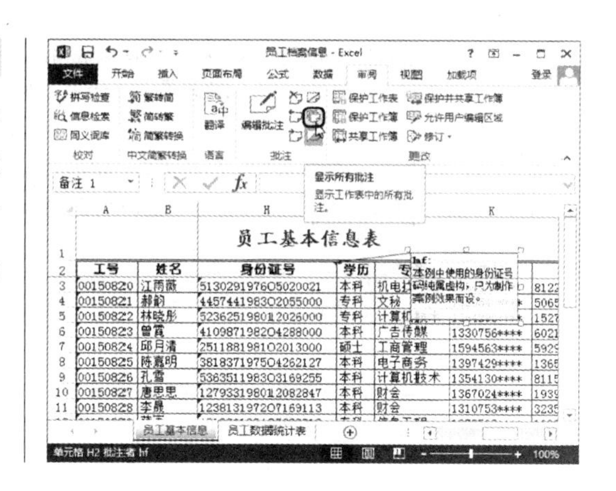

6.2 制作费用报销单模板

◇ 案例概述

在传统的办公应用中，很多表格需要手工填写，但在信息化时代，手工填写已经比较过时了。如果我们能应用好 Excel，就可以减少很多手工工作，真正实现办公自动化。例如，可以将企业中经常使用的表格制作成模板，方便别人直接在电脑中填写。本例将制作费用报销单模板，以此为例为读者介绍 Excel 办公自动化的具体应用，完成后的效果如下图所示。

费用报销单

报销部门:		报销日期:		原借支单号:		流水号:	
用途说明:							
费用项目:		金额:		大写:			
报销人:			部门主管:			经办人:	
财务经理:			出纳:			取款日期:	
流程说明:	填写报销单→发送至财务部→财务填写流水号→打印→报销人签字 部门主管签字→财务经理签字→出纳签字→经办人（取款人）签字						

素材文件:无

结果文件:光盘\结果文件\第6章\案例02\费用报销单.xltx、费用报销单1.xlsx

教学文件:光盘\教学文件\第6章\案例02.mp4

◇ 制作思路

在 Excel 中制作费用报销单模板的流程与思路如下所示。

创建模板文件：本例制作的报销单是方便其他员工以后填写的模板文件，所以首先要新建一个工作簿并保存为模板文件。

输入并编辑表格内容：根据表格中需要填写的内容来规划出表格的大致框架，并输入和编辑相应的单元格内容。

设置数据有效性：由于有些单元格中可以填写的内容具有一定的限制，为了提示用户可以为这些单元格设置数据的有效性验证。

设置单元格格式：费用报销单中的部分单元格需要填写的是固定类型的数据，所以需要提前设置单元格格式，以保证输入的数据符合需要的显示效果。

保护工作表：为了保证模板文件的整体格式不会再被修改，可以对工作表进行保护，让其他用户只能输入和编辑允许填写的单元格。

◇ 具体步骤

在办公应用中，经常需要制作一些登记类的表格，事先将可能要填写的内容分类列出来，并留下填写的区域让其他用户填写数据。本例将制作费用报销单，为读者介绍在 Excel 中制作表格模板的方法，以及为单元格设置数据有效性和保护工作表的相关操作。

6.2.1 创建并编辑表格内容

费用报销单的用途就是用于填写各种报销费用的明细数据，以便相关部门了解并根据报销的金额进行费用报销和作为拨款凭证，属于常见的凭证记录表格。它需要根据要填写的内容拟定提示文字，以提醒用户需要填写的内容。下面先来制作表格的框架并输入相关内容，具体操作步骤如下。

第1步：新建文件并保存为模板。

❶ 新建一个空白工作簿并保存文件；❷ 在打开的“另存为”对话框中输入保存的文件名称，并选择文件保存类型为“Excel 模板（*.xltx）”；❸ 单击“保存”按钮保存文件，如右图所示。

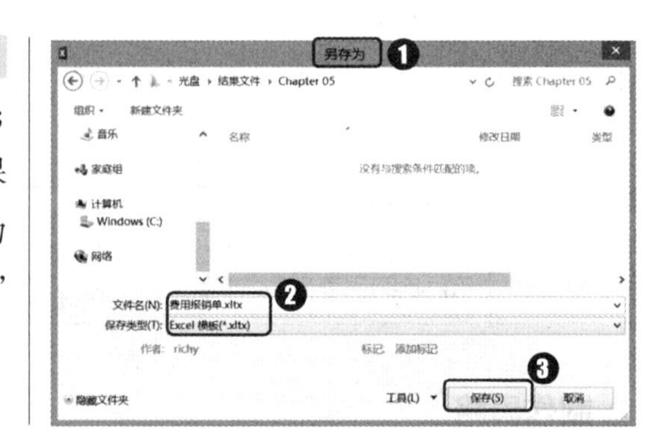

第2步：合并单元格并录入标题。

❶ 选择 A1:J1 单元格区域；❷ 单击“开始”选项卡“对齐方式”组中的“合并后居中”按钮合并单元格；❸ 输入如下图所示的文字内容。

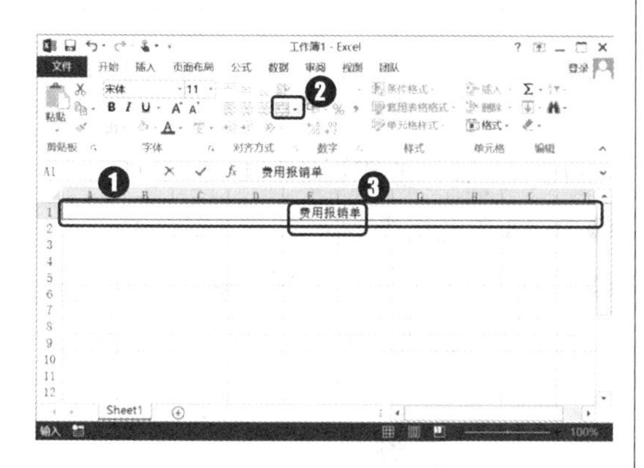

第3步：设置字体格式。

❶ 在“开始”选项卡“字体”组中设置字体为“华文行楷”、字号为“20”、下划线样式为“双下划线”；❷ 拖动鼠标光标调整该行的行高为 45，如下图所示。

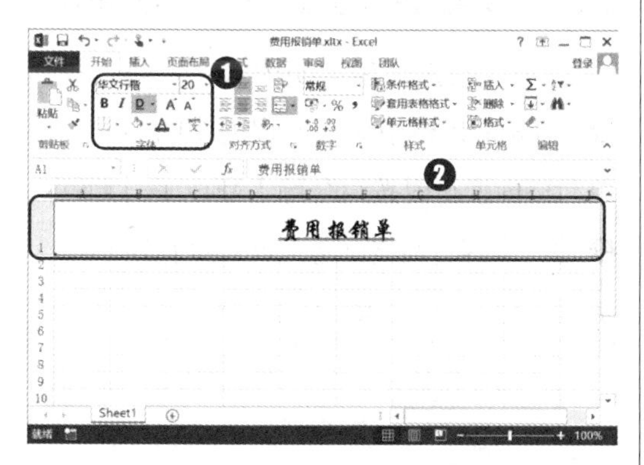

第4步：录入部分单元格内容。

分别在 A2、C2、E2、G2、A3、A4、C4 和 E4 单元格中录入相应的文字内容，如下图所示。

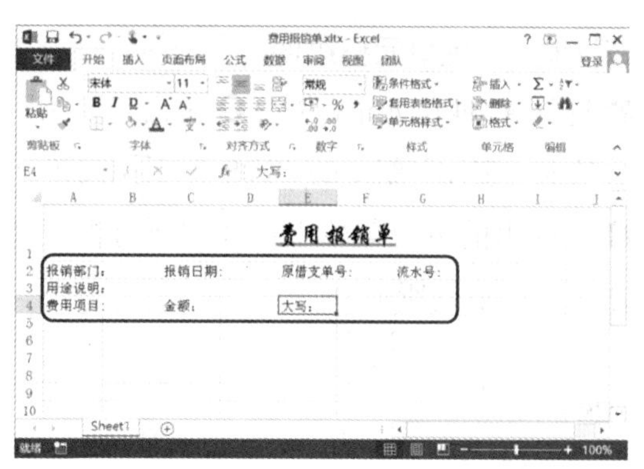

第5步：合并单元格。

❶ 选择 H2:J2 单元格区域；❷ 单击“开始”选项卡“对齐方式”组中的“合并后居中”按钮合并单元格，如下图所示。

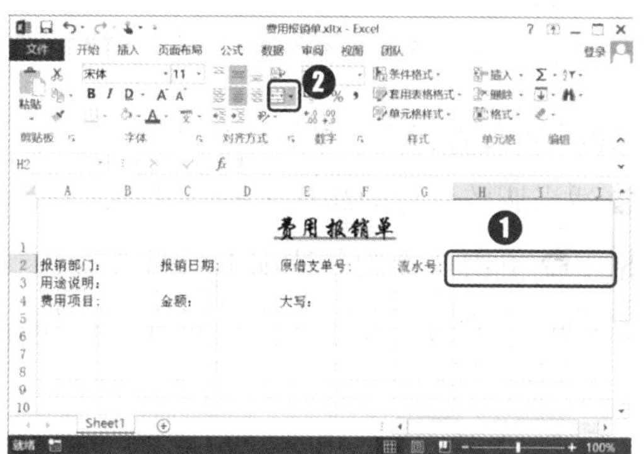

第6步：合并其他单元格并调整列宽。

使用相同的方法继续合并 B3:J3 单元格区域和 F4:J4 单元格区域，并适当调整表格各列的宽度，效果如下图所示。

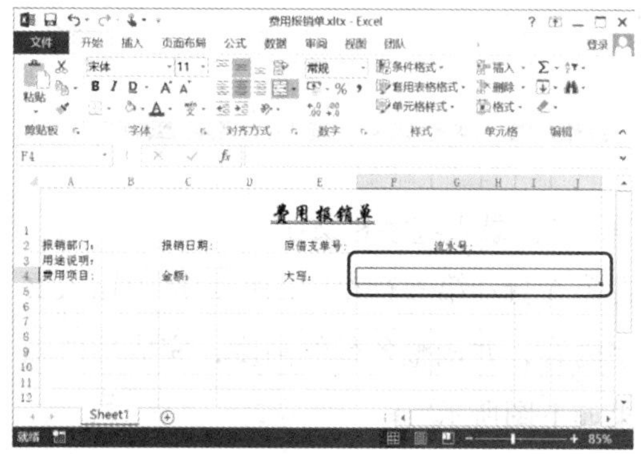

第7步：设置单元格边框。

❶ 选择 A2:J4 单元格区域；❷ 单击“开始”选项卡“字体”组中的“边框”下拉按钮；❸ 在弹出的下拉菜单中选择“所有框线”命令，如下图所示。

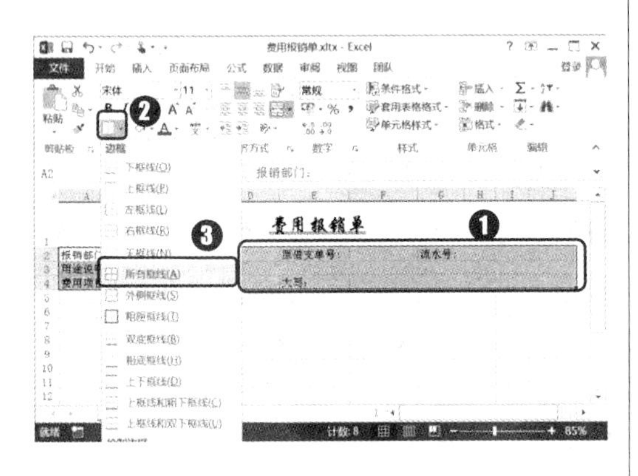

第8步：设置行高及单元格格式。

❶ 适当调整各行的高度；❷ 选中 B3 单元格；❸ 单击“开始”选项卡“对齐方式”组中的“顶端对齐”和“左对齐”按钮，如下图所示。

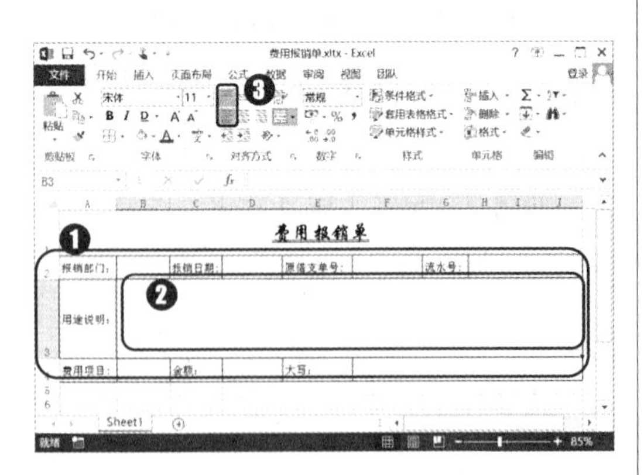

第9步：录入签字栏文字。

在第 5 行和第 6 行相应的单元格中输入文字内容，并调整各行的高度，完成后的效果如下图所示。

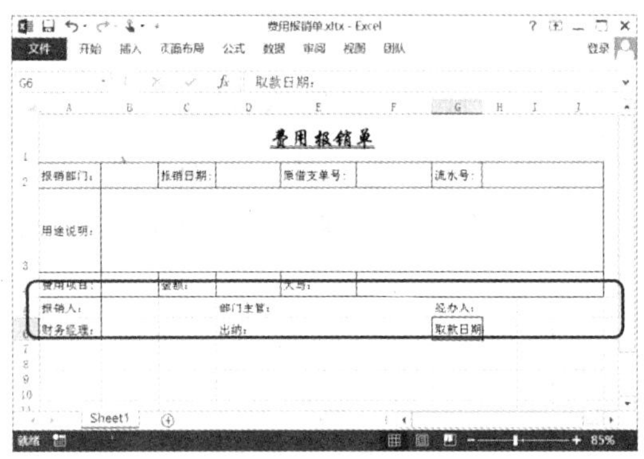

第10步：制作流程说明栏。

❶ 在 A8 单元格中输入文字“流程说明：”；❷ 合并 B8:J8 单元格区域；❸ 设置单元格对齐方式为顶端对齐、左对齐，如下图所示。

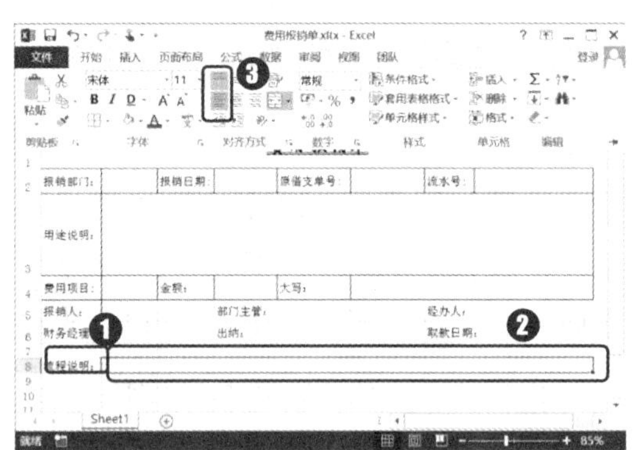

第11步：输入流程说明内容。

❶ 在 B8 单元格中输入流程说明的内容，在单元格内换行时按组合键【Alt+Enter】即可；❷ 输入内容后调整行高，效果如下图所示。

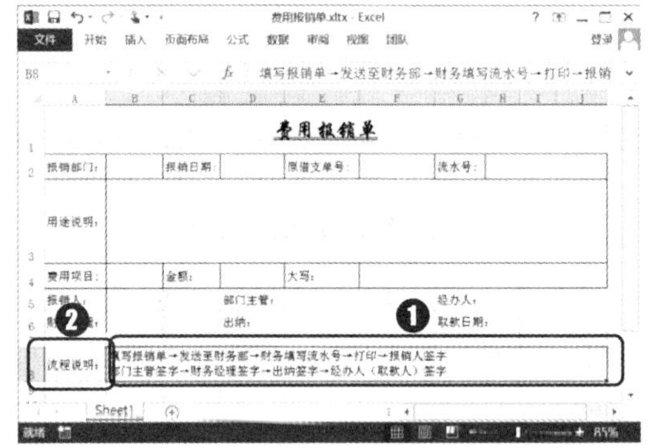

第12步：设置单元格文字颜色。

❶ 选择 A8:B8 单元格区域；❷ 在“开始”选项卡“字体”组中设置文字颜色为“黑色 文字 1 淡色 50%”，如右图所示。

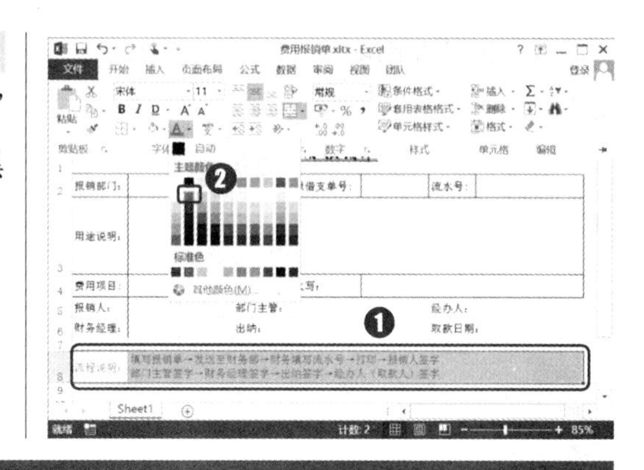

输入相同内容的方法

在 Excel 2013 中要输入相同的内容时，可以通过复制单元格的操作来实现，即先按【Ctrl+C】组合键复制数据，然后按【Ctrl+V】组合键进行粘贴。若要移动数据，可以先按【Ctrl+X】组合键剪切数据，然后按【Ctrl+V】组合键进行粘贴。如果要让多个单元格的格式相同，也可以通过使用“格式刷”工具复制单元格格式。

6.2.2 规定单元格中可以填写的内容

本例最终将制作为模板表格，为尽量避免其他用户在填写表格数据时出错，可在表格需要限制内容的单元格中设置数据有效性，使模板更加方便易用，更加人性化。本例中需要给输入报销部门的单元格设置数据有效性，限制输入的部门选项，只允许输入设置的 4 个部门；对输入报销费用所属项目的单元格设置数据有效性，限制可以报销的种类，只允许输入设置的 5 种类型，具体操作步骤如下。

第1步：预设报销部门。

❶ 选择 B2 单元格；❷ 单击“数据”选项卡“数据工具”组中的“数据验证”按钮，如下图所示。

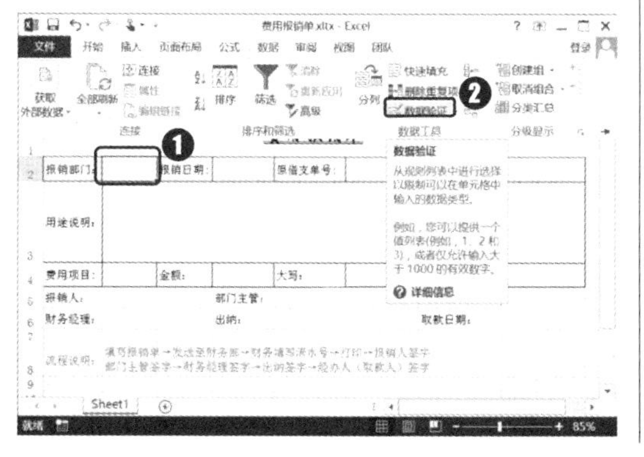

第2步：设置数据验证条件。

打开“数据验证”对话框，❶ 在“允许”下拉列表框中选择“序列”选项；❷ 在“来源”文本框中输入预设的报销部门名称，各部门文字间使用英文半角状态的逗号“,”分隔；❸ 单击“确定”按钮，如下图所示。

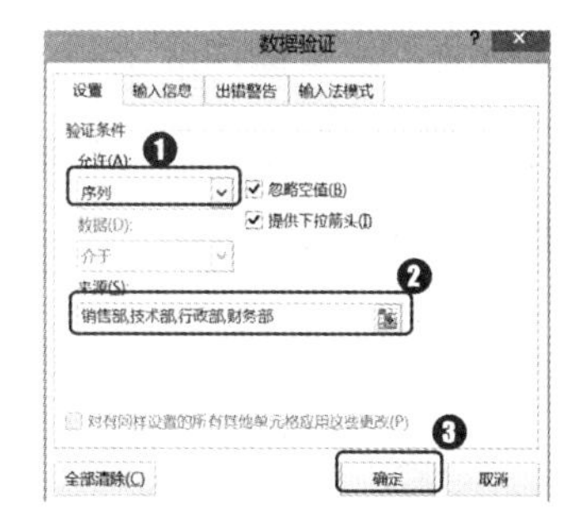

第3步：预设费用项目。

❶ 选择 B4 单元格；❷ 单击“数据”选项卡“数据工具”组中的“数据验证”按钮，如下图所示。

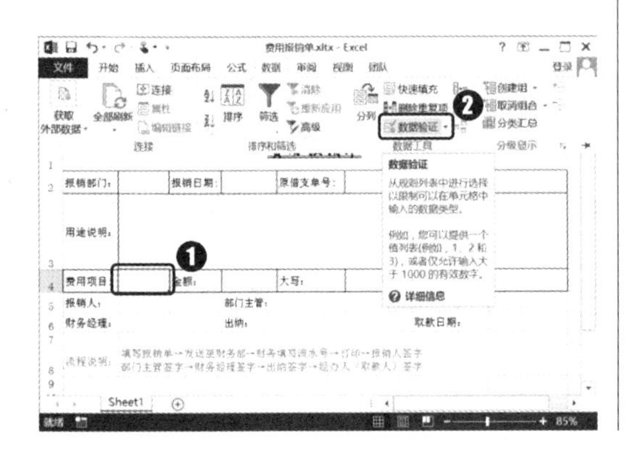

第4步：设置数据验证条件。

打开“数据验证”对话框，❶ 在“允许”下拉列表框中选择“序列”选项；❷ 在“来源”文本框中输入预设的费用项目，各内容间使用英文半角状态的逗号“,”分隔；❸ 单击“确定”按钮，如下图所示。

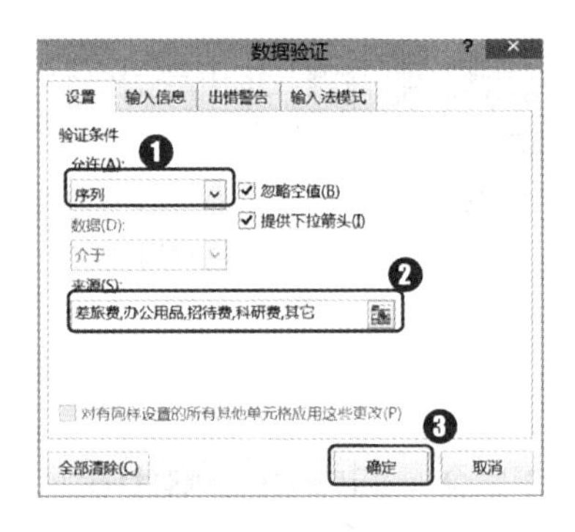

设置数据有效性

在“数据验证”对话框中的“输入信息”选项卡中可设置在单元格输入内容前的提示信息，在“出错警告”对话框中可设置单元格数据不符合规则时的提示方式及提示信息。当验证条件设置为序列时，Excel 会在单元格中提供下拉列表控件供用户选择，方便数据录入。此外，还可以根据实际情况选择不同的验证条件，如只允许输入指定范围内的整数或小数、指定长度的文字内容、指定范围内的日期或时间甚至复杂的公式条件等。

6.2.3 设置单元格格式

本例中用于预留填写的单元格中数据的显示效果有一定的要求，所以需要设置合适的单元格格式。下面就为填写的金额数据设置货币格式，为金额费用设置中文大写的数字格式，具体操作步骤如下。

第1步：应用货币格式。

❶ 选中 D4 单元格；❷ 单击“开始”选项卡“数字”组中的“数字格式”列表框右侧的下拉按钮；❸ 在弹出的下拉列表中选择“货币”选项，如下图所示。

第2步：设置其他数字格式。

❶ 选中 F4 单元格；❷ 单击“开始”选项卡“数字”组中的“数字格式”列表框右侧的下拉按钮；❸ 在弹出的下拉菜单中选择“其他数字格式”命令，如下图所示。

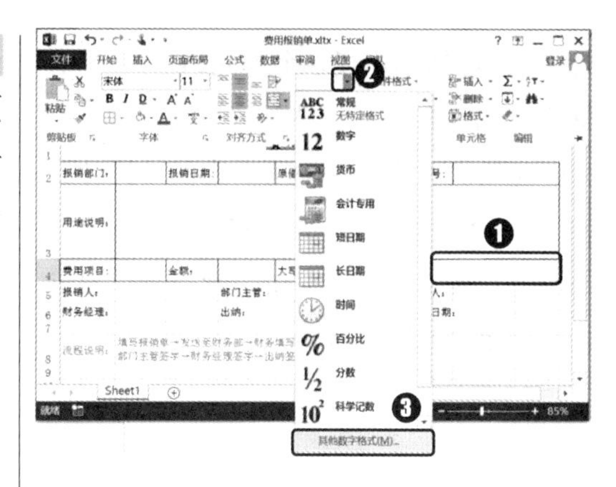

第3步：设置中文大字数字格式。

打开“设置单元格格式”对话框，❶ 在“分类”列表框中选择“特殊”选项；❷ 在右侧“类型”列表框中选择“中文大写数字”选项；❸ 单击“确定”按钮，如下图所示。

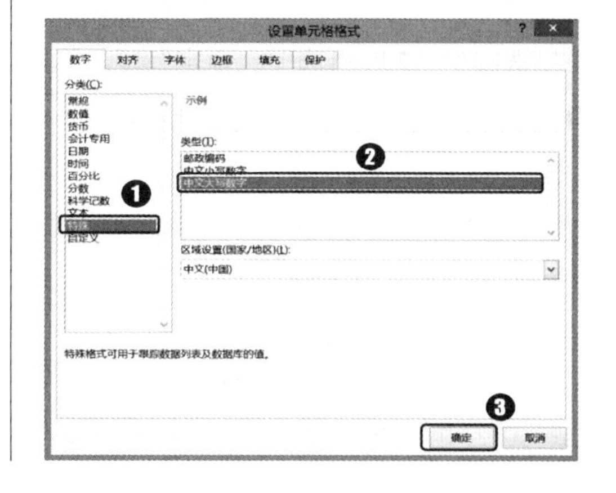

6.2.4 保护工作表并测试模板功能

为防止其他用户在填写表格时，编辑表格中固定的内容和框架，可以对工作表进行保护，仅允许用户修改指定单元格中的内容和对象。完成设置后为了查看模板文件的准确性，最好再测试相关的效果，具体操作方法如下。

第1步：选择不连续多个单元格。

❶ 选择 B2 单元格，然后按住【Ctrl】键的同时依次单击允许填写内容的 D2、F2、B3、B4、D4 和 F4 单元格；❷ 单击“开始”选项卡“数字”组右下角的“对话框启动器”按钮，如下图所示。

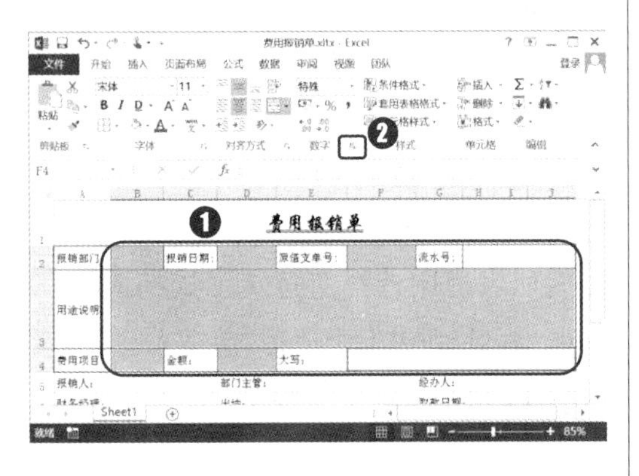

第2步：取消单元格锁定。

打开“设置单元格格式”对话框，❶ 单击“保护”选项卡；❷ 取消选中“锁定”复选框；❸ 单击“确定”按钮，如下图所示。

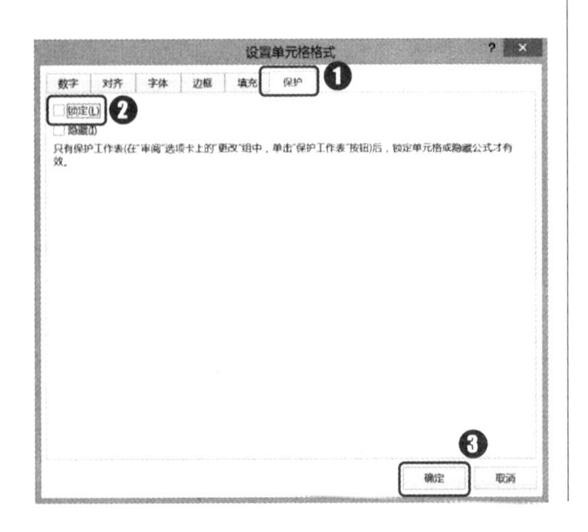

第3步：保护工作表。

要使单元格的锁定状态生效，保护锁定的内容，需开启工作表的保护功能。单击“审阅”选项卡“更改”组中的“保护工作表”按钮，如下图所示。

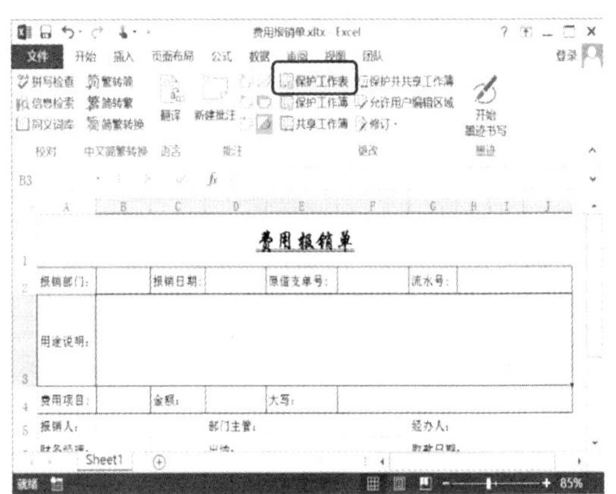

第4步：设置工作表保护密码。

打开“保护工作表”对话框，❶ 设置工作表保护密码；❷ 单击“确定”按钮，如下图所示。

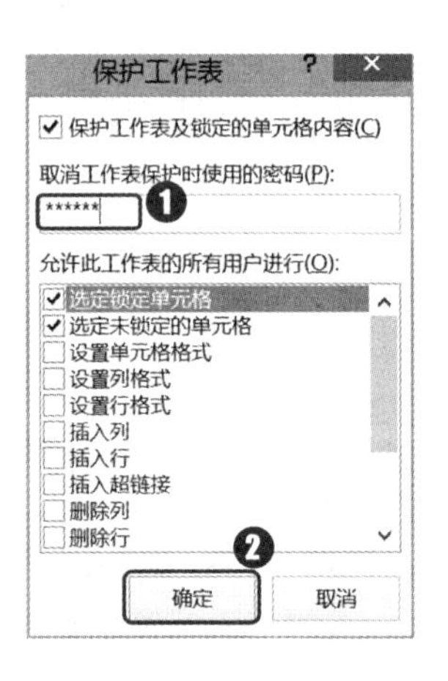

设置单元格锁定状态的其他方法

选择需要用户填写内容的单元格和单元格区域后，单击“开始”选项卡“单元格”组中的“格式”按钮，在弹出的下拉菜单中选择“锁定单元格”命令，也可以选择或取消单元格的锁定状态。

第5步：确认设置的工作表保护密码。

打开“确认密码”对话框，❶ 重新输入一次密码；❷ 单击“确定”按钮确认密码即可，如下图所示。此时，工作表中除取消了锁定的单元格外，其他单元格均不可修改。

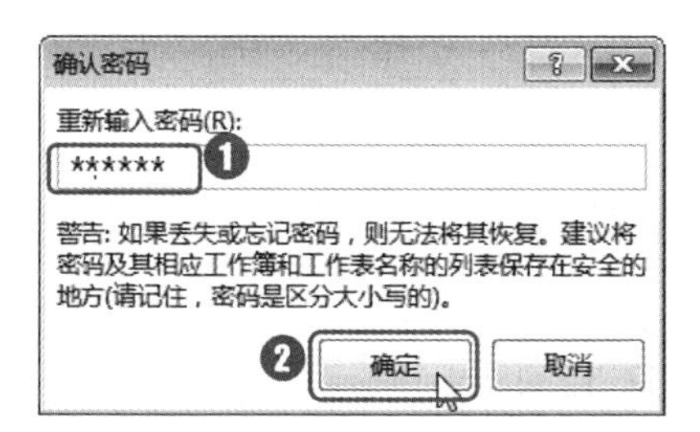

第6步：应用模板创建报销单。

为验证报销单的可行性，保存报销单模板文件并关闭，然后双击保存的 Excel 模板文件新建文件，在新建的表格中填写报销单内容，测试报销单模板的应用，最后保存文件，如下图所示。

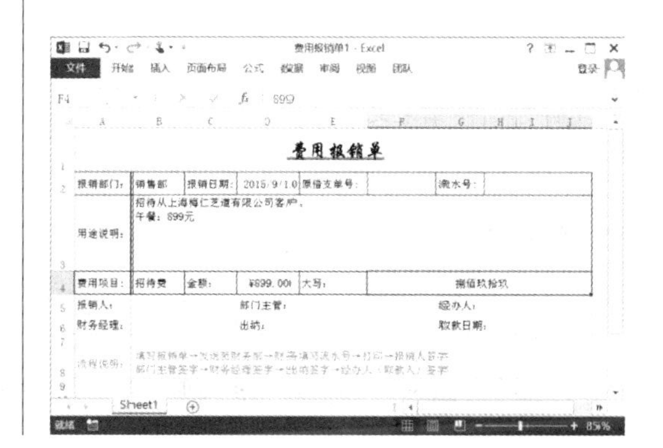

保护工作表

Excel 中的保护工作表与 Word 中的保护文档的功能非常相似，保护工作表后，Excel 中具有“锁定”属性的单元格内容将不可被编辑，这样可以有效防止误操作，特别是在需要将表格交由他人填写内容时作用很大。

在 Excel 中，默认情况下所有单元格的“锁定”属性均为选中状态，如果未取消单元格的“锁定”属性，保护工作表后，所有单元格内容均不可编辑。

在“保护工作表”对话框内的列表框中，可根据实际需要选择允许用户进行的操作。默认情况下允许用户选定锁定单元格和选定未锁定单元格的，如果取消选中“选定锁定单元格”复选框，则保护工作表后，所有锁定单元格都不可被选中，此功能也可用于防止他人复制单元格内容；如果取消选中“选定未锁定的单元格”复选框，则保护工作表后，未锁定的单元格，也就是允许用户编辑的单元格都不可选定，导致的后果就是所有单元格均不可被选择和编辑。

6.3 制作商品报价单

◇ 案例概述

在 Word 中我们制作过图文并茂的文档和表格，我们知道，美观大方的文档可以给阅读者带来不一样的感受。同样，在 Excel 中我们也可以应用图文并茂的方式来展现数据。下面，以制作商品报价单为例进行介绍。本例的制作重点在于 Excel 中图片、图形等元素的应用及表格中各种元素的修饰与美化，完成后的效果如右图所示。

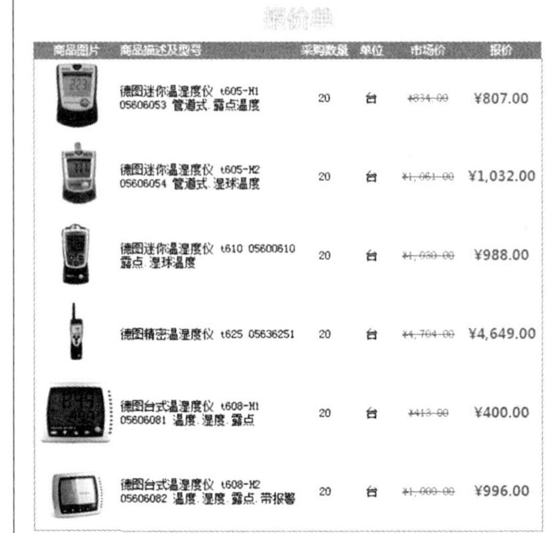

商品图片	商品描述及型号	采购数量	单位	市场价	报价
	德图迷你温湿度仪 t605-H1 05606053 管道式.露点温度	20	台	~~¥834.00~~	¥807.00
	德图迷你温湿度仪 t605-H2 05606054 管道式.湿球温度	20	台	~~¥1,061.00~~	¥1,032.00
	德图迷你温湿度仪 t610 05600610 露点.湿球温度	20	台	~~¥1,030.00~~	¥988.00
	德图精密温湿度仪 t625 05636251	20	台	~~¥4,704.00~~	¥4,649.00
	德图台式温湿度仪 t608-H1 05606081 温度.湿度.露点	20	台	~~¥413.00~~	¥400.00
	德图台式温湿度仪 t608-H2 05606082 温度.湿度.露点.带报警	20	台	~~¥1,000.00~~	¥996.00

	素材文件:image 001.png~image 006.png
	结果文件:光盘\结果文件\第6章\案例03\商品报价单.xlsx、商品报价单.htm
	教学文件:光盘\教学文件\第6章\案例03.mp4

◇ 制作思路

在 Excel 中制作商品报价单的流程与思路如下所示。

制作标题：本例将通过插入艺术字的方式制作表格标题。

输入并编辑表格内容：根据表格中需要展示的内容规划出表格的大致框架，并输入和编辑相应的单元格内容。

插入图片：商品报价单中为了更好地对应产品和相关数据，最好配图说明，所以需要在相应位置插入图片并调整。

设置单元格格式：报价单是一个对外的表格，所以，在表格内容完成后还需要适当美化。

打印输出表格：报价单常常需要打印输出给相关的用户查看，在打印之前要设置相应的格式，以保证输出后的效果。另外，也可以直接保存为网页文件，方便用户直接在网上查看数据。

◇ 具体步骤

在 Excel 中也可以制作一些用于数据展示的表格，其制作方法与在 Word 中制作表格的方法相同，但又可以设置得更加精美一些。本例将制作商品的报价单，为读者介绍在 Excel 中制作展示类表格的方法。

6.3.1 制作表格框架

制作一些用于打印输出的表格时，可以为其制作一个漂亮得体的文档标题。本例中通过插入艺术字的方法来制作标题，具体操作步骤如下。

第1步：新建文件并录入表头内容。

❶ 新建一个空白工作簿并以“商品报价单”为名进行保存；❷ 在 A2:F2 单元格区域输入报价单表头内容，如下图所示。

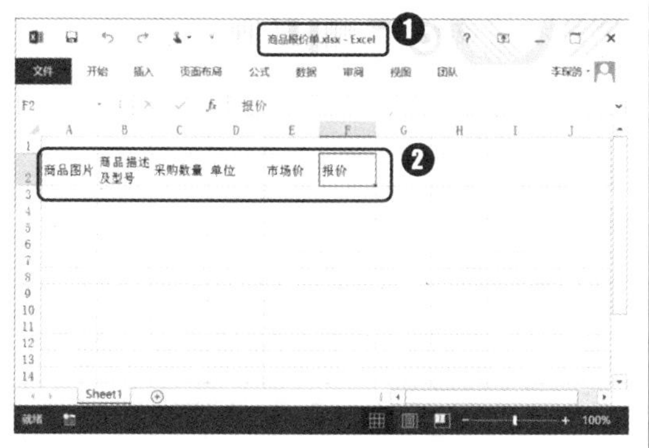

第2步：调整行高列宽。

❶ 拖动鼠标光标调整第 1 行的高度；❷ 调整 A 列和 B 列的宽度至如下图所示的效果。

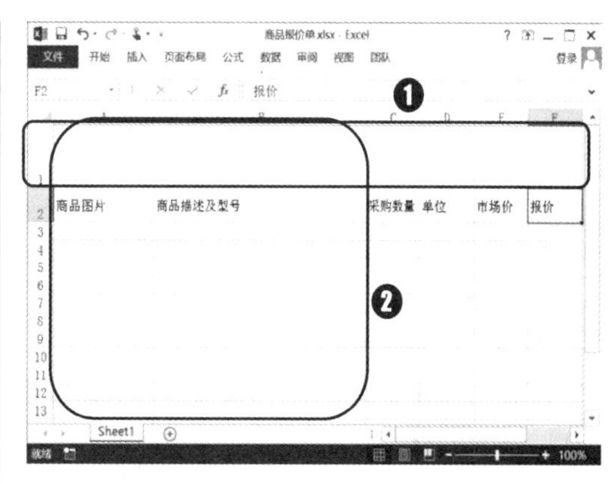

第3步：插入艺术字。

❶ 单击“插入”选项卡“文本”组中的“艺术字”按钮；❷ 在弹出的下拉列表中选择要应用的艺术字样式，如下图所示。

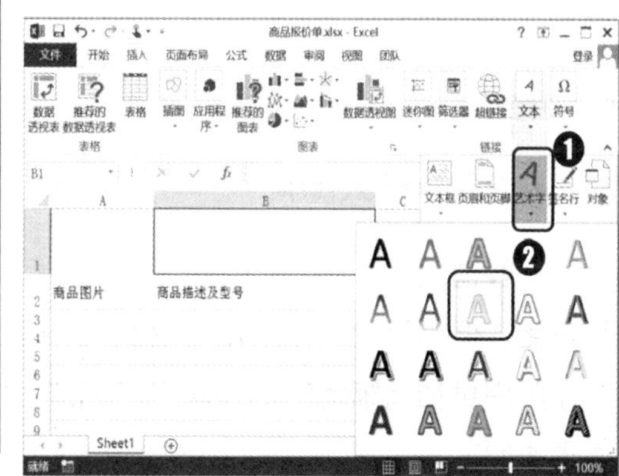

第4步：输入艺术字并设置格式。

❶ 在表格中出现的艺术字文本框中输入文字“报价单”；❷ 选择艺术字后在“开始”选项卡中设置字体为“微软雅黑”、字号为“24”、加粗，如下图所示。

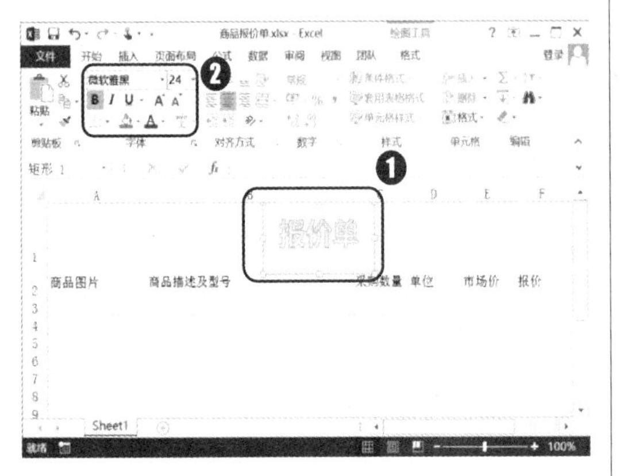

第5步：输入表格数据。

在 B3:F8 单元格区域输入表格中需要的数据，如下图所示。

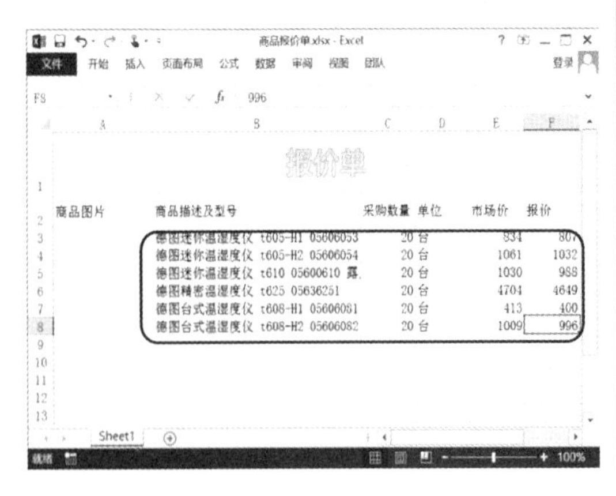

第6步：设置单元格内容自动换行。

❶ 选择 B3:B8 单元格区域；❷ 单击“开始”选项卡“对齐方式”组中的“自动换行”按钮，使单元格内容在超出单元格宽度后自动换行，如下图所示。

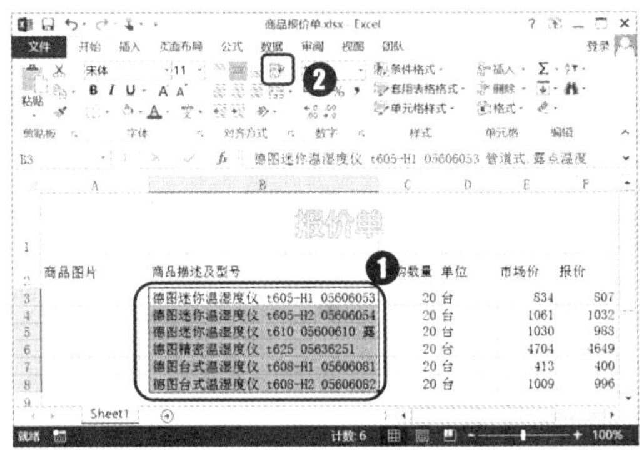

第7步：设置行高。

❶ 选择第 3 行到第 8 行；❷ 拖动所选行中任意两行之间的行标，调整行高至如下图所示的效果。

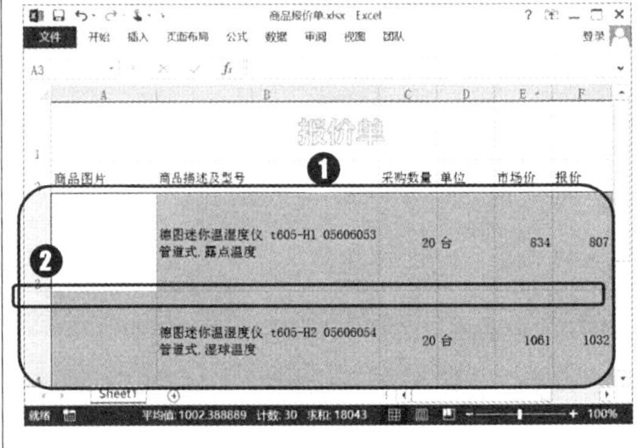

6.3.2 插入图片

一般情况下，Excel 中处理的都是数据，后期数据的管理和分析都不需要插入图片美化。但如果是制作展示用的数据，即直接需要将表格输出的则需要配图。本例为了让用户更加清晰地知道是哪个产品的数据，需要在数据前插入对应的图片，具体操作步骤如下。

第1步：插入图像。

❶ 选中 A3 单元格；❷ 单击“插入”选项卡“插图”组中的“图片”按钮，如下图所示。

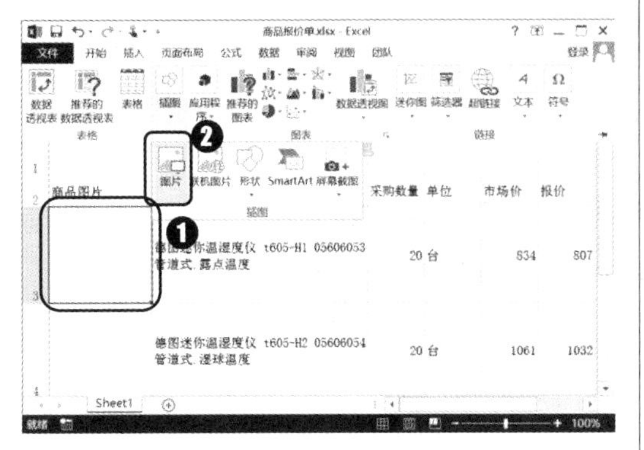

第2步：选择并插入商品图片。

打开“插入图片”对话框，❶ 选择素材文件中提供的“image001.png”图像；❷ 单击“插入”按钮，将图片插入表格中，如下图所示。

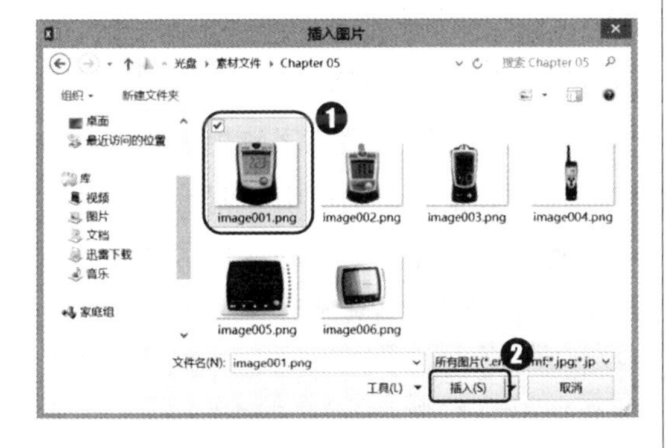

第3步：设置图片格式。

❶ 选择插入的图像；❷ 在“图片工具 格式”选项卡“大小”组中设置图像宽度为“3.05 厘米”，并调整图像位置，如下图所示。

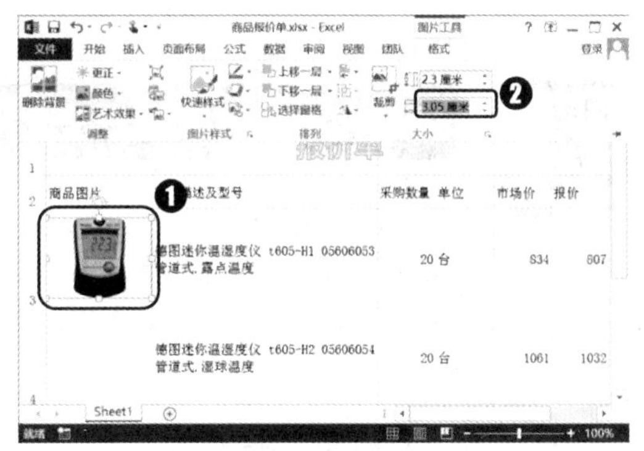

第4步：插入其他商品图。

用与前面相同的方式，分别在 B4:B8 单元格区域中插入相应的商品图片，并设置图片宽度统一为“3.05 厘米”，完成后的效果如下图所示。

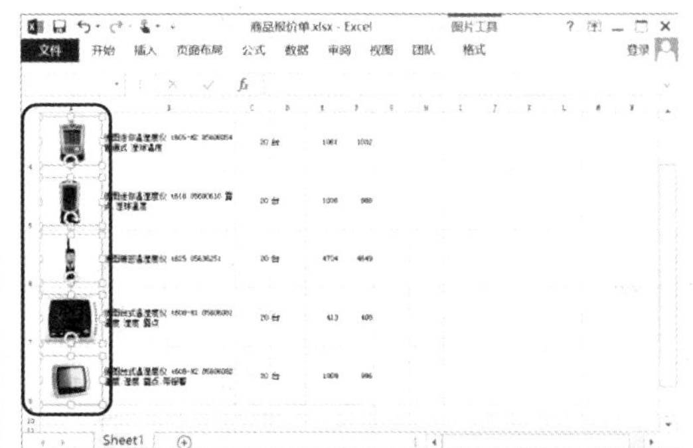

第5步：设置单元格对齐方式。

❶ 单击 A 列列号选择 A 列，再按住【Ctrl】键的同时选择第 C 列到第 F 列；❷ 单击“开始”选项卡“对齐方式”组中的“居中”按钮，设置所选各列单元格内容居中对齐，如下图所示。

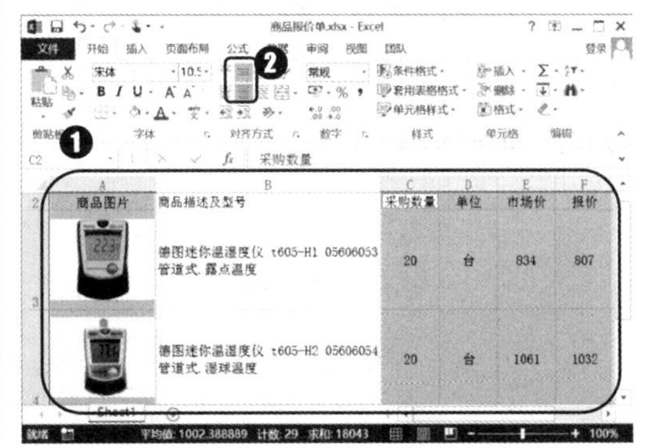

插入和编辑对象的方法

对于插图的应用，Excel 与 Word 非常相似，除了插入图像外，还可以插入形状、SmartArt 图形等，插入表格中的图片或图形均可调整相关的属性或样式。具体应用可参考 Word 中图片和图形的应用。

6.3.3 设置单元格格式

完成表格内容的制作后，还需要为表格中的某些特殊数据设置相应的数字格式和字体格式，并设置边框和底纹，简单美化表格效果，具体操作步骤如下。

第1步：应用货币格式。

❶ 选择 E3:F8 单元格区域；❷ 在“开始”选项卡的“数字格式”下拉列表框中选择“货币”选项，如下图所示。

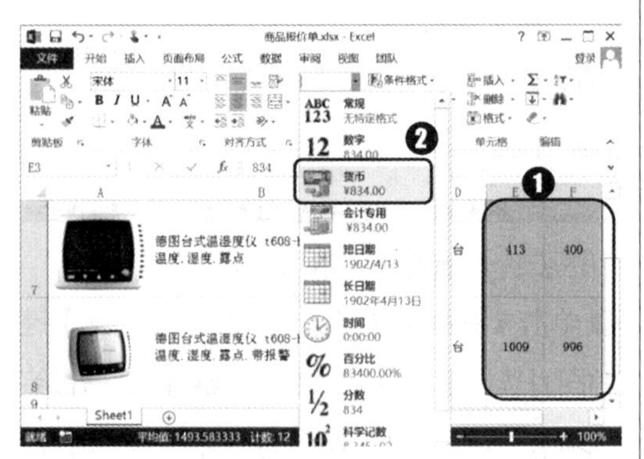

第2步：设置单元格字体。

❶ 选中 E 列单元格；❷ 单击“开始”选项卡“字体”组右下角的“对话框启动器”按钮，如下图所示。

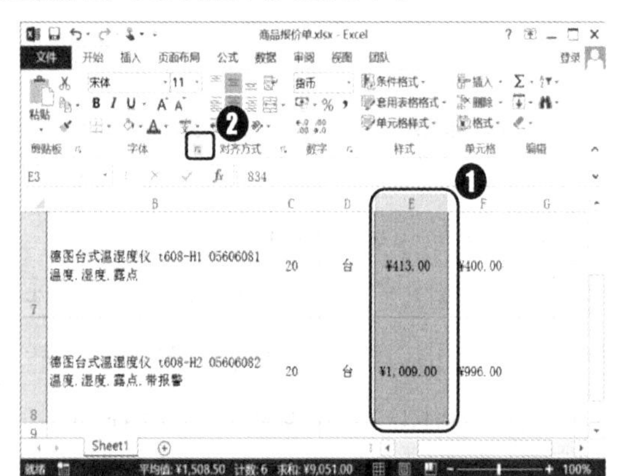

第3步：设置删除线。

打开“设置单元格格式”对话框，❶ 单击“字体”选项卡；❷ 设置文字颜色为灰色；❸ 在“特殊效果”栏中选中“删除线”复选框；❹ 单击“确定”按钮，如下图所示。

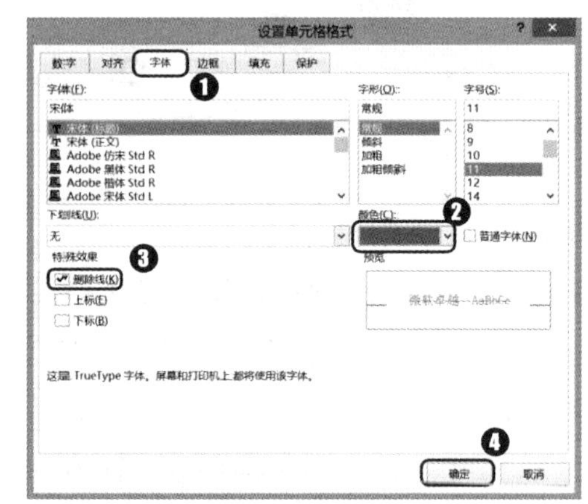

第4步：设置报价金额字体。

❶ 选择 F3:F8 单元格区域；❷ 在“开始”选项卡“字体”组中设置字体为“微软雅黑”、字号为“14”、加粗、颜色为“橙色，着色 2，深色 25%”，如右图所示。

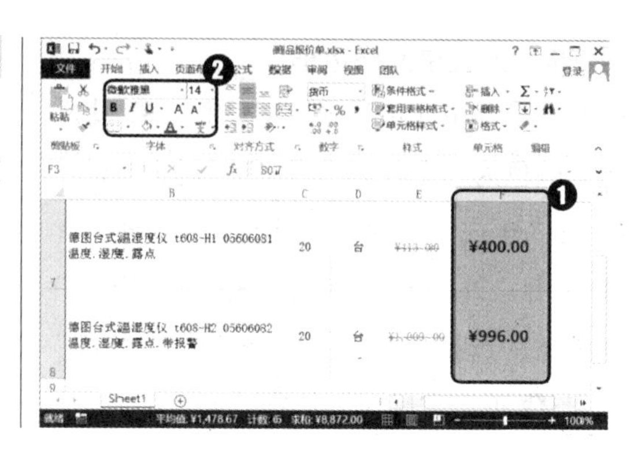

套用表格格式

选择单元格区域后，单击“开始”选项卡“样式”组中的“套用表格格式”按钮，在弹出的下拉列表中提供了多种表格格式，选择要应用的表格样式后，在打开的“套用表格格式”对话框中设置所选单元格区域是否包含标题，再单击“确定”按钮，可快速为所选单元格应用选择的表格样式，完成表格美化操作。

第5步：设置单元格修饰。

❶ 选择 A2:F2 单元格区域；❷ 在“开始”选项卡中设置字体为“微软雅黑”、字号为 12、文字颜色为白色，填充颜色为“金色，着色 4，深色 25%”，如下图所示。

第6步：选择“其他边框”命令。

❶ 选择 A3:F8 单元格区域；❷ 单击“开始”选项卡“字体”组中的“边框”下拉按钮；❸ 在弹出的下拉菜单中选择“其他边框”命令，如下图所示。

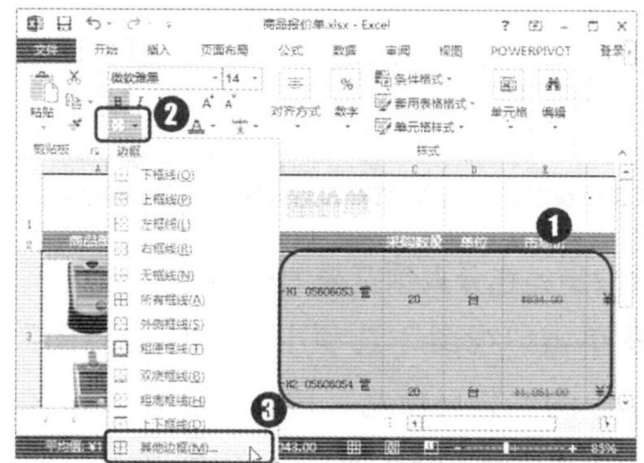

第7步：设置单元格边框。

打开“设置单元格格式”对话框，❶ 设置边框颜色为“金色，着色4，深色25%”；❷ 在“样式”列表框中选择粗线样式；❸ 单击“外边框”按钮；❹ 在“样式”列表框中选择细线样式；❺ 单击“内部”按钮；❻ 单击“确定”按钮，如右图所示。

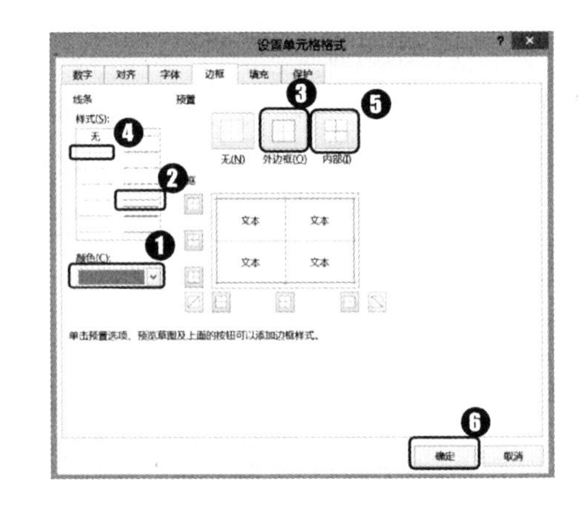

6.3.4 打印表格

本案例最终需要打印输出到纸张上，在打印之前需要设置打印的区域并设置合适的页面效果，预览打印效果满意后再打印输出，具体操作方法如下。

第1步：设置打印区域。

❶ 选择A1:F8单元格区域；❷ 单击“页面布局”选项卡“页面设置”组中的“打印区域”下拉按钮；❸ 在弹出的下拉菜单中选择“设置打印区域”命令，如下图所示。

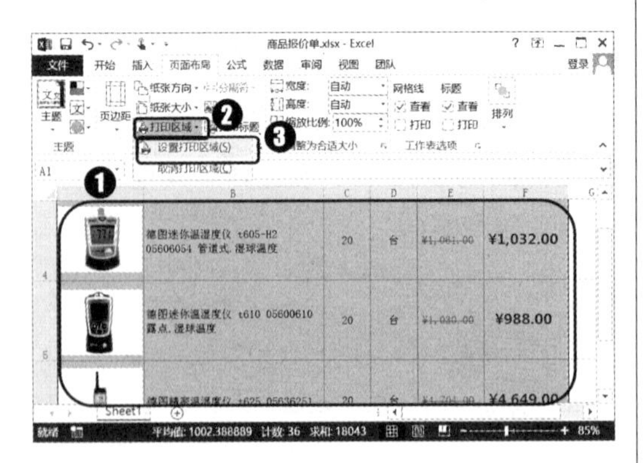

第2步：在分页预览视图中调整页面。

❶ 单击“视图”选项卡“工作簿视图”组中的“分页预览”按钮；❷ 在工作区中拖动页面边缘线到报价单内容右侧，使报价单内容可在一页中打印，如下图所示。

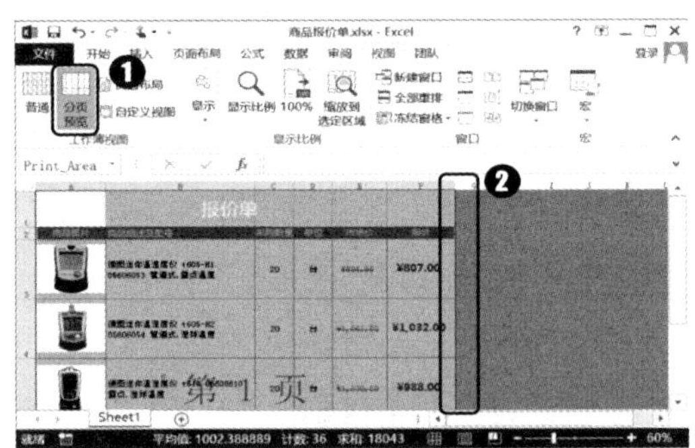

第3步：切换至页面布局视图。

单击“视图”选项卡“工作簿视图”组中的“页面布局”按钮，如下图所示。

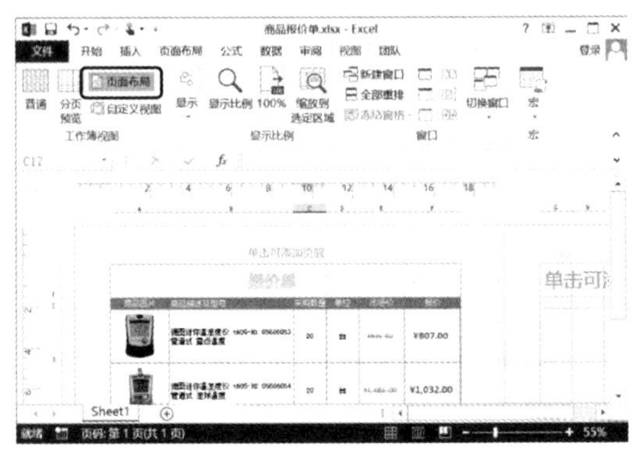

第4步：设置页眉。

单击页面右上角的页眉区域，输入页眉内容，如下图所示。

第5步：预览打印效果。

❶ 在“文件”菜单中选择“打印”命令；❷ 在右侧预览打印效果；❸ 感到满意后，单击“打印”按钮开始打印文档，如下图所示。

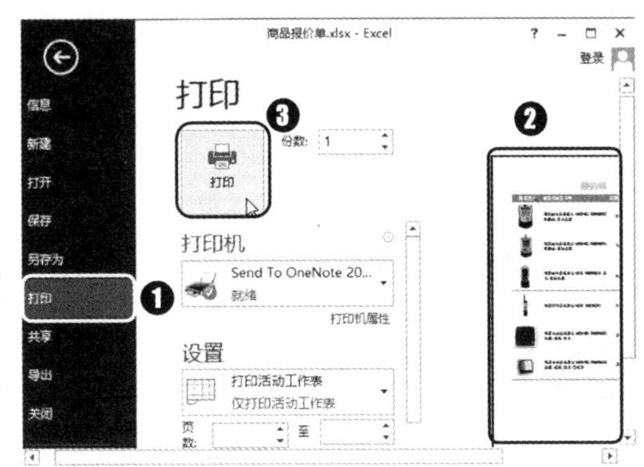

6.3.5 保存为网页文件

目前，电子设备的使用，可以让以前需要打印到纸张上的数据直接显示在各类网络终端设备上。网页是用于互联网中传递信息和数据的最主要方式，也是应用范围最广泛的文件格式之一，而且网页文件可以在各种类型的网络终端设备中查看，例如，智能手机、平板电脑等都可以打开网页文件。本例的报价单为了方便客户在不同的设备中查看，特地将文件保存成为网页格式。另外，如果将网页发布于网络中，用户还可以通过网络随时随地查看数据。将文件保存为网页格式的具体操作方法如下。

第1步：另存为网页。

❶ 在“文件”菜单中选择“另存为”命令；❷ 双击“计算机”选项，如下图所示。

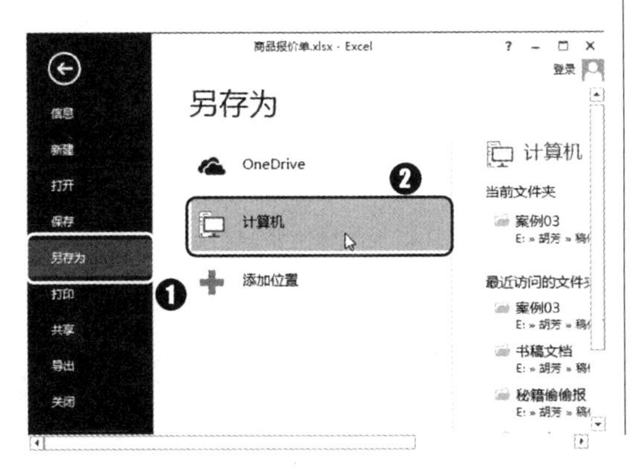

第2步：另存为网页。

打开“另存为”对话框，❶ 选择文件存放路径；❷ 设置保存类型为“网页（*.htm，*.html）”；❸ 单击“保存”按钮，将 Excel 文件另存为网页文件，如下图所示。

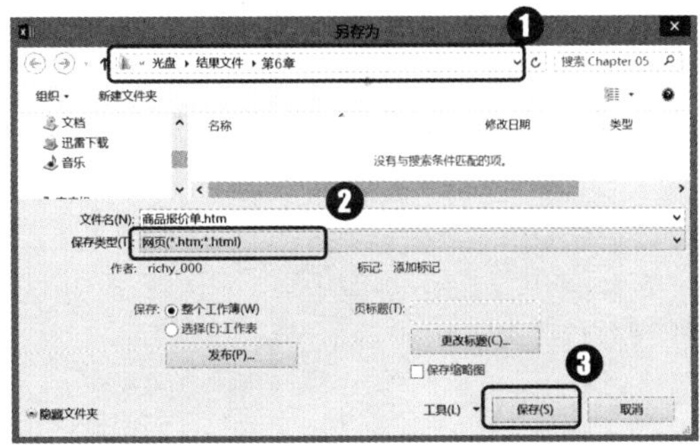

第3步：查看报价单网页。

在 Windows 系统中打开文件保存路径，双击保存的网页文件，在浏览器中查看报价单，效果如右图所示。

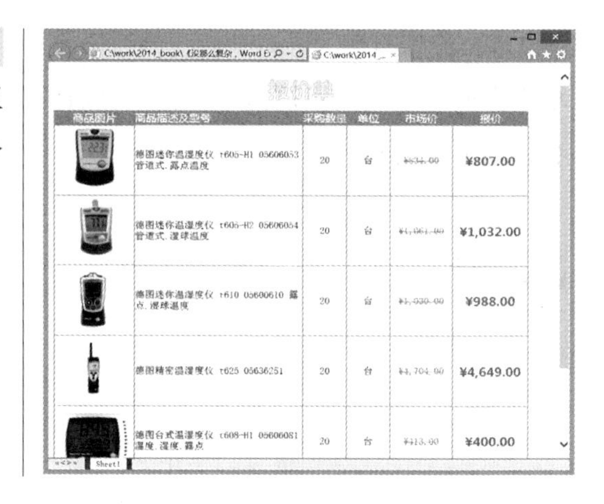

6.4 本章小结

Excel 为表格的存储和分析处理提供了最好的环境，是办公用户制表的主要软件。本章通过几个案例的制作，系统并全面地讲解了使用 Excel 2013 必知必会的基本操作。包括工作簿、工作表和单元格的基本操作，输入和编辑数据的方法，表格和单元格格式的设置，图形、图像的插入等。希望大家能够灵活应用 Excel 来存储实际工作中所需要应用的各类数据，高效地录入数据、完成对数据的格式设置及美化。另外，在制作表格时，还应该考虑和关注表格数据的应用目的和使用者，如果是需要他人来完成表格中的部分内容时，可以借助模板、数据验证、保护工作表等功能，使应用者能更方便地应用表格。

第 7 章

计算表格中的数据——Excel 公式与函数的应用

本章导读：

在现代办公中，少不了会计算或分析一系列数据。如果还是依靠古老的手工计算或仅仅借助计算器，往往会让我们的工作任务变得十分繁重甚至痛苦不堪。有了 Excel，我们再也不用担心计算的问题了，无论是简单的数学计算还是复杂的数学问题，都能利用 Excel 轻松解决。Excel 相比其他计算工具更快、更准、更强大。公式是实现数据计算的重要方式之一，函数可以简化和缩短工作表中的公式，尤其在用公式完成很长或复杂的计算时。

知识要点：

★ 运算符的使用

★ 单元格地址的引用

★ 名称的应用

★ 审核公式

★ 输入函数的方法

★ 常用函数的应用

案例效果：

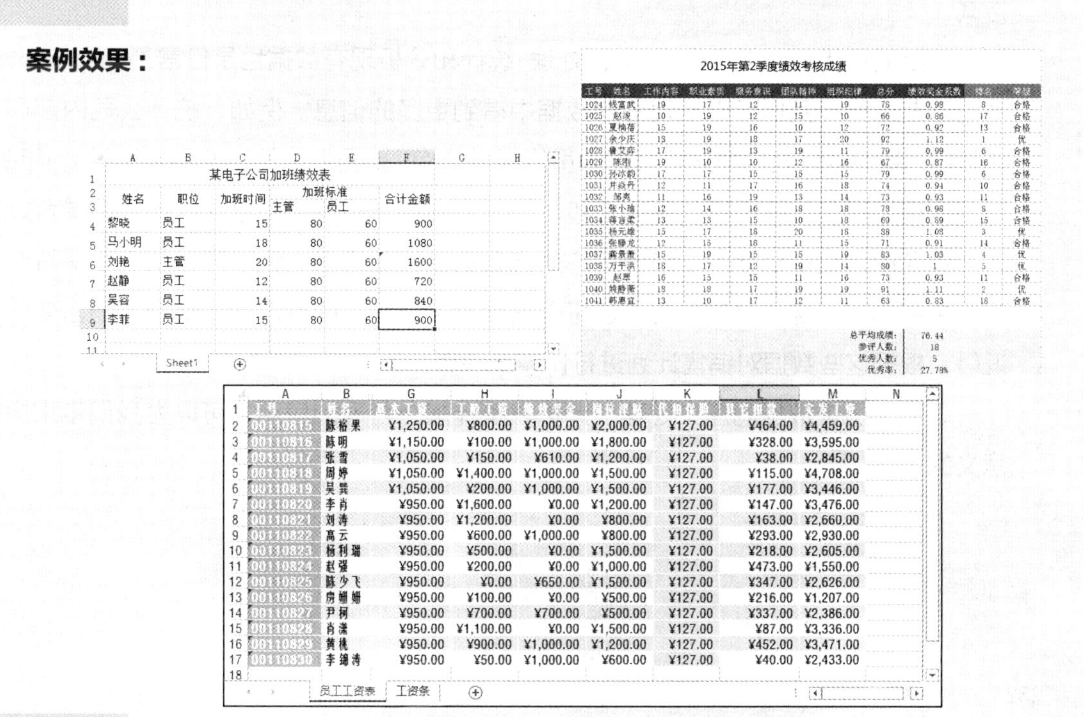

某电子公司加班绩效表

姓名	职位	加班时间	加班标准		合计金额
			主管	员工	
黎晓	员工	15	80	60	900
马小明	员工	18	80	60	1080
刘艳	主管	20	80	60	1600
赵静	员工	12	80	60	720
吴容	员工	14	80	60	840
李菲	员工	15	80	60	900

2015年第2季度绩效考核成绩

工号	姓名	工作内容	职业素质	服务意识	团队精神	组织纪律	总分	绩效奖金系数	排名	等级
1024	钱富武	19	17	12	11	19	78	0.93	8	合格
1025	赵波	10	19	12	15	10	66	0.86	17	合格
1026	夏楠蓓	15	19	16	10	12	72	0.92	13	合格
1027	余少庆	18	19	18	17	20	92	1.12	1	优
1028	鲁艾莎	17	19	13	19	11	79	0.99	6	合格
1029	陈刚	19	10	10	12	16	67	0.87	16	合格
1030	孙冰韵	17	17	15	15	15	79	0.99	6	合格
1031	井焱丹	12	11	17	16	18	74	0.94	10	合格
1032	邹爽	11	16	19	13	14	73	0.93	11	合格
1033	张小瑜	12	14	16	18	18	78	0.96	8	合格
1034	蒋吉柔	13	13	15	10	18	69	0.89	15	合格
1035	杨元雄	15	17	18	20	18	88	1.08	3	优
1036	张骏龙	12	15	18	11	15	71	0.91	14	合格
1037	龚景兼	15	19	15	15	19	83	1.03	4	优
1038	万平洪	18	17	12	19	14	80	1	5	优
1039	赵翠	16	15	15	11	16	73	0.93	11	合格
1040	姚静薇	18	18	17	19	19	91	1.11	2	优
1041	韩惠宜	13	10	17	12	11	63	0.83	18	合格

总平均成绩：	76.44
参评人数：	18
优秀人数：	5
优秀率：	27.78%

工号	姓名	基本工资	工龄工资	绩效奖金	岗位津贴	代扣保险	其它扣款	实发工资
00110815	陈裕果	¥1,250.00	¥800.00	¥1,000.00	¥2,000.00	¥127.00	¥464.00	¥4,459.00
00110816	陈明	¥1,150.00	¥100.00	¥1,000.00	¥1,800.00	¥127.00	¥328.00	¥3,595.00
00110817	张雪	¥1,050.00	¥150.00	¥610.00	¥1,200.00	¥127.00	¥38.00	¥2,845.00
00110818	周婷	¥1,050.00	¥1,400.00	¥1,000.00	¥1,500.00	¥127.00	¥115.00	¥4,708.00
00110819	吴巽	¥1,050.00	¥200.00	¥1,000.00	¥1,500.00	¥127.00	¥177.00	¥3,446.00
00110820	李肖	¥950.00	¥1,600.00	¥0.00	¥1,200.00	¥127.00	¥147.00	¥3,476.00
00110821	刘涛	¥950.00	¥1,200.00	¥0.00	¥800.00	¥127.00	¥163.00	¥2,660.00
00110822	高云	¥950.00	¥600.00	¥1,000.00	¥800.00	¥127.00	¥293.00	¥2,930.00
00110823	杨利瑞	¥950.00	¥500.00	¥0.00	¥1,500.00	¥127.00	¥218.00	¥2,605.00
00110824	赵强	¥950.00	¥200.00	¥0.00	¥1,000.00	¥127.00	¥473.00	¥1,550.00
00110825	陈少飞	¥950.00	¥0.00	¥650.00	¥1,500.00	¥127.00	¥347.00	¥2,626.00
00110826	房姗姗	¥950.00	¥100.00	¥0.00	¥500.00	¥127.00	¥216.00	¥1,207.00
00110827	尹柯	¥950.00	¥700.00	¥700.00	¥500.00	¥127.00	¥337.00	¥2,386.00
00110828	肖潇	¥950.00	¥1,100.00	¥0.00	¥1,500.00	¥127.00	¥87.00	¥3,336.00
00110829	黄桃	¥950.00	¥900.00	¥1,000.00	¥1,200.00	¥127.00	¥452.00	¥3,471.00
00110830	李锦涛	¥950.00	¥50.00	¥1,000.00	¥600.00	¥127.00	¥40.00	¥2,433.00

日常办公应用中，我们需要记录和存储各种数据，记录和存储这些数据的目的无非是为了日后的查询或者是计算和分析。Excel 2013 具有强大的数据计算功能，而数据计算的依据就是公式和函数，我们可以利用输入的公式和函数自动计算数据。那么，了解公式的组成、公式的常用运算符和优先级、名称的使用方法、函数的语法和分类等知识就显得尤为重要了。本小节就从这些方面为您一一介绍。

要点01 数据的重大意义

我们在工作中收集了大量的数据和信息，如果仅仅是将这些数据存储起来，不去分析和应用，这些数据的存在也就没有了意义和价值。我们可以试想一下，为什么所有单位或公司都会存储本单位人员的基本资料？为什么财务会保留每一笔收入和支出的信息？为什么销售会想尽办法存储客户的资料、记录每一笔交易的数据？

这些都是非常常见也是非常容易想明白的例子，因为这些数据可以协助我们进行一系列统计和分析工作，而不仅仅只是为了在必要时查阅。

我相信很多人都收到过一些陌生的邮件、短信甚至电话，如楼盘广告、装修广告、保险推销、药品推销甚至诈骗电话等，为什么他们会有我们的电话。从这个实际的案例我们可以看出，数据是有商业价值的，这些广告正是数据应用的一种最直观的方式。

在我们现代办公工工作中，加工处理、统计和分析现有数据也是日常工作的一部分。通过这些工作，我们可以从现有的数据中得到更多的信息。例如，统计公司内部员工的数据，我们可以轻松地分析公司人员的组成结构，如男女比例、学历比例、平均年龄、职称取得情况、工资情况、平均工龄、员工稳定性分析等，利用这些计算结果可以为人力资源的规划提供参考；统计客户信息和销售历史记录，我们可以从中了解每个客户的购买情况、购买量的变化，还可以统计出不同特征的客户购买情况、销售变化情况等，根据这些数据对销售计划进行调整或决策。

总之，历史数据的加工处理、计算、统计加上合理的应用，可以为我们带来更有意义的信息。

要点02 公式的基础知识

Excel 最主要的功能在于计算数据。在 Excel 中提供了大量的公式与函数，可以帮助用户对数据进行各种统计计算。

Excel 中的公式是存在于单元格中的一种特殊数据，它以字符等号“=”开头，表示单元格输入的是公式，而 Excel 会自动解析和计算公式内容，并显示出最终的结果。例如，在单元格内输入“=1+2”，输入完成后单元格中会显示“1+2”的计算结果“3”。

1. 公式的组成

要输入公式计算数据，首先应了解公式的组成部分和意义。Excel 中的公式是对工作表中的数值执行计算的等式。它不同于工作表中的其他文本数据，就是由于公式是由“=”符号和公式的表达式两部分组成，以“=”符号开始，其后才是表达式，如“=A1+A2+A3”。输入单元格中的公式可以包含以下 5 种元素中的部分内容，也可以是全部内容。

- 运算符：运算符是 Excel 公式中的基本元素，它用于指定表达式内执行的计算类型，不同的运算符进行不同的运算。
- 常量数值：直接输入公式中的数字或文本等各类数据，如“0.5”和“加班”等。
- 括号：括号控制着公式中各表达式的计算顺序。
- 单元格引用：指定要进行运算的单元格地址，从而方便引用单元格中的数据。
- 函数：函数是预先编写的公式，可以计算一个或多个值，并返回一个或多个值。

2. 公式中的运算符

Excel 中的公式等号后面就是要计算的元素（即操作数），各操作之间由运算符分隔。运算符是公式的基本元素，它决定了公式中的元素执行的计算类型。

Excel 中除了支持普通的数学运算外，还支持多种比较运算和字符串运算等，下面分别为大家介绍在不同类型的运算中可使用的运算符。

（1）算术运算符

数学运算是最常见的运算方式。Excel 中的算术运算符也就是算术运算中所用到的加、减、乘、除等基本数学运算符。只是，在 Excel 中，使用“*”表示算术乘法运算、使用“/”表示算术除法运算。

Excel 中的算术运算符还可用于合并数字以及生成数值结果，是所有类型运算符中使用率最高的。算术运算符包含的具体运算符如下表所示。

算术运算符符号	具体含义	应用示例	运算结果
+（加号）	加法	26+3	29
-（减号）	减法或负数	26-3	23
*（乘号）	乘法	26×3	78
/（除号）	除法	27÷3	9
%（百分号）	百分比	27%	0.27
^（求幂）	求幂（乘方）	6^3	216

（2）比较运算符

在应用公式计算数据时，有时候需要比较两个数值，此时使用比较运算符即可。使用比较运算后的结果为逻辑值“TRUE”或“FALSE”，它们分别表示逻辑值“真”和“假”或者理解为“对”和“错”，也称为“布尔值”。例如，假如我们说 1 是大于 2 的，那么这个说法是错误的，我们可以使用逻辑值“FALSE”表示。

Excel 中的比较运算主要用于比较值的大小和判断。比较运算符包含的具体运算符如下表所示。

比较运算符符号	具体含义	应用示例	运算结果
=（等号）	等于	A1=B1	若单元格 A1 的值等于 B1 的值，则结果为 TRUE，否则为 FALSE
>（大于号）	大于	18 > 10	TRUE
<（小于号）	小于	3.1415 < 3.15	TRUE
> =（大于等于号）	大于或等于	3.1415 > = 3.15	FALSE
< =（小于等于号）	小于或等于	PI（ ）< = 3.14	FALSE
< >（不等于号）	不等于	PI（ ）< > 3.1416	TRUE

比较文本大小

比较运算符也适用于文本。如果 A1 单元格中包含 Alpha，A2 单元格中包含 Gamma，则“A1 < A2”公式将返回“TRUE”，因为 Alpha 的首字母 A 在字母顺序上排在 Gamma 的首字母 G 的前面。

（3）文本运算符

在 Excel 中，文本内容也可以进行公式运算。一般情况下，文本连接运算符使用与号（&）可以连接一个或多个文本字符串，以生成一个新的文本字符串。如在 Excel 中输入 =“zw-”&“2011”，即等同于输入“=zw-2011”。

使用文本运算符也可以连接数值。例如，AI 单元格中包含 123，A2 单元格中包含 89，则输入“=A1&A2”，Excel 会默认将单元格 A1 中的内容和单元格 A2 中的内容连接在一起，即等同于输入“12389”。

（4）引用运算符

引用运算符是与单元格引用一起使用的运算符，用于对单元格进行操作，从而确定用于公式或函数中进行计算的单元格区域。引用运算符主要包括范围运算符、联合运算符和交集运算符，引用运算符包含的具体运算符如下表所示。

引用运算符符号	具体含义	应用示例	运算结果
:（冒号）	范围运算符，生成指向两个引用之间所有单元格的引用（包括这两个引用）	A1:B3	单元格 A1，A2，A3，B1，B2，B3
,（逗号）	联合运算符，将多个单元格或范围引用合并为一个引用	A1，B3:E3	单元格 A1，B3，C3，D3，E3
（空格）	交集运算符，生成对两个引用中共有的单元格的引用	B3:E4 C1:C5	两个单元格区域的交叉单元格，即单元格 C3 和 C4

（5）括号运算符

括号运算符用于改变 Excel 内置的运算符优先次序，从而改变公式的计算顺序。每一个括号运算符都由一个左括号搭配一个右括号组成。在公式中，会优先计算括号运算符中的内容。例如，需要先计算加法然后再计算乘方，可以利用括号将公式需要先计算的部分涵盖起来。如在公式“=（A1+1）／3”中，先执行“A1+1”运算，再将得到的和除以 3。

在公式中还可以嵌套括号，进行计算时会先计算最内层的括号，逐级向外。Excel 计算公式中使用的括号与我们平时使用的数学计算式不一样，如数学公式“=（4+5）×[2+（10-8）÷3]+3”,在 Excel 中的表达式为“=（4+5）*（2+（10-8）／3）+3”。如果在 Excel 中使用了很多层嵌套括号，相匹配的括号会使用相同的颜色。

3. 熟悉公式中运算优先级

为了保证公式结果的单一性，Excel 中内置了运算符的优先次序（即运算符优先级），从而使公式按照这一特定的顺序计算。

公式的计算顺序与运算符优先级有关。运算符的优先级决定了当公式中包含多个运算符时，先计算哪一部分，后计算哪一部分。如果在一个公式中包含了多个运算符，Excel 会根据运算符优先级顺序从左到右进行计算，具体顺序如下表所示。

优先顺序	运算符	说明
1	:、和,	引用运算符：冒号、单个空格和逗号
2	-	算术运算符：负号（取得与原值正负号相反的值）
3	%	算术运算符：百分比
4	^	算术运算符：乘幂
5	* 和 /	算术运算符：乘和除
6	+ 和 -	算术运算符：加和减
7	&	文本运算符：连接文本
8	=、<、>、<=、>=、<>	比较运算符：比较两个值

要点03 灵活运用单元格名称

Excel 中使用列标加行号的方式虽然能准确定位各单元格或单元格区域的位置，但是并没有体现单元格中数据的相关信息。为了直观表达一个单元格、一组单元格、数值或者公式的引用与用途，我们可以为其定义一个名称。

1. 使用名称的好处

在 Excel 中，名称代表了一种标识，它可以引用单元格、范围、值或公式。使用名称有下列优点：

- 名称可以增强公式的可读性，使用名称的公式比使用单元格引用位置的公式易于阅读和记忆。例如，公式“= 销售 - 成本”比公式“=F6-D6”更直观，特别适合于提供给非工作表制作者的其他人查看。
- 一旦定义名称之后，其使用范围通常是工作簿级的，可以在同一个工作簿中的任何位置使用。不仅减少了公式出错的可能性，还可以让系统在计算寻址时，能精确到更小的范围而不必用相对的位置搜寻源及目标单元格。
- 当改变工作表结构后，可以直接更新某处的引用位置，所有使用这个名称的公式都自动更新。
- 为公式命名后，就不必将该公式放入单元格中，有助于减小工作表的大小，还能代替重复循环使用相同的公式，缩短公式长度。

- 用名称方式定义动态数据列表，可以避免使用很多辅助列，跨表链接时能让公式更清晰。
- 使用范围名替代单元格地址，更容易创建和维护宏。

2. 定义名称的方法

为单元格或单元格区域定义名称时，只需在“公式”选项卡的“定义的名称”组中单击“定义名称”按钮，然后在打开的“新建名称”对话框中设置名称和该名称要包含的一个或多个单元格即可。

3. 名称的命名规则

在 Excel 中定义名称时，不是任意字符都可以作为名称的，名称的定义有一定的规则。具体需要注意以下几点：

- 名称可以是任意字符与数字的组合，但名称中的第一个字符必须是字母、下划线“_”或“/”，如“PA”“_1PA”“/IPA”。
- 名称不能与单元格引用相同，如不能定义为“B3”和“C＄12”等。也不能以字母“C”“c”“R”或“r”作为名称，因为“R”“C”在 R1C1 单元格引用样式中表示工作表的行、列。
- 名称中不能包含空格，如果需要由多个部分组成，则可以使用下划线或句点号代替。
- 不能使用除下划线、句点号和反斜线以外的其他符号，允许用问号“? ”，但不能作为名称的开头。如定义为“Wange?”可以，但定义为“?Wage”就不可以。
- 名称字符长度不能超过 255 个字符。一般情况下，名称应该便于记忆且尽量简短，否则就违背了定义名称的初衷。
- 名称中的字母不区分大小写，即名称“Elec”和“elec”是相同的。

要点04 函数的基础知识

在 Excel 中内置了许多函数，每一个函数可以理解为一组预先定义好的公式，一个函数可以代表一个复杂的运算过程，所以，合理地应用函数可以简化我们的公式。例如，要计算一组数值的平均值，如果用普通的公式表示，我们需要将这些数值全部加起来，然后除以这些数据的个数来得到平均值，如果我们用函数，只需要应用一个函数“Average”，将要计算平均值的所有数据作为函数的参数，即可得到平均值。

1. 函数语法

在 Excel 中，函数通过使用一些称为参数的数值以特定的顺序或结构进行计算。因此，学习使用函数之前，首先应了解函数的语法结构。

Excel 中所有函数的语法结构都是相同的，其基本结构为“= 函数名（参数 1, 参数 2,…）”，如下图所示为某 IF 函数的语法结构。

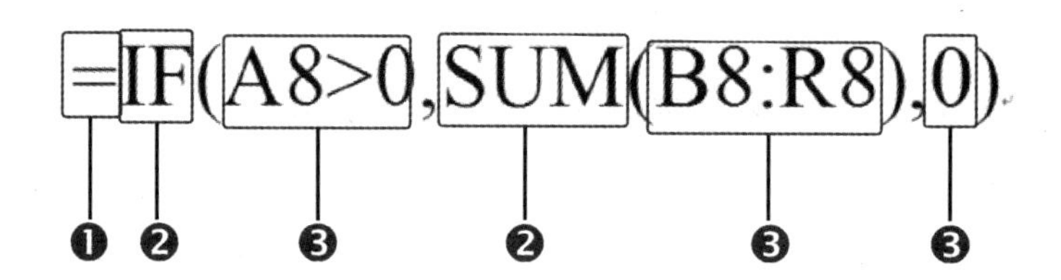

❶	“=”符号：函数的结构以“=”符号开始，后面是函数名称和函数参数
❷	函数名：即函数的名称，代表了函数的计算功能，每个函数都有唯一的函数名，如 SUM 函数表示求和计算、MAX 函数表示求最大值计算。因此不同的计算应使用不同的函数名。函数名输入时不区分大小写，也就是说函数名中的大小写字母等效
❸	函数参数：函数中用来执行操作或计算的值，可以是数字、文本、TRUE 或 FALSE 等逻辑值、数组、错误值或单元格引用，还可以是公式或其他函数，但指定的参数都必须为有效参数值。参数的类型与函数有关。如果函数需要的参数有多个，则各参数间使用英文字符逗号“,”分隔

有关函数的内容

不同函数的函数名不相同，参数的个数和作用也不相同。在 Excel 中，函数可应用于公式中作为公式的一部分，公式会将函数结果作为公式的一部分进行计算。

2. 函数的分类

Excel 2013 中提供了很多种函数，使用这些函数可以方便地计算工作表中的数据。根据函数功能的不同，主要可划分为 11 类。函数在使用过程中，一般也是依据这个分类定位，然后再选择合适的函数。11 种函数分类的具体介绍如下。

- 财务函数：Excel 中提供了非常丰富的财务函数，使用这些函数，可以完成大部分的财务统计和计算。如 DB 函数可返回固定资产的折旧值，IPMT 可返回投资回报的利息部分等。财务人员如果能够正确、灵活地使用 Excel 进行财务函数的计算，则能大大减轻日常工作中有关指标计算的工作量。

- 日期和时间函数：用于分析或处理公式中的日期和时间值。例如，TODAY 函数可以返回当前日期。
- 统计函数：这类函数可以对一定范围内的数据进行统计学分析。例如，可以计算统计数据如平均值、模数、标准偏差等。
- 文本函数：在公式中处理文本字符串的函数。主要功能包括截取、查找或搜索文本中的某个特殊字符或提取某些字符，也可以改变文本的编写状态。如 TEXT 函数可将数值转换为文本，LOWER 函数可将文本字符串的所有字母转换成小写形式等。
- 逻辑函数：该类型的函数只有 7 个，用于测试某个条件，总是返回逻辑值 TRUE 或 FALSE。它们与数值的关系为：（1）在数值运算中，TRUE=1，FALSE=0；（2）在逻辑判断中，0=FALSE，所有非 0 数值 =TRU。
- 查找与引用函数：用于在数据清单或工作表中查询特定的数值，或某个单元格引用的函数。常见的示例是税率表。使用 VLOOKUP 函数可以确定某一收入水平的税率。
- 数学和三角函数：该类型函数包括很多，主要用于各种数学计算和三角计算。如 RADIANS 函数可以把角度转换为弧度等。
- 工程函数：这类函数常用于工程应用中。它们可以处理复杂的数字，在不同的计数体系和测量体系之间转换。例如，可以将十进制数转换为二进制数。
- 多维数据集函数：用于返回多维数据集中的相关信息，例如，返回多维数据集中成员属性的值。
- 信息函数：这类函数有助于确定单元格中数据的类型，还可以使单元格在满足一定的条件时返回逻辑值。
- 数据库函数：用于分析存储在数据清单或数据库中的数据，判断其是否符合某些特定的条件。这类函数在需要汇总符合某一条件的列表中的数据时十分有用。

通过前面知识要点的学习，主要让读者认识和掌握 Excel 中使用公式和函数的相关技能与应用经验。下面，针对日常办公中的相关应用，列举几个数据计算的典型案例，给读者讲解在 Excel 中计算数据的方法及具体操作步骤。

7.1 制作绩效表

◇ 案例概述

绩效是用于考核员工工作的标准，等于“结果 + 过程”这个恒等式。当对个体的绩效进行管理时，既要考虑投入，也要考虑产出。绩效表制作完成后的效果如下图所示。

	A	B	C	D	E	F	G	H
1	某电子公司加班绩效表							
2	姓名	职位	加班时间	加班标准		合计金额		
3				主管	员工			
4	黎晓	员工	15	80	60	900		
5	马小明	员工	18	80	60	1080		
6	刘艳	主管	20	80	60	1600		
7	赵静	员工	12	80	60	720		
8	吴容	员工	14	80	60	840		
9	李菲	员工	15	80	60	900		
10								
11								

Sheet1

	素材文件:光盘\素材文件\第7章\案例01\绩效表.xlsx
	结果文件:光盘\结果文件\第7章\案例01\绩效表.xlsx
	教学文件:光盘\教学文件\第7章\案例01.mp4

◇ 制作思路

在 Excel 中制作绩效表的流程与思路如下所示。

计算普通员工的加班金额：从表中可以看出，公司根据员工的职位规定了不同加班情况下的加班工资，我们需要通过公式计算该员工的加班总金额。

计算主管的加班金额：通过定义名称，再在公式中调用名称的方法单独计算主管的加班金额。

审核公式：本例是为了讲解审核公式的方法而安排的该小节，因此讲解了多种审核公式的方法。

◇ 具体步骤

在统计绩效表时，会根据公司的具体规定制作相应的公式统一计算，为了避免计算出错，还可以使用公式审核等方法进行检查。本例将以某公司的绩效表制作为例，为读者介绍 Excel 中公式的相关操作。

7.1.1 公式的输入与自定义

在 Excel 表格中要计算数据，通常会使用函数和自定义公式两种方法。使用函数只需直接选择要计算的单元格或单元格区域即可；而自定义公式则需要根据键盘提供的算术运算符计算。本例中将通过插入函数和使用自定义公式两种方法计算员工的加班费，具体操作步骤如下。

第1步：执行“插入函数”命令。

打开素材文件中提供的“绩效表”工作簿，❶ 选择 F4 单元格；❷ 单击“编辑栏”中“插入函数”按钮，如下图所示。

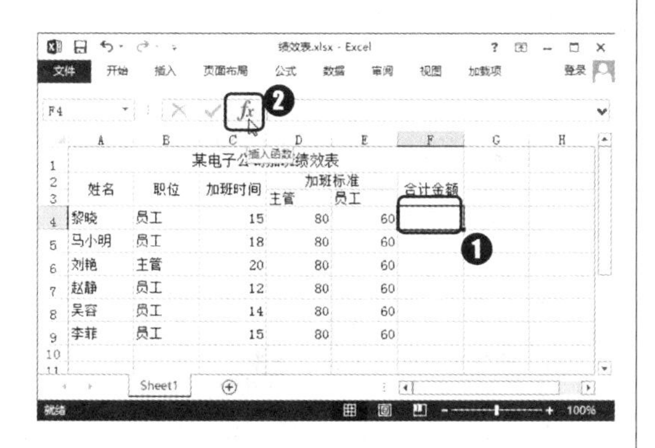

第2步：搜索要使用的函数。

打开“插入函数”对话框，❶ 在“搜索函数”文本框中输入“乘积”；❷ 单击“转到”按钮，如下图所示。

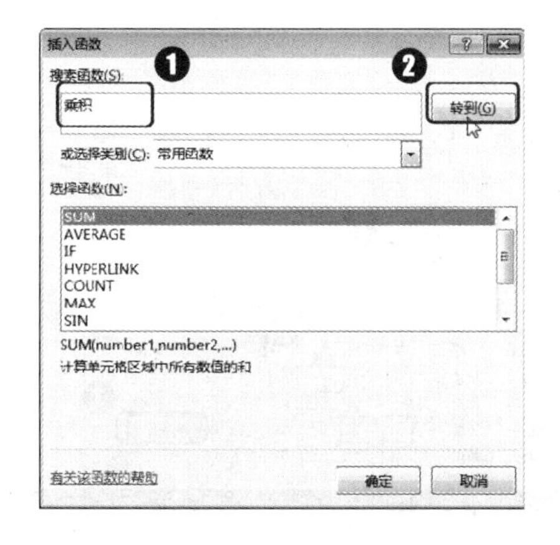

第3步：选择使用的函数。

❶ 在“选择函数”列表框中会自动跳转到与关键字有关的函数，选择需要的函数 PRODUCT；❷ 单击“确定”按钮，如下图所示。

第4步：选择参与计算的单元格。

打开“函数参数”对话框，❶ 在“Number1”参数框中输入需要计算的第一个单元格，在“Number2”参数框中输入第二个需要计算的单元格；❷ 单击“确定”按钮，如下图所示。

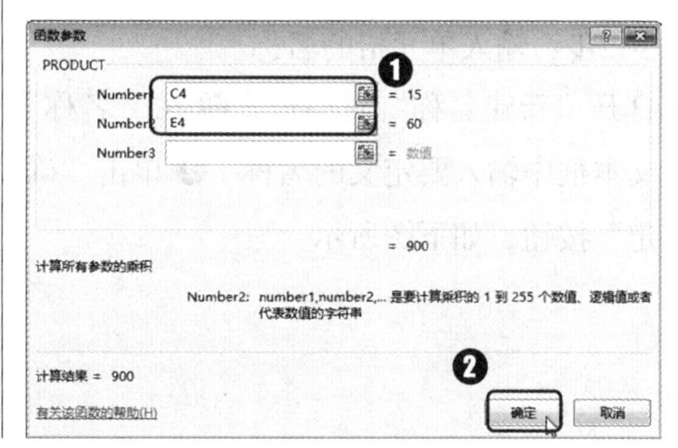

第5步：显示计算结果。

经过上步操作，即可在 F4 单元格中使用乘积函数计算出合计金额。❶ 选择 F5 单元格；❷ 在编辑栏中输入自定义公式“=C5*E5”，按【Enter】键确认计算，即可得到计算后的结果，如右图所示。

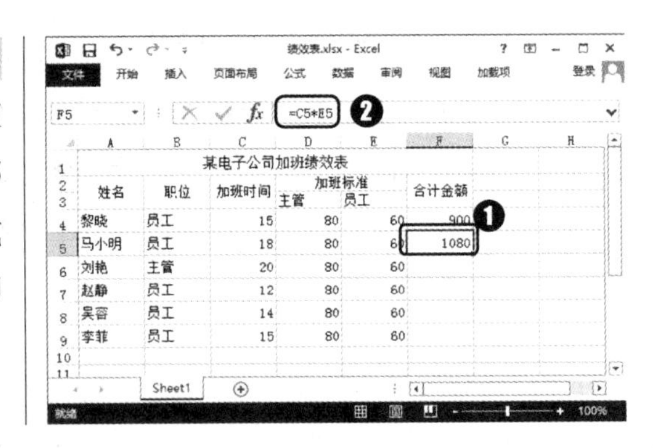

7.1.2 使用名称

在 Excel 中，用户可以为单元格或者单元格区域命名，以便通过名称快速选择目标单元格区域，还可以将定义的名称应用于公式以及对名称进行管理等。本例将为主管的加班费计算标准定义名称，并通过名称的使用计算出主管的加班费，具体操作方法如下。

第1步：执行定义名称命令。

❶ 选中 D4 单元格；❷ 单击“公式”选项卡“定义的名称”组中的“定义名称”按钮，如下图所示。

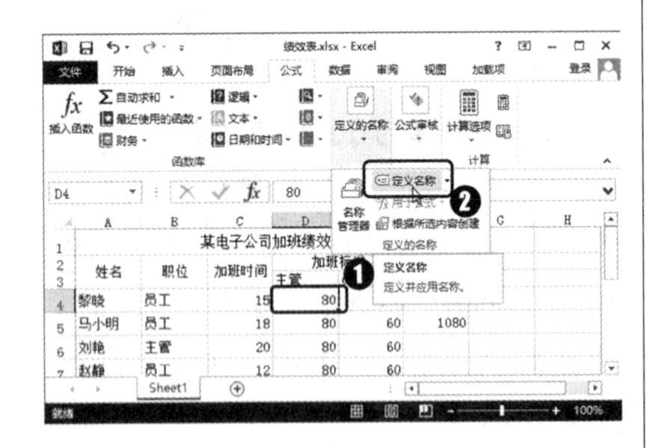

第2步：输入单元格的名称。

打开“新建名称”对话框，❶ 在“名称”文本框中输入要定义的名称；❷ 单击“确定”按钮，如下图所示。

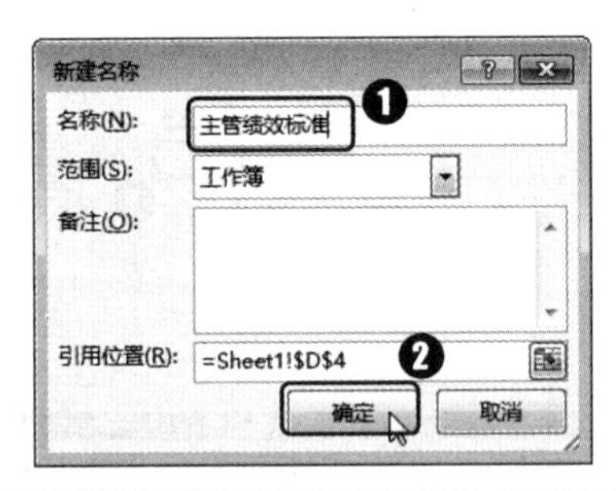

第3步：使用定义的名称计算合计金额。

❶ 在 F6 单元格中输入公式“=C6* 主管绩效标准”；❷ 单击编辑栏中的“输入”按钮，如下图所示。

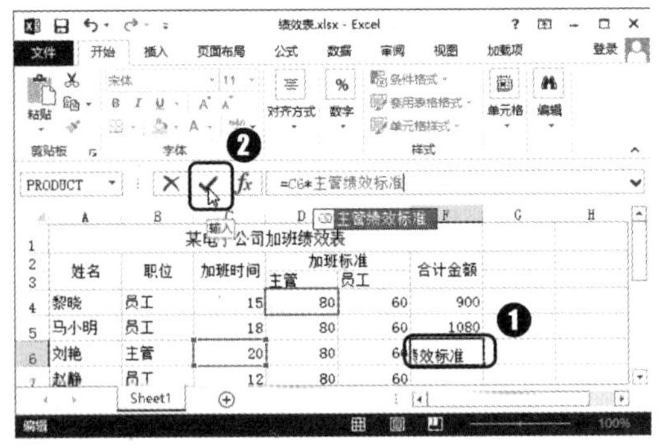

第4步：单击“名称管理器”按钮。

经过上步操作，即可将定义的名称应用于公式，计算出结果。单击“公式”选项卡“定义的名称”组中的“名称管理器”按钮，如下图所示。

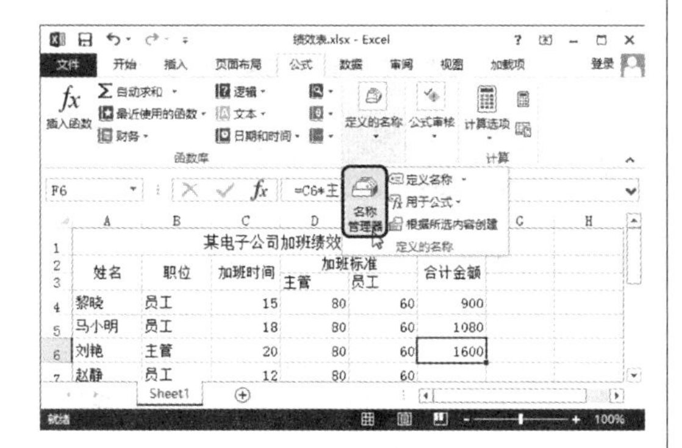

第5步：执行“编辑”命令。

打开“名称管理器”对话框，❶ 选择“主管绩效标准”选项；❷ 单击“编辑”按钮，如下图所示。

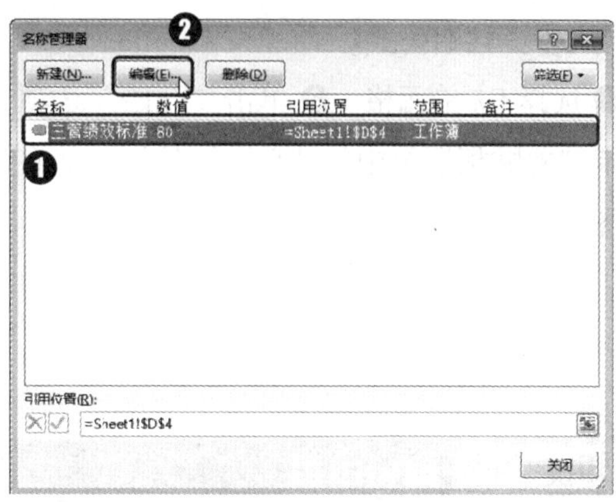

第6步：修改名称。

❶ 在“名称”框中输入“主管”；❷ 单击“确定”按钮；❸ 返回“名称管理器”对话框；单击“关闭”按钮，如下图所示。

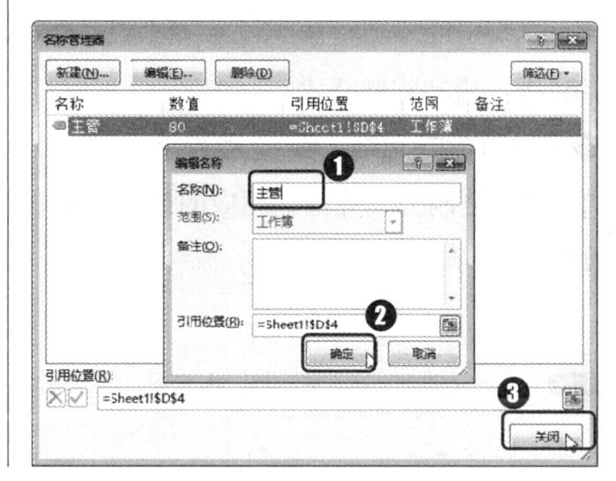

7.1.3 公式审核

在通过公式计算数据后，用户还可以对公式进行审核，以确保计算的结果正确。本节将介绍公式审核，如显示公式、公式错误检查等。

第1步：复制公式。

❶ 选择 F5 单元格；❷ 单击“开始”选项卡“剪贴板”组中的“复制”按钮，如右图所示。

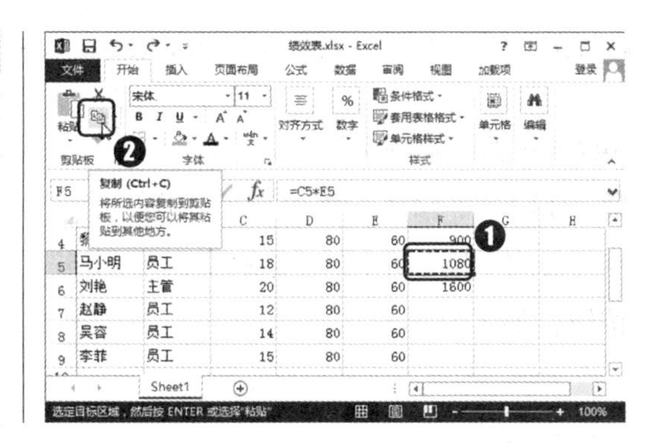

第2步：粘贴公式。

❶ 选择 F7 单元格；❷ 单击“开始”选项卡“剪贴板”组中的“粘贴”按钮，如右图所示。

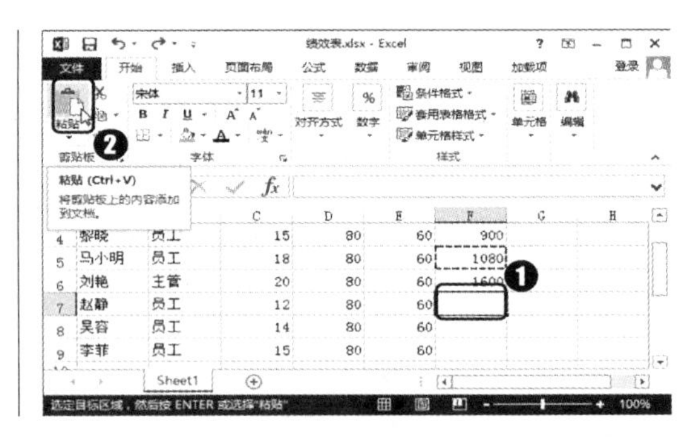

相对引用

本例中，将 F5 单元格中的公式复制到 F7 单元格中时，由于公式中采用的是相对引用，因此复制后的公式会重新引用对应的单元格。F5 单元格中的公式“=C5*E5”，其中的 C5 单元格和 E5 单元格分别是 F5 单元格左侧的第三个和第一个单元格，因此，复制到 F7 单元格中时，会自动引用 F7 单元格左侧的第三个和第一个单元格，即 C7 单元格和 E7 单元格。

第3步：拖动复制公式。

❶ 选中 F7 单元格；❷ 拖动控制柄至 F9 单元格，复制公式并得到相应的计算结果，如下图所示。

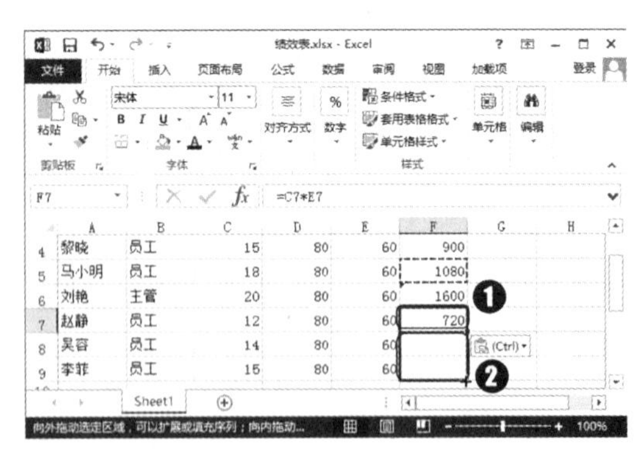

第4步：执行追踪引用单元格命令。

❶ 选择 F4 单元格；❷ 单击“公式”选项卡“公式审核”组中的“追踪引用单元格”按钮，如下图所示。

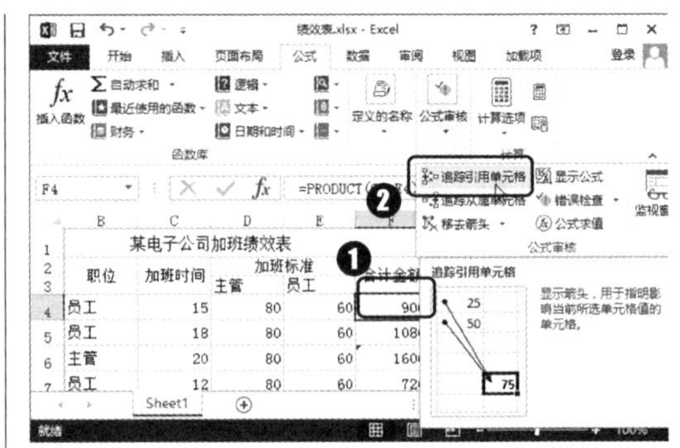

第5步：执行显示公式命令。

经过上步操作后，追踪引用单元格的效果如下图所示。单击“公式审核”组中的“显示公式”按钮，如下图所示。

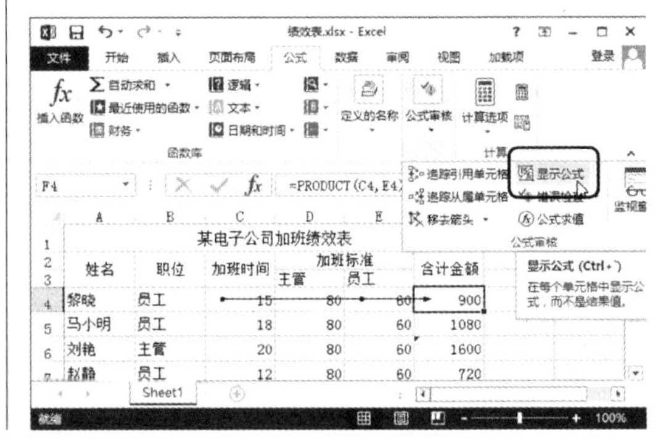

第6步：删除定义名称的“管”。

经过上步操作后，显示计算公式效果如下图所示。❶ 选择 F6 单元格中的“管”；❷ 单击“剪贴板”组中的“剪切”按钮。

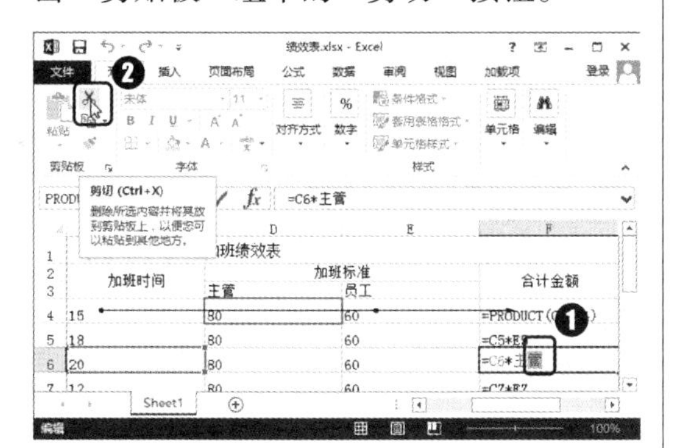

第7步：取消显示公式。

❶ 选择 F5 单元格；❷ 单击“公式审核”组中的“显示公式”按钮，如下图所示。

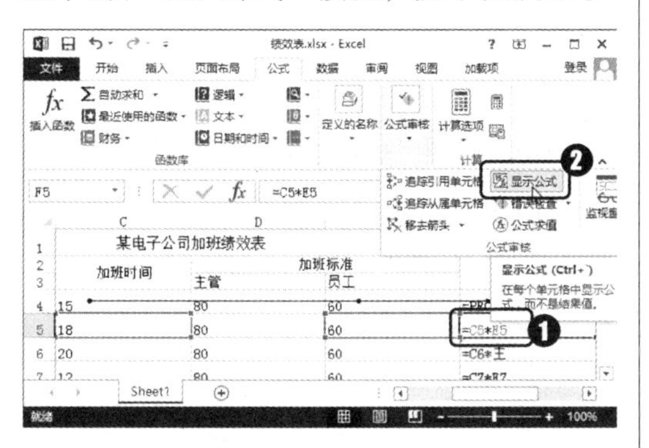

第8步：执行错误检查命令。

单击“公式审核”组中的“错误检查”按钮，如下图所示。

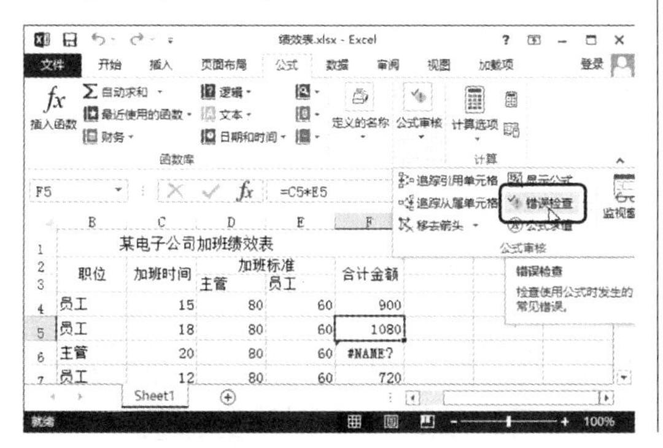

第9步：执行在编辑栏中编辑命令。

打开“错误检查”对话框，单击“在编辑栏中编辑”按钮，如下图所示。

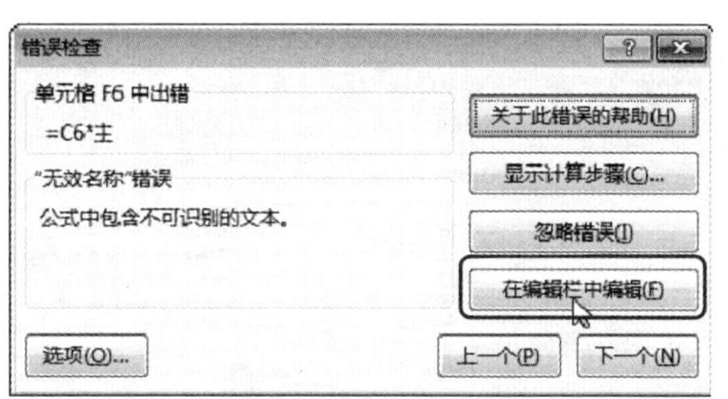

第10步：单击“继续”按钮。

❶ 在编辑栏中输入正确的公式“= C6*主管”；❷ 单击“继续”按钮，如下图所示。

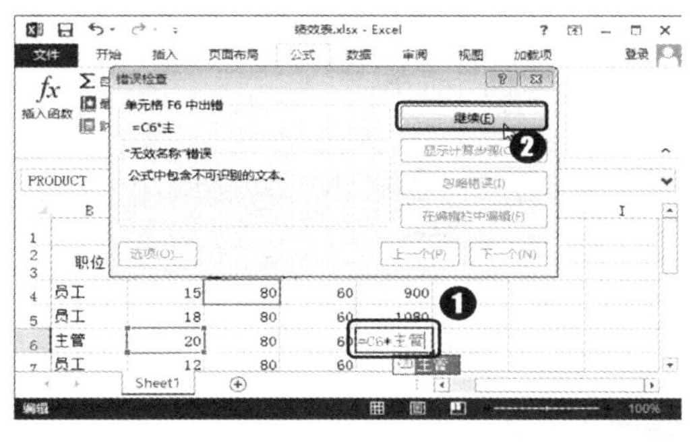

第11步：检查其他错误。

❶ 编辑完公式后，单击“错误检查”对话框中的“下一个”按钮；❷ 打开提示对话框，单击“确定”按钮，如下图所示。

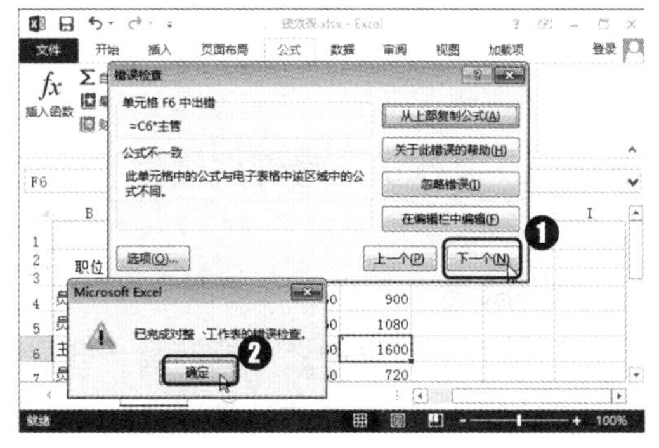

第12步：执行公式审核命令。

❶ 选择 F5 单元格；❷ 单击“公式审核”组中的“公式求值”按钮，如下图所示。

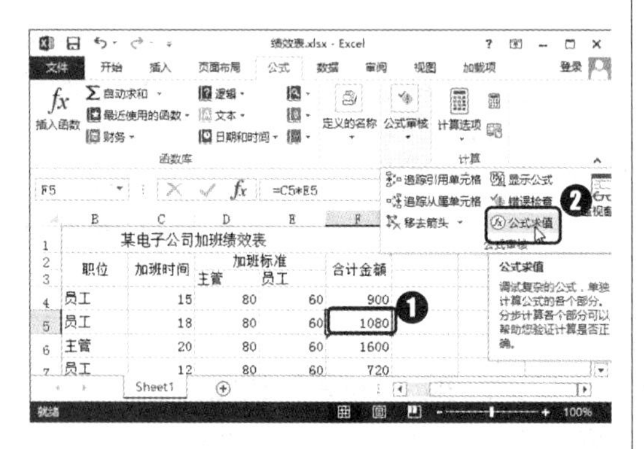

第13步：单击“求值”按钮。

打开“公式求值”对话框，单击“求值”按钮，如下图所示。

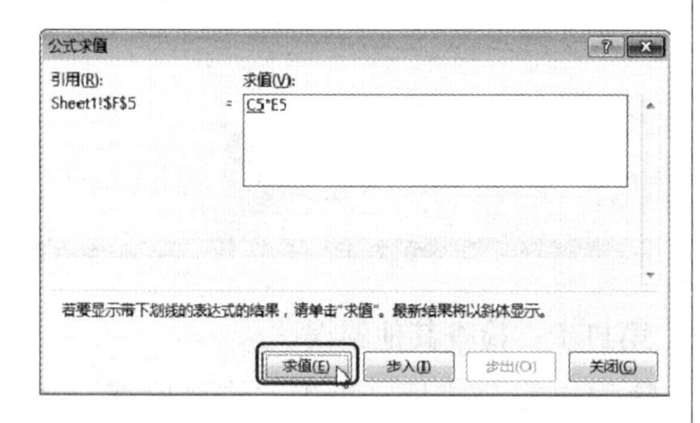

第14步：单击“求值”按钮。

显示计算的第 2 步，单击“求值”按钮，如下图所示。

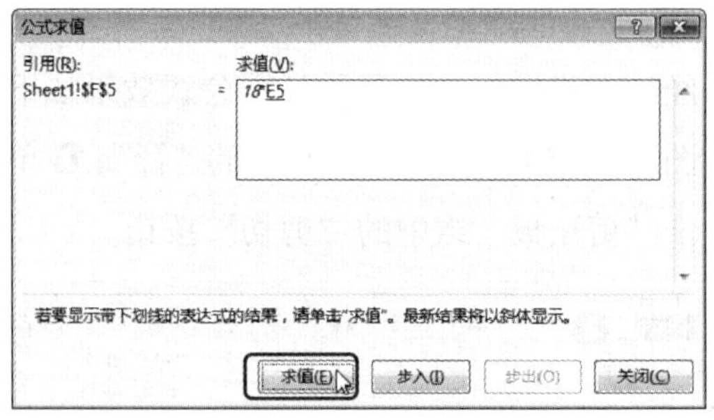

第15步：单击“求值”按钮。

显示计算的第 3 步，单击“求值”按钮，如下图所示。

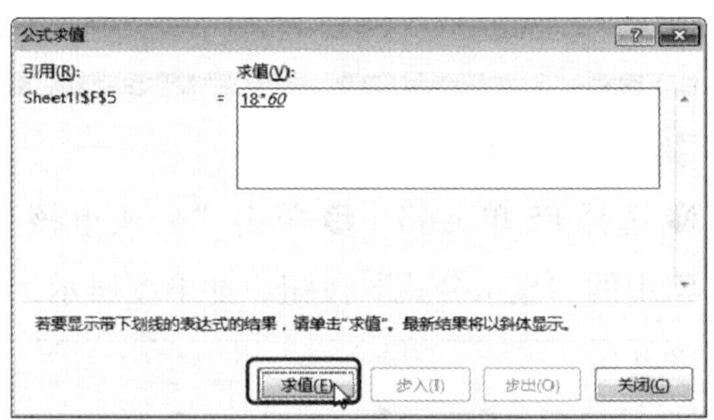

第16步：执行关闭对话框的操作。

经过以上操作，计算出结果后，单击“关闭”按钮关闭对话框，如下图所示。

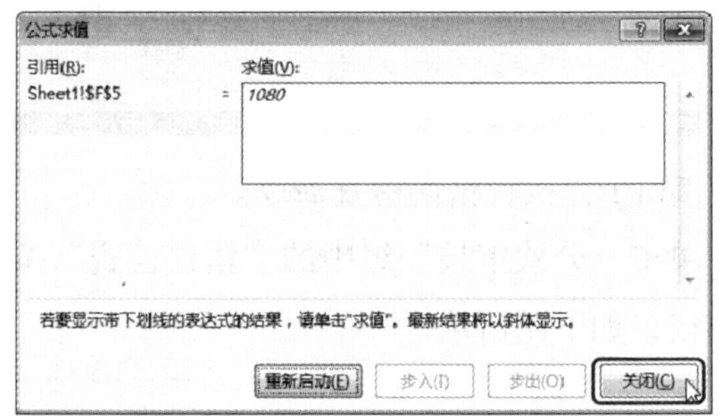

7.2 制作员工考评成绩表

◇ 案例概述

日常办公过程中还可能涉及一些评分成绩，这些数据如果是多个维度评分得到的，就可以进行简单的计算和分析，此时使用常用的函数就可以快速完成。本例以考评成绩计算为例，为读者讲解 Excel 中常用函数的应用，完成后的效果如下图所示。

2015年第2季度绩效考核成绩

工号	姓名	工作内容	职业素质	服务意识	团队精神	组织纪律	总分	绩效奖金系数	排名	等级
1024	钱富武	19	17	12	11	19	78	0.98	8	合格
1025	赵竣	10	19	12	15	10	66	0.86	17	合格
1026	夏楠蓓	15	19	16	10	12	72	0.92	13	合格
1027	余少庆	18	19	18	17	20	92	1.12	1	优
1028	鲁艾弈	17	19	13	19	11	79	0.99	6	合格
1029	陈刚	19	10	10	12	16	67	0.87	16	合格
1030	孙冰韵	17	17	15	15	15	79	0.99	6	合格
1031	井焱丹	12	11	17	16	18	74	0.94	10	合格
1032	邹爽	11	16	19	13	14	73	0.93	11	合格
1033	张小瑜	12	14	16	18	18	78	0.98	8	合格
1034	蒋言柔	13	13	15	10	18	69	0.89	15	合格
1035	杨元雄	15	17	18	20	18	88	1.08	3	优
1036	张滕龙	12	15	18	11	15	71	0.91	14	合格
1037	龚景萧	15	19	15	15	19	83	1.03	4	优
1038	万平洪	18	17	12	19	14	80	1	5	优
1039	赵翠	16	15	15	11	16	73	0.93	11	合格
1040	姚静薇	18	18	17	19	19	91	1.11	2	优
1041	韩惠宜	13	10	17	12	11	63	0.83	18	合格

总平均成绩：	76.44
参评人数：	18
优秀人数：	5
优秀率：	27.78%

素材文件:光盘\素材文件\第7章\案例02\员工绩效考评成绩.xlsx

结果文件:光盘\结果文件\第7章\案例02\员工绩效考评成绩.xlsx

教学文件:光盘\教学文件\第7章\案例02.mp4

◇ 制作思路

在 Excel 中制作员工考评成绩表的流程与思路如下所示。

计算成绩总和：由于考核的项目有多个，所以不免需要统计每个人的总成绩，这就需要使用到求和函数。然后再根据得出的总分成绩判断每个人对应的奖金系数。

计算绩效排名：根据总成绩进行排名也是成绩表中比较常见的一种运算。此时需要使用到排名函数。

判断绩效等级：给出一个判断条件，然后使用 IF 函数来判断具体的类别并返回相应的值，也是表格中的常用函数。本例将根据成绩总和判断每个人的绩效等级。

对考核总体数据进行统计：除了对每个个体进行统计分析外，还需要对项目的整体情况进行分析，这其中会涉及求平均值和计数。

◇ 具体步骤

办公应用中制作的许多表格都需要数据运算，因此对常用函数的掌握非常必要。本例将以员工考评成绩表的制作为例，为读者介绍 Excel 中常用函数的相关操作。

7.2.1 计算每个人的考核总成绩

在 Excel 表格中计算数据时，如果既可以通过自定义公式完成，也可以通过函数完成时，则最好使用函数完成，这样可以提高工作效率。

第1步：使用求和命令。

打开素材文件中提供的“员工绩效考评成绩”工作簿，❶ 选择 H3 单元格；❷ 单击“开始”选项卡“编辑”组中的“求和”下拉按钮；❸ 在弹出的下拉列表中选择“求和”选项，如下图所示。

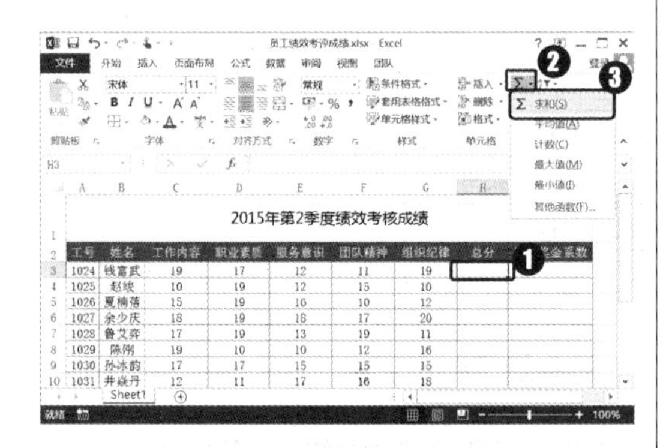

第2步：确定公式输入。

此时单元格中出现公式内容“=SUM（C3:G3）”，如下图所示，按【Enter】键确定公式，得出第 1 条数据的总分。

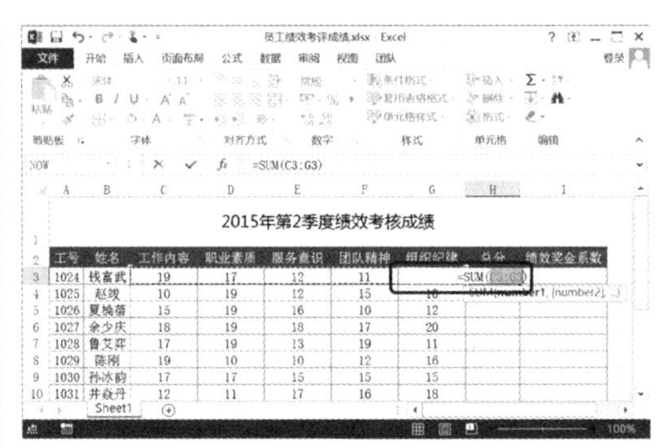

第3步：填充公式。

选择 H3 单元格，拖动填充控制柄，将单元格公式填充到表格底部，此时得出各行数据的总分，如下图所示。

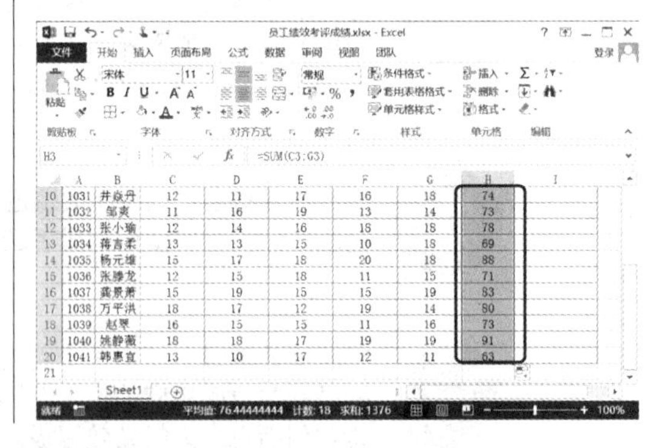

SUM 函数

使用 SUM 函数可以对所选单元格或单元格区域进行求和计算，其语法结构为 :SUM（number1,[number2],...），其中，number1,number2,... 表示 1 个到 255 个需要求和的参数。例如，SUM（A1:A5）表示将单元格区域 A1:A5 中的所有数值相加；SUM（A1,A3,A5）表示将单元格 A1、A3 和 A5 中的数值相加。

7.2.2 根据成绩判断绩效奖金系数

在计算出考核成绩的总分数后，就可以根据总分数计算出每个人对应的绩效奖金系数了。本例中的“绩效奖金系数”计算规则为：“(总分 −80) /100+1”，具体操作方法如下。

第1步：输入自定义公式。

❶ 选择 I3 单元格；❷ 在公式栏内输入公式“=（H3−80）/100+1”，如下图所示，然后按【Enter】键计算出第 1 条数据的绩效奖金系数。

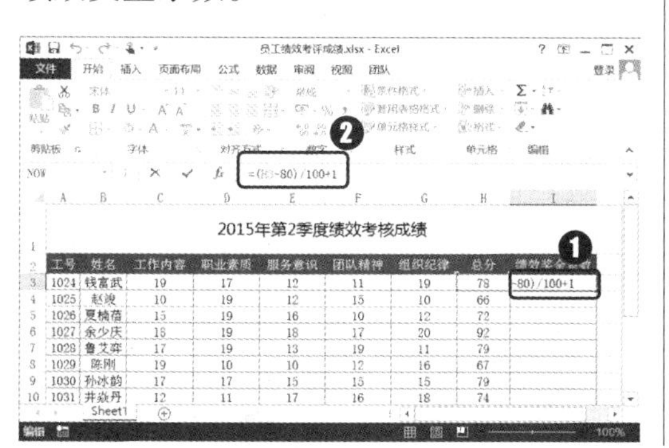

第2步：填充公式。

选择 I3 单元格，拖动填充控制柄，将单元格公式填充到表格底部，此时得出各行数据的绩效奖金系数，如下图所示。

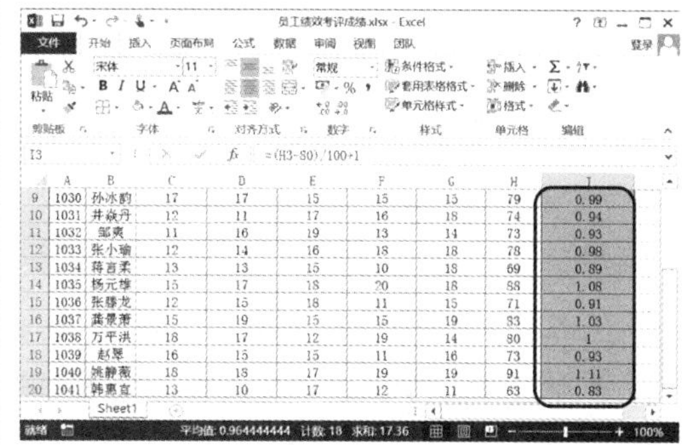

7.2.3 计算绩效排名

对成绩类的数据进行统计时，经常需要排名。本例需要对考核的总成绩进行排名，知道谁的分数最高，谁的最低，具体操作方法如下。

第1步：执行复制工作表。

❶ 在“Sheet1”工作表标签上单击鼠标右键；❷ 在弹出的快捷菜单中选择“移动或复制”命令，如下图所示。

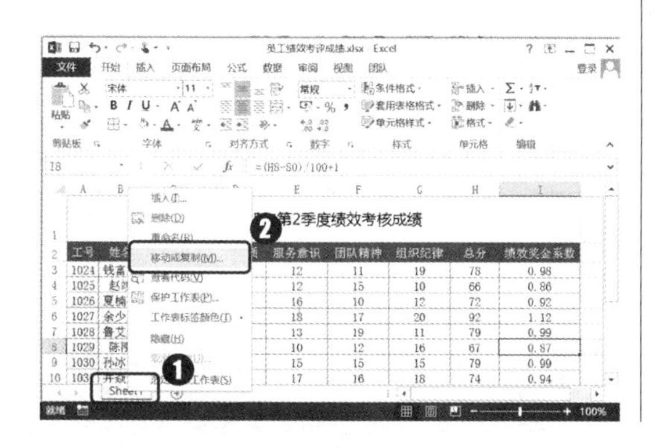

第2步：复制工作表。

打开“移动或复制工作表”对话框，❶ 选中“建立副本”复选框；❷ 单击“确定”按钮，如下图所示。

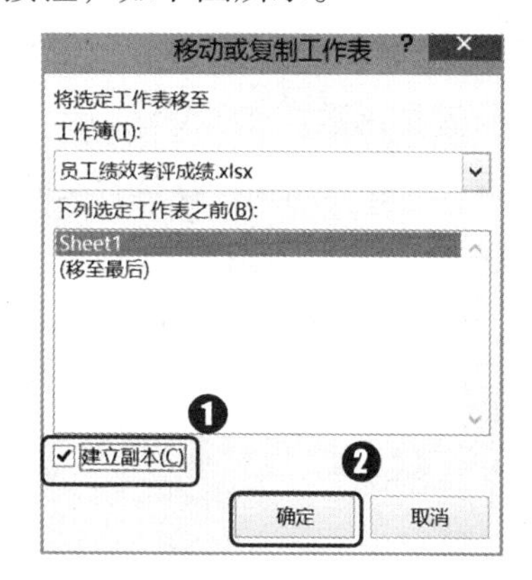

第3步：重命名工作表。

分别将复制得到的工作表和原来的工作表命名为“员工绩效考核成绩”和“成绩统计分析”，如下图所示。

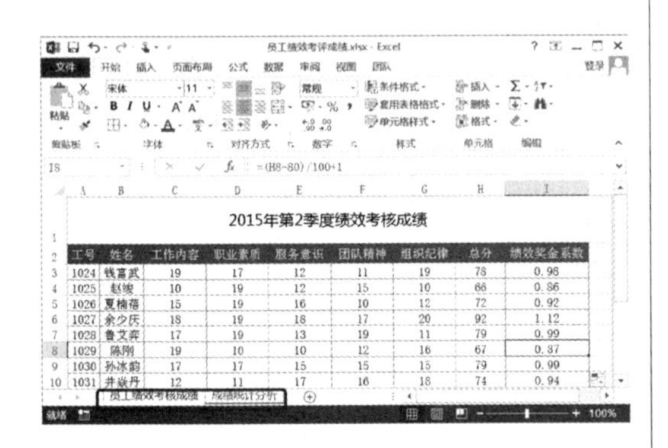

第4步：插入函数。

❶ 在 J2 单元格中输入文字“排名”；❷ 选择 J3 单元格；❸ 单击“公式”选项卡“函数库”组中的“插入函数”命令，如下图所示。

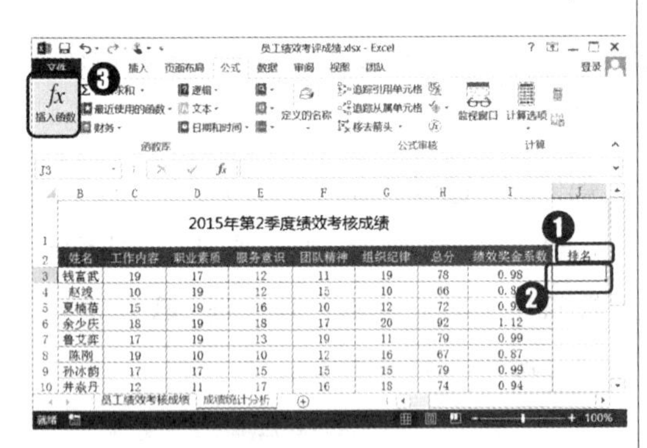

第5步：选择函数。

打开“插入函数”对话框，❶ 选择类别为“全部”；❷ 在列表框中选择“RANK”函数；❸ 单击“确定”按钮，如下图所示。

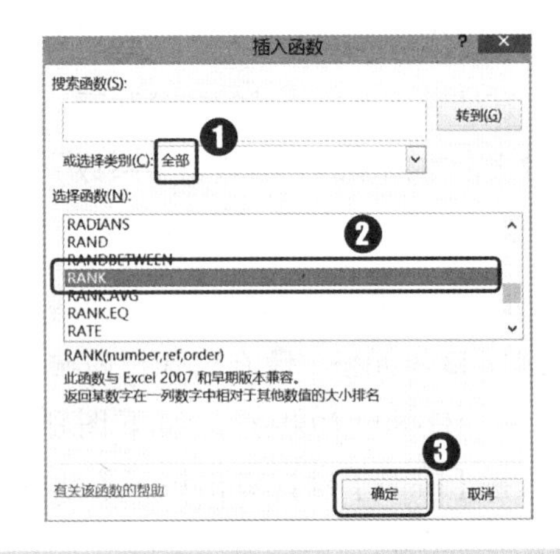

第6步：设置函数参数。

打开“函数参数”对话框，❶ 在“Number”参数框中输入单元格引用地址“H3”；❷ 在“Ref”参数框中输入单元格区域的绝对引用地址“$H$3:$H$20”；❸ 单击“确定”按钮，如下图所示。

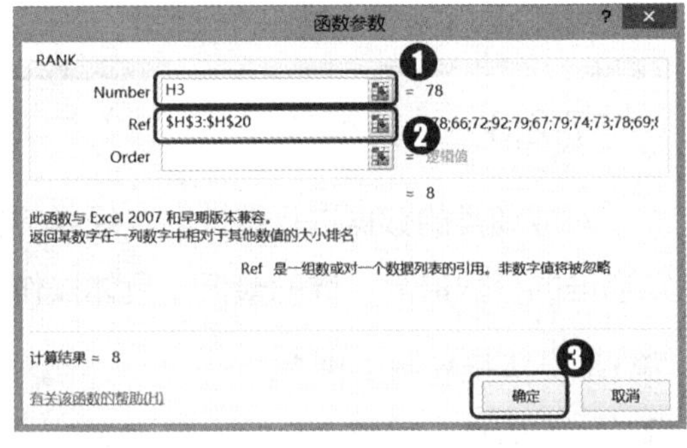

第7步：填充公式。

拖动填充控制柄，将 J3 单元格中的公式填充到表格末尾，如下图所示。

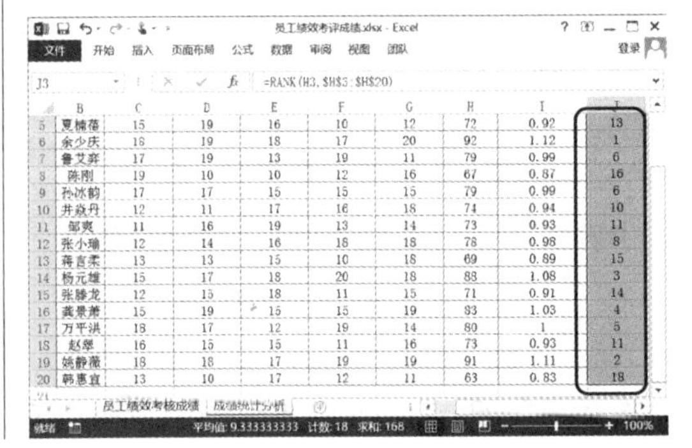

取消工作表的隐藏

插入函数时，如果不太清楚应该使用什么函数或不了解函数需要哪些参数时，可以通过“插入函数”命令，通过对话框引导方式来插入公式。在对话框中我们可看到函数的功能说明及各参数的作用及用法。

RANK 函数

RANK 函数是排名函数，最常用的是求某一个数值在某一区域内的排名。其语法结构为 :RANK （number,ref,[order]），其中的 number 为需要求排名的那个数值或者单元格名称（单元格内必须为数字），ref 为排名的参照数值区域，order 的值为 0 或 1，默认不用输入，得到的就是从大到小的排名，若是想求倒数第几，order 的值请使用 1。

7.2.4 判断绩效等级

统计成绩数据通常不仅仅是为了得到一个具体的值，还需要将不同的值划分为不同的类别。在本例中就需要判断出每个人的考核的成绩是属于不达标、达标，还是优秀，具体操作方法如下。

第1步：使用IF函数计算等级。

❶ 在 K2 单元格内输入文字“等级”；❷ 在 K3 单元格中输入公式“=IF（H3>=80，" 优 "，IF（H3>=60，" 合格 "，" 差 "））”，根据总分判断等级，当部分在 80 分以上时显示“优”，60 分到 80 分显示“合格”，60 分以下显示为“差”，如下图所示。

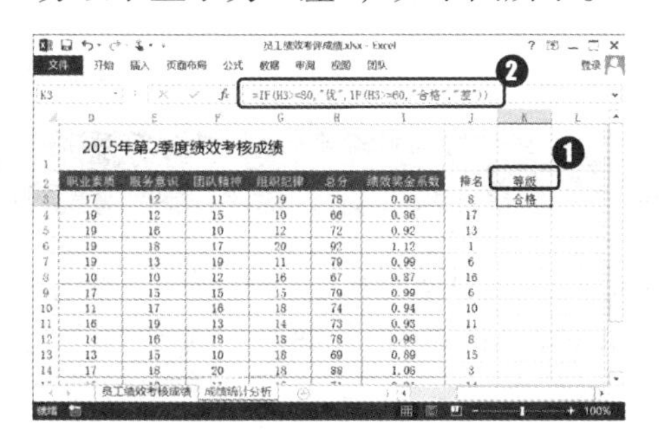

第2步：填充公式。

运用公式填充功能，将 K3 单元格内的公式填充至表格末尾，如下图所示。

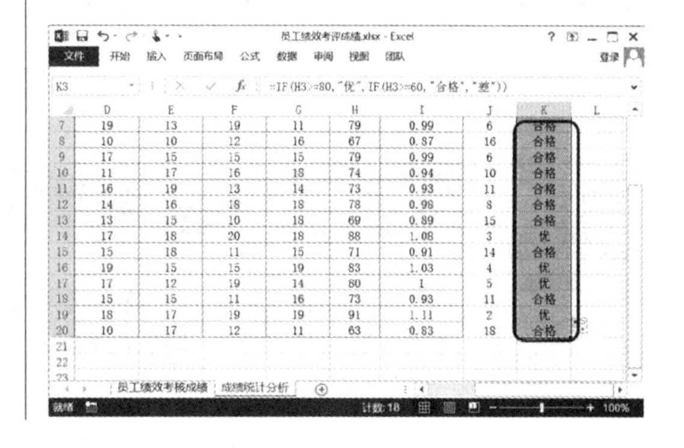

IF 函数

IF 函数的作用是根据条件选择输出结果，其基本格式是“IF（比较运算，结果为真时的输出内容，结果为假时的输出内容）”；本例中应用了两个 IF 函数嵌套，第 1 层 IF 函数用于判断 H3 单元格中的数据是否大于等于 80，如果判断结果为真，则显示文字“优”，否则进入第 2 层 IF 函数，在第 2 层 IF 函数中，判断 H3 单元格中的值是否大于等于 60，若判断结果为真，则显示“合格”，否则显示“差”。

7.2.5 统计该次考核数据

一个项目展开后，往往需要分析项目的总体数据。例如，本例就将计算本次考核的平均成绩，统计参与的人数，优秀者有多少名，优秀率占了多少比例，具体操作方法如下。

第1步：添加总平均成绩项。

❶ 选择 A23:H23 单元格区域；❷ 合并单元格并设置单元格对齐方式为右对齐；❸ 输入文字内容，如下图所示。

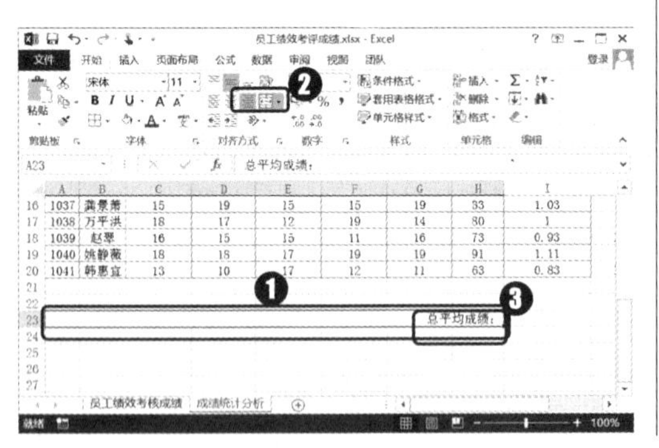

第2步：计算总平均成绩。

❶ 选择 I23 单元格；❷ 输入公式“=AVERAGE（H3:H20）”，计算出所有总成绩的平均分，如下图所示。

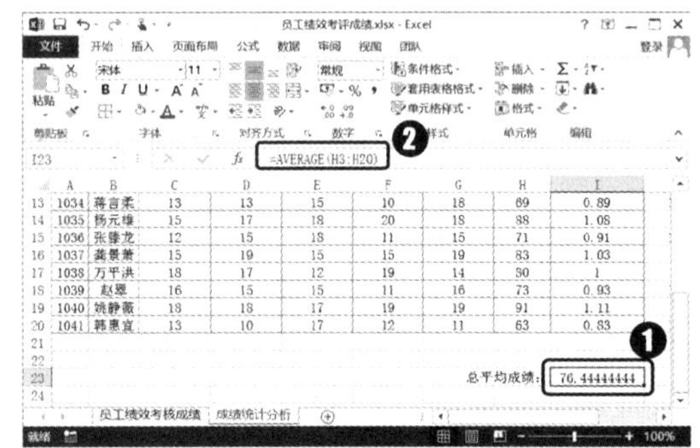

AVERAGE 函数

AVERAGE 函数用于将所选单元格或单元格区域中的数据先相加再除以单元格个数，即求平均值，其语法结构为 :AVERAGE（number1,[number2],...）。

第3步：设置单元格数字格式。

由于公式结果单元格内显示的小数位数过长，❶ 选择 I23 单元格；❷ 在“开始”选项卡“数字”栏中选择数字格式为“数值”，如下图所示。

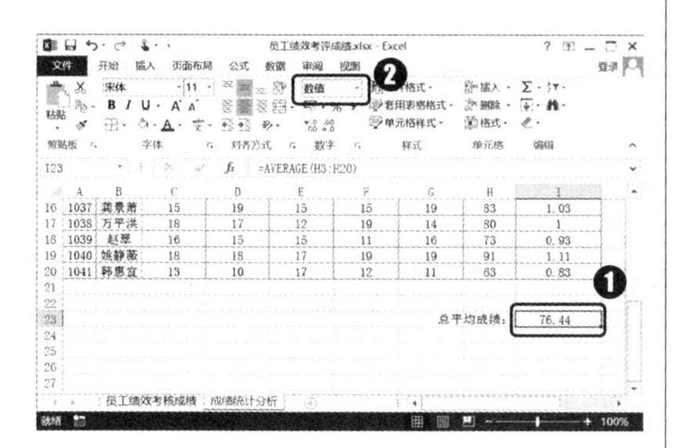

第4步：统计参评人数。

❶ 合并 A24:H24 单元格区域，输入文字“参评人数 :”，并设置单元格内容右对齐；❷ 在 I24 公式栏内输入公式“=COUNT（H3:H20）”，统计出总人数，如下图所示。

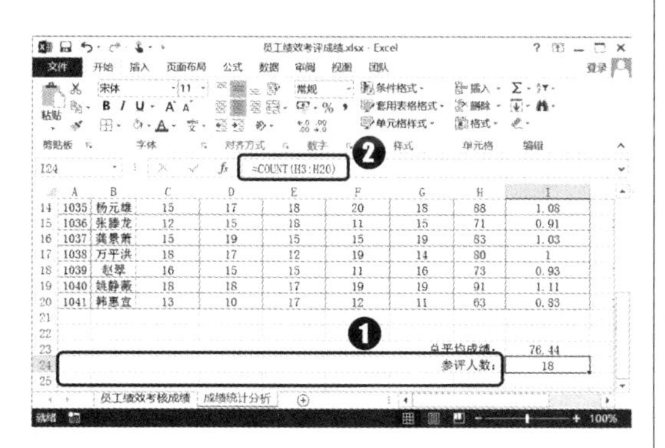

第5步：统计优秀人数。

❶ 合并 A25:H25 单元格区域，输入文字“优秀人数 :”，并设置单元格内容右对齐；❷ 在 I25 单元格内输入公式“=COUNTIF（H3:H20，">=80"）”，统计出考评成绩在 80 分以上的人数，如下图所示。

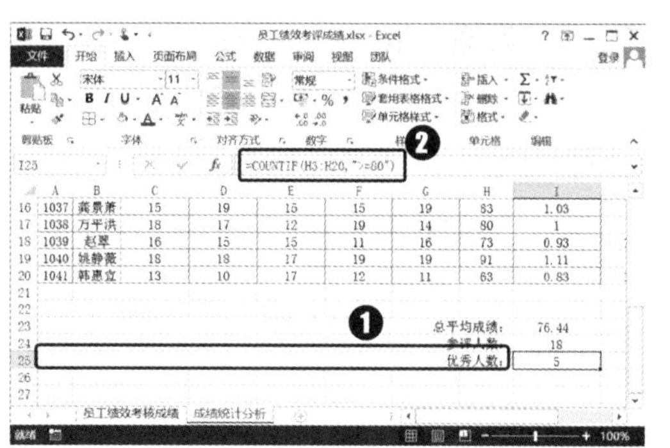

第6步：计算优秀率。

❶ 合并 A26:H26 单元格区域，输入文字“优秀率 :”，并设置单元格内容右对齐；❷ 在 I26 单元格内输入公式“=I25/I24”，如下图所示。

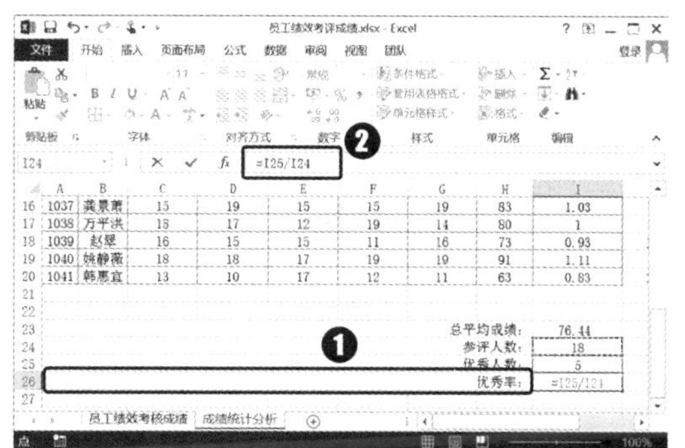

第7步：设置单元格数字格式。

❶ 选择 I26 单元格；❷ 在“开始”选项卡“数字”组中设置数字格式为“百分比”，如下图所示。

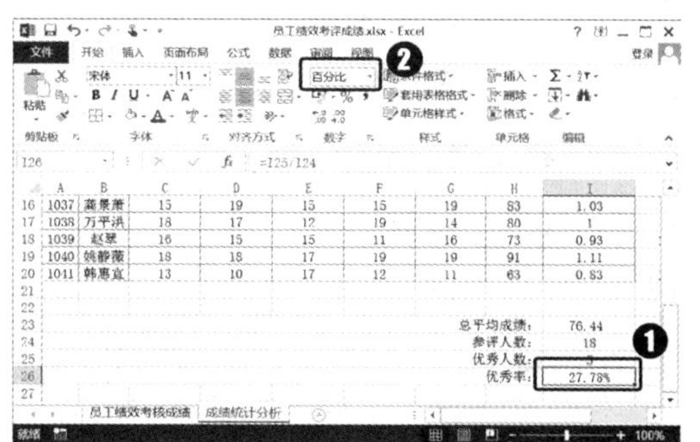

第8步：修饰表格。

分别对 J2:K20 单元格区域和 A23:K26 单元格区域设置简单的边框和填充颜色，完成后的效果如右图所示。

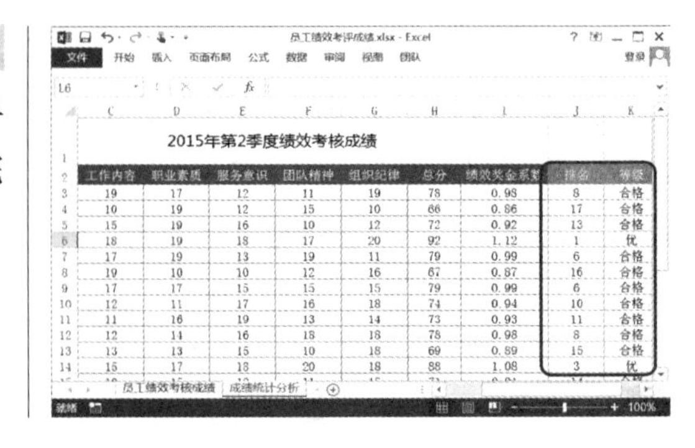

2015年第2季度绩效考核成绩

工作内容	职业素质	服务意识	团队精神	组织纪律	总分	绩效奖金系数	排名	等级
19	17	12	11	19	78	0.98	8	合格
10	19	12	15	10	66	0.86	17	合格
15	19	16	10	12	72	0.92	13	合格
18	19	18	17	20	92	1.12	1	优
17	19	13	19	11	79	0.99	6	合格
19	10	10	12	16	67	0.87	16	合格
17	17	15	15	15	79	0.99	6	合格
12	11	17	16	18	74	0.94	10	合格
11	16	19	13	14	73	0.93	11	合格
12	14	16	18	18	78	0.98	8	合格
13	13	15	10	18	69	0.89	15	合格
15	17	18	20	18	88	1.08	3	优

知识拓展　计数函数

由于在 Excel 中单元格是存储数据和信息的基本单元，因此统计单元格的个数，实质上就是统计满足某些信息条件的单元格数量。在使用 COUNT 函数统计数量时，所选的统计区域中的文本内容单元格和空白单元格不会进行统计，如果要统计文本内容单元格的个数，可以使用 COUNTA 函数。COUNTIF 函数用于对单元格区域中满足单个指定条件的单元格进行计数，其语法结构为 :COUNTIF（range, criteria），其中的参数 criteria 表示统计的条件，可以是数字、表达式、单元格引用或文本字符串。

7.3 制作员工工资统计分析系统

◇ 案例概述

企业员工工资管理是日常管理的一大组成部分。在企业中需要对员工每个月的工资发放情况工资表，并打印员工工资条。某些情况下，还需要分析工资中的某些组成部分。本例将完善一份员工工资表，完成后的效果如右图所示。

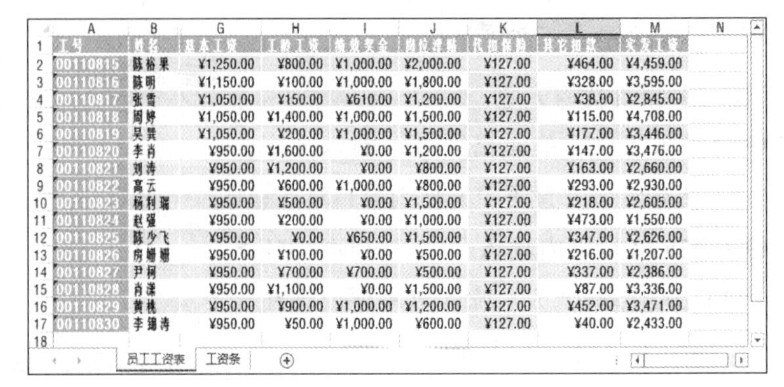

工号	姓名	基本工资	工龄工资	绩效奖金	岗位津贴	代扣保险	其它扣款	实发工资
00110815	陈裕果	¥1,250.00	¥800.00	¥1,000.00	¥2,000.00	¥127.00	¥464.00	¥4,459.00
00110816	陈明	¥1,150.00	¥100.00	¥1,000.00	¥1,800.00	¥127.00	¥328.00	¥3,595.00
00110817	张雪	¥1,050.00	¥150.00	¥610.00	¥1,200.00	¥127.00	¥38.00	¥2,845.00
00110818	周婷	¥1,050.00	¥1,400.00	¥1,000.00	¥1,500.00	¥127.00	¥115.00	¥4,708.00
00110819	吴巽	¥1,050.00	¥200.00	¥1,000.00	¥1,500.00	¥127.00	¥177.00	¥3,446.00
00110820	李肖	¥950.00	¥1,600.00	¥0.00	¥1,200.00	¥127.00	¥147.00	¥3,476.00
00110821	刘涛	¥950.00	¥1,200.00	¥0.00	¥800.00	¥127.00	¥163.00	¥2,660.00
00110822	高云	¥950.00	¥600.00	¥1,000.00	¥800.00	¥127.00	¥293.00	¥2,930.00
00110823	杨利瑞	¥950.00	¥500.00	¥0.00	¥1,500.00	¥127.00	¥218.00	¥2,605.00
00110824	赵强	¥950.00	¥200.00	¥0.00	¥1,000.00	¥127.00	¥473.00	¥1,550.00
00110825	陈少飞	¥950.00	¥0.00	¥650.00	¥1,500.00	¥127.00	¥347.00	¥2,626.00
00110826	房姗姗	¥950.00	¥100.00	¥0.00	¥500.00	¥127.00	¥216.00	¥1,207.00
00110827	尹柯	¥950.00	¥700.00	¥700.00	¥500.00	¥127.00	¥337.00	¥2,386.00
00110828	肖潇	¥950.00	¥1,100.00	¥0.00	¥1,500.00	¥127.00	¥87.00	¥3,336.00
00110829	黄桃	¥950.00	¥900.00	¥1,000.00	¥1,200.00	¥127.00	¥452.00	¥3,471.00
00110830	李锦涛	¥950.00	¥50.00	¥1,000.00	¥600.00	¥127.00	¥40.00	¥2,433.00

素材文件:光盘\素材文件\第7章\案例03\员工工资表.xlsx
结果文件:光盘\结果文件\第7章\案例03\员工工资表.xlsx
教学文件:光盘\教学文件\第7章\案例03.mp4

◇ 制作思路

在 Excel 中制作员工工资表的流程与思路如下所示。

计算工资数据：本案例提供的素材文件中已经给出了工资的各明细数据，就等着我们使用函数计算相关的值。

分析工资数据：本例通过为表格套用表格样式的方法简单分析工资数据，再通过函数排序员工工资。

制作查询表：企业中每个人一般都只能查看自己的工资，当我们输入自己的员工编号，或其他唯一信息时，便可以查得工资的相关信息。本例就需要制作这样一个查询表，主要是通过查询函数实现。

打印表格数据：工资表制作好以后，还需要打印输出，我们可以打印整个工资表数据，也可以打印为工资条发放给员工本人。

7.3.1 应用公式计算员工工资

员工的工资中除部分固定的基本工资和固定的扣款部分外，还有一部分是根据特定的情况而计算得出的。例如，员工的绩效奖金、岗位津贴、工龄工资等。在不同的企业中，工龄工资的计算方式各有不同，本例中工资数据的具体计算过程如下。

第1步：输入公式。

本例中假设工龄工资的计算方式为：工龄在 5 年以内者按每年增加 50 元的标准计算，工龄在 5 年以上者，按每年增加 100 元计算。因此可使用 IF 函数进行计算。打开素材文件中提供的“员工工资表”工作簿，❶ 选择 H2 单元格；❷ 在编辑栏中输入公式“=IF（E2<5,E2*50,E2*100）”，按【Enter】键确认公式的输入，即可查看到公式计算的结果，如右图所示。

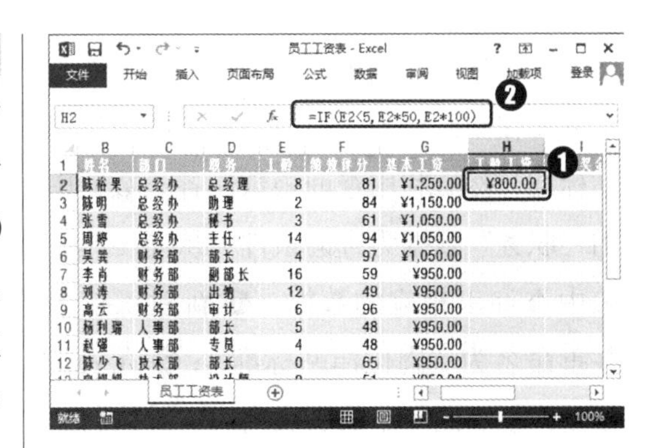

第2步：输入公式计算绩效奖金。

假设本例中绩效奖金与绩效评分成绩相关，且计算方式为 :60 分以下者无绩效奖金，60 ~ 80 分则以每分 10 元计算，80 分以上者绩效资金为 1000 元。则可以使用 IF 函数进行多重判断。❶ 选择 I2 单元格；❷ 在编辑栏中输入公式 “=IF（F2<60，0，IF（F2<80,F2*10,1000））”，按【Enter】键确认公式的输入，即可查看到公式计算的结果，如右图所示。

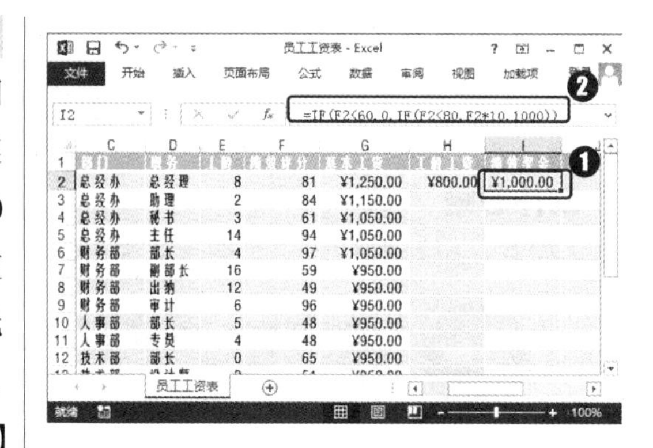

	C	D	E	F	G	H	I
2	总经办	总经理	8	81	¥1,250.00	¥800.00	¥1,000.00
3	总经办	助理	2	84	¥1,150.00		
4	总经办	秘书	3	61	¥1,050.00		
5	总经办	主任	14	94	¥1,050.00		
6	财务部	部长	4	97	¥1,050.00		
7	财务部	副部长	16	59	¥950.00		
8	财务部	出纳	12	49	¥950.00		
9	财务部	审计	6	96	¥950.00		
10	人事部	部长	5	48	¥950.00		
11	人事部	专员	4	48	¥950.00		
12	技术部	部长	0	65	¥950.00		

案例中所用公式的意义

本例所用公式“=IF（E2<5,E2*50,E2*100）”，首先判断员工的工龄是否小于 5，如条件满足则将工龄时间乘以 50，即按工龄每年 50 进行计算；否则将计算工龄时间乘以 100，即按工龄每年 100 进行计算。

本例所用公式“=IF（F2<60,0,IF（F2<80,F2*10,1000））”，首先判断绩效评分是否小于 60 分，若条件满足则返回“0”；否则再在绩效评分大于 60 分的情况下继续判断绩效评分是否小于 80 分，若条件满足则将绩效评分值乘以 10，即按每分 10 元进行计算，否则返回“1000”。

第3步：新建岗位津贴标准表。

本例要在新工作表中列举各职务的岗位津贴标准，然后利用查询函数以各条数据中的“职务”数据为查询条件，从岗位津贴表中查询出相应的数据。❶ 新建工作表并重命名为“岗位津贴标准”；❷ 在表格中制作如右图所示的表头内容，并进行适当修饰，如右图所示。

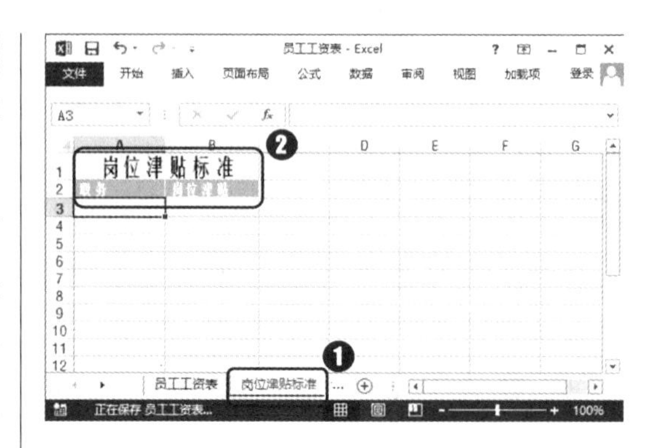

第4步：复制职务数据并删除重复项。

切换到“员工工资表”工作表，选择并复制“职务”列中的数据，❶ 切换到“岗位津贴标准”工作表中；❷ 将复制的内容粘贴于 A3 单元格中；❸ 单击“数据”选项卡“数据工具”组中的“删除重复项”按钮，如下图所示。

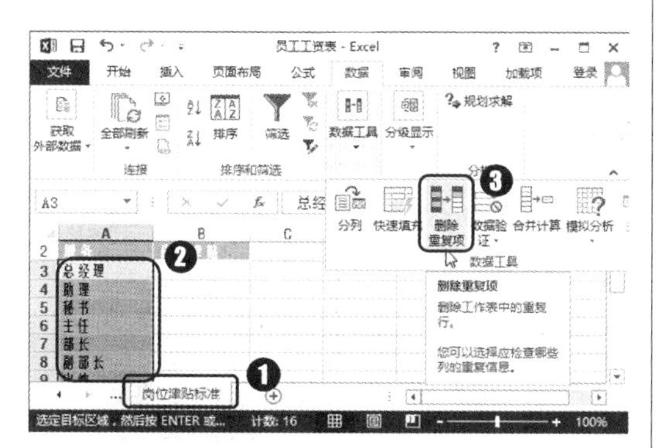

第5步：设置排序依据。

打开“删除重复项警告”对话框，❶ 选中“以当前选定区域排序”单选按钮；❷ 单击“删除重复项”按钮，如下图所示。

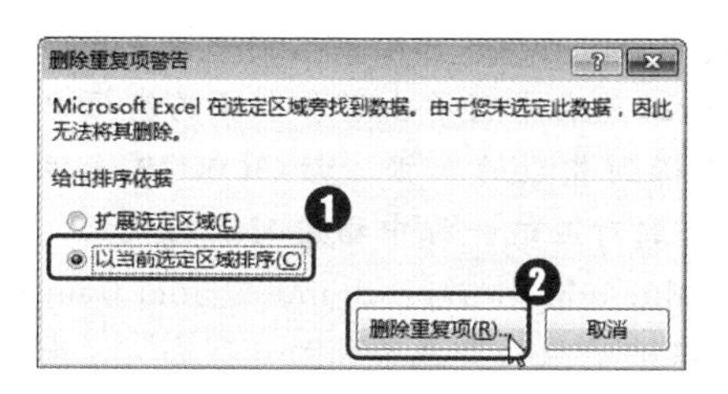

第6步：删除重复项。

打开“删除重复项”对话框，❶ 取消选中“数据包含标题”复选框；❷ 单击“确定”按钮，如下图所示。

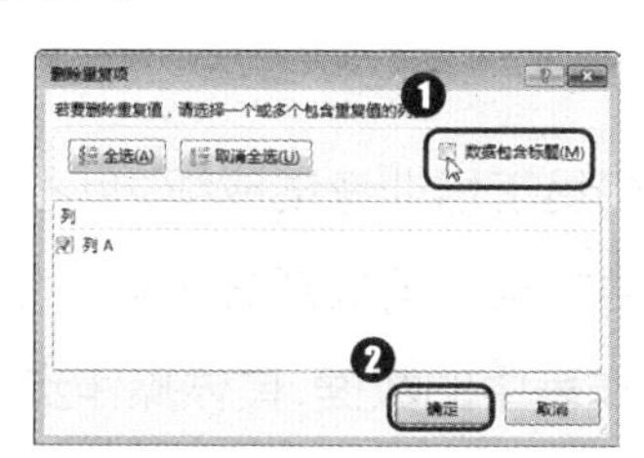

第7步：确定删除重复项。

打开提示对话框，单击“确定”按钮即可，如下图所示。

第8步：录入相关数据。

在“岗位津贴标准”工作表中录入相应的数据，如下图所示。

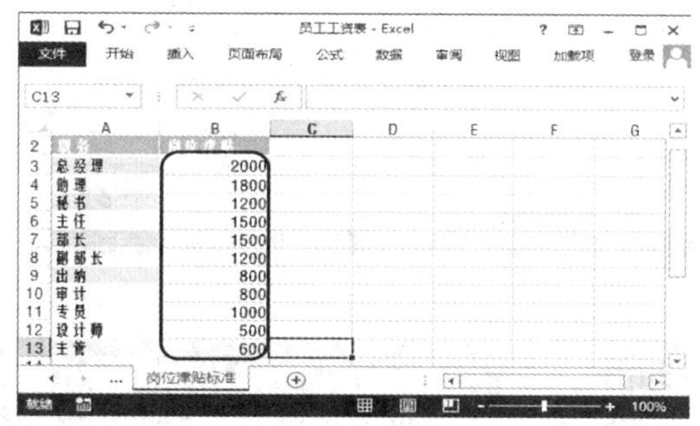

第9步：输入公式计算岗位津贴。

❶ 切换到“员工工资表”工作表；❷ 选择 J2 单元格；❸ 在编辑栏中输入公式“=VLOOKUP（D2, 岗位津贴标准 ! $ A $ 3: $ B $ 13,2,FALSE）”，如下图所示。

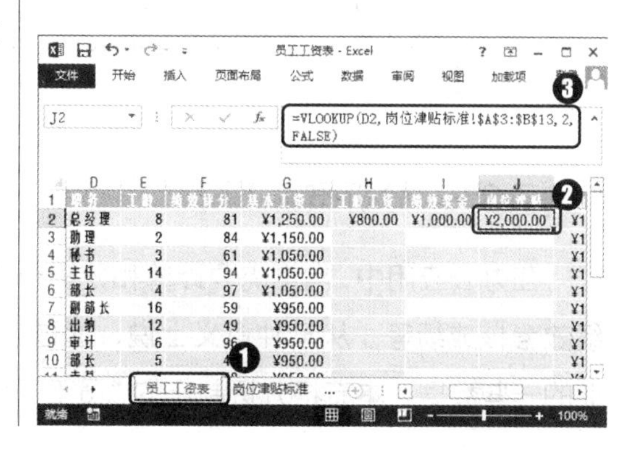

第10步：复制公式。

❶ 选择 H2:J2 单元格区域，向下拖动填充控制柄复制公式到第 17 行；❷ 单击填充单元格区域右下方出现的“自动填充选项”按钮；❸ 在弹出的下拉列表中选中“不带格式填充”单选按钮，如下图所示。

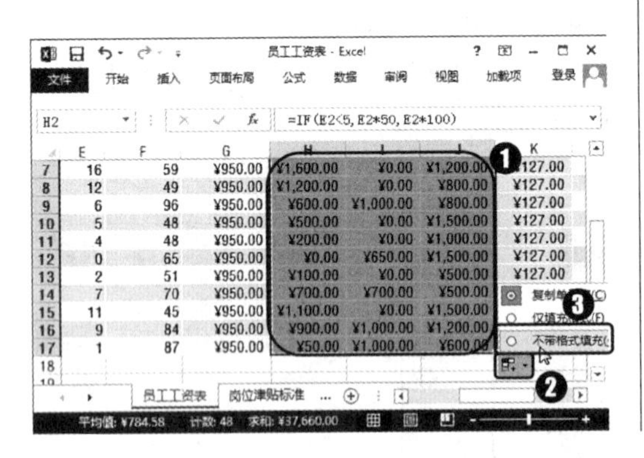

第11步：输入公式计算实发工资。

工资的各组成部分计算完成后，需要计算出员工的实发工资。❶ 选择“实发工资”列中的 M2:M17 单元格区域；❷ 在编辑栏中输入公式“=SUM（G2:J2）-SUM（K2:L2）”，按【Ctrl+Enter】组合键在所选区域中填充公式，如下图所示。

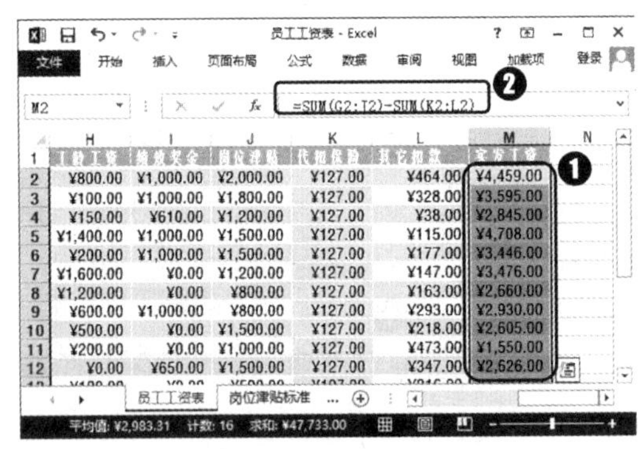

本例中员工岗位津贴的算法

许多企业中为不同的工作岗位设置有不同的岗位津贴。本例中为更方便、快速地计算出各员工的岗位津贴，在新工作表中列举出了各职务的岗位津贴标准，然后利用 VLOOKUP 函数查询得到相应的数据。VLOOKUP 函数用于查询表格区域中第一列上的数据，得到对应这一行中指定列上的数据，其语法格式为 :VLOOKUP（lookup_value,table_array,col_index_num,[range_lookup]）。在本例中需要设置 VLOOKUP 函数的查找条件为“职务”；查询表格区域为“岗位津贴标准”工作表中的“岗位津贴”列数据单元格区域，并需要将该单元格区域的地址引用转换为绝对引用；然后设置 Col_index_num 参数为“2”，Range_lookup 参数为“False”。

7.3.2 分析员工工资

在办公应用中，常常需要计算和分析一些数据，如员工培训考试成绩、月考核成绩、绩效考核成绩等。从某种意义上说，通过分析工资中的某些组成部分也可以了解该企业的一些数据。本节将分析制作的“员工工资表”工作表中的数据，具体操作步骤如下。

第1步：复制工作表。

❶选择“员工工资表”工作表；❷按住【Ctrl】键的同时拖动鼠标光标将其移动到“岗位津贴标准”工作表之后，如下图所示。

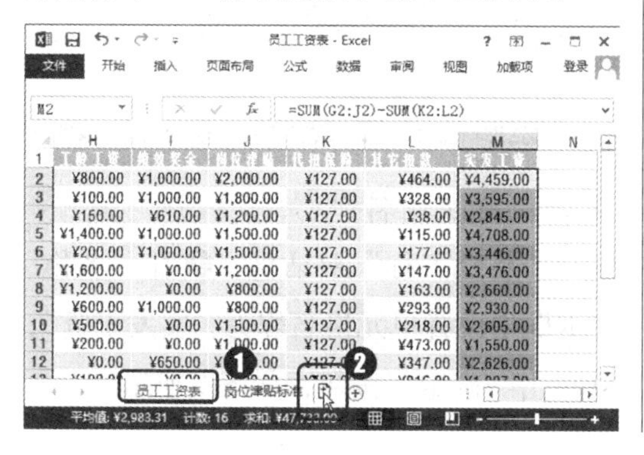

第2步：重命名工作表。

重命名新工作表的名称为“分析员工工资”，如下图所示。

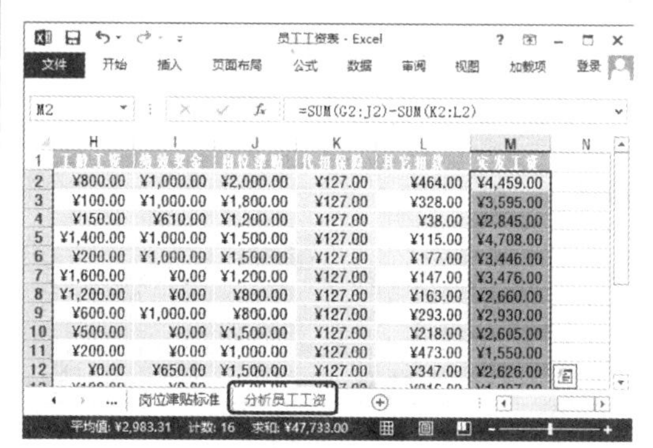

移动和复制工作表

同一工作簿中通过鼠标拖动的方法移动和复制工作表是最快捷的。移动工作表时，选择工作表标签后，直接拖动鼠标到需要移动的目标位置即可。

第3步：选择套用的表格样式。

❶单击“开始”选项卡“样式”组中的“套用表格格式”下拉按钮；❷在弹出的下拉菜单中选择如下图所示的表格格式；❸打开“套用表格式”对话框，在参数框中保持默认设置的表格数据来源，即A1:M17单元格区域，并选中“表包含标题”复选框；❹单击“确定”按钮，如下图所示。

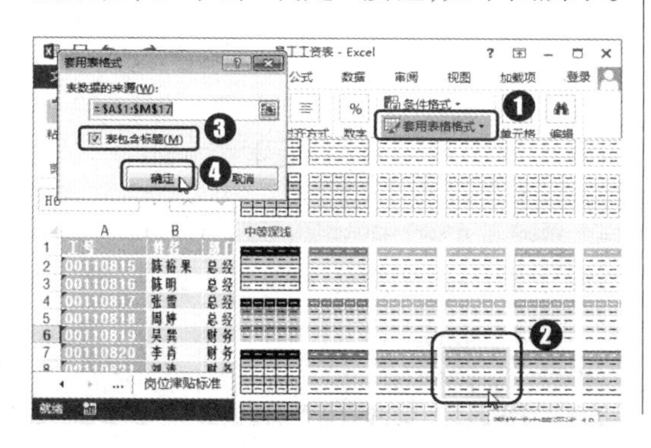

第4步：设置表格样式选项。

在套用了表格格式的表中，可以快速汇总统计每一列数据，本例中对工资各组成部分进行求平均汇总。❶选择表格区域中任意一个单元格；❷单击“表格工具 设计”选项卡的【表格样式选项】按钮的下拉按钮，在弹出的菜单中选中“汇总行”复选框，如下图所示。

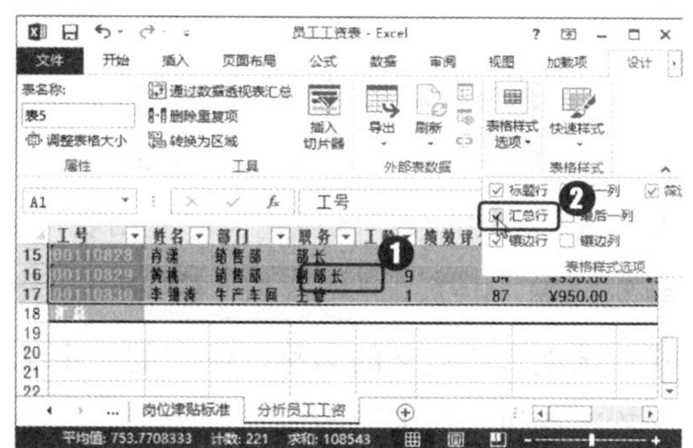

第5步：选择汇总方式。

❶ 设置表格底部添加的汇总行的填充效果；❷ 单击 E18 单元格右侧出现的下拉按钮；❸ 在弹出的下拉列表中选择“平均值”选项，如下图所示。

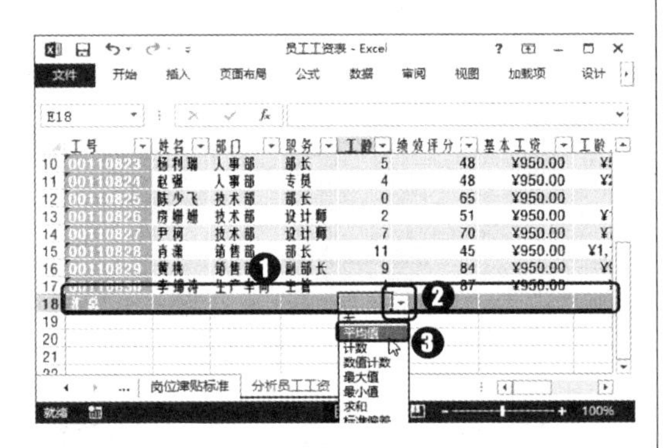

第6步：设置其他列的汇总方式。

用与上一步相同的方法设置其他工资组成部分的汇总项，最终效果如下图所示。

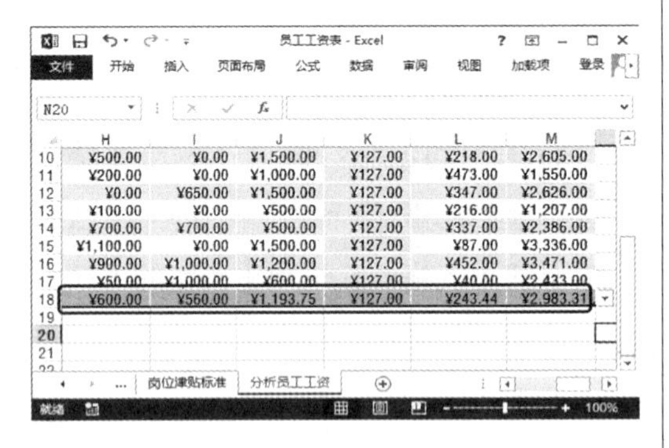

第7步：执行“定义名称”命令。

本例将为“分析员工工资”工作表中“实发工资”列中的数据区域定义单元格名称。❶ 选择 M2:M17 单元格区域；❷ 单击“公式”选项卡“定义的名称”组中的“定义名称”按钮，如下图所示。

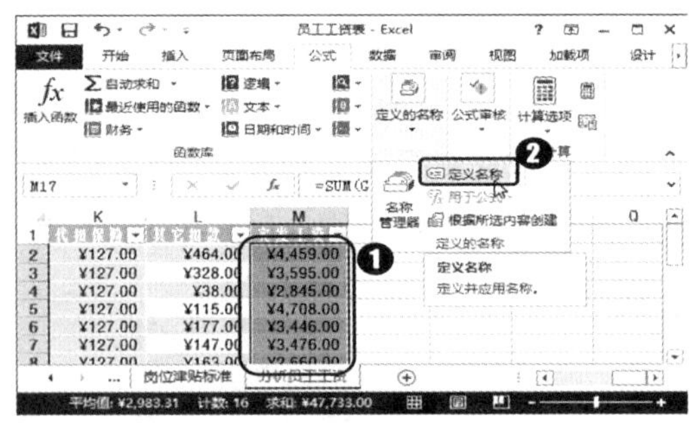

第8步：定义新名称。

打开“新建名称”对话框，❶ 在“名称”文本框中设置单元格名称为“实发工资”；❷ 单击“确定”按钮，如下图所示。

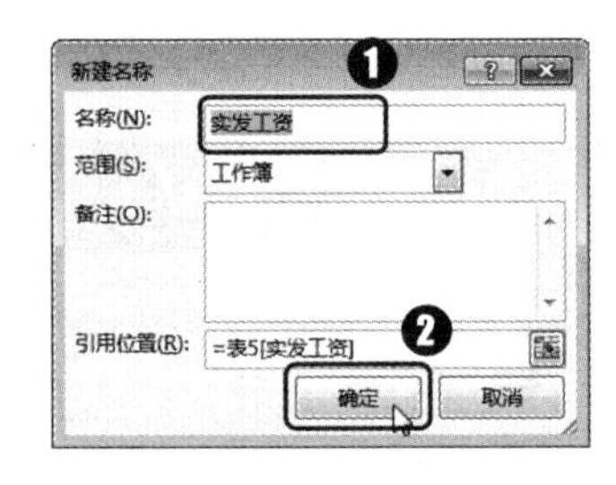

第9步：输入单元格列名称。

根据“分析员工工资”工作表中的工龄工资、绩效奖金或实发工资，可以对员工工资进行排名，本例中应用 RANK.EQ 函数排位计算各员工的实发工资。在 N1 单元格中输入“排名”文本，按【Enter】键确认输入，即可新建一列数据，如下图所示。

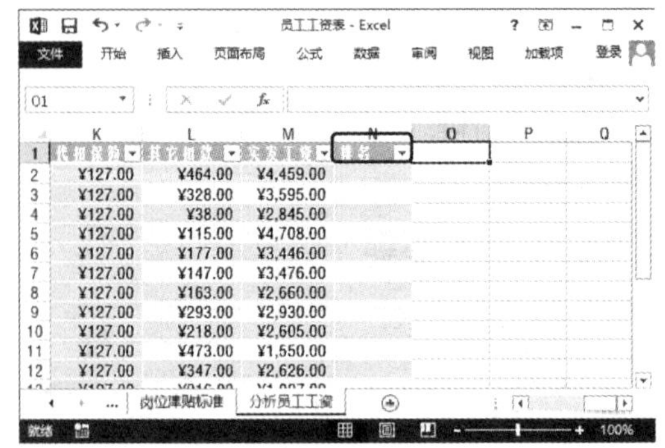

排名函数

RANK 函数是 Excel 早期版本就有的函数，而 RANK.EQ 函数是 Excel 2010 才开始出现的，同时增加了 RANK.AVG 函数，微软准备用 RANK.EQ 替换 RANK 函数，以避免与 RANK.AVG 混淆。

在 Excel 2013 中可以使用 RANK.EQ 函数返回一个数字在数字列表中的排位，数字的排位是其大小与列表中其他值的比值（如果列表已排过序，则数字的排位就是它当前的位置）。如果多个值具有相同的排位，则返回该组数值的最高排位。简言之，RANK.EQ 函数对重复数的排位相同，但重复数的存在将影响后续数值的排位。如果希望在遇到重复数时，采用平均排位方式排位，可使用 RANK.AVG 函数进行排位。RANK.AVG 函数的语法结构为 :RANK.AVG（number,ref,[order]）。例如，假设在排名时有 3 个数据并列第 3，应用 RANK.EQ 函数时可得到排名数为 3，应用 RANK.AVG 函数则可得到排名的平均数 4（即第 3、4、5 位的平均值）。

第10步：选择单元格并插入函数。

❶ 选择 N2 单元格；❷ 单击“公式”选项卡“函数库”组中的“插入函数”按钮，如下图所示。

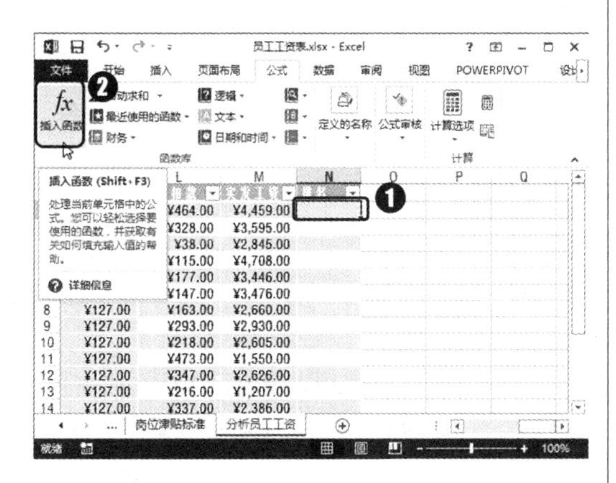

第11步：选择RANK.EQ函数。

打开“插入函数”对话框，❶ 在“或选择类别”下拉列表框中选择“统计”选项；❷ 在列表框中选择“RANK.EQ”函数；❸ 单击“确定”按钮，如下图所示。

第12步：设置函数参数。

打开“函数参数”对话框，❶ 设置 Number 参数为 M2 单元格，Ref 参数为表格中定义为“实发工资”的单元格区域；❷ 单击“确定”按钮，如下图所示。

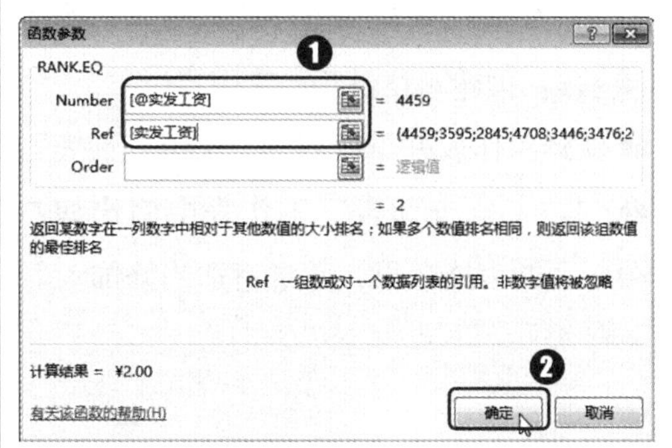

第13步：确认函数的插入并复制公式。

❶ 选择 N2 单元格，拖动填充控制柄向下复制公式到 N17 单元格；❷ 单击填充单元格区域右下方出现的“自动填充选项”按钮；❸ 在弹出的下拉列表中选中“不带格式填充”单选按钮，如下图所示。

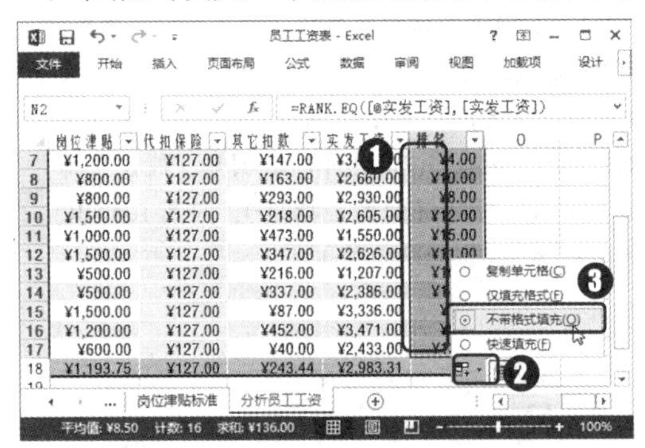

第14步：设置单元格数字格式。

❶ 选择 N2:N17 单元格区域；❷ 在“开始”选项卡“数字”组中的下拉列表框中选择“常规”选项，如下图所示。

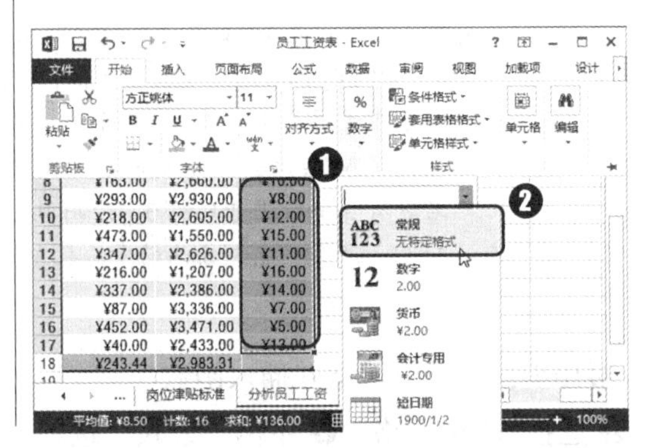

设置填充属性

单击“自动填充选项”按钮，在弹出的下拉列表中选中“复制单元格”单选按钮，可在控制柄拖动填充的单元格中重复填充起始单元格中的内容；选中“填充序列”单选按钮，可在控制柄拖动填充的单元格中根据起始单元格中的内容填充等差序列数据内容；选中“不带格式填充”单选按钮，可在控制柄拖动填充的单元格中重复填充起始单元格中不包含格式的数据内容。

7.3.3 创建工资查询表

在数据较多的表格中，为方便用户快速查找到一些数据信息，可应用 Excel 中的查询和引用函数，通过这些函数的应用可以快速查看到需要的重要数据信息，同时可将查找到的结果再次进行公式运算，转换为更为直观的数据进行显示。

第1步：创建表格结构。

❶ 新建工作表并重命名为“工资查询表”；❷ 在“工资查询表”工作表中制作如右图所示的表格效果，并进行适当修饰。

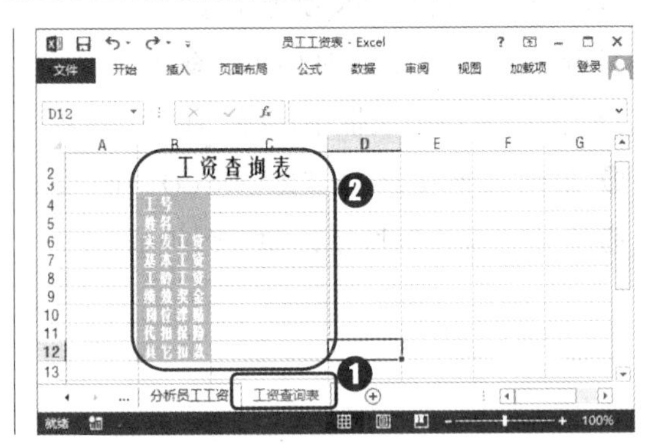

第2步：设置单元格对齐方式。

❶ 选择 C4:C12 单元格区域；❷ 单击“开始”选项卡“对齐方式”组中的“居中”按钮，如下图所示。

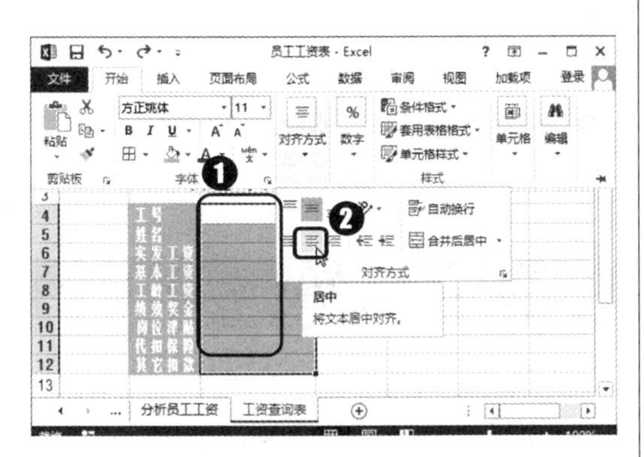

第3步：设置单元格数字格式。

❶ 选择 C4 单元格；❷ 在“开始”选项卡“数字”组的“数字格式”列表框中设置数字类型为“文本”，如下图所示。

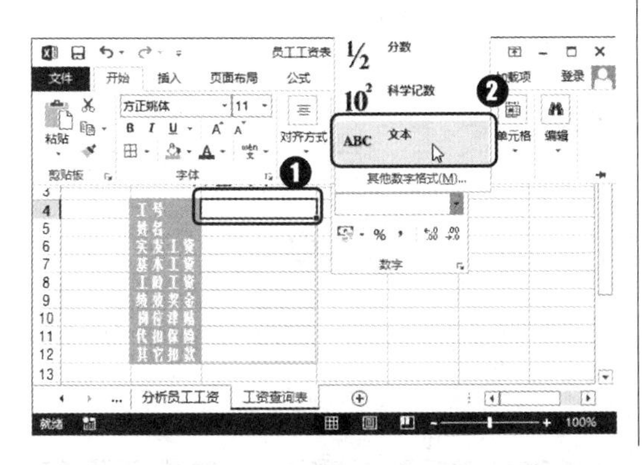

第4步：设置单元格数字格式。

❶ 选择 C6:C12 单元格区域；❷ 在“开始”选项卡“数字”组的“数字格式”列表框中设置数字类型为“货币”，如下图所示。

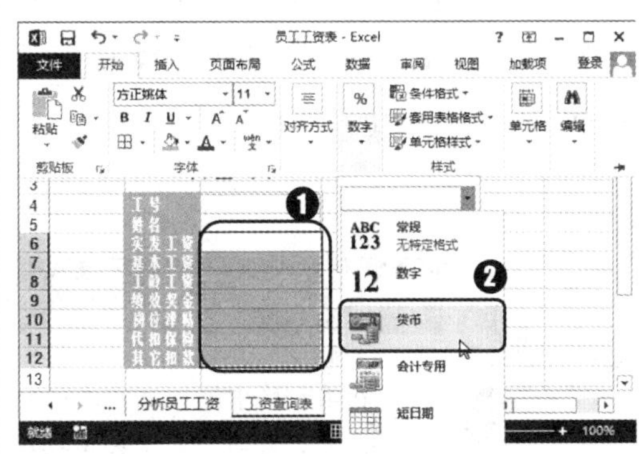

第5步：设置单元格有效性。

在该查询表中需要实现的功能是：用户在“工号”单元格（C4）中输入工号，然后在下方的各查询项目单元格中显示出查询结果，故在 C4 单元格中可设置数据有效性，仅允许用户填写或选择“员工工资表”工作表中存在的员工工号。❶ 选择 C4 单元格；❷ 单击“数据”选项卡“数据工具”组中的“数据验证”按钮，如下图所示。

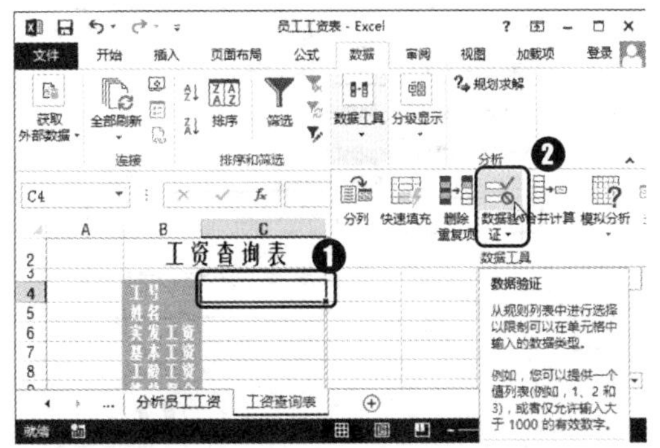

第6步：设置有效性条件。

打开“数据验证”对话框，❶ 在“允许”下拉列表框中选择“序列”选项；❷ 将文本插入点定位于“来源”参数框中；❸ 单击其后的“折叠”按钮；❹ 切换到“员工工资表”工作表；❺ 选择 A2:A17 单元格区域作为允许的序列来源；❻ 单击其后的“展开”按钮，如右图所示。

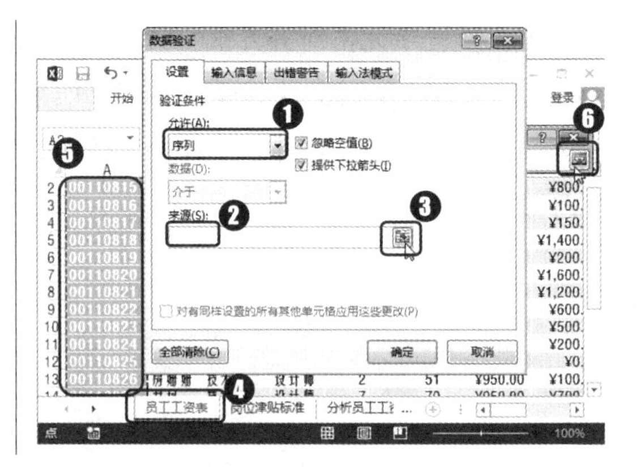

快速引用单元格

在单元格中输入公式或函数时，如果公式中要引用某单元格，可以直接单击该单元格，此时公式中会出现该单元格的引用地址。公式或函数中引用单元格区域时，也可通过拖动选择单元格区域进行单元格区域引用。

第7步：设置“出错警告”对话框。

返回“数据验证”对话框，❶ 单击“出错警告”选项卡；❷ 在“样式”下拉列表中选择“停止”选项；❸ 设置出错警告对话框中要显示的标题及提示信息；❹ 单击“确定”按钮完成有效性设置，如下图所示。

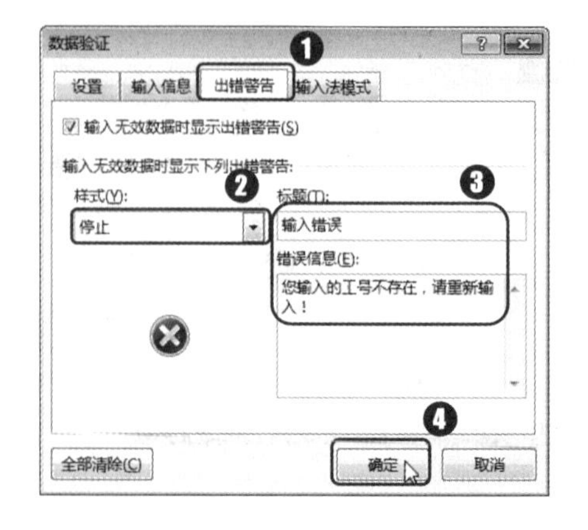

第8步：输入查询员工姓名的公式。

本例中需要根据员工工号显示出员工的姓名和对应的工资组成情况，在“员工工作表”工作表中已存在用户工资的相关信息，此时仅需要应用 VLOOKUP 函数查询表格区域中第一列上的数据，得到对应这一行中指定列上的数据。❶ 选择 C5 单元格；❷ 在编辑栏中输入公式“=VLOOKUP（C4,员工工资表!A2:M17,2,FALSE）”，如下图所示。

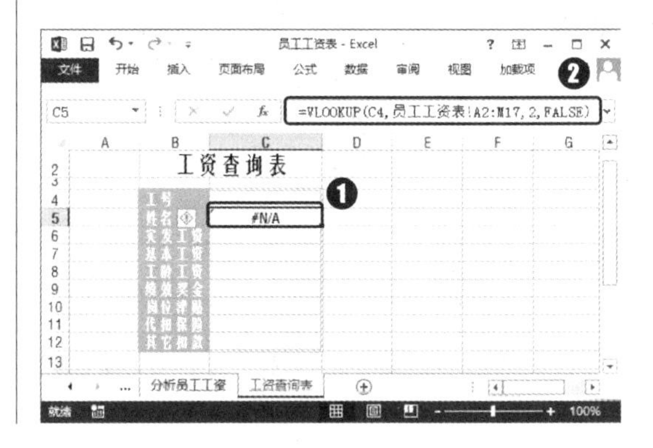

第9步：输入查询实发工资的公式。

❶ 选择 C6 单元格；❷ 在编辑栏中输入公式“=VLOOKUP（C4, 员工工资表 !A2:M17,13,FALSE）”，如下图所示。

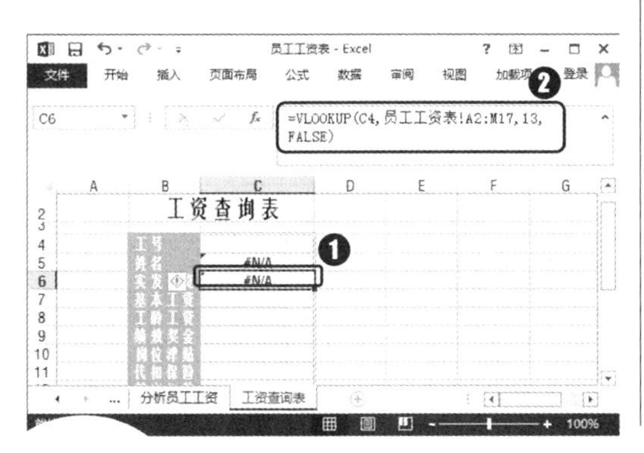

第10步：输入查询基本工资的公式。

❶ 选择 C7 单元格；❷ 在编辑栏中输入公式“=VLOOKUP（C4, 员工工资表 !A2:M17,7,FALSE）”，如下图所示。

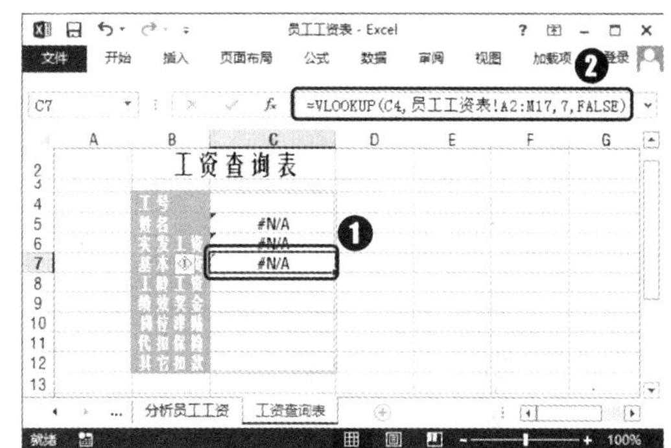

VLOOKUP 函数的参数

VLOOKUP 函数中的 lookup_value 参数为要在表格或区域的第一列中搜索的值。该参数可以是值或引用。如果 lookup_value 参数值小于 table_array 参数第一列中的最小值，则函数将返回错误值 #N/A；table_array 参数为包含数据的单元格区域。可以使用单元格区域或区域名称的引用。该函数将在该参数中第一列中搜索 lookup_value 参数的值。这些值可以是文本、数字或逻辑值。文本不区分大小写；col_index_num 用于设置 table_array 参数中要返回的匹配值所在的列号；range_lookup 用于指定查找方式是精确匹配还是近似匹配。

第11步：输入查询工龄工资的公式。

❶ 选择 C8 单元格；❷ 在编辑栏中输入公式“=VLOOKUP（C4, 员工工资表 !A2:M17,8,FALSE）”，如下图所示。

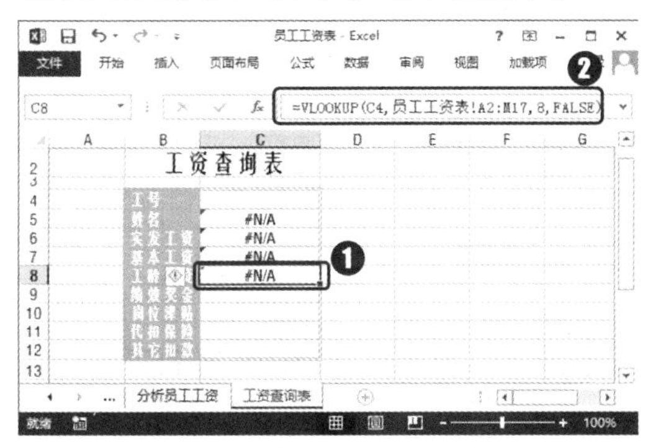

第12步：输入查询绩效奖金的公式。

❶ 选择 C9 单元格；❷ 在编辑栏中输入公式“=VLOOKUP（C4, 员工工资表 !A2:M17,9,FALSE）”，如下图所示。

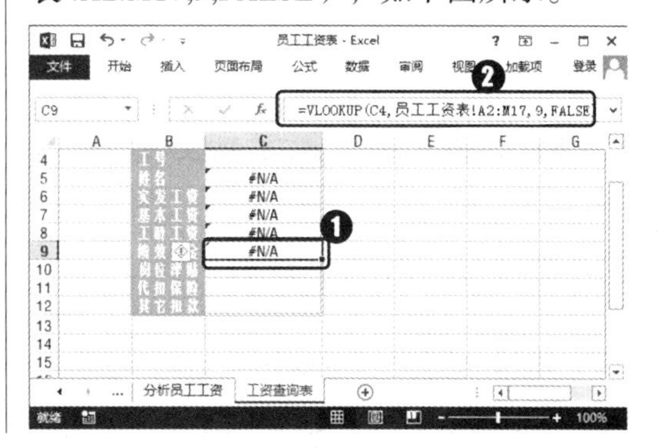

第13步：输入查询岗位津贴的公式。

❶ 选择 C10 单元格；❷ 在编辑栏中输入公式“=VLOOKUP（C4,员工工资表!A2:M17,10,FALSE）”，如下图所示。

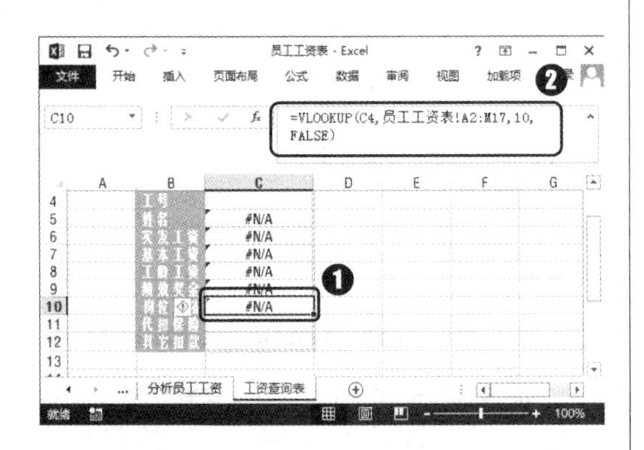

第14步：输入查询代扣保险的公式。

❶ 选择 C11 单元格；❷ 在编辑栏中输入公式“=VLOOKUP（C4,员工工资表!A2:M17,11,FALSE）”，如下图所示。

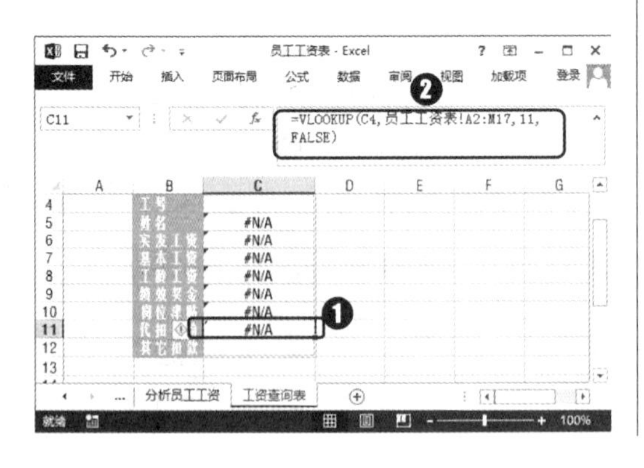

第15步：输入查询其他扣款的公式。

❶ 选择 C12 单元格；❷ 在编辑栏中输入公式“=VLOOKUP（C4,员工工资表!A2:M17,12,FALSE）”，如下图所示。

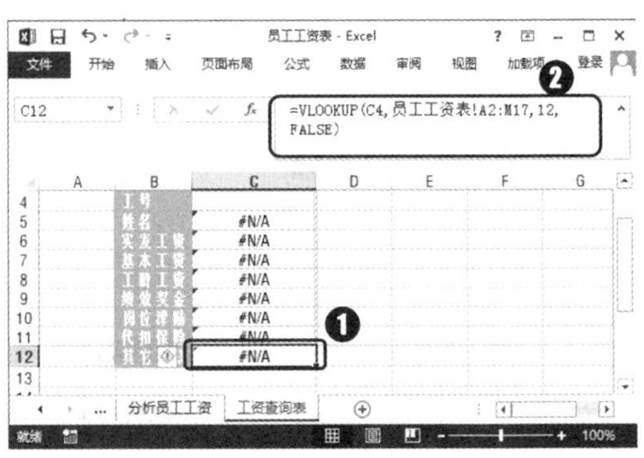

第16步：输入工号并查看结果。

在 C4 单元格中输入合适的员工工号，即可在下方的单元格中查看到工资中各项组成部分的具体数值，如下图所示。

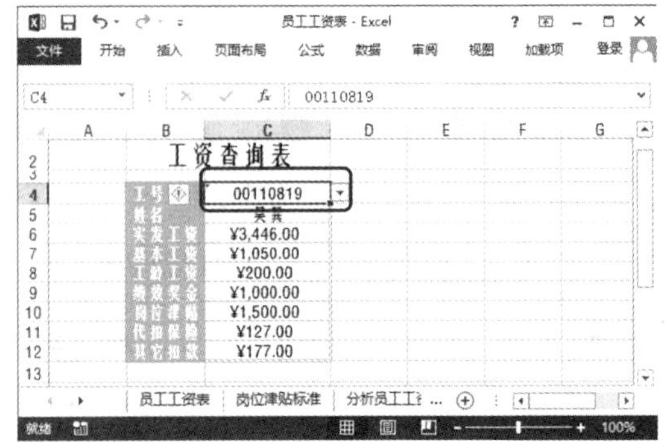

7.3.4 打印工资表

工资表制作并审核完成后，常常需要打印出来，本小节将介绍工资表打印前的准备工作以及打印工作表等操作。

第1步：隐藏工作表。

本例中只需要打印“员工工作表”工作表数据，为防止无关的表格被误打印，需要将其他工作表隐藏。❶ 选择要隐藏的“岗位津贴标准”“分析员工工资”和“工资查询表”工作表；❷ 单击“开始”选项卡“单元格”组中的“格式”按钮；❸ 在弹出的下拉菜单中选择“隐藏和取消隐藏”命令；❹ 在弹出的子菜单中选择“隐藏工作表”命令，如下图所示。

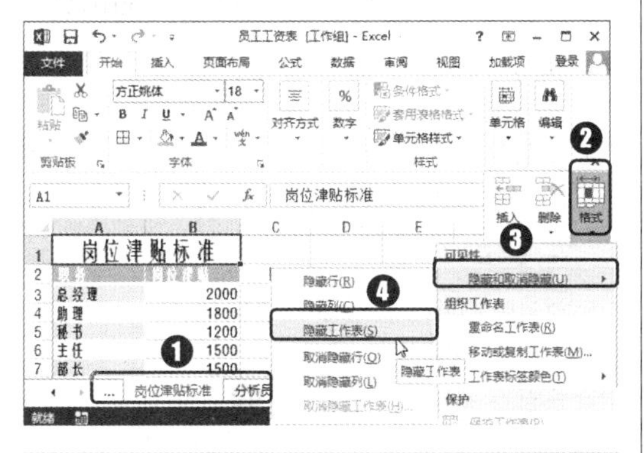

第2步：隐藏列。

本例表格中的“部门”“职务”“工龄”和“绩效评分”列不需要打印，则可将这些列隐藏起来。❶ 选择要隐藏的 C、D、E、F 列；❷ 单击“开始”选项卡“单元格”组中的“格式”按钮；❸ 在弹出的下拉菜单中选择“隐藏和取消隐藏”命令；❹ 在弹出的子菜单中选择“隐藏列”命令，如下图所示。

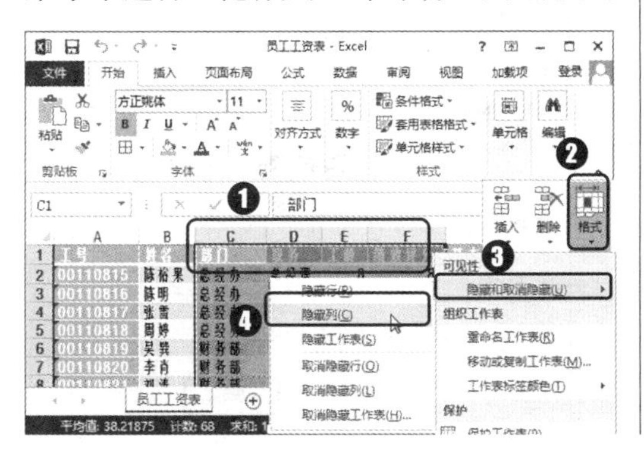

第3步：设置纸张方向。

❶ 单击“页面布局”选项卡“页面设置”组中的“纸张方向”按钮；❷ 在弹出的下拉列表中选择“横向”选项即可将纸张方向更改为横向，如下图所示。

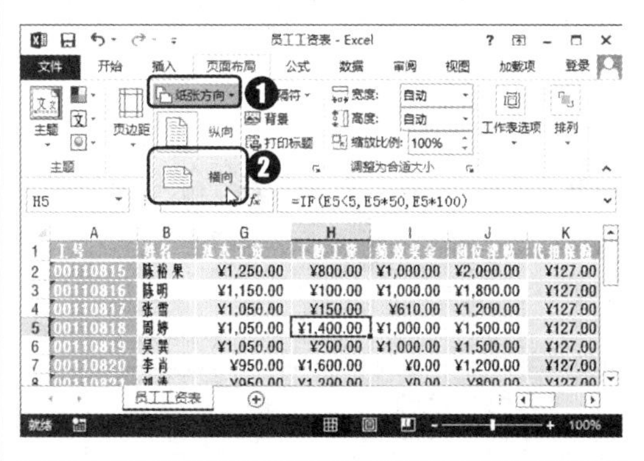

第4步：设置页边距。

❶ 单击“页面布局”选项卡“页面设置”组中的“页边距”按钮；❷ 在弹出的下拉菜单中选择要设置的页边距宽度，如下图所示。

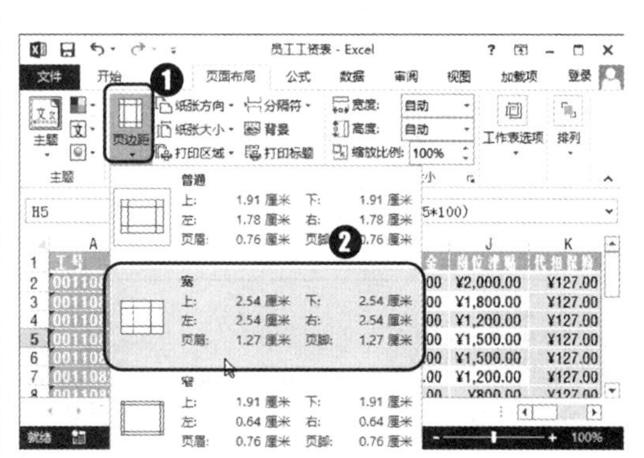

取消工作表的隐藏

工作表被隐藏后仍然存在于工作簿中，若要显示出隐藏的工作表，可单击“开始”选项卡“单元格”组中的“格式”按钮，在弹出的下拉菜单中选择“隐藏和取消隐藏”命令，并在其子菜单中选择“取消工作表隐藏”命令，在打开的对话框中选择要显示的工作表即可。

第5步：启动“页面设置”对话框。

单击“页面布局”选项卡“页面设置”组中的“对话框启动器”按钮，如下图所示。

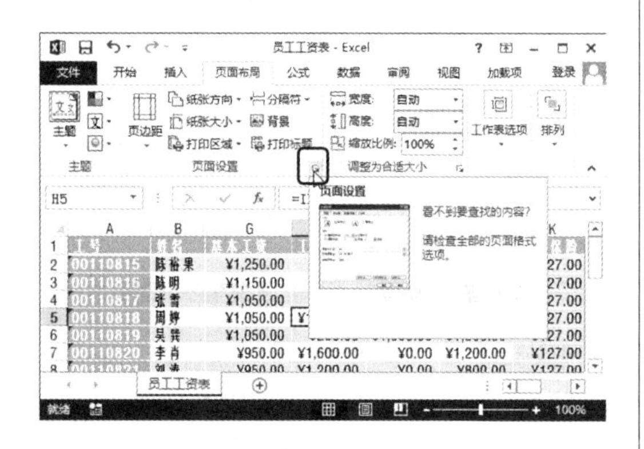

第6步：自定义页眉。

打开“页面设置”对话框，❶ 单击“页眉 / 页脚”选项卡；❷ 单击“自定义页眉”按钮，如下图所示。

第7步：设置页眉内容。

打开“页眉”对话框，❶ 在“中”文本框中输入页眉内容，并选择输入的内容；❷ 单击“格式文本”按钮，如下图所示。

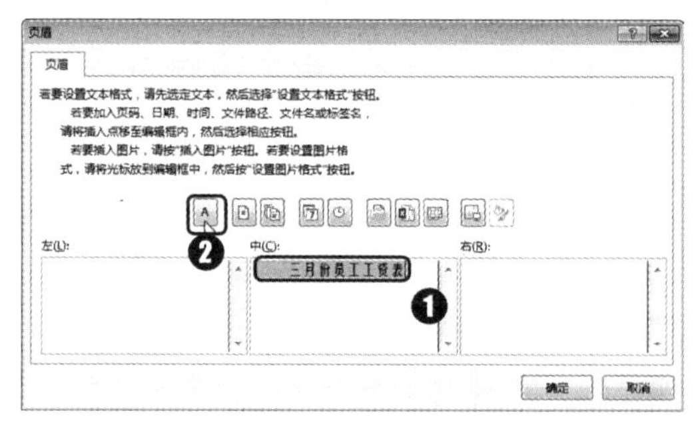

第8步：设置页眉内容的字体格式。

打开“字体”对话框，❶ 设置页眉内容的字体格式如下图所示；❷ 单击“确定”按钮。

第9步：选择页脚格式。

返回“页眉”对话框，单击“确定”按钮完成页眉设置。❶ 在“页面设置”对话框中“页脚”下拉列表框中选择一个页脚样式；❷ 单击“打印预览”按钮完成页眉和页脚设置并预览打印效果，如下图所示。

第10步：预览打印效果。

在打印表格之前，需要先查看表格的打印效果。完成预览后，❶ 在窗口中间栏中设置打印相关参数；❷ 单击“打印”按钮，如下图所示。

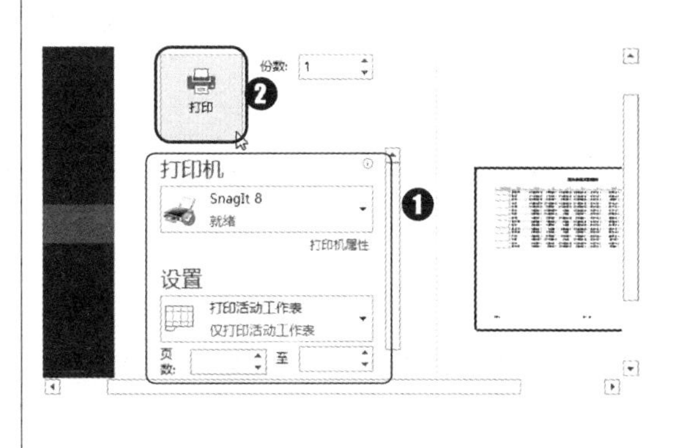

7.3.5 制作并打印工资条

通常在发放工资时需要同时发放工资条，使员工能清楚地看到自己各部分工资的金额。本例将利用已完成的工资表，快速为每个员工制作工资条。过程中需要在当前工资条基本结构中添加公式，再应用单元格和公式的填充功能快速制作工资条。制作工资条的基本思路为：应用公式，根据公式所在位置引用“员工工资表”工作表中不同单元格中的数据。在工资条中各条数据前均需要有标题行，且不同员工的工资条之间需要间隔一个空行，故公式在向下填充时相隔 3 个单元格，不能直接应用相对引用方式引用单元格，此时，可使用 Excel 中的 OFFSET 函数对引用单元格地址进行偏移引用，具体操作方法如下。

第1步：新建工作表并复制标题行。

❶ 新建工作表，并命名为“工资条”；❷ 切换到“员工工资表”工作表中选择并复制第 1 行单元格内容；❸ 切换到“工资条”工作表中，选择 A1 单元格；❹ 将复制的标题行内容粘贴到第 1 行中，如右图所示。

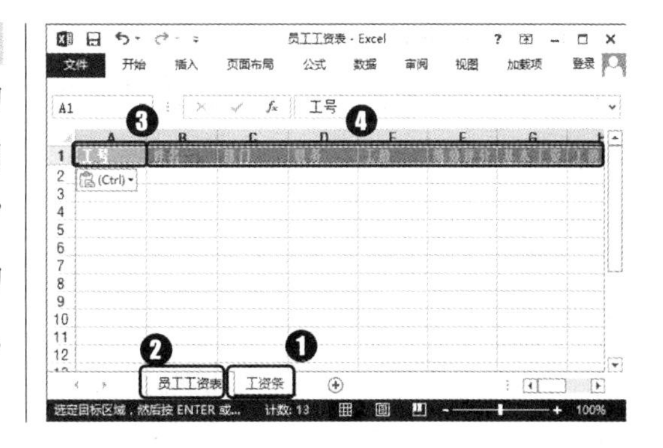

第2步：完成工资条结构制作。

❶ 选择 A2:M2 单元格区域，设置单元格边框样式如下图所示，完成工资条结构制作；❷ 选择 A2 单元格，输入公式“=OFFSET(员工工资表!$A$1,ROW()/3+1,COLUMN()-1)”，如下图所示。

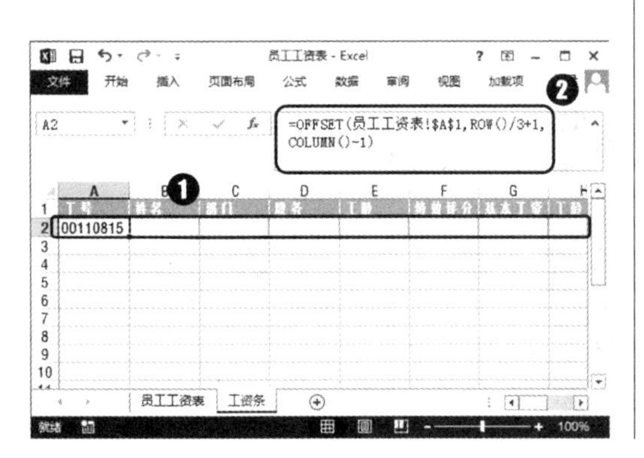

第3步：复制公式。

选择 A2 单元格，向右拖动填充柄将公式填充到 M2 单元格，如下图所示。

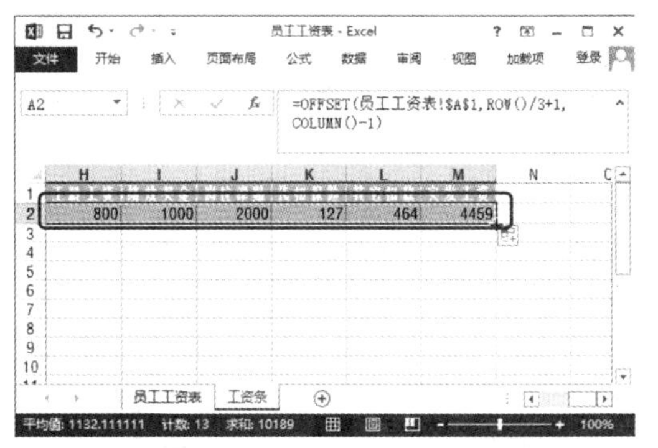

知识拓展 OFFSET 函数

OFFSET 函数的语法结构为 OFFSET（reference,rows,cols,[height],[width]），其中 reference 参数为用于计算偏移位置的起始单元格或区域，rows 则为偏移的行数，cols 则为偏移的列数，其功能则为引用 reference 参数所引用的单元格起向下偏移 rows 行，向右偏移 cols 列。例如，OFFSET（A1,2,3）函数最终引用的单元格地址为 D3。

本例中将 OFFSET 函数的 Reference 参数设置为“员工工资表”工作表中的 A1 单元格，并将单元格引用地址转换为绝对引用；Rows 参数设置为公式当前行数除以 3 后再加 1；Cols 参数设置为公式当前行数减 1。

第4步：选择要填充的单元区域。

选择 A1:M3 单元格区域，即工资条的基本结构加 1 个空行，如右图所示。

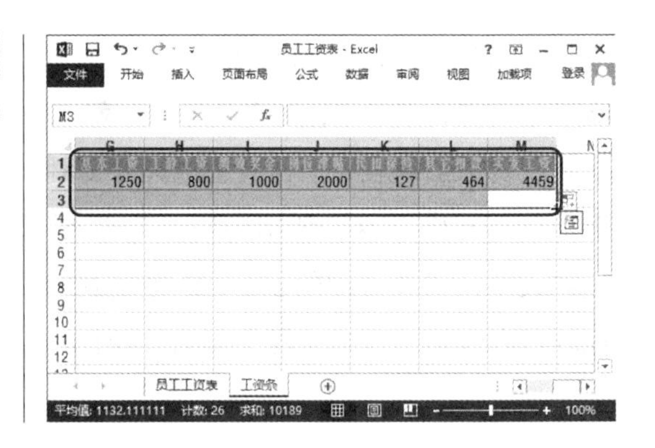

第5步：填充单元格完成工资条制作。

拖动活动单元格区域右下角的填充控制柄，向下填充至第47行，即生成所有员工的工资条，如右图所示。

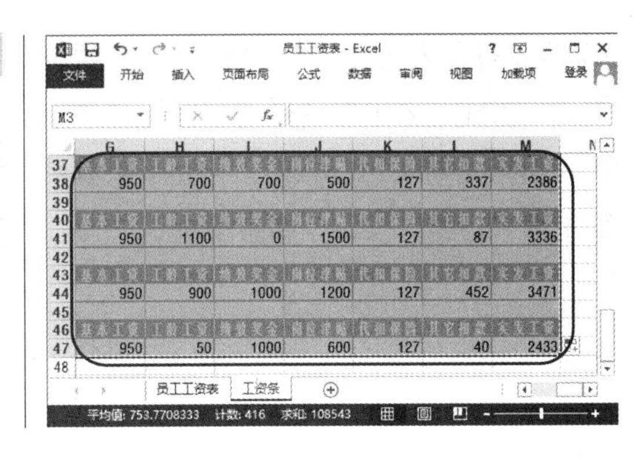

ROW 函数和 COLUMN 函数

本例各工资条中的各单元格内引用的地址将随公式所在单元格地址发生变化，要获取当前公式所在的行数，可应用 ROW 函数，获取列数则可使用 COLUMN 函数。ROW 函数用于返回指定单元格引用的行号，其语法结构为 :ROW([reference])，其中的 reference 参数表示要返回其列号的单元格或单元格区域。COLUMN 函数用于返回指定单元格引用的列号，其语法结构为 :COLUMN ([reference]) 。

第6步：隐藏列。

工资条制作完成后，需要将表格中不需要打印的数据隐藏起来，然后执行“打印”命令。❶ 选择“工资条”工作表中的 C、D、E、F 列；❷ 在其上单击鼠标右键，并在弹出的快捷菜单中选择“隐藏”命令，如下图所示。

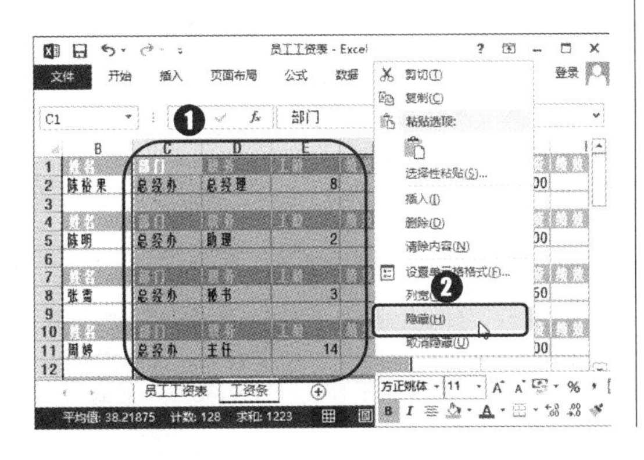

第7步：设置打印缩放比例。

表格在打印时若需要放大或缩小一定的比例，可设置打印缩放比例。在“页面布局”选项卡“调整为合适大小”组中的“缩放比例”数值框中设置值为“110%”，如下图所示。

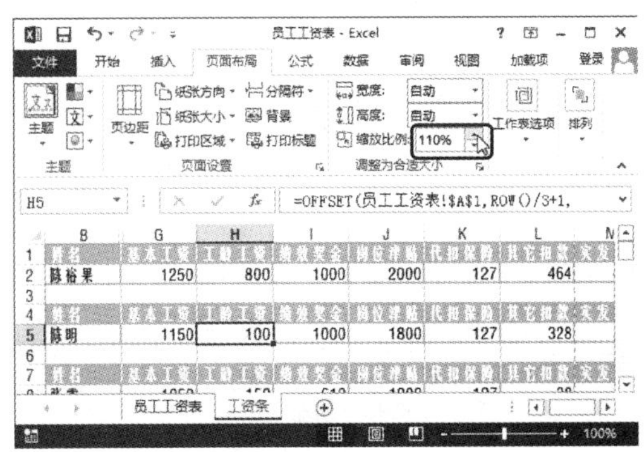

第8步：打印表格。

❶ 在“文件”菜单中选择“打印”命令；

❷ 在窗口中间栏中设置打印相关参数；

❸ 单击“打印”按钮，如右图所示。

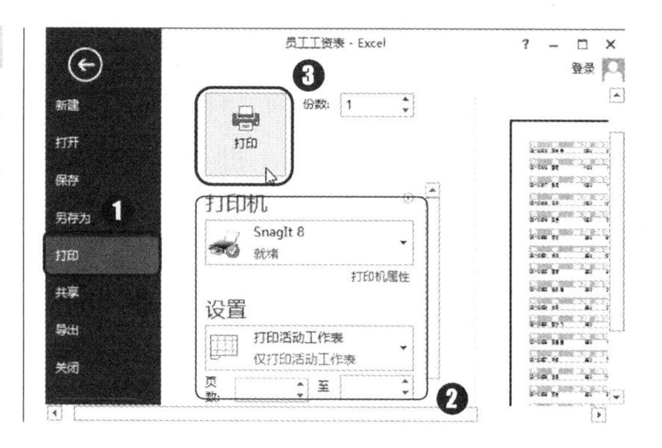

7.4 本章小结

Excel 表格编辑最主要的功能是通过公式和函数计算表格中的数据，而且，数据计算是数据分析的前提，也是数据处理的一种重要而常见的方式。本章学习的一个重点在于 Excel 中公式的各种操作，如引用单元格、使用名称、复制公式等；另一个重点则在于常用函数的使用方式。由于篇幅有限，本书只能将插入函数的方法讲解给大家，并在案例介绍过程中安排讲解常见的函数，其他函数还有很多，使用方法基本相同，用户可以通过查看专门讲解函数使用方法的书籍深入学习。

第 8 章

数据的统计与分析
——Excel 数据的排序、筛选与汇总

本章导读：

Excel 除了拥有强大的计算功能外，还能够统计与分析大型数据库。通过统计基础数据，可以更方便地得到自己或上司所关注的数据信息，通过分析数据，可以从数据中找到新的解决方案和决策。本章详细讲解 Excel 排序、筛选、分类汇总的知识，使用户快速掌握表格数据的基本分析和处理方法与技巧。

知识要点：

★ 应用条件格式

★ 设置条件格式

★ 对数据进行排序操作

★ 使用自动筛选根据条件筛选数据

★ 高级筛选的应用

★ 利用分类汇总功能分级显示数据

案例效果：

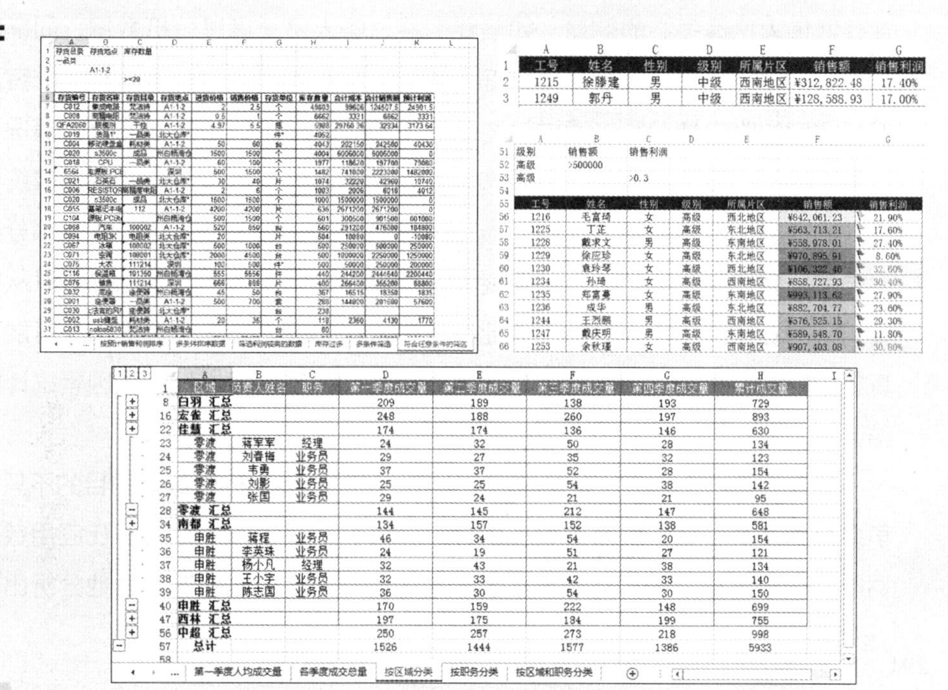

当我们打开一个满是数据密密麻麻的表格时，也许并没有那么多的时间和精力去仔细查看每一条数据。甚至很多时候，我们只是需要从这些数据中找到一些想要的信息。例如，在统计销售数据时，可能我们不会关心每一笔订单的金额具体是多少、谁订购的、订了多少、货发到哪儿了、销售员是谁，我们关心的是总共销售金额是多少、哪类客户买得多、哪些地区卖得多、哪个销售员最厉害等。总之，很多时候我们看数据，不是只看数据的表面，而是需要看到数据的结果。

要点01 领导更关注数据的结果

一个单位或公司的领导层或者自己的上司，当然也包括自己在查看数据时，都一定是带有目的性的，只看数据的明细并不能容易地看出什么，更不能指导我们做什么决策，通常都需要理解和分析数据，才能得出一定的结论，为下一步的工作做准备。

还是先举个例子，假如我们收集了大量的客户的资料以及客户的购买记录等一大堆数据，那么，这些数据对我们有什么意义，我们能通过这些数据做什么？如果只是从数据表面的信息来说，这些数据本质上也没有多大意义，只有我们能从中找出一些真正具有价值的东西，这些数据才会体现出价值。那么这些数据如何用？还是举例，首先，如果我们是销售人员或销售主管，我们可以从这些数据中统计出与销售相关的各类信息，例如，销量最好的产品是哪些，销售最好的区域在哪儿，哪些客户购买量大，哪类客户更喜欢哪种类型的产品，客户通常喜欢哪种购买渠道或在哪里购买等，这些都是销售人员最关心的信息；如果我们是财务人员，通过分析数据，同样能为我们工作带来方便，我们可以从这些数据中统计出总销售、销售成本与利润、客户的消费情况与客户的账户情况等，通过这些信息我们可以掌握销售方面的财务情况、客户的回款情况等；那如果我们是生产或产品部门人员，我们可以从这些数据中统计出客户最喜欢的产品、利润最高的产品、最难销售的产品，然后参照这些数据来分析我们的产品结构，调整和改进产品；如果我们是行政人事工作人员，我们也可以从中分析出销售团队的业绩、销售人员的个人业绩与个人能力等。总之，数据本身可能并非是我们真正关注的，真正关注的应该是数据的结果，也就是根据目的和因素统计和分析出的结论。

通过上面这个例子，大家都可以看出，我们收集和存储数据的目的不只是“备案”，更多是为了从中获取更多有价值的信息。那么，在工作中，我们在应用数据或向不同岗位的同事甚至上司提交数据或者汇报工作时，就应当有针对性地分析出数据中最值得关注的信息，无论是单独列举还是在原始数据中标明，总之，应该让这些重要信息更清晰明了，这样才能真正体现出数据的重要作用。

要点02 使数据更清晰的技巧

那么，我们应该做些什么让数据更清晰，才能更方便地从数据中查看需要的数据和信息？Excel 的强大功能可以分析与处理数据，只要掌握数据编制的一些方法和常用数据分析功能的运用，就可以帮助用户有序地管理好各种数据信息，快速提炼出需要的数据项。在此，我们总结了一些方法供大家参考。

1. 提高数据准确性和唯一性

数据的准确性和唯一性是数据处理中基本的原则，但是，在我们录入数据或编辑修改数据时，常常可能因为某些环节的疏忽大意，让数据出现错误或重复的情况，这对于后期数据的应用或者分析，会造成很多的影响。例如，在工资表中，如果某一员工的工资数据出现了重复，那后果可想而知。所以，在录入和编辑数据时，一定要注意数据的准确性和唯一性。

要提高数据的准确性和唯一性，我们可以借助 Excel 为我们提供的一些功能，例如数据有效性验证、删除重复项，甚至不排除应用公式来校验数据的正确性。

2. 突出显示重要数据

在我们分析数据时，常常需要根据一些特定的规则找出一些数据，然后再进一步分析这些数据，而这些数据很有可能不是应用简单的排序就能发现，或者我们已经利用排序展示了一些数据关系不能重新排序。这种情况下，我们就需要从数据的显示效果上去突出数据了。

在密密麻麻的数据列表中，如果要让查阅者自己从数据中分析出重点数据，那么查阅者可能需要花很长时间去分析什么样的数据是他所关注的，然后再找出这类数据。这样是不是会让查阅者觉得非常麻烦呢？所以，如果我们能为查阅者提前找到他们所关注的数据，就可以提高他们的工作效率，无论我们是将这些数据展示给客户、上司还是下属，对我们的工作都有百利而无一害。

要强调表格中的数据，我们可以利用单元格字体、字号、文字颜色、单元格背景等单元格格式来突出显示单元格。Excel 2013 还提供了丰富的条件格式，可以使用填充颜色、数据柱线、颜色刻度和图标集来直观地显示数据。使用该功能，Excel 可以根据我们设置的条件，自动为单元格添加不同的样式。下面左图和右图所示分别应用了数据条和图标方式表示不同大小的数据。这样一来，当查阅者看到表格数据时，首先会关注这些特殊格式的数据，从而达到强调重要数据的作用。

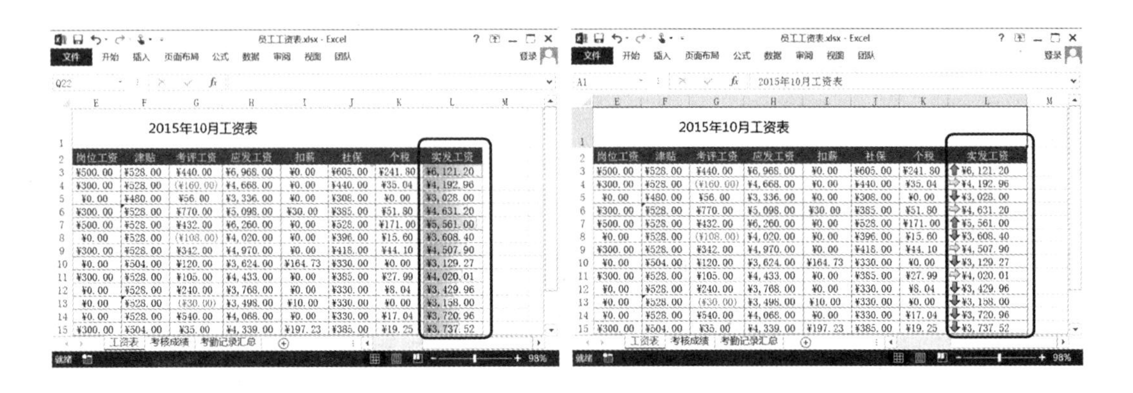

3. 合理安排数据顺序

在表格中，我们常常需要展示大量的数据和信息，这些信息一定会按一定的顺序从上至下存放，并且，每一列的数据也会存在先后顺序。按照人们通常的阅读方式，查看表格数据通常都是按从左至右、从上到下的顺序来查阅。所以，在排列数据时，从字段顺序来讲，也就是每一列的先后顺序都应该按照先主后次的顺序排列，例如，我们在制作员工信息表时，通常会将“工号”和“姓名”放在最左列，因为我们在查看员工信息表时，通常是要查看某个员工具体的信息，而区分每条信息的依据就是“工号”和“姓名”;在安排各行数据的顺序时，我们也需要根据不同的数据查阅需要来安排顺序，例如，当需要关注销售数据每天的销量变化情况时，可以按日期来排列数据，如果关注的是销量较好的数据时，可以按销量来排列数据。

此外，我们还可以通过排序功能针对数值大小排序，或根据数据分类。例如，根据年龄从大到小排序，或以“性别”字段排序，排序后性别为“男”的和性别为“女”的数据就自然地分隔开了，如下图所示。

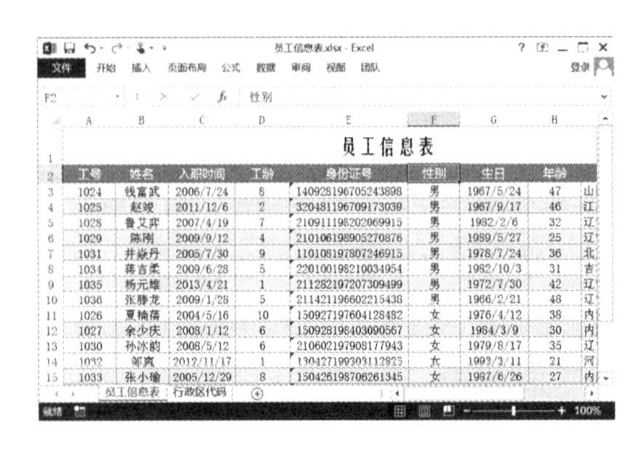

4. 加入数据汇总信息

在我们查看数据时，很多时候不是关注数据本身的信息，最关注的可能是数据的一些结果，也就是数据的汇总信息。所以，我们在处理数据时，尽量考虑不同工作岗位的人员关心什么数据，尽可能多地列举出一些大家所关心的汇总数据，这样的数据才是大家真正需要的数据。

除了前面章节中讲解的通过公式和函数从现有数据中计算出一些未知数据外，Excel 2013 中还可以使用分类汇总功能在分类的基础上完成简单、有序数据的汇总操作，例如，我们已经利用排序功能将“性别”字段相同数据集中在一起，然后利用“分类汇总”命令按照“性别”字段进行分类，然后汇总工龄和年龄项，就可以分别得到男性员工和女性员工的平均年龄，如右图所示。

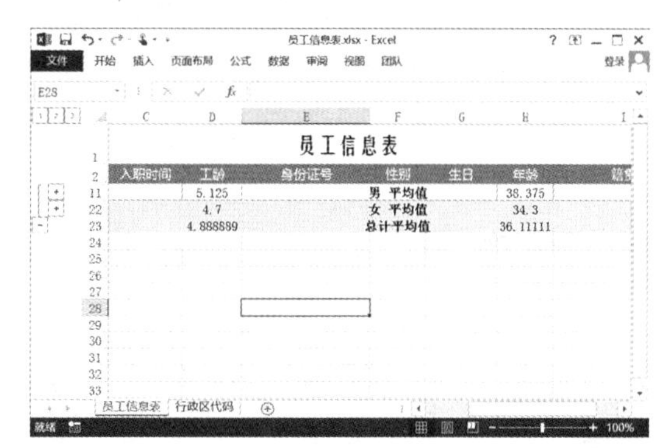

当我们需要将一系列数据按某种条件汇总时，除了应用公式和分类汇总外，还可以应用合并计算功能，它可以快速根据不同的数据标签对数据进行求和、求平均、计算、标准偏差、方差等各种类型的汇总统计。

5. 提供适当的数据查阅交互功能

无论是自己还是别人在查阅和分析数据时，有时都需要从原始数据中查找一些明细数据。为了方便查找数据，除了从数据的排列顺序上下功夫外，我们还可以在 Excel 表格中添加一些快捷查询的功能，如应用自动筛选、分级显示等，甚至可以利用公式和函数来提供一些数据查询的功能。

在大量数据中，若只有一部分数据可以供我们分析和参考，此时，我们便可以利用数据筛选功能筛选出有用的数据，然后在这些数据范围内进行进一步的统计和分析。Excel 为我们提供了“自动筛选”和“高级筛选”两种筛选方式。“自动筛选”功能会在数据表中各列的标题行中为我们提供筛选下拉列表框，我们可以从下拉列表框中选择筛选条件，达到筛选数据的目的，如左下图所示；利用“高级筛选”功能，我们可以自行定义筛选条件，并可以定义较为复杂的筛选条件，如右下图所示，我们设置的筛选条件是“筛选出工龄在 5 年以上或年龄 35 岁以上的员工”。

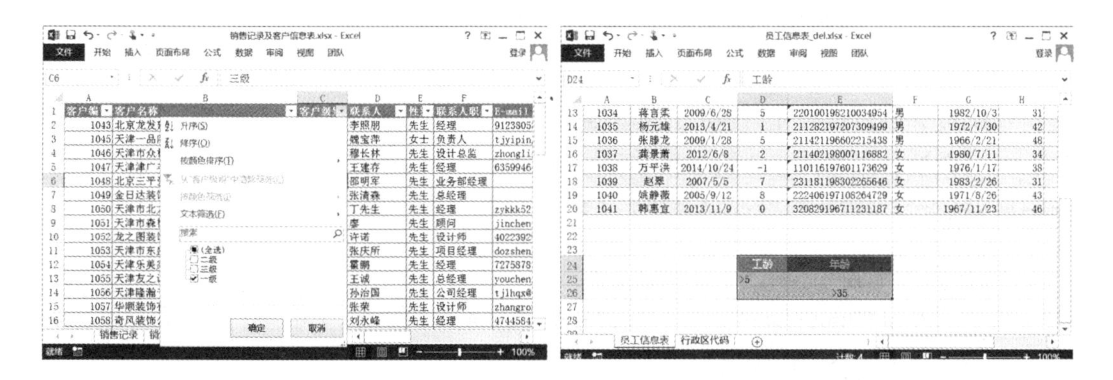

6. 应用批注、修订等辅助功能

我们讲解过 Word 中的审阅功能，利用审阅功能可以增强团队成员的协同工作能力，提高团队工作效率。同样，在 Excel 中也具有审阅功能，如添加批注来说明数据、开启修订功能跟踪数据修改与变化、查阅修订内容、接受与拒绝修订等。

要点03 Excel中数据排序的规则

数据的排序是根据数据表格中的相关字段名，将数据表格中的记录按升序或降序排序。Excel 2013 在对数字、日期、文本、逻辑值、错误值和空白单元格进行排序时会使用一定的排序次序。在按升序排序时，Excel 使用如下表所示的规则排序。在按降序排序时，则使用相反的次序，如下表所示。

<table>
<tr><th>排序内容</th><th>排序规则（升序）</th></tr>
<tr><td>数字</td><td>按从最小的负数到最大的正数进行排序</td></tr>
<tr><td>日期</td><td>按从最早的日期到最晚的日期进行排序</td></tr>
<tr><td>字母</td><td>按字母从 A 到 Z 的先后顺序排序，在按字母先后顺序对文本项进行排序时，Excel 会从左到右一个字符接一个字符地排序</td></tr>
<tr><td>字母数字文本</td><td>按从左到右的顺序逐字符排序。例如，如果一个单元格中含有文本“A100”，Excel 会将这个单元格放在含有“A1”的单元格的后面、含有“A11”的单元格的前面</td></tr>
<tr><td>文本以及包含数字的文本</td><td>按以下次序排序:0 1 2 3 4 5 6 7 8 9(空格)!“ # $ % &( )* , . / : ;? @ [\ ] ^ _ ` { | } ~ + < = > A B C D E F G H I J K L M N O P Q R S T U V W X Y Z</td></tr>
<tr><td>逻辑值</td><td>在逻辑值中，FALSE 排在 TRUE 之前</td></tr>
<tr><td>错误值</td><td>所有错误值的优先级相同</td></tr>
<tr><td>空格</td><td>空格始终排在最后</td></tr>
</table>

要点04 分类汇总数据的那些门道

在对数据进行查看和分析时，有时需要对数据按照某一字段中的数据进行分类排列，并分别统计出不同类别数据的汇总结果，此时可以使用 Excel 2013 中的“分类汇总”功能。

1. 走出分类汇总误区

初学 Excel 的部分用户习惯手工做分类汇总表，这真是自讨苦吃的行为。手工做汇总表的情况主要分为以下两类。

（1）只有分类汇总表，没有源数据表

此类汇总表的制作工艺 100% 靠手工，有的用计算器算，有的直接在汇总表里算，还有的在纸上打草稿。总而言之，每一个汇总数据都是用键盘敲进去的。算好填进表格的也就罢了，反正也没想找回原始记录。在汇总表里算的，好像有点儿源数据的意思，但仔细推敲又不是那么回事。经过一段时间，公式里数据的来由我们一定会完全忘记。

（2）有源数据表，并经过多次重复操作做出汇总表

此类汇总表的制作步骤为：按字段筛选，选中筛选出的数据；目视状态栏的汇总数；切换到汇总表；在相应单元格填写汇总数；重复以上所有操作一百次。其间，还会发生一些小插曲，如选择数据时有遗漏，填写时忘记了汇总数，切换时无法准确定位汇总表，等等。长此以往，在一次又一次与表格的激烈“战斗”中，我们会心力交瘁，败下阵来。

2. 分类汇总的几个层次

分类汇总是一个比较有技术含量的工作，根据所掌握的技术大致可分为以下几个层次。

- 初级分类汇总，指制作好的分类汇总表是一维的，即仅对一个字段进行汇总。如求每个月的请假总天数。
- 中级分类汇总，指制作好的分类汇总表是二维一级的，即对两个字段进行汇总。这也是最常见的分类汇总表。此类汇总表既有标题行，也有标题列，在横纵坐标的交集处显示汇总数据。如求每个月每个员工的请假总天数，月份为标题列，员工姓名为标题行，在交叉单元格处得到某员工某月的请假总天数。
- 高级分类汇总，指制作好的分类汇总表是二维多级汇总表，即对两个字段以上进行汇总。

3. 了解分类汇总要素

当表格中的记录越来越多，且出现相同类别的记录时，使用分类汇总功能可以将性质相同的数据集合到一起，分门别类后再汇总运算。这样就能更直观地显示出表格中的数据信息，方便用户查看。

在使用分类汇总时，表格区域中需要有分类字段和汇总字段。其中，分类字段是指区分数据类型的列单元格，该列单元格中的数据包含多个值，且数据中具有重复值，如性别、学历、职位等；汇总字段是指对不同类别的数据进行汇总计算的列，汇总方式可以为计算、求和、求平均等。例如，要在工资表中统计出不同部门的工资总和，则将部门数据所在的列单元格作为分类字段，将工资作为汇总项，汇总方式则采用求和的方式。

在汇总结果中将出现分类汇总和总计的结果值。其中，分类汇总结果值是对同一类别的数据汇总计算后得到的结果；总计结果值则是对所有数据汇总计算后得到的结果。使用分类汇总命令后，数据区域将应用分级显示，不同的分类作为第一级，每一级中的内容即为原数据表中该类别的明细数据。例如，将“所属部门”作为分类字段，对“基本工资”“岗位工资”和“实发工资”项的总值进行汇总，得到如下图所示的汇总结果。

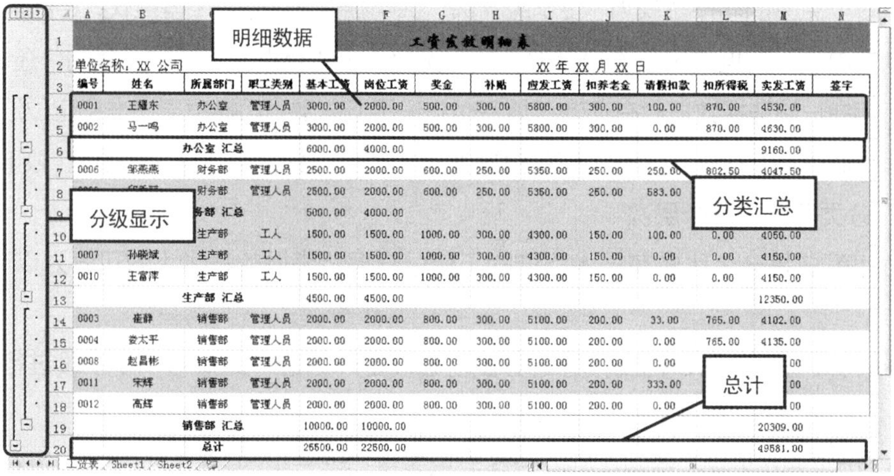

要点05 不要小看条件规则

在统计分析大型数据表时，为了便于区别和查看，可以突出显示满足或不满足条件的数据。条件格式根据条件更改单元格区域的外观。如果条件为真，则根据该条件设置单元格区域的格式；如果条件为假，则不设置单元格区域的格式。

1. 条件格式的分类

Excel 2013 提供的条件格式非常丰富，如可以使用填充颜色、数据柱线、颜色刻度和图标集来直观地显示数据。

（1）使用突出显示单元格规则

如果要突出显示单元格中的一些数据，如大于某个值的数据、小于某个值的数据、等于某个值的数据等，可以基于比较运算符设置这些特定单元格的格式。

单击“开始”选项卡“样式”组中的“条件格式”按钮，在弹出的下拉菜单中选择“突出显示单元格规则”命令后，在其子菜单中选择不同的命令，可以实现不同的突出效果。

- 选择“大于”“小于”或“等于”命令，可以突出显示大于、小于或等于某个值的单元格。

- 选择“介于”命令，可以突出显示在某个数值范围内单元格中数据。
- 选择“文本包含”命令，可以将单元格中符合设置的文本信息突出显示。
- 选择“发生日期”命令，可以将单元格中符合设置的日期信息突出显示。
- 选择“重复值”命令，可以突出显示单元格中重复出现的数据。

（2）使用项目选取规则

项目选取规则允许用户识别项目中最大或最小的百分数或数字所指定的项，或者指定大于或小于平均值的单元格，而且可以使用颜色直观地显示数据，并可以帮助用户了解数据分布和变化。通常使用双色刻度设置条件格式。它使用两种颜色的深浅程度来比较某个区域的单元格，颜色的深浅表示值的高低。

选择“项目选取规则”命令后，在其子菜单中选择不同的命令，可以实现不同的项目选取目的。

- 选择“前 10 项”或“最后 10 项”命令，将突出显示值最大或最小的 10 个单元格。
- 选择“前 10%”或“最后 10%”命令，将突出显示值最大或最小的 10% 个（相对于所选单元格总数的百分比）单元格。
- 选择“高于平均值”或“低于平均值”命令，将突出显示值高于或低于所选单元格区域所有值的平均值的单元格。

（3）使用数据条设置条件格式

使用数据条可以查看某个单元格相对于其他单元格的值。数据条的长度代表单元格中的值，数据条越长，表示值越高，反之，则表示值越低。若要在大量数据中分析较高值和较低值时，使用数据条尤为有用。

（4）使用色阶设置条件格式

使用色阶可以按阈值将数据分为多个类别，其中每种颜色代表一个数值范围。

（5）使用图标集设置条件格式

使用图标集可以注释数据，并可以按阈值将数据分为 3 ~ 5 个类别，其中每个图标代表一个数值范围。例如，在“三向箭头”图标集中，绿色的上箭头代表较高值，黄色的横向箭头代表中间值，红色的下箭头代表较低值。

应用条件格式的区域

如果设置条件格式的单元格区域中有一个或多个单元格包含的公式返回错误，则设置的条件格式就不会应用到所选的整个区域。

2. 管理条件规则

管理条件格式规则主要通过“条件格式规则管理器”。单击“开始”选项卡“样式”组中的“条件格式”按钮，在弹出的下拉菜单中选择“管理规则”命令，即可打开该对话框，如下左图所示。在其中可以查看当前所选单元格或当前工作表中应用的条件规则，单击相应的按钮具有以下作用。

- 单击“新建规则”按钮，可以在打开的“新建格式规则”对话框（如下右图所示）中的“选择规则类型”列表框中选择规则基于的类型；在“编辑规则说明”列表框中可以设置具体的规则设置格式。
- 单击“编辑规则”按钮，可以在打开的“编辑格式规则”对话框中选择规则基于的类型和具体的规则设置格式。
- 单击“删除规则”按钮，可以删除所选的条件规则。

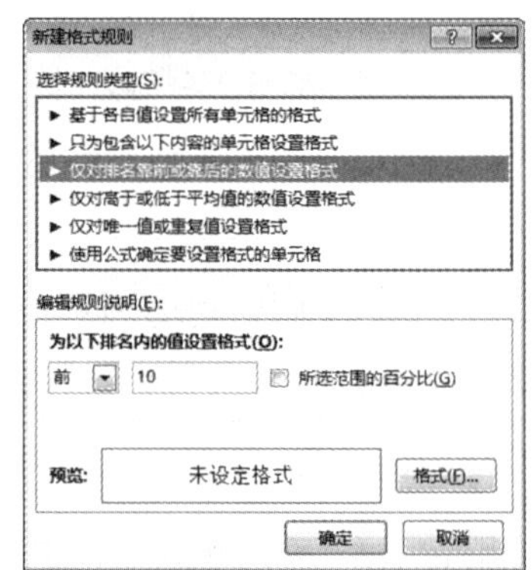

在办公应用中，数据分析起着非常重要的作用，分析的范围更全面、数据更准确，可以让我们得到更有用更有意义的信息，从而做出更合理更准确的决策。下面，针对日常办公中的相关应用，列举几个典型的案例，给读者讲解在 Excel 中分析数据的思路、方法及具体操作步骤。

8.1 制作库存明细表

◇ 案例概述

库存表是办公中的一种常用表格，它和盘点表的功能基本相同，只不过是专门记录库存数据的表格。用户可以根据库存表的数据分析与整理产品。通过筛选的功能快速找到要查看存货的内容。分析“库存明细表”中的数据后得到的效果如下图所示。

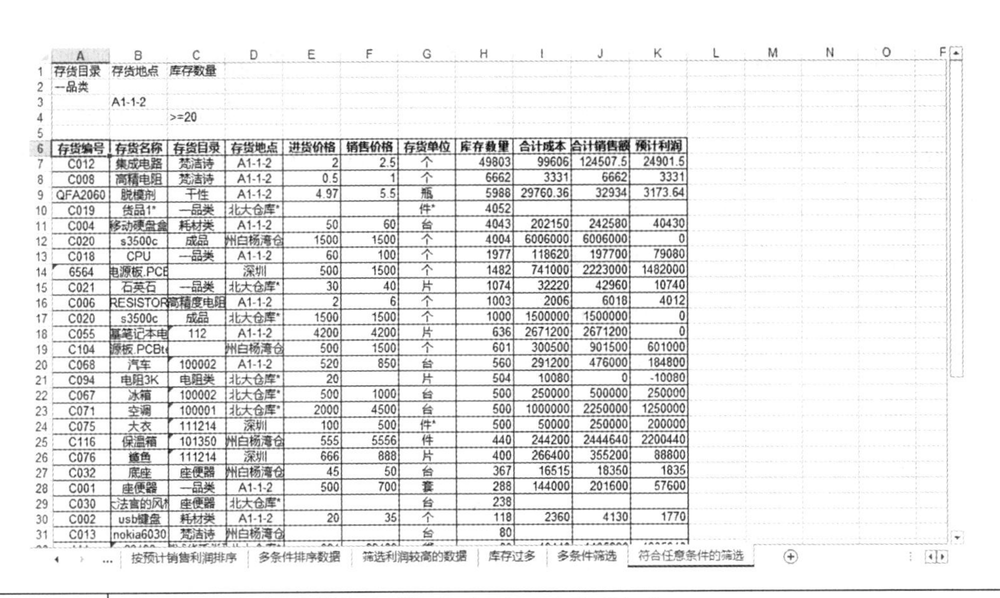

存货目录	存货地点	库存数量
一品类		
	A1-1-2	
		>=20

存货编号	存货名称	存货目录	存货地点	进货价格	销售价格	存货单位	库存数量	合计成本	合计销售额	预计利润
C012	集成电路	梵洁诗	A1-1-2	2	2.5	个	49803	99606	124507.5	24901.5
C008	高精电阻	梵洁诗	A1-1-2	0.5	1	个	6662	3331	6662	3331
QFA2060	脱模剂	干性	A1-1-2	4.97	5.5	瓶	5988	29760.36	32934	3173.64
C019	货品1*	一品类	北大仓库*			件*	4052			
C004	移动硬盘盒	耗材类	A1-1-2	50	60	台	4043	202150	242580	40430
C020	s3500c	成品	州白杨湾仓	1500	1500	个	4004	6006000	6006000	0
C018	CPU	一品类	A1-1-2	60	100	个	1977	118620	197700	79080
6564	电源板.PCB		深圳	500	1500	个	1482	741000	2223000	1482000
C021	石英石	一品类	北大仓库*	30	40	片	1074	32220	42960	10740
C006	RESISTOR	高精度电阻	A1-1-2	2	6	个	1003	2006	6018	4012
C020	s3500c	成品	北大仓库*	1500	1500	个	1000	1500000	1500000	0
C055	幕笔记本电	112	A1-1-2	4200	4200	片	636	2671200	2671200	0
C104	源板.PCBt		州白杨湾仓	500	1500	个	601	300500	901500	601000
C068	汽车	100002	A1-1-2	520	850	台	560	291200	476000	184800
C094	电阻3K	电阻类	北大仓库*	20		片	504	10080	0	-10080
C067	冰箱	100002	北大仓库*	500	1000	台	500	250000	500000	250000
C071	空调	100001	北大仓库*	2000	4500	台	500	1000000	2250000	1250000
C075	大衣	111214	深圳	100	500	件*	500	50000	250000	200000
C116	保温箱	101350	州白杨湾仓	555	5556	件	440	244200	2444640	2200440
C076	鳕鱼	111214	深圳	666	888	片	400	266400	355200	88800
C032	底座	座便器	州白杨湾仓	45	50	台	367	16515	18350	1835
C001	座便器	一品类	A1-1-2	500	700	套	288	144000	201600	57600
C030	大法官的风	座便器	北大仓库*			台	238			
C002	usb键盘	耗材类	A1-1-2	20	35	个	118	2360	4130	1770
C013	nokia6030	梵洁诗	州白杨湾仓			台	80			

素材文件:光盘\素材文件\第8章\案例01\库存明细表.xlsx
结果文件:光盘\结果文件\第8章\案例01\库存明细表.xlsx
教学文件:光盘\教学文件\第8章\案例01.mp4

◇ 制作思路

在 Excel 中对库存明细表中的数据进行分析的流程与思路如下所示。

排序数据：查看库存明细时，常常需要按库存量的多少排列数据，以清楚地查看到各产品的库存数量；也可以根据存货目录或地点对数据排序，便于了解不同类别或不同仓库的存货数据。

筛选数据：数据排序后虽然能够一目了然相应数据的具体排位，找出最大和最小的值，但仍然不能快速找到符合要求的数据。此时，可以使用筛选功能在表格中仅显示出需要的数据。

◇ 具体步骤

在查看数据时常常需要按一定的顺序排列数据，以方便查找与分析数据。本例中主要应用对数据排序和筛选的功能，在分析库存明细表时，将按不同方式排序库存数据，然后筛选出需要的数据。

8.1.1 按库存多少进行排序

在 Excel 数据表格中，使用排序功能可以使表格中的各条数据依照某列中数据的大小重新调整位置。例如，在库存明细表中要根据库存数量的多少排序，具体操作步骤如下。

第1步：执行排序操作。

打开素材文件中提供的“库存明细表”工作簿，❶ 复制“存货库存明细表”工作表，并重命名为“按存货数量排序”；❷ 选择“库存数量”列中的任意单元格，如 H2 单元格；❸ 单击“开始”选项卡“编辑”组中的“排序和筛选”按钮；❹ 在弹出的下拉菜单中选择“降序”命令，如下图所示。

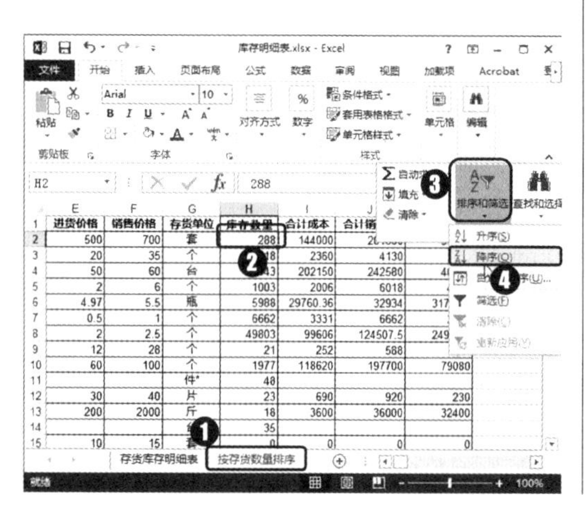

第2步：显示排序结果。

经过上步操作，即可根据当前列中的数据，按从高到低的顺序进行排列，效果如下图所示。

知识拓展　产品编码

库存明细表中一般为每个商品按规格设定了一个唯一的编码，前面的几位数一般是产品的大类，后面的数据可能是商品名称或规格等。这样，了解商品的编码规则后，再用排序或筛选功能时就多了一个可以查询的依据。

8.1.2　应用表格筛选功能按预计销售利润的多少进行排序

将单元格区域转换为表格对象后，在表格对象中将自动启动筛选功能，此时利用列标题下拉菜单中的“排序”命令可快速排序表格数据。例如，本例将把数据单元格直接转换为表格区域，然后快速根据预计的销售利润的多少对表格数据进行降序排序，具体操作方法如下。

第1步：将单元格区域转换为表格。

❶ 复制“存货库存明细表”工作表，并重命名为“按预计销售利润排序”；❷ 单击“插入”选项卡“表格”组中的“表格”按钮；❸ 在打开的“创建表”对话框中设置表数据的来源为表格中的 A1:K57 单元格区域；❹ 单击“确定”按钮，如下图所示。

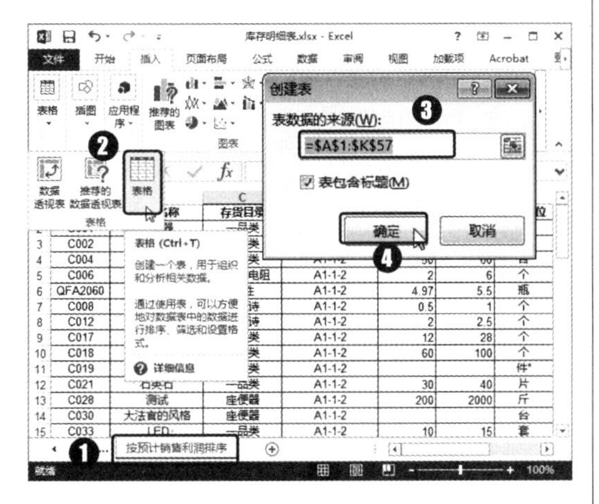

第2步：设置排序方式。

经过上步操作，即可将所选单元格区域转换为表格对象。❶ 单击 K1 单元格右侧的下拉按钮；❷ 在弹出的下拉菜单中选择“降序”命令，如下图所示。

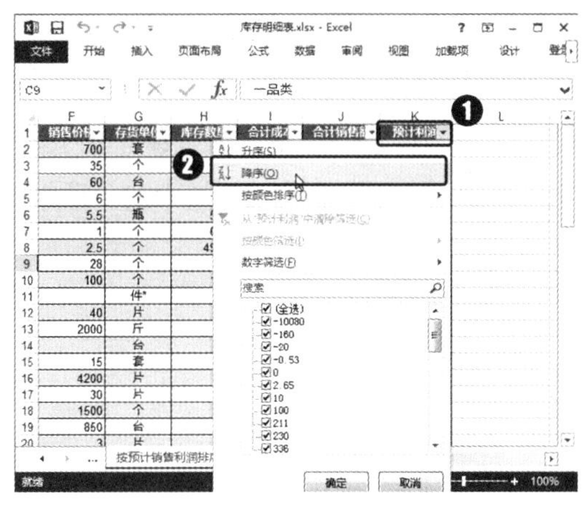

第3步：显示排序结果。

经过上步操作，即可依据“预计利润”列中的数据，按从高到低的顺序对表格数据进行排序，效果如下图所示。

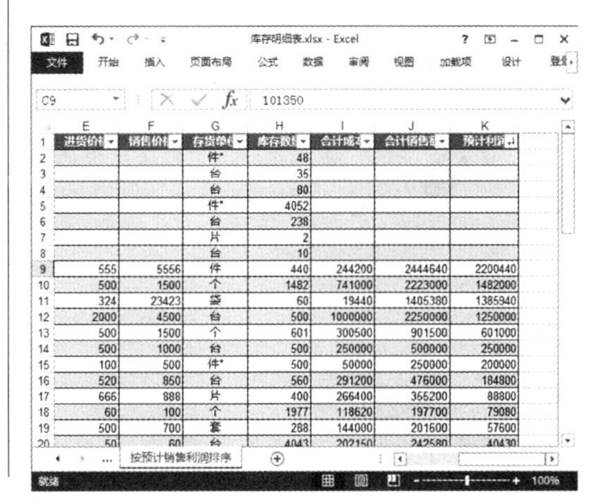

8.1.3 根据多个关键字排序数据

在对表格数据进行排序时，有时进行排序的字段中会存在多个相同的数据，这时就需要让数据相同的数据项按另一个字段中的数据进行排序。例如，本例中将根据库存数量的降序排列，库存数量相同的数据则依据库存成本的降序排列，如果库存数量和成本都相同，则根据存货地点名称的笔画数进行升序排序，具体操作方法如下。

第1步：执行“自定义排序”命令。

❶ 复制“存货库存明细表”工作表，并重命名为“多条件排序数据”；❷ 单击“数据”选项卡“排序和筛选”组中的“排序”按钮，如下图所示。

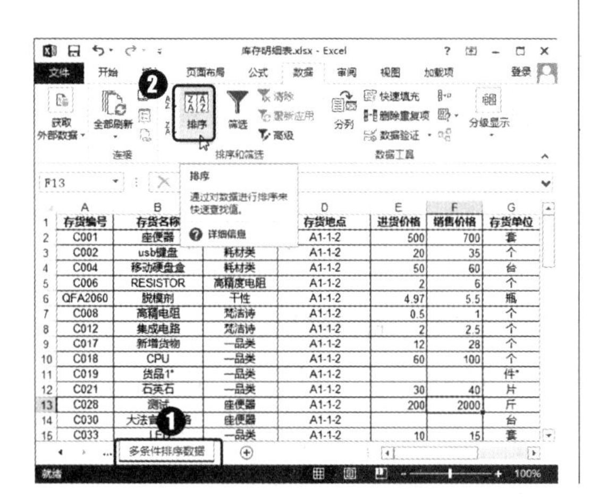

第2步：设置排序条件。

打开“排序”对话框，❶ 在“主要关键字”行中设置列为“库存数量”、排序依据为“数值”、次序为“降序”；❷ 单击“添加条件”按钮；❸ 在“次要关键字”行中设置列为“合计成本”、排序依据为“数值”、次序为“降序”；❹ 再次单击“添加条件”按钮，在新添加的“次要关键字”行中设置列为“存货地点”；❺ 单击“选项”按钮，如下图所示。

设置排序的方向和方法

单击“排序”对话框中的“选项”按钮，在打开的“排序选项”对话框中可以设置排序的方向是行或者列，设置是根据字母排序或者笔画的多少排序。

第3步：设置排序选项。

打开“排序选项”对话框，❶ 在“方法”栏中选中“笔划排序”单选按钮；❷ 单击“确定”按钮；❸ 返回“排序”对话框，在最后一个“次要关键字”行中设置排序依据为“数值”、次序为“升序”；❹ 单击“确定”按钮完成排序选项设置，如右图所示。

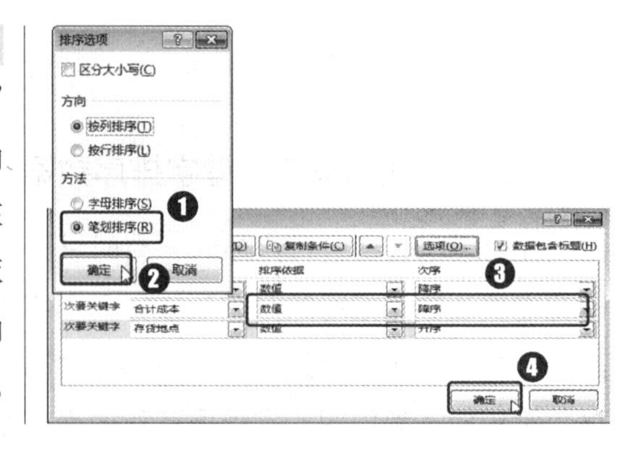

第4步：显示排序结果。

打开“排序提醒”对话框，❶ 选中“将任何类似数字的内容排序”单选按钮；❷ 单击“确定”按钮，即可按设置的多个关键字排序表格数据，如右图所示。

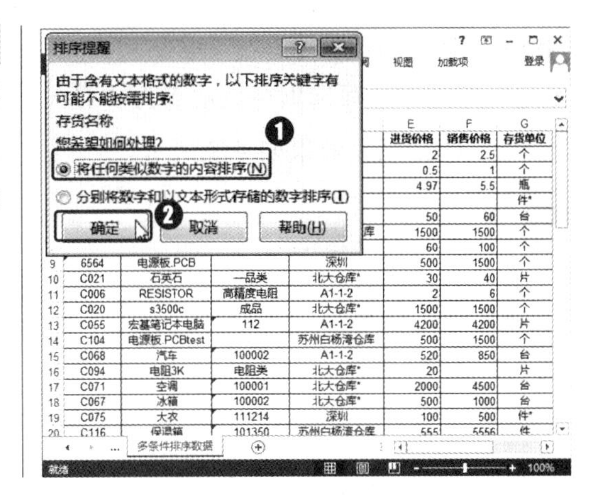

8.1.4 利用自动筛选功能筛选库存表数据

为了方便数据的查看，可以将暂时不需要的数据隐藏，利用筛选功能可以快速隐藏不符合条件的数据，也可以快速复制出符合条件的数据。本例将根据不同的情况筛选库存明细表中的数据，具体操作方法如下。

第1步：执行筛选命令。

❶ 选择“存货库存明细表”工作表；❷ 单击“排序和筛选”组中的“筛选”按钮，如下图所示。

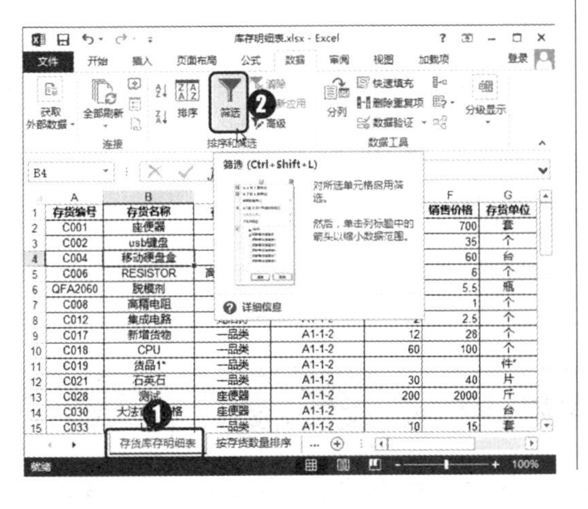

第2步：设置筛选条件。

❶ 单击“存货地点”右侧的下拉按钮；❷ 在弹出的下拉菜单中取消选中“全选”复选框；❸ 选中“北大仓库 *”复选框；❹ 单击“确定”按钮，如下图所示。

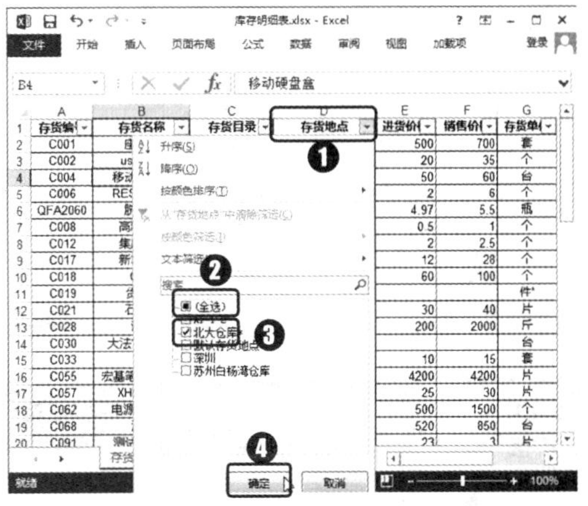

第3步：显示筛选效果。

经过以上操作，筛选出存货地点为“北大仓库 *”的记录，效果如下图所示。

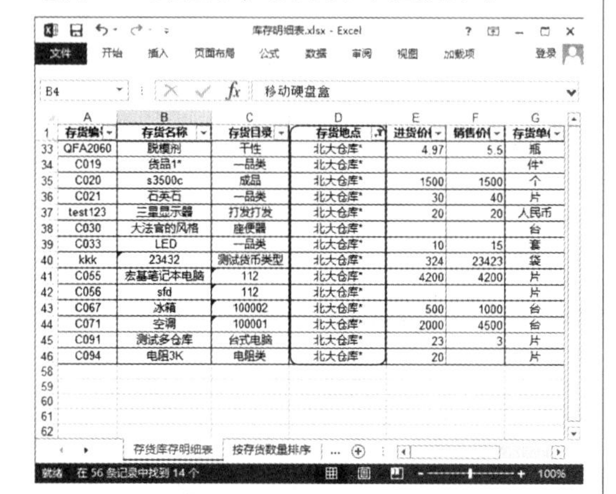

	存货编	存货名称	存货目录	存货地点	进货价	销售价	存货单
33	QFA2060	脱模剂	干性	北大仓库*	4.97	5.5	瓶
34	C019	货品1*	一品类	北大仓库*			件*
35	C020	s3500c	成品	北大仓库*	1500	1500	个
36	C021	石英石	一品类	北大仓库*	30	40	片
37	test123	三星显示器	打发打发	北大仓库*	20	20	人民币
38	C030	大法官的风格	座便器	北大仓库*			台
39	C033	LED	一品类	北大仓库*	10	15	套
40	kkk	23432	测试货币类型	北大仓库*	324	23423	袋
41	C055	宏基笔记本电脑	112	北大仓库*	4200	4200	片
42	C056	sfd	112	北大仓库*			片
43	C067	冰箱	100002	北大仓库*	500	1000	台
44	C071	空调	100001	北大仓库*	2000	4500	台
45	C091	测试多仓库	台式电脑	北大仓库*	23	3	片
46	C094	电阻3K	电阻类	北大仓库*	20		片

第4步：执行“数字筛选”命令。

❶ 复制“按预计销售利润排序”工作表，并重命名为“筛选利润较高的数据”；❷ 单击 K1 单元格右侧的下拉按钮；❸ 在弹出的下拉菜单中选择“数字筛选”命令；❹ 在弹出的下级子菜单中选择“大于”命令，如下图所示。

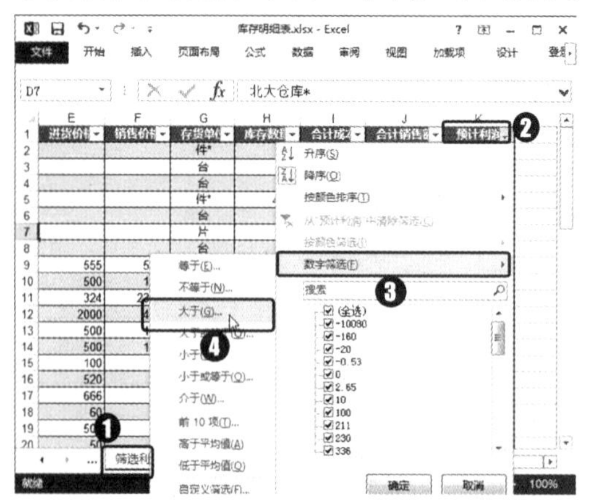

第5步：自定义自动筛选方式。

打开“自定义自动筛选方式”对话框，❶ 设置“显示行”为“预计利润大于 20000”；❷ 单击“确定”按钮，如下图所示。

第6步：显示筛选效果。

经过以上操作，筛选出利润大于 20000 的记录，效果如下图所示。

	进货价	销售价	存货单	库存数	合计成	合计销售	预计利润
9	555	5556	件	440	244200	2444640	2200440
10	500	1500	个	1482	741000	2223000	1482000
11	324	23423	袋	60	19440	1405380	1385940
12	2000	4500	台	500	1000000	2250000	1250000
13	500	1500	个	601	300500	901500	601000
14	500	1000	台	500	250000	500000	250000
15	100	500	件*	500	60000	250000	200000
16	520	850	台	560	291200	476000	184800
17	666	888	片	400	266400	355200	88800
18	60	100	个	1977	118620	197700	79080
19	500	700	套	288	144000	201600	57600
20	50	60	台	4043	202150	242580	40430
21	200	2000	斤	18	3600	36000	32400
22	2	2.5	个	49803	99606	124507.5	24901.5
23	500	1500	个	23	11500	34500	23000

多个字段同时筛选

当设置了一个字段的筛选条件后，可以再设置其他字段的筛选条件，此时表格中显示的数据将同时满足多个字段的筛选条件。

8.1.5　利用高级筛选功能筛选数据

在筛选表格中的数据时，为不影响原数据表中的显示，常常需要将筛选结果放置到指定工作表或其他单元格区域，此时可应用高级筛选功能筛选数据。要使用高级筛选功能，首先需要在表格中任意空白单元格区域内列举筛选条件，然后应用“高级筛选”命令实现筛选功能。本例中进行高级筛选的具体操作方法如下。

第1步：制作条件区域并进行筛选。

❶ 新建一个空白工作表，并命名为“库存过多”，分别在工作表中的 A1、A2 单元格中输入“库存数量”和“>=200”文本；❷ 单击“数据”选项卡“排序和筛选”组中的“高级”按钮，如下图所示。

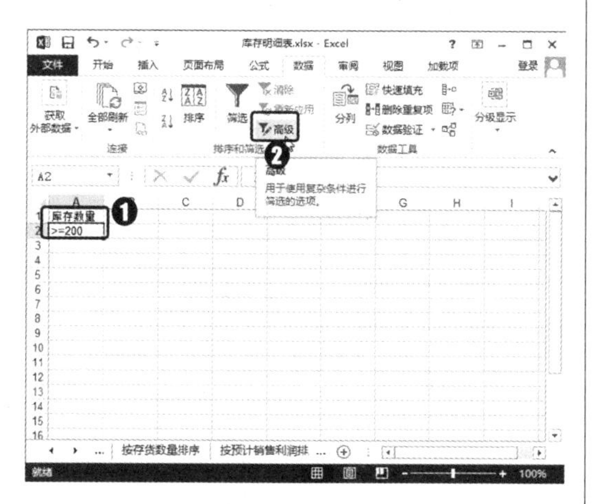

第2步：设置高级筛选列表区域。

打开“高级筛选”对话框，在“列表区域”参数框中引用“按存货数量排序”工作表中所有数据单元格区域（含列标题），如下图所示。

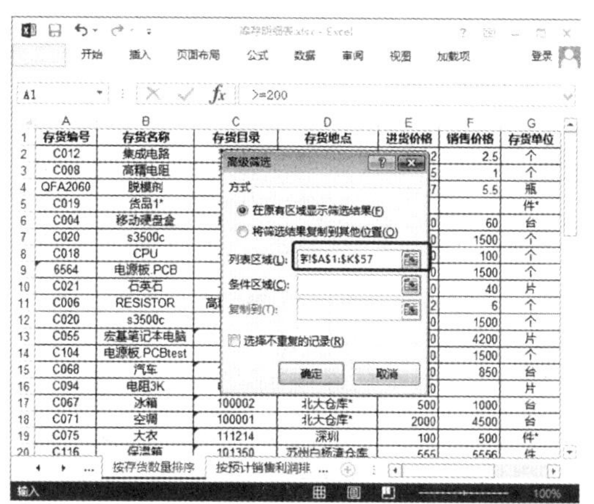

第3步：设置高级筛选条件区域和复制位置。

❶ 在“条件区域”参数框中引用“库存过多”工作表中的 A1:A2 单元格区域；❷ 在“方式”栏中选中“将筛选结果复制到其他位置”单选按钮；❸ 在“复制到”参数框中引用“库存过多”工作表中的 A4 单元格；❹ 单击“确定”按钮，如下图所示。

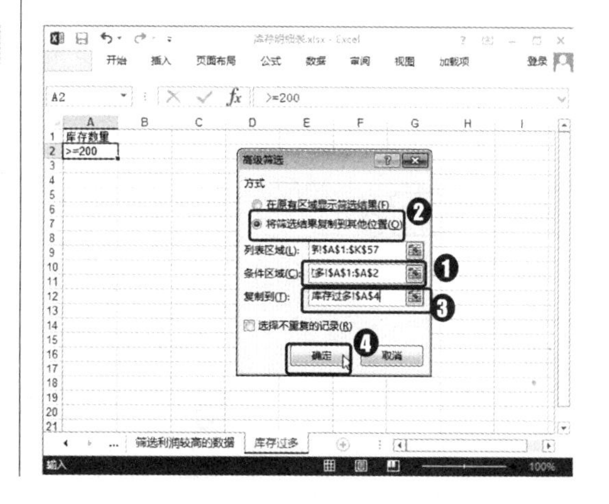

第4步：完成并查看筛选结果。

经过上步操作后，即可在“库存过多”工作表中筛选出库存数量超过 200 的数据，该结果列表的位置从 A4 单元格开始，如下图所示。

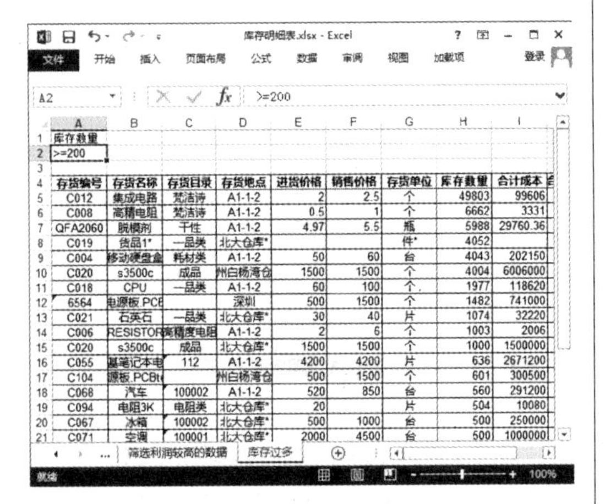

第5步：制作条件区域并进行筛选。

❶ 新建工作表并设置工作表名称为“多条件筛选”；❷ 在 A1:C2 单元格区域中输入如下图中所示的数据内容作为条件区域；❸ 单击“数据”选项卡“排序和筛选”组中的“高级”按钮。

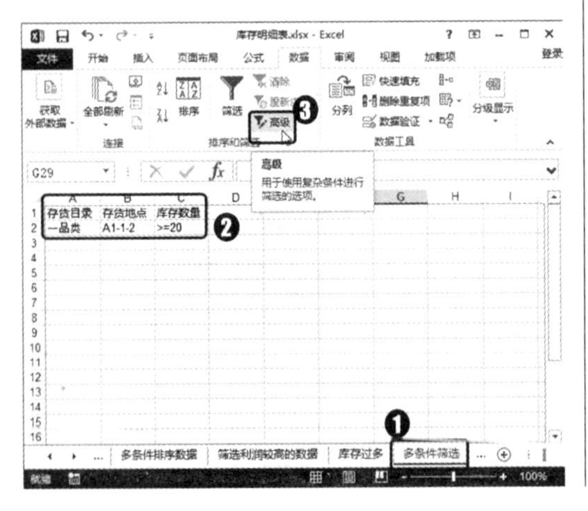

第6步：设置高级筛选参数。

打开“高级筛选”对话框，❶ 选中“将筛选结果复制到其他位置”单选按钮；❷ 在“列表区域”参数框中引用“按存货数量排序”工作表中的 A1:K57 单元格区域；❸ 在“条件区域”参数框中引用“多条件筛选”工作表中的 A1:C2 单元格区域；❹ 在“复制到”参数框中引用“多条件筛选”工作表中的 A4 单元格；❺ 单击“确定”按钮，如下图所示。

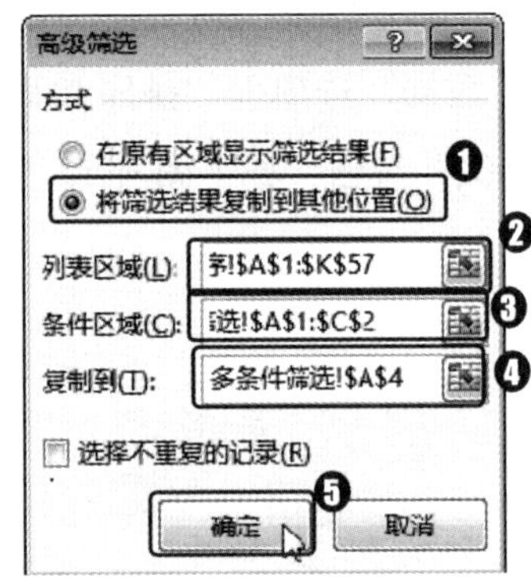

第7步：查看筛选效果。

经过上步操作后，即可看到根据设置的条件筛选后的数据，效果如下图所示。

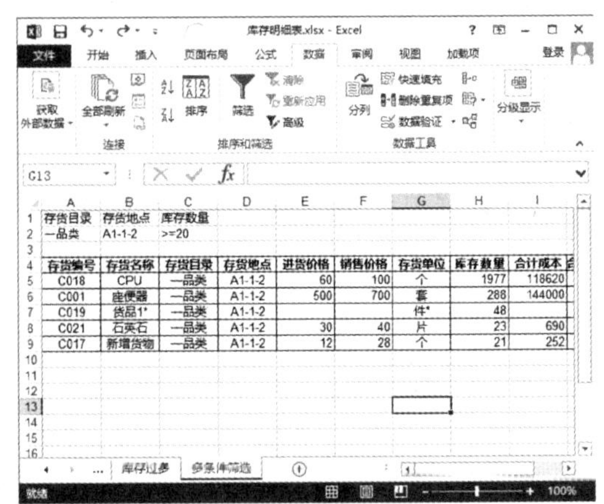

第8步：制作条件区域并进行筛选。

❶ 新建工作表并设置工作表名称为“符合任意条件的筛选”；❷ 在 A1:C4 单元格区域中输入如下图所示的数据内容作为条件区域；❸ 单击“数据”选项卡“排序和筛选”组中的“高级”按钮。

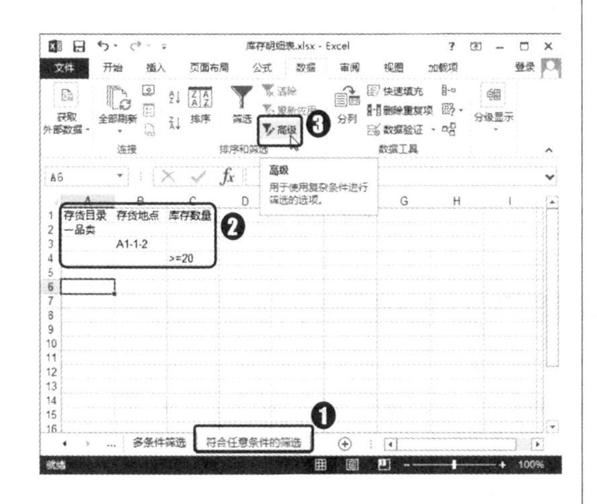

第9步：设置高级筛选参数。

打开“高级筛选”对话框，❶ 选中“将筛选结果复制到其他位置”单选按钮；❷ 在“列表区域”参数框中引用“按存货数量排序”工作表中的 A1:K57 单元格区域；❸ 在“条件区域”参数框中引用“多条件筛选”工作表中的 A1:C4 单元格区域；❹ 在“复制到”参数框中引用“符合任意条件的筛选”工作表中的 A6 单元格；❺ 单击“确定”按钮，如下图所示。

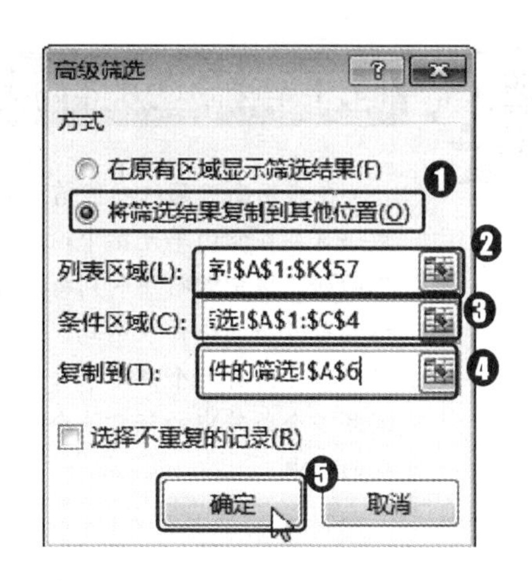

第10步：查看筛选效果。

经过上步操作后，即可看到根据设置的条件筛选后的数据，效果如下图所示。

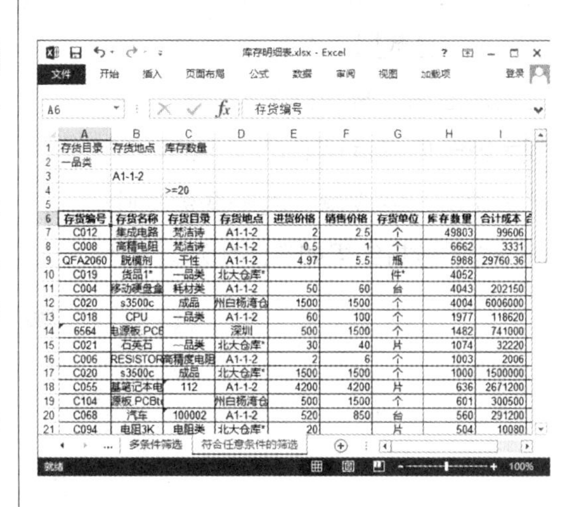

使用高级筛选功能的注意事项

在应用高级筛选功能前必须先制作条件区域，条件由字段名称和条件表达式组成。首先在空白单元格中输入要作为筛选条件的字段名称，该字段名必须与进行筛选的列表区中首行中的列标题名称完全相同，然后在其下方的单元格中输入以比较运算符开头的条件表达式，若要以完全匹配的数值或字符串为筛选条件，则可省略“=”。若有多个筛选条件，即形成与关系，则可将多个筛选条件并排；若只需要满足多个条件中的任意一个条件，即形成或关系，则需要让这些筛选条件显示在不同的行中。

8.2 员工销售业绩筛选

◇ 案例概述

在实际应用中，我们常常需要从大量数据中找出需要的或是便于我们进一步分析和操作的数据，此时可以应用 Excel 中的筛选功能快速找出这些数据。本例将以分析“员工销售业绩”表中的数据为例，带领大家一同来运用 Excel 中的数据筛选功能，完成常见的一些数据筛选操作。分析结果如右图所示。

	A	B	C	D	E	F	G
1	工号	姓名	性别	级别	所属片区	销售额	销售利润
2	1215	徐滕建	男	中级	西南地区	¥312, 822. 48	17. 40%
3	1249	郭丹	男	中级	西南地区	¥128, 588. 93	17. 00%

	A	B	C	D	E	F	G
1	工号	姓名	性别	级别	所属片区	销售额	销售利润
2	1211	赖益南	男	初级	东北地区	¥818, 803. 70	8. 90%
3	1212	万苗	女	中级	西北地区	¥431, 858. 88	32. 50%
4	1213	鲁秋玫	女	初级	西南地区	¥594, 833. 81	13. 00%
5	1214	庞啸剑	男	初级	东北地区	¥696, 931. 06	10. 90%
6	1215	徐滕建	男	中级	西南地区	¥312, 822. 48	17. 40%
7	1216	毛富琦	女	高级	西北地区	¥842, 061. 23	21. 90%
8	1217	杜匀珍	女	中级	东南地区	¥746, 717. 08	26. 00%
9	1218	余秀	女	初级	东北地区	¥687, 710. 99	24. 10%
10	1219	李蝶蕴	女	初级	西南地区	¥121, 320. 59	18. 60%
11	1220	孙寿泉	男	中级	西北地区	¥83, 848. 82	28. 80%
12	1221	钱兴	男	中级	东北地区	¥358, 577. 91	12. 60%
13	1222	高众渊	男	中级	西北地区	¥242, 170. 75	20. 00%
14	1223	龚家晨	男	初级	东南地区	¥340, 066. 48	24. 70%
15	1224	成尚帅	男	高级	西南地区	¥266, 122. 80	17. 50%
16	1225	丁芷	女	高级	东北地区	¥563, 713. 21	17. 60%
17	1226	侯映榕	男	高级	东南地区	¥194, 005. 19	22. 40%
18	1227	罗关民	男	初级	西南地区	¥217, 916. 20	33. 00%
19	1228	戴求文	男	高级	东南地区	¥558, 978. 01	27. 40%

	A	B	C	D	E	F	G
51	级别	销售额	销售利润				
52	高级	>500000					
53	高级		>0. 3				
54							
55	工号	姓名	性别	级别	所属片区	销售额	销售利润
56	1216	毛富琦	女	高级	西北地区	¥842, 061. 23	21. 90%
57	1225	丁芷	女	高级	东北地区	¥563, 713. 21	17. 60%
58	1228	戴求文	男	高级	东南地区	¥558, 978. 01	27. 40%
59	1229	徐应珍	女	高级	东北地区	¥970, 895. 91	8. 60%
60	1230	袁玲琴	女	高级	西北地区	¥106, 322. 46	32. 60%
61	1234	孙琦	女	高级	西南地区	¥858, 727. 93	30. 40%
62	1235	郑富蔓	女	高级	东南地区	¥993, 113. 62	27. 90%
63	1236	成华	男	高级	东北地区	¥882, 704. 77	23. 60%
64	1244	王烈鹏	男	高级	西南地区	¥576, 525. 15	29. 30%
65	1247	戴庆明	男	高级	东南地区	¥589, 548. 70	11. 80%
66	1253	余秋瑾	女	高级	西南地区	¥907, 403. 08	30. 80%

素材文件:素材文件:光盘\素材文件\第8章\案例02\员工销售业绩.xlsx
结果文件:光盘\结果文件\第8章\案例02\业绩筛选.xlsx
教学文件:光盘\教学文件\第8章\案例02.mp4

◇ 制作思路

在 Excel 中分析员工销售业绩数据的流程与思路如下所示。

筛选数据：根据要得到的筛选效果，通过应用自动筛选功能或高级筛选功能设置数据的筛选条件，并对筛选结果进行复制、删除等操作。

应用条件格式标记特殊数据：本例需要使用条件格式标记筛选后的数据。主要涉及各种条件格式的应用和设置方法。

◇ 具体步骤

如果公司是做销售的，产生的数据就会很多，如需要查看不同区域销售员的业绩情况，了解销售额较高和创造利润最高的员工有哪些，他们的情况又是如何的。本例将以分析某公司的员工销售业绩为例，为读者介绍 Excel 中使用筛选功能和条件格式功能进行数据分析的相关操作。

8.2.1 查看西南片区中级销售员业绩

本例中罗列出了多个销售区域的员工业绩，通常需要查看各个区域的销售情况。例如，要查看本例中西南片区中级销售员的业绩，具体操作步骤如下。

第1步：启用自动筛选。

❶ 打开素材文件中提供的“员工销售业绩”工作簿，并以“业绩筛选”为名另存文件；❷ 选择表格数据区域中的任意单元格；❸ 单击“数据”选项卡“排序和筛选”组中的“筛选”按钮，启用自动筛选功能，如下图所示。

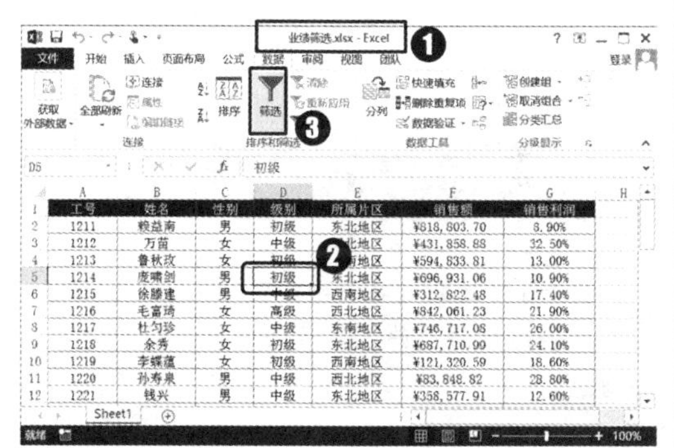

第2步：查看中级销售员数据。

❶ 单击数据表中“级别”单元格右侧的下拉按钮；❷ 在弹出的下拉列表中取消选中“初级”和“高级”复选框；❸ 单击“确定”按钮，如下图所示。

第3步：设置地区筛选条件。

❶ 单击数据表中“所属片区”单元格右侧的下拉按钮；❷ 在弹出的下拉列表中取消选中“东北地区”“东南地区”和“西北地区”复选框；❸ 单击“确定”按钮，如下图所示。

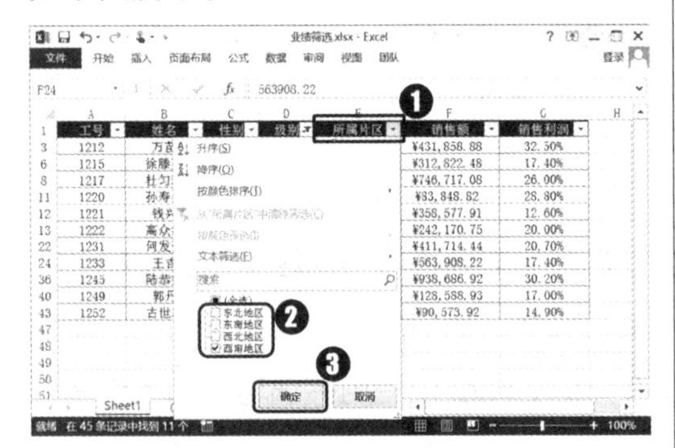

第4步：查看筛选数据效果。

经过上步操作后，表格数据减少到 2 条，即满足筛选条件的两条数据，效果如下图所示。

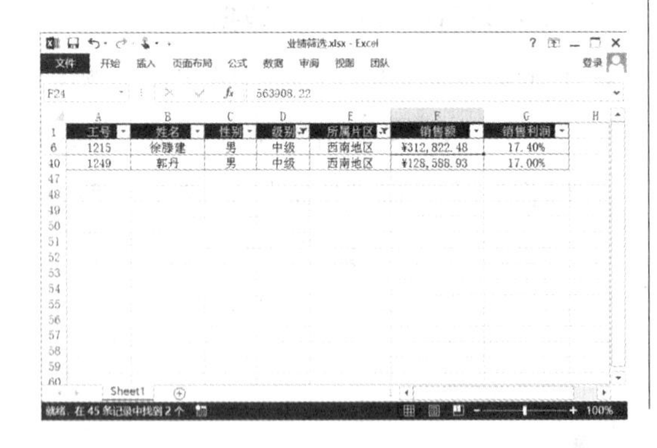

第5步：复制筛选结果。

❶ 新建工作表并重命名为“西南片区中级销售员业绩”；❷ 选择“Sheet1”工作表中的 A1 单元格到 G40 单元格，然后按【Ctrl+C】组合键复制，如下图所示。

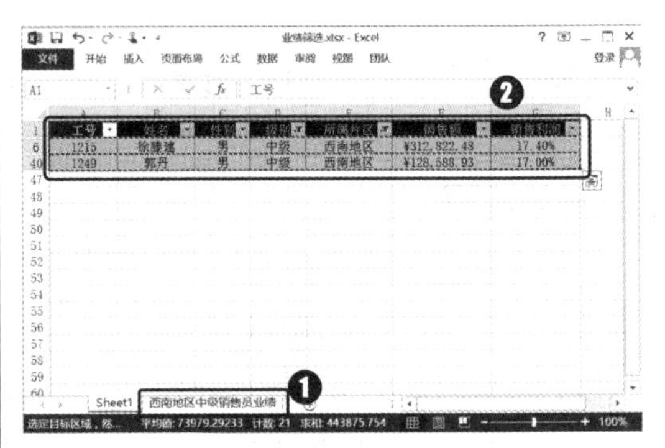

第6步：粘贴筛选结果。

❶ 选择“西南片区中级销售员业绩”工作表；❷ 选择 A1 单元格后按【Ctrl+V】组合键粘贴数据，如下图所示。

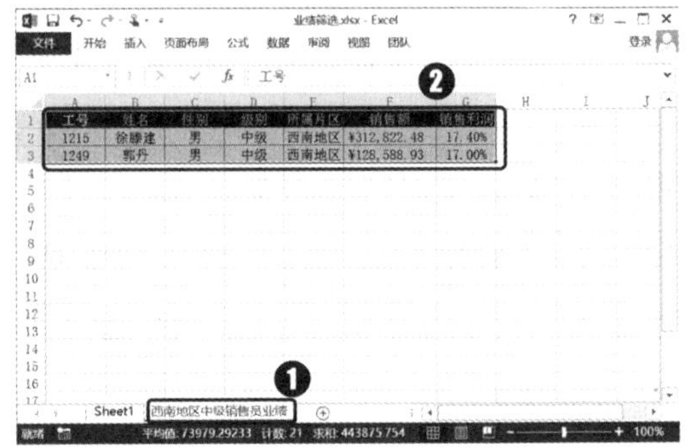

自动筛选数据

启用自动筛选功能后，在表格数据区域中列标题单元格中会出现筛选下拉按钮，单击该按钮后可以选择该列数据的筛选条件，达到快速筛选的目的。在表格数据区域中套用表格格式后也会自动启用自动筛选功能。

8.2.2 查看超过规定销售额且利润排在前 7 的数据

在应用自动筛选筛选数据后，不满足条件的数据并未删除，只是隐藏起来了，所以不必担心应用自动筛选后数据丢失掉。当我们重新设置筛选条件或是取消自动筛选后，隐藏数据就会重新显示出来。本例就将清除之前的筛选效果，重新筛选超过规定销售额且利润排在前 7 的数据，具体的实现方法如下。

第1步：清除筛选结果。

❶ 选择“Sheet1”工作表中的任意数据单元格；❷ 单击“数据”选项卡“排序与筛选”组中的“清除”按钮，清除筛选结果，如下图所示。

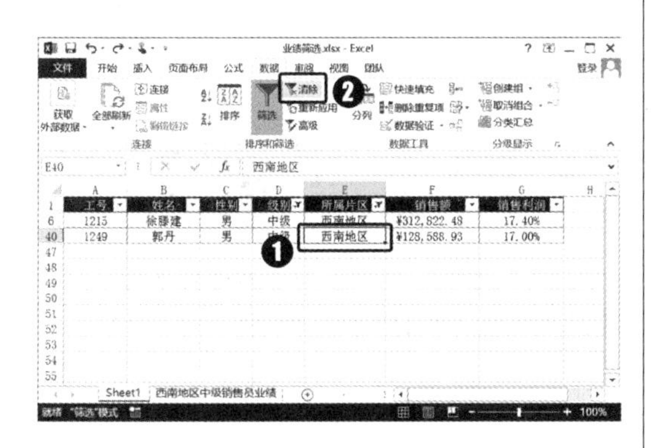

第2步：设置销售额筛选条件。

❶ 单击数据表中“销售额”单元格右侧的下拉按钮；❷ 在弹出的下拉菜单中选择“数字筛选”命令；❸ 在弹出的下级子菜单中选择“大于或等于”命令，如下图所示。

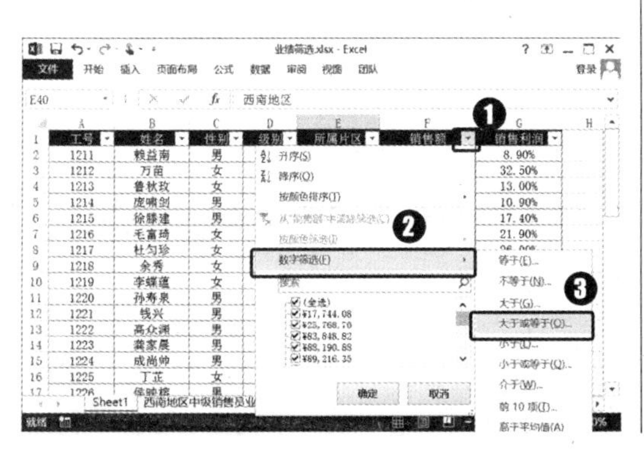

第3步：自定义筛选条件。

打开“自定义自动筛选方式”对话框，❶ 选择“大于等于”选项，并在右侧下拉列表框中输入数值“500000”；❷ 单击“确定”按钮，如下图所示。

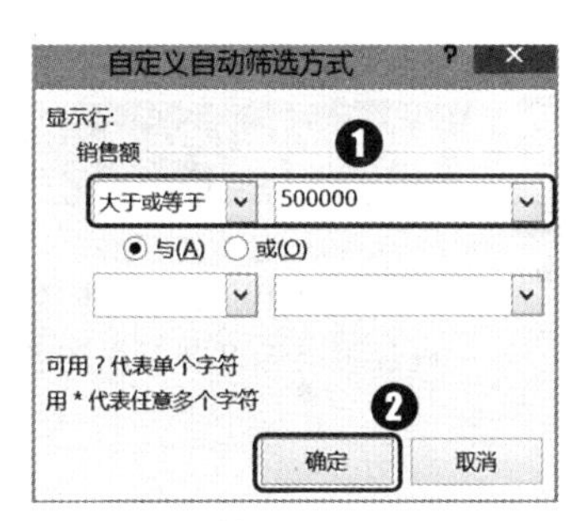

第4步：设置销售利润筛选条件。

❶ 单击数据表中“销售利润”单元格右侧的下拉按钮；❷ 在弹出的下拉菜单中选择“数字筛选”命令；❸ 在弹出的下级子菜单中选择“前 10 项”命令，如下图所示。

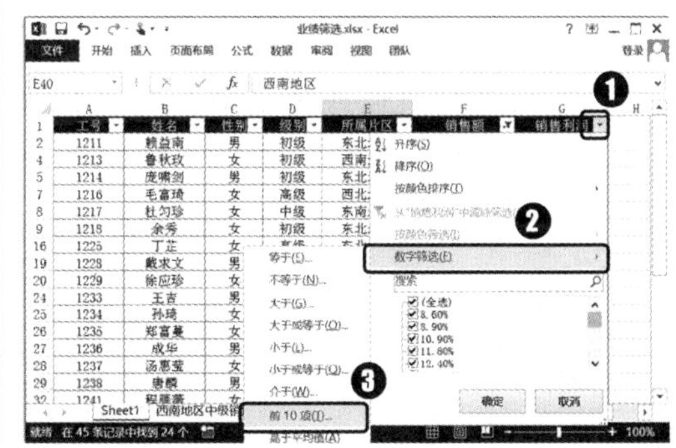

第5步：筛选前10个。

打开“自动筛选前 10 个”对话框，❶ 设置显示最大 7 项；❷ 单击“确定”按钮，如下图所示。

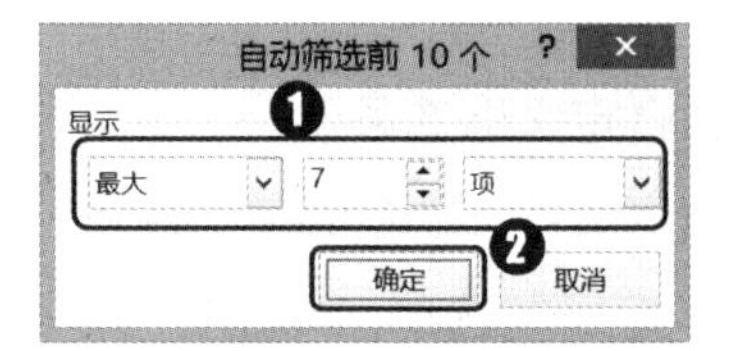

第6步：查看设置条件格式规则的效果。

经过上步操作，此时工作表中的数据就在上一次筛选结果基础上再筛选出销售利润排在前 7 的数据，最终显示数据为 3 条数据，效果如下图所示。

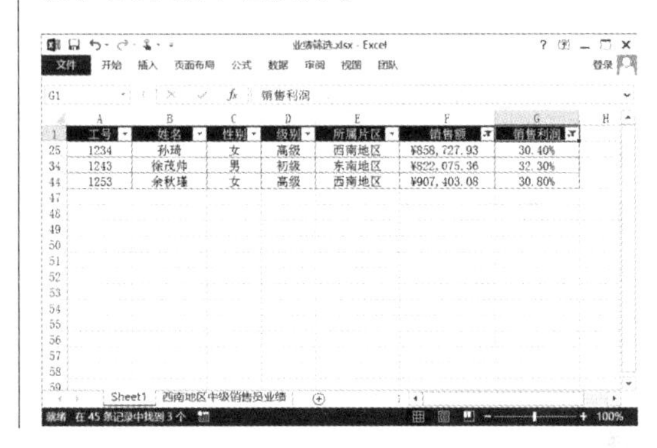

知识拓展　数字筛选

“前 10 项”并非只能是 10 项，在选择“前 10 项”命令后打开的对话框中可以设置显示具体的数据条件，并且可设置显示最大的还是最小的数据。

8.2.3　标记超过规定销售额且利润在 30% 以上的数据

在表格中不仅可以直接使用条件格式为符合条件的单元格设置格式，还可以对完成数据筛选或分类的结果数据使用条件格式。例如，本例要对超过规定销售额且利润在 30% 以上的数据设置不同色阶，并为相同的数据叠加使用条件格式，具体操作方法如下。

第1步：取消自动筛选。

为了查看完整数据或重新对数据进行筛选，可以取消自动筛选，单击“数据”选项卡“排序和筛选”组中的“筛选”按钮，如右图所示。

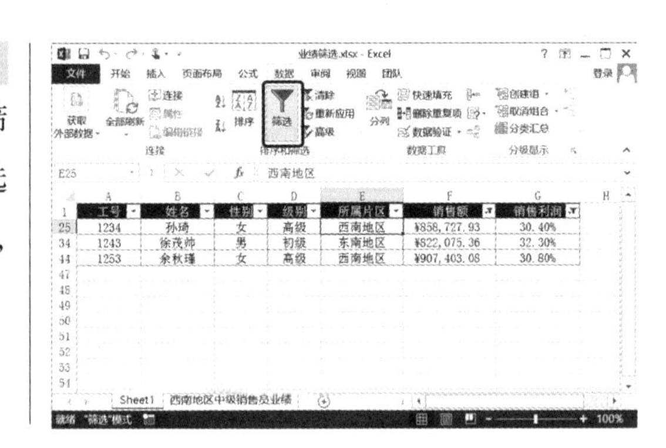

第2步：制作高级筛选条件区域。

现在我们需要查看高级销售员中销售额超过 500000 以及销售利润在 30% 以上的数据，利用自动筛选则无法一次性得到该结果，此时需要运用高级筛选。在 A51:C53 单元格区域中制作高级筛选条件，如下图所示。

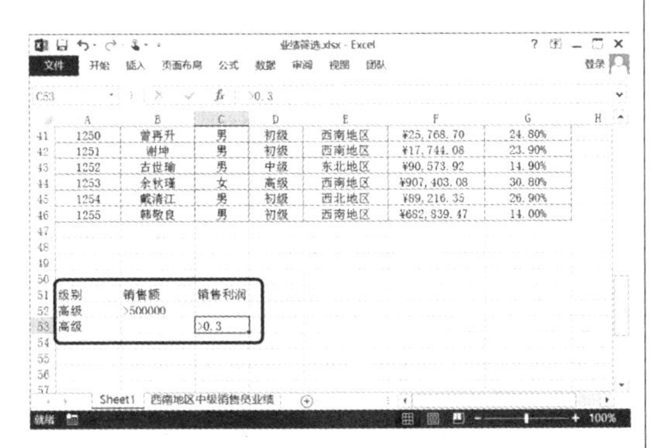

第3步：执行高级筛选命令。

❶ 选择数据表格中的任意单元格；❷ 单击“数据”选项卡“排序和筛选”组中的“高级”按钮，如下图所示。

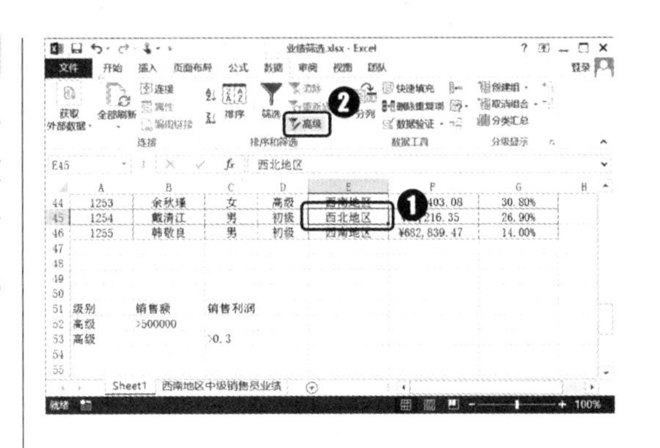

第4步：设置高级筛选参数。

打开“高级筛选”对话框，❶ 选中“将筛选结果复制到其他位置”单选按钮；❷ 在“条件区域”参数框中设置上一步制作的条件区域 A51:C53 单元格区域，在“复制到”中选择 A55 单元格；❸ 单击“确定”按钮，如下图所示。

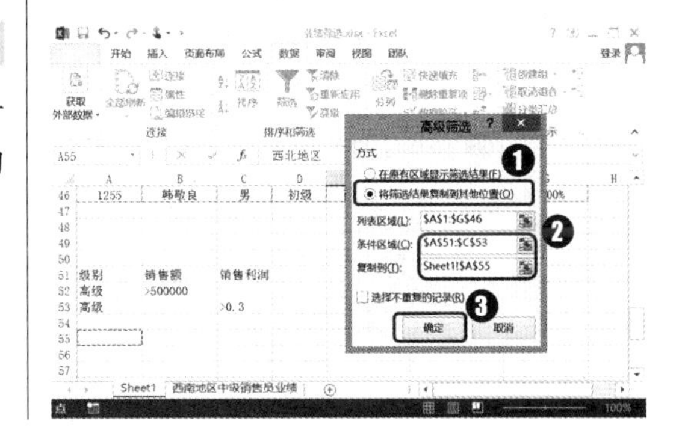

清除条件格式

如果不需要用条件格式显示数据值，用户还可以清除格式。只需单击“开始”选项卡“样式”组中的“条件格式”按钮，在弹出的下拉菜单中选择“清除规则”命令，然后在弹出的下级菜单中选择“清除所选单元格的规则”或“清除整个工作表的规则”命令，即可清除规则效果。

第5步：应用色阶标注销售额。

❶ 选择筛选结果中的“销售额”数据区域，即 F56:F66 单元格区域；❷ 单击“开始”选项卡“样式”组中的“条件格式”下拉按钮；❸ 在弹出的下拉菜单中选择“色阶”命令；❹ 在弹出的下级子菜单中选择“绿 – 黄 – 红色阶”命令，如下图所示。

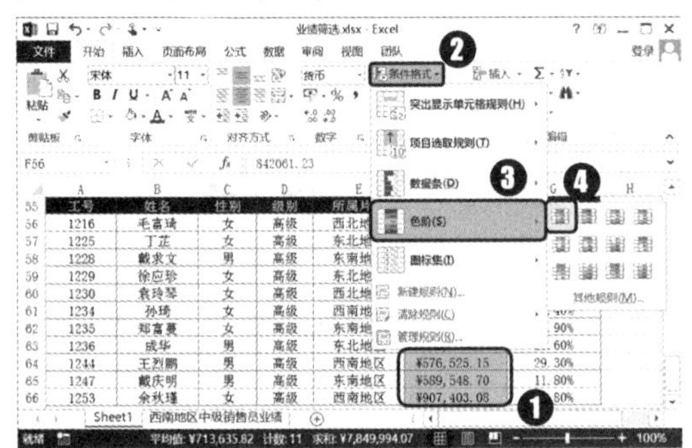

第6步：应用前10项条件格式。

❶ 选择筛选结果中的“销售利润”数据区域，即 G56:G66 单元格区域；❷ 单击“开始”选项卡“样式”组中的“条件格式”下拉按钮；❸ 在弹出的下拉菜单中选择“项目选取规则”命令；❹ 在弹出的下级子菜单中选择“前 10 项”命令，如下图所示。

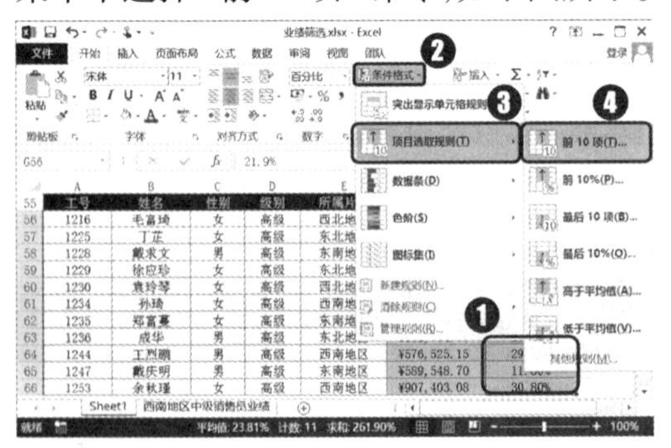

第7步：设置前10项条件格式。

打开“前 10 项”对话框，❶ 设置显示个数为 3，并设置显示格式为“黄填充色深黄色文本”；❷ 单击“确定”按钮，如下图所示。

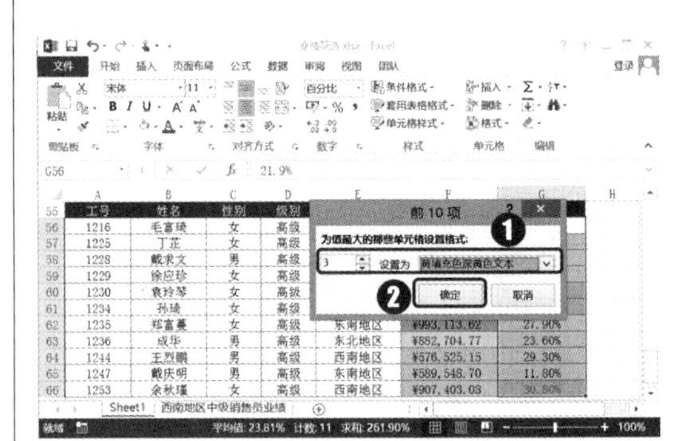

第8步：同时应用图标集条件格式。

❶ 再次单击“条件格式”下拉按钮；❷ 在弹出的下拉菜单中选择“图标集”命令；❸ 在弹出的下级子菜单中选择“三色旗”命令，如下图所示。

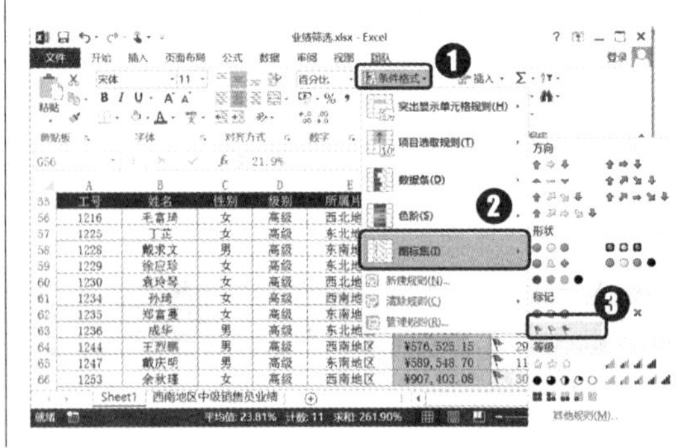

8.3 销售统计分析

◇ 案例概述

对于企业来讲，要评判销售带来的利益，需要制作销售情况统计分析表，从不同的角度汇总计算销售过程中产生的各种数据。本例将对一份记录有每月销售数据的工作表进行分析，分析结果如下图所示。

	A	B	C	D	E	F	G	H
1	区域	负责人姓名	职务	第一季度成交量	第二季度成交量	第三季度成交量	第四季度成交量	累计成交量
8	白羽 汇总			209	189	138	193	729
16	宏雀 汇总			248	188	260	197	893
22	佳慧 汇总			174	174	136	146	630
23	零渡	蒋军军	经理	24	32	50	28	134
24	零渡	刘春梅	业务员	29	27	35	32	123
25	零渡	韦勇	业务员	37	37	52	28	154
26	零渡	刘影	业务员	25	25	54	38	142
27	零渡	张国	业务员	29	24	21	21	95
28	零渡 汇总			144	145	212	147	648
34	南都 汇总			134	157	152	138	581
35	申胜	蒋程	业务员	46	34	54	20	154
36	申胜	李英珠	业务员	24	19	51	27	121
37	申胜	杨小凡	经理	32	43	21	38	134
38	申胜	王小宇	业务员	32	33	42	33	140
39	申胜	陈志国	业务员	36	30	54	30	150
40	申胜 汇总			170	159	222	148	699
47	西林 汇总			197	175	184	199	755
56	中超 汇总			250	257	273	218	998
57	总计			1526	1444	1577	1386	5933
58								

第一季度人均成交量　各季度成交总量　按区域分类　按职务分类　按区域和职务分类

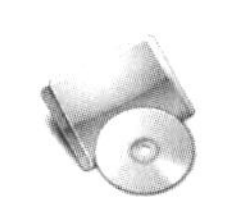

素材文件:光盘\素材文件\第8章\案例03\年销售数据统计.xlsx

结果文件:光盘\结果文件\第8章\案例03\年销售数据统计.xlsx、年销售数据统计分析.xlsx

教学文件:光盘\教学文件\第8章\案例03.mp4

◇ 制作思路

在 Excel 中分析“销售情况分析表”中数据的流程与思路如下所示。

合并计算表格中的数据：由于素材文件中提供的原始数据是将多个月的销售数据统计到一张表格中的，首先需要使用合并计算功能将各月销售总额统计出来。

合并汇总：分析数据时，可以合并计算出同类的数据。

分类汇总数据：合并汇总的数据结果还可以再次分类汇总，从而得到某个分类的统计数据。

◇ 具体步骤

销售过程中会产生大量的数据，通过记录这些数据并加以分析便可了解到销售的各种情况，也可以发现很多销售趋势。本例将应用 Excel 中的合并计算和分类汇总功能，分析销售情况汇总表中的数据，并使用筛选功能按月份、部门等条件进行筛选等操作。

8.3.1　应用合并计算功能汇总销售额

要按某一个分类汇总计算数据结果，可以应用 Excel 中的合并计算功能，它可以汇总运算一个或多个工作表中具有相同标签的数据。

第1步：编辑表格数据。

本例需要使用合并计算功能得到每季度成交量的具体数据。打开素材文件中提供的“年销售数据统计”工作簿，❶ 复制工作簿中任意月份工作表，重命名为“年度销售统计报表”；❷ 删除表格中的部分数据，并修改表头内容如下图所示。

第2步：单击“合并计算”按钮。

❶ 选择 D2:D48 单元格区域；❷ 单击“数据”选项卡“数据工具”组中的“合并计算”按钮，如下图所示。

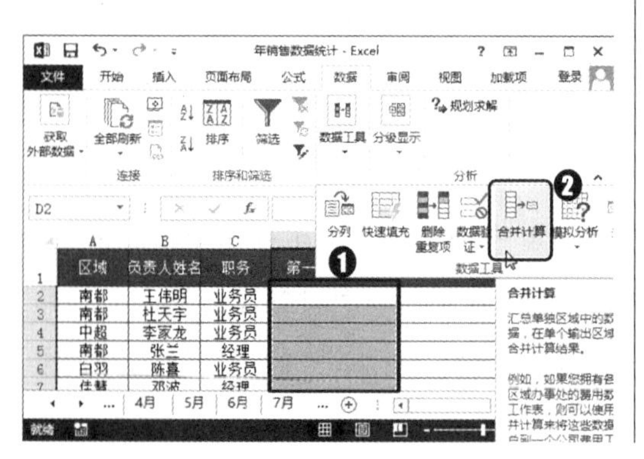

第3步：单击“折叠”按钮。

打开“合并计算”对话框，❶ 在“函数”下拉列表框中选择“求和”选项；❷ 单击“引用位置”参数框后的“折叠”按钮，如下图所示。

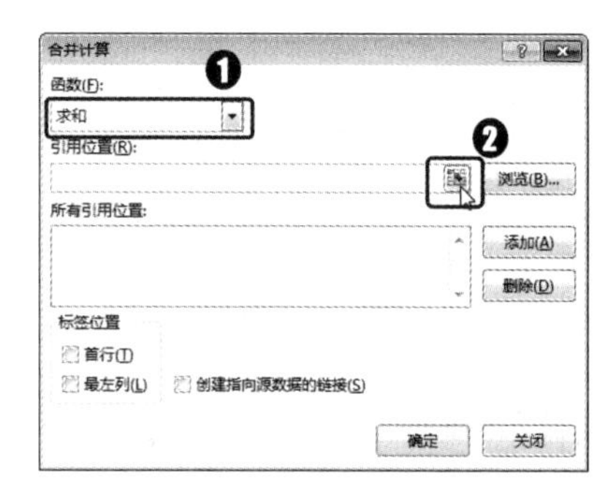

第4步：引用工作表数据。

❶ 切换到“1 月”工作表；❷ 选择 D2:D48 单元格区域，即引用 1 月的成交量数据；❸ 单击折叠对话框中的“展开”按钮，如下图所示。

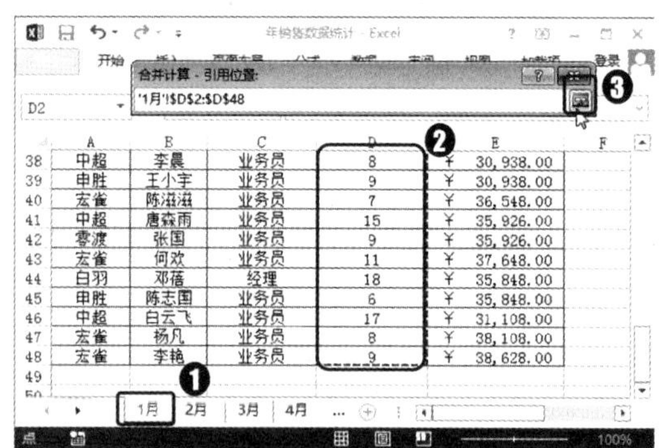

合并计算

应用合并计算可以快速合并同类别的数据，且合并的数据可以在不同的工作表中，只要数据具有相同标签即可。在合并运算时，表明数据类别的数据称为“标签”，它可以存在于合并的数据的最左列，也可存在于数据的第一行，例如，本例中的“职务”就是作为合并的标签，对所有相同标签的数据进行了求和的计算。在对数据合并计算时，除使用“求和”方式外，在“合并计算”对话框中的“函数”下拉列表框中还可以选择其他计算方式合并数据，如“平均值”“最大值”和“乘积”等。

第5步：添加引用位置。

返回“合并计算”对话框中，单击“添加”按钮添加到“所有引用位置”列表框中，如下图所示。

第6步：完成合并计算。

❶ 使用相同的方法继续引用“2 月”和“3 月”工作表中的 D2:D48 单元格区域，即引用 2 月和 3 月的成交量数据，并单击“添加”按钮添加到“所有引用位置”列表框中；❷ 单击“确定”按钮，如下图所示。

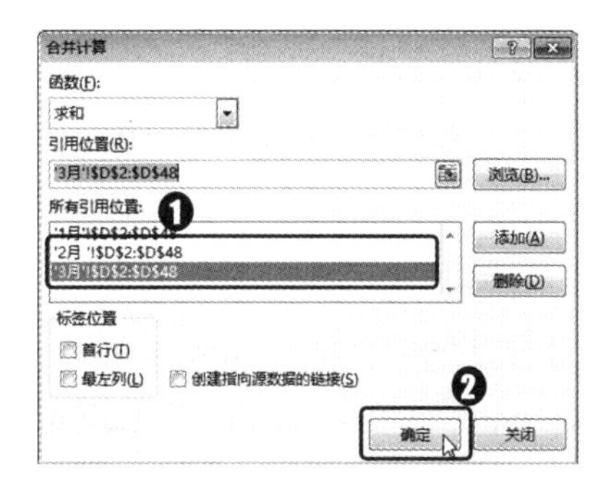

第7步：单击“合并计算”按钮。

经过上步操作，即可在“年度销售统计报表”工作表中的 D 列计算出每人第一季度的成交量。❶ 选择 E2:E48 单元格区域；❷ 单击“数据”选项卡“数据工具”组中的“合并计算”按钮，如下图所示。

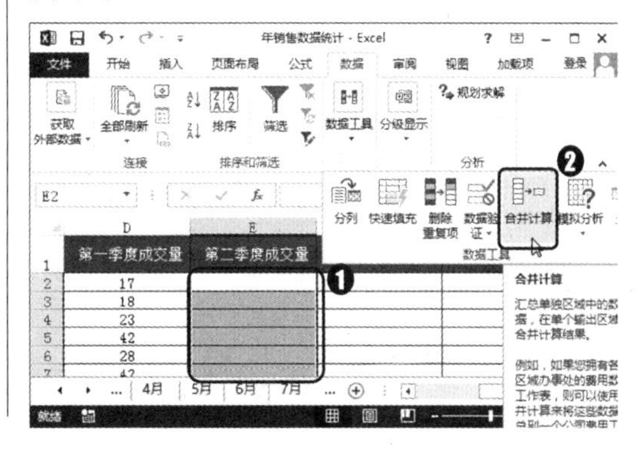

第8步：删除合并计算的引用位置。

打开“合并计算”对话框，❶ 依次选择“所有引用位置”列表框中已经添加的引用位置选项；❷ 单击“删除”按钮，将其清空，如下图所示。

第9步：添加引用位置。

❶ 使用前面介绍的方法，重新引用“4 月”“5 月”和“6 月”工作表中的 D2:D48 单元格区域，即引用 4 月、5 月和 6 月的成交量数据，并单击“添加”按钮添加到“所有引用位置”列表框中；❷ 单击“确定”按钮，如下图所示。

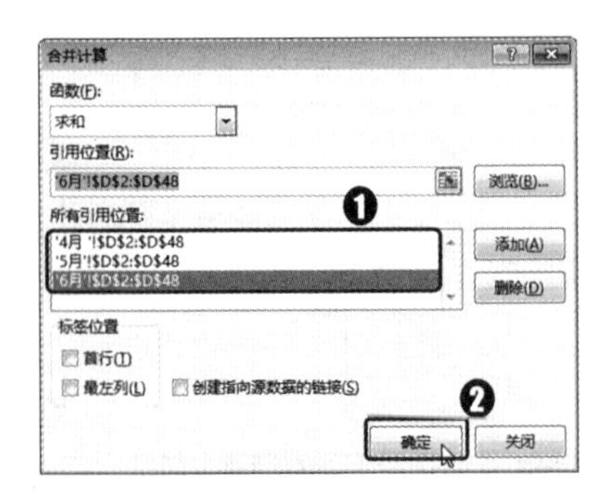

第10步：单击“合并计算”按钮。

经过上步操作，即可在“年度销售统计报表”工作表中的 E 列计算出每人第二季度的成交量。❶ 选择 F2:F48 单元格区域；❷ 单击“数据”选项卡“数据工具”组中的“合并计算”按钮，如下图所示。

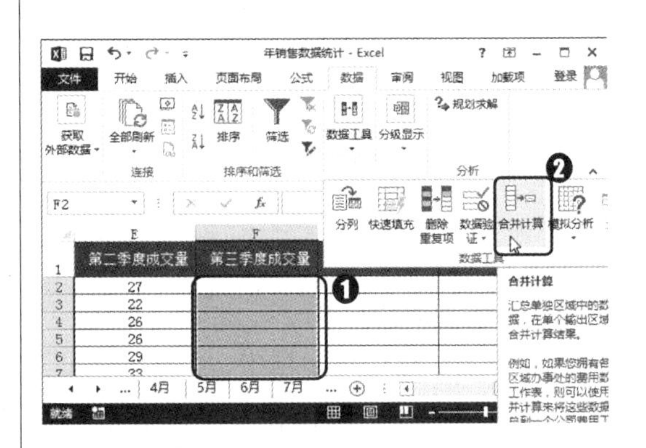

第11步：添加引用位置。

打开“合并计算”对话框，❶ 使用前面介绍的方法单击“删除”按钮，清空“所有引用位置”列表框中已经添加的所有引用位置；❷ 重新引用“7 月”“8 月”和“9 月”工作表中的 D2:D48 单元格区域，即引用 7 月、8 月和 9 月的成交量数据，并单击“添加”按钮添加到“所有引用位置”列表框中；❸ 单击“确定”按钮，如下图所示。

第12步：单击“合并计算”按钮。

经过上步操作，即可在“年度销售统计报表”工作表中的 F 列计算出每人第三季度的成交量。❶ 选择 G2:G48 单元格区域；❷ 单击“数据”选项卡“数据工具”组中的“合并计算”按钮 ，如下图所示。

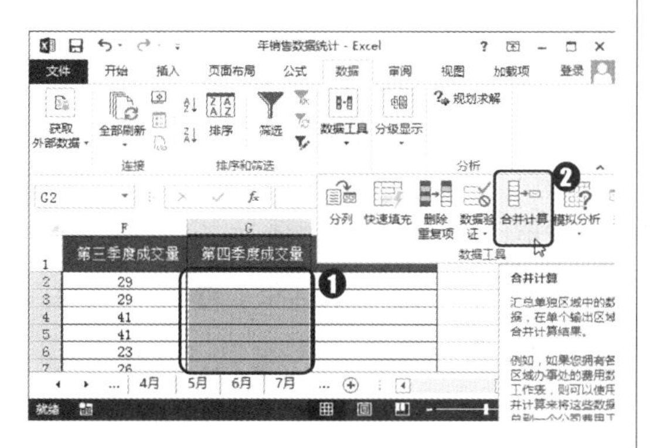

第13步：添加引用位置。

打开“合并计算”对话框，❶ 使用前面介绍的方法，单击“删除”按钮，清空“所有引用位置”列表框中已经添加的所有引用位置；❷ 重新引用“10 月”“11 月”和“12 月”工作表中的 D2:D48 单元格区域，即引用 10 月、11 月和 12 月的成交量数据，并单击“添加”按钮添加到“所有引用位置”列表框中；❸ 单击“确定”按钮，如下图所示。

第14步：单击“自动求和”按钮。

经过上步操作，即可在“年度销售统计报表”工作表中的 G 列计算出每人第四季度的成交量。❶ 选择 H2 单元格；❷ 单击“公式”选项卡“函数库”组中的“自动求和”按钮，如下图所示。

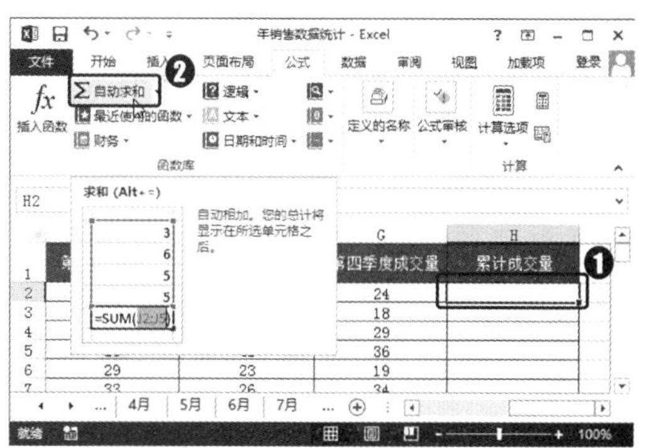

第15步：复制公式。

经过上步操作，即可在 H2 单元格中计算出第一人当年的累计成交量。选择 H2 单元格，向下拖动填充控制柄至 H48 单元格，计算出所有人当年的累计成交量，如下图所示。

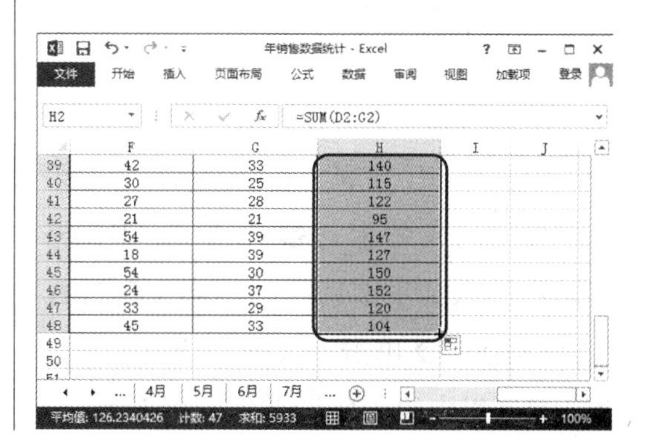

第16步：复制工作表。

本例需要从不同角度分析销售数据，最好新建工作簿专门用于分析。❶ 在“年度销售统计报表”工作表标签上单击鼠标右键；❷ 在弹出的快捷菜单中选择“移动或复制”命令；❸ 打开“移动或复制工作表”对话框，在“将选定工作表移至工作簿”下拉列表框中选择“新工作簿”选项；❹ 选中“建立副本”复选框；❺ 单击“确定”按钮，如下图所示。

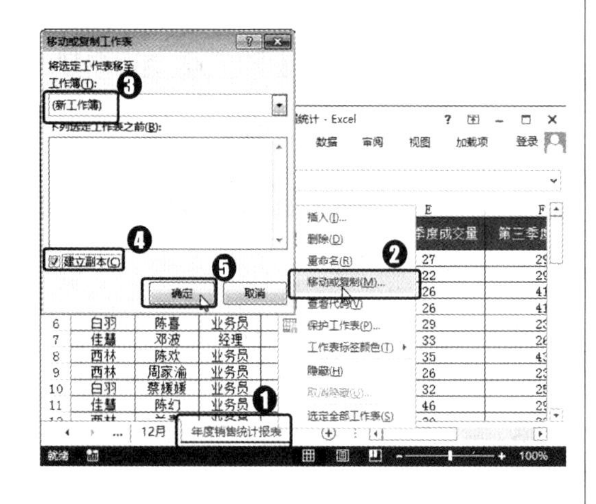

第17步：新建工作表。

❶ 经过上步操作，即可新建一个包含“年度销售统计报表”工作表的工作簿，以“年销售数据统计分析”为名保存工作簿；❷ 本例需要根据职务的不同计算出第一季度的人均成交量，并将结果列举到新工作表中。新建工作表，并设置名称为“第一季度人均成交量”；❸ 在 A1:B1 单元格区域中输入如下图所示的内容；❹ 选择 A2 单元格；❺ 单击“数据”选项卡“数据工具”组中的“合并计算”按钮。

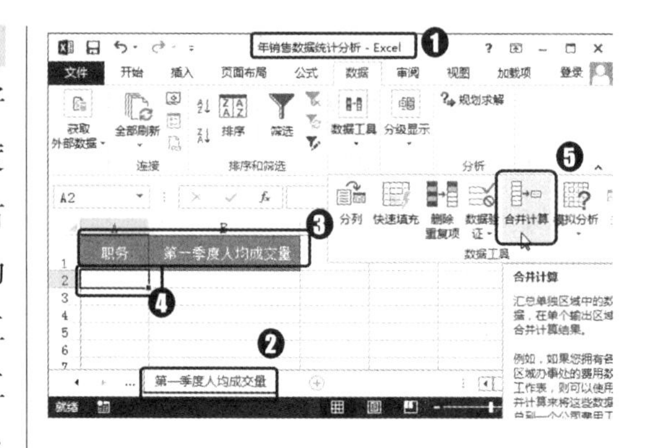

第18步：设置合并计算参数。

打开“合并计算”对话框，❶ 在“函数”下拉列表框中选择“平均值”选项；❷ 在“引用位置”参数框中引用“年度销售统计报表”工作表中“职务”和“第一季度成交量”列中的数据，即 C2:D48 单元格区域；❸ 单击“添加”按钮添加到“所有引用位置”列表框中；❹ 在“标签位置”栏中选中“最左列”复选框；❺ 单击“确定”按钮，如下图所示。

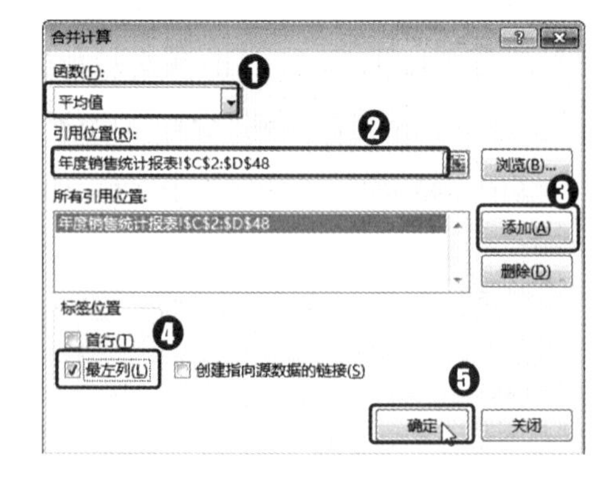

第19步：显示合并计算结果。

经过上步操作，即可在“第一季度人均成交量”工作表中计算出不同职务人员第一季度的人均成交量，如下图所示。

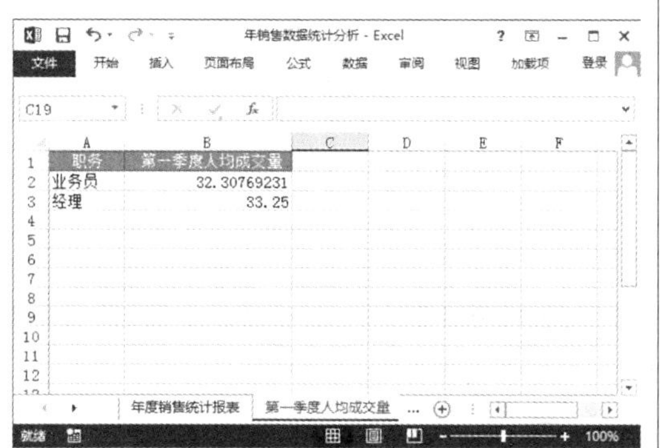

第20步：新建工作表进行合并计算。

本例需要计算出各区域在各季度的成交总量，并将结果列举到新工作表中，同时链接“年度销售统计报表”工作表中的数据，使数据能够同步。❶新建工作表，并重命名为“各季度成交总量”；❷选择A1单元格；❸单击“数据”选项卡“数据工具”组中的“合并计算”按钮，如下图所示。

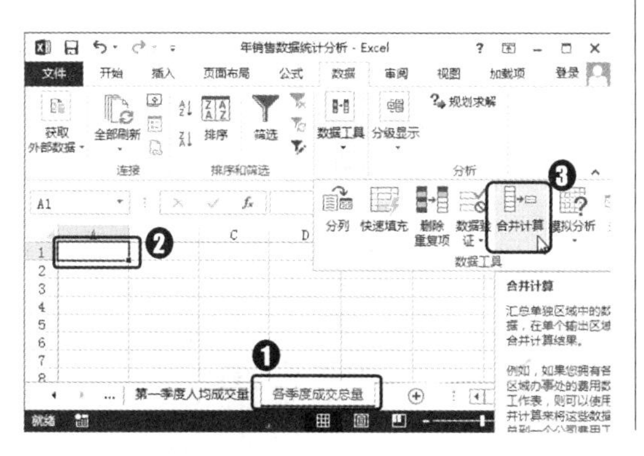

第21步：设置合并计算参数。

打开“合并计算”对话框，❶在“函数”下拉列表框中选择“求和”选项；❷在“引用位置”参数框中引用“年度销售统计报表”工作表中的A2:G48单元格区域；❸单击“添加”按钮；❹在“标签位置”栏中选中“最左列”和“创建指向源数据的链接”复选框；❺单击“确定”按钮，如下图所示。

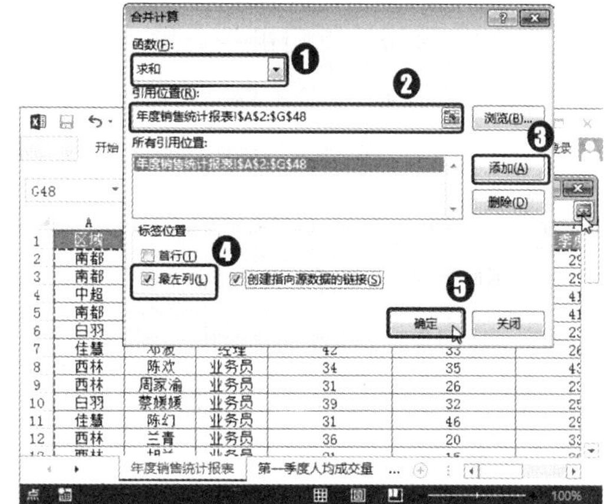

第22步：合并计算并查看合并结果。

经过上步操作，即可在“各季度成交总量”工作表中计算出各区域各季度的成交总量。在顶部插入一行单元格，添加列标题内容，如下图所示。

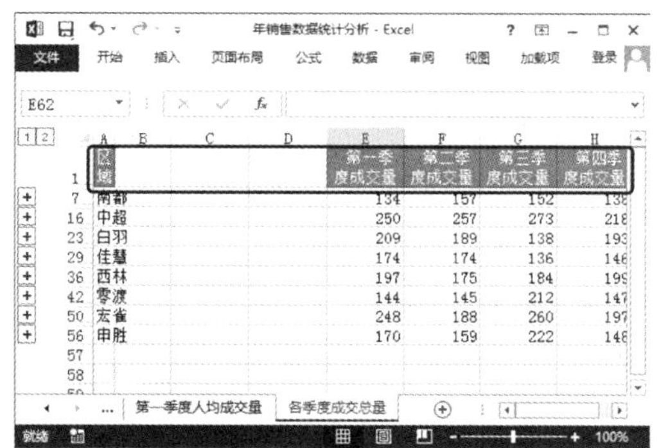

8.3.2 应用分类汇总功能汇总数据

应用合并计算可以快速汇总计算某一类数据，合并之后重在体现其计算结果，无法清晰地显示出明细数据。为汇总不同类别的数据，同时要能更清晰地查看汇总后的明细数据，可以使用分类汇总功能。在使用分类汇总前，需要排序分类汇总后的明细数据，使类别相同的数据位置排列在一起，从而实现分类的功能，然后再使用分类汇总命令按相应的分类进行数据汇总。

第1步：制作汇总表并按区域排列数据。

本例中为清晰地查看各区域的成交量情况，可按“区域”字段进行分类，并汇总各季度和累计成交量。❶ 复制“年度销售统计报表”工作表，并重命名为“按区域分类”；❷ 选择“区域”列中的任意单元格；❸ 单击“数据”选项卡“排序和筛选”组中的“升序”按钮，按“区域”列中数据的升序进行排序，如下图所示。

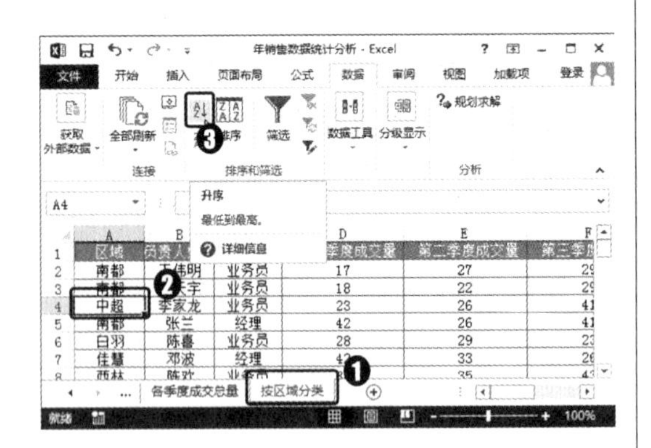

第2步：单击“分类汇总”按钮。

单击“数据”选项卡“分级显示”组中的“分类汇总”按钮，如下图所示。

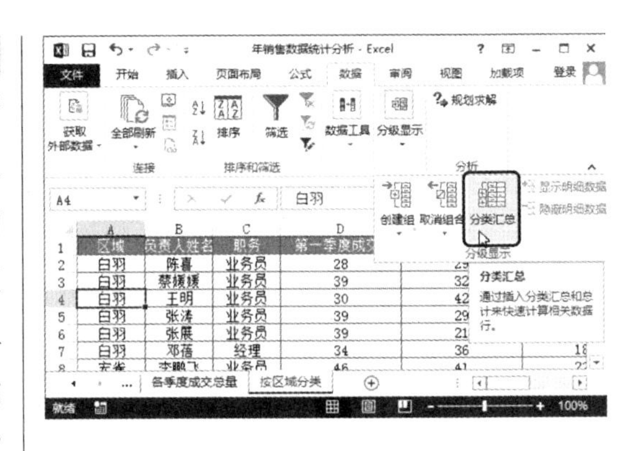

第3步：设置分类汇总的参数。

打开“分类汇总”对话框，❶ 在“分类字段”下拉列表框中选择“区域”选项；❷ 在“汇总方式”下拉列表框中选择“求和”选项；❸ 在“选定汇总项”列表框中选中如下图所示的复选框；❹ 单击“确定”按钮。

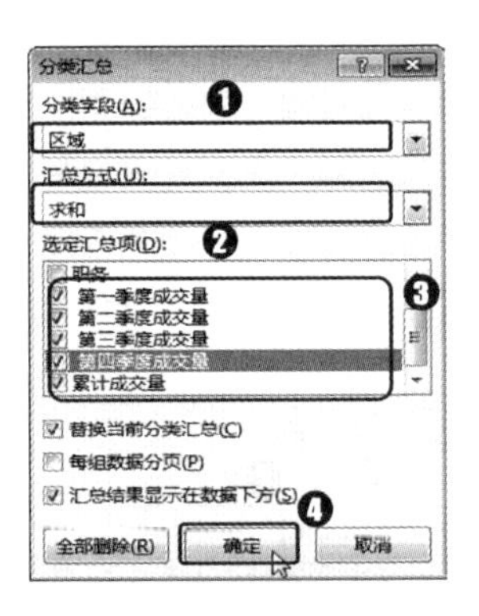

第4步：查看汇总结果。

经过上步操作，即完成了数据的分类汇总，在工作表中的数据将分级显示，单击左侧的[-]按钮可隐藏明细数据，单击[+]按钮可显示出该分类中的明细数据，如下图所示。

第5步：制作汇总表并按职务排列数据。

本例中为清晰地查看各类职务员工的最高成交量，可按“职务”字段分类，并以最大值方式汇总成交量。❶复制“年度销售统计报表”工作表，并重命名为“按职务分类”；❷选择“职务”列中的任意单元格；❸单击“数据”选项卡“排序和筛选”组中的“降序”按钮，按“职务”列中数据的降序进行排序，如下图所示。

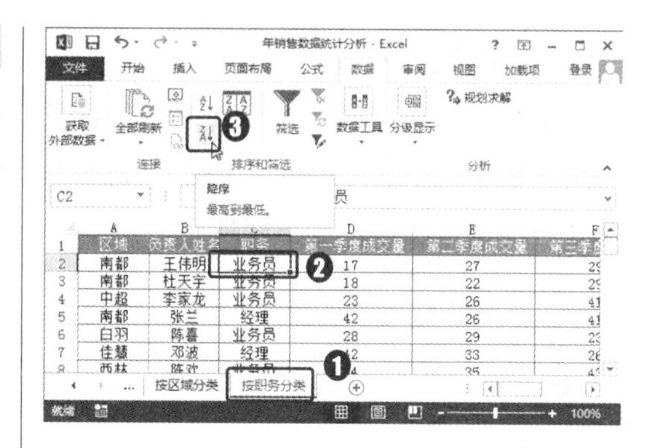

第6步：设置分类汇总。

❶单击“数据”选项卡“分级显示”组中的“分类汇总”按钮；❷打开“分类汇总”对话框，在“分类字段”下拉列表框中选择“职务”选项；❸在“汇总方式”下拉列表框中选择“最大值”选项；❹在“选定汇总项”列表框中选中如下图所示的复选框；❺单击“确定”按钮。

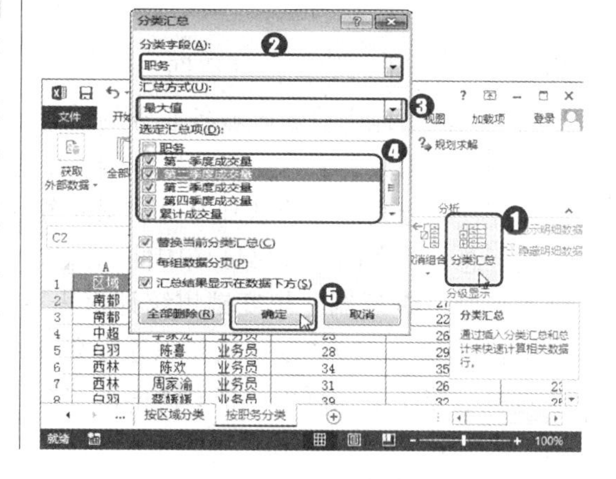

删除分类汇总

对表格中的数据分类汇总后，若需要删除分类汇总的结果，可再次执行“分类汇总”命令，然后在打开的“分类汇总”对话框中单击“全部删除”按钮即可；若要修改分类汇总，则直接在设置好新的分类汇总选项后，选中“分类汇总”对话框中的“替换当前分类汇总”复选框，单击“确定”按钮即可用新的分类汇总将原有的分类汇总替换掉。

第7步：查看汇总结果。

经过上步操作，即可查看到分类汇总后的效果，单击工作表左侧的 2 按钮，显示出第 2 级的分组数据，如下图所示。

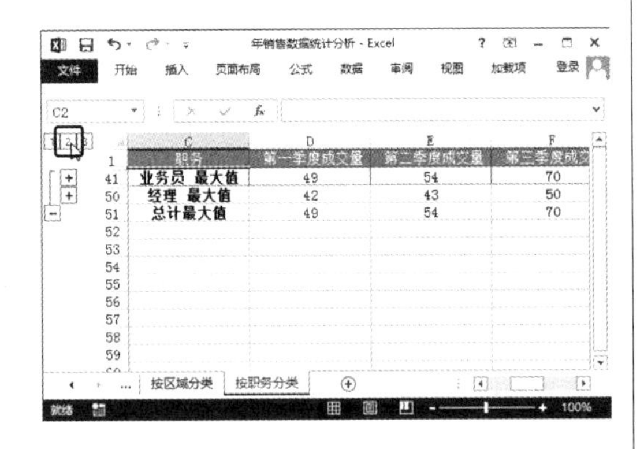

第8步：制作汇总表并排列数据。

本例中为清晰地查看各区域各职务的销售情况，可利用分类汇总功能按区域分类汇总，并在该分类汇总的基础上再根据职务分类汇总，即在同一表格区域中使用两次分类汇总。❶ 复制“年度销售统计报表”工作表，并重命名为“按区域和职务分类”；❷ 选择表格中的任意单元格；❸ 单击“数据”选项卡“排序和筛选”组中的“排序”按钮，如下图所示。

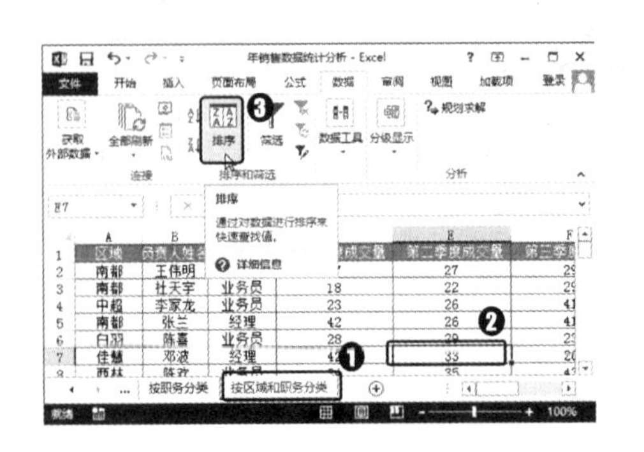

第9步：设置排序关键字及选项。

打开“排序”对话框，❶ 单击“添加条件”按钮；❷ 设置“主要关键字”为“区域”，次要关键字为“职务”；❸ 单击“选项”按钮；❹ 在打开的“排序选项”对话框中选中“笔划排序”单选按钮；❺ 单击“确定”按钮；❻ 返回“排序”对话框，单击“确定”按钮，如下图所示。

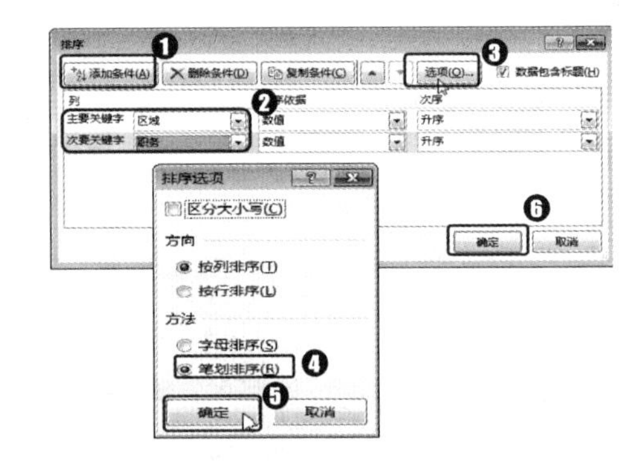

第10步：设置分类汇总。

❶ 单击“数据”选项卡“分级显示”组中的“分类汇总”按钮；❷ 在打开的“分类汇总”对话框的“分类字段”下拉列表框中选择“区域”选项；❸ 在“汇总方式”下拉列表框中选择“求和”选项；❹ 在“选定汇总项”列表框中选中“累计成交量”复选框；❺ 单击“确定”按钮，如下图所示。

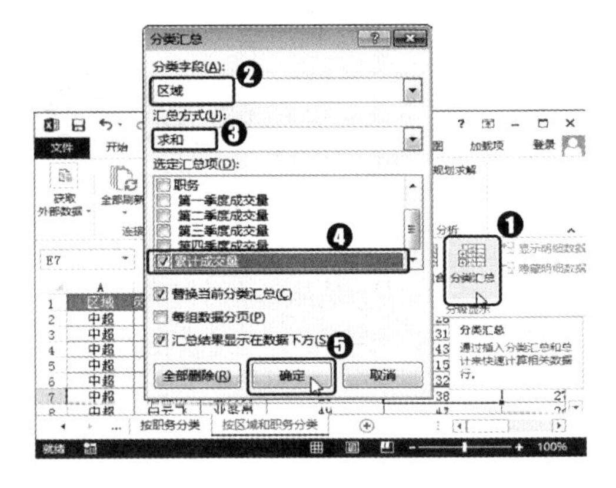

第11步：设置二次分类汇总。

❶ 再次单击“数据”选项卡“分级显示”组中的“分类汇总”按钮;❷ 在打开的“分类汇总”对话框的“分类字段”下拉列表框中选择“职务”选项；❸ 在“汇总方式”下拉列表框中选择“求和”选项；❹ 在“选定汇总项”列表框中选中如下图所示的复选框；❺ 取消选中“替换当前分类”复选框；❻ 单击“确定”按钮。

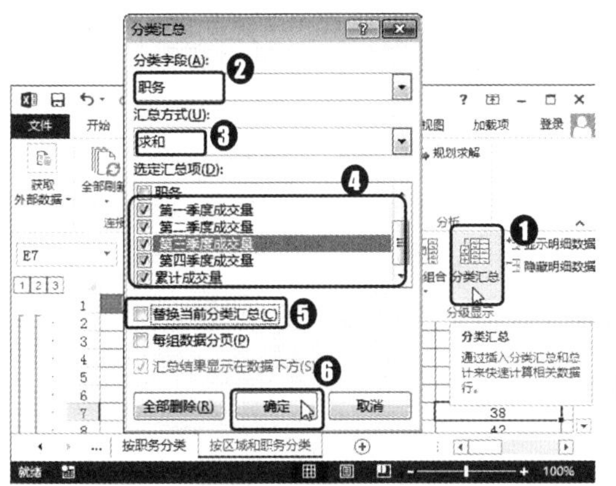

第12步：完成并查看分类汇总结果。

经过上步操作，即可查看到同时对两个字段进行分类汇总的结果。单击左侧的3按钮，查看相应的明细数据，如下图所示。

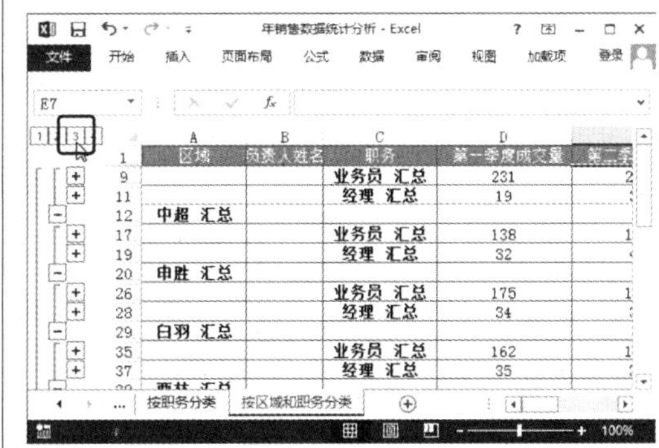

多重分类汇总的排序很关键

要使用两次分类汇总，在对表格中的数据进行排序时，应以第一次分类的字段为排序的主要关键字，以第二次分类的字段为排序的次要关键字，在排序之后进行两次分类汇总即可。

8.4 本章小结

对数据进行处理和分析是记录数据的最终目的。Excel 中数据分析与处理主要是通过排序、筛选、分类汇总、合并计算和条件格式功能对数据进行归类处理。本章学习的一个重点在于使用 Excel 对表格中的数据进行排序，只有按照需要对数据进行排列后才能方便进行后期的处理；另一个重点则在于数据的筛选、合并计算和分类汇总，这样才能清晰地显示出真正需要的数据或信息。

第 9 章

让数据表现更直观形象——Excel 图表和数据透视图表的应用

本章导读：

在分析或展示数据时，如果可以将数据表现得更直观，不用查看密密麻麻的文字和数字，那么分析数据或查看数据一定会更轻松。所以有了另一种展示数据的方式，那就是图表。它应用不同色彩、不同大小、不同颜色或不同形状来表现不同的数据，具有很好的视觉效果，可以更直观形象地显示出表格中数据的各种特征，及多个数据之间的关系，更易于理解和交流，同时也美化了电子表格。本章将为读者介绍 Excel 2013 中图表和数据透视图表及迷你图的创建及编辑方法。

知识要点：

- ★ 创建图表
- ★ 图表的编辑与修改
- ★ 图表元素的修饰与调整
- ★ 迷你图的创建与应用
- ★ 数据透视表的应用
- ★ 数据透视图的应用

案例效果：

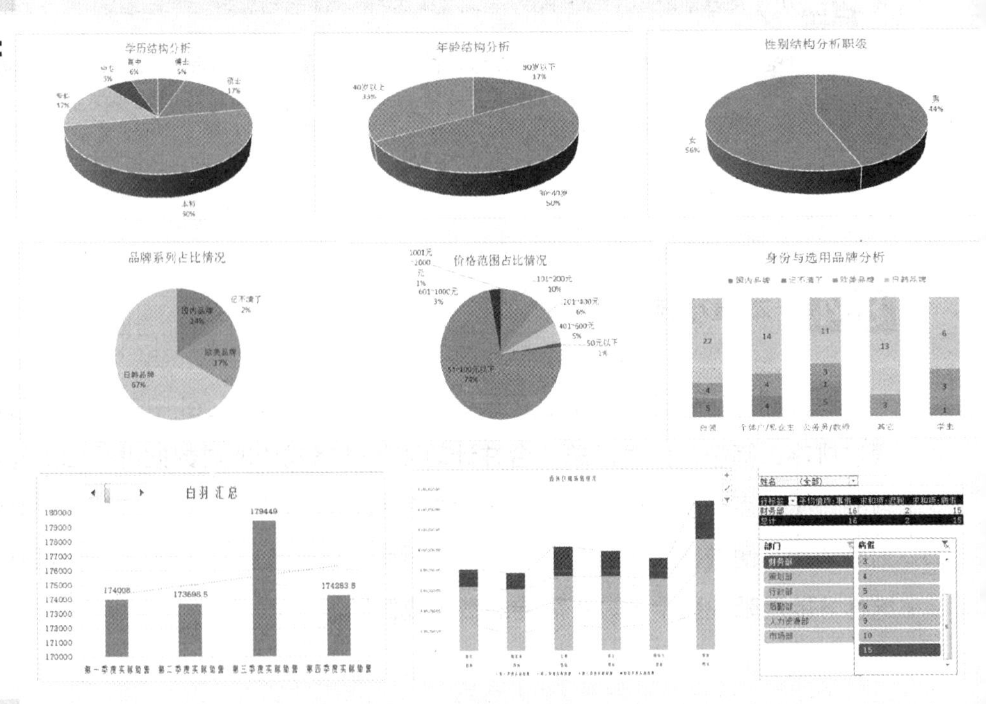

大量的数据和计算公式，会让查看表格的人头痛。为了提高工作效率，可以将表格数据制作为图表，在图表中以数据和百分比的方式显示。图表是 Excel 重要的数据分析工具之一，Excel 为我们提供多种类型的图表用于展示数据。在使用这些图表前，我们需要先了解图表相关的各种知识。只有明白图表的作用及其应用范围，我们才能更好地应用图表来表现数据，达到简化数据、突出重点的目的。

要点01 为什么要用图表

普通的表格是由行、列和单元格构成，表格中通常是大量的文字或数字。尽管我们可以为表格添加各种样式来修饰和美化表格、突出重点数据、让数据展示更清晰，但是表格中始终是确切的值，很多时候我们需要先理解表格中的数据含义，并经过思考和分析才能得到确切的结论。例如，左下图所示是一个很简单的数据表，我们能很快看出哪个公司的销量最多，但如果要想了解各公司销量占总销量的百分比，可能就需要对数据仔细分析或者计算了。

当今社会，科技正以前所未有的速度迅猛发展，信息、知识充溢着世界的每一个角落，人们的生活节奏越来越快。我们进入一个速食般的“读图时代”。于是，更为有效地梳理和表达信息已经成为当今社会的迫切需要。在这种现实境况下，图表设计这种准确、形象、快捷的表达方式显示出它独特的优势。

众所周知，图形的特点就是直观，例如，形状大小不同、位置不同、颜色不同的信息我们一眼就能看出，所以，利用图形的这些特性来表现数据，可以让数据更简洁、明了。如右下图所示，我们通过颜色不同、大小不同的三个扇形来表示三个公司不同的销量，甚至我们可以不用看各公司具体的销量数据就能看出哪个公司销量最大。

公司	销量
北京公司	45473
上海公司	36546
成都公司	32854

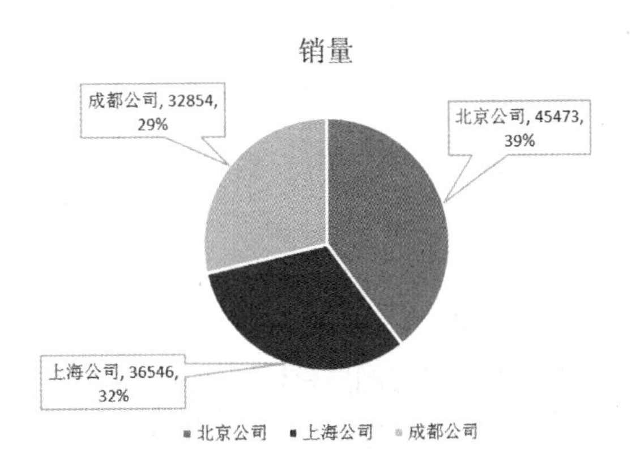

要点02 简单明了的图表有哪些

图表是由图形构成，不同类型的图表可能会使用不同的图形。在数据统计中，可以使用的图表类型非常多，不同类型的图表表现数据的意义和作用不同。例如下图中的几种图表类型，它们展示的数据是相同的，但表达的含意可能截然不同。我们从第一个图表中主要看到的是一个趋势和过程，从第二个图表中我们主要看看到的是各数据之间的大小及趋势，而从第三个图表中我们几乎看不出趋势，只能看到各组数据的占比情况。

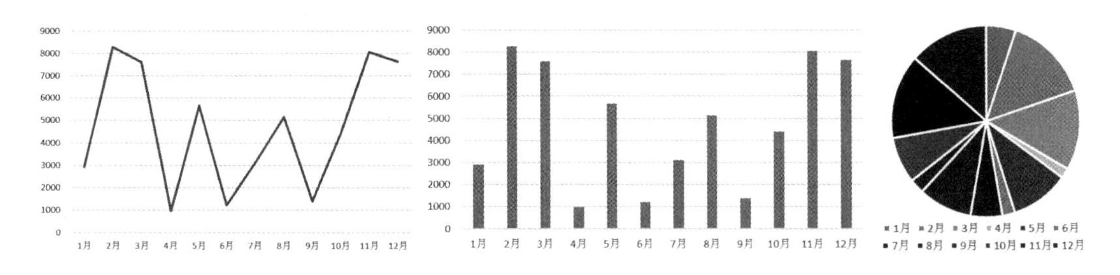

所以，只有将数据信息以最合适的图表类型显示出来，才会让图表更具有阅读价值，否则再漂亮的图表也是无效的。接下来为大家介绍一些简单明了的图表类型：

1. 柱形图

柱形图是一种非常常用的图表类型，主要用于显示一段时间内数据的变化或说明各项数据之间的比较情况。它强调一段时间内数据值的变化。因此，在柱形图中，通常沿水平轴组织类别，而沿垂直轴组织数值，如下两图所示。柱形图也具备表现趋势的能力，但表现趋势并不是柱形图的重点。

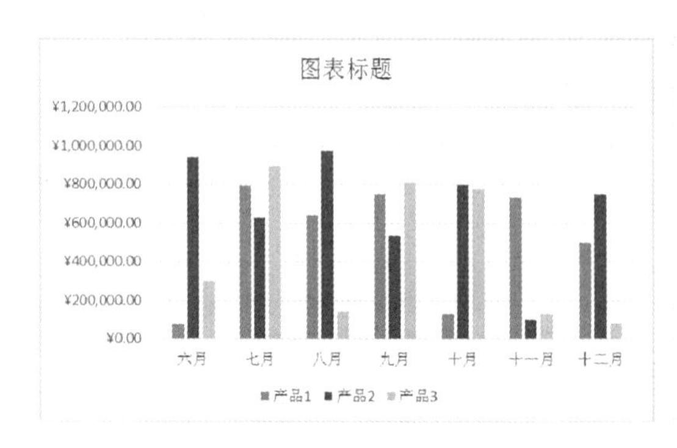

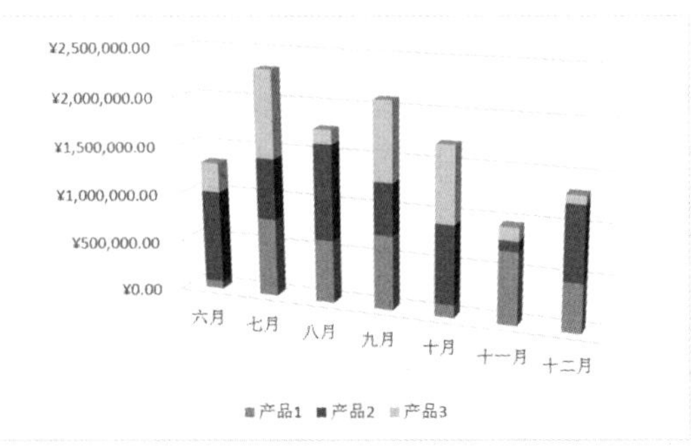

2. 条形图

条形图与柱形图具有相同的表现形式，不同的是，柱形图是在水平方向上依次展示数据，条形图是在纵向上依次展示数据，如下两图所示。条形图主要用于显示各项目之间数据的差异，它常应用于轴标签过长的图表的绘制中，以免出现柱形图中长分类标签省略的情况。条形图中显示的数值是持续型的。

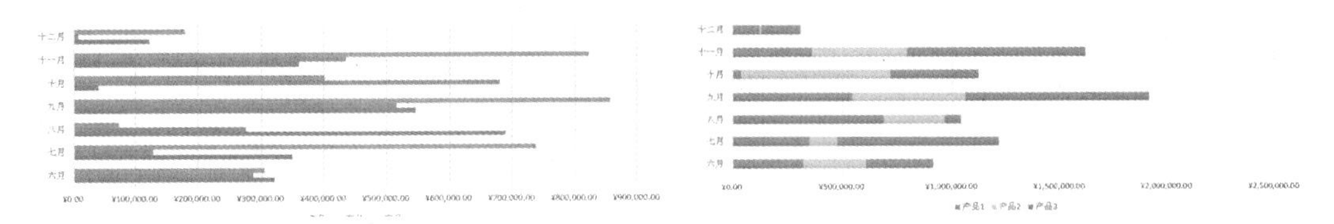

3. 饼图和圆环图

要表现多个数据在总数据中的占比情况，可以使用饼图或圆环图。在饼图和圆环图中分别使用了扇形和环形的一部分来表现一个数据在整体数据中的大小比例，都是用来显示部分与整体的关系。不过，饼图只能显示一个数据系列的数据比例关系，如下左图所示。如果有几个数据系列同时被选中，将只显示其中的一个系列。而圆环图可以表现多组数据的占比情况，圆环图中的每个环代表一个数据系列，如下右图所示。

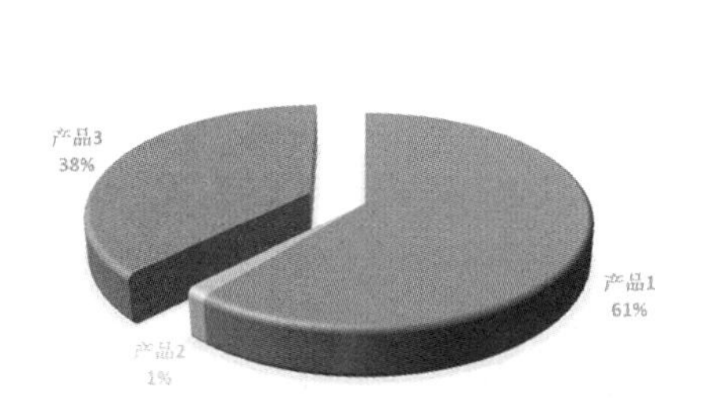

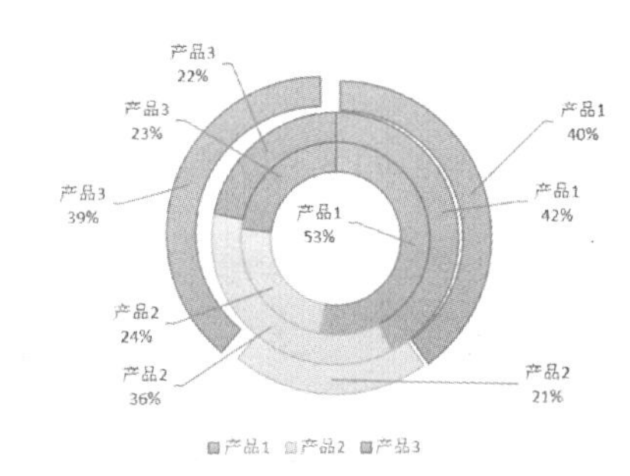

4. 折线图

折线图可以显示随时间变化的连续数据（根据常用比例设置），它强调的是数据的时间性和变动率，因此非常适用于显示在相等时间间隔下数据的变化趋势。在折线图中，类别数据沿水平轴均匀分布，所有的值数据沿垂直轴均匀分布，如下图所示。

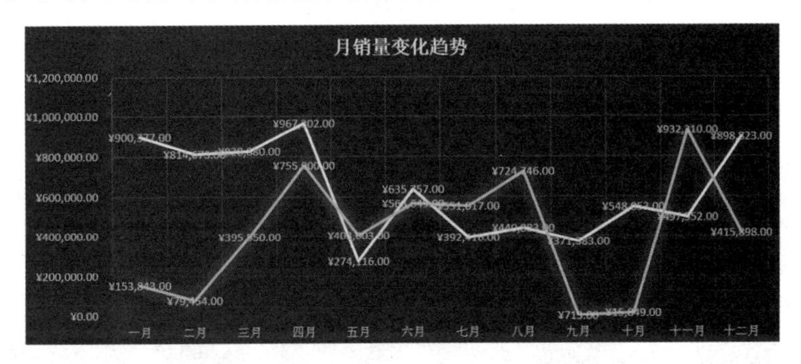

5. 面积图

面积图与折线图类似，主要用于表现数据的趋势。但不同的是，面积图通常用于强调多个数据的总值变化趋势，如下图所示。

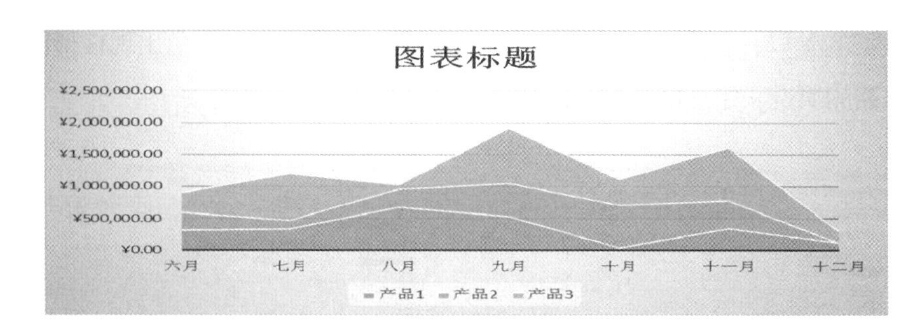

6. 散点图和气泡图

散点图也类似于折线图，它可以显示单个或多个数据系列中各数值之间的关系，或者将两组数字绘制为 *xy* 坐标的一个系列。散点图有两个数值轴，沿横坐标轴（*x* 轴）方向显示一组数值数据，沿纵坐标轴（*y* 轴）方向显示另一组数值数据。散点图将这些数值合并到单一数据点并按不均匀的间隔或簇显示它们，如下左图所示。散点图通常用于显示和比较成对的数据。

气泡图与散点图很相似，不同的是在气泡图中可以通过气泡大小来表现数据大小或其他数据关系，如下右图所示。

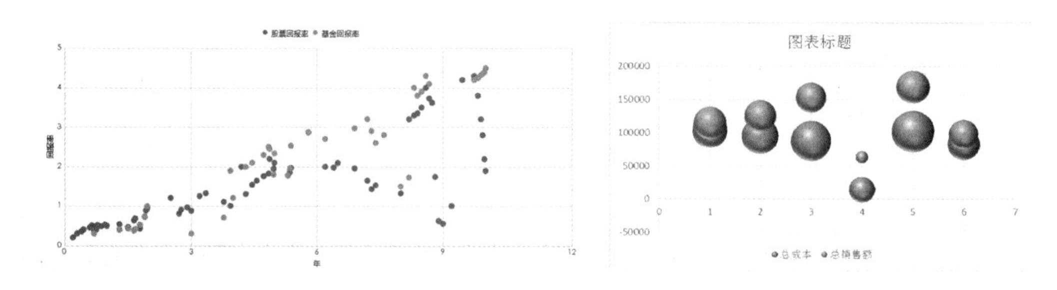

7. 组合图表

组合图表是在一个图表中应用了多个图表类型的元素来同时展示多组数据，这种图表可以更好地区别不同的数据，并强调整不同数据关注的侧重点。下图所示为应用柱形图和折线图构成的组合图表。

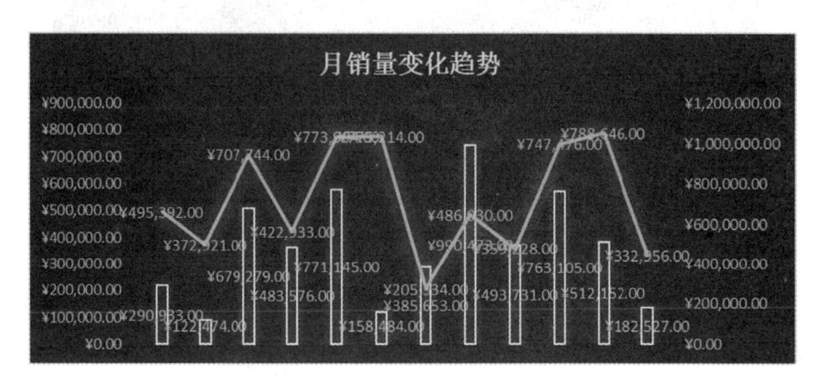

要点03 图表类型的选择不是"小事"

图表设计是为了实施各种管理、配合生产经营的需要而进行的。

我们在选择图表类型前，需要提炼表格中的数据，弄清楚数据表达的信息和主题，然后根据这个信息决定选择何种图表类型，以及对图表做何种特别处理，最后才动手制作图表。由此可见，选择何种图表类型主要决定于要表达的主题和观点，当然，数据本身对图表选择也有一定影响，但这种影响有限。

为了让读者能更好地选择图表类型，笔者制作了下面的表格，用户可以根据这个表格来选择合适的图表类型。

数据关系		适用图表类型	
比较	基于分类		每个项目包含 2 个变量用不等宽柱形图
			包含多个项目，但每个项目只包含一个变量用条形图
			包含项目较少，且每个项目只包含一个变量用柱形图
	基于时间		少数分类用柱形图，多数分类用折线图
分布	单个变量		少数数据点用直方图，多个数据点用正态分布图
	2 个变量		用散点图
联系			2 个变量用散点图，3 个变量用气泡图
构成			随时间变化的相对差异用堆积百分比柱形图
			随时间变化的相对和绝对差异用堆积柱形图

要点04 图表的组成元素

在一个图表中，为了清晰地表现出数据，图表中仅仅只用几个形状不能达到目的。所以通常情况下，图表中还需要一些基本的组成元素，如图表区、图表标题、坐标轴、绘图区、数据系列、网格线和图例等。下面以面积图的图表为例讲解图表的组成，如下图所示。

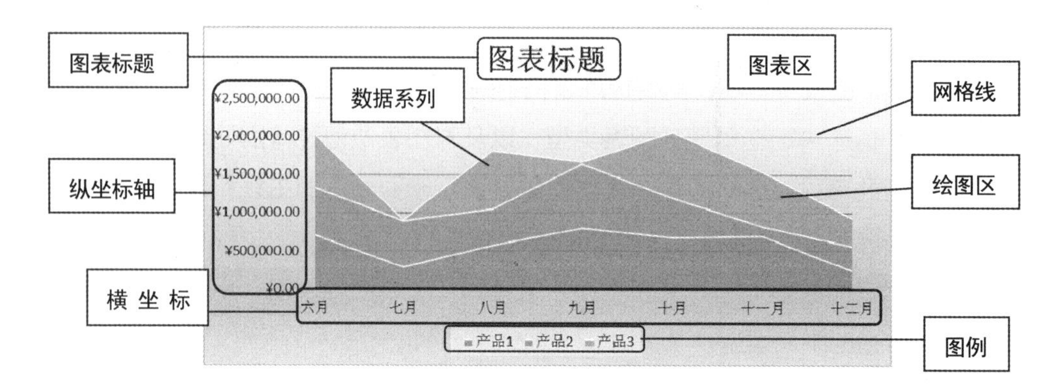

1. 图表区

在 Excel 中，图表以一个整体的形式插入表格中，它类似于一个图片区域，这就是图表区。图表区相当于是整个图表的背景区域，图表及图表相关的元素均存在于图表区中。在 Excel 中可以为图表区设置不同的背景颜色或背景图像，如下图所示为上一图表应用不同图表区背景的效果。

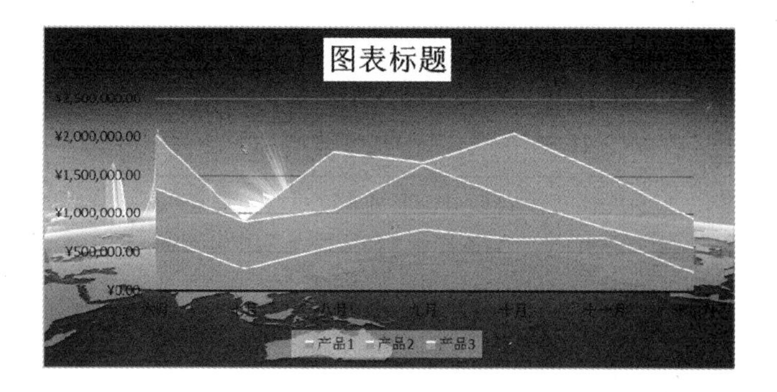

2. 绘图区

图表区中的矩形区域，用于绘制图表序列和网格线，图表中用于表示数据的图形元素将出现在绘图区中。标签、刻度线和轴标题在绘图区外、图表区内的位置绘制。

3. 图表标题

图表上显示的名称，用于简要概述该图表的作用或目的。图表标题在图表区中以文本框的形式呈现，我们可以对其进行各种调整或修饰。

4. 数据系列

在图表中绘制的相关数据点，这些数据源自数据表的行或列。它是根据用户指定的图表类型以系列的方式显示在图表中的可视化数据。可以在图表中绘制一个或多个数据系列。

5. 图例

图例是存在于图表区域中绘图区以外的一种元素，是图表中所用图形或颜色的示例，用于说明图表中不同颜色或形态的图形表示的意义。通常，图表中的数据系列会使用图例来表示。

6. 坐标轴

用于图表中表现刻度的轴线，除饼状图和圆环图外，其他图表都需要用到坐标轴。通常在图表中会有横坐标轴和纵坐标轴，横坐标轴主要用于显示文本标签，有时也称分类轴；纵坐标轴用于确定图表中垂直坐标轴的最小和最大刻度值，有时也称数值轴。

在坐标轴上需要用数值或文字数据作为刻度和标签。在组合图表中可以存在两个横坐标轴或纵坐标轴，分别称为主要横坐标轴、次要横坐标轴、主要纵坐标轴和次要纵坐标轴。主要横坐标轴在图表下方，次要横坐标轴在图表上方，主要纵坐标轴在图表左侧，次要纵坐标轴在图表右侧。在 Excel 中，我们还可以为每个坐标轴添加坐标轴标题。

7. 数据标签

数据标签用于在图表中的图形元素上标注具体的数据值，在 Excel 中可以自行设置是否显示数据标签、数据标签的位置、格式及外观效果等。

8. 趋势线

趋势线与折线图类似，用于表现数据的变化均势，不同的是它表现一组数据整体的变化趋势，不会呈现出具体每个数据的变化过程。下图所示是在图表中添加趋势线的效果。

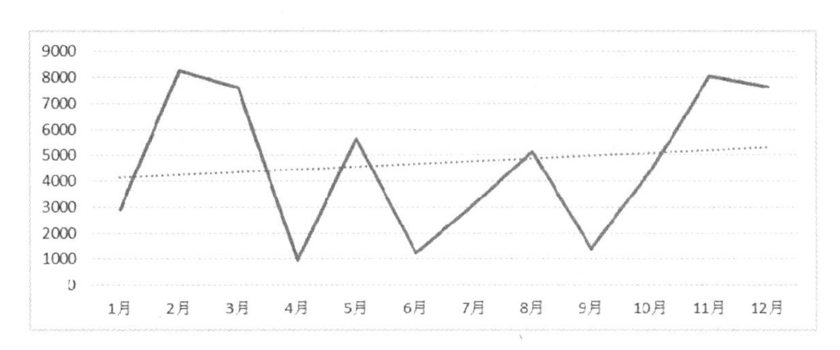

9. 数据表

数据表也就是用于创建图表的数据表格，我们可以将数据表添加到图表区域中，与图表合二为一，不仅可以方便查看图表时与源数据对照，也可以起到美化数据表的作用。

要点05 牛图是这样炼成的

所谓一图胜千言，一份精美切题的商业图表可以让原本复杂枯燥的数据表格和总结文字立即变得生动起来。下面我们精选了一些国外的专业图表设计的优秀例子，请尽情欣赏。

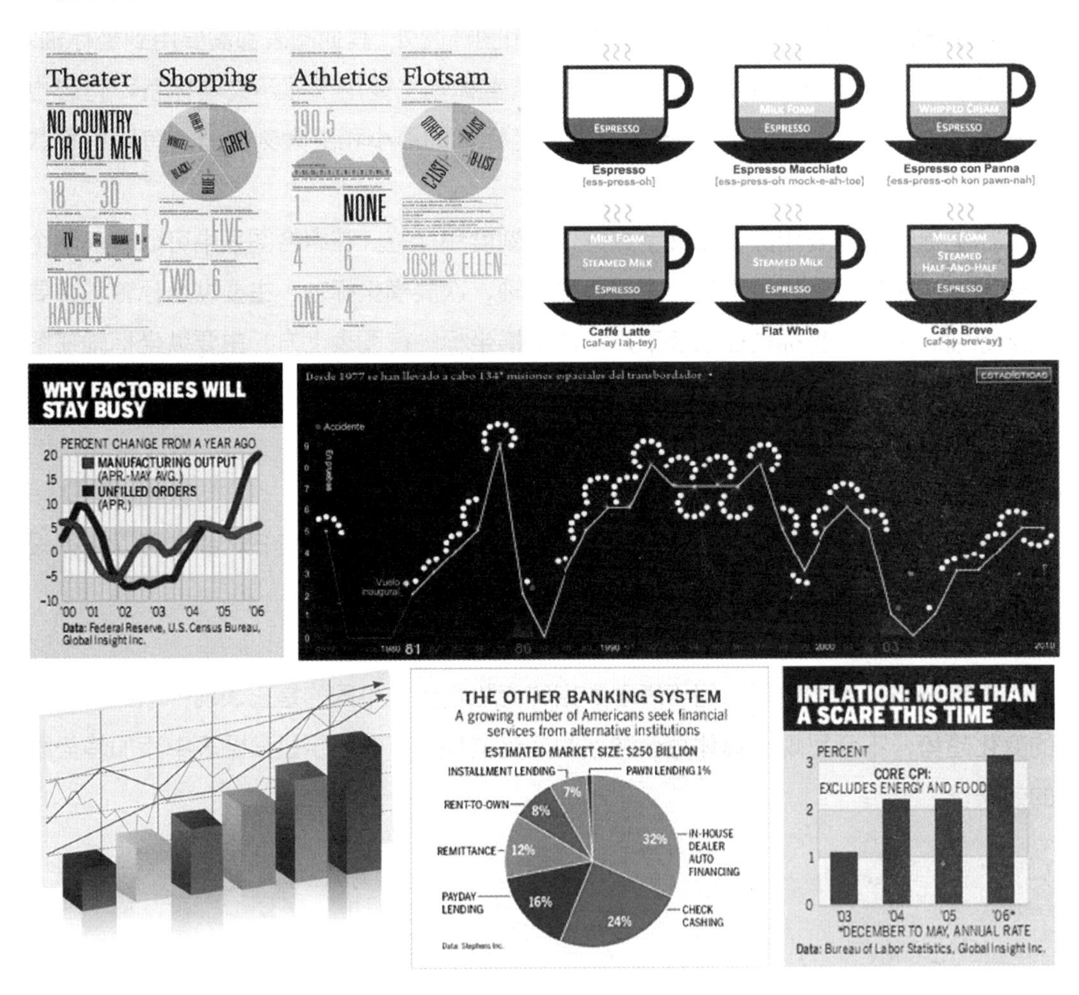

1. 分析专业图表特点

经常关注《商业周刊》《华尔街日报》等专业财经杂志的人们可以发现，在这类杂志里的图表不仅制作精良，令人赏心悦目，还极具专业精神。下面就来分析一下使用 Excel 制作出的这类图表所具备的共同特点。

（1）专业的外观

专业图表给人的第一印象就是其专业的外观。图表标题、类型、配色、数据排列等方面都显得专业协调，体现着制表者专业、敬业、值得信赖的职业形象。

Excel 图表功能的主要目的是直观形象地传达信息，因此，图表中的各类要素代表了数量，需要准确的尺度和比例。如果在一个柱形图表中，一根柱状图形比另一根长一倍，读者会假定其数量上也多一倍。尽管这是一个简单的概念，但做到精确却并不容易，尤其在使用面状符号表示数量时特别明显。一张专业、富有美感的图表能够通过对颜色、对比、平衡、运动、空白以及拓扑的良好运用反映出信息的这种美。而这样专业的外观一般都不是 Office 软件中默认的颜色、字体和布局所构成的。

（2）简洁的类型

《商业周刊》英文版中的图表所使用的图表类型都很简单，基本只有面积图、柱形图、条形图和饼图 4 种最基本的图表类型。这类图表类型所表示的数据不需要多余的解释，任何人都能轻易看懂图表的意思，真正起到了图表的沟通作用，如下图所示。

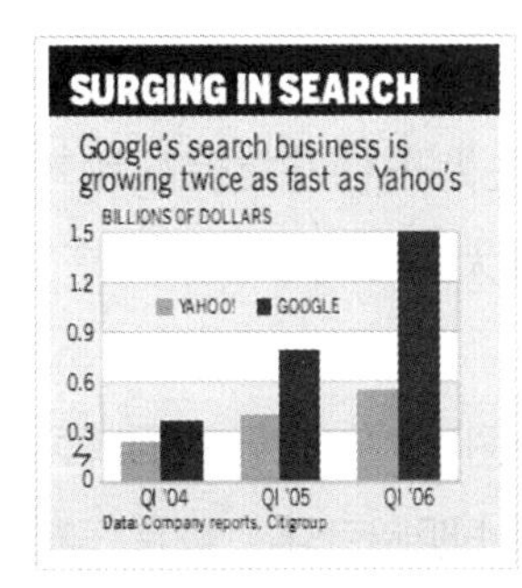

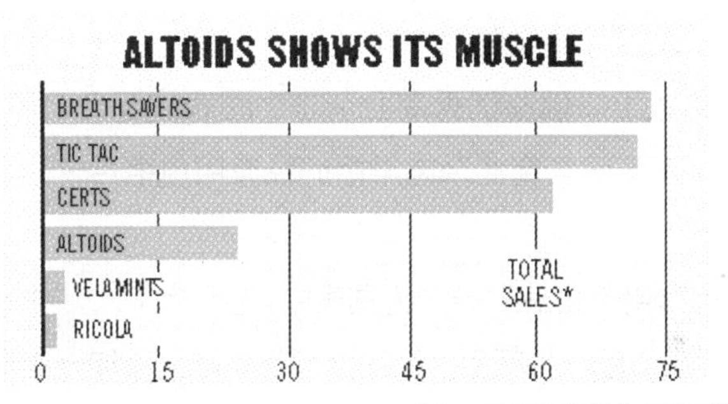

Would you say you are better off or worse off today than 18 months ago, or about the same?

Better off	17%
Worse off	29%
About the same	64%

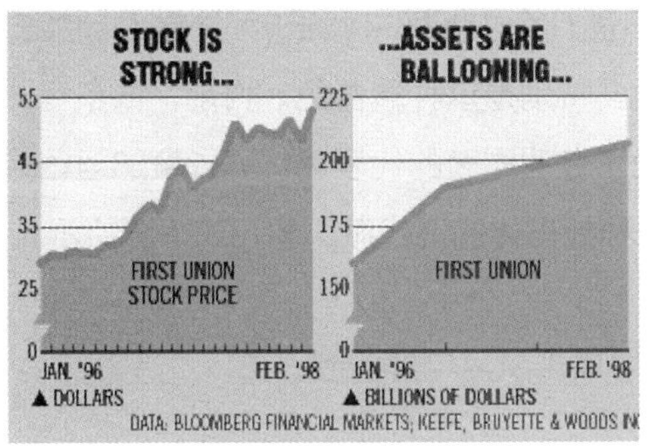

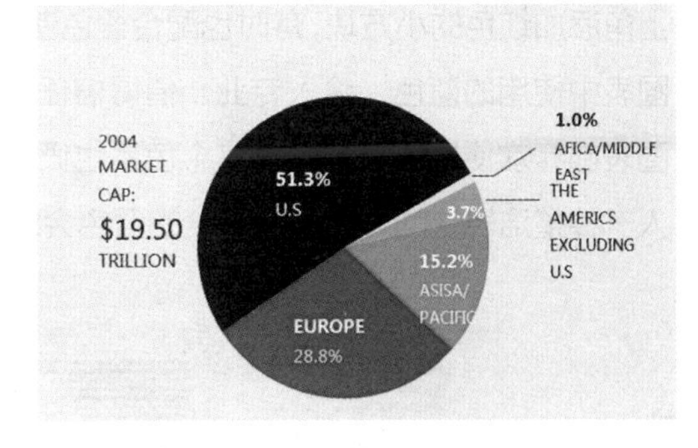

（3）明确的观点

图表的作用是通过视觉语言提供一种新的方式去理解概念、想法和数据，它应该是不需要解释的，它本身就是对文字的集中概括、自我解释，也就是所谓的“一图抵千言”。专业图表一般都配有超大的标题，直接陈述观点，能使阅读者一目了然。图表中的数据也都有其存在的理由，并且这个理由总是展示着新的信息。专业图表不会毫无理由、毫无意义地使用各种颜色，也不会使用 3D、透视、渲染等花哨的效果。一个成熟的数据分析人士知道图表制作绝不应该把时间浪费在这些非数据元素上。

（4）层次的细节处理

专业图表重要的一点是可适用于多层次阅读，一个图表至少适用于两个层次。乍看时你会注意到图表的大体图形轮廓，了解图表所要表达的主题和概貌，例如最重要的趋势、最大的面积区域，或是一个快速的比较。这能够使读者了解到，这张图表是关于哪方面的、主题是什么。之后再分析下一个层次，这就涉及对图表细节的审视与互动。

专业图表对每一个图表元素的处理都十分到位，一丝不苟的细节处理只为给读者呈现完美的视觉设计效果。如图表中伴随的文字，经过处理这些文字并不会在读者对画面内容的初步了解时被注意到。很大程度上，也正是这些细节处的完美处理，才体现出图表的专业性。

2. 商业图表的经典用色

颜色在商业图表中有着重要的作用。我们非设计专业人士，对色彩往往把握不准，难以制作出专业的效果。借鉴优秀商业杂志中图表的配色，不失为一种非常保险和方便的办法。下面整理了一些商业杂志常用的经典用色组合，以供大家参考。

（1）藏青色

经典的藏青色常用于企业财务分析图表中。《经济学人》中的图表有着自己的招牌风格，就是基本只用藏青色一种颜色，或在该颜色基础上添加一些深浅明暗变化，或是在左上角添加红色的小方块，有时也配合橙色使用。下面几个例图即来源于《经济学人》网站。图表中使用的蓝色，给人专业、值得信任的感觉。特别是这种藏青色。目前，很多专业图表都喜欢使用这个色系，这个色系也俨然成为了专业图表的代表色。高彩度的蓝色给人一种整洁轻快的印象；低彩度的蓝色会给人一种都市化的现代派印象，如下图所示。

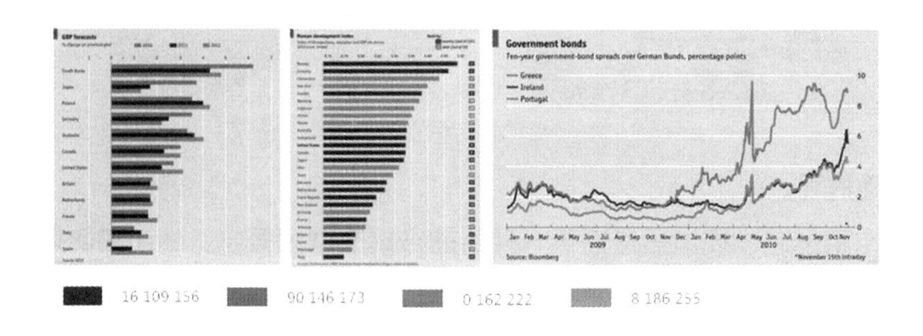

（2）蓝红组合

蓝红组合配色主要用于杂志中的图表。早期的《商业周刊》上的图表几乎都使用这个颜色组合，应该是来源于其当时的 VI 系统。下面几个例图即来源于《商业周刊》网站。

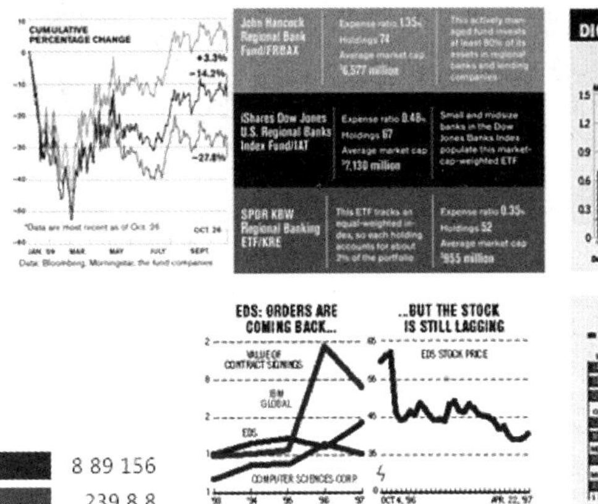

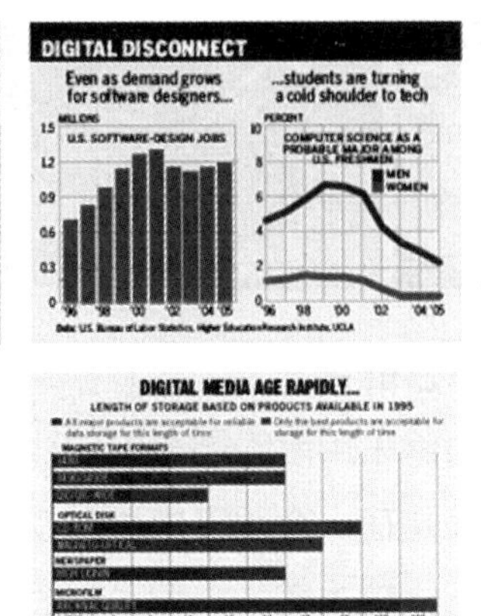

（3）**灰色组合**

灰色象征“职业”，它传达出一种实在、严肃的气息，多种颜色与灰色组合后的效果也显得专业。黑白灰的配色是永恒的时尚色彩，着色也非常简单，这种黑白的配色多在报刊图表中出现。早期《华尔街日报》报纸中的图表多采用黑白灰的配色方式，虽然这种配色简单，但制作出的图表仍然可以非常专业。下面几个例图即来源于《华尔街日报》网站。

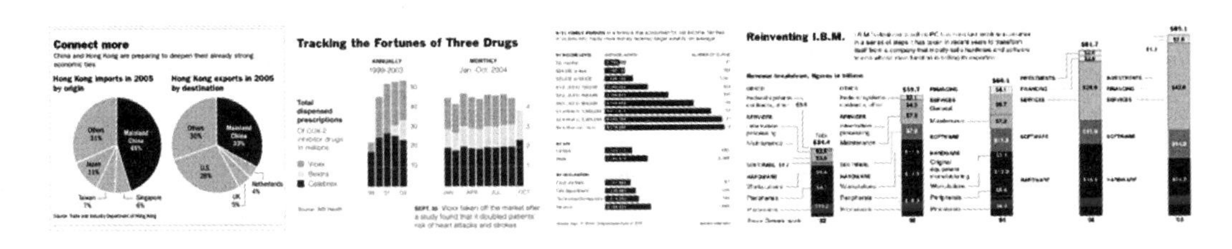

财经杂志中的商业图表还经常会采用“橙色 + 灰色”和“暗红 + 灰色”的颜色组合。下面几个例图即来源于《经济学人》网站。

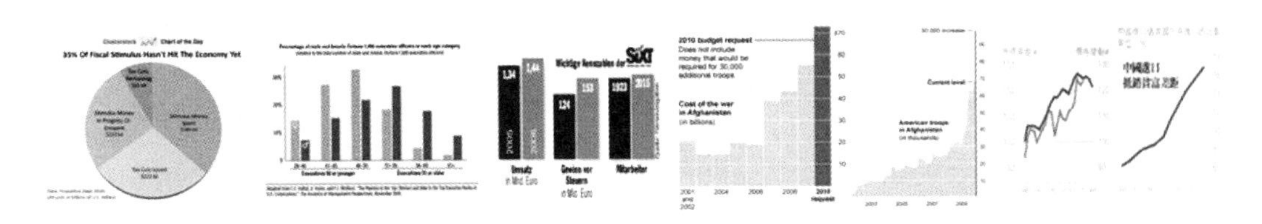

（4）**黑底图表**

使用黑色作为图表的背景色，能够凸显图表数据，显得比较专业、高贵，也十分吸引眼球，在商业图表中可以适当制作黑底图表，但不宜过多。下面几个例图即来源于《商业周刊》和《经济学人》网站。

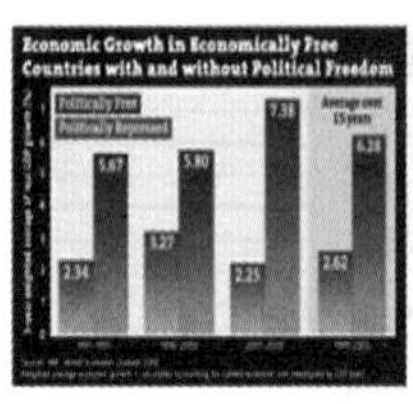

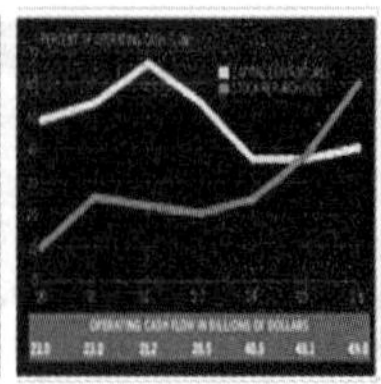

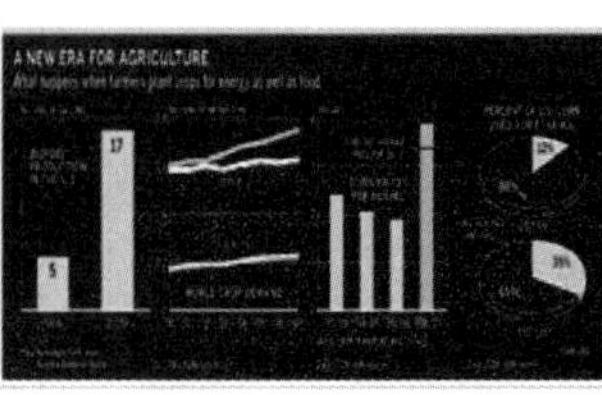

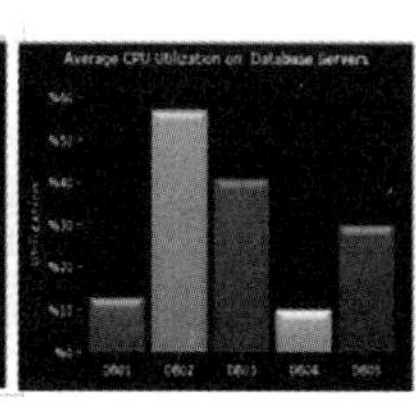

（5）同系色组合

制作图表除采用黑底图表的对比方案外，还可采用同系色组合的方案来制作。同系色组合图表是在一个图表内通过使用同一种颜色的不同深浅明暗来配色，这种图表所包含的色彩比较丰富，搭配也很协调自然，配色难度也不大。同系色组合是一种保守的配色原理，非常适合不太懂配色的读者。在同色系组合图表中，最重要或最多的数据一般颜色最纯，这样在整个图表中所占的面积就最大，也能突出重点数据。下面几个例图来源于《商业周刊》和《经济学人》网站。

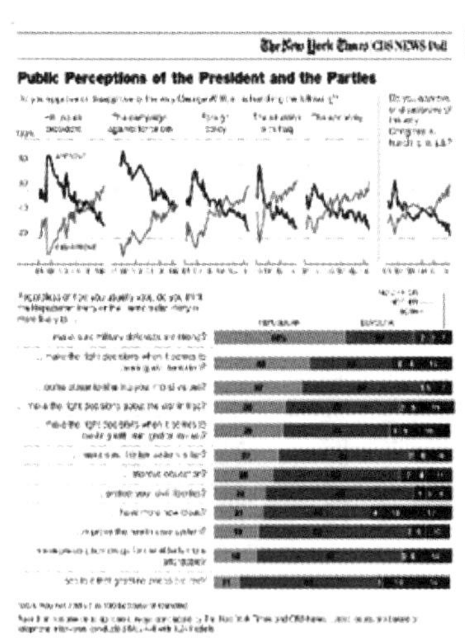

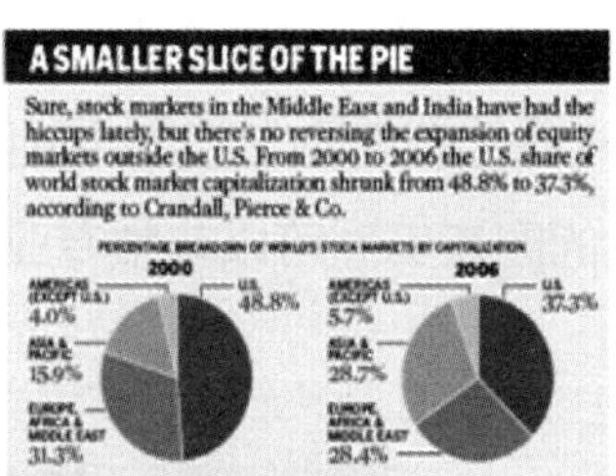

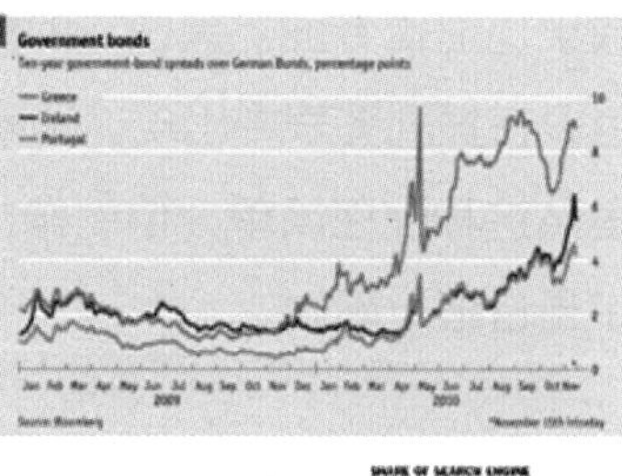

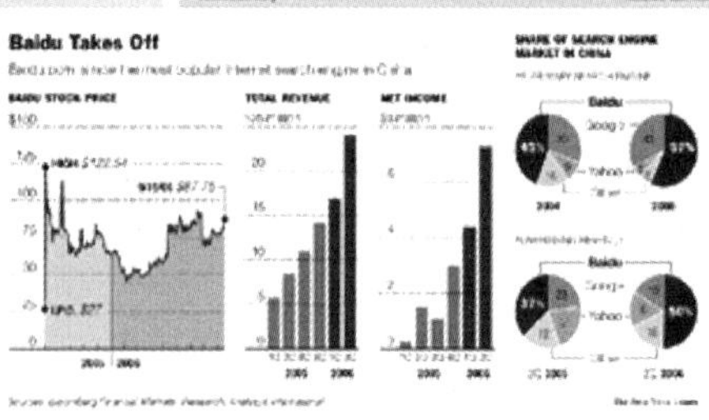

（6）其他经典用色

现在的商业图表一般在用色上比较轻快亮丽、充满活力，制作出来的图表也显得简洁、清爽、时尚。如“橙色＋绿色”“黄绿色＋黄色”“红色＋蓝色＋黄色”等颜色组合。右边几个例图即来源于《商业周刊》和《经济学人》网站。

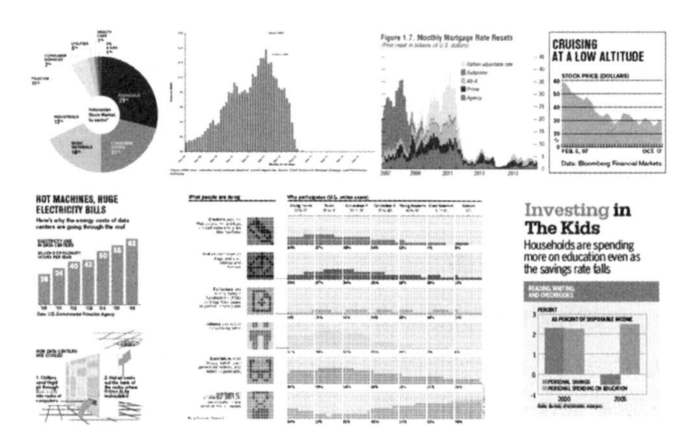

3. 商业图表的布局特点

Excel 的默认布局包含坐标轴、副标题、单位、图例、网格线、背景等元素，而这些元素我们并不都需要，可以将其去掉或者弱化。

在商业图表中，你绝看不到 Excel 或者其他图表软件中的默认布局。那些坐标轴、副标题、单位、图例、网格线、背景等，一切非必要的元素，都被去掉或者弱化。除非必要不使用图例，要使用图例时，均自行制作。商业图表的形式简洁，重点突出，在布局上主要以柱形图、折线图和饼图为主，但在色彩和字体上均与默认的有所不同。

本节展示图表的出处

本节中图表出处来源于《商业周刊》《经济学人》《华尔街日报》和《纽约时报》。读者在配色图表时可以参考时下流行的配色表，网络上这类配色表有很多。

要点06 懂点数据透视表

一个完整的数据透视表主要由数据库、行字段、列字段、求值项和汇总项等部分组成。数据透视表的透视方式控制需要在“数据透视表字段列表”任务窗格中完成。如下图所示为某公司销售数据制作的数据透视表。

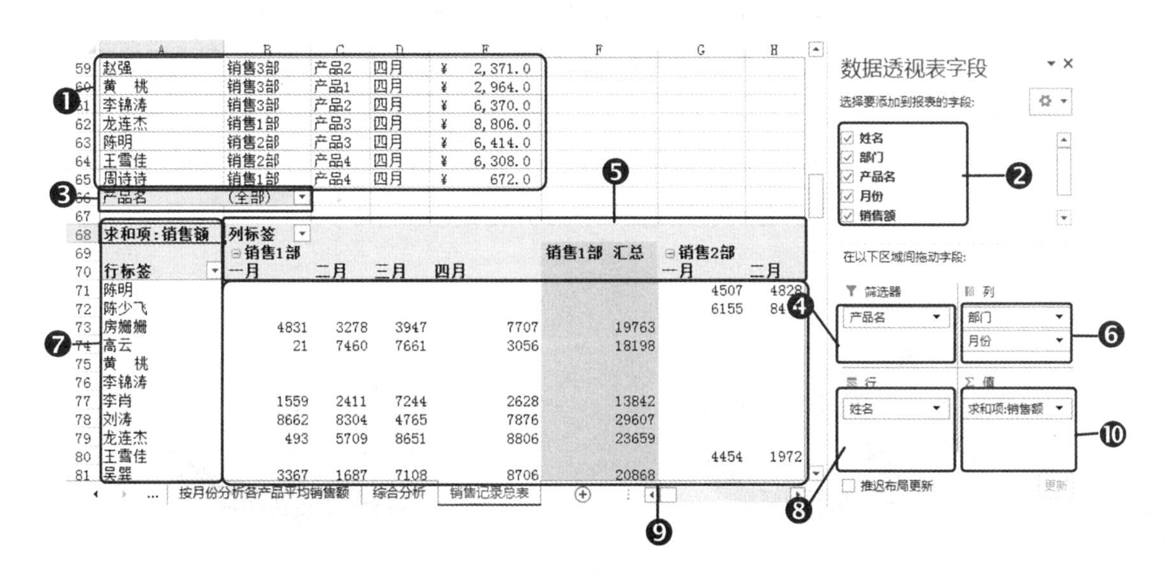

❶	数据库：也称为数据源，是从中创建数据透视表的数据清单、多维数据集
❷	“字段列表”列表框：字段列表中包含了数据透视表中所需要的数据的字段（也称为列）。在该列表框中选中或取消选中字段标题对应的复选框，可以透视数据透视表
❸	报表筛选字段：又称为页字段，用于筛选表格中需要保留的项，项是组成字段的成员
❹	“筛选器”列表框：移动到该列表框中的字段即为报表筛选字段，将在数据透视表的报表筛选区域显示
❺	列字段：信息的种类，等价于数据清单中的列
❻	“列”列表框：移动到该列表框中的字段即为列字段，将在数据透视表的列字段区域显示
❼	行字段：信息的种类，等价于数据清单中的行
❽	“行”列表框：移动到该列表框中的字段即为行字段，将在数据透视表的行字段区域显示
❾	值字段：根据设置的求值函数对选择的字段项进行求值。数值和文本的默认汇总函数分别是 SUM（求和）和 COUNT（计数）
❿	“值”列表框：移动到该列表框中的字段即为值字段，将在数据透视表的求值项区域显示

通过前面知识要点的学习，主要让读者认识和掌握 Excel 中普通图表和数据透视图表的相关技能与应用经验。下面针对日常办公中的相关应用，为几个典型表格数据创建图表，给读者讲解在 Excel 中创建图表、迷你图、数据透视表、数据透视图的方法，以及使用图表分析数据的思路、方法及具体操作步骤。

9.1 企业员工结构分析

◇ 案例概述

企业人力资源规划包括三个方面：人力资源数量规划、人力资源质量规划和人力资源结构规划。人力资源数量规划通常又称为定编，目的是确定企业目前有多少人，以及企业未来需要多少人；人力资源质量规划通常又称为能力模型和任职要求规划，是为了确定企业目前的人怎么样，未来需要什么样的人；人力资源结构规划又称为层级规划，是为了确定企业目前的分层分级结构，以及未来合理的分层分级结构。本例将统计分析某企业现有人员的组成结构，为人力资源规划奠定基础。分析的结果如下图所示。

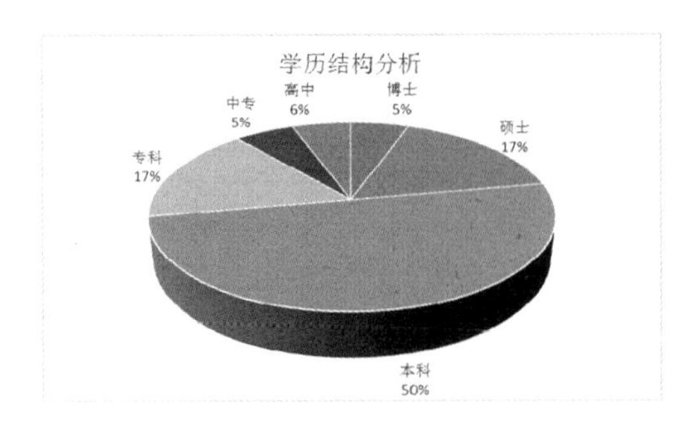

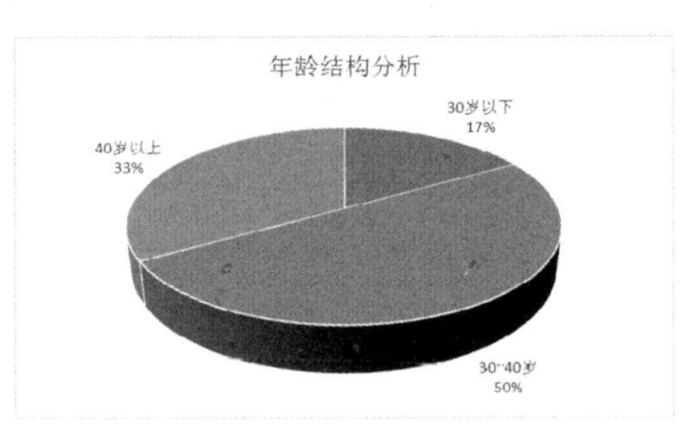

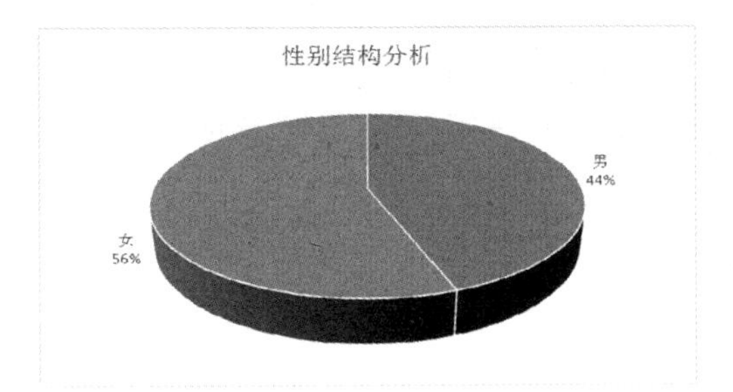

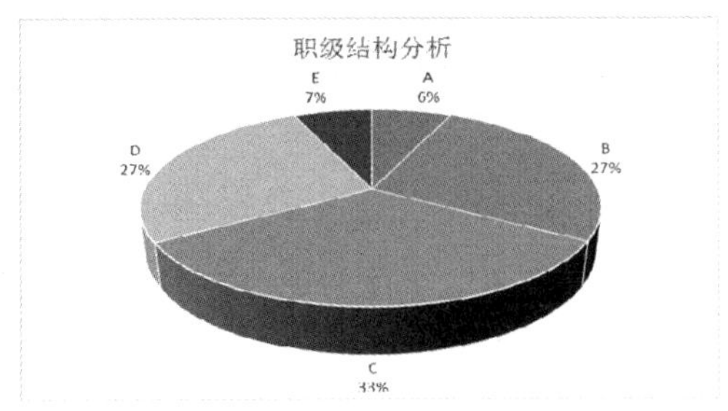

	素材文件:光盘\素材文件\第9章\案例01\员工信息表.xlsx
	结果文件:光盘\结果文件\第9章\案例01\员工结构分析.xlsx
	教学文件:光盘\教学文件\第9章\案例01.mp4

◇ 制作思路

在 Excel 中使用饼图分析某企业员工结构的流程与思路如下所示。

创建饼图：本例需要制作多个简单的饼图，每个饼图用于分析员工的一个属性结构。首先需要按要求统计相关数据，然后创建饼图。

编辑饼图：为了让制作的饼图达到实际需要的效果，还应进行编辑。

◇ 具体步骤

在分析数据占比情况时，我们常常会用到饼图。在饼图中可以通过多个扇形来表现出各部分数据的占比情况。本例将应用饼图来分析公司员工的各种占比，主要为读者介绍在 Excel 中输入饼图数据、创建和编辑饼图的相关操作。

9.1.1 分析员工学历结构

要使用饼图分析员工基础数据，首先需要准备好创建图表的数据源。本例需要根据输入好的表格数据，按要求统计出学历相关的数据，然后根据这些数据制作饼图，再对图表进行修饰，具体操作方法如下。

第1步：制作统计标签。

❶ 打开素材文件中提供的“员工信息表”工作簿，并以“员工结构分析”为名进行另存；❷ 新建工作表，将工作表重命名为“学历结构分析”；❸ 在 A1:A6 单元格区域中列举出需要统计的学历标签，如右图所示。

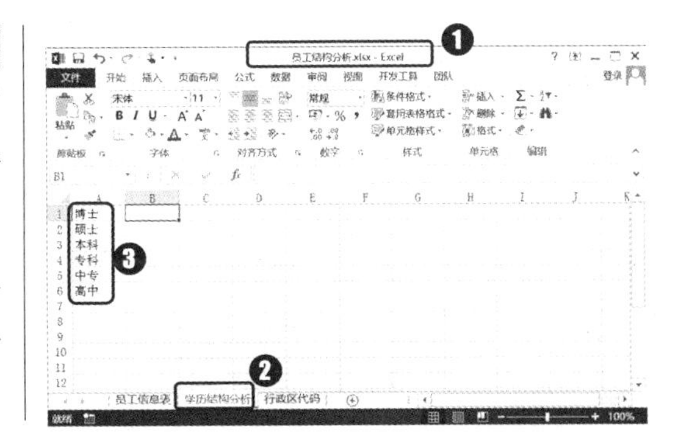

第2步：利用公式统计数据。

❶ 在 B1 单元格中输入公式"=COUNTIF(员工信息表!$C$3:$C$20,学历结构分析!A1)"，统计"员工信息表"工作表中 C3 到 C20 单元格区域中与当前工作中 A1 单元格相同的单元格个数，即统计"员工信息表"中"博士"学历的个数，公式中引用统计的单元格区域时使用绝对引用；❷ 将公式填充到 B6 单元格，如下图所示。

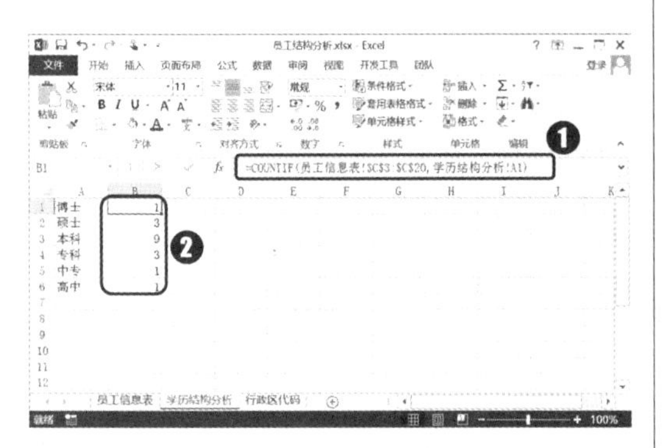

第3步：插入图表。

❶ 选择 A1:B6 单元格区域；❷ 单击"插入"选项卡中的"插入饼图或圆环图"按钮；❸ 在弹出的下拉菜单中选择"三维饼图"图表类型，如下图所示。

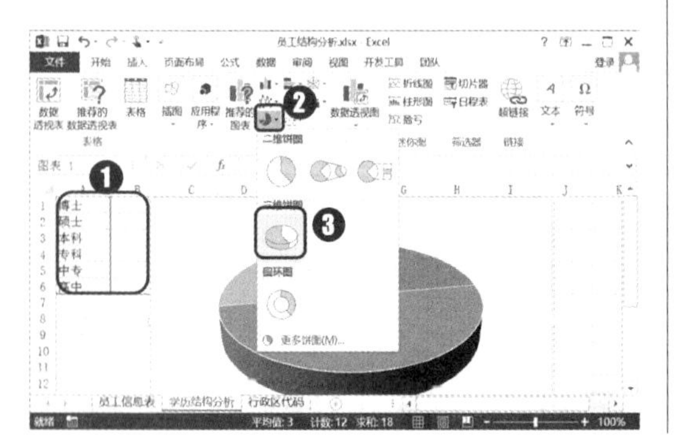

第4步：修改图表布局。

❶ 单击"图表工具—设计"选项卡中的"快速布局"按钮；❷ 在弹出的下拉列表中选择"布局 1"选项，如下图所示。

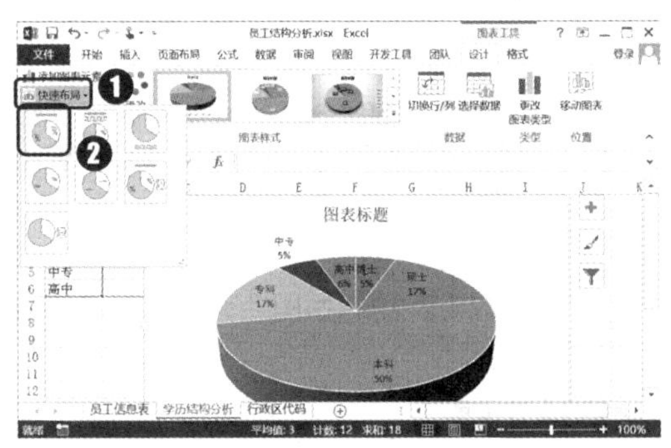

第5步：设置图表标题及数据标签位置。

❶ 修改图表标题文字内容；❷ 单击"图表工具 设计"选项卡中的"添加图表元素"按钮；❸ 在弹出的下拉菜单中选择"数据标签"命令；❹ 在弹出的下级子菜单中选择"数据标签外"命令，如下图所示。

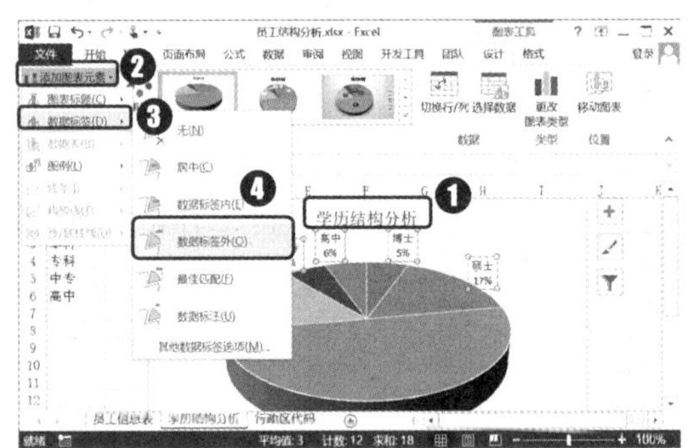

9.1.2 分析员工年龄结构

使用饼图可以分析某个员工属性中不同类别与总数的占比情况。接下来我们要分析该表格中员工年龄的结构情况，具体操作步骤如下。

第1步：新建年龄结构分析工作表。

❶ 新建工作表，并重命名为“年龄结构分析”；❷ 在 A1:A3 单元格区域中输入数据统计的标签，如下图所示。

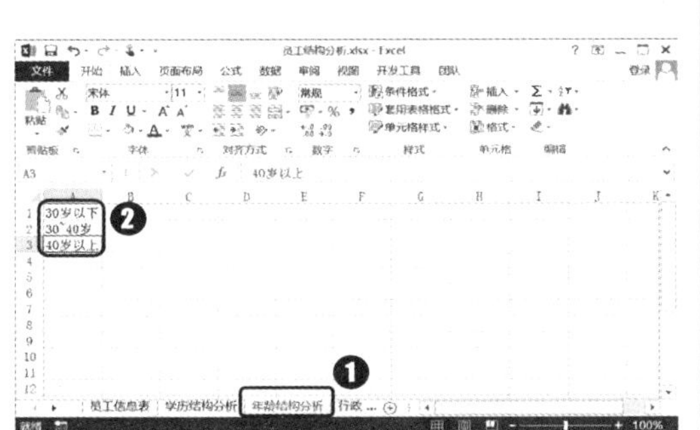

第2步：统计30岁以下的员工数量。

在 B1 单元格内输入公式“=COUNTIF（员工信息表！$ J $ 3: $ J $ 20,"<30"）”，统计出员工信息表中年龄小于 30 的记录数量，如下图所示。

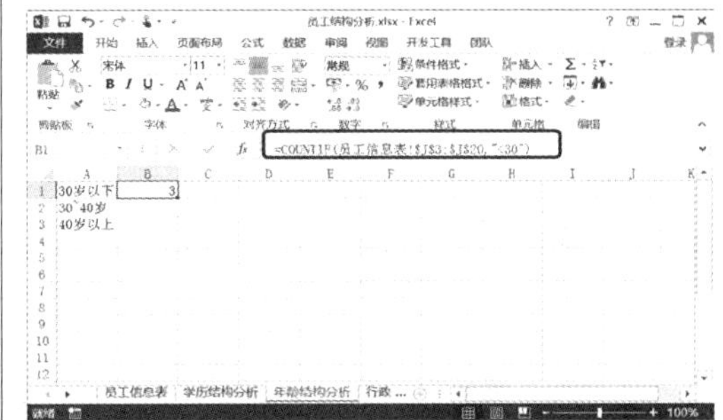

饼图中的数据系列

在 Excel 中创建饼形图表后，所有的数据系列都是一个整体。为了突出其中某一数据，可以将饼图中的扇区分离出来。

第3步：统计40岁以上的员工数量。

在 B3 单元格内输入公式“=COUNTIF（员工信息表！$ J $ 3: $ J $ 20,">40"）”，统计出员工信息表中年龄大于 40 的记录数量，如下图所示。

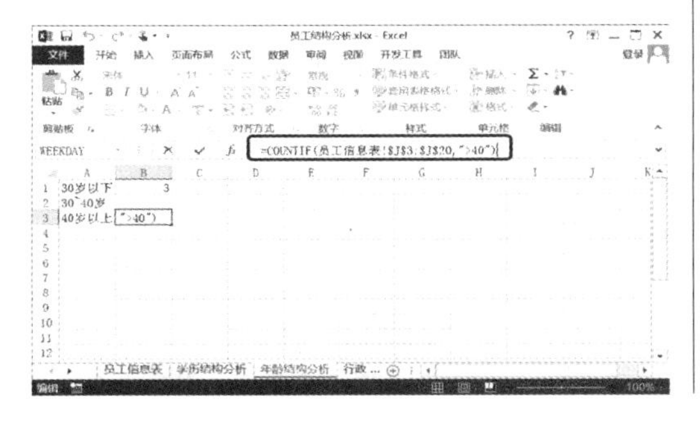

第4步：计算30岁到40岁间的员工数量。

在 B2 单元格内输入公式“=COUNT（员工信息表 !J2:J20）–B1–B3”，即利用员工总数减去 30 岁以下的人数和 40 岁以上的人数，如下图所示。

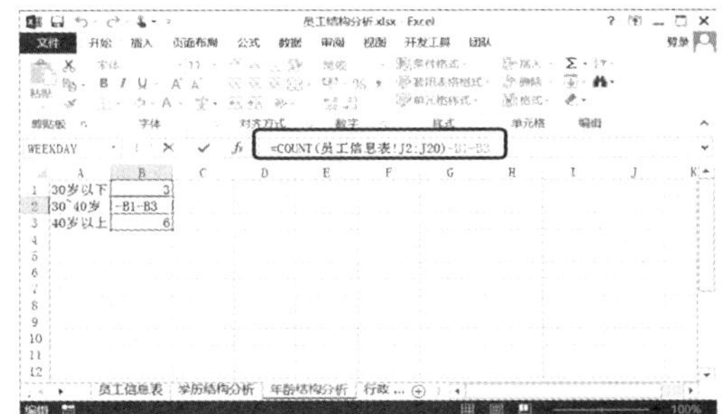

第5步：插入图表。

❶ 选择 A1:B3 单元格区域；❷ 单击“插入”选项卡中的“插入饼图或圆环图”按钮；❸ 在弹出的下拉菜单中选择“三维饼图”图表类型，如下图所示。

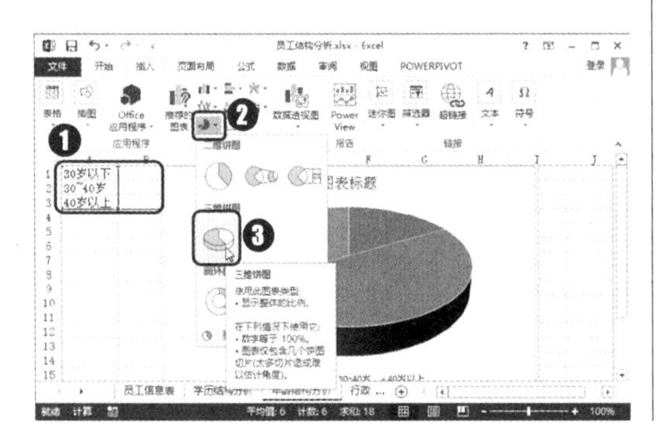

第6步：插入图表。

设置图表样式与“学历结构分析”图表样式相同，完成后的效果如下图所示。

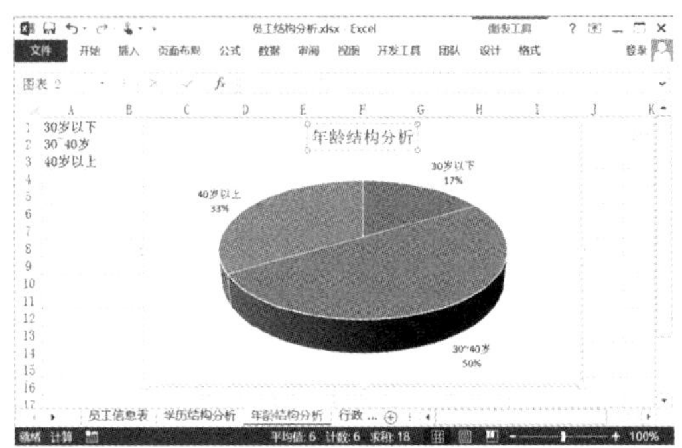

高手点拨　调整饼图大小的注意事项

在调整图表大小时，图表的各组成部分也会随之调整大小。若不满意图表中某个组成部分的大小，也可以选择对应的图表对象，用相同的方法单独调整其大小。在调整饼图的大小时，单击选择图表即可调整图表的大小。如果连续两次单击图表扇区，则会只选择某一扇区，拖动则分离该扇区。

9.1.3　分析员工性别结构

要使用饼图分析员工性别结构，首先需要统计表格中与性别有关的数据，然后用图表的形式将统计的数据展示出来，便于他人直观地理解。具体操作方法如下。

第1步：新建性别结构分析工作表。

❶ 新建一个工作表，并重命名为“性别结构分析”；❷ 在 A1:A2 单元格区域中输入数据统计的标签，如右图所示。

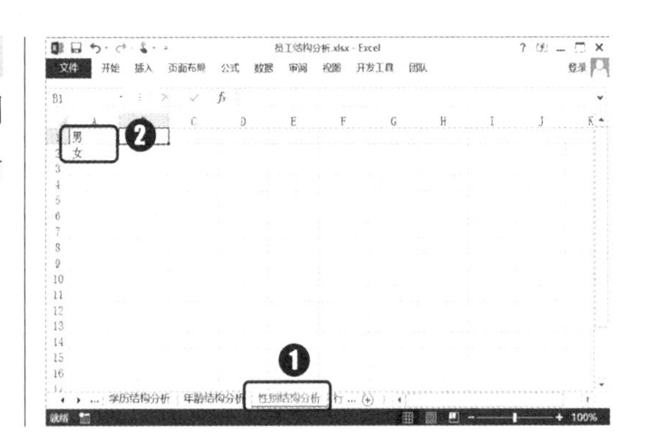

第2步：统计性别数据。

❶ 在 B1 单元格中输入公式“=COUNTIF(员工信息表 ! $H $3: $H $20，性别结构分析 !A1)”，即统计“员工信息表”中性别为“男”的员工个数，公式中引用统计的单元格区域时使用绝对引用；❷ 将公式填充到 B2 单元格，如下图所示。

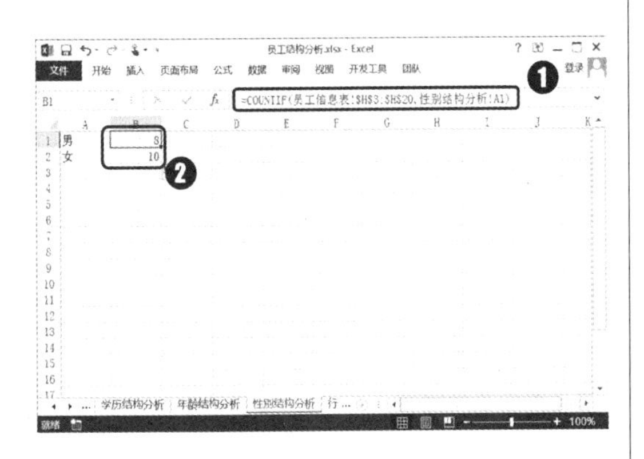

第3步：插入图表。

❶ 选择 A1:B2 单元格区域；❷ 单击“插入”选项卡中的“插入饼图或圆环图”按钮；❸ 在弹出的下拉菜单中选择“三维饼图”图表类型，如下图所示。

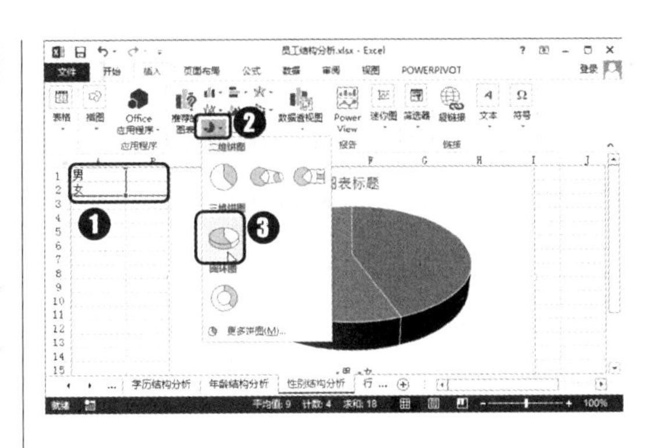

第4步：插入图表。

设置图表样式与前面创建的图表样式相同，完成后的效果如下图所示。

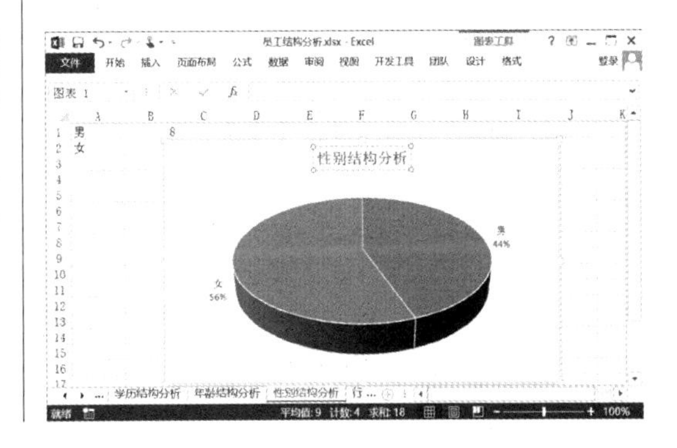

快速选择和设置图表

选择图表后按【Ctrl】键，可以快速打开“图表元素”菜单，再次按【Ctrl】键可以切换至“样式”和“颜色”菜单，再按一次【Ctrl】键可以切换至“数值”和“名称”菜单。“图表元素”菜单用于显示或隐藏图表中的图表元素，“样式”菜单用于设置所选图表元素的样式，“颜色”菜单用于选择图表中数据显示的颜色方案，“数值”菜单用于显示或隐藏图表中的系列，“名称”菜单用于选择图表中系列和类别的显示名称。

9.1.4 分析员工职位结构

要使用饼图分析员工职位结构，首先需要统计表格中与职位有关的数据，然后用图表的形式将统计的数据展示出来，便于他人直观地理解。具体操作方法如下。

第1步：新建职级结构分析工作表。

❶ 新建工作表，并重命名为“职级结构分析”；❷ 在 A1:A5 单元格区域中输入数据统计的标签，如下图所示。

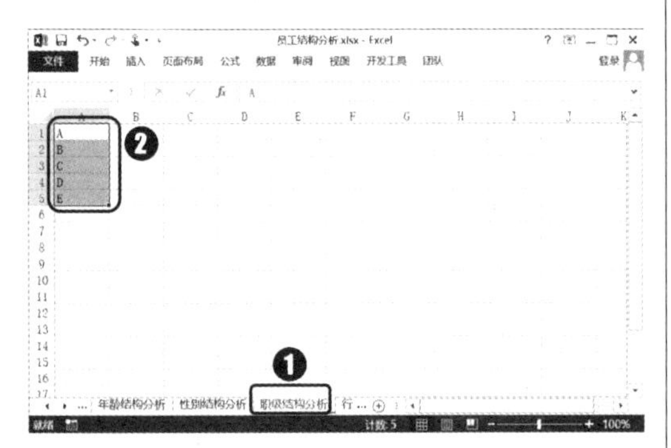

第2步：统计职级数据。

❶ 在 B1 单元格中输入公式“=COUNTIF(员工信息表！$D $3: $D $20，职级结构分析 !A1)”，即统计“员工信息表”中职级为“A”的员工个数，公式中引用统计的单元格区域时使用绝对引用；❷ 将公式填充到 B5 单元格，如下图所示。

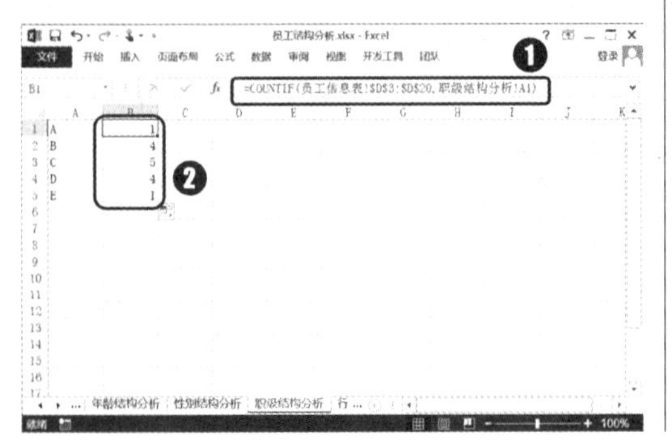

第3步：插入图表。

❶ 选择 A1:B5 单元格区域；❷ 单击“插入”选项卡中的“插入饼图或圆环图”按钮；❸ 在弹出的下拉菜单中选择“三维饼图”图表类型，如下图所示。

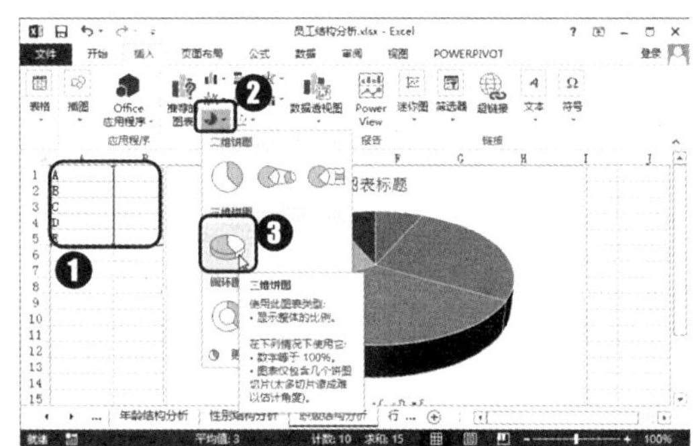

第4步：插入图表。

设置图表样式与前面创建的图表样式相同，完成后的效果如下图所示。

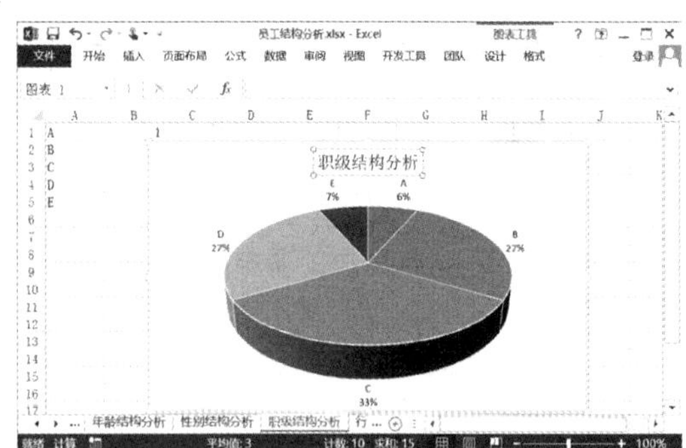

9.2 销售数据分析

◇ 案例概述

在分析和统计销售情况的过程中，常常需要应用图表来表现数据的变化情况，或利用图表对各地区的销量进行对比分析，以及查看某一个销量数据在整个销量中所占的百分比等。

本实例将利用现有的年度销售统计报表，创建用于统计分析销量的图表。首先需要清楚应选择何种图表类型才能更完美、清晰地展示数据，或者仅仅需要在一个单元格中采用迷你图的方式显示数据，然后选择需要的数据创建图表，有时还需要利用控件实现图表内容的动态显示，最后设置和完善图表效果，最终效果如下图所示。

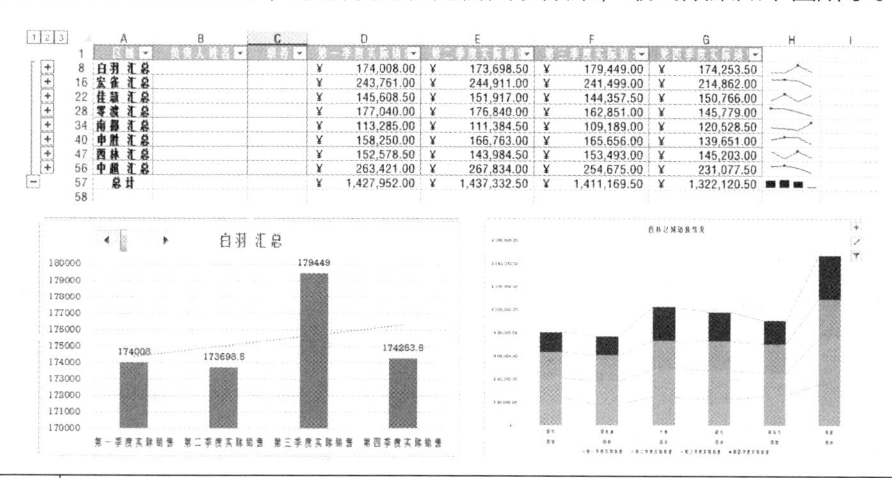

	素材文件:光盘\素材文件\第9章\年度销售统计表.xlsx
	结果文件:光盘\结果文件\第9章\案例02\年度销售统计表.xlsx
	教学文件:光盘\教学文件\第9章\案例02.mp4

◇ 制作思路

在 Excel 中使用迷你图和图表分析销售数据的流程与思路如下所示。

创建迷你图： 销售数据都是连续、具有一定联系的，我们在数据旁边放置迷你图可以十分直观地表现表格数据。

编辑迷你图： 为了让创建的迷你图效果更佳，也方便查看数据，可以适当修饰。

创建折线图表： 图表比迷你图更适于数据的表现，本例将在系统推荐的图表中选择适当的形式表现表格中的数据。

◇ **具体步骤**

本例使用迷你图来表示记录表中的各项数据，再应用推荐图表功能来快速插入合适的图表展示销售数据走势情况。

9.2.1 使用迷你图分析销量变化趋势

迷你图是工作表单元格中的一个微型图表，可提供数据的直观表示。使用迷你图可以显示数值系列中的趋势，如季节性增加或减少、经济周期等，或者可以突出显示最大值和最小值。迷你图表分为折线迷你图、柱形迷你图和盈亏迷你图三种类型，根据用户查看数据方式的不同，然后选择相应的迷你图类型即可。下面就应用迷你图查看不同区域及总销售额在各季度的变化情况。

第1步：打开素材并插入迷你图。

为查看各区域在各个季度的销售额变化情况，可针对每一条数据创建折线迷你图。打开素材文件中提供的“年度销售统计表”工作簿，❶ 选择用于显示迷你图的 H8 单元格；❷ 单击“插入”选项卡“迷你图”组中的“折线图”按钮，如下图所示。

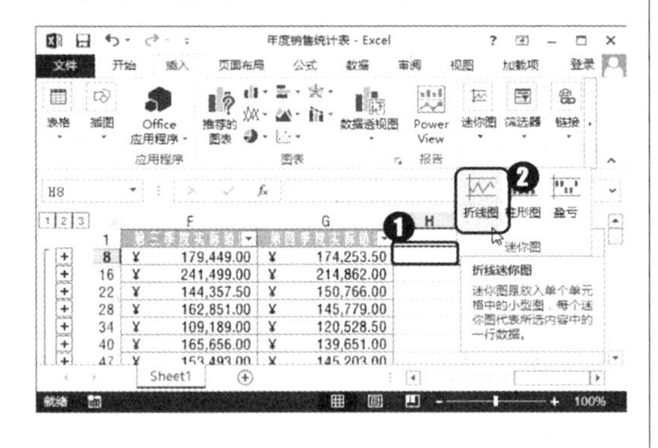

第2步：选择迷你图数据范围。

打开“创建迷你图”对话框，❶ 在“数据范围”参数框中引用 D8:G8 单元格区域，即要创建为迷你图的数据区域；❷ 单击“确定”按钮，如下图所示。

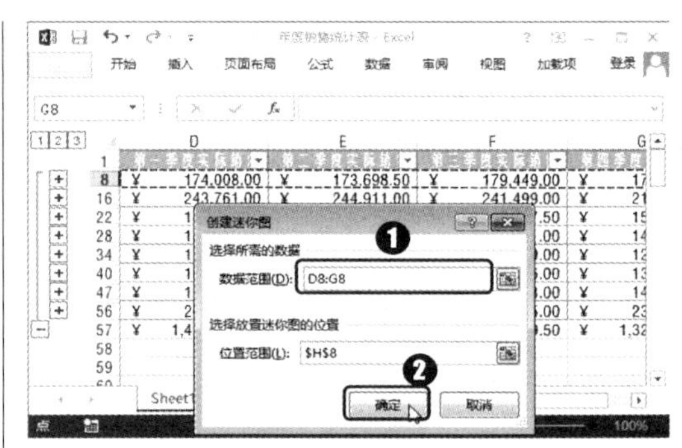

第3步：完成并填充迷你图。

经过上步操作，即可在所选单元格内创建出迷你图，拖动该单元格右下角的填充柄将迷你图填充至 H56 单元格，即可为各区域的数据添加迷你图，效果如下图所示。

第4步：修改迷你图样式。

❶ 选择插入的所有迷你图；❷ 在“迷你图工具 设计”选项卡“显示”组中选中“高点”复选框，让所有迷你图中的高点得到突出显示，如下图所示。

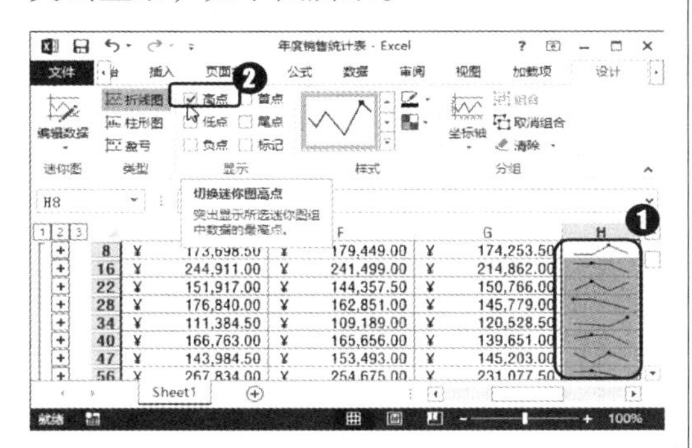

第5步：插入迷你图。

为查看各区域在 4 个季度的总销售额变化情况，并比较各季度的销售额，可对总计行的数据创建柱形迷你图。❶ 选择 H57 单元格；❷ 单击“插入”选项卡“迷你图”组中的“柱形图”按钮，如下图所示。

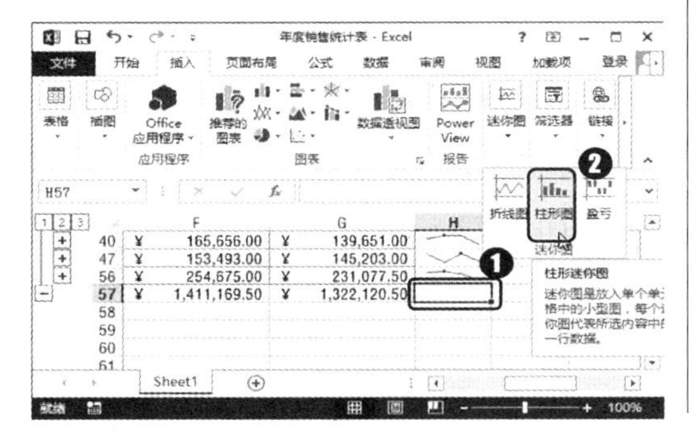

第6步：选择迷你图数据范围。

打开“创建迷你图”对话框，❶ 在“数据范围”参数框中引用 D57:G57 单元格区域；❷ 单击“确定”按钮，如下图所示。

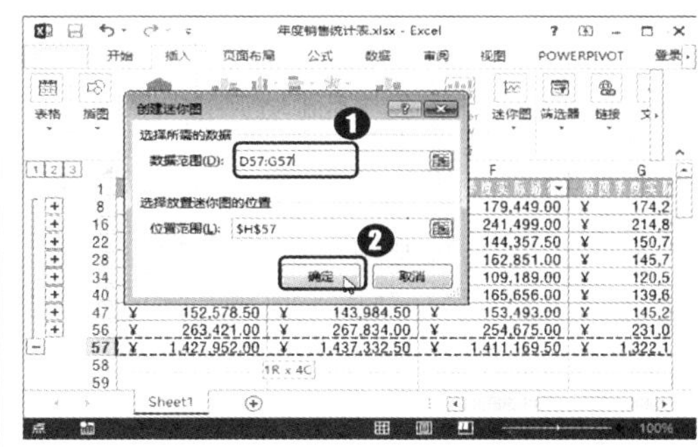

第7步：完成并修改迷你图样式。

经过上步操作，即可在所选单元格内创建出迷你图，在“迷你图工具 设计”选项卡“样式”组中的列表框中选择一个迷你图样式，完成迷你图的创建，如下图所示。

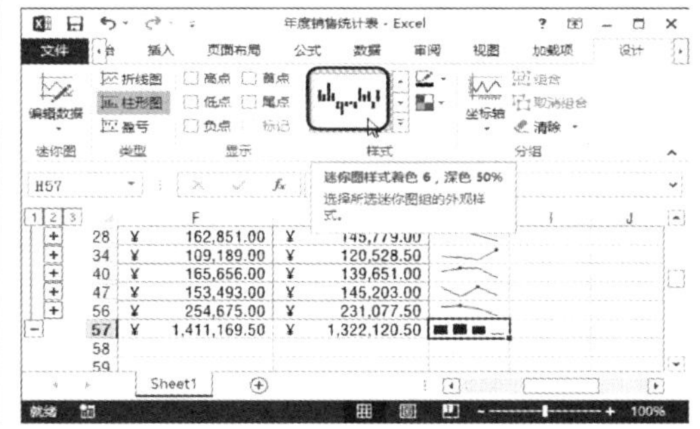

有关迷你图

迷你图并非真正的图表元素，它只能应用于单元格中。它的优势在于使用方便，比图表更为简洁，能成为表格的一部分，并且可以像公式一样通过单元格填充或复制来产生大量不同的图形。当我们通过填充方式得到一组迷你图时，它们会自动形成一个组，对其中任意一个迷你图进行编辑时，该编辑将会在该组迷你图中得到应用。如果只想对其中一个迷你图进行编辑，可先单击“迷你图工具设计”选项卡“分组”组中的“取消组合”按钮，再进行编辑操作。

9.2.2 使用动态图表查看各区域销售数据

行或列中呈现的数据很有用，但很难一眼看出数据的分布形态。通过在数据旁边插入迷你图可以为这些数据提供直观展示，而且只需占用少量空间。但迷你图只能表示相邻数据的趋势，如果要更清楚地知道数据的大概走势，还需要使用到图表。本例为了让表格中的数据看起来更直观，更具有说服力，将制作一张销售数据动态图表，具体操作方法如下。

第1步：新建工作表并复制数据。

要制作动态图表，首先要制作原始的数据表，然后根据表格中提供的数据创建。❶ 新建一个空白工作表，并命名为“动态图表”；❷ 将“Sheet1”工作表中的表头和汇总数据分别以“值和数字格式”的方式选择性粘贴到“动态图表”工作表中；❸ 在 A10 单元格中输入“1”，将此单元作为链接单元格，如下图所示。

第2步：返回一季度名称。

制作动态图表，除了要输入数据信息外，还要使用函数将数据返回到指定位置，然后根据返回的数据创建图表。本例中需要使用 OFFSET 函数。在 A14 单元格中输入“=B1”；按【Enter】键返回引用值，如下图所示。

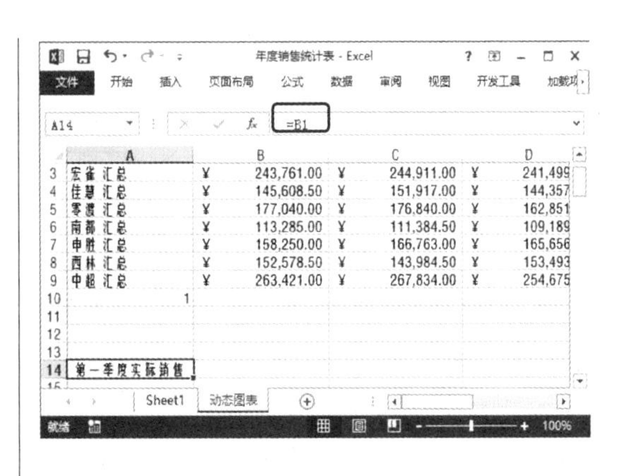

第3步：返回各季度名称和区域名称。

❶ 使用同样的方法分别在 A15、A16 和 A17 单元格中分别输入“=C1”“=D1”“=E1”，返回各季度的名称；❷ 在 B13 单元格中输入“=OFFSET（$A$1，$A$10，0）”，返回 A2 单元格中的内容，如下图所示。

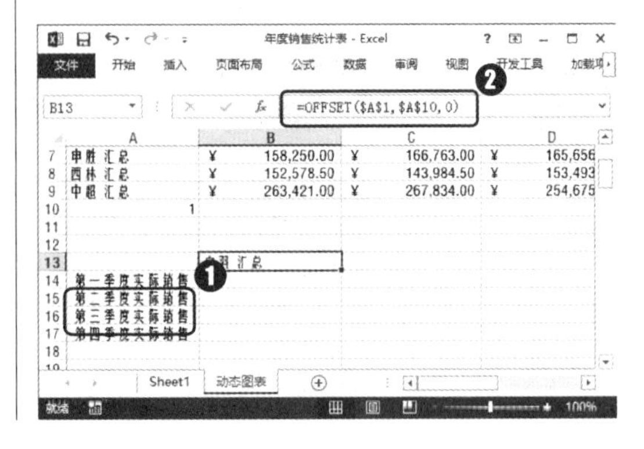

第4步：返回区域对应的销售数据。

使用同样的方法分别在 B14、B15、B16 和 B17 单元格中输入“=OFFSET（$B$1,$A $10,0)”“=OFFSET($C$1,$A$10,0)”“=OFFSET($D$1,$A$10,0)”“=OFFSET($E$1,$A$10,0)”，返回该区域各季度的数据，如右图所示。

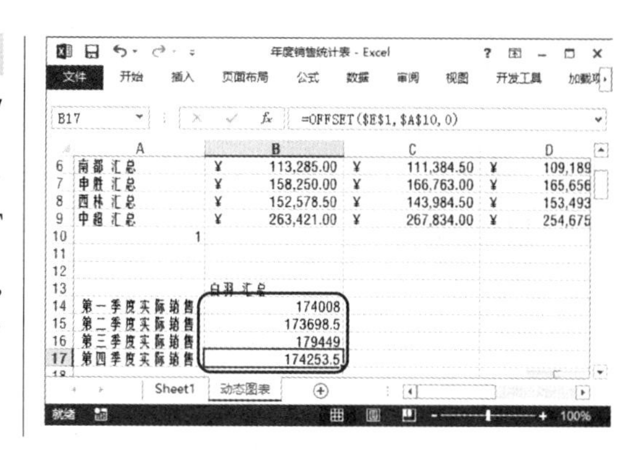

添加“开发工具”选项卡

根据公式或函数返回的数据，要按照区域创建出动态图表，需要使用控件操作。因此，首先要通过“Excel 选项”对话框添加“开发工具”选项卡。

第5步：插入图表。

❶ 选择 A13:B17 单元格区域；❷ 单击“插入”选项卡“图表”组中的“推荐的图表”按钮，如下图所示。

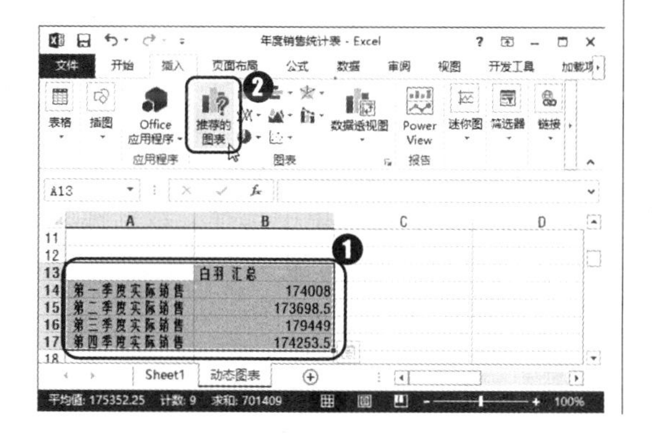

第6步：选择图表类型。

打开“插入图表”对话框，❶ 在“推荐的图表”选项卡中系统根据选择的源数据提供了几种比较适合的图表类型，这里选择“柱状图”选项；❷ 单击“确定”按钮，如下图所示。

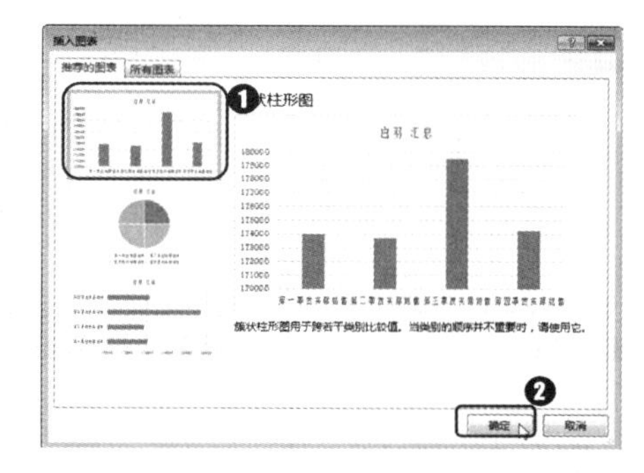

使用“推荐的图表”功能

“推荐的图表”功能非常强大，它会根据选择的表格数据的排列关系自动推荐一种或多种可采用的图表类型，并可显示出所选数据采用该图表类型的缩略图效果。我们能直观地知道使用哪种效果才是我们想要的。

第7步：插入滚动条控件。

❶ 单击“开发工具”选项卡“控件”组中的“插入”按钮；❷ 在弹出的下拉列表中选择“滚动条”选项，如下图所示。

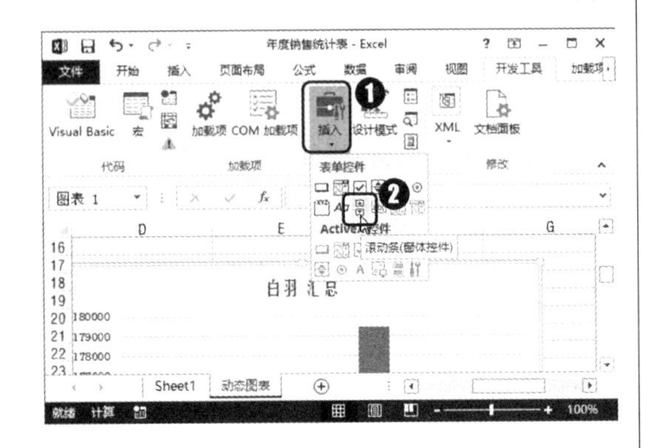

第8步：绘制滚动条并设置属性。

❶ 在图表区域中拖动鼠标绘制滚动条的大小，并选择绘制的控件；❷ 单击“控件”组中的“属性”按钮，如下图所示。

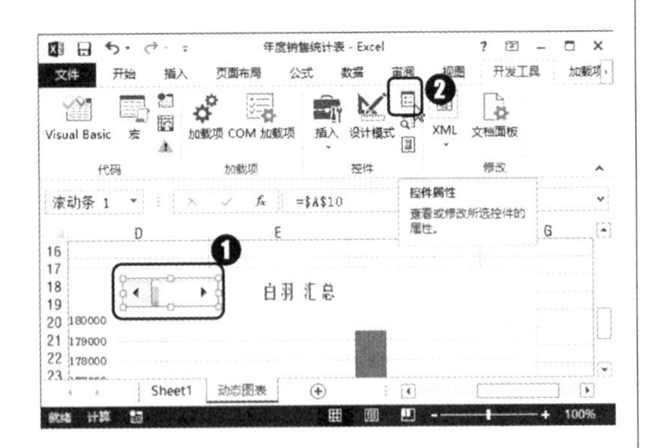

第9步：设置控件格式。

打开“设置控件格式”对话框，❶ 在“当前值”“最小值”“最大值”“步长”和“页步长”框中输入如下图所示的数值；❷ 在“单元格链接”文本框中引用A10单元格；❸ 单击“确定”按钮。

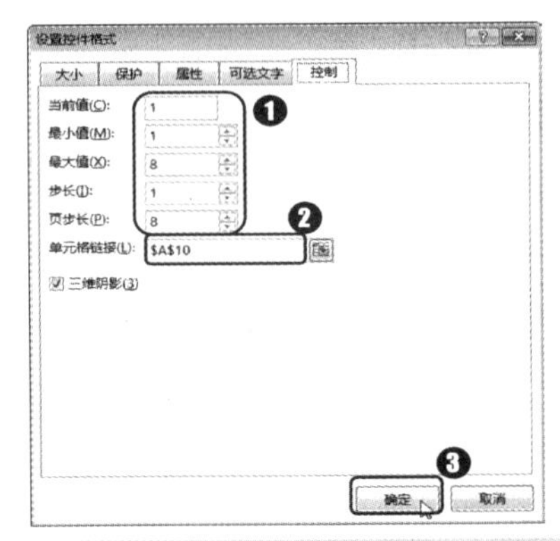

第10步：拖动滚动条显示相关区域的数据。

设置完控件格式后，在绘制的滚动条上拖动鼠标，即可显示相关区域的数据信息，如下图所示。

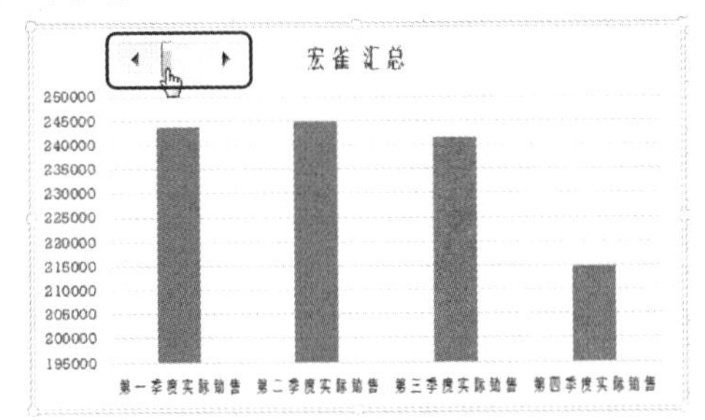

第11步：添加数据标签。

为图表中的数据系列添加标签，可以明确各数据系列的具体值。❶ 选择制作的图表；❷ 单击“图表工具 设计”选项卡“图表布局”组中的“添加图表元素”按钮；❸ 在弹出的下拉菜单中选择“数据标签”命令；❹ 在弹出的下级子菜单中选择“数据标签外”命令，如下图所示。

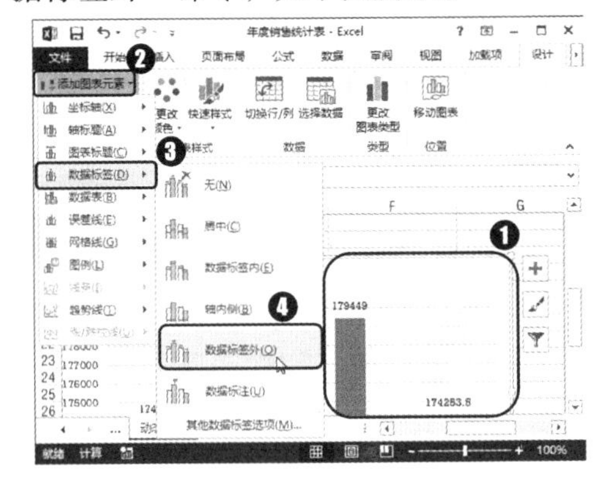

第12步：添加趋势线。

根据图表中各数据系列的值，可以制作趋势线来预测数据的整体趋势。❶ 单击“图表工具 设计”选项卡“图表布局”组中的“添加图表元素”按钮；❷ 在弹出的下拉菜单中选择“趋势线”命令；❸ 在弹出的下级子菜单中选择“线性”命令，如右图所示。

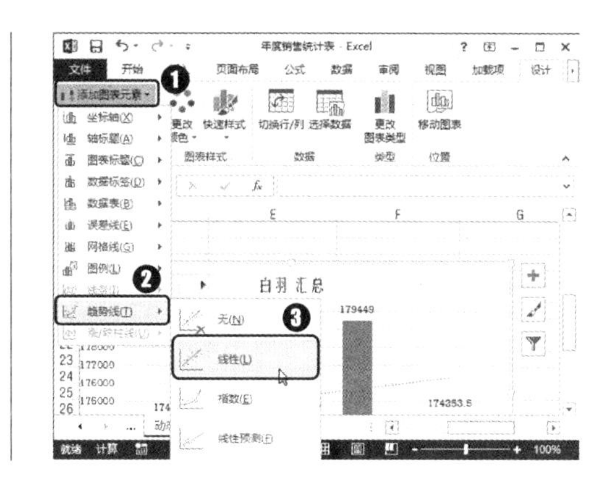

9.2.3 创建销量明细分析图

本例中需要对比区域各员工在不同季度的销售额，此时可应用年度销售统计表中的数据创建出柱形图，具体操作方法如下。

第1步：复制工作表。

❶ 复制“Sheet1”工作表；❷ 选择工作表中的所有数据；❸ 单击“数据”选项卡“分级显示”组中的“分类汇总”按钮，如下图所示。

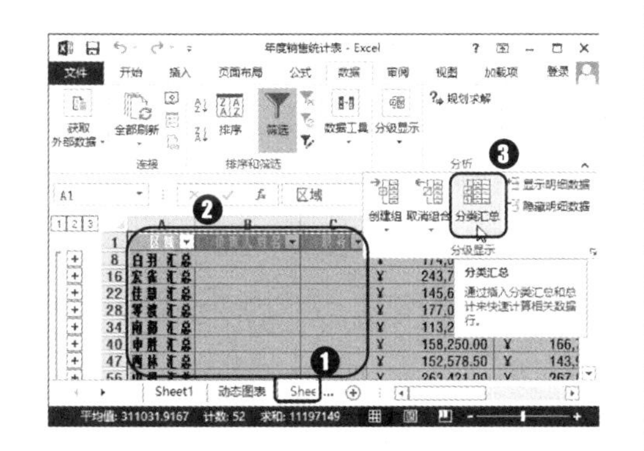

第2步：取消分类汇总。

打开“分类汇总”对话框，单击“全部删除”按钮，取消分类汇总效果，如下图所示。

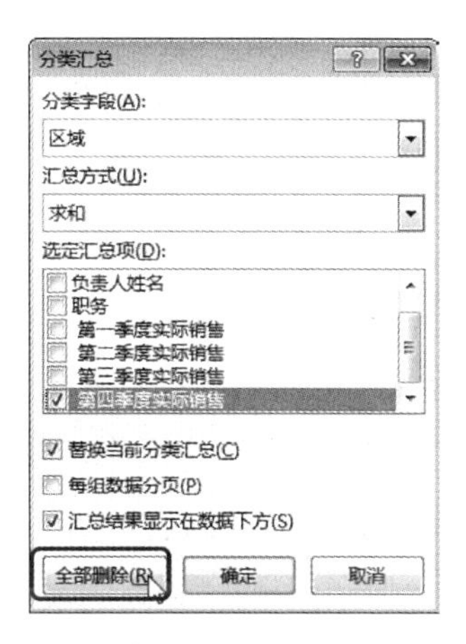

第3步：删除多余数据。

❶ 选择 H 列单元格；❷ 单击“开始”选项卡“单元格”组中的“删除”按钮，删除迷你图效果，如下图所示。

第4步：创建图表。

❶ 选择 A2:G7 单元格区域；❷ 单击“插入”选项卡“图表”组中的“插入柱形图”下拉按钮 ；❸ 在弹出的下拉列表中选择“簇状柱形图”选项，如右图所示。

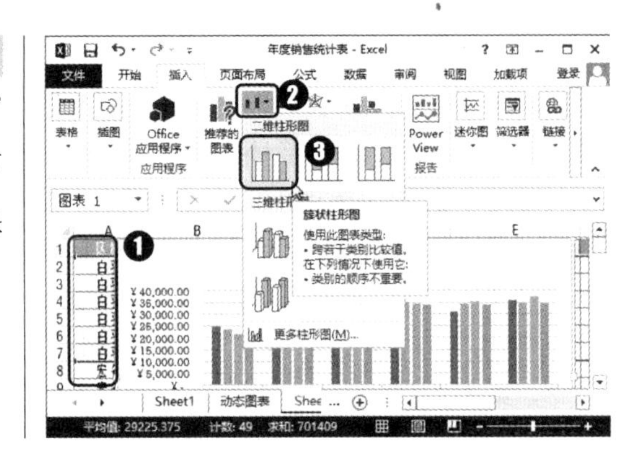

改变图表数据源的行列方向

选择图表后，单击“图表工具 设计”选项卡“数据”组中的“切换行 / 列”按钮，或单击“选择数据源”对话框中的“切换行 / 列”按钮，可以切换图表的行列方向。

第5步：更改图表类型。

由于需要分析的数据系列比较多，可将图表类型修改为堆积柱形图。❶ 选择插入的图表；❷ 单击“图表工具 设计”选项卡“类型”组中的“更改图表类型”按钮 ，如下图所示。

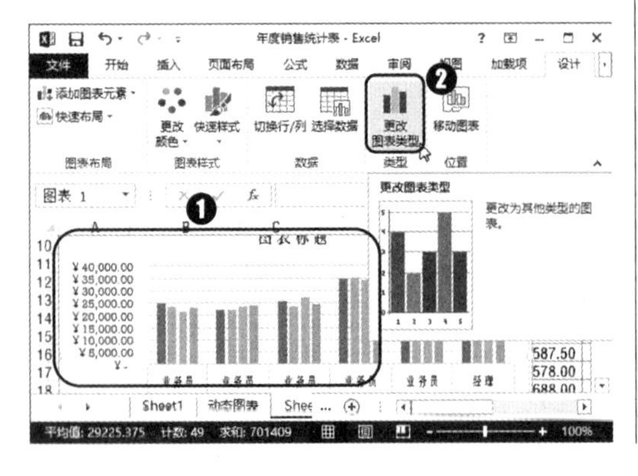

第6步：选择图表类型。

打开“更改图表类型”对话框的“所有图表”选项卡，❶ 在左侧选择“柱形图”选项；❷ 在右侧上方的列表区中选择“堆积柱形图”图表样式；❸ 在下方选择需要的“堆积柱形图”图表效果；❹ 单击“确定”按钮，如下图所示。

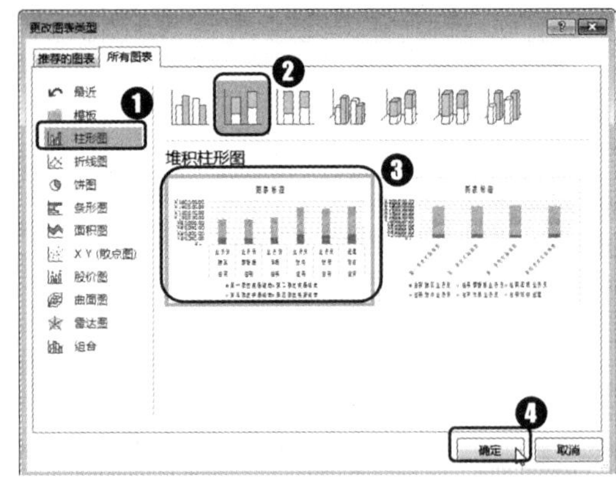

第7步：隐藏单元格。

由于图表中出现了不需要列单元格中的内容（职务），因此需要隐藏源数据中的相关单元格。❶ 选择 C 列单元格；❷ 单击“开始”选项卡“单元格”组中的“格式”按钮；❸ 在弹出的下拉菜单中选择“隐藏和取消隐藏”命令；❹ 在弹出的下级子菜单中选择“隐藏列”命令，如下图所示。

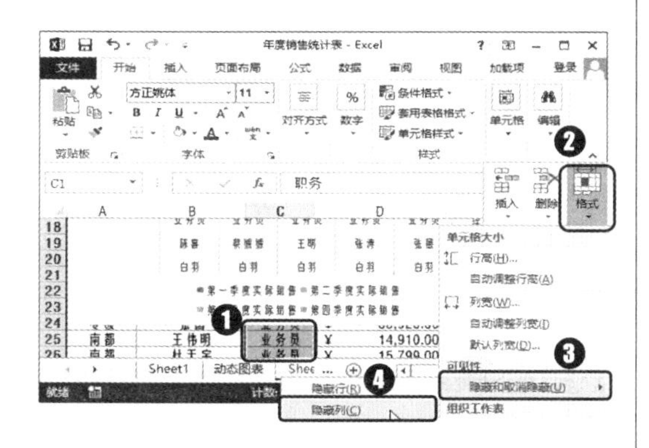

第8步：单击“选择数据”按钮。

本例需要修改图表中的数据为西林区域的相关数据。❶ 选择图表；❷ 单击“图表工具 设计”选项卡“数据”组中的“选择数据”按钮，如下图所示。

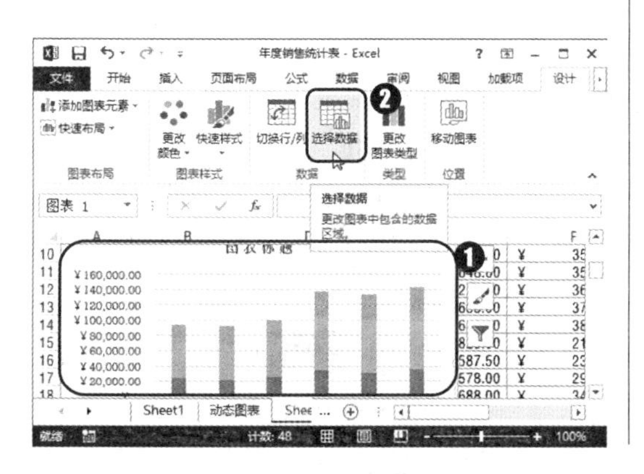

第9步：修改图表数据源。

打开“选择数据源”对话框，❶ 单击“图表数据区域”文本框右侧的“折叠”按钮；❷ 返回工作表中选择 A1:G1 和 A35:G40 单元格区域；❸ 单击“确定”按钮，如下图所示。

第10步：移动图表。

为使图表与表格数据相对独立，可将图表放置到不同的工作表中。❶ 选择图表；❷ 单击“图表工具 设置”选项卡“位置”组中的“移动图表”按钮，如下图所示。

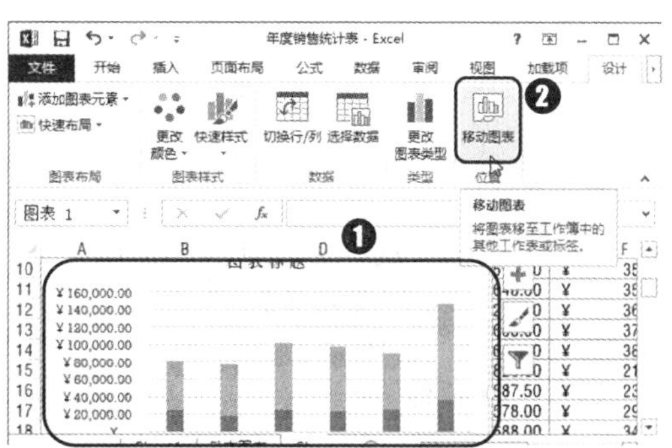

第11步：修改图表数据源。

打开“移动图表”对话框，❶ 选中“新工作表”单选按钮；❷ 单击“确定”按钮，如下图所示。

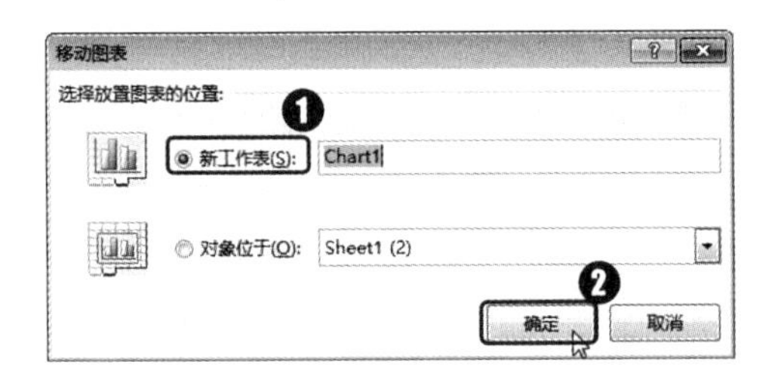

第12步：更改图表颜色。

创建图表后，为提高图表的美观度，使图表具有更好的视觉效果，可以更改图表颜色。❶ 单击“图表工具 设置”选项卡“图表样式”组中的“更改颜色”按钮；❷ 在弹出的下拉列表中选择需要的颜色样式，如下图所示。

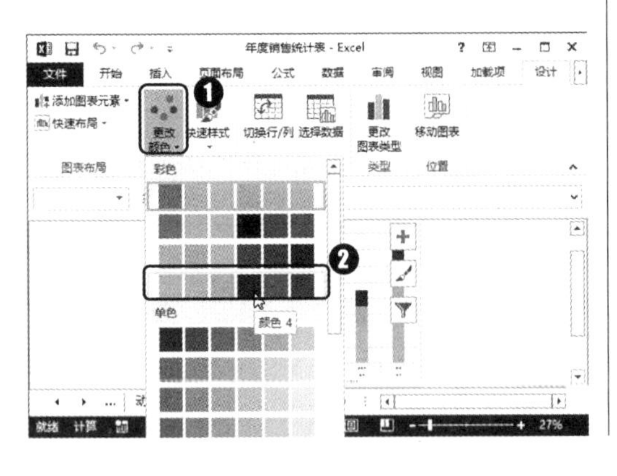

第13步：更改图表布局。

创建图表后，要快速更改图表布局，可以将一个预定义的图表布局样式应用到图表中。❶ 单击“图表工具 设置”选项卡“图表布局”组中的“快速布局”按钮；❷ 在弹出的下拉列表中选择需要的布局样式，如下图所示。

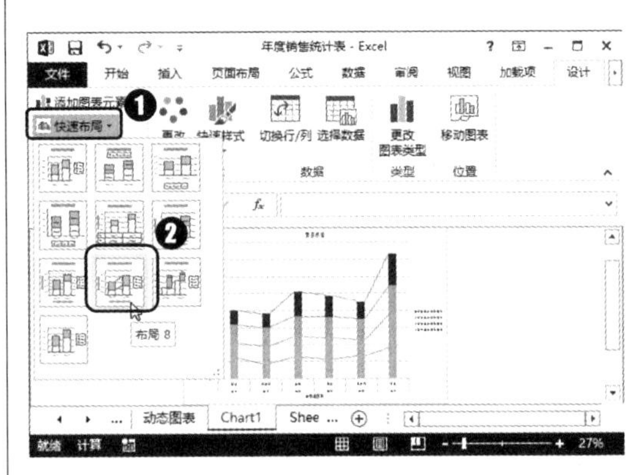

第14步：设置图表样式。

为提高图表的美观度，使图表具有更好的视觉效果，可以设置图表中各元素的格式，并为图表添加各种修饰，也可以将一个预定义的图表样式应用到图表中。❶ 单击“图表工具 设置”选项卡“图表样式”组中的“快速样式”按钮；❷ 在弹出的下拉列表中选择需要的图表样式，如下图所示。

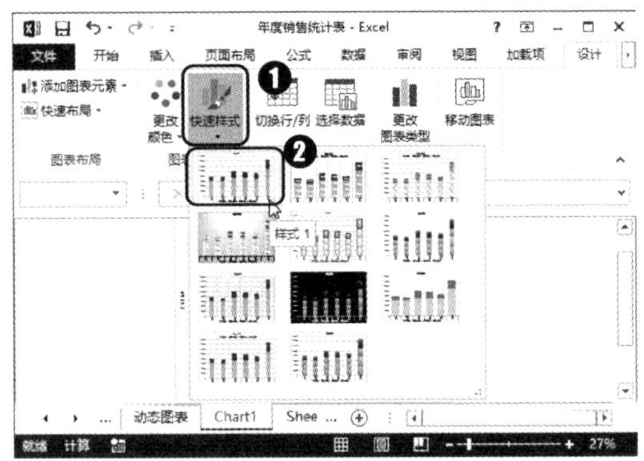

第15步：输入图表标题并设置图表元素。

❶ 在图表上方的文本框中输入图表标题内容“西林区域销售情况”；❷ 本例中的图表不需要添加坐标轴标题，因此需要将其隐藏，选择图表；❸ 单击在图表框右侧显示的“添加图表元素”按钮；❹ 在弹出的下拉列表框中取消选中“坐标轴标题”复选框，如右图所示。

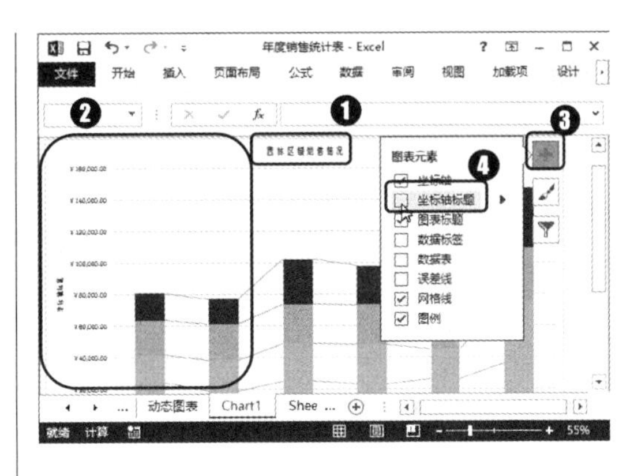

9.3 分析考勤记录表

◇ 案例概述

在年底时行政部都会对当年的考勤记录表做一次统计，根据统计出考勤的结果作为一个参考标准，从而制定出一个新的符合公司的考勤标准。因此，对这些数据进行分析很有必要，本例应用数据透视表分析考勤记录表数据的效果如下图所示。

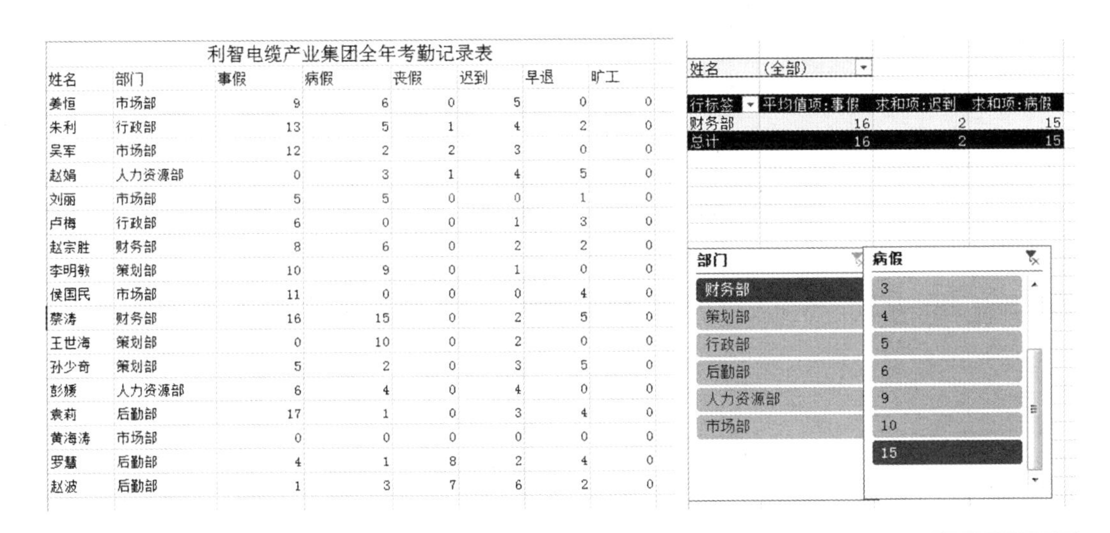

利智电缆产业集团全年考勤记录表

姓名	部门	事假	病假	丧假	迟到	早退	旷工
姜恒	市场部	9	6	0	5	0	0
朱利	行政部	13	5	1	4	2	0
吴军	市场部	12	2	2	3	0	0
赵娟	人力资源部	0	3	1	4	5	0
刘丽	市场部	5	5	0	0	1	0
卢梅	行政部	6	0	0	1	3	0
赵宗胜	财务部	8	6	0	2	2	0
李明敏	策划部	10	9	0	1	0	0
侯国民	市场部	11	0	0	0	4	0
蔡涛	财务部	16	15	0	2	5	0
王世海	策划部	0	10	0	2	0	0
孙少奇	策划部	5	2	0	3	5	0
彭媛	人力资源部	6	4	0	4	0	0
袁莉	后勤部	17	1	0	3	4	0
黄海涛	市场部	0	0	0	0	0	0
罗慧	后勤部	4	1	8	2	4	0
赵波	后勤部	1	3	7	6	2	0

姓名 (全部)

行标签	平均值项:事假	求和项:迟到	求和项:病假
财务部	16	2	15
总计	16	2	15

	素材文件:光盘\素材文件\第9章\案例03\考勤记录表.xlsx
	结果文件:光盘\结果文件\第9章\案例03\考勤记录表.xlsx
	教学文件:光盘\教学文件\第9章\案例03.mp4

◇ 制作思路

在 Excel 中分析考勤记录表数据的流程与思路如下所示。

创建数据透视表：本例已经将源数据准备妥当，我们只需要根据这些数据创建数据透视表就可以开始分析了。

编辑数据透视表：使用数据透视表分析数据，需要对要分析的数据效果进行思考，然后选择合适的字段显示，并按照一定的规律显示即可。

使用切片器：使用切片器分析数据透视表中的数据可以更加直观，因此有必要掌握切片器的使用方法。

◇ **具体步骤**

使用数据透视表的方式可以根据统计需要快速对字段进行操作，当源数据表中的数据发生变化时，还可以随时更新数据。本例将以考勤记录表数据为例，为读者介绍 Excel 中使用数据透视表分析数据的相关操作。

9.3.1 创建考勤记录透视表

数据透视表不仅可以将行或列中的数据转换为有意义的数据表示，同时可以进行简单的数据统计，只需要简单地设置操作便可以改变统计的方式，避免了再次使用函数和公式的麻烦。本节主要介绍如何创建透视表与添加透视表字段知识。

第1步：执行创建数据透视表的操作。 打开素材文件“考勤记录表”，单击“插入”选项卡“表格”组中的“数据透视表”按钮，如右图所示。

使用“推荐的数据透视表”功能

使用“推荐的数据透视表”功能，可以根据选择的表格数据自动推荐一种或多种可采用的数据透视效果，不仅能直观看到各种透视效果，还免去了设置字段的麻烦。

第2步：选择源数据表区域和透视表位置。

打开“创建数据透视表”对话框，❶ 在“表/区域”参数框中选择源数据表区域；❷ 选中“现有工作表”单选按钮，并在其后的“位置”参数框中输入数据透视表存放的位置；❸ 单击“确定”按钮，如下图所示。

第3步：执行添加字段的操作。

经过以上操作，将创建一个空白数据透视表。在“数据透视表字段”任务窗格中的“选择要添加到报表的字段”列表框中选中“姓名”“部门”“事假”“迟到”复选框，如下图所示。

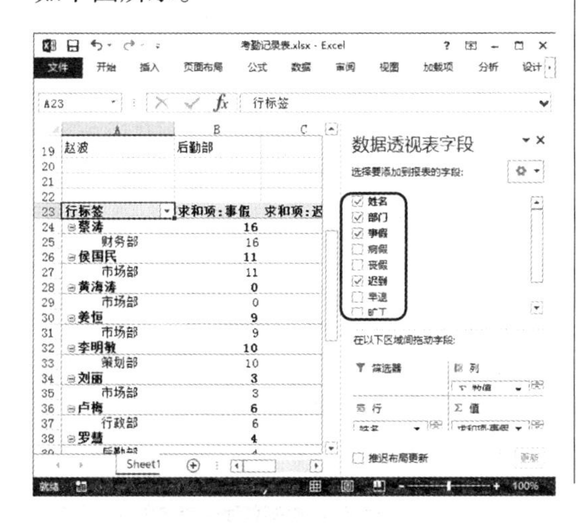

第4步：移动报表字段。

经过以上操作，即可为数据透视表添加相应的字段。❶ 单击“姓名”字段右侧的下拉按钮；❷ 在弹出的下拉列表中选择“移动到报表筛选”选项，如下图所示。

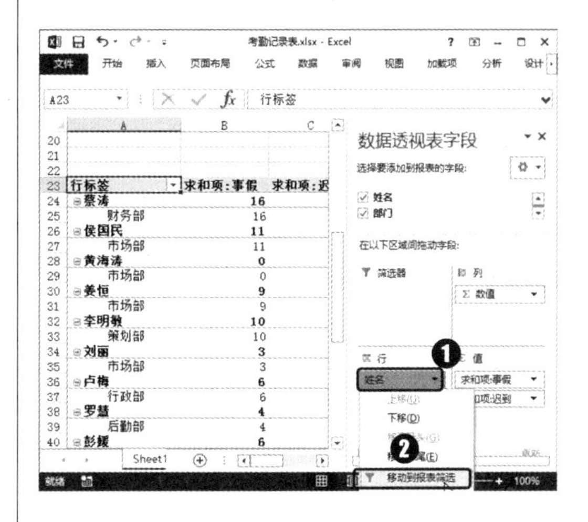

第5步：显示添加字段效果。

经过以上操作，即可将“姓名”字段设置为数据透视表的报表筛选器字段，同时会显示出目前数据透视表的整个效果，如下图所示。

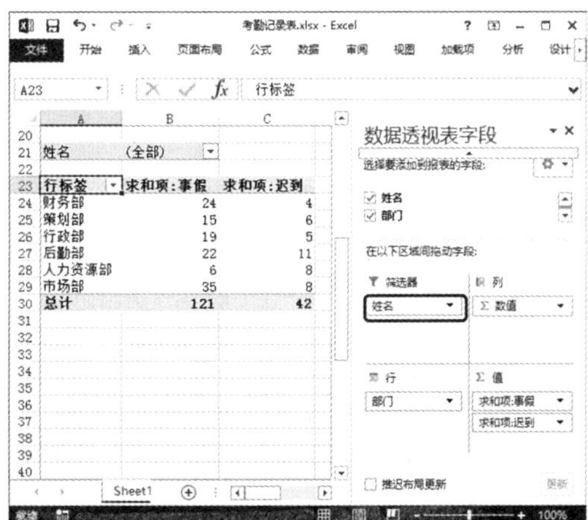

9.3.2 编辑考勤记录透视表

使用数据透视表分析数据时，除了前面介绍的使用数据透视表的基本操作外，用户还可以根据自己的需要编辑数据透视表。如查看数据、更新数据透视表数据、更改数据透视表汇总计算方式以及美化透视表等相关操作。

第1步：选择要保留的数据。

❶ 单击“行标签”右侧的下拉按钮；❷ 在弹出的下拉菜单中取消选中“全选”复选框；❸ 选中“行政部”和“市场部”复选框；❹ 单击“确定”按钮，如下图所示。

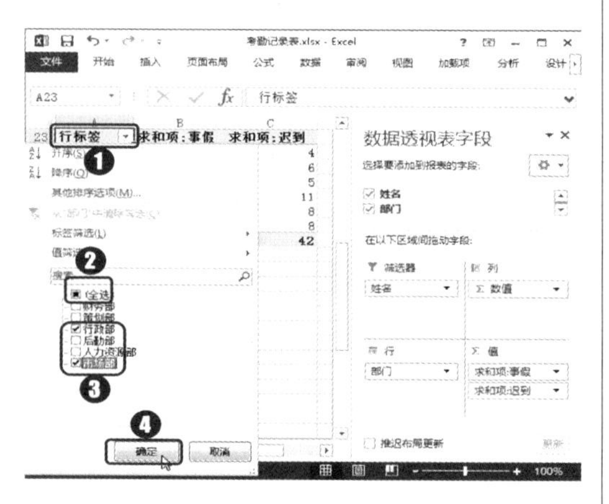

第2步：显示筛选结果。

经过以上操作，在数据透视表中将筛选出行政部和市场部的相关数据，效果如下图所示。

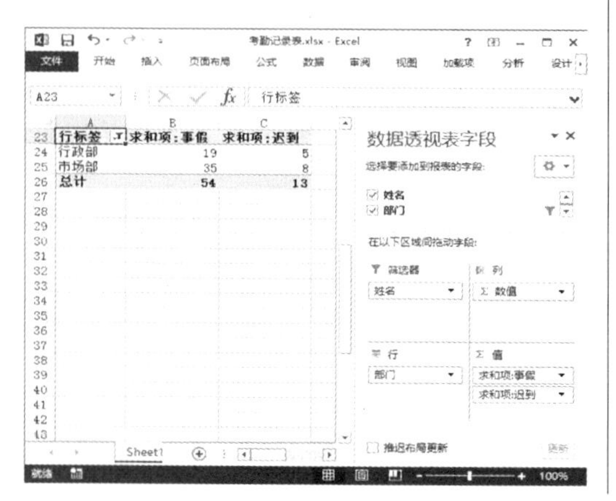

第3步：修改并刷新数据。

❶ 修改 C7 单元格中的数据为“5”；❷ 选择数据透视表中的任意单元格；❸ 单击“数据透视表工具 分析”选项卡“数据”组中的“刷新”按钮，如下图所示。

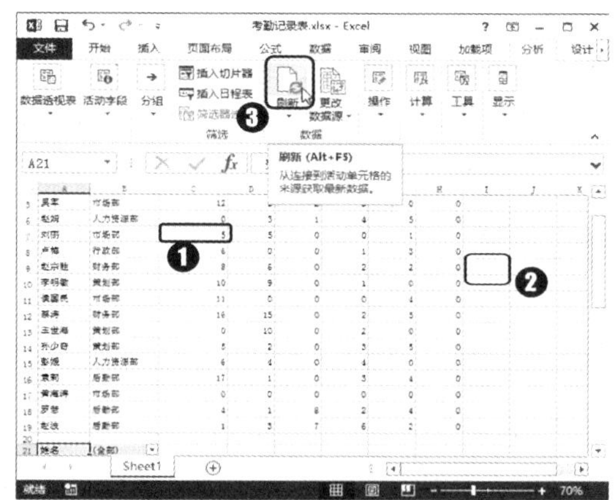

第4步：显示刷新数据结果。

经过上步操作，将刷新数据透视表中的所有数据，结果如下图所示。

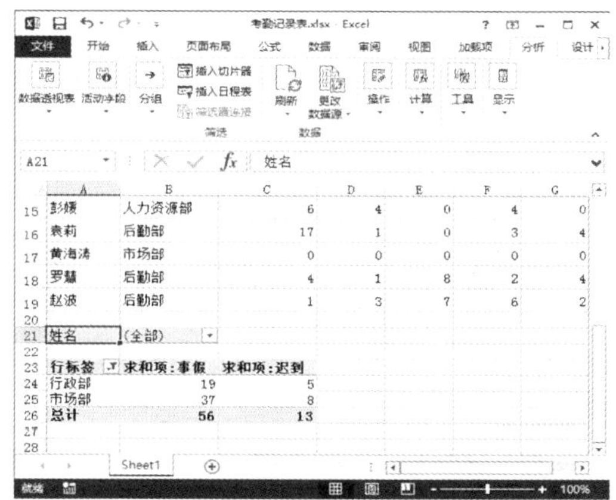

第5步：执行值字段设置命令。

❶ 单击“数据透视表字段”任务窗格中“值”列表框中的“求和项：事假”字段右侧的下拉按钮；❷ 在弹出的下拉菜单中选择“值字段设置”命令，如下图所示。

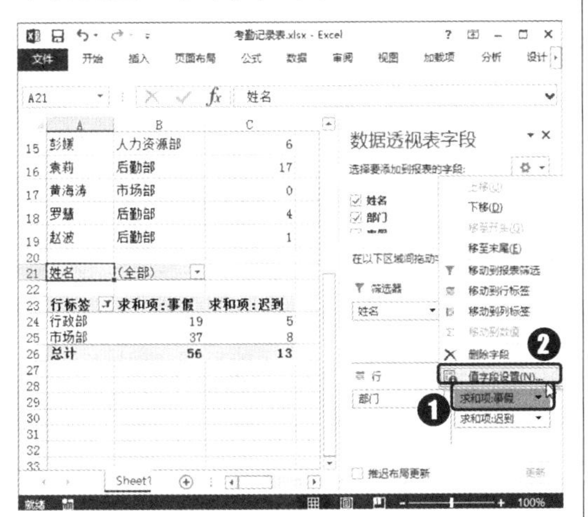

第6步：选择汇总计算方式。

打开“值字段设置”对话框，❶ 在“值汇总方式”选项卡的列表框中选择“平均值”选项；❷ 单击“确定”按钮，如下图所示。

第7步：显示平均值汇总效果。

经过以上操作，即可修改该字段的求和汇总方式为求平均值，效果如下图所示。

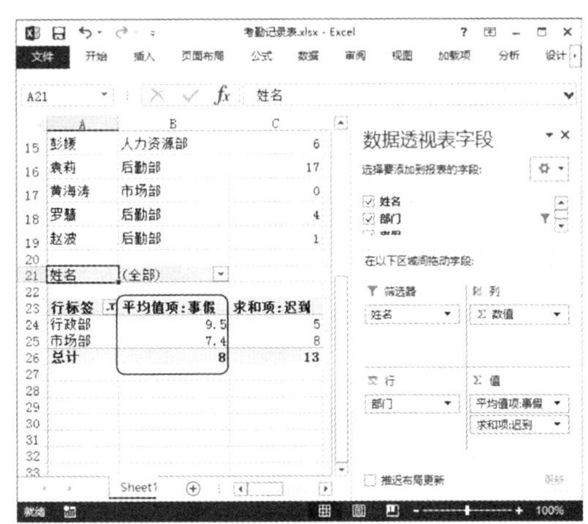

第8步：设置数据透视表样式。

❶ 选择 A21:C26 单元格区域；❷ 在“数据透视表工具 设计”选项卡“数据透视表样式”组中的列表框中选择一种数据透视表样式，即可为数据透视表添加样式，如下图所示。

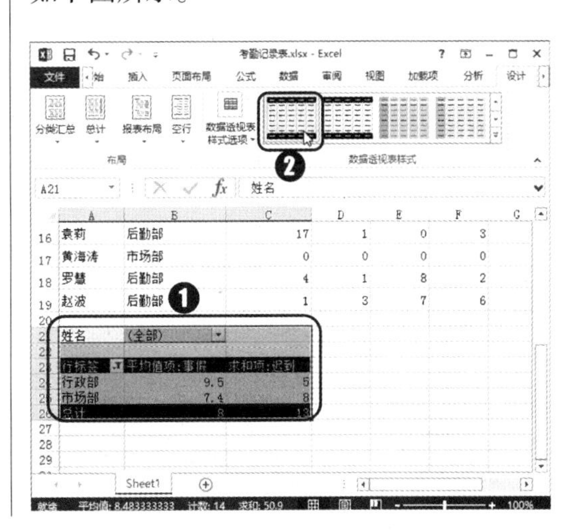

数据透视表和分类汇总

数据透视表通常用于创建数据报表或统计汇总分析大量数据。它与分类汇总功能很相似。不同的是，数据透视表可以对多个字段分类，但只显示统计数据，没有明细数据。创建数据透视表后我们可以自由地设置行字段、列字段和值项。其中，行字段和列字段均用于数据分类，只有“值”项中的数据才作为数据汇总。所以，当我们要根据多个字段分类分析数据统计结果时，可以使用数据透视表。

9.3.3 使用切片器分析数据

切片器提供了一种可视性极强的筛选方法来筛选数据透视表中的数据。一旦插入切片器，用户就可以使用多个按钮快速分段和筛选数据，仅显示所需数据。此外，对数据透视表应用多个筛选器之后，不再需要打开列表查看数据所应用的筛选器，这些筛选器会显示在屏幕上的切片器中。使用切片器分析数据的具体操作方法如下。

第1步：取消字段筛选效果。

❶ 单击“行标签”右侧的下拉按钮；❷ 在弹出的下拉菜单中选中“全选”复选框；❸ 单击“确定”按钮，如下图所示。

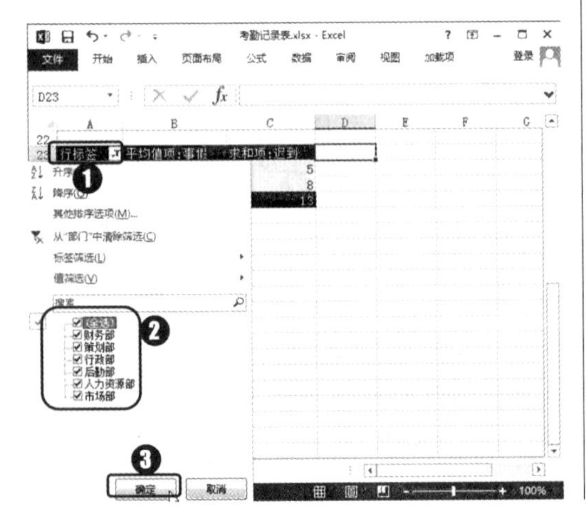

第2步：执行“插入切片器”命令。

单击“数据透视表工具 分析”选项卡“筛选”组中的“插入切片器”按钮，如下图所示。

第3步：选择切片器数据选项。

打开“插入切片器”对话框，❶ 选中“部门”和“病假”复选框；❷ 单击“确定”按钮，如下图所示。

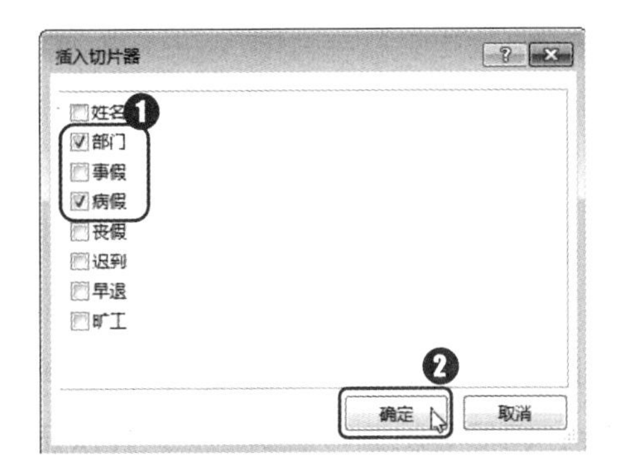

第4步：添加“病假”字段。

在“数据透视表字段”任务窗格的列表框中选中“病假”复选框，如下图所示。

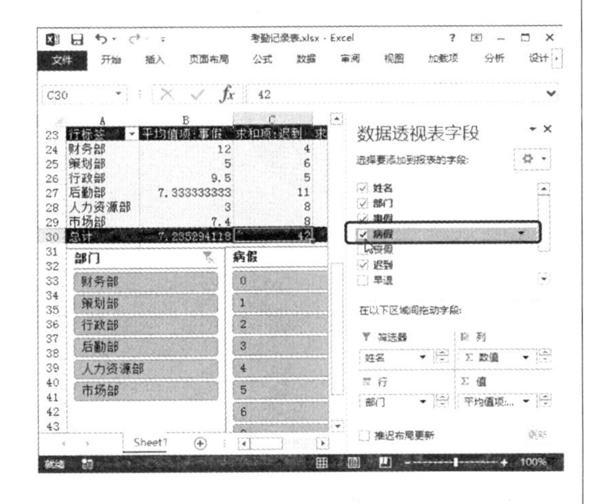

第5步：选择切片器选项。

在“病假”切片器中选择“15”选项，即可在数据透视表中显示切片器选中的相关记录，如下图所示。

第6步：选择切片器样式。

❶ 选择插入的两个切片器；单击“切片器工具 选项”选项卡“切片器样式”组中的“快速样式”按钮；❷ 在弹出的下拉列表中选择一种切片器样式，如下图所示。

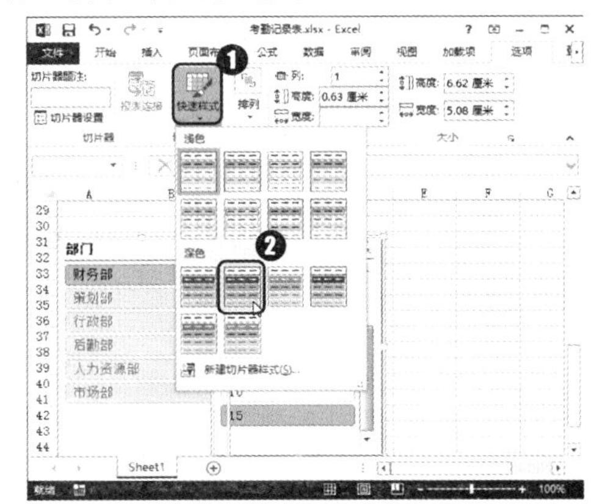

第7步：查看设置的切片样式。

经过上步操作后，即可为切片器添加内置的样式，效果如下图所示。

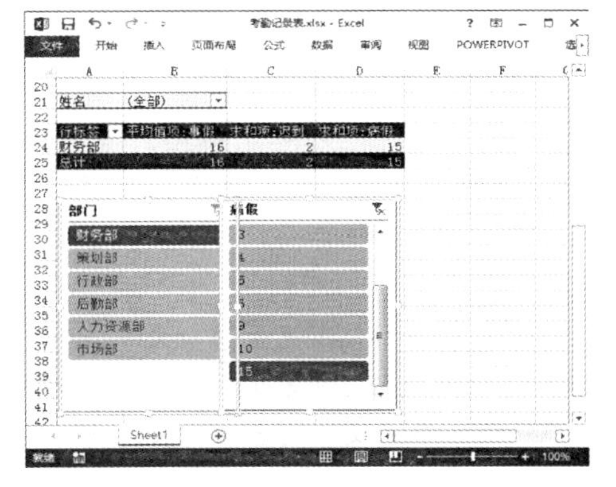

切片器

切片器的作用与自动筛选功能类似，不同的是切片器中仅仅列举出了相应字段中所有的值，不能设置复杂筛选条件，所以通常只会为有大量重复值的字段设置切片器。

9.4 分析市场问卷调查结果

◇ 案例概述

市场调查是市场营销工作中非常重要的工作。通过收集客户的需求信息，可以帮助企业制定策略及营销方案。在进行市场调查时，客户的配合、信息的真实性和有效性严重影响着调查的最终结果。市场调查完成后，还需要将调查数据汇总，并从调查数据中分析出能指导营销方向的数据。本例将根据汇总的调查数据分析不同年龄层次、不同职业、不同收入水平的人群对化妆品的不同需求，包括不同类型的客户的购买方式、购买习惯、通常购买的价格范围等，分析效果图如下所示。

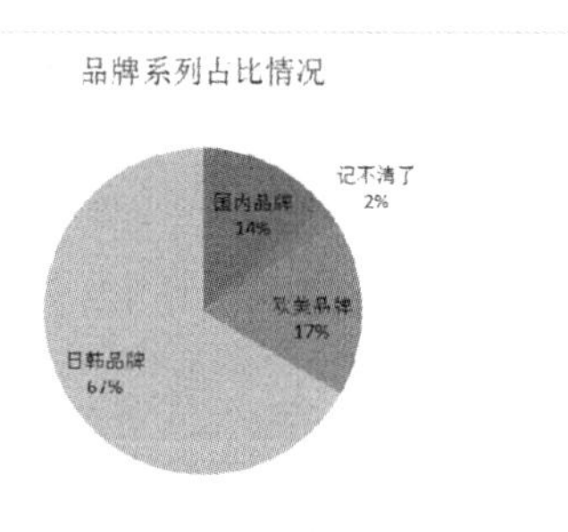

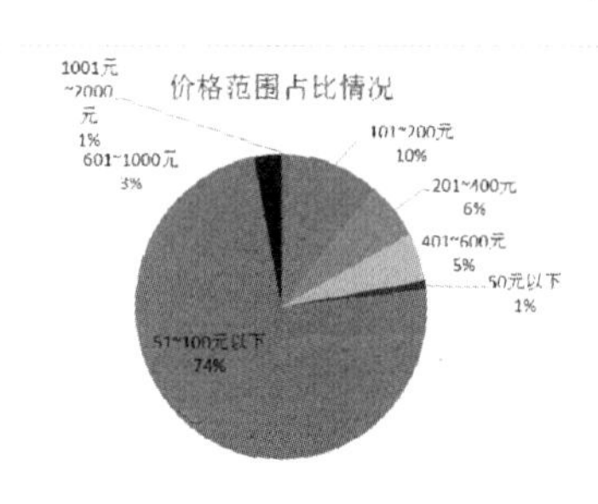

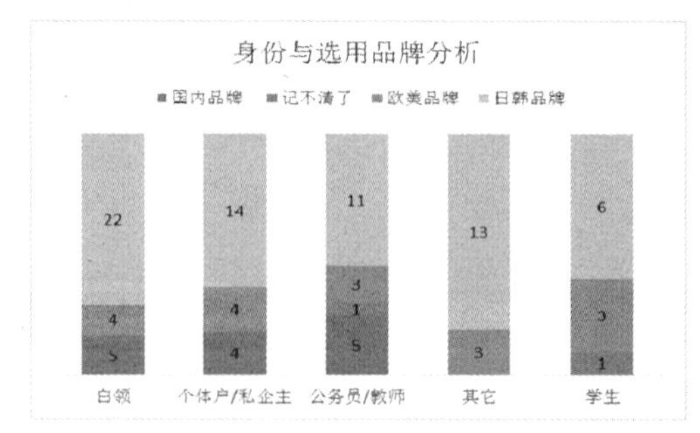

	素材文件:光盘\素材文件\第9章\案例04\问卷调查结果.xlsx
	结果文件:光盘\结果文件\第9章\案例04\问卷调查结果分析.xlsx
	教学文件:光盘\教学文件\第9章\案例04.mp4

◇ 制作思路

在 Excel 中使用数据透视图分析市场问卷调查结果的流程与思路如下所示。

创建数据透视图：在数据分析过程中，我们常常需要根据不同的需求来分析和创建数据透视图，因此掌握手动插入数据透视图表的方法非常必要。

编辑数据透视图：完成数据透视图的创建后，还可以进行简单的美化操作，其方法与普通图表的编辑方法相同。另外，创建数据透视图一般是为了从多种分析的角度来分析现有数据，所以要掌握数据透视的不同方法。

◇ 具体步骤

在对数据深入分析时，可以使用数据透视表和数据透视图综合来显示。数据透视表和数据透视图都是以交互方式以及交叉的方式显示数据表中不同类别数据的汇总结果。本例将应用数据透视图对市场问卷调查结果进行不同角度的透视分析，以便获得不同的结果。

9.4.1 分析性别占比

在素材文件“问卷调查结果”工作簿中存储了所有问卷调查得到的基础数据，为更清晰地看到被调查人员中性别的比例，可应用数据透视表和数据透视图对数据进行分析，具体操作方法如下。

第1步：插入数据透视图。

❶ 打开素材文件中提供的“问卷调查结果”工作簿，并将其以“问卷调查结果分析”为名进行另存；❷ 将活动单元格定位于数据单元格区域中；❸ 单击“插入”选项卡“图表”组中的“数据透视图”按钮，如下图所示。

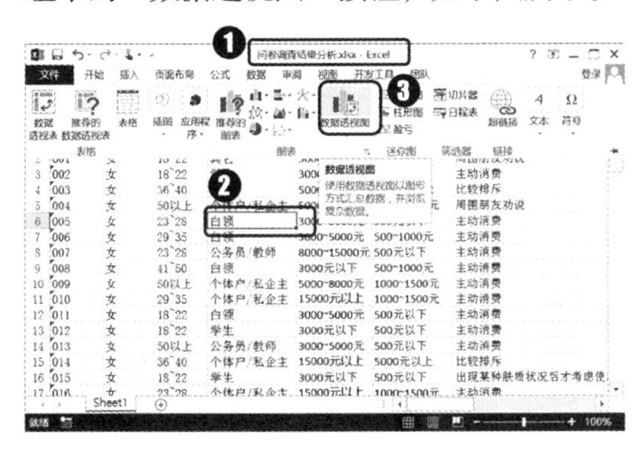

第2步：创建数据透视图至新工作表。

打开“创建数据透视图”对话框，使用默认设置，单击“确定”按钮，将透视图创建于新工作表中，如下图所示。

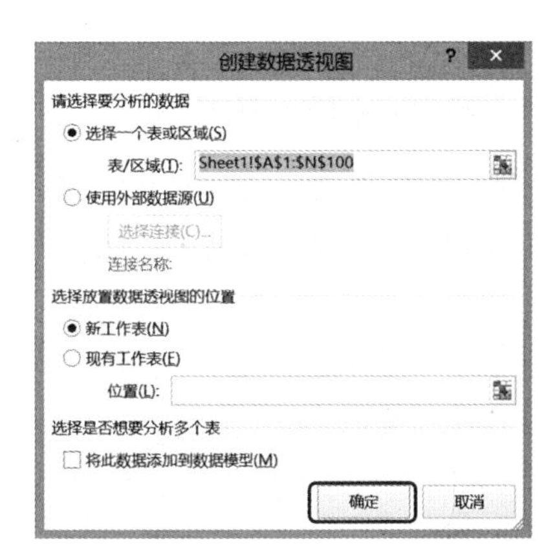

数据透视图或数据透视表中筛选功能的应用

在数据透视图中，应用于各分类的字段均可以进行数据筛选，即只显示该分类中满足筛选条件的一类或多类数据的汇总结果。设置字段筛选条件的方法与在表格中应用自动筛选的筛选方法相同。例如，要筛选出字段值中以某个字符串开头或包含指定字符串的文本，可在单击数据透视图中的字段名按钮后，使用弹出的下拉菜单中的“标签筛选”命令中的子命令进行设置；若要对字段中的数值进行筛选，如设置筛选条件为数值范围等，可应用“值筛选”命令中的子命令进行设置。此外，还可以利用字段值筛选功能对数据透视图中的分类进行排序，从而使数据透视图中的数据显示更规律，且更清晰易懂。

第3步：添加数据透视图字段。

在显示出的“数据透视图字段”任务窗格中，❶将字段“编号”拖动到“值”列表框中；❷将“性别”字段拖动到“轴（类别）”列表框中，如下图所示。

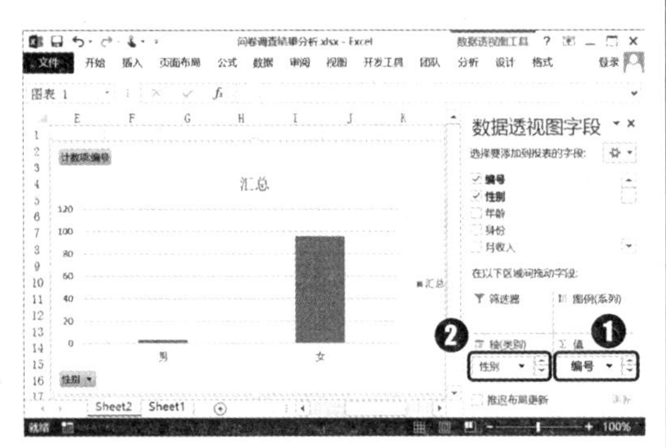

第4步：更改图表类型。

单击“数据透视图工具 设计”选项卡“类型”组中的“更改图表类型”按钮，如下图所示。

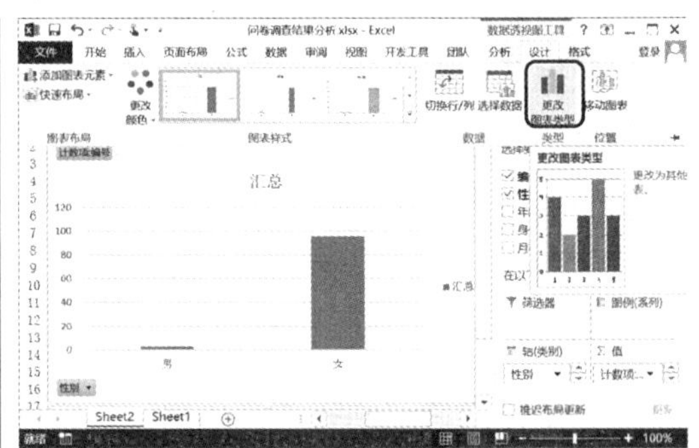

第5步：选择饼图类型。

打开“更改图表类型”对话框，❶选择“饼图”图表类型；❷单击“确定”按钮，如下图所示。

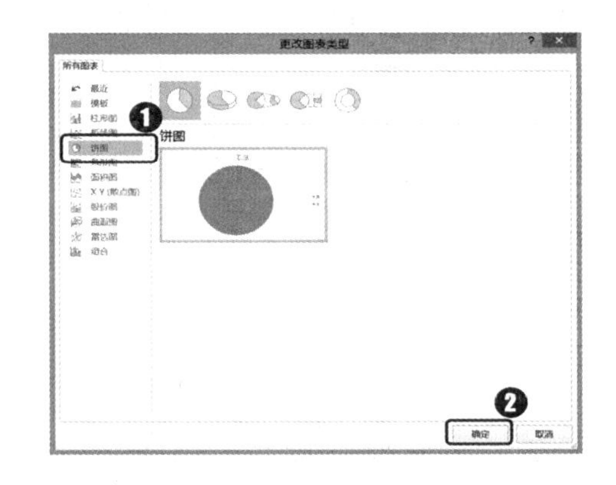

第6步：更改图表布局。

❶ 单击“数据透视图工具 设计”选项卡中的“快速布局”按钮；❷ 在弹出的下拉列表中选择第 1 种布局样式，如下图所示。

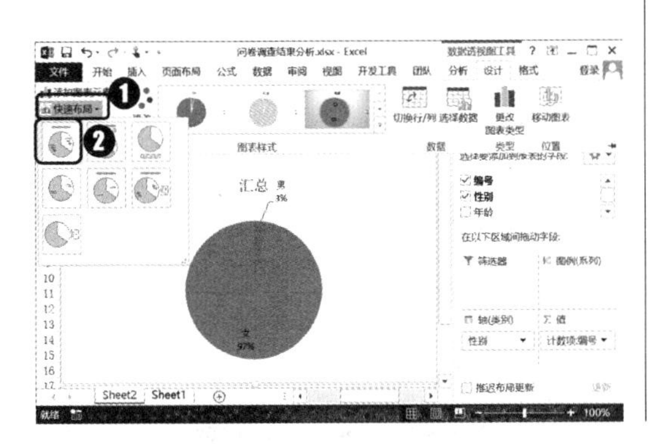

第7步：完成性别占比情况分析。

通过该图表可清晰地看出受调查者的性别占比情况，❶ 将该工作表名称修改为“性别占比分析”；❷ 修改图表标题为“性别占比情况”，如下图所示。

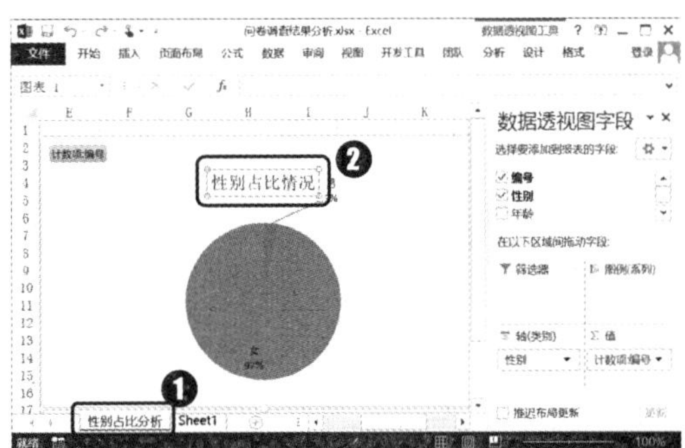

图表设置任务窗格

在 Excel 窗口右侧出现的图表或数据透视图设置相关的任务窗格中，会因为图表中被选择的图表元素的不同，而改变任务窗格中提供的设置内容。所以，要设置图表或数据透视图中各元素的样式及相关选项，必须先选择正确的图表元素。

9.4.2 分析年龄段占比

为了更清晰地看到被调查的人群所属的年龄阶段，我们还可以手动插入数据透视图和数据透视表分析年龄段，具体操作方法如下。

第1步：执行复制工作表命令。

❶ 在当前工作表标签上单击鼠标右键；❷ 在弹出的快捷菜单中选择“移动或复制”命令，如右图所示。

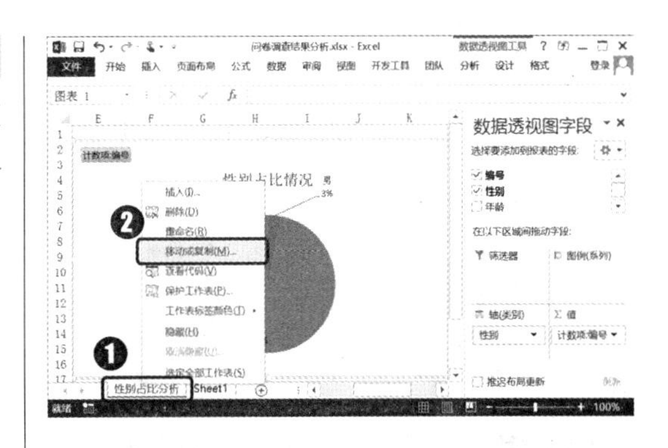

第2步：复制工作表。

打开“移动或复制工作表”对话框，❶ 选中“建立副本”复选框；❷ 单击“确定”按钮，如下图所示。

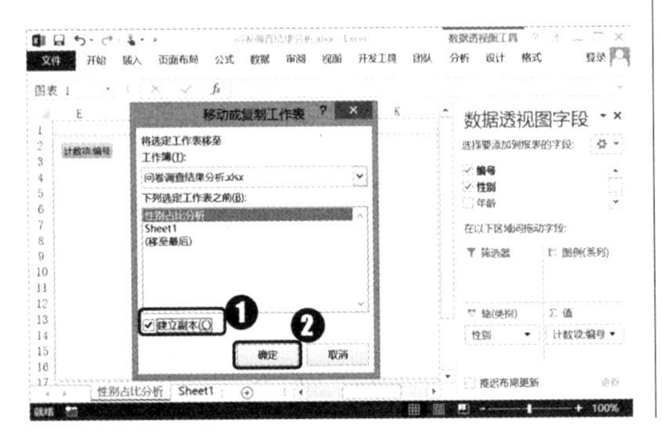

第3步：创建年龄段占比图。

❶ 重命名工作表名称为“年龄占比分析”；❷ 修改图表标题文字；❸ 在“数据透视图字段”任务窗格中的字段列表中取消选中“性别”复选框；❹ 拖动“年龄”字段到“轴（类别）”列表框中，如下图所示。

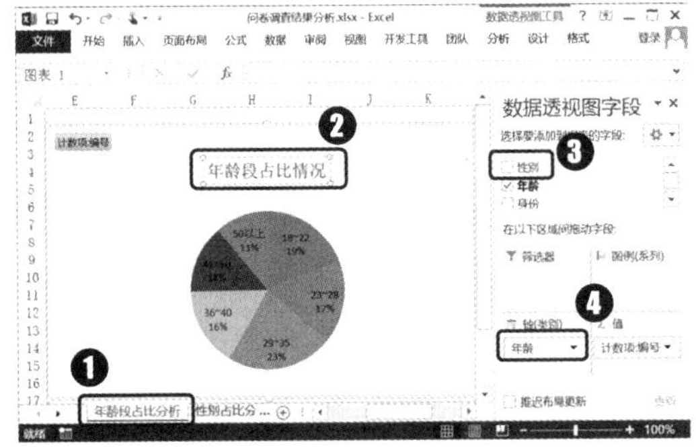

9.4.3 从其他角度进行分析

为更清晰地看到其他一些基础数据的情况，可分别应用数据透视图对数据进行分析，具体操作方法如下。

第1步：分析消费态度。

❶ 复制工作表并重命名为“消费态度占比分析”；❷ 修改图表标题文字；❸ 在“数据透视图字段”任务窗格中的字段列表中取消选中“年龄”复选框；❹ 将“消费态度”字段拖至“轴（类别）”列表框中，如下图所示。

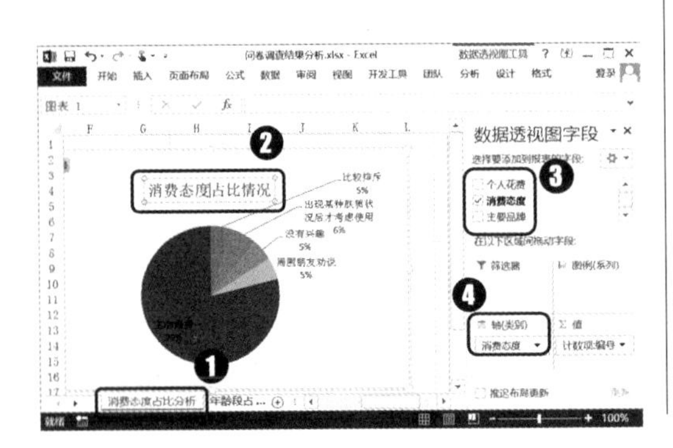

第2步：品牌系列占比分析。

❶ 复制工作表并重命名为“品牌系列占比分析”；❷ 修改图表标题文字；❸ 在“数据透视图字段”任务窗格中的字段列表中取消选中“消费态度”复选框；❹ 将“主要品牌”字段拖至“轴”列表框中，如下图所示。

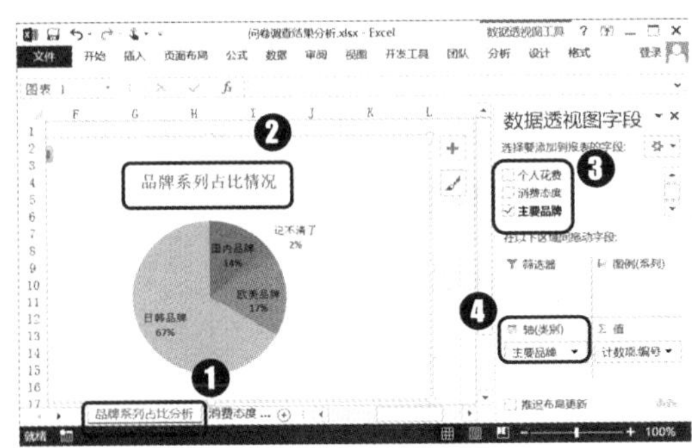

第3步：购买地占比分析。

❶ 复制工作表并重命名为“购买地占比分析”；❷ 修改图表标题文字；❸ 在“数据透视图字段”任务窗格中的字段列表中取消选中“主要品牌”复选框；❹ 将“购买地”字段拖至“轴(类别)”列表框中，如下图所示。

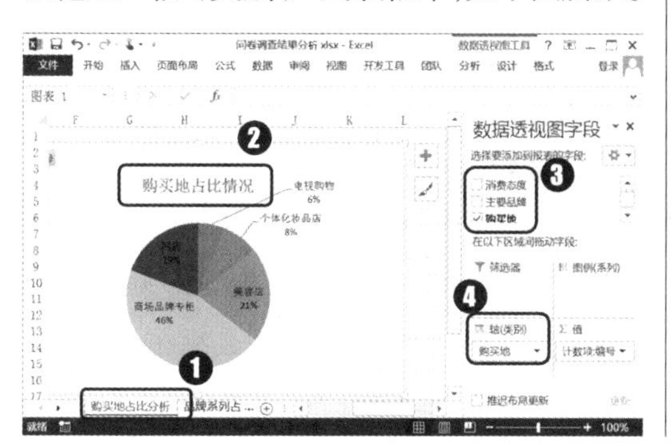

第4步：价格范围占比分析。

❶ 复制工作表并重命名为“价格范围占比分析”；❷ 修改图表标题文字；❸ 在“数据透视图字段”任务窗格中的字段列表中取消选中“主要品牌”复选框；❹ 将“购买地”字段拖至“轴(类别)”列表框中，如下图所示。

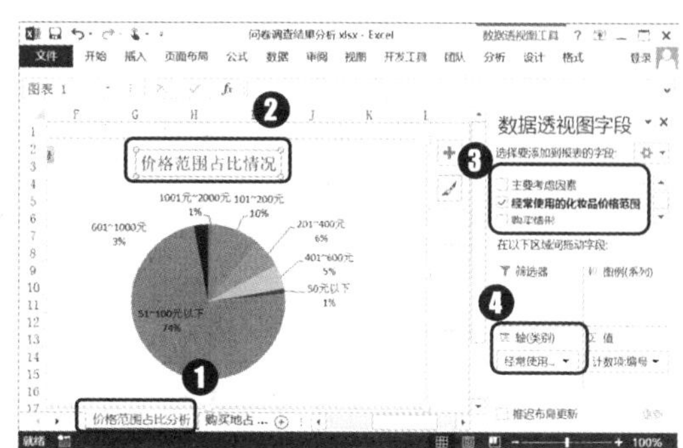

9.4.4 分析不同身份与选用的品牌

要汇总分析不同身份人群购买不同品牌产品的情况，也只需要将相关字段合理地添加至透视图表中，再进行不同类别的划分，将字段拖放到相应的字段列表框中即可，具体操作方法如下。

第1步：创建身份与选用品牌关系图。

要了解不同身份的顾客对不同品牌系列的喜好程度，仍然可以使用数据透视图。❶ 复制工作表并重命名为“身份与选用品牌分析”；❷ 选择图表；❸ 单击“数据透视图工具 设计”选项卡“类型”组中的“更改图表类型”按钮，如下图所示。

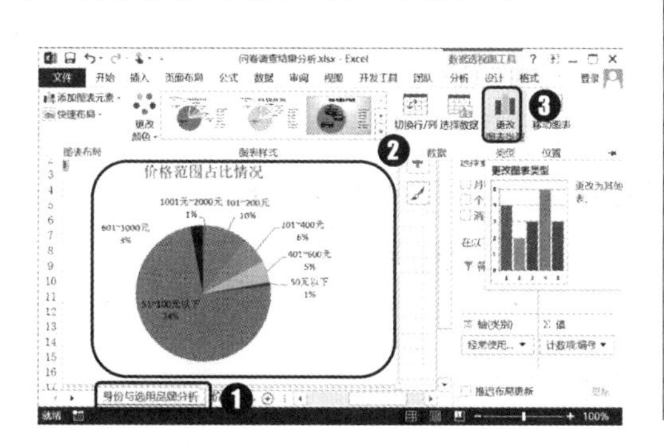

第2步：选择图表类型。

打开“更改图表类型”对话框，❶ 选择“柱形图”类型；❷ 在右侧选择“百分比堆积柱形图”类型；❸ 单击“确定”按钮，如下图所示。

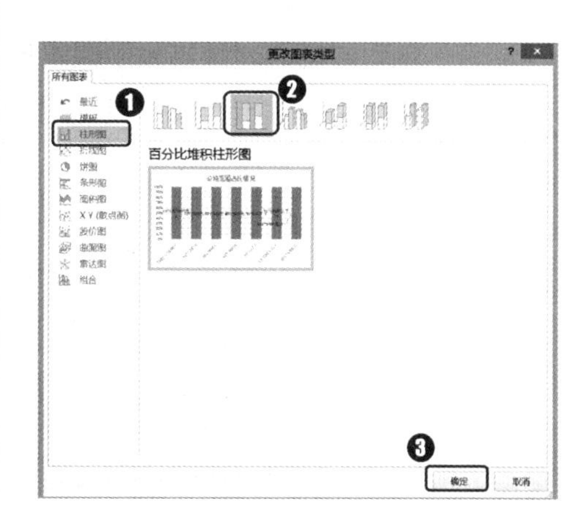

第3步：修改数据透视图字段。

❶ 将“数据透视图字段”任务窗格“筛选器”列表框中的字段删除；❷ 将“身份”字段添加到“轴（类别）”列表框中；❸ 将“主要品牌”字段添加至“图例”列表框中；❹ 修改图表标题文字内容，如下图所示。

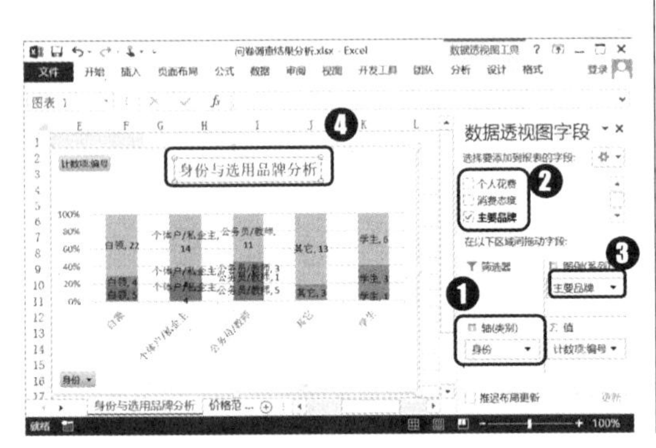

第4步：更改图表布局。

❶ 单击“数据透视图工具 设计”选项卡中的“快速布局”按钮；❷ 在弹出的下拉列表中选择第 2 个布局样式，如下图所示。

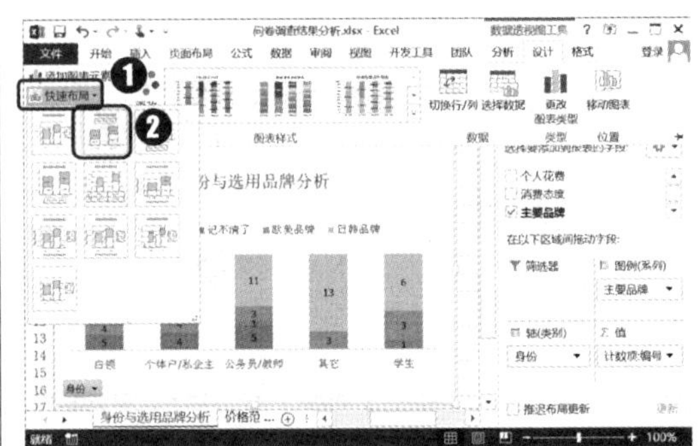

删除多余数据标签的方法

选择图表中的数据系列后，在其上单击鼠标右键，在弹出的快捷菜单中选择“添加数据标签”命令，也可为图表添加数据标签。若要删除添加的数据标签，还可以先选择数据标签然后按【Delete】键删除。

9.5 本章小结

图表是表现数据的一种常用手段，日常工作中，无论是在数据分析还是在各种报表、演讲稿、宣传资料中，运用图表可以让数据更简洁明了，并能方便地发现其中的规律，还可以大大提高相关文档的质量。本章学习的一个重点在于 Excel 中普通表格的各种操作，如创建、编辑和美化等；另一个重点则在于数据透视图表的使用方法，只要清晰地知道最终要实现的效果并找出分析数据的角度，再结合数据透视图表的应用，就能对同一组数据实现各种交互显示效果，从而发现不同的规律。

第 10 章

表格数据的深入分析
——Excel 数据模拟分析与预算

本章导读：

前面介绍了通过排序、筛选、分类汇总、图表等工具对已产生的数据进行分析，此外，Excel 还可以利用单变量求解、模拟运算、方案求解及规划求解等功能对假定的数据进行预算与决算。本章主要通过投资分析等问题，介绍 Excel 在数据模拟分析方面的应用，着重说明单变量模拟运算表和双变量模拟运算表的操作步骤，以及应用方案和规划求解工具辅助决策的方法。

知识要点：

★ 单变量求解

★ 模拟分析数据

★ 应用模拟运算表分析单个数据变化情况

★ 创建多个数据方案并生成方案报表

★ 掌握规划求解的使用

★ 应用模拟运算表分析两个数据变化情况

案例效果：

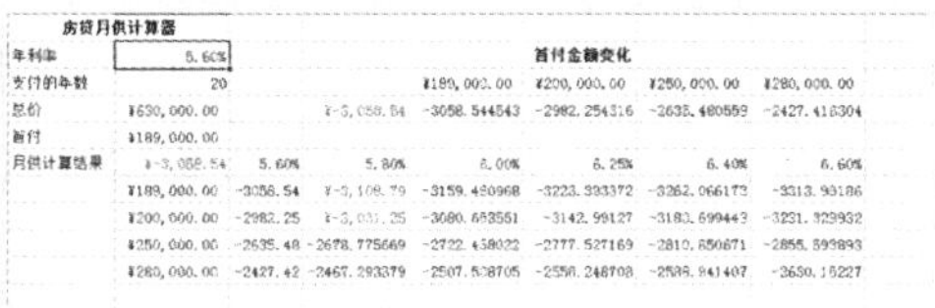

产品定价方案一

产品编号	材料成本/台	预估年销量	生产成本/年	销售成本/年	预期年利润	销售价
RC-L-87359177	¥899.00	1300	¥98,580.00	¥80,000.00	¥277,720.00	¥1,250.00
RC-H-94460697	¥768.00	2000	¥118,320.00	¥80,000.00	¥309,680.00	¥1,022.00
RC-H-92963354	¥1,210.30	1000	¥138,500.00	¥80,000.00	¥259,200.00	¥1,688.00
RC-H-90720894	¥1,290.50	1000	¥12,100.00	¥80,000.00	¥227,400.00	¥1,610.00
RC-C-94497761	¥862.60	1500	¥68,580.00	¥80,000.00	¥237,520.00	¥1,120.00

RC-L-87359177 定价方案分析

		单价		
	¥277,720.00	¥1,190.22	¥1,120.00	¥1,250.00
预测销量	1000	112640	42420	172420
	1100	141762	64520	207520
	1200	170884	86620	242620
	1300	200006	108720	277720
	1400	229128	130820	312820
	1500	258250	152920	347920
	1600	287372	175020	383020
	1700	316494	197120	418120
	1800	345616	219220	453220
	1900	374738	241320	488320
	2000	403860	263420	523420

房贷月供计算器

年利率	5.60%				首付金额变化		
支付的年数	20			¥189,000.00	¥200,000.00	¥250,000.00	¥280,000.00
总价	¥630,000.00		¥-3,058.54	-3058.544543	-2982.254316	-2635.480559	-2427.418304
首付	¥189,000.00						
月供计算结果	¥-3,058.54	5.60%	5.80%	6.00%	6.25%	6.40%	6.60%
	¥189,000.00	-3058.54	¥-3,108.79	-3159.480968	-3223.333372	-3262.066173	-3313.93186
	¥200,000.00	-2982.25	¥-3,031.25	-3080.683551	-3142.99127	-3183.699443	-3231.329932
	¥250,000.00	-2635.48	-2678.775669	-2722.458022	-2777.527169	-2810.850871	-2855.593893
	¥280,000.00	-2427.42	-2467.293379	-2507.508705	-2556.248708	-2588.941407	-2630.15227

Microsoft Excel 15.0 运算结果报告
工作表：[生产部门费用表.xlsx]Sheet1
报告的建立：2015/4/25 23:44:38
结果：规划求解找到一解，可满足所有的约束及最优状况。
规划求解引擎
引擎：非线性 GRG
求解时间：.063 秒。
迭代次数：1 子问题：0
规划求解选项
最大时间 无限制，迭代 无限制，Precision 0.000001，使用自动缩放
收敛 0.0001，总体大小 100，随机种子 0，向前派生，需要界限
最大子问题数目 无限制，最大整数解数目 无限制，整数允许误差 1%，假设为非负数

目标单元格（最大值）

单元格	名称	初值	终值
$G$13	运费合计 =	26950	26950

可变单元格

单元格	名称	初值	终值	整数
$B$8	生产一部 甲	0	0	约束
$C$8	生产一部 乙	0	0	约束
$D$8	生产一部 丙	300	300	约束
$E$8	生产一部 丁	0	0	约束
$B$9	生产二部 甲	0	0	约束
$C$9	生产二部 乙	150	150	约束
$D$9	生产二部 丙	0	0	约束
$E$9	生产二部 丁	250	250	约束
$B$10	生产三部 甲	300	300	约束
$C$10	生产三部 乙	200	200	约束
$D$10	生产三部 丙	0	0	约束
$E$10	生产三部 丁	0	0	约束

约束

单元格	名称	单元格值	公式	状态	型数值
$B$11	销量 甲	300	$B$11=$B$13	到达限制值	0
$C$11	销量 乙	350	$C$11=$C$13	到达限制值	0
$D$11	销量 丙	300	$D$11=$D$13	到达限制值	0
$E$11	销量 丁	250	$E$11=$E$13	到达限制值	0
$F$8	生产一部 产量	300	$F$8=$H$8	到达限制值	0
$F$9	生产二部 产量	400	$F$9=$H$9	到达限制值	0
$F$10	生产三部 产量	500	$F$10=$H$10	到达限制值	0
$B$8	生产一部 甲	0	$B$8>=0	到达限制值	0
$C$8	生产一部 乙	0	$C$8>=0	到达限制值	0
$D$8	生产一部 丙	300	$D$8>=0	未到限制值	300
$E$8	生产一部 丁	0	$E$8>=0	到达限制值	0
$B$9	生产二部 甲	0	$B$9>=0	到达限制值	0
$C$9	生产二部 乙	150	$C$9>=0	未到限制值	150
$D$9	生产二部 丙	0	$D$9>=0	到达限制值	0
$E$9	生产二部 丁	250	$E$9>=0	未到限制值	250
$B$10	生产三部 甲	300	$B$10>=0	未到限制值	300
$C$10	生产三部 乙	200	$C$10>=0	未到限制值	200
$D$10	生产三部 丙	0	$D$10>=0	到达限制值	0
$E$10	生产三部 丁	0	$E$10>=0	到达限制值	0

Excel 不仅可以操作已产生的数据，在遇到不确定数据项的情况时，也可以模拟数据的各种变化情况，并分析和查看该数据变化之后所导致的其他数据的变化结果；还可以假设表格中某些数据，给出多个可能性，以分析应用不同的数据可以达到的结果。本节就从新手入门的角度，为大家介绍数据预算与决算的相关内容。

要点01 企业预算

预算，是由单位根据本身的手段和技术素质确定的方案，是考核经济效果的重要依据。其作用主要是加强计划管理和限额管理。达到强化基础工作，控制投入，增强经济效益的目的。

1. 预算的分类

企业预算一般分为业务预算、资本支出预算、财务预算三种。

（1）业务预算

业务预算指的是与企业基本生产经营活动相关的预算，主要包括销售预算、生产预算、材料预算、人工预算、费用预算（制造费用预算、期间费用预算）等。

其中，销售预算是整个预算编制工作的起点和主要依据。公司应根据当年的经营目标，通过市场预测，结合各种产品的历史销售量、销售价格等数据，确定预测年度的销售数量、单价和销售收入。在销售预算的基础上编制生产预算，根据预测销售量、预测期初和期末的存货量，得出预测生产量。然后，根据生产预算编制材料预算、人工预算、制造费用预算。

制造费用预算的编制分变动制造费用和固定制造费用两部分，变动制造费用预算的编制以生产预算为基础，根据预计的各种产品产量以及单位产品所需工时和每小时的变动制造费用率计算编制。

产品成本预算是根据生产预算、材料预算、人工预算、制造费用预算编制的。销售费用预算根据销售预算编制而成。管理费用预算一般根据历史实际开支为基础编制。

（2）资本支出预算

资本支出预算是企业长期投资项目（如固定资产购建、扩建等）的预算。

（3）财务预算

财务预算是一系列专门反映企业未来一定期限内预计财务状况和经营成果，以及现金收支等价值指标的各种预算的总称，主要是对有关现金收支、经营成果、财务状况的预算，包括现金预算、预计利润表、预计资产负债表。

现金预算是销售预算、生产费用预算、期间费用预算和资本预算中有关现金收支的汇总，是财务预算的核心。现金预算的内容包括现金的收入、支出、盈赤（现金的多余或不足）、筹措与利用等。现金预算的编制以各项业务预算、资本支出预算的数据为基础。

预计损益表是对企业经营成果的预测，要根据销售预算、生产费用预算、期间费用预算、现金预算编制。

预计资产负债表是对企业财务状况的预测，要根据期初资产负债表和销售、生产费用、资本等预算编制。

预计财务状况表则主要根据预计资产负债表和预计损益表编制。

预算是企业整体运营规划的一个整体方案，预算往往要责任到各部门各车间各相关负责人。预算编制，一般有自上而下、自下而上等方法，在编制时，要注意各预算执行单位之间的权责关系，注意权责的划分、分解。预算管理体系中权责的不明，会直接影响到预算的执行和考核。

2. 预算的重要性

“凡事预则立，不预则废”高度概括了预算的重要性。预算的意义，是为了比对真实发生的经营状况是否在原来设定的可控制范围之内。

- 如果超标，是否正常，还是由非正常经营的原因引起的；比如有部门薪水超标，是加班生产造成，还是由于 HR 部门在招聘人员时工资开设过高造成该部门薪资超标；又如为了达到公司招聘人员的任务，是否全年度网站和现场招聘费用超标了。
- 如果没有超标，费用在预算内，那么看工作情况完成是否良好，如果良好，说明不但预算做到了位，更说明 HR 部门当年度工作开展良好，效率也高。
- 如果费用预算很高，可是实际花费连预算的 2/3 也没有，那么同样要看工作情况及工作完成质量是否达标，如果达标了，说明原本的预算根本就不准。如果查实下来发现，是因为采用了更好的方式方法，使 HR 部门当年超额节约了开支，那么这部分节约下来的费用，应该就是 HR 部门共同努力的结果。

预算控制与考核，可以协助并优化控制、管理企业的生产、经营。要成功地达到预算控制、考核的目的，应得到公司管理层、员工的认知与支持，明确职责，建立完善的预算管理体系。

要点02 数据的模拟分析

在工作表中输入公式后，可进行假设分析，查看当改变公式中的某些值时这些更改对工作表中公式结果有怎样的影响。这个过程也就是在模拟分析数据。

Excel 为我们提供了“方案管理器”“单变量求解”和“模拟运算”3 种模拟分析功能。“方案管理器”和“模拟运算”是根据各组输入值来确定可能的结果。“单变量求解”与“方案管理器”和“模拟运算”的工作方式不同,它获取结果并确定生成该结果的可能的输入值。

1. 方案管理器

Excel 方案管理器使自动假设分析模式变得很方便。利用“方案管理器”，可以为任意多的变量存储输入值的不同组合（在“方案管理器”术语中称为可变单元格），即可以模拟为达到目标而选择的不同方式，每个变量改变的结果被称为一个方案。我们可以制定出多种数据方案，分析使用不同方案时表格数据的变化，根据多个方案对比分析，还可以考察不同方案的优劣，从中选择最适合公司目标的方案。

创建方案是方案分析的关键，应根据实际问题的需要和可行性来创建一组方案。例如为达到公司的预算目标，可以从多种途径入手，可以通过增加广告促销，可以提高价格增收，可以降低包装费、材料费等。

2. 单变量求解

在利用公式计算单元格中数据后，如果要分析当公式达到一个目标值时，让公式中所引用的某一个单元格的值自动发生变化以满足公式的结果，此时可以使用“单变量求解”功能。简单来说，单变量求解就是用于公式的反向运算。

在使用单变量求解命令时，首先需要确定以下几个元素。

- 目标单元格：单元格中要达到一个新目标值的单元格，且该单元格为公式单元格。
- 目标值：要让目标单元格中的公式计算结果达到的值。

- 可变单元格：通过该单元格的值变化使目标单元格达到目标值，即公式中需要发生改变数值的单元格。

3. 模拟运算

在分析处理数据时，如果需要查看和分析某项数据发生变化时影响到的结果变化的情况，可以使用“模拟运算”功能。

模拟运算表的结果为一个单元格区域，用于显示计算公式中一个或两个变量的变化对公式计算结果的影响。模拟运算表提供了一种快捷手段，它可以通过一步操作计算多个结果；同时，它还是一种有效的方法，可以查看和比较由工作表中不同变化所引起的各种结果。

“模拟运算”功能通常用于分析一些连续的数据变化后对公式造成的影响或发展趋势。由于只关注一个或两个变量，而且能将所有不同的计算结果以列表方式同时显示出来，因而便于查看、比较和分析。根据分析计算公式中的参数的个数，模拟运算又分为单变量模拟运算、双变量模拟运算。

- 单变量模拟运算表的输入值被排列在一列（列方向）或一行（行方向）中。单变量模拟运算表中使用的公式必须仅引用一个输入单元格。
- 双变量模拟运算表使用含有两个输入值列表的公式。该公式必须引用两个不同的输入单元格。

使用“模拟运算”功能时，由于变化的数据是表格的行标题和列标题，而根据行标题和列标题数据值计算出的结果则作为表格区域中的数据，故在应用模拟运算表命令前，应先建立模拟运算表的表格区域，将用作分析变化情况的数据作为表格的行标题和列标题，而该表格区域的左上角单元格则用于放置进行模拟运算的公式，然后应用模拟运算表命令，命令会自动将行标题和列标题上的数据作为公式中相应的引用数据，自动计算出相应的公式结果，并放置到对应的数据单元格中。

模拟运算表与方案管理器的选择

模拟运算表主要用来考察一个或两个决策变量的变动对于分析结果的影响，但对于一些更复杂的问题，常常需要考察更多的因素，此时就应改用方案管理器功能。尽管模拟运算表只能使用一个或两个变量（一个用于行输入单元格，另一个用于列输入单元格），但模拟运算表可以包括任意数量的不同变量值。方案管理器可拥有最多 32 个不同的值，但可以创建任意数量的方案。

要点03 为何要生成求解报告

在实际工作中，我们不仅需要分析发生的一些数据，还需要寻找最简单、效果最好、产值最大的方法。在 Excel 中，如果需要在目标单元格中计算出公式中的最优值，可以使用“规划求解”功能。在创建模型的过程中，对“规划求解”模型中的可变单元格中的数值应用约束条件。“规划求解”将直接或间接与目标单元格中公式相关联的一组单元格中的数值进行调整，最终在目标单元格中求得期望的结果。

求解出规划求解的结果后，一般还需要生成一份报告，可以直接在“规划求解结果”对话框中选择报告类型。报告类型分为运算结果报告、敏感性报告和极限值报告 3 种。当其他人拿到这份报告就能知道该数据的分析情况。这样不仅能让阅读者快速理解，也能在下次查看时清楚这个表格数据的制作过程，达到提高工作效率的目标。

此外，Excel 的有些功能中也内置了部分报告结果的样式，当用户制作的数据结果与内置的报告相同时，则会将分析报告显示出来。如果制作的表格数据没有得到求解，这样的数据分析报告会提示出错，不能显示出相关分析报告。

通过前面知识要点的学习，主要让读者认识到数据预算的相关技能与应用经验。下面，针对日常办公中的相关应用，列举几个典型的表格案例，给读者讲解在 Excel 中进行数据预算和模拟分析的思路、方法及具体操作步骤。

10.1 房贷不同情况的分析

◇ 案例概述

目前购房采用贷款按揭的形式比较多，就是由购房者向银行填报房屋抵押贷款的申请，并提供相关证件，银行经过审查合格便会向购房者承诺发放贷款并完成相关手续。这样，银行就会在合同规定的期限内把所贷出的资金直接划入售房单位的账户，然后贷款用户需要在每个月固定的时间前支付相应的金额给银行。不同的首付款情况，贷款用户每个月按揭给银行的金额也是不相同的，这就需要进行数据分析。房贷表制作完成后的效果如下图所示。

房贷月供计算器							
年利率	5.60%		首付金额变化				
支付的年数	20			¥189,000.00	¥200,000.00	¥250,000.00	¥280,000.00
总价	¥630,000.00		¥-3,058.54	-3058.544543	-2982.254316	-2635.480558	-2427.416304
首付	¥189,000.00						
月供计算结果	¥-3,058.54	5.60%	5.80%	6.00%	6.25%	6.40%	6.60%
	¥189,000.00	-3058.54	¥-3,108.79	-3159.460968	-3223.393372	-3262.066173	-3313.99186
	¥200,000.00	-2982.25	¥-3,031.25	-3080.653551	-3142.99127	-3180.699443	-3231.329932
	¥250,000.00	-2635.48	-2678.775669	-2722.438022	-2777.527169	-2810.850671	-2855.593893
	¥280,000.00	-2427.42	-2467.293379	-2507.508705	-2558.248708	-2588.941407	-2630.15227

	素材文件:光盘\素材文件\第10章\案例01\房贷表.xlsx
	结果文件:光盘\结果文件\第10章\案例01\房贷表.xlsx
	教学文件:光盘\教学文件\第10章\案例01.mp4

◇ 制作思路

在 Excel 中分析房贷情况的流程与思路如下所示。

模拟分析数据：房贷分析中，总金额、利率和贷款时间确定后，可变化的就是首付金额和按揭金额了。我们可以模拟计算出各种首付情况下每个月需要按揭的金额。

保护表格数据：保护表格数据的方法有很多，本例为了演示各种方法，综合运用了保护单元格、保护工作表、加密文件等方法。

◇ 具体步骤

在日常生活中会涉及很多财务问题，遇到相对复杂的财务运算时，可以使用 Excel 进行模拟运算。本例将以房贷数据为例，应用单变量模拟和双变量模拟运算，计算出假定数据的房贷金额。利用保护工作表的操作，加密和共享工作表。

10.1.1 使用模拟运算

在分析处理数据时，如果需要查看和分析某项数据发生变化时影响到的结果变化的情况，此时可以使用模拟运算表。本例中，由于首付金额和按揭金额是同一个公式中的两个可变因素，可以使用模拟运算表来模拟计算其中一个变量变化，和两个变量同时进行变化时，公式计算结果跟随变化的情况，具体操作方法如下。

第1步：执行模拟运算的操作。

打开素材文件中的“房贷表”工作簿，❶ 选择由公式单元格和模拟变化的数据以及要得到结果的空白区域所构成的 D3:H4 单元格区域；❷ 单击“数据”选项卡“数据工具”组中的“模拟分析”按钮；❸ 在弹出的下拉菜单中选择“模拟运算表”命令，如下图所示。

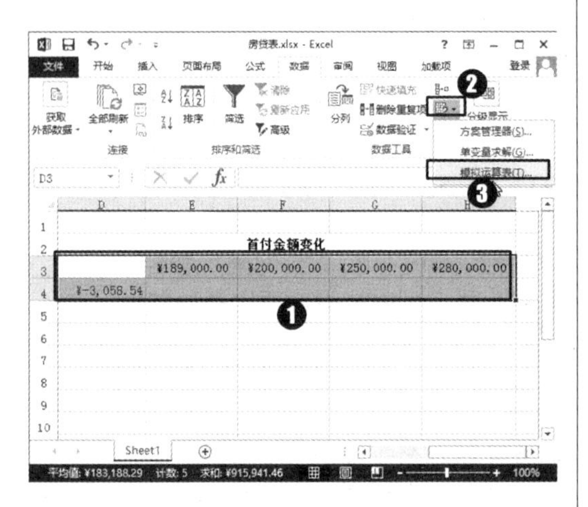

第2步：选择变量的单元格。

打开“模拟运算表”对话框，❶ 在“输入引用行的单元格”参数框中引用公式中发生改变的 B5 单元格；❷ 单击“确定”按钮，如下图所示。

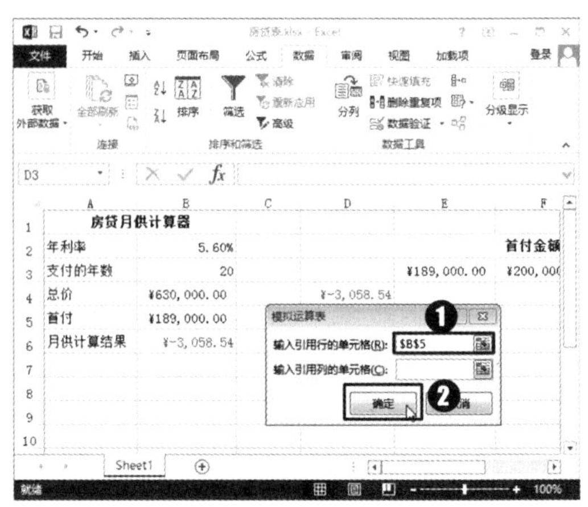

第3步：显示按单变量计算出月供金额。

经过以上操作，计算出不同首付金额的月供金额，如下图所示。

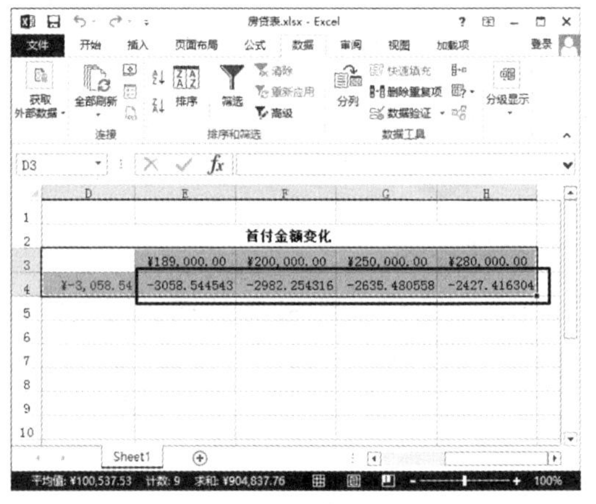

引用行或列的单元格

在模拟运算表区域中，如果是单变量模拟运算，则根据输入变量的位置，在打开的“模拟运算表”对话框中决定是选择“输入引用行的单元格”，还是“输入引用列的单元格”。引用的单元格必须是公式中需要发生改变的单元格。

第4步：执行模拟运算的操作。

❶ 将年利率变化数据输入到月供金额右侧的单元格，将首付金额变化数据输入到月供下方的单元格，并选择要计算的区域；❷ 单击“数据”选项卡“数据工具”组中的“模拟分析”按钮；❸ 在弹出的下拉菜单中选择“模拟运算表”命令，如下图所示。

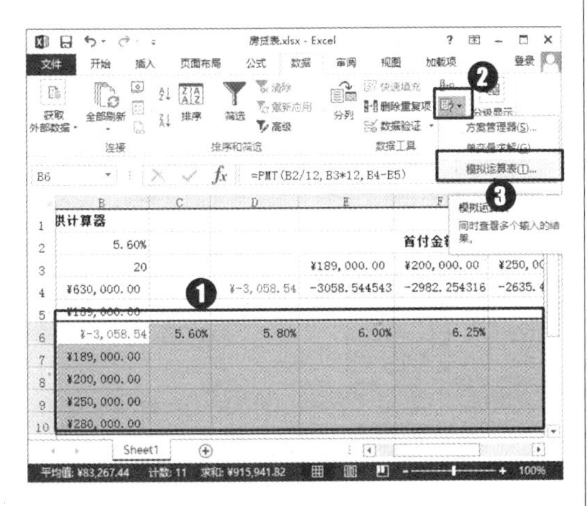

第5步：选择变量的单元格。

打开“模拟运算表”对话框，❶ 分别在“输入引用行的单元格”和“输入引用列的单元格”参数框中输入公式中发生改变的两个单元格；❷ 单击“确定”按钮，如下图所示。

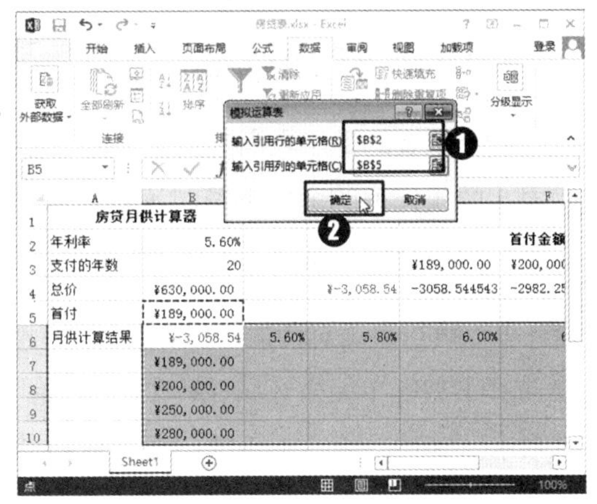

第6步：显示双变量模拟运算的结果。

经过以上操作，将快速计算出不同首付金额和不同年利率的月供金额，效果如下图所示。

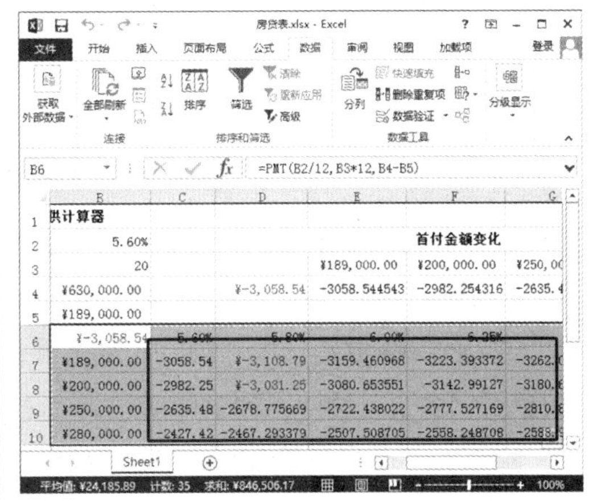

编辑模拟运算表

在模拟运算表中，无论是单变量还是双变量模拟运算，对于计算的结果都不能清除其中某一个单元格内容。如果需要删除模拟运算，可以先选择进行模拟运算的区域，然后按【Delete】键删除，若没有全部选中模拟运算表，则会提示不能删除模拟运算表。如果按【Backspace】键清除了其中一个单元格，则必须按【Esc】键返回。否则 Excel 将不会执行其他命令。

10.1.2 保护房贷表

对于重要的工作表需要设置访问权限，当工作表的内容不再保密时可以取消保护。如果需要工作表的窗口浏览时不被他人改变结构，可将其设置为保护状态。如果是工作表中的内容属于每个人都可以知道的则将其设置为共享，从而提高工作效率。

第1步：执行启动对话框的操作。

❶ 选择 B2:B5 单元格区域；❷ 单击“开始”选项卡“字体”组右下角的“对话框启动器”按钮，如下图所示。

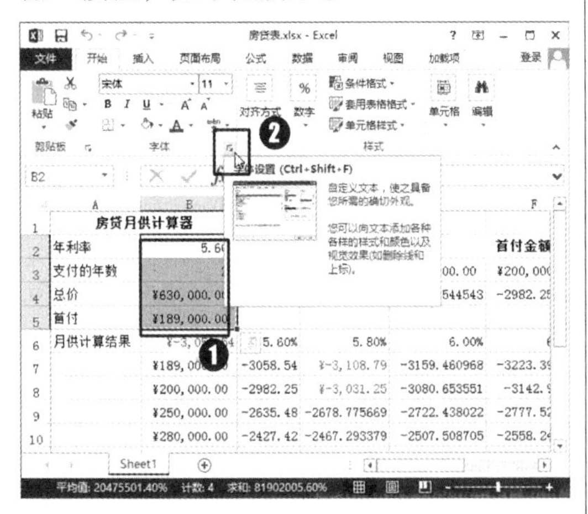

第2步：取消锁定单元格。

打开“设置单元格格式”对话框，❶ 单击“保护”选项卡；❷ 取消选中“锁定”复选框；❸ 单击“确定”按钮，如下图所示。

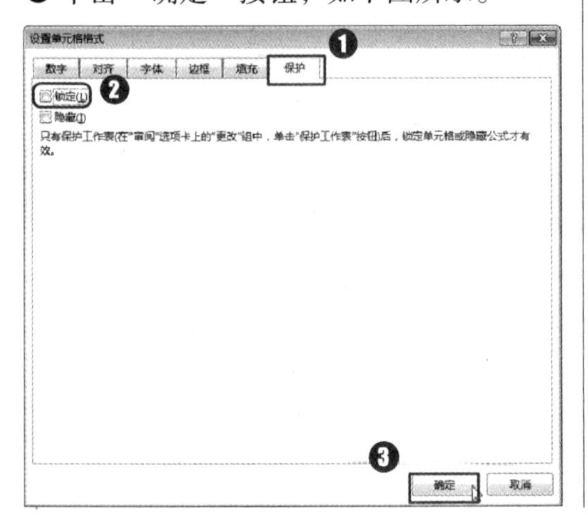

第3步：执行允许用户编辑区域命令。

❶ 选择 B2:B5 单元格区域；❷ 单击“审阅”选项卡“更改”组中的“允许用户编辑区域”按钮，如下图所示。

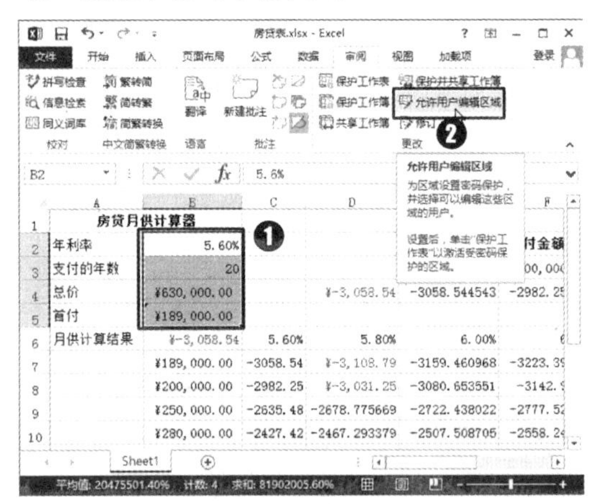

第4步：执行新建命令。

打开“允许用户编辑区域”对话框，单击“新建”按钮，如下图所示。

第5步：输入新区域的标题。

打开“新区域”对话框，❶ 在“标题”文本框中输入标题名称；❷ 单击“确定”按钮，如下图所示。

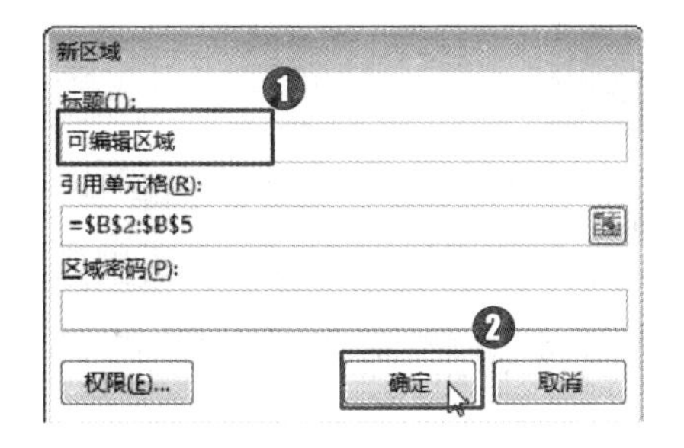

第6步：执行保护工作表的命令。

返回“允许用户编辑区域”对话框，单击“保护工作表”按钮，如下图所示。

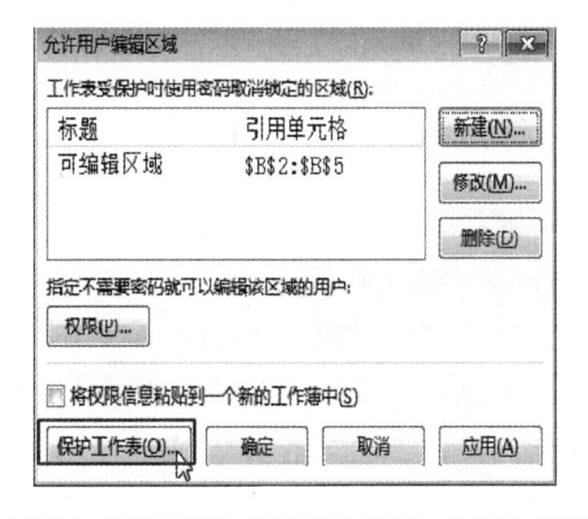

第7步：输入保护工作表的密码。

打开“保护工作表”对话框，❶ 在“取消工作表保护时使用的密码”文本框中输入密码“123”；❷ 在“允许此工作表的所有用户进行”列表框中取消选中“选定锁定单元格”复选框；❸ 单击“确定”按钮，如下图所示。

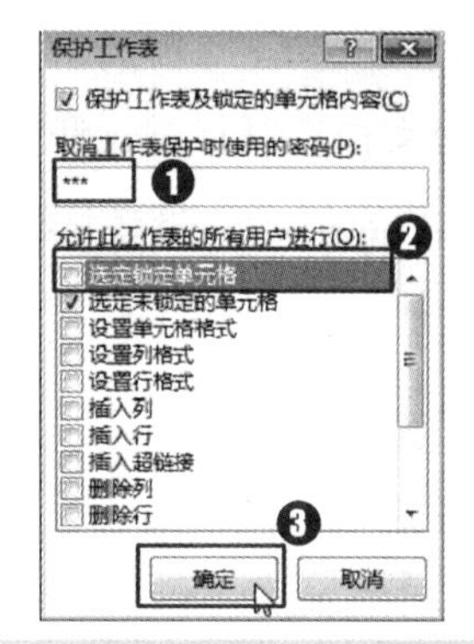

第8步：确认保护密码。

打开“确认密码”对话框，❶ 在“重新输入密码”文本框中重新输入一次保护密码；❷ 单击“确定”按钮，如下图所示。这样，便完成了设置允许编辑的范围，而且不能选择其他单元格区域进行编辑。

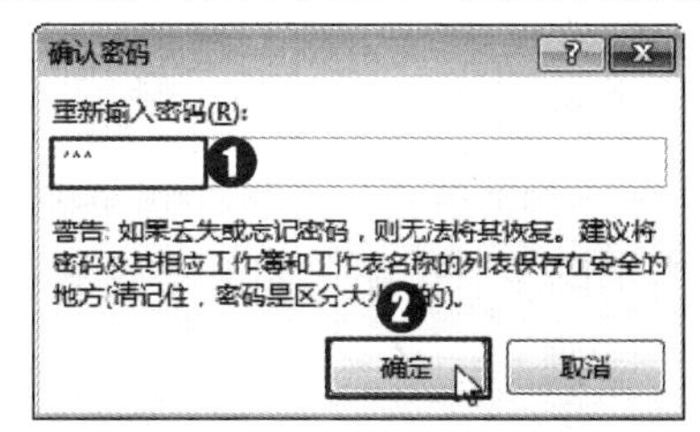

第9步：执行用密码进行加密的操作。

❶ 单击“文件”选项卡，在弹出的“文件”菜单中选择“信息”命令；❷ 单击“保护工作簿”按钮；❸ 在弹出的下拉菜单中选择“用密码进行加密”命令，如下图所示。

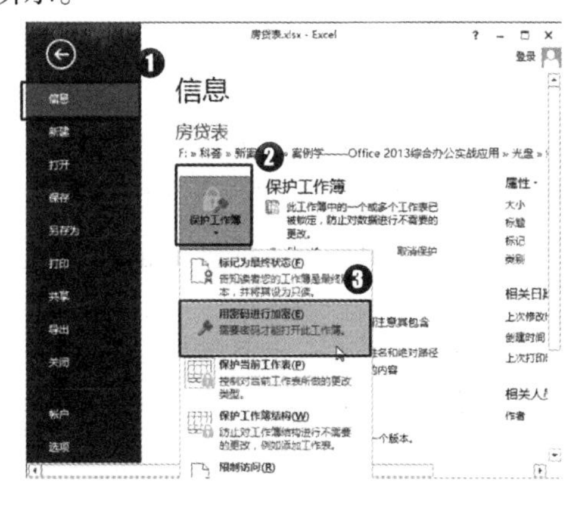

第10步：输入保护工作簿的密码。

打开“加密文档”对话框，❶ 在“密码”文本框中输入密码，如“321”；❷ 单击“确定”按钮，如下图所示。

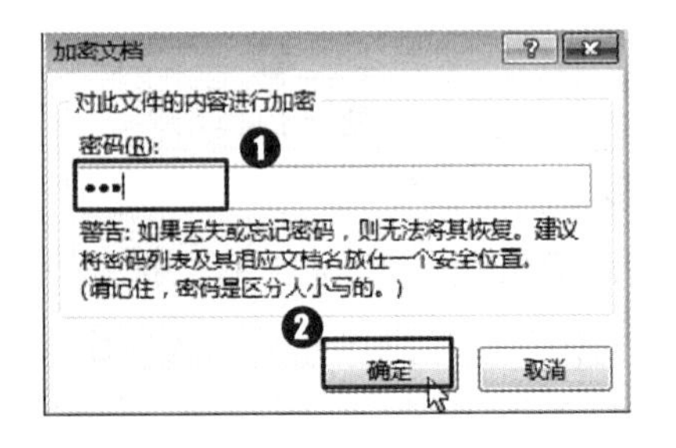

第11步：输入确认密码。

打开“确认密码”对话框，❶ 在“重新输入密码”文本框中再次输入设置的密码；❷ 单击“确定”按钮，如下图所示。

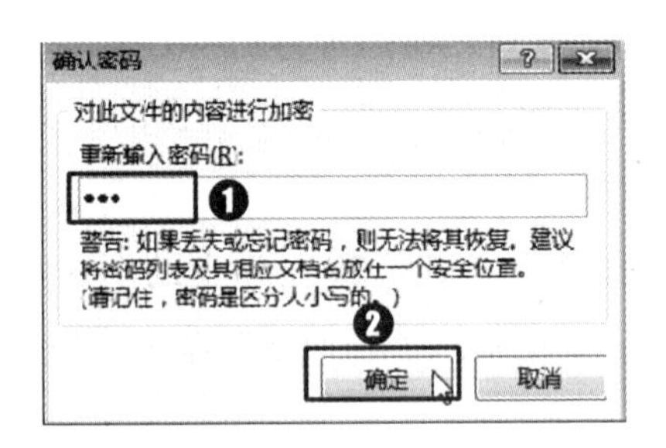

第12步：单击“保存”按钮。

设置完密码后，在“文件”菜单中选择“保存”命令，即可将该工作簿的密码设置成功，如下图所示。

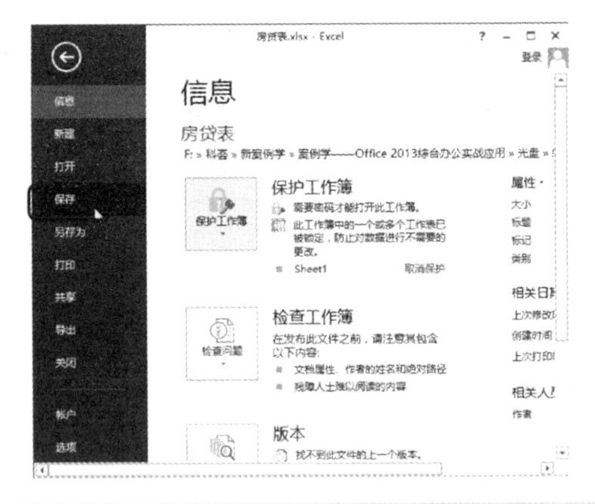

第13步：执行保护工作簿的操作。

单击“审阅”选项卡“更改”组中的“保护工作簿”按钮，如下图所示。

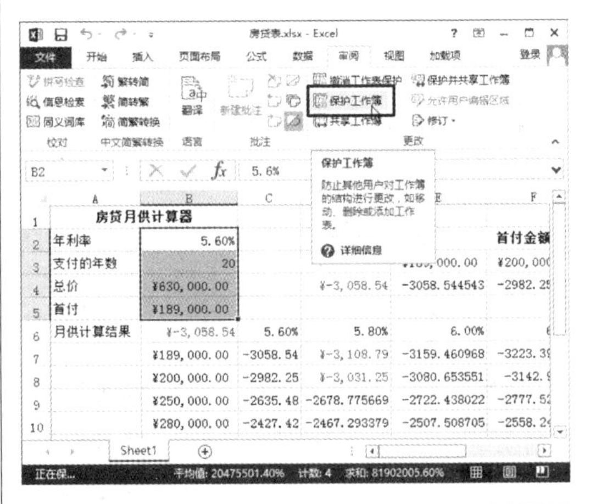

第14步：输入保护窗口的密码。

打开“保护结构和窗口”对话框，❶ 选中“结构”复选框；❷ 在“密码”文本框中输入密码，如“1111”；❸ 单击“确定”按钮，如下图所示。

第15步：确认输入密码。

打开“确认密码”对话框，❶ 在“重新输入密码”文本框中输入设置的密码；❷ 单击“确定”按钮，如下图所示。

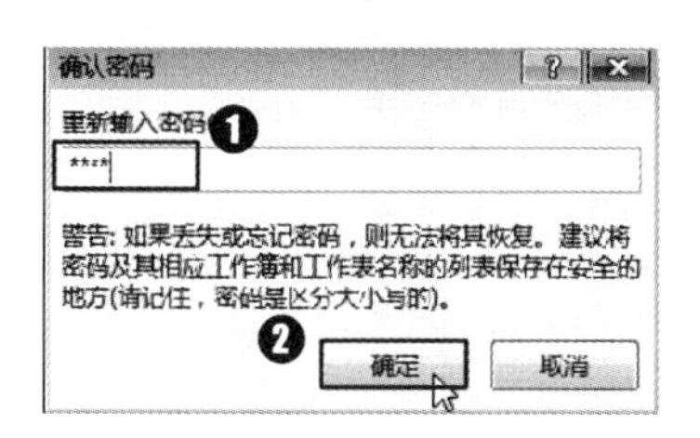

第16步：执行共享工作簿的操作。

单击“审阅”选项卡“更改”组中的“共享工作簿”按钮，如下图所示。

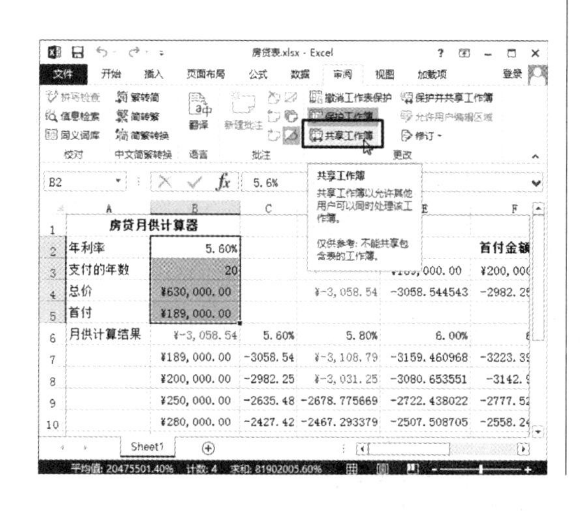

第17步：设置共享操作。

打开“共享工作簿”对话框，❶ 选中“允许多用户同时编辑，同时允许工作簿合并”复选框；❷ 单击“确定”按钮；❸ 打开“Microsoft Excel”提示对话框，单击“确定”按钮，完成设置共享工作簿的操作，如下图所示。至此，已经完成本案例的全部制作。

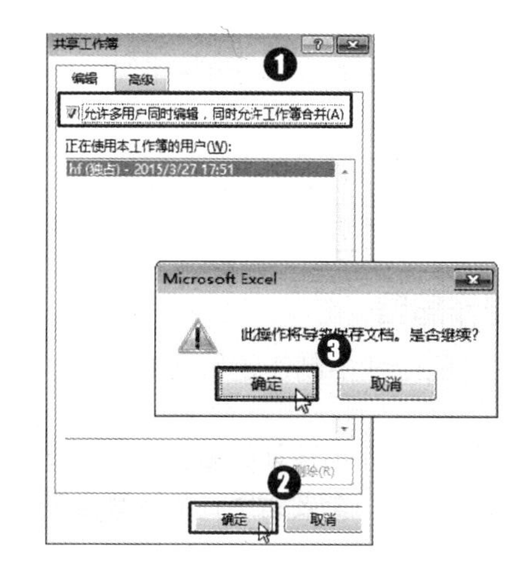

10.2 定价方案制定及分析

◇ 案例概述

销售利润永远是商业经济活动的目标，没有足够的利润企业就无法继续生存，没有足够的利润，企业就无法继续扩大发展。一般说来，同样的产品，价格低一点销量就会多一些。本例将制作一个产品定价方案表，预测在不同价位和销量下企业获得的利润。制作效果如下图所示。

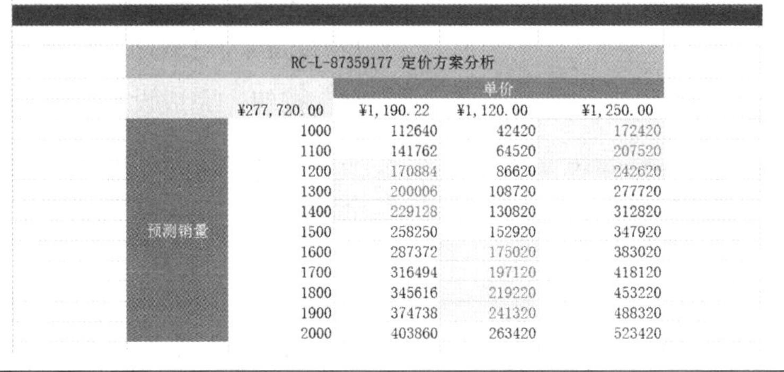

产品定价方案一

产品编号	材料成本/台	预估年销量	生产成本/年	销售成本/年	预期年利润	销售价
RC-L-87359177	¥899.00	1300	¥98,580.00	¥80,000.00	¥277,720.00	¥1,250.00
RC-H-94460697	¥768.00	2000	¥118,320.00	¥80,000.00	¥309,680.00	¥1,022.00
RC-H-92963354	¥1,210.30	1000	¥138,500.00	¥80,000.00	¥259,200.00	¥1,688.00
RC-H-90720894	¥1,290.50	1000	¥12,100.00	¥80,000.00	¥227,400.00	¥1,610.00
RC-C-94497761	¥862.60	1500	¥68,580.00	¥80,000.00	¥237,520.00	¥1,120.00

RC-L-87359177 定价方案分析

		单价		
	¥277,720.00	¥1,190.22	¥1,120.00	¥1,250.00
预测销量	1000	112640	42420	172420
	1100	141762	64520	207520
	1200	170884	86620	242620
	1300	200006	108720	277720
	1400	229128	130820	312820
	1500	258250	152920	347920
	1600	287372	175020	383020
	1700	316494	197120	418120
	1800	345616	219220	453220
	1900	374738	241320	488320
	2000	403860	263420	523420

素材文件:光盘\素材文件\第10章\案例02\定价方案.xlsx
结果文件:光盘\结果文件\第10章\案例02\定价方案.xlsx
教学文件:光盘\教学文件\第10章\案例02.mp4

◇ 制作思路

在 Excel 中制作定价方案表的流程与思路如下所示。

创建初始表格：从最初开始制作表格，将原始数据罗列出来，并将需要运用到的计算预期年利润的公式输入合适的单元格中。

单变量求解的应用：应用单变量求解的功能，推算出要达到预期利润时各产品的定价。

生成方案：为各种产品不同定价情况下的数据变化进行模拟分析，并将模拟分析出的各种情况添加方案，将不同的值保存到方案中，以方便后期查看不同的方案，或进行管理。

模拟分析数据：为各种产品不同定价、不同销量情况下的数据变化进行模拟分析，得到不同情况下的各项数据的最终结果。

◇ 具体步骤

在办公应用中，经常需要根据获得的数据做出各种假设性的规划。很多时候在分析数据时，如果我们只是通过观察可能很难发现数据的规律或者很难得到一些准确的目标数据。Excel为我们提供了单变量求解、模拟运算以及方案求解等辅助分析和决策的功能。

本例我们将借助这些功能，协助我们制定价格方案并利用模拟运算分析多个价格方案及销量不同时的销售额，通过分析可以得到使用不同的价格方案需要达到的目标销量。通过这些数据参考，能辅助我们判断方案的可行性、风险性，然后做出适当的选择。

10.2.1 计算要达到预期利润时各产品的销售价

在制作定价方案时，通常以最终利润为目标，从而设定各产品的定价。在进行此类运算时，可以应用 Excel 中的“单变量求解”命令使公式结果达到目标值，自动计算出公式中的变量结果。

第1步：应用公式计算预期年利润。

打开素材文件中提供的“定价方案”工作簿，表格中的“预期年利润”和“销售价”单元格均为空，现需要根据预期年利润来推算销售价格。先在“预期年利润”列中输入公式“=([@ 销售价]-[@[材料成本 / 台]])*[@ 预估年销量]-[@[生产成本 / 年]]-[@[销售成本 / 年]]”，为推算做准备，如下图所示。

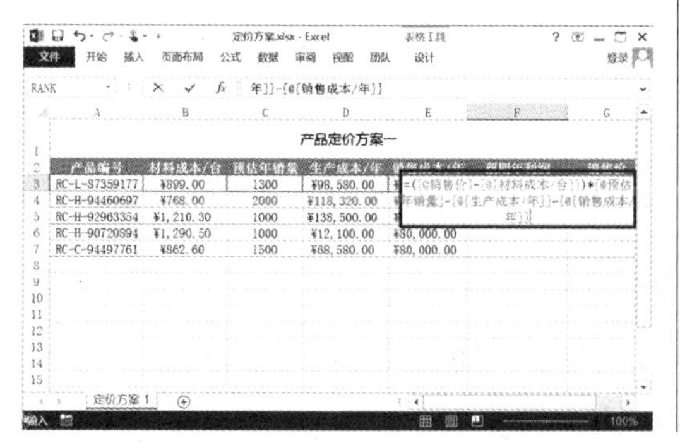

第2步：任意输入销售价。

公式输入完成后会自动填充至表格整列，此时可以在“销售价”列中输入任意数值来测试公式的正确性，如下图所示。

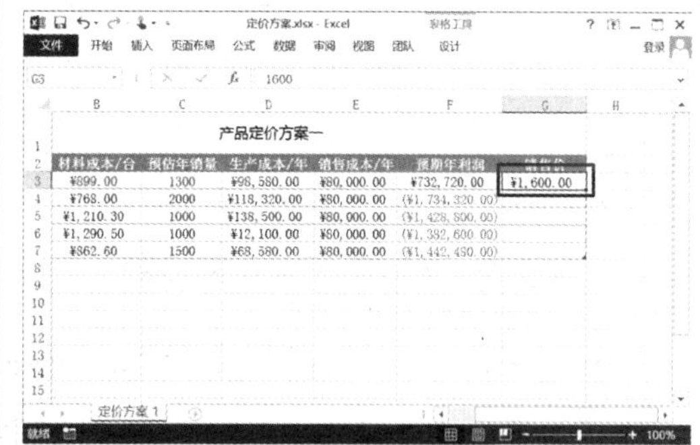

套用表格格式后的单元格区域

单元格区域被转换成为表格元素后，在表格内使用公式引用当前表格中的单元格时，单元格地址可以使用表格的列名代表一整列，如“[@[销售价]]”，代表当前表格中“销售价”列中与公式同行的单元格。并且，当在第 1 行中输入公式后，公式会自动填充至整列。

第3步：执行单变量求解命令。

我们预期每个商品能产生200000元的年利润，如果用人工方式来推算销售价，则非常困难，此时，可以使用单变量求解功能来解决问题。❶ 单击“数据”选项卡“数据工具”组中的“模拟分析”按钮；❷ 在弹出的下拉菜单中选择“单变量求解”命令，如下图所示。

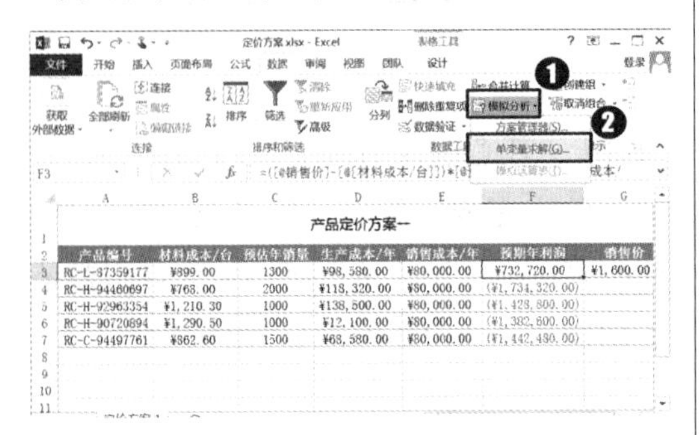

第4步：求解销售价。

打开“单变量求解”对话框，❶ 设置“目标单元格”为“预期年利润”列中的第1个单元，即F3单元格；❷ 在“目标值”文本框中输入“200000”；❸ 在“可变单元格”中选择要得到求解结果的G3单元格；❹ 单击“确定”按钮，如下图所示。

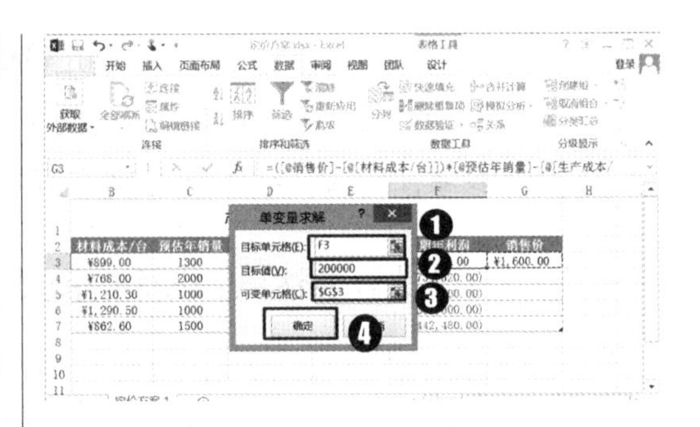

第5步：求出各商品的销售价。

经过上步操作，即可运用单变量求解计算出各商品要达到200000元的年利润时的定价标准，效果如下图所示。

10.2.2 使用方案管理器制定定价方案

本例将模拟不同定价情况下产生的年利润，已知产品的成本价、年销量、生产成本、销售成本等数据，预测产品不同定价达到的不同利润变化。为了方便查看在不同定价假设情况下的预期年利润变化情况，可为不同产品的不同定价制定不同的方案，以后再通过方案管理器来查看不同方案下的具体效果，操作方法如下。

方案管理器的运用

运用方案管理器可以在同一单元格内存储多个不同的数据。通常一个方案可以包含多个单元格，每个单元存储一个值，当表格中有多个方案时，显示不同的方案可以快速改变这些单元格的值。本例将在表格中添加3个方案，分别对应3种不同产品定价。

第1步：打开方案管理器。

❶ 单击“数据”选项卡“数据工具”组中的“模拟分析”下拉按钮；❷ 在弹出的下拉菜单中选择“方案管理器”命令，如下图所示。

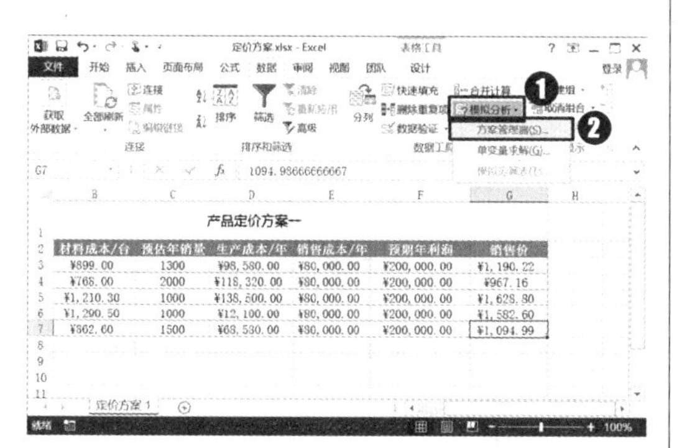

第2步：添加方案。

打开“方案管理器”对话框，单击“添加”按钮，如下图所示。

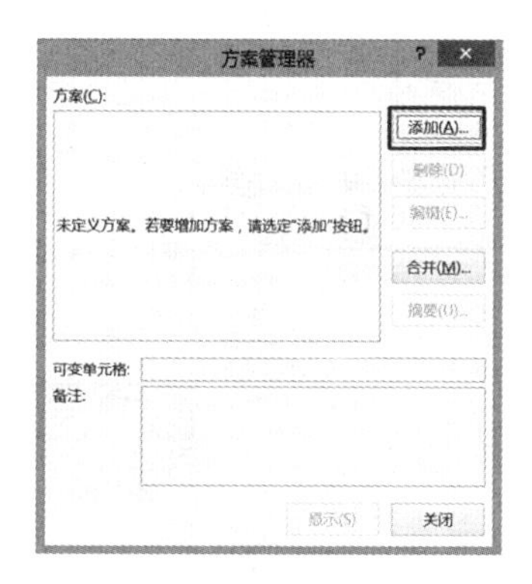

第3步：编辑方案。

打开“编辑方案”对话框，❶ 设置方案名为“定价方案一”；❷ 在“可变单元格”参数框中设置 G3:G7 单元格区域；❸ 单击“确定”按钮，如下图所示。

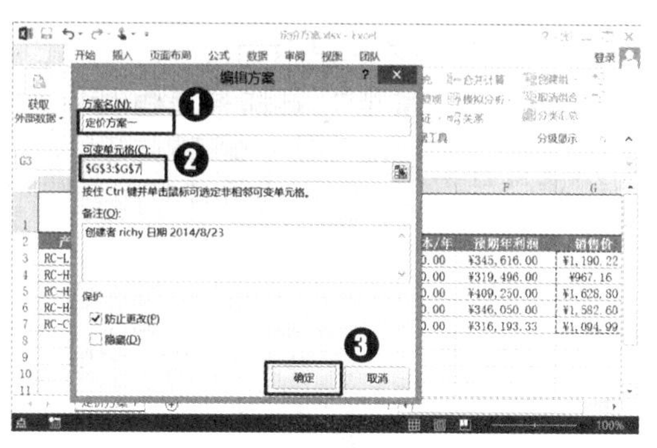

第4步：设置方案变量值。

打开“方案变量值”对话框，❶ 按下图所示设置各单元格的值；❷ 单击“添加”按钮。

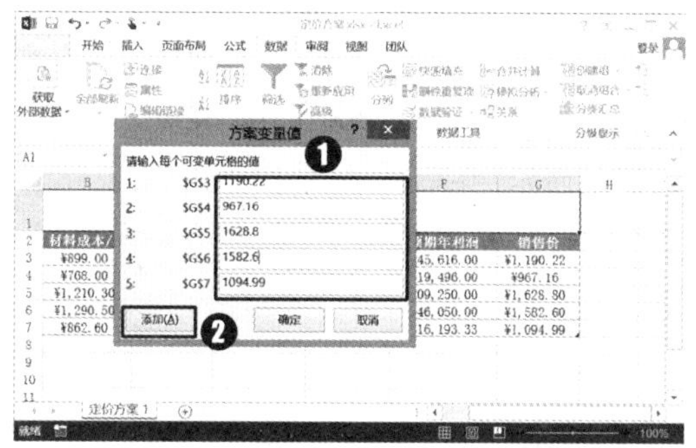

第5步：继续添加方案。

打开“添加方案”对话框，❶ 设置方案名为“定价方案二”；❷ 单击“确定”按钮，如下图所示。

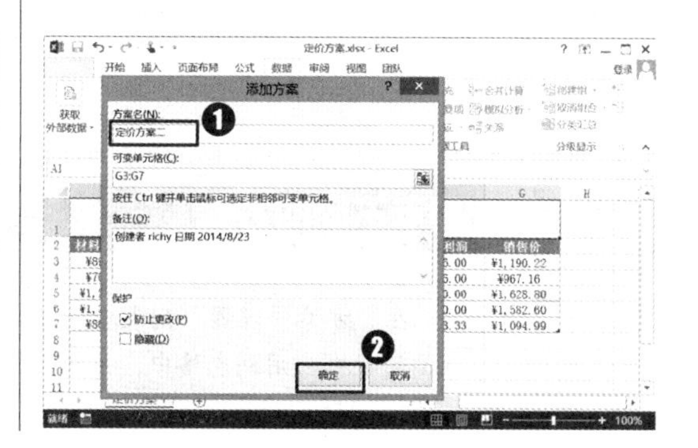

第6步：设置方案变量值。

打开“方案变量值”对话框，❶ 按下图所示设置各单元格的值；❷ 单击“添加”按钮，如下图所示。

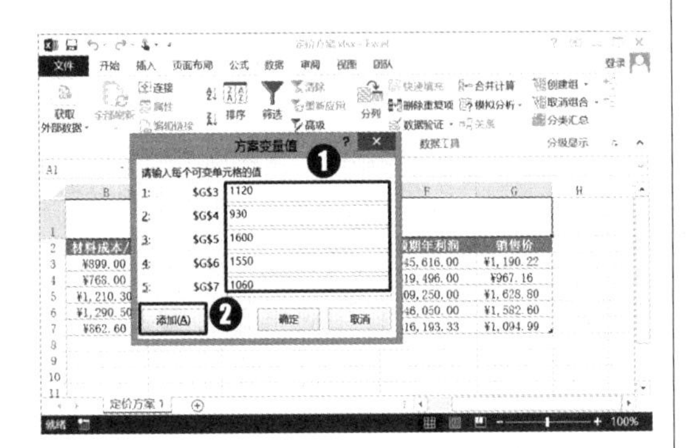

第7步：继续添加方案。

打开“添加方案”对话框，❶ 设置方案名为“定价方案三”；❷ 单击“确定”按钮，如下图所示。

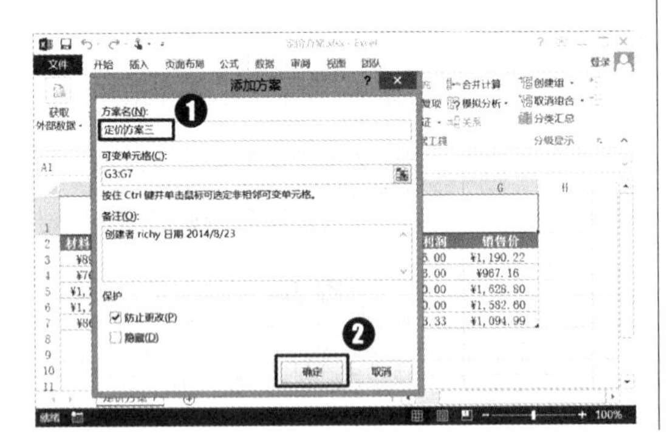

第8步：设置方案变量值。

打开“方案变量值”对话框，❶ 按下图所示设置各单元格的值；❷ 单击“确定”按钮，如下图所示。

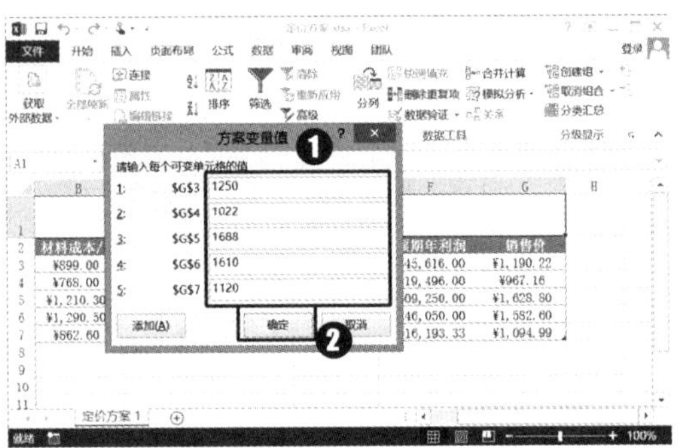

第9步：显示定价方案三。

返回“方案管理器”对话框，❶ 在列表框中选择“定价方案三”选项；❷ 单击“显示”按钮，同时可看到表格中的“销售价”列数据将变化为此方案中保存的数据，如下图所示。

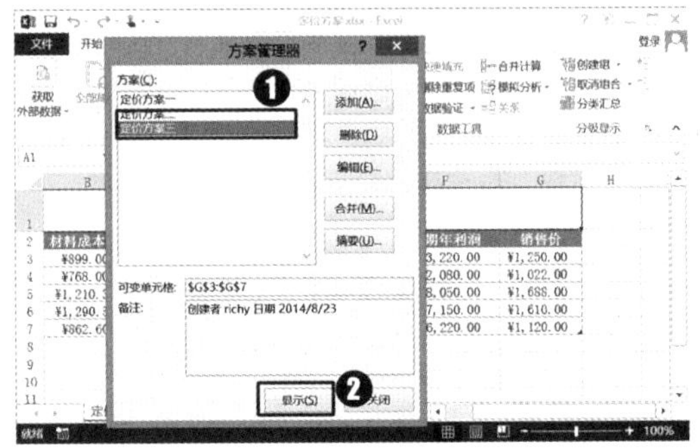

知识拓展 显示不同的方案

在“方案管理器”列表中选择不同的方案后，单击“显示”按钮，可将方案中存储的数据应用到表格中，并且会替换表格中这些单元格中原有的数据。

10.2.3 模拟分析各产品的预期年利润

为分析出产品的销量和定价均发生变化时所得到的利润，可应用双变量模拟运算表对两组数据的变化进行分析，计算出两组数据分别为不同值时的公式结果，具体操作方法如下。

第1步：制作模拟运算表区域。

在 B11:C13 单元格区域中输入下图所示的内容，并进行简单修饰。

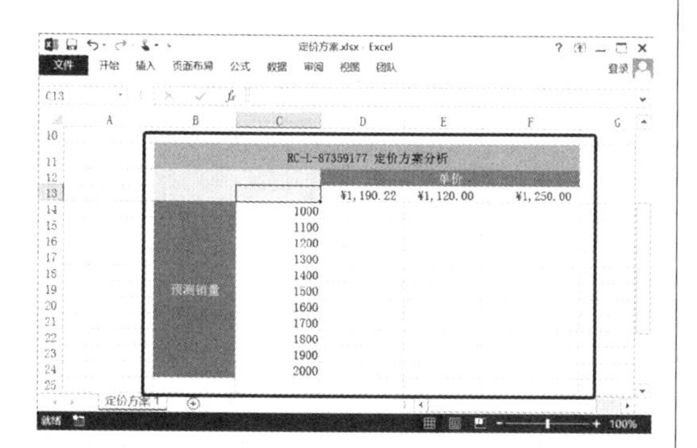

第2步：添加计算公式。

在 C13 单元格中输入公式“=（G3-B3）*C3-D3-E3”，计算出第 1 个产品的预期年利润，如下图所示。

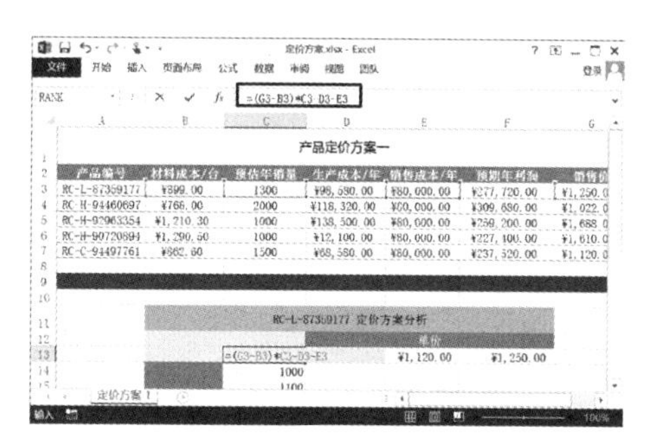

第3步：执行模拟运算表命令。

❶ 选择 C13:F24 单元格区域；❷ 单击“数据”选项卡“数据工具”组中的“模拟分析”按钮；❸ 在弹出的下拉菜单中选择“模拟运算表”命令，如下图所示。

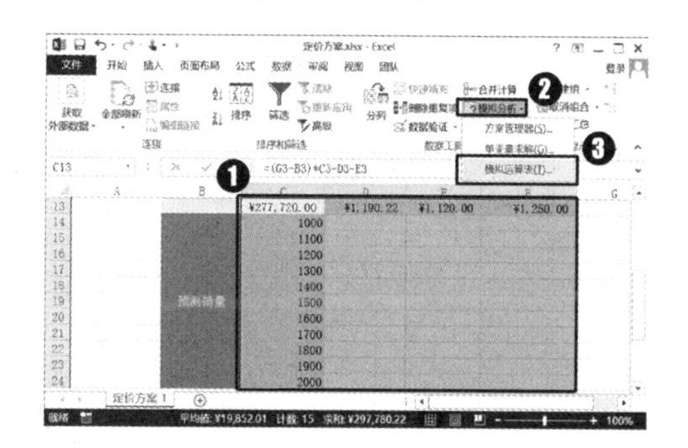

使用模拟运算表

当公式中一个或两个参数出现多种可能情况时，我们可以使用模拟运算表来得到公式在不同情况下的结果。例如，本例中将分析产品单价不同，并且销量不同的情况下得到的不同的销售额情况。

模拟运算表是以一个表格的形式来展示数据的，表格区域中行标题和列标题用来列举公式中的可变元素的多个值，在行列标题相交的单元格中输入一个计算公式，该公式与模拟运算表中的单元格无关，例如，本例中计算定价方案表中第 1 条数据中的预期年利润。而模拟运算表区域中行和列上的数据，将用于替换该公式中需要变化的数据。

第4步：引用行和列单元格。

打开“模拟运算表”对话框，❶ 在“输入引用行的单元格”中引用 G3 单元格，在“输入引用列的单元格”中引用 C3 单元格；❷ 单击“确定”按钮，如下图所示。

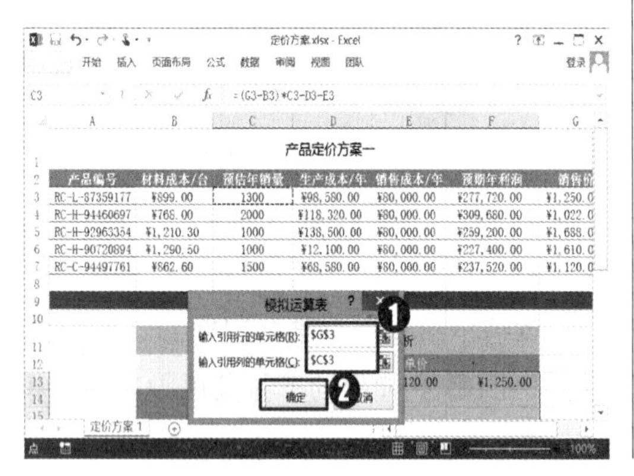

第5步：应用条件格式。

❶ 选择模拟运算表结果单元格区域；❷ 单击“开始”选项卡中的“条件格式”按钮；❸ 在弹出的下拉菜单中选择“突出显示单元格规则”命令；❹ 在弹出的下级子菜单中选择“介于”命令，如下图所示。

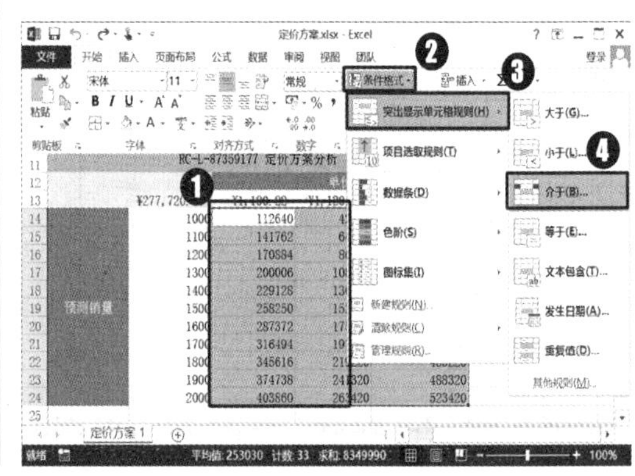

知识拓展　使用模拟运算表

“引用行的单元格”可以理解为所选模拟运算表区域中第 1 行代表哪个单元格的值。同样，“引用列的单元格”可以理解为所选模拟运算表区域中第 1 列代表哪个单元格的值。

第6步：设置条件。

打开“介于”对话框，❶ 设置数值区间范围为 160000 到 250000，并设置单元格突出显示的格式为“黄填充色深黄色文本”；❷ 单击“确定”按钮，如右图所示。

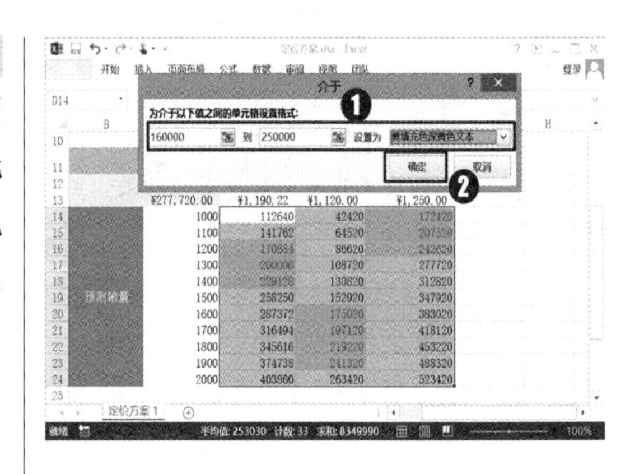

10.3 生产部门费用的最优选择

◇ 案例概述

如果需要在目标单元格中计算公式的最大值，可以使用规划求解。在创建模型的过程中，对“规划求解”模型中的可变单元格中的数值应用约束条件。“规划求解”将直接或间接与目标单元格中公式相关联的一组单元格中的数值进行调整，最终在目标单元格中求得期望的结果，如下图所示。

Microsoft Excel 15.0 运算结果报告
工作表：[生产部门费用表.xlsx]Sheet1
报告的建立：2015/4/25 23:44:38
结果：规划求解找到一解，可满足所有的约束及最优状况。
规划求解引擎
引擎：非线性 GRG
求解时间：.063 秒。
迭代次数：1 子问题：0
规划求解选项
最大时间 无限制， 迭代 无限制，Precision 0.000001， 使用自动缩放
收敛 0.0001，总体大小 100，随机种子 0，向前派生，需要界限
最大子问题数目 无限制，最大整数解数目 无限制，整数允许误差 1%，假设为非负数

目标单元格（最大值）

单元格	名称	初值	终值
$G$13	运费合计 =	26950	26950

可变单元格

单元格	名称	初值	终值	整数
$B$8	生产一部 甲	0	0	约束
$C$8	生产一部 乙	0	0	约束
$D$8	生产一部 丙	300	300	约束
$E$8	生产一部 丁	0	0	约束
$B$9	生产二部 甲	0	0	约束
$C$9	生产二部 乙	150	150	约束
$D$9	生产二部 丙	0	0	约束
$E$9	生产二部 丁	250	250	约束
$B$10	生产三部 甲	300	300	约束
$C$10	生产三部 乙	200	200	约束
$D$10	生产三部 丙	0	0	约束
$E$10	生产三部 丁	0	0	约束

约束

单元格	名称	单元格值	公式	状态	型数值
$B$11	销量 甲	300	$B$11=$B$13	到达限制值	0
$C$11	销量 乙	350	$C$11=$C$13	到达限制值	0
$D$11	销量 丙	300	$D$11=$D$13	到达限制值	0
$E$11	销量 丁	250	$E$11=$E$13	到达限制值	0
$F$8	生产一部 产量	300	$F$8=$H$8	到达限制值	0
$F$9	生产二部 产量	400	$F$9=$H$9	到达限制值	0
$F$10	生产三部 产量	500	$F$10=$H$10	到达限制值	0
$B$8	生产一部 甲	0	$B$8>=0	到达限制值	0
$C$8	生产一部 乙	0	$C$8>=0	到达限制值	0
$D$8	生产一部 丙	300	$D$8>=0	未到限制值	300
$E$8	生产一部 丁	0	$E$8>=0	到达限制值	0
$B$9	生产二部 甲	0	$B$9>=0	到达限制值	0
$C$9	生产二部 乙	150	$C$9>=0	未到限制值	150
$D$9	生产二部 丙	0	$D$9>=0	到达限制值	0
$E$9	生产二部 丁	250	$E$9>=0	未到限制值	250
$B$10	生产三部 甲	300	$B$10>=0	未到限制值	300
$C$10	生产三部 乙	200	$C$10>=0	未到限制值	200
$D$10	生产三部 丙	0	$D$10>=0	到达限制值	0
$E$10	生产三部 丁	0	$E$10>=0	到达限制值	0

素材文件:无
结果文件:光盘\结果文件\第10章\案例03\生产部门费用表.xlsx
教学文件:光盘\教学文件\第10章\案例03.mp4

◇ 制作思路

在 Excel 中制作生产部门费用表的流程与思路如下所示。

安装规划求解：在使用规划求解计算数据之前，首先需要安装规划求解，然后在表格中输入数据信息。

输入规划求解的条件：使用 SUM 函数计算出销量与产量值，使用 SUMPRODUCT 函数计算运费合计，最后用规划求解计算出运费。

生成规划求解的报告：计算出运费的最大值数据后，生成运算结果报告和极限值报告。

◇ **具体步骤**

在 Excel 中给出一组数据，可以使用规划求解计算出最小值和最大值。本例通过规划求解计算出运费的最大值，在计算之前，需要通过 Excel 选项对话框，安装规划求解，然后在工作表中输入数据，使用函数计算出相关数值，最后利用规划求解计算出最大值，并生成规划求解报告。

10.3.1 安装规划求解

启动 Excel 程序，默认情况下是没有规划求解功能，需要在 Excel 选项中加载才能使用，加载规划求解，具体操作方法如下。

第1步：执行“选项”命令。

新建一个空白演示文稿，在“文件”菜单中选择“选项”命令，如下图所示。

第2步：执行转到命令。

打开“Excel 选项”对话框，❶ 单击“加载项”选项卡；❷ 单击“转到”按钮，如下图所示。

第3步：执行添加规划求解加载项的操作。

打开“加载宏”对话框，❶ 选中“规划求解加载项”复选框；❷ 单击“确定”按钮，如下图所示。

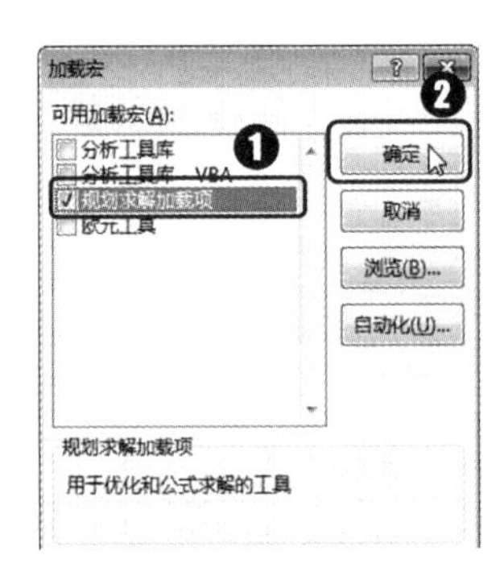

第4步：显示添加规划求解的效果。

经过以上操作，在数据选项卡中显示出添加的规划求解功能，效果如下图所示。

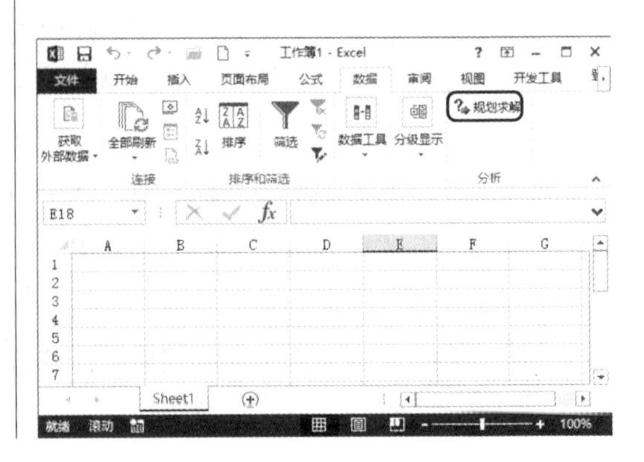

10.3.2 给定规划求解条件

在本案例中使用规划求解计算费用标准，会应用到 SUM 和 SUMPRODUCT 两个函数。本例使用规划求解计算费用标准的具体操作方法如下。

第1步：输入表格数据。

❶ 在 A1:H13 单元格区域中输入如下图所示的表格内容；❷ 单击“保存”按钮。

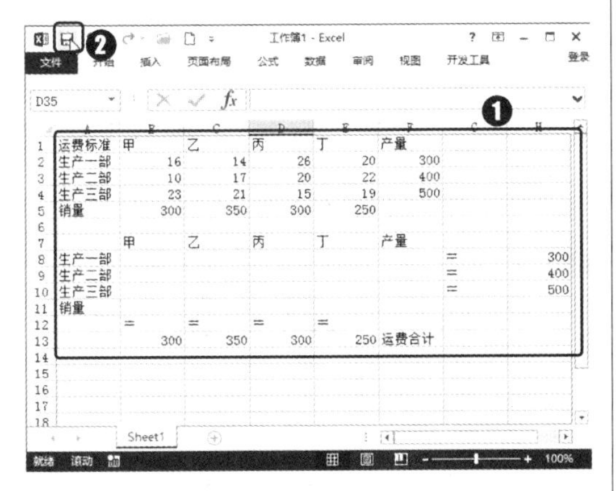

第2步：执行另存为命令。

切换到“文件”菜单的另存为界面，❶ 选择“计算机”选项；❷ 单击“浏览”按钮，如下图所示。

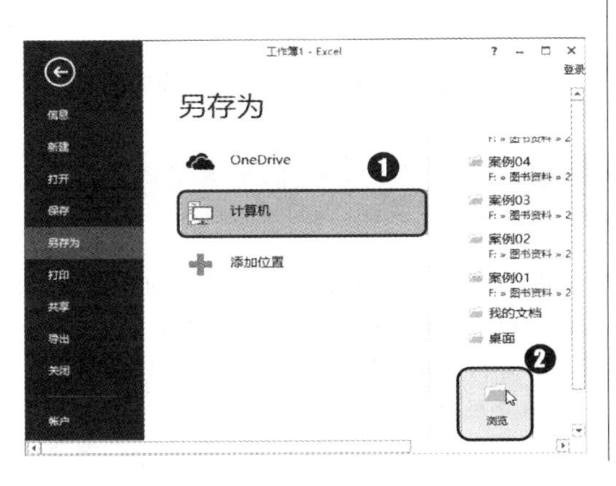

第3步：执行保存文件的操作。

打开“另存为”对话框，❶ 选择文件存放的路径；❷ 在“文件名”下拉列表框中输入名称；❸ 单击“保存”按钮，如下图所示。

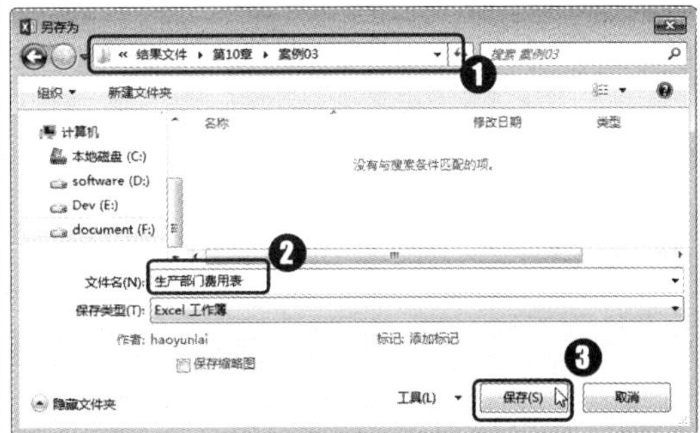

第4步：填充计算销量的公式。

❶ 在 B11 单元格中输入“=SUM(B8:B10)”；❷ 单击编辑栏中的 ✓ 按钮，如下图所示。

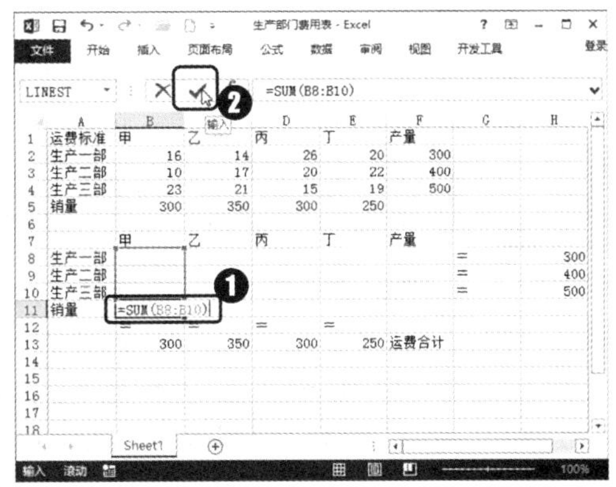

第5步：填充计算公式。

❶ 选择 B11 单元格；❷ 拖动填充控制柄向右填充至 E11 单元格，如下图所示。

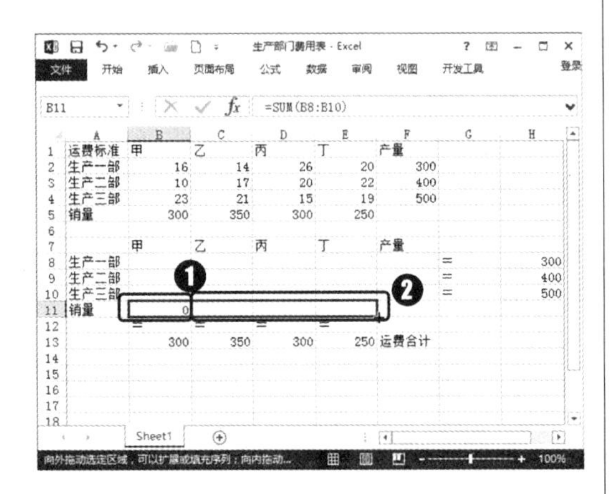

第6步：输入计算产量的公式。

❶ 在 F6 单元格中输入“=SUM（B8:E8）”；❷ 单击编辑栏中的 ✓ 按钮，如下图所示。

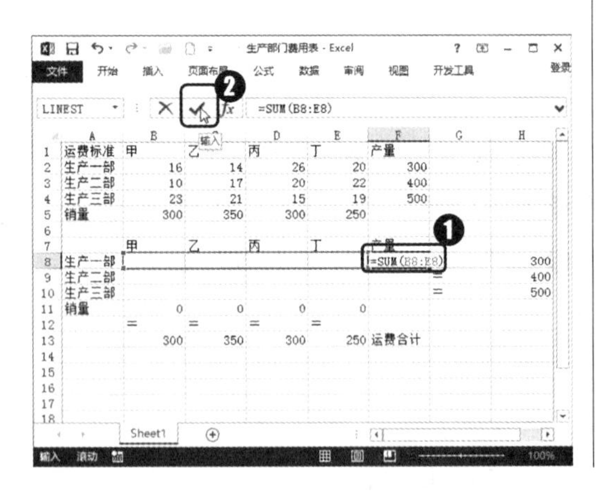

第7步：填充计算公式。

❶ 选择 F8 单元格；❷ 拖动填充控制柄向下填充至 F10 单元格，如下图所示。

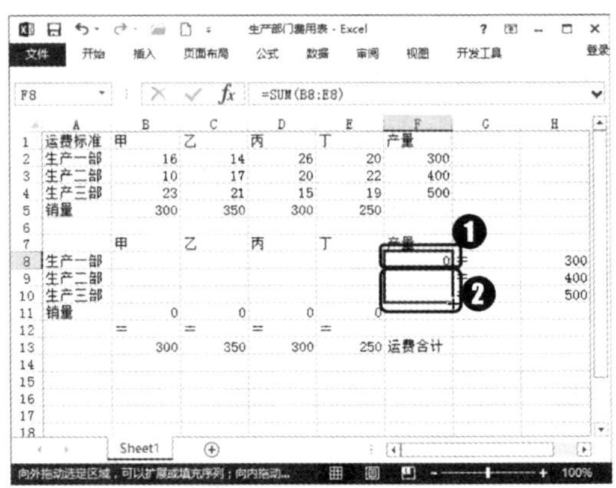

第8步：输入计算运费合计的公式。

❶ 在 G13 单元格中输入公式“=SUMPRODUCT（B2:E4,B8:E10）”；❷ 单击编辑栏中的 ✓ 按钮，如下图所示。

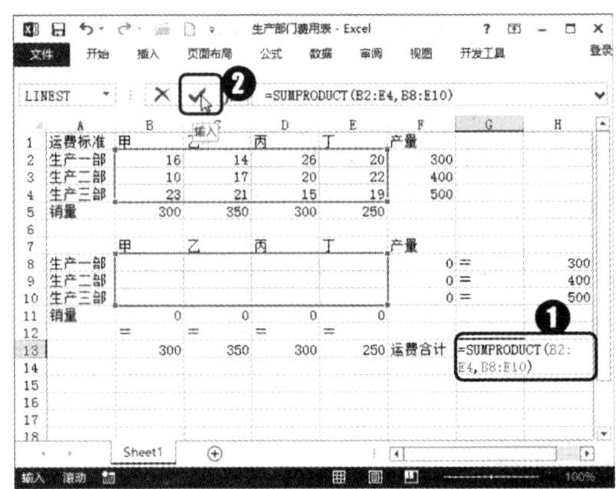

知识拓展　SUMPRODUCT 函数

SUMPRODUCT 函数可以在给定的几组数组中将数组间对应的元素相乘，并返回乘积之和。其语法结构为 :SUMPRODUCT（array1,[array2],[array3],...），其中，参数 array1 为必需的参数，表示需要进行相乘并求和的第 1 个数组参数；参数 array2,array3,... 为可选参数，可以有 2 ~ 255 个数组参数。

第9步：执行规划求解的命令。

❶ 选择 G13 单元格；❷ 单击“数据”选项卡“分析”组中的“规划求解”按钮，如下图所示。

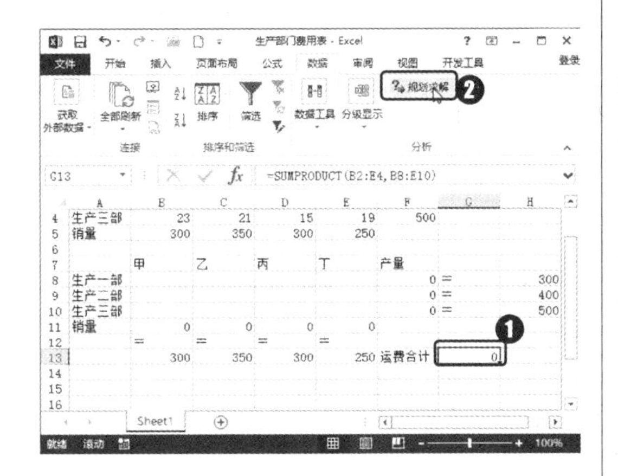

第10步：单击添加按钮。

打开“规划求解参数”对话框，单击“添加”按钮，如下图所示。

第11步：设置第1个约束条件。

打开“添加约束”对话框，❶ 在“单元格引用”参数框中引用 B8:E10 单元格区域；❷ 在引用单元格右侧选择约束条件；❸ 输入约束值；❹ 单击“添加”按钮，如下图所示。

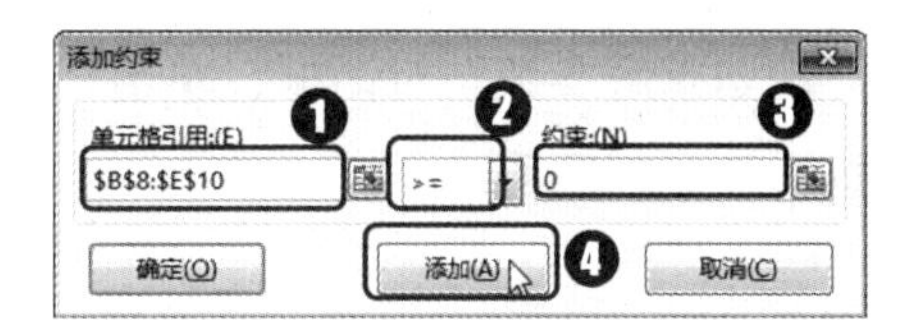

第12步：设置第2个约束条件。

❶ 在“单元格引用”参数框中引用 B11:E11 单元格区域；❷ 在引用单元格右侧选择约束条件；❸ 输入约束值；❹ 单击“添加”按钮，如下图所示。

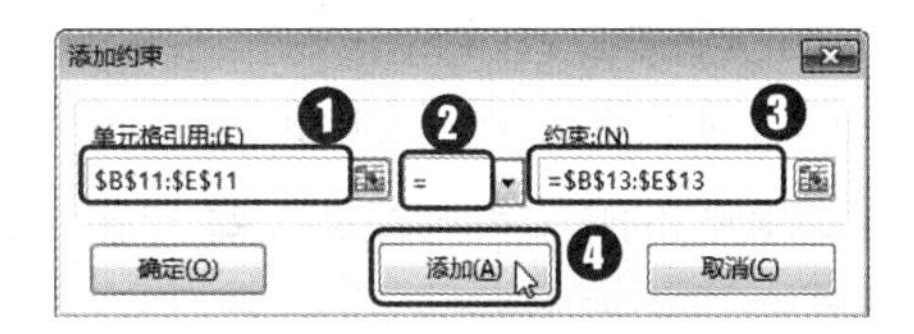

第13步：设置第3个约束条件。

❶ 在“单元格引用”参数框中引用 F8:F10 单元格区域；❷ 在引用单元格右侧选择约束条件；❸ 输入约束值；❹ 单击“确定”按钮，如下图所示。

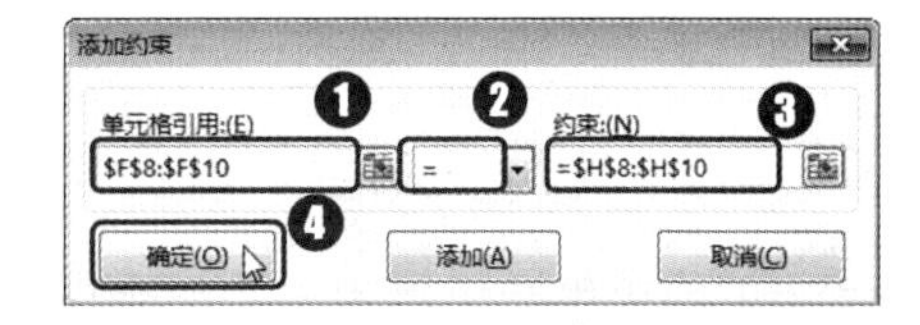

第14步：填充计算公式。

返回“规划求解参数”对话框，单击“求解”按钮，如下图所示。

第15步：确认计算规划求解。

打开“规划求解结果”对话框，❶ 选中“保留规划求解的解”单选按钮；❷ 单击“确定”按钮，如下图所示。

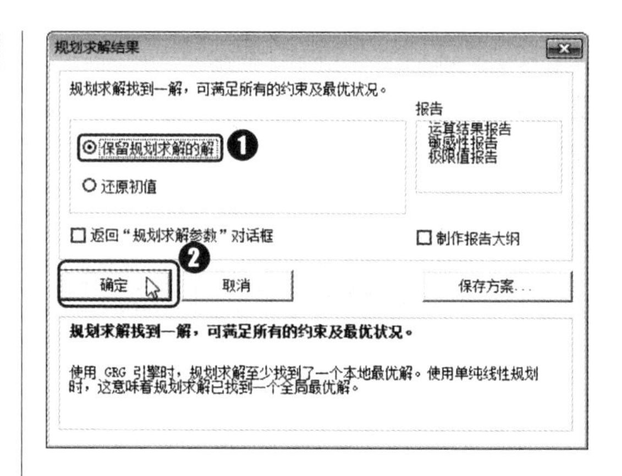

第16步：显示计算结果。

确认计算规划求解后，在 Excel 中将显示出相关数据，效果如下图所示。

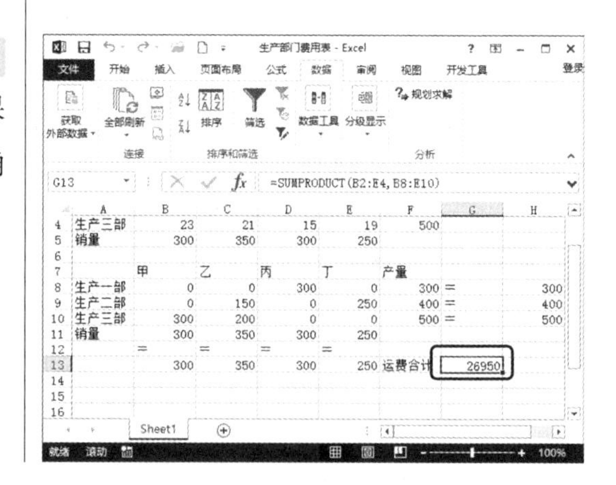

知识拓展

重新设置规划求解的参数

在“规划求解参数”对话框中，如果对遵守约束的设置不满意，可以选中约束选项，单击“更改”按钮重新设置。

10.3.3 生成规划求解报告

求解出规划求解的结果后，如果用户要查看生成规划求解的报告，可以在规划求解结果对话框中选择报告类型。例如，在本案例中生成运算结果报告和极限值报告，具体操作方法如下。

第1步：执行规划求解命令。

单击“数据”选项卡“分析”组中的“规划求解”按钮，如下图所示。

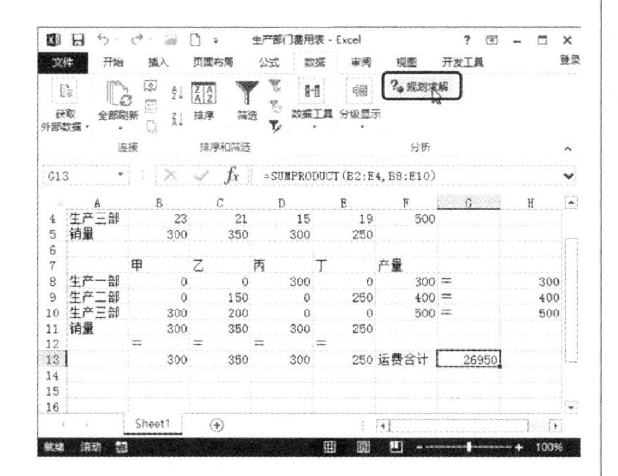

第2步：单击求解按钮。

打开“规划求解参数”对话框，单击“求解”按钮，如下图所示。

第3步：选择要生成报告的选项。

打开“规划求解结果”对话框，❶ 在“报告”列表框中选择“运算结果报告”和“极限值报告”选项；❷ 单击“确定”按钮，如下图所示。

第4步：显示生成的报告。

经过以上操作，即可生成运算结果报告和极限值报告，效果如下图所示。

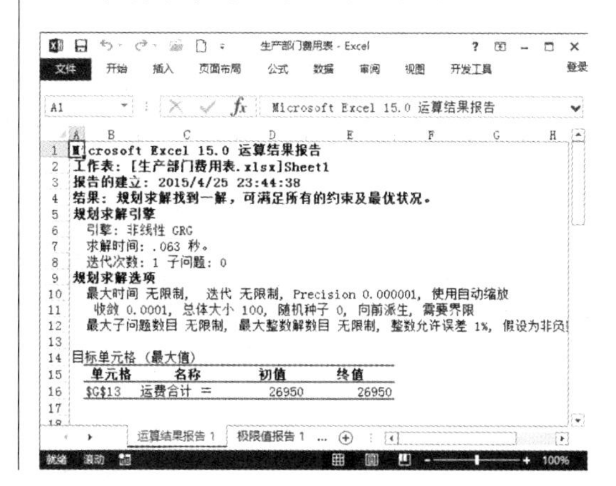

10.4 本章小结

对数据进行模拟分析与预算属于数据的高级分析与应用，也是商业中数据分析的一种常见模式。本章学习的第 1 个重点在于 Excel 中单变量求解功能和方案管理器的使用，第 2 个重点则在于模拟运算表的使用，只要能掌握单变量和双变量的数据分析，基本上就能对常用的预算进行模拟分析了。

第11章

创建与制作演示文稿
——PPT 幻灯片的编辑与设计

本章导读：

现在每天有超过三千场的演讲或展示使用了 PPT，每天有超过三千万份的 PPT 被创作出来。如此之多的用户在使用 PPT，至少证明了 PPT 的作用非常大，也很容易使用。如果您还没有深入地认识 PPT，还没有普遍地运用 PPT，那么就从现在开始跟着我们一起进入 PPT 的世界吧！PowerPoint 历来都是制作 PPT 的首选软件，本章就来详细讲解使用 PowerPoint 2013 创建、设计、编辑及美化 PPT 的方法。

知识要点：

★ 编辑与修改幻灯片内容
★ 应用文档大纲创建幻灯片
★ 应用与修改幻灯片设计
★ 应用与修改幻灯片版式
★ 在幻灯片中插入各种对象
★ 修改与制作幻灯片母版

案例效果：

作为 Office 办公套件中的常用组件，PowerPoint 的很多基本操作与 Word、Excel 组件相似。这也是 PowerPoint 易学易用的一个重要原因，但会使用 PowerPoint 不代表会制作 PPT。现在，我们随处都能见到 PPT，但真正优质的 PPT 并不多见。下面，我们就来介绍 PPT 和 PPT 设计的相关内容。

要点01 PPT究竟是啥玩意儿

PPT 不是 PowerPoint 的缩写，而是其简称。PowerPoint 是微软公司出品的 Office 软件重要组件之一，是一款功能强大的演示文稿制作软件，利用 PowerPoint 制作的文件叫演示文稿，由于 PowerPoint 历来都是制作演示文稿的首选软件，所以人们习惯性地将使用 PowerPoint 制作的演示文稿称为“PPT”。演示文稿中的每一页叫作一张幻灯片，每张幻灯片都是演示文稿中既相对独立又相互联系的个体，是 PPT 的组成单位。下图所示为阐明 PPT 与幻灯片的不同。

近年来，PowerPoint 的应用领域越来越广。PPT 正成为人们工作生活的重要组成部分，在工作汇报、企业宣传、产品推介、婚礼庆典、项目竞标、管理咨询等领域发挥着重要作用。为什么 PPT 的应用领用如此之广？下面我们就来探究一下，PPT 到底有什么作用呢？

（1）视觉辅助

PPT 在演讲过程中可以作为视觉上的辅助，帮助观众理解演示的内容，跟上演示的节奏。比如在进行销售演示、产品发布、培训等时候，需要给观众看一些要点或图片，此时 PPT 的功能就发挥出来了。

此外，PPT 可以给演讲者提供清晰的思路，从而引导演讲内容按顺序展开。演讲者将曾经浮现在脑海中的演讲内容用关键字的形式记录在 PPT 中，有助于演讲者在演讲过程中回忆起这些内容，起到提示的作用。

（2）自动演示

自动演示的文件可以是活动短片、产品介绍等专门放给观众看的 PPT。与视觉辅助时作为配角的作用不同，这时候 PPT 成为了主角。作为自动演示的 PPT，通常都会图文并茂。有时还会配上音乐或声音解说，或者直接添加视频文件进行播放。这样，在公共场合放映的宣传片就可以给观众更强的冲击力，也更能够引起共鸣。

（3）页面阅读

在 PowerPoint 没有研发出来之前，如果要为某个会议做准备，那将是一件很痛苦的事情，因为你可能需要准备一大堆的资料。会上，当你把资料发到每个人的手上，并开始在台上慷慨激昂地演讲时，但你发没发现台下的听众有的在你辛苦准备的资料上画着各种涂鸦，有的差点没拿着放大镜寻找资料上的错字，还有的可能直接把那一页页的资料变成了纸飞机……

现在，我们有了 PowerPoint，就可以使用它来承载这些资料内容，不仅能制作出美观的平面效果，还可以有炫目的动画设计，要想将观众的注意力吸引到你的 PPT 上简直就是分分钟的事。

（4）制造良好的氛围

PPT 的内容可以使用多种形式展现在观众眼前，除了常见文档可以使用的文字、图片、表格，在 PPT 中还可以添加音频、视频文件，并通过各种动画将需要表达的内容呈现给观众。这种将听觉、视觉同时发挥作用的环境是最良好的演讲环境，有助于加深观众对演示的良好印象，从而更加快速地领会演讲的思想内容。此时，演讲者再配合语言、眼神、肢体、互动、道具等演示，很容易就让演讲者变成观众的焦点。演讲的内容也许三五年后人们仍然能够记忆犹新。

总而言之，PPT 是利用视觉、听觉和演讲者的语言多种方式综合，而不是单纯的文字，为表达自己的观点提供的一种实现的途径。它突出重点，简化内容，理顺思路，增强了与观众的互动，提高了沟通效率。

要点02　你以为PPT可以滥用吗

PPT 用得好就是锦上添花，用得不好就会弄巧成拙。所以在使用 PPT 前一定要慎重考虑各种因素，切勿滥用。

1. 无必要则不用

PPT 的使用成为一种流行趋势，但并不是什么情况下都需要使用 PPT。例如，将公司制度使用 PPT 编排，其实就毫无必要，因为它不需要演示。制度性的文件都是文字，使用 PPT 会占用很多篇幅，且格式设置会很死板，阅读起来翻页也显得很多余，还不如直接使用 Word 等文本文档来得方便。

2. 风格以场合为导向

PPT 的风格一定要与内容相符，与观众群体类型相符。你不能在做商务演讲时把 PPT 弄得五颜六色、布局做得龙飞凤舞，当然也不能在给小学生讲课时将颜色设置得太单一、布局太死板，那样可就本末倒置了。下图所示图片风格即与图片内容相符。

要点03 制作PPT流程不能乱

制作 PPT 不仅需要具有和文本文档一样有条理的内容，还需要具有设计感的外观，它所需用到的素材、资料非常多，所以制作起来不免有点抓不住重点。下面为大家简单介绍制作一份 PPT 的流程。

1. 确定主题

任何 PPT 都有一个主题，主题是整个 PPT 的核心。PPT 主题的好坏可能直接影响 PPT 所要达成的目标能否实现。

PPT 的主题往往需要放在封面上突出显示，以便观众在第一时间了解到该 PPT 要演示的内容。在表述 PPT 主题时可以采用“主标题 + 副标题”的方式，特别是在需要说服、激励、建议时，可以达到一矢中的效果，如下图所示。

一般情况下 PPT 在确定主题时，内容都不宜过多，但有的 PPT 在进行主题说明时，可能需要使用其他信息，这时候这些信息一定要要分清主次，以免喧宾夺主，下图所示即为图片中信息不分主次。

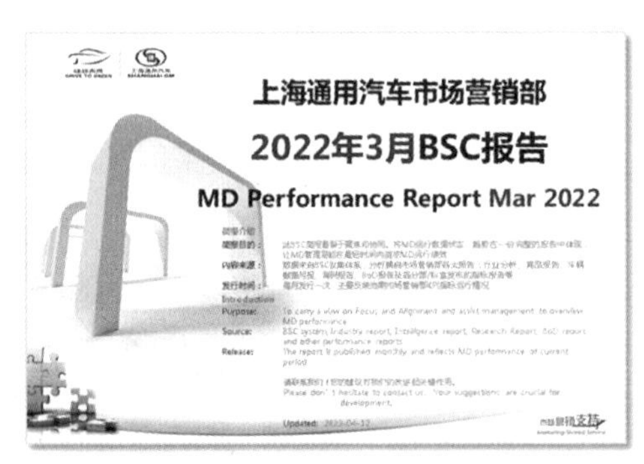

2. 确定内容

内容是否精彩关系到演讲者是否能有一个精彩的演绎过程。下面我们就来学习一下如何确定 PPT 内容。

（1）罗列内容

在做 PPT 前最好能够将所要呈现的内容都罗列出来，主要包括罗列收集的素材和主要的论点。将这些素材统统罗列出来后可以更加方便地分类和排序，便于在接下来的 PPT 制作中理清思路。

（2）厘清思路

厘清思路的方法多种多样，读者可以根据 PPT 的主题和已有的素材选择适合的思维方式，下面介绍三种最常使用的方法。

- 3W 理论

厘清思路主要可以根据三个层次来进行。

①为什么要制作 PPT（WHY），即确定目标；

②用什么来实现目标（WHAT）；

③如何实现目标（HOW）。

WHY—WHAT—HOW

对这三个层次有了充分的认识后，我们就知道使用哪些内容来分别呈现 PPT 了。

- 六顶思考帽

3W 理论主要运用在制作 PPT 的基础框架构思过程。下面为读者介绍一种考虑 PPT 要点的方法——“六顶思考帽”。

六顶思考帽是英国学者爱德华 · 德 · 博诺（Edward de Bono）博士开发的一种思维训练模式。运用博诺的六顶思考帽，能使混乱的思考变得更清晰，使团体中无意义的争论变成集思广益的创造，使每个人变得富有创造性。

所谓六顶思考帽，是指使用六种不同颜色的帽子代表六种不同的思维模式，如下图所示。

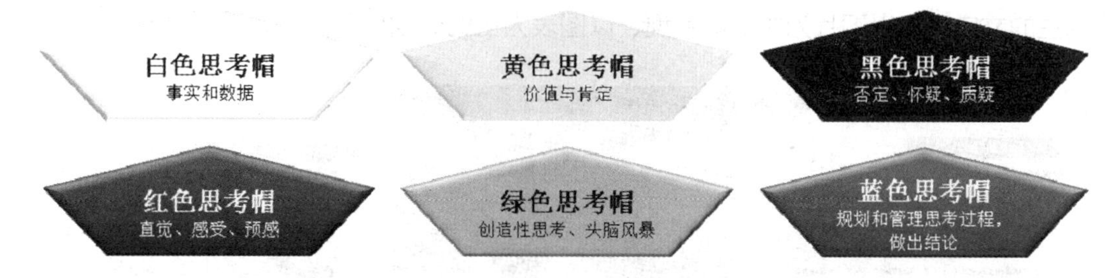

六顶思考帽的应用关键在于使用者用何种方式去排列帽子的顺序，也就是组织思考的流程。它不仅可以有效避免冲突，而且可以就一个话题讨论得更加充分和透彻。

- 思维导图

思维导图又叫心智图，是由东尼·博赞（Tony Buzan）创立的，这一简单易学的思维工具正被全世界 2.5 亿人使用。思维导图是一种可以表达发散性思维的有效图形思维工具，运用图文并重的技巧，把各级主题的关系用相互隶属与相关的层级图表现出来，把主题关键词与图像、颜色等建立记忆链接，如下图所示。

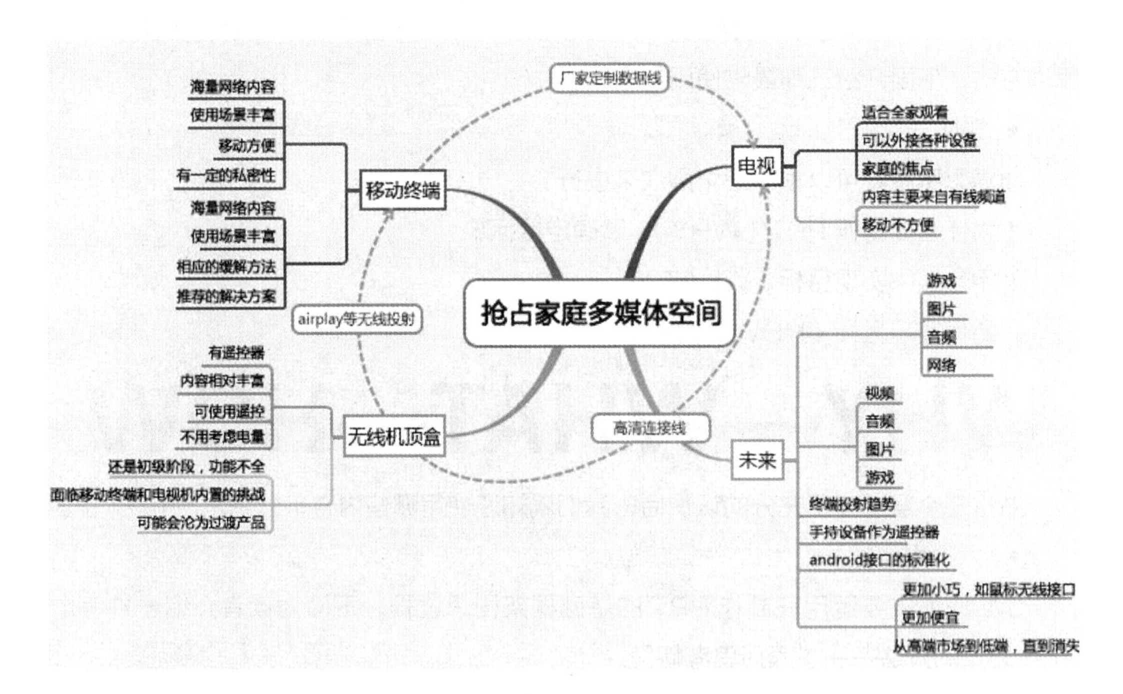

（3）选择内容

选择内容时一定不能一把抓，务必要以主题和思维方式为导向去其糟粕取其精华，选择对观众具有说服力的内容。

3. 确定形式

根据 PPT 中所有或多数幻灯片中内容的表现形式，可以将 PPT 分为以文本内容为主的文字型、以图片为主的图片型、以图表为主的数据型 3 种，如下图所示。

在制作 PPT 之前确定形式也比较简单，主要依据有两个：一个就是要表达的主要内容是什么就用什么形式，如内容是图片就用图片型；另一个是根据 PPT 的观众而定，以观众的喜好为导向，如文字型和数据型的 PPT 更适合给领导观看，这样能够更直接地体现工作情况；而客户或学生就更喜欢图片型的 PPT，因为这样的 PPT 更具观赏性。

4. 设置版式

在 PPT 中制作内容其实比较简单，要做出一个美观的 PPT 关键还在于排版布局和用色。相关内容我们将在后面详细讲解。

5. 确定播放效果

播放效果主要是指幻灯片的切换和动画效果，当然 PPT 的视频和音频也可以作为设置播放效果的方法。另外，还需要根据 PPT 播放的环境设置合适的播放方式，具体内容我们将在下一章节中讲解。

要点04 PPT的常见结构

一套完整的 PPT 文件一般包含封面、目录、过渡页、内容页和封底五大部分，所采用的素材有文字、图片、图表、动画、声音、影片等。当然，每个人设计的要求和演示的环境不同，PPT 的设计也会有所不同。

（1）封面

封面之于 PPT，犹如仪表之于人。一个人的仪表在初次会面中起到了非常重要的作用，甚至影响到他人是否愿意继续与之往来。封面也一样，首先需要亮出整个 PPT 所要表达的主题。封面中还可以添加公司名称、演讲人或制作人姓名、制作时间等信息。封面一般分为文字型封面和图片型封面，如下图所示。

前言

在我们的印象中，前言只在一些书籍或长篇文档中经常会看到，PPT 中好像很少见。是的，一般只有制作内容较多的 PPT 时才会用到前言进行简单的总结和对内容的提示。主要用于浏览模式的 PPT，用于演讲的 PPT 基本不会使用前言，因为演讲者在演讲过程中可以概括和讲解 PPT。

（2）目录

目录主要是提炼演示文稿即将介绍的内容，让观众对演讲内容有所了解，并做好相应的准备接收演讲者即将讲述的内容。根据目录的表现形式不同，主要可以分为如下几种。

- 文字型

文字型目录是最常用，制作起来也最简单的。文字型目录，直接将各项要点的文本内容罗列到幻灯片中。如果想让目录看起来更有层次感，可以适当地使用项目符号或编号点缀，如下左图所示。

- 图标型

纯文本内容制作出的目录，始终都显得过于单调，尤其是目录要点比较少的情况下，页面就会显得更加空旷。如果在制作 PPT 时希望让目录页的内容显得更加丰富，可以给目录的每一项加上图标，这就是图标型目录，如下右图所示。

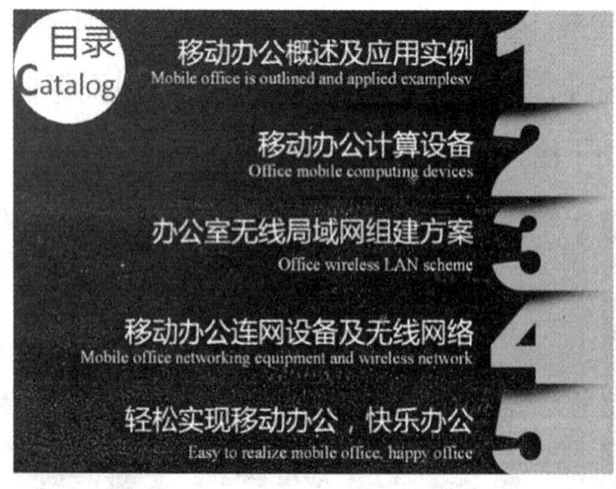

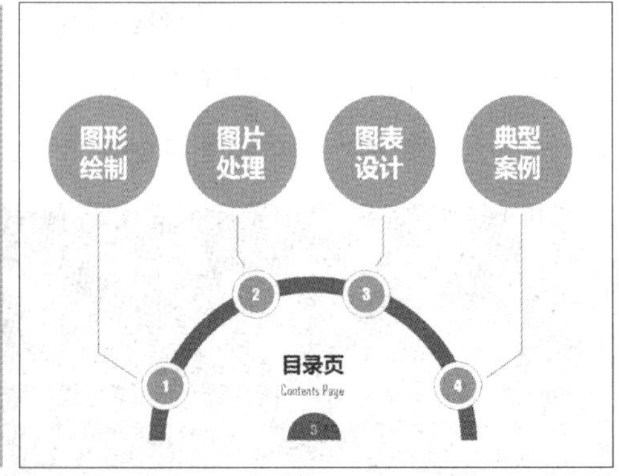

- 图片型

图片型的目录与图标型的目录有些相似之处，都是以图片来映衬目录标题。不同的是图标型目录中，图片只作为一种修饰，甚至只是用于填充空白部分，让页面显得不那么单调。而图片型目录则主要突出图片，以图片吸引视觉，如下左图所示。需要注意的是，无论是图标型还是图片型的目录，选用的图片必须符合标题所要表达的含义。

- 时间线型

在演讲 PPT 时，除了自己要准备充分，也应该让听众有所准备，所以我们不仅要告诉听众所讲的内容，还应该告诉听众讲解大概要花的时间，每一章节的时间安排。使用时间线型目录可以有效地做到这一点，如下右图所示。

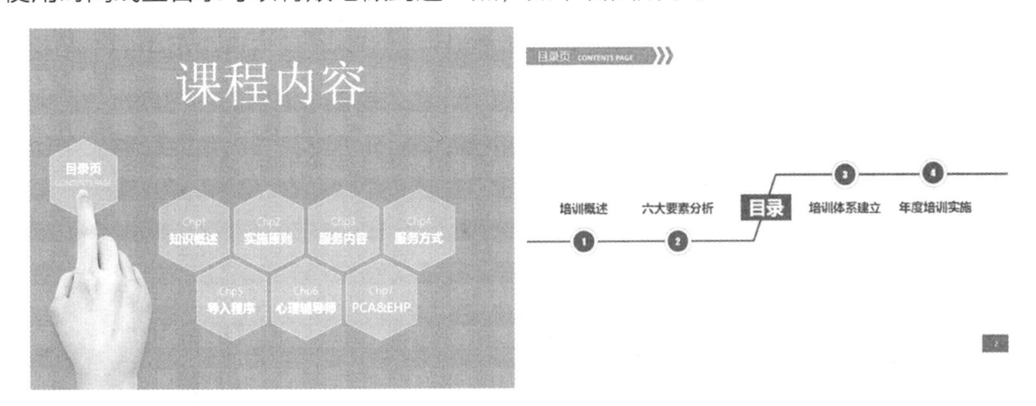

- 导航型

导航型的目录与网站的导航页面类似，这种方法特别适合于学生自学用的课件，或者由观众自行播放的演示文稿。在制作这种目录时，可以为每个标题设定好链接，这样使用者就可以方便地观看所需要的页面，如下左图所示。

- 创意型

在制作 PPT 的实战过程中，如果用户有更加符合主题的目录创意，同样可以使用，下右图所示的目录采用了环形顺序。

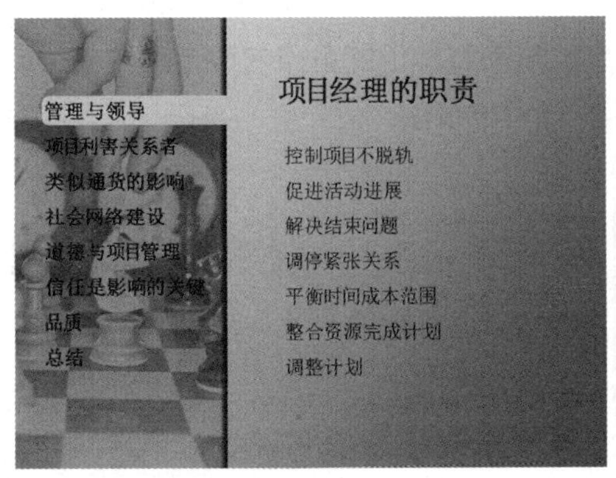

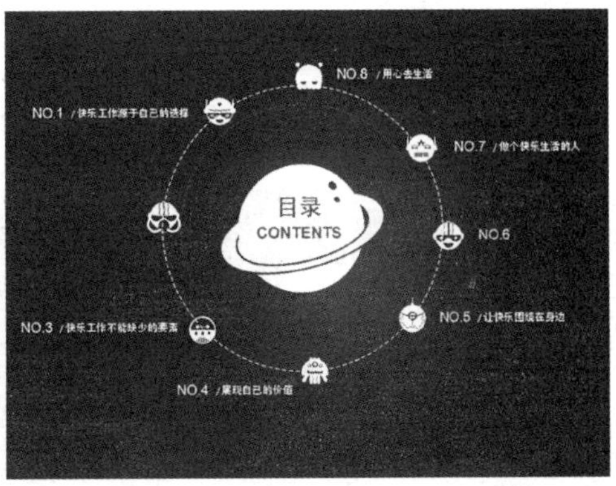

（3）过渡页

过渡页也叫转场页，一般用于页面比较多，演讲时间比较长的 PPT。过渡页可以时刻提醒演讲者自己和听众正在讲解的和即将讲解的内容。在演讲长篇 PPT 时，为避免听众疲乏，在设计过渡页时一定要将标题内容突出，这样才能达到为听众提神的作用。

过渡页主要分为两类，一类是提醒 PPT 的章节，另一类是提醒即将讲解的重点。

- 章节过渡页

章节过渡页也可以理解为小节页，起着承上启下的作用，相当于对目录的再一次回顾，只是在过渡页中只突显一条目录标题。所以在制作该类过渡页时尽可能的与目录页的内容相关联。这类过渡页一般有两种实现方式，要么是将目录页中的一条标题提取出来放大，其他内容都不要，如下左图所示；要么是将未讲解的内容进行“隐藏”，将需要讲解的内容突出显示。此类过渡页制作起来较为简单，且效果非常好，只需改变对象颜色即可，如下右图所示。

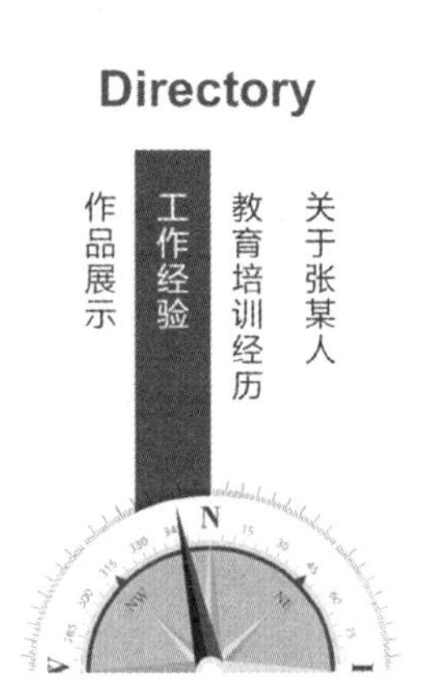

- 重点过渡页

顾名思义，重点过渡页是用于提醒或是启示即将介绍的重点内容，制作此类过渡页时最重要的就是要醒目，页面一定要简洁，如下图所示。

(4) 内容页

内容页是用来呈现 PPT 介绍内容的页面，它们占据了 PPT 的大部分页面。其形式非常多样，可以是文字、图片、表格，也可以是音频或视频。其制作的方式也非常多样化，具体的制作方法可以参考本章后面的案例讲解部分。

(5) 封底

封底就是 PPT 的结束页，用于提醒观众 PPT 演示结束的页面。封底主要可分为两类，一类是封闭式，另一类是开放式。

- 封闭式的封底常用于项目介绍或总结报告类的 PPT，一般 PPT 演示到封底，也意味着演讲者的讲解也结束。此类封底的内容多使用启示语或谢词，如下左图所示。
- 开放式的封底更多地运用于培训课件中，使用开放式封底的 PPT，即便演讲者演示完毕，但其讲述或指导工作并不一定结束，因为开放式封底一般都会是互动环节的提示，可以让听众讨论，也可以是动手互动，如下右图所示。

要点05 制作PPT需要掌握的原则

PPT，特别是对外 PPT，已经成为公司形象识别系统的重要组成部分，代表着一个公司的脸面。设计，正成为 PPT 的核心技能之一，也是 PPT 水准高低的基本指标。不同的演示目的、不同的演示风格、不同的受众对象、不同的使用环境，决定了不同的 PPT 结构、色彩、节奏、动画效果等。任何一种本领的学习，我们必须窥其根本，才能得心应手。PPT 的制作也应这样。设计非一日之功，但我们可以找到一些捷径。下面我们就来探讨一下能帮助我们制作出专业且引人注目的 PPT 的一些原则和方法。

（1）信息完整

PPT 无论用来讲故事还是用来讲观点，所呈现的内容，无论是一句话、一段话还是整个 PPT 的信息都应该有头有尾，切不可缺斤少两，否则就会让观众无法彻底了解整个 PPT 的中心思想，达不到 PPT 演示的目的。看到下面左边的 PPT，观众肯定不禁要问到底是什么培训，这样就是信息不完整造成的，而右边的 PPT 则不会产生这样的疑问。

（2）逻辑清晰

在制作 PPT 时一定要有个清晰的逻辑，不要以天马行空的思想，想到什么就添加什么内容。要考虑结构与布局，用清晰的逻辑把主题表达清楚。做提纲时，用逻辑树将大问题分解成小问题，小问题用图表现。在制作 PPT 时，无论是主要问题，还是各个小问题都应该围绕 PPT 所要表达的核心主题逐次展开，如下图所示。

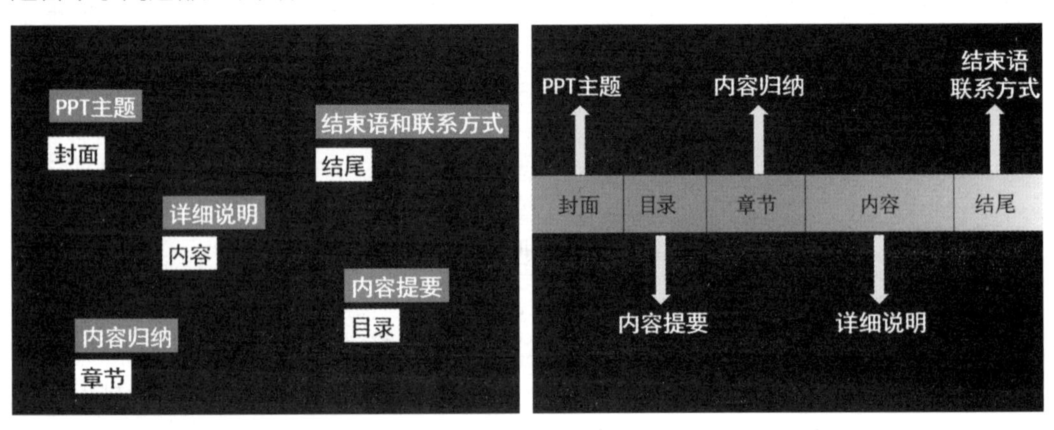

（3）论点精准

无论 PPT 的内容多么丰富，最终的目标都是为了体现 PPT 的主题思想。所以在论证 PPT 的论点时一定要精准。不能让观众看完 PPT 后却不知道讲的是什么。为了在论证论点时精确无误，在选择论点时就需要仔细斟酌。

一个 PPT 只能有一个论点。也就是说，一个 PPT 只为一类人服务，针对不同观众制作不同层次的内容。每个 PPT 只说明一个重点。比如在一个 PPT 中既讲管理，又讲技术，那么在讲管理时，专攻技术的观众就会停留在一段真空时段里，因为他们根本不了解所讲内容，没有办法参与，因而可能对演讲产生乏味感。反之如果对管理人员讲技术方面的内容，也会产生相同的问题。

（4）简洁易懂

人们之所以会选择用 PPT 来呈现内容，是因为 PPT 的使用可以节省会议时间、提高演讲水平、清楚展示主题。但 PPT 只有做到了“简洁易懂”才能实现这样的目标。

在制作 PPT 的过程中，我们不应只在乎自己的感受，而应学会换位思考，站在观众的角度去审视这个 PPT，尽量突出演讲内容的关键点。而且在描述这个关键点时，不可让一些与主题无关或与表现形式无关的图片及文字出现于 PPT 版面中，尽量不要制作得过于繁杂或充满图表垃圾，应该力求简洁。幻灯片上的混乱越少，它提供的视觉信息就越直观。

一般来说，工作汇报类的 PPT 主要是描述自己的工作，主要着力点在如何把事情描述清楚，所以内容应该注重数字和文字说明；产品演示类的 PPT 需要给用户冲击性的印象和吸引力，所以内容应该着重图片和美工的搭配，即使做图表也要干净利索，下左图所示显得累赘，下右图所示干净简洁。

PowerPoint的优点

• PowerPoint的第一个优点是，通过高效能极简单的操作，使自己的构想可以简单迅速地整合起来
• PowerPoint的第二个优点是，利用图形、图表、影像、动画、声音等，可以制作出具有说服力的简报
• PowerPoint的第三个优点是，把简报储存成网络格式，就可以实现线上（on line）简报

PPT的优点

• 简便的操作性
—可以简单迅速地整合自己的构想
• 利用多媒体产生丰富的表现力
—图形、图表、影像、动画、声音等
• 广泛无限的沟通传达
—互联网、局域网对应

（5）突出醒目

有些人制作的 PPT，就是简单地把 Word 里的文字复制、粘贴到幻灯片中。这样根本不可能达到演示的效果，而且拥挤的排版会让人觉得它更像是一个视力检查表，一条又一条的要点只会令观众生厌，几乎不会有人记住你上面的那些数据及文字。

PPT 的本质在于可视化，就是要把原来看不见、摸不着、晦涩难懂的抽象文字转化为由图表、图片、动画及声音所构成的生动场景，以求通俗易懂、栩栩如生。而文字总是高度抽象的，观众需要默读，然后转换成自己的语言进行上下联想，从而寻找其中的逻辑关系。在这个过程中他的思绪已经脱离了你的演讲。

因此，你需要牢记一点——带着观众读文字是演讲的大忌！想要杜绝这一点，从改变“复制、粘贴”的做法开始吧，大胆删除那些无关紧要的内容，把长篇大论的文字尽量提炼，能转图片转图片，能转图表转图表。总之，要让你的观点和内容突出显示，这样才能有效地抓住观众的眼球。

（6）善用专业素材

专业的模板可以让 PPT 拥有外在美；专业的图表可以让 PPT 具备内在美；专业的图片可以让 PPT 充满生机。前面我们已经讲解了模板的选择，下面主要说一下图表和图片的使用。

- 图表是 PPT 的筋脉

商业演示的基本内容就是数据，于是图表变得必不可少。如果你的 PPT 还在受大段文字的困扰，还在为逻辑混乱而发愁，那就赶快学习 PPT 图表吧。在幻灯片中使用图表说明数据时，不宜加入过多的数据。如在使用圆饼图时，一般应将分割块的数目限制在 4 ~ 6 块，用颜色或碎化的方式突出最重要的块；使用柱状图时，应将柱状数目限制在 4 ~ 8 条最佳。

- 应用适当的图片

使用图片可以让原本看不见、摸不着、抽象的文字转化为生动的场景。当我们简化 PPT 中的文字后，其中的单独数据其实没有什么价值，只有与真实的生活联系起来时才变得有意义。为了讲一个故事，我们需要有图片的帮助。它能够产生更大的视觉冲击力，能够有力地将观众的注意力引入你的演示内容中来，并与观众产生情绪上的共鸣，对你要讲的内容有一个心理准备，从而构成多渠道的联系。

（7）风格统一

制作 PPT 不能盲目添加内容。这样很容易造成主题混乱，让人无法抓住重点。在制作 PPT 时必须要遵循一些设计原则才可能制作出一个好的 PPT。

- 统一结构

统一结构主要是指制作 PPT 时，对章节内容的结构安排应该统一。比如下面在介绍某公司的子品牌时，最后一个品牌的介绍结构明显就和前面两个不一致，这样很难让思维已经被 PPT 结构相对固化的观众接受，如下图所示。

品牌简介

瓦纱丽根据都市女性对不同风格、不同场合及不同品味需求，设计开发了以异域文化元素为代表的异域民族风格、以特色时尚为代表的优雅时尚风格、以自然清新为代表的浪漫田园风格和以华丽飘逸为代表 高贵礼服风格。

VOSARI服饰，就是为每一位VOSARI女性定制的用心之作！VOSARI服饰，就是一种"真我•真生活"的幸福状态!

品牌简介

"天竺工坊"是四川天竺天文化产业有限公司旗下经营品牌之一。她以南亚印巴文化手工产品为主流，产品源自印度、尼泊尔、巴基斯坦、泰国等异域国度，是一个集异域风尚服饰、印度香品、异域居家摆件、异域特色饰品、异域宗教用品等为一体的"异域生活体验"特许经营项目。

品牌简介

"印香汇"是指由四川天竺天文化产业有限公司运营的，专业印度香薰产品运营品牌的名称。从字面寓意可知，是印度香薰产品荟萃之意。天竺天企业倾力将其打造国内最具规模的印度香薰品专业运营品牌。

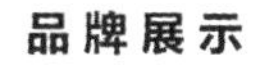

- 统一布局

其实统一布局和统一结构的作用比较相似，结构是针对整个 PPT 的内容编排，而布局则是对单独的每一张 PPT 进行编排。下面的三张幻灯片中，后一张因为和前面的布局不同，即便内容相关也会认为幻灯片不是出自同一个 PPT，或者不是同一个章节的内容。

- 统一色调

色彩在眼中，感觉在心中！颜色可以传递感情。合适的颜色具有说服与促进能力。在制作演示文稿前，需要了解一些色彩方面的知识。

统一色调是指在设计 PPT 色彩时，所有幻灯片所用的颜色都应该相同或相近。尤其是在使用版式相同（即布局一致）的幻灯片时，相对应的板块一定要颜色一致。下面的三张幻灯片，最后一张的色彩明显与前面两张的不同，这样会让人觉得 PPT 的内容脱节，不利于观众的思维跟上演讲者的讲述。

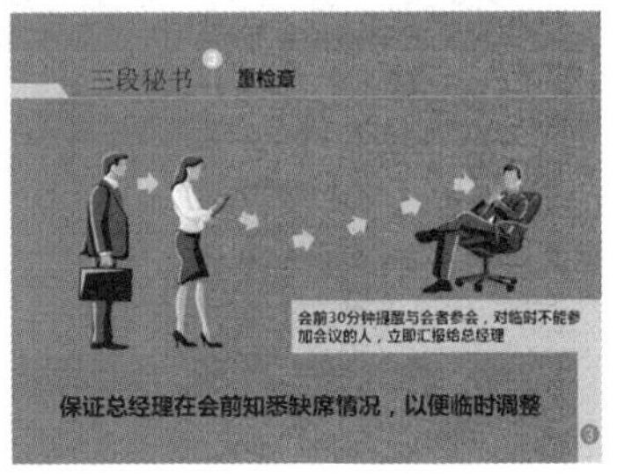

● 统一主题

这里说的统一主题并非主题内容的统一，而是说 PPT 的设计元素和使用的色彩方案等都要统一符合主题，保持整个 PPT 的风格一致。下面两张幻灯片，左侧幻灯片的主题是“2014 年世界杯”，所用的都是与“巴西”“足球”“世界杯”等相关的素材，这样的搭配很协调，感觉非常合理，切合主题；而右侧幻灯片则让人感觉不搭调，这样的模板素材其实更适合做一份小学生的课件。

（8）PPT 不是哑巴

目前，企业宣传、婚庆礼仪、休闲娱乐等正成为 PPT 应用的热点领域，声音是不可或缺的元素。而且，现代人时刻都在受平面设计、Flash、视频等的视觉冲击，难免存在审美疲劳，偶尔用声音来增强画面冲击力也是不错的选择。

要点06 常见的PPT布局样式

在制作 PPT 时，版面布局并不是一成不变的，不同的内容需要采用不同的排版方式。下面介绍几种常见的幻灯片布局样式，在制作 PPT 时可以作为参考。

1. 标准型

这是最常见的简单而规则的版面编排类型，一般从上到下的排列顺序为：图片 / 图表、标题、说明文、标志图形，自上而下符合人们认知的心理顺序和思维活动的逻辑顺序，能够产生良好的阅读效果，如下图所示。

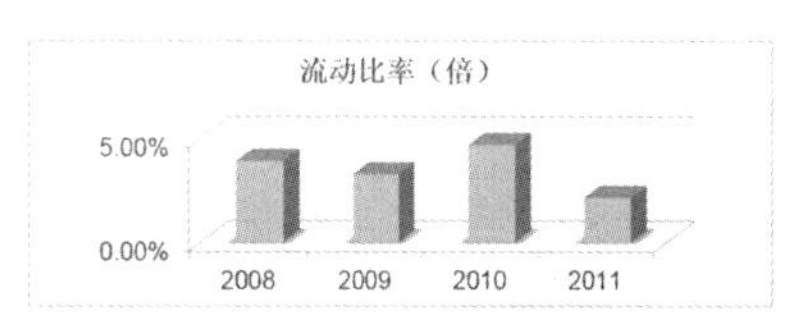

2. 左置型

这也是一种常见的版面编排类型，它往往将纵长型图片放在版面的左侧，使之与横向排列的文字形成有力对比。这种版面编排类型十分符合人们的视线流动顺序，如下图所示。

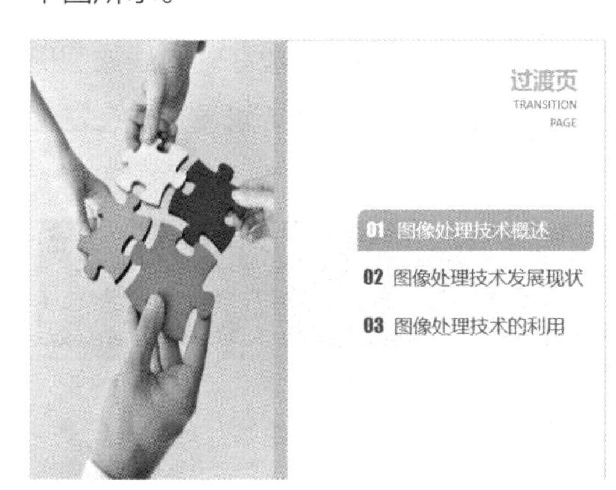

3. 斜置型

斜置型的幻灯片布局方式，是指在构图时，将全部构成要素向右边或左边做适当的倾斜，使视线上下流动，画面产生动感，如下图所示。

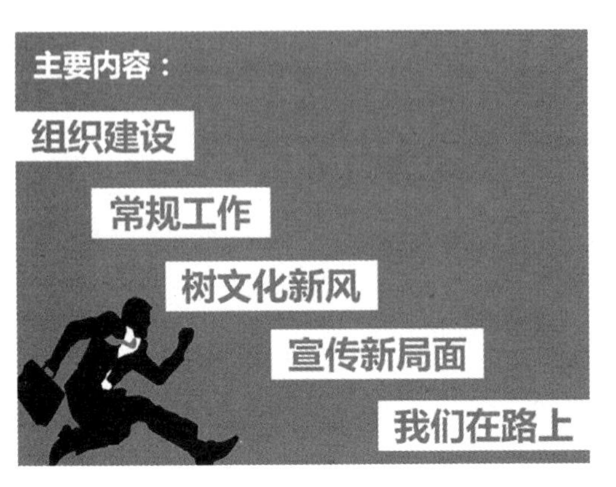

4. 圆图型

将幻灯片进行圆图型布局时，应该以正圆或半圆构成版面的中心，在此基础上按照标准型顺序安排标题、说明文字和标志图形。这样的布局在视觉上非常引人注目，如下图所示。

5. 中轴型

这是一种对称的构成形态。标题、图片、说明文字与标题图形放在轴心线或图形的两边，具有良好的平衡感。根据视觉流动的规律，在设计时要把诉求重点放在左上方或右下方，如下图所示。

6. 棋盘型

在安排这类版面时，需要将版面全部或部分分割成若干等量的形状，相互之间明显区别，再做棋盘式设计，如下图所示。

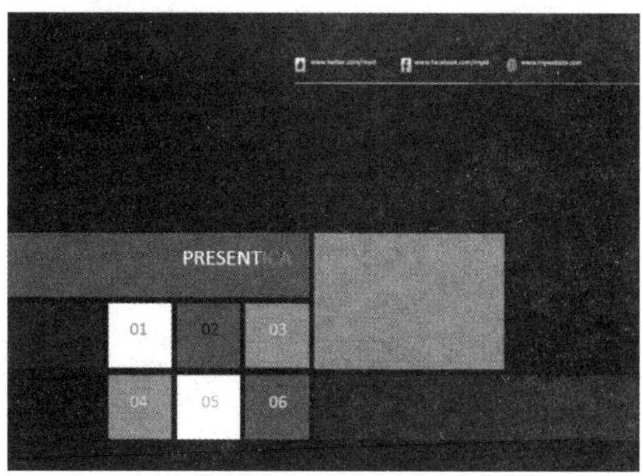

7. 散点型

在进行散点型布局时，需要将构成要素在版面上作不规则的排放，形成随意轻松的视觉效果。在布局时要注意统一气氛，进行色彩或图形的相似处理，避免杂乱无章。同时又要主体突出，符合视觉流动规律，这样方能取得最佳诉求效果，如下图所示。

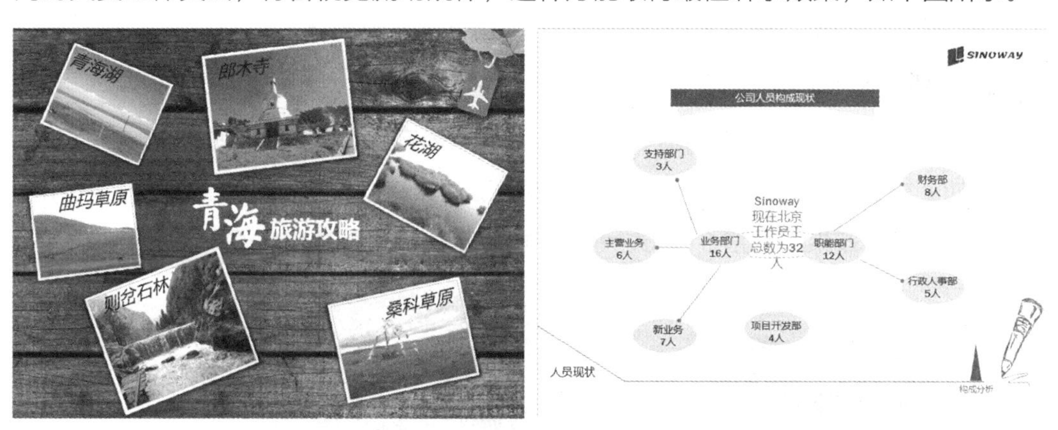

除以上介绍的这些布局样式外，PPT 的布局还有很多，如水平型、交叉型、重复型等，读者在制作 PPT 时可以充分发挥自己的想象，布局排列所需展现的内容。

要点07 常用的PPT布局技巧

如何抓住观众眼球？演示一张幻灯片时，观众首先看向哪里？关注幻灯片上的哪一点？如何让观众跟着演讲者的意图走？这些都是制作 PPT 时必须要考虑的问题。下面就围绕这些问题为读者提供几个可参考的布局技巧。

1. 线条明顺序

当 PPT 中的内容比较多时，就会让人觉得多、杂，不知道从哪里开始进行阅读和理解。面对这种情况时，我们可以采用线条来帮助观众从视觉上厘清顺序，如下图所示。

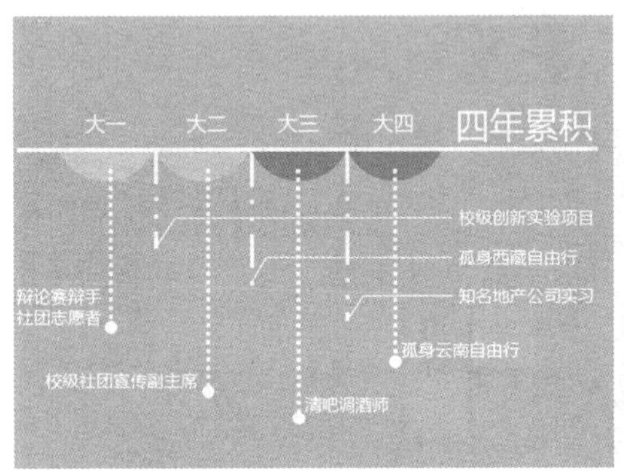

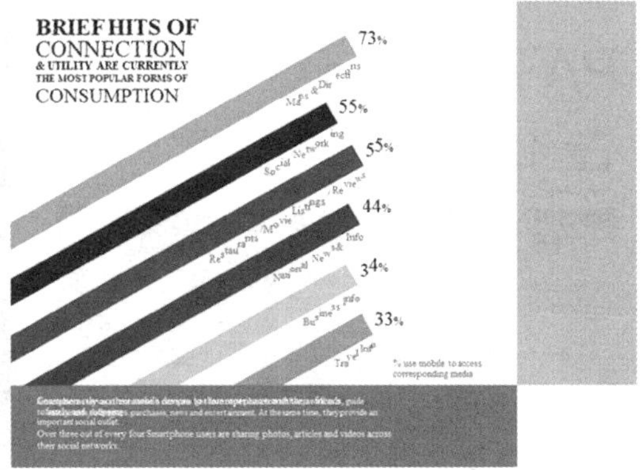

2. 凌乱造灵动

将一些大小不一、形状不同的图形堆叠排列，形成一种乱中有序的效果。从一种似乎找不到焦点的状态中，更多地看到所需要的“内容”，这是聚焦的另一种表现。左侧一张幻灯片利用形状和裁剪功能对图片进行了裁剪；右侧一张幻灯片主要通过改变边框将图片的样式进行了设置。如果将这些内容排列得整整齐齐，可能反而会给人一种僵硬、不自然的感觉。

总之，在设计 PPT 时需要把握的关键点就是“内容决定形式”，即先把内容定下来，再决定如何排列，最后确定色调及一些细节。工作顺序上要先整体，再局部。最后回归到整体来考察效果，调整不和谐之处。下图所示幻灯片既体现出灵动又不显得杂乱。

3. 图形做引导

如果幻灯片上的信息量很多，想让观众第一眼就注意到重点内容，除了从观众的阅读习惯考虑，也可以使用图形来进行引导以更突出焦点。下图是公司会议流程的一张幻灯片，如果使用文字描述，一般而言，观众首先会注意标题，然后看左边的时间，最后看文本，这样就无法将所有内容结合起来。

要解决这个问题可以使用图形引导观众实现。如给文字添加图形背景，帮助观众的视线横向移动，而不是向下看。

4. 图片释文本

虽然文本内容经过修饰后同样可以拥有醒目、大气的特点，但是幻灯片的整体始终还是会有一种僵硬、呆板的感觉。为了体现出 PPT 的生动性和观赏性，在条件允许的情况下，我们可以多使用与文本内容相关的图片，如下图所示。

5. 内容要少

要关注排版布局，一定要注意不能过于死板，用大量信息堆积而成的页面是最糟糕的。太多的信息也会让人感觉到信息太密集，看不过来。根据心理学家 George A.Miller 的研究表明，人一次性接受到的信息量在 7 个比特左右为宜，因此，确保每张幻灯片上的项目在 5 ~ 9 个为最佳，太多会使人烦躁，当信息内容太多时要分组处理。

如果需要表达的内容不能通过图形或图片的形式诠释，在整个版面中文字是主体，其他对象仅仅是点缀或者直接没有其他对象，这类 PPT 是最难制作的，因为文字通常给人的感觉就是枯燥、死板，没有观赏性。所以在布局这类 PPT 时一定要充分利用字体设置功能，加强文字本身的感染力，同时字体要便于阅读，并利用其他对象起到锦上添花的作用。例如，可以放大处理商品的品名或标志图形，使其成为版面上主要的视觉要素。如此变化可以增加版面的情趣，突破主题，使人印象深刻。需要注意的是，在制作过程中一定要力求简洁、巧妙。下左图所示内容较冗余，下右图所示内容简洁。

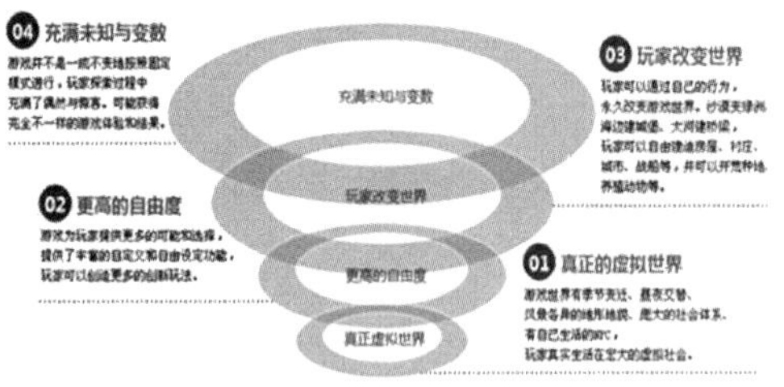

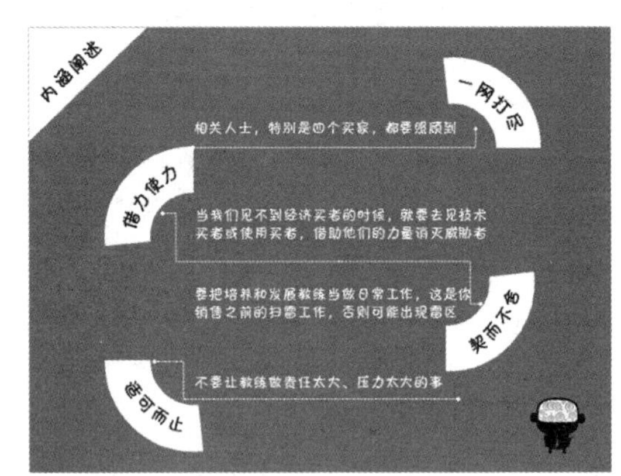

6. 留白要足够

在一个 PPT 里，所有信息的框架要与模板有一定空白，不能 100% 占有所有空间，当然空白太多视觉效果也不佳，有种欠缺感。一般来说，内容页所有信息占有空间应是模板的 80% ~ 95%，如下左图所示；在制作封面、目录、过渡页等幻灯片时可以适当增多留白，如下右图所示。

组织构成中的主要弱点

股票及债券管理结构有几个重要不足之处亟待在责任重组中被纠正

1. 缺少公认的公司领导系统（例如管理委员会、CEO、COO）
2. 主要活动内容不明确，或者地理位置、范围的授权和责任划分界线不明确
3. 在生产部门和行政管理部门存在着实际权力交叉（例如预测全的归属）

组织弱点

1. 缺少公认的公司领导系统
2. 授权和责任划分界线不明确
3. 生产部门和行政管理部门存在权力交叉

布局图片为主的幻灯片也是一样。如果一张图片上的内容比较密集，而又占满了整个页面，也会令人感到非常的拥挤，如下左图所示。而下右图所示则让人感觉非常明亮，不那么臃肿。

7. 字体要大

在制作 PPT 时，字体一定不能过小，尤其是用于投影播放的 PPT，如果字体较小，而会场较大的话，坐在后排的观众就有可能无法看清投影上面的文字。并且字体太小彰显不出 PPT 的大气，下左图所示即为文字太小；下右图所示文字适中。

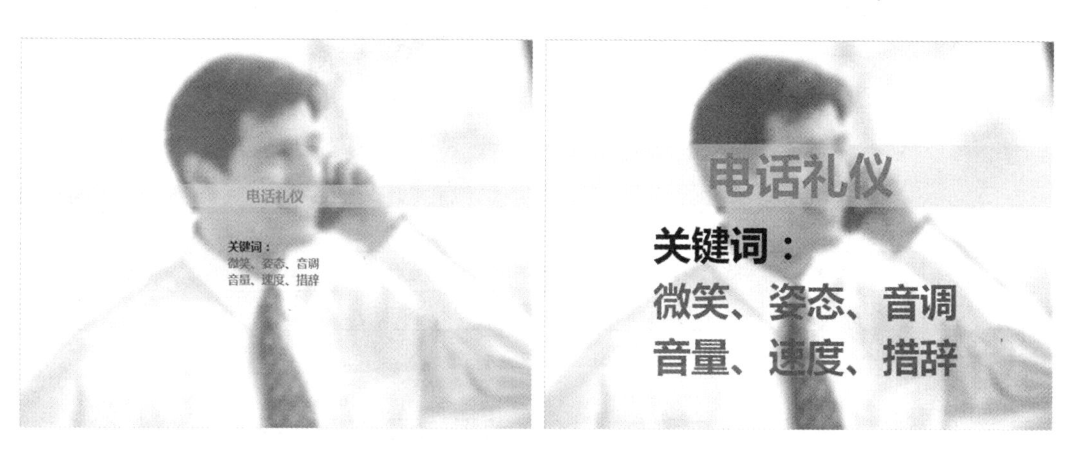

通过前面知识要点的学习，主要让读者认识和掌握制作 PPT 的相关技能与应用经验。下面，针对日常办公中的相关应用，列举几个典型的演示文稿案例，给读者讲解使用 PowerPoint 制作演示文稿的思路、方法及具体操作步骤。

11.1 制作产品推广PPT

◇ 案例概述

在企业日常工作中，常常需要为客户演示或讲解公司的产品，此时常常需要演示文稿介绍产品，并配以相关的文字、图片、声音甚至视频等，本实例将以演示文稿的形式对某餐具用品进行介绍，完成后的效果如下图所示。

	素材文件:光盘\素材文件\第11章\案例01\餐具介绍
	结果文件:光盘\结果文件\第11章\案例01\新品餐具介绍.pptx
	教学文件:光盘\教学文件\第11章\案例01.mp4

◇ 制作思路

在 PowerPoint 中制作产品推广 PPT 的流程与思路如下所示。

规划演示文稿效果：在制作任何 PPT 之前，首先需要收集和整理相关的文字、图片等内容，然后规划好 PPT 的整体风格，并设置合适的演示文稿主题。

制作幻灯片内容：根据规划的内容安排演示文稿的整体效果，并制作出各幻灯片的具体内容。

制作并重用相册幻灯片：我们将同类型，或同一个主题，或一段时间内拍摄的数码照片制成电子相册 查看起来就会有翻阅影集的感觉了。本例将准备的照片制作成电子相册，并用到当前 PPT 中。

◇ 具体步骤

随着数码产品的流行，目前数码照片已经被人们广泛使用。将这些数码照片进行收集和整理后，就可以通过 PowerPoint 快速制作电子相册了。本例通过将制作好的相册文件调用到演示文稿中来，快速完成一个产品推广 PPT，为读者介绍 PowerPoint 中创建简单 PPT 和编辑相册幻灯片的相关操作。

11.1.1 设置并修改演示文稿主题

在制作和设计演示文稿时，需要先根据演示文稿所讲内容确定文件的主题风格，即对演示文稿中各幻灯片的布局、结构、主色调、字体及图形效果等进行设定。PowerPoint 2013 中提供了多个设计主题，用户可选择需要的主题样式快速制作出美观漂亮的演示文稿。如果对内置的主题效果不满意，还可以根据需要分别修改主题中应用的颜色、字体和效果。

第1步：新建并保存演示文稿。

❶ 在“文件”菜单中选择“新建”命令；❷ 在右侧双击“空白演示文稿”选项，新建一个空白演示文稿，如下图所示。

第2步：选择主题。

❶ 以“新品餐具介绍”为名进行保存；❷ 在“设计”选项卡“主题”组的列表框中选择要用于新演示文稿的主题样式“沉稳”，如下图所示。

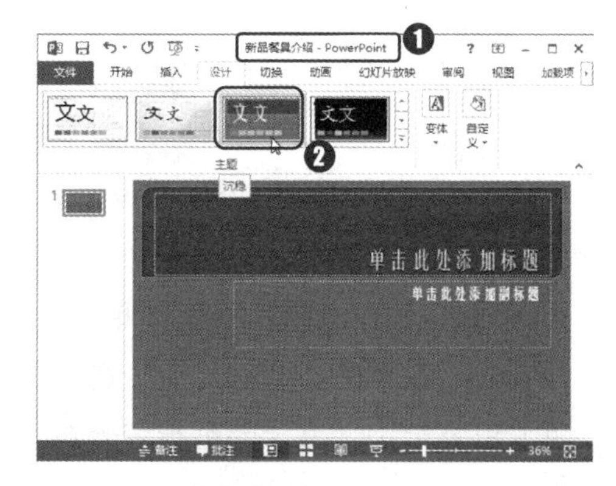

第3步：选择主题颜色。

❶ 单击“设计”选项卡“变体”组中的下拉按钮；❷ 在弹出的下拉菜单中选择“颜色”命令；❸ 在弹出的下级子菜单中选择需要的主题颜色“绿色”，如下图所示。

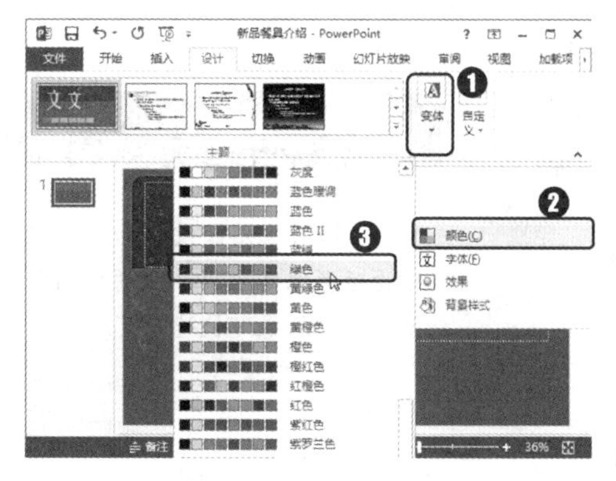

第4步：新建主题颜色。

再次在“颜色”的子菜单中选择“自定义颜色”命令，如下图所示。

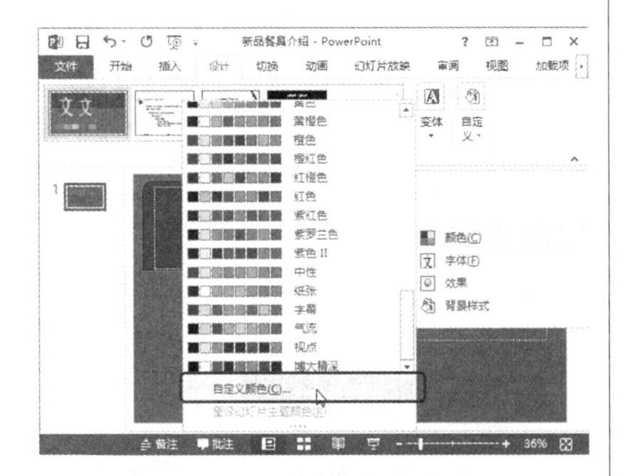

第5步：更改主题颜色。

打开“新建主题颜色”对话框，❶ 单击“文字 / 背景 – 深色 2”颜色选取器；❷ 在弹出的下拉菜单中选择“酸橙色，着色 2，深色 50%”，如下图所示。

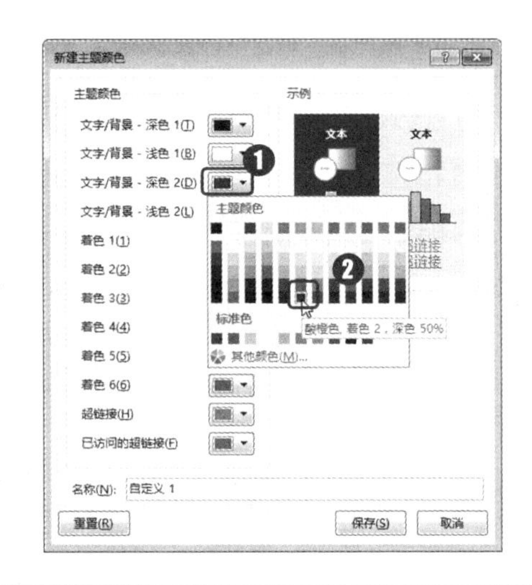

第6步：保存主题颜色。

❶ 单击“文字 / 背景 – 浅色 2”颜色选取器，在弹出的下拉菜单中选择“酸橙色，淡色 60%”；❷ 在“名称”文本框中设置新建主题颜色的名称为“草绿色”；❸ 单击“保存”按钮保存主题颜色设置，如下图所示。

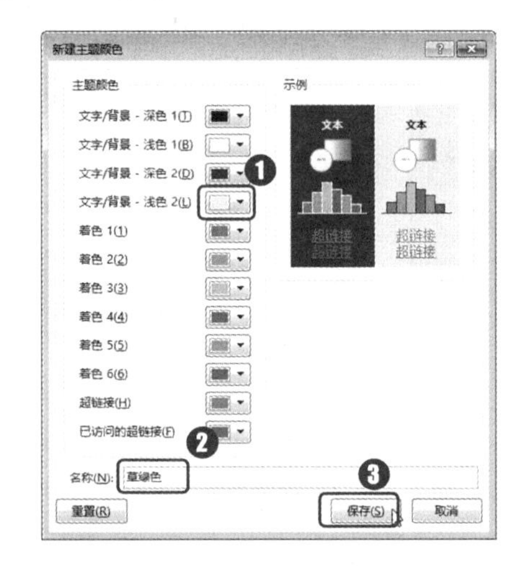

应用主题的好处

主题效果用于设置幻灯片中应用于图形上的图形样式和艺术字样式等，在幻灯片的图形上若应用了主题中的形状样式，则该形状样式会随主题效果的更改而变化。应用主题效果可快速设置幻灯片中的所有图形元素，并使其形成统一的风格。

11.1.2 制作主要内容幻灯片

设定好演示文稿中幻灯片应用的主题后，即可开始制作各幻灯片的内容，具体操作方法如下。

第1步：制作“封面”幻灯片。

❶ 在第 1 张幻灯片中的标题占位符和副标题占位符中输入相应的文字内容；❷ 适当调整文本的格式，如下图所示。

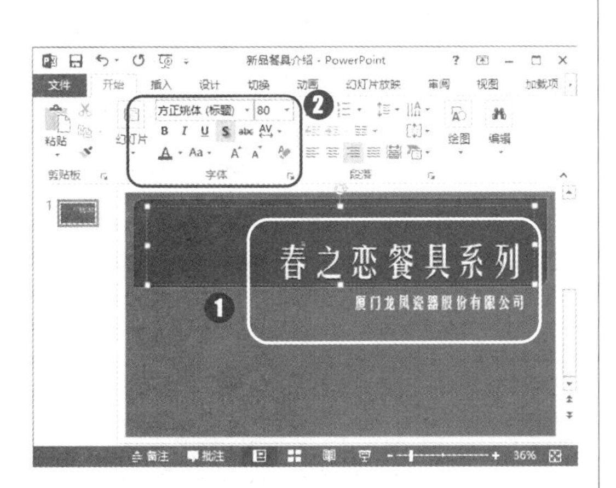

第2步：插入新幻灯片。

制作好“封面”幻灯片后需要插入新幻灯片，用于显示和列举本演示文稿的主要内容。❶ 单击“开始”选项卡“幻灯片”组中的“新建幻灯片”按钮；❷ 在弹出的下拉菜单中选择“垂直排列标题与文本”幻灯片版式，如下图所示。

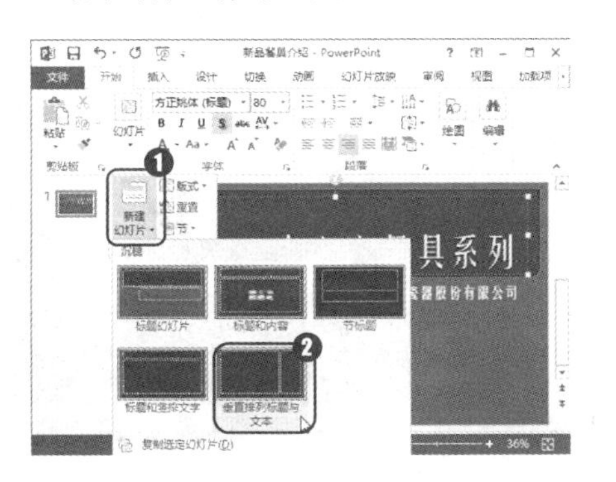

第3步：输入幻灯片内容。

在新建的幻灯片中的标题占位符和内容占位符中输入下图所示的文字内容。

第4步：插入新幻灯片。

制作好“目录”幻灯片后就可以开始内容演示文稿的制作了。下面新建第 3 张幻灯片，并添加产品特性相关的内容和图片。❶ 单击“开始”选项卡“幻灯片”组中的“新建幻灯片”按钮；❷ 在弹出的下拉菜单中选择“图片与标题”幻灯片版式，如下图所示。

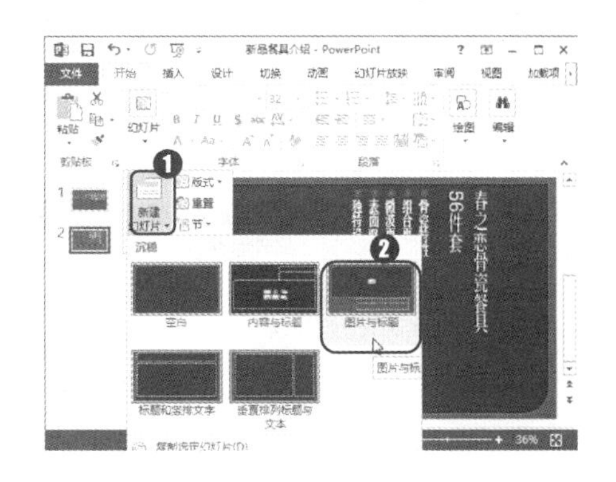

第5步：插入图片。

单击图片占位符中的“图片”图标，如下图所示。

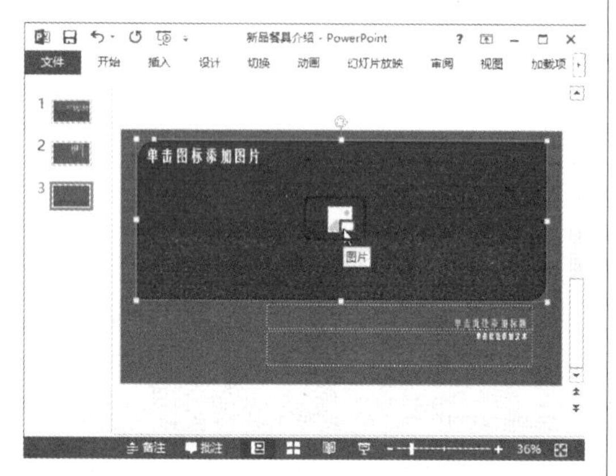

第6步：输入幻灯片内容。

❶ 在打开的对话框中选择素材文件夹中的“骨瓷特性”，将该图片插入图像占位符中；❷ 在幻灯片中标题占位符和内容占位符中输入下图所示的文字内容。

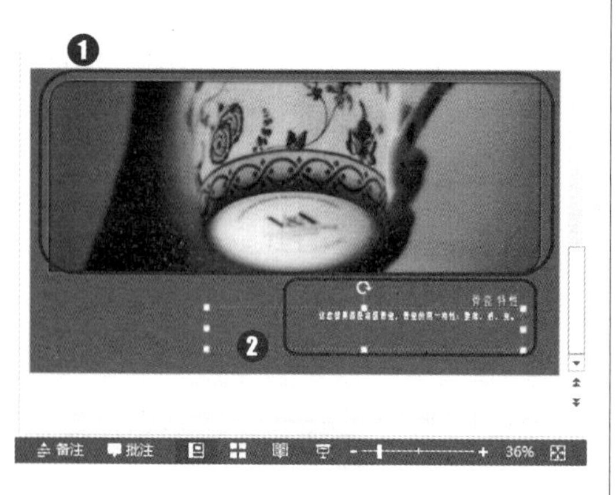

第7步：新建幻灯片。

❶ 选择窗口左侧的第 3 张幻灯片缩览图；❷ 按【Enter】键新建一张与第 3 张版式相同的幻灯片，如下图所示。

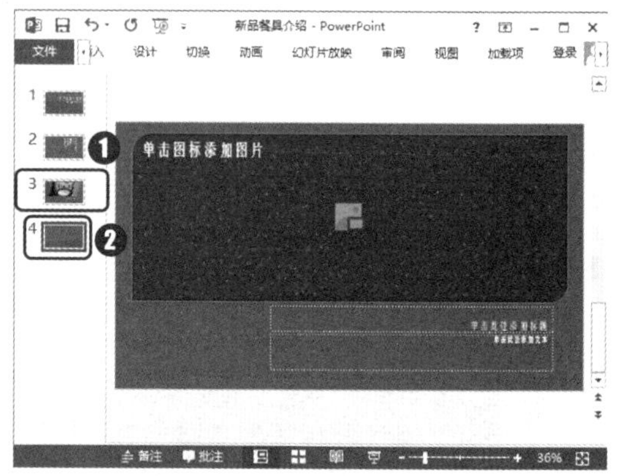

第8步：裁剪图片。

使用前面介绍的方法在新幻灯片的图片占位符中插入相应图片，但这次系统自动裁剪的图片效果并不满意。❶ 选择插入的图片；❷ 单击“图片工具 格式”选项卡“大小”组中的“裁剪”按钮；❸ 拖动鼠标调整图片在图片占位符中的位置，完成后的效果如下图所示。

应用不同主题对幻灯片版式有影响

在演示文稿中应用不同的主题后，新建幻灯片时可以使用的版式也可能有所不同，即在主题设置中也包含了可用的幻灯片版式。若在制作好幻灯片后再次修改幻灯片的主题，主题中包含的幻灯片版式也会随之发生变化，从而会使已经应用相应版式的幻灯片版式发生变化。用户可在本例中重新选择主题，查看应用不同主题时各幻灯片的版式发生的变化。

第9步：输入文本内容。

❶ 在第 4 张幻灯片的文本占位符中输入相应的文本内容；❷ 使用前面介绍的方法，继续制作本实例中的第 5~ 第 7 张幻灯片，完成后的效果如下图所示。

第10步：插入幻灯片。

为使幻灯片的内容更加丰富，除了在幻灯片内添加文字、图片等元素外，常常需要嵌入其他多媒体元素，如动画、视频、音频等，本例需要嵌入视频片断。❶ 选择第 1 张幻灯片；❷ 单击“开始”选项卡“幻灯片”组中的“新建幻灯片”按钮；❸ 在弹出的下拉菜单中选择“空白”幻灯片版式，如下图所示。

第11步：插入视频文件。

❶ 单击“插入”选项卡“媒体”组中的“视频”按钮 ；❷ 在弹出的下拉菜单中选择“PC 上的视频”命令，如下图所示。

第12步：选择插入视频文件。

打开“插入视频文件”对话框，❶ 在列表框中选择素材文件夹中的“花丛蜜蜂”文件；❷ 单击“插入”按钮，即可将视频插入幻灯片中，如右图所示。

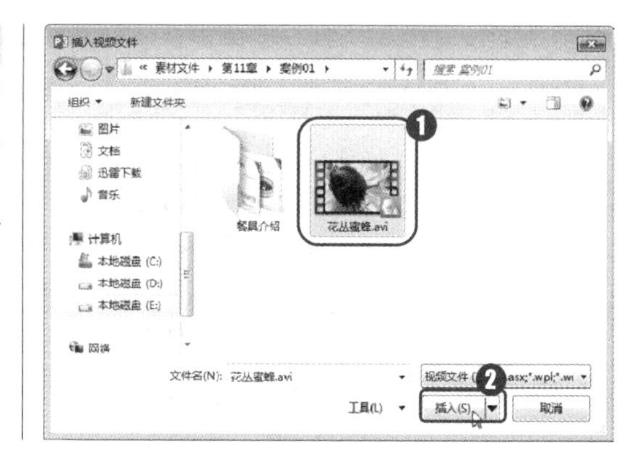

在 PPT 中插入和编辑视频

在幻灯片中插入多媒体视频，可以使制作出的幻灯片从听觉、视觉上带给观众惊喜，从而增强演示的趣味性和感染力。PowerPoint 中的影片包括视频和动画，可以在幻灯片中插入的视频格式有十几种，而可以插入的动画则主要是 GIF 动画。

第13步：插入文本框。

由于插入幻灯片中的视频文件太大，拖动鼠标调整视频框的大小至合适。❶ 单击“插入”选项卡“文本”组中的“文本框”按钮 ；❷ 在弹出的下拉菜单中选择“横排文本框”命令，如下图所示。

第14步：输入文本框内容。

拖动鼠标在第 2 张幻灯片视频文件的右侧绘制一个竖条状文本框，并输入相应的文本内容，如下图所示。

第15步：裁剪视频区域。

❶ 选择插入幻灯片中的视频对象，单击“视频工具 格式”选项卡“大小”组中的“裁剪”按钮；❷ 拖动视频对象上方的裁剪控制点裁剪掉视频左右侧多余的部分，按【Enter】键完成裁剪，如下图所示。

第16步：添加视频样式。

❶ 单击“视频工具 格式”选项卡“视频样式”组中的“视频样式”按钮；❷ 在弹出的下拉列表中选择一种视频边框样式应用于插入的视频剪辑上，如下图所示。

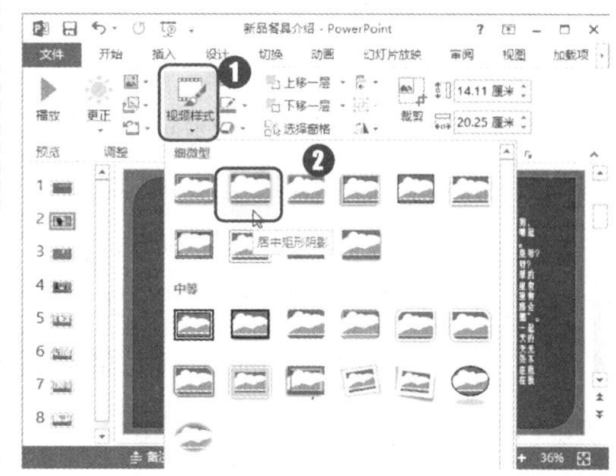

在 PPT 中插入和编辑声音

一个内容丰富的演示文稿，还需要适时地插入音频对象，以改善放映演示文稿时的视听效果。在演示文稿中我们可以插入联机搜索到的音乐、电脑中存放的声音文件和录制的声音文件，插入音频文件的方法与插入图片的方法类似。插入音频文件后，将激活“音频工具 格式”选项卡和“音频工具 播放”选项卡，其中的许多按钮与设置视频的按钮相同。

第17步：设置视频自动播放。

为使放映幻灯片时，播放到该幻灯片后视频能自动开始播放，故在“视频工具 播放”选项卡“视频选项”组的“开始”下拉列表框中选择“自动”选项，如右图所示。

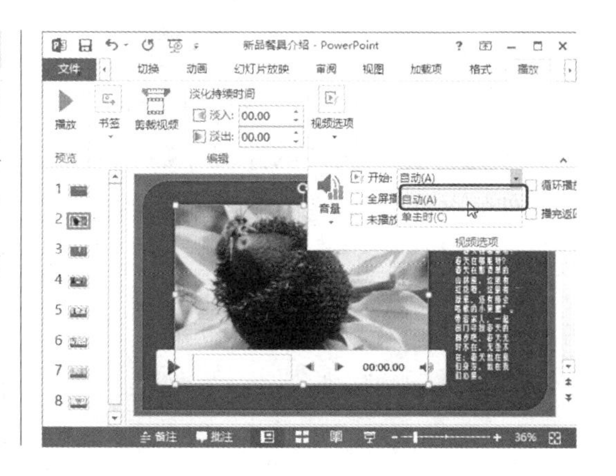

11.1.3 制作并重用相册幻灯片

PowerPoint 2013 中可以将插入的多张图片新建为电子相册。该过程并不需要一张张插入图片，而是通过“相册”对话框来快速设置相册内容。该对话框中可以设置一些相册参数，使创建的电子相册更加人性化。本例中制作相册的具体操作步骤如下。

在制作幻灯片时，如果需要在幻灯片中连续展示多幅图像，并快速制作多幅图像的幻灯片，可以使用相册幻灯片。在制作出包含多幅图像的相册幻灯片后，使用“重用幻灯片”功能可以将相册幻灯片快速应用到当前幻灯片中。

第1步：选择“保存当前主题”命令。

为使制作的相册幻灯片与本例演示文稿的风格统一，可将幻灯片上应用的主题保存为主题文件，便于用户在创建幻灯片时应用相同的主题样式。❶ 单击“设计”选项卡“主题”组列表框中的“其他”按钮；❷ 在弹出的下拉菜单中选择“保存当前主题”命令，如下图所示。

第2步：保存主题文件。

打开“保存当前主题”对话框，❶ 在列表框中选择保存文件的路径；❷ 设置主题文件的名称为“主题 1”；❸ 单击“保存”按钮保存文件，如下图所示。

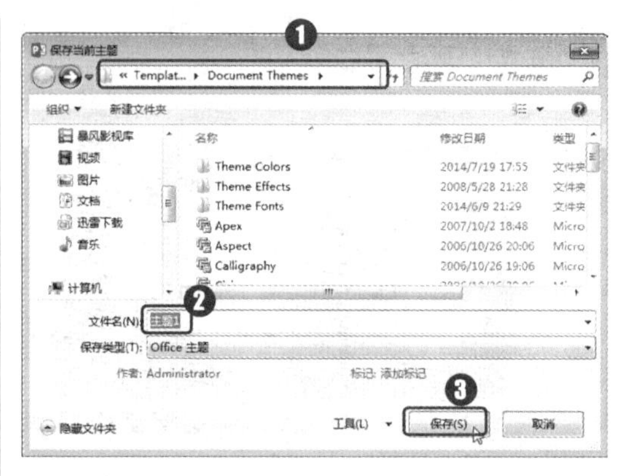

第3步：新建相册。

❶ 选择最后一张幻灯片；❷ 单击“插入”选项卡“图像”组中的“相册”按钮，即可开始创建相册，如下图所示。

第4步：单击“文件/磁盘”按钮。

在打开的“相册”对话框中单击“文件/磁盘”按钮，如下图所示。

第5步：选择相册中需要的图片。

❶ 在打开的“插入新图片”对话框中选择要插入相册中的图片；❷ 单击“插入”按钮，如下图所示。

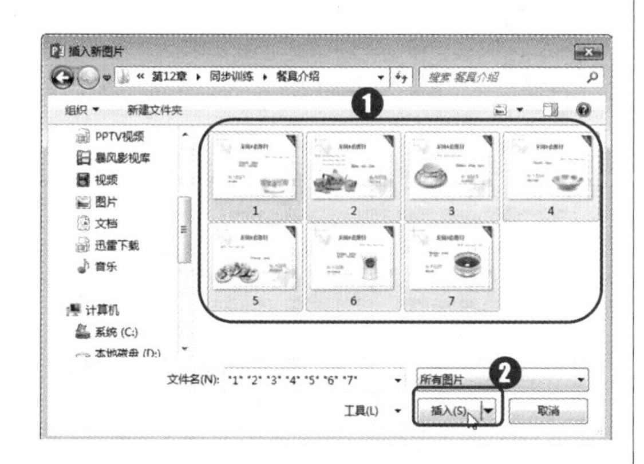

第6步：设置相册图片。

返回“相册”对话框，❶ 在“相册中的图片”列表框中选择需要调整的图片；❷ 单击列表框下方的按钮调整图片的先后顺序；❸ 单击“预览”列表框下方的按钮设置图片的效果，如下图所示。

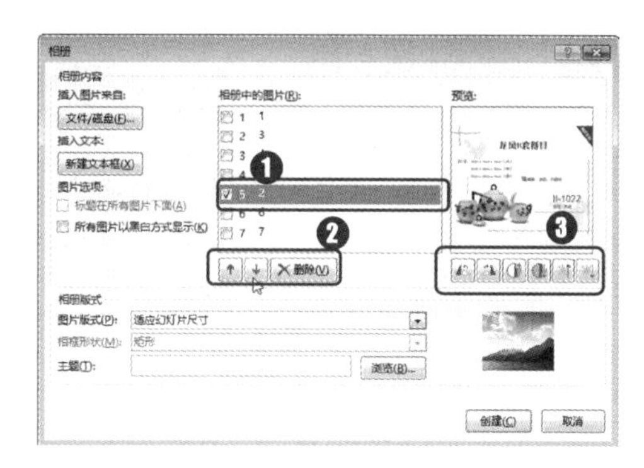

第7步：设置相册版式。

❶ 在“图片版式”下拉列表框中选择“1张图片”选项；❷ 单击“创建”按钮即可创建出由所选图片构成的演示文稿，如下图所示。

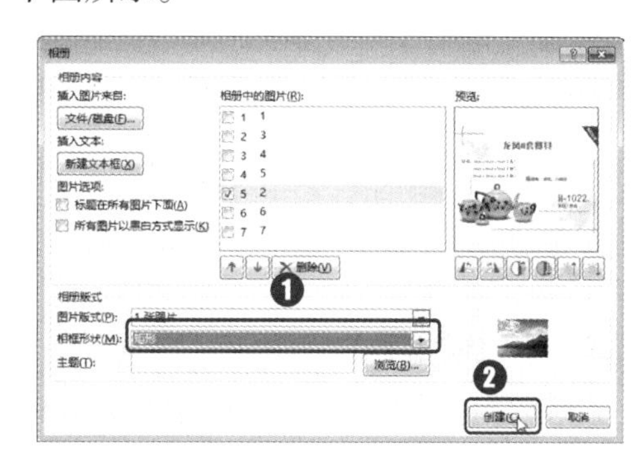

第8步：选择“浏览主题”命令。

❶ 单击“设计”选项卡“主题”组列表框右下侧的“其他”按钮；❷ 在弹出的下拉菜单中选择“浏览主题”命令，如下图所示。

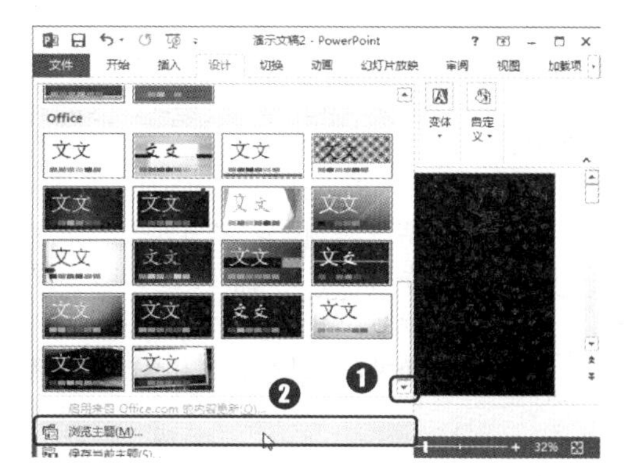

第9步：选择主题文件。

打开“选择主题或主题文档”对话框，❶ 选择之前保存的主题文件“主题 1”；❷ 单击“应用”按钮，将该主题作为创建的相册的主题，如下图所示。

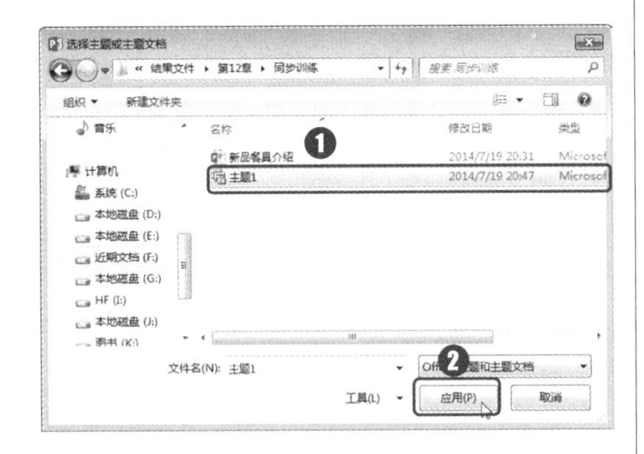

第10步：完成相册的创建。

经过上步操作，即可为创建的相册演示文稿应用与“新品餐具介绍”演示文稿相同的主题，将文件保存并命名为“相册”，完成相册的创建，如下图所示。

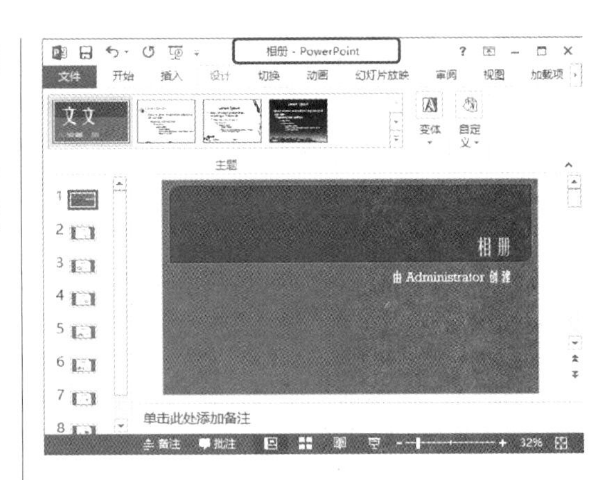

第11步：选择“重用幻灯片”命令。

在“新品餐具介绍”演示文稿中需要应用“相册”演示文稿中的幻灯片，此时可使用“重用相册”命令快速重用幻灯片。❶ 单击“插入”选项卡“幻灯片”组中的“新建幻灯片”按钮 ；❷ 在弹出的下拉菜单中选择“重用幻灯片”命令，如下图所示。

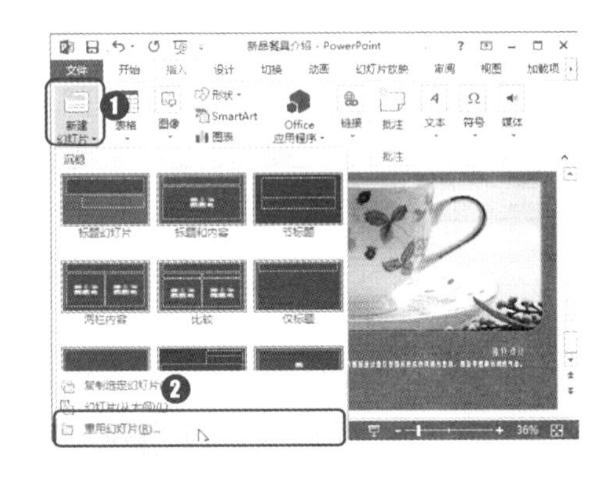

新建演示文稿的其他方法

PowerPoint 2013 提供了多种类型的样本模板，如“都市相册”“宽屏显示文稿”“培训”和“项目状态报告”等，用户可根据这些样本模板快速创建新演示文稿。在制作多个风格统一的演示文稿时，用户还可以根据已经设计好的演示文稿快速创建新演示文稿。只需在新建演示文稿时，在“可用的模板和主题”列表框中选择对应的选项，即可根据不同的方式创建演示文稿。

第12步：打开相册文件。

单击“重用幻灯片”任务窗格中的“打开 PowerPoint 文件”超链接，如下图所示。

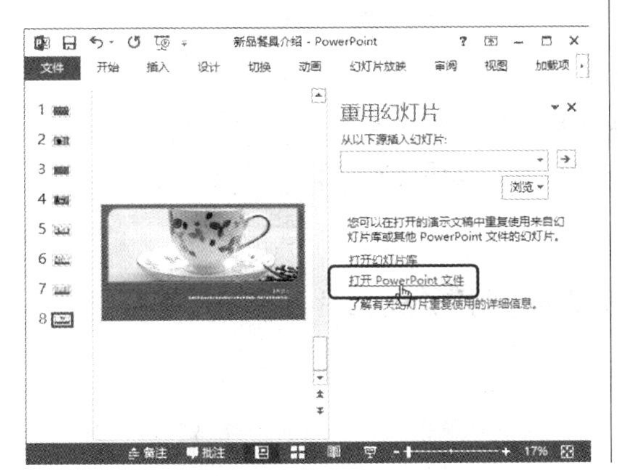

第13步：插入幻灯片。

❶ 打开前面创建的“相册”文件；❷ 在“重用幻灯片”任务窗格中依次单击要插入的幻灯片“幻灯片 2” ~ “幻灯片 8”，将其添加到当前幻灯片中，如下图所示。

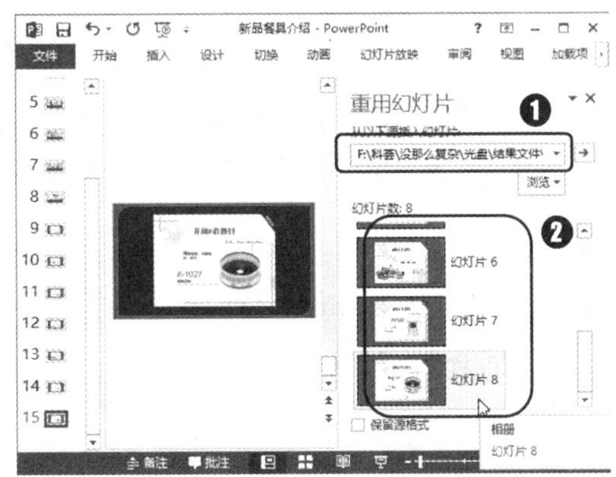

11.2 制作员工入职培训PPT

◇ 案例概述

入职培训根据不同企业的安排或针对不同岗位的人群，培训的内容也各不相同。本案例以培训礼仪为内容制作新员工入职培训 PPT。入职培训主要是让员工对基本的工作常识或行为有所了解以便更好地投入未来的工作，所以内容的综合性较强。在制作入职培训时，可以每一方面都涉及，只讲概况不用过多的详解。本例制作完成后的效果如下图所示。

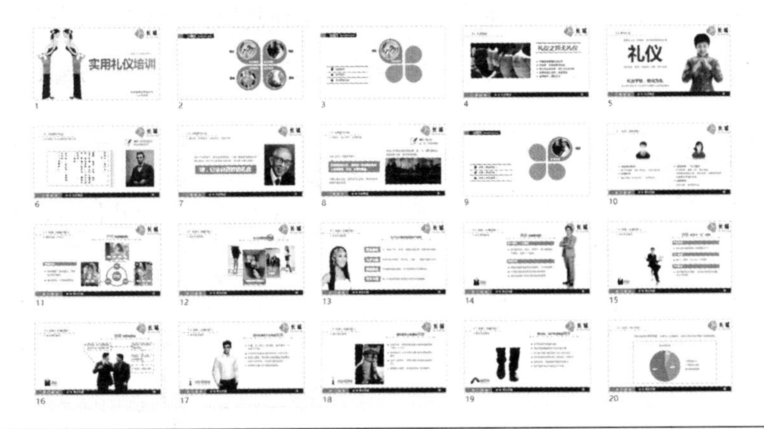

	素材文件:无
	结果文件:光盘\结果文件\第11章\案例02\新员工入职培训.pptx
	教学文件:光盘\教学文件\第11章\案例02.mp4

◇ 制作思路

在 PowerPoint 中制作入职培训 PPT 的流程与思路如下所示。

制作幻灯片母版：由于本例制作的演示文稿中各幻灯片之间存在很多相似之处，所以可以先制作幻灯片母版，将这些相同的内容统一制作。

设计幻灯片版式：幻灯片母版中包含多种版式效果，我们可以将常用的幻灯片版式的统一内容先在相应的母版版式中制作完成。

制作幻灯片内容：根据要讲解的内容制作成幻灯片，并合理完善即可。

◇ 具体步骤

公司入职培训演示文稿在一些企业中经常使用，对于这类演示文稿的制作需要掌握主线，将需要讲解的内容先提炼出来，然后对幻灯片内容大致进行加工和整理，使其更加丰富。通过整理将内容划分为多个板块，然后根据需要设计幻灯片的母版和相应版式，再将内容安排到各幻灯片中即可。本例主要介绍 PowerPoint 中使用母版创建演示文稿版式的相关操作。

11.2.1 设计幻灯片母版

为了简化制作演示文稿中多张幻灯片的相同组成部分，可以在创建演示文稿后就开始设计幻灯片的母版和大致格式，具体操作方法如下。

第1步：新建并保存文档。

❶ 新建一个空白演示文稿，并保存为“新员工入职培训”；❷ 单击“视图”选项卡“母版视图”组中的“幻灯片母版”按钮，如右图所示。

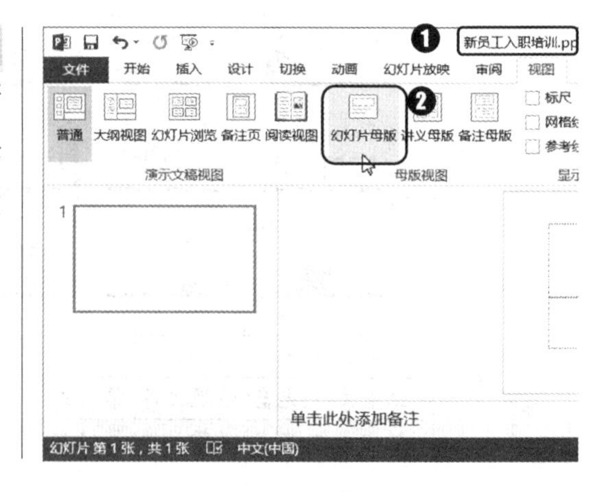

第2步：设置背景。

❶ 选择幻灯片母版；❷ 删除不使用的占位符；❸ 单击“幻灯片母版”选项卡“背景”组中的“设置背景格式”按钮，如下图所示。

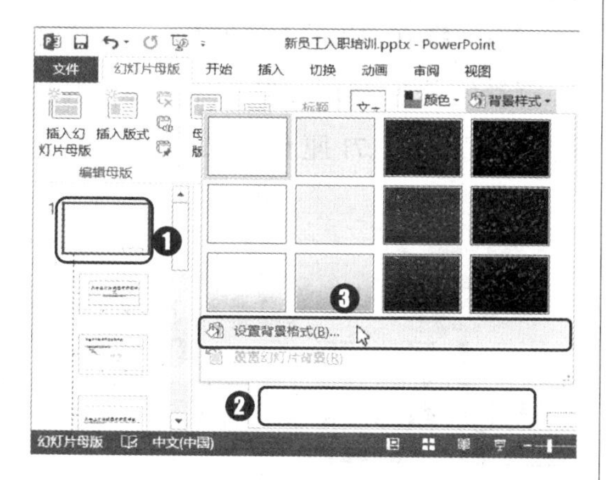

第3步：打开“颜色”对话框。

❶ 在打开的“设置背景格式”任务窗格中选中“纯色填充”单选按钮；❷ 单击“颜色”按钮；❸ 在弹出的下拉菜单中选择“其他颜色”命令，如下图所示。

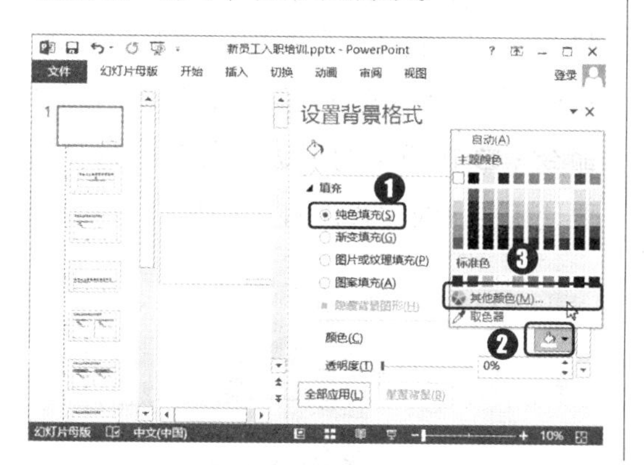

第4步：设置背景颜色。

❶ 在“颜色”对话框中设置颜色的 RGB 值为“245；245；234”；❷ 单击“确定”按钮，如下图所示。

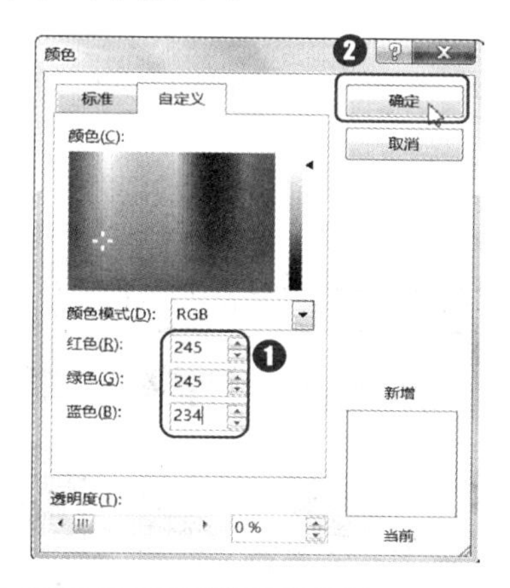

第5步：打开“插入图片”对话框。

单击“插入”选项卡“图像”组中的“图片”按钮，如下图所示。

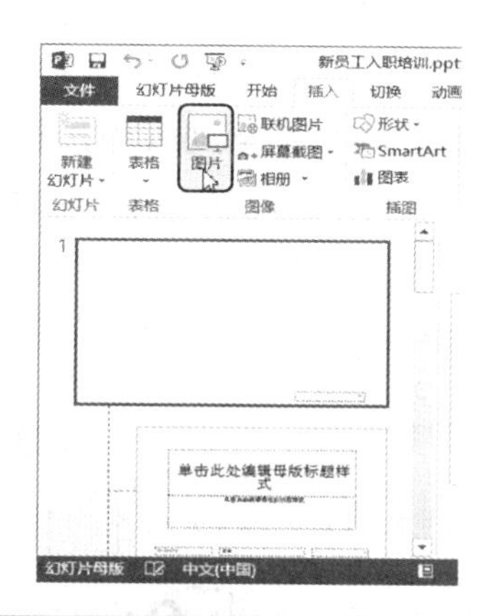

标准色和自定义颜色的区别

“颜色”对话框中的“标准”选项卡中提供的都是标准色，标准色也叫“Web 色”它在任何地方观看都不会产生色差。而此处我们使用的是“自定义”选项卡中的颜色，也就是我们常说的“调色板”。调色板中的颜色是无限的，但如果将演示文稿上传至互联网，在网页上浏览时可能会产生色差，它会自动以最接近的“Web 色”显示。

第6步：插入图片。

❶ 在打开的“插入图片”对话框中选择素材图片位置；❷ 选择需要插入的图片；❸ 单击“插入”按钮，如下图所示。

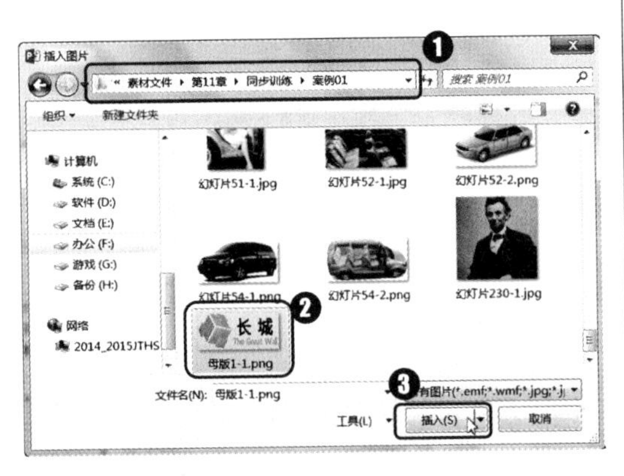

第7步：选择形状。

❶ 单击“插入”选项卡“插图”组中的“形状”按钮；❷ 在弹出的下列表中选择需要绘制的形状，这里选择“直线”选项，如下图所示。

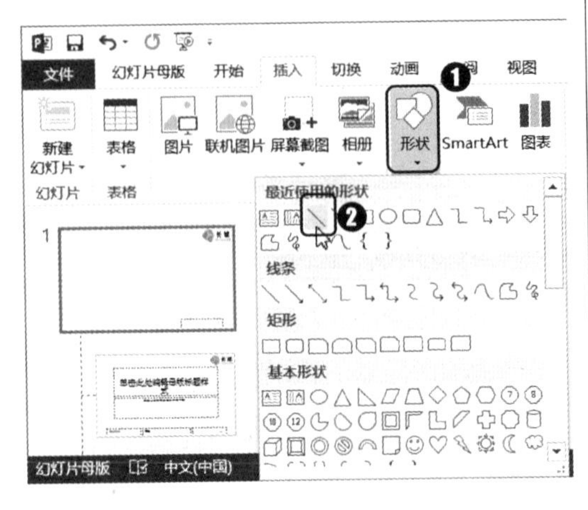

第8步：设置直线颜色及长度。

❶ 按住鼠标左键并拖动绘制出一条直线，并选择绘制的直线；❷ 单击“绘图工具 格式”选项卡“形状样式”组中的“形状轮廓”按钮；❸ 在弹出的下拉列表中选择“白色 背景色 深色 35%”；❹ 在“大小”组中设置宽度为“10.71 厘米”，如下图所示。

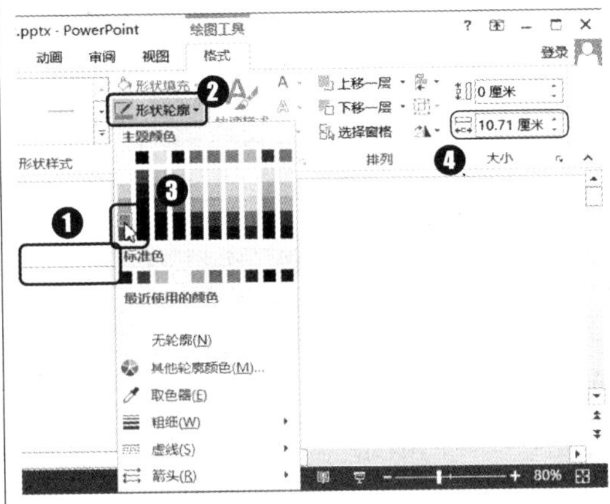

第9步：设置线条样式。

❶ 单击“形状样式”组中的“形状轮廓”按钮；❷ 在弹出的下拉菜单中选择“虚线”命令；❸ 在弹出的下级子菜单中选择需要使用的虚线样式，如下图所示。

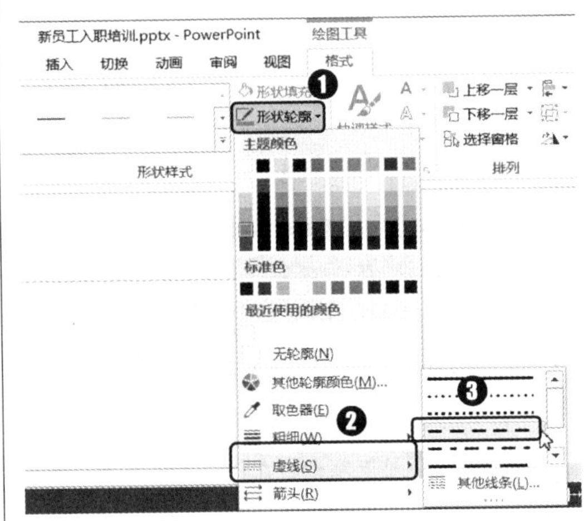

绘制直线

在绘制直线时，按住【Shift】键的同时拖动鼠标可以绘制出垂直或水平的直线。

第10步：选择形状。

❶ 单击“插入”选项卡“插图”组中的“形状”按钮；❷ 在弹出的下拉列表中选择需要绘制的形状，这里选择“矩形”，如下图所示。

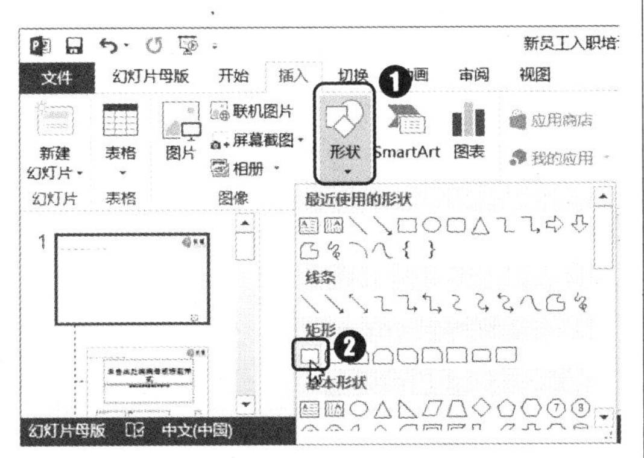

第11步：设置矩形格式。

❶ 按住鼠标左键并拖动绘制一个矩形，并选择绘制的矩形；❷ 在“绘图工具 格式”选项卡“形状样式”组中设置形状填充色为“橙色”，无轮廓；❸ 在“大小”组中设置高为“1.32 厘米”、宽为“7.34 厘米”，如下图所示。

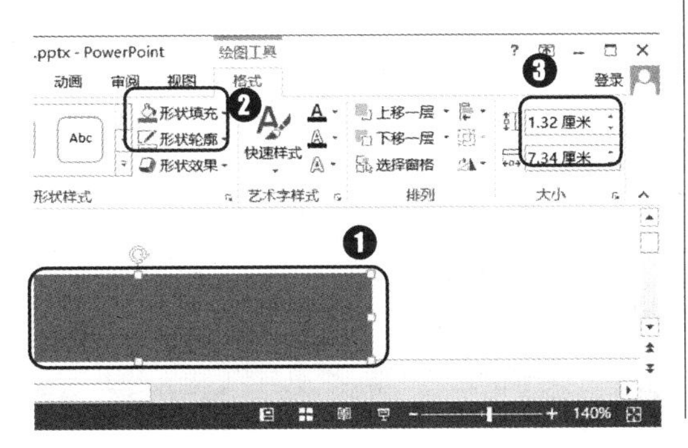

第12步：复制矩形并设置其格式。

❶ 在绘制的矩形右侧复制一个新矩形；❷ 在“绘图工具 格式”选项卡“形状样式”组中设置填充色为“黑色 文字 1 淡色 15%”，无轮廓；❸ 在“大小”组中设置高为“1.32 厘米”、宽为“26.53 厘米”，如下图所示。

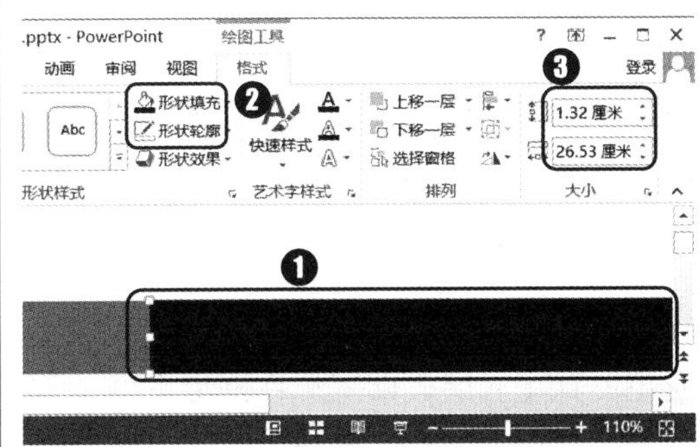

第13步：选择形状。

❶ 单击“插入”选项卡“插图”组中的“形状”按钮；❷ 在弹出的下拉列表中选择需要绘制的形状，这里选择“椭圆”，如下图所示。

第14步：设置圆形格式。

❶ 按住鼠标左键并拖动绘制一个圆形，并选择绘制的圆形；❷ 在“绘图工具 格式”选项卡“形状样式”组中设置填充色为“白色”，无轮廓；❸ 设置高为“1 厘米”、宽为“1 厘米”，如下图所示。

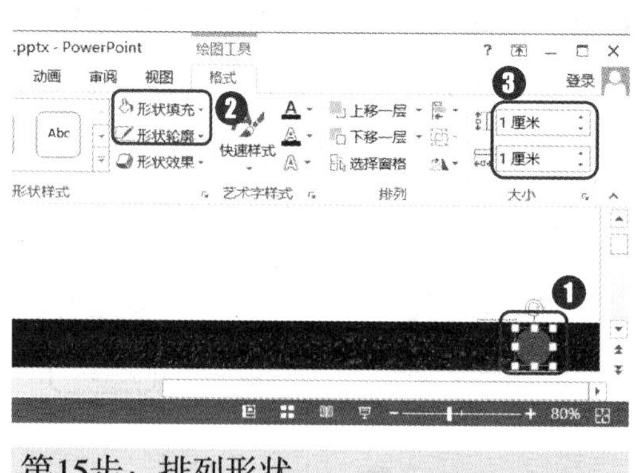

第15步：排列形状。

按照先后顺序先将圆形置于底层，再将黑色矩形置于底层，即矩形在圆形下面，且都在文本框下面，效果如下图所示。

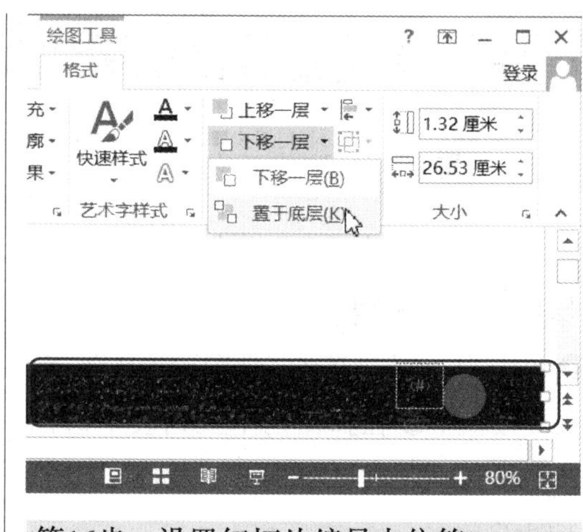

第16步：设置幻灯片编号占位符。

❶ 将幻灯片编号占位符拖至圆形中间；❷ 设置其字符格式为“Arial Unicode MS、16 号、白色”；❸ 设置其段落格式为“居中”对齐，如下图所示。

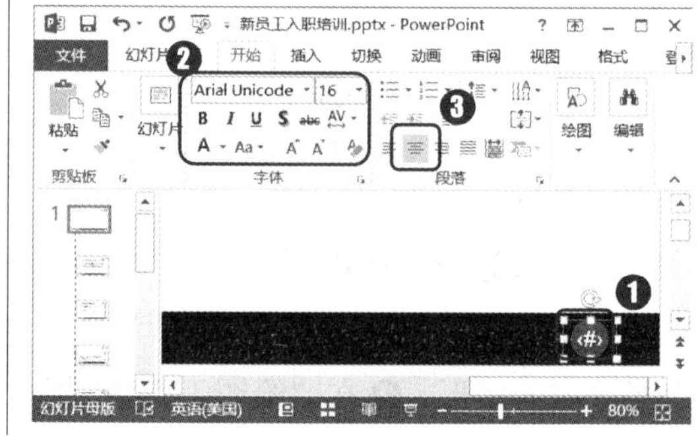

11.2.2 设计幻灯片版式

一组幻灯片母版中包含多种幻灯片版式效果，我们通常会先设置幻灯片母版总版式的整体效果，再设置常用版式的幻灯片母版，方便后期使用。

第1步：隐藏背景图形。

❶ 选择母版版式下方的幻灯片版式 1；❷ 在“幻灯片母版”选项卡“背景”组中选中“隐藏背景图形”复选框，如右图所示。

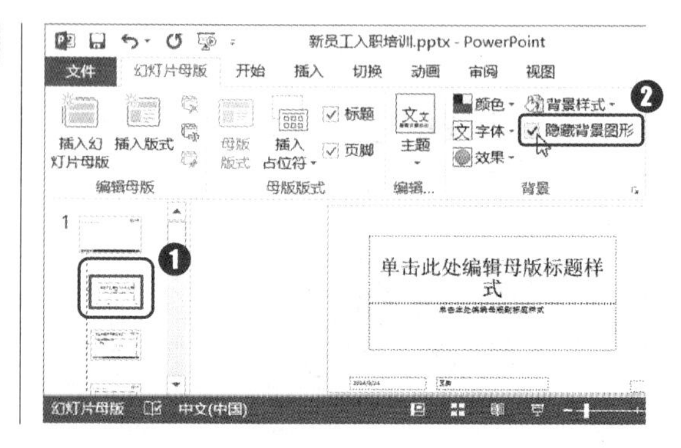

第2步：设置背景样式。

❶ 在“幻灯片母版”选项卡“背景”组中单击“背景样式”按钮；❷ 在弹出的下拉列表中选择“样式 1”选项，如右图所示。

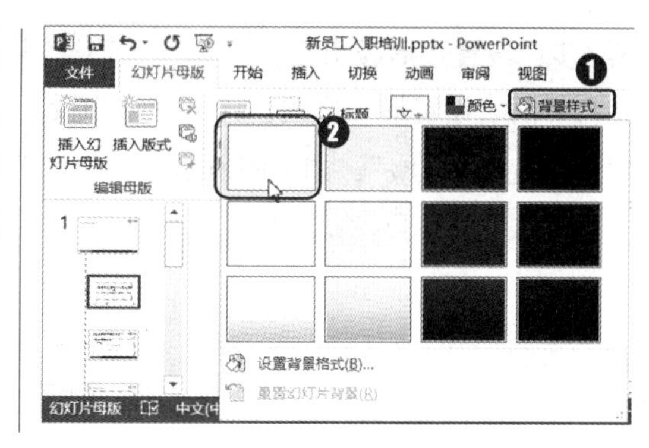

快速改变幻灯片所用色系

“幻灯片母版”选项卡“背景”组中有一个“颜色”按钮，该按钮的功能主要用于设置幻灯片的主题颜色，改变此处的颜色，其他有关设置颜色的功能按钮中的颜色会随之发生变化。

第3步：打开“插入图片”对话框。

❶ 在“插入”选项卡“图像”组中单击选中“图片”按钮；❷ 在打开的对话框中选择素材图片存放位置；❸ 选择需要插入的图片；❹ 单击“插入”按钮，如下图所示。

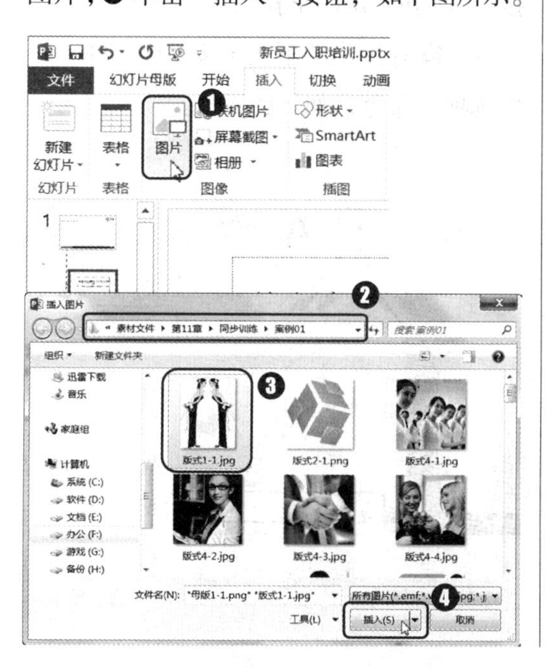

第4步：绘制矩形。

❶ 使用前面介绍的方法在幻灯片中合适位置绘制一个矩形；❷ 在“绘图工具 格式”选项卡“形状样式”组中设置填充色为“白色 背景色 深色 5%”，无轮廓；❸ 在“大小”组中设置高为“4.75 厘米”、宽为“33.87 厘米”；❹ 单击“形状样式”组右下角的“对话框启动器”按钮，如下图所示。

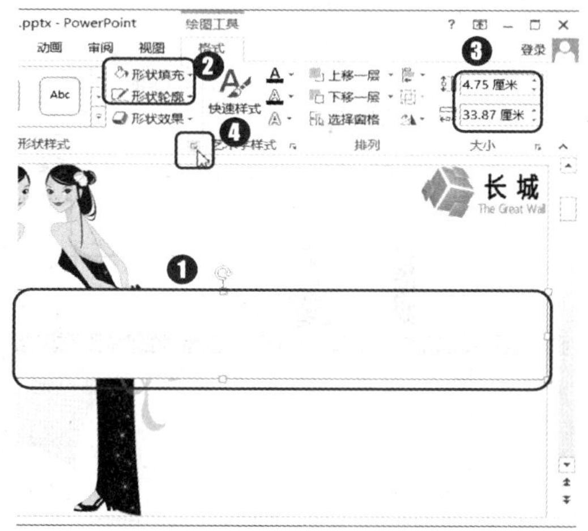

第5步：设置矩形透明度。

在打开的“设置形状格式”任务窗格中设置透明度为“50%”，如下图所示。

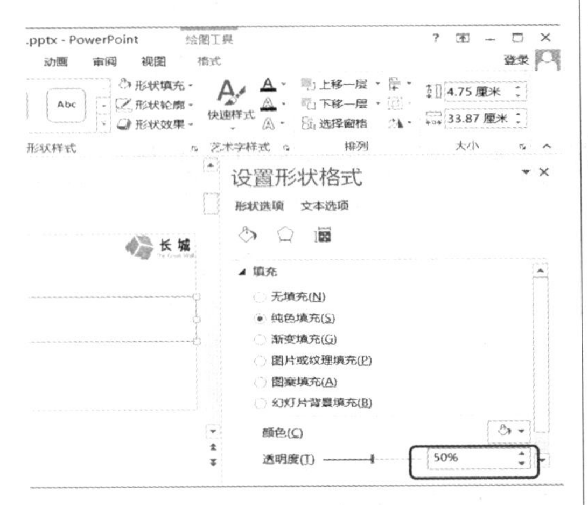

第6步：插入文本框。

❶ 在“插入”选项卡“文本”组中单击“文本框”按钮；❷ 按住鼠标左键并拖动绘制出文本框，如下图所示。

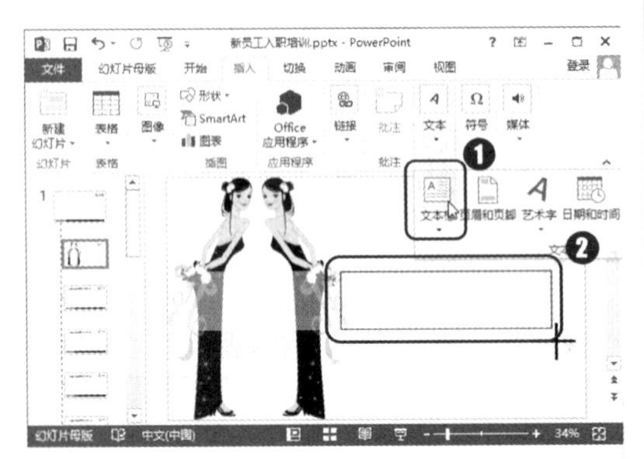

第7步：输入文本并设置其格式。

❶ 在绘制的文本框中输入文本内容；❷ 设置其字符格式为“微软雅黑、86 号、加粗、阴影”，颜色设置为蓝色和橙色，如下图所示。

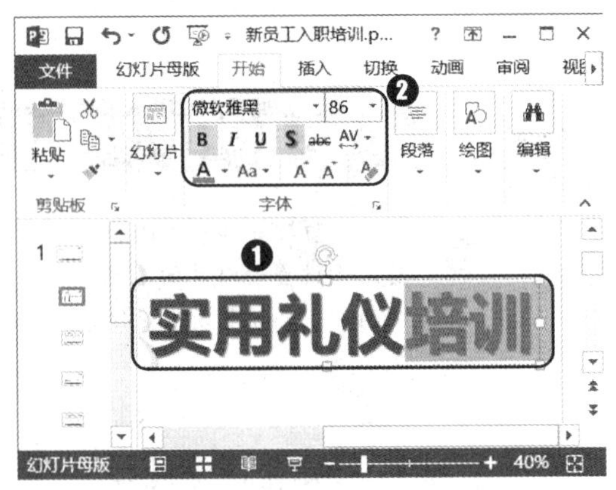

第8步：打开“设置形状格式”任务窗格。

❶ 选择文本框，在“绘图工具 格式”选项卡“艺术字样式”组中单击“文本效果”按钮；❷ 在弹出的下拉菜单中选择“映像”命令；❸ 在弹出的下级子菜单中选择“映像选项”命令，如下图所示。

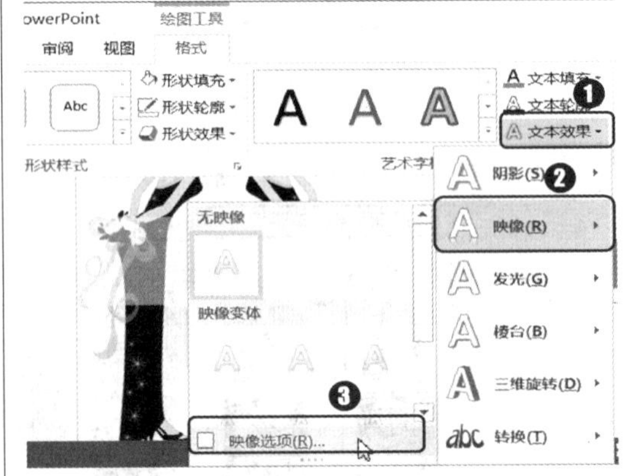

第9步：设置文字映象参数。

在“设置形状格式”任务窗格中设置映像参数为透明度“70%”、大小“30%”、模糊“2 磅”、距离“4 磅”，如下图所示。

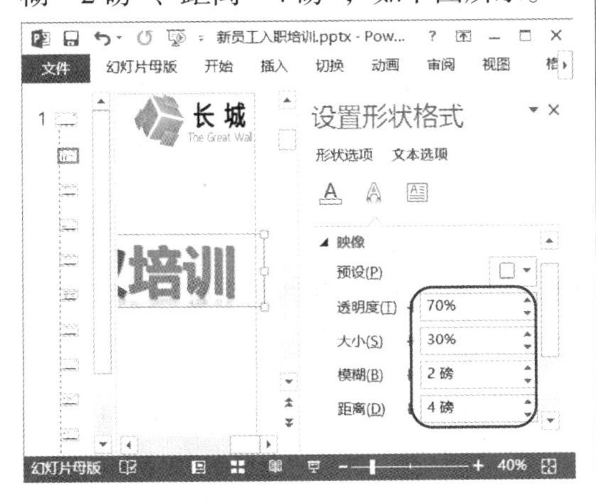

第10步：使用文本框添加副标题。

❶ 按照上述方法使用文本框为版式 1 添加副标题；❷ 设置其字符格式为“微软雅黑、18 号、倾斜、灰色”，如下图所示。

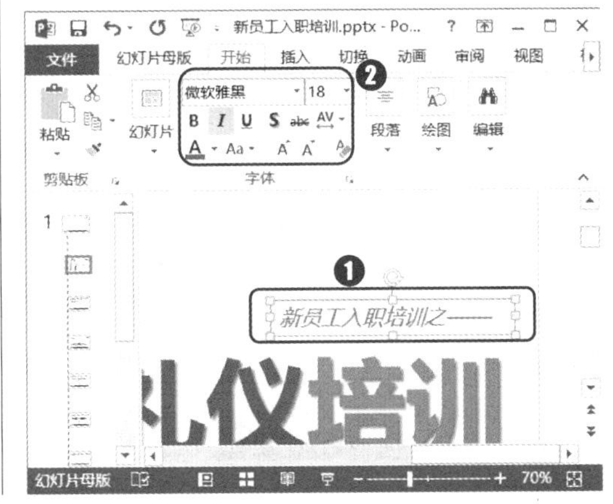

插入与删除幻灯片母版

PowerPoint 2013 会将演示文稿设计过程中使用过的主题中涉及的所有幻灯片样式保存在母版中，而这些样式大部分都没有使用过，所以我们需要整理幻灯片母版，并删除多余的母版样式。如果要添加新的母版版式，可以选择要插入版式的位置，在“幻灯片母版”选项卡的“编辑母版”组中单击“插入版式”按钮，即可在选择的幻灯片下面插入新的版式。

第11步：使用文本框添加副标题。

❶ 按照上述方法使用文本框为版式 1 添加公司部门；❷ 设置其字符格式为“Arial Unicode MS、20 号”，颜色为灰色和蓝色，效果如下图所示。

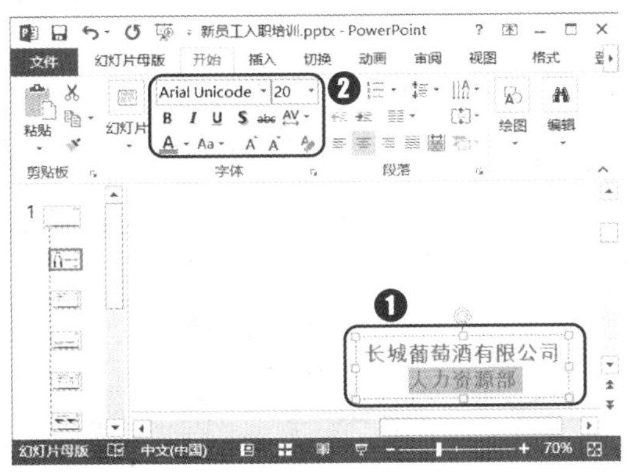

第12步：隐藏背景图形。

❶ 选择版式 4；❷ 在“幻灯片母版”选项卡“背景”组中选中“隐藏背景图形”复选框，如下图所示。

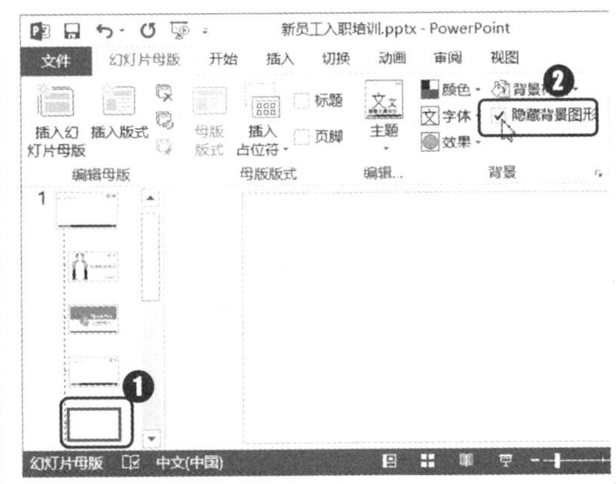

第13步：复制橙色矩形并设置其大小。

❶ 复制母版中的橙色矩形；❷ 在“绘图工具 格式”选项卡“大小”组中设置高为“1.2 厘米”、宽为“1.41 厘米”，效果如下图所示。

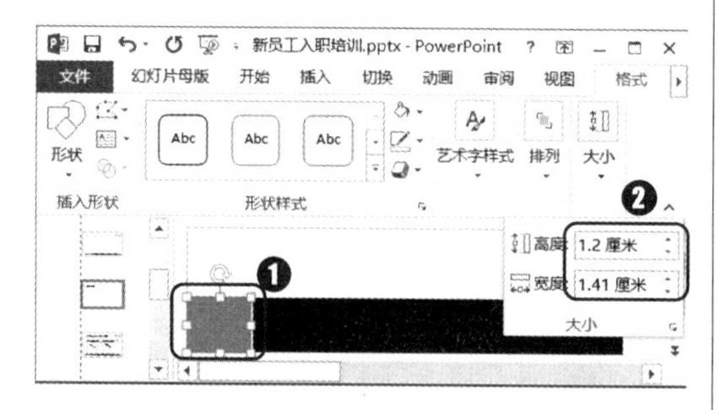

第14步：复制黑色矩形并设置其大小。

❶ 复制母版中的黑色矩形；❷ 在“绘图工具 格式”选项卡“大小”组中设置高为“1.2 厘米”、宽为“8.4 厘米”，效果如下图所示。

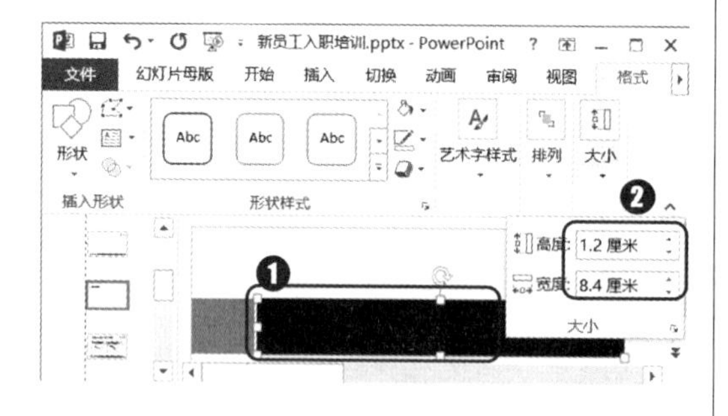

第15步：在矩形中添加文字。

❶ 在黑色矩形上单击鼠标右键；❷ 在弹出的快捷菜单中选择“编辑文字”命令，如下图所示。

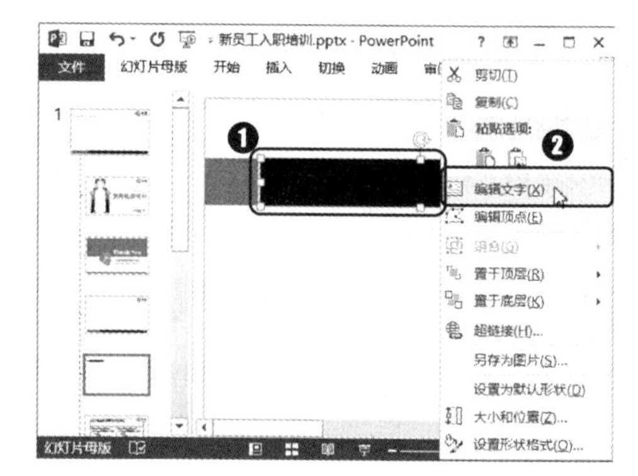

第16步：输入文本内容并设置其格式。

❶ 在矩形中输入文本内容；❷ 设置中文字符格式为“微软雅黑、22 号、白色”，英文字符格式为“Calibri、16 号、白色”；❸ 设置段落格式为“居中”对齐，如下图所示。

第17步：选择形状。

❶ 在“插入”选项卡“插图”组中单击“形状”按钮；❷ 在弹出的下拉列表中选择需要绘制的形状，这里选择“泪滴形”，如下图所示。

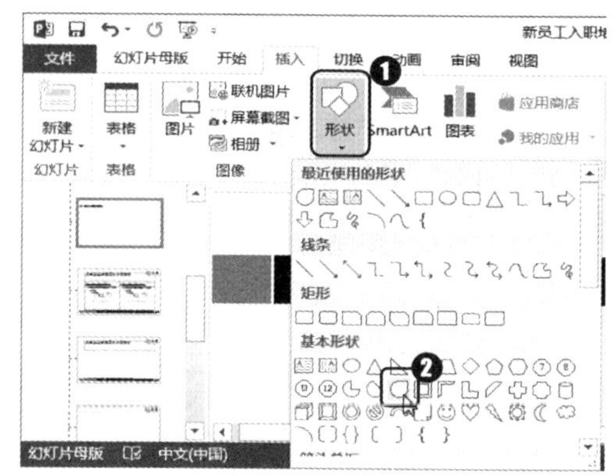

第18步：设置形状格式并进行复制。

❶ 按住鼠标左键并拖动绘制出形状；❷ 在“绘图工具 格式”选项卡“形状样式”组中设置填充色为橙色，无轮廓；❸ 在“大小”组中设置高为“6.6 厘米”、宽为“6.6 厘米”；❹ 将设置好的形状进行复制、拖动、旋转，最终效果如下图所示。

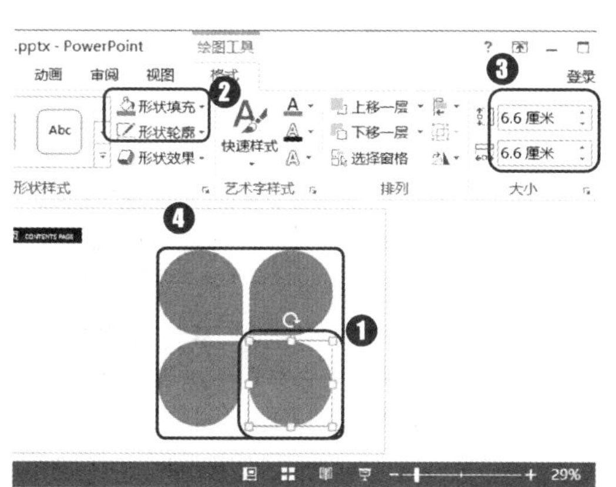

第19步：绘制圆形并设置其格式。

❶ 在刚刚绘制的泪滴形状上方绘制一个直径为“4.7 厘米”的圆形；❷ 设置其轮廓为“白色、1.5 磅”，如下图所示。

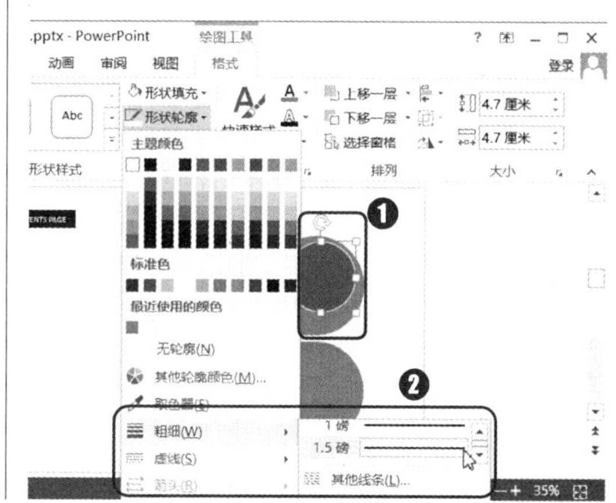

知识拓展 占位符和文本框的区别

在设计幻灯片母版时，占位符中只能设置其字符格式，输入内容在幻灯片放映时是看不到的，所以要固定母版中的文本内容必须使用文本框才能实现。

第20步：为圆形设置“阴影”效果。

❶ 选择圆形，在“绘图工具 格式”选项卡“形状样式”组中单击“形状效果”按钮；❷ 在弹出的下拉菜单中选择“阴影”命令；❸ 在弹出的下级子菜单中的“外部”栏中选择“右下斜偏移”样式，如右图所示。

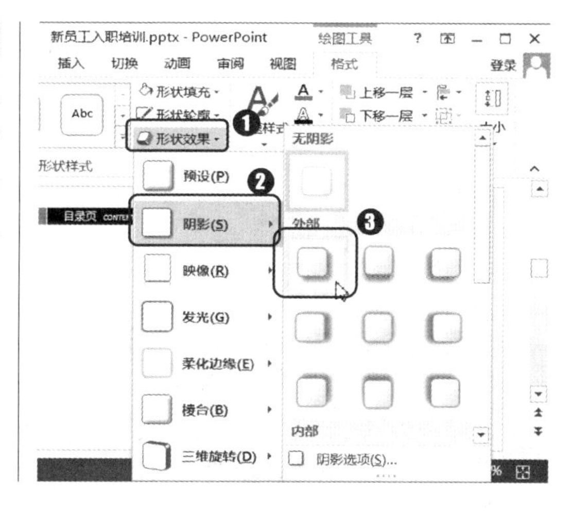

第21步：为圆形设置“发光”效果。

❶ 单击“形状效果”按钮；❷ 在弹出的下拉菜单中选择“发光”命令；❸ 在弹出的下级子菜单中选择“发光选项”命令，如下图所示。

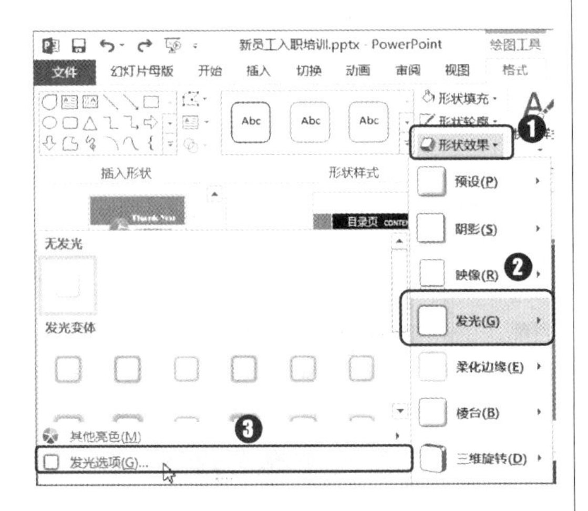

第22步：设置“发光”参数。

❶ 在打开的“设置形状格式”任务窗格中设置发光参数的大小为“6 磅”、透明度为“90%”；❷ 复制设置好的形状，完成后的效果如下图所示。

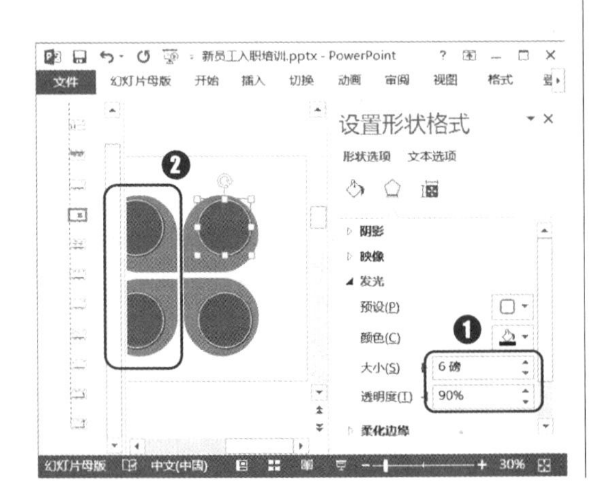

第23步：使用图片填充形状。

❶ 选择右上角的圆形；❷ 单击“绘图工具格式”选项卡“形状样式”组中的“形状填充”按钮；❸ 在弹出的下拉菜单中选择“图片”命令，如下图所示。

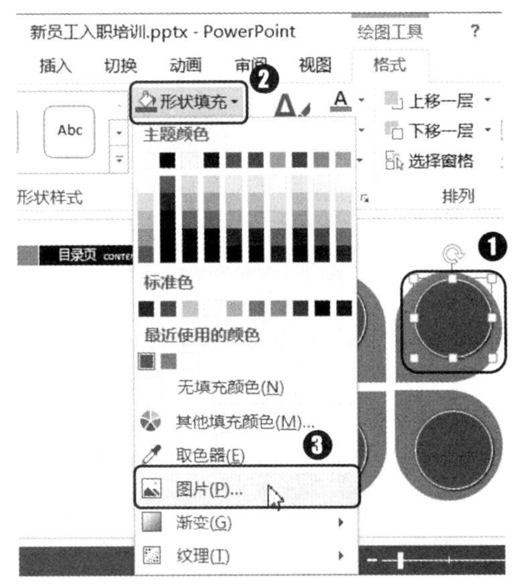

第24步：打开“插入图片”对话框。

在打开的“插入图片”任务窗格中单击“来自文件”链接，如下图所示。

第25步：插入填充图片。

打开“插入图片”对话框，❶ 选择素材图片存放的位置；❷ 选择需要插入的图片；❸ 单击“插入”按钮，如下图所示。

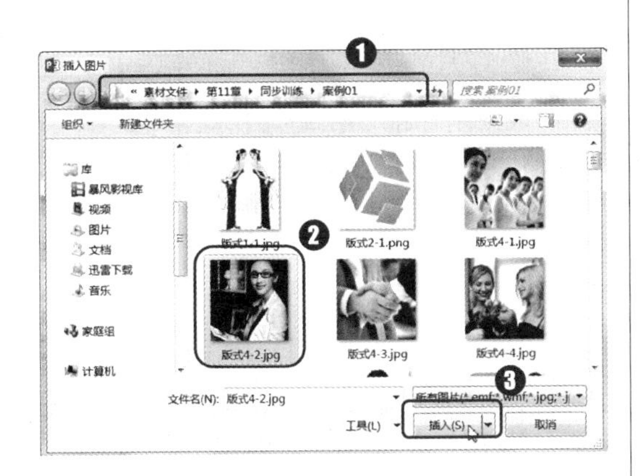

第26步：重复执行图片填充操作。

按照上述方法将之前复制的所有圆形进行图片填充操作，完成后的效果如下图所示。

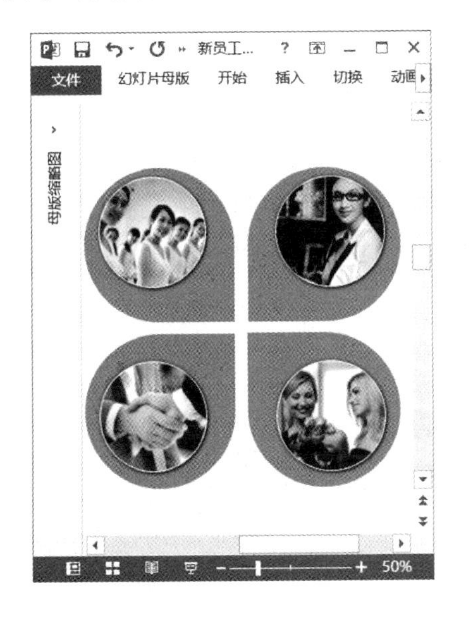

第27步：使用文本框添加数字。

❶ 在版式 4 中添加文本框并输入数字；❷ 设置其字符格式为“Stencil、32 号、加粗”；❸ 设置其段落格式为“居中”对齐，如下图所示。

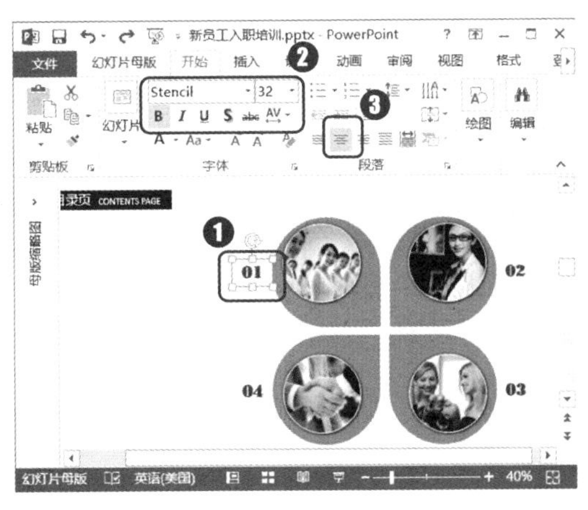

第28步：使用文本框添加文字。

在版式 4 中添加文本框并输入文字，设置其字符格式为“微软雅黑、18 号、加粗”，设置其段落格式为“居中”对齐，效果如下图所示。

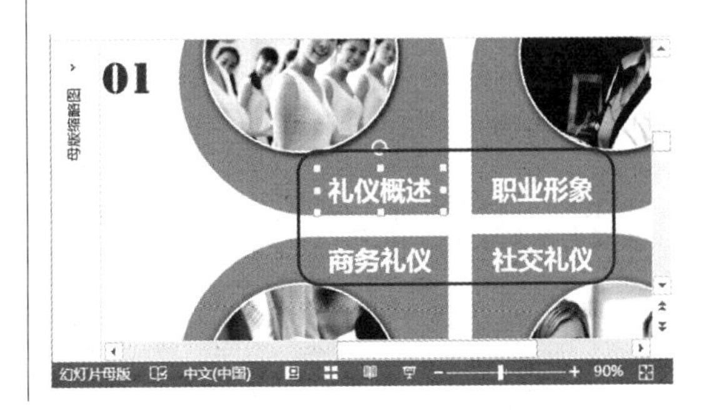

本案例中幻灯片母版的版式 1 和版式 4 作为例子进行讲解，其他版式按照上述方法都可以制作完成，此处不再详解。

11.2.3 编辑幻灯片内容

在幻灯片母版视图中完成幻灯片版式的统一设计后，便可以制作每一张幻灯片的具体内容了。本案例的封面、封底、目录页、转场页都是在幻灯片母版中完成的，进入幻灯片编辑模式直接选择版式即可，不需要再编辑。本案例在母版中已经完成了大部分工作，剩下的幻灯片内容编辑比较简单，下面就介绍几张典型的幻灯片。

第1步：关闭幻灯片母版视图。

幻灯片母版设计完成后在“幻灯片母版”选项卡“关闭”组中单击“关闭母版视图”按钮，如下图所示。

第2步：选择幻灯片封面版式。

❶ 在“开始”选项卡“幻灯片”组中单击“新建幻灯片”按钮；❷ 在弹出的下拉菜单中选择需要的版式，如下图所示。

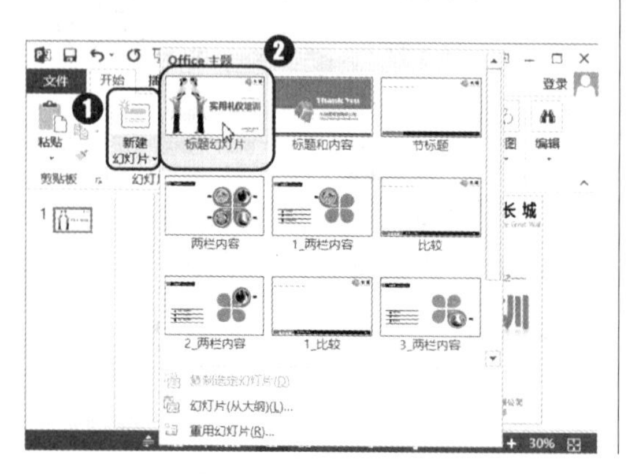

第3步：选择幻灯片版式。

❶ 在幻灯片占位符中输入文本，并通过插入对象制作前 5 张幻灯片效果；❷ 在“开始”选项卡“幻灯片”组中单击“新建幻灯片”按钮；❸ 在弹出的下拉菜单中选择“比较”版式，如下图所示。

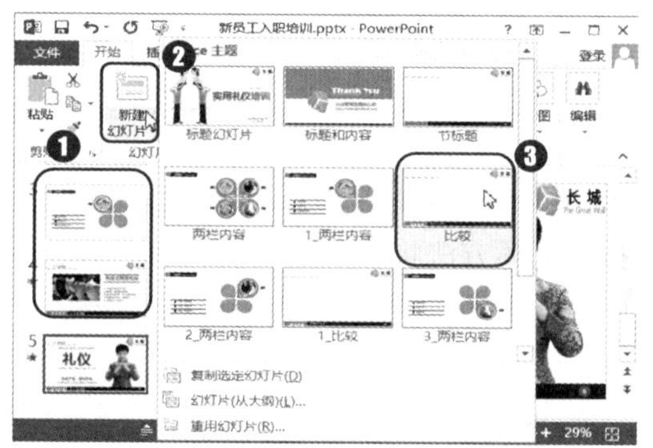

第4步：输入并编辑文本。

❶ 在合适位置绘制一个文本框并输入文本内容；❷ 设置其字符格式为“华康俪金黑 W8（P）、20 号、黑色”，如下图所示。

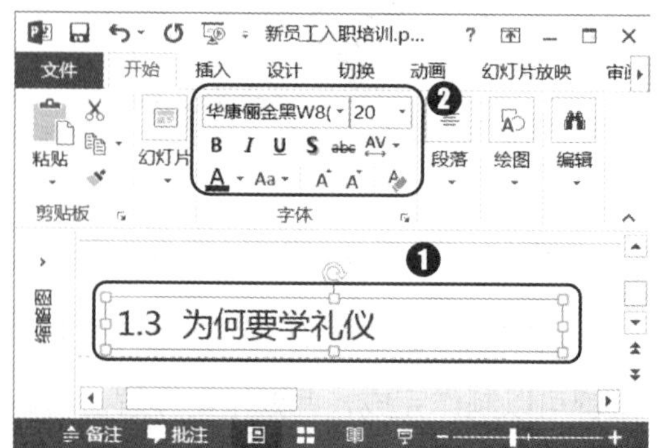

第5步：设置形状格式。

❶ 在合适位置绘制一个矩形；❷ 在“绘图工具 格式”选项卡“形状样式”组中设置形状填充色为“白色”，无轮廓；❸ 在“大小”组中设置高为“10.01 厘米”、宽为“18.6 厘米”，如下图所示。

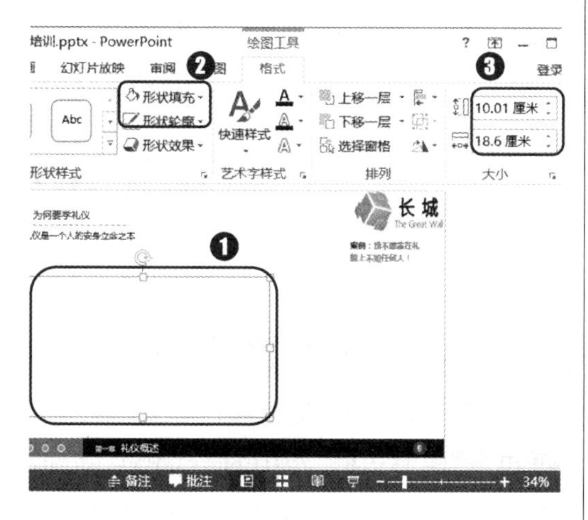

第6步：为矩形设置阴影。

❶ 在“形状样式”组中单击“形状效果”按钮；❷ 在弹出的下拉菜单中选择“阴影”命令；❸ 在弹出的下级子菜单中的“外部”栏中选择“向左偏移”样式，如下图所示。

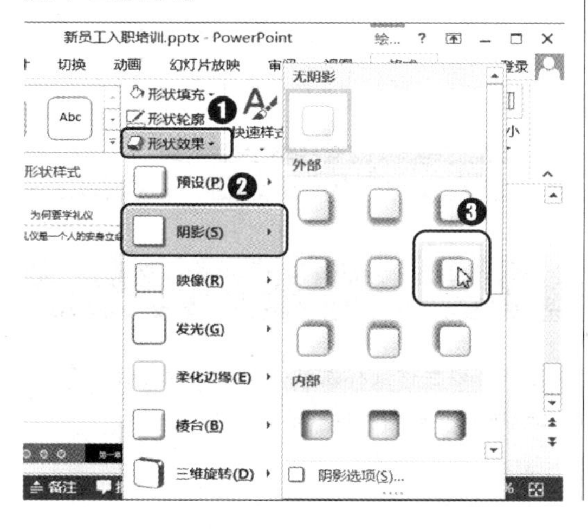

第7步：绘制矩形。

❶ 按照上述方法再绘制一个高“9.3 厘米”、宽“16.46 厘米”的矩形；❷ 在“绘图工具 格式”选项卡“形状样式”组中设置其无填充色；❸ 设置形状轮廓为“橙色、2.25 磅”，如下图所示。

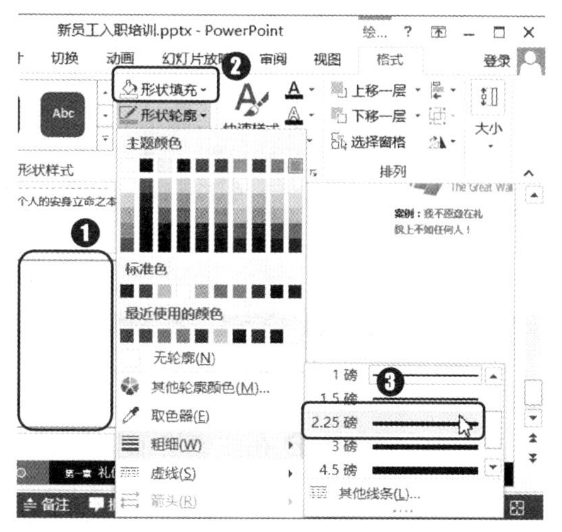

第8步：插入表格。

❶ 在“插入”选项卡“表格”组中单击“表格”按钮；❷ 在弹出的下拉菜单中选择“插入表格”命令，如下图所示。

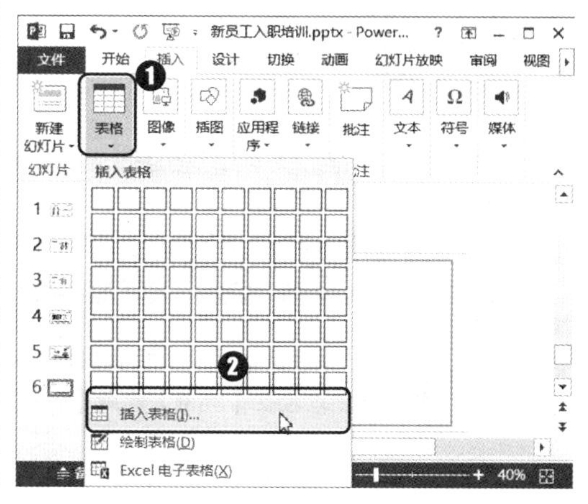

第9步：设置表格行列数。

❶ 在弹出的“插入表格”对话框中设置列数为“15”,行数为“1”;❷ 单击“确定”按钮，如下图所示。

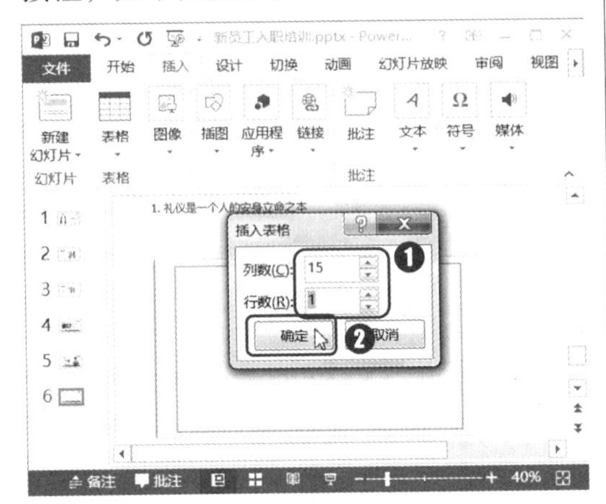

第10步：设置表格大小。

❶ 选中整个表格；❷ 在“表格工具 布局”选项卡“单元格大小”组中设置其高为“9.31厘米”、宽为“1.06厘米”，如下图所示。

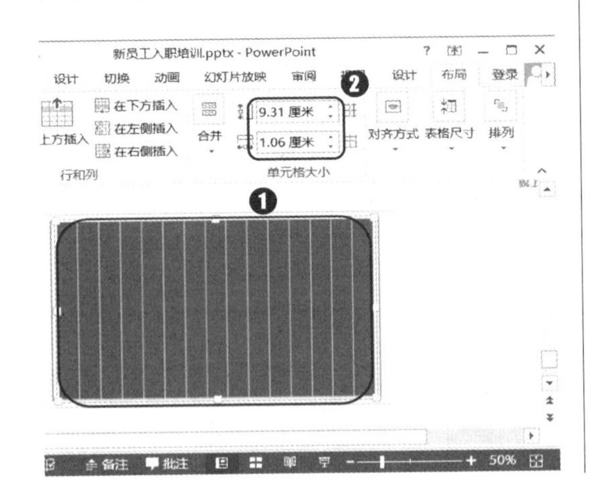

第11步：设置表格底纹。

❶ 单击“表格工具 设计”选项卡“表格样式”组中的“底纹”按钮；❷ 在弹出的下拉菜单中选择“无填充颜色”命令,如下图所示。

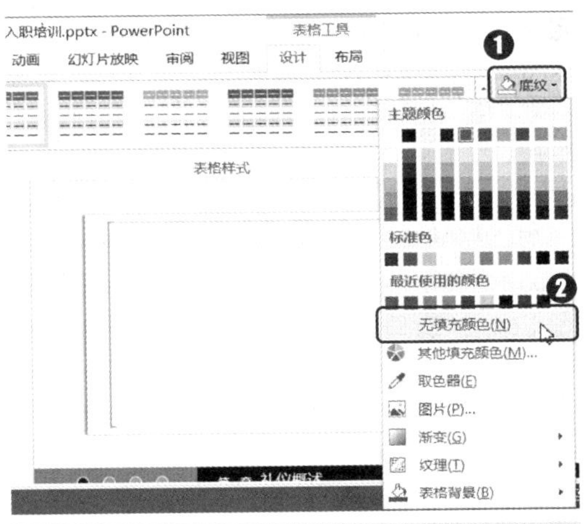

第12步：选择表格边框颜色。

❶ 单击“绘制边框”组中的“笔颜色”按钮；❷ 在弹出的下拉菜单中选择“橙色，着色6”，如下图所示。

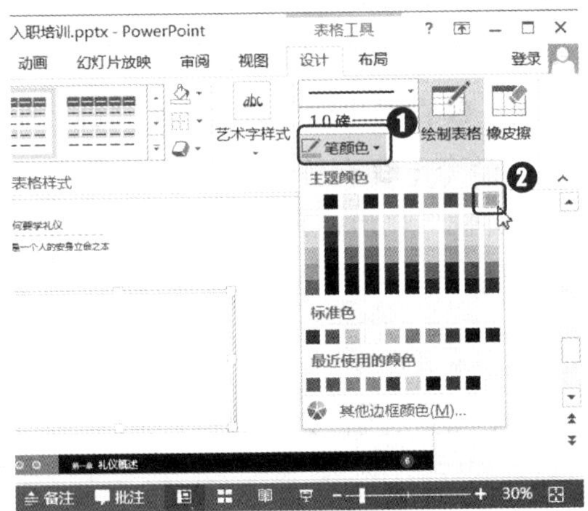

高手点拨 快速选择幻灯片中的对象

在PowerPoint中同时选中多个对象，可以按住鼠标左键并拖动鼠标进行框选，也可以按住【Shift】键或【Ctrl】键逐一单击需要选择的对象。

第13步：设置表格边框。

❶ 单击“表格样式”组中的“边框”按钮；❷ 在弹出的下拉菜单中选择“所有框线”命令，如下图所示。

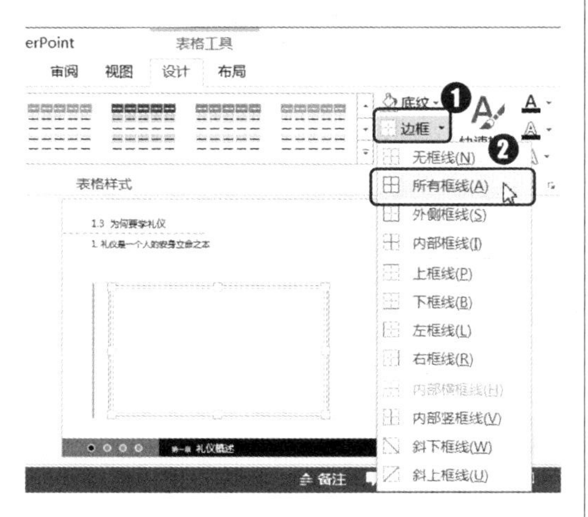

第14步：设置表格文字方向。

❶ 在“表格工具 布局”选项卡“对齐方式”组中单击“文字方向”按钮；❷ 在弹出的下拉菜单中选择“竖排”命令，如下图所示。

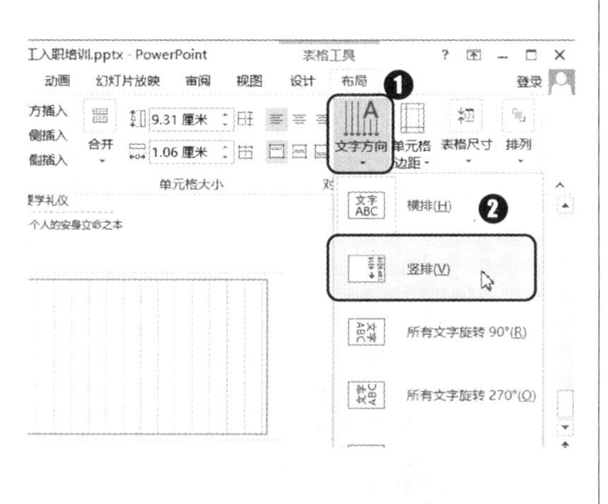

第15步：输入文本并设置其字符格式。

❶ 在表格中输入文本内容；❷ 设置其字符格式为“华文新魏、20 号”，如下图所示。

第16步：绘制形状。

❶ 拖动鼠标在矩形右侧绘制一个圆柱形；❷ 在“绘图工具 格式”选项卡“形状样式”组中设置其轮廓为“无轮廓”；❸ 在“大小”组设置其高为“10.1 厘米”、宽为“1.45 厘米”，如下图所示。

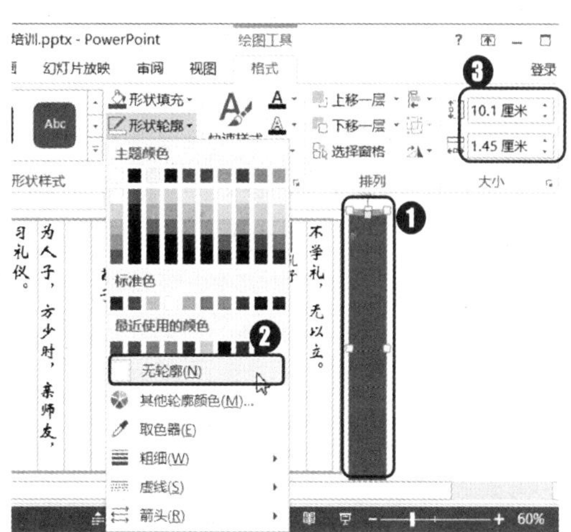

幻灯片的操作

在窗口左侧可以对幻灯片进行各种编辑操作，如复制、粘贴、剪切、删除等。在进行编辑操作前首先应选择要操作的幻灯片，若要选择多个连续的幻灯片，可以按住【Shift】键单击选择；若要选择不连续的幻灯片则可以按住【Ctrl】键单击选择；若要删除幻灯片，可选择幻灯片后按【Delete】键；若要剪辑幻灯片，按【Ctrl+X】组合键即可；若要粘贴幻灯片，则按【Ctrl+V】组合键即可。

第17步：为形状设置渐变填充。

❶ 在“形状样式”组中单击“形状填充”按钮；❷ 在弹出的下拉菜单中选择“渐变”命令；❸ 在弹出的下级子菜单中选择“其他渐变”命令，如下图所示。

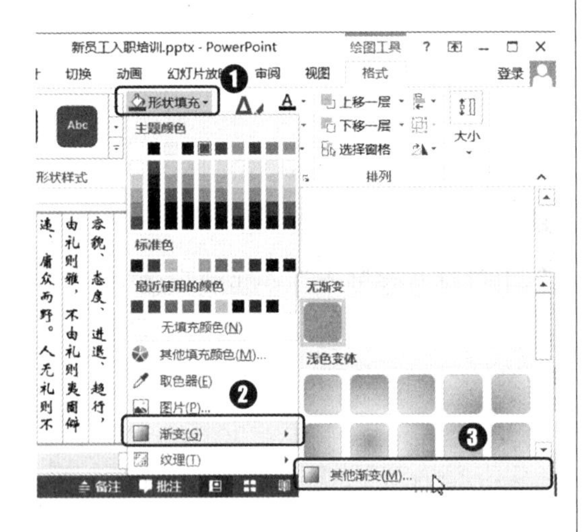

第18步：设置渐变属性。

在打开的“设置形状格式”任务窗格中设置渐变方向、颜色等属性，如下图所示。

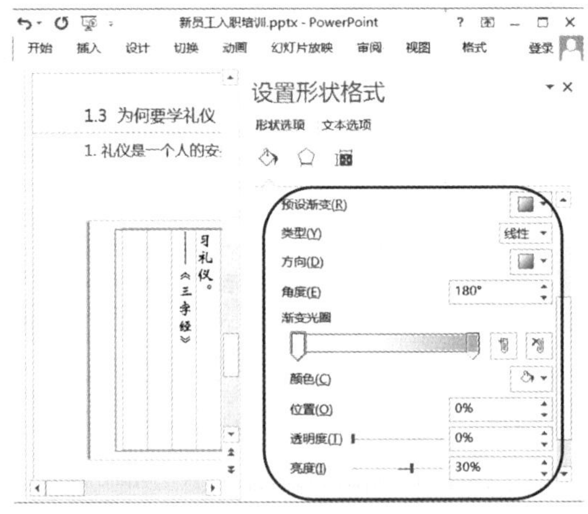

第19步：插入图片。

❶ 在矩形右侧插入素材文件中提供的图片；❷ 在“图片工具 格式”选项卡“图片样式”组中选择需要设置的样式，如选择“居中矩形阴影”选项，如下图所示。

第20步：创建幻灯片。

本案例中幻灯片20需要使用一张图表，此处就以该幻灯片为例介绍图表的使用。❶按照前面所介绍的方法新建一张幻灯片，并使用文本框添加文本内容；❷单击“插入”选项卡“插图”组中的“图表”按钮，如右图所示。

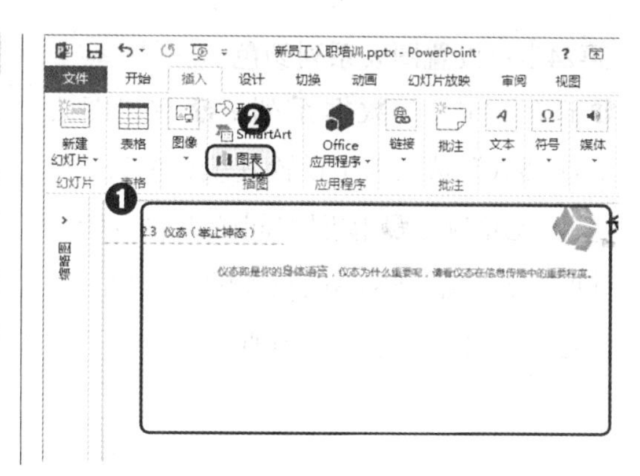

使用快捷键插入幻灯片

在“幻灯片”窗格中选择某张幻灯片后，按【Ctrl+M】组合键可以在当前幻灯片的下方添加一张与选中幻灯片版式相同的新幻灯片。

第21步：选择图表样式。

❶在打开的“插入图表”对话框中选择需要使用的图表样式；❷单击“确定”按钮，如下图所示。

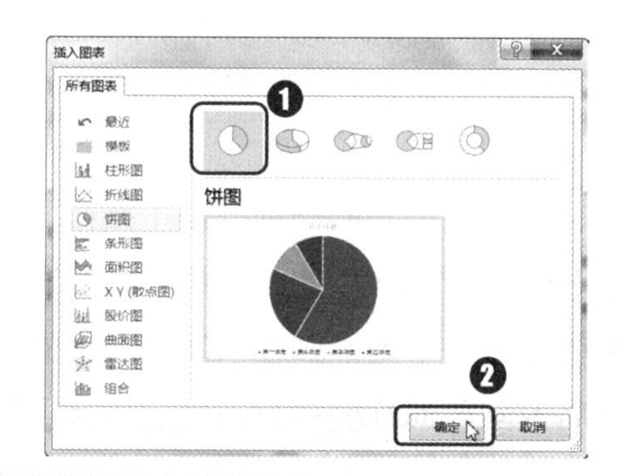

第22步：输入图表数据。

❶在打开的Excel表格中输入图表数据；❷单击“关闭”按钮，如下图所示。

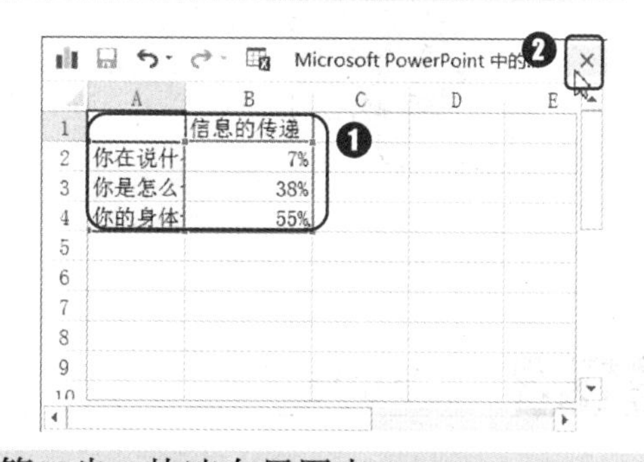

第23步：快速布局图表。

❶选中插入的图表；❷在“图表工具 设计”选项卡“图表布局”组中单击“快速布局”按钮；❸在弹出的下拉列表中选择布局样式，如下图所示。

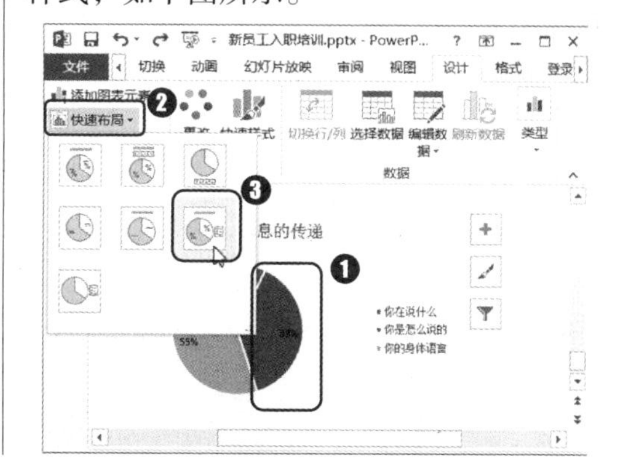

第24步：设置图表系列颜色。

❶ 选择“55%”数据系列；❷ 在“图表工具 格式”选项卡中设置其填充色为“橙色”，无轮廓；❸ 按照相同的方法设置另外两个数据系列为不同灰度的填充色，且无轮廓，最终效果如下图所示。

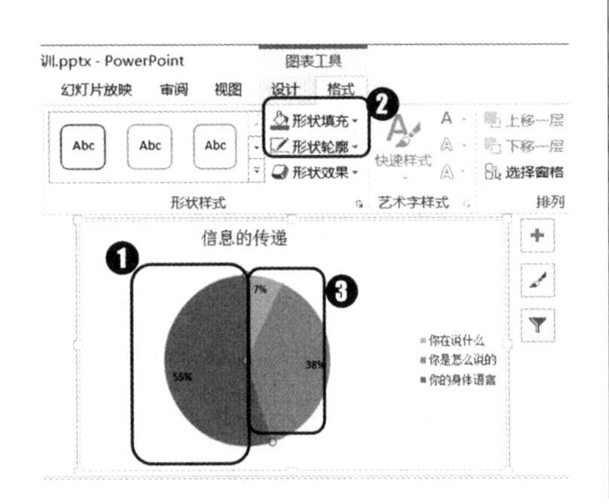

第25步：设置图表文本格式。

❶ 选择图例；❷ 在“开始”选项卡“字体”组中设置字符格式为“微软雅黑、16号”；❸ 按照相同的方法设置图表标题字符格式为“微软雅黑、18 号、加粗、橙色”并设置数据标签字符格式为“宋体、20 号、加粗、白色”，如下图所示。

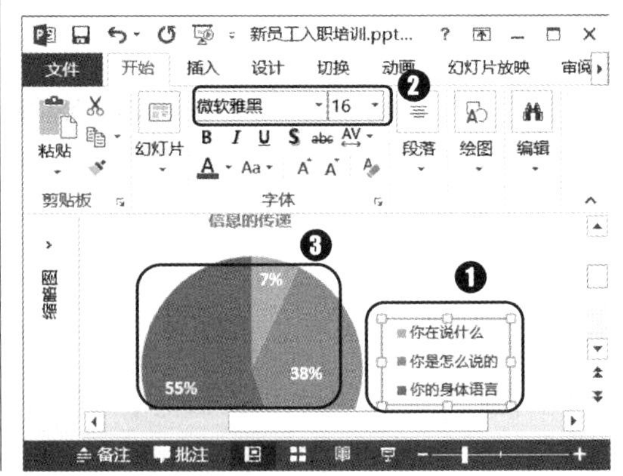

11.3 本章小结

演示文稿是对外宣传个人观点、制作课件、产品数据等的一种既便于操作，又便于查阅的好方式。本章学习的一个重点在于 PowerPoint 中的各种操作，如演示文稿格式、编辑幻灯片、插入与编辑各种对象等；另一个重点则在于演示文稿的设计方式，一般我们会先设计好幻灯片母版，然后返回普通视图中编辑各幻灯片中的具体内容。

第 12 章

放映与观看演示文稿
——PPT 幻灯片的动画制作与放映设置

本章导读：

上一章中主要介绍了静态 PPT 的制作和设计理念，但制作好的 PPT 一般需要播放输出，尤其是要应用幻灯片宣传企业、展示产品以及在各类会议或演讲过程中演示时，为使幻灯片内容更有吸引力，使幻灯片中的内容和效果更加丰富，常常需要在幻灯片中添加各类动画效果。本章将详细讲解幻灯片动画的制作以及放映时的设置与技巧。

知识要点：

★ 设置幻灯片的切换动画
★ 设置幻灯片的切换音效
★ 自定义幻灯片的内容动画
★ 设置内容动画的音效
★ 为幻灯片内容添加交互动画
★ 放映幻灯片

案例效果：

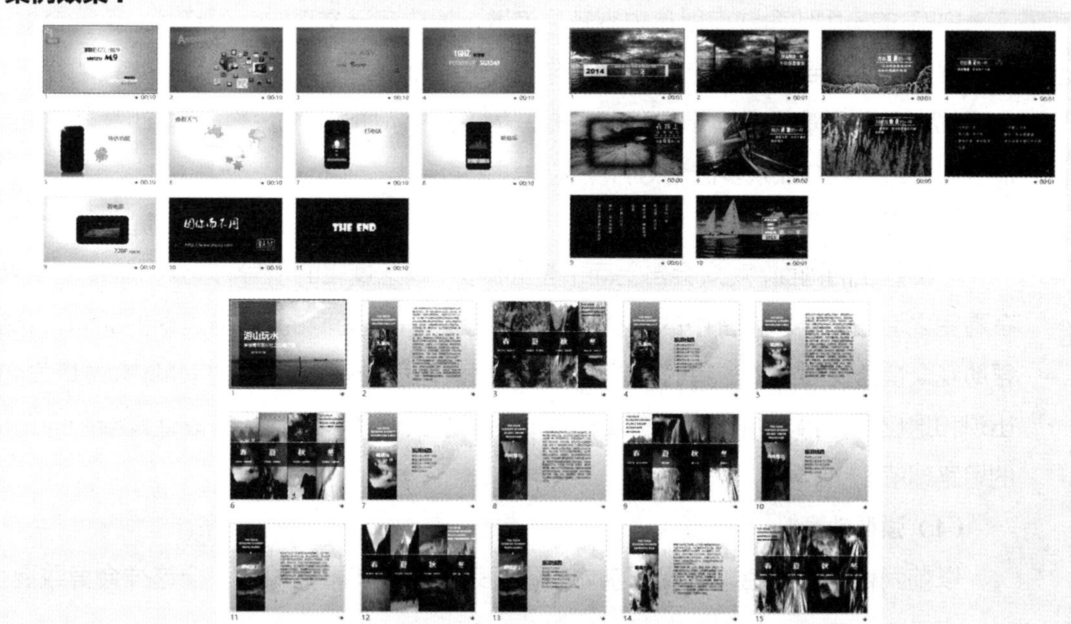

为一份内容、外观和布局都很优秀的 PPT 加分的好方法，就是添加各种动画，再用你优秀的演讲能力进行演示。本节将从动画制作、演示文稿的放映方法、使用 PPT 配合演讲的技巧等方面，讲解如何制作并演讲 PPT 的问题。

要点01 让PPT的播放富有变化

如果你还想单纯用画面来刺激观众，则收到的效果会比预想大大降低。为 PPT 添加动画，不仅能赶走瞌睡虫，调动观众的热情，还能让 PPT 变得生动，更能让 PPT 表现效果明显提升。

1. 动画的分类

目前，许多 PPT 高手用自己的创意和努力创造了一个又一个动画传奇，得到众多 PPT 爱好者的青睐。下面我们先来弄清楚 PPT 的哪些地方需要使用动画。根据动画的使用范围可对动画作如下分类。

（1）片头动画

电影有片头、游戏有片头、网站有片头，PPT 演示也需要片头。演示开始时，观众往往需要一个适应期，演讲者为了快速将观众的视线聚拢到演示中来，可以制作精美的片头带给观众震撼的感觉。好的片头动画可以在开篇就吊起观众的胃口，让演讲在还没有开口说话的时候就已经成功了一半。好的片头动画还可以尽显企业的专业与实力。

（2）过渡动画

PPT 的一大致命缺点就是内容容易涣散。播放演示文稿时，幻灯片一个一个地切换，观众只能看到某一页幻灯片的内容，对于前面已经播放的幻灯片观众只能凭记忆来回忆，因此很难掌握演示文稿的逻辑。为 PPT 添加过渡动画，可以让章节之间泾渭分明，避免观众在众多的幻灯片中迷失。

（3）逻辑动画

一幅静止的画面，观众会自上而下全面浏览，缺乏逻辑的引导，观众很难把握重点，在看完之后还需要思考其中的逻辑关系。如果给这幅画面加上逻辑清晰的动画，就能帮助观众快速找到线索。我们可以通过控制对象出现的先后顺序、主次顺序、位置改变、出现和退出等，将其制作为逻辑清晰的动画帮观众理清线索，还可以让观众跟随我们的思路理解 PPT 内容。

（4）强调动画

以前我们常用颜色、形状或字体的不同来突出某些重要内容，但这样会导致要强调的内容一直处于强调地位。实际演讲中，要强调的内容不会一直处于强调地位，而且重点强调的内容是会变化的。当我们讲到其他内容时，上一个强调内容还存在的话，就会分散观众的视线。在 PPT 中，我们可以通过对象的放大、缩小、闪烁、变色等动作实现强调效果，演示者可以自如控制强调动画的时间，让其在强调过后自动恢复到初始状态。

（5）片尾动画

大部分 PPT 在结尾时都是戛然而止。当然，也有一些礼貌的 PPT 会在最后一张幻灯片中显示“谢谢”之类的字眼，用于提醒大家演示结束，在一定程度上可以给观众一定的缓冲时间，但难免会给人虎头蛇尾的印象。如果我们在片尾制作合理的动画，则不仅做到了礼貌结束，还可以提醒观众回忆演讲内容，强化记忆，为演讲画上一个完美的句号。一般片尾动画与首页动画相呼应，做到有始有终。

（6）情景动画

也许你讲述的就是一个故事，故事总是有情节、有过程的，而要用静止的画面去表达一个完整的过程，几乎不可能。相反，一套连续的动画则能把这些过程表现得栩栩如生。

2. 使用动画的方法

PPT 的最大特色就是赋予静态的事物以动感，让静止的东西活动起来，以此来增强视觉冲击力，让观众提起兴趣、强化记忆。演示文稿的动感主要来自各种类型动画效果。因此，掌握好动画的相关知识，就能制作出令人惊喜的演示文稿。

（1）为幻灯片设置翻页效果

PowerPoint 中的动画功能主要用于设置幻灯片中各对象的动态播放效果，如果要让 PPT 播放过程中，转换页面时同样具有动态播放的效果，就需要使用切换功能。

翻页效果的设置相对简单，只需选择要使用的切换效果，然后选择播放时间、播放方式即可，如下图所示。

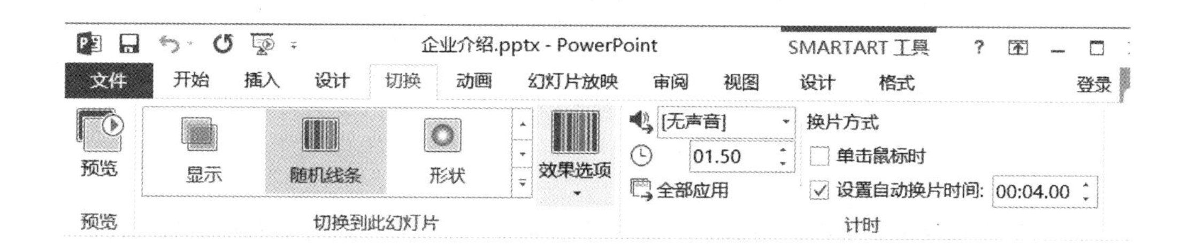

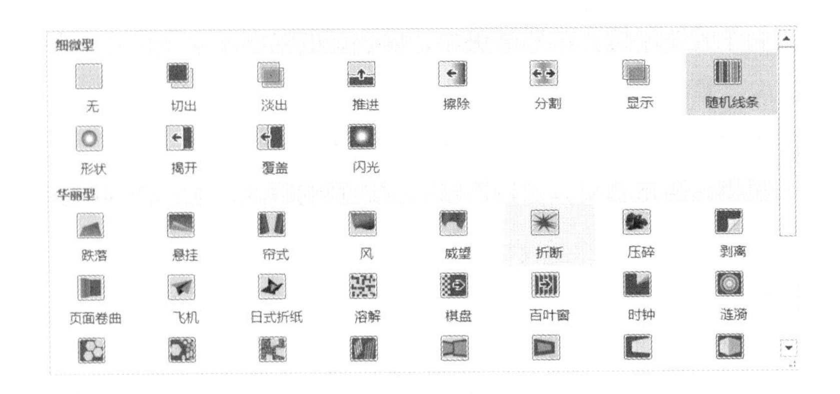

（2）为幻灯片对象设置动画

为幻灯片对象设置动画也很简单，首先选择需要设置动画的对象，然后选择要使用的动画样式即可，如下图所示。这里主要强调一下动画窗格的使用。通过动画窗格中的排列次序，可以非常直观地看到 PPT 中的文本、对象、图形等各对象动画设置的先后顺序，避免在对象比较多、添加动画比较多的情况下产生混乱。

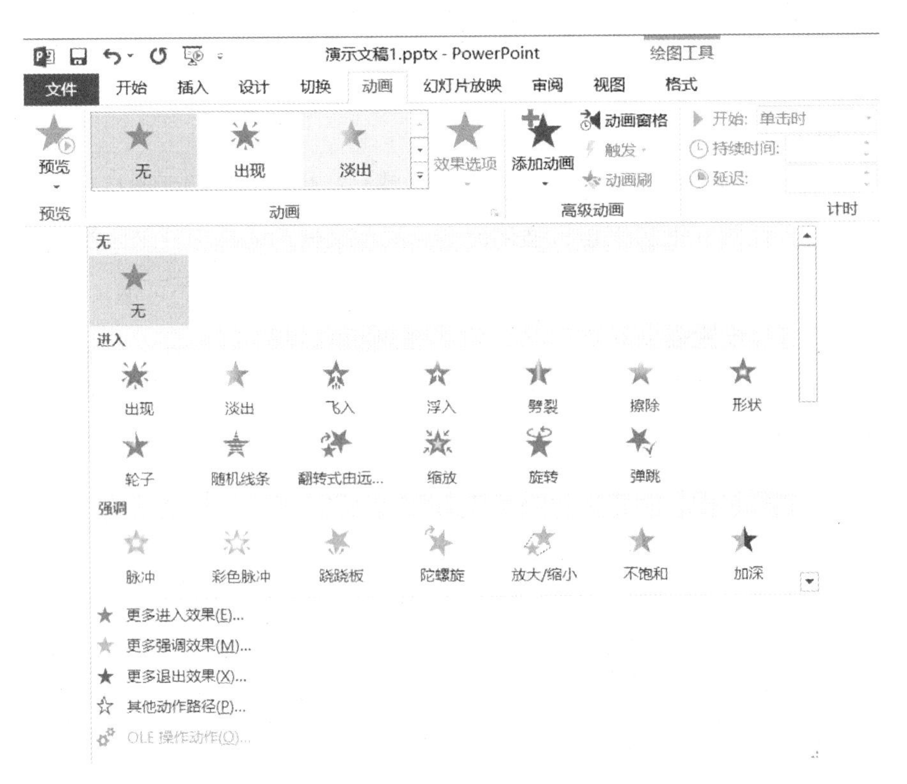

每一种动画的播放效果和播放时间都各不相同，使用其默认属性可能无法让呈现的内容达到最佳效果，此时还需要设置动画选项，如播放开始方式、播放时间、播放顺序等。

（3）使用触发器

大部分人都习惯在演讲的时候由自己来控制动画的播放。但是很多时候都会由于不小心单击鼠标，造成第一个动画没放完的时候第二个动画就开始播放了。为了解决这个问题我们可以利用触发器制作交互式动画，精确控制动画，操作图如下所示。使用触发器还可以达到让对象或者播放视频的特定部分时，显示动画效果的作用。

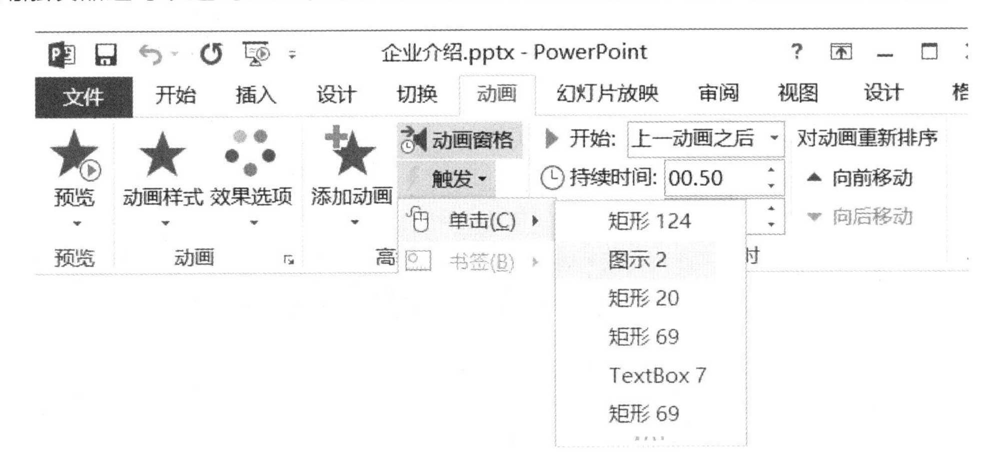

为视频设置触发播放

如果在视频中添加触发器，首先需要将视频播放设置为自动，否则触发器功能无法实现。

要点02 使用PPT动画的原则

自 PPT 诞生以来，是否使用动画就一直是最大的争议，尤其有些人认为商务 PPT 应用领域中完全不需要动画或者最多只需简单的页面切换动画。其实，动画只要添加得当，完全可以应用。近年来，也确实有将 PPT 动画成功应用到商务领域的案例。不过，在制作动画时，还是需要掌握一些原则。

（1）醒目原则

PPT 动画的初衷在于强调重要内容，因此，PPT 动画一定要醒目。强调该强调的、突出该突出的，哪怕你的动画制作得有些夸张也无所谓，千万不要因为担心观众看到你的动画太夸张会接受不了而制作一些羞羞答答的动画，应坚持使用最精致、专业的动画。

（2）自然原则

动画指的是由许多帧静止的画面连续播放时的过程，动画的本质在于以不动的图片表现动的物体，然而，如果是本身就不该动的物体，你却非让它“动”，这就不叫动画了，而叫“动花”（动得让人眼花）。

我们制作的动画一定要符合常识。由远及近的时候肯定也会由小到大；球形物体运动时往往伴随着旋转；两个物体相撞时肯定会发生抖动；场景的更换最好是无接缝效果，尽量做到连贯，让在观众不知不觉中转换背景；物体的变化往往与阴影的变化同步发生；不断重复的动画往往让人感到厌倦等。

慎用华丽动画

华丽动画多以移动或飘动的方式出现，这样显得过于沉闷与缓慢，一帧接一帧的动画很快就会让观众感到厌烦。虽然动画可以设置持续时间，但如果把华丽动画的时间缩得过短又会失去动画本来的动态美。

（3）适当原则

一个 PPT 中的动画是否适当，主要体现在以下几个方面。

- 动画的多少

炫，其实不是动画的根本。在演示文稿中添加动画的数量并不在于多，突出要点就可以了。过多的动画会冲淡主题、消磨耐心；过少的动画则效果平平、显得单薄。还有的人喜欢让动画变得烦琐，重复的动画一次次发生，有的动作每一页都要发生一次，这也要注意。重复的动作会快速消耗观众的耐心。无关联的动画应严禁使用。

- 动画的强弱

动画动的幅度必须与 PPT 演示的环境相吻合，该强调的强调、该忽略的忽略、该缓慢的缓慢、该随意的则一带而过。初学 PPT 动画者最容易犯的一个错误就是将动作制作得拖拉，生怕观众忽略了他精心制作的每个动作。

- 动画的方向

动画播放始终保持一致方向可以让观众对即将播放的内容能够提前作出判断，可以很快的适应 PPT 播放节奏，同时在潜意识中做好接收相关内容的准备。如果动画播放方向各不相同，观众就会花费较多的精力来适应 PPT 的播放，这样不利于观众长时间观看，容易产生疲乏感。这一原则主要适用于具有方向性的动画。

一般情况下动画应保持左进右出或下进上出，这样比较符合日常视觉习惯。

当然也有例外，如果设置动画的对象本就具有方向性，那么在设置动画时一定要以对象的方向设置动画方向，下图所示为箭头图形。

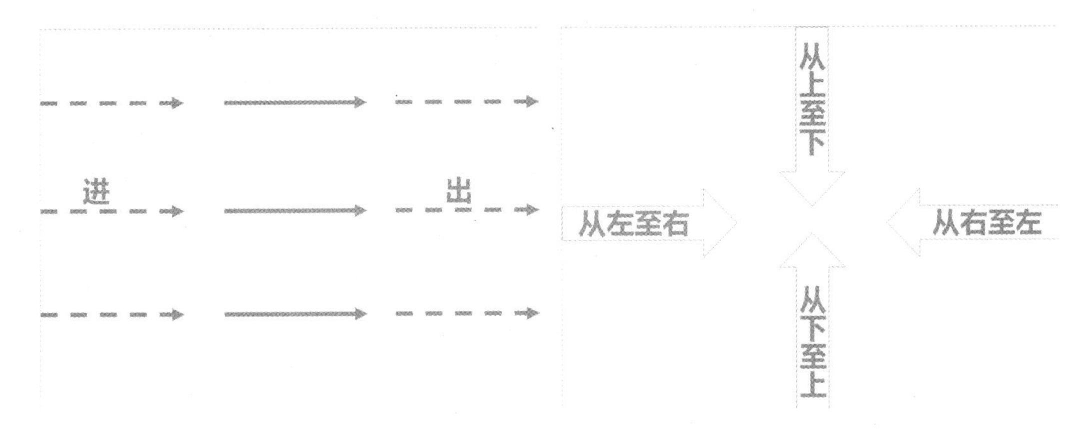

- 不同场合的动画

动画的添加也是要分 PPT 类型的，党政会议少用动画，老年人面前少用动画，呆板的人面前少用动画，否则会让人觉得你故弄玄虚、适得其反；但企业宣传、工作汇报、个人简介、婚礼庆典等则可以多用动画。

（4）创意原则

PowerPoint 本身提供了多种动画，但这些动画都是单一存在的，效果还不够丰富、不够震撼。而且大家都采用这些默认动画时，就完全没有创意了。其实，我们只需要将这些提供的效果组合应用，就可以得到更多的动画效果。进入动画、退出动画、强调动画、路径动画，四种动画的不同组合就会千变万化。几个对象同时发生动画时，为它们采用逆向的动画就会形成矛盾、采用同向动画就会壮大气势、多向的动画就变成了扩散、聚集在一起动的话就会形成一体。

要点03 让PPT播放更加流畅

演讲不是朗诵,必须和观众有交互。因为演示文稿是“死”的,而观众是“活”的，不同的观众兴趣点不一样，通过在演示文稿中设置交互，使演讲更具针对性与灵活性。在演示文稿中要实现与观众的交互很简单，可以通过超链接和动作设置完成。

1. 跟着思路设置链接

超链接是演示文稿非常实用的功能。通过超链接，可以将分散的幻灯片组合起来，按照演讲者的思路形成一定的逻辑关系。并且，超链接还可以将观众带到隐藏幻灯片，或在不退出幻灯片放映的情况下，打开某个网站或数据文件等外部资源，扩展演讲的范围。

下图是一张设置了超链接幻灯片，在播放过程中单击“更多产品”就可以打开链接的对象查看更多内容，这样在演讲时，就可以在 PPT 外获得更多信息。

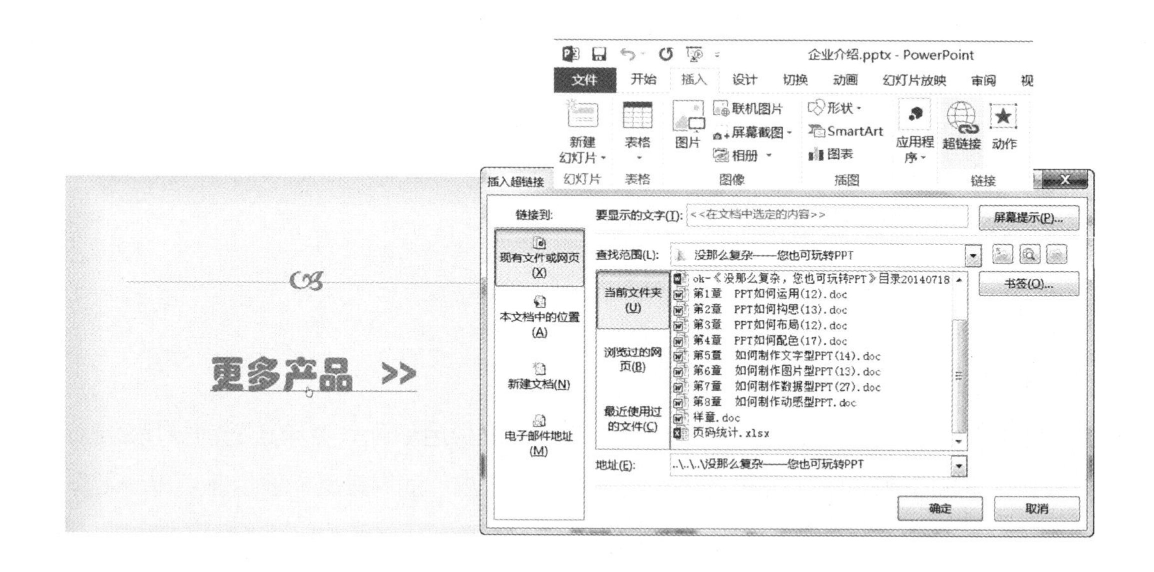

设置超链接注意事项

如果设置了超链接，链接对象的路径不能更改，否则在播放 PPT 时，无法正常打开链接文件。另外，超链接除了链接电脑中的文件，还可直接链接互联网网站。

2. 设置鼠标动作

在播放 PPT 时，根据内容的安排，可能需要跳越性地播放指定的幻灯片。演讲者演讲时，用得最多的就是鼠标，因此针对鼠标的动作设置一些链接动作，也会非常实用。鼠标动作包括单击鼠标和鼠标移过，可以针对不同的操作设置超链接、运行程序、运行宏、播放声音等动作。

（1）为幻灯片添加动作按钮

为幻灯片添加动作按钮是在幻灯片中直接增加一个具有动作功能的按钮对象，在放映 PPT 过程中，当需要跳转页面时单击该按钮即可。下图所示的右下角就是一个动作按钮，在演示 PPT 时进行相应的操作，就会让 PPT 的放映变得更加多元化。

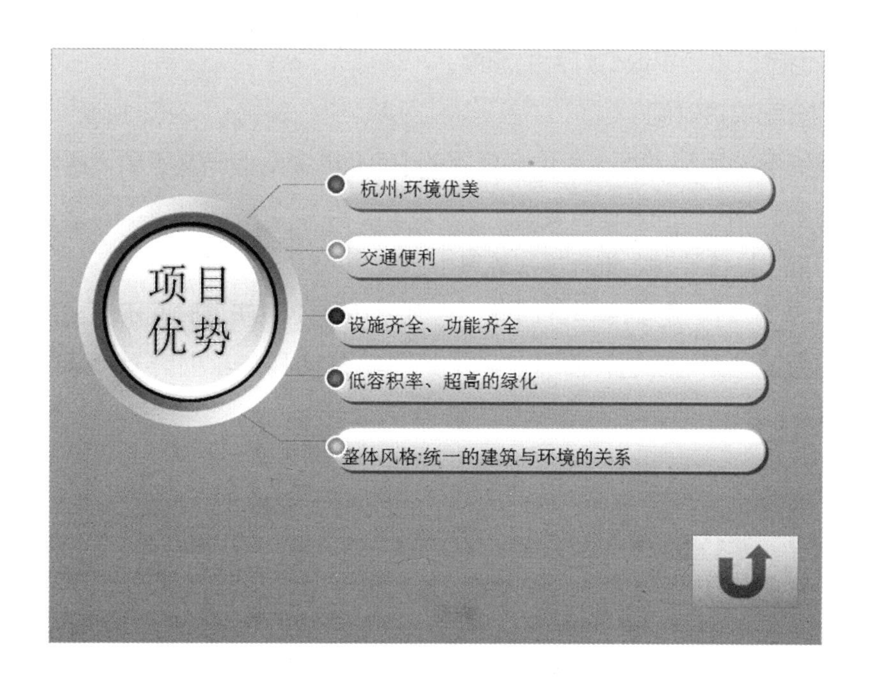

（2）将幻灯片对象设置为动作按钮

将幻灯片对象设置为动作按钮是为幻灯片中已经存在的文字、图片等对象增加一个动作按钮的功能。当需要跳转页面时只需单击设置了动作按钮的对象即可，这样不需要额外增加图形，可以让幻灯片页面看起来更加整洁。

要点04 做好PPT演讲前的准备工作

只有在 PPT 演讲之前做好各种准备工作，才能保证 PPT 演讲质量。演讲者首先要对稿子非常熟悉，避免在演讲时出错，演讲前需要做最后的检查与整理。比如幻灯片的顺序有无出错，PPT 中有无不需要播放的幻灯片，是否需要制作备注或讲义等。

1. 浏览模式查看全部 PPT

PPT 的页面比较多，使用普通模式进行检查很难看出结构和逻辑方面的问题，使用浏览模式是最好不过的方法。在“幻灯片浏览”视图模式下，可以同时查看所有幻灯片，以便了解 PPT 的整体情况。

如果有不完善而没有注意到的地方，可以快速发现并修改；如果检查中发现 PPT 的结构或内容不够完善，可以通过添加新幻灯片补充；如果发现 PPT 的逻辑和思考结构不同，也可以重新更改幻灯片的顺序。

2. 合理分配演讲时间

如果演讲不能顺利进行，无论多优秀的 PPT 也会变得一文不值，所以演示文稿之前的预先演练分配时间是很重要的。

（1）利用“排练计时”进行多次练习

在演讲 PPT 时一定要拿捏好时间，否则就可能出现演讲时间不够或演讲时间多余的尴尬。为了避免出现这种情况，可以使用排练计时功能，如下图所示，为各张幻灯片设置好播放的时间。

（2）隐藏幻灯片

同一份演示文稿，由于观众对内容熟悉程度不一样，演讲者演讲时的速度肯定有所区别。如果演讲速度较快，容易造成的一个尴尬局面——时间还没有结束，幻灯片就播放完了。为了避免这种情况的发生，可以适当的在演示文稿中插入一些隐藏幻灯片，幻灯片的内容以扩展资料、讨论题或者习题形式存在。这样做的好处是，当原定的幻灯片播放完之后，有救场的幻灯片播放，不至于冷场。下图所示即隐藏了第 21 张幻灯片。

需要注意的是，在演讲时不可能关闭放映，或单独打开隐藏的幻灯片。因此必须在相应幻灯片上设置切换到隐藏幻灯片的超链接，使过渡更加自然。

3. 不同场合幻灯片放映方式的选择

制作好演示文稿后，可通过放映演示文稿来观看幻灯片的总体效果。在放映之前，设置放映的方式也至关重要。

一般情况下，系统默认的幻灯片放映方式为演讲者放映方式，但在不同场合下可能会对放映方式有不同的需求，这时就可以通过“设置放映方式”对话框设置幻灯片的放映方式。常见的幻灯片放映方式有以下 3 种。

- 演讲者放映方式：在放映幻灯片时呈全屏显示。在演示文稿的播放过程中，演讲者具有完整的控制权，可根据设置采用人工或自动方式放映，也可以暂停演示文稿的放映，对幻灯片中的内容做标记，还可以在放映过程中录下旁白。
- 观众自行浏览方式：在放映幻灯片时将在标准窗口中显示演示文稿的放映情况。在播放过程中，不能通过单击鼠标进行放映，但可以通过拖动滚动条浏览幻灯片。
- 在展台浏览放映方式：将自动运行全屏幻灯片放映。在放映过程中，除了保留鼠标光标用于选择屏幕对象进行放映外，其他的功能全部失效，要终止放映可按【Esc】键，放映完毕 5 分钟后若无其他指令将循环放映演示文稿。所以也称为自动放映方式。

4. 演讲准备

在演讲 PPT 时，切勿看着幻灯片上的内容照本宣科。一来幻灯片上的内容有限，不能充分利用演讲时间，二来幻灯片上面的内容大家都能看到，听众想听的是演讲者对内容的扩展和独到的见解。所以在演讲 PPT 前应该准备充足的材料。这些材料可以通过两种方式来使用，即备注和讲义。

（1）使用备注

很多用户在制作 PPT 时应该都看见了幻灯片页面下方有一个可以添加备注的区域，但是真正在利用备注的人却很少。因为在播放幻灯片时，无法看到备注。其实备注是专门为演讲者提供的。

当我们在使用投影仪等第二屏幕放映 PPT 时，可以在演讲者使用的电脑和观众所看到的屏幕上设置显示不同的内容，即观众只看到 PPT 的放映页面，演讲者可以看到正在放映的 PPT，也可以看到备注内容，如左下图所示。

（2）使用讲义

讲义与备注的关系可以理解为讲义是打印出来的备注。讲义只有打印成纸张才能体现其价值，否则就和备注一样。如果演讲的内容非常重要，为了能让每一位听众都能毫无遗漏地了解演讲内容，我们可以事先打印出讲义发放给所有听众，这样即便听众走神也不会遗漏要点，右下图所示为打印出的讲义效果。但这样对演讲者来说是一个挑战，演讲者就必须讲得更加精彩才更能吸引听众。

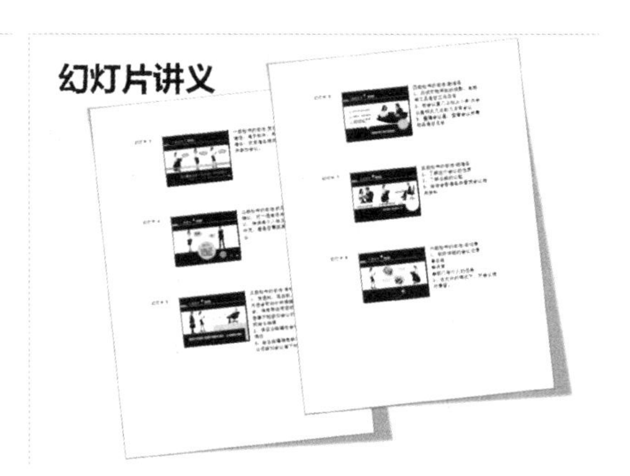

5. 适当利用环境与设备

演示文稿的发表等同于综合成果的发表，因此对于周边设备也必须进行全面的准备。在此说明一下 PPT 演示时会使用到的机器设备。

一场只有两三个人的小规模的演示文稿，只要有笔记与电脑就够用了，人数多的时候只有一台电脑是不够用的，因此必须利用投影仪等设备来辅助演示文稿。现在我们就来说明具有代表性的周边外设及其使用方法。

（1）小型洽谈会议

虽然现在的液晶屏幕可视角度很广，但是从旁边来观看仍然有很大的不便。所以使用笔记本电脑演示文稿时，电脑的摆放位置仍然很重要。可参照下左图中的方法摆放，尽可能的让所有听众看到电脑的整个屏幕。建议在不影响观看的位置操作鼠标。

（2）中型会议

使用会议室中的电视设备来演示文稿，将电脑与电视利用 TV 连接器连接，如下左图所示。这样一来就不用担心座位安排的问题了。

（3）大型会场演示

在数十人至数百人的会场进行文稿演示时，利用能够将电脑画面的影像放大的投影仪是最合适的，如下右图所示。

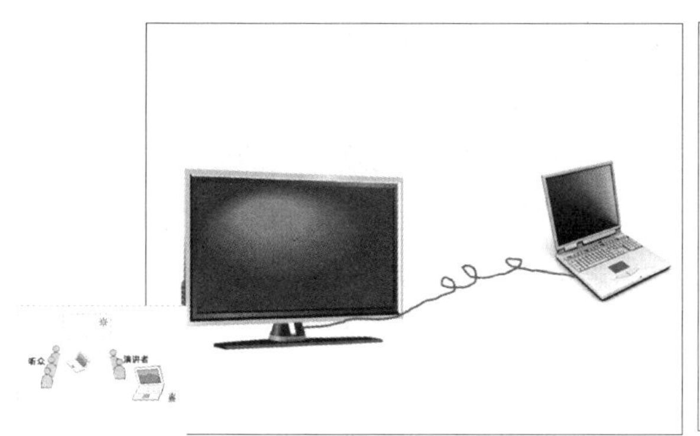

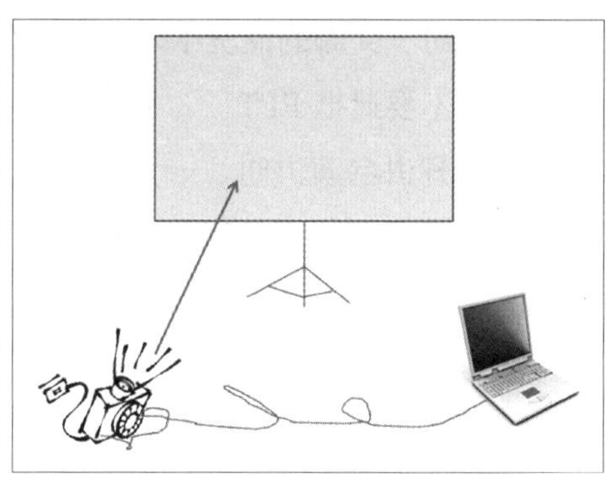

要点05 演示PPT需要掌握的技巧

无论什么样的演讲，临场发挥都是最重要的，利用 PPT 演讲也是一样。那么如何才能获得完美的临场发挥呢？下面分享一些 PPT 演讲中常用的技巧。

（1）贴近听众

在演讲 PPT 时演讲者不用一直站在讲台上，不停地按着鼠标。可以离开讲台，亲近听众，边走边讲，这样更有利于与听众交流。这种方式可以传递出的活力和说服力是在讲台后怎样也不可能做到的。

（2）使用翻页器

在演讲过程中，总是需要切换幻灯片。为了避免回到讲台，保持与听众的交流，我们可以采用翻页器。在使用翻页器时，一定要确保其质量，否则因无法操作或操作失误造成演讲的间断就不太好了。

慎用镭射笔

很多翻页器上都拥有镭射笔的功能，在使用镭射笔时，有两个要点：一、不能乱晃，否者可能在不经意间转移了观众的注意力，或让观众无法抓住重点。使用镭射笔，只在需要强调的地方，点到为止或画个小圆圈即可；二、不能指向观众，这样非常不礼貌，很容易让观众反感，而且镭射笔对眼睛有伤害。所以在不需要指示幻灯片内容时，应松开镭射笔的按钮。

（3）用眼神交流

很多演讲者有一个习惯，就是将目光集中在放映的幻灯片上，甚至直接将 PPT 当成提词器。观众是来听你演讲的，不是看你念。所以一定要和观众保持目光接触，在无法一对一交流的情况下，使用眼神交流是最有效的沟通方式。

（4）不要遮挡 PPT

在离开讲台演讲时，一定要注意自己所在的位置。在与观众眼神交流的同时，不要遮挡观众观看幻灯片视线，更不要站在投影仪与屏幕之间，否则投影布上会出现巨大的影子，影响观众观看幻灯片内容。演讲者最好站在屏幕的两侧，如果空间足够大，可以将投影仪和屏幕置于身后。

（5）切勿回翻页面

在放映 PPT 前，应该先安排好顺序，不要在演讲过程中来回的翻页，否则可能把自己和观众的思路弄混。如遇特殊情况必须查看前面的页面，可以在幻灯片播放状态下，通过鼠标操作定位到指定幻灯片。

（6）演讲内容要与 PPT 一致

演讲内容与 PPT 一致，这是很重要的一点。PPT 在演示中起到视觉辅助的作用，若讲的内容与屏幕显示的内容不一样，很容易给观众造成困扰。如果某些需要演讲的内容很长，并且没有准备视觉辅助，不妨暂时将屏幕切换至白屏或黑屏，让观众集中精力听你讲。

（7）逐条显示内容

如果在一个页面上的要点比较多，并且每一条内容都需要详细讲解时，最好采用逐条显示的方法，以免相互之间造成影响。这样做也能保证观众可以集中精力听你讲，而不是走神去看其他要点。要设置内容逐条显示，可以为每一条内容设置出现动画。

下面，针对日常办公中的相关应用，列举几个典型的 PPT 案例，给读者讲解在 PowerPoint 中添加动画的思路、方法及具体操作步骤，以及放映幻灯片的一些技巧。

12.1 制作产品介绍与营销PPT

◇ 案例概述

对于企业来讲，营销是企业的生命线，而产品要卖出去，首先就需要让客户了解产品。在信息高速发展的时代，客户每天都会接触到很多同类的产品信息，如何在最短的时间内、最有效地让客户了解企业产品的详细特点、优势、与众不同之处就成为企业营销的重要目标。与传统的推广方式相比，视听营销主要具有信息量大、方便有效、费用低 3 个优势。“视听营销”理念的核心工具就是产品宣传片，它能最直观地展现出产品的性能。本例将用 PowerPoint 制作一个类似于宣传片的产品介绍 PPT，完成后的多张幻灯片效果如下图所示。

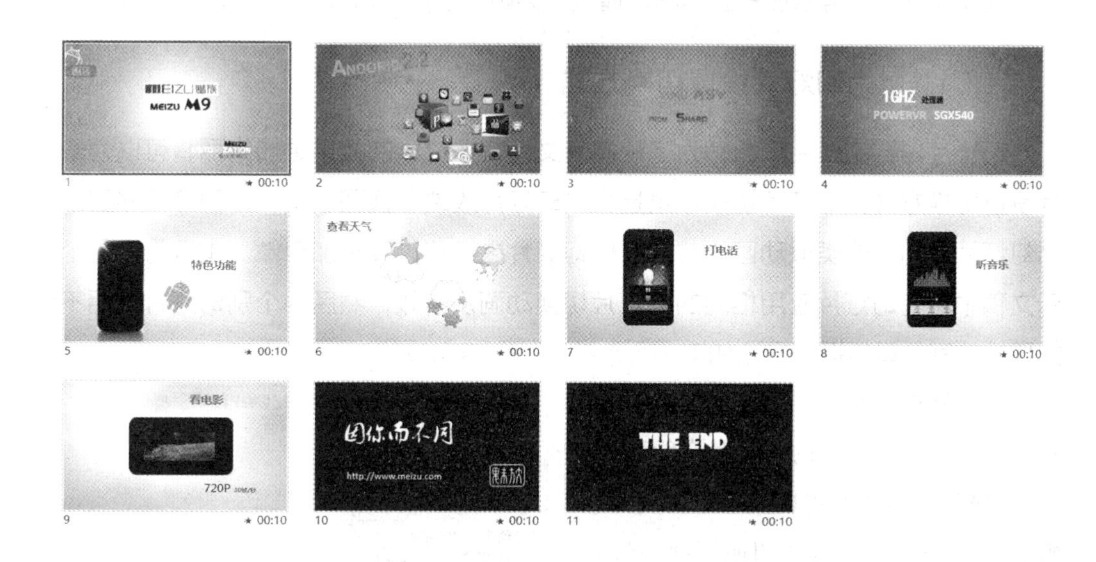

	素材文件:光盘\素材文件\第12章\案例01\产品介绍.pptx
	结果文件:光盘\结果文件\第12章\案例01\产品介绍.pptx
	教学文件:光盘\教学文件\第12章\案例01.mp4

◇ 制作思路

在 PowerPoint 中制作产品介绍 PPT 的流程与思路如下所示。

添加切换效果：本例事先已经将静态的演示文稿制作好了，只需要为其添加一些动画、播放效果，让它更吸引客户的眼球就好。首先可以为幻灯片添加动态的切换效果，这是最简单就能实现的动态效果，在制作演示文稿时经常用到。

添加动画效果：除了为幻灯片设置切换效果外，还可以为幻灯片中的各种对象，尤其是为需要突出的内容设置合适的动画，起到画龙点睛的作用。

创建超链接：为了演示 PPT 时更加顺利地调用相关资料信息，可以在幻灯片中的相应位置设置超链接功能。

◇ 具体步骤

本例将为蓝牙游戏手柄制作一个宣传片，主要展现产品主要功能、设计理念、操作便捷性等方面，再添加一些动画、播放效果吸引客户的眼球。

12.1.1 为幻灯片设置切换方式

幻灯片内容制作完毕后，为了让演示文稿在播放时的效果更加绚丽，可以为幻灯片设置切换方式。幻灯片切换效果是在“幻灯片放映”视图中从一个幻灯片移到下一个幻灯片时出现的类似动画的效果，使幻灯片之间的过渡更加自然。本例将为整个演示文稿中所有幻灯片应用相同的幻灯片切换动画及音效，然后为个别幻灯片应用不同的切换动画，具体操作方法如下。

第1步：设置切换动画。

打开素材文件中提供的“产品介绍”演示文稿，❶ 选择需要设置切换效果的幻灯片；❷ 在“切换”选项卡“切换到此幻灯片”组中的列表框中选择需要使用的切换方式，如“推进”；❸ 单击“计时”组中的“全部应用”按钮，如下图所示。

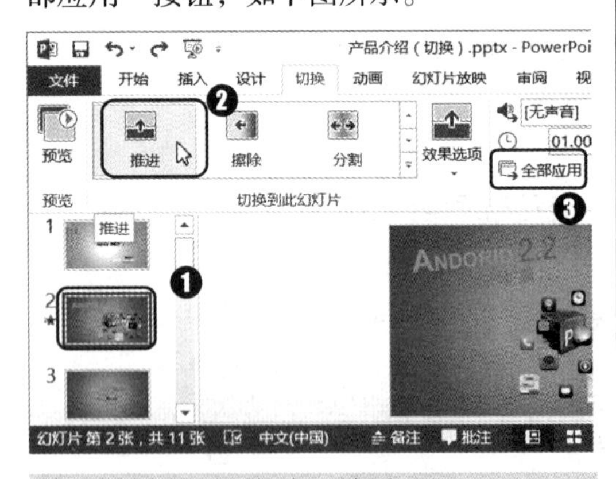

第2步：设置切换动画效果。

❶ 选择部分设置了切换方式的幻灯片；❷ 单击“切换”选项卡“切换到此幻灯片”组中的“效果选项”按钮；❸ 在弹出的下拉列表中选择需要使用的效果选项，如“自右侧”，如下图所示，即可改变所选幻灯片页面切换效果的方向。

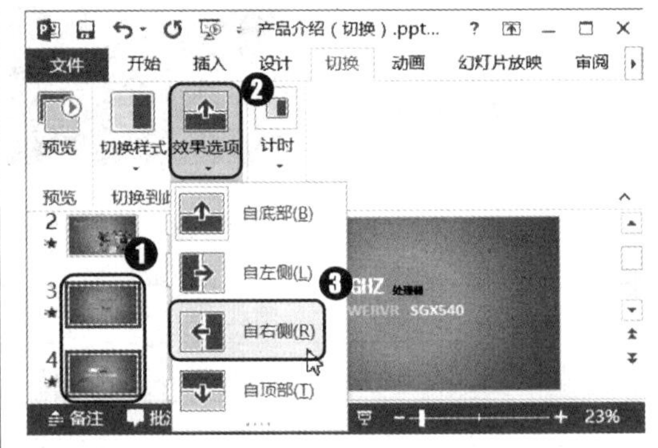

第3步：设置切换音效。

❶ 单击“计时”组中“声音”列表框右侧的下拉按钮；❷ 在弹出的下拉列表中选择需要使用的声音，如“风铃”，如下图所示。

第4步：设置切换方式。

❶选中“计时”组中的“设置自动换片时间”复选框；❷在其后的数值框中设置换片时间为 10 秒，如右图所示。

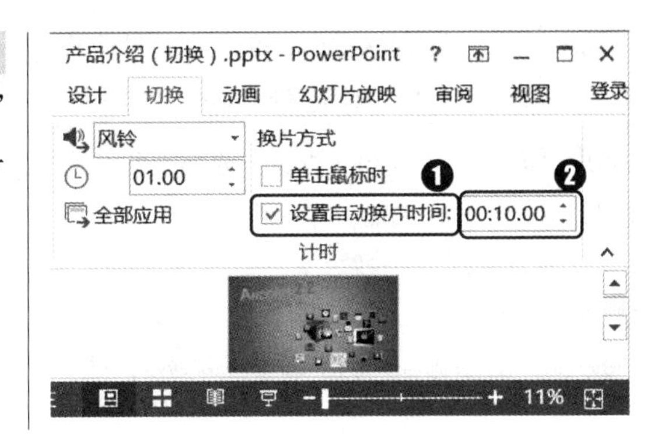

设置幻灯片的切换方式

换片方式默认的是“单击鼠标时”，在放映幻灯片时只要单击鼠标就切换到下一张幻灯片；如果要让幻灯片播放一段时间后自动切换到下一张幻灯片，应选中“设置自动换片时间”复选框，并在其后的数值框中设置自动切换间隔时间。

单击“计时”组中的“全部应用”按钮，可以将 PPT 中的所有幻灯片设置为相同的切换方式及切换效果。

12.1.2 为幻灯片中的对象设置动画

巧妙的动画构思，能使单调的幻灯片瞬间生动起来。在 PowerPoint 中，可以为任何对象添加动画效果，如文本、图片、形状、图标、声音、视频等。为幻灯片对象添加动画后，还可以设置动画的播放效果、播放时间、播放次序。

第1步：添加动画。

❶选择第一张幻灯片中需要设置动画的对象；❷在“动画”选项卡“动画”组的列表框中选择需要设置的动画样式，如“飞入”，如右图所示。

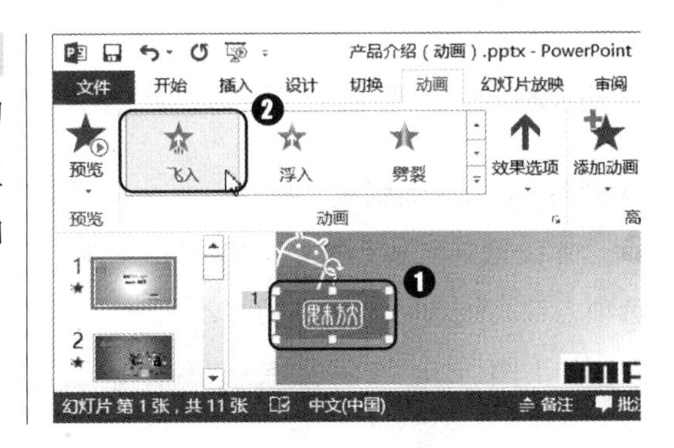

第2步：设置动画选项。

❶ 选择设置了动画的对象；❷ 单击“效果选项”按钮；❸ 在弹出的下拉列表中选择需要使用的效果选项，如“自左侧”，如下图所示。

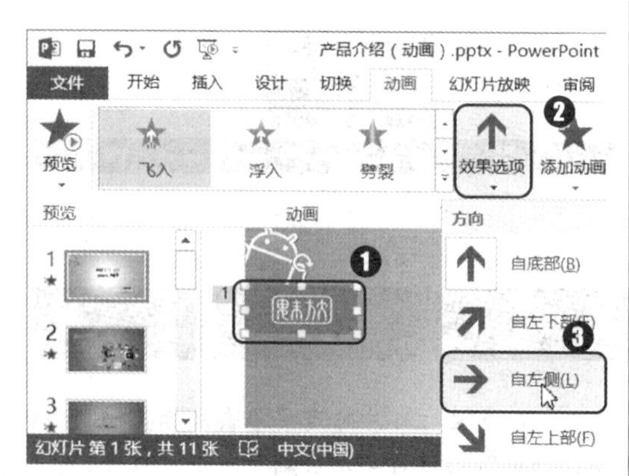

第3步：设置动画的开始方式。

❶ 单击“计时”组中“开始”列表框右侧的下拉按钮；❷ 在弹出的下拉列表中选择动画开始的方式，如“与上一动画同时”，如下图所示。

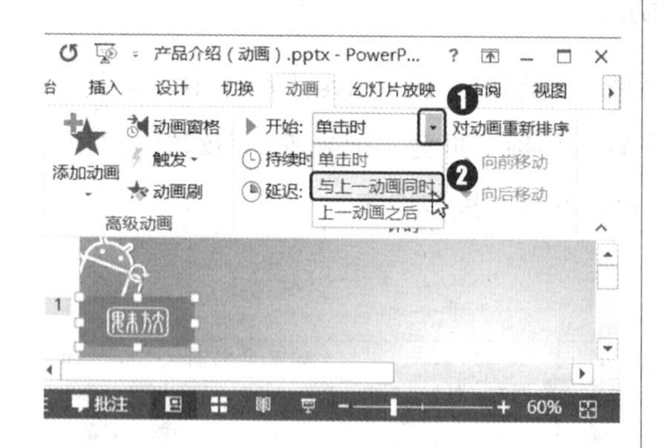

第4步：单击“动画刷”按钮。

❶ 选择设置了动画的对象；❷ 单击“动画”选项卡“高级动画”组中的“动画刷”按钮，如下图所示。

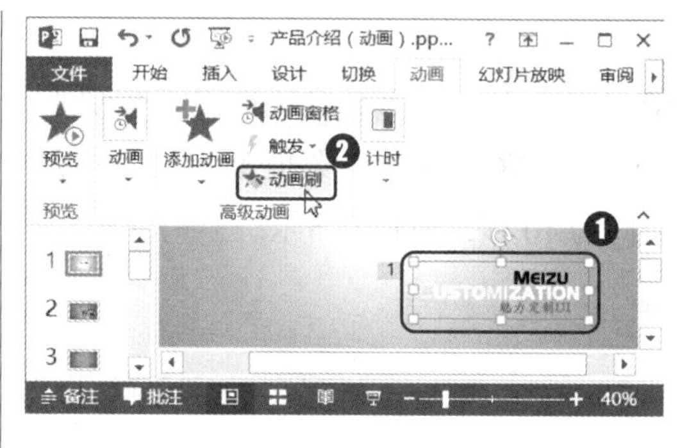

第5步：复制动画。

单击需要设置相同动画的对象，如下图所示。

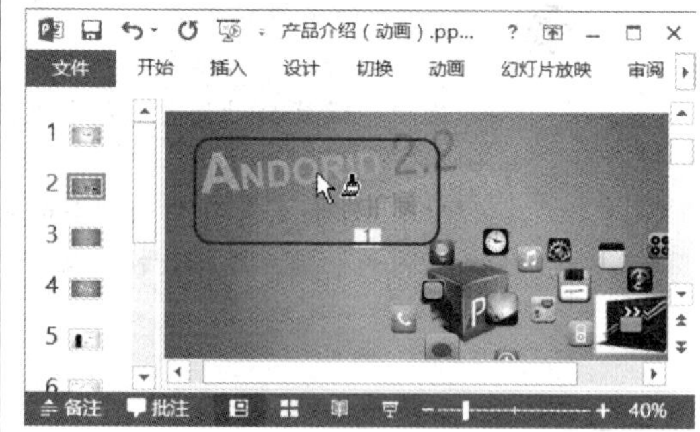

第6步：显示出动画窗格。

单击“动画”选项卡“高级动画”组中的“动画窗格”按钮，即可打开“动画窗格”任务窗格，这其中可以看到设置的动画，如下图所示。

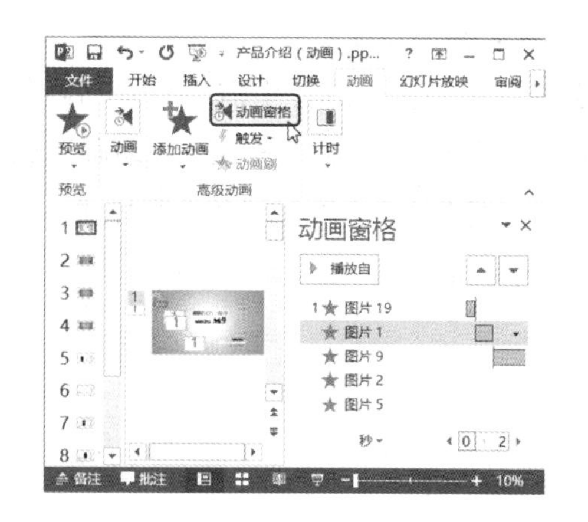

使用动画窗格

设置幻灯片动画时，如果设置的对象太多，为避免选择对象难的问题，可以使用动画窗格进行操作。在“动画窗格”任务窗格中单击 播放自 按钮，可以从当前选择的动画选项开始预览动画播放效果；单击 ▲ 或 ▼ 按钮，可以向前或向后移动当前动画的播放次序。

复制动画

如果幻灯片中的对象需要使用相同的动画，可以设置完一个对象后，使用动画刷的功能来复制动画。选择设置了动画的对象，双击“动画刷”按钮，可以连续在幻灯片的其他对象上单击，为多个对象复制选择的动画，使用完后按【Esc】键结束复制操作即可。

12.1.3 创建路径动画

在 PPT 中，有一类动画比较特殊——路径动画。它能让幻灯片中的对象沿着指定的线路移动，所以很多人也把“路径动画”称为“轨迹动画”。PowerPoint 中内置了一些路径动画样式，如果在内置的动作路径中没有合适的，用户也可以选择自定义路径，根据内容的需要绘制出路径，具体操作方法如下。

第1步：执行“其他”命令。

❶ 选择需要设置路径动画的对象；❷ 单击“动画”选项卡“动画”组中列表框右下角的“其他”按钮，如下图所示。

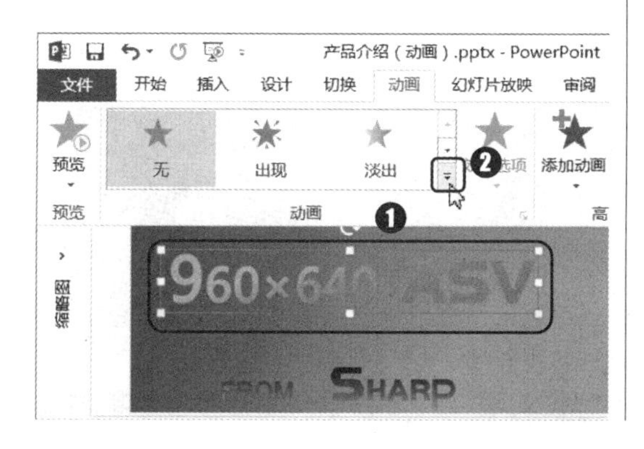

第2步：选择动作路径。

打开动画列表，选择需要使用的动作路径，如下图所示。

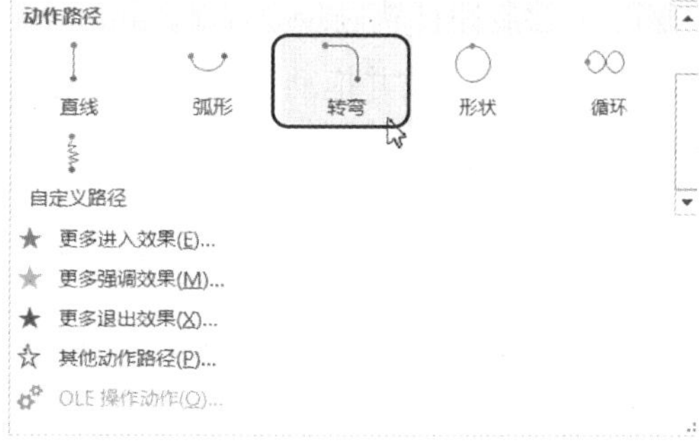

第3步：修改运动轨迹。

经过上步操作，即可在所选对象上添加一条设置的动画路径。拖动鼠标光标调整路径上控制点的位置，改变路径的运动轨迹，如下图所示。

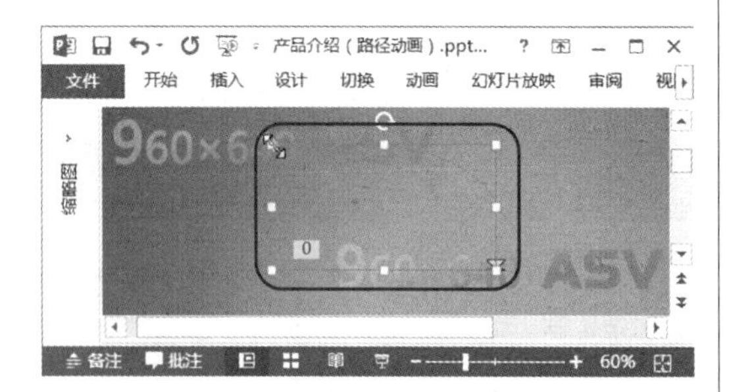

第4步：执行“其他”命令。

❶ 选择需要设置路径动画的对象；❷ 单击“动画”选项卡“动画”组中列表框右下角的“其他”按钮，如下图所示。

第5步：执行“自定义路径”命令。

打开动画列表，选择“自定义路径”选项，如下图所示。

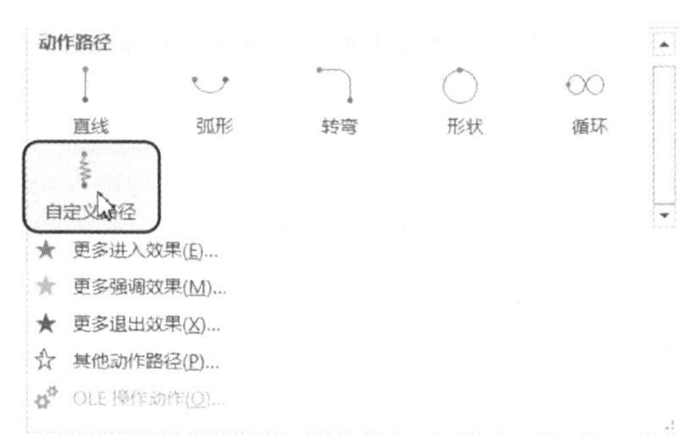

使用其他动画

在动画列表下方有“更多进入效果”“更多强调效果”“更多退出效果”“其他动作路径”4 个命令，选择各命令可以打开相应的对话框，其中列举了更多不同样式的动画供用户选择。

第6步：绘制路径轨迹。

按住鼠标左键不放并拖动绘制需要的动画路径，如右图所示。

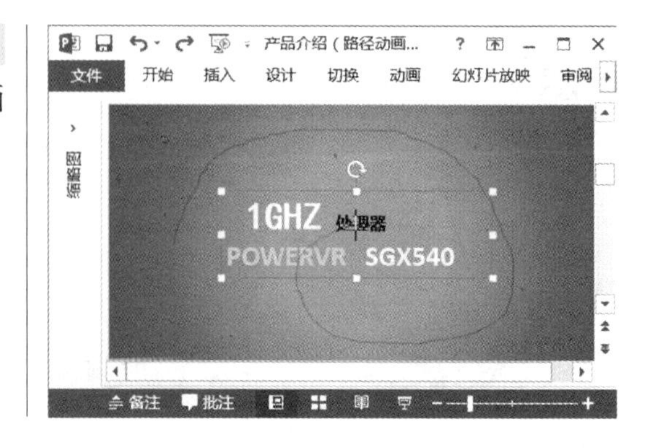

修改路径轨迹

如果绘制的路径需要调整，可以在路径上单击鼠标右键，在弹出快捷菜单中选择“编辑顶点”命令，拖动顶点调整即可。

12.1.4　创建与编辑超链接

设置超链接前，演示文稿中的幻灯片相对独立，放映时只能按照顺序依次浏览。通过设置超链接，可以将各张幻灯片链接在一起，使演示文稿成为一个整体。在 PowerPoint 中可以设置如下 4 种链接。

1. 创建指定幻灯片链接：链接到另一张幻灯片是超级链接最常用的功能，通过幻灯片彼此的链接，实现放映时随意跳转，使演讲者更好地控制演讲节奏。

2. 创建指定文件链接：用户可以在选择的对象上添加超链接到文件或其他演示文稿中的幻灯片，在演讲过程中，可以直接查看与演示文稿内容相关的其他资料。

3. 创建网站链接：在放映 PPT 时可能会遇到需要查看网络信息的情况，如查看公司网站上的产品信息等。通过在幻灯片中添加指向公司网站的链接，在放映幻灯片时可以直接打开网页，省去切换放映状态、打开浏览器并输入网址的过程。

4. 创建电子邮件链接：当把演示文稿发布到网站，或者复制给他人时，如果需要与观看者保持互动，可以在演示文稿中添加一个链接到作者邮箱的超链接。

第1步：执行“超链接”命令。

❶选择需要设置超链接的对象；❷单击“插入”选项卡“链接”组中的“超链接”按钮，如下图所示。

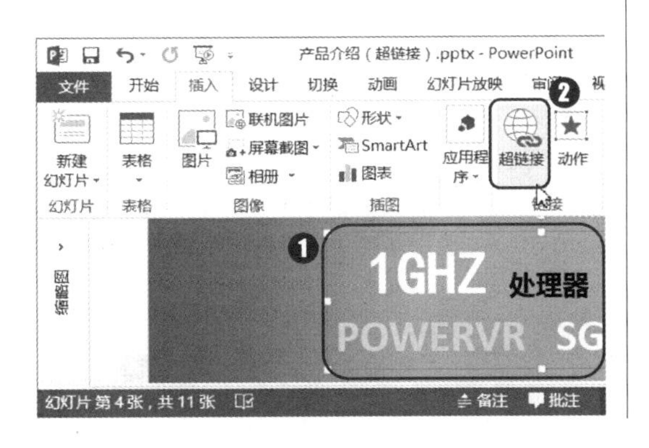

第2步：设置链接到幻灯片。

打开“插入超链接”对话框，❶在左侧列表框中单击“本文档中的位置”按钮；❷在右侧列表框中选择需要链接到的幻灯片；❸单击“确定”按钮，如下图所示。

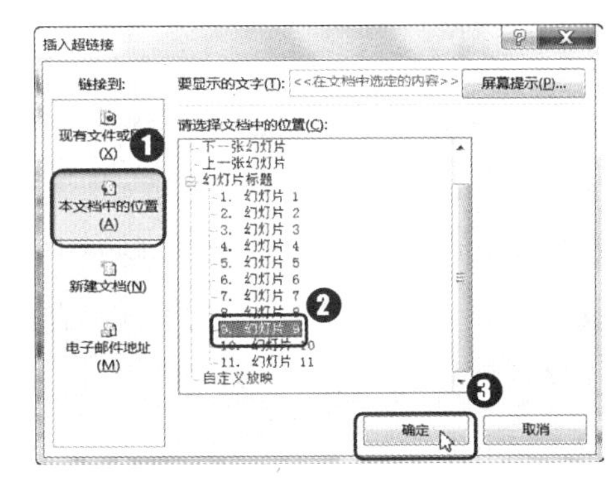

第3步：查看链接效果。

完成上述操作后，进入播放状态。当鼠标光标指向设置了超链接的对象时，鼠标光标会变成👆形状，此时单击即可跳转至目标幻灯片，如下图所示。

1GHZ 处理器
POWERVR SGX540

第4步：执行“超链接”命令。

❶选择需要设置超链接的对象；❷单击“插入”选项卡“链接”组中的“超链接”按钮，如下图所示。

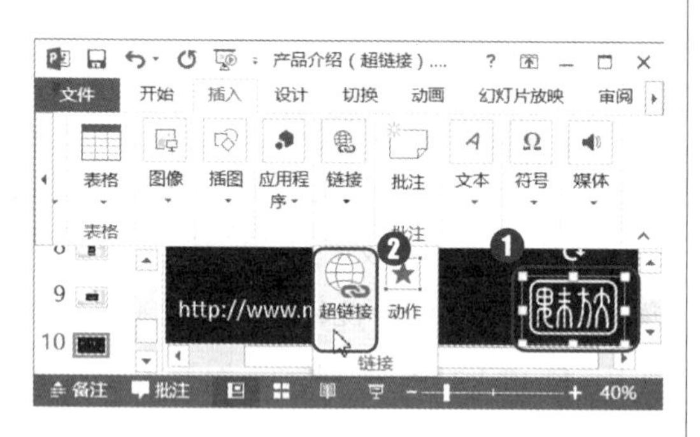

第5步：设置链接到文档。

打开“插入超链接”对话框，❶在左侧列表框中单击“现有文件或网页选项”按钮；❷在“查找范围”下拉列表框中选择文件存放的路径；❸在下方的列表框中选择需要链接的文件；❹单击“确定”按钮，如下图所示。

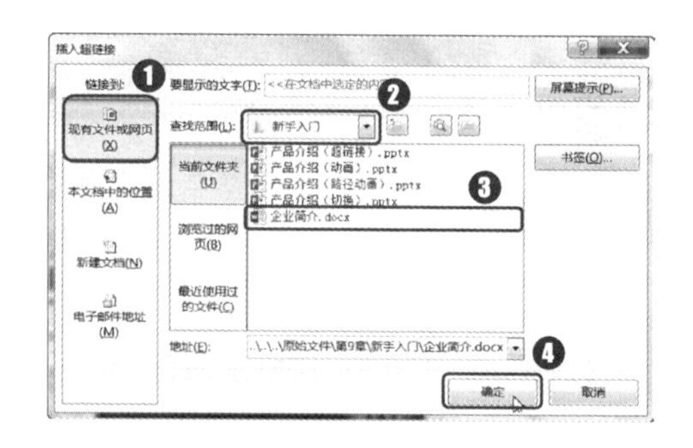

第6步：执行“超链接”命令。

❶选择需要设置超链接的对象；❷单击“插入”选项卡“链接”组中的“超链接”按钮，如下图所示。

第7步：设置链接到网页。

打开“插入超链接”对话框，❶在“地址”下拉列表框中输入要链接的网站地址；❷单击“确定”按钮，如下图所示。

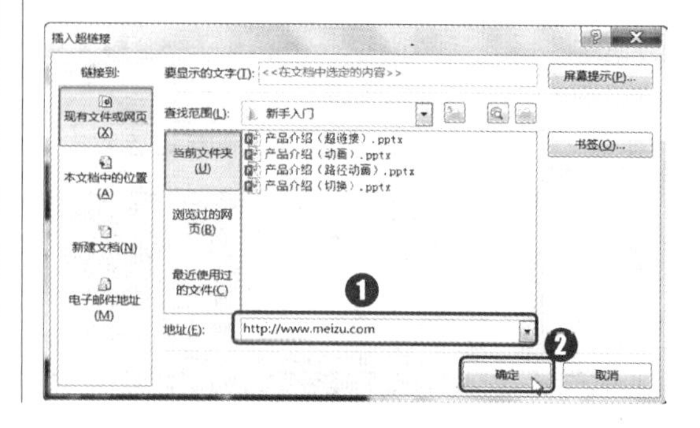

为图形链接添加说明文字

如果幻灯片中的链接创建得比较多，为了在播放中明确链接目标，可以为链接添加说明文字。

第8步：执行“超链接”命令。

❶ 选择设置了超链接的对象；❷ 单击“插入”选项卡“链接”组中的“超链接”按钮，如下图所示。

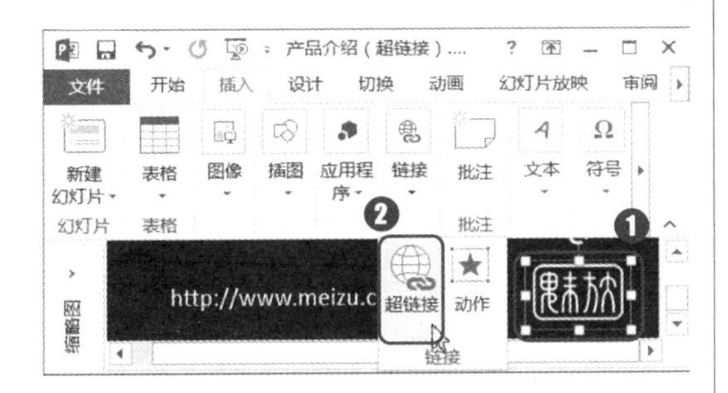

第9步：设置链接的屏幕提示。

打开“插入超链接”对话框，单击“屏幕提示”按钮，如下图所示。

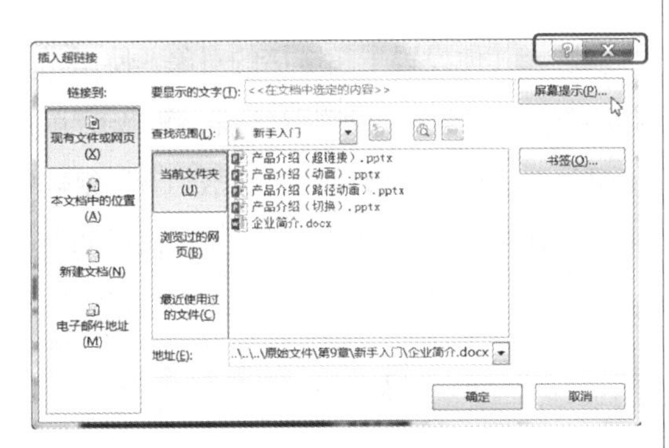

第10步：输入提示内容。

打开“设置超链接屏幕提示”对话框，❶ 在文本框中输入提示文字；❷ 单击“确定”按钮，如下图所示。

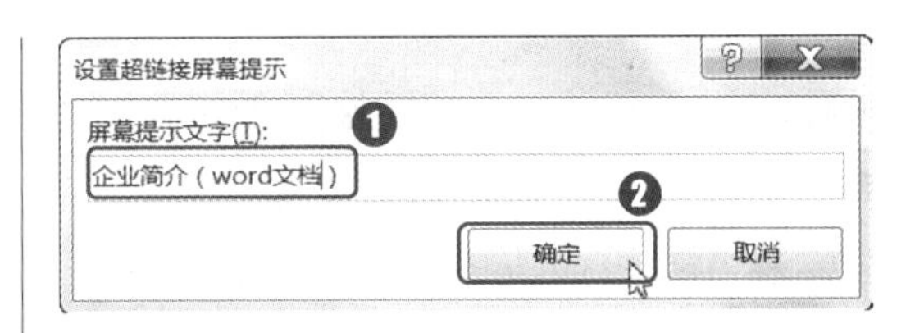

第11步：完成编辑超链接操作。

完成上述操作后，返回“插入超链接”对话框，单击“确定”按钮，完成编辑超链接操作，如下图所示。

第12步：查看链接提示效果。

在放映模式下，将鼠标光标指向该图片时，即可显示出设置的提示内容，如下图所示。

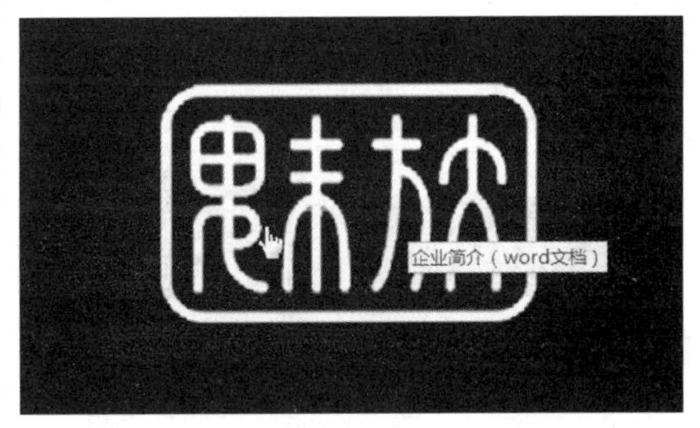

删除超链接

设置好超链接后，如果链接有误可以重新编辑超链接，如果不再使用超链接，则可以删除超链接。在打开的“编辑超链接”对话框中单击“删除链接”即可将超链接删除。

第13步：执行“取消超链接”命令。

❶ 在设置了超链接的对象上单击鼠标右键；❷ 在弹出的快捷菜单中选择“取消超链接”命令，如下图所示。

第14步：执行“动作”命令。

❶ 选择设置了超链接的对象；❷ 单击“插入”选项卡“链接”组中的“动作”按钮，如下图所示。

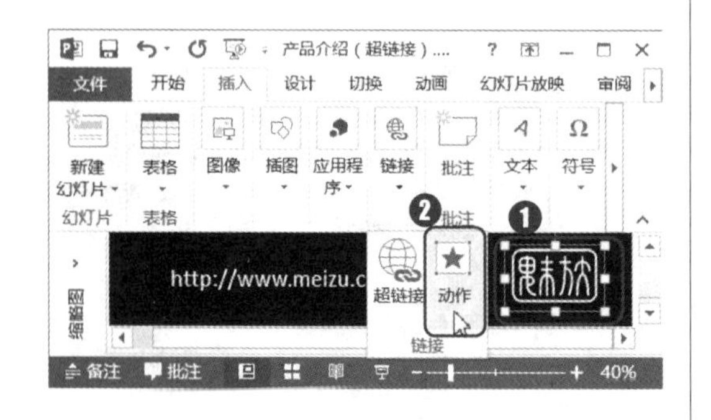

第15步：设置动作声音。

打开“操作设置”对话框，❶ 选中“播放声音”复选框，并在下方的下拉列表框中选择需要的声音；❷ 单击“确定”按钮，如下图所示。

第16步：设置动作声音。

继续选择其他设置了超链接的对象，使用相同的方法打开“操作设置”对话框，❶ 单击“鼠标悬停”选项卡；❷ 选中“播放声音”复选框，并在下方的下拉列表框中选择需要的声音；❸ 单击“确定”按钮，如下图所示。

自定义鼠标移过声音

如果选择的是未设置超链接的对象，在“操作设置”对话框中选中“超链接到”单选按钮后，可以在下方的下拉列表中设置链接的目标。

在“播放声音”下拉列表框中选择“其他声音”选项，在打开的“添加音频”对话框中可以将电脑中的音频设置为鼠标单击或悬停时的声音。需要注意的是，PowerPoint 只支持“.wav”格式的声音文件。

12.2 制作个人总结PPT

◇ 案例概述

个人总结，就是把一个时间段的个人情况进行一次全面系统的总检查、总评价、总分析、总研究，分析成绩、不足、经验等。总结是应用写作的一种，是对已经做过的工作进行理性的思考。总结与计划是相辅相成的，要以个人计划为依据，个人计划是在个人总结的基础上进行的。本例将制作一个酷炫的个人总结 PPT，完成后的多张幻灯片效果如下图所示。

	素材文件:光盘\素材文件\第12章\案例02\个人总结.pptx
	结果文件:光盘\结果文件\第12章\案例02\个人总结.pptx
	教学文件:光盘\教学文件\第12章\案例02.mp4

◇ 制作思路

在 PowerPoint 中制作个人总结 PPT 的流程与思路如下所示。

播放前的预演：在放映演示文稿之前，我们可以根据具体的播放情况做好放映前的准备工作。本例首先设置了相应的放映方式，然后使用排练计时功能预演播放演示文稿的效果，并自定义了多种放映方式。这样，就能根据播放环境的不同选择不同的放映方式。

放映幻灯片：放映幻灯片的方式有很多种，我们根据需要选择一种放映方式即可开始放映幻灯片。在放映的过程中，还经常需要切换幻灯片或标记幻灯片中的内容，因此还需要掌握相应的操作。

保存演示文稿：本例最后展示了多种保存演示文稿的方法，包括打印输出、打包成 CD、发布幻灯片。

◇ 具体步骤

PPT 制作好以后，还需要根据演示环境等客观需求预估演示效果，并修改 PPT 内容或播放顺序等，让整个演讲过程得到完美的展现。本例将以个人总结 PPT 的播放为例，为读者介绍放映 PPT 的技巧。

12.2.1 幻灯片放映准备

演示文稿制作完成后，需要通过放映展现出来。如何放映演示文稿，在放映时如何灵活控制，是需要掌握的一个重点内容。首先，要根据不同的演讲场合，灵活选择幻灯片的放映类型，以达到展示的目的；最好使用排练计时功能模拟 PPT 的播放过程，从而掌握整个演讲时间和各细微环节；当然，为了更好地配合演讲，可能需要自定义放映的幻灯片及顺序。

第1步：执行“设置幻灯片放映”命令。 打开素材文件中提供的“个人总结”演示文稿，单击“幻灯片放映”选项卡“设置”组中的“设置幻灯片放映”按钮，如右图所示。

第2步：设置放映方式。

打开“设置放映方式”对话框，❶ 选中“观众自行浏览(窗口)”单选按钮；❷ 单击“确定”按钮完成设置，如下图所示。

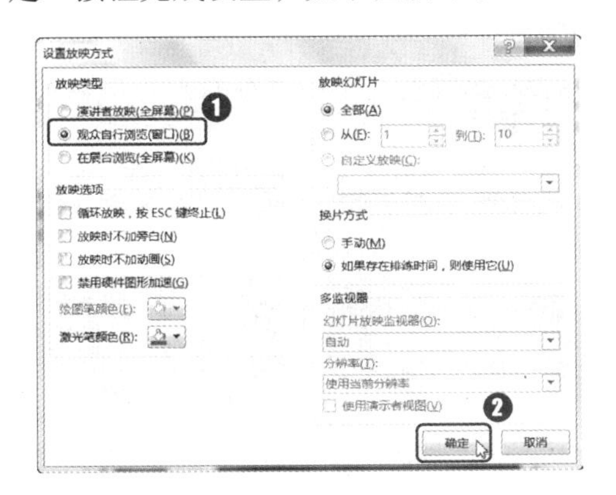

第3步：预览播放效果。

经过上步操作，幻灯片将在当前窗口中放映。如果窗口没有最大化，播放时窗口也不会发生变化，如下图所示。

第4步：执行“排练计时”命令。

单击“幻灯片放映”选项卡“设置”组中的“排练计时”按钮，如下图所示。

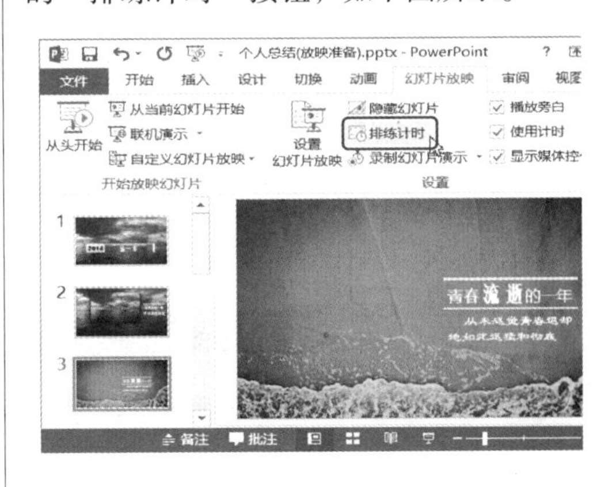

第5步：排练切换时间。

当第一张幻灯片的播放时间合适后，单击“录制”对话框中的“下一项”按钮→，继续设置下一张幻灯片的播放时间，直至设置完最后一张幻灯片，如下图所示。

认识“录制”对话框

“录制”对话框中有两个计时，前面一个表示当前幻灯片的播放时间，后面一个表示整个PPT当前播放总共使用的时间。若在排练过程中出现差错，可以单击“录制”对话框中的“重复”按钮，以便重新开始当前幻灯片的排练计时；如果单击“录制”对话框中的“暂停”按钮，可以暂停当前的排练，并打开提示对话框询问是否需要继续，若需要继续便单击对话框中的“继续录制”按钮 继续录制(R) 。

第6步：保存排练计时。

排练计时完成后，会打开提示对话框，单击“是”按钮，如下图所示。

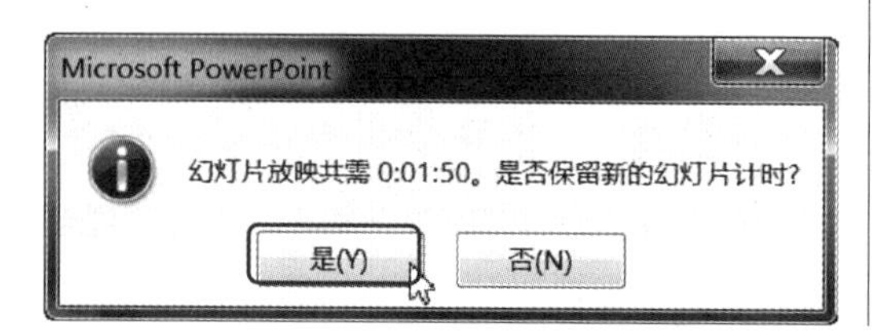

第7步：查看计时时间。

进入幻灯片浏览视图，在每张幻灯片下方会显示计时的时间，如下图所示。

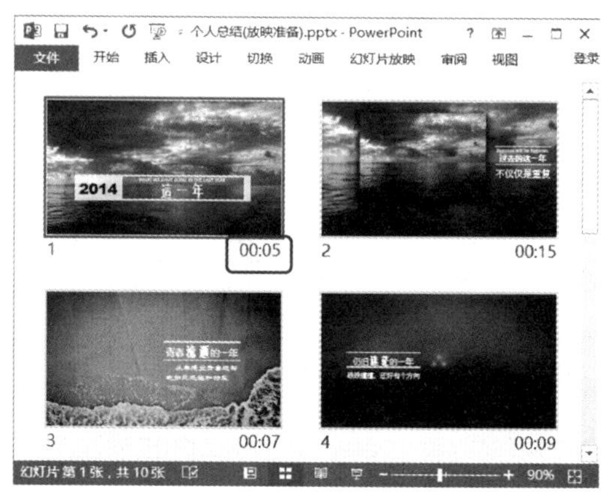

高手点拨 为幻灯片播放排练计时

要实现演示文稿的自动播放，可以通过设置幻灯片切换时间实现。但是如果每张幻灯片的持续时间不一样，需要一张一张设置，不仅烦琐，而且不好掌握时间。因此，最佳的方式是使用排练计时功能。

第8步：执行“自定义放映”命令。

❶ 单击“幻灯片放映”选项卡“开始放映幻灯片”组中的“自定义幻灯片放映”按钮；❷ 在弹出的下拉列表中选择“自定义放映”命令，如下图所示。

第9步：执行“新建”命令。

打开“自定义放映”对话框，单击“新建”按钮，如下图所示。

创建自定义放映

如果不希望放映演示文稿中的所有幻灯片，可以使用自定义放映。自定义放映不仅可以展示演示文稿中部分幻灯片，而且还可随意调整幻灯片播放顺序，使演示文稿适合不同观众的要求。

第10步：自定义放映。

打开“定义自定义放映”对话框，❶ 输入自定义方案名称；❷ 在左侧的列表框中选择需要添加到放映方案的幻灯片；❸ 单击“添加”按钮，添加到右侧的列表框中；❹ 自定应放映方案设置完成后，单击“确定”按钮，如下图所示。

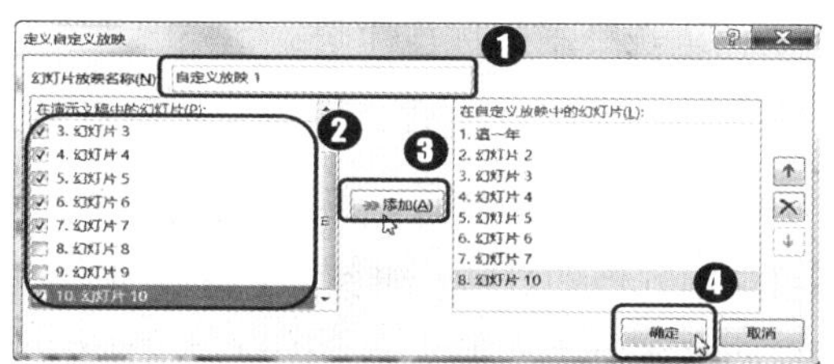

第11步：关闭对话框。

返回“自定义放映”对话框，单击“关闭”按钮，如下图所示。

定义自定义放映

在“定义自定义放映”对话框中幻灯片的添加次序将决定之后幻灯片放映的播放次序。单击“定义自定义放映”对话框右侧的↑或↓按钮，可以将当前所选幻灯片的播放次序提前或延后；单击✕按钮，可以从该放映方式中删除当前所选的幻灯片。

第12步：选择幻灯片放映方案。

❶ 再次单击“自定义幻灯片放映”按钮；❷ 在弹出的下拉列表中会显示出现刚刚设置的幻灯片放映方案，选择即可进入幻灯片放映状态，如右图所示。

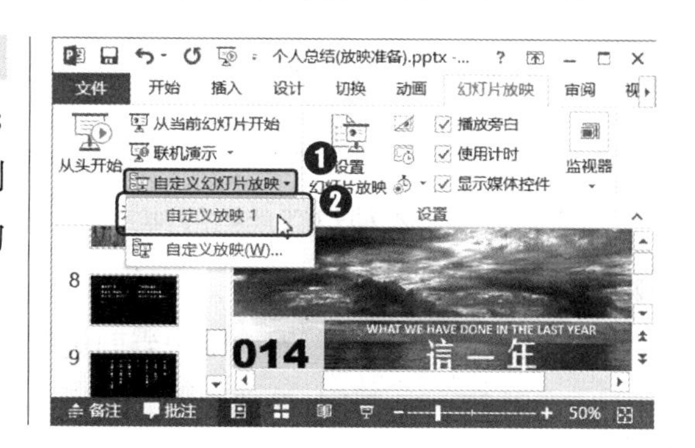

第13步：执行“录制幻灯片演示”命令。

单击“幻灯片放映”选项卡“设置”组中的“录制幻灯片演示”按钮，如右图所示。

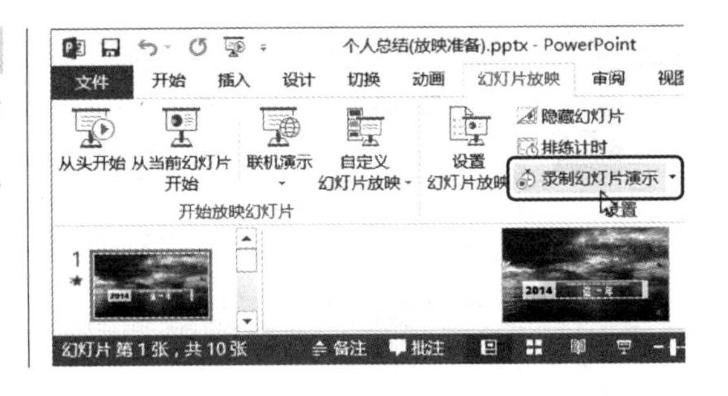

录制幻灯片演示

录制幻灯片的目的是将播放过程中对幻灯片的所有操作（包括使用激光笔对幻灯片着重注释、附带的声音讲解、播放时间等）记录下来，以便在幻灯片自动放映时给观众相应的提示。简言之，它的功能就是排练计时和插入声音的集合体。

第14步：设置录制内容。

打开“录制幻灯片演示”对话框，❶ 选择需要录制的内容；❷ 单击“开始录制”按钮，如下图所示。

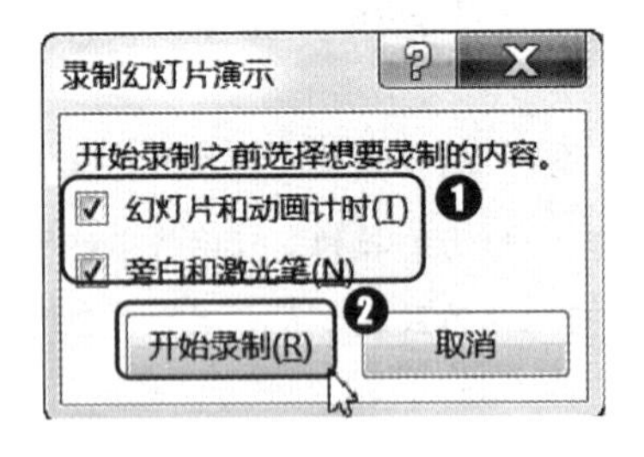

第15步：录制幻灯片演示。

进入幻灯片放映模式，开始录制幻灯片，录制完一张幻灯片时，单击“下一项”按钮录制其他幻灯片，继续录制下一张幻灯片的播放演示，直至录制完最后一张幻灯片，如下图所示。

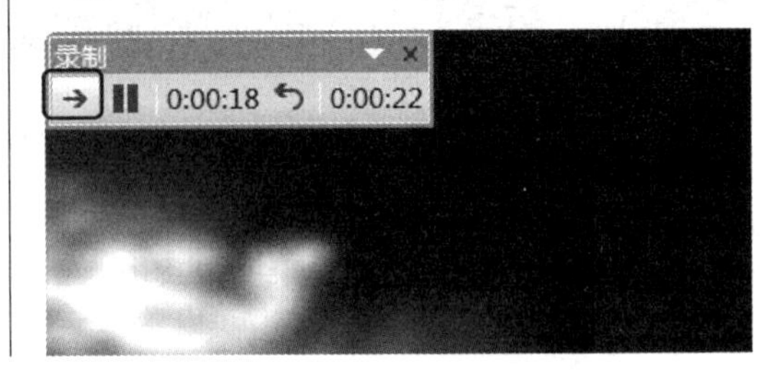

12.2.2 放映幻灯片

PowerPoint 中提供了“从头开始”“从当前幻灯片开始”“联机演示”和“自定义幻灯片放映”4 种幻灯片的放映方式，最常用的是“从头开始放映”和“从当前幻灯片开始放映”两种方式。

- 从头开始放映：无论用户当前选定的是 PPT 中的哪一张幻灯片，在播放时都从第一张幻灯片开始放映。

- 从当前幻灯片开始放映：从选择的幻灯片开始放映。在幻灯片中设置好对象的动画后，需要查看动画的效果，可以使用从当前幻灯片开始放映的方式。

在演讲者放映演示文稿的时候，也可以操作幻灯片。如在上下页之间切换，或者直接定位到指定的幻灯片，还可以通过画笔工具在幻灯片上书写内容、标注要点或阐明联系。

第1步：执行“从头开始”命令。

单击“幻灯片放映”选项卡“开始放映幻灯片”组中的“从头开始”按钮，即可从头开始放映幻灯片，如下图所示。

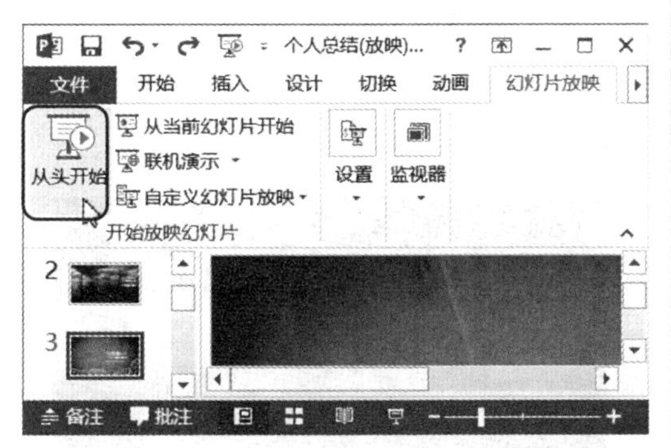

第2步：执行“从当前幻灯片开始”命令。

❶ 选择需要查看播放效果的幻灯片；❷ 单击“幻灯片放映”选项卡“开始放映幻灯片”组中的“从当前幻灯片开始”按钮，即可从当前选择的幻灯片开始放映，如下图所示。

高手点拨　快速播放幻灯片

按键盘上的【F5】键可以快速进入幻灯片放映模式，并且从第一张幻灯片开始播放；单击 PowerPoint 窗口下方的“放映幻灯片”按钮，可以快速从当前选定的幻灯片进入放映状态。

第3步：执行“笔”命令。

在放映状态下，❶ 单击正在放映幻灯片左下角的“指针选项”按钮；❷ 在弹出的下拉菜单中选择需要使用的标注样式，如“笔”，如右图所示。

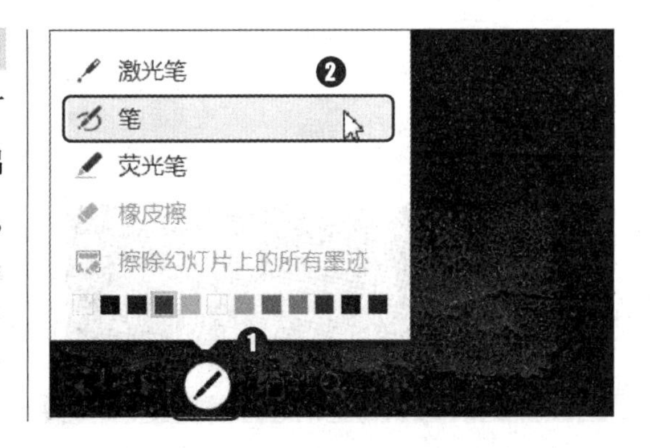

第4步：标注内容。

按住鼠标左键不放并拖动即可绘制出标注线条，如下图所示。

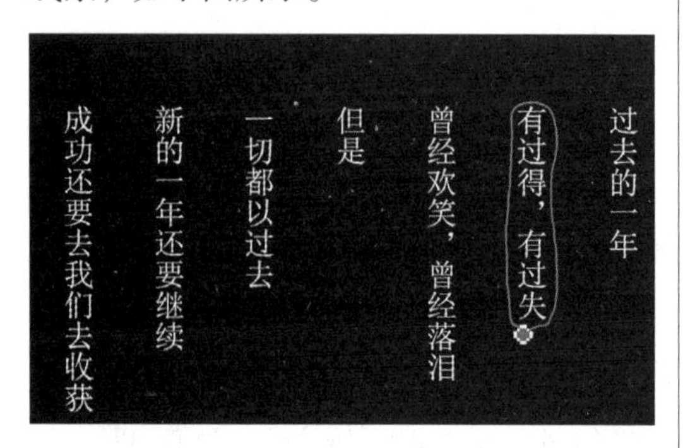

第5步：保留墨迹。

退出放映状态时会打开提示对话框，单击“保留”按钮，可以将标注保留，如下图所示。

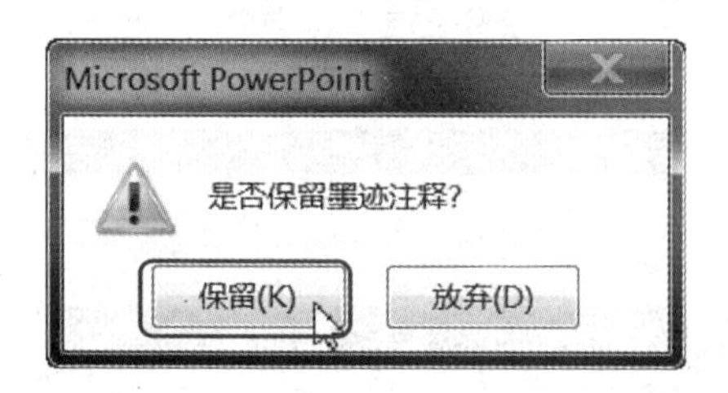

第6步：编辑标注对象。

返回幻灯片编辑状态，标注可以作为独立的对象编辑，如下图所示。

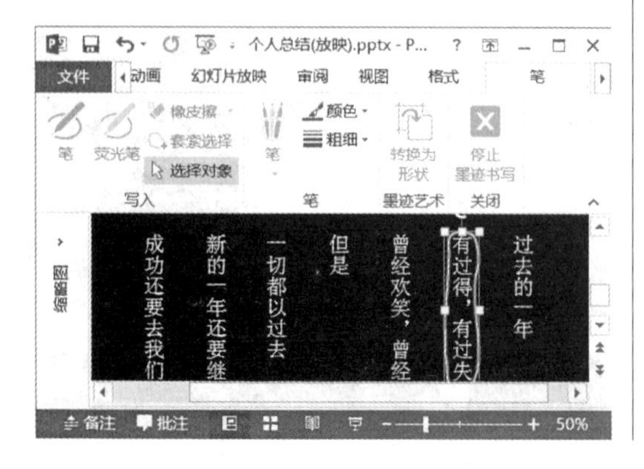

第7步：执行“查看所有幻灯片”命令。

在放映状态下，单击正在放映幻灯片左下角的“查看所有幻灯片”按钮，如下图所示。

第8步：选择要放映的幻灯片。

选择需要放映的幻灯片，即可快速切换到该幻灯片，并继续放映，如下图所示。

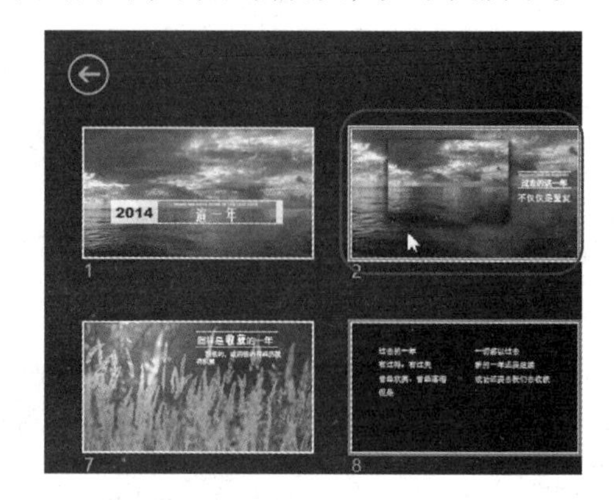

第9步：执行“放大”命令。

在放映状态下，单击正在放映幻灯片左下角的“放大”按钮，如下图所示。

第10步：放大指定区域。

当鼠标光标变为🔍形状时，单击鼠标左键即可放大指定区域的内容，如下图所示。

一切都以过去
新的一年还要继续
成功还要去我们去收获

第11步：查看幻灯片的其他区域。

当鼠标光标变为✋形状时，按住鼠标左键不放并拖动可以查看幻灯片的其他区域，如下图所示。

放大幻灯片中的部分内容

如果幻灯片在制作时确实内容过多不得不一一呈现，而导致幻灯片中的信息无法让远距离观众看清，我们可以在放映时放大这些内容。如果需要退出“放大镜”模式，按键盘上的【Esc】键即可。

12.2.3 演示文稿的输出

PowerPoint 中提供了多种演示文稿的输出方式，用户可以根据需要选择。

1. 打印演示文稿：为了让观众在观看演示时有所参照，可以将演示文稿的大纲文本，或者包括图片和文本在一起的所有内容打印出来。在正式打印前，一定要先查看打印预览。效果不好时，需要返回页面重新设置，才能保证打印出来的效果。

2. 打包演示文稿：打包演示文稿是共享演示文稿的一个非常实用的功能，通过将演示文稿打包，程序会自动创建一个文件夹，其中包括了演示文稿和一些必要的数据文件（如链接文件），并且能够在没有安装 PowerPoint 的电脑上直接播放。

3. 发布幻灯片：将幻灯片发布到幻灯片库中后，可以在需要的时候将其从幻灯片库中调出来使用。

第1步：打印演示文稿。

❶ 在“文件”菜单中选择“打印”命令；❷ 在“份数”数值框中设置打印份数；❸ 单击“打印”按钮，如下图所示。

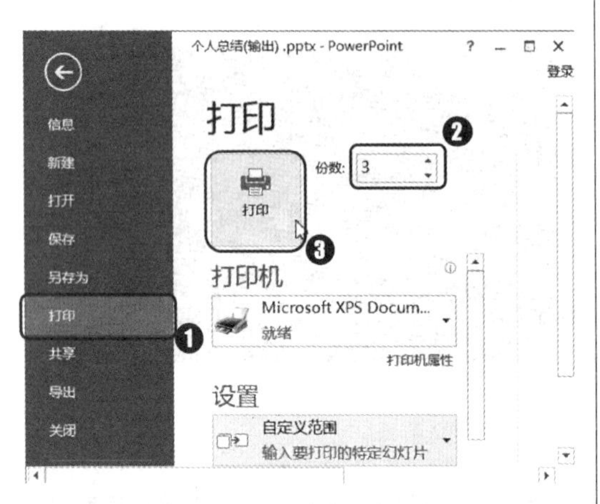

第2步：执行“打包成CD”命令。

❶ 在“文件”菜单中选择“导出”命令；❷ 选择“将演示文稿打包成 CD”选项；❸ 单击“打包成 CD”按钮，如下图所示。

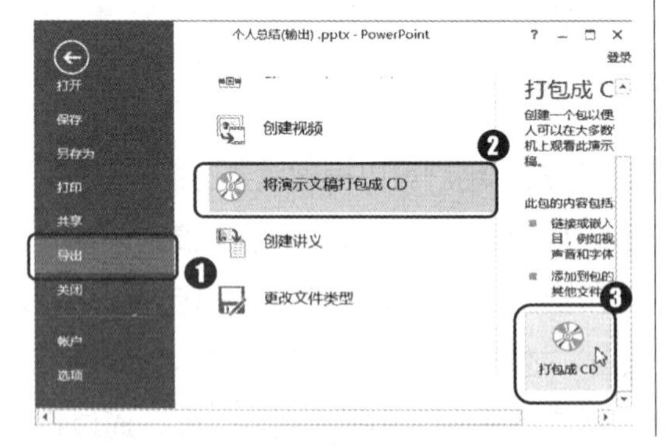

第3步：输入CD名称并复制。

打开“打包成 CD”对话框，❶ 输入 CD 名称；❷ 单击“复制到文件夹”按钮，如下图所示。

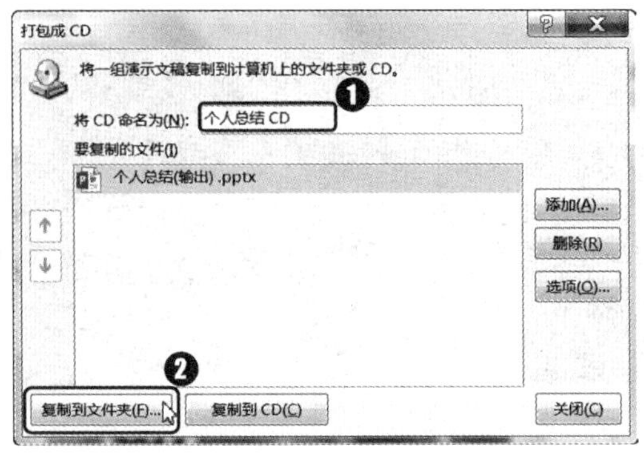

第4步：执行“浏览”命令。

在打开的“复制到文件夹”对话框中单击“浏览”按钮，如下图所示。

复制到 CD

如果电脑安装了光盘刻录设备，并放入了空白光盘，可以单击“打包成 CD”对话框中的“复制到 CD”按钮，直接将演示文稿的数据刻录到光盘上。

第5步：选择文件的保存路径。

打开“选择位置”对话框，❶ 设置结果文件的保存路径；❷ 单击“选择”按钮，如下图所示。

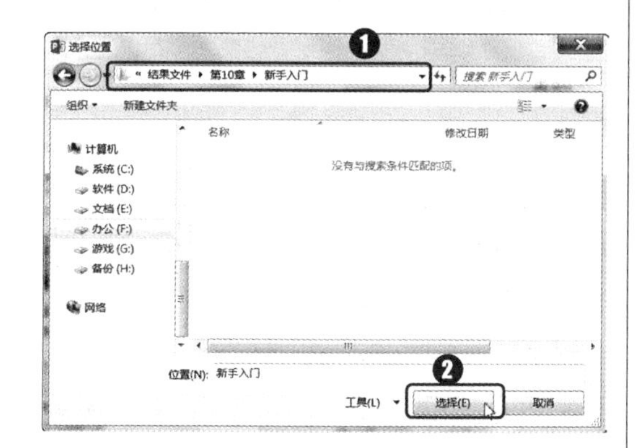

第6步：单击“确定”按钮。

返回“复制到文件夹”对话框中单击“确定”按钮，如下图所示。

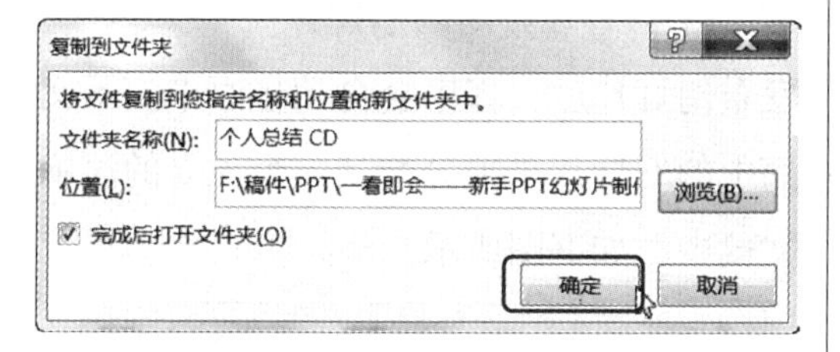

第7步：单击“是”按钮。

打开提示对话框，单击“是”按钮，如下图所示。

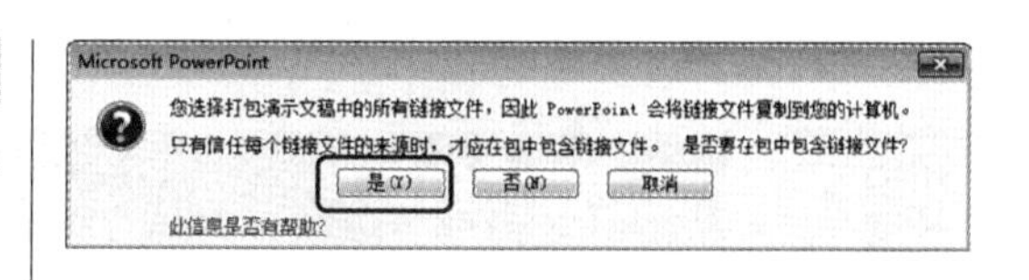

第8步：查看打包后的文件。

打包完成后，在设置的文件保存文件夹中会出现多个文件和文件夹，如下图所示。

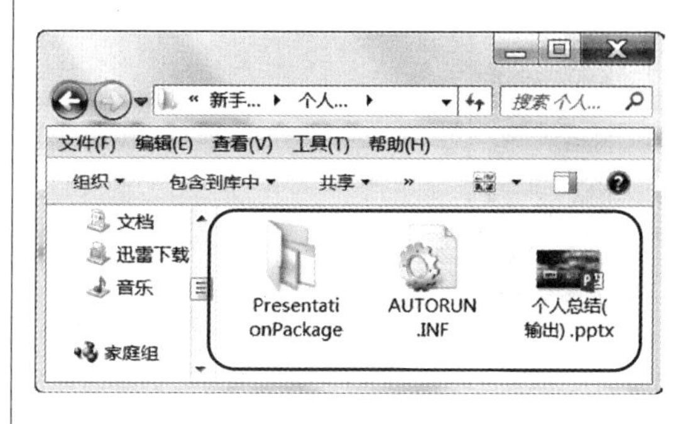

第9步：执行“发布幻灯片”命令。

❶ 在“文件”菜单中选择“共享”命令；❷ 选择“发布幻灯片”选项；❸ 单击“发布幻灯片”按钮，如下图所示。

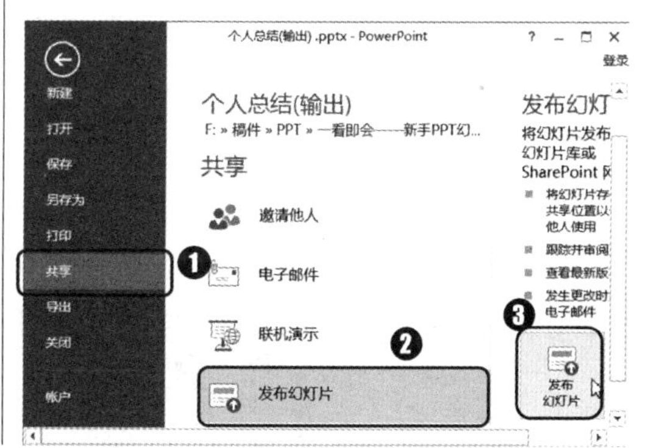

快速操作幻灯片

在“发布幻灯片”对话框中单击“全选”按钮可以快速选中PPT中的所有幻灯片；单击“全部清除”按钮可以快速将已经选择的幻灯片取消选中，然后重新选择。

第10步：选择要发布的幻灯片。

打开“发布幻灯片”对话框，❶ 选择需要发布的幻灯片前的复选框；❷ 单击“浏览”按钮，如下图所示。

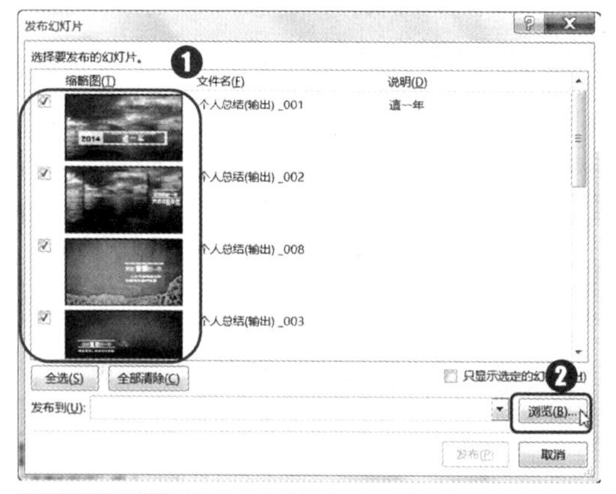

第11步：选择文件保存位置。

打开“选择幻灯片库”对话框，❶ 设置幻灯片发布文件的保存位置；❷ 单击“选择”按钮，如下图所示。

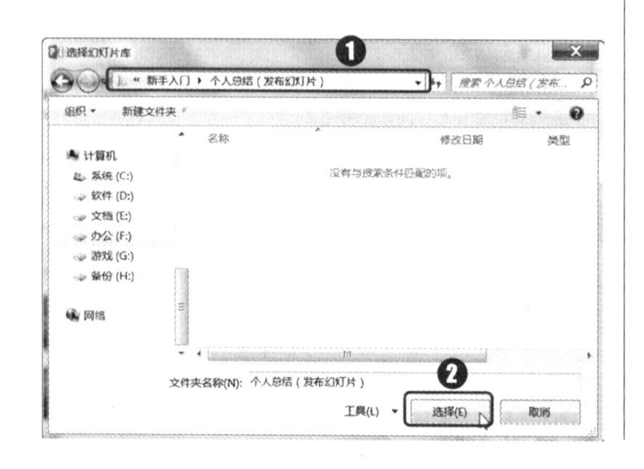

第12步：执行“发布”命令。

返回“发布幻灯片”对话框，单击“发布”按钮，如下图所示。

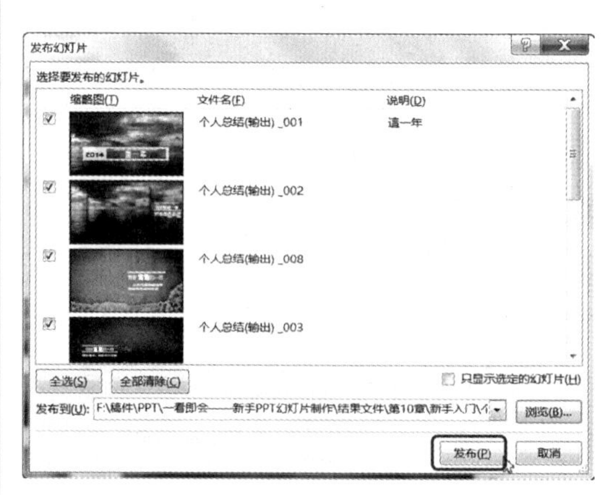

第13步：查看发布的幻灯片。

发布幻灯片后，程序会自动将原来演示文稿中的幻灯片单独分配到一个独立的演示文稿中，如下图所示。

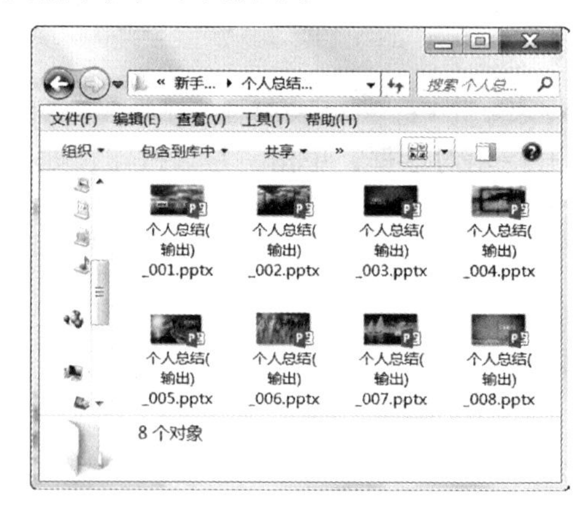

12.3 制作旅游产品宣传PPT

◇ 案例概述

旅游宣传中离不开景地特色、景区精神、地域文化、环境等主体要素，为了提高景地的竞争力促进经济发展水平，建立旅游景地独特的视觉识别效应，还可以为这些固有的要素加强宣传。为景区量身打造专属的动态视频即可达到这一效果，也就是我们常见的旅游宣传片。它是以旅游景点主题元素为基点，结合声光影的影视艺术在视觉上进行的一种艺术化创作。它能更好地展现旅游景地风貌，提高旅游景地的知名度和曝光率，以便吸引投资和增加旅游收入。本例将制作一个旅游宣传片，完成后的效果如下图所示。

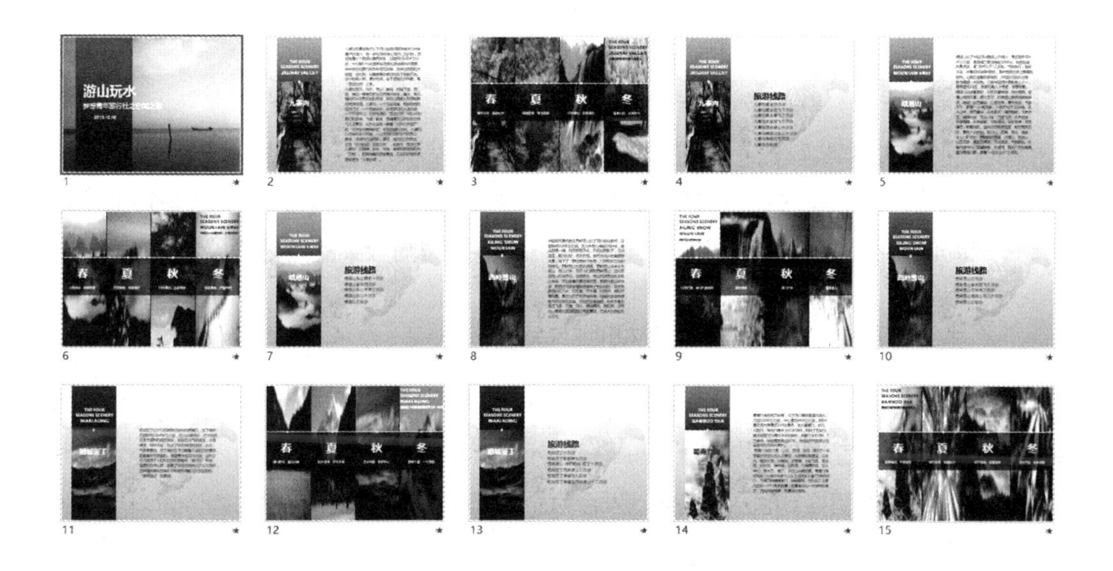

	素材文件:光盘\素材文件\第12章\案例03\旅游宣传片.pptx
	结果文件:光盘\结果文件\第12章\案例03\旅游宣传片.pptx
	教学文件:光盘\教学文件\第12章\案例03.mp4

◇ 制作思路

在 PowerPoint 中制作旅游宣传片 PPT 的流程与思路如下所示。

添加切换效果：使用 PowerPoint 制作这类演示文稿时，首先需要清楚演示文稿中主要应展示或演示的宣传主题内容，制作好幻灯片效果。本例事先已经将静态的演示文稿制作好了，只需要为其添加一些动画、播放效果，让它更吸引客户的眼球就好。

播放前的预演：为演示文稿设置动画效果后，一般都需要查看一下效果，以免没有获得需要的动态效果。本例主要使用排练计时功能预演播放演示文稿的效果，并记录播放时间。

保存演示文稿：由于本例已经完成了预演，而且在放映演示文稿时也不打算手动操作播放过程，所以可以直接将其保存为放映文件。

◇ **具体步骤**

如果制作的 PPT 最终是要作为演讲的辅助资料，或者需要让幻灯片内容动态展示在观众面前，就需要为制作好的幻灯片内容添加动画效果。本例将以旅游行业产品宣传片的制作为例，为读者介绍在幻灯片中添加各类动画效果的方法以及放映的技巧。

12.3.1 为幻灯片设置切换动画及声音

在演示文稿中对幻灯片添加动画时，可为各幻灯片添加切换动画效果及音效，该类动画为各幻灯片整体的切换过程动画。例如，本例将为整个演示文稿中所有幻灯片应用相同的幻灯片切换动画及音效，然后为个别幻灯片应用不同的切换动画，具体操作方法如下。

第1步：设置切换动画。

打开“旅游宣传片”演示文稿，❶ 单击“切换”选项卡“切换到此幻灯片”组中的“切换样式”按钮；❷ 在弹出的下拉列表中选择“涟漪”选项，如右图所示。

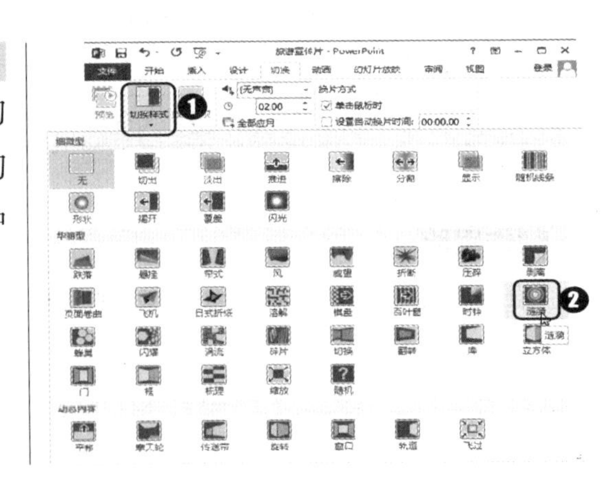

第2步：设置切换音效。

❶ 在“切换”选项卡“计时”组的“声音”下拉列表框中选择要应用的音效“微风”，在“持续时间”数值框中输入“01.40”；❷ 单击“全部应用”按钮，如下图所示，即可将设置的幻灯片切换效果及音效应用于所有幻灯片上。

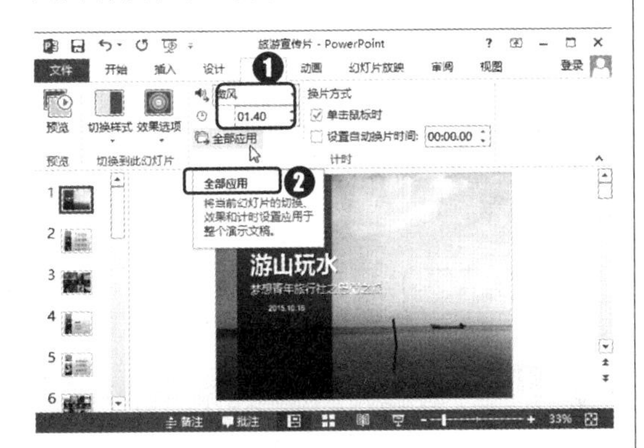

第3步：预览切换动画效果。

单击“预览”组中的“预览”按钮即可在当前文档窗口中查看到幻灯片切换的动画效果，如下图所示。

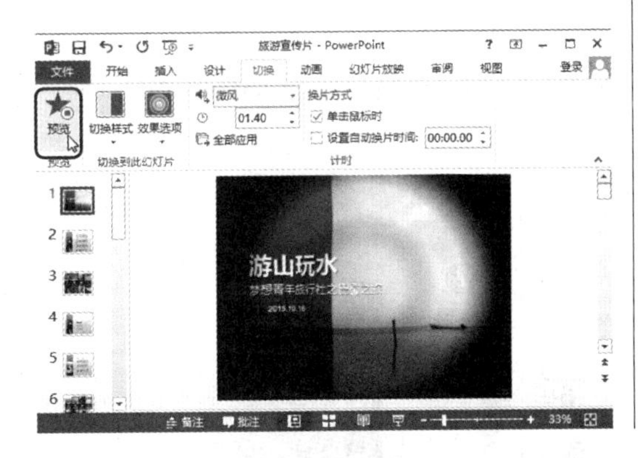

第4步：设置切换动画。

选择第 1 张幻灯片，❶ 单击“切换”选项卡“切换到此幻灯片”组中的“切换样式”按钮；❷ 在弹出的下拉列表中选择“蜂巢”选项，如下图所示。

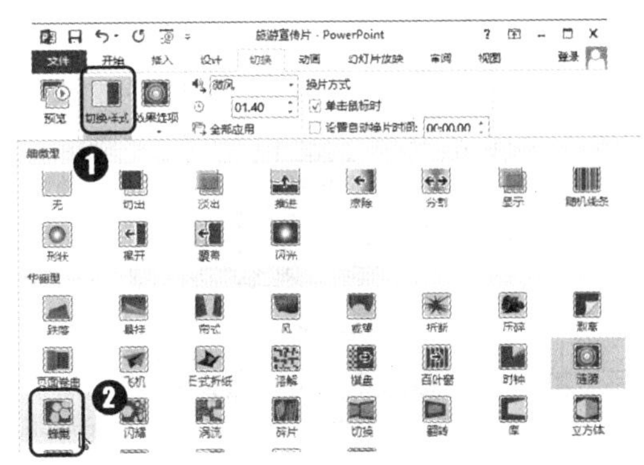

第5步：设置切换音效。

❶ 单击“切换”选项卡“计时”组中的“声音”下拉按钮；❷ 在弹出的下拉列表中选择要应用的音效“鼓掌”，如下图所示。

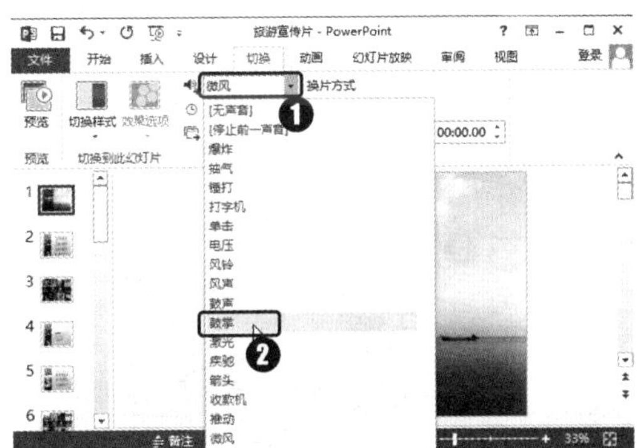

高手点拨 为幻灯片设置页面切换动画的注意事项

在“声音”下拉菜单中选择“其他声音”命令，可以选择其他音效文件作为切换的声音。如果不单击“全部应用”按钮，设置的页面切换效果只会应用在当前的单张幻灯片中。我们可以为同一演示文稿中的多张幻灯片设置不同的页面切换动画，但是要尽量不要在同一演示文稿中应用超过3种以上的幻灯片切换动画。

第6步：修改奇数组四季图的切换效果。

❶ 按住【Ctr】键的同时选择第 3、9、15、21 张幻灯片；❷ 单击“切换”选项卡“切换到此幻灯片”组中的“效果选项”按钮；❸ 在弹出的下拉列表中选择要应用的切换效果“从左下部”，如下图所示。

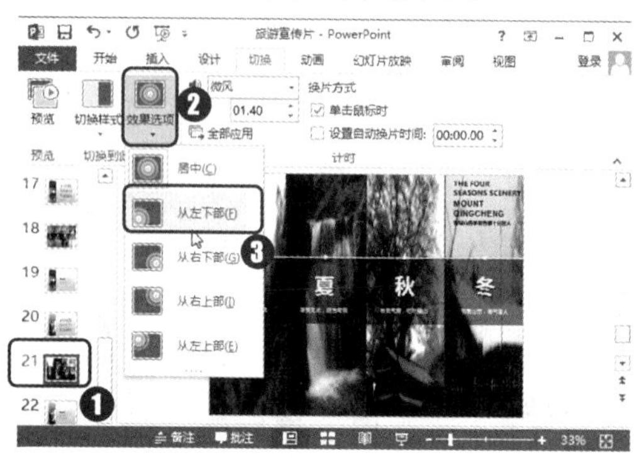

第7步：修改偶数组四季图的切换效果。

❶ 按住【Ctrl】键的同时选择第 6、12、18 张幻灯片；❷ 单击“切换”选项卡“切换到此幻灯片”组中的“效果选项”按钮；❸ 在弹出的下拉列表中选择要应用的切换效果“从右下部”，如下图所示。

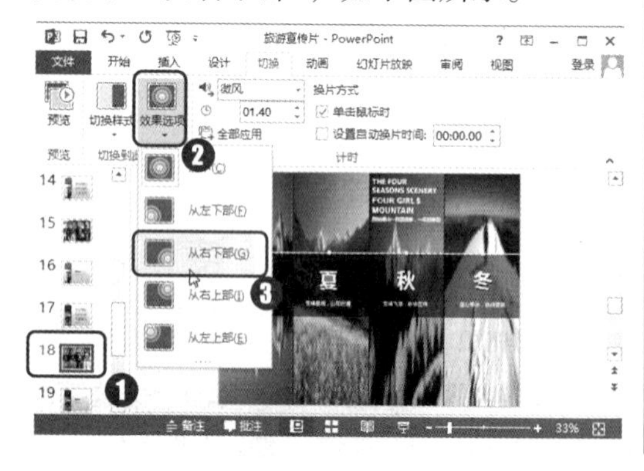

第8步：修改奇数组旅游路线图的切换效果。

❶ 按住【Ctrl】键的同时选择第 4、10、16、22 张幻灯片；❷ 单击“切换”选项卡“切换到此幻灯片”组中的“效果选项”按钮；❸ 在弹出的下拉列表中选择要应用的切换效果“从右上部”，如下图所示。

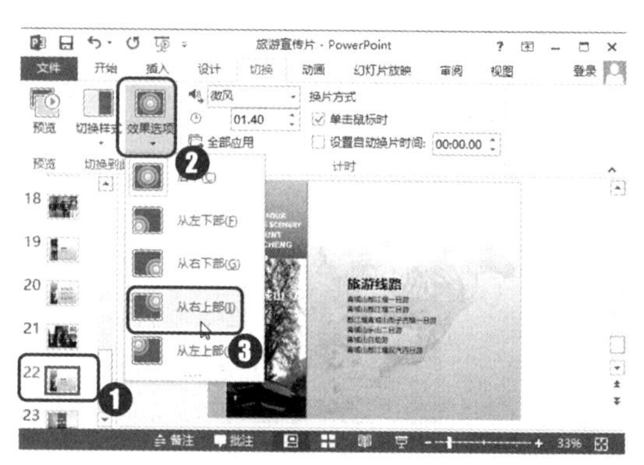

第9步：修改偶数组旅游路线图的切换效果。

❶ 按住【Ctrl】键的同时选择第 7、13、19 张幻灯片；❷ 单击“切换”选项卡“切换到此幻灯片”组中的“效果选项”按钮；❸ 在弹出的下拉列表中选择要应用的切换效果“从左上部”，如下图所示。

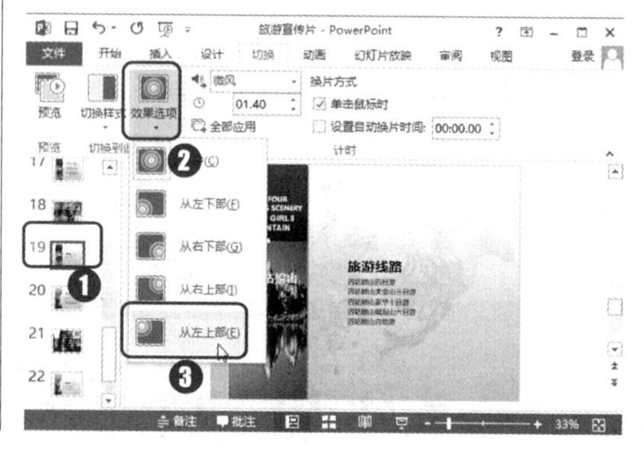

12.3.2 排练计时

在“切换”选项卡“计时”组中可设置幻灯片持续播放的时间，但为了使幻灯片播放的时间更加准确，更接近真实的演讲状态时的时间，可以使用排练计时功能，在预演的过程中记录下幻灯片中动画切换的时间，具体操作方法如下。

第1步：执行“排练计时”命令。

单击“幻灯片放映”选项卡“设置”组中的“排练计时”按钮，即可进入排练计时的放映状态，如下图所示。

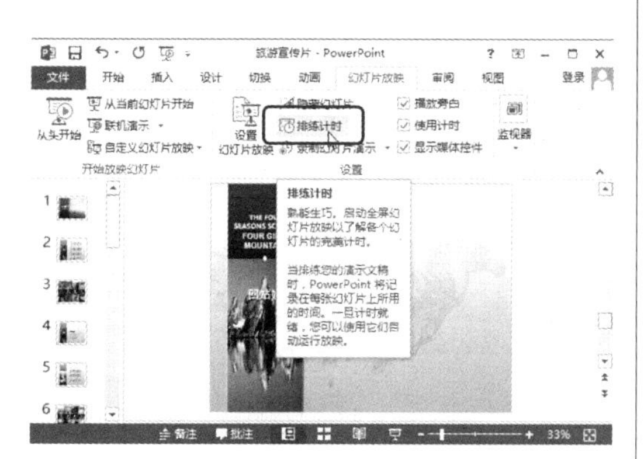

第2步：预演放映过程。

经过上步操作，即可进入录制状态，在幻灯片放映过程中根据实际情况进行放映预演，直至幻灯片放映完成，如下图所示。

第3步：保存排练时间。

打开提示对话框，单击“是”按钮保存排练时间，如下图所示。

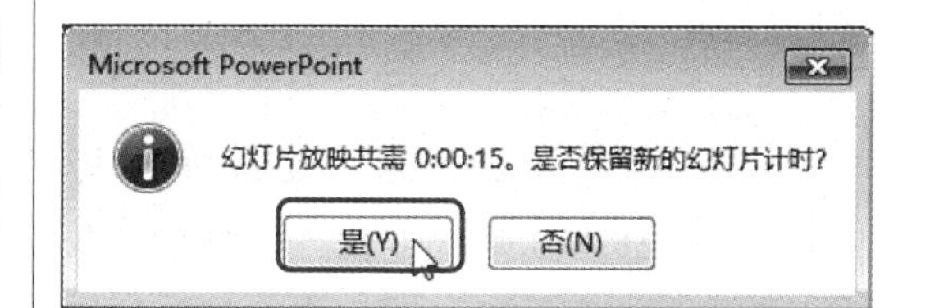

知识拓展　使用排练计时功能

排练计时过程中在屏幕左上角提供的“录制”工具栏中可查看到整个演示文稿的放映时间以及当前幻灯片显示的时间，同时可通过工具栏中提供的控制功能控制排练计时。当应用排练计时功能录制完整个幻灯片后，直接放映幻灯片即可应用录制的排练时间自动放映幻灯片。

12.3.3　另存为放映文件

在制作演示文稿时，若要使整个演示文稿中的幻灯片可以自动播放，且各幻灯片播放的时间与实际需要时间大致相同，可以先应用排练计时功能录制播放过程，然后将演示文稿保存为放映文件格式，以实现直接打开文件时，幻灯片立即可开始播放。

第1步：执行“另存为”命令。

❶ 在“文件”菜单中选择“另存为”命令；❷ 在右侧双击“计算机”选项，如下图所示。

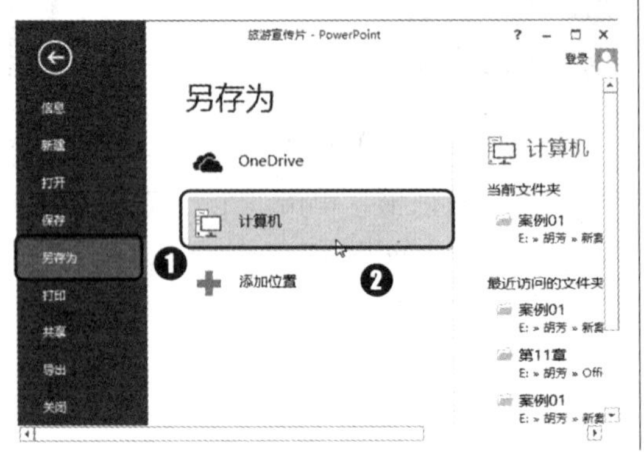

第2步：选择文件保存类型。

打开“另存为”对话框，❶ 设置文件的保存名称，并选择文件保存类型为“PowerPiont 放映”；❷ 单击“保存”按钮保存文件，如下图所示。

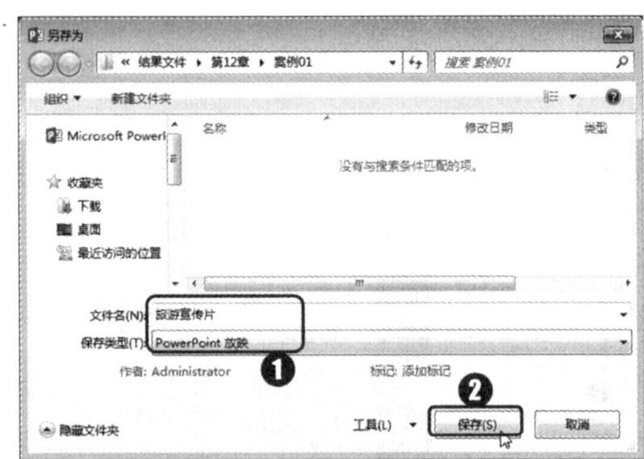

12.4 本章小结

让演示文稿动起来，是展示信息的最好方式。本章学习的一个重点在于PowerPoint 中动画的设置，包括幻灯片切换效果设置，为幻灯片中的对象添加普通动画或通过“链接”和“动作”功能设置交互动画；另一个重点则在于设置演示文稿的放映方式，并在放映过程中合理控制幻灯片的播放。通过本章知识的学习和案例练习，相信读者朋友已经掌握了演示文稿动画设置与放映方面的相关基础知识。业余时间多看看别人制作的优秀动画，对各动画进行思考和拆解，从根本上掌握动画的制作过程，多练习，就可以让自己制作的动画越来越炫了。

附录一
Word 高效办公快捷键

Word 对于办公人员来说，是不可缺少的常用软件，所以现在的办公人员基本上都熟悉 Word 的基本使用。但如果你还只会用 Ctrl+C 和 Ctrl+V 等基础的快捷键命令，那么你的工作效率应该还需要提高。笔者特地为大家收罗了 Word 常用的快捷键，快来学学吧！变身职场达人，就靠它了！

以下所有 Word 快捷键适用于 Word 2003、Word 2007、Word 2010、Word 2013、Word 2016 等所有版本。

1. 显示和使用窗口的快捷键	
切换到下一个窗口	Alt+Tab
切换到上一个窗口	Alt+Shift+Tab
关闭活动窗口	Ctrl+W 或 Ctrl+F4
将活动窗口最大化后再还原大小	Alt+F5
从程序窗口中的一个任务窗格移动到另一个任务窗格（沿顺时针方向）。可能需要多次按 F6 键	F6
从程序窗口中的一个任务窗格移动到另一个任务窗格（逆时针方向）	Shift+F6
当有多个窗口打开时，切换到下一个窗口	Ctrl+F6
切换到上一个窗口	Ctrl+Shift+F6
将所选的窗口最大化或还原大小	Ctrl+F10
将屏幕上的图片复制到剪贴板上	Print Screen
将所选窗口上的图片复制到剪贴板上	Alt+Print Screen
2. 使用对话框的快捷键	
移至下一个选项或选项组	Tab
移至上一个选项或选项组	Shift+Tab
切换到对话框中的下一个选项卡	Ctrl+Tab
切换到对话框中的上一个选项卡	Ctrl+Shift+Tab
在打开的下拉列表中的各选项之间或一组选项中的各选项之间移动	箭头键
执行分配给所选按钮的操作；选中或清除所选的复选框	空格键
选择选项；选中或清除复选框	Alt+ 选项中加下划线的字母
打开所选的下拉列表	Alt+ 向下键
从下拉列表中选择选项	下拉列表中某个选项的首字母
关闭所选的下拉列表；取消命令并关闭对话框	Esc
运行选定的命令	Enter

续表

3. 使用对话框内编辑框的快捷键	
移至条目的开头	Home
移至条目的结尾	End
向左或向右移动一个字符	向左键或向右键
向左移动一个字词	Ctrl+ 向左键
向右移动一个字词	Ctrl+ 向右键
向左选取或取消选取一个字符	Shift+ 向左键
向右选取或取消选取一个字符	Shift+ 向右键
向左选取或取消选取一个单词	Ctrl+Shift+ 向左键
向右选取或取消选取一个单词	Ctrl+Shift+ 向右键
选择从插入点到条目开头之间的内容	Shift+Home
选择从插入点到条目结尾之间的内容	Shift+End
4. 使用”打开”和”另存为”对话框的快捷键	
显示“打开”对话框	Ctrl+F12 或 Ctrl+O
显示“另存为”对话框	F12
打开选中的文件夹或文件	Enter
打开所选文件夹的上一级文件夹	Backspace
删除所选文件夹或文件	Delete
显示选中项目（如文件夹或文件）的快捷菜单	Shift+F10
向前移动浏览选项	Tab
向后移动浏览选项	Shift+Tab
查找范围	F4 或 Alt+I
5. 撤销和恢复操作的快捷键	
取消操作	Esc
撤销上一个操作	Ctrl+Z
恢复或重复操作	Ctrl+Y
6. 访问和使用任务窗格和库的快捷键	
从程序窗口中的一个任务窗格移动到另一个任务窗格（可能需要多次按 F6）	F6
菜单为活动状态时，移到任务窗格（可能需要按 Ctrl+Tab 多次）	Ctrl+Tab
如果任务窗格处于活动状态，选择该任务窗格中的下一个或上一个选项	Tab 或 Shift+Tab
显示任务窗格菜单上的整个命令集	Ctrl+ 空格键
执行分配给所选按钮的操作	空格键或 Enter
打开选中库项目的下拉菜单	Shift+F10
选择库中的第一个或最后一个项目	Home 或 End
在选中的库列表中向上或向下滚动	Page Up 或 Page Down
7. 访问和使用可用操作的快捷键	
若要显示可用操作“自动更正选项”按钮或“粘贴选项”按钮的菜单或消息。如果存在多个操作，则切换到下一个操作并显示其菜单或消息	Alt+Shift+F10
在可用操作菜单中的选项之间移动	箭头键
在可用操作菜单上对所选的项目执行操作	Enter

续表

关闭可用操作菜单或消息	Esc
8. 在不使用鼠标的情况下更改键盘焦点的快捷键	
选择功能区的活动选项卡，并激活访问键	Alt 或 F10。再次按下这两个键中的任意一个，可以移回到文档并取消访问键
移至功能区的另一个选项卡	先按 F10 选择活动选项卡，然后按向左键或向右键
展开或折叠功能区	Ctrl+F1
移动焦点，以选择窗口中的以下各区域： ● 功能区的活动选项卡 ● 任何打开的任务窗格 ● 窗口底部的状态栏 ● 您的文档	F6
分别在功能区上的各命令之间向前或向后移动焦点	Tab 或 Shift+Tab
分别在功能区上的各项之间向下、向上、向左或向右移动	向下键、向上键、向左键或向右键
激活功能区上所选的命令或控件	空格键或 Enter
打开功能区上所选的菜单或库	空格键或 Enter
激活功能区上的命令或控件，以便可以修改某个值	Enter
完成对功能区上某个控件中的值的修改，并将焦点移回文档中	Enter
获取有关功能区上所选的命令或控件的帮助（如果没有与所选的命令相关联的帮助主题，则显示有关该程序的一般帮助主题）	F1
9.Word 中的常见任务快捷键	
创建不间断空格	Ctrl+Shift+ 空格键
创建不间断连字符	Ctrl+Shift+ 连字符 (-)
使字符变为粗体	Ctrl+B
使字符变为斜体	Ctrl+I
为字符添加下划线	Ctrl+U
将字号减小一个值	Ctrl+Shift+<
将字号增大一个值	Ctrl+Shift+>
将字号减小 1 磅	Ctrl+[
将字号增大 1 磅	Ctrl+]
删除段落或字符格式	Ctrl+ 空格键
复制所选文本或对象	Ctrl+C
剪切所选文本或对象	Ctrl+X
粘贴文本或对象	Ctrl+V
选择性粘贴	Ctrl+Alt+V
仅粘贴格式	Ctrl+Shift+V
撤销上一个操作	Ctrl+Z
恢复上一个操作	Ctrl+Y
打开“字数统计”对话框	Ctrl+Shift+G
10. 创建、查看和保存文档快捷键	
创建新文档	Ctrl+N

续表

打开文档	Ctrl+O
关闭文档	Ctrl+W
拆分文档窗口	Alt+Ctrl+S
撤销拆分文档窗口	Alt+Shift+C 或 Alt+Ctrl+S
保存文档	Ctrl+S
11. 查找、替换和浏览文本的快捷键	
打开“导航”任务窗格（搜索文档）	Ctrl+F
重复查找（在关闭“查找和替换”窗口之后）	Alt+Ctrl+Y
替换文字、特定格式和特殊项	Ctrl+H
定位至页、书签、脚注、表格、注释、图形或其他位置	Ctrl+G
在最后四个已编辑过的位置之间进行切换	Alt+Ctrl+Z
打开一个浏览选项列表，按箭头键选择一个选项，然后按 Enter 使用选定的选项浏览文档	Alt+Ctrl+Home
移至上一个浏览对象（在浏览选项中设置）	Ctrl+Page Up
移至下一个浏览对象（在浏览选项中设置）	Ctrl+Page Down
12. 切换至其他视图的快捷键	
切换到普通视图	Alt+Ctrl+P
切换到大纲视图	Alt+Ctrl+O
切换到草稿视图	Alt+Ctrl+N
13. 在大纲视图中操作的快捷键	
提升段落级别	Alt+Shift+ 向左键
降低段落级别	Alt+Shift+ 向右键
降级为正文	Ctrl+Shift+N
上移所选段落	Alt+Shift+ 向上键
下移所选段落	Alt+Shift+ 向下键
扩展标题下的文本	Alt+Shift+ 加号 (+)
折叠标题下的文本	Alt+Shift+ 减号 (−)
扩展或折叠所有文本或标题	Alt+Shift+A
隐藏或显示字符格式	数字键盘上的斜杠 (/)
显示首行正文或所有正文	Alt+Shift+L
显示所有具有“标题 1”样式的标题	Alt+Shift+1
显示从“标题 1”到“标题 n”的所有标题	Alt+Shift+N
插入制表符	Ctrl+Tab
14. 打印和预览文档的快捷键	
打印文档	Ctrl+P
切换到打印预览	Alt+Ctrl+I
在放大的预览页上移动	箭头键
在缩小显示比例时逐页翻阅预览页	Page Up 或 Page Down
在缩小显示比例时移至预览首页	Ctrl+Home
在缩小显示比例时移至最后一张预览页	Ctrl+End
15. 审阅文档的快捷键	

续表

插入批注	Alt+Ctrl+M
打开或关闭修订	Ctrl+Shift+E
如果“审阅窗格”打开，则将其关闭	Alt+Shift+C
16. 阅读版式视图下操作的快捷键	
转到文档起始端	Home
转到文档末端	End
定位至第 n 页	n，Enter
退出阅读版式视图	Esc
17. 引用、脚注和尾注的快捷键	
标记目录项	Alt+Shift+O
标记引文目录项（引文）	Alt+Shift+I
插入索引项	Alt+Shift+X
插入脚注	Alt+Ctrl+F
插入尾注	Alt+Ctrl+D
18. 处理网页的快捷键	
插入超链接	Ctrl+K
返回一页	Alt+ 向左键
前进一页	Alt+ 向右键
刷新	F9
19. 删除文本和图形的快捷键	
向左删除一个字符	Backspace
向左删除一个字词	Ctrl+Backspace
向右删除一个字符	Delete
向右删除一个字词	Ctrl+Delete
将所选文字剪切到“Office 剪贴板”	Ctrl+X
撤销上一个操作	Ctrl+Z
剪切至“图文场”	Ctrl+F3
20. 复制和移动文本及图形的快捷键	
打开“Office 剪贴板”	按 Alt+H 移至“开始”选项卡，然后依次按下 F 和 O
将所选文本或图形复制到“Office 剪贴板”	Ctrl+C
将所选文本或图形剪切到“Office 剪贴板”	Ctrl+X
从“Office 剪贴板”粘贴最新添加项或先前已粘贴的项	Ctrl+V
将文字或图形移动一次	F2（然后移动光标并按 Enter）
将文字或图形复制一次	Shift+F2（然后移动光标并按 Enter）
选中文本或对象时，打开“新建构建基块”对话框	Alt+F3
选中构建基块（如 SmartArt 图形）时，显示与其相关联的快捷菜单	Shift+F10
剪切至“图文场”	Ctrl+F3
粘贴“图文场”的内容	Ctrl+Shift+F3
复制文档中上一节所使用的页眉或页脚	Alt+Shift+R

续表

21. 插入特殊字符的快捷键	
域	Ctrl+F9
换行符	Shift+Enter
分页符	Ctrl+Enter
分栏符	Ctrl+Shift+Enter
长破折号	Alt+Ctrl+ 减号
短破折号	Ctrl+ 减号
可选连字符	Ctrl+ 连字符
不间断连字符	Ctrl+Shift+ 连字符 (-)
不间断空格	Ctrl+Shift+ 空格键
版权符号	Alt+Ctrl+C
注册商标符号	Alt+Ctrl+R
商标符号	Alt+Ctrl+T
省略号	Alt+Ctrl+ 句号
左侧单引号	Ctrl+'（单引号）,'（单引号）
右侧单引号	Ctrl+'（单引号）,'（单引号）
左侧双引号	Ctrl+'（单引号），Shift+'（单引号）
右侧双引号	Ctrl+'（单引号），Shift+'（单引号）
自动图文集词条	Enter（在键入自动图文集词条名称的前几个字符后出现屏幕提示时）
22. 通过使用字符代码插入字符的快捷键	
插入指定的 Unicode（十六进制）字符代码对应的 Unicode 字符。例如，若要插入欧元货币符号，请键入 20AC，然后在按住 Alt 键的同时按 X 键	字符代码，Alt+X
了解所选字符的 Unicode 字符代码	Alt+X
插入指定的 ANSI（十进制）字符代码对应的 ANSI 字符。例如，若要插入欧元货币符号，请在按住 Alt 键的同时按数字键盘上的 0128	Alt+ 字符代码（数字键盘上）
23. 扩展所选内容的快捷键	
打开扩展模式	F8
选定相邻的字符	F8，然后按向左键或向右键
增加所选内容的大小	F8（按一次选定一个单词，按两次选定一个句子，以此类推）
减少所选内容的大小	Shift+F8
关闭扩展模式	Esc
将所选内容向右扩展一个字符	Shift+ 向右键
将所选内容向左扩展一个字符	Shift+ 向左键
将所选内容扩展到字词的末尾	Ctrl+Shift+ 向右键
将所选内容扩展到字词的开头	Ctrl+Shift+ 向左键
将所选内容扩展到一行的末尾	Shift+End
将所选内容扩展到一行的开头	Shift+Home

续表

将所选内容向下扩展一行	Shift+ 向下键
将所选内容向上扩展一行	Shift+ 向上键
将所选内容扩展到段落的末尾	Ctrl+Shift+ 向下键
将所选内容扩展到段落的开头	Ctrl+Shift+ 向上键
将所选内容向下扩展一屏	Shift+Page Down
将所选内容向上扩展一屏	Shift+Page Up
将所选内容扩展到文档的开头	Ctrl+Shift+Home
将所选内容扩展到文档的末尾	Ctrl+Shift+End
将所选内容扩展到窗口的末尾	Alt+Ctrl+Shift+Page Down
将所选内容扩展到包含整篇文档	Ctrl+A
纵向选择文字块	Ctrl+Shift+F8，然后用箭头键；按 Esc 可取消选定模式
将所选内容扩展到文档中的某个特定位置	F8+ 箭头键；按 Esc 可取消选定模式
24. 选定表格中文字和图形的快捷键	
选定下一单元格的内容	Tab
选定上一单元格的内容	Shift+Tab
将所选内容扩展到相邻单元格	按住 Shift 并重复按某箭头键
选定列	使用箭头键移至列的最上或最下一个单元格，然后执行下列操作之一： · 按 Shift+Alt+Page Down 从上到下选择该列 · 按 Shift+Alt+Page Up 从下到上选择该列
扩展所选内容（或块）	Ctrl+Shift+F8，然后用箭头键；按 Esc 可取消选定模式
选定整张表格	Alt+ 数字键盘上的 5（Num Lock 键需处于关闭状态）
25. 在文档中移动的快捷键	
左侧的一个字符	向左键
右侧的一个字符	向右键
向左移动一个字词	Ctrl+ 向左键
向右移动一个字词	Ctrl+ 向右键
上移一段	Ctrl+ 向上键
下移一段	Ctrl+ 向下键
左移一个单元格（在表格中）	Shift+Tab
右移一个单元格（在表格中）	Tab
上移一行	向上键
下移一行	向下键
移至行尾	End
移至行首	Home

续表

移至窗口顶端	Alt+Ctrl+Page Up
移至窗口结尾	Alt+Ctrl+Page Down
上移一屏（滚动）	Page Up
下移一屏（滚动）	Page Down
移至下页顶端	Ctrl+Page Down
移至上页顶端	Ctrl+Page Up
移至文档结尾	Ctrl+End
移至文档开头	Ctrl+Home
移至前一处修订	Shift+F5
打开一个文档后，转到该文档上一次关闭时您执行操作的位置	Shift+F5
26. 在表格中移动的快捷键	
一行中的下一个单元格	Tab
一行中的上一个单元格	Shift+Tab
一行中的第一个单元格	Alt+Home
一行中的最后一个单元格	Alt+End
一列中的第一个单元格	Alt+Page Up
一列中的最后一个单元格	Alt+Page Down
上一行	向上键
下一行	向下键
上移一行	Alt+Shift+ 向上键
下移一行	Alt+Shift+ 向下键
27. 在表格中插入段落和制表符的快捷键	
在单元格中插入新段落	Enter
在单元格中插入制表符	Ctrl+Tab
28. 复制格式的快捷键	
从文本复制格式	Ctrl+Shift+C
将已复制格式应用于文本	Ctrl+Shift+V
29. 更改字体或字号的快捷键	
打开“字体”对话框更改字体	Ctrl+Shift+F
增大字号	Ctrl+Shift+>
减小字号	Ctrl+Shift+<
逐磅增大字号	Ctrl+]
逐磅减小字号	Ctrl+[
30. 应用字符格式的快捷键	
打开“字体”对话框更改字符格式	Ctrl+D
更改字母大小写	Shift+F3
将所有字母设为大写	Ctrl+Shift+A
应用加粗格式	Ctrl+B
应用下划线	Ctrl+U
只给单词加下划线，不给空格加下划线	Ctrl+Shift+W
给文字添加双下划线	Ctrl+Shift+D

续表

应用隐藏文字格式	Ctrl+Shift+H
应用倾斜格式	Ctrl+I
将所有字母设成小写	Ctrl+Shift+K
应用下标格式（自动间距）	Ctrl+ 等号 (=)
应用上标格式（自动间距）	Ctrl+Shift+ 加号 (+)
删除手动设置的字符格式	Ctrl+ 空格键
将所选部分更改为 Symbol 字体	Ctrl+Shift+Q
31. 查看和复制文本格式的快捷键	
显示非打印字符	Ctrl+Shift+*（数字小键盘上的星号无效）
审阅文字格式	Shift+F1（然后单击需审阅格式的文字）
复制格式	Ctrl+Shift+C
粘贴格式	Ctrl+Shift+V
32. 设置行距	
单倍行距	Ctrl+1
双倍行距	Ctrl+2
1.5 倍行距	Ctrl+5
在段前添加或删除一行间距	Ctrl+0
33. 对齐段落的快捷键	
在段落居中和左对齐之间切换	Ctrl+E
在段落两端对齐和左对齐之间切换	Ctrl+J
在段落右对齐和左对齐之间切换	Ctrl+R
将段落左对齐	Ctrl+L
左侧段落缩进	Ctrl+M
取消左侧段落缩进	Ctrl+Shift+M
创建悬挂缩进	Ctrl+T
减小悬挂缩进量	Ctrl+Shift+T
删除段落格式	Ctrl+Q
34. 应用段落样式的快捷键	
打开“应用样式”任务窗格	Ctrl+Shift+S
打开“样式”任务窗格	Alt+Ctrl+shift+S
启动“自动套用格式”	Alt+Ctrl+K
应用“正文”样式	Ctrl+Shift+N
应用“标题 1”样式	Alt+Ctrl+1
应用“标题 2”样式	Alt+Ctrl+2
应用“标题 3”样式	Alt+Ctrl+3
35. 执行邮件合并的快捷键	
预览邮件合并	Alt+Shift+K
合并文档	Alt+Shift+N
打印已合并的文档	Alt+Shift+M

续表

编辑邮件合并数据文档	Alt+Shift+E
插入合并域	Alt+Shift+F
36. 使用域的快捷键	
插入“日期”域	Alt+Shift+D
插入“ListNum”域	Alt+Ctrl+L
插入页字段	Alt+Shift+P
插入“时间”域	Alt+Shift+T
插入空域	Ctrl+F9
更新 Microsoft Word 源文档中链接的信息	Ctrl+Shift+F7
更新选定的域	F9
取消域的链接	Ctrl+Shift+F9
在所选的域代码及其结果之间进行切换	Shift+F9
在所有的域代码及其结果间进行切换	Alt+F9
从显示域结果的域中运行 GotoButton 或 MacroButton	Alt+Shift+F9
前往下一个域	F11
定位至前一个域	Shift+F11
锁定域	Ctrl+F11
解除对域的锁定	Ctrl+Shift+F11
37. 手写识别的快捷键	
在语言或键盘布局之间切换	左 Alt+Shift
显示一个更正可选项列表	Windows 徽标键 +C
打开或关闭手写	Windows 徽标键 +H
在 101 键盘上打开或关闭日语输入法编辑器 (IME)	Alt+~
在 101 键盘上打开或关闭朝鲜语 IME	右 Alt
在 101 键盘上打开或关闭中文 IME	Ctrl+ 空格键
38. 功能键的使用	
获取帮助或访问 Microsoft Office.com	F1
移动文字或图形	F2
重复上一步操作	F4
选择“开始”选项卡上的“定位”命令	F5
前往下一个窗格或框架	F6
选择“审阅”选项卡上的“拼写”命令	F7
扩展所选内容	F8
更新选定的域	F9
显示快捷键提示	F10
前往下一个域	F11
选择“另存为”命令	F12
39.Shift+ 快捷键	
启动上下文相关“帮助”或展现格式	Shift+F1
复制文本	Shift+F2
更改字母大小写	Shift+F3

续表

重复“查找”或“定位”操作	Shift+F4
移至最后一处更改	Shift+F5
转至上一个窗格或框架（按 F6 后）	Shift+F6
选择“同义词库”命令（“审阅”选项卡中的“校对”组）	Shift+F7
减少所选内容的大小	Shift+F8
在域代码及其结果之间进行切换	Shift+F9
显示快捷菜单	Shift+F10
定位至前一个域	Shift+F11
选择“保存”命令	Shift+F12
40.Ctrl+ 快捷键	
展开或折叠功能区	Ctrl+F1
选择“打印预览”命令	Ctrl+F2
剪切至“图文场”	Ctrl+F3
关闭窗口	Ctrl+F4
前往下一个窗口	Ctrl+F6
插入空域	Ctrl+F9
将文档窗口最大化	Ctrl+F10
锁定域	Ctrl+F11
选择“打开”命令	Ctrl+F12
41.Ctrl+Shift+ 快捷键	
插入“图文场”的内容	Ctrl+Shift+F3
编辑书签	Ctrl+Shift+F5
前往上一个窗口	Ctrl+Shift+F6
更新 Word 源文档中链接的信息	Ctrl+Shift+F7
扩展所选内容或块	Ctrl+Shift+F8，然后按箭头键
取消域的链接	Ctrl+Shift+F9
解除对域的锁定	Ctrl+Shift+F11
选择“打印”命令	Ctrl+Shift+F12
42.Alt+ 快捷键	
前往下一个域	Alt+F1
创建新的“构建基块”	Alt+F3
退出 Word	Alt+F4
还原程序窗口大小	Alt+F5
从打开的对话框移回文档，适用于支持此行为的对话框	Alt+F6
查找下一个拼写错误或语法错误	Alt+F7
运行宏	Alt+F8
在所有的域代码及其结果间进行切换	Alt+F9
显示“选择和可见性”任务窗格	Alt+F10
显示 Microsoft Visual Basic 代码	Alt+F11
43.Alt+Shift+ 快捷键	
定位至前一个域	Alt+Shift+F1

续表

选择“保存”命令	Alt+Shift+F2
显示“信息检索”任务窗格	Alt+Shift+F7
从显示域结果的域中运行 GotoButton 或 MacroButton	Alt+Shift+F9
显示可用操作的菜单或消息	Alt+Shift+F10
在目录容器活动时，选择该容器中的“目录”按钮	Alt+Shift+F12
44.Ctrl+Alt+ 快捷键	
显示 Microsoft 系统信息	Ctrl+Alt+F1
选择“打开”命令	Ctrl+Alt+F2

附录二
Excel 高效办公快捷键

使用一个软件，我们最主要的目的是提高工作效率、简化某个事件。通过前面知识的学习，Excel 在我们平常办公中的作用已经不言而喻。有了它，我们的工作变得更加简单、快速。前提是我们必须熟练掌握这款软件。下面，笔者还将为大家献上精心收集的 Excel 常用快捷键大全，适用于 Excel 2003、Excel 2007、Excel 2010、Excel 2013、Excel 2016 等各个版本，有了这些 Excel 快捷键，保证你日后的工作会事半功倍。

1.Excel 处理工作表的快捷键	
插入新工作表	Shift+F11 或 Alt+Shift+F1
移动到工作簿中的下一张工作表	Ctrl+PageDown
移动到工作簿中的上一张工作表	Ctrl+PageUp
选定当前工作表和下一张工作表	Shift+Ctrl+PageDown
取消选定多张工作表	Ctrl+ PageDown
选定其他的工作表	Ctrl+PageUp
选定当前工作表和上一张工作表	Shift+Ctrl+PageUp
对当前工作表重命名	Alt+O、H、R
移动或复制当前工作表	Alt+E、M
删除当前工作表	Alt+E、L
2.Excel 工作表内移动和滚动的快捷键	
向上、下、左或右移动一个单元格	箭头键
移动到当前数据区域的边缘	Ctrl+ 箭头键
移动到行首	Home
移动到工作表的开头	Ctrl+Home
移动到工作表的最后一个单元格，位于数据中的最右列的最下行	Ctrl+End
向下移动一屏	PageDown
向上移动一屏	PageUp
向右移动一屏	Alt+PageDown
向左移动一屏	Alt+PageUp
切换到被拆分的工作表中的下一个窗格	Ctrl+F6
切换到被拆分的工作表中的上一个窗格	Shift+F6
滚动以显示活动单元格	Ctrl+Backspace
弹出“定位”对话框	F5
弹出“查找”对话框	Shift+F5

续表

查找下一个	Shift+F4
在受保护的工作表上的非锁定单元格之间移动	Tab
3. 在选定区域内移动的快捷键	
在选定区域内从上往下移动	Enter
在选定区域内从下往上移动	Shift+Enter
在选定区域中从左向右移动。如果选定单列中的单元格，则向下移动	Tab
在选定区域中从右向左移动。如果选定单列中的单元格，则向上移动	Shift+Tab
按顺时针方向移动到选定区域的下一个角	Ctrl+ 句号
在不相邻的选定区域中，向右切换到下一个选定区域	Ctrl+Alt+ 向右键
向左切换到下一个不相邻的选定区域	Ctrl+Alt+ 向左键
4. 以“结束”模式移动或滚动的快捷键	
打开或关闭“结束”模式	End
在一行或一列内以数据块为单位移动	End+ 箭头键
移动到工作表的最后一个单元格，在数据中所占用的最右列的最下一行中	End+Home
移动到当前行中最右边的非空单元格	End+Enter
5. 在 ScrollLock 打开的状态下移动和滚动快捷键	
打开或关闭 ScrollLock	ScrollLock
移动到窗口左上角的单元格	Home
移动到窗口右下角的单元格	End
向上或向下滚动一行	向上键或向下键
向左或向右滚动一列	向左键或向右键
6.Excel 选定单元格、行和列以及对象快捷键	
选定整列	Ctrl+ 空格键
选定整行	Shift+ 空格键
选定整张工作表	Ctrl+A
在选定了多个单元格的情况下，只选定活动单元格	Shift+Backspace
在选定了一个对象的情况下，选定工作表上的所有对象	Ctrl+Shift+ 空格键
在隐藏对象、显示对象和显示对象占位符之间切换	Ctrl+6
7. 选定具有特定特征的单元格快捷键	
选定活动单元格周围的当前区域	Ctrl+Shift+*（星号）
选定包含活动单元格的数组	Ctrl+/
选定含有批注的所有单元格	Ctrl+Shift+O（字母 O）
在选定的行中，选取与活动单元格中的值不匹配的单元格	Ctrl+\
在选定的列中，选取与活动单元格中的值不匹配的单元格	Ctrl+Shift+|
选取由选定区域中的公式直接引用的所有单元格	Ctrl+[（左方括号）
选取由选定区域中的公式直接或间接引用的所有单元格	Ctrl+Shift+{（左大括号）
选取包含直接引用活动单元格的公式的单元格	Ctrl+]（右方括号）
选取包含直接或间接引用活动单元格的公式的单元格	Ctrl+Shift+}（右大括号）
选取当前选定区域中的可见单元格	Alt+;（分号）
8.Excel 扩展选定区域快捷键	

续表

打开或关闭扩展模式	F8
将其他区域的单元格添加到选定区域中，或使用箭头键移动到所要添加的区域的起始处，然后按“F8”和箭头键以选定下一个区域	Shift+F8
将选定区域扩展一个单元格	Shift+ 箭头键
将选定区域扩展到与活动单元格在同一列或同一行的最后一个非空单元格	Ctrl+Shift+ 箭头键
将选定区域扩展到行首	Shift+Home
将选定区域扩展到工作表的开始处	Ctrl+Shift+Home
将选定区域扩展到工作表上最后一个使用的单元格（右下角）	Ctrl+Shift+End
将选定区域向下扩展一屏	Shift+PageDown
将选定区域向上扩展一屏	Shift+PageUp
将选定区域扩展到与活动单元格在同一列或同一行的最后一个非空单元格	End+Shift+ 箭头键
将选定区域扩展到工作表的最后一个使用的单元格（右下角）	End+Shift+Home
将选定区域扩展到当前行中的最后一个单元格	End+Shift+Enter
将选定区域扩展到窗口左上角的单元格	ScrollLock+Shift+Home
将选定区域扩展到窗口右下角的单元格	ScrollLock+Shift+End
9. 用于输入、编辑、设置格式和计算数据的快捷键	
完成单元格输入并选取下一个单元	Enter
在单元格中换行	Alt+Enter
用当前输入项填充选定的单元格区域	Ctrl+Enter
完成单元格输入并向上选取上一个单元格	Shift+Enter
完成单元格输入并向右选取下一个单元格	Tab
完成单元格输入并向左选取上一个单元格	Shift+Tab
取消单元格输入	Esc
向上、下、左或右移动一个字符	箭头键
移到行首	Home
重复上一次操作	F4 或 Ctrl+Y
由行列标志创建名称	Ctrl+Shift+F3
向下填充	Ctrl+D
向右填充	Ctrl+R
定义名称	Ctrl+F3
插入超链接	Ctrl+K
激活超链接	Enter（在具有超链接的单元格中）
输入日期	Ctrl+;（分号）
输入时间	Ctrl+Shift+:（冒号）
显示清单的当前列中的数值下拉列表	Alt+ 向下键
显示清单的当前列中的数值下拉列表	Alt+ 向下键
撤销上一次操作	Ctrl+Z
10. 输入特殊字符的快捷键	
输入分币字符 ¢	Alt+0162
输入英镑字符 £	Alt+0163

续表

输入日圆符号¥	Alt+0165
输入欧元符号€	Alt+0128
11. 输入并计算公式的快捷键	
键入公式	=（等号）
关闭单元格的编辑状态后，将插入点移动到编辑栏内	F2
在编辑栏内，向左删除一个字符	Backspace
在单元格或编辑栏中完成单元格输入	Enter
将公式作为数组公式输入	Ctrl+Shift+Enter
取消单元格或编辑栏中的输入	Esc
在公式中，显示“插入函数”对话框	Shift+F3
当插入点位于公式中公式名称的右侧时，弹出“函数参数”对话框	Ctrl+A
当插入点位于公式中函数名称的右侧时，插入参数名和括号	Ctrl+Shift+A
将定义的名称粘贴到公式中	F3
用 SUM 函数插入“自动求和”公式	Alt+=（等号）
将活动单元格上方单元格中的数值复制到当前单元格或编辑栏	Ctrl+Shift+”（双引号）
将活动单元格上方单元格中的公式复制到当前单元格或编辑栏	Ctrl+’（撇号）
在显示单元格值和显示公式之间切换	Ctrl+‘（左单引号）
计算所有打开的工作簿中的所有工作表	F9
计算活动工作表	Shift+F9
计算打开的工作簿中的所有工作表，无论其在上次计算后是否进行了更改	Ctrl+Alt+F9
重新检查公式，计算打开的工作簿中的所有单元格，包括未标记而需要计算的单元格	Ctrl+Alt+Shift+F9
12. 编辑数据的快捷键	
编辑活动单元格，并将插入点放置到单元格内容末尾	F2
在单元格中换行	Alt+Enter
编辑活动单元格，然后清除该单元格，或在编辑单元格内容时删除活动单元格中的前一字符	Backspace
删除插入点右侧的字符或删除选定区域	Delete
删除插入点到行末的文本	Ctrl+Delete
弹出“拼写检查”对话框	F7
编辑单元格批注	Shift+F2
完成单元格输入，并向下选取下一个单元格	Enter
撤销上一次操作	Ctrl+Z
取消单元格输入	Esc
弹出“自动更正”智能标记时，撤销或恢复上一次的自动更正	Ctrl+Shift+Z
13.Excel 中插入、删除和复制单元格的快捷键	
复制选定的单元格	Ctrl+C
显示 Microsoft Office 剪贴板（多项复制与粘贴）	Ctrl+C，再次按 Ctrl+C
剪切选定的单元格	Ctrl+X
粘贴复制的单元格	Ctrl+V
清除选定单元格的内容	Delete

续表

删除选定的单元格	Ctrl+ 连字符
插入空白单元格	Ctrl+Shift+ 加号
14. 设置数据格式的快捷键	
弹出“样式”对话框	Alt+'（撇号）
弹出“单元格格式”对话框	Ctrl+1
应用“常规”数字格式	Ctrl+Shift+~
应用带有两个小数位的“贷币”格式（负数放在括号中）	Ctrl+Shift+ $
应用不带小数位的“百分比”格式	Ctrl+Shift+%
应用带两位小数位的“科学记数”数字格式	Ctrl+Shift+
应用含有年、月、日的“日期”格式	Ctrl+Shift+#
应用含小时和分钟并标明上午（AM）或下午（PM）的“时间”格式	Ctrl+Shift+@
应用带两位小数位、使用千位分隔符且负数用负号 (-) 表示的“数字”格式	Ctrl+Shift+!
应用或取消加粗格式	Ctrl+B
应用或取消字体倾斜格式	Ctrl+I
应用或取消下划线	Ctrl+U
应用或取消删除线	Ctrl+5
隐藏选定行	Ctrl+9
取消选定区域内的所有隐藏行的隐藏状态	Ctrl+Shift+(（左括号）
隐藏选定列	Ctrl+O（零）
取消选定区域内的所有隐藏列的隐藏状态	Ctrl+Shift+)（右括号）
对选定单元格应用外边框	Ctrl+Shift+&
取消选定单元格的外边框	Ctrl+Shift+_
15. 使用“单元格格式”对话框中的“边框”选项卡	
应用或取消上框线	Alt+T
应用或取消下框线	Alt+B
应用或取消左框线	Alt+L
应用或取消右框线	Alt+R
如果选定了多行中的单元格，则应用或取消水平分隔线	Alt+H
如果选定了多列中的单元格，则应用或取消垂直分隔线	Alt+V
应用或取消下对角框线	Alt+D
应用或取消上对角框线	Alt+U
16. 创建图表和选定图表元素的快捷键	
创建当前区域中数据的图表	F11 或 Alt+F1
选定图表工作表选定工作簿中的下一张工作表，直到选中所需的图表工作表	Ctrl+Page Down
选定图表工作表选定工作簿中的上一张工作表，直到选中所需的图表工作表为止	Ctrl+Page Up
选定图表中的上一组元素	向下键
选择图表中的下一组元素	向上键
选择分组中的下一个元素	向右键
选择分组中的上一个元素	向左键
17. 使用数据表单（“数据”菜单上的“记录单”命令）的快捷键	
移动到下一条记录中的同一字段	向下键

续表

移动到上一条记录中的同一字段	向上键
移动到记录中的每个字段，然后移动到每个命令按钮	Tab 和 Shift+Tab
移动到下一条记录的首字段	Enter
移动到上一条记录的首字段	Shift+Enter
移动到前 10 条记录的同一字段	Page Down
开始一条新的空白记录	Ctrl+Page Down
移动到后 10 条记录的同一字段	Page Up
移动到首记录	Ctrl+Page Up
移动到字段的开头或末尾	Home 或 End
将选定区域扩展到字段的末尾	Shift+End
将选定区域扩展到字段的开头	Shift+Home
在字段内向左或向右移动一个字符	向左键或向右键
在字段内选定左边的一个字符	Shift+ 向左键
在字段内选定右边的一个字符	Shift+ 向右键
18. 筛选区域（“数据”菜单上的“自动筛选”命令）的快捷键	
在包含下拉箭头的单元格中，显示当前列的“自动筛选”列表	Alt+ 向下键
选择“自动筛选”列表中的下一项	向下键
选择“自动筛选”列表中的上一项	向上键
关闭当前列的“自动筛选”列表	Alt+ 向上键
选择“自动筛选”列表中的第一项（“全部”）	Home
选择“自动筛选”列表中的最后一项	End
根据“自动筛选”列表中的选项筛选区域	Enter
19. 显示、隐藏和分级显示数据的快捷键	
对行或列分组	Alt+Shift+ 向右键
取消行或列分组	Alt+Shift+ 向左键
显示或隐藏分级显示符号	Ctrl+8
隐藏选定的行	Ctrl+9
取消选定区域内的所有隐藏行的隐藏状态	Ctrl+Shift+(（左括号）
隐藏选定的列	Ctrl+0（零）
取消选定区域内的所有隐藏列的隐藏状态	Ctrl+Shift+)（右括号）

附录三 PPT 高效办公快捷键

熟练掌握 PowerPoint 快捷键可以让我们更快速地制作 PPT，大大节约时间成本。想提高工作效率吗？请熟悉 PowerPoint 快捷键吧！下面的 PowerPoint 快捷键大全是笔者辛苦收集的，适用于 2003、2007、2010、2013、2016 等目前所有的 PowerPoint 版本。快来学学吧！练就无影手，关键就是它了！

1. 幻灯片放映快捷方式	
从头开始运行演示文稿	F5
执行下一个动画或前进到下一张幻灯片	N、Enter、Page Down、向右键、向下键或空格键
执行上一个动画或返回到上一张幻灯片	P、Page Up、向左键、向上键或空格键
转到幻灯片	序号 +Enter
显示空白的黑色幻灯片，或者从空白的黑色幻灯片返回到演示文稿	B 或句号
显示空白的白色幻灯片，或者从空白的白色幻灯片返回到演示文稿	W 或逗号
停止或重新启动自动演示文稿	S
结束演示文稿	Esc 或连字符
擦除屏幕上的注释	E
转到下一张隐藏的幻灯片	H
排练时设置新的排练时间	T
排练时使用原排练时间	O
排练时通过鼠标单击前进	M
重新记录幻灯片旁白和计时	R
返回到第一张幻灯片	同时按住鼠标左右键 2 秒钟
显示或隐藏箭头指针	A 或 =
将指针更改为笔	Ctrl+P
将指针更改为箭头	Ctrl+A
将指针更改为橡皮擦	Ctrl+E
显示或隐藏墨迹标记	Ctrl+M
立即隐藏指针和导航按钮	Ctrl+H
在 15 秒内隐藏指针和导航按钮	Ctrl+U
查看“所有幻灯片”对话框	Ctrl+S
查看计算机任务栏	Ctrl+T
显示快捷菜单	Shift+F10
转到幻灯片上的第一个或下一个超链接	Tab

续表

转到幻灯片上的最后一个或上一个超链接	Shift+Tab
对所选的超链接执行“鼠标单击”操作	Enter（当选中一个超链接时）
2. 显示和使用窗口的快捷键	
切换到下一个窗口	Alt+Tab、Tab
切换到上一个窗口	Alt+Shift+Tab、Tab
关闭活动窗口	Ctrl+W 或 Ctrl+F4
使用 PowerPoint Web 应用程序向远程受众广播打开的演示文稿	Ctrl+F5
从程序窗口中的一个任务窗格（任务窗格 :Office 程序中提供常用命令的窗口。它的位置适宜，尺寸又小，您可以一边使用这些命令，一边继续处理文件）。移动到下一个任务窗格（沿顺时针方向）。可能需要多次按 F6 注释 : 如果按 F6 未显示所需的任务窗格，请按 Alt 将焦点置于功能区上，然后按 Ctrl+Tab 移到该任务窗格	F6
从程序窗口中的一个窗格移动到另一个窗格（逆时针方向）	Shift+F6
当有多个 PowerPoint 窗口打开时，切换至下一个 PowerPoint 窗口	Ctrl+F6
切换至上一个 PowerPoint 窗口	Ctrl+Shift+F6
将屏幕上的图片复制到剪贴板上	Print Screen
将所选窗口上的图片复制到剪贴板上	Alt+Print Screen
3. 更改字体或字号的快捷键	
更改字体	Ctrl+Shift+F
更改字号	Ctrl+Shift+P
增大所选文本的字号	Ctrl+Shift+>
缩小所选文本的字号	Ctrl+Shift+<
4. 在文本或单元格中移动的快捷键	
向左移动一个字符	向左键
向右移动一个字符	向右键
向上移动一行	向上键
向下移动一行	向下键
向左移动一个字词	Ctrl+ 向左键
向右移动一个字词	Ctrl+ 向右键
移至行尾	End
移至行首	Home
向上移动一个段落	Ctrl+ 向上键
向下移动一个段落	Ctrl+ 向下键
移至文本框的末尾	Ctrl+End
移至文本框的开头	Ctrl+Home
在 PowerPoint 中，移到下一标题或正文文本占位符。如果这是幻灯片上的最后一个占位符，则将插入一个与原始幻灯片版式相同的新幻灯片	Ctrl+Enter
重复上一个“查找”操作	Shift+F4
5. 查找和替换快捷键	
打开“查找”对话框	Ctrl+F
打开“替换”对话框	Ctrl+H

续表

重复上一个“查找”操作	Shift+F4
6. 在表格中移动和工作的快捷键	
移至下一个单元格	Tab
移至前一个单元格	Shift+Tab
移至下一行	向下键
移至前一行	向上键
在单元格中插入一个制表符	Ctrl+Tab
开始一个新段落	Enter
在表格的底部添加一个新行	在最后一行的末尾按 Tab
7. 访问和使用任务窗格的快捷键	
从程序窗口中的一个任务窗格（任务窗格 :Office 程序中提供常用命令的窗口。它的位置适宜，尺寸又小，您可以一边使用这些命令，一边继续处理文件。）移动到另一个任务窗格（逆时针方向）（可能需要多次按 F6）	F6
任务窗格处于活动状态时，分别选择该任务窗格中的下一个或上一个选项	Tab、Shift+Tab
显示任务窗格菜单上的整个命令集	Ctrl+ 向下键
在所选子菜单上的选项间移动；在对话框中的一组选项的某些选项间移动	向下键或向上键
打开所选菜单，或执行分配给所选按钮的操作	空格键或 Enter
打开快捷菜单；打开所选的库项目的下拉菜单	Shift+F10
当菜单或子菜单可见时，分别选择菜单或子菜单上的第一个或最后一个命令	Home、End
分别在所选的库列表中向上或向下滚动	Page Up、Page Down
分别移至所选的库列表的顶部或底部	Home、End
关闭任务窗格	Ctrl+ 空格键、C
打开剪贴板	Alt+H、F、O
8. 使用对话框的快捷键	
移动到下一个选项或选项组	Tab
移动到上一个选项或选项卡组	Shift+Tab
切换到对话框中的下一个选项卡（必须已在打开的对话框中选定一个选项卡）	向下键
切换到对话框中的上一个选项卡（必须已在打开的对话框中选定一个选项卡）	向上键
打开所选的下拉列表	向下键、Alt+ 向下键
如果列表已关闭，则将其打开，然后移至列表中的某个选项	下拉列表中某个选项的首字母
在打开的下拉列表中的各选项之间或一组选项中的各选项之间移动	向上键、向下键
执行分配给所选按钮的操作；选中或清除所选的复选框	空格键
选择选项；选中或清除复选框	选项中带下划线的字母
执行分配给对话框中的默认按钮的操作	Enter
关闭所选的下拉列表；取消命令并关闭对话框	Esc
9. 使用对话框内编辑框的快捷键	
移至条目的开头	Home
移至条目的结尾	End
分别向左或向右移动一个字符	向左键、向右键
向左移动一个字词	Ctrl+ 向左键
向右移动一个字词	Ctrl+ 向右键

续表

向左选择或取消选择一个字符	Shift+ 向左键
向右选择或取消选择一个字符	Shift+ 向右键
向左选择或取消选择一个字词	Ctrl+Shift+ 向左键
向右选择或取消选择一个字词	Ctrl+Shift+ 向右键
选择从光标到条目开头之间的内容	Shift+Home
选择从光标到条目结尾之间的内容	Shift+End
10. 使用“打开”和“另存为”对话框的快捷键	
打开“打开”对话框	Alt+F，然后按 O
打开“另存为”对话框	Alt+F，然后按 A
在打开的下拉列表中的选项之间移动，或在一组选项中的选项之间移动	箭头键
显示所选项目（例如文件夹或文件）的快捷菜单	Shift+F10
在对话框中的选项或区域之间移动	Tab
打开文件路径下拉菜单	F4 或 Alt+I
刷新文件列表	F5
11. 在不使用鼠标的情况下更改键盘焦点的快捷键	
选择功能区的活动选项卡并激活（访问键：不使用鼠标即可将焦点移动到菜单、命令或控件的键盘组合，如 Alt+F）	Alt 或 F10。再次按下这两个键中的任意一个，以移回到文档并取消访问键
分别向左或向右移动到功能区的另一个选项卡	先按 F10 选择活动选项卡，然后按向左键或向右键
隐藏或显示功能区	Ctrl+F1
显示所选命令的快捷菜单	Shift+F10
移动焦点，以选择窗口中的以下各区域： · 功能区的活动选项卡 · 任何打开的（任务窗格:Office 程序中提供常用命令的窗口。它的位置适宜，尺寸又小，您可以一边使用这些命令，一边继续处理文件） · 您的文档	F6
分别在功能区上的各命令之间向前或向后移动焦点	Tab、Shift+Tab
分别在功能区上的各项之间向下、向上、向左或向右移动	向下键、向上键、向左键、向右键
激活功能区上所选的命令或控件	空格键或 Enter
打开功能区上所选的菜单或库	空格键或 Enter
激活功能区上的命令或控件，以便可以修改某个值	Enter
完成对功能区上某个控件中的值的修改，并将焦点移回文档中	Enter
获取有关功能区上所选命令或控件的帮助（如果没有与所选的命令关联的帮助主题，则显示有关该程序的一般帮助主题）	F1
12. 在窗格之间移动的快捷键	
在普通视图中的窗格间顺时针移动	F6
在普通视图中的窗格间逆时针移动	Shift+F6
在普通视图的“大纲和幻灯片”窗格中的“幻灯片”选项卡与“大纲”选项卡之间切换	Ctrl+Shift+Tab
13. 使用大纲的快捷键	
提升段落级别	Alt+Shift+ 向左键

续表

降低段落级别	Alt+Shift+ 向右键
上移所选段落	Alt+Shift+ 向上键
下移所选段落	Alt+Shift+ 向下键
显示 1 级标题	Alt+Shift+1
展开标题下的文本	Alt+Shift+ 加号 (+)
折叠标题下的文本	Alt+Shift+ 减号 (-)
14. 显示或隐藏网格或参考线的快捷键	
显示或隐藏网格	Shift+F9
显示或隐藏参考线	Alt+F9
15. 选择文本和对象的快捷键	
向右选择一个字符	Shift+ 向右键
向左选择一个字符	Shift+ 向左键
选择到词尾	Ctrl+Shift+ 向右键
选择到词首	Ctrl+Shift+ 向左键
选择上一行（前提是光标位于行的开头）	Shift+ 向上键
选择下一行（前提是光标位于行的开头）	Shift+ 向下键
选择一个对象（前提是已选定对象内部的文本）	Esc
选择另一个对象（前提是已选定一个对象）	Tab 或者 Shift+Tab 直到选择所需对象
选择对象内的文本（已选定一个对象）	Enter
选择所有对象	CTRL+A（在”幻灯片”选项卡上）
选择所有幻灯片	Ctrl+A（在”幻灯片浏览”视图中）
选择所有文本	CTRL+A（在”大纲”选项卡上）
16. 删除和复制文本和对象的快捷键	
向左删除一个字符	Backspace
向左删除一个字词	Ctrl+Backspace
向右删除一个字符	Delete
向右删除一个字词 注释：光标必须位于字词中间时才能执行此操作	Ctrl+Delete
剪切选定的对象或文本	Ctrl+X
复制选定的对象或文本	Ctrl+C
粘贴剪切或复制的对象或文本	Ctrl+V
撤销最后一个操作	Ctrl+Z
恢复最后一个操作	Ctrl+Y
只复制格式	Ctrl+Shift+C
只粘贴格式	Ctrl+Shift+V
打开“选择性粘贴”对话框	Ctrl+Alt+V
17. 在文本内移动的快捷键	
向左移动一个字符	向左键

续表

向右移动一个字符	向右键
向上移动一行	向上键
向下移动一行	向下键
向左移动一个字词	Ctrl+ 向左键
向右移动一个字词	Ctrl+ 向右键
移至行尾	End
移至行首	Home
向上移动一个段落	Ctrl+ 向上键
向下移动一个段落	Ctrl+ 向下键
移至文本框的末尾	Ctrl+End
移至文本框的开头	Ctrl+Home
移到下一标题或正文文本占位符。如果这是幻灯片上的最后一个占位符，则将插入一个与原始幻灯片版式相同的新幻灯片	Ctrl+Enter
移动以便重复上一个“查找”操作	Shift+F4
18. 在表格中移动和使用表格的快捷键	
移至下一个单元格	Tab
移至前一个单元格	Shift+Tab
移至下一行	向下键
移至前一行	向上键
在单元格中插入一个制表符	Ctrl+Tab
开始一个新段落	Enter
在表格的底部添加一个新行	在最后一行的末尾按 Tab
19. 更改字体或字号的快捷键	
打开“字体”对话框更改字体	Ctrl+Shift+F
增大字号	Ctrl+Shift+>
减小字号	Ctrl+Shift+<
20. 应用字符格式的快捷键	
打开“字体”对话框更改字符格式	Ctrl+T
更改句子的字母大小写	Shift+F3
应用加粗格式	Ctrl+B
应用下划线	Ctrl+U
应用倾斜格式	Ctrl+I
应用下标格式（自动间距）	Ctrl+ 等号
应用上标格式（自动间距）	Ctrl+Shift+ 加号 (+)
删除手动字符格式，如下标和上标	Ctrl+ 空格键
插入超链接	Ctrl+K
21. 复制文本格式的快捷键	
复制格式	Ctrl+Shift+C
粘贴格式	Ctrl+Shift+V
22. 对齐段落的快捷键	
使段落居中	Ctrl+E

续表

使段落两端对齐	Ctrl+J
使段落左对齐	Ctrl+L
使段落右对齐	Ctrl+R
23. 用于使用“帮助”窗口的键盘快捷键	
打开“帮助”窗口	F1
关闭“帮助”窗口	Alt+F4
在“帮助”窗口与活动程序之间切换	Alt+Tab
返回到“PowerPoint 帮助和使用方法”目录	Alt+Home
在“帮助”窗口中选择下一个项目	Tab
在“帮助”窗口中选择上一个项目	Shift+Tab
对所选择的项目执行操作	Enter
在“帮助”窗口的“浏览 PowerPoint 帮助”部分中，分别选择下一个或上一个项目	Tab、Shift+Tab
在“帮助”窗口的“浏览 PowerPoint 帮助”部分中，分别展开或折叠所选项目	Enter
选择下一个隐藏文本或超链接，包括主题顶部的“全部显示”或“全部隐藏”	Tab
选择上一个隐藏文本或超链接	Shift+Tab
对所选择的“全部显示”“全部隐藏”、隐藏文本或超链接执行操作	Enter
移回到上一个帮助主题（“后退”按钮）	Alt+ 向左键或空格键
向前移至下一个帮助主题（“前进”按钮）	Alt+ 向右键
在当前显示的帮助主题中分别向上或向下滚动较小部分	向上键、向下键
在当前显示的帮助主题中分别向上或向下滚动较大部分	Page Up、Page Down
显示“帮助”窗口的命令的菜单。这要求“帮助”窗口具有活动焦点（在“帮助”窗口中单击）	Shift+F10
停止最后一个操作（“停止”按钮）	Esc
刷新窗口（“刷新”按钮）	F5
打印当前的帮助主题 注释：如果光标不在当前的帮助主题中，请按 F6，然后按 Ctrl+P	Ctrl+P
更改连接状态。可能需要多次按 F6	F6（直到焦点位于”键入要搜索的字词”框中），Tab，向下键
在“键入要搜索的字词”框中键入文本。可能需要多次按 F6	F6
在“帮助”窗口中的各区域之间切换；例如，在工具栏、“键入要搜索的字词”框和“搜索”列表之间切换。	F6
在树视图中的目录中，分别选择下一个项目或上一个项目	向上键、向下键
在树视图中的目录中，分别展开或折叠所选的项目	向左键、向右键
24. 运行演示文稿期间的媒体快捷方式	
停止媒体播放	Alt+Q
在播放和暂停之间切换	Alt+P
转到下一个书签	Alt+End
转到上一个书签	Alt+Home
提高声音音量	Alt+Up
降低声音音量	Alt+ 向下键

续表

向前搜寻	Alt+Shift+Page Down
向后搜寻	Alt+Shift+Page Up
静音	Alt+U
25. 浏览 Web 演示文稿的快捷键	
在 Web 演示文稿中的超链接、地址栏和链接栏之间进行正向切换	Tab
在 Web 演示文稿中的超链接、地址栏和链接栏之间进行反向切换	Shift+Tab
对所选的超链接执行“鼠标单击”操作	Enter
转到下一张幻灯片	空格键
26. 使用“选定幻灯片”窗格功能的快捷键	
在不同窗格中循环移动焦点	F6
显示上下文菜单	Shift+F10
将焦点移到单个项目或组	向上键或向下键
将焦点从组中的某个项目移至其父组	向左键
将焦点从某个组移至该组中的第一个项目	向右键
展开获得焦点的组及其所有子组	*（仅适用于数字键盘）
展开获得焦点的组	+（仅适用于数字键盘）
折叠获得焦点的组	-（仅适用于数字键盘）
将焦点移至某个项目并选择该项目	Shift+ 向上键或 Shift+ 向下键
选择获得焦点的项目	空格键或 Enter
取消选择获得焦点的项目	Shift+ 空格键或 Shift+Enter
向前移动所选的项目	Ctrl+Shift+F
向后移动所选的项目	Ctrl+Shift+B
显示或隐藏获得焦点的项目	Ctrl+Shift+S
重命名获得焦点的项目	F2
在“选择窗格”中的树视图和“全部显示”以及“全部隐藏”按钮之间切换键盘焦点	Tab 或 Shift+Tab
折叠所有组 注释：焦点必须位于选择窗格的树视图中才能使用此快捷方式	Alt+Shift+1
展开所有组	Alt+Shift+9